2022 中国电力电子与能量转换大会暨中国电源学会第二十五届学术年会及展览会（CPEEC & CPSSC 2022）、第三届国际电力电子技术与应用会议暨博览会（IEEE PEAC 2022）11 月在厦门召开

线上线下参会人数近万人

大会主席、西安交通大学刘进军教授在学术年会和PEAC 2022国际会议开幕式中致辞

IEEE PELS主席张榴晨教授在PEAC 2022国际会议开幕式中致辞

中国电源学会副理事长章进法博士主持大会开幕式

大会程序委员会主席、浙江大学马皓教授介绍会议情况

特邀大会报告人线上报告

特邀大会报告人现场报告

大会分会场现场

为分会场优秀报告人颁发证书

颁发优秀合作伙伴证书

同期电源新产品新技术展览会现场

杰出贡献奖获奖人罗安院士在线致辞

特等奖颁奖

一等奖颁奖

二等奖颁奖

优秀产品创新奖颁奖

青年奖颁奖

大赛承办单位合肥工业大学马铭遥教授
主持决赛开幕式

决赛报告现场

决赛现场测试

中国电源学会理事长、西安交通大学刘进军教授（左）为特等奖获奖队华中科技大学代表队颁发证书

大赛冠名合作单位 GaN Systems 公司副总裁
Paul Wiener 先生致辞

为竞赛联合支持单位颁发证书

第七届全国电能质量学术会议暨电能质量行业发展论坛（8月，沈阳）

第六届电气化交通前沿技术论坛（8月，南京）

中国电源学会第九届学术工作委员会换届大会暨电源前沿科技研讨会（8月，杭州）

第十届中国功率变换器磁元件联合学术年会（9月，湖州）

电力电子化电力系统专题论坛（11月，厦门）

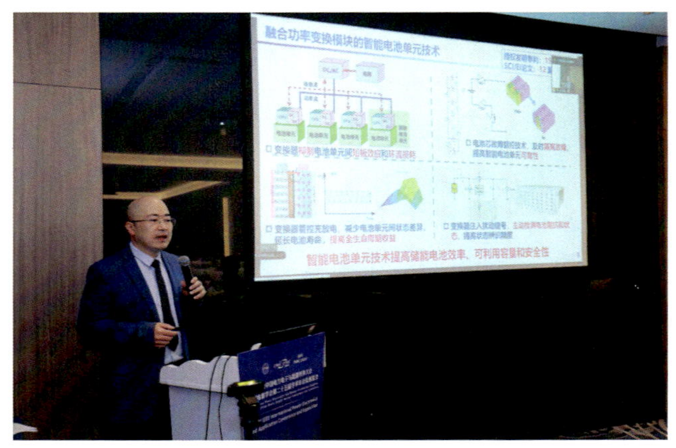

电源科研成果交流会（11月，厦门）

联合青年人才论坛
（11 月，厦门）

中国电源学会团体标准宣贯会
（11 月，厦门）

光伏、储能电源设计与应用专题研修班
（7 月，合肥）

功率变换器磁技术分析、测试与应用
高级研修班（8 月，福州）

高效率高功率密度电源技术与设计
高级研讨班（8 月，南京）

第三代半导体器件、驱动控制、测试及应用技术
高级研修班（12 月，上海）

中国电源产业与技术发展路线图发布会
暨产业发展战略研讨会（11 月，厦门）

中国电源学会九届三次常务理事会议
（11 月，厦门）

《电源学报》编委会议
（11 月，厦门）

CPSS TPEA 编委会议
（11 月，厦门）

中国电源行业年鉴 2023

中国电源学会　编著

机 械 工 业 出 版 社

《中国电源行业年鉴2023》由中国电源学会编著，对电源行业整体发展状况进行了综合性、连续性、史实性的总结和描述，是电源行业权威的资料性工具书。《中国电源行业年鉴2023》共分八篇，前两篇：政策法规、宏观经济及相关行业运行情况，主要介绍了与电源行业相关领域的政策法规、宏观经济及相关行业运行情况，为行业发展和各单位的决策提供指导和参考；后六篇：电源行业发展报告及综述、电源行业新闻、科研与成果、电源标准、主要电源企业简介、电源重点工程项目应用案例及相关产品，从各个方面介绍了2022年电源行业的发展状况。

《中国电源行业年鉴2023》可供相关政府职能部门、生产企业、高等院校、科研院所、采购单位、检测服务机构和电源工程技术人员参考。

图书在版编目（CIP）数据

中国电源行业年鉴. 2023/中国电源学会编著. —北京：机械工业出版社，2023.8

ISBN 978-7-111-73806-0

Ⅰ.①中…　Ⅱ.①中…　Ⅲ.①电源-电力工业-中国-2023-年鉴　Ⅳ.①TM91-54

中国国家版本馆CIP数据核字（2023）第170559号

机械工业出版社（北京市百万庄大街22号　邮政编码100037）
策划编辑：杨　琼　　　责任编辑：杨　琼　朱　林
责任校对：张晓蓉　翟天睿　封面设计：鞠　杨
责任印制：单爱军
北京虎彩文化传播有限公司印刷
2023年10月第1版第1次印刷
210mm×297mm · 36印张 · 6插页 · 1527千字
标准书号：ISBN 978-7-111-73806-0
定价：298.00元

电话服务　　　　　　　　网络服务
客服电话：010-88361066　机　工　官　网：www.cmpbook.com
010-88379833　机　工　官　博：weibo.com/cmp1952
010-68326294　金　书　网：www.golden-book.com
封底无防伪标均为盗版　机工教育服务网：www.cmpedu.com

《中国电源行业年鉴 2023》编辑委员会

（排名不分先后）

《中国电源行业年鉴 2023》编辑部

前　言

《中国电源行业年鉴》（以下简称《年鉴》）是由中国电源学会编著的电源行业权威的资料性工具书，每年出版一期，对上一年度电源行业整体发展状况进行综合性、连续性、史实性的总结和描述，为政府有关部门，为行业科研、生产、采购和应用提供服务和参考。

中国电源学会成立于1983年，是国家一级社团法人，以促进我国电源科学技术进步和电源产业发展为己任，既团结了全国电源界的专家学者和广大科技人员，也汇聚了众多的电源企业。中国电源学会经过40年的努力和奋斗，为我国电源科技进步和产业发展做出了重要贡献，对电源行业发展状况有着深入和全面的了解，是编辑出版《年鉴》的最具权威性的单位。

本期《年鉴》共分为八篇，整体内容划分两个部分。

第一部分是前两篇：政策法规、宏观经济及相关行业运行情况，主要介绍了与电源行业相关的国家政策法规和宏观经济环境及相关行业运行情况，为电源行业的发展和各个单位的决策提供指导和参考。

第二部分是后六篇：电源行业发展报告及综述、电源行业新闻、科研与成果、电源标准、主要电源企业简介、电源重点工程项目应用案例及相关产品，从各个方面介绍了2022年电源行业的发展状况。

电源行业发展报告及综述篇，进一步丰富了市场分析的细分领域。

电源行业新闻篇，包括学会大事记、电源大事记和会员大事记，记录了2022年电源及相关领域的重大事件。

科研与成果篇，包括第八届中国电源学会科学技术奖获奖成果介绍，同时通过学会渠道广泛征集、更新了我国电源及相关领域科研团队信息及研究项目信息。

电源标准篇，学会团体标准建设综述，包含了学会团体在2022年同时推进的三批团体标准的各阶段工作情况介绍，以及学会2022年发布的11项团体标准的节选内容。

主要电源企业简介篇，对企业按照地区和主要产品进行分类索引，方便读者查阅。

电源重点工程项目应用案例及相关产品篇，以目录形式收录了更多电源重点工程项目应用案例及新产品，以便读者把握行业发展态势，同时仍选择优秀产品进行了整版介绍。

在本期《年鉴》编辑过程中，中国电源学会学术工作委员会、中国电源学会元器件专业委员会、中国电源学会电能质量专业委员会、中国电源学会特种电源专业委员会、中自产业服务集团、小米通讯技术有限公司等撰写了相关行业发展报告及技术综述。学会各专业委员会、会员企业、高等院校、科研院所为本期《年鉴》提供了内容素材，东莞市石龙富华电子有限公司、江西艾特磁材有限公司、深圳英飞源技术有限公司、商宇（深圳）科技有限公司、宁波希磁电子科技有限公司、张家港市加亿德机械制造有限公司等单位为本期《年鉴》的出版提供了经费的支持，在此一并表示感谢。

《年鉴》是资料性工具书，是电源行业发展的历史记录，希望电源界各个方面，包括企业、高等院校、科研机构、标准制定和咨询服务机构等提供资料，撰写文章，使《年鉴》更全面地反映行业发展情况。

《年鉴》出版时间较短，编辑出版水平有待提高，希望社会各界多提意见和建议，对本期《年鉴》的疏漏、错误之处，敬请批评指正。

《中国电源行业年鉴》编辑部

2023年5月

中国电源学会简介

中国电源学会（以下简称学会）成立于1983年，以电源科技界、学术界和企业界的凝聚优势，团结组织电源科技工作者，促进电源科学普及与技术发展，促进产学研相结合。

学会汇聚了全国电源界的科技工作者及众多的电源企业，目前有个人会员13000余人，他们当中有院士、科学家、工程技术人员、企业高管、教师及学生；有企业会员457家，其中副理事长单位11家，常务理事单位50家，理事单位110家，包含了国内外知名的电源企业。同时，学会与几千家企业保持着联系，形成了覆盖全国的服务和信息网络。

学会下设直流电源、照明电源、特种电源、变频电源与电力传动、元器件、电能质量、电磁兼容、磁技术、新能源电能变换技术、信息系统供电技术、无线电能传输技术及装置、新能源车充电与驱动、电力电子化电力系统及装备、交通电气化共14个专业委员会，以及学术、组织、专家咨询、国际交流、科普、编辑、标准化、青年、女科学家、会员发展共10个工作委员会。另外，还有业务联系的10个具有法人资格的地方电源学会。

学会每年举办各种类型的学术交流会。两年一届的大型学术年会至今已经成功举办了25届。2022年中国电力电子与能量转换大会暨中国电源学会第二十五届学术年会及展览会以线上线下结合形式举办，总计近万人参加，是国内电源界水平最高、规模最大的学术会议。2022年学术年会将举办周期由两年一届调整为一年一届。每四年举办一届国际电力电子技术与应用会议暨博览会（IEEE International Power Electronics and Application Conference and Exposition，简称IEEE PEAC），是中国电源领域首个国际性会议。2021年创办首届国际电力电子技术与应用学术会议（IEEE International Power Electronics and Applicaton Symposium，简称：IEEE PEAS）。此外，学会每年还举办各种类型的专题研讨会。

中国电源学会的主要出版物有：《电源学报》（中文核心期刊）、《电力电子技术及应用英文学报》（CPSS-TPEA）、《中国电源行业年鉴》、电力电子技术英文丛书、《中国电源学会通讯》（电子版）、学会微信公众号等。同时，学会还组织编辑出版系列中文丛书、技术专著以及各种学术会议论文集。

学会于2011年设立“中国电源学会科学技术奖”，奖励在我国电源领域的科学研究、技术创新、新品开发、科技成果推广应用等方面做出突出贡献的个人和单位。电源科技奖于2020年由每两年评选一次调整为每年评选一次。

学会每年举办高校电力电子应用设计大赛，加强国内高校电力电子相关专业学生的相互交流，提高学生创造力及工程实践能力。

学会于2016年正式启动团体标准工作，本着“行业主导、需求为先、系统规划、务实高效”的原则，大力推动团体标准建设，以满足行业发展需要，促进电源行业技术进步、自主创新和产业升级。

学会积极开展继续教育活动，每年举办不同主题的培训班。同时，开展一系列行业服务活动，如：科技成果鉴定、技术服务、技术咨询、参与工程项目评价等。

学会地址：天津市南开区黄河道467号大通大厦16层　　邮编：300110

电　　话：022-27680796　27634742　　传真：022-27687886

网　　站：www.cpss.org.cn　　邮箱：cpss@cpss.org.cn

中国电源学会组织机构名单

主要领导名单

名誉理事长： 徐德鸿
理 事 长： 刘进军
副 理 事 长： 罗 安 章进法 阮新波 邓建军 马 皓
袁小明 周桃园 杜 雄
秘 书 长： 张 磊

常务理事名单

（按姓氏笔画为序）

于 玮、马 皓、邓建军、史平君、吕征宇、刘 强、刘进军、刘程宇、许建平、阮新波、孙 跃、孙耀杰、杜 雄、李永东、李民英、李武华、杨 旭、肖 曦、吴煜东、汪之涵、张 兴、张 磊、张卫平、张承慧、陈 为、陈成辉、陈道炼、卓 放、罗 安、周桃园、胡先红、查晓明、柏子平、袁小明、耿 华、徐殿国、高 勇、曹仁贤、盛 况、康 勇、章进法、谢少军

理 事 名 单

（按姓氏笔画为序）

于 玮、于吉永、万成安、马 皓、马季军、马新群、王 东、王 冀、王宁宁、王议锋、王兴贵、王来利、王念春、王建国、王懿杰、车延博、牛新国、邓建军、叶贵荣、叶德智、史平君、丘东元、白小青、冯江华、曲荣海、吕征宇、朱 淼、朱明星、朱春辉、刘 扬、刘 闯、刘 芳、刘 强、刘兆燊、刘进军、刘树林、刘晓东、刘程宇、许建平、阮新波、孙 凯、孙 跃、孙向东、孙耀杰、苏义鑫、杜 雄、李 虹、李永东、李民英、李武华、李练兵、李洪涛、李积明、李晨光、杨 旭、杨 耕、杨玉岗、杨永恒、肖 曦、吴汉熙、吴良材、吴煜东、佟为明、余克壮、汪之涵、沈长松、沈国桥、沈 捷、宋 滔、张 兴
张 波、张 勇、张 森、张 磊、张卫平、张文学、张军明、张纯江、张承慧、陆益民、陈 为、陈 武、陈 敏、陈一逢、陈忠友、陈立烽、陈四雄、陈成辉、陈海荣、陈桥梁、陈道炼、陈冀生、茆美琴、林 桦、林 磊、杭丽君、卓 放、易扬波、罗 安、周 波、周世兴、周京华、周桃园、郑大为、郑大鹏、赵志刚、赵善麒、胡先红、胡家兵、查晓明、柏子平、皇甫宜耿、姚飞平、袁小明、袁宝山、耿 华、顾亦磊、徐国卿、徐殿国、高 勇、高 峰、高大庆、唐德平、涂春鸣、黄 兴、黄敏超、黄懿赟、梅云辉、曹仁贤、盛 况、崔纳新、康 勇、康劲松、章进法、程 泽、焦海波、舒 杰、温旭辉、谢少军、蔡 旭、蔡 蔚、薛红兵、戴永军、戴瑜兴

分支机构及主任委员名单

工作委员会：

学术工作委员会	李武华
组织工作委员会	张卫平
编辑工作委员会	阮新波

科普工作委员会	孙耀杰
国际交流工作委员会	孙　凯
标准化工作委员会	卓　放
青年工作委员会	林　磊
女科学家工作委员会	杭丽君
会员发展工作委员会	杜　雄
专家咨询工作委员会	查晓明
专业委员会：	
直流电源专业委员会	杨　旭
特种电源专业委员会	李洪涛
元器件专业委员会	张　波
电磁兼容专业委员会	李　虹
磁技术专业委员会	杨玉岗
变频电源与电力传动专业委员会	杨　耕
照明电源专业委员会	王懿杰
电能质量专业委员会	朱明星
新能源电能变换技术专业委员会	张　兴
信息系统供电技术专业委员会	谢少军
无线电能传输技术及装置专业委员会	孙　跃
新能源车充电与驱动专业委员会	徐德鸿
电力电子化电力系统及装备专业委员会	袁小明
交通电气化专业委员会	李永东

地方学会及理事长名单

（按学会名称音序排列）

重庆市电源学会	徐世六
福建省电源学会	陈道炼
广东省电源学会	张　波
陕西省电源学会	杨　旭
上海电源学会	蔡　旭
四川省电源学会	许建平
天津市电源学会	程　泽
武汉市电源学会	裴雪军
西安市电源学会	马瑞卿
浙江省电源学会	吕征宇

中国电源学会理事单位名单

（按单位名称音序先行后列排列）

副理事长单位

广东志成冠军集团有限公司
华为技术有限公司
科华数据股份有限公司
山特电子（深圳）有限公司
深圳市航嘉驰源电气股份有限公司
深圳市禾望电气股份有限公司
深圳市汇川技术股份有限公司
台达电子企业管理（上海）有限公司
阳光电源股份有限公司
伊顿电源（上海）有限公司
中兴通讯股份有限公司

常务理事单位

安徽博微智能电气有限公司
安徽中科海奥电气股份有限公司
安泰科技股份有限公司非晶制品分公司
北京动力源科技股份有限公司
北京微科能创科技有限公司
成都航域卓越电子技术有限公司
东莞市奥海科技股份有限公司
东莞市石龙富华电子有限公司
弗迪动力有限公司电源工厂
广州金升阳科技有限公司
航天柏克（广东）科技有限公司
合肥华耀电子工业有限公司
鸿宝电源有限公司
湖南三安半导体有限责任公司
华东微电子技术研究所
华润微电子有限公司
科威尔技术股份有限公司
连云港杰瑞电子有限公司
茂硕电源科技股份有限公司
美的集团
南京博兰得电子科技有限公司
南京国臣直流配电科技有限公司
宁波赛耐比光电科技有限公司
普尔世贸易（苏州）有限公司
厦门市爱维达电子有限公司
山克新能源科技（深圳）有限公司
深圳古瑞瓦特新能源有限公司
深圳华德电子有限公司
深圳科士达科技股份有限公司
深圳市必易微电子股份有限公司
深圳市皓文电子股份有限公司
深圳市科信通信技术股份有限公司
深圳市盛弘电气股份有限公司
深圳市英威腾电源有限公司
深圳市永联科技股份有限公司
深圳威迈斯新能源股份有限公司
深圳英飞源技术有限公司
石家庄通合电子科技股份有限公司
特变电工新疆新能源股份有限公司
万帮数字能源股份有限公司
温州大学
西安爱科赛博电气股份有限公司
西南应用磁学研究所（中国电子科技集团公司第九研究所）
先控捷联电气股份有限公司
芯朋微电子股份有限公司
新疆金风科技股份有限公司
易事特集团股份有限公司
浙江东睦科达磁电有限公司
中国电子科技集团公司第十四研究所
株洲中车时代半导体有限公司

理事单位

阿里巴巴（中国）有限公司
艾德克斯电子有限公司

爱士惟科技（上海）有限公司
北京合康新能科技股份有限公司
北京纵横机电科技有限公司
东莞铭普光磁股份有限公司
东莞新能源科技有限公司
佛山市顺德区冠宇达电源有限公司
广东电网有限责任公司电力科学研究院
广州回天新材料有限公司
国网河北省电力有限公司电力科学研究院
国网山西省电力公司电力科学研究院
杭州铂科电子有限公司
杭州飞仕得科技股份有限公司
河北久维电子科技有限公司
湖南炬神电子有限公司
江苏爱克赛实业有限公司
江西艾特磁材有限公司
立讯精密工业股份有限公司
龙腾半导体股份有限公司
麦田能源股份有限公司
纳微达斯半导体（上海）有限公司
南通新三能电子有限公司
宁波生久科技有限公司
宁夏银利电气股份有限公司
青岛鼎信通讯股份有限公司
瑞能半导体科技股份有限公司
厦门赛尔特电子有限公司
山顿科技（广东）股份有限公司
上海超群检测科技股份有限公司
上海电器科学研究所（集团）有限公司
上海科梁信息科技股份有限公司
上海强松航空科技有限公司
上海沃孚半导体有限公司
深圳供电局有限公司
深圳欧陆通电子股份有限公司
深圳市倍思科技有限公司
深圳市鼎泰佳创科技有限公司
深圳市瀚强科技股份有限公司
深圳市汇业达通讯技术有限公司
深圳市雷能混合集成电路有限公司
深圳市首航新能源股份有限公司
深圳市瓦特源检测研究有限公司
深圳市智胜新电子技术有限公司
四川爱创科技有限公司
苏州博思得电气有限公司
溯高美索克曼电气（上海）有限公司
田村（中国）企业管理有限公司
北京大华无线电仪器有限责任公司
北京力源兴达科技有限公司
成都金创立科技有限责任公司
东莞市冠佳电子设备有限公司
佛山市杰创科技有限公司
固纬电子（苏州）有限公司
广西电网有限责任公司电力科学研究院
广州致远仪器有限公司
国网河南省电力公司电力科学研究院
国网重庆市电力公司电力科学研究院
杭州博睿电子科技有限公司
航天科工惯性技术有限公司
核工业理化工程研究院
惠州志顺电子实业有限公司
江苏宏微科技股份有限公司
江西大有科技有限公司
六和电子（江西）有限公司
洛阳隆盛科技有限责任公司
明纬（广州）电子有限公司
南京芯全信息科技有限公司
宁波乐铂科技有限公司
宁波希磁电子科技有限公司
派恩杰半导体（杭州）有限公司
青岛海信日立空调系统有限公司
赛尔康技术（深圳）有限公司
厦门讯亨电子科技有限公司
商宇（深圳）科技有限公司
上海电气电力电子有限公司
上海晶丰明源半导体股份有限公司
上海临港电力电子研究有限公司
上海维安半导体有限公司
深圳超特科技股份有限公司
深圳可立克科技股份有限公司
深圳青铜剑技术有限公司
深圳市铂科新材料股份有限公司
深圳市海思瑞科电气技术有限公司
深圳市恒运昌真空技术有限公司
深圳市京泉华科技股份有限公司
深圳市洛仑兹技术有限公司
深圳市斯康达电子有限公司
深圳市英可瑞科技股份有限公司
深圳市中电熊猫展盛科技有限公司
四川经纬达科技集团有限公司
苏州纳芯微电子股份有限公司
泰克科技（中国）有限公司
无锡新洁能股份有限公司

武汉恩硕科技有限公司
西安翌飞核能装备股份有限公司
英飞凌科技（中国）有限公司
长城电源技术有限公司
浙江榆阳电子股份有限公司
中国船舶工业系统工程研究院
中冶赛迪工程技术股份有限公司
珠海格力电器股份有限公司
西安伟京电子制造有限公司
小米通讯技术有限公司
英飞特电子（杭州）股份有限公司
浙江嘉科电子有限公司
中电科瑞志电源技术（西安）有限公司
中国电力科学研究院有限公司武汉分院
重庆荣凯川仪仪表有限公司
珠海英搏尔电气股份有限公司

目　　录

第一篇　政 策 法 规

第二篇　宏观经济及相关行业运行情况

第三篇　电源行业发展报告及综述

第四篇 电源行业新闻

第五篇 科研与成果

第六篇 电源标准

第七篇 主要电源企业简介（同类企业按单位名称音序排列）

第八篇　电源重点工程项目应用案例及相关产品

第一篇　政 策 法 规

国务院关于印发“十四五”节能减排综合工作方案的通知

发布单位：国务院

发布日期：2022年01月24日

为认真贯彻落实党中央、国务院重大决策部署，大力推动节能减排，深入打好污染防治攻坚战，加快建立健全绿色低碳循环发展经济体系，推进经济社会发展全面绿色转型，助力实现碳达峰、碳中和目标，制定本方案。

一、总体要求

以习近平新时代中国特色社会主义思想为指导，全面贯彻党的十九大和十九届历次全会精神，深入贯彻习近平生态文明思想，坚持稳中求进工作总基调，立足新发展阶段，完整、准确、全面贯彻新发展理念，构建新发展格局，推动高质量发展，完善实施能源消费强度和总量双控（以下称能耗双控）、主要污染物排放总量控制制度，组织实施节能减排重点工程，进一步健全节能减排政策机制，推动能源利用效率大幅提高、主要污染物排放总量持续减少，实现节能降碳减污协同增效、生态环境质量持续改善，确保完成“十四五”节能减排目标，为实现碳达峰、碳中和目标奠定坚实基础。

二、主要目标

到2025年，全国单位国内生产总值能源消耗比2020年下降13.5%，能源消费总量得到合理控制，化学需氧量、氨氮、氮氧化物、挥发性有机物排放总量比2020年分别下降8%、8%、10%以上、10%以上。节能减排政策机制更加健全，重点行业能源利用效率和主要污染物排放控制水平基本达到国际先进水平，经济社会发展绿色转型取得显著成效。

三、实施节能减排重点工程

（一）重点行业绿色升级工程。以钢铁、有色金属、建材、石化化工等行业为重点，推进节能改造和污染物深度治理。推广高效精馏系统、高温高压干熄焦、富氧强化熔炼等节能技术，鼓励将高炉—转炉长流程炼钢转型为电炉短流程炼钢。推进钢铁、水泥、焦化行业及燃煤锅炉超低排放改造，到2025年，完成5.3亿吨钢铁产能超低排放改造，大气污染防治重点区域燃煤锅炉全面实现超低排放。加强行业工艺革新，实施涂装类、化工类等产业集群分类治理，开展重点行业清洁生产和工业废水资源化利用改造。推进新型基础设施能效提升，加快绿色数据中心建设。“十四五”时期，规模以上工业单位增加值能耗下降13.5%，万元工业增加值用水量下降16%。到2025年，通过实施节能降碳行动，钢铁、电解铝、水泥、平板玻璃、炼油、乙烯、合成氨、电石等重点行业产能和数据中心达到能效标杆水平的比例超过30%。

（二）园区节能环保提升工程。引导工业企业向园区集聚，推动工业园区能源系统整体优化和污染综合整治，鼓励工业企业、园区优先利用可再生能源。以省级以上工业园区为重点，推进供热、供电、污水处理、中水回用等公共基础设施共建共享，对进水浓度异常的污水处理厂开展片区管网系统化整治，加强一般固体废物、危险废物集中贮存和处置，推动挥发性有机物、电镀废水及特征污染物集中治理等“绿岛”项目建设。到2025年，建成一批节能环保示范园区。

（三）城镇绿色节能改造工程。全面推进城镇绿色规划、绿色建设、绿色运行管理，推动低碳城市、韧性城市、海绵城市、“无废城市”建设。全面提高建筑节能标准，加快发展超低能耗建筑，积极推进既有建筑节能改造、建筑光伏一体化建设。因地制宜推动北方地区清洁取暖，加快工业余热、可再生能源等在城镇供热中的规模化应用。实施绿色高效制冷行动，以建筑中央空调、数据中心、商务产业园区、冷链物流等为重点，更新升级制冷技术、设备，优化负荷供需匹配，大幅提升制冷系统能效水平。实施公共供水管网漏损治理工程。到2025年，城镇新建建筑全面执行绿色建筑标准，城镇清洁取暖比例和绿色高效制冷产品市场占有率大幅提升。

（四）交通物流节能减排工程。推动绿色铁路、绿色公路、绿色港口、绿色航道、绿色机场建设，有序推进充换电、加注（气）、加氢、港口机场岸电等基础设施建设。提高城市公交、出租、物流、环卫清扫等车辆使用新能源汽车的比例。加快大宗货物和中长途货物运输“公转铁”“公转水”，大力发展铁水、公铁、公水等多式联运。全面实施汽车国六排放标准和非道路移动柴油机械国四排放标准，基本淘汰国三及以下排放标准汽车。深入实施清洁柴油机行动，鼓励重型柴油货车更新替代。实施汽车排放检验与维护制度，加强机动车排放召回管理。加强船舶清洁能源动力推广应用，推动船舶岸电受电设施改造。提升铁路电气化水平，推广低能耗运输装备，推动实施铁路内燃机车国一排放标准。大力发展智能交通，积极运用大数据优化运输组织模式。加快绿色仓储建设，鼓励建设绿色物流园区。加快标准化物流周转箱推广应用。全面推广绿色快递包装，引导电商企业、邮政快递企业选购使用获得绿色认证的快递包装产品。到2025年，新能源汽车新车销售量达到汽车新车销售总量的20%左右，铁路、水路货运量占比进一步提升。

（五）农业农村节能减排工程。加快风能、太阳能、生物质能等可再生能源在农业生产和农村生活中的应用，有序推进农村清洁取暖。推广应用农用电动车辆、节能环保农机和渔船，发展节能农业大棚，推进农房节能改造和绿色农房建设。强化农业面源污染防治，推进农药化肥减量增效、秸秆综合利用，加快农膜和农药包装废弃物回收处理。深入推进规模养殖场污染治理，整县推进畜禽粪污资源化利用。整治提升农村人居环境，提高农村污水垃圾处理能力，基本消除较大面积的农村黑臭水体。到2025年，农村生活污水治理率达到40%，秸秆综合利用率稳定在86%以上，主要农作物化肥、农药利用率均达到43%以上，畜禽粪污综合利用率达到80%以上，绿色防控、统防统治覆盖率分别达到55%、45%，京津冀及周边地区大型规模化养殖场氨排放总量削减5%。

（六）公共机构能效提升工程。加快公共机构既有建筑围护结构、供热、制冷、照明等设施设备节能改造，鼓励采用能源费用托管等合同能源管理模式。率先淘汰老旧车，率先采购使用节能和新能源汽车，新建和既有停车场要配备电动汽车充电设施或预留充电设施安装条件。推行能耗定额管理，全面开展节约型机关创建行动。到2025年，创建2000家节约型公共机构示范单位，遴选200家公共机构能效领跑者。

（七）重点区域污染物减排工程。持续推进大气污染防治重点区域秋冬季攻坚行动，加大重点行业结构调整和污染治理力度。以大气污染防治重点区域及珠三角地区、成渝地区等为重点，推进挥发性有机物和氮氧化物协同减排，加强细颗粒物和臭氧协同控制。持续打好长江保护修复攻坚战，扎实推进城镇污水垃圾处理和工业、农业面源、船舶、尾矿库等污染治理工程，到2025年，长江流域总体水质保持为优，干流水质稳定达到Ⅱ类。着力打好黄河生态保护治理攻坚战，实施深度节水控水行动，加强重要支流污染治理，开展入河排污口排查整治，到2025年，黄河干流上中游（花园口以上）水质达到Ⅱ类。

（八）煤炭清洁高效利用工程。要立足以煤为主的基本国情，坚持先立后破，严格合理控制煤炭消费增长，抓好煤炭清洁高效利用，推进存量煤电机组节煤降耗改造、供热改造、灵活性改造“三改联动”，持续推动煤电机组超低排放改造。稳妥有序推进大气污染防治重点区域燃料类煤气发生炉、燃煤热风炉、加热炉、热处理炉、干燥炉（窑）以及建材行业煤炭减量，实施清洁电力和天然气替代。推广大型燃煤电厂热电联产改造，充分挖掘供热潜力，推动淘汰供热管网覆盖范围内的燃煤锅炉和散煤。加大落后燃煤锅炉和燃煤小热电退出力度，推动以工业余热、电厂余热、清洁能源等替代煤炭供热（蒸汽）。到2025年，非化石能源占能源消费总量比重达到20%左右。“十四五”时期，京津冀及周边地区、长三角地区煤炭消费量分别下降10%、5%左右，汾渭平原煤炭消费量实现负增长。

（九）挥发性有机物综合整治工程。推进原辅材料和产品源头替代工程，实施全过程污染物治理。以工业涂装、包装印刷等行业为重点，推动使用低挥发性有机物含量的涂料、油墨、胶粘剂、清洗剂。深化石化化工等行业挥发性有机物污染治理，全面提升废气收集率、治理设施同步运行率和去除率。对易挥发有机液体储罐实施改造，对浮顶罐推广采用全接液浮盘和高效双重密封技术，对废水系统高浓度废气实施单独收集处理。加强油船和原油、成品油码头油气回收治理。到2025年，溶剂型工业涂料、油墨使用比例分别降低20个百分点、10个百分点，溶剂型胶粘剂使用量降低20%。

（十）环境基础设施水平提升工程。加快构建集污水、垃圾、固体废物、危险废物、医疗废物处理处置设施和监测监管能力于一体的环境基础设施体系，推动形成由城市向建制镇和乡村延伸覆盖的环境基础设施网络。推进城市生活污水管网建设和改造，实施混错接管网改造、老旧破损管网更新修复，加快补齐处理能力缺口，推行污水资源化利用和污泥无害化处置。建设分类投放、分类收集、分类运输、分类处理的生活垃圾处理系统。到2025年，新增和改造污水收集管网8万公里，新增污水处理能力2000万立方米/日，城市污泥无害化处置率达到90%，城镇生活垃圾焚烧处理能力达到80万吨/日左右，城市生活垃圾焚烧处理能力占比65%左右。

四、健全节能减排政策机制

（一）优化完善能耗双控制度。坚持节能优先，强化能耗强度降低约束性指标管理，有效增强能源消费总量管理弹性，加强能耗双控政策与碳达峰、碳中和目标任务的衔接。以能源产出率为重要依据，综合考虑发展阶段等因素，合理确定各地区能耗强度降低目标。国家对各省（自治区、直辖市）“十四五”能耗强度降低实行基本目标和激励目标双目标管理，由各省（自治区、直辖市）分解到每年。完善能源消费总量指标确定方式，各省（自治区、直辖市）根据地区生产总值增速目标和能耗强度降低基本目标确定年度能源消费总量目标，经济增速超过预期目标的地区可相应调整能源消费总量目标。对能耗强度降低达到国家下达的激励目标的地区，其能源消费总量在当期能耗双控考核中免予考核。各地区“十四五”时期新增可再生能源电力消费量不纳入地方能源消费总量考核。原料用能不纳入全国及地方能耗双控考核。有序实施国家重大项目能耗单列，支持国家重大项目建设。加强节能形势分析预警，对高预警等级地区加强工作指导。推动科学有序实行用能预算管理，优化能源要素合理配置。

（二）健全污染物排放总量控制制度。坚持精准治污、科学治污、依法治污，把污染物排放总量控制制度作为加快绿色低碳发展、推动结构优化调整、提升环境治理水平的重要抓手，推进实施重点减排工程，形成有效减排能力。优化总量减排指标分解方式，按照可监测、可核查、可考核的原则，将重点工程减排量下达地方，污染治理任务较重的地方承担相对较多的减排任务。改进总量减排核算方法，制定核算技术指南，加强与排污许可、环境影响评价审批等制度衔接，提升总量减排核算信息化水平。完善总量减排考核体系，健全激励约束机制，强化总量减排监督管理，重点核查重复计算、弄虚作假特别是不如实填报削减量和削减来源等问题。

（三）坚决遏制高耗能高排放项目盲目发展。根据国家产业规划、产业政策、节能审查、环境影响评价审批等政策规定，对在建、拟建、建成的高耗能高排放项目（以下称“两高”项目）开展评估检查，建立工作清单，明确处置意见，严禁违规“两高”项目建设、运行，坚决拿下不符合要求的“两高”项目。加强对“两高”项目节能审查、环境影响评价审批程序和结果执行的监督评估，对审批能力不适应的依法依规调整上收审批权。对年综合能耗5万吨标准煤及以上的“两高”项目加强工作指导。严肃财经纪律，指导金融机构完善“两高”项目融资政策。

（四）健全法规标准。推动制定修订资源综合利用法、节约能源法、循环经济促进法、清洁生产促进法、环境影响评价法及生态环境监测条例、民用建筑节能条例、公共机构节能条例等法律法规，完善固定资产投资项目节能审查、电力需求侧管理、非道路移动机械污染防治管理等办法。对标国际先进水平制定修订一批强制性节能标准，深入开展能效、水效领跑者引领行动。制定修订居民消费品挥发性有机物含量限制标准和涉挥发性有机物重点行业大气污染物排放标准，进口非道路移动机械执行国内排放标准。研究制定下一阶段轻型车、重型车排放标准和油品质量标准。

（五）完善经济政策。各级财政加大节能减排支持力度，统筹安排相关专项资金支持节能减排重点工程建设，研究对节能目标责任评价考核结果为超额完成等级的地区给予奖励。逐步规范和取消低效化石能源补贴。扩大中央财政北方地区冬季清洁取暖政策支持范围。建立农村生活污水处理设施运维费用地方各级财政投入分担机制。扩大政府绿色采购覆盖范围。健全绿色金融体系，大力发展绿色信贷，支持重点行业领域节能减排，用好碳减排支持工具和支持煤炭清洁高效利用专项再贷款，加强环境和社会风险管理。鼓励有条件的地区探索建立绿色贷款财政贴息、奖补、风险补偿、信用担保等配套支持政策。加快绿色债券发展，支持符合条件的节能减排企业上市融资和再融资。积极推进环境高风险领域企业投保环境污染责任保险。落实环境保护、节能节水、资源综合利用税收优惠政策。完善挥发性有机物监测技术和排放量计算方法，在相关条件成熟后，研究适时将挥发性有机物纳入环境保护税征收范围。强化电价政策与节能减排政策协同，持续完善高耗能行业阶梯电价等绿色电价机制，扩大实施范围、加大实施力度，落实落后“两高”企业的电价上浮政策。深化供热体制改革，完善城镇供热价格机制。建立健全城镇污水处理费征收标准动态调整机制，具备条件的东部地区、中西部城市近郊区探索建立受益农户污水处理付费机制。

（六）完善市场化机制。深化用能权有偿使用和交易试点，加强用能权交易与碳排放权交易的统筹衔接，推动能源要素向优质项目、企业、产业及经济发展条件好的地区流动和集聚。培育和发展排污权交易市场，鼓励有条件的地区扩大排污权交易试点范围。推广绿色电力证书交易。全面推进电力需求侧管理。推行合同能源管理，积极推广节能咨询、诊断、设计、融资、改造、托管等“一站式”综合服务模式。规范开放环境治理市场，推行环境污染第三方治理，探索推广生态环境导向的开发、环境托管服务等新模式。强化能效标识管理制度，扩大实施范围。健全统一的绿色产品标准、认证、标识体系，推行节能低碳环保产品认证。

（七）加强统计监测能力建设。严格实施重点用能单位能源利用状况报告制度，健全能源计量体系，加强重点用能单位能耗在线监测系统建设和应用。完善工业、建筑、交通运输等领域能源消费统计制度和指标体系，探索建立城市基础设施能源消费统计制度。优化污染源统计调查范围，调整污染物统计调查指标和排放计算方法。构建覆盖排污许可持证单位的固定污染源监测体系，加强工业园区污染源监测，推动涉挥发性有机物排放的重点排污单位安装在线监控监测设施。加强统计基层队伍建设，强化统计数据审核，防范统计造假、弄虚作假，提升统计数据质量。

（八）壮大节能减排人才队伍。健全省、市、县三级节能监察体系，加强节能监察能力建设。重点用能单位按要求设置能源管理岗位和负责人。加强县级及乡镇基层生态环境监管队伍建设，重点排污单位设置专职环保人员。加大政府有关部门及监察执法机构、企业等节能减排工作人员培训力度，通过业务培训、比赛竞赛、经验交流等方式提高业务水平。开发节能环保领域新职业，组织制定相应职业标准。

五、强化工作落实

（一）加强组织领导。各地区、各部门和各有关单位要充分认识节能减排工作的重要性和紧迫性，把思想和行动统一到党中央、国务院关于节能减排的决策部署上来，立足经济社会发展大局，坚持系统观念，明确目标责任，制定实施方案，狠抓工作落实，确保完成“十四五”节能减排各项任务。地方各级人民政府对本行政区域节能减排工作负总责，主要负责同志是第一责任人，要切实加强组织领导和部署推进，将本地区节能减排目标与国民经济和社会发展五年规划及年度计划充分衔接，科学明确下一级政府、有关部门和重点单位责任。要科学考核，防止简单层层分解。中央企业要带头落实节能减排目标责任，鼓励实行更严格的目标管理。国家发展改革委、生态环境部要加强统筹协调，做好工作指导，推动任务有序有效落实，及时防范化解风险，重大情况及时向国务院报告。

（二）强化监督考核。开展“十四五”省级人民政府节能减排目标责任评价考核，科学运用考核结果，对工作成效显著的地区加强激励，对工作不力的地区加强督促指导，考核结果经国务院审定后，交由干部主管部门作为对省级人民政府领导班子和领导干部综合考核评价的重要依据。完善能耗双控考核措施，增加能耗强度降低约束性指标考核权重，加大对坚决遏制“两高”项目盲目发展、推动能源资源优化配置措施落实情况的考核力度，统筹目标完成进展、经济形势及跨周期因素，优化考核频次。继续开展污染防治攻坚战成效考核，把总量减排目标任务完成情况作为重要考核内容，压实减排工作责任。完善中央生态环境保护督察制度，深化例行督察，强化专项督察。

（三）开展全民行动。深入开展绿色生活创建行动，增强全民节约意识，倡导简约适度、绿色低碳、文明健康的生活方式，坚决抵制和反对各种形式的奢侈浪费，营造绿色低碳社会风尚。推行绿色消费，加大绿色低碳产品推广力度，组织开展全国节能宣传周、世界环境日等主题宣传活动，通过多种传播渠道和方式广泛宣传节能减排法规、标准和知识。加大先进节能减排技术研发和推广力度。发挥行业协会、商业团体、公益组织的作用，支持节能减排公益事业。畅通群众参与生态环境监督渠道。开展节能减排自愿承诺，引导市场主体、社会公众自觉履行节能减排责任。

国务院办公厅关于深化电子电器行业管理制度改革的意见

发布单位：国务院
发布日期：2022 年 09 月 23 日

各省、自治区、直辖市人民政府，国务院各部委、各直属机构：

深化电子电器行业管理制度改革，进一步破除制约行业高质量发展的体制机制障碍，提高政府监管效能，对于更好激发市场主体活力、促进产业转型升级和技术创新、培育壮大经济发展新动能具有重要意义。为进一步优化电子电器行业管理制度，促进电子电器行业高质量发展，经国务院同意，现提出以下意见。

一、指导思想

坚持以习近平新时代中国特色社会主义思想为指导，全面贯彻党的十九大和十九届历次全会精神，认真落实党中央、国务院关于深化“放管服”改革优化营商环境的决策部署，完整、准确、全面贯彻新发展理念，加快构建新发展格局，全流程优化电子电器行业生产准入和流通管理，加强事前事中事后全链条全领域监管，大幅降低制度性交易成本，激发企业创新动力和发展活力，促进技术产品研发创新和市场公平竞争，切实维护电子电器相关产业链供应链安全稳定，加快推动电子电器行业高质量发展。

二、优化电子电器产品准入管理制度

（一）改革完善电子电器产品强制性认证制度。根据技术和产品发展实际情况，动态调整强制性产品认证目录。将安全风险较高的锂离子电池、电源适配器/充电器纳入强制性认证管理，对安全风险较低、技术较为成熟的数据终端、多媒体终端等 9 种产品不再实行强制性认证管理。调整优化强制性认证程序，按“双随机、一公开”方式开展获证前工厂检查，结合企业信用状况、产品质量国家监督抽查情况等因素科学合理确定获证后的监督检查频次，加强产品一致性监督检查，不断提升监管效能。

（二）改革完善电信设备进网许可制度。动态调整实行进网许可制度的电信设备目录。将卫星互联网设备、功能虚拟化设备纳入进网许可管理，对与电信安全关联较小、技术较为成熟的固定电话终端、传真机等 11 种电信设备不再实行进网许可管理。精简优化进网许可检测项目，相应降低检测收费标准。将进网许可的审批承诺时限压减至 15 个工作日。将进网试用批文的有效期由 1 年延长至 2 年。推行进网许可标志电子化，逐步替代纸质标志贴签，不再要求电信设备产品包装、内置信息、广告等处标注进网许可证编号，便利产品取得进网许可后尽快上市，但产品取得进网许可前不得销售或者使用。实行电信设备产品系族管理，对取得进网许可的产品，持证企业新增、变更委托生产企业，或者进行不改变主要功能、核心元器件的技术和外型改动的，无需重新办理检测和许可。统一电信设备进网许可和强制性认证电磁兼容（EMC）检测要求，企业申办许可和认证时只需进行一次检测，检测报告相互承认。

（三）优化无线电发射设备型号核准制度。将无线电发射设备型号核准的审批承诺时限压减至 15 个工作日。除受限于无线电频率规划调整和频率使用许可期限要求外，将《无线电发射设备型号核准证》有效期限短于 2 年的延长至 2 年以上。优化无线电发射设备型号核准代码编码模式，工业和信息化部制定发布编码规则，由企业自主按照编码规则编制核准代码，便利企业安排生产计划，但产品取得型号核准前不得销售或者使用。

（四）推动电子电器产品准入自检自证。2022 年底前确定一批条件完备、具有良好质量管理水平和信用的电信设备、无线电发射设备、信息技术设备和家用电器生产企业开展自检自证试点。试点企业申请办理电信设备进网许可、无线电发射设备型号核准、强制性认证时，除网络安全等特殊检测项目外，可以采用本企业检测报告替代第三方检测报告；可以在作出相关承诺的前提下，免于提交本企业或者其委托生产企业的生产能力、技术力量、质量保证体系方面的申请材料。自检自证开展情况向社会公示，接受社会和行业监督。根据试点效果，逐步推广电子电器产品准入自检自证制度。

（五）深化广播电视设备器材入网认定制度改革。动态调整广播电视设备器材入网认定品种，逐步减少线缆、分配网络器材等品种入网认定管理，对标清类设备等不再实行入网认定管理。全面推行入网认定电子证件，取代入网认定纸质证书。

三、整合绿色产品评定认证制度

（六）精简整合节能评定认证制度。持续规范能效标识制度，鼓励企业不断提升产品能源效率。取消能效“领跑者”产品遴选制度、“能效之星”产品评价制度。将节能产品认证制度、低碳产品认证制度整合为节能低碳产品认证制度。节能低碳产品标准由有关部门共同制定，认证规则由市场监管总局牵头制定。通过节能低碳产品认证的产品，在政府采购中按规定享受优先采购或者强制采购政策，符合相关地方奖补政策的按规定享受。

（七）加快构建统一的绿色产品认证与标识体系。统筹环境标志认证、节能低碳产品认证、节水产品认证、可再生能源产品认证和绿色设计产品评价制度，纳入绿色产品认证与标识体系实行统一管理，实施绿色产品全项认证或者分项认证。市场监管总局会同国家发展改革委、工业和信息化部、生态环境部等有关部门统一发布绿色产品标识、评价标准清单和认证目录。认证机构应当根据企业需求，依据纳入绿色产品评价标准清单的标准开展全项认证，并采信分项认证结果，避免重复检测和认证。在具备条件的领域，增加企业自我声明的评价方式。在已开展绿色产品认证的领域，政府采购按规定优先采购或者强制采购具备绿色产品标识的产品。除法律、行政法规、国务院决定明确规定外，各地区、各部门不得在绿色产品认证与标识体系之外设定和实施涉及产品节约能源、节约资源、环境保护、低碳、绿色等方面的认定、认证、评比、评价、评选、标识等制度。

四、完善支持基础电子产业高质量发展的制度体系

（八）加大基础电子产业研发创新支持力度。统筹有关政策资源，加大对基础电子产业（电子材料、电子元器件、电子专用设备、电子测量仪器等制造业）升级及关键技术突破的支持力度。通过实行“揭榜挂帅”等机制，鼓励相关行业科研单位、基础电子企业承担国家重大研发任务。引导建立以行业企业为主体、上下游相关企业积极参与、科研院所有力支撑的研发体系，重点支持发展技术门槛高、应用场景多、市场前景广的前沿技术和产品。

（九）优化基础电子产品应用制度。结合基础电子产品发展实际，动态调整重点新材料首批次应用示范指导目录、首台（套）重大技术装备推广应用指导目录，加大对基础电子产品的支持力度。基础电子产品生产企业参与武器装备科研生产及配套的，企业无需就电子元器件办理武器装备科研生产许可，需要办理武器装备科研生产备案的，应当及时办理。

（十）完善基础电子产业投融资制度。发挥国家制造业转型升级基金、中小企业发展基金等政府投资基金引导作用，按照市场化原则，对符合条件的基础电子企业加大支持力度，鼓励有关地方投资基金和社会资本投资，着力培育行业优质企业，支持产业链“链主”企业、制造业单项冠军企业和“专精特新”中小企业发展。鼓励各类金融机构创新金融产品和服务，加大对基础电子产业的金融支持力度。支持符合条件的基础电子企业上市融资。

（十一）加大基础电子产业研发制造用地支持力度。支持基础电子企业研发制造新型基础电子产品，在符合国土空间规划的前提下，允许在工业项目建设用地上通过调整用地结构，增加配套研发、设计、测试、中试设施，建筑面积不超过总建筑面积15%的，可继续按原用途使用土地。

五、优化电子电器行业流通管理制度

（十二）完善电子电器行业相关进出口管理制度。深入落实出口退税、出口信用保险等外贸政策，扩大出口信贷投放，鼓励电子电器行业企业发展跨境电商。为支持电子电器行业企业配套出口项目相关设备、仪器暂时出境，工业和信息化部制定相关货物清单，海关将清单中货物的复运进境期限由最长2年改为5年。加强电子电器产品质量安全风险监测评估，进一步调整优化必须实施检验的进出口商品目录。深化进出口货物“提前申报”、“两步申报”、“船边直提”、“抵港直装”等改革，提升通关便利化水平。

（十三）支持废弃电子电器产品回收处理行业健康发展。落实废弃电子电器产品处理税收优惠政策。充分发挥现行资源综合利用税收优惠政策的激励引导作用，合理降低废弃电子电器产品处理企业负担。着力优化废弃电子电器产品回收处理网络布局，持续提升废弃电子电器产品资源化利用和无害化处理水平。支持有关企业建设回收网点、中转仓库。加强废弃电子电器产品回收处理监管工作，将废弃电子电器产品违法拆解处理活动作为监管重点，加大执法处罚力度。

（十四）规范管理电子电器行业商业测评活动。行业主管部门要对商业测评中存在的利用行政机关和事业单位名义、滥设商业测评名目、滥发商业测评证书、“花钱买排名”、吃拿卡要等破坏市场公平竞争秩序的行为进行清理整顿，及时处理有关商业测评活动的投诉举报，并向社会公布结果。基础电信运营商不得组织开展对电信设备产品的商业测评。严禁行政机关、事业单位及其工作人员组织或者参与商业测评活动。

六、加强事前事中事后全链条全领域监管

（十五）严格落实放管结合要求。将加强产品监管作为深化电子电器行业管理制度改革的重要内容，切实履行监管职责，密切监管协同，不断提升监管效能。对不再实行行政许可或者强制性认证管理的产品，压实监管责任，依据风险状况确定监督抽查比例，依法查处违法行为。对继续实行行政许可或者强制性认证管理的产品，按照“谁审批、谁监管，谁认证、谁监督”的原则，依法严肃查处无证生产行为或者获证后产品质量不符合要求的生产行为。对存在缺陷的电子电器产品，督促生产者履行召回主体责任，对拒不实施召回的生产者，依法责令召回。

（十六）完善电子电器产品监督管理规则。在电子电器领域全面推行跨部门、跨层级“双随机、一公开”监管，按年度统筹制定抽查计划，对同一企业同类产品实行年度抽查次数总量控制，着力解决重复抽检、重复处罚问题。健全信用监管制度，对电子电器企业划分风险等级，将监督抽查比例、频次等与企业信用状况、风险等级挂钩，提升监管的精准性和有效性。对直接关系人民群众生命财产安全、公共安全，以及潜在风险大、社会风险高的产品，实行重点监管，及时发现处置重大风险隐患，守牢安全底线。健全社会监督机制，充分发挥行业协会、新闻媒体、社会公众和市场专业化服务组织的监督作用，构建社会共治格局。

各地区、各部门要充分认识深化电子电器行业管理制度改革的重大意义，主动作为、狠抓落实，健全工作机制，完善配套措施，确保各项改革举措落地见效。工业和信息化部、市场监管总局要根据行业发展、技术进步和市场需求等情况，进一步加大力度持续清理电子电器产品准入的不合理限制，便利合格产品进入市场。要加强统筹协调和督促落实，及时协调解决本意见贯彻执行中的重点难点问题，重大情况及时报告国务院。

"十四五"能源领域科技创新规划

发布单位：国家能源局 科技部
发布时间：2022 年

一、发展形势

（一）世界能源科技发展形势

当前，在能源革命和数字革命双重驱动下，全球新一轮科技革命和产业变革方兴未艾。能源科技创新进入持续高度活跃期，可再生能源、非常规油气、核能、储能、氢能、智慧能源等一大批新兴能源技术正以前所未有的速度加快迭代，成为全球能源向绿色低碳转型的核心驱动力，推动能源产业从资源、资本主导向技术主导转变，对世界地缘政治格局和经济社会发展带来重大而深远的影响。

世界各主要国家近年来纷纷将科技创新视为推动能源转型的重要突破口，积极制定各种政策措施抢占发展制高点。美国近年来相继发布了《全面能源战略》《美国优先能源计划》等政策，并出台系列研发计划，将"科学与能源"确立为第一战略主题，积极部署发展新一代核能、页岩油气、可再生能源、储能、智能电网等先进能源技术，突出全链条集成化创新。欧盟在《欧洲绿色协议》中率先提出了构建碳中性经济体的战略目标，升级了战略能源技术规划（SET-Plan），启动了"研究、技术开发及示范框架计划"，构建了全链条贯通的能源技术创新生态系统。德国、英国、法国等分别组织了能源研究计划、能源创新计划、国家能源研究战略等系列科技计划，突出可再生能源在能源供应中的主体地位，抢占绿色低碳发展制高点。日本近年来出台了《第五期能源基本计划》《2050 能源环境技术创新战略》《氢能基本战略》等战略规划，提出加快发展可再生能源，全面系统建设"氢能社会"。

受政策驱动，可再生能源、非常规油气、核能、储能、智慧能源等领域诸多新兴技术取得重大突破并跨越技术商业化临界点，引领世界能源消费结构呈现非化石能源、煤炭、石油、天然气"四分天下"，且非化石能源比重逐步扩大的新局面。全球能源技术创新主要呈现以下新动向、新趋势。

一是可再生能源和新型电力系统技术被广泛认为是引领全球能源向绿色低碳转型的重要驱动，受到各主要国家的高度重视。面对日益严重的能源资源约束、生态环境恶化、气候变化加剧等重大挑战，全球主要国家纷纷加快了低碳化乃至"去碳化"能源体系发展步伐。国际能源署预测可再生能源在全球发电量中的占比将从当前的约 25%攀升至 2050 年的 86%。为有效应对可再生能源大规模发展给能源系统可靠性和稳定性带来的新挑战，美、欧等国积极探索发展包括先进可再生能源、高比例可再生能源友好并网、新一代电网、新型储能、氢能及燃料电池、多能互补与供需互动等新型电力系统技术，开展了一系列形式多样、场景各异的试验示范工作。

二是非常规油气技术掀起席卷全球的页岩油气革命，成功拓展油气发展新空间，成为颠覆全球油气供应格局的核心力量。美国从 20 世纪 70 年代开始布局页岩油气技术攻关，经过数十年的持续探索，成功发展了旋转导向钻井、水平井分段压裂等系统化的页岩油气开发技术，支撑美国油气自给率持续提升，推动非常规油气技术成为世界各国竞争的焦点。全球非常规油气资源占油气资源总量约 80%，可采资源量超过 80%分布于北美、亚太、拉美、俄罗斯 4 大地区。在各相关国家的大力支持和推动下，全球非常规油气技术不断取得新突破、技术成熟度持续提升，正在推动全球油气产业从常规油气为主到常规与非常规油气并重的重大转变。

三是以更安全、更高效、更经济为主要特征的新一代核能技术及其多元化应用，成为全球核能科技创新的主要方向。福岛事故后，全球核电建设整体进入稳妥审慎发展阶段，但核能技术创新的步伐并未减缓。美、俄、法等核电强国，凭借长期技术积累，瞄准更安全、更高效、更经济等未来核能发展方向，不断加大研发投入和政策支持，在三代和新一代核反应堆、模块化小型堆、核能供热等多元应用、先进核燃料及循环、在役机组延寿和智慧运维等方面开展了大量技术研发和试验示范工作，为引领未来全球核能产业安全高效发展奠定了坚实基础。

四是信息、交通等领域的新技术与传统能源技术深度交叉融合，持续孕育兴起影响深远的新技术、新模式、新业态。美、欧、日等主要发达国家近年来在能源交叉融合技术方面开展了大量有益探索和实践。大数据、云计算、物联网、移动互联网、人工智能、区块链等为代表的先进信息技术与能源生产、传输、存储、消费以及能源市场等环节深度融合，持续催生具有设备智能、多能协同、信息对称、供需分散、系统扁平、交易开放等特征的智慧能源新技术、新模式、新业态。电动汽车及其网联技术、氢燃料电池车等低碳交通技术，推动能源、交通、信息三大基础设施网络互联互通、融合发展，正在开启能源、交通、信息领域新的重大变革。

（二）我国能源科技发展形势

我国已连续多年成为世界上最大的能源生产国、消费国和碳排放国。社会主义现代化强国建设的深入推进对能源供给、消费提出更高要求。在"碳达峰、碳中和"目标、生态文明建设和“六稳六保”等总体要求下，我国能源产业面临保安全、转方式、调结构、补短板等严峻挑战，对科技创新的需求比以往任何阶段都更为迫切。经过前两个五年规划期，我国初步建立了重大技术研发、重大装备研制、重大示范工程、科技创新平台“四位一体”的能源科技创新体系，按照集中攻关一批、示范试验一批、应用推广一批“三个一批”的路径，推动能源技术革命取得重要阶段性进展，有力支撑了重大能源工程建设，对保障能源安全、促进产业转型升级发挥了重要作用。

高比例可再生能源系统技术方面。风电、光伏技术总体处于国际先进水平，有力支撑我国风机、光伏电池产量和装机规模世界第一。10兆瓦级海上风电机组完成吊装。晶硅电池、薄膜电池最高转换效率多次创造世界纪录，量产单多晶电池平均转换效率分别达到22.8%和20.8%。太阳能热发电技术进入商业化示范阶段。水电工程建设能力和百万千瓦级水电机组成套设计制造能力领跑全球。全面掌握1000千伏交流、±1100千伏直流及以下等级的输电技术。柔性直流输电技术占领世界制高点，全球电压等级最高的张北±500千伏柔性直流电网示范工程、乌东德水电送出±800千伏特高压多端直流示范工程已投产送电。

油气安全供应技术方面。常规油气勘探开采技术达到国际先进水平，在国际油气资源开发中具有明显比较优势。非常规和深海油气勘探开发技术取得较大进步，建成一批国家级页岩气开发示范区，页岩气年产量超过200亿方，支撑我国成为北美之外首个实现页岩气规模化商业开发的国家，自主研发建造的全球首座十万吨级深水半潜式生产储油平台“深海一号”投运。油气长输管线技术取得重大突破，电驱压缩机组、燃驱压缩机组、大型球阀和高等级管线钢等核心装备和材料实现自主化，有力保障了西气东输、中俄东线等长输管线建设。千万吨级LNG项目、千万吨级炼油工程成套设备已实现自主化。

核电技术方面。形成了较完备的大型压水堆核电装备产业体系。自主研发“华龙一号”和“国和一号”百万千瓦级三代核电，主要技术和安全性能指标达到世界先进水平。自主研发的具有四代特征的高温气冷堆商业示范堆已投产发电，快中子堆示范项目已开工建设。模块化小型堆、海洋核动力平台等先进核反应堆技术正在抓紧攻关和示范。

化石能源清洁高效开发利用技术方面。年产1000万吨以上特厚煤层综采与综采放顶煤开采装备、重介质选煤技术等煤炭开发利用技术装备实现规模应用。煤矿瓦斯治理、灾害防治技术水平显著提升，百万吨死亡率持续下降。具有自主知识产权的神华宁煤400万吨/年煤炭间接液化等一批煤炭深加工重大示范工程建成投产。国际首创的135万千瓦高低位布置超超临界二次再热机组投入运行，煤电超低排放水平进入世界领先行列。具有完全自主知识产权的50MW燃气轮机已实现满负荷稳定运行。

能源新技术、新模式、新业态方面。主流储能技术总体达到世界先进水平，电化学储能、压缩空气储能技术进入商业化示范阶段。氢能及燃料电池技术迭代升级持续加速，推动氢能产业从模式探索向多元示范迈进。能源基础设施智能化、能源大数据、多能互补、储能和电动汽车应用、智慧用能与增值服务等领域创新十分活跃，各类新技术、新模式、新业态持续涌现，对能源产业发展产生深远影响。

然而，与世界能源科技强国相比，与引领能源革命的要求相比，我国能源科技创新还存在明显差距，突出表现为：一是部分能源技术装备尚存短板。关键零部件、专用软件、核心材料等大量依赖国外。二是能源技术装备长板优势不明显。能源领域原创性、引领性、颠覆性技术偏少，绿色低碳技术发展难以有效支撑能源绿色低碳转型。三是推动能源科技创新的政策机制有待完善。重大能源科技创新产学研“散而不强”，重大技术攻关、成果转化、首台（套）依托工程机制、容错以及标准、检测、认证等公共服务机制尚需完善。

“十四五”是我国全面建设社会主义现代化国家新征程的第一个五年规划期。进入新时期新阶段，要充分发挥科技创新引领能源发展第一动力作用，立足能源产业需求，着眼能源发展未来，健全科技创新体系、夯实科技创新基础、突破关键技术瓶颈，为推动能源技术革命，构建清洁低碳、安全高效的能源体系提供坚强保障。

二、总体要求和发展目标

（一）指导思想

以习近平新时代中国特色社会主义思想为指导，深入贯彻党的十九大和十九届二中、三中、四中、五中、六中全会精神，全面落实“四个革命、一个合作”能源安全新战略和创新驱动发展战略，聚焦保障能源安全、促进能源转型、引领能源革命和支撑“碳达峰、碳中和”目标等重大需求，坚持创新在能源发展全局中的核心地位，统筹发展与安全，以实现能源科技自立自强为重点，以完善能源科技创新体系为依托，着力补强能源技术装备“短板”和锻造能源技术装备“长板”，支撑增强能源持续稳定供应和风险管控能力，引领清洁低碳、安全高效的能源体系建设。

（二）基本原则

1. 补强短板，支撑发展。紧紧围绕国家能源重大战略需求，加强能源领域关键技术攻关，补强产业链供应链短板，逐步化解能源技术装备领域存在的风险。

2. 锻造长板，引领未来。牢牢把握能源技术革命趋势，以绿色低碳为方向，加快推动前瞻性、颠覆性技术创新，锻造长板技术新优势，带动产业优化升级。

3. 依托工程，注重实效。依托重大能源工程推进科技创新成果示范应用，加快推动科技成果转化为现实生产力，切实发挥能源项目建设对科技创新的带动作用。

4. 协同创新，形成合力。与能源、科技等总体规划以及各专项规划统筹衔接，强化产业链创新链上下游联合，加强各方支持政策协同，形成能源科技创新合力。

（三）发展目标

能源领域现存的主要短板技术装备基本实现突破。前瞻性、颠覆性能源技术快速兴起，新业态、新模式持续涌现，形成一批能源长板技术新优势。能源科技创新体系进一步健全。能源科技创新有力支撑引领能源产业高质量发展。

——引领新能源占比逐渐提高的新型电力系统建设。先进可再生能源发电及综合利用、适应大规模高比例可再生能源友好并网的新一代电网、新型大容量储能、氢能及燃料电池等关键技术装备全面突破，推动电力系统优化配置资源能力进一步提升，提高可再生能源供给保障能力。

——支撑在确保安全的前提下积极有序发展核电。三代大型压水堆装备自主化水平进一步提升，建立标准化型号和型号谱系。小型模块化反应堆、（超）高温气冷堆、熔盐堆、海洋核动力平台等先进核能系统研发和示范有序推进。乏燃料后处理、核电站延寿等技术研究取得阶段性突破。

——推动化石能源清洁低碳高效开发利用。“两深一非”、老油田提高采收率等油气开发技术取得重大突破，有力支撑油气稳产增产和产供储销体系建设。煤炭绿色智能开采、清洁高效转化和先进燃煤发电技术保持国际领先地位，支撑做好煤炭“大文章”。重型燃气轮机研发与示范取得突破，各类中小型燃气轮机装备实现系列化。

——促进能源产业数字化智能化升级。先进信息技术与能源产业深度融合，电力、煤炭、油气等领域数字化、智能化升级示范有序推进。能源互联网、智慧能源、综合能源服务等新模式、新业态持续涌现。

——适应高质量发展要求的能源科技创新体系进一步健全。政-产-学-研-用协同创新体系进一步健全，创新基础设施和创新环境持续完善。围绕国家能源重大需求和重点方向，优化整合并新建一批国家重点实验室和国家能源研发创新平台，有效支撑引领新兴能源技术创新和产业发展。

三、重点任务

（一）先进可再生能源发电及综合利用技术

聚焦大规模高比例可再生能源开发利用，研发更高效、更经济、更可靠的水能、风能、太阳能、生物质能、地热能以及海洋能等可再生能源先进发电及综合利用技术，支撑可再生能源产业高质量开发利用；攻克高效氢气制备、储运、加注和燃料电池关键技术，推动氢能与可再生能源融合发展。

1. 水能发电技术

（1）水电基地可再生能源协同开发运行关键技术

［集中攻关］研发基于气象水文预报和流域综合监测技术，防洪、发电、航运、供水、生态等综合利用多目标协调，满足安全稳定运行和市场需求的流域梯级水电站联合调度技术；研发基于风光水储多能互补、容量优化配置的新型水能资源评估与规划技术，构建基于可再生能源发电预报预测技术的多能互补调度模型，支撑梯级水电、抽水蓄能电站与间歇性可再生能源互补协同开发运行。［示范试验］研发并示范特高压直流送出水电基地可再生能源多能互补协调控制技术；研究基于梯级水电站的大型储能项目技术可行性及工程经济性，适时开展工程示范。

（2）水电工程健康诊断、升级改造和灾害防控技术

［示范试验］开展大坝性态及库区智能监测与巡查、大坝健康诊断技术研究及专用设备研发；突破结构增强、渗漏检测与治理、增容改造、水下修复、金属结构维护、大坝拆除和重建等升级改造技术。开展流域大型滑坡稳定性、致灾机制与预警指标、滑坡灾害监测体系、堰塞湖形成与溃决、滑坡灾害风险防控等研究。示范满足防灾应急和维护检修要求的高坝大库放空关键技术。

2. 风力发电技术

（3）深远海域海上风电开发及超大型海上风机技术

［集中攻关］开展新型高效低成本风电技术研究，突破多风轮梯次利用关键技术，显著提升风能捕获和利用效率；突破超长叶片、大型结构件、变流器、主轴轴承、主控制器等关键部件设计制造技术，开发15兆瓦及以上海上风电机组整机设计集成技术、先进测试技术与测试平台；开展轻量化、紧凑型、大容量海上超导风力发电机组研制及攻关。［示范试验］突破深远海域海上风电勘察设计及安装技术，适时开展超大功率海上风电机组工程示范。研发远海深水区域漂浮式风电机组基础一体化设计、建造与施工技术，开发符合中国海洋特点的一体化固定式风机安装技术及新型漂浮式桩基础。

（4）退役风电机组回收与再利用技术

［应用推广］开展退役风电机组整机回收与再利用工艺研究，重点突破叶片低成本破碎、有机材料高温裂解、玻纤以及巴莎木循环再利用等技术，构建环境友好、资源节约的风电机组退役技术标准体系。

3. 太阳能发电及利用技术

（5）新型光伏系统及关键部件技术

［集中攻关］研发大功率中压全直流光伏发电系统技术与大功率直流升压变换器，实现直流变换器电压等级30千伏及以上；突破大型光伏高效直流电解系统技术及万安级高效率直流电解变换器；开展近海漂浮式光伏系统技术及高可靠性组件、部件技术研究。

（6）高效钙钛矿电池制备与产业化生产技术

［示范试验］研制基于溶液法与物理法的钙钛矿电池量产工艺制程设备，开发高可靠性组件级联与封装技术，研发大面积、高效率、高稳定性、环境友好型的钙钛矿电池；开展晶体硅/钙钛矿、钙钛矿/钙钛矿等高效叠层电池制备及产业化生产技术研究。

（7）高效低成本光伏电池技术

［示范试验］开展隧穿氧化层钝化接触（TOPCon）、异质结（HJT）、背电极接触（IBC）等新型晶体硅电池低成本高质量产业化制造技术研究；突破硅颗粒料制备、连续拉晶、N型与掺镓P型硅棒制备、超薄硅片切割等低成本规模化应用技术。开展高效光伏电池与建筑材料结合研究，研发高防火性能、高结构强度、模块化、轻量化的光伏电池组件，实现光伏建筑一体化规模化应用。

（8）光伏组件回收处理与再利用技术

［示范试验］研发基于物理法和化学法的晶硅光伏组件低成本绿色拆解、高价值组分高效环保分离技术装备，开发新材料及新结构组件的环保处理技术和实验平台，高效回收和再利用退役光伏组件中银、铜等高价值组分。

（9）太阳能热发电与综合利用技术

［集中攻关］开展热化学转化和热化学储能材料研究，探索太阳能热化学转化与其他可再生能源互补技术；研发中温太阳能驱动热化学燃料转化反应技术，研制兆瓦级太

阳能热化学发电装置。[应用推广] 开发光热发电与其他新能源多能互补集成系统，发掘光热发电调峰特性，推动光热发电在调峰、综合能源等多场景应用。

4. 其他可再生能源发电及利用技术

(10) 生物质能转化与利用技术

[集中攻关] 研发生物质炼厂关键核心技术，生物质解聚与转化制备生物航空燃料等前沿技术，形成以生物质为原料高效合成/转化生产交通运输燃料/低碳能源产品技术体系。[示范试验] 研发并示范多种类生物质原料高效转化乙醇、定向热转化制备燃油、油脂连续热化学转化制备生物柴油等系列技术。突破多种原料预处理、高效稳定厌氧消化、气液固副产物高值利用等生物燃气全产业链技术，开展适合不同原料类型和区域特点的规模化生物燃气工程及分布式能源系统示范，提升生物燃气工程的经济性和稳定性。

(11) 地热能开发与利用技术

[集中攻关] 突破高温钻井装备仪器瓶颈，支撑水/干热型地热能资源开发；攻关中低温地热发电关键技术；开展高温含水层储能和中深层岩土储能关键技术研究，实现余热废热的地下储能。[示范试验] 突破干热岩探测、压裂及效果评价等关键技术，研发单井采热系统、增强型地热系统以及地面综合梯级热利用系统，开发干热岩热储压裂-采热-用热一体化优化设计平台，开展干热岩型地热能开发利用工程示范。[应用推广] 推广含水层储能、岩土储能等跨季节地下储热技术利用，因地制宜推广集地热能发电、供热（冷）、热泵于一体的地热综合梯级利用技术。

(12) 海洋能发电及综合利用技术

[集中攻关] 研发波浪能高效能量俘获系统及能量转换系统，突破恶劣海况下生产保障、锚泊等关键技术，实现深远海波浪能高效、高可靠发电。[示范试验] 突破兆瓦级波浪能发电、潮流能发电以及海洋温差能发电等关键技术，开展海上综合能源系统工程示范。

5. 氢能和燃料电池技术

(13) 氢气制备关键技术

[集中攻关] 突破适用于可再生能源电解水制氢的质子交换膜（PEM）和低电耗、长寿命高温固体氧化物（SOEC）电解制氢关键技术，开展太阳能光解水制氢、热化学循环分解水制氢、低热值含碳原料制氢、超临界水热化学还原制氢等新型制氢技术基础研究。[示范试验] 开展多能互补可再生能源制氢系统最优容量配置研究，研发动态响应、快速启停及调度控制等关键技术；建立可再生能源—燃料电池耦合系统协同控制平台；研发可再生能源离网制氢关键技术；开展多应用场景可再生能源-氢能的综合能源系统示范。

(14) 氢气储运关键技术

[集中攻关] 突破50MPa气态运输用氢气瓶；研究氢气长距离管输技术；开展安全、低能耗的低温液氢储运，高密度、轻质固态氢储运，长寿命、高效率的有机液体储运氢等技术研究。[示范试验] 开展纯氢/掺氢天然气管道及输送关键设备安全可靠性、经济性、适应性和完整性评价，开展天然气管道掺氢示范应用；研发大规模氢液化、氢储存示范装置。

(15) 氢气加注关键技术

[示范试验] 研制低预冷能耗、满足国际加氢协议的70MPa加氢机和高可靠性、低能耗的45MPa/90MPa压缩机等关键装备，开展加氢机和加氢站压缩机的性能评价、控制及寿命快速测试等技术研究，研制35MPa/70MPa加氢装备以及核心零部件，建成加氢站示范工程。

(16) 燃料电池设备及系统集成关键技术

[示范试验] 开展高性能、长寿命质子交换膜燃料电池（PEMFC）电堆重载集成、结构设计、精密制造关键技术研究；突破固体氧化物燃料电池（SOFC）关键技术，掌握系统集成优化设计技术及运行特性与负荷响应规律；完善熔融碳酸盐燃料电池（MCFC）电池堆堆叠、功率放大等关键技术，掌握百千瓦级熔融碳酸盐燃料电池集成设计技术。开展多场景下燃料电池固定式发电及分布式供能示范应用。

(17) 氢安全防控及氢气品质保障技术

[集中攻关] 开展临氢环境下临氢材料和零部件氢泄漏检测及危险性试验研究，研制快速、灵敏、低成本氢传感器和氢气微泄漏监测材料，研发氢气燃烧事故防控与应急处置技术装备；开展工业副产氢纯化关键技术研究。

专栏1 先进可再生能源发电及综合利用技术重点示范
01 水能发电技术示范 ① 依托水电基地调节能力，在流域风、光资源丰富地区，开展水风光储多能互补综合开发基地工程示范； ② 开展水电工程健康诊断、高坝大库放空等试验示范。
02 风力发电技术示范 ③ 开展12~15MW级超大型海上风电机组工程示范； ④ 开展深水区域漂浮式风电机组工程示范。
03 太阳能发电及利用技术示范 ⑤ 建设晶体硅/钙钛矿、钙钛矿/钙钛矿等高效叠层电池制备及产业化生产线，开展钙钛矿光伏电池应用示范； ⑥ 开展高效低成本光伏电池技术研究和应用示范； ⑦ 开展退役晶硅光伏组件回收与再利用技术示范。
04 其他可再生能源发电及利用技术示范 ⑧ 开展生物燃料乙醇、生物柴油、生物燃油等生物液体燃料工程示范，以及覆盖秸秆、粪便、糟渣、餐厨垃圾等不同类型原料的生物燃气工程示范； ⑨ 开展干热岩热能高效综合利用试验示范； ⑩ 开展兆瓦级波浪能、潮流能、海洋温差能等海洋能发电技术示范验证。
05 氢能和燃料电池技术示范 开展不同应用场景下的可再生能源-氢能综合能源系统应用示范； 开展管道输氢、天然气管道掺氢工程示范； 开展低能耗、大规模氢液化工厂与液氢储运关键技术示范； 开展加氢站关键装备及技术研发示范； 开展百千瓦级及以上质子交换膜燃料电池、固体氧化物燃料电池、熔融碳酸盐燃料电池分布式供能应用示范。

（二）新型电力系统及其支撑技术

加快战略性、前瞻性电网核心技术攻关，支撑建设适应大规模可再生能源和分布式电源友好并网、源网荷双向互动、智能高效的先进电网；突破能量型、功率型等储能本体及系统集成关键技术和核心装备，满足能源系统不同应用场景储能发展需要。

1. 适应大规模高比例新能源友好并网的先进电网技术

（1）新能源发电并网及主动支撑技术

［集中攻关］开展新能源功率高精度预测技术研究，突破新能源发电参与电网频率/电压/惯量调节的主动支撑控制、自同步控制、宽频带振荡抑制等关键技术，研发“云-边”协同的新能源主动支撑智能控制和在线评价系统，提升并网安全性。［示范试验］研究并示范无常规电源支撑的新能源直流外送基地主动支撑技术；研究并示范新能源孤岛直流接入的先进协调控制技术，实现纯电力电子网络稳定运行；突破中压并网逆变器和光伏高效稳定直流汇集等关键技术，开展新型高效大容量光伏并网技术示范。

（2）电力系统仿真分析及安全高效运行技术

［集中攻关］研发电力电子设备/集群精细化建模与高效仿真技术，更大规模和更高精度的交直流混联电网仿真技术，建立智能化计算分析镜像系统，突破具有经济运行与安全稳定自我感知能力的源网荷储多元接入的多级调度协同、广域协调安全稳定控制技术，实现复杂运行环境下电网运行特性的深度认知和运行趋势的有效把握；开展新型电力系统网络结构模式和运行调度、控制保护方式，直流电网系统运行关键技术，以及高比例新能源和高比例电力电子装备接入电网稳定运行控制技术研究，提升电网安全稳定运行水平；开展电力系统遭受严重自然灾害、物理攻击、网络攻击等非常规安全风险识别及防范研究，提高非常规状态电网安全稳定防御和应急处理能力。

（3）交直流混合配电网灵活规划运行技术

［集中攻关］开展多电压等级交直流混合配电网灵活组网模式研究，掌握源网荷储精准匹配、整流逆变合理布局的新型配电网规划技术，研制多端差动保护、区域故障快速处理等装置及直流配用电装备，突破大规模随机性负荷、间歇性分布式电源和大规模分布式储能接入下，中低压配电网源网荷储组网协同运行控制及市场运营关键技术，实现配电网大规模分布式电源有序接入、灵活并网和多种能源协调优化调度，有效提升配电网的韧性和运行效率。

（4）新型直流输电装备技术

［集中攻关］开展交直流协调控制快速保护以及多馈入直流系统换相失败综合防治技术研究，研制新型换流器、新型直流断路器、DC/DC 变换器、直流故障限流器、直流潮流控制器、有源滤波器、可控消能装置等设备。

（5）新型柔性输配电装备技术

［集中攻关］研制过电压抑制与监测、主动电压支撑、暂态潮流调控、故障电流限制、振荡动态阻尼、低频输电、柔性变电站、新型无功补偿、有源调压、混合滤波等装备，开展面向新型电力系统应用的新型电力电子拓扑结构和控制等关键技术研究。

（6）源网荷储一体化和多能互补集成设计及运行技术

［示范试验］开展源网荷储一体化和风光火（储）、风光水（储）、风光储一体化规划与集成设计研究，掌握场站级高电压穿越和次同步振荡抑制技术；研究储能充放电最优策略与聚合控制理论，建立工业园区级智慧能源系统一体化解决方案，形成规模化智慧可调资源；研究电动汽车与电网能量双向交互调控策略，构建电动汽车负荷聚合系统，实现电动汽车与电网融合发展；开发适应新能源汇集输送的多端柔性直流输电、输电线路动态增容等关键技术，实现源网荷储广域灵活调节、安全稳定和经济运行多目标协调控制。

（7）大容量远海风电友好送出技术

［集中攻关］突破大容量海上风电机组的全工况模拟及并网试验关键技术装备，研制风电机组干式升压变压器，突破远海风电全直流以及低频输电系统设计关键技术。［示范试验］开展远海风电柔直接入关键技术、装备及运维技术研究，突破大容量直流海缆及附件材料设计及制造技术，掌握紧凑化、轻型化海上平台设计关键技术，并进行示范应用。

2. 储能技术

（8）能量型/容量型储能技术装备及系统集成技术

［集中攻关］针对电网削峰填谷、集中式可再生能源并网等储能应用场景，开展大容量长时储能器件与系统集成研究；研发长寿命、低成本、高安全的锂离子电池，突破铅碳电池专用模块均衡和能量管理技术，开展高功率液流电池关键材料、电堆设计以及系统模块的集成设计等研究，研发钠离子电池、液态金属电池、钠硫电池、固态锂离子电池、储能型锂硫电池、水系电池等新一代高性能储能技术，开发储热蓄冷、储氢、机械储能等储能技术。［示范试验］开展 GW. h 级锂离子电池、大规模压缩空气储能电站和高功率液流电池储能电站系统设计与示范。

（9）功率型/备用型储能技术装备与系统集成技术

［集中攻关］针对增强电网调频、平滑间歇性可再生能源功率波动以及容量备用等储能应用场景，开展长寿命大功率储能器件和系统集成研究；开展超导、电介质电容器等电磁储能技术攻关，研发电化学超级电容器、高倍率锂离子电池等各类功率型储能器件；研发大功率飞轮材料以及高速轴承等关键技术，突破大功率飞轮与高惯性同步调相机集成关键技术，以及 50MW 级基于飞轮的高惯性同步调相机技术。［示范试验］推动 10MW 级超级电容器、高功率锂离子电池、兆瓦级飞轮储能系统设计与应用示范。

（10）储能电池共性关键技术

［集中攻关］开展基于储能电池单体和模组短时间测试数据预测长日历寿命的实验验证和模拟仿真研究，实现储能电池 25 年以上的循环寿命及健康状态快速监测和评价；开展低成本可修复再生的新型储能电池技术研究，研发退役电池剩余价值评估、单体电池自动化拆解和材料分选技术，实现电池修复、梯次利用、回收与再生；推动储能单体和系统的智能传感技术研究；推动储能电池全寿命周期的安全性检测、预警和防护研究；开展基于正向设计，适合梯次利用的动力电池设计与制造，以及梯次利用场景分析、快速分选、系统集成和运维等关键技术研究。［示范试

验］研发电化学储能系统安全预警、系统多级防护结构及材料等关键技术，示范大型锂电池储能电站的整体安全性设计、能量智能管控及运维、先进冷却及消防等关键技术。

（11）大型变速抽水蓄能及海水抽水蓄能关键技术

［示范试验］研制大型变速抽水蓄能机组水泵水轮机、发电电动机、交流励磁系统、继电保护系统、计算机监控系统、调速系统等关键设备，研制发电电动机出口断路器等高压开关设备，建立变速抽水蓄能技术体系。突破海水抽水蓄能电站应对海上恶劣天气的发电调度、水库和地下水防渗、发电机组抗附着和抗腐蚀、进水口和尾水系统防海浪等关键技术，适时开展工程示范。

（12）分布式储能与分布式电源协同聚合技术

［集中攻关］开展分布式储能系统协同聚合研究，提出多点布局储能系统的聚合方法，掌握多点布局储能系统聚合调峰、调频及紧急控制系列理论与成套技术，实现广域布局的分布式储能、储能电站的规模化集群协同聚合；开展岛屿可再生能源开发与智能微网关键技术攻关。［应用推广］突破分布式储能与分布式电源协同控制和区域能源调配管理技术，提高配电网对分布式光伏的接纳；研发基于区块链技术的分布式储能多元市场化交易平台，推广基于区块链共享储能应用技术。

专栏2 新型电力系统及其支撑技术重点示范
01 适应大规模高比例新能源友好并网的先进电网技术示范 ① 开展无常规电源支撑的新能源直流外送基地主动支撑技术应用示范； ② 开展新型高效大容量光伏并网技术示范； ③ 开展源网荷储一体化设计及运行示范； ④ 开展风光火（储）、风光水（储）、风光储一体化设计及运行技术示范； ⑤ 开展电动汽车与电网互动（V2G）示范； ⑥ 开展深远海域海上风电基地柔性直流送出工程示范。
02 储能技术示范 ⑦ 开展大规模压缩空气储能电站系统设计与示范； ⑧ 开展规模化高安全高性能液流电池储能电站系统设计与示范； ⑨ 开展高惯性旋转备用储能技术应用示范； ⑩ 开展大型锂电池储能电站工程示范； 开展变速抽水蓄能及出口断路器示范； 开展海水抽水蓄能工程示范。

（三）安全高效核能技术

围绕提升核电技术装备水平及项目经济性，开展三代核电关键技术优化研究，支撑建立标准化型号和型号谱系；加强战略性、前瞻性核能技术创新，开展小型模块化反应堆、（超）高温气冷堆、熔盐堆等新一代先进核能系统关键核心技术攻关；开展放射性废物处理处置、核电站长期运行、延寿等关键技术研究，推进核能全产业链上下游可持续发展。

1. 核电优化升级技术

（1）三代核电技术型号优化升级

［示范试验］开展三代核电在工程建设及运行过程中涉及的设备、工艺、布置和施工等关键技术优化研究，进一步提高机组安全性、经济性、厂址适应能力和设备可靠性，支撑建立具有完全自主知识产权的三代核电标准化型号和型号谱系。［应用推广］结合国际市场要求，开展型号适应性研发，支撑设计审查认证及取证；持续开展核电厂设计优化和先进技术研究，助力自主三代核电批量化发展及在国际市场推广应用。

（2）核能综合利用技术

［示范试验］开展核能供热（冷）方案优化及安全设计原则、核能海水淡化低温闪蒸等核心设备以及核能制氢工艺方案等关键技术研究，研究核能与风电、光伏、储能、氢能等的多能互补形式，优化完善以核电厂为核心的综合能源系统方案及运营技术，推动核能梯级利用，提高核能综合利用效率。

2. 小型模块化反应堆技术

（3）小型智能模块化反应堆技术

［示范试验］开展小型智能模块化反应堆技术以及先进热交换、监测、材料、软件体系和安全性等关键技术研究，突破核心技术装备，完成先进模块化小型反应堆典型项目一体化与智能化设计，满足在园区、海岛、基地、矿区等多场景工程应用条件，适时开展小型模块化反应堆核能综合利用工程示范。

（4）小型供热堆技术

［示范试验］开展供热堆系统设计、燃料组件、试验验证等关键技术研究，突破关键设备技术，实现小型供热堆设计、装备、建造和配套体系的标准化，适时开展小型堆供热商用示范。

（5）浮动堆技术

［集中攻关］开展浮动式反应堆装置总体技术方案等关键技术研究，研制满足海洋条件和小型化要求的关键设备，健全海上浮动堆标准规范体系。

（6）移动式反应堆技术

［集中攻关］开展轻型、智能核电源装置设计与关键技术研究，突破移动式反应堆关键共性技术，开展气冷微堆、微型压水堆、热管反应堆等型号总体方案设计及关键核级设备研制，完成相关试验验证，形成具备可移动能力的先进核电源装置方案。

3. 新一代核电技术

（7）（超）高温气冷堆技术

［集中攻关］开展高温气冷堆主氦风机电磁轴承等关键设备优化改造，突破多模块协调控制技术；研制超高温气冷堆关键设备，研发（超）高温堆“热-电-氢”多联产应用技术，形成（超）高温气冷堆多用途应用技术方案。

（8）钍基熔盐堆技术

［集中攻关］建设20MWe小型模块化钍基熔盐研究堆及科学设施，探究堆内燃料盐、出堆燃料盐和处理后燃料盐中锕系元素和裂变产物的存在形式和转化规律，建立熔盐堆材料失效评估、寿命预测标准方法，完成钍基熔盐堆

与发电系统耦合技术的研发与验证。

4. 全产业链上下游可持续支撑技术

(9) 放射性废物处理处置关键技术

[集中攻关] 开展放射性废物综合处理等研究，研发完善等离子熔融、蒸汽重整等废物处理关键技术；建立废物综合处理最优化技术体系和核电机组长期运行废物处理方案，建设中低放废物的处置场。

(10) 核电机组长期运行及延寿技术

[集中攻关] 开展核电厂长周期安全可靠运行策略研究，突破核电厂复杂严苛条件下的智能翻新、设备整体更换、多功能远程操控、老化（故障）在线监测等关键技术，研制定位、切割、焊接与金属粉尘收集等智能化专用装备，并构建三维仿真模型和全生命周期大数据系统；研究核电厂关键设备更换后长期运行的可行性及实施路径。[示范试验] 开展结构完整性检测与评价、关键部件材料快中子辐照损伤评价、一回路重要镍基合金部件及主管道材料性能退化行为预测、智能化核设施健康管理监测、辐照脆化热退火老化缓解等核电机组老化与寿命管理基础性和应用性技术研究，建立运行许可证延续技术体系和老化管理大纲技术体系。

(11) 核电科技创新重大基础设施支撑技术

[集中攻关] 加快反应堆热工水力、严重事故机理等先进理论研究成果的试验验证技术攻关，支撑高水平台架和研究设施的建设与升级。

专栏3 安全高效核能技术重点示范
01 核电优化升级技术示范 ① 开展具有完全自主知识产权的三代核电型号优化升级示范； ② 开展现役核电机组供热等综合利用示范。
02 小型模块化反应堆技术示范 ③ 开展小型堆核能综合利用工程示范； ④ 开展小型堆供热商业示范。
03 全产业链上下游可持续支撑技术示范 ⑤ 针对服役年限即将到期的核电机组开展运行许可证延续论证及示范。

（四）绿色高效化石能源开发利用技术

聚焦增强油气安全保障能力，有效支撑油气勘探开发和天然气产供销体系建设，开展纳米驱油、CO_2 驱油、精细化勘探、智能化注采等关键核心技术攻关，提升低渗透老油田、高含水油田以及深层油气等陆上常规油气的采收率和储量动用率；推动深层页岩气、非海相非常规天然气、页岩油和油页岩勘探开发技术攻关，研发天然气水合物试采及脱水净化技术装备；突破输运、炼化领域关键瓶颈技术，提升油气高效输运技术能力，完善下游炼化高端产品研发体系。聚焦煤炭绿色智能开采、重大灾害防控、分质分级转化、污染物控制等重大需求，形成煤炭绿色智能高效开发利用技术体系。研发一批更高效率、更加灵活、更低排放的煤基发电技术，巩固煤电技术领先地位。突破燃气轮机设计、试验、制造、运维检修等瓶颈技术，提升燃气发电技术水平。

1. 油气安全保障供应技术

——陆上常规油气勘探开发技术

(1) 低渗透老油田大幅提高采收率技术

[示范试验] 完善纳米驱油开发理论，研发表征评价技术装备，发展第二代纳米驱油技术；突破陆相沉积低渗透油藏 CO_2 驱油提高采收率工程配套技术；开展低渗透油田纳米驱油、CO_2 驱油工业化示范，提高我国低渗透老油田原油采收率。

(2) 高含水油田精细化/智能化分层注采技术

[示范试验] 开展水驱、聚驱分层开采实时监测与控制技术研究，建立油藏与工程一体化的智能分层开采精细管理系统，开展精细化/智能化分层注采工程示范，提高高含水油田原油采收率。

(3) 深层油气勘探目标精准描述和评价技术

[集中攻关] 揭示深层-超深层油气成藏机理，建立以岩相古地理重建、规模储层分布预测、资源潜力评价为核心的深层油气成藏有效性评价方法，形成深层油气勘探地质理论与地球物理评价技术体系，为深层油气勘探突破和增产提供支撑。

——非常规油气勘探开发技术

(4) 深层页岩气开发技术

[示范试验] 开展深层页岩气储层特征、工程条件及有效开发一体化研究，掌握深层页岩气“甜点区”评价技术，探明深部原位赋存环境下页岩原位力学行为演化，突破页岩储层高温、高压和高应力水平井多段压裂技术，支撑埋深3500~4500米页岩气的经济有效开发。

(5) 非海相非常规天然气开发技术

[示范试验] 开展陆相、海陆过渡相页岩气、致密气和煤层气富集机理与分布规律研究，掌握非常规气“甜点区”评价技术，攻关穿层体积压裂及压后排采关键技术，研发井筒合采工具，开展 CO_2 增能复合压裂工艺技术应用，建立非海相非常规天然气开发行业标准与规范体系，支撑压裂水平井平均单井累计产气量达到6000万立方米以上。

(6) 陆相中高成熟度页岩油勘探开发技术

[示范试验] 开展微纳米孔喉系统表征、流体赋存机理与可动性评价、“人工油气藏”开发、产能动态评价等关键技术研究，开展“甜点区”评价和“井工厂”体积压裂技术示范，形成陆相中高成熟度页岩油富集理论与效益勘探开发配套技术体系。

(7) 中低成熟度页岩油和油页岩地下原位转化技术

[集中攻关] 突破原位转化机理与选区评价、低成本钻完井、高效加热、储层改造、体系封闭、高温高硫化氢安全环保采油等关键技术，建立全过程精细化生态环境保护技术体系，开展原位转化开发先导试验研究，支撑中低成熟度页岩油和油页岩进入商业开发阶段。

(8) 地下原位煤气化技术

[集中攻关] 开展地下原位煤气化地质评价选址、气化炉建造、气化运行控制、地面集输处理、产出气综合利用等技术攻关及井下高温工具研制，研发物理模拟装置和

数值模拟系统，构建地质工程一体化评价开发技术体系并形成标准规范，为中深层地下原位煤气化先导试验奠定基础。

（9）海域天然气水合物试采技术及装备

[集中攻关] 建立天然气水合物资源评价、富集区地球物理预测、地质建模与开发潜力评价技术体系，研发水合物储层-井筒输送全流程优化设计软件平台，突破海域天然气水合物水平井开发、流动保障、试采管柱与举升、脱水净化等关键技术，完善试采设计方案，支撑海域天然气水合物单井日产气量提升至3~5万立方米。

——油气工程技术

（10）地震探测智能化节点采集技术与装备

[集中攻关] 开展MEMS数字传感技术、基于LoRa架构的陆上节点自适应组网技术研究，研制陆上、海洋智能化节点地震采集系统，实现百万道级全数字地震探测和深海稳定可靠采集。[应用推广] 应用高精度可控震源智能系统，实现智能化、网络化的高效作业管理；建设海洋地震采集装备制造及检测平台，应用海洋地震勘探系统地震拖缆、控制与定位、综合导航、气枪震源控制等核心装备并装配三维地震物探船，支撑海洋地震勘探技术装备在海洋深水油气勘探开发的推广应用。

（11）超高温高压测井与远探测测井技术与装备

[集中攻关] 突破耐高温芯片、耐高压结构材料、高性能传感器等关键技术，形成230℃/170MPa以上超高温高压快速成像和井旁/井地/井间远探测测井技术装备，配套采集处理解释软件与刻度装置等技术，解决复杂油气藏的深远精细测量与评价技术难题。[应用推广] 开展高可靠快速与成像、全域成像、随钻成像等仪器系列优化升级和地质适应性研究，推进地层成像测井成套装备的规模化应用，持续提升国产高端测井装备核心竞争力。

（12）抗高温抗盐环保型井筒工作液与智能化复杂地层窄安全密度窗口承压堵漏技术

[集中攻关] 开展井筒工作液抗高温稳定机理、复杂地层井漏及井壁失稳机理研究，建立工作液超高温评价方法和防漏堵漏评价方法，研制≥240℃环保型工作液、响应型堵漏材料等关键材料，减小井筒工作液在井漏时对环境的污染，提高一次堵漏成功率，降低井漏损失时间和单井漏失量。

（13）高效压裂改造技术与大功率电动压裂装备

[应用推广] 研发地质工程一体化压裂优化设计平台，完善长水平井油气高效体积压裂、智能压裂和高密度“井工厂”多井多缝立体压裂工艺和二次完井及重复压裂关键技术，研制分布式光纤监测技术与装备、智能材料、大功率电动压裂装备及工具，实现超3000米水平段水平井高效体积压裂工艺与车载式全电动压裂装备的推广应用。

（14）地下储气库建库工程技术

[集中攻关] 开展复杂油气藏建库库容空间高效利用及储气库监测技术研究，研制大型储气库用离心压缩机关键核心部件及新型节能大规模天然气烃水吸附处理装置，构建储气库地质体-井筒-地面一体化完整性评价体系并形成储气库完整性管理标准及规范，全面支撑国内复杂地质条件储气库大规模建设及安全运行。

——管输技术

（15）新一代大输量天然气管道工程建设关键技术与装备

[示范试验] 研制18兆瓦天然气管道集成式压缩机、智能化单枪双丝/双枪四丝自动焊机、钢管、弯管、管件和配套高压球阀等核心装备。

——炼化技术

（16）特种专用橡胶技术

[集中攻关] 开展氢化丁腈橡胶、梯度阻尼橡胶、长链支化稀土顺丁橡胶分子设计及制备技术研究，突破合成工艺及控制技术，研制耐油氢化丁腈橡胶复合材料、宽温域宽频率高阻尼消声瓦用复合材料，完成稀土顺丁橡胶高性能轮胎试制，形成氢化丁腈橡胶产品生产线、梯度阻尼橡胶稳产和长链支化稀土顺丁橡胶成套技术。

（17）高端润滑油脂技术

[集中攻关] 开展多元醇酯、烷基萘、硅烃、低聚抗氧剂等高端润滑材料构效关系和高选择性合成技术研究，研制硅烃基空间润滑油、高性能航空涡轮发动机润滑油、超宽温通用航空润滑脂等高尖端润滑油脂产品，为高端润滑油脂、多元醇酯、长链烷基萘等基础油工业级批量化试生产建立条件。

（18）分子炼油与分子转化平台技术

[示范试验] 开展分子炼油机理研究，突破分子表征、先进分离、模拟放大、分子重构、智能控制等关键技术，构建产品结构灵活调整的石油分子转化平台，实现传统炼厂多产化工料或多产航煤兼顾化工料，增强传统炼厂产品结构调变能力。

专栏4　油气安全保障供应关键技术装备重点示范
01　陆上常规油气勘探开发技术示范 ① 开展老油田CO_2驱油示范工程； ② 针对高含水油田开展精细化/智能化分层注采工程应用示范。
02　非常规油气勘探开发技术示范 ③ 开展埋深3500米以深页岩气勘探开发示范； ④ 开展陆相页岩气、海陆过渡相页岩气和煤系非常规气的规模化勘探开发示范； ⑤ 开展“甜点区”评价和“井工厂”体积压裂技术示范。
03　炼化技术示范 ⑥ 开展多产化工料或多产航煤兼顾化工料等传统炼厂转型升级示范。

2. 煤炭清洁低碳高效开发利用技术

——煤炭绿色智能开采技术

（19）煤矿智能开采关键技术与装备

[集中攻关] 研制智能实时随机超前探测技术，支撑“透明矿井”所要求的地质保障体系建设；研发井筒机械破岩智能建设、综采设备精准定位与导航、综采设备群智能

自适应协同推进、井下智能网联无轨辅助运输等关键技术装备，开发适应煤矿各类巷道条件的智能化快速掘进成套技术装备，提高掘进效率，减少作业人员。

(20) 煤炭绿色开采和废弃物资源化利用技术

[集中攻关] 研发采空沉陷动态监测技术、矸石等固体废弃物充填采煤技术、地表生态修复、煤水资源一体化利用技术，改善矿区生态环境；开展关闭矿井资源挖潜再利用、采空区封存 CO_2 技术研究，实现关闭矿井资源的深度开发。[示范试验] 研发煤矸石、煤泥、粉煤灰高效利用技术，开展矿区典型大宗固废资源化利用示范；建设煤矿地下水、低浓度瓦斯、井下废热等低位热能利用技术示范工程；开展煤火区灭火、治理区绿色生态修复研究，开展地下煤火热能利用与生态恢复综合示范。

(21) 煤矿重大灾害及粉尘智能监控预警与防控技术

[集中攻关] 研究工程扰动下深部原位岩石力学行为，突破深部强采动大变形围岩控制、冲击地压智能防控技术；开展深部工程结构围岩地层改性、深度高地应力采场围岩综合控制等技术研究；研制井下极端复杂环境下多功能、高精度、低功耗智能感知设备，研发井下海量多源异构数据的高效分析处理与智能预测技术，实现重大灾害事故风险识别、预测与预报预警；[示范试验] 突破采掘面粉尘控制与净化、呼吸性粉尘浓度连续在线监测、粉尘危害精确预警等关键技术，开发大容尘量和强耐湿性的送风过滤式个体防护设备，实现粉尘高效防控。

(22) 煤炭及共伴生资源综合开发技术

[集中攻关] 开展精确探明煤系地层的煤、油、非常规天然气、稀有金属、水等叠置资源赋存条件，精准定量确定开发模式研究，实现煤炭及共伴生资源的有效开发。[示范试验] 开展煤系“三气”（煤层气、页岩气、致密砂岩气）综合开发、矿区煤层气分布式经济高效利用技术研究，推进煤矿区煤层气开发与瓦斯治理协同示范。

——煤炭清洁高效转化技术

(23) 煤炭精准智能化洗选加工技术

[示范试验] 研发旋流场重介质精准分选、界面调控增强选择性浮选、煤泥水高效固液分离等关键技术装备，突破工艺参数和产品质量高精度在线检测及预测技术，形成煤炭精确分选技术工艺及装备；突破自适应原煤性质全流程智能控制、数字孪生运维等技术，构建智能化选煤技术体系。

(24) 新型柔性气化和煤与有机废弃物协同气化技术

[集中攻关] 开发适宜于油气联产的大型柔性气化炉技术，提高甲烷产率、减少污水排放量，实现低阶煤的清洁高效利用。[示范试验] 开展水煤（焦）浆与炼厂废弃物共气化技术研发与示范，协同处理炼厂含油污泥、废油浆等废弃物；开展3000吨/天粉煤加压气化技术研发与示范，解决高灰分、高灰熔点煤清洁高效气化难题。

(25) 煤制油工艺升级及产品高端化技术

[集中攻关] 突破煤炭分级液化的温和加氢液化、残渣热解、固体残渣-废水共气化等关键技术，提高煤制油的过程能效、油品收率和油品品质；研发百万吨级煤油共加氢制芳烃、航空燃料等高品质特种燃料油成套技术。[应用推广] 优化升级超百万吨级大型煤炭间接液化成套技术装备，进一步开发汽油等超清洁液体燃料生产技术。

(26) 低阶煤分质利用关键技术

[集中攻关] 突破煤焦油深加工制取化工新材料技术。[示范试验] 开展百万吨级低阶煤热解及产品深加工、万吨级粉煤热解与气化耦合一体化等技术装备工程示范，推进低阶煤分质利用。

(27) 煤转化过程中多种污染物协同控制技术

[集中攻关] 突破低成本炭基催化剂制备、新型脱硫脱硝反应器及原位再生等关键技术装备，形成适于工业炉窑烟气多种污染物协同净化成套技术；突破煤化工高盐、高浓、难降解有机废水深度处理工艺技术，形成煤化工转化过程中废水协同净化技术。

——先进燃煤发电技术

(28) 先进高参数超超临界燃煤发电技术

[集中攻关] 开展700℃等级高温合金材料及关键高温部件的制造、加工、焊接、检验等关键技术研究。[示范试验] 研发650℃等级蒸汽参数的超超临界机组高温材料生产及关键高温部件的制造技术，开展关键高温部件损伤机理研究，开发高温段锅炉管道及集箱、主蒸汽管道和汽轮机高压转子等高温部件产业化制造技术，突破高温部件应用的同种/异种焊接、冷热加工和热处理等关键技术，开展650℃等级超超临界燃煤发电机组工程示范。

(29) 高效超低排放循环流化床锅炉发电技术

[示范试验] 开展循环流化床锅炉炉内石灰石深度脱硫以及NOx超低排放机理基础研究，优化大型循环流化床锅炉的物料流态、水动力和传热、均匀布风、受热面壁温偏差控制以及受热面布置等设计，突破高效、低成本的超低排放循环流化床锅炉发电关键技术，实现锅炉炉膛出口NOx、SO_2 基本达到超低排放限值要求，大幅降低循环流化床锅炉的污染物控制成本，适时开展工程示范。

(30) 超临界 CO_2（S-CO_2）发电技术

[集中攻关] 开展S-CO_2 基础物性研究、闭式热力循环以及发电系统集成优化等关键技术研究，掌握适配不同热源的S-CO_2 发电系统及关键设备设计制造技术。[示范试验] 研制S-CO_2（闭式）燃煤锅炉、透平、压缩机、高效换热器等关键设备，开展10~50MW级S-CO_2 发电工程示范及验证。

(31) 整体煤气化蒸汽燃气联合循环发电（IGCC）及燃料电池发电（IGFC）系统集成优化技术

[示范试验] 研究提升IGCC联产制氢、灵活性发电等技术；研发IGFC系统高温换热器、高温风机、纯氧燃烧器等关键装备，开展系统集成优化、系统动态特性、发电系统控制及连锁控制策略等关键技术研究，开发优化尾气纯氧燃烧及 CO_2 捕集技术，适时开展工程示范及验证。

(32) 高效低成本的 CO_2 捕集、利用与封存（CCUS）技术

[集中攻关] 研发新一代高效、低能耗的 CO_2 捕集技术和装置，提高碳捕集系统的经济性；开展 CO_2 驱油驱气、CO_2 合成碳酸脂、聚碳等资源化、能源化利用技术研究；

突破 CO_2 封存监测、泄漏预警等核心技术；研发碳捕集转化利用系统与各种新型发电系统耦合集成技术。[示范试验] 开展百万吨级燃烧后 CO_2 捕集、利用与封存全流程示范。

(33) 老旧煤电机组延寿及灵活高效改造技术

[示范试验] 建立临近设计寿命的燃煤机组运行状态、机组系统和主辅设备性能、主要金属部件寿命等评估方法体系，结合节能提效和灵活性提升等需求，研究延寿改造与节能提效改造、灵活性提升改造等集成的综合改造技术，建立煤电机组延寿运行期间主要金属部件服役状态诊断、监测与寿命管理技术体系，开展工程示范及验证。

(34) 燃煤电厂节能环保、灵活性提升及耦合生物质发电等改造技术

[应用推广] 推广先进成熟的节能提效、超低排放、深度节水、废水零排放、固废减量及综合利用技术；因地制宜推广低压缸零出力、加装蓄热装置、火-储联合调频等火电灵活性提升改造技术；因地制宜推广燃煤耦合农林废弃物、市政污泥、生活垃圾等发电技术，进一步提高现役燃煤电厂耦合生物质发电技术水平。

3. 燃气发电技术

(35) 燃气轮机非常规燃料燃烧技术

[集中攻关] 研发以煤气化合成气、高炉煤气、焦炉煤气等低热值气体为燃料的燃气轮机安全稳定燃烧技术，开展掺氢燃气轮机设计、制造、试验及稳定低排放燃烧技术研究，掌握适应轻柴油和天然气双燃料的燃气轮机稳定切换燃烧技术，针对伴生气、富氢合成气、轻柴油等非常规燃料开展相应机型燃气轮机的多领域应用。

(36) 中小型燃气轮机关键技术

[示范试验] 突破中小型驱动燃机设计和制造技术，完善关键部件和整机的试验验证能力，推动自主驱动燃机示范应用；研发分布式能源系列燃机，突破各类型燃机设计和验证技术，建设完善具有一定通用性的中、小、微型燃机试验平台，满足各类型燃机试验需求，推进中小型燃机示范应用。

(37) 重型燃气轮机关键技术

[示范试验] 突破重型燃气轮机自主设计、燃烧室、透平热端部件、控制系统、寿命评估及运维检修服务等关键瓶颈技术，研制具有完全自主知识产权的 300MW 等级的 F 级燃气轮机；开展 50~70MW 等级原型机自主开发、制造和试验等关键技术研发；突破重型燃气轮机透平叶片毛坯的自主设计、铸造及检测技术，开展引进型 F 级、H 级重型燃气轮机热端部件、控制系统、运维检修服务创新示范及工程验证，形成基本完整的自主知识产权重型燃机设计体系以及相应规范、软件和数据库。

专栏 5　煤炭清洁低碳高效开发利用及燃气发电技术装备重点示范
01　煤炭绿色智能开采技术示范 ① 开展矿区典型大宗固废资源化利用示范；

专栏 5　煤炭清洁低碳高效开发利用及燃气发电技术装备重点示范（续）
② 开展煤矿地下水、低浓度瓦斯、井下废热等低位热能利用示范； ③ 开展地下煤火热能利用与生态恢复综合示范； ④ 开展井工矿井、露天煤矿粉尘智能监控预警与职业病防治研究与示范； ⑤ 开展煤矿区煤层气开发与瓦斯治理协同示范。
02　煤炭清洁高效转化技术示范 ⑥ 开展煤炭精确分选、全流程智能控制、数字孪生运维等技术应用示范； ⑦ 开展水煤（焦）浆与炼厂废弃物共气化技术研发与工业示范； ⑧ 开展适用于高灰分、高灰熔点煤的大规模气流床粉煤加压气化技术研发与工业示范； ⑨ 开展百万吨级低阶煤热解及产品深加工、万吨级粉煤热解与气化耦合一体化等技术装备工程示范。
03　先进燃煤发电技术示范 ⑩ 开展 650℃ 蒸汽参数等级的先进超超临界燃煤发电工程示范； 开展炉内控制实现炉膛出口超低排放的超超临界循环流化床锅炉发电工程示范； 开展 10~50MW 等级超临界 CO_2 发电工程示范及验证； 开展新一代 IGCC 联产制氢及灵活性发电工程示范； 开展整体煤气化燃料电池发电（IGFC）系统集成技术示范及验证； 开展百万吨级 CO_2 捕集、利用与封存全流程示范； 开展 300MW 及以上的老旧煤电机组延寿与节能提效、灵活性提升等综合改造技术示范。
04　燃气发电技术示范 开展工业驱动型、分布式能源、海上油气平台用等中小型燃机自主化创新示范； 开展 300MW 等级自主研发 F 级燃机示范； 开展引进型 F 级、H/J 级重型燃机热端部件、控制系统、运维检修服务等自主化创新示范。

(五) 能源系统数字化智能化技术

聚焦新一代信息技术和能源融合发展，开展能源领域用智能传感和智能量测、特种机器人、数字孪生，以及能源大数据、人工智能、云计算、区块链、物联网等数字化、智能化共性关键技术研究，推动煤炭、油气、电厂、电网等传统行业与数字化、智能化技术深度融合，开展各种能源厂站和区域智慧能源系统集成试点示范，引领能源产业转型升级。

1. 基础共性技术

(1) 智能传感与智能量测技术

[集中攻关] 开展能源领域专用的传感材料研究，突破核心器件设计与制备技术，掌握特种传感器集成封装和高

可靠性技术，开展传感器关键量值校验与可靠性评价技术研究，确保关键参量的准确可靠；提出低功耗传感网络通信协议；健全关键量测设备运行与质量评价技术，建立安全可信的能源信息采集与互动平台，提升能源量测数据综合分析应用水平。

（2）特种智能机器人技术

［集中攻关］研究面向能源厂站建设、巡检、检测、清理等领域工程应用的机器人运动控制、极限环境下机器人本体适应、复杂作业空间高精度定位、复合自动化检测等机器人控制技术，开发智能路径规划、复杂机动反馈控制等机器人交互技术，为能源厂站的智能运维提供技术支撑和保障。

（3）能源装备数字孪生技术

［示范试验］针对发电装备、油气田工艺设备、输送管道、柔性输变电等能源关键设备，开展三维精细化建模、数理与机理结合的自适应建模、状态参数云图重构、多物理场信息集成等关键技术研究，构建包括设备状态人工智能预测、性能与安全风险智能诊断、人机交互虚拟仿真预测的数字孪生系统。

（4）人工智能与区块链技术

［示范试验］开展图像识别、知识图谱、自然语言处理、混合增强智能、群智优化、深度强化学习等人工智能基础技术与能源领域的融合发展研究；开展跨域多链融合与基于区块链的数据管理技术研究，构建具备自治管理能力的能源电力区块链平台，研究适用于能源交易、设备溯源、作业管理、安全风险管控等业务的共识机制，开展区块链在分布式能源交易、可再生能源消纳、能源金融、需求侧响应、安全生产、电力调度、电力市场等场景的应用示范。

（5）能源大数据与云计算技术

［示范试验］建立能源大数据模型，支撑构建海量并发、实时共享、开放服务的能源大数据中心，开展能源数据资源的集成和安全共享技术研究，深化应用推广新能源云，全面接入煤、油、气、电等能源数据，打造新型能源数字经济平台。开展适用于能源不同领域的云容器引擎、云编排等技术研究，构建异构云平台组件兼容适配平台和多云管理平台，支撑能源跨异构云平台、跨数据中心、多站融合、云边协同等环境下的应用开发和多云管理。

（6）能源物联网技术

［示范试验］开展适应能源领域标准的物联网通信协议技术、能源物联终端协议自适应转换技术、能源物联网信息模型技术、能源物联网端到端连接管理技术研究，形成云边协同的全域物联网架构，开发适用于能源物联网的新型器件、新型终端与边缘物理代理装置，开发物联网多源数据采集融合共享系统及大数据分析应用，建设能源物联网及终端安全防护技术装备体系，建立具备接入和管理各种物联网设备及规约的物联网管理支撑平台。

2. 行业智能升级技术

（7）油气田与炼化企业数字化智能化技术

［示范试验］研发油气勘探开发一体化智能云网平台、地上地下一体化智能生产管控平台、油气田地面绿色工艺与智能建设优化平台等关键技术系列及配套装置，开展新一代数字化油田示范和低成本绿色安全的地面工艺关键技术示范，实现科研、设计、生产、经营与决策一体化、智能化和绿色化。搭建炼化企业资源全流程价值链优化平台以及基于泛在感知、生产操作监控、运营决策与执行的生产智能运营平台，开展基于工业互联网平台的智能炼厂工业应用示范。

（8）水电数字化智能化技术

［示范试验］开展大坝智能化建造、地下长大隧洞群智能化建造、TBM 智能掘进、全过程智能化质量管控等成套技术集成研发与应用；构建流域梯级水电站智能化调度平台；开发智能水电站大坝安全管理平台，实现智能评判决策及在线监控，推动水电站大坝及库区智能监测、巡查与诊断评估、健康管理及远程运维；完善“监测、评估、预警、反馈、总结提升”的流域水电综合管理信息化支撑技术，形成智能化规划设计、智能建造、智慧运行管控和智能化流域综合管理等成套关键技术与设备。

（9）风电机组与风电场数字化智能化技术

［应用推广］掌握叶片自动化生产工艺技术，推动风电产业链数字化、网络化、标准化、智能化，构建上下游协同研发制造体系；开展风电场数字化选址及功率预测、关键设备状态智能监测与故障诊断、大数据智能分析与信息智能管理等关键技术研究，打造信息高效处理、应用便捷灵活的智慧风电场控制运维体系。

（10）光伏发电数字化智能化技术

［示范试验］加强多晶硅等基础材料生产、光伏电池及部件智能化制造技术研究，构建光伏智能生产制造体系；开展太阳能资源多尺度精细化评估与仿真、光伏发电与电力系统间暂稳态特性和仿真等关键技术研究，构建光伏电站智能化选址与智能化设计体系；开展光伏电站虚拟电站、电站级智能安防等关键技术研究，推动光伏电站智能化运行与维护；开展大型光伏系统数字孪生和智慧运维技术、多时空尺度的光伏发电功率预测技术示范，推动智能光伏产业创新升级和行业特色应用。

（11）电网智能调度运行控制与智能运维技术

［示范试验］开展大电网运行全景全息感知与智能决策、电网故障高效协同处置、现货市场支撑、新能源预测与控制、源网荷储协同的低碳调度、基于调控云的调度管理等技术攻关，研发新一代调度技术支持系统；开发基于卫星及设备 GIS 的多源信息电网灾害监测预警、“空-天-地”一体化监测、输电线路及设施无人机一键巡检、电网“灾害预警-主动干预-灾情感知-应急指挥”一体化智能应急、面向电力行业的电力装备检测、基于物联网的高效精益化运维以及单相接地故障准确研判等关键技术与装备，实现设备故障智能研判和不停电作业。

（12）核电数字化智能化技术

［集中攻关］构建核电研发、设计、制造、建造、运维、退役全周期业务领域的数字化智能化标准体系及平台体系，建立全生命周期大数据系统和核电厂三维数值模

型，实现全过程状态结合、技术要素关联和技术状态贯通；开展反应堆堆芯数值模拟和预测、三维数字化协同设计与智慧工地、机组运行状态智能监控与分析、在役去污、典型设备运行状态全面感知预测与智能诊断、预防性维修、全寿期健康管理以及老化和寿命评估等关键技术研究，支撑构建人机物全面智联、少人干预、少人值守的智能核电厂。

(13) 煤矿数字化智能化技术

[集中攻关] 开发煤矿工程数字化三维协同设计平台，支撑煤矿智能化设计；重点突破精准地质探测、井下精确定位与数据高效连续传输、智能快速掘进、复杂条件智能综采、连续化辅助运输、露天开采无人化连续作业、重大危险源智能感知与预警、煤矿机器人等技术与装备，建立煤矿智能化技术规范与标准体系，实现煤矿开拓、采掘(剥)、运输、通风、洗选、安全保障、经营管理等过程的智能化运行。[示范试验] 针对我国不同矿区煤层赋存条件，开展大型露天煤矿智能化高效开采、矿山物联网等工程示范应用，分类、分级推进一批智能化示范煤矿建设，促进煤炭产业转型升级。

(14) 火电厂数字化智能化技术

[示范试验] 强化火电厂数字化三维协同设计、智能施工管控、数字化移交等技术应用；突破火电厂数字孪生体的系统架构、建模和开发技术；综合应用先进控制策略、大数据、云计算、物联网、人工智能、5G 通信等技术，从智能监测、控制优化、智能运维、智能安防、智能运营等多方面进行突破与示范，建设具备快速灵活、少人值守、无人巡检、按需检修、智能决策等特征的智能示范电 9 厂，全面提升火电厂规划设计、制造建造、运行管理、检修维护、经营决策等全产业链智能化水平。

3. 智慧系统集成与综合能源服务技术

(15) 区域综合智慧能源系统关键技术

[示范试验] 研究区域综合智慧能源系统规划技术；开展复杂场景多能源转换耦合机理、多能源互补综合梯级利用集成与智能优化、智慧能源系统数字孪生、智慧城市高品质供电提升等技术研究，攻克智能化、网络化、模组化的多能转换关键设备；研究综合智慧能源系统能效诊断与碳流分析技术，支撑建立面向多种应用和服务场景的区域智慧能源服务平台，实现电、热、冷、水、气、储、氢等多能流优化运行及智慧运维，全面提升能源综合利用率；开展典型场景下综合智慧能源系统集成示范，推动形成各类主体深度参与、高效协同、共建共治共享的智慧能源服务生态。

(16) 多元用户友好智能供需互动技术

[示范试验] 开展多元用户行为辨识与可调节潜力分析、广泛接入与边缘智能控制、灵活资源深度耦合与实时调节、即插即用直流供用电、数字孪生支撑源网荷储协同互动等技术，研制基于 5G 和边缘计算的可调负荷互动响应终端，研发融合互联网技术的可调负荷互动系统，建立多元可调负荷与智能电网良性互动机制，开展电动汽车有序充放电控制、集群优化及安全防护技术研究，开展分布式光伏、可调可控负荷互动技术研究，开展省级大规模可调资源聚合调控、台区用能优化示范验证，促进清洁能源消纳和削峰填谷。

专栏 6　能源系统数字化智能化技术重点示范
01　基础共性技术示范 ① 开展发电装备、油气田工艺设备、输送管道、柔性输变电等能源关键设备数字孪生技术示范应用； ② 开展电力人工智能一站式服务系统、智能调度指挥平台等应用示范； ③ 开展区块链技术在可再生能源电力消纳、分布式发电市场化交易、电力批发市场、电力零售市场、安全生产等能源电力业务的示范应用； ④ 开展能源大数据中心安全开放平台开发与示范应用； ⑤ 开展电力云平台异构云组件兼容适配平台开发与示范应用； ⑥ 开展具备接入和管理各类物联设备及规约的物联网管理支撑平台示范。
02　行业智能升级技术示范 ⑦ 开展智能油气田建设项目示范； ⑧ 依托已投运的高坝大库开展智能水电站大坝管理平台示范； ⑨ 开展智能光伏发电示范应用； ⑩ 开展基于主配网协同的新一代智能调度系统示范； 开展基于输电线路的异构融合组网通信智能输电示范； 基于数字孪生和全景感知的输变电工程智能运维综合示范； 开展基于云-边-端一体化智能量测系统及增值服务示范； 选择不同区域、不同地质条件的井工和露天煤矿，开展智能化开采、智能化选煤、矿山物联网等工程示范； 开展设计、建造、运维、检修、决策等全生命周期智能电厂示范。
03　智慧系统集成与综合能源服务技术示范 开展工业园区可再生能源冷热电联供以及电冷热气氢多能转换工程示范； 开展省级大规模可调资源聚合调控示范。

四、保障措施

(一) 健全能源科技创新协同机制

落实“四个革命、一个合作”能源安全新战略，在国家能源委员会框架下，建立健全多部门参加、目标明确、分工合理的能源科技创新协同推进工作机制。国家能源、科技主管部门与各级地方能源、科技主管部门加强能源科技创新工作协同联动，指导各地方完善依托能源工程推进科技创新的相关配套政策。完善能源科技协同创新机制，发挥新型举国体制优势，对于目标明确的攻关任务，按照“揭榜挂帅”的原则确定牵头实施单位，支持牵头实施单位联合相关企业、科研机构、高校，以支撑能源发展需求和重大工程建设为目标，建立跨领域、跨学科的创新联合体，形成协同攻关合力。

（二）完善能源科技创新平台体系

建立健全以全国重点实验室、国家工程研究中心、国家能源研发创新平台以及地方、企业相关创新平台为骨干、梯次衔接的能源科技创新平台体系。依托能源领域优势企业布局设立一批国家能源研发创新平台，发挥行业引领示范作用。进一步优化和规范国家能源研发创新平台运行管理和考核评价，探索建立科学合理的进入退出机制和管理机制，引导其围绕国家任务加大投入、加强支撑。鼓励国家能源研发创新平台实体化运行，用足用好投资、财税、薪酬等国家各类科技创新支持政策，以打通创新链和价值链为导向，发挥行业引领作用，构建开放合作、共创共享创新生态圈。

（三）推动能源科技成果示范应用

根据规划重点任务设立示范工程、示范区，鼓励各类能源项目制定技术装备创新方案，确保规划各项任务“攻关有主体、落地有项目、进度可追踪”。完善能源技术装备首台（套）政策，进一步细化落实容错机制等支持措施。鼓励地方制定细化首台（套）重大技术装备支持政策，经国家认定的首台（套）重大技术装备示范项目，根据实际需要适当给予优惠和支持。鼓励用户企业建立健全首台（套）评价标准，在确保安全的前提下推进能源首台（套）技术装备示范应用。研究建立能源产业技术装备推广指导目录，向市场推广经过示范验证的先进能源技术装备。

（四）突出企业技术创新主体地位

发挥能源领域中央企业技术装备短板攻关主力军、原创技术策源地和现代产业链“链长”作用，推动中央企业和地方企业联动、国有企业和民营企业协同，组织产业链优势企业强强联合和产学研深度协作，集中优势资源突破制约发展的关键核心技术。鼓励民营企业加强能源技术创新，加大研发投入，专注细分市场，掌握独门绝技，独立或与有关方面联合承担规划确定的重点任务。支持由企业牵头联合科研机构、高校、社会服务机构等，聚焦能源重点领域，共同发起建立产业技术创新战略联盟，推动能源基础研究、应用研究与技术创新对接融通。

（五）优化能源行业技术标准体系

积极实施标准化战略，大力推进技术专利化、专利标准化、标准产业化。持续深化标准化工作改革，完善能源标准化管理体制机制。进一步加强能源标准化顶层设计，加快能源领域新型标准体系建设。坚持能源标准化与技术创新、工程示范一体化推进，强化标准实施监督，以高标准支撑引领能源高质量发展。积极培育发展团体标准，突出行业标准公益属性，着力提升能源标准质量。建设能源标准化信息平台，推动能源行业标准公开。大力推进能源标准国际化，加快能源“走出去”亟需标准的翻译，进一步推动技术标准交流合作和中外标准互认，提升中国标准海外影响力。积极培养能源标准化人才队伍，支持能源企业及标准化机构参与国际标准化工作。

（六）加大规划任务资金支持力度

优化能源科技创新投入机制，多方争取资金支持规划任务技术攻关。在国家能源委员会和国家科技计划（专项、基金等）管理部际联席机制等框架下，积极将规划任务纳入中央预算内投资项目、科技创新 2030—重大项目、能源相关重点研发计划重点专项项目，以及其他各类国家科技计划项目和地方科技计划项目，加强财政资金支持力度。发挥财政资金“四两拨千斤”作用，加强对企业创新基金的引导，推动各类所有制企业围绕规划目标和任务加大研发资金投入，吸引各类社会资本投资能源科技创新领域。鼓励国有资本、民营资本等各类社会资本参与能源行业各环节科技创新。

（七）加强能源科技创新国际合作

立足开放条件下自主创新，积极推进与“一带一路”国家能源科技合作，引导国内外能源相关企业、科研机构、高校在能源科技领域的实质性合作。落实“走出去”共建共享发展模式，研究完善能源技术装备国际合作服务工作机制，加强与共建“一带一路”沿线国家和地区在能源技术装备领域的务实合作。积极参与国际热核聚变实验堆计划，加强与清洁能源部长级会议、创新使命部长级会议及国际能源署等多边机制和国际组织的务实合作，促进清洁能源技术研发。

（八）加速能源科技创新人才培养

贯彻落实《国务院办公厅关于深化产教融合的若干意见》，根据能源技术革命发展需求，支持围绕能源前沿新兴交叉领域开展产教融合试点，满足跨学科专业人才供给。创新能源技术人才培养模式，遵循能源产业发展规律，依托重大能源工程、能源创新平台，加速技术研发、技术管理、成果转化等方面的中青年骨干人才培养，培育一批引领能源技术前沿、支撑能源工程建设的技术带头人和一批懂科技、精管理的复合型人才。在能源关键技术领域，支持能源企业引进储备高层次技术人才，促进优秀人才在研发机构和能源高新企业双向流动。落实国有企业成果转化奖励相关政策，鼓励能源领域国有企业突破工资总额基数等限制，对能源技术创新、成果转化重要贡献人员和团队进行奖励。

五、附录：技术路线图

（一）先进可再生能源发电及综合利用技术

领域	方向	技术（2021—2025—2030）	预期成果
先进可再生能源发电及综合利用技术	水能发电技术	藏东南水电开发关键技术 水电基地可再生能源多能互补协同开发运行关键技术 水电工程健康诊断、升级改造和灾害防控技术	2023年，研发水电工程健康诊断、升级改造和灾害防控技术，并开展示范试验。 2023年，突破高地震裂度区超深厚覆盖层地基处理和筑坝技术以及组大型地下洞室群建设关键技术。 2025年，突破750～1000m大容量水斗式和600m级大容量混流式水轮发电机组技术。
	风力发电技术	深远海域海上风电开发及超大型海上风电机组研制技术 退役风电机组回收与再利用技术	2024年，开展深水区域漂浮式风电机组基础设计与施工示范试验。 2025年，完成风电机组退役关键技术示范，转入推广应用。 2025年，掌握15兆瓦级大功率海上风电机组研制技术。
	太阳能发电及利用技术	新型光伏系统及关键部件技术 高效钙钛矿电池制备与产业化生产技术 高效低成本光伏电池技术 晶硅光伏组件回收处理与再利用技术 太阳能热发电与综合利用技术	2022年，晶体硅电池产业化转换效率达到23.5%以上，钙钛矿电池初步具备量产能力。 2025年，晶体硅电池产业转换效率达到24.5%以上，单结钙钛矿电池量产效率达到20%。 2030年，钙钛矿电池实现产业化生产。
	其他可再生能源	生物质能转化与利用技术 地热能开发与利用技术 海洋能发电及综合利用技术	2025年，突破生物质特种燃料产品制备技术，完成万吨级油脂热化学法生产高品质生物柴油技术示范，实现生物燃气低能耗燃烧。 2025年，掌握中深层高温储热关键技术，2030年完成规模化示范。 2030年，建成多模式(单井采热+EGS等)复合取热及干热岩型地热资源综合递增利用的规模化示范。 2025年，完成多台单机1MW波浪舱装置陈列化并网供电示范。
	氢能及燃料电池技术	氢气制备关键技术 氢气储运关键技术 氢气加注关键技术 燃料电池装备及系统集成关键技术 氢安全防控及氢气品质保障技术	2023年，完成大功率质子交换模制氢电解槽样机研制。 2025年，实现加氢站关键部件国产化。 2025年，建成产氢比例5%～20%，最大掺氢量200Nm³/h的掺氢进燃气管道示范项目。 2025年，实现固定式燃料电池发电系统示范。 2025年，实现可再生能源氢能综合系统示范工程应用。

2021　2025　2030　预期成果

图例：集中攻关　示范试验　推广应用

（二）新型电力系统及其支撑技术

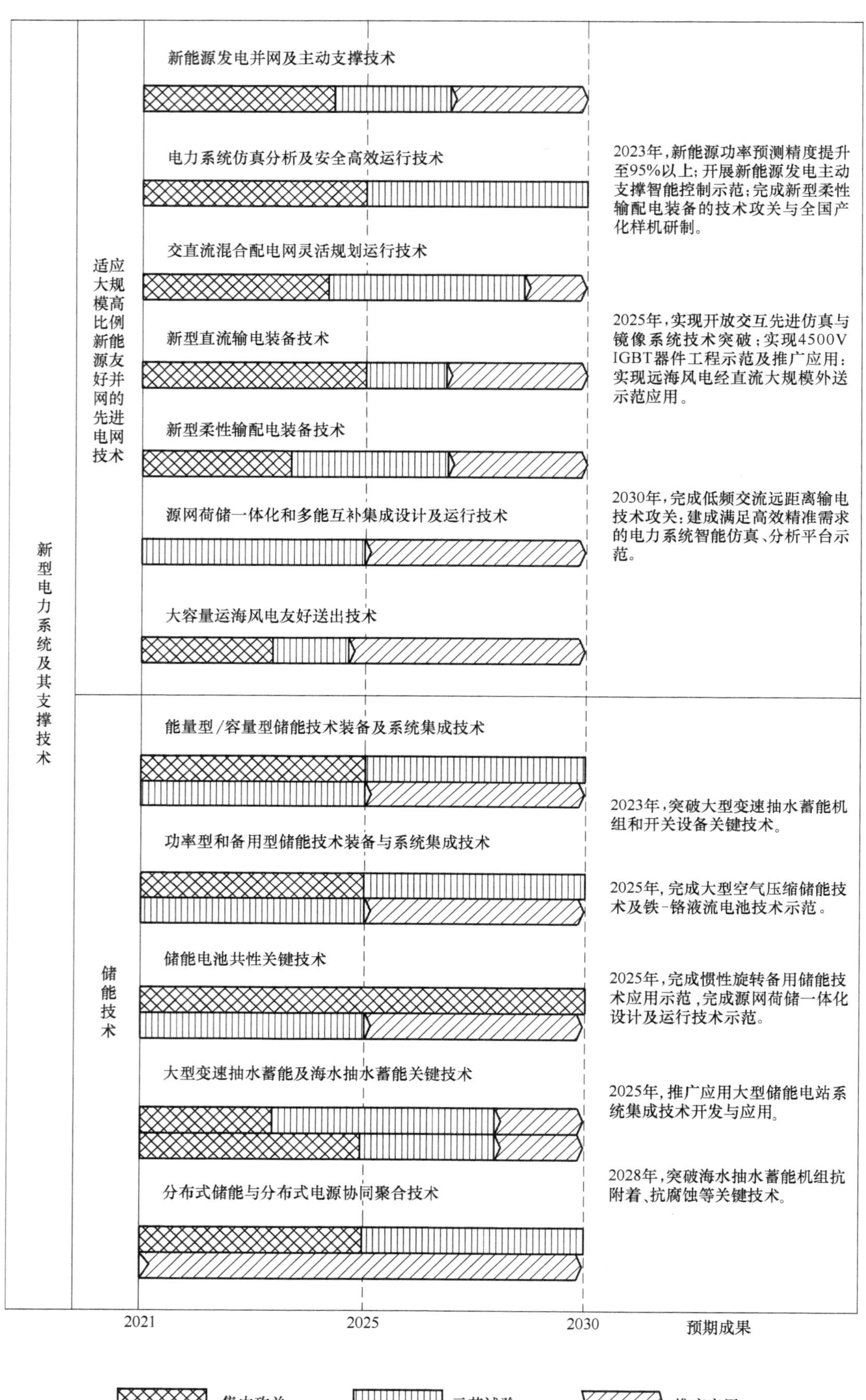

（三）安全高效核能技术

安全高效核能技术
核电优化升级
三代核电技术型号优化及升级
核能综合利用技术
2025年，建立华龙一号和国和一号型号及型号谱系。
小型模块化反应堆
小型智能模块化压水堆技术
小型供热堆技术
浮动堆技术
移动式反应堆技术
2023年，完成供热堆新型换热组件、控制棒驱动线等关键技术攻关。
2025年，形成小堆技术、安审、标准和配套体系的标准化。
新一代核电
(超)高温气冷堆技术
钍基熔盐堆技术
2023年，建立铅基堆技术体系。
全产业链上下游可持续支撑
放射性废物处置关键技术
核电机组长期运行及延寿技术
核电科技创新重大基础研究设施
2030年，典型机组获得运行许可证延续。
2030年，建成核电中低放废物处置工程 。
2021
2025
2030
预期成果
集中攻关
示范试验
推广应用

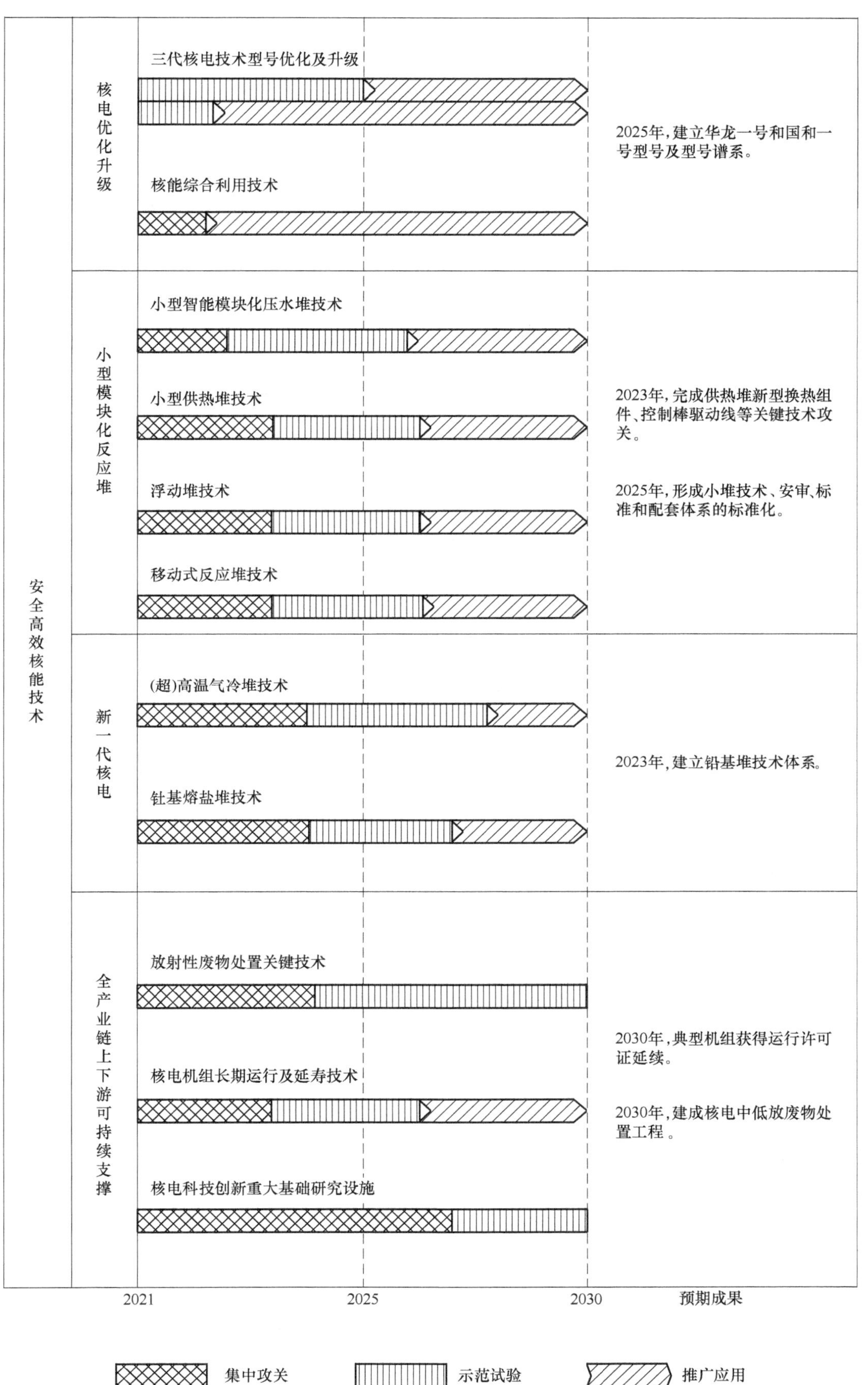

（四）绿色高效化石能源开发利用技术

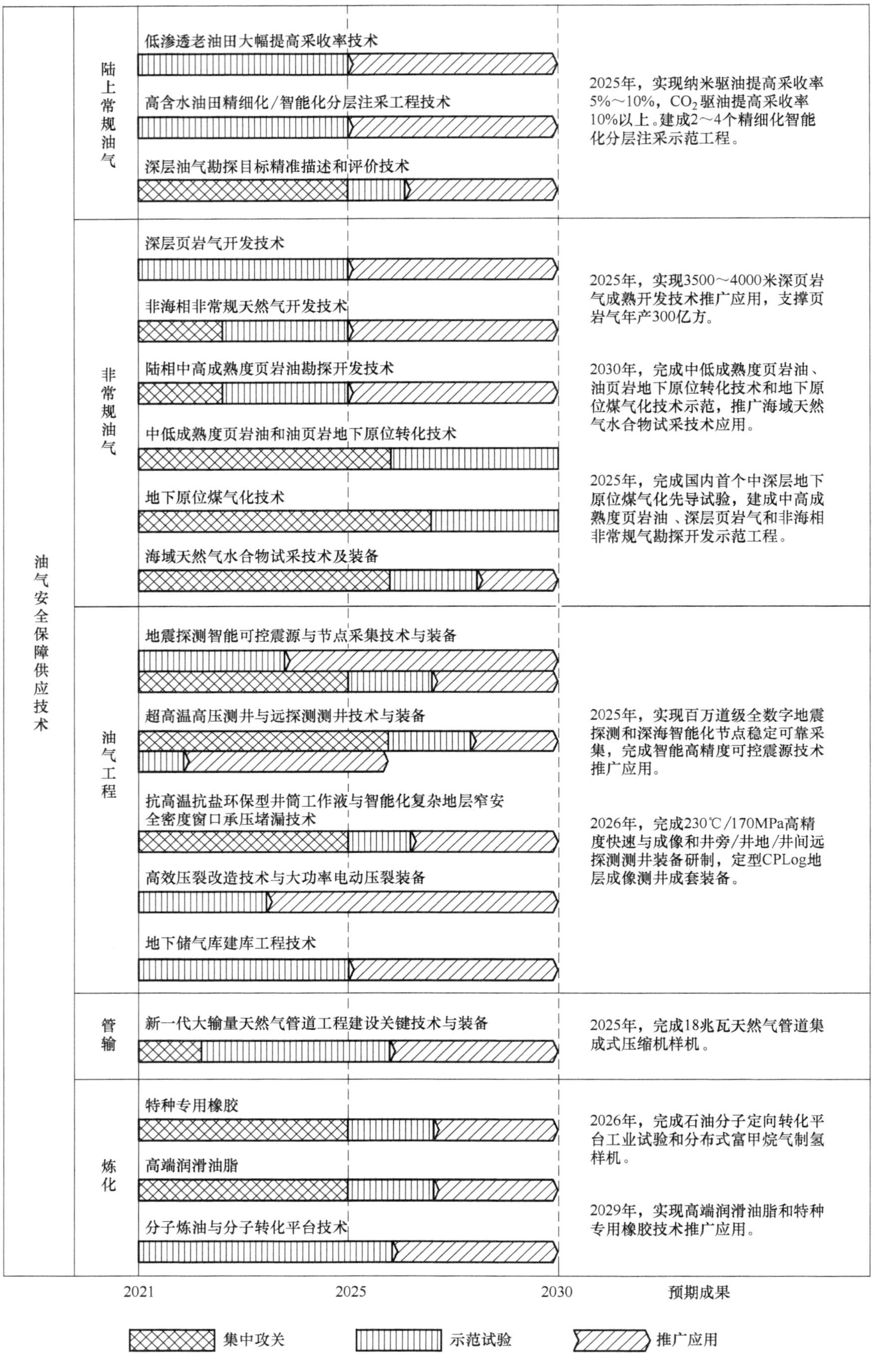

		技术（2021—2025—2030）	预期成果
油气安全保障供应技术	陆上常规油气	低渗透老油田大幅提高采收率技术 高含水油田精细化/智能化分层注采工程技术 深层油气勘探目标精准描述和评价技术	2025年，实现纳米驱油提高采收率5%～10%，CO_2驱油提高采收率10%以上。建成2～4个精细化智能化分层注采示范工程。
	非常规油气	深层页岩气开发技术 非海相非常规天然气开发技术 陆相中高成熟度页岩油勘探开发技术 中低成熟度页岩油和油页岩地下原位转化技术 地下原位煤气化技术 海域天然气水合物试采技术及装备	2025年，实现3500～4000米深页岩气成熟开发技术推广应用，支撑页岩气年产300亿方。 2030年，完成中低成熟度页岩油、油页岩地下原位转化技术和地下原位煤气化技术示范，推广海域天然气水合物试采技术应用。 2025年，完成国内首个中深层地下原位煤气化先导试验，建成中高成熟度页岩油 、深层页岩气和非海相非常规气勘探开发示范工程。
	油气工程	地震探测智能可控震源与节点采集技术与装备 超高温高压测井与远探测测井技术与装备 抗高温抗盐环保型井筒工作液与智能化复杂地层窄安全密度窗口承压堵漏技术 高效压裂改造技术与大功率电动压裂装备 地下储气库建库工程技术	2025年，实现百万道级全数字地震探测和深海智能化节点稳定可靠采集，完成智能高精度可控震源技术推广应用。 2026年，完成230℃/170MPa高精度快速与成像和井旁/井地/井间远探测测井装备研制，定型CPLog地层成像测井成套装备。
	管输	新一代大输量天然气管道工程建设关键技术与装备	2025年，完成18兆瓦天然气管道集成式压缩机样机。
	炼化	特种专用橡胶 高端润滑油脂 分子炼油与分子转化平台技术	2026年，完成石油分子定向转化平台工业试验和分布式富甲烷气制氢样机。 2029年，实现高端润滑油脂和特种专用橡胶技术推广应用。

集中攻关 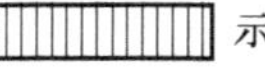 示范试验  推广应用

领域	方向	关键技术（2021—2025—2030）	预期成果
煤炭清洁低碳高效开发利用及燃气发电技术	煤炭绿色智能开采技术	煤矿智能开采关键技术与装备 煤炭绿色开采和资源化利用技术 煤矿重大灾害及粉尘智能监控预警及防控技术 煤炭及共伴生资源综合开发技术	2023年，开发9米以上高效智能开采技术装备：建成“透明矿井”平台； 2024年，建成矿区大宗固废规模化多元利用示范工程； 2025年，开发出机械破岩装备，研制成功井下智能钻孔防灾机器人；建成煤与煤层气共采示范矿井：实现智能传感器国产化； 2030年，实现井下无线泛在感知网络监控，应用推广智能化综采装备。
	煤炭清洁高效转化技术	煤炭精准智能化洗选加工技术 新型柔性气化和煤与有机废弃物协同气化技术 煤制油工艺升级及产品高端化技术 低阶煤分质利用关键技术 煤转化过程中多种污染物协同控制技术	2022年，建成多套煤基协同气化成套技术示范装置； 2024年，高盐高浓度有机废水深度处理技术达到国际领先水平； 2025年，建成3000吨/天高效柔性气化炉；完成煤油共加氢制芳烃和特种燃料油技术研发，进行工业化前期筹备。
	先进燃煤发电技术	先进高参数超超临界燃煤发电技术 高效超低排放循环流化床锅炉技术 超临界CO_2发电技术 IGCC及IGFC系统集成优化技术 高效低成本CO_2捕集，利用与封存技术 老旧煤电机组延寿及灵活高效改造技术 燃煤电厂节能环保、灵活性提升及耦合生物质发电等改造技术	2025年，开展650℃等级超超临界燃煤发电技术示范。 2025年，建成低成本超低排放CFB锅炉示范工程，实现炉膛出口NO_x、SO_2基本达到超低排放浓度要求。 2025年，完成现役煤电机组延寿改造技术示范，并实现推广应用。 2030年，建成20～50MW等级超临界CCP发电示范工程。
	燃气发电技术	燃气轮机非常规燃料燃烧技术 中小型燃气轮机关键技术 重型燃气轮机关键技术	2022年，实现F级/小F级燃机透平叶片毛坯首套国产化制造。 2023年，完成国产化重型燃气轮机试制及整机相关实验。 2025年，掌握燃机自主运维与服务技术；完成10～50MW等级燃气轮机整机国产化。

2021　2025　2030　预期成果

图例：集中攻关　示范试验　推广应用

（五）能源系统数字化智能化技术

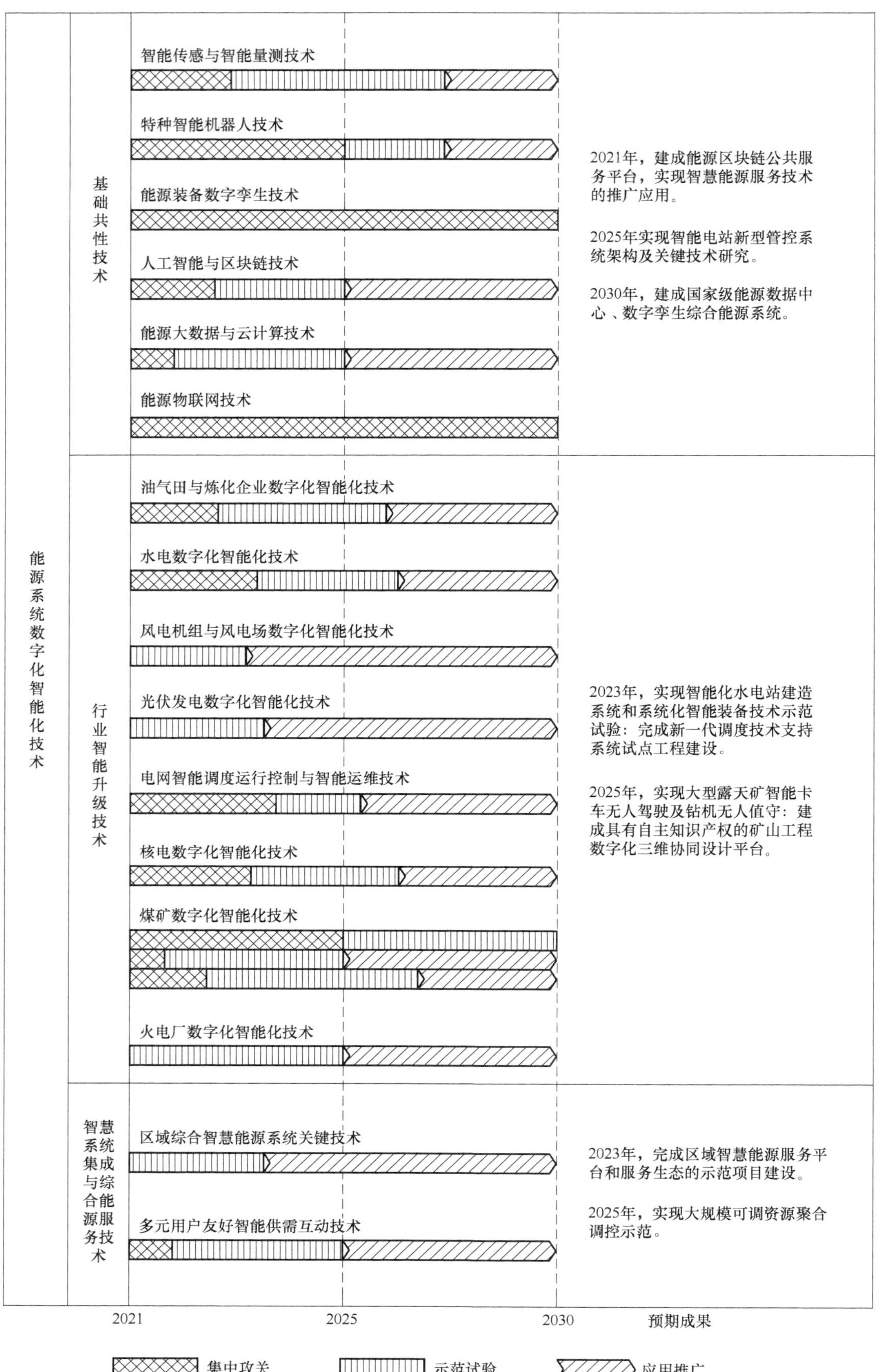

“十四五”现代能源体系规划

发布单位：国家发展改革委 国家能源局
发布时间：2022年1月29日

能源是人类文明进步的重要物质基础和动力，攸关国计民生和国家安全。当今世界，新冠肺炎疫情影响广泛深远，百年未有之大变局加速演进，新一轮科技革命和产业变革深入发展，全球气候治理呈现新局面，新能源和信息技术紧密融合，生产生活方式加快转向低碳化、智能化，能源体系和发展模式正在进入非化石能源主导的崭新阶段。加快构建现代能源体系是保障国家能源安全，力争如期实现碳达峰、碳中和的内在要求，也是推动实现经济社会高质量发展的重要支撑。本规划根据《中华人民共和国国民经济和社会发展第十四个五年规划和2035年远景目标纲要》编制，主要阐明我国能源发展方针、主要目标和任务举措，是“十四五”时期加快构建现代能源体系、推动能源高质量发展的总体蓝图和行动纲领。

第一章 发展环境与形势

经过多年发展，世界能源转型已由起步蓄力期转向全面加速期，正在推动全球能源和工业体系加快演变重构。我国能源革命方兴未艾，能源结构持续优化，形成了多轮驱动的供应体系，核电和可再生能源发展处于世界前列，具备加快能源转型发展的基础和优势；但发展不平衡不充分问题仍然突出，供应链安全和产业链现代化水平有待提升，构建现代能源体系面临新的机遇和挑战。

一、全球能源体系深刻变革

能源结构低碳化转型加速推进。21世纪以来，全球能源结构加快调整，新能源技术水平和经济性大幅提升，风能和太阳能利用实现跃升发展，规模增长了数十倍。全球应对气候变化开启新征程，《巴黎协定》得到国际社会广泛支持和参与，近五年来可再生能源提供了全球新增发电量的约60%。中国、欧盟、美国、日本等130多个国家和地区提出了碳中和目标，世界主要经济体积极推动经济绿色复苏，绿色产业已成为重要投资领域，清洁低碳能源发展迎来新机遇。能源系统多元化迭代蓬勃演进。能源系统形态加速变革，分散化、扁平化、去中心化的趋势特征日益明显，分布式能源快速发展，能源生产逐步向集中式与分散式并重转变，系统模式由大基地大网络为主逐步向与微电网、智能微网并行转变，推动新能源利用效率提升和经济成本下降。新型储能和氢能有望规模化发展并带动能源系统形态根本性变革，构建新能源占比逐渐提高的新型电力系统蓄势待发，能源转型技术路线和发展模式趋于多元化。能源产业智能化升级进程加快。互联网、大数据、人工智能等现代信息技术加快与能源产业深度融合。智慧电厂、智能电网、智能机器人勘探开采等应用快速推广，无人值守、故障诊断等能源生产运行技术信息化智能化水平持续提升。工业园区、城镇社区、公共建筑等领域综合能源服务、智慧用能模式大量涌现，能源系统向智能灵活调节、供需实时互动方向发展，推动能源生产消费方式深刻变革。

能源供需多极化格局深入演变。全球能源供需版图深度调整，进一步呈现消费重心东倾、生产重心西移的态势，近十年来亚太地区能源消费占全球的比重不断提高，北美地区原油、天然气生产增量分别达到全球增量的80%和30%以上。能源低碳转型推动全球能源格局重塑，众多国家积极发展新能源，加快化石能源清洁替代，带来全球能源供需新变化。

二、我国步入构建现代能源体系的新阶段

能源安全保障进入关键攻坚期。能源供应保障基础不断夯实，资源配置能力明显提升，连续多年保持供需总体平衡有余。“十三五”以来，国内原油产量稳步回升，天然气产量较快增长，年均增量超过100亿立方米，油气管道总里程达到17.5万公里，发电装机容量达到22亿千瓦，西电东送能力达到2.7亿千瓦，有力保障了经济社会发展和民生用能需求。但同时，能源安全新旧风险交织，“十四五”时期能源安全保障将进入固根基、扬优势、补短板、强弱项的新阶段。

能源低碳转型进入重要窗口期。“十三五”时期，我国能源结构持续优化，低碳转型成效显著，非化石能源消费比重达到15.9%，煤炭消费比重下降至56.8%，常规水电、风电、太阳能发电、核电装机容量分别达到3.4亿千瓦、2.8亿千瓦、2.5亿千瓦、0.5亿千瓦，非化石能源发电装机容量稳居世界第一。“十四五”时期是为力争在2030年前实现碳达峰、2060年前实现碳中和打好基础的关键时期，必须协同推进能源低碳转型与供给保障，加快能源系统调整以适应新能源大规模发展，推动形成绿色发展方式和生活方式。

现代能源产业进入创新升级期。能源科技创新能力显著提升，产业发展能力持续增强，新能源和电力装备制造能力全球领先，低风速风力发电技术、光伏电池转换效率等不断取得新突破，全面掌握三代核电技术，煤制油气、中俄东线天然气管道、±500千伏柔性直流电网、±1100千伏直流输电等重大项目投产，超大规模电网运行控制实

践经验不断丰富，总体看，我国能源技术装备形成了一定优势。围绕做好碳达峰、碳中和工作，能源系统面临全新变革需要，迫切要求进一步增强科技创新引领和战略支撑作用，全面提高能源产业基础高级化和产业链现代化水平。

能源普遍服务进入巩固提升期。“十三五”时期，能源惠民利民成果丰硕，能源普遍服务水平显著提升，“人人享有电力”得到有力保障，全面完成新一轮农网改造升级，大电网覆盖范围内贫困村通动力电比例达到100%，农网供电可靠率总体达到99.8%，建成光伏扶贫电站装机约2600万千瓦，“获得电力”服务水平大幅提升，用能成本持续降低，营商环境不断优化。北方地区清洁取暖率达到65%以上。但同时，能源基础设施和服务水平的城乡差距依然明显，供能品质有待进一步提高。要聚焦更好满足人民日益增长的美好生活需要，助力巩固拓展脱贫攻坚成果同乡村振兴有效衔接，进一步提升能源发展共享水平。

专栏1 “十三五”能源发展主要成就

指标	2015年	2020年	年均/累计
能源消费总量（亿吨标准煤）	43.4	49.8	2.8%
能源消费结构占比 其中：煤炭（%）	63.8	56.8	〔-7.0〕
石油（%）	18.3	18.9	〔0.6〕
非化石能源（%）	12.0	15.9	〔3.9〕
一次能源生产量（亿吨标准煤）	36.1	40.8	2.5%
发电装机容量（亿千瓦）	15.3	22.0	7.5%
其中：水电（亿千瓦）	3.2	3.7	2.9%
煤电（亿千瓦）	9.0	10.8	3.7%
气电（亿千瓦）	0.7	1.0	8.2%
核电（亿千瓦）	0.3	0.5	13.0%
风电（亿千瓦）	1.3	2.8	16.6%
太阳能发电（亿千瓦）	0.4	2.5	44.3%
生物质发电（亿千瓦）	0.1	0.3	23.4%
西电东送能力（亿千瓦）	1.4	2.7	13.2%
油气管网总里程（万公里）	11.2	17.5	9.3%

注：1.〔〕内为五年累计数。
2. 水电包含常规水电和抽水蓄能电站。

第二章 指导方针和主要目标

三、指导思想

以习近平新时代中国特色社会主义思想为指导，全面贯彻党的十九大和十九届历次全会精神，深入贯彻习近平生态文明思想，坚持稳中求进工作总基调，立足新发展阶段，完整、准确、全面贯彻新发展理念，加快构建新发展格局，以推动高质量发展为主题，以深化供给侧结构性改革为主线，以改革创新为根本动力，以满足经济社会发展和人民日益增长的美好生活需要为根本目的，深入推动能源消费革命、供给革命、技术革命、体制革命，全方位加强国际合作，做好碳达峰、碳中和工作，统筹稳增长和调结构，处理好发展和减排、整体和局部、长远目标和短期目标、政府和市场的关系，着力增强能源供应链安全性和稳定性，着力推动能源生产消费方式绿色低碳变革，着力提升能源产业链现代化水平，加快构建清洁低碳、安全高效的能源体系，加快建设能源强国，为全面建设社会主义现代化国家提供坚实可靠的能源保障。

四、基本原则

保障安全，绿色低碳。统筹发展和安全，坚持先立后破、通盘谋划，以保障安全为前提构建现代能源体系，不断增强风险应对能力，确保国家能源安全。践行绿水青山就是金山银山理念，坚持走生态优先、绿色低碳的发展道路，加快调整能源结构，协同推进能源供给保障与低碳转型。

创新驱动，智能高效。坚持把创新作为引领发展的第一动力，着力增强能源科技创新能力，加快能源产业数字化和智能化升级，推动质量变革、效率变革、动力变革，推进产业链现代化。

深化改革，扩大开放。充分发挥市场在资源配置中的决定性作用，更好发挥政府作用，破除制约能源高质量发展的体制机制障碍，坚持实施更大范围、更宽领域、更深层次的对外开放，开拓能源国际合作新局面。

民生优先，共享发展。坚持以人民为中心的发展思想，持续提升能源普遍服务水平，强化民生领域能源需求保障，推动能源发展成果更多更好惠及广大人民群众，为实现人民对美好生活的向往提供坚强能源保障。

五、发展目标

“十四五”时期现代能源体系建设的主要目标是：

——能源保障更加安全有力。到2025年，国内能源年综合生产能力达到46亿吨标准煤以上，原油年产量回升并稳定在2亿吨水平，天然气年产量达到2300亿立方米以上，发电装机总容量达到约30亿千瓦，能源储备体系更加完善，能源自主供给能力进一步增强。重点城市、核心区域、重要用户电力应急安全保障能力明显提升。

——能源低碳转型成效显著。单位GDP二氧化碳排放五年累计下降18%。到2025年，非化石能源消费比重提高到20%左右，非化石能源发电量比重达到39%左右，电气化水平持续提升，电能占终端用能比重达到30%左右。

——能源系统效率大幅提高。节能降耗成效显著，单位GDP能耗五年累计下降13.5%。能源资源配置更加合理，就近高效开发利用规模进一步扩大，输配效率明显提升。电力协调运行能力不断加强，到2025年，灵活调节电源占比达到24%左右，电力需求侧响应能力达到最大用电负荷的3%~5%。

——创新发展能力显著增强。新能源技术水平持续提升，新型电力系统建设取得阶段性进展，安全高效储能、氢能技术创新能力显著提高，减污降碳技术加快推广应用。能源产业数字化初具成效，智慧能源系统建设取得重要进展。“十四五”期间能源研发经费投入年均增长7%以上，新增关键技术突破领域达到50个左右。

——普遍服务水平持续提升。人民生产生活用能便利度和保障能力进一步增强，电、气、冷、热等多样化清洁能源可获得率显著提升，人均年生活用电量达到1000千瓦时左右，天然气管网覆盖范围进一步扩大。城乡供能基础设施均衡发展，乡村清洁能源供应能力不断增强，城乡供电质量差距明显缩小。

展望2035年，能源高质量发展取得决定性进展，基本建成现代能源体系。能源安全保障能力大幅提升，绿色生产和消费模式广泛形成，非化石能源消费比重在2030年达到25%的基础上进一步大幅提高，可再生能源发电成为主体电源，新型电力系统建设取得实质性成效，碳排放总量达峰后稳中有降。

第三章 增强能源供应链稳定性和安全

强化底线思维，坚持立足国内、补齐短板、多元保障、强化储备，完善产供储销体系，不断增强风险应对能力，保障产业链供应链稳定和经济平稳发展。

六、强化战略安全保障

增强油气供应能力。加大国内油气勘探开发，坚持常非并举、海陆并重，强化重点盆地和海域油气基础地质调查和勘探，夯实资源接续基础。加快推进储量动用，抓好已开发油田“控递减”和“提高采收率”，推动老油气田稳产，加大新区产能建设力度，保障持续稳产增产。积极扩大非常规资源勘探开发，加快页岩油、页岩气、煤层气开发力度。石油产量稳中有升，力争2022年回升到2亿吨水平并较长时期稳产。天然气产量快速增长，力争2025年达到2300亿立方米以上。

加强安全战略技术储备。做好煤制油气战略基地规划布局和管控，在统筹考虑环境承载能力等前提下，稳妥推进已列入规划项目有序实施，建立产能和技术储备，研究推进内蒙古鄂尔多斯、陕西榆林、山西晋北、新疆准东、新疆哈密等煤制油气战略基地建设。按照不与粮争地、不与人争粮的原则，提升燃料乙醇综合效益，大力发展纤维素燃料乙醇、生物柴油、生物航空煤油等非粮生物燃料。

七、提升运行安全水平

加强煤炭安全托底保障。优化煤炭产能布局，建设山西、蒙西、蒙东、陕北、新疆五大煤炭供应保障基地，完善煤炭跨区域运输通道和集疏运体系，增强煤炭跨区域供应保障能力。持续优化煤炭生产结构，以发展先进产能为重点，布局一批资源条件好、竞争能力强、安全保障程度高的大型现代化煤矿，强化智能化和安全高效矿井建设，禁止建设高危矿井，加快推动落后产能、无效产能和不具备安全生产条件的煤矿关闭退出。建立健全以企业社会责任储备为主体、地方政府储备为补充、产品储备与产能储备有机结合的煤炭储备体系。

发挥煤电支撑性调节性作用。统筹电力保供和减污降碳，根据发展需要合理建设先进煤电，保持系统安全稳定运行必需的合理裕度，加快推进煤电由主体性电源向提供可靠容量、调峰调频等辅助服务的基础保障性和系统调节性电源转型，充分发挥现有煤电机组应急调峰能力，有序推进支撑性、调节性电源建设。

提升天然气储备和调节能力。统筹推进地下储气库、液化天然气（LNG）接收站等储气设施建设。构建供气企业、国家管网、城镇燃气企业和地方政府四方协同履约新机制，推动各方落实储气责任。同步提高管存调节能力、地下储气库采气调节能力和LNG气化外输调节能力，提升天然气管网保供季调峰水平。全面实行天然气购销合同管理，坚持合同化保供，加强供需市场调节，强化居民用气保障力度，优化天然气使用方向，新增天然气量优先保障居民生活需要和北方地区冬季清洁取暖。到2025年，全国集约布局的储气能力达到550亿~600亿立方米，占天然气消费量的比重约13%。

维护能源基础设施安全。加强重要能源设施安全防护和保护，完善联防联控机制，重点确保核电站、水电站、枢纽变电站、重要换流站、重要输电通道、大型能源化工项目等设施安全，加强油气管道保护。全面加强核电安全管理，实行最严格的安全标准和最严格的监管，始终把“安全第一、质量第一”的方针贯穿于核电建设、运行、退役的各个环节，将全链条安全责任落实到人，持续提升在运在建机组安全水平，确保万无一失。继续通过中央预算内投资专项支持煤矿安全改造，提升煤矿安全保障能力。

八、加强应急安全管控

强化重点区域电力安全保障。按照“重点保障、局部坚韧、快速恢复”的原则，以直辖市、省会城市、计划单列市为重点，提升电力应急供应和事故恢复能力。统筹本地电网结构优化和互联输电通道建设，合理提高核心区域和重要用户的相关线路、变电站建设标准，加强事故状态下的电网互济支撑。推进本地应急保障电源建设，鼓励具备条件的重要用户发展分布式电源和微电网，完善用户应急自备电源配置，统筹安排城市黑启动电源和公用应急移动电源建设。“十四五”期间，在重点城市布局一批坚强局部电网。

提升能源网络安全管控水平。完善电力监控系统安全防控体系，加强电力、油气行业关键信息基础设施安全保护能力建设。推进北斗全球卫星导航系统等在能源行业的应用。加强网络安全关键技术研究，推动建立能源行业、企业网络安全态势感知和监测预警平台，提高风险分析研判和预警能力。

加强风险隐患治理和应急管控。开展重要设施、重点环节隐患排查治理，强化设备监测和巡视维护，提高对地震地质灾害、极端天气、火灾等安全风险的预测预警和防御应对能力。推进电力应急体系建设，强化地方政府、企业的主体责任，建立电力安全应急指挥平台、培训演练基地、抢险救援队伍和专家库。完善应急预案体系，编制紧急情况下应急处置方案，开展实战型应急演练，提高快速响应能力。建立健全电化学储能、氢能等建设标准，强化重点监管，提升产品本质安全水平和应急处置能力。合理提升能源领域安全防御标准，健全电力设施保护、安全防护和反恐怖防范等制度标准。

专栏 2 能源安全保障重点工程

油气勘探开发。立足四川盆地、塔里木盆地、鄂尔多斯盆地、准噶尔盆地、松辽盆地、渤海湾盆地、柴达木盆地等重点盆地，加强中西部地区和海域风险勘探，强化东部老区精细勘探。推动准噶尔盆地玛湖、吉木萨尔页岩油，鄂尔多斯盆地页岩油、致密气，松辽盆地大庆古龙页岩油，四川盆地川中古隆起、川南页岩气，塔里木盆地顺北、富满、博孜—大北，鄂西、陕南、滇黔北页岩气，海域渤中、垦利、恩平等油气上产工程。加快推进四川盆地“气大庆”、塔里木盆地“深层油气大庆”、鄂尔多斯亿吨级“油气超级盆地”等标志性工程。加强沁水盆地、鄂尔多斯盆地东缘煤层气勘探开发。开展南海等地区天然气水合物试采。

储气库及 LNG 接收站。打造华北、东北、西南、西北等数个百亿方级地下储气库群。优先推进重要港址已建、在建和规划的 LNG 接收站项目。

煤炭储备。支持符合条件的企业履行社会责任，在煤炭生产地、消费地、铁路交通枢纽、主要中转港口建设煤炭储备。

专栏 2 能源安全保障重点工程（续）

网络安全管控。加快推进电力监控系统安全防护体系完善工程、电力信息系统密码基础设施建设工程、北斗时空基础设施应用及智能化运营体系工程建设，开展北斗时频网建设，推进重点企业电力北斗综合服务平台建设和终端应用试点。建成电力行业网络安全态势感知平台和全业务、分布式、高仿真的电力行业网络安全仿真验证环境。

风险与应急管控。初步建成流域水电安全与应急管理信息平台、水电站（大坝）安全和应急管理平台。建设电力安全应急指挥平台。

第四章 加快推动能源绿色低碳转型

坚持生态优先、绿色发展，壮大清洁能源产业，实施可再生能源替代行动，推动构建新型电力系统，促进新能源占比逐渐提高，推动煤炭和新能源优化组合。坚持全国一盘棋，科学有序推进实现碳达峰、碳中和目标，不断提升绿色发展能力。

九、大力发展非化石能源

加快发展风电、太阳能发电。全面推进风电和太阳能发电大规模开发和高质量发展，优先就地就近开发利用，加快负荷中心及周边地区分散式风电和分布式光伏建设，推广应用低风速风电技术。在风能和太阳能资源禀赋较好、建设条件优越、具备持续整装开发条件、符合区域生态环境保护等要求的地区，有序推进风电和光伏发电集中式开发，加快推进以沙漠、戈壁、荒漠地区为重点的大型风电光伏基地项目建设，积极推进黄河上游、新疆、冀北等多能互补清洁能源基地建设。积极推动工业园区、经济开发区等屋顶光伏开发利用，推广光伏发电与建筑一体化应用。开展风电、光伏发电制氢示范。鼓励建设海上风电基地，推进海上风电向深水远岸区域布局。积极发展太阳能热发电。

因地制宜开发水电。坚持生态优先、统筹考虑、适度开发、确保底线，积极推进水电基地建设，推动金沙江上游、雅砻江中游、黄河上游等河段水电项目开工建设。实施雅鲁藏布江下游水电开发等重大工程。实施小水电清理整改，推进绿色改造和现代化提升。推动西南地区水电与风电、太阳能发电协同互补。到 2025 年，常规水电装机容量达到 3.8 亿千瓦左右。

积极安全有序发展核电。在确保安全的前提下，积极有序推动沿海核电项目建设，保持平稳建设节奏，合理布局新增沿海核电项目。开展核能综合利用示范，积极推动高温气冷堆、快堆、模块化小型堆、海上浮动堆等先进堆型示范工程，推动核能在清洁供暖、工业供热、海水淡化等领域的综合利用。切实做好核电厂址资源保护。到 2025 年，核电运行装机容量达到 7000 万千瓦左右。

因地制宜发展其他可再生能源。推进生物质能多元化利用，稳步发展城镇生活垃圾焚烧发电，有序发展农林生物质发电和沼气发电，因地制宜发展生物质能清洁供暖，在粮食主产区和畜禽养殖集中区统筹规划建设生物天然气工程，促进先进生物液体燃料产业化发展。积极推进地热能供热制冷，在具备高温地热资源条件的地区有序开展地热能发电示范。因地制宜开发利用海洋能，推动海洋能发电在近海岛屿供电、深远海开发、海上能源补给等领域应用。

十、推动构建新型电力系统

推动电力系统向适应大规模高比例新能源方向演进。统筹高比例新能源发展和电力安全稳定运行，加快电力系统数字化升级和新型电力系统建设迭代发展，全面推动新型电力技术应用和运行模式创新，深化电力体制改革。以电网为基础平台，增强电力系统资源优化配置能力，提升电网智能化水平，推动电网主动适应大规模集中式新能源和量大面广的分布式能源发展。加大力度规划建设以大型风光电基地为基础、以其周边清洁高效先进节能的煤电为支撑、以稳定安全可靠的特高压输变电线路为载体的新能源供给消纳体系。建设智能高效的调度运行体系，探索电力、热力、天然气等多种能源联合调度机制，促进协调运行。以用户为中心，加强供需双向互动，积极推动源网荷储一体化发展。

创新电网结构形态和运行模式。加快配电网改造升级，推动智能配电网、主动配电网建设，提高配电网接纳新能源和多元化负荷的承载力和灵活性，促进新能源优先就地就近开发利用。积极发展以消纳新能源为主的智能微电网，实现与大电网兼容互补。完善区域电网主网架结构，推动电网之间柔性可控互联，构建规模合理、分层分区、安全可靠的电力系统，提升电网适应新能源的动态稳定水平。科学推进新能源电力跨省跨区输送，稳步推广柔性直流输电，优化输电曲线和价格机制，加强送受端电网协同调峰运行，提高全网消纳新能源能力。

增强电源协调优化运行能力。提高风电和光伏发电功率预测水平，完善并网标准体系，建设系统友好型新能源场站。全面实施煤电机组灵活性改造，优先提升30万千瓦级煤电机组深度调峰能力，推进企业燃煤自备电厂参与系统调峰。因地制宜建设天然气调峰电站和发展储热型太阳能热发电，推动气电、太阳能热发电与风电、光伏发电融合发展、联合运行。加快推进抽水蓄能电站建设，实施全国新一轮抽水蓄能中长期发展规划，推动已纳入规划、条件成熟的大型抽水蓄能电站开工建设。优化电源侧多能互补调度运行方式，充分挖掘电源调峰潜力。力争到2025年，煤电机组灵活性改造规模累计超过2亿千瓦，抽水蓄能装机容量达到6200万千瓦以上、在建装机容量达到6000万千瓦左右。

加快新型储能技术规模化应用。大力推进电源侧储能发展，合理配置储能规模，改善新能源场站出力特性，支持分布式新能源合理配置储能系统。优化布局电网侧储能，发挥储能消纳新能源、削峰填谷、增强电网稳定性和应急供电等多重作用。积极支持用户侧储能多元化发展，提高用户供电可靠性，鼓励电动汽车、不间断电源等用户侧储能参与系统调峰调频。拓宽储能应用场景，推动电化学储能、梯级电站储能、压缩空气储能、飞轮储能等技术多元化应用，探索储能聚合利用、共享利用等新模式新业态。

大力提升电力负荷弹性。加强电力需求侧响应能力建设，整合分散需求响应资源，引导用户优化储用电模式，高比例释放居民、一般工商业用电负荷的弹性。引导大工业负荷参与辅助服务市场，鼓励电解铝、铁合金、多晶硅等电价敏感型高载能负荷改善生产工艺和流程，发挥可中断负荷、可控负荷等功能。开展工业可调节负荷、楼宇空调负荷、大数据中心负荷、用户侧储能、新能源汽车与电网（V2G）能量互动等各类资源聚合的虚拟电厂示范。力争到2025年，电力需求侧响应能力达到最大负荷的3%~5%，其中华东、华中、南方等地区达到最大负荷的5%左右。

专栏3 能源绿色低碳转型工程
水电。建成投产金沙江乌东德（已建成投产）、白鹤滩（部分机组已建成投产），雅砻江两河口（部分机组已建成投产）等水电站。推进金沙江拉哇、大渡河双江口等水电站建设。力争开工金沙江岗托、旭龙，雅砻江牙根二级、孟底沟（已核准开工），大渡河丹巴，黄河羊曲（已核准开工）等水电站。深入开展奔子栏、龙盘、古学等水电站前期论证。实施雅鲁藏布江下游水电开发等重大工程。
核电。建成投产辽宁红沿河5、6号（5号已建成投产）；山东石岛湾高温气冷堆、“国和一号”示范项目；江苏田湾6号（已建成投产）；福建福清5、6号（5号已建成投产），漳州一期1、2号；广东太平岭一期1、2号；广西防城港3、4号等核电机组。
风电和光伏发电。积极推进东部和中部等地区分散式风电和分布式光伏建设，优化推进新疆、青海、甘肃、内蒙古、宁夏、陕北、晋北、冀北、辽宁、吉林、黑龙江等地区陆上风电和光伏发电基地化开发，重点建设广东、福建、浙江、江苏、山东等海上风电基地。
生物质能和地热能。稳步发展城镇生活垃圾焚烧发电，有序发展农林生物质发电和沼气发电，建设千万立方米级生物天然气工程。在京津冀、山西、陕西、河南、湖北等区域大力推进中深层地热能供暖制冷，在西藏、川西、青海等高温地热资源丰富地区建设一批地热能发电示范项目。
灵活调节电源。推进桐城、磐安、泰安二期、浑源等抽水蓄能电站建设，开工大雅河、尚志、滦平、徐水、灵寿、美岱、乌海、泰顺（已核准开工）、天台（已核准开工）、建德、桐庐、宁国、岳西、石台、霍山、连云港、洪屏二期、大幕山、平坦原（已核准开工）、紫云山、安化、栗子湾（已核准开工）、哇让、牛首山（已核准开工）、贵阳（石厂坝）、南宁（已核准开工）、黔南（黄丝）、羊林等抽水蓄能电站。开展黄河上游梯级电站大型储能项目研究。在青海、新疆、甘肃、内蒙古等地区推动太阳能热发电与风电、光伏发电配套发展。重点对30万千瓦及以下煤电机组进行灵活性改造，对于调峰困难地区研究推动60万千瓦亚临界煤电机组灵活性改造。

十一、减少能源产业碳足迹

推进化石能源开发生产环节碳减排。推动化石能源绿色低碳开采，强化煤炭绿色开采和洗选加工，加大油气田甲烷采收利用力度，加快二氧化碳驱油技术推广应用。到2025年，煤矿瓦斯利用量达到60亿立方米，原煤入选率达到80%。推广能源开采先进技术装备，加快对燃油、燃气、燃煤设备的电气化改造，提高海上油气平台供能中的电力占比。

促进能源加工储运环节提效降碳。推进炼化产业转型升级，严控新增炼油产能，有序推动落后和低效产能退出，延伸产业链，增加高附加值产品比重，提升资源综合利用水平，加快绿色炼厂、智能炼厂建设。推进煤炭分质分级梯级利用。有序淘汰煤电落后产能，“十四五”期间淘汰（含到期退役机组）3000万千瓦。新建煤矿项目优先采用铁路、水运等清洁化煤炭运输方式。加强能源加工储运设施节能及余能回收利用，推广余热余压、LNG冷能等余能综合利用技术。

推动能源产业和生态治理协同发展。加强矿区生态环境治理修复，开展煤矸石综合利用。创新矿区循环经济发展模式，探索利用采煤沉陷区、露天矿排土场、废弃露天矿坑、关停高污染矿区发展风电、光伏发电、生态碳汇等产业。因地制宜发展“光伏+”综合利用模式，推动光伏治沙、林光互补、农光互补、牧光互补、渔光互补，实现太阳能发电与生态修复、农林牧渔业等协同发展。

十二、更大力度强化节能降碳

完善能耗“双控”与碳排放控制制度。严格控制能耗强度，能耗强度目标在“十四五”规划期内统筹考核，并留有适当弹性，新增可再生能源和原料用能不纳入能源消费总量控制。加强产业布局和能耗“双控”政策衔接，推动地方落实用能预算管理制度，严格实施节能评估和审查制度，坚决遏制高耗能高排放低水平项目盲目发展，优先保障居民生活、现代服务业、高技术产业和先进制造业等用能需求。加快全国碳排放权交易市场建设，推动能耗“双控”向碳排放总量和强度“双控”转变。

大力推动煤炭清洁高效利用。“十四五”时期严格合理控制煤炭消费增长。严格控制钢铁、化工、水泥等主要用煤行业煤炭消费。大力推动煤电节能降碳改造、灵活性改造、供热改造“三改联动”，“十四五”期间节能改造规模不低于3.5亿千瓦。新增煤电机组全部按照超低排放标准建设、煤耗标准达到国际先进水平。持续推进北方地区冬季清洁取暖，推广热电联产改造和工业余热余压综合利用，逐步淘汰供热管网覆盖范围内的燃煤小锅炉和散煤，鼓励公共机构、居民使用非燃煤高效供暖产品。力争到2025年，大气污染防治重点区域散煤基本清零，基本淘汰35蒸吨/小时以下燃煤锅炉。

实施重点行业领域节能降碳行动。加强工业领域节能和能效提升，深入实施节能监察、节能诊断，推广节能低碳工艺技术装备，推动重点行业节能改造，加快工业节能与绿色制造标准制修订，开展能效对标达标和能效“领跑者”行动，推进绿色制造。持续提高新建建筑节能标准，加快推进超低能耗、近零能耗、低碳建筑规模化发展，大力推进城镇既有建筑和市政基础设施节能改造。加快推进建筑用能电气化和低碳化，推进太阳能、地热能、空气能、生物质能等可再生能源应用。构建绿色低碳交通运输体系，优化调整运输结构，大力发展多式联运，推动大宗货物中长距离运输“公转铁”、“公转水”，鼓励重载卡车、船舶领域使用LNG等清洁燃料替代，加强交通运输行业清洁能源供应保障。

实施公共机构能效提升工程。推进数据中心、5G通信基站等新型基础设施领域节能和能效提升，推动绿色数据中心建设。积极推进南方地区集中供冷、长江流域冷热联供。避免“一刀切”限电限产或运动式“减碳”。

提升终端用能低碳化电气化水平。全面深入拓展电能替代，推动工业生产领域扩大电锅炉、电窑炉、电动力等应用，加强与落后产能置换的衔接。积极发展电力排灌、农产品加工、养殖等农业生产加工方式。因地制宜推广空气源热泵、水源热泵、蓄热电锅炉等新型电采暖设备。推广商用电炊具、智能家电等设施，提高餐饮服务业、居民生活等终端用能领域电气化水平。实施港口岸电、空港陆电改造。积极推动新能源汽车在城市公交等领域应用，到2025年，新能源汽车新车销量占比达到20%左右。优化充电基础设施布局，全面推动车桩协同发展，推进电动汽车与智能电网间的能量和信息双向互动，开展光、储、充、换相结合的新型充换电场站试点示范。

实施绿色低碳全民行动。在全社会倡导节约用能，增强全民节约意识、环保意识、生态意识，引导形成简约适度、绿色低碳的生活方式，坚决遏制不合理能源消费。深入开展绿色低碳社会行动示范创建，营造绿色低碳生活新时尚。大力倡导自行车、公共交通工具等绿色出行方式。大力发展绿色消费，推广绿色低碳产品，完善节能低碳产品认证与标识制度。完善节能家电、高效照明产品等推广机制，以京津冀、长三角、粤港澳等区域为重点，鼓励建立家庭用能智慧化管理系统。

第五章 优化能源发展布局

统筹生态保护和高质量发展，加强区域能源供需衔接，优化能源开发利用布局，提高资源配置效率，推动农村能源转型变革，促进乡村振兴。

十三、合理配置能源资源

完善能源生产供应格局。发挥能源富集地区战略安全支撑作用，加强能源资源综合开发利用基地建设，提升国内能源供给保障水平。加大能源就近开发利用力度，积极发展分布式能源，鼓励风电和太阳能发电优先本地消纳。优化能源输送格局，减少能源流向交叉和迂回，提高输送通道利用率。有序推进大型清洁能源基地电力外送，提高存量通道输送可再生能源电量比例，新建通道输送可再生能源电量比例原则上不低于50%，优先规划输送可再生能源电量比例更高的通道。加强重点区域能源供给保障和互济能力建设，着力解决东北和“两湖一江”（湖北、湖南、江西）等地区煤炭、电力时段性供需紧张问题。

加强电力和油气跨省跨区输送通道建设。稳步推进资源富集区电力外送，加快已建通道的配套电源投产，重点建设金沙江上下游、雅砻江流域、黄河上游和“几”字弯、新疆、河西走廊等清洁能源基地输电通道，完善送受端电网结构，提高交流电网对直流输电通道的支撑。“十四五”期间，存量通道输电能力提升4000万千瓦以上，新增开工建设跨省跨区输电通道6000万千瓦以上，跨省跨区直流输电通道平均利用小时数力争达到4500小时以上。完善原油和成品油长输管道建设，优化东部沿海地区炼厂原油供应，完善成品油管道布局，提高成品油管输比例。加快天然气长输管道及区域天然气管网建设，推进管网互联互通，完善LNG储运体系。到2025年，全国油气管网规模达到21万公里左右。

十四、统筹提升区域能源发展水平

推进西部清洁能源基地绿色高效开发。推动黄河流域和新疆等资源富集区煤炭、油气绿色开采和清洁高效利用，合理控制黄河流域煤炭开发强度与规模。以长江经济带上游四川、云南和西藏等地区为重点，坚持生态优先，优化大型水电开发布局，推进西电东送接续水电项目建设。积极推进多能互补的清洁能源基地建设，科学优化电源规模配比，优先利用存量常规电源实施“风光水（储）”、“风光火（储）”等多能互补工程，大力发展风电、太阳能发电等新能源，最大化利用可再生能源。“十四五”期间，西部清洁能源基地年综合生产能力增加3.5亿吨标准煤以上。

提升东部和中部地区能源清洁低碳发展水平。以京津冀及周边地区、长三角、粤港澳大湾区等为重点，充分发挥区域比较优势，加快调整能源结构，开展能源生产消费绿色转型示范。安全有序推动沿海地区核电项目建设，统筹推动海上风电规模化开发，积极发展风能、太阳能、生物质能、地热能等新能源。大力发展源网荷储一体化。加强电力、天然气等清洁能源供应保障，稳步扩大区外输入规模。严格控制大气污染防治重点区域煤炭消费，在严控炼油产能规模基础上优化产能结构。“十四五”期间，东部和中部地区新增非化石能源年生产能力1.5亿吨标准煤以上。

专栏4　区域能源发展重点及基础设施工程

大型清洁能源基地。统筹推进云贵川藏、青海水风光综合开发，重点建设金沙江上下游、雅砻江流域、黄河上游等清洁能源基地，实施雅鲁藏布江下游水电开发等重大工程。依托存量和新增跨省跨区输电通道、火电“点对网”外送通道，推动风光水火储多能互补开发，重点建设黄河“几”字弯、河西走廊、新疆等清洁能源基地。以就地消纳为主，推进松辽、冀北清洁能源基地建设。积极推进东南部沿海地区海上风电集群化开发。

能源低碳转型引领区。京津冀及周边地区，大力发展分布式光伏，推动地热能资源绿色开发利用，增加由蒙西、山西等地区送入的清洁电力规模，完善环渤海地区LNG储运体系，推进低碳冬奥示范区、雄安智慧能源

专栏4　区域能源发展重点及基础设施工程（续）

城市等绿色低碳发展试点示范。长三角地区，稳步推进田湾、三澳等核电建设，大力开发陆上分散式风电和分布式光伏发电，积极发展海上风电，推进沿海LNG接收站扩大规模，加强浙沪、浙苏、苏皖等天然气管道联通。粤港澳大湾区及周边地区，稳步推进惠州核电建设，积极开发海上风电，探索开发海洋能，加快阳江、梅州等抽蓄电站建设，鼓励增加天然气发电规模，完善LNG储运和天然气管网体系，积极推动储能电池应用示范。其他地区，推动中部地区加大可再生能源开发力度和外部引入规模，开展小水电清理整改，推进绿色小水电改造，因地制宜发展分布式光伏发电，建设黄河中下游绿色能源廊道，支持各地区因地制宜开展绿色低碳转型示范。

能源供应保障重点区域。“两湖一江”地区，优先发展本地可再生能源，有序扩大能源调入规模，建设陕北至湖北（已建成投产）、雅中至江西（已建成投产）、金沙江上游至湖北等输电通道，依托浩吉铁路及其疏运系统合理布局路口煤电，增强能源安全储备能力，建设一批煤炭储备基地。东北地区，积极推进非化石能源开发和多元化利用，完善中俄东线配套支线管网，减缓东北三省煤炭产量下降速度，建设蒙东煤炭供应保障基地，提高滨洲线、集通线运煤能力，结合电力、热力需求有序安排煤电项目建设，加强冬季用煤用电保障。其他地区，加强能源供需衔接，有效解决区域性、时段性供需紧张等问题。

输电通道。结合清洁能源基地开发和中东部地区电力供需形势，建成投产一批、开工建设一批、研究论证一批多能互补输电通道。

电网主网架。完善华北、华东、华中区域内特高压交流网架结构，为特高压直流送入电力提供支撑，建设川渝特高压主网架，完善南方电网主网架。

天然气管网。建设中俄东线管道南段、川气东送二线、西气东输三线中段、西气东输四线、山东龙口—中原文23储气库管道等工程。

十五、积极推动乡村能源变革

加快完善农村和边远地区能源基础设施。提升农村能源基础设施和公共服务水平，实施农村电网巩固提升工程，持续加强脱贫地区农村电网建设，提高农村电力保障水平，推动农村用能电气化升级。提升向边远地区输配电能力，在具备条件的农村地区、边远地区探索建设高可靠性可再生能源微电网。在气源有保障、经济可承受的情况下，有序推动供气设施向农村延伸。支持革命老区重大能源基础设施项目具备条件后按程序尽快启动建设。

加强乡村清洁能源保障。提高农村绿电供应能力，实施千家万户沐光行动、千乡万村驭风行动，积极推动屋顶光伏、农光互补、渔光互补等分布式光伏和分散式风电建设，因地制宜开发利用生物质能和地热能，推动形成新能

源富民产业。坚持因地制宜推进北方地区农村冬季清洁取暖，加大电、气、生物质锅炉等清洁供暖方式推广应用力度，在分散供暖的农村地区，就地取材推广户用生物成型燃料炉具供暖。

实施乡村减污降碳行动。积极推动农村生产生活方式绿色转型，推广农用节能技术和产品，加快农业生产、农产品加工、生活取暖、炊事等领域用能的清洁替代。加强农村生产生活垃圾、畜禽粪污的资源化利用，全面实施秸秆综合利用，改善农村人居环境和生态空间。积极稳妥推进散煤治理，加强煤炭清洁化利用。以县域为单位开展绿色低碳发展示范区建设，探索建设“零碳村庄”等示范工程。

第六章　提升能源产业链现代化水平

加快能源领域关键核心技术和装备攻关，推动绿色低碳技术重大突破，加快能源全产业链数字化智能化升级，统筹推进补短板和锻长板，加快构筑支撑能源转型变革的先发优势。

十六、增强能源科技创新能力

锻造能源创新优势长板。巩固非化石能源领域技术装备优势，持续提升风电、太阳能发电、生物质能、地热能、海洋能等开发利用的技术水平和经济性，开展三代核电技术优化研究，加强高比例可再生能源系统技术创新和应用。立足绿色低碳技术发展基础和优势，加快推动新型电力系统、新一代先进核能等方面技术突破。提高化石能源清洁高效利用技术水平，加强煤炭智能绿色开采、灵活高效燃煤发电、现代煤化工和生态环境保护技术研究，实施陆上常规油气高效勘探开发和炼化技术攻关。

强化储能、氢能等前沿科技攻关。开展新型储能关键技术集中攻关，加快实现储能核心技术自主化，推动储能成本持续下降和规模化应用，完善储能技术标准和管理体系，提升安全运行水平。适度超前部署一批氢能项目，着力攻克可再生能源制氢和氢能储运、应用及燃料电池等核心技术，力争氢能全产业链关键技术取得突破，推动氢能技术发展和示范应用。加强前沿技术研究，加快推广应用减污降碳技术。

实施科技创新示范工程。依托我国能源市场空间大、工程实践机会多等优势，加大资金和政策扶持力度，重点在先进可再生能源发电和综合利用、小堆及核能综合利用、陆上常规和非常规及海洋油气高效勘探开发、燃气轮机、煤炭清洁高效开发利用等关键核心技术领域建设一批创新示范工程。瞄准新型电力系统、安全高效储能、氢能、新一代核能体系、二氧化碳捕集利用与封存、天然气水合物等前沿领域，实施一批具有前瞻性、战略性的国家重大科技示范项目。

专栏 5　科技创新示范工程

先进可再生能源发电及综合利用技术。深远海域海上风电开发、高效光伏电池、光伏建筑一体化（BIPV）、先进生物质燃料、地热能、大型变速抽水蓄能及海水蓄能、海洋能规模化开发利用等技术研发及示范应用，新能源生态环境保护技术。

先进核能技术。三代核电关键技术优化升级示范应用，模块式小型堆、（超）高温气冷堆、低温供热堆、快堆、熔盐堆、海上浮动式核动力平台等技术攻关及示范应用。支持新燃料、新材料等新技术研发应用。支持受控核聚变的前期研发，积极开展国际合作。

新型电力系统技术。新能源发电并网及主动支撑、大容量远海风电友好送出、柔性直流、直流配电网、煤电机组灵活性改造、V2G、虚拟电厂、微电网等技术研发及示范应用。

安全高效储能。电化学储能、梯级电站储能、飞轮储能、压缩空气储能和蓄热蓄冷等技术攻关及规模化示范应用，新型储能安全防范技术攻关及示范应用。

氢能。高效可再生能源氢气制备、储运、应用和燃料电池等关键技术攻关及多元化示范应用。氢能在可再生能源消纳、电网调峰等场景示范应用。氢能、电能、热能等异质能源互联互通示范。

油气勘探开发技术。深层页岩气、页岩油、海洋深水油气、煤层气勘探开发及示范应用，提升陆上油气采收率。

燃气轮机。燃气轮机设计、试验、制造、运维检修等关键技术攻关及示范应用。

煤炭清洁高效开发利用技术。煤炭绿色智能开采、先进燃煤发电、超临界二氧化碳发电、老旧煤电机组延寿升级改造、煤制油、煤制气、先进煤化工等技术研发及示范应用，在晋陕蒙新等地区建设二氧化碳捕集利用与封存示范工程。

十七、加快能源产业数字化智能化升级

推动能源基础设施数字化。加快信息技术和能源产业融合发展，推动能源产业数字化升级，加强新一代信息技术、人工智能、云计算、区块链、物联网、大数据等新技术在能源领域的推广应用。积极开展电厂、电网、油气田、油气管网、油气储备库、煤矿、终端用能等领域设备设施、工艺流程的智能化升级，提高能源系统灵活感知和高效生产运行能力。适应数字化、自动化、网络化能源基础设施发展要求，建设智能调度体系，实现源网荷储互动、多能协同互补及用能需求智能调控。

建设智慧能源平台和数据中心。面向能源供需衔接、生产服务等业务，支持各类市场主体发展企业级平台，因地制宜推进园区级、城市级、行业级平台建设，强化共性技术的平台化服务及商业模式创新，促进各级各类平台融合发展。鼓励建设各级各类能源数据中心，制定数据资源确权、开放、流通、交易相关制度，完善数据产权保护制度，加强能源数据资源开放共享，发挥能源大数据在行业管理和社会治理中的服务支撑作用。

实施智慧能源示范工程。以多能互补的清洁能源基地、源网荷储一体化项目、综合能源服务、智能微网、虚拟电

厂等新模式新业态为依托，开展智能调度、能效管理、负荷智能调控等智慧能源系统技术示范。推广电力设备状态检修、厂站智能运行、作业机器人替代、大数据辅助决策等技术应用，加快“智能风机”、“智能光伏”等产业创新升级和行业特色应用，推进“智慧风电”、“智慧光伏”建设，推进电站数字化与无人化管理，开展新一代调度自动化系统示范。实施煤矿系统优化工程，因地制宜开展煤矿智能化示范工程建设，建设一批少人、无人示范煤矿。加强油气智能完井工艺攻关，加快智能地震解释、智能地质建模与油藏模拟等关键场景核心技术开发与应用示范。建设能源大数据、数字化管理示范平台。

专栏6 智慧能源示范工程
智慧能源新模式新业态。区域（省）级、市（县）级、园区（居民区）级源网荷储一体化示范，多能互补建设风光储、风光水（储）、风光火（储）一体化示范，智慧城市、智慧园区、美丽乡村等智慧用能示范。 **智慧能源平台和数据中心。**多能互补集成与智能优化、用能需求智能调控、智慧能源生产服务、智慧能源系统数字孪生等平台和数据中心示范。 **智慧风电。**风电智能化运维、故障预警、精细化控制、场群控制等示范应用。 **智慧光伏。**光伏电站数字化、无人化管理，设备间互联互感、协同优化，光伏电站智能化调度、运维等示范应用。 **智慧水电。**水电智能化建造、多目标运行管理、智能监测和巡查、流域水电综合智慧管理等示范应用。 **智慧电厂。**数字化三维协同设计、智能施工管控、数字化移交、先进控制策略、大数据、云计算、物联网、人工智能、5G通信等示范应用。 **智能电网。**新一代调度自动化系统、配电网改造和智能化升级等示范应用。 **智能油气管网。**油气管网全数字化移交、全智能化运营、全生命周期管理等示范应用。 **智慧油气田。**勘探开发一体化智能云网平台、地上地下一体化智能生产管控平台、油气田地面绿色工艺与智能建设优化平台等技术装备及示范应用。 **智能化煤矿。**煤矿智能化高效开采、智能化选煤、矿山物联网、危险岗位机器人替代等示范应用。

十八、完善能源科技和产业创新体系

整合优化科技资源配置。以国家战略性需求为导向推进创新体系优化组合，加强能源技术创新平台建设，加快构建能源领域国家实验室，重组国家重点实验室，优化国家能源研发创新平台建设管理。推进科研院所、高等院校和企业科研力量优化配置和资源共享，深化军民科技协同创新。充分发挥社会主义市场经济条件下的新型举国体制优势，深入落实攻关任务“揭榜挂帅”等机制。提升能源核心关键技术产品产业化能力，完善技术要素市场，加强创新链和产业链对接，完善重大自主可控核心技术成果推广应用机制，推动首台（套）重大技术装备示范和推广，促进能源新技术产业化规模化应用。

激发企业和人才创新活力。完善能源技术创新市场导向机制，强化企业创新主体地位，发挥大企业引领支撑作用，构建以企业为主体、市场为导向、产学研用深度融合的技术创新体系。健全知识产权保护运用体制，实施严格的知识产权保护制度。健全能源领域科技人才评价体系，完善充分体现创新要素价值的收益分配机制，全方位为科研人员松绑，优化能源创新创业生态，激发能源行业创新活力。

第七章 增强能源治理效能

深化电力、油气体制机制改革，持续深化能源领域“放管服”改革，加强事中事后监管，加快现代能源市场建设，完善能源法律法规和政策，更多依靠市场机制促进节能减排降碳，提升能源服务水平。

十九、激发能源市场主体活力

放宽能源市场准入。落实外商投资法律法规和市场准入负面清单制度，修订能源领域相关法规文件。支持各类市场主体依法平等进入负面清单以外的能源领域。推进油气勘探开发领域市场化，实行勘查区块竞争出让制度和更加严格的区块退出机制，加快油田服务市场建设。积极稳妥深化能源领域国有企业混合所有制改革，进一步吸引社会投资进入能源领域。优化能源产业组织结构。建设具有创造创新活力的能源企业。进一步深化电网企业主辅分离、厂网分离改革，推进抽水蓄能电站投资主体多元化。推进油气领域装备制造、工程建设、技术研发、信息服务等竞争性业务市场化改革。深化油气管网建设运营机制改革，引导地方管网以市场化方式融入国家管网公司，支持各类社会资本投资油气管网等基础设施，制定完善管网运行调度规则，促进形成全国“一张网”。推进油气管网设施向第三方市场主体公平开放，提高油气集约输送和公平服务能力，压实各方保供责任。

支持新模式新业态发展。健全分布式电源发展新机制，推动电网公平接入。培育壮大综合能源服务商、电储能企业、负荷集成商等新兴市场主体。破除能源新模式新业态在市场准入、投资运营、参与市场交易等方面存在的体制机制壁垒。创新电力源网荷储一体化和多能互补项目规划建设管理机制，推动项目规划、建设实施、运行调节和管理一体化。培育发展二氧化碳捕集利用与封存新模式。

二十、建设现代能源市场

优化能源资源市场化配置。深化电力体制改革，加快构建和完善中长期市场、现货市场和辅助服务市场有机衔接的电力市场体系。按照支持省域、鼓励区域、推动构建全国统一市场体系的方向推动电力市场建设。深化配售电改革，进一步向社会资本放开售电和增量配电业务，激发存量供电企业活力。创新有利于非化石能源发电消纳的电力调度和交易机制，推动非化石能源发电有序参与电力市场交易，通过市场化方式拓展消纳空间，试点开展绿色电力交易。引导支持储能设施、需求侧资源参与电力市场交易，促进提升系统灵活性。加快完善天然气市场顶层设计，

构建有序竞争、高效保供的天然气市场体系，完善天然气交易平台。完善原油期货市场，适时推动成品油、天然气等期货交易。推动全国性和区域性煤炭交易中心协调发展，加快建设统一开放、层次分明、功能齐全、竞争有序的现代煤炭市场体系。

深化价格形成机制市场化改革。进一步完善省级电网、区域电网、跨省跨区专项工程、增量配电网价格形成机制，加快理顺输配电价结构。持续深化燃煤发电、燃气发电、水电、核电等上网电价市场化改革，完善风电、光伏发电、抽水蓄能价格形成机制，建立新型储能价格机制。建立健全电网企业代理购电机制，有序推动工商业用户直接参与电力市场，完善居民阶梯电价制度。研究完善成品油价格形成机制。稳步推进天然气价格市场化改革，减少配气层级。落实清洁取暖电价、气价、热价等政策。

二十一、加强能源治理制度建设

依法推进能源治理。健全能源法律法规体系，建立以能源法为统领，以煤炭、电力、石油天然气、可再生能源等领域单项法律法规为支撑，以相关配套规章为补充的能源法律法规体系。加强能源新型标准体系建设，制修订支撑引领能源低碳转型的重点领域标准和技术规范，提升能源标准国际化水平，组织开展能源资源计量及其碳排放核算服务示范。深化能源行业执法体制改革，进一步整合执法队伍，创新执法方式，规范自由裁量权，提高执法效能和水平。

强化政策协同保障。立足推动能源绿色低碳发展、安全保障、科技创新等重点任务实施，健全政策制定和实施机制，完善和落实财税、金融等支持政策。落实相关税收优惠政策，加大对可再生能源和节能降碳、创新技术研发应用、低品位难动用油气储量、致密油气田、页岩油、尾矿勘探开发利用等支持力度。落实重大技术装备进口免税政策。构建绿色金融体系，加大对节能环保、新能源、二氧化碳捕集利用与封存等的金融支持力度，完善绿色金融激励机制。加强能源生态环境保护政策引领，依法开展能源基地开发建设规划、重点项目等环境影响评价，完善用地用海政策，严格落实区域“三线一单”（生态保护红线、环境质量底线、资源利用上线和环境准入负面清单）生态环境分区管控要求。建立可再生能源消纳责任权重引导机制，实行消纳责任考核，研究制定可再生能源消纳增量激励政策，推广绿色电力证书交易，加强可再生能源电力消纳保障。

加强能源监管。优化能源市场监管，加大行政执法力度，维护市场主体合法权益，促进市场竞争公平、交易规范和信息公开，持续优化营商环境。强化能源行业监管，保障国家能源规划、政策、标准和项目有效落地。健全电力安全监管执法体系，推进理顺监管体制，构建监管长效机制，加强项目建设施工和运行安全监管。健全能源行业自然垄断环节监管体制机制，加强公平开放、运行调度、服务价格、社会责任等方面的监管。创新监管方式，构建统一规范、信息共享、协同联动的监管体系，全面实施“双随机、一公开”监管模式，推动构建以信用为基础的新型监管机制。

专栏7 电力和油气领域重点改革任务
持续深化电力中长期交易机制建设。推动各地制修订电力中长期交易规则。推动符合条件的各类市场主体参与交易。丰富交易品种，优化交易组织流程，缩短交易周期，增加交易频次，建立分时段签约交易机制，健全偏差考核机制。 **稳妥推进电力现货市场建设**。推动具备条件的试点地区转入长周期运行，有序扩大现货试点范围。鼓励电网连接紧密的相邻省（区、市）现货市场融合发展。 **完善电力辅助服务市场机制**。丰富辅助服务交易品种，推动储能设施、虚拟电厂、用户可中断负荷等灵活性资源参与辅助服务，研究爬坡等交易品种。建立源网荷储一体化和多能互补项目协调运营和利益共享机制。建立健全跨省跨区辅助服务市场机制，推动送受两端辅助服务资源共享。 **加快建设全国统一电力市场体系**。优化电力市场总体设计，健全多层次统一电力市场体系，探索在南方、长三角、京津冀、东北等地区开展区域电力市场建设试点。分步放开跨省跨区发用电计划，探索非化石能源发电企业与售电公司或大用户开展跨省跨区点对点交易。 **积极推进分布式发电市场化交易**。支持分布式发电与同一配电网区域的电力用户就近交易，完善支持分布式发电市场化交易的价格政策及市场规则。 **深化配售电改革**。推动落实增量配电企业在配电区域内拥有与电网企业同等的权利和义务，研究完善增量配电网配电价格形成机制。完善售电主体准入和退出机制，推动售电主体参与各类市场交易，理顺购售电电费结算关系。
放开上游勘查开采市场。全面实施矿业权竞争性出让。严格区块退出。推动油气地质资料汇交利用。推动工程技术、工程建设和装备制造业务专业化重组，作为独立市场主体参与竞争。 **深化油气管网改革**。推进省级管网运销分离。完善管网调度运营规则，建立健全管容分配、托运商等制度。推动城镇燃气压缩管输和供气层级。 **推进下游竞争性环节改革**。支持大用户与气源企业签订直供或直销合同，降低用气成本。

第八章 构建开放共赢能源国际合作新格局

以共建“一带一路”为引领，积极参与全球能源治理，坚持绿色低碳转型发展，加强应对气候变化国际合作，实施更大范围、更宽领域、更深层次能源开放合作，实现开放条件下的能源安全。

二十二、拓展多元合作新局面

巩固拓展海外能源资源保障能力。完善海外主要油气产区合作，优化资产配置。持续巩固推动与重点油气资源国的合作，加强与重点油气消费国的交流，促进海外油气项目健康可持续发展，以油气领域务实合作促进与资源国共同发展。

增强进口多元化和安全保障能力。巩固和拓展与油气等能源资源出口大国互利共赢合作。增强油气国际贸易运营能力。加强跨国油气通道运营与设施联通，确保油气安全稳定供应与平稳运行。与相关国家加强沟通协调，共同维护能源市场安全。

二十三、深度参与全球能源转型变革

推进能源变革与低碳合作。建设绿色丝绸之路，深化与发展中国家绿色产能合作，积极推动风电、太阳能发电、储能、智慧电网等领域合作。与周边国家和地区在电网互联及升级改造方面加强合作。推动核电国际合作。大力支持发展中国家能源绿色低碳发展，不再新建境外煤电项目。积极探索与发达国家、东道国和跨国公司开展三方、多方合作的有效途径，建成一批经济效益好、示范效应强的绿色能源最佳实践项目。

加强科技创新合作。加强与有关国家在先进能源技术和解决方案等方面的务实合作，重点在高效低成本新能源发电、先进核电、氢能、储能、节能、二氧化碳捕集利用与封存等先进技术领域开展合作。积极参与能源国际标准制定，加快我国能源技术、标准的国际融合。

二十四、积极参与全球能源治理体系改革和建设

推动完善全球能源治理体系。运营好“一带一路”能源合作伙伴关系合作平台，办好国际能源变革论坛。在中国—阿盟、中国—非盟、中国—中东欧、中国—东盟等相关能源合作平台和亚太经合组织（APEC）可持续能源中心指导下，加强联合研究，拓展培训交流。加强与国际能源署、国际可再生能源署、石油输出国组织（OPEC）、国际能源论坛、清洁能源部长会议等国际组织和机制合作，积极参与并引导在联合国、二十国集团（G20）、APEC、金砖国家、上合组织等多边框架下的能源合作。

加强能源领域应对气候变化国际合作。坚持共同但有区别的责任原则，推动中美清洁能源合作，深化中欧能源技术创新合作，形成能源领域应对气候变化和推动绿色发展合力，推动落实《联合国气候变化框架公约》及其《巴黎协定》。积极开展能源领域气候变化南南合作，进一步加强与其他发展中国家能源绿色发展合作，支持发展中国家落实联合国2030年可持续发展议程，提升能源领域应对气候变化能力，彰显我国积极参与全球气候治理的大国担当。

第九章 加强规划实施与管理

加强对本规划实施的组织、协调和督导，建立健全规划实施监测评估、考核监督机制。

二十五、加强组织领导

加强党的全面领导，增强“四个意识”、坚定“四个自信”、做到“两个维护”，全面贯彻落实党中央、国务院决策部署，强化督导落实、工作统筹和协同联动。加强能源规划与经济社会发展及其他规划的衔接，统筹自然保护地、生态保护红线与能源开发布局，切实发挥国家能源规划对全国能源发展、重大项目布局、公共资源配置、社会资本投向的战略导向作用，完善规划引导约束机制。

二十六、落实责任分工

按照党中央、国务院统一部署，建立健全国家能源委员会统筹协调、有关部门协同推动、各省级政府和重点能源企业细化落实的规划实施工作机制。国家发展改革委、国家能源局要制定本规划实施方案，确定年度目标并加强年度综合平衡。各地区要根据国家规划确定的重要目标、重点任务、重大工程、重点项目，制定具体工作方案，细化时间表、路线图、优先序，提出分年滚动工作计划安排。各有关部门要根据职责分工细化任务举措，加强资金、用地等对重大能源项目的支持保障力度，及时研究解决实施中遇到的问题。国家能源委员会办公室要切实履行职责，确保规划有力推进、有效实施。

二十七、加强监测评估

国家发展改革委、国家能源局牵头组织开展规划实施情况的年度监测分析、中期评估和总结评估。建立规划动态评估机制和重大情况报告制度，严格评估程序，通过委托第三方机构开展评估等方式，对规划滚动实施提出建议，及时总结经验、分析问题、制定对策。加强规划实施情况评估成果应用，健全规划调整修订机制。重要情况及时向国务院报告。

科技支撑碳达峰碳中和实施方案（2022—2030年）

发布单位：科技部　国家发展改革委　工业和信息化部　生态环境部
住房城乡建设部　交通运输部　中国科学院　中国工程院　国家能源局
发布时间：2022年6月24日

为深入贯彻落实党中央、国务院关于碳达峰碳中和的重大战略部署，充分发挥科技创新对实现碳达峰碳中和目标的关键支撑作用，特制定本方案。

我国已进入全面建设社会主义现代化国家的新发展阶段，充分发挥科技创新的支撑作用，统筹推进工业化城镇化与能源、工业、城乡建设、交通等领域碳减排，对于保障经济社会高质量发展与碳达峰碳中和目标实现具有极其重要的意义。方案以习近平新时代中国特色社会主义思想为指导，全面贯彻党的十九大和十九届历次全会精神，按照党中央、国务院决策部署，坚持稳中求进工作总基调，立足新发展阶段，完整、准确、全面贯彻新发展理念，构建新发展格局，坚持系统观念，处理好发展和减排、整体和局部、长远目标和短期目标、政府和市场的关系，坚持创新驱动作为发展的第一动力，坚持目标导向和问题导向，构建低碳零碳负碳技术创新体系，统筹提出支撑2030年前实现碳达峰目标的科技创新行动和保障举措，并为2060年前实现碳中和目标做好技术研发储备。

通过实施方案，到2025年实现重点行业和领域低碳关键核心技术的重大突破，支撑单位国内生产总值（GDP）二氧化碳排放比2020年下降18%，单位GDP能源消耗比2020年下降13.5%；到2030年，进一步研究突破一批碳中和前沿和颠覆性技术，形成一批具有显著影响力的低碳技术解决方案和综合示范工程，建立更加完善的绿色低碳科技创新体系，有力支撑单位GDP二氧化碳排放比2005年下降65%以上，单位GDP能源消耗持续大幅下降。

一、能源绿色低碳转型科技支撑行动

聚焦国家能源发展战略任务，立足以煤为主的资源禀赋，抓好煤炭清洁高效利用，增加新能源消纳能力，推动煤炭和新能源优化组合，保障国家能源安全并降低碳排放，是我国低碳科技创新的重中之重。充分发挥国家战略科技力量和各类创新主体作用，深入推进跨专业、跨领域深度协同、融合创新，构建适应碳达峰碳中和目标的能源科技创新体系。针对能源绿色低碳转型迫切需求，加强基础性、原创性、颠覆性技术研究，为煤炭清洁高效利用、新能源并网消纳、可再生能源高效利用，以及煤制清洁燃料和大宗化学品等提供科技支撑。到2030年，大幅提升能源技术自主创新能力，带动化石能源有序替代，推动能源绿色低碳安全高效转型。

专栏1　能源绿色低碳转型支撑技术

煤炭清洁高效利用。加强煤炭先进、高效、低碳、灵活智能利用的基础性、原创性、颠覆性技术研究。实现工业清洁高效用煤和煤炭清洁转化，攻克近零排放的煤制清洁燃料和化学品技术；研发低能耗的百万吨级二氧化碳捕集利用与封存全流程成套工艺和关键技术。研发重型燃气轮机和高效燃气发动机等关键装备。研究掺氢天然气、掺烧生物质等高效低碳工业锅炉技术、装备及检测评价技术。

新能源发电。研发高效硅基光伏电池、高效稳定钙钛矿电池等技术，研发碳纤维风机叶片、超大型海上风电机组整机设计制造与安装试验技术、抗台风型海上漂浮式风电机组、漂浮式光伏系统。研发高可靠性、低成本太阳能热发电与热电联产技术，突破高温吸热传热储热关键材料与装备。研发具有高安全性的多用途小型模块式反应堆和超高温气冷堆等技术。开展地热发电、海洋能发电与生物质发电技术研发。

智能电网。以数字化、智能化带动能源结构转型升级，研发大规模可再生能源并网及电网安全高效运行技术，重点研发高精度可再生能源发电功率预测、可再生能源电力并网主动支撑、煤电与大规模新能源发电协同规划与综合调节技术、柔性直流输电、低惯量电网运行与控制等技术。

储能技术。研发压缩空气储能、飞轮储能、液态和固态锂离子电池储能、钠离子电池储能、液流电池储能等高效储能技术；研发梯级电站大型储能等新型储能应用技术以及相关储能安全技术。

可再生能源非电利用。研发太阳能采暖及供热技术、地热能综合利用技术，探索干热岩开发与利用技术等。研发推广生物航空煤油、生物柴油、纤维素乙醇、生物天然气、生物质热解等生物燃料制备技术，研发生物质基材料及高附加值化学品制备技术、低热值生物质燃料的高效燃烧关键技术。

氢能技术。研发可再生能源高效低成本制氢技术、大规模物理储氢和化学储氢技术、大规模及长距离管道输氢技术、氢能安全技术等；探索研发新型制氢和储氢技术。

节能技术。在资源开采、加工，能源转换、运输和使用过程中，以电力输配和工业、交通、建筑等终端用能环节为重点，研发和推广高效电能转换及能效提升技术；发展数据中心节能降耗技术，推进数据中心优化升级；研发高效换热技术、装备及能效检测评价技术。

二、低碳与零碳工业流程再造技术突破行动

针对钢铁、水泥、化工、有色等重点工业行业绿色低碳发展需求，以原料燃料替代、短流程制造和低碳技术集成耦合优化为核心，深度融合大数据、人工智能、第五代移动通信等新兴技术，引领高碳工业流程的零碳和低碳再造和数字化转型。瞄准产品全生命周期碳排放降低，加强高品质工业产品生产和循环经济关键技术研发，加快跨部门、跨领域低碳零碳融合创新。到2030年，形成一批支撑降低粗钢、水泥、化工、有色金属行业二氧化碳排放的科技成果，实现低碳流程再造技术的大规模工业化应用。

专栏2　低碳零碳工业流程再造技术
低碳零碳钢铁。研发全废钢电炉流程集成优化技术、富氢或纯氢气体冶炼技术、钢-化一体化联产技术、高品质生态钢铁材料制备技术。 低碳零碳水泥。研发低钙高胶凝性水泥熟料技术、水泥窑燃料替代技术、少熟料水泥生产技术及水泥窑富氧燃烧关键技术等。 低碳零碳化工。针对石油化工、煤化工等高碳排放化工生产流程，研发可再生能源规模化制氢技术、原油炼制短流程技术、多能耦合过程技术，研发绿色生物化工技术以及智能化低碳升级改造技术。 低碳零碳有色。研发新型连续阳极电解槽、惰性阳极铝电解新技术、输出端节能等余热利用技术，金属和合金再生料高效提纯及保级利用技术，连续铜冶炼技术，生物冶金和湿法冶金新流程技术。 资源循环利用与再制造。研发废旧物资高质循环利用、含碳固废高值材料化与低碳能源化利用、多源废物协同处理与生产生活系统循环链接、重型装备智能再制造等技术。

三、城乡建设与交通低碳零碳技术攻关行动

围绕城乡建设和交通领域绿色低碳转型目标，以脱碳减排和节能增效为重点，大力推进低碳零碳技术研发与示范应用。推进绿色低碳城镇、乡村、社区建设、运行等环节绿色低碳技术体系研究，加快突破建筑高效节能技术，建立新型建筑用能体系。开展建筑部件、外墙保温、装修的耐久性和外墙安全技术研究与集成应用示范，加强建筑拆除及回用关键技术研发，突破绿色低碳建材、光储直柔、建筑电气化、热电协同、智能建造等关键技术，促进建筑节能减碳标准提升和全过程减碳。到2030年，建筑节能减碳各项技术取得重大突破，科技支撑实现新建建筑碳排放量大幅降低，城镇建筑可再生能源替代率明显提升。

突破化石能源驱动载运装备降碳、非化石能源替代和交通基础设施能源自洽系统等关键技术，加快建设数字化交通基础设施，推动交通系统能效管理与提升、交通减污降碳协同增效、先进交通控制与管理、城市交通新业态与传统业态融合发展等技术研发，促进交通领域绿色化、电气化和智能化。力争到2030年，动力电池、驱动电机、车用操作系统等关键技术取得重大突破，新能源汽车安全水平全面提升，纯电动乘用车新车平均电耗大幅下降；科技支撑单位周转量能耗强度和铁路综合能耗强度持续下降。

专栏3　城乡建设与交通低碳零碳技术
光储直柔供配电。研究光储直柔供配电关键设备与柔性化技术，建筑光伏一体化技术体系，区域-建筑能源系统源网荷储用技术及装备。 建筑高效电气化。研究面向不同类型建筑需求的蒸汽、生活热水和炊事高效电气化替代技术和设备，研发夏热冬冷地区新型高效分布式供暖制冷技术和设备，以及建筑环境零碳控制系统，不断扩大新能源在建筑电气化中的使用。 热电协同。研究利用新能源、火电与工业余热区域联网、长距离集中供热技术，发展针对北方沿海核电余热利用的水热同产、水热同供和跨季节水热同储新技术。 低碳建筑材料与规划设计。研发天然固碳建材和竹木、高性能建筑用钢、纤维复材、气凝胶等新型建筑材料与结构体系；研发与建筑同寿命的外围护结构高效保温体系；研发建材循环利用技术及装备；研究各种新建零碳建筑规划、设计、运行技术和既有建筑的低碳改造成套技术。 新能源载运装备。研发高性能电动、氢能等低碳能源驱动载运装备技术，突破重型陆路载运装备混合动力技术以及水运载运装备应用清洁能源动力技术、航空器非碳基能源动力技术、高效牵引变流及电控系统技术。 绿色智慧交通。研发交通能源自洽及多能变换、交通自洽能源系统高效能与高弹性等技术，研究轨道交通、民航、水运和道路交通系统绿色化、数字化、智能化等技术，建设绿色智慧交通体系。

四、负碳及非二氧化碳温室气体减排技术能力提升行动

围绕碳中和愿景下对负碳技术的研发需求，着力提升负碳技术创新能力。聚焦碳捕集利用与封存（CCUS）技术的全生命周期能效提升和成本降低，当前以二氧化碳捕集和利用技术为重点，开展CCUS与工业过程的全流程深度耦合技术研发及示范；着眼长远加大CCUS与清洁能源融合的工程技术研发，开展矿化封存、陆上和海洋地质封存技术研究，力争到2025年实现单位二氧化碳捕集能耗比2020年下降20%，到2030年下降30%，实现捕集成本大幅下降。加强气候变化成因及影响、陆地和海洋生态系统碳汇核算技术和标准研发，突破生态系统稳定性、持久性增汇技术，提出生态系统碳汇潜力空间格局，促进生态系统碳汇能力提升。加强甲烷、氧化亚氮及含氟气体等非二氧化碳温室气体的监测和减量替代技术研发及标准研究，支撑非二氧化碳温室气体排放下降。

专栏4 CCUS、碳汇与非二氧化碳温室气体减排技术

CCUS技术。研究CCUS与工业流程耦合技术及示范、应用于船舶等移动源的CCUS技术、新型碳捕集材料与新型低能耗低成本碳捕集技术、与生物质结合的负碳技术（BECCS），开展区域封存潜力评估及海洋咸水封存技术研究与示范。

碳汇核算与监测技术。研究碳汇核算中基线判定技术与标准、基于大气二氧化碳浓度反演的碳汇核算关键技术，研发基于卫星实地观测的生态系统碳汇关键参数确定和计量技术、基于大数据融合的碳汇模拟技术，建立碳汇核算与监测技术及其标准体系。

生态系统固碳增汇技术。开发森林、草原、湿地、农田、冻土等陆地生态系统和红树林、海草床和盐沼等海洋生态系统固碳增汇技术，评估现有自然碳汇能力和人工干预增强碳汇潜力，重点研发生物炭土壤固碳技术、秸秆可控腐熟快速还田技术、微藻肥技术、生物固氮增汇肥料技术、岩溶生态系统固碳增汇技术、黑土固碳增汇技术、生态系统可持续经营管理技术等。研究盐藻/蓝藻固碳增强技术、海洋微生物碳泵增汇技术等。

非二氧化碳温室气体减排与替代技术。研究非二氧化碳温室气体监测与核算技术，研发煤矿乏风瓦斯蓄热及分布式热电联供、甲烷重整及制氢等能源及废弃物领域甲烷回收利用技术，研发氧化亚氮热破坏等工业氧化亚氮及含氟气体的替代、减量和回收技术，研发反刍动物低甲烷排放调控技术等农业非二气体减排技术。

五、前沿颠覆性低碳技术创新行动

面向国家碳达峰碳中和目标和国际碳减排科技前沿，加强前沿和颠覆性低碳技术创新。围绕驱动产业变革的目标，聚焦新能源开发、二氧化碳捕集利用、前沿储能等重点方向基础研究最新突破，加强学科交叉融合，加快建立健全以国家碳达峰碳中和目标为导向、有力宣扬科学精神和发挥企业创新主体作用的研究模式，加快培育颠覆性技术创新路径，引领实现产业和经济发展方式的迭代升级。建立前沿和颠覆性技术的预测、发现和评估预警机制，定期更新碳中和前沿颠覆性技术研究部署。

专栏5 前沿和颠覆性低碳技术

新型高效光伏电池技术。研究可突破单结光伏电池理论效率极限的光电转换新原理，研究高效薄膜电池、叠层电池等基于新材料和新结构的光伏电池新技术。

新型核能发电技术。研究四代堆、核聚变反应堆等新型核能发电技术。

新型绿色氢能技术。研究基于合成生物学、太阳能直接制氢等绿氢制备技术。

前沿储能技术。研究固态锂离子、钠离子电池等更低成本、更安全、更长寿命、更高能量效率、不受资源约束的前沿储能技术。

电力多元高效转换技术。研究将电力转换成热能、光能，以及利用电力合成燃料和化学品技术，实现可再

专栏5 前沿和颠覆性低碳技术（续）

生能源电力的转化储存和多元化高效利用。

二氧化碳高值化转化利用技术。研究基于生物制造的二氧化碳转化技术，构建光—酶与电—酶协同催化、细菌/酶和无机/有机材料复合体系二氧化碳转化系统，制备淀粉、乳酸、乙二醇等化学品；研究以水、二氧化碳和氮气等为原料直接高效合成甲醇等绿色可再生燃料的技术。

空气中二氧化碳直接捕集技术。加强空气中直接捕集二氧化碳技术理论创新，研发高效、低成本的空气中二氧化碳直接捕集技术。

六、低碳零碳技术示范行动

以促进成果转移转化为目标，开展一批典型低碳零碳技术应用示范，到2030年建成50个不同类型重点低碳零碳技术应用示范工程，形成一批先进技术和标准引领的节能降碳技术综合解决方案。在基础条件好、有积极意愿的地方，开展多种低碳零碳技术跨行业跨领域耦合优化与综合集成，开展管理政策协同创新。加强科技成果转化服务体系建设，结合国家绿色技术推广目录和国家绿色技术交易中心等平台网络，综合提升低碳零碳技术成果转化能力，推动低碳零碳技术转移转化。完善低碳零碳技术标准体系，加强前沿低碳零碳技术标准研究与制定，促进低碳零碳技术研发和示范应用。

专栏6 低碳零碳技术示范应用

先进低碳零碳技术示范工程。（1）零碳/低碳能源示范工程：建设大规模高效光伏、漂浮式海上风电示范工程；在可再生能源分布集中区域建设“风光互补”等示范工程；建立一批适用于分布式能源的“源-网-荷-储-数”综合虚拟电厂；强化氢的制-储-输-用全链条技术研究，组织实施“氢进万家”科技示范工程；在煤炭资源富集地区建设煤炭清洁高效利用、燃煤机组灵活调峰、煤炭制备化学品等示范工程。（2）低碳/零碳工业流程再造示范工程：在钢铁、水泥、化工、有色等重点行业建设规模富氢气体冶炼、生物质燃料/氢/可再生能源电力替代、可再生能源生产化学品、高性能惰性阳极和全新流程再造等集成示范工程。（3）绿色智慧交通示范工程：开展场景驱动的交通自洽能源系统技术示范，实施低碳智慧道路、航道、港口和枢纽示范工程。（4）低碳零碳建筑示范工程：建设规模化的光储直柔新型建筑供配电示范工程，长距离工业余热低碳集中供热示范工程，在北方沿海地区建设核电余热水热同输供热示范工程，在典型气候区组织实施一批高性能绿色建筑科技示范工程。（5）CCUS技术示范工程：建设大型油气田CCUS技术全流程示范工程，推动CCUS与工业流程耦合应用、二氧化碳高值利用示范。

低碳技术创新综合区域示范。支持地方集成各类创新要素，实施低碳技术重大项目和重点示范工程，探索低碳技术和管理政策协同创新，打造低碳技术创新驱动

专栏6　低碳零碳技术示范应用（续）

低碳发展典范。支持国家高新区等重点园区实施循环化、低碳化改造，开展跨行业绿色低碳技术耦合优化与集成应用；以数据中心电源、电动车充电设施等应用场景为重点，开展“百城亿芯”应用示范工程，建设绿色低碳工业园区。支持基础条件好的地级市在规划区域内围绕绿色低碳建筑、绿色智能交通、城市废物循环利用等方面开展跨行业跨领域集成示范；在有条件的地方开展零碳社区示范。在典型农业县域内结合自身特点，综合开展光伏农业、光储直柔建筑、农林废物清洁能源转化利用、分布式能源等技术集成示范。

低碳技术成果转移转化。建立低碳科技成果转化数据库，形成登记、查询、公布、应用一体化的信息交汇系统。结合国家绿色技术推广目录和国家绿色技术交易中心等目录或网络平台，加快推进低碳技术、工艺、装备等大规模应用。

低碳零碳负碳技术标准。加快推动强制性能效、能耗标准制（修）订工作，完善新能源和可再生能源、绿色低碳工业、建筑、交通、CCUS、储能等前沿低碳零碳负碳技术标准，加快构建低碳零碳负碳技术标准体系。

七、碳达峰碳中和管理决策支撑行动

研究国家碳达峰碳中和目标与国内经济社会发展相互影响和规律等重大问题。开展碳减排技术预测和评估，提出不同产业门类的碳达峰碳中和技术支撑体系。加强科技创新对碳排放监测、计量、核查、核算、认证、评估、监管以及碳汇的技术体系和标准体系建设的支撑保障，为国家碳达峰碳中和工作提供决策支撑。研究我国参与全球气候治理的动态方案以及履约中的关键问题，支撑我国深度参与全球气候治理及相关规则和标准制定。

专栏7　管理决策支撑技术体系

碳中和技术发展路线图。围绕支撑我国碳中和目标实现的零碳电力、零碳非电能源、原料/燃料与过程替代、CCUS/碳汇与负排放、集成耦合与优化技术等关键技术方向，研究构建碳中和技术分类体系、技术图谱和关键技术清单，评估明确主要部门碳中和技术选择以及分阶段亟需部署的重点研发任务清单并定期更新。

二氧化碳排放监测计量核查系统。提升单点碳排放监测和大气本底站监测能力，充分发挥碳卫星优势，构建空天地立体监测网络，开展动态实时全覆盖的二氧化碳排放智能监测和排放量反演。构建支撑二氧化碳排放核查与监管技术体系，研究二氧化碳排放计量评估技术，碳储量调查监测和管理决策技术，开发基于区块链技术和智能合约的数字监测、报告、核查流程，支撑监测数据质量不断提升。

二氧化碳排放核算技术。加强科技创新对健全二氧化碳排放核算方法体系的支撑保障，加强高精度温室气体排放因子研究与标准参考数据库建设，加强先进碳排放测量和计量方法应用，开发企业、园区、城市和重点行业等层面碳排放核算和测量技术，研究直接排放、间接排放和全生命周期排放的标准与适用范围。

低碳发展研究与决策支持平台。研究与国家经济社会发展需求相协调，与生态文明建设目标协同的气候治理策略和路径，研究《联合国气候变化框架公约》及其《巴黎协定》履约中的关键问题，研究国家碳排放清单计量反演技术，实现碳数据的国际互认。开发基于新兴信息技术的碳达峰碳中和综合决策支撑模型，评估相关技术大规模应用的社会经济影响与潜在风险。

碳达峰碳中和科技发展评估报告。在开展碳达峰碳中和进展评估与趋势预判基础上，评估科技创新对实现碳达峰碳中和的支撑引领作用，动态评估国内外碳中和科技发展对社会经济和全球治理的影响。

八、碳达峰碳中和创新项目、基地、人才协同增效行动

面向碳达峰碳中和目标需求，国家科技计划着力加强低碳科技创新的系统部署，推动国家绿色低碳创新基地建设和人才培养，加强项目、基地、人才协同，推动组建碳达峰碳中和产教融合发展联盟，推进低碳技术开源体系建设，提升创新驱动合力和创新体系整体效能。建立碳达峰碳中和科技创新中央财政科技经费支持机制，引导地方、企业和社会资本联动投入，支持关键核心技术研发项目和重大示范工程落地。持续加强碳达峰碳中和领域全国重点实验室和国家技术创新中心总体布局，优化碳达峰碳中和领域的国家科技创新基地平台体系，培养壮大绿色低碳领域国家战略科技力量，强化科研育人。面向人才队伍长期需求，培养和发展壮大碳达峰碳中和领域战略科学家、科技领军人才和创新团队、青年人才和创新创业人才，建立面向实现碳达峰碳中和目标的可持续人才队伍。

专栏8　碳达峰碳中和创新项目、基地

碳达峰碳中和科技创新项目支持体系。采取“揭榜挂帅”等机制，设立专门针对碳达峰碳中和科技创新的重大项目；国家重点研发计划在可再生能源、新能源汽车、循环经济、绿色建筑、地球系统与全球变化等方向实施一批重点专项，充分加大低碳科技创新的支持力度；国家自然科学基金实施“面向国家碳中和的重大基础科学问题与对策”专项项目。

碳达峰碳中和技术实验室体系。在可再生能源、规模化储能、新能源汽车等绿色低碳领域加强全国重点实验室建设。

碳达峰碳中和国家技术创新中心。在工业节能与清洁生产、绿色智能建筑与交通、CCUS 等方向建设国家技术创新中心。

碳达峰碳中和技术新型研发机构。鼓励地方政府与高等院校、科研机构、科技企业合作建立低碳技术新型研发机构，面向中小企业提供高质量的低碳技术和科技服务。

专栏 8　碳达峰碳中和创新项目、基地（续）

碳达峰碳中和战略科学家、科技领军和创业人才培养。在国家重大科研项目组织、实施和管理过程中发现和培养一批战略科学家、科技领军人才和创新团队；依托国家双创基地、科技企业孵化器等培养一批高层次科技创新创业人才。

碳达峰碳中和青年科技人才培养储备。在人才计划中，加大对碳达峰碳中和青年科技人才的支持力度，在国家重点研发计划、国家自然科学基金等科研计划中设立专门的青年项目，加大对碳达峰碳中和领域的倾斜，培养一批聚焦前沿颠覆性技术创新的青年科技人才。

九、绿色低碳科技企业培育与服务行动

加快完善绿色低碳科技企业孵化服务体系，优化碳达峰碳中和领域创新创业生态。遴选、支持 500 家左右低碳科技创新企业，培育一批低碳科技领军企业。支持科技企业积极主持参与国家科技计划项目，加快提升企业低碳技术创新能力。提升低碳技术知识产权服务能力，建立低碳技术验证服务平台，为企业开展绿色低碳技术创新提供服务和支撑。依托国家高新区，打造绿色低碳科技企业聚集区，推动绿色低碳产业集群化发展。

专栏 9　低碳科技企业培育与服务

绿色低碳科技企业孵化平台。支持地方建立一批专注于绿色低碳技术的科技企业孵化器、众创空间等公共服务平台和创新载体，做大绿色科技服务业，深度孵化一批掌握绿色低碳前沿技术的“硬科技”企业。

遴选发布绿色低碳科技企业。从国家高新技术企业、科技型中小企业、全国技术合同登记企业中，按照“低碳”“零碳”“负碳”分类筛选和发布绿色低碳科技企业，促进技术、金融等要素市场对接，引导各类创新要素向绿色低碳科技企业集聚。

培育绿色低碳科技领军企业。支持绿色低碳领域创新基础好的各类企业，逐步发展成为科技领军企业，支持其牵头组建创新联合体承担国家重大科技项目。

绿色低碳企业专业赛事。在中国创新创业大赛、中国创新挑战赛、科技成果直通车等活动中，设立绿色低碳技术专场赛，搭建核心技术攻关交流平台，为绿色低碳科技企业对接各类创新资源。

绿色低碳科技金融。通过国家科技成果转化引导基金支持碳中和科技成果转移转化，引导贷款、债券、天使投资、创业投资企业等支持低碳技术创新成果转化。

低碳技术知识产权服务。建设低碳技术知识产权专题数据库，不断提升低碳科技企业知识产权信息检索分析利用能力。支持建设一批低碳技术专利导航服务基地和产业知识产权运营中心。

低碳技术验证服务平台。支持龙头企业、科研院所搭建低碳技术验证服务平台，开放技术资源，为行业提供产品设计仿真、技术转化加工、产品样机制造、模拟试验、计量测试检测、评估评价、审定核查等技术验证服务。

十、碳达峰碳中和科技创新国际合作行动

围绕实现全球碳中和愿景与共识，持续深化低碳科技创新领域国际合作，支撑构建人类命运共同体。深度参与全球绿色低碳创新合作，拓展与有关国家、有影响力的双边和多边机制的绿色低碳创新合作，组织实施碳中和国际科技创新合作计划，支持建设区域性低碳国际组织和绿色低碳技术国际合作平台，充分参与清洁能源多边机制，深入开展“一带一路”科技创新行动计划框架下碳达峰碳中和技术研发与示范国际合作，探讨发起碳中和科技创新国际论坛。适时启动相关领域国际大科学计划。积极发挥香港、澳门科学家在低碳创新国际合作中的有效作用。

专栏 10　碳达峰碳中和国际科技合作

多双边低碳零碳负碳科技创新合作。深度参与清洁能源部长级会议、创新使命部长级会议等多边机制下的创新合作，深化与有关国家面向碳中和目标的技术创新交流与合作。积极参与国际热核聚变实验堆计划等国际大科学工程。加大国家科技计划对碳中和领域的支持和对外开放力度，组织实施碳中和国际科技创新合作计划，探索发起碳中和相关国际大科学计划。

低碳零碳负碳技术国际合作平台。与有关国家探索联合建立碳中和技术联合研究中心和跨国技术转移机构。依托南南合作技术转移中心、中国-上海合作组织技术转移中心等技术转移平台，汇聚优势力量构建“一带一路”净零碳排放技术创新与转移联盟。

碳中和科技创新国际论坛。围绕可再生能源、储能、氢能、低碳工业流程再造、二氧化碳捕集利用与封存等推动设立碳中和科技创新国际论坛。深度参与第四代核能系统等国际论坛，宣传交流我国碳中和技术进展。

低碳零碳负碳创新国际组织。在国际能源署、金砖国家、国际热核聚变实验堆计划等合作框架下拓展低碳国际科技合作。围绕亚太、东盟等区域低碳技术创新需求，支持区域性绿色低碳科技合作国际组织建设。

为做好实施方案落实工作，科技部将联合有关部门，按程序建立碳达峰碳中和科技创新部际协调机制，协调指导相关任务落实。组织成立国家碳中和科技专家委员会，跟踪评价国内外绿色低碳技术发展动态，对国内碳达峰碳中和技术发展趋势和战略路径进行评估和研判，为决策提供支撑。建立碳达峰碳中和科技考核评价机制，建立重点排放行业碳中和技术进步指数，将碳中和新技术研发和应用投入作为关键指标进行监测。

完善国家科技知识产权与成果转化等相关法律法规建设，加大对低碳、零碳和负碳技术知识产权的保护力度，促进科技成果转化和技术迭代。创新财政政策工具，形成激励碳达峰碳中和技术创新的财政制度和政策体系。加强对全民碳达峰碳中和科学知识的普及，提高公众对碳达峰碳中和的科学认识，引导形成绿色生产和生活方式。

按照国家科技体制改革和创新体系建设要求，持续推进科研体制机制改革，完善碳达峰碳中和科技创新体系，释放创新活力，营造适宜碳达峰碳中和科技发展的创新环境，为实现碳达峰碳中和目标持续发挥支撑和引领作用。

国家发展改革委办公厅 国家能源局综合司关于促进光伏产业链健康发展有关事项的通知

发布单位：国家发展改革委办公厅 国家能源局综合司

发布时间：2022年9月13日

各省、自治区、直辖市、新疆生产建设兵团发展改革委、能源局，有关企业：

为完整、准确、全面贯彻新发展理念，做好碳达峰、碳中和工作，抢抓新能源发展重大机遇期，巩固光伏行业发展取得的显著成果，扎实推进以沙漠、戈壁、荒漠为重点的大型风电光伏基地建设，纾解光伏产业链上下游产能、价格堵点，提升光伏发电产业链供应链配套供应保障能力，支撑我国清洁能源快速发展，现就有关事项通知如下。

一、多措并举保障多晶硅合理产量

多晶硅在光伏产业链中居于重要环节，发挥着关键作用，同时产能形成周期相对较长。要保障多晶硅生产所需的原材料供应、用电用水用工等，合理安排检修、技术改造等计划，确保已有产能开工率。

二、创造条件支持多晶硅先进产能按期达产

支持多晶硅企业加强技术创新研发，提升生产线自动化、数字化、信息化、智能化水平，降低能耗水平，提高生产效率与产品优良率。推动建设项目按期投产达产。鼓励上下游一体化、战略合作、互相参股、签订长单，支持建设光伏产业园区。鼓励国有、民营等各类资本参与产业链各环节，有效限制低端产能无序扩张。

三、鼓励多晶硅企业合理控制产品价格水平

在遵循公平竞争原则前提下，结合市场供需形势、生产成本及合理利润水平等因素，引导多晶硅等产品价格维持在合理区间，相关企业可享受政府支持政策，纳入政府及行业重点企业支持政策清单。

四、充分保障多晶硅生产企业电力需求

对于主动控制多晶硅等产品价格水平的企业，有条件的地方，特别是绿电资源丰富的地方，支持其通过市场化方式降低多晶硅生产用电成本。目前，对于产品价格控制在合理区间的多晶硅生产用电负荷，各地暂不纳入有序用电方案。

五、鼓励光伏产业制造环节加大绿电消纳

鼓励多晶硅生产企业直接消纳光伏、风电、水电等绿电进行生产制造，支持通过微电网、源网荷储、新能源自备电站等形式就近就地消纳绿电。使用绿电进行多晶硅生产的，新增可再生能源消费不纳入能源消费总量控制。

六、完善产业链综合支持措施

落实相关规划部署，突破高效晶体硅电池、高效钙钛矿电池等低成本产业化技术，推动光伏发电降本增效，促进高质量发展。推动高效环保型及耐候性光伏功能材料技术研发应用，提高光伏组件寿命。

七、加强行业监管

严格贯彻落实价格法、反垄断法，加强市场监测，发现扰乱市场秩序的问题线索，及时约谈相关市场主体，推动依法合规经营；从严查处散布虚假涨价信息、囤积居奇等哄抬价格行为，以及达成垄断协议、滥用市场支配地位等垄断行为，有力遏制资本过度炒作，维护行业公平竞争秩序。

八、合理引导行业预期

各有关部门、企业应理性分析光伏产业发展预期，充分考虑产业链已有产能与不同生产环节间扩产周期的差异，根据新能源发展规划、市场需求预测等情况引导企业提前谋划布局、合理安排投产扩产增产计划，推动上中下游平衡协调发展，有序推进光伏产业链建设，推动光伏产业链的平稳、健康发展。

请各地方、企业按照本通知要求抓好落实，积极推进光伏产业链各环节健康有序发展，遇到的重大问题及时反馈国家发展改革委、国家能源局，我们将会同有关部门积极协调。

“十四五”新型储能发展实施方案

发布单位：国家发展改革委　国家能源局

发布时间：2022 年 1 月 29 日

新型储能是构建新型电力系统的重要技术和基础装备，是实现碳达峰碳中和目标的重要支撑，也是催生国内能源新业态、抢占国际战略新高地的重要领域。“十三五”以来，我国新型储能行业整体处于由研发示范向商业化初期的过渡阶段，在技术装备研发、示范项目建设、商业模式探索、政策体系构建等方面取得了实质性进展，市场应用规模稳步扩大，对能源转型的支撑作用初步显现。按照《中华人民共和国国民经济和社会发展第十四个五年规划和 2035 年远景目标纲要》和《国家发展改革委 国家能源局关于加快推动新型储能发展的指导意见》要求，为推动新型储能规模化、产业化、市场化发展，现制定以下实施方案。

一、总体要求

（一）指导思想

以习近平新时代中国特色社会主义思想为指导，全面贯彻落实党的十九大和十九届历次全会精神，弘扬伟大建党精神，贯彻新发展理念，深入落实“四个革命、一个合作”能源安全新战略，以碳达峰碳中和为目标，坚持以技术创新为内生动力、以市场机制为根本依托、以政策环境为有力保障，积极开创技术、市场、政策多轮驱动良好局面，以稳中求进的思路推动新型储能高质量、规模化发展，为加快构建清洁低碳、安全高效的能源体系提供有力支撑。

（二）基本原则

统筹规划，因地制宜。强化顶层设计，突出科学引领作用，加强与能源相关规划衔接，统筹新型储能产业上下游发展。针对各类应用场景，因地制宜多元化发展，优化新型储能建设布局。

创新引领，示范先行。以“揭榜挂帅”等方式加强关键技术装备研发，分类开展示范应用。加快推动商业模式和体制机制创新，在重点地区先行先试。推动技术革新、产业升级、成本下降，有效支撑新型储能产业市场化可持续发展。

市场主导，有序发展。明确新型储能独立市场地位，充分发挥市场在资源配置中的决定性作用，更好发挥政府作用，完善市场化交易机制，丰富新型储能参与的交易品种，健全配套市场规则和监督规范，推动新型储能有序发展。

立足安全，规范管理。加强新型储能安全风险防范，明确新型储能产业链各环节安全责任主体，建立健全新型储能技术标准、管理、监测、评估体系，保障新型储能项目建设运行的全过程安全。

（三）发展目标

到 2025 年，新型储能由商业化初期步入规模化发展阶段，具备大规模商业化应用条件。新型储能技术创新能力显著提高，核心技术装备自主可控水平大幅提升，标准体系基本完善，产业体系日趋完备，市场环境和商业模式基本成熟。其中，电化学储能技术性能进一步提升，系统成本降低 30%以上；火电与核电机组抽汽蓄能等依托常规电源的新型储能技术、百兆瓦级压缩空气储能技术实现工程化应用；兆瓦级飞轮储能等机械储能技术逐步成熟；氢储能、热（冷）储能等长时间尺度储能技术取得突破。

到 2030 年，新型储能全面市场化发展。新型储能核心技术装备自主可控，技术创新和产业水平稳居全球前列，市场机制、商业模式、标准体系成熟健全，与电力系统各环节深度融合发展，基本满足构建新型电力系统需求，全面支撑能源领域碳达峰目标如期实现。

二、强化技术攻关，构建新型储能创新体系

发挥政府引导和市场能动双重作用，加强储能技术创新战略性布局和系统性谋划，积极开展新型储能关键技术研发，采用“揭榜挂帅”机制开展储能新材料、新技术、新装备攻关，加速实现核心技术自主化，推动产学研用各环节有机融合，加快创新成果转化，提升新型储能领域创新能力。

（一）加大关键技术装备研发力度

推动多元化技术开发。开展钠离子电池、新型锂离子电池、铅炭电池、液流电池、压缩空气、氢（氨）储能、热（冷）储能等关键核心技术、装备和集成优化设计研究，集中攻关超导、超级电容等储能技术，研发储备液态金属电池、固态锂离子电池、金属空气电池等新一代高能量密度储能技术。

突破全过程安全技术。突破电池本质安全控制、电化学储能系统安全预警、系统多级防护结构及关键材料、高效灭火及防复燃、储能电站整体安全性设计等关键技术，支撑大规模储能电站安全运行。突破储能电池循环寿命快速检测和老化状态评价技术，研发退役电池健康评估、分选、修复等梯次利用相关技术，研究多元新型储能接入电网系统的控制保护与安全防御技术。

专栏 1 “十四五”新型储能核心技术装备攻关重点方向
——多元化技术：百兆瓦级压缩空气储能关键技术，百兆瓦级高安全性、低成本、长寿命锂离子电池储能技术，百兆瓦级液流电池技术，钠离子电池、固态锂离子电池技术，高性能铅炭电池技术，兆瓦级超级电容器，液态金属电池、金属空气电池，氢（氨）储能、热（冷）储能等。 ——全过程安全技术：储能电池智能传感技术，储能电池热失控阻隔技术，电池本质安全控制技术，基于大数据的故障诊断和预警技术，清洁高效灭火技术；储能电池循环寿命预测技术，可修复再生的新型电池技术，电池剩余价值评估技术。 ——智慧调控技术：规模化储能与常规电源联合优化运行技术，规模化储能电网主动支撑控制技术；分布式储能设施聚合互动调控技术，分布式储能与分布式电源协同控制技术区域能源调配管理技术。

创新智慧调控技术。集中攻关规模化储能系统集群智能协同控制关键技术，开展分布式储能系统协同聚合研究，着力破解高比例新能源接入带来的电网控制难题。依托大数据、云计算、人工智能、区块链等技术，开展储能多功能复用、需求侧响应、虚拟电厂、云储能、市场化交易等领域关键技术研究。

（二）积极推动产学研用融合发展

支持产学研用体系和平台建设。支持以“揭榜挂帅”等方式调动企业、高校及科研院所等各方面力量，推进国家级储能重点实验室以及国家储能技术产教融合创新平台建设，促进教育链、人才链和产业链的有机衔接和深度融合。鼓励地方政府、企业、金融机构、技术机构等联合组建新型储能发展基金和创新联盟，优化创新资源分配，推动技术和商业模式创新。

加强学科建设和人才培养。落实《储能技术专业学科发展行动计划（2020-2024）》要求，完善新型储能技术人才培养专业学科体系，深化新型储能专业人才和复合人才培养。支持依托新型储能研发创新平台，申报国家或省部级科技项目，培养优秀新型储能科研人才。

（三）健全技术创新体系

加快建立以企业为主体、市场为导向、产学研用相结合的绿色储能技术创新体系，强化新型储能研发创新平台的跟踪和管理。支持相关企业、科研机构、高等院校等持续开展新型储能技术创新、应用布局、商业模式、政策机制、标准体系等方面的研究工作，加强对新型储能行业发展的科学决策支撑。

三、积极试点示范，稳妥推进新型储能产业化进程

聚焦各类应用场景，关注多元化技术路线，以稳步推进、分批实施的原则开展新型储能试点示范，加强示范项目跟踪评估。加快重点区域试点示范，鼓励各地先行先试。通过示范应用带动新型储能技术进步和产业升级，完善产业链，增强产业竞争力。

（一）加快多元化技术示范应用

加快重大技术创新示范。积极开展首台（套）重大技术装备示范、科技创新（储能）试点示范。加强试点示范项目的跟踪监测与分析评估，为新技术、新产品、新方案实际应用效果提供科学数据支撑，为国家制定产业政策和技术标准提供科学依据。推动国家级新型储能实证基地建设，为各类新型储能设备研发、标准制定、运行管理、效益分析等提供验证平台。

专栏 2 “十四五”新型储能技术试点示范
技术示范： ——百兆瓦级先进压缩空气储能系统应用 ——钠离子电池、固态锂离子电池技术示范 ——锂离子电池高安全规模化发展 ——钒液流电池、铁铬液流电池、锌溴液流电池等产业化应用 ——飞轮储能技术规模化应用 ——火电抽汽蓄能、核电抽汽蓄能示范应用 ——可再生能源制储氢（氨）、氢电耦合等氢储能示范应用 ——复合型储能技术示范应用

开展不同技术路线分类试点示范。重点建设更大容量的液流电池、飞轮、压缩空气等储能技术试点示范项目，推动火电机组抽汽蓄能等试点示范，研究开展钠离子电池、固态锂离子电池等新一代高能量密度储能技术试点示范。拓展氢（氨）储能、热（冷）储能等应用领域，开展依托可再生能源制氢（氨）的氢（氨）储能、利用废弃矿坑储能等试点示范。结合系统需求推动多种储能技术联合应用，开展复合型储能试点示范。

推动多时间尺度新型储能技术试点示范。针对负荷跟踪、系统调频、惯量支撑、爬坡、无功支持及机械能回收等秒级和分钟级应用需求，推动短时高频储能技术示范。针对新能源消纳和系统调峰问题，推动大容量、中长时间尺度储能技术示范。重点试点示范压缩空气、液流电池、高效储热等日到周、周到季时间尺度储能技术，以及可再生能源制氢、制氨等更长周期储能技术，满足多时间尺度应用需求。

专栏 3 首批科技创新（储能）试点示范项目跟踪评估
河北： ——国家风光储输示范工程二期储能扩建工程 广东： ——科陆-华润电力（海丰小漠电厂）储能辅助调频项目 ——佛山市顺德德胜电厂储能调频项目 福建： ——晋江百兆瓦时级储能电站试点示范项目 ——宁德时代储能微网项目 江苏： ——张家港海螺水泥厂储能电站项目 ——苏州昆山储能电站 青海： ——黄河上游水电开发有限责任公司国家光伏发电试验测试基地配套 20MW 储能电站项目

（二）推进不同场景及区域试点示范

深化不同应用场景试点示范。聚焦新型储能在电源侧、电网侧、用户侧各类应用场景，遴选一批新型储能示范试点项目，结合不同应用场景制定差异化支持政策。结合试点示范项目，深化不同应用场景下储能装备、系统集成、规划设计、调度运行、安全防护、测试评价等方面的关键技术研究。

加快重点区域试点示范。积极开展区域性储能示范区建设，鼓励各地因地制宜开展新型储能政策机制改革试点，推动重点区域新型储能试点示范项目建设。结合以沙漠、戈壁、荒漠地区为重点的大型风电光伏基地建设开展新型储能试点示范；加快青海省国家储能发展先行示范区建设；加强河北、广东、福建、江苏等地首批科技创新（储能）试点示范项目跟踪评估；统筹推进张家口可再生能源示范区新型储能发展。鼓励各地在具备先进技术、人才队伍和资金支持的前提下，大胆先行先试，开展技术创新、模式创新以及体制机制创新试点示范和应用。

专栏 4 “十四五”新型储能区域示范

青海省国家储能发展先行示范区重点项目

——德令哈压缩空气储能试点项目，海南州、海西州两个千万千瓦级清洁能源基地开展“共享储能”示范，乌图美仁乡“风光热储”一体化示范项目，冷湖镇“风光气储”一体化示范项目。

青海省国家储能发展先行示范区政策环境

——加快青海省电力辅助服务市场建设，建立各类市场主体共同参与的电力辅助服务成本分摊和收益共享机制。加快推进青海省电力现货市场建设，营造反映实时供需关系的电力市场环境。研究制订储能电站过渡性扶持政策，探索以年度竞价方式确定示范期内新建“共享储能”项目生命周期辅助服务补偿价格。创新储能投资运营监管方式，采取基于功能定位的储能投资与运营监管方式。

张家口可再生能源示范区新型储能创新发展

——加大压缩空气储能、大容量蓄电池储能、飞轮储能、超级电容器储能等技术研发力度，积极探索商业化发展模式，逐步降低储能成本，开展规模化储能试点示范。推进储能在电源侧、用户侧和电网侧等场景应用，鼓励用电大户在用户侧建设以峰谷电价差为商业模式的新型储能电站，鼓励在电网侧以“企业自建”“共建共享”等方式建设运营新型储能电站。探索风光氢储、风光火储等源网荷储一体化和多能互补的储能发展模式。

重点区域示范

——在山东、河北、山西、吉林、内蒙古、宁夏等地区开展多种新型储能技术试点示范。

（三）发展壮大新型储能产业

完善上下游产业链条。培育和延伸新型储能上下游产业，依托具有自主知识产权和核心竞争力骨干企业，积极推动新型储能全产业链发展。吸引更多人才、技术、信息等高端要素向新型储能产业集聚，着力培育和打造储能战略性新兴产业集群。

建设高新技术产业基地。结合资源禀赋、技术优势、产业基础、人力资源等条件，推动建设一批国家储能高新技术产业化基地，促进新型储能产业实现规模化、市场化高质量发展。

四、推动规模化发展，支撑构建新型电力系统

持续优化建设布局，促进新型储能与电力系统各环节融合发展，支撑新型电力系统建设。推动新型储能与新能源、常规电源协同优化运行，充分挖掘常规电源储能潜力，提高系统调节能力和容量支撑能力。合理布局电网侧新型储能，着力提升电力安全保障水平和系统综合效率。实现用户侧新型储能灵活多样发展，探索储能融合发展新场景，拓展新型储能应用领域和应用模式。

（一）加大力度发展电源侧新型储能

推动系统友好型新能源电站建设。在新能源资源富集地区，如内蒙古、新疆、甘肃、青海等，以及其他新能源高渗透率地区，重点布局一批配置合理新型储能的系统友好型新能源电站，推动高精度长时间尺度功率预测、智能调度控制等创新技术应用，保障新能源高效消纳利用，提升新能源并网友好性和容量支撑能力。

支撑高比例可再生能源基地外送。依托存量和“十四五”新增跨省跨区输电通道，在东北、华北、西北、西南等地区充分发挥大规模新型储能作用，通过“风光水火储一体化”多能互补模式，促进大规模新能源跨省区外送消纳，提升通道利用率和可再生能源电量占比。

促进沙漠戈壁荒漠大型风电光伏基地开发消纳。配合沙漠、戈壁、荒漠等地区大型风电光伏基地开发，研究新型储能的配置技术、合理规模和运行方式，探索利用可再生能源制氢，支撑大规模新能源外送。

促进大规模海上风电开发消纳。结合广东、福建、江苏、浙江、山东等地区大规模海上风电基地开发，开展海上风电配置新型储能研究，降低海上风电汇集输电通道的容量需求，提升海上风电消纳利用水平和容量支撑能力。

提升常规电源调节能力。推动煤电合理配置新型储能，开展抽汽蓄能示范，提升运行特性和整体效益。探索开展新型储能配合核电调峰调频及多场景应用。探索利用退役火电机组既有厂址和输变电设施建设新型储能或风光储设施。

（二）因地制宜发展电网侧新型储能

提高电网安全稳定运行水平。在负荷密集接入、大规模新能源汇集、大容量直流馈入、调峰调频困难和电压支撑能力不足的关键电网节点合理布局新型储能，充分发挥其调峰、调频、调压、事故备用、爬坡、黑启动等多种功能，作为提升系统抵御突发事件和故障后恢复能力的重要措施。

增强电网薄弱区域供电保障能力。在供电能力不足的偏远地区，如新疆、内蒙古、西藏等地区的电网末端，合理布局电网侧新型储能或风光储电站，提高供电保障能力。在电网未覆盖地区，通过新型储能支撑太阳能、风能等可再生能源开发利用，满足当地用能需求。

延缓和替代输变电设施投资。在输电走廊资源和变电站站址资源紧张地区，如负荷中心地区、临时性负荷增加地区、阶段性供电可靠性需求提高地区等，支持电网侧新

型储能建设，延缓或替代输变电设施升级改造，降低电网基础设施综合建设成本。

提升系统应急保障能力。围绕政府、医院、数据中心等重要电力用户，在安全可靠前提下，建设一批移动式或固定式新型储能作为应急备用电源，研究极端情况下对包括电动汽车在内的储能设施集中调用机制，提升系统应急供电保障能力。

（三）灵活多样发展用户侧新型储能

支撑分布式供能系统建设。围绕大数据中心、5G基站、工业园区、公路服务区等终端用户，以及具备条件的农村用户，依托分布式新能源、微电网、增量配网等配置新型储能，探索电动汽车在分布式供能系统中应用，提高用能质量，降低用能成本。

提供定制化用能服务。针对工业、通信、金融、互联网等用电量大且对供电可靠性、电能质量要求高的电力用户，根据优化商业模式和系统运行模式需要配置新型储能，支撑高品质用电，提高综合用能效率效益。

提升用户灵活调节能力。积极推动不间断电源、充换电设施等用户侧分散式储能设施建设，探索推广电动汽车、智慧用电设施等双向互动智能充放电技术应用，提升用户灵活调节能力和智能高效用电水平。

（四）开展新型储能多元化应用

推进源网荷储一体化协同发展。通过优化整合本地电源侧、电网侧、用户侧资源，合理配置各类储能，探索不同技术路径和发展模式，鼓励源网荷储一体化项目开展内部联合调度。

加快跨领域融合发展。结合国家新型基础设施建设，积极推动新型储能与智慧城市、乡村振兴、智慧交通等领域的跨界融合，不断拓展新型储能应用模式。

拓展多种储能形式应用。结合各地区资源条件，以及对不同形式能源需求，推动长时间电储能、氢储能、热（冷）储能等新型储能项目建设，促进多种形式储能发展，支撑综合智慧能源系统建设。

五、完善体制机制，加快新型储能市场化步伐

加快推进电力市场体系建设，明确新型储能独立市场主体地位，营造良好市场环境。研究建立新型储能价格机制，研究合理的成本分摊和疏导机制。创新新型储能商业模式，探索共享储能、云储能、储能聚合等商业模式应用。

（一）营造良好市场环境

推动新型储能参与各类电力市场。加快推进电力中长期交易市场、电力现货市场、辅助服务市场等建设进度，推动储能作为独立主体参与各类电力市场。研究新型储能参与电力市场的准入条件、交易机制和技术标准，明确相关交易、调度、结算细则。

完善适合新型储能的辅助服务市场机制。推动新型储能以独立电站、储能聚合商、虚拟电厂等多种形式参与辅助服务，因地制宜完善“按效果付费”的电力辅助服务补偿机制，丰富辅助服务交易品种，研究开展备用、爬坡等辅助服务交易。

（二）合理疏导新型储能成本

加大“新能源+储能”支持力度。在新能源装机占比高、系统调峰运行压力大的地区，积极引导新能源电站以市场化方式配置新型储能。对于配套建设新型储能或以共享模式落实新型储能的新能源发电项目，结合储能技术水平和系统效益，可在竞争性配置、项目核准、并网时序、保障利用小时数、电力服务补偿考核等方面优先考虑。

完善电网侧储能价格疏导机制。以支撑系统安全稳定高效运行为原则，合理确定电网侧储能的发展规模。建立电网侧独立储能电站容量电价机制，逐步推动储能电站参与电力市场。科学评估新型储能输变电设施投资替代效益，探索将电网替代性储能设施成本收益纳入输配电价回收。

完善鼓励用户侧储能发展的价格机制。加快落实分时电价政策，建立尖峰电价机制，拉大峰谷价差，引导电力市场价格向用户侧传导，建立与电力现货市场相衔接的需求侧响应补偿机制，增加用户侧储能的收益渠道。鼓励用户采用储能技术减少接入电力系统的增容投资，发挥储能在减少配电网基础设施投资上的积极作用。

（三）拓展新型储能商业模式

探索推广共享储能模式。鼓励新能源电站以自建、租用或购买等形式配置储能，发挥储能“一站多用”的共享作用。积极支持各类主体开展共享储能、云储能等创新商业模式的应用示范，试点建设共享储能交易平台和运营监控系统。

研究开展储能聚合应用。鼓励不间断电源、电动汽车、充换电设施等用户侧分散式储能设施的聚合利用，通过大规模分散小微主体聚合，发挥负荷削峰填谷作用，参与需求侧响应，创新源荷双向互动模式。

创新投资运营模式。鼓励发电企业、独立储能运营商联合投资新型储能项目，通过市场化方式合理分配收益。建立源网荷储一体化和多能互补项目协调运营、利益共享机制。积极引导社会资本投资新型储能项目，建立健全社会资本建设新型储能公平保障机制。

六、做好政策保障，健全新型储能管理体系

鼓励各地结合现有政策机制，加大新型储能技术创新和项目建设支持力度。强化标准的规范引领和安全保障作用，积极建立健全新型储能全产业链标准体系，加快制定新型储能安全相关标准，开展不同应用场景储能标准制修订。加快建立新型储能项目管理机制，规范行业管理，强化安全风险防范。

（一）健全标准体系

完善全产业链标准体系。按照国家能源局、应急管理部、市场监管总局联合印发的《关于加强储能标准化工作的实施方案》要求，充分发挥储能标准化平台作用，建立涵盖新型储能基础通用、规划设计、设备试验、施工验收、并网运行、检测监测、运行维护、安全应急等专业领域，各环节相互支撑、协同发展的标准体系。加强储能标准体系与现行能源电力系统相关标准的有效衔接。深度参与新型储能国际标准制定，提高行业影响力。

加快制定安全相关标准。针对不同技术路线的新型储能设施，研究制定覆盖电气安全、组件安全、电磁兼容、功能安全、网络安全、能量管理、运输安全、安装安全、运行安全、退役管理等全方位安全标准。加快制定电化学

储能模组/系统安全设计和评测、电站安全管理和消防灭火等相关标准。细化储能电站接入电网和应用场景类型，完善接入电网系统的安全设计、测试验收、应急管理等标准。

创新多元化应用技术标准。结合新型储能技术创新和应用场景拓展，及时开展各类标准的制修订工作，统筹技术进步和标准应用的兼容度，兼顾标准创新性和实用性。聚焦新能源配套储能，加快开展储能系统技术要求及并网性能要求等标准制修订，规范新增风电、光伏配置储能要求。研究制定规模化储能集群智慧调控和分布式储能聚合调控的相关标准，提高储能运行效率和系统价值。

专栏 5 “十四五”新型储能标准体系重点方向
——新型储能标准体系：基础通用、规划设计、设备试验、施工验收、并网运行、检测监测、运行维护、安全应急等领域标准。 ——安全相关重点标准：储能电站安全设计、安全监测及管理、消防处理、安全应急、系统并网、设备试验检测、电化学储能循环寿命评价、退役电池梯次利用等。 ——多元化应用技术标准：电化学、压缩空气、超导、飞轮等不同储能技术标准，火电与核电机组抽汽蓄能等依托常规电源的新型储能技术标准，氢（氨）储能、热（冷）储能等创新储能技术标准，多场景智慧调控等技术标准。

（二）完善支持政策

结合首台（套）技术装备示范应用、绿色技术创新体系支持政策，积极推动各地加大支持力度。鼓励各地根据实际需要对新型储能项目投资建设、并网调度、运行考核等方面给予政策支持。有效利用现有资金渠道，积极支持新型储能关键技术装备产业化及应用项目。支持将新型储能纳入绿色金融体系，推动设立储能发展基金，健全社会资本融资手段。

（三）建立项目管理机制

强化安全风险防范。推动健全新型储能安全生产法律法规和标准规范，完善管理体系，明确产业上下游各环节安全责任主体，强化安全责任落实。针对新型储能项目，尤其是大规模电化学储能电站，加强项目准入、生产与质量控制、设计咨询、施工验收、并网调度、运行维护、退役管理、应急管理与事故处置等环节安全管控和监督，筑牢安全底线。

规范项目建设和运行管理。落实《新型储能项目管理规范（暂行）》，明确新型储能项目备案管理职能，优化备案流程和管理细则。完善新型储能项目建设单位资质资格、设备检测认证机制，提升质量管理水平。推动建立新型储能用地、环保、安全、消防等方面管理机制。督促电网企业明确接网程序，优化调度运行机制，充分发挥储能系统效益。研究与新能源、微电网、综合智慧能源、能源互联网项目配套建设的新型储能项目管理机制。

七、推进国际合作，提升新型储能竞争优势

深入推进新型储能领域国际能源合作，完善合作机制，搭建合作平台，拓展合作领域，实现新型储能技术和产业的高质量引进来和高水平走出去。

（一）完善国际合作机制

按照优势互补、互利共赢的原则，充分发挥政府间多、双边能源合作机制作用，强化与世界银行等国际金融机构合作，搭建新型储能国际合作平台，推进与重点国家新型储能领域合作。

（二）推动技术和产业国际合作

在新型储能前沿领域开展科技研发国际合作，加强国际技术交流和信息共享，探索先进技术引进、产业链供应链合作的共赢机制，研究国内外企业合作新模式，推动国内先进储能技术、标准、装备“走出去”。

八、保障措施

建立健全新型储能多部门协调机制，国家发展改革委、国家能源局加强与有关部门协调，做好与国家能源及各专项规划的统筹衔接，推动建设国家级新型储能大数据平台，提升实施监测和行业管理信息化水平。制定新型储能落实工作方案和政策措施，各省级能源主管部门编制本地区新型储能发展方案，明确进度安排和考核机制，科学有序推进各项任务，并将进展情况抄送国家能源局及派出机构。加强实施情况监督评估，国家能源局派出机构要密切跟踪落实情况，及时总结经验、分析问题，提出滚动修订的意见建议。国家能源局根据监督评估情况对实施方案进行适时调整和优化。

建立健全碳达峰碳中和标准计量体系实施方案

发布单位：市场监管总局　国家发展改革委　工业和信息化部　自然资源部
生态环境部　住房城乡建设部　交通运输部　中国气象局　国家林草局
发布时间：2022 年 10 月 18 日

实现碳达峰碳中和，是以习近平同志为核心的党中央统筹国内国际两个大局作出的重大战略决策。计量、标准是国家质量基础设施的重要内容，是资源高效利用、能源绿色低碳发展、产业结构深度调整、生产生活方式绿色变革、经济社会发展全面绿色转型的重要支撑，对如期实现碳达峰碳中和目标具有重要意义。为深入贯彻落实党中央、国务院决策部署，扎实推进碳达峰碳中和标准计量体系建设，制定本方案。

一、总体要求

（一）指导思想。

以习近平新时代中国特色社会主义思想为指导，全面贯彻党的十九大和十九届历次全会精神，深入践行习近平生态文明思想，立足新发展阶段，完整、准确、全面贯彻新发展理念，构建新发展格局，按照《中共中央 国务院关于完整准确全面贯彻新发展理念做好碳达峰碳中和工作的意见》《国家标准化发展纲要》《2030 年前碳达峰行动方案》《计量发展规划（2021—2035 年）》的总体部署，坚持系统观念，统筹推进碳达峰碳中和标准计量体系建设，加快计量、标准创新发展，发挥计量、标准的基础性、引领性作用，支撑如期实现碳达峰碳中和目标。

（二）工作原则。

系统谋划，统筹推进。围绕碳达峰碳中和主要目标和重点任务，加强碳达峰碳中和计量与标准顶层设计与协同联动，系统谋划，稳妥实施，完善量值传递溯源体系，优化政府颁布标准与市场自主制定标准二元结构，积极构建统一协调、运行高效、资源共享的计量、标准协同发展机制。

科技驱动，技术引领。加强计量、标准技术研究，推动关键共性技术突破和应用。围绕绿色低碳技术成果，推进科技研发、计量测试、标准研制和产业转型升级融合发展，形成一批重大计量科研成果，研制一批国际引领标准，发挥计量、标准的先行带动和创新引领作用。

夯实基础，完善体系。聚焦重点领域和重点行业，加强基础通用标准制修订，实现标准重点突破和整体提升，推动计量智能化、数字化转型升级，建立健全碳达峰碳中和计量技术体系、管理体系和服务体系，提升计量、标准支撑保障能力和水平。

开放融合，协同共享。充分发挥部门、地方、行业、企业作用，加强产学研用结合，促进计量、标准等国家质量基础设施的协同发展和综合应用。积极参与国际和区域计量、标准组织活动，加强计量、标准国际衔接，加大中国标准国外推广力度，促进国内国际协调一致。

（三）主要目标。

到 2025 年，碳达峰碳中和标准计量体系基本建立。碳相关计量基准、计量标准能力稳步提升，关键领域碳计量技术取得重要突破，重点排放单位碳排放测量能力基本具备，计量服务体系不断完善。碳排放技术和管理标准基本健全，主要行业碳核算核查标准实现全覆盖，重点行业和产品能耗能效标准指标稳步提升，碳捕集利用与封存（CCUS）等关键技术标准与科技研发、示范推广协同推进。新建或改造不少于 200 项计量基准、计量标准，制修订不少于 200 项计量技术规范，筹建一批碳计量中心，研制不少于 200 种标准物质/样品，完成不少于 1000 项国家标准和行业标准（包括外文版本），实质性参与不少于 30 项相关国际标准制修订，市场自主制定标准供给数量和质量大幅提升。

到 2030 年，碳达峰碳中和标准计量体系更加健全。碳相关计量技术和管理水平得到明显提升，碳计量服务市场健康有序发展，计量基础支撑和引领作用更加凸显。重点行业和产品能耗能效标准关键技术指标达到国际领先水平，非化石能源标准体系全面升级，碳捕集利用与封存及生态碳汇标准逐步健全，标准约束和引领作用更加显著，标准化工作重点实现从支撑碳达峰向碳中和目标转变。

到 2060 年，技术水平更加先进、管理效能更加突出、服务能力更加高效、引领国际的碳中和标准计量体系全面建成，服务经济社会发展全面绿色转型，有力支撑碳中和目标实现。

（四）体系框架。

按照碳达峰碳中和目标与重点任务的要求，围绕应用领域和应用场景，构建碳达峰碳中和标准计量体系总体框架（如图 1 所示）。

二、重点任务

（一）完善碳排放基础通用标准体系。

碳排放基础通用标准为碳达峰碳中和工作提供关键的基础支撑。开展碳排放术语、分类、碳信息披露等基础标准制定。完善地区、行业、企业、产品等不同层面碳排放监测、核算、报告、核查标准。探索建立重点产品生命周期碳足迹标准，制定绿色低碳产品、企业、园区、技术等

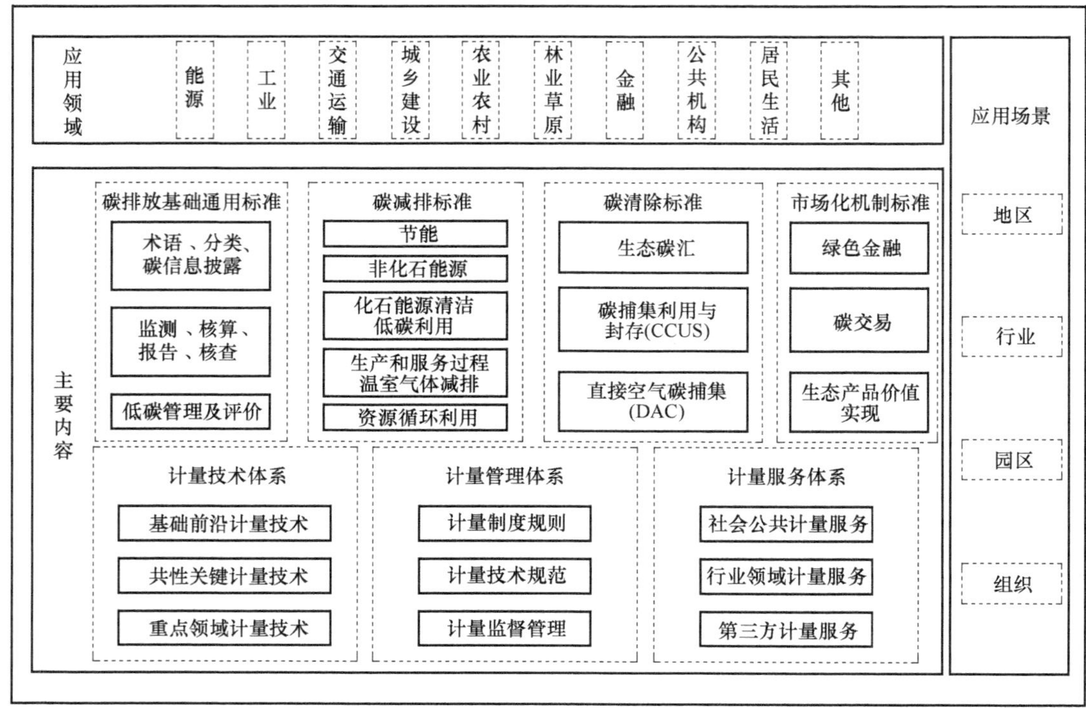

图 1　碳达峰碳中和标准计量体系框架图

通用评价类标准。制定重点行业和产品温室气体排放标准。研究制定不同应用场景的碳达峰碳中和相关规划设计、实施评价等通用标准。

（二）加强重点领域碳减排标准体系建设。

碳减排标准为能源、工业、交通运输、城乡建设、农业农村等重点领域节能降碳、非化石能源推广利用、化石能源清洁低碳利用以及生产和服务过程温室气体减排、资源循环利用等提供关键支撑。

1. 加强节能基础共性标准制修订。加快节能标准更新升级，推动减污降碳协同控制，抓紧制修订一批能耗限额、产品设备能效强制性国家标准，提升重点产品能耗限额要求，扩大能耗限额标准覆盖范围。完善能源核算、检测认证、评估、审计等配套标准。推动系统节能、能量回收、能量系统优化、高效节能设备、能源管理体系、节能监测控制、能源绩效评估、能源计量、区域能源等节能共性技术标准制修订。推动能效“领跑者”和企标“领跑者”工作。

2. 健全非化石能源技术标准。围绕风电和光伏发电全产业链条，开展关键装备和系统的设计、制造、维护、废弃后回收利用等标准制修订。建立覆盖制储输用等各环节的氢能标准体系，加快完善海洋能、地热能、核能、生物质能、水力发电等标准体系，推进多能互补、综合能源服务等标准的研制。

专栏 1　非化石能源技术重点标准

风力发电。开展大容量海上风力发电机组及关键零部件技术要求和检测标准研究。加快海上风力发电机组漂浮式、固定式基础标准研究。推进风电机组主要设备修复、改造、延寿标准研究。开展风电场智能运维检修、运行技术标准研究。研究制定风能设备回收再利用、风资源和发电量评估等风力发电检验标准。

光伏发电。开展高效光伏组件、大容量逆变器等关键产品技术要求和检测标准研究。推进光伏组件、支架、逆变器等主要产品及设备修复、改造、延寿标准制定。加快推进智能光伏产品、设备及光伏发电系统智能运维检修、安全标准制定。

光热利用。开展塔式、槽式、菲涅尔式等型式光热发电设备安装、调试、运行、检修、维护、监造、性能、评估等标准，以及二氧化碳超临界机组、特殊介质机组标准研究。研究制定中高温太阳能热利用系列标准。

氢能。开展氢燃料品质和氢能检测及评价等基础通用标准制修订。做好氢能风险评价、氢密封、临氢材料等氢安全标准研制。推进可再生能源水电解制氢等绿氢制备标准制定，开展高压气态储氢和固态储氢系统、液氢储存容器等氢储存标准研制，推动管道输氢（掺氢）、中长距离运氢技术和装备等氢输运标准制定，完善加氢机、加注协议、加氢站用氢气阀门、氢气压缩机等氢加注标准，研制相关的标准样品。

海洋能、地热能、核能发电。开展海洋能发电设备测试标准、装置技术成熟度评估、阵列部署、运行等标准研制。研究制定地热能发电设备标准。推动完善自主成熟先进的压水堆核电标准体系，推进第四代核电技术标准的研制，强化核电机组供热改造设计、施工、调试、验收以及运行方面的全过程标准研制。

专栏1 非化石能源技术重点标准（续）
生物质能。推进生物质成型燃料及专用设备（炉膛、进料系统、排料系统、户用灶具）标准和生物质发电标准制定。 水力发电。重点开展水电机组扩容增效、机组宽负荷稳定运行、机组运行状态评估与延寿等方面标准制修订。

3. 加快新型电力系统标准制修订。围绕构建新型电力系统，开展电网侧、电源侧、负荷侧标准研究，重点推进智能电网、新型储能标准制定，逐步完善源网荷储一体化标准体系。

专栏2 新型电力系统重点标准
电网侧。开展支撑大规模新能源接入的特高压交直流混联电网标准制定，制定电网仿真分析、继电保护、安全稳定控制、调度自动化、网源协调、新能源调度等关键技术标准。进一步完善新能源并网标准。开展能源互联网、数字电网等领域标准化工作，在电力人工智能、电力区块链、电力集成电路、电力智能传感等领域开展标准制定工作。加强电力市场、电能替代、需求侧管理、虚拟电厂等领域标准制修订。针对分布式电源等多电源接入系统，开展智能配电电器、控制与保护电器、终端电器等标准研制。围绕电气化转型，研究电池保护用熔断体、半导体断路器、新能源用直流接触器等低压直流配用电专用设备标准。 火力发电。开展机组性能提升、机组灵活性改造、机组运行状态评估与延寿等标准制修订。制定完善天然气发电及调峰相关技术标准。 新型储能。围绕新型锂离子电池、铅炭电池、液流电池、燃料电池、钠离子电池等，开展系统与设备检验监测、性能评估、安全管理和消防灭火相关标准制修订。推进飞轮储能、压缩空气储能、超导储能、超级电容器、梯级电站储能等物理储能系统及设备标准研制。开展储能系统接入电网技术、并网性能评价方法等标准制修订。推进储能系统、储能与传统电源联合运行相关安全、运维、检修标准研究。开展储能电站安装、调试、智能运维等标准研究。

4. 完善化石能源清洁低碳利用标准。开展煤炭绿色智能开采、选煤洁净生产以及煤炭清洁低碳高效利用标准研制。研制煤炭含碳量和热值分析测试方法标准及相关的标准样品。完善煤炭废弃物及资源综合利用标准。开展石油天然气开采、储存、加工、运输等节能低碳生产技术标准研制。

5. 加强工业绿色低碳转型标准制修订。围绕钢铁、石化化工、有色金属、建材、机械、造纸、纺织等重点行业绿色低碳转型要求，开展标准体系建设。加快节能低碳技术、绿色制造、资源综合利用等关键技术标准制修订工作，研制配套标准样品。

专栏3 工业绿色低碳转型重点标准
钢铁行业。制定氢气竖炉直接还原、氢气熔融还原、富氢高炉、氧气高炉、电弧炉短流程炼钢、转底炉法金属化球团、薄板坯连铸连轧技术等标准。 石化化工行业。推动制定炼化、化肥、氯碱、电石、纯碱、磷化工、高分子材料等重点产品原料工艺优化、新型生产设备、吸附剂/吸收剂材料制备、化学品综合利用等技术标准。 有色金属行业。研究制定低品位有色金属矿绿色冶炼、新型铝电解工艺、再生有色金属原料及产品、锌二次资源利用、再生硅原料提纯、有色金属冶炼中低温余热利用等产品和技术标准。 建材行业。制定高温窑炉等建材装备标准，建材领域节能减污降碳和组合脱碳等成套设备标准，以及轻型化、集约化、部品化等建材标准。加强绿色低碳建材、利废建材标准研制。 机械行业。研究制定热加工铸造等生产工艺领域节能低碳产品和技术标准。针对工程机械、矿山机械等非道路移动机械的原燃料结构优化，开展相关标准研制。

6. 加强交通运输低碳发展标准制修订。针对公路、水运、铁路和城市轨道交通、民航等交通基础设施和运输装备，开展节能降碳设计、建设、运营、监控、评价等标准制修订，完善物流绿色设备设施、运输和评价等标准。

专栏4 交通运输低碳发展重点标准
电动汽车及充电设施。完善电动汽车整车、关键系统部件等标准。制定电动汽车能量消耗量限值、能耗测试方法标准。制修订动力蓄电池循环寿命、电性能、传导充电安全、综合利用等标准。加强充电设备安全、车辆到电网（V2G）、大功率直流充电、无线充电互操作、共享换电、重卡换电等领域的关键技术标准。 道路运输与车辆。研究制定公路节能降碳技术、运输组织模式标准。开展机动车燃料消耗量限值标准制定，开展汽车节能技术相关标准的研制，开展汽车排放污染诊断与维修等技术标准制修订。完善汽车生产过程清洁化、生命周期能源低碳化、产品设计绿色化标准和汽车零部件再制造、再利用标准。 船舶。研究制定船舶造修、营运及拆解的节能降碳和低碳化改造等标准，重点开展低碳/零碳排放船型开发、船型优化设计、配套设备及关键零部件和材料、节能装置标准研制。做好电动船舶充电设备、能源管理等标准制修订工作。 港口。加强港口设备节能降耗技术、水运工程节能技术、绿色港口评价等标准制修订。完善港口岸电设备、岸基充换电设备操作及运维等相关标准。 铁路和城市轨道交通。研究制定铁路和城市轨道交通列车电能测量系统、储能电源监控系统、牵引系统铅酸蓄电池组等标准。推动铁路和城市轨道交通系统节能、电气化铁路节能降耗技术等标准研究。

专栏 4 交通运输低碳发展重点标准（续）

民航。研究制修订航空燃料可持续认证、机场新能源车辆及充电设施等标准。推动可持续航空燃料适航审定、机场碳排放管理评价、机场微电网建设运行等标准研究。

物流。制定物流设施设备的绿色选型、绿色物流园区、绿色包装、包装循环使用、绿色作业模式、逆向物流、周转箱技术和回收物流标准，以及绿色物流服务评价等标准。

燃料电池。开展质子交换膜燃料电池及关键零部件标准制修订。面向道路和非道路交通、铁路、船舶、航空等应用场景开展燃料电池应用系统标准制定。研究固体氧化物燃料电池、甲醇燃料电池、聚合物燃料电池、融熔盐燃料电池等新型燃料电池标准。

7. 加强基础设施低碳升级标准制修订。研究制定城市基础设施节能低碳建设、污水垃圾资源化利用、农房节能改造、绿色建造等标准。完善建筑垃圾、余能余热再生及循环利用设备标准。研究制定大规模无线局域网节能通信协议等标准。制定面向节能低碳目标的数据中心等信息基础设施参考架构、规划布局、使用计量、运营管理等标准。

8. 加强农业农村降碳增效标准制修订。重点开展降低碳排放强度、可再生能源抵扣标准研制，推动种植业与养殖业生产过程中的温室气体减排技术标准研究，完善工厂化农业、规模化养殖、农业机械等节能低碳标准。

专栏 5 农业农村降碳增效重点标准

种植业。开展主要作物绿色增产增效、种养加循环、区域低碳循环、田园综合体等农业绿色发展标准制修订。

畜牧业。研究制修订畜禽养殖环境、肠道甲烷控制、畜禽粪污处理等畜牧业碳减排技术标准。推动节能低耗智能畜牧业机械装备、圈舍、绿色投入品标准制修订。

水产。开展海洋牧场建设与管理、藻类养殖、工厂化循环水养殖、生态养殖小区、集装箱养殖、稻鱼综合种养、大水面生态渔业等绿色健康养殖标准研制。

农村可再生能源。研究制定农村可再生能源节能降碳监测评价相关标准。制修订秸秆打捆直燃、沼气、生物天然气等农村可再生能源相关标准。

9. 加强公共机构节能低碳标准制修订。构建公共机构节约能源资源标准体系，完善公共机构低碳建设、低碳评估考核等相关标准。分类编制节约型机关、绿色学校、绿色场馆等评价标准。

10. 加强资源循环利用标准制修订。健全资源循环利用标准体系，加快循环经济相关标准研制。围绕园区循环化改造，推进能量梯级利用、水资源综合利用、废弃物综合利用、产业循环链接等标准制修订。健全清洁生产、再生资源回收利用、大宗固废综合利用标准。

（三）加快布局碳清除标准体系。

碳清除标准为固碳、碳汇、碳捕集利用与封存等提供支撑。加快生态系统固碳和增汇、碳捕集利用与封存、直接空气碳捕集（DAC）等碳清除技术标准研制。

专栏 6 碳清除领域重点标准

生态系统固碳和增汇。制定覆盖陆地和海洋生态系统碳汇及木质林产品碳汇相关术语、分类、边界、监测、计量等通用标准。制定森林、草原、湿地、荒漠、矿山、海洋等资源保护、生态修复和经营增汇减排技术标准，以及林草资源保护和经营技术等标准。开展碳汇林经营、木竹替代、林业生物质产品标准研制，推动生物碳移除和利用、高效固碳树种草种藻种的选育繁育等标准制修订。

碳捕集利用与封存。加快制定碳捕集利用与封存相关的术语、监测、分类评估等基础标准。制定工业分离、化石燃料燃烧前捕集、燃烧后捕集、富氧燃烧捕集等碳捕集技术标准，碳运输技术标准，地质封存、海洋封存、碳酸盐矿石封存等碳封存技术标准。开展地质利用、化工利用、生物利用等碳应用技术标准研制。

（四）健全市场化机制标准体系。

市场化机制标准为绿色金融、碳排放交易、生态产品价值实现等提供关键保障。

1. 加强绿色金融标准制修订。加快制定绿色、可持续金融相关术语等基础通用标准。完善绿色金融产品服务、绿色征信、绿色债券信用评级、碳中和债券评级评估、绿色金融信息披露、绿色金融统计等标准。

2. 加快碳排放交易相关标准规范制修订。加快制定碳排放配额分配、调整、清缴、抵销等标准规范及重点排放行业应用指南，建立健全信息披露标准，研究碳排放交易实施规范、交易机构和人员要求等标准。推动温室气体自愿减排交易相关标准制修订工作，研究制定合格减排及抵销标准。丰富环境权益融资工具，制定绿色能源消费相关核算、监测、评估等标准。完善合同能源管理等绿色低碳服务标准。

3. 加强生态产品价值实现标准制修订。研究完善生态产品调查监测、价值评价、经营开发、保护补偿等标准。加快推进生态产品价值核算、生态产品认证评价、生态产品减碳成效评估标准制定。

（五）完善计量技术体系。

1. 加强基础前沿计量技术研究。加强基于量子效应和物理常数的量子传感技术和碳计量技术研究，开展在线、动态、远程量值传递溯源技术和精密测量技术研究与应用，建立健全碳计量基准、计量标准和标准物质体系。开展碳计量核心器件和高精度仪器研制。加强复杂环境、复杂基体、多种组分的碳计量标准物质研制，研究建立碳计量标准参考数据库。开展碳排放和碳监测计量技术研究，完善碳排放测量方法，提升碳排放测量和碳监测能力水平。

2. 加强共性关键计量技术研究。加快绿色低碳共性关键计量技术研究，攻克相关基础关键参量的准确测量难题，开展碳计量方法学、碳排放因子、碳排放量在线监测、碳汇、碳捕集利用与封存、区域综合能源利用、城市时空碳排放计量监测反演、全生命周期碳计量、碳排放测量不确定度评定方法等关键计量技术研究，加强碳计量监测设备和校准设备的研制与应用，推动相关计量器具的智能化、数字化、网络化。

3. 加强重点领域计量技术研究。加强煤炭、石油、天然气、电力、钢铁、有色金属、石化化工、交通运输、城乡建设、农业农村、林业草原等重点行业和领域碳计量技术研究，服务绿色低碳发展。开展重点行业和领域用能设施及系统碳排放计量测试方法研究和碳排放连续在线监测计量技术研究，提升碳排放和碳监测数据准确性和一致性，探索推动具备条件的行业领域由宏观“碳核算”向精准“碳计量”转变。

专栏7 碳达峰碳中和关键计量技术研究
碳排放领域。完善碳排放计量体系，提升碳排放计量监测能力和水平。开展多行业典型用能设施及用能系统碳排放计量测试方法研究和碳排放基准数据库建设。开展基于激光雷达、区域和城市尺度反演、卫星遥感等碳排放测量技术研究与应用，开展综合能源系统、工业企业无组织排放、大气环境碳含量、燃料燃烧碳排放、用电信息推算碳排放量、烟气排放等测量技术研究与应用。加强计量测试技术在碳足迹中的应用。完善生态系统碳汇监测和计量体系。 能源领域。开展清洁能源材料和器件性能参数准确测量方法研究和标准物质研制，推进光伏、风电、核电、水电等清洁能源相关计量技术研究，加强新能源汽车和储供能设施计量测试技术研究与应用。 开展温室气体转化处理技术研究与应用。加强交直流输配电智能传感和计量测试技术研究应用。开展液态氢、天然气（含液化天然气）、高含氢天然气体积和热值及高压氢气品质计量测试技术研究。推进综合能源和能效智能感知、采集和监测技术研究和应用。开展石化产品碳排放计量技术研究与应用。 生态环境监测领域。建立温室气体监测标尺，开展温室气体精密测量技术研究和标准物质研制，加强辐射监测计量测试技术研究和应用，开展飞机噪声监测设备计量方法、振动和光污染监测设备计量方法研究，加强环境自动监测系统现场在线检定校准方法研究，健全完善温室气体量值传递溯源体系。开展固定排放源和移动污染源排放计量监测技术研究。 应对气候变化领域。开展气候监测关键计量技术研究，研制气候环境模拟测试系统，开展温室气体、气溶胶、臭氧、干湿沉降及化学组分的地面、垂直廓线和柱总量观测计量技术研究与应用，开展遥感监测计量技术研究。 自然资源领域。开展自然资源节约集约利用和调查评价监测、地质、海洋、气象和水旱灾害监测预警、海洋和测绘地理信息仪器计量测试技术研究和应用。

（六）加强计量管理体系建设。

1. 完善计量制度规则。加强碳达峰碳中和相关计量制度研究，明确各部门各行业碳计量工作职责和要求，研究制定碳计量监督管理办法和重点行业碳计量监督管理规定。修订《能源计量监督管理办法》，研究建立碳计量监测、碳计量审查和评价等制度，推进能源计量与碳计量有效衔接。

2. 制定计量技术规范。成立碳达峰碳中和计量技术委员会，加强碳计量政策研究和计量技术规范制修订。加快制定碳计量器具配备和管理、在线监测设备校准、碳排放与碳监测关键参数测量方法、企业碳排放直接测量方法、城市碳排放时空反演方法、碳汇计量等计量技术规范，推进不同区域、行业、企业碳排放测量。强化碳排放和碳监测计量数据规范性要求，研究制定碳排放计量模型、碳排放计量数据质量评价方法等计量技术规范，为碳交易、碳核查等提供计量支撑。

专栏8 碳达峰碳中和计量技术规范
基础通用。制定碳计量相关名词术语、碳计量审查、碳计量数据质量评价、碳排放因子、碳足迹等相关计量技术规范。 碳排放。制定碳排放计量器具选型、配备、安装、使用、检定、校准、维护和管理等相关计量技术规范。制定支撑国家温室气体排放清单、企业温室气体排放量、产品温室气体排放量、区域性温室气体排放量反演、交通温室气体排放量等相关计量技术规范。 碳监测。制定温室气体监测方法、监测仪器和观测网络等相关计量技术规范。 能源利用。制定太阳能、风能、氢能、生物质能、潮汐能等能源利用相关计量技术规范。 行业管理。制定煤炭、石油、天然气、电力、钢铁、建材、有色金属、石化化工等重点行业碳计量相关计量技术规范。

3. 加强计量监督管理。开展重点排放单位能源计量审查和碳排放计量审查，强化重点排放单位的碳计量要求，督促重点排放单位合理配备和使用计量器具，建立健全碳排放测量管理体系。开展碳相关计量基准、计量标准、标准物质量值比对，加强碳相关计量技术机构的监督管理。

（七）健全计量服务体系。

1. 强化社会公共计量服务。充分发挥社会各方资源和力量，建立一批碳计量中心，开展碳计量技术研究与攻关，搭建碳计量公共服务平台，共享碳计量技术资源，为政府、行业、企业提供差异化、多样化、专业化的碳计量服务。进一步发挥国家（城市）能源计量中心作用，加强重点用能单位能耗在线监测系统建设，推动能源计量数据与碳计量数据的有效衔接和综合利用。

2. 完善行业领域计量服务。建立健全电力、钢铁、建筑等行业领域能耗统计监测和计量体系，强化重点行业领域计量数据的采集、监测、分析和应用。衔接国际温室气体清单编制技术方法，加快构建全国统一、与国际接轨、覆盖陆地海洋生态系统全类型的碳汇计量服务体系。

3. 加强第三方计量服务。充分发挥市场在资源配置中的决定性作用，积极培育和发展第三方碳计量服务机构，根据市场需求开展碳排放测量与核算、碳排放量预测分析与路径推演、碳计量数据质量分析评价等服务，强化对第三方机构的监督管理。

三、重点工程和行动

（一）实施碳计量科技创新工程。

针对绿色低碳重大科技攻关迫切需要解决的关键计量技术瓶颈问题，加强碳计量关键核心技术攻关和科技成果转化应用，推动实现计量协同创新，为低碳技术研究、清洁能源使用、能源资源利用、碳汇能力提升、碳排放核算、碳排放在线监测、碳排放量反演等提供计量技术支持。

（二）实施碳计量基础能力提升工程。

面向实现碳达峰碳中和目标的重大战略需要，布局一批计量基准、计量标准及配套基础设施，加快碳达峰碳中和相关量值传递溯源体系建设，发布碳达峰碳中和相关计量基准和计量标准名录、标准物质清单，夯实绿色低碳计量基础。

（三）实施碳计量标杆引领工程。

在部分企业、园区和城市开展低碳计量试点，探索碳计量路径和模式。梳理形成碳计量典型经验和做法，树立一批碳计量应用服务标杆，在全国范围内进行推广示范。

（四）开展碳计量精准服务工程。

鼓励各级计量技术机构组建碳计量技术服务队，开展计量专家走进企业、走进社区服务低碳行活动，为企业、居民提供节能降耗、绿色生活等绿色低碳技术咨询服务。组织编制企业碳计量服务指南，通过政策引导、技术服务，推进企业提升碳排放计量能力，为有条件的地方和重点行业、重点企业率先实现碳达峰提供计量技术支持，引导企业通过技术改进主动适应绿色低碳发展要求，提升绿色创新水平。

（五）实施碳计量国际交流合作工程。

加强碳达峰碳中和计量国际交流合作，积极参与国际和区域组织的碳计量相关技术研究和计量比对，借鉴吸收国外先进的碳计量技术与管理经验，推动我国碳计量能力与国际接轨和互认。发挥我国在全球计量治理中的作用，深度参与国际碳计量相关战略制定，积极参与和主导国际碳计量规则和规范的制修订，推动碳计量领域“一带一路”国家的对接合作和共建共享，提升我国在国际上的话语权和影响力。

（六）开展双碳标准强基行动。

围绕碳达峰碳中和目标实现需求，加快完善碳排放监测、核算、核查、报告与评估等碳达峰急需的基础通用标准，积极研究制定碳中和基础与管理标准。建立标准快速制定机制和渠道，按年度集中申报、集中立项，急需标准随时立项，标准制修订周期控制在18个月以内，2023年前完成30项国家标准制修订。围绕重点行业的绿色低碳发展，加快行业标准制修订。支持具有影响力的社会团体制定高质量团体标准，将技术水平高、实施效果好的团体标准转化为国家标准、行业标准。推动在京津冀、长江经济带、粤港澳大湾区、黄河流域生态保护和高质量发展先行区及重点生态环境保护和自然保护区等地区，结合实际建立区域协同的标准实施机制。

（七）开展百项节能降碳标准提升行动。

加大制冷产品、工业设备、农业机械等重点用能产品强制性能效标准及测量评估标准制修订工作。加快钢铁、石化化工、有色金属、建材、煤炭等行业的能耗限额标准提升工作。推进车辆燃油经济性及能效标准制修订工作。加快建立能效能耗标准实施监测统计系统，做好标准实施与宣贯培训，2025年前完成100项能效能耗标准及配套标准的制修订工作。推动能效“领跑者”和企标“领跑者”工作。鼓励重点区域根据碳达峰需要提前实施更高的能耗限额指标。

（八）开展低碳前沿技术标准引领行动。

布局若干碳达峰碳中和领域重点研发计划项目，推进技术研发与标准研制。开展碳达峰碳中和领域国家标准验证点建设，切实提升标准水平。推动建设若干产学研用有机结合的碳达峰碳中和领域国家技术标准创新基地，培育形成技术研发—标准研制—产业推广应用联动的科技创新机制。发挥市场自主制定标准优势，积极引导社会团体制定原创性、高质量生态碳汇、碳捕集利用与封存等碳清除前沿技术、绿色低碳技术相关标准，以标准先行带动绿色低碳技术创新突破。2025年前完成30项前沿低碳技术标准制定。

（九）开展绿色低碳标准国际合作行动。

坚持联合国相关会员国进程在规则标准制定中的主渠道作用，同时加强同相关国际组织合作。积极参与国际和区域组织的碳达峰碳中和标准研制，强化国际衔接协调。开展我国标准与相关国际标准比对分析，优先支持碳达峰碳中和领域国际标准转化项目立项，推进节能低碳国家标准及其外文版同步立项、同步制定、同步发布，推动先进国际标准在我国转化应用。开展绿色低碳国际标准化培训，培育绿色低碳国际标准专家队伍，积极承担国际标准组织绿色低碳领域相关技术机构秘书处和领导职务。加大节能、新能源、碳排放、碳汇、碳捕集利用与封存等领域国际标准的实质性参与力度，2025年前提交不少于30项国际标准提案，推动我国绿色低碳技术转化为国际标准，分享中国经验，支持发展中国家提升可持续发展的能力。

四、保障措施

（一）加强组织领导。

加强碳达峰碳中和标准计量体系的整体部署和系统推进，依托国务院标准化协调推进部际联席会议和全国计量工作部际联席会议制度，统筹研究重要事项。建立碳达峰碳中和标准专项协调机制，加强技术协调和标准实施。各部门、各地方要按照标准计量体系的统一要求，研究制定具体落实方案，明确任务分工，确保各项目标任务稳步、有序推进。

（二）加强激励支持。

统筹利用现有资金渠道，积极引导社会资本投入，支持碳达峰碳中和关键计量技术研究、量值传递溯源体系建设以及相关基础通用和重要标准的研究、制定、实施等工作。按照国家有关规定对推动碳达峰碳中和标准计量体系建设中成绩突出的单位和个人进行表彰。

（三）加强队伍建设。

研究建立碳达峰碳中和标准计量智库，加强顶层制度研究和政策推进，培育一批具有国际视野和创新理念的应用型、复合型专家队伍。加强碳达峰碳中和标准计量人员与碳排放管理员的培训，提高碳排放监测、统计核算、核查、交易和咨询等人才队伍的计量标准专业能力。

（四）加强实施评估。

加强对实施方案落实情况的定期评估，分析进展情况，提出改进措施，适时调整标准计量体系建设重点。各部门、各地方要根据职责分工，开展标准计量体系实施情况的监测，及时总结典型案例，推广先进经验做法，做好与碳达峰碳中和各项工作部署的有效衔接。

第二篇　宏观经济及相关行业运行情况

中华人民共和国 2022 年国民经济和社会发展统计公报（节选）

中华人民共和国国家统计局

2023 年 2 月 28 日

2022 年是党和国家历史上极为重要的一年。党的二十大胜利召开，擘画了全面建设社会主义现代化国家、以中国式现代化全面推进中华民族伟大复兴的宏伟蓝图。面对风高浪急的国际环境和艰巨繁重的国内改革发展稳定任务，在以习近平同志为核心的党中央坚强领导下，各地区各部门坚持以习近平新时代中国特色社会主义思想为指导，按照党中央、国务院决策部署，统筹国内国际两个大局，统筹疫情防控和经济社会发展，统筹发展和安全，坚持稳中求进工作总基调，完整、准确、全面贯彻新发展理念，加快构建新发展格局，着力推动高质量发展，加大宏观调控力度，应对超预期因素冲击，经济保持增长，发展质量稳步提升，创新驱动深入推进，改革开放蹄疾步稳，就业物价总体平稳，粮食安全、能源安全和人民生活得到有效保障，经济社会大局保持稳定，全面建设社会主义现代化国家新征程迈出坚实步伐。

一、综合

初步核算，全年国内生产总值 1210207 亿元，比上年增长 3.0%。其中，第一产业增加值 88345 亿元，比上年增长 4.1%；第二产业增加值 483164 亿元，增长 3.8%；第三产业增加值 638698 亿元，增长 2.3%。第一产业增加值占国内生产总值比重为 7.3%，第二产业增加值比重为 39.9%，第三产业增加值比重为 52.8%。全年最终消费支出拉动国内生产总值增长 1.0 个百分点，资本形成总额拉动国内生产总值增长 1.5 个百分点，货物和服务净出口拉动国内生产总值增长 0.5 个百分点。全年人均国内生产总值 85698 元，比上年增长 3.0%。国民总收入 1197215 亿元，比上年增长 2.8%。全员劳动生产率为 152977 元/人，比上年提高 4.2%。

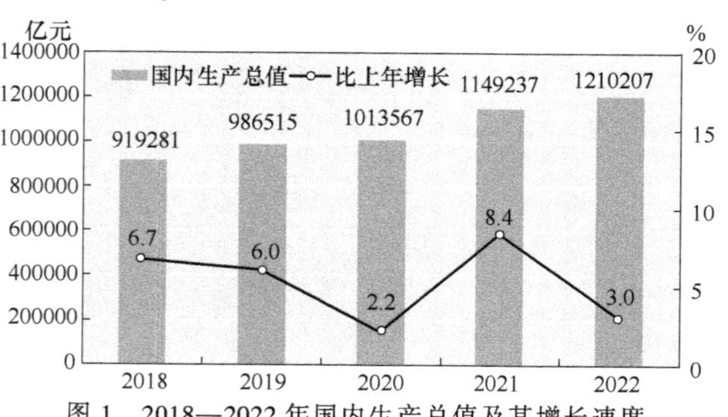

图 1　2018—2022 年国内生产总值及其增长速度

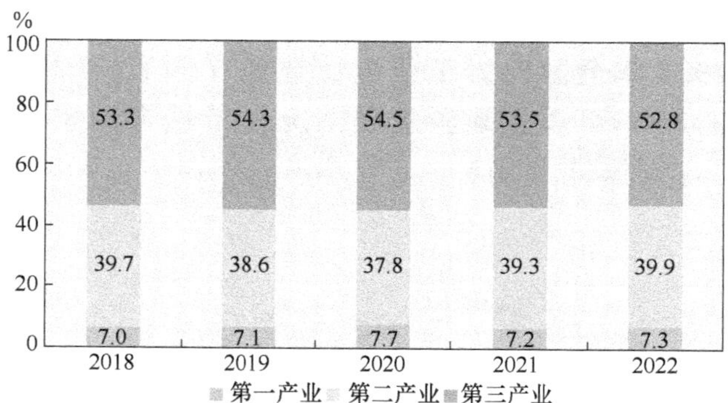

图 2　2018—2022 年三次产业增加值占国内生产总值比重

年末全国人口 141175 万人，比上年末减少 85 万人，其中城镇常住人口 92071 万人。全年出生人口 956 万人，出生率为 6.77‰；死亡人口 1041 万人，死亡率为 7.37‰；自然增长率为-0.60‰。

全年居民消费价格比上年上涨 2.0%。工业生产者出厂价格上涨 4.1%。工业生产者购进价格上涨 6.1%。农产品生产者价格上涨 0.4%。12 月份，70 个大中城市中，新建商品住宅销售价格同比上涨的城市个数为 16 个，持平的为 1 个，下降的为 53 个；二手住宅销售价格同比上涨的城市个数为 6 个，下降的为 64 个。

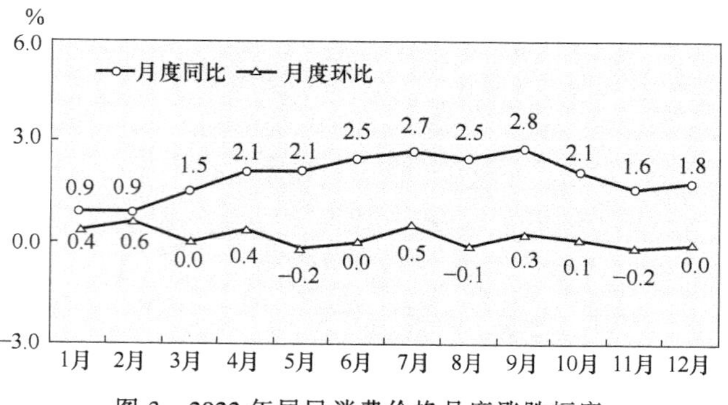

图 3　2022 年居民消费价格月度涨跌幅度

新产业新业态新模式较快成长。全年规模以上工业中，高技术制造业增加值比上年增长 7.4%，占规模以上工业增加值的比重为 15.5%；装备制造业增加值增长 5.6%，占规模以上工业增加值的比重为 31.8%。全年规模以上服务业中，战略性新兴服务业企业营业收入比上年增长 4.8%。全年高技术产业投资比上年增长 18.9%。全年新能源汽车产

表 1 2022 年居民消费价格比上年涨跌幅度

(单位:%)

指 标	全国	城市	农村
居民消费价格	2.0	2.0	2.0
其中:食品烟酒	2.4	2.6	2.1
衣着	0.5	0.6	0.3
居住	0.7	0.5	1.3
生活用品及服务	1.2	1.2	1.0
交通通信	5.2	5.2	5.0
教育文化娱乐	1.8	1.9	1.7
医疗保健	0.6	0.6	0.8
其他用品及服务	1.6	1.5	2.0

量 700.3 万辆，比上年增长 90.5%；太阳能电池（光伏电池）产量 3.4 亿千瓦，增长 46.8%。全年电子商务交易额 438299 亿元，按可比口径计算，比上年增长 3.5%。全年网上零售额 137853 亿元，按可比口径计算，比上年增长 4.0%。全年新登记市场主体 2908 万户，日均新登记企业 2.4 万户，年末市场主体总数近 1.7 亿户。

城乡区域协调发展稳步推进。年末全国常住人口城镇化率为 65.22%，比上年末提高 0.5 个百分点。分区域看，全年东部地区生产总值 622018 亿元，比上年增长 2.5%；中部地区生产总值 266513 亿元，增长 4.0%；西部地区生产总值 256985 亿元，增长 3.2%；东北地区生产总值 57946 亿元，增长 1.3%。全年京津冀地区生产总值 100293 亿元，比上年增长 2.0%；长江经济带地区生产总值 559766 亿元，增长 3.0%；长江三角洲地区生产总值 290289 亿元，增长 2.5%。粤港澳大湾区建设、黄河流域生态保护和高质量发展等区域重大战略扎实推进。

绿色转型发展迈出新步伐。全年全国万元国内生产总值能耗比上年下降 0.1%。全年水电、核电、风电、太阳能发电等清洁能源发电量 29599 亿千瓦时，比上年增长 8.5%。在监测的 339 个地级及以上城市中，全年空气质量达标的城市占 62.8%，未达标的城市占 37.2%；细颗粒物（$PM_{2.5}$）年平均浓度 29 微克/立方米，比上年下降 3.3%。3641 个国家地表水考核断面中，全年水质优良（Ⅰ~Ⅲ类）断面比例为 87.9%，Ⅳ类断面比例为 9.7%，Ⅴ类断面比例为 1.7%，劣Ⅴ类断面比例为 0.7%。

三、工业和建筑业

全年全部工业增加值 401644 亿元，比上年增长 3.4%。规模以上工业增加值增长 3.6%。在规模以上工业中，分经济类型看，国有控股企业增加值增长 3.3%；股份制企业增长 4.8%，外商及港澳台商投资企业下降 1.0%；私营企业增长 2.9%。分门类看，采矿业增长 7.3%，制造业增长 3.0%，电力、热力、燃气及水生产和供应业增长 5.0%。

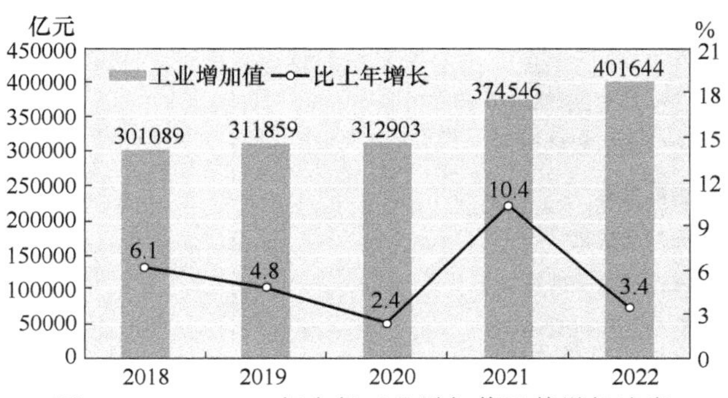

图 4 2018—2022 年全部工业增加值及其增长速度

全年规模以上工业中，农副食品加工业增加值比上年增长 0.7%，纺织业下降 2.7%，化学原料和化学制品制造业增长 6.6%，非金属矿物制品业下降 1.5%，黑色金属冶炼和压延加工业增长 1.2%，通用设备制造业下降 1.2%，专用设备制造业增长 3.6%，汽车制造业增长 6.3%，电气机械和器材制造业增长 11.9%，计算机、通信和其他电子设备制造业增长 7.6%，电力、热力生产和供应业增长 5.1%。

表 2 2022 年主要工业产品产量及其增长速度

产品名称	单 位	产 量	比上年增长(%)
纱	万吨	2719.1	-5.4
布	亿米	467.5	-6.9
化学纤维	万吨	6697.8	-0.2
成品糖	万吨	1486.8	2.6
卷烟	亿支	24321.5	0.6
彩色电视机	万台	19578.3	5.8
家用电冰箱	万台	8664.4	-3.6
房间空气调节器	万台	22247.3	1.9
一次能源生产总量	亿吨标准煤	46.6	9.2
原煤	亿吨	45.6	10.5
原油	万吨	20472.2	2.9
天然气	亿立方米	2201.1	6.0
发电量	亿千瓦时	88487.1	3.7
其中:火电	亿千瓦时	58887.9	1.4
水电	亿千瓦时	13522.0	1.0
核电	亿千瓦时	4177.8	2.5
风电	亿千瓦时	7626.7	16.2
太阳能发电	亿千瓦时	4272.7	31.2

（续）

产品名称	单　　位	产　　量	比上年增长(%)
粗钢	万吨	101795.9	-1.7
钢材	万吨	134033.5	0.3
十种有色金属	万吨	6793.6	4.9
其中:精炼铜(电解铜)	万吨	1106.3	5.5
原铝(电解铝)	万吨	4021.4	4.4
水泥	亿吨	21.3	-10.5
硫酸(折100%)	万吨	9504.6	1.3
烧碱(折100%)	万吨	3980.5	2.3
乙烯	万吨	2897.5	2.5
化肥(折100%)	万吨	5573.3	0.5
发电机组(发电设备)	万千瓦	18376.1	15.0
汽车	万辆	2718.0	3.5
其中:新能源汽车	万辆	700.3	90.5
大中型拖拉机	万台	40.0	-2.8
集成电路	亿块	3241.9	-9.8
程控交换机	万线	883.8	26.3
移动通信手持机	万台	156080.0	-6.1
微型计算机设备	万台	43418.2	-7.0
工业机器人	万套	44.3	21.0
太阳能电池(光伏电池)	万千瓦	34364.2	46.8
充电桩	万个	191.5	80.3

年末全国发电装机容量256405万千瓦，比上年末增长7.8%。其中，火电装机容量133239万千瓦，增长2.7%；水电装机容量41350万千瓦，增长5.8%；核电装机容量5553万千瓦，增长4.3%；并网风电装机容量36544万千瓦，增长11.2%；并网太阳能发电装机容量39261万千瓦，增长28.1%。

全年规模以上工业企业利润84039亿元，比上年下降4.0%。分经济类型看，国有控股企业利润23792亿元，比上年增长3.0%；股份制企业61611亿元，下降2.7%，外商及港澳台商投资企业20040亿元，下降9.5%；私营企业26638亿元，下降7.2%。分门类看，采矿业利润15574亿元，比上年增长48.6%；制造业64150亿元，下降13.4%；电力、热力、燃气及水生产和供应业4315亿元，增长41.8%。全年规模以上工业企业每百元营业收入中的成本为84.72元，比上年增加0.91元；营业收入利润率为6.09%，下降0.64个百分点。年末规模以上工业企业资产负债率为56.6%，比上年末上升0.3个百分点。全年全国工业产能利用率为75.6%。

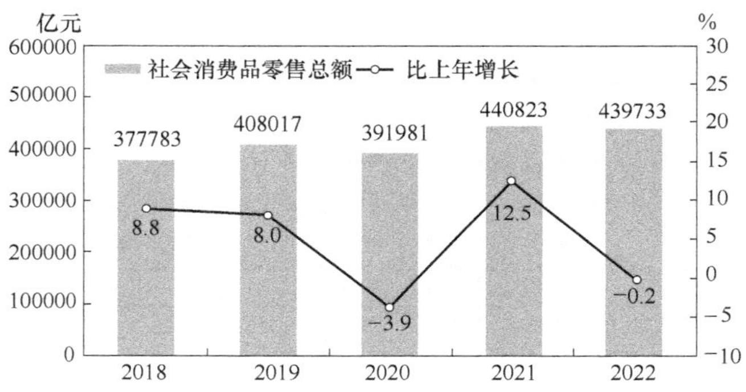

图5 2018—2022年社会消费品零售总额及其增长速度

五、国内贸易

全年社会消费品零售总额439733亿元，比上年下降0.2%。按经营地统计，城镇消费品零售额380448亿元，下降0.3%；乡村消费品零售额59285亿元，与上年基本持平。按消费类型统计，商品零售额395792亿元，增长0.5%；餐饮收入额43941亿元，下降6.3%。

全年限额以上单位商品零售额中，粮油、食品类零售额比上年增长8.7%，饮料类增长5.3%，烟酒类增长2.3%，服装、鞋帽、针纺织品类下降6.5%，化妆品类下降4.5%，金银珠宝类下降1.1%，日用品类下降0.7%，家用电器和音像器材类下降3.9%，中西药品类增长12.4%，文化办公用品类增长4.4%，家具类下降7.5%，通信器材类下降3.4%，石油及制品类增长9.7%，汽车类增长0.7%，建筑及装潢材料类下降6.2%。

全年实物商品网上零售额119642亿元，按可比口径计算，比上年增长6.2%，占社会消费品零售总额的比重为27.2%。

六、固定资产投资

全年全社会固定资产投资579556亿元，比上年增长4.9%。固定资产投资（不含农户）572138亿元，增长5.1%。在固定资产投资（不含农户）中，分区域看，东部地区投资增长3.6%，中部地区投资增长8.9%，西部地区投资增长4.7%，东北地区投资增长1.2%。

在固定资产投资（不含农户）中，第一产业投资14293亿元，比上年增长0.2%；第二产业投资184004亿元，增长10.3%；第三产业投资373842亿元，增长3.0%。民间固定资产投资310145亿元，增长0.9%。基础设施投资增长9.4%。社会领域投资增长10.9%。

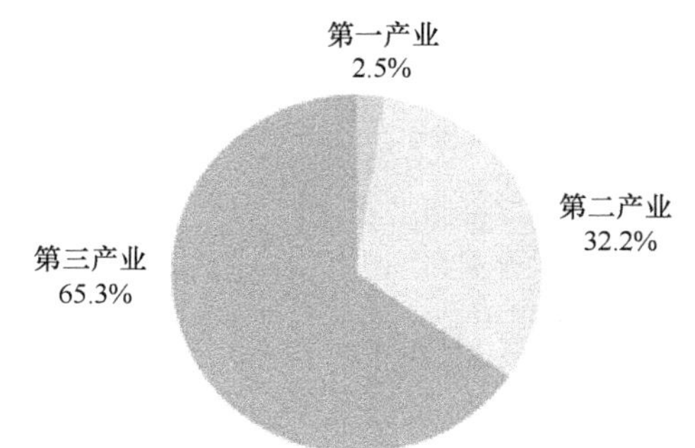

图6 2022年三次产业投资占固定资产投资（不含农户）比重

表3 2022年分行业固定资产投资（不含农户）增长速度

行业	比上年增长(%)	行业	比上年增长(%)
总计	5.1	金融业	10.5
农、林、牧、渔业	4.2	房地产业	-8.4
采矿业	4.5	租赁和商务服务业	14.5
制造业	9.1	科学研究和技术服务业	21.0
电力、热力、燃气及水生产和供应业	19.3	水利、环境和公共设施管理业	10.3
建筑业	2.0	居民服务、修理和其他服务业	21.8
批发和零售业	5.3	教育	5.4
交通运输、仓储和邮政业	9.1	卫生和社会工作	26.1
住宿和餐饮业	7.5	文化、体育和娱乐业	3.5
信息传输、软件和信息技术服务业	21.8	公共管理、社会保障和社会组织	42.1

表4 2022年固定资产投资新增主要生产与运营能力

指标	单位	绝对数
新增220千伏及以上变电设备	万千伏安	25839
新建铁路投产里程	公里	4100
其中：高速铁路	公里	2082
增、新建铁路复线投产里程	公里	2658
电气化铁路投产里程	公里	3452
新改建高速公路里程	公里	8771
港口万吨级及以上码头泊位新增通过能力	万吨/年	25561
新增民用运输机场	个	6
新增光缆线路长度	万公里	477

七、对外经济

全年货物进出口总额420678亿元，比上年增长7.7%。其中，出口239654亿元，增长10.5%；进口181024亿元，增长4.3%。货物进出口顺差58630亿元，比上年增加15330亿元。对“一带一路”沿线国家进出口总额138339亿元，比上年增长19.4%。其中，出口78877亿元，增长20.0%；进口59461亿元，增长18.7%。对《区域全面经济伙伴关系协定》（RCEP）其他成员国进出口额129499亿元，比上年增长7.5%。

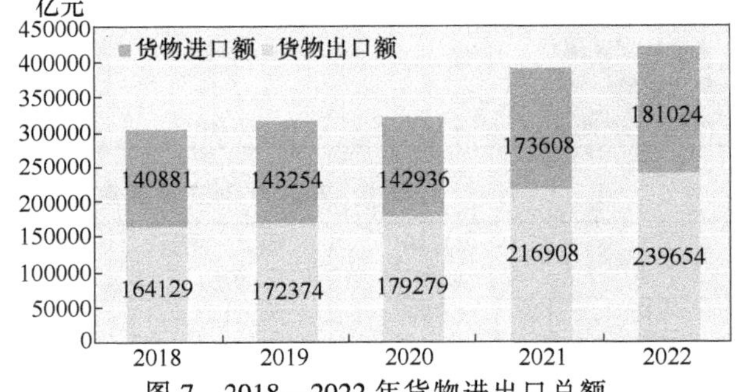

图7 2018—2022年货物进出口总额

表5 2022年货物进出口总额及其增长速度

指标	金额(亿元)	比上年增长(%)
货物进出口总额	420678	7.7
货物出口额	239654	10.5
其中：一般贸易	152468	15.4
加工贸易	53952	1.1

（续）

指　　标	金额（亿元）	比上年增长（%）
其中：机电产品	136973	7.0
高新技术产品	63391	0.3
货物进口额	181024	4.3
其中：一般贸易	115624	6.7
加工贸易	30574	-3.2
其中：机电产品	69661	-5.4
高新技术产品	50864	-6.0
货物进出口顺差	58630	35.4

表 6　2022 年主要商品出口数量、金额及其增长速度

商品名称	单位	数量	比上年增长（%）	金额（亿元）	比上年增长（%）
钢材	万吨	6732	0.9	6427	22.3
纺织纱线、织物及制品	—	—	—	9836	4.9
服装及衣着附件	—	—	—	11713	6.7
鞋靴	万双	929318	6.6	3844	24.4
家具及其零件	—	—	—	4639	-2.5
箱包及类似容器	万吨	297	22.2	2378	32.6
玩具	—	—	—	3229	9.1
塑料制品	—	—	—	7188	12.7
集成电路	亿个	2734	-12.0	10254	3.5
自动数据处理设备及其零部件	—	—	—	15701	-4.7
手机	万台	82224	-13.8	9527	0.9
集装箱	万个	321	-33.7	967	-36.1
液晶平板显示模组	万个	164560	—	1807	—
汽车（包括底盘）	万辆	332	56.8	4054	82.2

表 7　2022 年主要商品进口数量、金额及其增长速度

商品名称	单位	数量	比上年增长（%）	金额（亿元）	比上年增长（%）
大豆	万吨	9108	-5.6	4085	18.1
食用植物油	万吨	648	-37.6	606	-14.1
铁矿砂及其精矿	万吨	110686	-1.5	8498	-27.9
煤及褐煤	万吨	29320	-9.2	2855	22.2
原油	万吨	50828	-0.9	24350	45.9
成品油	万吨	2645	-2.5	1309	21.2
天然气	万吨	10925	-9.9	4683	30.3
初级形状的塑料	万吨	3058	-10.0	3734	-5.5
纸浆	万吨	2916	-1.8	1492	15.1
钢材	万吨	1057	-25.9	1136	-6.1
未锻轧铜及铜材	万吨	587	6.2	3610	6.5
集成电路	亿个	5384	-15.3	27663	-0.9
汽车（包括底盘）	万辆	88	-6.5	3529	1.2

表 8　2022 年对主要国家和地区货物进出口金额、增长速度及其比重

国家和地区	出口额（亿元）	比上年增长（%）	占全部出口比重（%）	进口额（亿元）	比上年增长（%）	占全部进口比重（%）
东盟	37907	21.7	15.8	27247	6.8	15.1
欧盟	37434	11.9	15.6	19034	-4.9	10.5
美国	38706	4.2	16.2	11834	1.9	6.5
韩国	10843	13.0	4.5	13278	-3.7	7.3
日本	11537	7.7	4.8	12295	-7.5	6.8
中国台湾	5423	7.2	2.3	15840	-1.8	8.8
中国香港	19883	-12.0	8.3	527	-16.0	0.3
俄罗斯	5123	17.5	2.1	7638	48.6	4.2
巴西	4128	19.3	1.7	7294	2.6	4.0
印度	7896	25.5	3.3	1160	-36.2	0.6
南非	1615	18.6	0.7	2173	2.0	1.2

全年服务进出口总额 59802 亿元，比上年增长 12.9%。其中，服务出口 28522 亿元，增长 12.1%；服务进口 31279 亿元，增长 13.5%。服务进出口逆差 2757 亿元。

全年外商直接投资新设立企业 38497 家，比上年下降 19.2%。实际使用外商直接投资金额 12327 亿元，增长 6.3%，折 1891 亿美元，增长 8.0%。其中“一带一路”沿线国家对华直接投资（含通过部分自由港对华投资）新设立企业 4519 家，下降 15.3%；对华直接投资金额 891 亿元，增长 17.2%，折 137 亿美元，增长 18.6%。全年高技术产业实际使用外资 4449 亿元，增长 28.3%，折 683 亿美元，增长 30.9%。

全年对外非金融类直接投资额 7859 亿元，比上年增长 7.2%，折 1169 亿美元，增长 2.8%。其中，对“一带一路”沿线国家非金融类直接投资额 1410 亿元，增长 7.7%，折 210 亿美元，增长 3.3%。

表 9 2022 年外商直接投资及其增长速度

行业	企业数（家）	比上年增长（%）	实际使用金额（亿元）	比上年增长（%）
总计	38497	-19.2	12327	6.3
其中:农、林、牧、渔业	420	-14.5	80	44.6
制造业	3570	-19.9	3237	46.1
电力、热力、燃气及水生产和供应业	523	12.5	276	10.8
交通运输、仓储和邮政业	602	-13.1	347	-1.1
信息传输、软件和信息技术服务业	3059	-24.5	1548	15.1
批发和零售业	10894	-18.6	961	-12.5
房地产业	581	-48.4	914	-41.8
租赁和商务服务业	7473	-19.6	2148	-2.1
居民服务、修理和其他服务业	411	-21.3	19	-38.6

表 10 2022 年对外非金融类直接投资额及其增长速度

行业	金额(亿美元)	比上年增长(%)
总计	1168.5	2.8
其中:农、林、牧、渔业	8.3	-26.5
采矿业	50.1	0.6
制造业	216.0	17.4
电力、热力、燃气及水生产和供应业	35.2	-28.0
建筑业	64.0	14.9
批发和零售业	211.0	19.5
交通运输、仓储和邮政业	45.6	-10.6
信息传输、软件和信息技术服务业	54.9	-27.1
房地产业	24.2	-2.8
租赁和商务服务业	387.6	5.8

全年对外承包工程完成营业额 10425 亿元，比上年增长 4.3%，折 1550 亿美元，与上年基本持平。其中，对“一带一路”沿线国家完成营业额 849 亿美元，下降 5.3%，占对外承包工程完成营业额比重为 54.8%。对外劳务合作派出各类劳务人员 26 万人。

九、居民收入消费和社会保障

全年全国居民人均可支配收入 36883 元，比上年增长 5.0%，扣除价格因素，实际增长 2.9%。全国居民人均可支配收入中位数 31370 元，增长 4.7%。按常住地分，城镇居民人均可支配收入 49283 元，比上年增长 3.9%，扣除价格因素，实际增长 1.9%。城镇居民人均可支配收入中位数 45123 元，增长 3.7%。农村居民人均可支配收入 20133 元，比上年增长 6.3%，扣除价格因素，实际增长 4.2%。农村居民人均可支配收入中位数 17734 元，增长 4.9%。城乡居民人均可支配收入比值为 2.45，比上年缩小 0.05。按全国居民五等份收入分组，低收入组人均可支配收入 8601 元，中间偏下收入组人均可支配收入 19303 元，中间收入组人均可支配收入 30598 元，中间偏上收入组人均可支配收入 47397 元，高收入组人均可支配收入 90116 元。全国农民工人均月收入 4615 元，比上年增长 4.1%。全年脱贫县农村居民人均可支配收入 15111 元，比上年增长 7.5%，扣除价格因素，实际增长 5.4%。

全年全国居民人均消费支出 24538 元，比上年增长

图 8 2018—2022 年全国居民人均可支配收入及其增长速度

1.8%，扣除价格因素，实际下降0.2%。其中，人均服务性消费支出10590元，比上年下降0.5%，占居民人均消费支出的比重为43.2%。按常住地分，城镇居民人均消费支出30391元，增长0.3%，扣除价格因素，实际下降1.7%；农村居民人均消费支出16632元，增长4.5%，扣除价格因素，实际增长2.5%。全国居民恩格尔系数为30.5%，其中城镇为29.5%，农村为33.0%。

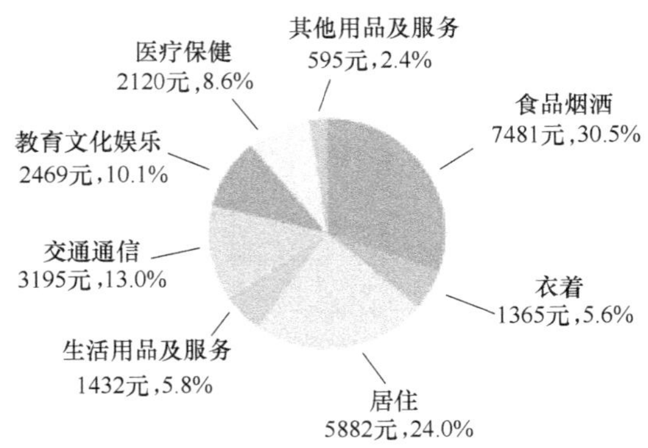

图9　2022年全国居民人均消费支出及其构成

十二、资源、环境和应急管理

初步核算，全年能源消费总量54.1亿吨标准煤，比上年增长2.9%。煤炭消费量增长4.3%，原油消费量下降3.1%，天然气消费量下降1.2%，电力消费量增长3.6%。煤炭消费量占能源消费总量的56.2%，比上年上升0.3个百分点；天然气、水电、核电、风电、太阳能发电等清洁能源消费量占能源消费总量的25.9%，上升0.4个百分点。重点耗能工业企业单位电石综合能耗下降1.6%，单位合成氨综合能耗下降0.8%，吨钢综合能耗上升1.7%，单位电解铝综合能耗下降0.4%，每千瓦时火力发电标准煤耗下降0.2%。全国万元国内生产总值二氧化碳排放下降0.8%。

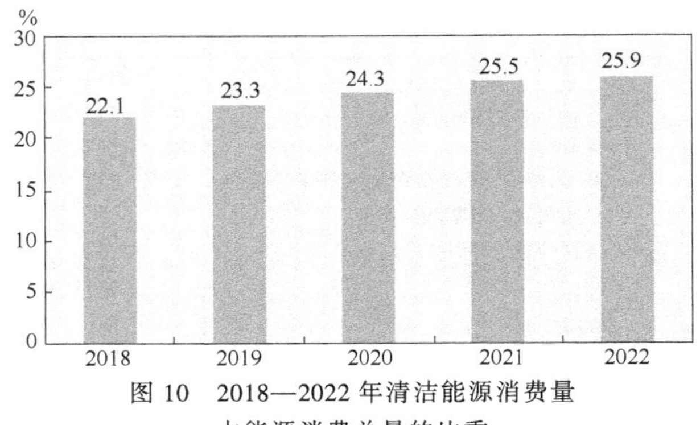

图10　2018—2022年清洁能源消费量占能源消费总量的比重

2022 年电子信息制造业运行情况

来源：工业和信息化部

2022 年，我国电子信息制造业生产保持稳定增长，出口增速有所回落，营收增速小幅下降，投资保持快速增长。

一、生产保持稳定增长

2022 年，规模以上电子信息制造业增加值同比增长 7.6%，分别超出工业、高技术制造业 4 和 0.2 个百分点。12 月份，规模以上电子信息制造业增加值同比增长 1.1%，较 11 月份上升 2.2 个百分点。

2022 年，主要产品中，手机产量 15.6 亿台，同比下降 6.2%，其中智能手机产量 11.7 亿台，同比下降 8%；微型计算机设备产量 4.34 亿台，同比下降 8.3%；集成电路产量 3242 亿块，同比下降 11.6%。

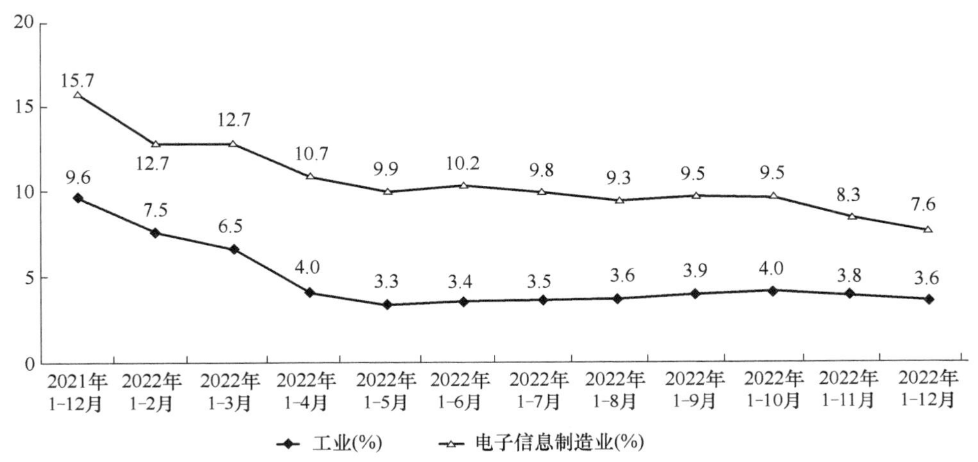

图 1　电子信息制造业和工业增加值累计增速

二、出口增速有所回落

2022 年，规模以上电子信息制造业实现出口交货值同比增长 1.8%，增速较 1—11 月份回落 1.7 个百分点。12 月份，规模以上电子信息制造业出口交货值同比下降 14.1%，降幅较 11 月份收窄 2.1 个百分点。

据海关统计，2022 年，我国出口笔记本电脑 1.66 亿台，同比下降 25.3%；出口手机 8.22 亿台，同比下降 13.8%；出口集成电路 2734 亿个，同比下降 12%。

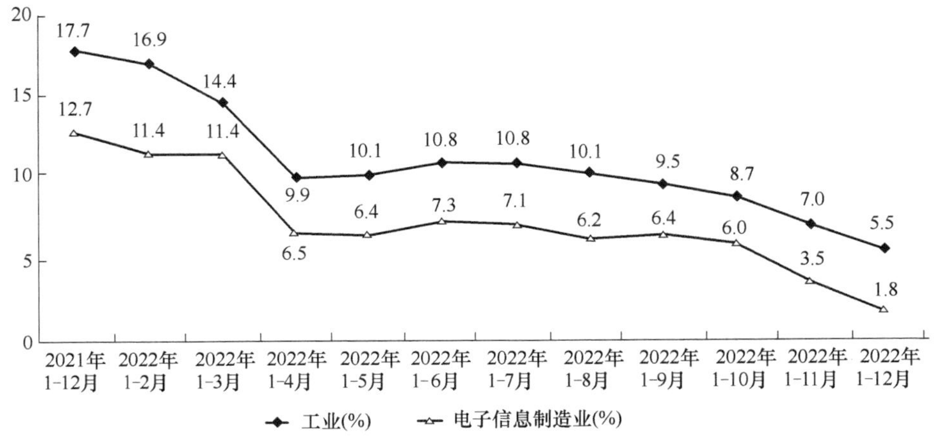

图 2　电子信息制造业和工业出口交货值累计增速

三、营收增速小幅下降

2022 年，电子信息制造业实现营业收入 15.4 万亿元，同比增长 5.5%，较 1—11 月份回落 1.5 个百分点；营业成本 13.4 万亿元，同比增长 6.2%；实现利润总额 7390 亿元，同比下降 13.1%，较 1—11 月份回落 8.9 个百分点；营业收入利润率为 4.8%，与 1—11 月份基本持平。

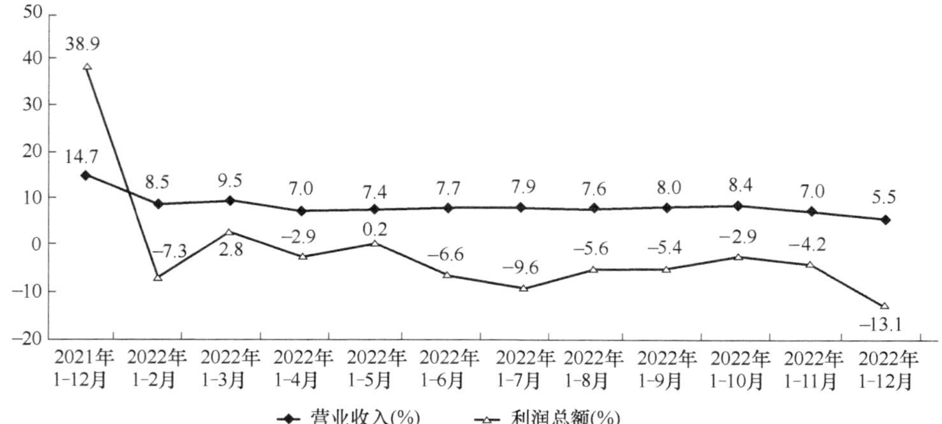

图 3　电子信息制造业营业收入、利润总额累计增速

四、投资保持快速增长

2022 年，电子信息制造业固定资产投资同比增长 18.8%，比同期工业投资增速高 8.5 个百分点，但比高技术制造业投资增速低 3.4 个百分点。

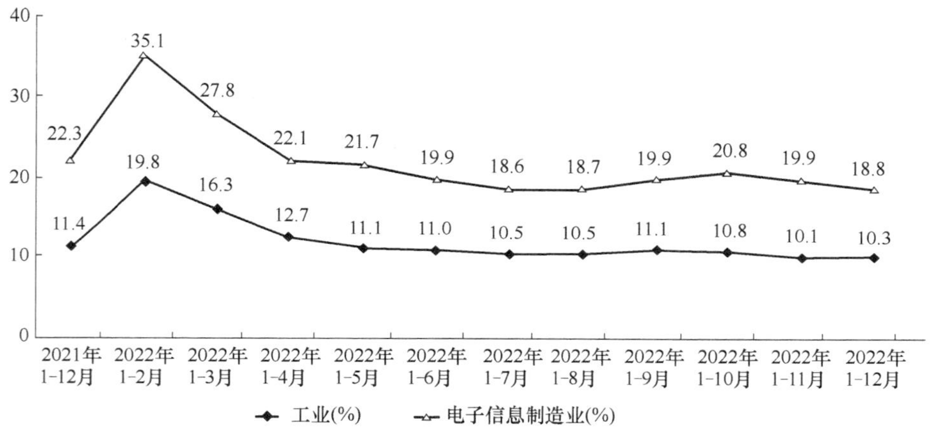

图 4　电子信息制造业和工业固定资产投资累计增速

注：1. 文中统计数据除注明外，其余均为国家统计局数据或据此测算。

2. 文中“电子信息制造业”与国民经济行业分类中的“计算机、通信和其他电子设备制造业”为同一口径。

2022年通信业统计公报

来源：工业和信息化部

2022年，我国通信业深入贯彻党的二十大精神，坚决落实党中央国务院重要决策部署，全力推进网络强国和数字中国建设，着力深化数字经济与实体经济融合，5G、千兆光网等新型信息基础设施建设取得新进展，各项应用普及全面加速，为打造数字经济新优势、增强经济发展新动能提供有力支撑。

一、行业运行整体向好

（一）电信业务收入和业务总量呈较快增长

经初步核算，2022年电信业务收入累计完成1.58万亿元，比上年增长8%。按照上年价格计算的电信业务总量达1.75万亿元，同比增长21.3%。

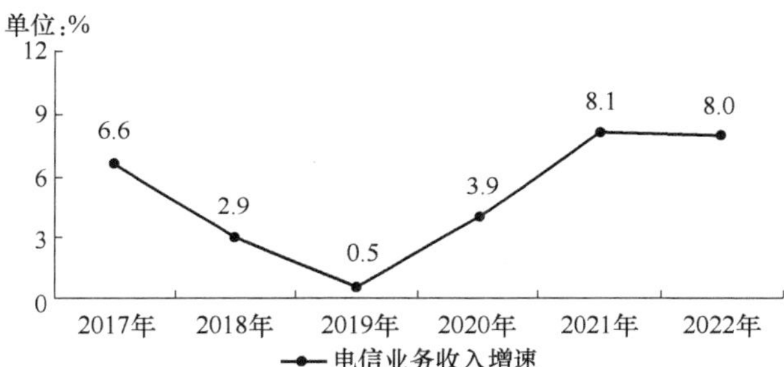

图1　2017—2022年电信业务收入增长情况

（二）固定互联网宽带接入业务收入平稳增长

2022年，完成固定互联网宽带接入业务收入2402亿元，比上年增长7.1%，在电信业务收入中占比由上年的15.3%下降至15.2%，拉动电信业务收入增长1.1个百分点。

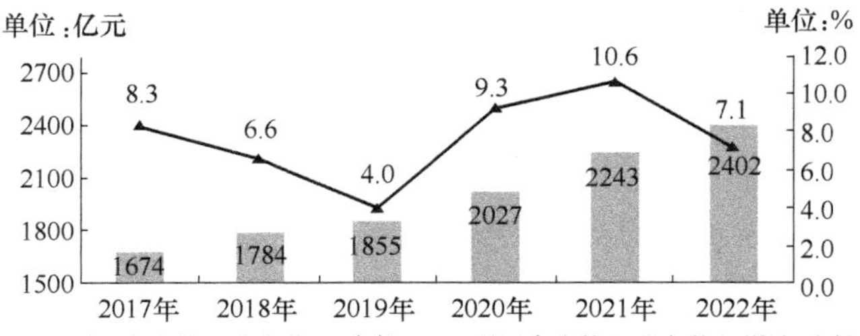

图2　2017—2022年互联网宽带接入业务收入发展情况

（三）移动数据流量业务收入低速增长

2022年，完成移动数据流量业务收入6397亿元，比上年增长0.3%，在电信业务收入中占比由上年的43.4%下降至40.5%，拉动电信业务收入增长0.1个百分点。

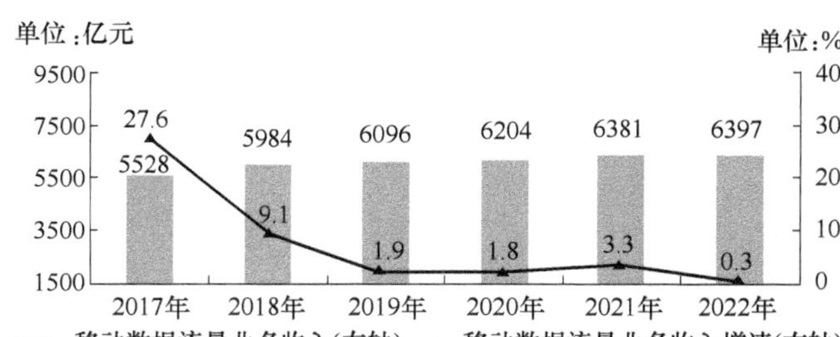

图3　2017—2022年移动数据流量业务收入发展情况

（四）新兴业务收入增势突出

数据中心、云计算、大数据、物联网等新兴业务快速发展，2022年共完成业务收入3072亿元，比上年增长32.4%，在电信业务收入中占比由上年的16.1%提升至19.4%，拉动电信业务收入增长5.1个百分点。其中，数据中心、云计算、大数据、物联网业务比上年分别增长11.5%、118.2%、58%和24.7%。

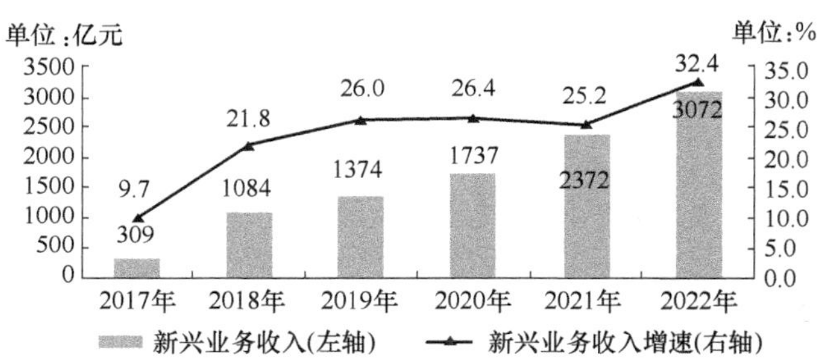

图4　2017—2022年新兴业务收入发展情况

（五）语音业务收入占比持续下降

2022年，完成固定语音业务收入201.4亿元，比上年下降9.5%；完成移动语音业务收入1163亿元，比上年增长0.8%，扭转2021年负增长局面；两项业务合计占电信业务收入的8.6%，占比较上年回落0.8个百分点。

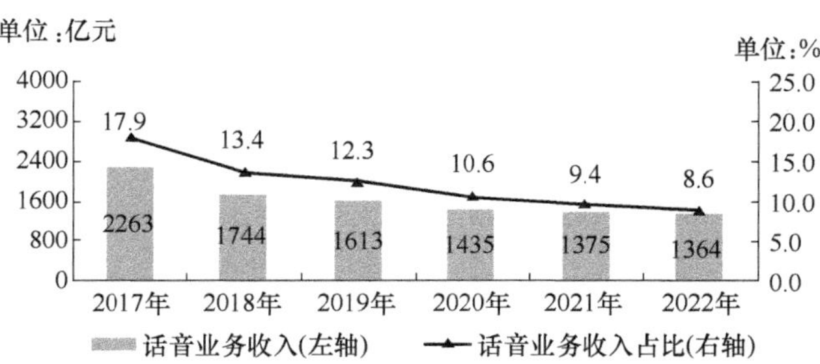

图5　2017—2022年话音业务收入发展情况

二、用户规模持续扩大

（一）电话用户总规模保持增长

2022 年，全国电话用户净增 3933 万户，总数达到 18.63 亿户。其中，移动电话用户总数 16.83 亿户，全年净增 4062 万户，普及率为 119.2 部/百人，比上年末提高 2.9 部/百人。其中，5G 移动电话用户达到 5.61 亿户，占移动电话用户的 33.3%，比上年末提高 11.7 个百分点。固定电话用户总数 1.79 亿户，全年净减 128.6 万户，普及率为 12.7 部/百人，比上年末下降 0.1 部/百人。

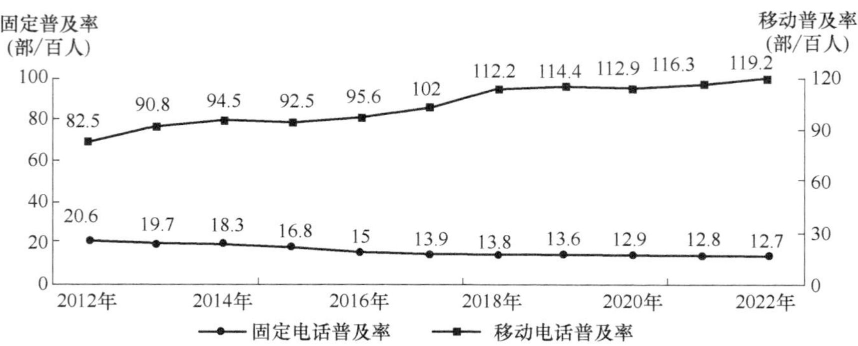

图 6　2012—2022 年固定电话及移动电话普及率发展情况

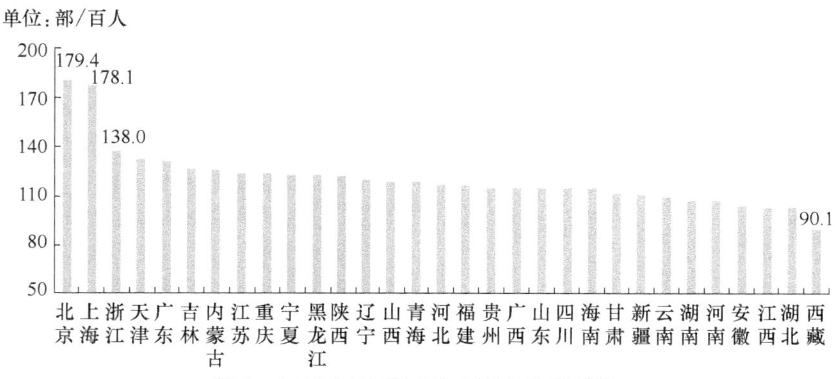

图 7　2022 年各省移动电话普及率情况

（二）固定宽带接入用户稳步增长

截至 2022 年底，三家基础电信企业的固定互联网宽带接入用户总数达 5.9 亿户，全年净增 5386 万户。其中，100Mbit/s 及以上接入速率的用户为 5.54 亿户，全年净增 5513 万户，占总用户数的 93.9%，占比较上年末提高 0.8 个百分点；1000Mbit/s 及以上接入速率的用户为 9175 万户，全年净增 5716 万户，占总用户数的 15.6%，占比较上年末提高 9.1 个百分点。

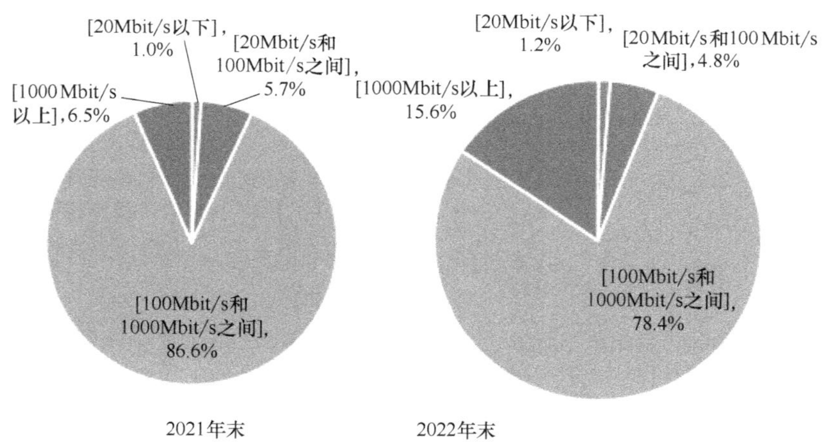

图 8　2021 年和 2022 年固定互联网宽带各接入速率用户占比情况

固定互联网宽带接入服务持续在农村地区加快普及，截至 2022 年底，全国农村宽带用户总数达 1.76 亿户，全年净增 1862 万户，比上年增长 11.8%，增速较城市宽带用户高 2.5 个百分点。

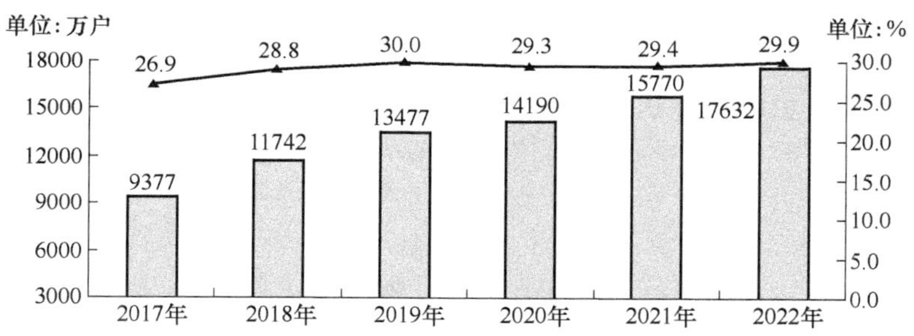

图9　2017—2022年农村宽带接入用户及占比情况

（三）物联网用户规模快速扩大

截至2022年底，三家基础电信企业发展蜂窝物联网用户18.45亿户，全年净增4.47亿户，较移动电话用户数高1.61亿户，占移动网终端连接数（包括移动电话用户和蜂窝物联网终端用户）的比重达52.3%。

（四）IPTV用户稳步增加

截至2022年底，三家基础电信企业发展IPTV（网络电视）用户总数达3.8亿户，全年净增3192万户。

图10　2017—2022年物联网用户情况

三、电信业务量保持增长

（一）移动互联网流量两位数增长，月户均流量（DOU）稳步提升

2022年，移动互联网接入流量达2618亿GB，比上年增长18.1%。全年移动互联网月户均流量（DOU）达15.20GB/户·月，比上年增长13.8%；12月当月DOU达16.18GB/户，较上年底提高1.46GB/户。

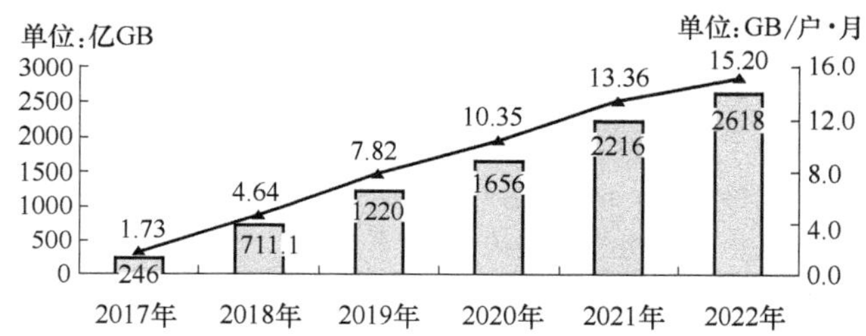

图11　2017—2022年移动互联网流量及月户均流量（DOU）增长情况

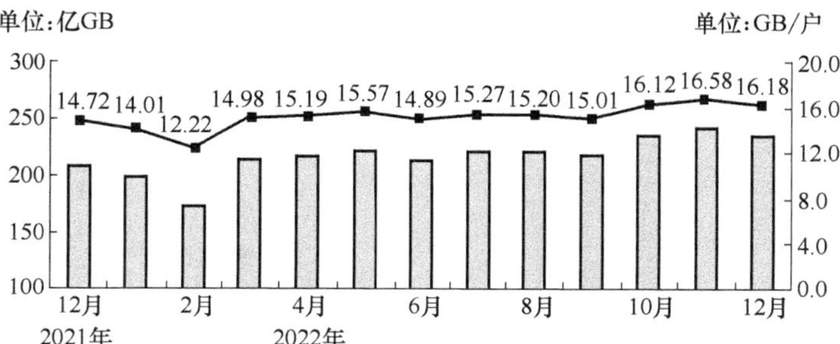

图12　2022年移动互联网接入当月流量及当月DOU情况

（二）移动短信业务量平稳增长，话音业务量低速增长

2022 年，全国移动短信业务量比上年增长 6.4%，移动短信业务收入比上年增长 2.7%。全国移动电话去话通话时长 2.3 万亿分钟，比上年增长 1.5%。

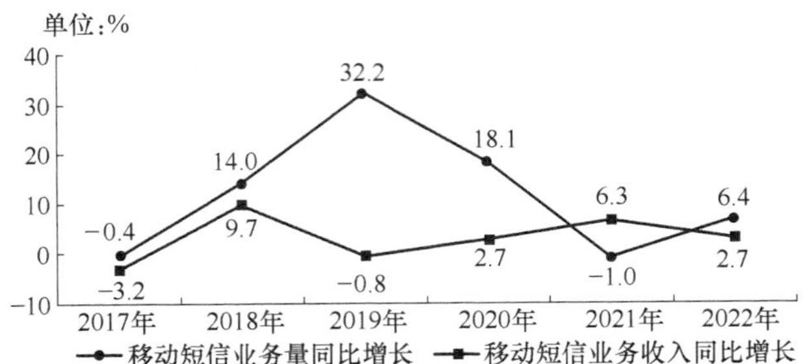

图 13 2017—2022 年移动短信业务量和收入增长情况

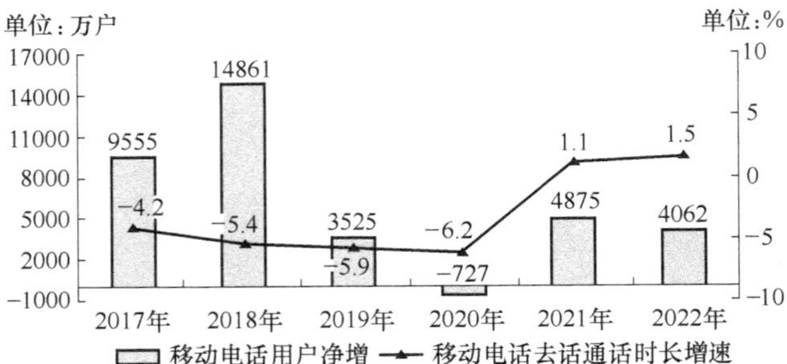

图 14 2017—2022 年移动电话用户和通话量增长情况

四、网络基础设施建设加快推进

（一）固定资产投资小幅增长，5G 投资增速放缓

2022 年，三家基础电信企业和中国铁塔股份有限公司共完成电信固定资产投资 4193 亿元，比上年增长 3.3%。其中，5G 投资额达 1803 亿元，受上年同期基数较高等因素影响，同比下降 2.5%，占全部投资的 43%。

（二）网络基础设施优化升级，全光网建设加快推进

2022 年，新建光缆线路长度 477.2 万公里，全国光缆线路总长度达 5958 万公里；其中，长途光缆线路、本地网中继光缆线路和接入网光缆线路长度分别达 109.5 万、2146 万和 3702 万公里。截至 2022 年底，互联网宽带接入端口数达到 10.7 亿个，比上年末净增 5320 万个。其中，光纤接入（FTTH/O）端口达到 10.25 亿个，比上年末净增 6534 万个，占比由上年末的 94.3% 提升至 95.7%。截至 2022 年底，具备千兆网络服务能力的 10G PON 端口数达 1523 万个，比上年末净增 737.1 万个。

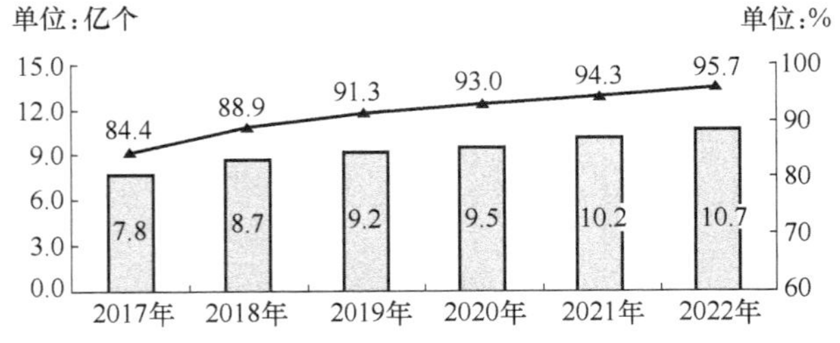

图 15 2017—2022 年互联网宽带接入端口发展情况

（三）5G 网络建设稳步推进，网络覆盖能力持续增强

截至 2022 年底，全国移动通信基站总数达 1083 万个，全年净增 87 万个。其中 5G 基站为 231 万个，全年新建 5G 基站 88.7 万个，占移动通信基站总数的 21.3%，占比较上年末提升 7 个百分点。

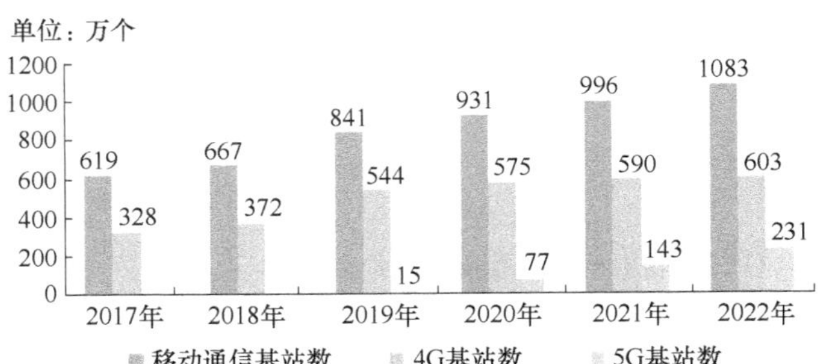

图 16 2017—2022 年移动通信基站发展情况

（四）数据中心机架数量稳步增长

截至 2022 年底，三家基础电信企业为公众提供服务的互联网数据中心机架数量达 81.8 万个，全年净增 8.4 万个。

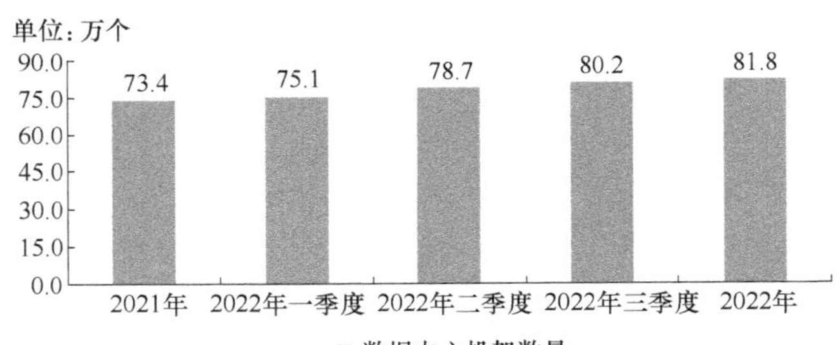

图 17 2021—2022 年数据中心机架数量发展情况

五、东中西部地区协调发展

（一）各地区电信业务收入份额保持稳定

2022 年，东部地区电信业务收入占比为 51.1%，与上年持平；中部、西部地区占比分别为 19.6% 和 23.9%；东北地区占比为 5.4%，比上年下降 0.1 个百分点。

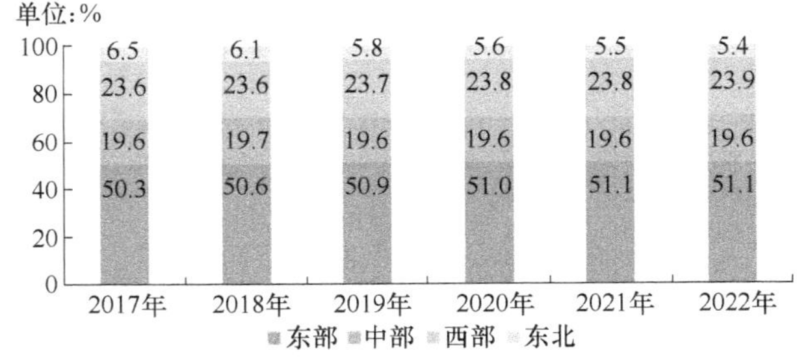

图 18 2017—2022 年东、中、西、东北地区电信业务收入比重

（二）东部地区千兆及以上固定互联网宽带接入用户占比全国领先

截至 2022 年底，东、中、西部和东北地区 100Mbit/s 及以上速率固定互联网宽带接入用户分别达到 23359 万户、14072 万户、14690 万户和 3259 万户，在本地区宽带接入用

户中占比分别达到 93.5%、95.1%、93.5%和 93.7%，占比较上年分别提高 0.8 个、1 个、0.9 个和 0.5 个百分点。1000Mbit/s 及以上接入速率的宽带接入用户分别达 4416 万、2164 万、2308 万和 286 万户，占本地区固定宽带接入用户总数的比重分别为 17.7%、14.6%、14.7%和 8.2%。

（三）中部地区移动互联网流量增速全国领先

2022 年，东、中、西部和东北地区移动互联网接入流量分别达到 1117 亿 GB、592.2 亿 GB、773.3 亿 GB 和 135.1 亿 GB，比上年分别增长 17.9%、20.0%、18.1%和 12.2%，中部增速比东部、西部和东北地区增速分别高 2.1 个、1.9 个和 7.8 个百分点。12 月当月，西部地区当月户均流量达到 17.8GB/户，比东部、中部和东北地区分别高出 1.68GB/户、2.15GB/户和 5.64GB/户。

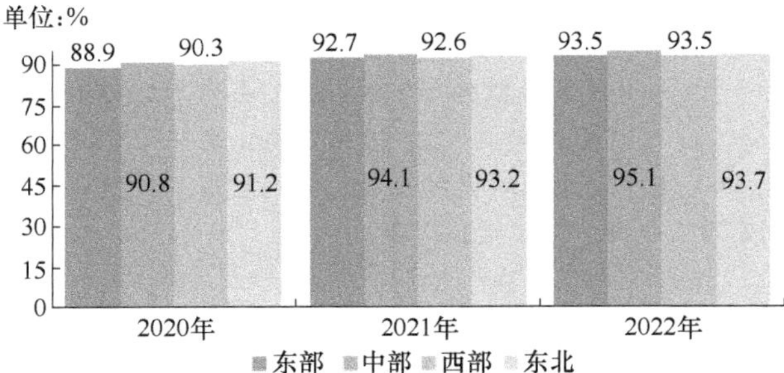

图 19　2020—2022 年东、中、西、东北地区 100Mbit/s 及以上速率固定宽带接入用户渗透率情况

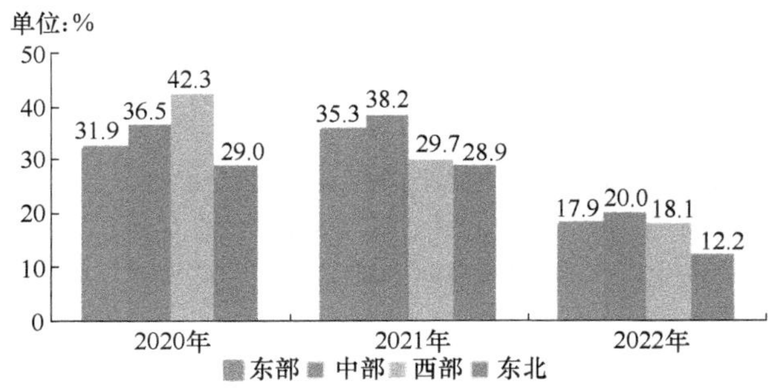

图 20　2020—2022 年东、中、西、东北地区移动互联网接入流量增速情况

2022年全国电力工业统计数据

来源：国家能源局

1月16日，国家能源局发布2022年全国电力工业统计数据。

截至12月底，全国累计发电装机容量约25.6亿千瓦，同比增长7.8%。其中，风电装机容量约3.7亿千瓦，同比增长11.2%；太阳能发电装机容量约3.9亿千瓦，同比增长28.1%。

2022年，全国6000千瓦及以上电厂发电设备利用小时3687小时，比上年同期减少125小时。全国主要发电企业电源工程建设投资完成7208亿元，同比增长22.8%。其中，核电677亿元，同比增长25.7%。电网工程建设投资完成5012亿元，同比增长2.0%。

指标名称	单位	全年累计	同比增长(%)
全国发电装机容量	万千瓦	256405	7.8
其中:水电	万千瓦	41350	5.8
火电	万千瓦	133239	2.7
核电	万千瓦	5553	4.3
风电	万千瓦	36544	11.2
太阳能发电	万千瓦	39261	28.1
6000千瓦及以上电厂供电标准煤耗	克/千瓦时	301.5	-0.1*
全国线路损失率	%	4.84	-0.42▲
6000千瓦及以上电厂发电设备利用小时	小时	3687	-125*
其中:水电	小时	3412	-194*
火电	小时	4379	-65*
电源工程建设投资完成额	亿元	7208	22.8
其中:水电	亿元	863	-26.5
火电	亿元	909	28.4
核电	亿元	677	25.7
电网工程建设投资完成额	亿元	5012	2.0
基建新增发电装机容量	万千瓦	19974	11.5
其中:水电	万千瓦	2387	1.6
火电	万千瓦	4471	-9.5
风电	万千瓦	3763	-21.0
太阳能发电	万千瓦	8741	60.3
新增220千伏及以上变电设备容量	万千伏安	25839	6.3
新增220千伏及以上输电线路长度	千米	38967	21.2

注：1. 全社会用电量为全口径数据，全国供电量为调度口径数据。
2. “同比增长”列中，标*的指标为绝对量；标▲的指标为百分点。

2022年可再生能源发展情况
（节选自国家能源局2022年第一季度新闻发布会）

来源：国家能源局

2022年是党的二十大胜利召开之年，党的二十大报告中提出，积极稳妥推进碳达峰碳中和，为我国能源发展指明了前进方向，提供了根本遵循。全国能源行业深入学习贯彻党的二十大精神，贯彻落实党中央、国务院决策部署，积极推动可再生能源实现新突破、迈上新台阶、进入新阶段。

一年来，国家能源局锚定碳达峰碳中和目标，加强顶层设计，做好政策供给，统筹能源安全供应和绿色低碳发展，可再生能源呈现发展速度快、运行质量好、利用水平高、产业竞争力强的良好态势，取得了诸多里程碑式的新成绩。

一、全国风电、光伏发电新增装机突破1.2亿千瓦，创历史新高，带动可再生能源装机突破12亿千瓦。2022年，全国风电、光伏发电新增装机突破1.2亿千瓦，达到1.25亿千瓦，连续三年突破1亿千瓦，再创历史新高。全年可再生能源新增装机1.52亿千瓦，占全国新增发电装机的76.2%，已成为我国电力新增装机的主体。其中风电新增3763万千瓦、太阳能发电新增8741万千瓦、生物质发电新增334万千瓦、常规水电新增1507万千瓦、抽水蓄能新增880万千瓦。截至2022年底，可再生能源装机突破12亿千瓦，达到12.13亿千瓦，占全国发电总装机的47.3%，较2021年提高2.5个百分点。其中，风电3.65亿千瓦、太阳能发电3.93亿千瓦、生物质发电0.41亿千瓦、常规水电3.68亿千瓦、抽水蓄能0.45亿千瓦。

二、风电、光伏年发电量首次突破1万亿千瓦时。2022年我国风电、光伏发电量突破1万亿千瓦时，达到1.19万亿千瓦时，较2021年增加2073亿千瓦时，同比增长21%，占全社会用电量的13.8%，同比提高2个百分点，接近全国城乡居民生活用电量。2022年，可再生能源发电量达到2.7万亿千瓦时，占全社会用电量的31.6%，较2021年提高1.7个百分点，可再生能源在保障能源供应方面发挥的作用越来越明显。

三、可再生能源重大工程取得重大进展。一是以沙漠、戈壁、荒漠地区为重点的大型风电光伏基地建设进展顺利。第一批9705万千瓦基地项目已全面开工、部分已建成投产，第二批基地部分项目陆续开工，第三批基地已形成项目清单。二是水电建设积极推进。白鹤滩水电站16台机组全部建成投产，长江干流上的6座巨型梯级水电站，乌东德、白鹤滩、溪洛渡、向家坝、三峡、葛洲坝形成世界最大“清洁能源走廊”。三是抽水蓄能建设明显加快。2022年，全国新核准抽水蓄能项目48个，装机6890万千瓦，已超过“十三五”时期全部核准规模，全年新投产880万千瓦，创历史新高。

四、可再生能源竞争力不断增强。一是可再生能源发展市场化程度高，各类市场主体多、竞争充分，创新活力强。二是技术进步推动成本大幅下降，陆上6兆瓦级、海上10兆瓦级风机已成为主流，量产单晶硅电池的平均转换效率已达到23.1%。三是光伏治沙、“农业+光伏”、可再生能源制氢等新模式新业态不断涌现，分布式发展成为风电光伏发展主要方式，2022年分布式光伏新增装机5111万千瓦，占当年光伏新增装机58%以上。

五、我国可再生能源继续保持全球领先地位。全球新能源产业重心进一步向中国转移，我国生产的光伏组件、风力发电机、齿轮箱等关键零部件占全球市场份额70%。同时，我国可再生能源发展为全球减排作出积极贡献，2022年我国可再生能源发电量相当于减少国内二氧化碳排放约22.6亿吨，出口的风电光伏产品为其他国家减排二氧化碳约5.73亿吨，合计减排28.3亿吨，约占全球同期可再生能源折算碳减排量的41%。我国已成为全球应对气候变化的积极参与者和重要贡献者。

第三篇　电源行业发展报告及综述

2022 年中国电源学会会员企业 30 强名单

序号	企　业	主要产品领域
1	阳光电源股份有限公司	光伏逆变器、风能变流器、储能系统、新能源车电控系统等
2	深圳市汇川技术股份有限公司	变频器、伺服驱动器、PLC、HMI、伺服/直驱电机、传感器、一体化控制器及专机、工业视觉、机器人控制器、电动汽车电机控制器等
3	台达电子企业管理(上海)有限公司	通信电源及系统、UPS、计算机及网络设备用交换式电源供应器、便携式计算机及消费电子适配器,直流模块电源,照明及背光电源,变频器及工业自动化系统,太阳能,风能变换器及新能源发电系统,新能源汽车车载
4	科华数据股份有限公司	信息化设备用 UPS 电源、工业动力 UPS 电源系统设备、建筑工程电源、数据中心产品、新能源产品、配套产品等
5	深圳麦格米特电气股份有限公司	变频器、伺服驱动器、驱动系统、车用电机控制器、光伏逆变器等
6	东莞市奥海科技股份有限公司	充电器、电源适配器、动力工具电源、储能、电机控制器、整车控制器、充电桩、充电模块、光伏/储能逆变器等
7	深圳科士达科技股份有限公司	UPS、光伏逆变器、储能等
8	易事特集团股份有限公司	UPS 电源、EPS 电源、分布式发电、电动汽车充电桩
9	深圳市英威腾电气股份有限公司	变频器、UPS 电源、电机控制器、光伏逆变器、新能源车电控系统等
10	深圳可立克科技股份有限公司	开关电源、LED 驱动电源、磁性器元件、新能源产品等
11	长城电源技术有限公司	服务器电源、PC 电源、通信电源、LED 电源、工控电源、移动电源、手机适配器、机顶盒电源、TV 电源等
12	伊戈尔电气股份有限公司	LED 驱动电源、变压器等
13	小米通讯技术有限公司	充电器、充电芯片等手机快充相关器件部件
14	深圳欧陆通电子股份有限公司	电源适配器、工业电源等
15	深圳市禾望电气股份有限公司	风电变流器、光伏逆变器、模块及配件业务等
16	珠海英搏尔电气股份有限公司	电机控制器为主,车载充电机、DC-DC 变换器等
17	杭州中恒电气股份有限公司	数据中心、新能源车充换电、通信电源等
18	北京新雷能科技股份有限公司	模块电源、厚膜工艺电源及电路、逆变器、特种电源
19	茂硕电源科技股份有限公司	通用开关电源,照明电源/LED 驱动电源等
20	深圳欣锐科技股份有限公司	车载充电机、车载电源集成产品、车载 DC-DC 变换器等
21	深圳英飞源技术有限公司	电能变换模块、充电系统、储能系统
22	英飞特电子(杭州)股份有限公司	LED 驱动电源、开关电源等
23	北京动力源科技股份有限公司	交直流电源、高压变频器及综合节能等
24	四川英杰电气股份有限公司	功率控制电源系统、特种电源
25	广东志成冠军集团有限公司	UPS、EPS、蓄电池、磷酸铁锂电池、锂电池等
26	伊顿电源(上海)有限公司	不间断电源系统等
27	合肥华耀电子工业有限公司	工业开关电源、LED 驱动电源、军品电源、新能源充电机等
28	明纬(广州)电子有限公司	模块电源、通用开关电源、照明电源/LED 驱动电源
29	杭州铂科电子有限公司	服务器电源、网络设备电源、通信电源、算力电源、储能电源等
30	连云港杰瑞电子有限公司	模块化电源、定制化电源、脉冲电源、智能供电系统等

注：1. 此名单以会员企业提供的 2022 年企业销售数据、上市公司年报等数据为依据得出，未提供数据的会员企业未进行排行。

2. 此名单中仅对主要产品为电源整机的会员企业进行了排行，主要产品为蓄电池、锂电池、功率器件等配套产品的会员企业未列入其中。

3. 同时涉及电源产品以外其他产品的会员企业，根据电源部分的经营数据进行排行。

2022 年度中国电源行业发展报告

中自产业服务集团

电源技术是采用半导体功率器件、电磁/电容等功率元件，运用电气、控制、电子信息等理论和技术，将粗电高效率、高质量、高可靠性地加工成交流、直流、脉冲等电能形式的一门多学科交叉融合的科学技术。电源技术应用于电能的发、输、配、用等各个环节，是新能源与智能电网、工业自动化、电气化交通（高铁、新能源车等）、网络通信、航空航天及国防等领域的关键支撑技术，无论对改造传统产业还是发展高新技术，均有不可或缺的重要作用，是加快能源系统低碳转型的重要手段。近年来，我国电源技术和产业快速发展，电源产业和市场规模均位居全球领先。随着国家双碳战略的实施、社会电气化信息化建设的深入以及航天军工事业不断向前迈进，电源产业对于国家的战略意义日益突显。

一、2022 年电源行业市场概况分析

1. 2022 年中国电源行业市场规模分析

2022 年是“十四五”规划的关键之年，国家“双碳”战略的深入实施，为电源产业的发展提供了广阔的空间；同时在国内外新能源发电需求、新能源汽车和充换电设施爆发式增长，5G 通信、数据中心、物联网、工业互联网等新型基础设施建设持续投入的带动下，电源行业保持快速发展态势。

2021 年是“双碳”战略实施的第一年，国家出台一系列总体规划和政策，提出了明确的发展路径。3 月 15 日中央财经委员会第九次会议提出实施可再生能源替代行动，深化电力体制改革，构建以新能源为主体的新型电力系统。9 月 22 日，中共中央、国务院发布《关于完整准确全面贯彻新发展理念做好碳达峰碳中和工作的意见》，对做好碳达峰、碳中和工作做出总体战略部署。10 月 24 日国务院印发《2030 年前碳达峰行动方案》，提出将碳达峰贯穿于经济社会发展全过程和各方面，重点实施包括能源绿色低碳转型行动、交通运输绿色低碳行动、绿色低碳科技创新行动等在内的“碳达峰十大行动”。电力能源行业是目前绿色低碳技术中应用最为广泛、发展最为迅速的行业之一，承载着实现碳中和与零排放的任务和期望，电源行业作为重要的基础支撑产业，在未来数十年中，将迎来前所未有的发展机遇。

2018 年国家提出了新型基础设施建设（以下简称“新基建”）概念。2020 年 4 月 20 日，国家发展改革委创新和高技术发展司在国家发展改革委新闻发布会上表示，新基建包括信息基础设施、融合基础设施和创新基础设施三方面，其中信息基础设施主要指基于新一代信息技术演化生成的基础设施；融合基础设施主要指深度应用互联网、大数据、人工智能等技术，支撑传统基础设施转型升级，进而形成的融合基础设施；创新基础设施主要指支撑科学研究、技术开发、产品研制的具有公益属性的基础设施。2021 年 11 月 1 日，工业和信息化部印发《“十四五”信息通信行业发展规划》，明确提出到 2025 年，基本建成高速泛在、集成互联、智能绿色、安全可靠的新型数字基础设施。作为夯实数字经济发展基础、扩大有效投资的有效手段，“新基建”被多次写入各地 2022 年政府工作报告中，成为打造新经济增长引擎的重要抓手。在 2022 年政府工作报告中，各地明确了今年“新基建”发力重点和方向，主要提到加强建设且适度超前布局新型基础设施，加快部署 5G、数据中心、物联网、工业互联网等，以便及早形成网络效应，释放新经济活力。

在此背景下，随着中国宏观经济的持续高速发展及国家对新能源发电、储能、新能源汽车、5G 通信、轨道交通等电源应用行业的持续性投入，中国电源行业基本保持快速增长态势。另一方面因 2019 年年底开始的新型冠状病毒肺炎疫情，上游原材料等供应商，尤其是芯片，被迫涨价和交期延长，电源行业供应链和生产也存在一定程度的不畅或停滞，对行业发展产生了负面影响，因而 2020—2021 年增速不大，虽比往年增速高，但没有预期那样好。2022 年好似蓄势待发的一年。虽然 2022 年中国工业自动化行业整体表现不佳，但新能源汽车、光伏、数据中心的增幅弥补了工业自动化的增速放缓，从而带动了电源行业的增长。根据中国电源学会、中自集团的统计数据，2022 年电源行业增长率为 32.33%，总产值达 5174 亿元。2015—2022 年中国电源产业产值规模见表 1，如图 1 所示。

表 1 2015—2022 年中国电源产业产值规模

年份	2015 年	2016 年	2017 年	2018 年	2019 年	2020 年	2021 年	2022 年
产值(亿元)	1924	2056	2321	2459	2697	3288	3910	5174
增长率(%)	6.10	6.86	12.89	5.95	9.68	21.91	18.92	32.33

数据来源：中国电源学会；中自集团 2023 年 5 月

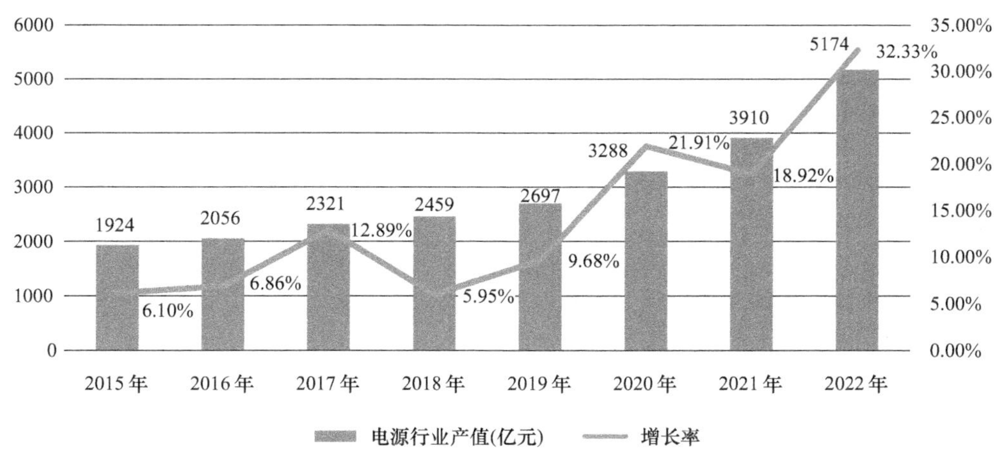

图 1　2015—2022 年中国电源产业产值规模

说明：中国电源行业的规模分析主要指产值，包含销售、出口、OEM/ODM 等几个部分，本报告涉及的数值如未特意表明均指产品产值（不包含港、澳、台等地区，以下相同）；另外报告分析的电源行业仅指电子电源，不包括化学电源和物理电源。

2. 2022 年中国电源行业市场特征分析

（1）中国电源行业进入门槛分析

1）技术壁垒：电源技术是采用半导体功率器件、电磁元件、电池等元器件，运用电气工程、自动控制、微电子、电化学、新能源等技术，将粗电加工成高效率、高质量、高可靠性的交流、直流、脉冲等形式的电能的一门多学科交叉的科学技术。高性能电源产品具有高效率、高可靠性、高功率密度、优良的电磁兼容性等要求，需要专精于电路、结构、软件、工艺、可靠性等方面的技术人员构成的团队共同进行研发，其中高端电源领域对制造工艺、可靠性设计等方面的要求更高，需要长期、大量的工艺技术经验积累和研发投入。按照国际行业标准建立开发、测试的管理平台，需要更高水平的知识产权识别和管理能力，同时需要投入大量满足国际标准的测试仪器设备。

2）企业资质认证壁垒：通信、航空、航天、国防、铁路等领域的设备制造商需要对电源厂家的资产规模、管理水平、历史供货情况、生产能力、产品性能、销售网络和售后服务保证能力等方面进行综合评审，只有通过设备厂商的资质认定，电源厂家才能进入其采购范围。为获得以上所述行业设备厂商的资质认证，企业一般需要先行通过行业或管理机构的第三方认证。国防军工行业客户一般要求 GJB 9000 军工产品质量管理体系认证等资质；国际通信客户一般要求 ISO 9000、ISO 14000 等资质；新能源汽车客户一般要求 ISO/TS 16949、ISO 14000、ISO 9000、ISO 26262 等资质。

3）规模效应壁垒：电源产品所选用的电子元器件及配套材料具有很强的通用性，因此可以形成规模效应。电源生产企业只有形成规模效应，通过批量生产产品，才能有效地降低产品成本，取得价格优势，获得相应的市场份额。

（2）中国电源行业市场集中度与竞争分析

电源产业首先在欧美发达国家兴起并发展，中国电源行业起步相对较晚。近年来，随着国际产业转移，中国电气化转型的不断深入，下游行业快速发展等对电源行业的有力拉动，中国电源行业迎来了前所未有的机遇。

中国电源企业主要分布在三个区域——华东长江三角洲：上海、江浙、安徽、山东、福建一带；华南珠江三角洲：广东深圳/东莞/广州/珠海/佛山、广西等地；华北：北京及周边地区，比如河北。武汉、西安、成都等地也有一定分布。这三大区域经济发展最快，轻重工业均较发达，信息化建设和科技研发水平较高，为技术密集型的电源行业的研发、生产、销售提供了充分的条件和便利的场所。中国电源行业已形成了高度市场化的状态，生产电源产品的厂商数量众多，市场集中度较低，且企业规模普遍差别很大。

除去国外企业以及国内一流电源企业，多数电源供应商由于研发能力、制造水平、服务响应能力有限，以生产单一类型的中低端电源产品为主，产品的技术含量和附加值较低，市场竞争尤为激烈，纷纷采用降低产品价格等手段维持一定的销售份额，导致该部分企业的盈利能力逐渐下降，市场的应变能力以及抵抗外部风险的能力减弱。中国电源供应器分类见表 2。

具有较强研发实力的电源企业，产品自主研发能力和工艺水平不断取得突破，能够满足客户对新产品、新工艺的要求，产品利润仍能保持在较高的水平；同时，新能源、储能、电动汽车、通信、航空、航天、高铁、军工、电力等多个领域的深度开拓对这部分企业的盈利能力也产生了积极的影响。近年来，全球电源行业不断向中国大陆转移，国内电源企业的生产工艺及技术水平与国际先进水平差距逐步缩小，自主创新能力不断提高，国内技术水平较高的电源企业开始拓展海外市场，并与国外厂商展开竞争。

3. 2022 年中国电源行业市场结构分析

（1）中国电源产品结构分析

由于电源产品覆盖的应用领域十分广泛，因此包含的产品种类众多，同时还大量存在各种非标准化的定制化电源产品。当前，对于电源的分类还没有形成统一的口径，我们的研究主要从以下几个维度进行细分：

表 2　中国电源供应器分类

名称	具体内容	应用范围
开关电源	利用现代电力电子技术，控制开关负责开通和关闭的时间比率，维持稳定输出电压的一种电源。从变换形式上来讲，通常是指交流输入电压变换成直流输出电压，或者直流输入电压变换成直流输出电压	工业自动化控制、军工设备、科研设备、LED 照明、工控设备、通信设备、电力设备、仪器仪表、医疗设备、半导体制冷制热、空气净化器、电子冰箱、液晶显示器、视听产品、安防、计算机机箱、数码产品等
UPS	即不间断电源，将蓄电池（多为铅酸免维护蓄电池）与主机相连接，通过主机逆变器等模块电路将直流电转换成市电，利用变换器、控制部件和储能部件，实现为电子设备提供储备、稳定、不间断电能供应的系统设备。主要用于备用电源，防止重要设备突然断电带来的重大损失。分为后备式、在线式、在线互动式三种，其中在线式 UPS 占据整体规模 80%左右	数据中心、办公场所、工业生产、交通等
线性电源	将交流电经过变压器降低电压幅值，再经过整流电路整流后，得到脉冲直流电，后经滤波得到带有微小纹波电压的直流电压线性电源的电压。线性电源由于体积比较大，效率偏低且输入电压范围要求高，在很多场合已经被体积小、结构简单、成本低而效率高的开关电源所取代	科研、工矿企业、电解、电镀、充电设备等
逆变电源	将直流电能（电池、蓄电瓶）转化为交流电（一般为 220V，50Hz 正弦波），由逆变桥、控制逻辑和滤波电路组成。逆变器主要包含光伏逆变器、便携式逆变器、车载逆变器等类型，其中光伏逆变器随着绿色能源的兴起将会保持较高速度的增长	空调、家庭影院、电动砂轮、电动工具、缝纫机、计算机、电视、洗衣机、抽油烟机、冰箱、录像机、按摩器、风扇、照明等
变频器	应用变频技术、微电子技术、电力半导体器件的通断作用，将工频电源变换为另一频率，通过改变电机工作电源频率方式来控制交流电动机的电能控制设备。变频器主要分为低压变频器和中高压变频器，传统的起重行业、电梯行业以及注塑机等行业增长速度虽然有所减缓，但数字城市和智能交通的高速建设和发展将带动变频器细分产品的平稳增大	钢铁、有色金属、石油石化、化工化纤、纺织、机械电子、建材、煤炭、医药、造纸、电梯、行车、城市供水、中央空调及家用电器等
其他电源	除以上电源外，具有特定功能的电源	

按功率变换形式分类，目前的输入功率主要有：交流电源（AC）和直流电源（DC）两类，负载要求也主要有 AC 和 DC 两类。所以，电力电子电源产品有四大类：AC-DC 电源转换产品，DC-DC 电源转换产品，DC-AC 电源转换产品，AC-AC 电源转换产品。

按电源产品功能和效果分类，主要有：开关电源（包含通信电源，照明电源、PC 电源、服务器电源、适配器、消费产品电源、家电电源等）；不间断电源（简称 UPS，包含 AC UPS 和 DC UPS 等）；新能源电源（包含光伏逆变器、风电变流器等）；线性电源（包含电镀电源、高端音响电源等）；其他（包含变频器、特种电源等）。

按照电源生产的商业模式不同，可分为定制电源和标准电源，定制电源是利用电力电子器件、相关自动化控制技术及嵌入式软件技术对电能进行变换及控制，并为满足客户特殊需要而定制的一类电源。按照行业的细分又可分为消费类定制电源和工业类定制电源两大类。标准电源是根据国内外电源标准和要求制造的电源，标准电源针对的是所有需求的用户，是统一、标准化的产品，不是仅针对满足某些特定需求的用户而定制的产品。

根据中国电源学会的研究表明，规模较大的电源类型有 IT 及消费类电源、通信电源、照明电源、新能源电源、UPS、变频器等。

开关电源应用十分广泛，主要用于工业自动化控制、军工设备、科研设备、LED 照明、工控设备、通信设备、电力设备、仪器仪表、医疗设备、半导体制冷制热、空气净化器、电子冰箱、液晶显示器、视听产品、安防、计算机机箱、数码产品和仪器类等领域。目前，除了对直流输出电压的纹波要求极高的场合外，开关电源已经全面取代了线性稳压电源，主要用于小功率场合。在许多中等容量范围内，开关电源逐步取代了相控电源，例如：通信电源领域、电焊机、电镀装置等的电源。

其中照明电源又可分为镇流器、LED 驱动电源、其他三类。计算机电源主要指传统 PC 电源和一体化 PC 电源两类，传统 PC 电源基本趋于饱和，增长乏力，但是一体化 PC 电源成长性非常好。通信类电源主要包含通信电源、直放站电源等。

新能源电源主要包含光伏逆变器、风电变流器等类型，近年来随着储能系统应用逐步铺开，储能变流器及其能量管理系统也成为新能源电源的重要分支。该品类是近年来增长最快的电源细分品类，随着“双碳”战略的逐步深入，其发展前景将十分广阔。

UPS 主要分为后备式、在线式和在线互动式三个种类，其中在线式 UPS 占据整体规模的 80%左右。UPS 主要应用在数据中心、办公场所、工业生产、交通等领域和行业。随着数据中心在中国的快速发展，UPS 的市场规模也会持续发展。

变频器主要分为低压变频器和中高压变频器，当前以低压变频器为主，但高压变频器的市场潜力更大一些。传统的起重行业、电梯行业以及注塑机等行业增长速度虽然有所减缓，但数字城市和智能交通的高速建设和发展将带动变频器细分产品的平稳增长。

线性电源主要应用在研究机构、工矿企业以及其他工业领域，需求比较平稳，每年市场规模变化不大。

此外，近年来受益于国家相关政策的推动，随着新能源汽车普及率的快速提升，新能源汽车充电站、充电桩以及新能源汽车车载电源、电机控制器等品类出现爆发式增长，市场规模日渐扩大。

（2）2022 年中国电源区域结构分析

从中国电源产业的区域分布结构来看，目前大部分的电源仍在华南、华东两大区域生产，这些区域也正是中国制造业最为发达和集中的区域。根据对中国电源学会会员企业资料的统计分析，103 家企业，市场占比方面：华南与往年一样占比最大，西北今年上升到第二位，然后是华东。数量占比方面，仍然是华东和华南居多。各区域的厂家数量及占比，以及市场占比详见表 3。

表 3　2022 年中国电源区域结构分析结果（以会员企业为样本）

区　　域	数量占比(%)	市场占比(%)
华北 9(北京 7、河北 2)	8.74	2.34
华东 44(上海 6、江苏 14、浙江 12、安徽 4、山东 4、福建 4)	42.72	23.09
华南 40(广东 40)	38.83	48
华中 3(河南 1、湖北 1、湖南 1)	2.91	3
西北 3(陕西 1、新疆 2)	2.91	23.33
西南 4(四川 3、云南 1)	3.88	0.25
合计(103 家)	100	100

数据来源：中国电源学会；中自集团 2023 年 5 月

（3）2022 年中国电源行业结构分析

随着新兴行业的快速发展，以往占市场比重不大的行业如新能源汽车、新能源、环保节能、IT 通信等对电源的需求将呈现出快速增长的势头，增长速度相对较快，很多公司进入这些领域。由于很多公司的产品跨若干领域，因此图 2 中的比例相加不等于 1。从具体市场结构来看，新能源、工业控制、轨道交通、电信通信、计算机 IT 及消费类电子占应用市场前列，占比分别约为 72.97%、61.26%、48.65%、44.14%、40.54%；然后是金融/数据中心占比为 34.23%，环保节能和照明均占比为 28.83%，安防占比为 25.23%。医疗占比最小，只有 12.61%。

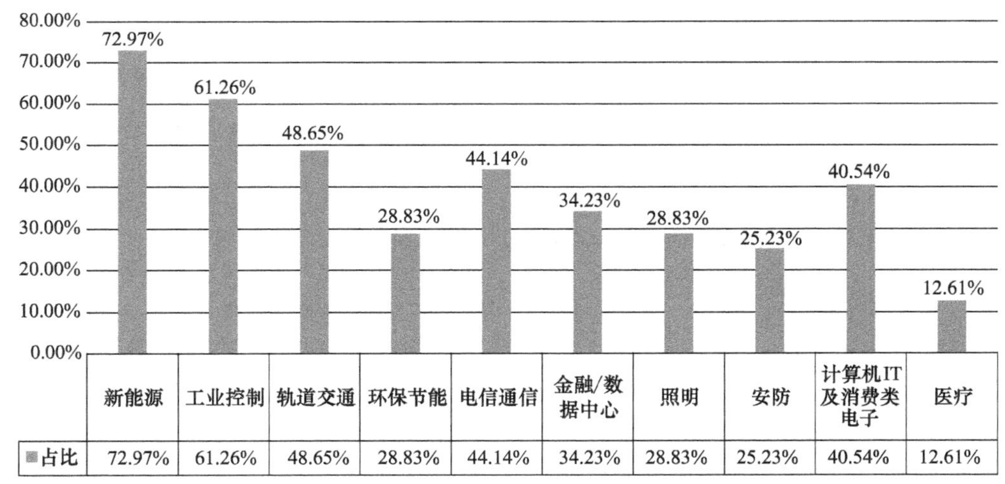

数据来源：中国电源学会；中自集团2023年5月

图 2　2022 年中国电源行业结构示意图

二、2022 年中国电源企业整体概况

1. 2022 年中国电源企业数量分布

由于电源产业相关产品的多样性以及产品应用的广泛性，使得电源产业中相关的电源企业数量相对较多。同时，由于电源产品制造的技术门槛以及资金要求都不是太高，这也客观地导致了电源产品相关研发和生产的企业数量众多。截至 2022 年 12 月，中国电源企业数量约 24.47 千家。随着近年来电源产品标准化程度和竞争程度的不断提高，以及市场对产品技术水平的要求日益提升，一些缺乏核心技术和开发能力的中小企业生存环境日趋严苛，电源产业显现出由分散向相对集中转变的态势。

2015—2018年，中国电源行业发展平稳，企业数量增长放缓。2019年中国电源企业数量增长较快，约22.15千家。但因全球新型冠状病毒肺炎疫情影响经济下行，2020年开始增幅不大，2021年继续维持小幅增长，约23.25千家；2022年增幅5.25%，约24.47千家。2015—2022年中国电源企业数量分析见表4，如图3所示。

表4 2015—2022年中国电源企业数量分析

年份	2015年	2016年	2017年	2018年	2019年	2020年	2021年	2022年
企业数量(千家)	17.8	17.1	16.0	15.9	22.15	23.03	23.25	24.47
增长率(%)	0.89	-3.93	-6.43	-0.62	39.31	3.97	0.96	5.25

数据来源：中国电源学会；中自集团2023年5月

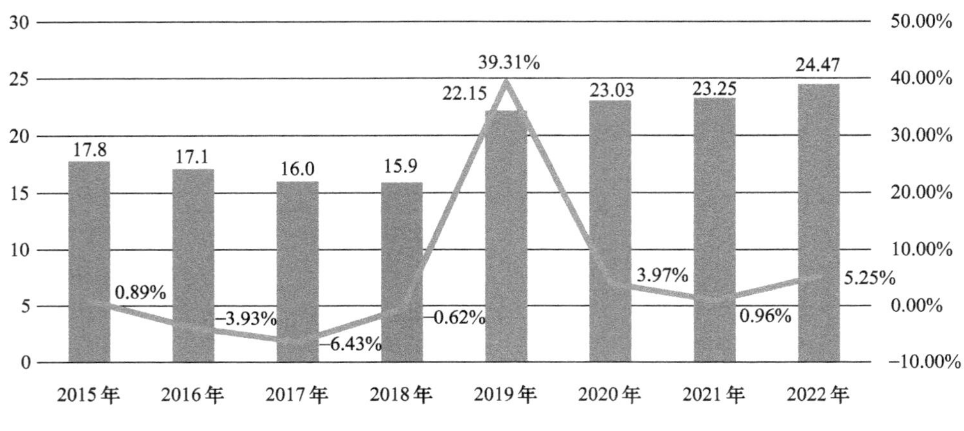

图3 2015—2022年中国电源企业数量分析

2. 2022年中国电源企业区域分布

中国电源企业主要分布在三个区域，一是珠江三角洲，主要有深圳、东莞、广州、珠海、佛山等地；二是长江三角洲，主要有上海、苏南、杭州、合肥一带；三是北京及周边的华北地区；华中地区的湖北和湖南、西北地区的陕西和新疆、西南地区的四川等地也有一定的分布。前三大区域经济发展最快，尤其珠三角和长三角地区，轻重工业均较发达，信息化建设和科技研发水平较高，为技术密集型的电源行业的研发、生产以及销售提供了充分的条件和便利的场所。2022年中国电源企业区域分布示意图如图4所示。

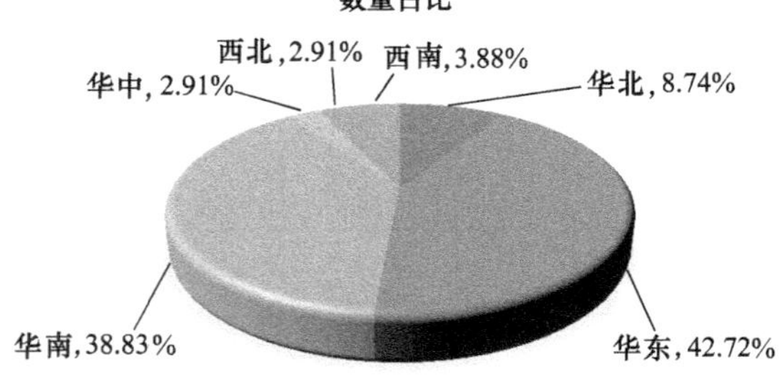

图4 2022年中国电源企业区域分布示意图

3. 2022年中国电源企业类型分布

我国电源市场经过历练得到了长足的发展，形成了较完整的产业链，各产品领域发展已先后进入竞争激烈期，再加上连续三年的疫情，企业数量大都增长缓慢。由于很多公司的产品包含若干种，因此图5的比例相加不等于1。根据中国电源学会会员企业资料，2022年中国电源企业类型分布如图5所示。

三、2022年中国电源市场应用行业结构分析

作为服务于各个领域的基础支撑产业，电源行业的发展受下游拉动的影响很大，如果下游行业的政策利好发展迅猛，电源行业会得到相应的快速拉动。随着国家"双碳"战略的深入实施，以新能源为主体的新型电力系统建设全面展开，为电源产业提供了广阔的发展空间，同时新型基础设施建设稳步推进，电动汽车、高铁、船舶、航空、航天等交通电气化程度不断提高，以及5G通信网络设施的建设升级，国防军工产业的投入持续加大，预计未来几年中国电源市场仍然将保持较高速的增长。

1. 通信行业分析

在国内市场，电源的重要应用领域之一是通信设备领域，主要用于基站通信设备、光通信网络设备、宽带通信设备、程控和网络交换机、环境及监控设备等为设备提供电源保障。因此，通信设备等通信固定资产的投资规模很大程度地反映了电源的消费规模。

通信电源系统是通信系统的心脏，稳定可靠的通信电源供电系统是保证通信系统安全、可靠运行的关键，一旦通信电源系统故障引起对通信设备的供电中断，通信设备就无法运行，就会造成通信电路中断、通信系统瘫痪，从

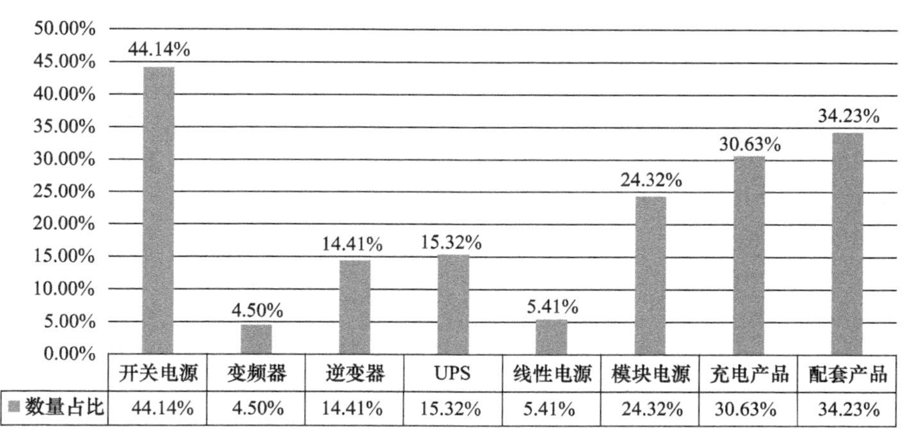

图 5　2022 年中国电源企业类型分布

而造成极大的经济和社会效益损失。因此，通信电源系统在通信系统中占据十分重要的位置。

“十三五”期间，我国将加快光纤宽带网络、下一代互联网和新一代移动通信基础设施的建设，基本建成宽带、融合、泛在、安全的新一代通信基础设施。通信业将推动电信普遍服务从“行政村通”延展到“自然村通”，普遍服务内容逐步从语音业务扩展到互联网业务，基本实现村村通宽带。

中国的通信行业正在经历走出去的历史阶段，广阔的海外市场同时拉动了中国通信企业的发展。此外，除了传统的通信电源市场，基于 IP 的增值应用设备和新兴的无线通信技术所用电源也展现出了巨大的发展潜力。随着高可靠、小体积智能电子设备的普及应用，电源在新兴行业的市场需求得以逐渐挖掘。综上所述，信息产业的发展为国内通信设备制造商的发展提供了良好的发展契机，同时也带动了电源行业的快速发展。

根据工业和信息化部发布的《2022 年通信业统计公报》，2022 年，三家基础电信企业和中国铁塔股份有限公司共完成电信固定资产投资 4193 亿元，比上年增长 3.3%。其中，5G 投资额达 1803 亿元，受上年同期基数较高等因素影响，同比下降 2.5%，占全部投资的 43%。截至 2022 年底，全国移动通信基站总数达 1083 万个，全年净增 87 万个。其中 5G 基站为 231.2 万个，全年新建 5G 基站 88.7 万个，占移动基站总数的 21.3%，占比较上年末提升 7 个百分点。2022 年，我国通信电源产品市场规模达到 225 亿元，增长 28.57%。2015—2022 年中国通信电源产品市场分析见表 5，如图 6 所示。

表 5　2015—2022 年中国通信电源产品市场分析

年份	2015 年	2016 年	2017 年	2018 年	2019 年	2020 年	2021 年	2022 年
通信电源(亿元)	85	102	120	128	137	158	175	225
增长率(%)	21.43	20	17.65	6.67	7.03	15.33	10.76	28.57

数据来源：中国电源学会；中自集团 2023 年 5 月

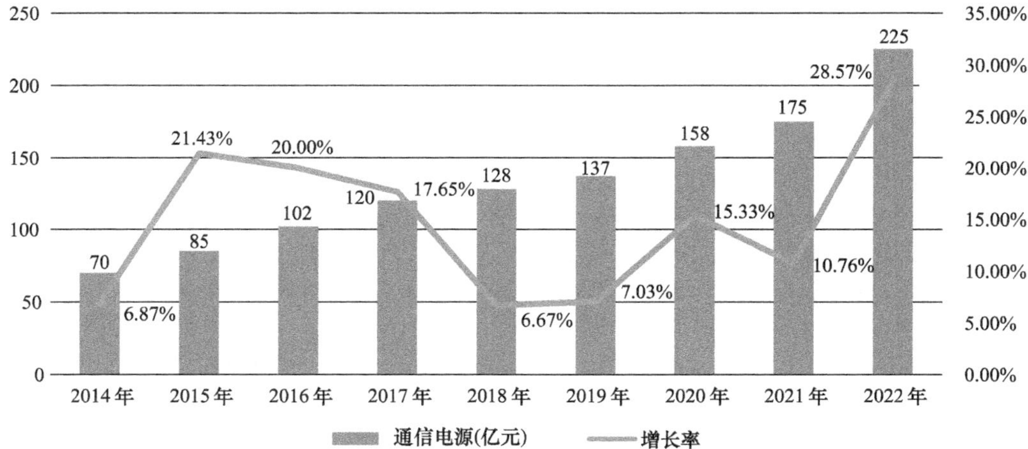

图 6　2015—2022 年中国通信电源产品市场分析

据 GSMA 预测，到 2025 年，全球将有 12 亿个 5G 连接，中国将占据其中约 1/3 的份额，领先欧洲的 19%和美国的 16%。根据中国信息通信研究院（工信部电信研究院）2017 年 6 月发布的《5G 经济社会影响白皮书》，5G 商用将开启运营商的网络大规模建设高峰，尤其是初期，设备制造商将成为最大的经济产出单位（收益者）。随着 5G 商用的持续深入，其他行业在 5G 设备上的支出将稳步增长，到 2030 年预计各行业各领域在 5G 设备上的支出将超过 5200 亿元，设备制造企业在总收入中的占比接近 69%。通信电源作为网络设备运行不可或缺的配套设备，销售额也将随之增长。运营商和各行业 5G 网络设备收入预计（亿元）如图 7 所示。

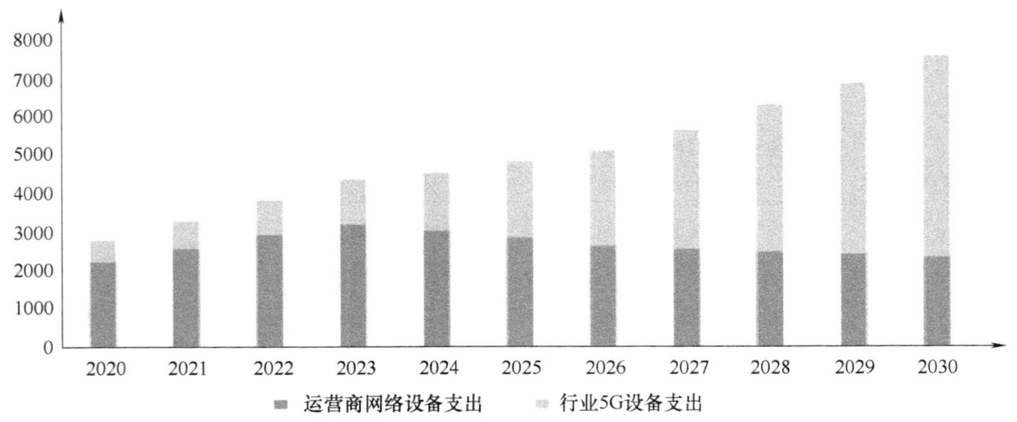

数据来源：《5G经济社会影响白皮书》

图 7　运营商和各行业 5G 网络设备收入预计（亿元）

通信电源行业市场竞争特点：

1）通信电源行业内部竞争加剧的原因如下：

① 行业增长缓慢，对市场份额的争夺激烈。

② 竞争者数量较多，竞争力量大抵相当。

③ 竞争对手提供的产品或服务大致相同，或者至少体现不出明显差异。

④ 某些企业为规模经济的利益，扩大生产规模，市场均势被打破，企业开始诉诸于削价竞销。

2）通信电源行业顾客的议价能力：行业顾客可能是行业产品的消费者或用户，也可能是商品买主。其议价能力表现在能否促使卖方降低价格，提高产品质量或提供更好的服务。

3）通信电源行业供货厂商的议价能力：表现在供货厂商能否有效地促使买方接受更高的价格、更早的付款时间或更可靠的付款方式。

4）通信电源行业潜在竞争对手的威胁：潜在竞争对手是指那些可能进入行业参与竞争的企业，它们将带来新的生产能力，分享已有的资源和市场份额，结果是行业生产成本上升，市场竞争加剧，产品售价下降，行业利润减少。

5）通信电源行业替代产品的压力：是指具有相同功能，或能满足同样需求从而可以相互替代的产品竞争压力。

市场竞争是市场经济的基本特征，在市场经济条件下，企业从各自的利益出发，为取得较好的产销条件、获得更多的市场资源而竞争。通过竞争，实现企业的优胜劣汰，进而实现生产要素的优化配置。

2. 数据中心分析

互联网数据中心（Internet Data Center，IDC）是集中计算、存储数据的场所，是为了满足互联网业务以及信息服务需求而构建的应用基础设施，可以通过与互联网的连接，凭借丰富的计算、网络及应用资源，向客户提供互联网基础平台服务（服务器托管、虚拟主机、邮件缓存、虚拟邮件）以及各种增值服务（场地的租用服务、域名系统服务、负载均衡系统、数据库系统、数据备份服务等）。

全球进入“互联网+”时代，万物互联、云计算、AI、大数据等技术在各行各业的广泛渗透，并伴随着 5G 时代即将来临，数据的产生、处理、交换、传递呈几何级增长，从而驱动数据中心产业加速发展。

5G 时代，超大型云计算 IDC 和小型的边缘计算 IDC 有望成为未来数据中心的主要发展方向。5G 时代，更高速、高容量的网络有望带来更多的数据，全新的网络架构（边缘计算 MEC）以及新增应用场景需求（低延时高可靠通信）有望带动运营商边缘数据中心的建设。根据中国联通的统计，供电基础设施建设和运营成本分别占数据中心 CAPEX 和 OPEX 的 50%和 28%，未来高效的供电技术方案发展潜力巨大。目前，主流的数据中心电源系统有 UPS 和 HVDC 两种。相较于 UPS，HVDC 具有运行效率高、占地面积少、投资成本和运营成本低的特点，有望成为未来市场主流。

目前，数据中心供电系统有 UPS 和 HVDC 两种方案：UPS（Uninterruptible Power System，不间断电源）是一种输入和输出均为交流电的电源。当市电输入正常时，将其稳压后供应给设备使用；当市电中断后，将电池的直流电能转换为交流电供给设备（负载）使用。HVDC（High Voltage Direct Current，高压直流电源）（相对传统的-48V 直流通信电源而言，有 240V 和 336V 两种制式）是一种输入市电交流电，输出直流电的电源。相较于 UPS、HVDC 在备份、工作原理、扩容以及蓄电池挂靠等方面存在显著的技术优势，因而具有运行效率高、占地面积少、投资成本和运营成本低的特点。

数据中心规模，按标准机架数量可分为中小型（$n<$

3000）、大型（3000≤n<10000）和超大型（n≥10000）。数据中心可用性，按《GB 50174—2017 数据中心设计规范》分为A级、B级和C级，业内也常按TIA-942标准分为T1、T2、T3和T4。也有数据中心服务商的宣传材料中，宣称级别为“n星级”或者“Tn+”，均为非标准说法。

整体行业在绿色节能的主题背景下，高密度场景应用需求、能耗、资源整合等多方面的挑战给当前的数据中心产业提出更高的要求。目前，数据中心将朝着模块化、集约化、规模化趋势发展：模块化的数据中心能实现快速布署、柔性扩充等方面的建设需求；集约化数据中心布署则可以节省数据中心之间的交互成本，有利于降低布署和运维成本；规模化的数据中心则是可以充分满足海量数据的处理需求。

工业和信息化部发布的《2022年通信业统计公报》显示：

1）数据中心布局与数据处理能力持续优化。作为数据信息交换、计算、储存的重要载体，三家基础电信企业持续加大数据中心投入，截至2022年底，为公众提供服务的数据中心机架数达81.8万个，比上年末净增8.4万个。其中，中西部地区机架数占比达21.9%，较上年末提高0.6个百分点，数据中心过度集中在东部的局面有所改善。基础电信企业加大自身算力建设力度，自用数据中心机架数比上年末净增16万个，对外提供的公共基础算力规模超18EFlops（E指千兆兆，Flops指每秒浮点运算次数），着力打造网络、连接、算力、数据、安全等一体化融合服务能力，为提供高质量新型数字化服务奠定基础。

2）5G用户发展领先全球水平。截至2022年底，我国移动电话用户规模为16.83亿户，人口普及率升至119.2部/百人，高于全球平均的106.2部/百人。其中5G移动电话用户达5.61亿户，在移动电话用户中占比33.3%，是全球平均水平（12.1%）的2.75倍。

3）“物”连接快速超过“人”连接。移动物联网迎来重要发展期，截至2022年底，我国移动网络的终端连接总数已达35.28亿户，其中代表“物”连接数的蜂窝物联网终端用户达18.45亿户，自2022年8月底“物”连接数超越“人”连接数后，“物”连接数占比已升至52.3%，万物互联基础不断夯实；蜂窝物联网终端应用于公共服务、车联网、智慧零售、智慧家居等领域的规模分别达4.96亿、3.75亿、2.5亿和1.92亿户。2016—2022年全球数据中心市场规模见表6，如图8所示。

表6 2016—2022年全球数据中心市场规模

年份	2016年	2017年	2018年	2019年	2020年	2021年	2022年
全球数据中心市场规模（亿美元）	445.20	465.50	513.30	566.60	618.70	679.30	685.58
增长率（%）	21.97	4.56	10.27	10.38	9.20	9.79	0.92

数据来源：中国信息通信研究院

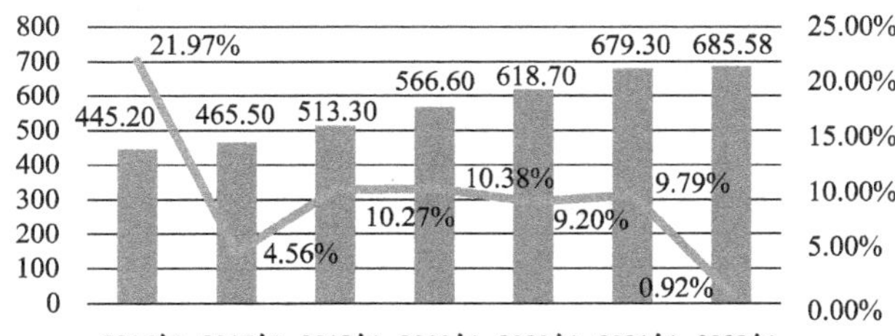

图8 2016—2022年全球数据中心市场规模

受新基建、数字化转型及数字中国远景目标等国家政策促进及企业降本增效需求的驱动，我国数据中心业务收入持续高速增长。根据中国信息通信研究院发布报告，我国数据中心市场规模2022年突破1900亿元，增长率为26.65%，远超世界同期的9.9%。2016—2022年中国数据中心市场规模见表7，如图9所示。2016—2022年中国数据中心全球市场占比如图10所示。

过去几年间我国政府大力推动云计算、大数据、5G等现代信息产业发展，对于信息产业基础设施建设提出了较高要求：

1）2012年，工业和信息化部电信管理局发布了《关于进一步规范因特网数据中心（IDC）业务和因特网接入服务（ISP）业务市场准入工作的实施方案》，鼓励符合条件的企业进入IDC和ISP领域。在2016年的IDC服务大会上，中国信息通信研究院院长刘多女士表示，截至2016年10月底，国家已经发出327张跨地区的IDC业务经营许可证和844张省内IDC的经营许可证。

2）2017年初，工业和信息化部信软司发布《大数据产业发展规划（2016—2020年）》解读，其中提到大数据产业的健康发展，是国家作出的重大战略部署，是实施国家大数据战略、实现我国从数据大国向数据强国转变的重要举措。而在其中提到的7项重点任务中，完善大数据产业支撑体系，合理布局大数据基础设施建设等被单独作为一

表7 2016—2022年中国数据中心市场规模

年份	2016年	2017年	2018年	2019年	2020年	2021年	2022年
中国数据中心市场规模（亿元）	450.1	512.8	680.1	878.3	1167.5	1500.2	1900
增长率（%）	12.95	13.93	32.62	29.14	32.93	28.50	26.65

数据来源：中国信息通信研究院

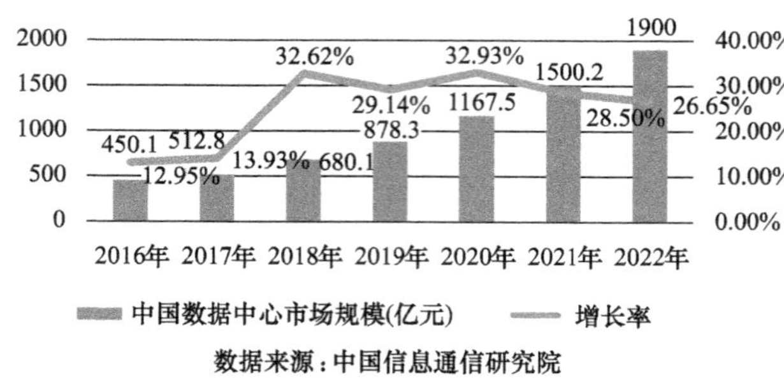

图 9　2016—2022 年中国数据中心市场规模

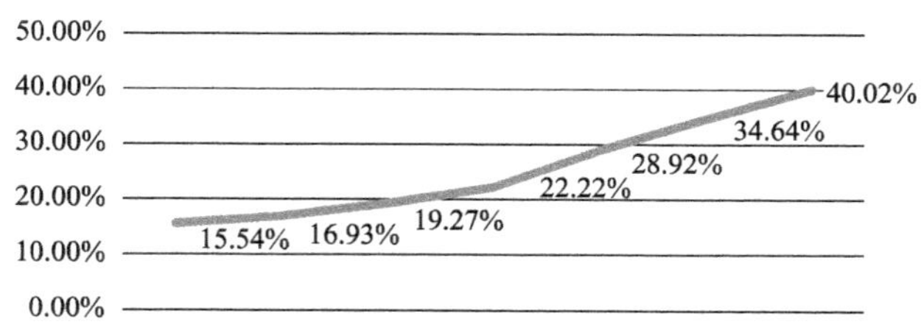

图 10　2016—2022 年中国数据中心全球市场占比

项重点任务提及。并在《大数据产业发展规划（2016—2020 年）》中提出，总体目标方面，到 2020 年，大数据产业体系基本形成，大数据相关产品和服务业务收入突破 1 万亿元，年均复合增长率保持 30%左右。市场巨大的大数据产业，30%稳定复合增速的目标，政策鼓励的支持，都有望带动底层基础设施的发展，引领 IDC 行业的前进方向。

3）2017 年 11 月，中共中央办公厅、国务院办公厅印发《推进互联网协议第六版（IPv6）规模部署行动计划》，要求推进 IPv6 规模部署，高效支撑移动互联网、物联网、工业互联网、云计算、大数据、人工智能等新兴领域快速发展。在 2018 年 5 月工业和信息化部发布的关于贯彻落实《推进互联网协议第六版（IPv6）规模部署行动计划》的通知中提到，推进应用基础设施 IPv6 改造，落实配套设施保障措施。数据中心作为其中一环，担任着重要任务。

4）随着移动互联网的迅速发展，加上在此次疫情防范中对云和数据的应用，国家已享受到早期新型基础建设的红利，这也客观地促进了政府对新基建的重视程度。在 2020 年 4 月，官方明确给出了新基建的范围，其中包括数据中心。这将对数据中心整体利好，但也带来阿里巴巴、腾讯等大型互联网公司，以及更多国企的高举高打，原有小型且低端的数据中心不仅难以吃到红利，而且会加快淘汰出局。

5）2021 年 10 月，国家发展改革委、工业和信息化部等五部门出台《关于严格能效约束推动重点领域节能降碳的若干意见》，提出“到 2025 年，数据中心电能利用效率普遍不超过 1.5”，进一步明确了数据中心总体能效优化的要求。2021 年 11 月国家发展改革委、国务院机关事务管理局等部门发布《深入开展公共机构绿色低碳引领行动促进碳达峰实施方案》，数据中心方面明确提出“新建大型、超大型数据中心全部达到绿色数据中心要求，绿色低碳等级达到 4A 级以上，电能利用效率（PUE）达到 1.3 以下”。2021 年 12 月国家发展改革委、国家能源局发布《贯彻落实碳达峰碳中和目标要求推动数据中心和 5G 等新型基础设施绿色高质量发展实施方案》，在数据中心方面明确提出，到 2025 年，数据中心运行电能利用效率和可再生能源利用效率明显提升，全国新建大型、超大型数据中心平均电能利用效率降到 1.3 以下，国家枢纽节点进一步降到 1.25 以下，绿色低碳等级达到 4A 级以上，旨在有序推动以数据中心为代表的新型基础设施绿色高质量发展，发挥其“一业带百业”作用，助力实现碳达峰、碳中和目标。

数据中心托管的服务器需要全年不间断运行以向互联网用户提供服务，同时需要空调等辅助制冷设备实时供应冷能以维持其可靠运行，IT 设备与空调系统为主要能耗构成。高能耗成为阻碍产业发展的主要问题之一。为了降低能耗及成本，很多企业将数据中心放在水电资源丰富的贵州、云南等省份，因此中西部地区数据中心机架数量占比呈上升趋势。虽然低廉的电价可以让企业节省大笔用电费用，但相对于中东部地区，由于远离数据中心用户聚集之地，需要在光纤、基站等长距离传输设备的架设和维护上耗费较高的精力和成本，并未从根本上解决数据中心的能耗瓶颈。因而，也会带动上游的电源行业更加节能化。IDC 产业链如图 11 所示。

IDC 行业市场规模较大，在国内仍处于发展期，且作为新兴信息产业最重要的基础设施之一，需求方兴未艾、潜力尚有较大空间。未来，国内的 IDC 服务商也将向产业链上下游延伸。由于 IDC 上游市场格局相对成熟，向下游延伸更加符合企业发展方向。对于外资云计算企业来讲，该规定增加了行业进入门槛，但是对于国内 IDC 服务商来讲，反而迎来了政策红利，因为帮助外资云落地国内，合作开展云计算业务成为一种新机遇。此外，国内具有一定技术实力的 IDC 服务商也可以顺应市场发展趋势，开展云计算业务。互联网数据中心行业发展趋势如下：

1）5G 即将部署和“东数西算”，进一步挖掘流量需求：2019 年 6 月 6 日，工业和信息化部向三大运营商中国移动、中国联通、中国电信和中国广播电视网络有限公司正式发放 5G 牌照，批准这四家企业经营“第五代数字蜂窝移动通信业务”。2019 年 10 月，工业和信息化部向华为颁发中国首个 5G 无线电通信设备进网许可证，2019 年 10 月 31 日举行的 2019 年中国国际信息通信展览会上，工业和信息化部与三大运营商举行 5G 商用启动仪式。中国移动、中国联通、中国电信正式公布 5G 套餐和全国首批 50 个 5G 商用城市名单，并于 11 月 1 日正式上线 5G 商用套餐。结合 5G 的主要应用方向以及 5G 的部署，大流量场景将继续增加，带动全球网络数据量激增，数据中心的重要地位进一步彰显。东数西算”工程首次提出于 2021 年 5 月 24 日的《全国一体化大数据中心协同创新体系算力枢纽实施方案》，此后，在国务院发布的《“十四五”数字经济发展规划》中，也再次将其作为一个重要章节进行部署。因此，“东数西算”工程是数字经济产业的重要基础设施和落地抓手，有望带动数字经济相关产业实现更加广泛的算力应用。同时，“东数西算”是数字经济政策落地的起点，未来或将有更多相关的建设工程陆续出台。

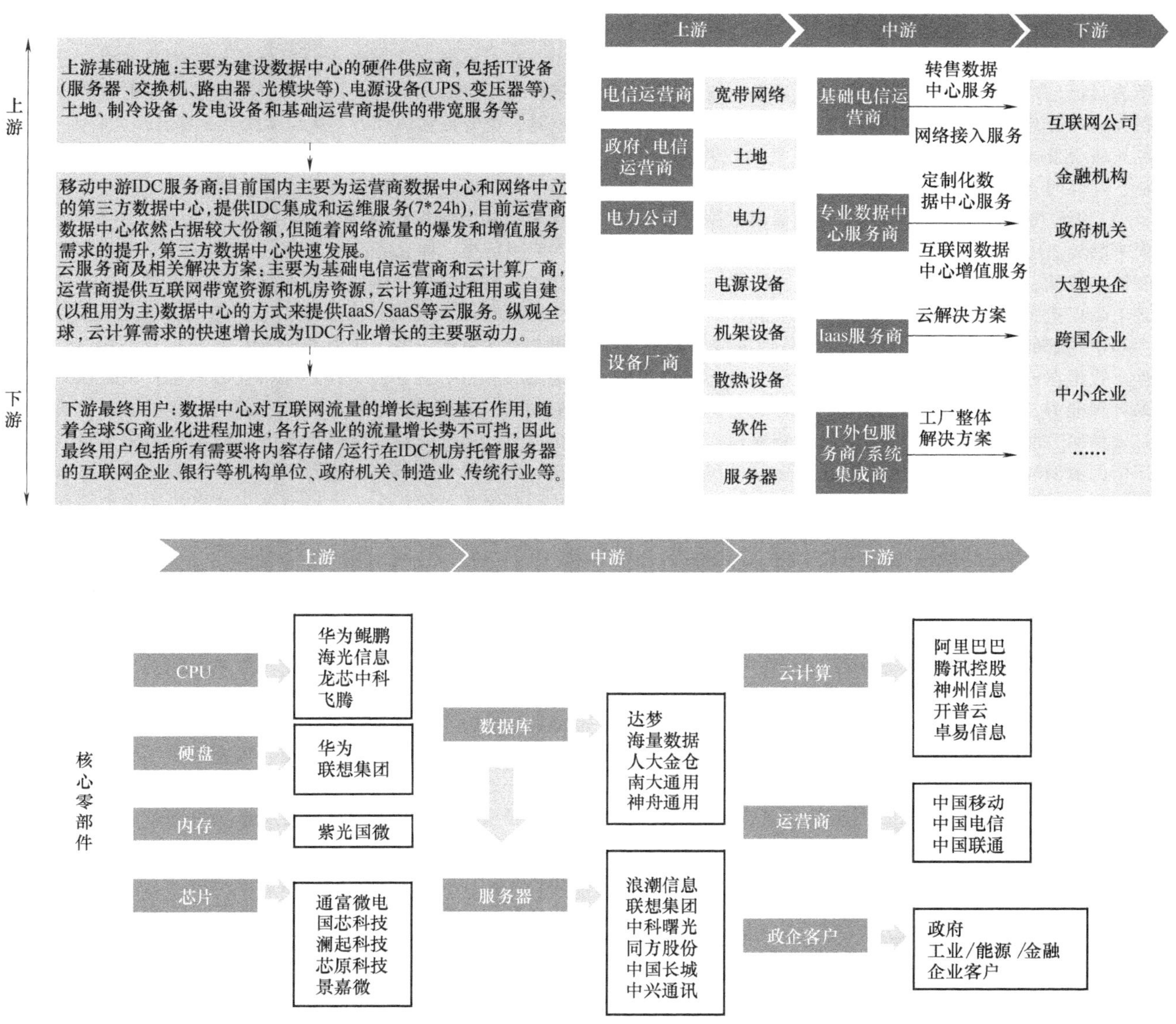

图 11 IDC 产业链

2022 年国家发展改革委、中央网信办、工业和信息化部、国家能源局联合印发文件“东数西算”工程，在京津冀、长三角、粤港澳大湾区、成渝、内蒙古、贵州、甘肃、宁夏启动建设国家算力枢纽节点，并规划了张家口集群等 10 个国家数据中心集群。至此，全国一体化大数据中心体系完成总体布局设计，“东数西算”工程正式全面启动。预计到 2025 年，数据中心和 5G 基本形成绿色集约的一体化运行格局。数据中心运行电能利用效率和可再生能源利用率明显提升，全国新建大型、超大型数据中心平均电能利用效率降到 1.3 以下，国家枢纽节点进一步降到 1.25 以下，绿色低碳等级达到 4A 级以上。5G 基站能效提升 20% 以上。数据中心、5G 能耗动态监测机制基本形成，综合产出测算体系和统计方法基本健全。在数据中心、5G 实现绿色高质量发展基础上，全面支撑各行业特别是传统高耗能行业的数字化转型升级，助力实现碳达峰总体目标，为实现碳中和奠定坚实基础。

2）低碳要求更加严格，促进绿色发展：双碳目标及可持续发展战略将长期驱动我国数据中心产业绿色低碳发展。政策方面对能效的要求不断趋严，能效考核指标从以 PUE 为主逐步演变为 PUE、CUE、WUE、绿色低碳等级等多指标兼顾，未来有可能会纳入更多新的能效指标，日趋严格的能耗政策将进一步推动产业全面绿色低碳发展。未来，数据中心将成为支撑各产业数字化发展的引擎，绿色算力应用将全面赋能各行业的数字化转型，全面助力精益生产和绿色发展。在产业实践方面，数据中心制冷方案供应商将进一步加强新型制冷方案的研究，氟泵、液冷、间接蒸发、自然冷源等制冷技术将变得更加成熟，制冷效率将不断提升。同时，光伏、风电、储能、锂电池等绿色电力和供配电节能技术研发与应用也将不断深入。数据中心绿色低碳技术研发和应用都将进一步发展。

为加快引导数据中心绿色低碳发展，助力实现碳达峰、碳中和目标，工业和信息化部、发展改革委、商务部、国家机关事务管理局、中国银行保险监督管理委员会、国家能源局联合发布第三批44家国家绿色数据中心名单，包括通信、互联网、公共机构、能源、金融等领域。

3）传统IDC同质化竞争激烈，向云计算数据中心升级是未来趋势：IDC市场竞争日渐激烈，传统单纯的IDC服务利润率较低，IDC服务商需要在服务器托管的传统业务基础上拓展更多增值服务，提高产品的毛利率。云计算数据中心中托管的不再是客户的设备，而是计算能力和IT可用性。数据在云端进行传输，云计算数据中心为其调配所需的计算能力，并对整个基础构架的后台进行管理。从软件、硬件两方面运行维护，软件层面不断根据实际的网络使用情况对云平台进行调试，硬件层面保障机房环境和网络资源正常运转调配。数据中心完成整个IT的解决方案，客户可以完全不用操心后台，就有充足的计算能力可以使用。传统IDC只有向云计算数据中心升级才能在激烈的同质化竞争中脱颖而出，增加客户黏性的同时提升业务盈利水平。

4）我国公有云互联网巨头独大，私有云未来增长空间明显：我国公有云市场保持高速增长。公有云服务收入主要由公有云服务商龙头提供，包括阿里巴巴、百度、腾讯等大型互联网企业。其中阿里云自2014年以来营业收入爆发增长，已经连续6个季度保持三位数增长。2022年，我国私有云市场规模为1198.2亿元，公有云市场规模为1785.2亿元。预测2023年我国云计算市场规模将超3700亿元。由于广大的中小金融机构在资金、人才和经验等方面都存在很多不足，大型金融机构将大概率自建私有云，并对中小金融机构提供金融行业云服务，进行科技输出；中型金融机构核心系统自建私有云，外围系统采用金融行业云作为补充，私有云市场潜力巨大，具有明显的增长空间。

5）布局逐步优化，协同一体的趋势增强：受市场内生算力需求驱动及国家相关政策引导，我国数据中心总体布局持续优化，协同一体趋势将进一步增强。我国数据中心产业正在由通用数据中心占主导，演变为多类型数据中心共同发展的新局面。以应用为驱动，多种类型的数据中心协同一体，共同提供算力服务，将成为未来供给的重要形态。在地域布局上也是东西协同。在市场层面，中西部地区自然环境优越，土地、电力等资源充足，但本地数据中心市场需求相对较低；东部地区市场需求旺盛，但土地、电力、人员等生产要素成本较高，东西部协同发展逐渐成为趋势。而随着网络质量的优化，中西部将不再仅是进行冷存储的灾备数据中心聚集区，也将承载更多的应用。在政策层面，我国数据中心全国一体化发展引导增强。同时，内蒙、贵州等地推出了电力、土地、税收等优惠政策，有效地帮助数据中心降低了建设运营成本，数据中心的建设规模不断增长。未来，“东数西算”的建设周期将是数十年的长远工程，我国IDC数据中心将得到巨大的拉动效应。

6）创新驱动持续，技术水平不断提升：无论从基础设施还是IT技术方面，创新仍然是持续发展的动力源，数据中心技术内涵也将变得愈加丰富。我国的数据中心产业将逐步增强对新技术的应用，利用新技术加速实现环保节能减排，提升更强的算力，从而赋能产业发展。

7）算力协同加快，泛在算力高质量发展：以算网协同为基础，通过算力调度构建全国一体化算力网络，成为推动全国算力资源优化配置的关键。未来，以“东数西算”为牵引的全一体化算力网络将逐步建成，并实现泛在算力的灵活高效调度。伴随东数西算工程的启动，基础电信运营商IDC业务发展定位有所变化。运营商集团业务庞杂，出于盘活资产考虑，前期推行IDC业务轻资产运营，通过与第三方IDC服务商合作，运营优质资源；东数西算工程启动后，全国一体化算力网络建设对数据中心网络升级提出要求，运营商兼具网络提供商与数据中心服务商双重身份，在国家数字产业发展及东数西算工程建设中具有重要作用。因此，近年来三大运营商均在各个主要节点区域自建大规模数据中心，提供算力及网络基础设施支持。

8）IDC产业由高速发展过渡到高质量发展阶段：产业发展早期，IDC行业保持较高发展速度，2018—2022年市场规模复合增长率超过20%。但这一阶段发展模式相对粗放，导致区域发展不均衡，产业发展效率不高，产业附加价值不高等一系列问题。近两年，数据中心需求释放速度放缓，整体市场增速放缓；“双碳”“东数西算”等政策对产业发展质量提出更高的要求；以及部分区域供需失衡带来市场竞争加剧等因素的影响下，中国传统IDC产业开始寻求转型升级，逐步过渡至高质量发展阶段。2022年中国IDC产业高质量发展主要体现在政策落实及行业标准与规范的建立。政策方面，部分政策推进落实，如北京在能耗审批阶段要求技术设计能够满足运行阶段PUE限值，新审批数据中心均采用液冷方案；基础电信运营商持续推进北京市五环内老旧数据中心改造等。行业标准及规范方面，近年来，行业内相关机构密集出台数据中心建设运营相关标准与规范，从设计、技术设备选型等方面规范数据中心产业发展。

9）产业发展对数据中心安全可靠提出更高要求：数据中心作为国家关键信息基础设施、数字产业底座，对安全性、可靠性要求十分严格。安全可靠在传统概念上主要指在选址建设、设备选型、机房运营中，充分考量数据中心运行的设施物理安全、网络安全、供电安全、可靠性、韧性和隐私保护等。伴随《网络安全法》《网络安全审查办法》《数据安全法》《关键信息基础设施安全保护条例》等政策法规的出台，法律法规对保障数据安全、网络安全的管理措施和技术措施提出更加严格的要求。现阶段，安全可靠范围扩大至供应链安全层面，加强信创产品的应用，实现数据中心内部关键设备的自主可控。数据中心供应链安全是行业用户在信创进程中的必然要求。目前，党政部门已基本完成国产替代，金融、石油、电力、电信、交通、航空航天、医院、教育等重要行业正逐步推进国产化替代，安全成为数据中心产业发展的重要前提。

3. 交通行业

（1）新能源汽车行业

为了推动新能源汽车产业高质量的发展，加快建设汽车强国，国家陆续出台了多项政策。《新能源汽车产业发展规划（2021—2035年）》（国办发〔2020〕39号）从顶层设计上为新能源汽车行业提供了强大的支撑。2021年11月，工业和信息化部发布《“十四五”工业绿色发展规划》，将实施工业领域碳达峰行动作为主要任务之一，提出要加快发展新能源、新材料、新能源汽车等战略性新兴产业，带动整个经济社会的绿色低碳发展。

2021年新能源汽车行业尽管受到芯片短缺、原材料价格持续上涨等不利因素的影响，但由于电动化、智能化等技术日益获得消费者青睐，新能源汽车渗透率获得大幅度提升，新能源汽车出现产销两旺局面。2022年新能源汽车持续爆发式增长，产销分别完成705.8万辆和688.7万辆，销量同比增长95.6%。其中，纯电动汽车销量536.5万辆，同比增长81.6%；插电式混动汽车销量151.8万辆，同比增长1.5倍。中国电动车销量占到全球销量的61.2%，新能源汽车新车销量占汽车新车总销量的25.6%，提前三年完成2025年规划目标。2011—2022年中国新能源汽车销量见表8，如图12所示。

表8　2011—2022年中国新能源汽车销量　（单位：万辆）

年份	2011年	2012年	2013年	2014年	2015年	2016年	2017年	2018年	2019年	2020年	2021年	2022年
销量	0.8159	1.2791	1.7642	7.4763	33.1092	50.6	77.7	125.6	120.6	136.7	352.1	688.7
同比		56.77%	37.93%	323.78%	342.86%	52.83%	53.56%	61.65%	-3.98%	13.35%	157.57%	95.6%

数据来源：中国电源学会；中自集团2023年5月。

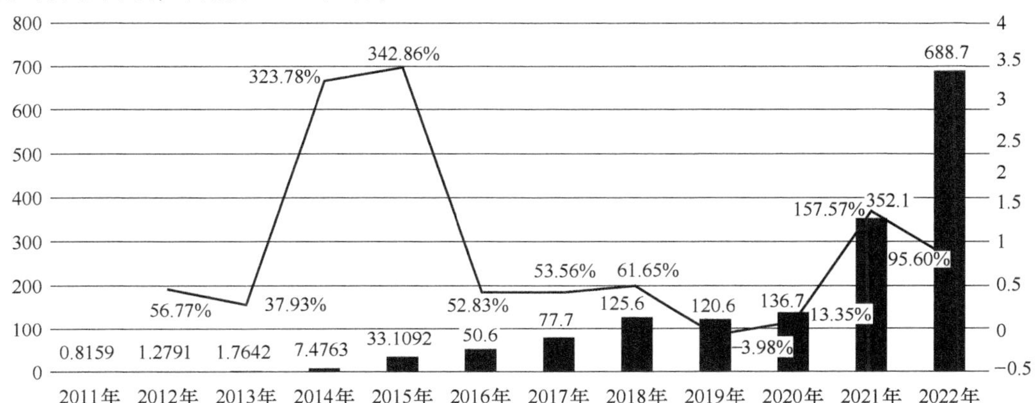

图12　2011—2022年中国新能源汽车销量

中国的新能源汽车销售量从2011年的8159辆增长至2022年的688.7万辆，11年时间销量增长800多倍。未来随着支持政策持续推动、技术进步、消费者习惯改变、配套设施普及等因素影响不断深入，预计2023年我国新能源汽车销量有望超过900万辆，预计2025年销量将突破1700万辆，全球电动汽车锂电池需求量将超过325GW·h。新能源汽车“三电系统”如图13所示。

车载充电机（On-Board Charger，OBC）是指固定安装在电动汽车上的充电机，具有为电动汽车动力电池，安全、自动充满电的能力，充电机依据电池管理系统（Battery Management System，BMS）提供的数据，能动态调节充电电流或电压参数，执行相应的动作，完成充电过程。OBC

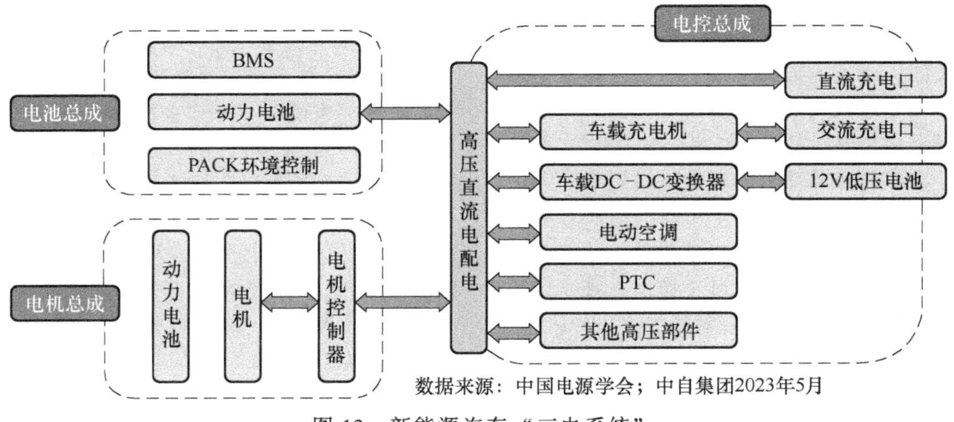

图13　新能源汽车“三电系统”

是新能源汽车必不可少的核心零部件，其市场规模随着新能源汽车市场的快速增长而扩大。到 2022 年国内电动汽车车载充电机市场规模达到 206.6 亿元。2015—2022 年中国车载充电机市场规模如图 14 所示，车载充电机、交流/直流充电桩如图 15 所示。

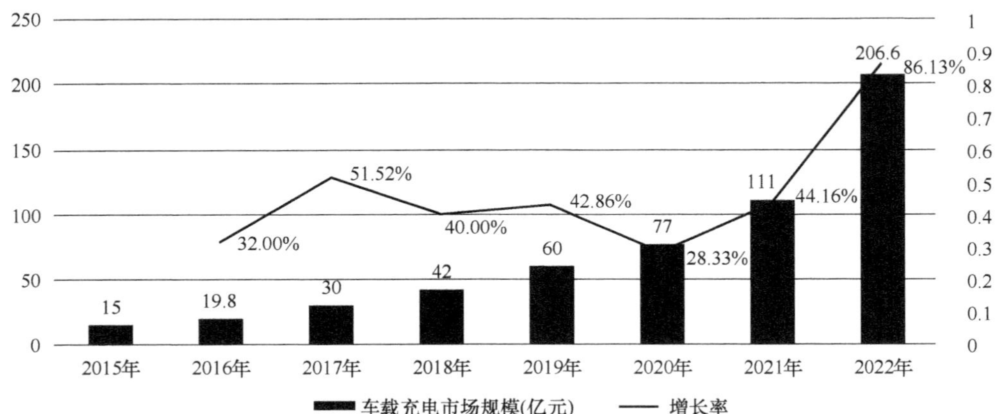

数据来源：中自集团2023 年 5 月

图 14 2015—2022 年中国车载充电机市场规模

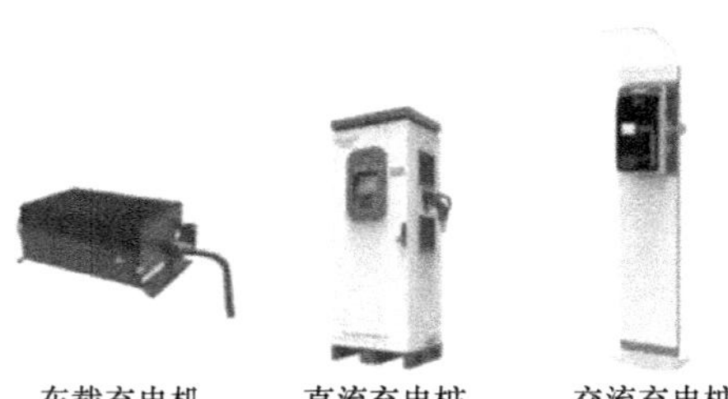

数据来源：中自集团2023 年 5 月

图 15 车载充电机、交流/直流充电桩

受益于国家战略、产业政策推动、整车厂商对新能源汽车的布局与创新、新能源汽车智能化发展、消费者对新能源汽车的接受度不断提高等因素，我国新能源汽车产销规模持续增长，具有广阔的市场空间，并将带动车载充电机行业市场的发展。同时，随着新能源汽车技术的发展，核心零部件也将呈现功能多样化发展趋势。因此，国内车载充电机行业更加注重技术研发，引进国内先进的电源电气技术，对自身产品进行升级以适应新的行业业态。

总的来说，车载充电机对充电功率、充电效率、重量、体积、成本以及可靠性要求较高。为实现车载充电机的智能化、小型化、轻量化、高效率化，车载充电机向着集成度更高、功率密度更高、转换效率更高、稳定性更高、重量更轻、环境适应能力更强的方向发展，逐渐满足整车企业对结构及效率方面的较高需求。具体来说，其一，鉴于 6.6kW 为单向交流充电极限，需发展三相交流 OBC 实现高功率充电；其二，功率提升后带来的产热增加要求热管理方式需由风冷向液冷转变；其三，汽车功能的拓展对电网整体供电的稳定性和平稳运行提出了更高要求，突破双向逆变技术，可将电池电能逆变为 AC 对外输出，适应这一发展趋势；其四，器件电气化、高压化趋势清晰。

（2）充电站/桩

随着我国新能源汽车产业进入规模化快速发展新阶段，作为其产业发展基础的充电桩行业，也迎来了蓬勃发展，近几年我国的充电桩企业和充电桩数量与日俱增，发展速度迅速。

据工业和信息化部数据，截至 2022 年底，全国累计建成充电桩 521 万台、换电站 1973 座，其中 2022 年新增充电桩 259.3 万个、换电站 675 座，充换电基础设施建设速度明显加快。

根据中国充电基础设施促进联盟数据，截至 2022 年 12 月，联盟内成员单位总计上报公共充电桩 179.7 万台，其中直流充电桩 76.1 万台、交流充电桩 103.6 万台。从 2022 年 1 月至 12 月，月均新增公共充电桩约 5.4 万台。按月度来看，2022 年 12 月比 11 月公共充电桩增加 6.6 万台，12 月同比增长 56.7%。截至 2022 年 12 月，全国充电基础设施累计数量为 521.0 万台，同比增加 99.1%。

公共充电基础设施运营商运行情况，截至 2022 年 12 月，全国充电运营企业所运营充电桩数量 TOP15，分别为特来电运营 36.3 万台、星星充电运营 34.3 万台、云快充运营 25.9 万台、国家电网运营 19.6 万台、小桔充电运营 9.4 万台、蔚景云运营 7.3 万台、深圳车电网运营 6.9 万台、南方电网运营 6.1 万台、万城万充运营 4.8 万台、汇充电运营 4.6 万台、依威能源运营 4.2 万台、万马爱充运营 2.6 万台、上汽安悦运营 2.4 万台、中国普天运营 2.3 万台、蔚蓝快充运营 1.9 万台。这 15 家运营商占总量的 93.8%，其余的运营商占总量的 6.2%。

根据《新能源汽车产业发展规划（2021—2035 年）》，到 2025 年，新能源汽车新车销量要达到汽车销售总量的 20%左右。新能源汽车销量和保有量上升的空间还很大，与之相配套的充电桩行业现在还处于快速发展阶段。

2021 年国家出台了一系列政策，鼓励充电桩产业发展。2021 年 5 月，国家发展改革委、国家能源局发布《关于进一步提升充换电基础设施服务保障能力的实施意见（征求意见稿）》，向社会公开征求意见，提出加快推进居住社区充电设施建设安装，完善居住社区充电桩建设推进机制，推进既有居住社区充电桩建设，严格落实新建居住社区配建要求，创新居住社区充电服务商业模式。提升城乡地区充换电保障能力，优化城乡公共充换电网络建设布局。政策的支持与引导能够很大程度地提高充电桩的建设进程和运营效率。

根据国际能源署IEA最新发布的《Global EV Outlook 2021》报告，对2025年和2030年全球充电桩规模作出预测：基于各国最新政策及可持续发展方案两种情形，到2025年，全球充电桩预计保有量将分别达到4580万个和6500万个，其中全球私人充电桩预计保有量分别达3970万个和5670万个，全球公共充电桩预计保有量达610万个和830万个。到2030年，全球充电桩预计保有量将分别达到12090万个和21520万个，其中全球私人充电桩预计保有量分别达10470万个和18990万个，全球公共充电桩预计保有量达1620万个和2530万个。

4. 光伏行业分析

我国光伏市场热度不退。户用光伏因其具有见效快、投资小、并网简单、补贴及时等优点，是目前最具发展潜力的领域。2017年底，户用光伏已达到50万套；2018年约80万套。考虑到屋顶资源丰富，户用光伏没有指标瓶颈，“隔墙售电”突破限制，电网代收电费不用再担心违约问题等有利因素。同时，当前光伏扶贫政策作为精准扶贫的重要组成部分将持续开展，光伏扶贫有不拖欠补贴、保证消纳等优势，政策风险很小，补贴资金及时到位等优点。

进入2018年，产业链各环节新增产能与技改产能逐步释放，而需求侧新增市场规模增速预计会放缓，此消彼长的局面将导致光伏市场供需失衡，上下游各环节产品价格将进一步下跌，企业将会承受较大压力。同时，企业间分化迹象加剧，各个环节竞争激烈，没有品质和成本优势的企业将会出局。

2019年，宏观政策和行业政策突变的后遗症加剧，中美博弈带来的经济下行压力，以及行业内部的产业变革等因素叠加，给行业带来较大压力。受惠于国外市场的井喷，民营经济占据主导的中国光伏企业艰难却仍然渡过了史无前例的这一年。很多人认为，2019年最抢眼的关键字是一个“难”字。

2019年5月20日，国家发展改革委和国家能源局综合司联合发布了《关于公布2019年第一批风电、光伏发电平价上网项目的通知》，公布了2019年平价光伏项目名单，光伏装机容量达14.78GW。目前，1500V光伏电站系统已成为国际主流，在2019年DC1500V逆变器份额增至74%。在全球范围内，1500V已成为大型光伏项目必要条件。展望未来5年全球逆变器行业的价格趋势和需求，预计全球光伏新增装机从2020年的122GW增长到2025年的346GW（CAGR13%），相应地光伏逆变器市场规模从458亿元增长至1096亿元。

中国光伏逆变器行业市场规模连续5年保持稳定增长，根据行业研究机构统计，光伏逆变器市场规模从2016年的41亿元增长至2020年的68亿元，年均复合增长率为13.5%。国家能源局数据显示，2021年中国光伏新增装机容量54.88GW，同比增长13.9%，其中大型地面电站占比为46.6%，分布式电站占比为53.4%。2021年受供应链价格上涨的影响，大型地面电站的装机量不及预期，随着“碳中和”目标的推进和风光大基地的开工建设，集中式地面电站将迎来新一轮的发展热潮。由于产业链上下游供需错配、上游产能扩建周期长、光伏行业预期装机量高等原因，硅料价格大幅上涨，并传导至整个光伏产业链，硅片、电池片、组件各环节价格均有不同程度的上涨，根据中国光伏行业协会的数据，2021年我国光伏系统初始投资成本同比上升4%，为多年来首次上升，受涨价因素的影响，装机节奏延后。中国光伏行业协会预测，“十四五”期间，全球光伏年均新增装机或将超过220GW，我国光伏年均新增装机或将超过75GW。

国家能源局官网数据显示，2022年，全国光伏发电量为4276亿kW·h，同比增长30.8%，约占全国全年总发电量的4.9%。2022年光伏发电总装机突破3.9亿kW，仅次于火电、水电，成为装机规模第三大电源。中国光伏发电年新增装机达到8741万kW，同比增长60%，再创历史新高，成为新增装机规模最大、增速最快的电源类型。预计2023年光伏新增装机总量超过95GW，累积装机有望超过487.6GW。

多晶硅方面，2022年产量达82.7万吨，同比增长63.4%。硅片方面，2022年产量约为357GW，同比增长57.5%。晶硅电池片方面，2022年产量为318GW，同比增长60.7%。组建方面，2022年产量达到288.7GW，同比增长58.8%，以晶硅组件为主。人才方面，2021年中国光伏从业人员总计246万人，直接从业人员约为41万人，2022年新增从业人员需求超过26.4万人。毋庸置疑，2022年是中国光伏产业大发展之年，其中政策先行、补贴支持、招投标市场活跃等信息始终充斥着整个光伏产业链。

许多重磅政策的发布，不仅为2022年的光伏产业发展指明了方向，更为今后很长时间光伏产业定下了主基调。虽然中国光伏产业靠补贴增长的时代已经过去，但是光伏补贴作为一种有效促进产业发展的方式，许多地方政府仍在沿用。2022年也是实施“十四五”规划的关键之年，全国30省/市发布“十四五”期间风、光装机规划目标，合计新增874.037GW。这些规划对于中国能源结构的改变将是颠覆性的。

光伏行业未来发展趋势如下：

（1）政策利好集中式+分布式双驱发展

近期，八部委相继发布了《加快农村能源转型发展助力乡村振兴的实施意见》《智能光伏产业创新发展行动计划（2021—2025年）》和《关于推进中央企业高质量发展做好碳达峰、碳中和工作的指导意见》等政策利好文件，确定了集中式+分布式双驱发展路径，为2022光伏大爆发奠定了政策基础。预计分布式与集中式并举，将成为2022光伏发展的两大路径。

（2）分布式光伏发展势头强劲

2021年是我国“十四五”首年，光伏发电建设实现新突破，呈现出三个新特点：一是分布式光伏达到1.075亿kW，突破1亿kW，约占全部光伏发电并网装机容量的三分之一；二是新增光伏发电并网装机中，分布式光伏新增约2900万kW，约占全部新增光伏发电装机的55%，历史上首次突破50%，光伏发电集中式与分布式并举的发展趋势明显；三是新增分布式光伏中，户用光伏继2020年首次超过1000万kW后，2021年超过2000万kW，达到约2150万kW。户用光伏已经成为我国如期实现碳达峰、碳中和目标和落实乡村振兴战略的重要力量。2022年分布式光伏年新增装机达到5111万kW，同比增长75%，占全部光伏发电新增装机规模的58%以上。光伏市场呈现出集中式电站、工商业分布式、户用光伏“三分天下”的新格局。

(3) 光伏产业规模扩大

据工业和信息化部官网消息，2022年全年光伏行业总产值突破1.4万亿元人民币。

一是产业规模实现持续增长。根据行业规范公告企业信息和行业协会测算，2022年全年光伏产业链各环节产量再创历史新高，全国多晶硅、硅片、电池、组件产量分别达到82.7万吨、357GW、318GW、288.7GW，同比增长均超过55%。行业总产值突破1.4万亿元人民币。

二是技术创新水平加快提升。2022年国内主流企业P型PERC电池量产平均转换效率达到23.2%；N型TOPCon电池初具量产规模，平均转换效率达到24.5%；HJT电池量产速度加快，硅异质结太阳能电池转换效率创造26.81%的世界新纪录，钙钛矿及叠层电池研发及中试取得新突破。

三是智能光伏示范引领初见成效。新一代信息技术与光伏产业加快融合创新，第三批智能光伏试点示范名单适时扩围，工业、建筑、交通、农业、能源等领域系统化解决方案层出不穷，光伏产业智能制造、智能运维、智能调度、光储融合等水平有效提升。

四是市场应用持续拓展扩大。2022年国内光伏大基地建设及分布式光伏应用稳步提升，国内光伏新增装机超过87.41GW，累计光伏并网装机总量达到392.6GW，新增和累积装机总量均为全球第一；全年光伏产品出口超过512亿美元，光伏组件出口超过153GW，有效地支撑了国内外光伏市场增长和全球新能源的需求。

四、中国电源产业发展趋势

1. 上下游产业发展对未来电源行业成本、价格影响分析

电源产业链上中下游分别为原材料供应商、电源制造商、整机设备制造商和行业应用客户。

1) 上游主要为控制芯片、功率器件、变压器、PCB等电子器件供应商。

2) 中游主要为模块电源、定制电源、大功率电源及系统制造商。

3) 下游主要为通信、照明、PC、服务器、消费电子产品、家电、工业自动化等设备，新能源汽车、航空航天及军工整机、铁路设备等制造商；新能源系统、数据中心系统等系统集成商或运营方。

(1) 供应商议价能力

根据前面的诸多市场分析等可以得出，现阶段电源行业原材料供应商对电源行业的议价能力较弱。电源行业供应商议价能力分析见表9。

(2) 购买商议价能力

反过来看，电源行业主要实行定制的生产模式，且存在较大的转换成本。因此，电源购买商对电源行业的议价能力较强。电源行业购买商议价能力分析见表10。

表9 电源行业供应商议价能力分析

指标	表 现	结 论
企业数量	电源行业各类原材料供应商数量众多，市场呈现完全竞争状态	企业数量较多，议价能力较弱
产品独特性	电源需要的原材料基本为普通材料，没有太多的特殊要求。因此，产品独特性较低	同质化导致其议价能力较低
前向一体化能力	电源行业需要的原材料为一些基本材料，与电源制造差距较大。因此，材料供应商实现前向一体化的能力较弱	运营商前向一体化能力较弱

表10 电源行业购买商议价能力分析

指标	表 现	结 论
用户数量	电源产品广泛应用于通信、电力、轨道交通、计算机、医疗等多领域，客户数量众多	用户数量多，市场大，议价能力较弱
购买数量	电源产品在下游产品中所占的比重较小，用户购买数量较小	议价能力较弱
转换成本	应用于不同领域的电源产品差异性较大，产品异质性较高，转换成本较高	议价能力较强
同质化程度	应用于不同领域的电源产品差异性较大，产品异质性较高，且大多下游企业要求电源生产企业为其定制相应的产品	议价能力较强
应收账款周转天数	大多数上市企业总资产周转率都在1之下，应收账款周转天数同比增长，回款几乎都在3个月到1年	议价能力较强

虽然电源产品用户数量多、市场大，用户购买数量又少，使得电源购买商议价能力减弱；但不同领域的电源产品异质性较高，且大多下游企业要求电源厂商为其定制产品，同时多数上游企业总资产周转率都在1以下，需3个月到1年时间才能回款，因此电源购买商的议价能力整体较高。总的来讲，行业整体的竞争强度较大，原材料价格上涨，人工成本不断上升，使得电源的生产成本大幅下降的可能性不大。而行业技术日益成熟，产品供给不断增加，导致电源产品的价格呈现下降趋势。

(3) 替代品威胁

电源作为用电设备中必不可少的设备，不存在替代品。因此，替代品威胁较小。但是，随着下游市场对所需的电源产品越来越专业，技术、环保等各方面的要求越来越高，将会存在高端产品对中低端产品的替代。

（4）总结

综合行业五方面力量对比，可以看出整体的竞争强度较大，竞争激烈，原材料价格上涨，人工成本近年来不断上升，决定了电源的生产成本出现大幅下降的可能性不大。而行业技术日益成熟，产品供给不断增加，电源产品的价格呈现下降趋势。

2. 未来行业发展趋势分析

首先，电源产品将向绿色化、分布式、高频化的方向发展。在“双碳”战略背景下，电源产品的绿色化是大势所趋，电源供电结构由集中式向分布式发展。分布供电方式具有节能、可靠、经济、高效和维护方便等优点。该方式不仅被现代通信设备采用，而且已为计算机、航空航天、工业控制系统等采纳。在电镀、电力机车牵引电源、中频感应加热电源、电动机驱动电源等大功率场合也有广阔的应用前景。同时，在采用分布式供电结构后，单模块电源的容量变小，因而可以实现高频化。

对产品结构而言，电源产品的一体化、多元化是发展的趋势。随着产品性能发展到一定阶段后，人性化设计显得尤为重要，为了让用户更轻松、更自如地应用产品，产品的使用方便性、全自动功能、环境适用功能、环保和节能功能越来越多，为用户的安装和使用提供方便。对电源企业而言，未来要更多地直接与用户接触，了解用户需求，使产品设计更加适合用户需求，推动电源产品的发展，使得产品更加成熟。因此，设计服务将是电源最重要的增值服务之一，尤其是为客户提供实际的解决方案，在行业技术要求比较强的定制电源制造业，从 OEM 到 ODM 在价值链上增加了设计环节，向产业链上游延伸，逐步占领高端增值环节。

此外，电源产品由于其产品的多样性以及应用的广泛性，未来电源企业在销售模式上将不能简单地采取某种固定渠道，而是根据产品自身的特点及产品应用的行业特征，采用网络销售、体验式销售、垂直营销等多种渠道相结合的方式进行销售。

3. 未来电源产业市场发展预测

近年来，全球经济体动荡不安，多国经济下滑，受经济和市场下行的影响，行业需求持续疲软，尤其是出口受到重创。但国内宏观经济持续稳步发展和全球产业加速转移，我国在全球电源市场发展占比稳步提升，成长起来一批在细分领域具有一定规模和核心竞争力的企业。同时，随着国内宏观经济的持续发展，尤其是国内对新型电力系统、新能源发电、新能源汽车、数据中心、5G 通信等产业的持续性投入，将进一步推动国内电源产业的迅速增长。

五、鸣谢单位（按中国总部所在地区拼音首字母排序）

华北北京安泰科技股份有限公司非晶制品分公司
华北北京小米通讯技术有限公司
华北北京创四方电子集团股份有限公司
华北北京动力源科技股份有限公司
华北北京森社电子有限公司
华北北京新雷能科技股份有限公司
华北北京银星通达科技开发有限责任公司
华北河北石家庄通合电子科技股份有限公司
华北河北石家庄先控捷联电气股份有限公司
华东安徽博微智能电气有限公司
华东安徽科威尔电源系统股份有限公司
华东安徽阳光电源股份有限公司
华东安徽中科海奥电气股份有限公司
华东福建厦门赛尔特电子有限公司
华东福建厦门市爱维达电子有限公司
华东福建厦门科华数据股份有限公司
华东福建厦门市三安集成电路有限公司
华东江苏常熟凯玺电子电气有限公司
华东江苏连云港杰瑞电子有限公司
华东江苏南京博兰得电子科技有限公司
华东江苏南京海迪自动化科技有限公司
华东江苏南京国臣直流配电科技有限公司
华东江苏苏州纳芯微电子股份有限公司
华东江苏无锡芯朋微电子股份有限公司
华东江苏无锡新洁能股份有限公司
华东江苏爱克赛实业有限公司
华东江苏宏微科技股份有限公司
华东江苏固纬电子（苏州）有限公司
华东江苏思瑞浦微电子科技（苏州）股份有限公司
华东江苏华润微电子有限公司
华东江苏无锡希恩电气有限公司
华东山东青岛鼎信通讯股份有限公司
华东山东青岛威控电气有限公司
华东山东华天科技集团股份有限公司
华东山东镭之源激光科技股份有限公司
华东上海登钛电子技术（上海）有限公司
华东上海台达电子企业管理（上海）有限公司
华东上海伊顿电源（上海）有限公司
华东上海科梁信息科技股份有限公司
华东上海南芯半导体科技股份有限公司
华东上海稳利达科技股份有限公司
华东浙江杭州铂科电子有限公司
华东浙江杭州精日科技有限公司
华东浙江杭州中恒电气股份有限公司
华东浙江宁波博威合金材料股份有限公司
华东浙江宁波赛耐比光电科技有限公司
华东浙江宁波希磁电子科技有限公司
华东浙江派恩杰半导体（杭州）有限公司
华东浙江大华技术股份有限公司
华东浙江东睦科达磁电有限公司
华东浙江富特科技股份有限公司
华东浙江英飞特电子（杭州）股份有限公司
华东浙江鸿宝电源有限公司
华南广东东莞铭普光磁股份有限公司
华南广东东莞市奥海科技股份有限公司
华南广东东莞市金河田实业有限公司
华南广东东莞市石龙富华电子有限公司

华南广东佛山市顺德区伊戈尔电气股份有限公司
华南广东广东力科新能源有限公司
华南广东广东志成冠军集团有限公司
华南广东广州高雅信息科技有限公司
华南广东广州健特电子有限公司
华南广东广州金升阳科技有限公司
华南广东航天柏克（广东）科技有限公司
华南广东合泰盟方电子（深圳）股份有限公司
华南广东明纬（广州）电子有限公司
华南广东深圳奥特迅电力设备股份有限公司
华南广东深圳科士达科技股份有限公司
华南广东深圳可立克科技股份有限公司
华南广东深圳麦格米特电气股份有限公司
华南广东深圳欧陆通电子股份有限公司
华南广东深圳市必易微电子股份有限公司
华南广东深圳市海思瑞科电气技术有限公司
华南广东深圳市禾望电气股份有限公司
华南广东深圳市汇川技术股份有限公司
华南广东深圳市科信通信技术股份有限公司
华南广东深圳市盛弘电气股份有限公司
华南广东深圳市英可瑞科技股份有限公司
华南广东深圳市英威腾网能技术有限公司
华南广东深圳市运通天下科技有限公司
华南广东深圳市知用电子有限公司
华南广东深圳威迈斯新能源股份有限公司
华南广东深圳英飞源技术有限公司
华南广东珠海英搏尔电气股份有限公司
华南广东易事特集团股份有限公司
华南广东全宝科技股份有限公司
华南广东立讯精密工业股份有限公司
华南广东茂硕电源科技股份有限公司
华南广东商宇（深圳）科技有限公司
华南广东深圳市柏瑞凯电子科技股份有限公司
华南广东深圳市瑞隆源电子有限公司
华南广东深圳市英威腾电源有限公司
华南广东长城电源技术有限公司
华中河南求同电气科技有限公司
华中湖北武汉永力科技股份有限公司
华中湖南株洲中车时代半导体有限公司
西北陕西西安中电科瑞志电源技术（西安）有限公司
西北新疆特变电工新疆新能源股份有限公司
西北新疆金风科技股份有限公司
西南四川成都航域卓越电子技术有限公司
西南四川格斯拉科技有限公司
西南四川英杰电气股份有限公司
西南云南省工投软件技术开发有限责任公司

附：中自产业服务集团简介

中自集团是集杂志、网站、会议、研究及数字移动媒体为一体的中国自动化产业链整合传播、营销、咨询和投资服务机构，拥有网刊会及数字移动合一的专业平台以及政府部门、行业组织、专家学者、企业家、用户、投资机构等各种社会资源。旗下有《变频器世界》《智慧工厂》（原《PLC&FA》杂志）、《智能机器人》等品牌期刊，历经25年的发展，奠定了其在业界的权威地位，在国内外享有较高声誉。更有中自网 www. ca168. com、中自移动数字传媒 www. cadmm. com 等专业网站。中自集团通过传媒优势，整合各种资源，与国内外著名自动化组织、企业建立了广泛的联系和交流，每年举办数十个论坛和研讨会。其中“变频器行业企业家论坛”“电力电子论坛”“自动化大会”已成为每年一度的行业权威盛会，对推动中国自动化行业持续发展起到了积极的作用。

近二十年来，中自集团致力于为中国自动化产业发展提供专业的传播、营销和咨询服务，推动这一市场持续快速发展。并随着企业对于跨越式发展的追求，于2009年涉足对这一产业的投融资服务，为业内高成长性企业对接资本市场提供专业支持。中自集团先后开展了一系列服务，协助十多家企业登陆资本市场，也为国际企业在中国市场实现成功并购提供专业咨询，典型案例包括但不限于：指导并协助多家企业获得发改委、科技部及工信部的专项基金支持，为上市打好坚实基础；为证监会发改委提供行业研究报告及相关企业业绩证明；为某企业引进投资、解决用地问题，协助登陆资本市场；参与并促成业内几宗大的并购；为业内企业上市及融资提供专业支持。

目前，中国自动化及新能源领域的高成长性企业不断涌现，经过集团筛选的适合投资的企业也达到数十家。中自集团拟从种子期的培育、发展期的投资以及上市前的包装等各个阶段提供服务。同时，由于国内资本市场竞争激烈以及同一行业上市容量有限等因素，部分企业将选择海外上市等渠道；另一方面，海外有实力的企业也将在中国寻求并购等，以快速进入这一全球最大的市场。因此，中自集团也在与海外有关专业机构合作，为相关企业提供多渠道、多形式的投融资服务。

中自集团现已拥有1000余家企业合作伙伴，常年企业合作伙伴300余家，粉丝级合作伙伴100余家，拥有庞大数据的读者俱乐部、企业家俱乐部及媒体联盟，秉承铁肩担道义的传媒使命，经过近25年的发展，中自集团已由单一媒体成功转型为中国自动化产业立体传播、营销、咨询和投资服务机构。除了一如既往地做好整合传播和全产业链营销工作，在新的历史机遇面前，中自集团整合各种优质资源，打造创新服务平台，借此推进企业与高校、资本以及供应链的深入对接，加快创新成果转化，共建技术协作平台，借助资本推动，为业内成长性企业腾飞提供实质性保障，并以期联合更多相关机构为产业持续发展作出更大贡献。

中国电源技术研究发展情况
——基于2022年中国电源学会第二十五届学术年会

中国电源学会学术工作委员会
马皓、李武华、李楚杉

一、引言

电力电子技术是面向电力领域，通过控制功率电路中半导体器件的开关斩波工作，实现电能高效变换和利用的电子技术。电力电子技术融合了功率半导体器件、电力电子电路与自动控制原理等多学科理论与技术，是内蕴多学科交叉属性的前沿技术。当前，电力电子技术已经渗透至电能利用的每一个环节：在电能的生产阶段，电力电子技术实现了太阳能、风能等一系列可再生能源的高能效发电；在电能的输配阶段，电力电子技术通过对电能质量、功率潮流的优化调控，大大提升了电能的输配效率。在电能的利用阶段，电力电子技术已广泛应用于信息电子、照明与消费电子、环保、工业制造、交通和国防等传统重点领域，并拓展至生物电磁、深海深空深地探测等前沿领域，成为其中实现电能变换和利用的核心环节。随着大数据、人工智能等信息技术以及新一代宽禁带半导体技术的飞速发展，电力电子变换装备呈现出集成化、高密化、数字化趋势。同时，随着“双碳”计划的持续推进与中国高端制造业的快速发展，电力电子技术在国民经济中的地位将进一步提升，电能系统将最终实现全面电力电子化。

随着电力电子技术的蓬勃发展，在电力电子技术的各个研究领域，新技术与新方法持续涌现。在开关电源、直流功率变换与功率因数校正领域，随着可再生能源的迅速发展以及电动汽车充电、数据中心、海上风电等新兴行业的不断壮大，面向分布式能源接入的直流变换与功率因数校正技术正在快速发展。此外，开关电源技术与生物医学等学科的结合促进了新的应用需求的提出，进一步拓宽了开关电源的应用场景。在变频电源研究领域，随着国家积极推进可持续发展的能源战略，加快经济转型，强化节能减排，以及工业领域持续再电气化，变频器与电力传动系统正朝着更强控制性能、更高可靠性、更低成本方向发展。另外，高转速、大功率电机的传动控制也是当前的研究热点。在电力电子器件研究领域，SiC和GaN等新型宽禁带电力电子器件正快速进入光伏发电、新能源汽车等领域，基于新型器件的应用技术和优化设计方法不断涌现，采用新器件设计的稳定性及可靠性也是当前的热门研究方向。在高频磁元件和磁集成研究领域，降低磁性元件的尺寸和损耗，是提高变换器功率密度和效率的关键。当前的热门研究方向是高频化、集成化和平面化的磁性元件设计。随着功率密度的提升，热应力和电磁干扰等问题引起了广泛关注，同时高频低损耗磁心材料的研发也持续推进。

在新能源变换技术领域，随着电网中以风电、光伏为代表的新能源发电装机渗透率日益增长，其运行策略对传统电网产生了重要影响，也给相关变流器高效、稳定运行带来了巨大挑战。分布式新能源单元和电网系统之间的交互行为与大规模新能源接入后，对系统的影响成为当前的热门研究方向。在电能质量治理与优化领域，随着近年来电力需求的增加、非线性电子设备和敏感负载的接入以及“十四五”规划后我国电力系统对新能源最大限度的开发利用，有源配电网电压波动、谐波、无功等电能质量问题愈发突出，新型的补偿装置与分布式电能质量治理策略成为当前的研究热点。在照明电源与消费电子领域，当前的发展方向是提高电源效率和功率密度，并实现小型化和高性能化，研究热点主要包括新应用场景系统拓扑结构的研究、电路各工作模态的精确建模与控制工作、磁性元件集成结构以及宽禁带半导体器件高频化中的驱动问题等。在特种电源领域，针对电子、通信、军工、医疗、高能物理、航空航天等领域的特殊需求，在新型电力电子器件、磁元件、电路拓扑、控制策略、热设计、电磁兼容（EMC）等技术方向不断深耕，并逐步探索多学科的交叉融合。在电磁兼容领域，随着SiC、GaN等宽禁带器件的广泛应用，宽禁带器件的高速开关特性造成的电磁兼容问题日益突出，并且成为本领域的核心研究方向，目前研究集中在如何更加有效地对EMI滤波器进行优化设计，以及针对特定拓扑和应用场景下的EMI抑制方法。在无线电能传输技术领域，为解决无线电能传输系统抗偏移能力弱、多级系统效率低、系统输出波动大、线圈间异物检测系统不灵敏等问题，近年来的研究热点主要集中于磁耦合器的设计与优化、无线充电线圈偏移导致的谐振网络失谐处理、磁耦合电能传输发射线圈与接收线圈之间的异物检测以及多级WPT谐振变换系统效率提升问题。除此之外，电场耦合式无线电能传输也得到越来越多的关注。

在信息系统供电技术领域，受到新基建、数字经济等国家政策的影响以及大数据、云计算、人工智能、5G等新一代信息通信技术发展的驱动，我国数据中心数量不断增加、规模快速扩大，该领域正积极探索新一代的数据中心供电系统架构以及SiC器件为代表的第三代半导体器件的设计和应用技术。在电动汽车充电与驱动领域，充电技术的未来趋势是建立更加智能化、高效、快速的充电网络，以满足不断增长的电动汽车需求，需要更加安全可靠的电力电子装置、更高效稳定的电池管理系统和更智能化的充电控制算法。在驱动技术方面，未来趋势是实现更高效、可靠、安全的电动汽车驱动系统，这将包括更高性能的电机、更先进的电控技术、更智能化的驾驶辅助系统等。在电力电子化电力系统与装备领域，随着依赖化石能源的传统电力系统向着高比例可再生能源的新一代电力系统转变，本领域重点探索电力电子装备主导的新型电力系统中的暂态稳定性问题，弱网下新能源发电单元对系统的支撑控制，以及电力电子装备在新型电力系统中的高频振荡问题。在交通电气化领域，当前的研究热点主要集中于功率器件驱动，热损耗与结温分布特性分析，牵引变流器优化控制与调制技术，牵引变流器寿命与可靠性评估，以永磁同步电机为主的电机驱动及其控制，新型牵引供电与牵引传动拓扑，电力牵引系统健康状态监测、寿命评估和智能运维等。在电池、燃料电池以及氢能等储能系统研究领域，实际应用中储能系统健康恶化导致的严重故障得到了研究人员的广泛关注，储能系统的健康状态感知与故障诊断及处理成为当前的研究热点，针对储能系统的容量配置算法、充放电均衡控制算法也是重要的探索方向。

在“双碳”目标下，中国电力电子学术研究与产业发展正面临历史未有之机遇。电能系统的低碳化、直流化、移动化、数字化以及分布化趋势均无法离开电力电子技术的支撑，电力电子技术正渗透至国民经济与人类生活中的每一个角落。在电力电子系统大框架下，材料学、传热学、力学正加速融入电力电子学，多学科碰撞交流衍生出一系列新兴研究方向与领域。因此，亟需通过系列调研综述，跟踪中国电力电子技术发展情况。2022 中国电力电子与能量转换大会暨中国电源学会第二十五届学术年会及展览会（CPEEC & CPSSC 2022）于 2022 年 11 月 4 日—7 日，以线上线下相结合的形式，在厦门成功举行。第三届国际电力电子技术与应用会议（IEEE PEAC 2022）同期举办。本届会议共录用论文 725 篇，设置 19 场大会报告、8 场电力电子高峰论坛报告，15 场专题讲座，40 个中文主题技术报告分会场、36 个英文主题报告分会场、共计 439 场口头报告，10 个工业报告分会场 38 场报告，5 场专题活动以及 2 个墙报交流时段。本次会议近 500 人现场参会，近万人线上参与，全球顶级专家齐聚，共谋电力电子与电源学科发展，营造了疫情防控不放松，学术交流不断线的学术氛围，呈现了一场安全有序、精彩纷呈的电源行业饕餮盛宴。本文基于此次学术会议，介绍中国电力电子技术研究的发展情况。

二、中国电源技术研究发展概况

1. 新颖开关电源：直流变换、功率因数校正

近年来，随着可再生能源的迅速发展以及电动汽车充电、数据中心、海上风电等新兴行业的不断壮大，越来越多的分布式能源接入配电网，直流负载在电网中的占比也不断增加，这为交流配电网带来了巨大挑战。与交流配电网相比，直流配电网与分布式新能源以及直流负载之间的接口简单，且具有高能效与高灵活性等优点，因而受到了越来越多的关注。电力电子变换器是直流系统中的重要组件，为实现高效率、高功率密度、高速瞬态响应，LLC 谐振变换器、双有源桥（DAB）变换器以及三电平谐振变换器受到了学者们的广泛研究。而对于现行的交流系统，单相 Boost PFC 与 VIENNA 整流器仍是交直流转换的重要接口，但在电能变换的过程中，电压及电流谐波对变换器的运行性能有着不可忽视的影响。采用合适的调控策略以尽可能减小谐波对变换器稳态及瞬态性能的影响也备受学者们关注。此外，从研究与创新路径而言，与生物医学等其他学科的应用相结合，则能发掘新的应用需求，拓宽开关电源现有的研究领域。

中南大学的粟梅教授等提出了一种用于宽输入电压范围的准两级隔离双向 Buck-DAB 转换器，可以始终工作在电压匹配条件下，相比传统的 Buck 级联 DAB 的结构，其前级电路在实现调整变换器增益的同时仅传输部分功率，并且易于实现变换器所有开关的 ZVS 工作，保证了变换器的高效率运行。东南大学的陈武教授等基于三电平电路设计了一种低电压应力的枝干分流型谐振变换器，所有开关管的电压应力都较低且均实现了软开关。此外，通过在辅全桥单元原边添加一个阻断电容，可实现该部分续流电流的快速下降，使得续流功率最小，进而减小了导通损耗。南京航空航天大学的胡海兵教授等提出了一种用于 LLC 变换器的非线性负载电流前馈控制方法，通过快速控制输入功率来加快负载跳变时的动态响应速度。该方法相较于传统的电荷控制策略，能将负载电流跳变导致的输出电压过冲与输出电压跌落降低约三分之二，动态恢复时间也大幅缩短。西安交通大学的卓放教授等针对 DAB 变换器对 DPS 控制进行了优化，减小了变换器稳态工作时的电流应力，同时提出了一种功率补偿控制，对理论传输功率与实际传输功率之间的差异进行补偿，增强了负载扰动时变换器的鲁棒性。南京航空航天大学的阮新波教授等在注入零序分量的载波调制策略下提出了一种基于多谐振 PR 调节器的中点电位平衡控制方法，可有效地抑制 VIENNA 整流器中谐波分量对变换器运行的影响，实现整流器中点电位的平衡。河海大学的张犁教授等针对 Boost PFC 变换器提出了改进 LADRC 的电压外环控制策略，通过在扩张状态观测器前后端注入广义扰动补偿算子，为电压外环增加了控制自由度，提升了观测器对扰动的灵敏度，在几乎不影响变换器网侧电流 THD 的前提下，增强了系统对外部扰动的补偿能力，改善了系统带宽受限条件下的动态响应。面向基于超顺磁性氧化铁纳米颗粒的生物实验和临床研究需求，东南大学的陈武教授等提出了一种电感连接型结构的频率-场强可宽泛调节的弱磁场 rTMS 脉冲电路，并提出了相应的参数设计方法与控制策略，解决了传统 rTMS 放电电路晶闸管电压应力过高以及限流电阻耗能大等问题。

2. 变频电源及电力传动系统

当前国家积极推进可持续发展的能源战略，加快经济转型，强化节能减排。工业领域的再电气化将推动“电驱化”的不断发展，实现用电结构优化，加快新旧动能转化。电力传动系统是“电驱化”的重要组成部分，正面临着良好发展机遇。随着电力电子技术、自动控制技术、微机技术的不断进步，变频器与电力传动系统正朝着强控制性能、

高可靠性、低成本方向发展。在大容量或高转速电机驱动系统中，为了减小功率器件的开关损耗，系统通常要求低载波比运行，这就导致了相电流谐波含量高、电流控制性能下降等问题。在实际应用中，电机参数由于温度、饱和度等原因与实际值出现偏差，传统控制方法会导致控制效果进一步恶化。电机的调速范围对于工业伺服、电动汽车等领域是一项重要的指标，星-三角切换是交流电机实现宽范围调速的主要途径之一，但是传统的切换方式依赖机械继电器，会影响转矩输出的平稳性，甚至会产生电弧影响装置的安全性。在家电领域，无电解电容电驱系统可以提高系统可靠性，降低系统体积，但如何抑制网侧电能质量成了新的研究挑战。另外，高转速、大功率电机在外界干扰下的机电扭振也是亟需解决的问题。国内学者针对这些问题进行了细致深入的研究，并取得了丰富的研究成果。

针对内嵌式永磁同步电机 dq 轴参数不对称的问题，浙江大学李武华教授等提出了一种基于特征值规范型矩阵的建模方法，通过非奇异线性变换等价转化为对称系统，并推导出适用于非对称系统的复数 PI 控制器。实现低载波比工况下的 dq 轴解耦，动态响应快，相较于经典 PI 控制器，相位裕度大幅提升，且不会引入额外的建模误差。针对低载波比下相电流中大量低次谐波问题，浙江大学胡斯登副教授等成功地将同步空间矢量调制技术应用于感应电机闭环控制系统中，通过最小化转子磁链误差，优化控制周期以实现电磁转矩的无差拍控制，所提算法产生的电压脉冲具有良好的同步性和对称性，能有效地抑制电流谐波。针对电机参数变化引起的控制效果恶化问题，华北电力大学张永昌教授等提出了一种基于扩张状态观测器的级联无刷双馈电机鲁棒预测电流控制方法，该方法能快速地估计模型不确定性引起的总扰动，并结合无差拍控制实现电流的准确控制。西安理工大学尹忠刚教授等提出了一种基于改进搜索算法的同步磁阻电机最大转矩电流比控制方法，通过电流角度平滑切换策略减小了搜索算法切换时的转矩脉动，降低了转速波动，并采用磁链观测器估计的电磁转矩来补偿电流矢量角，提高了搜索算法的动态性能，该方法具有较好的鲁棒性并且不依赖同步磁阻电机参数。针对无电解电容电驱系统的电能质量问题，哈尔滨工业大学徐殿国教授等提出了一种阻抗重塑的网侧电流谐波抑制方法，通过对频域特性进行分析，揭示了 LC 谐振对导纳的影响以及电流谐波与电感电流的关系，在此基础上，提出了一种有源阻尼控制方法来抑制特定频率的网侧电流谐波。华中科技大学蒋栋教授等提出一种星-三角柔性切换方案，利用直流母线电容双向电流流通能力和主动注入零轴电流的方式实现转矩基本无波动，在电机宽范围调速的同时保障系统长期运行的可靠性。深圳市禾望电气股份有限公司郑大鹏博士等提出了一种基于虚拟惯性控制的冷连轧交流传动系统设计方法，通过改变系统的电机转动惯量和系统的谐振频率，实现对机电扭转振动的抑制。

3. 硅基器件、SiC/GaN 器件、新型功率器件及其应用

随着新一代能源技术革命的发展，SiC 和 GaN 等新型电力电子器件在电力转换、逆变器和其他应用中已经具有技术和综合成本优势，迎来研发及应用的新一轮热潮，助力光伏发电以及新能源汽车等新领域的更多突破。对于新型功率器件，采用新技术以及优化设计等方法可以使其更好地满足高效率、高功率密度等新时代应用需求。同时，通过传统、新兴方案的有机整合，研究者得以梳理出更适合新型功率器件的配套方案，解决传统单一方案的局限性，提高设计的稳定性及可靠性。此外，各类新型功率器件的分析及对比等得到了进一步研究，提升了该领域理论探索及科研实践方面的系统性及完整性。

重庆大学的曾正教授等提出了一种针对高压功率模块的隔离驱动的设计方案，实现了不低于 10kV 的绝缘水平以及低至 3pF 的耦合电容，充分满足了高压功率模块对驱动绝缘与抗干扰能力的要求。实验设计的隔离电源具有 10W 的额定输出以及高达 87.8% 的效率，并在驱动级设计中实现了高峰值驱动电流的输出。合肥工业大学的李贺龙教授等对电机驱动装置中的逆变器进行建模，获得逆变器在不同工况下的功率损耗与效率，比较 SiC MOSFET 与 Si IGBT 应用于电机驱动时的性能，为电机驱动领域的进一步研究打下了理论基础。中山大学的刘扬教授等从 p 型栅氮化镓 HEMT 的动态特性出发，探究不同开关条件对 GaN 器件动态导通电阻和阈值电压的影响，基于 100W 的有源箝位反激电源实验证明该类器件的动态特性稳定性在该应用场景下处于可控状态，推动了 GaN 器件动态稳定性方向的深入研究。北京智芯微电子科技有限公司联合清华大学对 SiC MOSFET 的短路及过电流保护方案进行了研究。通过将经典的去饱和保护方法与基于寄生电感的保护方法相结合，使其在不同电流上升速率之间在响应速度上实现优势互补，充分提高了 SC 或 OC 故障的检测速度，保障了 SiC MOSFET 工作的可靠性。英飞凌集成电路有限公司的马新工程师等分析了英飞凌新一代 1700V IGBT7 和二极管 EC7 芯片的特性，通过与上一代产品 FF600R17ME4 进行静态特性对比，证明了 900A 和 750A 两款新产品的独特优势，并针对级联高压变频器和静止无功发生器的应用场景进行仿真对比，阐明了新一代 IGBT 产品在输出能力和功率损耗等方面为系统带来的价值。

4. 高频磁元件和集成磁

近年来，随着宽禁带 GaN 器件的发展，开关电源向着高频化、小型化和高效化发展。在各式模块电源中，电感、变压器等无源元件的体积和损耗占有较大比重。因此，减小磁性元件尺寸，降低磁性元件的损耗是提高变换器功率密度和效率的关键。为了降低寄生参数和损耗，提高功率密度并帮助系统散热，高频化、集成化和平面化的磁性元件设计逐渐成为研究人员的共识，PCB 绕组和平面磁件技术、磁集成建模与设计已经得到了快速发展。随着功率密度的提升，热应力问题在平面磁件中尤为明显，因而很多学者对高频平面磁件的热建模问题开展了研究。此外，很多研究聚焦于开关频率的提升引起的严重的电磁干扰噪声问题，EMI 滤波器设计问题被广泛研究。为了优化磁材的电磁性能，进一步降低磁元件的损耗，针对高频低损耗磁材研究也得到了广泛关注。

太原理工大学的杨玉岗教授针对传统的“EI”或“EE”型磁集成变压器磁通分布不均匀、绕组涡流损耗大

的问题，提出了一种新的“E+Ǝ”型磁集成变压器结构，建立了其磁路和电路模型，并设计了用于两相并联LLC谐振变换器的“E+Ǝ”型磁集成变压器，通过与传统“EE”型磁集成变压器的实验结果进行对比，证明了“E+Ǝ”型磁集成变压器可以在全负载范围内获得更高的效率。福州大学的肖俊涛等针对相位误差对传统双绕组交流功率法测量高阻抗角磁心损耗带来的测量精度问题，提出了一种新的交流功率法测量方案，利用空芯电感定标校验实验测量平台的相位误差，提高交流功率法测量高阻抗角磁性元件磁心损耗以及高频磁性元件磁心损耗的测量精度。基于提出的测量方案搭建了测试平台，验证了该方案可精确测量正弦波激磁的高阻抗角金属磁粉芯的磁心损耗，该研究具有重要的工程意义。南京航空航天大学的王树鹏等针对一次侧和二次侧均为低压大电流的移相全桥变换器，提出了一种一次绕组和二次绕组交错串并联的磁集成矩阵变压器的设计，同时实现了一次侧与二次侧的自动均流，降低了器件的电流应力，并通过制造样机和实验验证了所提出的磁集成变压器在一次绕组和二次绕组上的良好的均流能力。东南大学的沈湛教授等针对广泛应用于高频、高功率密度电力电子变换器的平面变压器受到温升限制的问题，对平面变压器进行了更精确的热分析并建立了简化的热仿真模型，并在MHz的样机上进行仿真和实验测量，验证了简化的热仿真模型的正确性。天通凯立科技有限公司的张晋康等为进一步提高NiZn铁氧体的致密化程度，从而提升材料的初始磁导率与饱和性能，基于氧化物法制备了不同预烧温度的NiZn铁氧体材料，研究了预烧温度对该材料的致密化、电磁性能的影响，实验结果表明当预烧温度为950℃时，能够获得晶粒大小均匀、气孔少、结构致密的显微结构以及最优的起始磁导率、饱和磁通密度特性。

5. 新能源电能变换

目前，实现碳中和目标已成为世界各国的共同愿景，风力发电、光伏发电等可再生能源大规模替代传统化石能源是实现这一目标的关键。在构建以新能源为主体的新型电力系统的目标下，电网中以风电、光伏为代表的新能源发电装机渗透率日益增长。然而，随着风电、光伏等新能源发电系统接入电网的容量日益增长，其运行策略对传统电网产生了重要影响，也给相关变流器高效、稳定运行带来了巨大挑战：如对分布式发电单元与电网之间的电力电子变换装置性能需求不断提升，大容量电池储能系统向规模化方向发展带来的安全可靠性问题，直流输电设备及新能源电场中电力电子装备与电网之间的动态交互作用可能会导致的谐振事故，电网中新能源发电比例不断提高使电网逐渐呈现弱电网特性，并网逆变器的控制以及引起的一些电网保护问题等。国内很多学者对新能源变换技术、分布式电源和电网系统之间交互影响不断探索，取得了丰硕的研究成果。

武汉大学的潘尚智教授等针对光伏组件输出功率不一致导致的逆变器功率失配问题，提出了一种基于磁路耦合的模块化集成三相光伏并网变换器。该拓扑通过对传统隔离型级联H桥的子模块进行集成，将三相通道与多绕组变压器耦合，使三相二倍频功率在磁心中相互抵消，减小直流母线电容值，进而降低子模块的尺寸和成本，提高功率密度。上海交通大学的李睿教授等基于在大规模储能领域，电池模块以双向变换器为接口的串并联汇集扩容方式更具优势，提出一种双向直流变换器拓扑和设计方法。其中，变换器子模块为LLC与Boost组成的两级式直流变换器，LLC做定频运行，Boost起调压的作用，两个相同的子模块在一次侧并联、二次侧串联。该变换器具有较宽直流电压增益范围，高效率、高功率密度的特点。上海交通大学的朱森教授等针对单独使用双有源桥（DAB）变换器所具有ZVS范围有限，方均根电流、输出电压纹波较高和输出电流具有负脉冲等限制问题，采用单有源桥（SAB）与半有源桥（Semi-AB）模式的结合，提出了适用于单向功率流应用的模式切换策略，该方法不仅保留了DAB变换器的大部分优点，还能延长开关管的工作寿命，降低电流应力与输出电压纹波，拓展低电压转换比下软开关ZVS的工作范围。东南大学的邓富金教授等基于海上风电场应用场景，基于直流技术汇集电能具有明显优势，提出了一种基于二极管整流隔离型DC-DC变流器的海上风电全直流系统拓扑结构和启动协调策略。该方法通过风机侧变流器不控整流的恒电流控制、最大功率控制，网侧变流器定低压直流控制、海上变流器定中压控制相互协调，可实现全直流海上风电系统高效起动。重庆大学的杜雄教授等针对直驱风电场经电网换相换流器（LCC）的高压直流输电送出系统中会出现频率耦合效应，导致系统的稳定性分析结果不准确等问题，建立了计及频率耦合效应的等效阻抗模型，得出更为准确的稳定性分析结果。清华大学的耿华教授等针对集成多个并联并网变流器的系统结构参数非线性变化引发的系统稳定性问题及宽频振荡现象，提出一种大规模新能源发电系统的分布式无源稳定控制策略。基于无源控制理论，从非线性角度出发，设计能够感知变流器即插即用引发的电网结构和参数变化的非线性观测器，实现了大规模新能源并网变流器多机系统的分布式无源控制。南京航空航天大学的陈新教授等针对含静止无功装置的新能源场站高频谐振机理及影响因素展开研究工作。从阻抗视角出发，分别提出无源高频谐振抑制方法和基于SVG高频阻抗重塑的有源抑制策略，同时对高频谐振抑制方法在实际工程中所面临的问题进行了分析。合肥工业大学的张兴教授等针对电压控制型并网逆变器（VCI）在弱电网条件下有功功率带宽低，功率响应速度慢的问题，提出一种附加零点的快速功率控制策略，能够有效地减小功率阶跃响应的调节时间，提高VCI有功功率控制带宽的同时不影响系统稳定性。同时为了消除电网阻抗变化对参数设计的影响，提出一种基于定时功率扰动的参数自适应方法。安徽大学的胡存刚教授等针对弱电网下，电网阻抗变化将影响并网电流的质量引起的带有本地负载的分布式发电系统数学模型与不接负载时存在较大差异等问题，搭建了弱电网下带负载的并网系统的精确数学模型，提出了外环PI控制器比例参数K_p的自适应控制策略。南京航空航天大学的谢少军教授等针对基于虚拟振荡器控制的并网逆变器小信号建模困难问题，提出采用描述函数法建立虚拟振荡器的线性化模型，进一步建立了整个并网逆变器的稳定性分析的数学模型并给出了稳定判据。山东大学的方旌扬教授等针对光伏并网系统孤岛与低电压穿越协调控制问题和现有孤岛检测法存在的缺点，设计了基于PCC波阻抗特征辨识孤岛和故障电压跌落两种状态的同步检测方案，并据此提出了协调控制方法。

6. 电能质量治理与优化

近年来，对电力需求的增加、非线性电子设备和敏感负载的接入以及“十四五”规划后我国电力系统对新能源最大限度的开发利用，使有源配电网电压波动、谐波、无功等电能质量问题愈发突出，有源配电网的高效、高质供电受到广泛关注，电能质量治理与优化也势在必行。

用于电能质量治理的电力电子装置常分为串联型与并联型，两者各具优势和特点，为了进一步提升电力电子装置的利用率和应对电网复杂运行工况的能力，国内外相关学者在拓扑结构和控制策略等方面对传统串联型、并联型装置功能集成进行了深入研究，但现有的集成装置大都结构复杂，且在串并联切换的过程中会出现瞬时冲击导致装置可靠性降低。湖南大学的涂春鸣教授等提出了一种具备电压支撑与无功调控能力的多功能并网变换器，该设计能在串联补偿模式与并联补偿模式之间柔性切换，有效降低切换过程中的瞬时冲击等问题，进而保证了装置自身以及电网的运行可靠性，实现高效高质的电力供应。两种常用的补偿方式中，串联补偿因其能有效提高远距离输电容量的优点，在我国的电力系统之中应用较为广泛，但因此引发的次同步谐振问题也日益突出，成为影响电力系统稳定性不可忽视的问题之一。柔性交流输电（Flexible AC Transmission Systems，FACTS）技术的主动阻尼控制法通过附加次同步控制环节能有效抑制次同步谐振，并具有响应速度快、控制方式灵活的优点，具有广泛的应用前景，但基于FACTS装置的次同步阻尼控制难以应对以暂态扭矩放大效应为代表的大扰动振荡。西安交通大学的卓放教授等以单机串补输电系统为例，分析了暂态扭矩放大效应的机理，并提出了一种基于静止同步补偿器（Static Synchronous Compensator，STATCOM）的次同步振荡暂态扭矩放大效应抑制方法，通过STATCOM在暂态时间内滤除次同步电气量，隔离电气系统与机械系统在次同步频率上的能量交换达到抑制暂态扭矩放大效应的目的。为实现“双碳”目标，构建以新能源为主体的新型电力系统变得尤为重要。随着可再生能源在电力系统中的占比不断提高，集成源储荷的微电网在提高供电可靠性，促进可再生能源的就地消纳方面的重要作用日渐凸显。微电网可以工作在并网（Grid-Connected，GC）和孤岛（Stand-Alone，SA）两种模式，如何在两种模式之间实现无缝切换的同时，保证对关键负荷的不间断供电是微电网领域的一个关键问题。目前，解决该问题的主要方法为通过主动预同步方案，对电网中具有调节能力的多台分布式发电单元进行控制，但该方案难以在平滑性和快速性、自治控制和通信依赖两对矛盾之间进行折中。西安交通大学的刘进军教授等关注微电网中逆变器采用阻性下垂控制中柔性切换变流器（Flexible Transfer Converter，FTC）的应用，建立FTC小信号模型并据此进行优化设计，基于FTC可以工作在无功补偿模式或预同步模式的特点实现孤岛并网的无通信平滑切换，从而实现了低压微电网的自治控制。此外，我国作为制造业大国，钢铁产业更是制造业中的碳排放大户，如何推进钢铁产业低碳转型对于实现“双碳”目标也有重大意义。安徽大学的朱明星教授等分析轧机变流器的故障过程，确认其为耦合谐振源，探究其故障机理、整流单元的结构参数及网格结构参数等因素的影响，建立了谐波耦合谐振的仿真模型，通过仿真分析验证现场测试数据分析结果的正确性，对配电网和用电设备因谐波造成的安全稳定运行的故障诊断具有指导意义。

7. 照明电源与消费电子

现代消费电子和照明电源设备在功能性和应用范围方面不断扩展，涵盖了数据中心、无线充电、照明电源、能量收集等诸多热门研究方向。这些电源共性化的关键技术之一是提高电源的效率和功率密度，小型化、高性能、高效率的电源是其核心发展趋势。这方面的研究热点主要包括新应用场景系统拓扑结构、电路各工作模态的精确建模与控制工作、磁性元件集成结构、宽禁带半导体器件高频化中的驱动问题等；同时又具有各自细分领域的个性化问题，例如无线充电系统需要提高其可靠性，能量管理系统需要考虑最大化系统整体效益，能量收集系统还关注能量变换之外的能量产生问题等，此外也出现了结合仿真的控制器智能算法设计等新技术。以上研究方向对电源技术的发展和应用产生积极的影响，满足消费电子和照明电源大框架下对于高效、高可靠的电源需求。

哈尔滨工业大学的徐殿国教授等面向数据中心应用，采用多级串联电容Buck实现了效率和功率密度更高的高降压DC-DC。该拓扑具有开关应力均衡、自动均流等特点，并能够结合耦合电感等磁元件技术提升电路的瞬态响应速度、减小输出电流纹波；在对驱动电路进行优化的基础上，应用GaN HEM将开关频率提高到1MHz，进一步提高了变换器的功率密度。哈尔滨工业大学的蔡春伟教授等提出了一种平行和垂直磁通互补相加的无线充电磁场结构及其产生和接收系统，实现无人机等设备自由定位无线充电。由四个环形线圈组成的磁场发生器以双极模式磁化，形成平行和垂直磁通磁场；接收器上的两个正交接收线圈将两个磁场分量接收相加以实现稳定的总输出电流。该系统的接收器结构紧凑，具有更好的抗失调性能，且实现了均匀化磁通，并减少了漏磁通对无人机的干扰。上海交通大学的刘明副教授等为模块化多端口无线DC-DC变换器建立了一般的功率流模型和小信号模型，提出了一种电压功率混合解耦控制策略。与普通MDC相比，各端口功率方向和工作模式都可任意指定，同时该解耦控制策略具有更强的抗干扰性。南京航空航天大学的邢岩教授等提出了基于CLL谐振拓扑的高频电感和变压器一体化集成方案。该方案将谐振电感配置到变换器二次侧，结合磁集成技术，利用磁通抵消原理，使用有限元仿真扫描寻优的方法确定了磁集成结构的最佳设计，并优化了PCB绕组结构，实现了更高集成度、更高功率密度和更低损耗。哈尔滨工业大学的高珊珊助理教授等提出了一种全范围ZVS运行和优化电流应力的部分功率DAB变换器控制策略。建立了高频条件下结电容充放电等效电路，分析了基于EPS控制方法下开关管

ZVS 约束条件；进一步利用励磁电感实现了连续范围内的软开关并给出了约束条件，同时使用算法进行了电流应力最小化问题的求解。东北电力大学的刘鸿鹏教授等针对含有太阳能光伏发电和储能设备的隧道直流供电系统，建立了多目标优化模型和能量管理方案。该系统以最小运行成本和联络线功率峰谷差为优化目标，由隧道照明负荷特性，洞外亮度、车速、车流量等多种环境因素，光伏发电和储能特性得出约束条件，通过 NSGA-Ⅱ算法对多目标优化模型进行求解，从而得到能够实施最优智能照明管理方案。华中科技大学的徐鹏教授等提出了一种陀螺式旋转能量收集装置以实现低功耗设备的自供电。在分析陀螺旋转式能量收集的机-电耦合模型基础上，该装置将人低频率翻转运动转化为高频率的转子旋转运动，大幅度提升能量收集的输出功率。同时提出了结合转子转速的线圈排布寻优算法，以最小化线圈内阻实现最大输出功率。哈尔滨工业大学的管乐诗教授等提出了一种开关线性复合型包络跟踪电源拓扑以减小日益增长的通信基站能耗。该拓扑将 1MHz Buck 与传统线性放大电路进行并联耦合，线性电源部分形成电压闭环实现对包络电源的跟踪，而开关电源采用电流控制的四相交错并联 Buck 实现电流型输出，能在高速跟踪放大的前提下，实现效率优化。

8. 特种电源

特种电源面向电子、通信、军工、医疗、高能物理、航空航天等领域的特殊需求，在电磁发射装置、雷达、激光武器、微纳卫星、空间探测器、加速器、心脏起搏器、X 光机等领域有着广阔的应用前景。随着应用端要求的不断提高，特种电源的研制在新型电力电子器件、磁元件、电路拓扑、控制策略、热设计、电磁兼容等技术方向不断深耕，并逐步探索多学科的交叉融合。深入开展特种电源研究，可以有效提高我国在国家安全、科学研究和工业生产的技术实力与安全水平，并可以促进电力电子学科与技术的发展进步，对相关行业的产业链完善起到促进作用。近年来，针对特种电源的研究热点主要为在强电磁干扰、极端高低温、强振动等恶劣环境下保证电源的高效率、高稳定性、高可靠性、高使用寿命、高重复频率和高度模块化，并在可重复脉冲输出、瞬时功率、功率密度、精度、EMI、纹波系数和效率等技术指标上推进性能边界。

中国工程物理研究院流体物理研究所的栾崇彪研究员等，针对传统的脉冲源存在的体积大、重量重、效率低，且难以在高重复频率、高输出电压、超短脉冲宽度和上升时间的条件下连续工作等问题，设计研制了一种基于堆栈结构光导开关和微片激光器集成化设计的亚 ns 固态脉冲源，该方案可以抑制电场局部集中、产生光栅效应、降低开关导通电阻，还可以减弱开关热载流子效应、抑制电流丝，进而提高系统输出效率。此外，该方案通过脉冲形成模块与微片激光器一体化集成设计大幅度减小了系统体积，为后续多单元组合应用奠定了基础。这一方案是实现高功率超窄脉冲输出的全新技术途径，在冲激雷达、超快脉冲计量测试等领域有广阔的应用前景。中国工程物理研究院流体物理研究所的谌怡工程师等针对大多数线性感应加速器或者中低能脉冲 X 光机仅能以单次或者猝发多脉冲的工作模式运行的问题，探索了基于氢闸流管驱动三同轴固态 Blumlein 脉冲形成线的脉冲发生器方案，并进行了重频感应腔加速单元的实验研究，该方案有望用于重频闪光 X 光机、下一代光刻机加速器光源和先进闪光放疗等领域。中国工程物理研究院流体物理研究所的李松杰工程师和哈尔滨工业大学鄂鹏教授等针对传统脉冲高压电源非接触式状态测量与故障区分的 VI 测量方式需要大量的电压和电流探头，导致高压隔离和设计复杂等问题，提出了一种基于能量沉积的非接触式状态测量与故障分析方法。该方案通过对充放电能量传递进行分析，采用非接触式温度探头对模块内 3 个点位进行温度检测及故障解析，解决直接测量电压电流带来的干扰问题。该方案可以有效地判断强磁场产生、电磁轨道炮等领域所需的电源系统的典型故障，并保护电源的安全运行。南京航空航天大学自动化学院的王莉教授等针对宇航、新能源汽车和军事武器等应用领域中冲击负载对配电器带来的挑战，提出一种基于直流固态继电器的可抗冲击负载的固态功率控制器保护开关，该方案使用闭环软驱动功率 MOSFET 的控制方式启动冲击负载，并采用开环降栅压和短路慢拉断电路配合抑制短路电流冲击。东北电力大学的刘鸿鹏教授等针对阻抗源逆变器中耦合电感的漏感所导致的直流链电压尖峰、开关器件工作条件恶化问题，提出了一种低电压尖峰的优化 Y 源拓扑结构，该拓扑继承优化型 Y 源逆变器的所有优点，利用无源吸收回路确保逆变器状态切换时直流链电压的平滑过渡，消除了直流链电压尖峰，并且在相同的直通占空比下，具有更高的升压能力。哈尔滨工业大学的徐殿国教授等针对通信基站中的电源无法同时满足效率、纹波电压、响应速度三个性能指标的问题，设计了一种新型的基于 1MHz Buck 电路的开关线性复合包络跟踪电源。该电源使开关电源和线性放大电源以并联的方式复合，利用线性放大电源实现对包络电源的跟踪，保障电压包络的平稳性，再利用开关电源控制线性放大电源输出电流，使系统实现功率分配，提升系统效率。

9. 电磁兼容

SiC、GaN 等宽禁带器件由于其优异的特性，使得新一代高效率、高功率密度电力电子装备的研制成为可能，但与此同时，宽禁带器件的高速开关特性也让电磁兼容问题日益突出，对电力电子装备的寄生参数控制和滤波器设计提出了更高的要求。其中，共模传导电磁干扰问题尤其受到关注，因为共模噪声的抑制对建模精度要求和共模滤波器设计要求都非常高，是限制电力电子装备开发设计速度的一大瓶颈，因此该问题具有非常重要的现实意义，是电力电子领域中一个重要的研究方向。传导电磁噪声有三个要素，一是由开关器件引起的噪声源，二是由导体形成的传导回路，三是噪声接收器，标准规定了将 LISN 网络作为测试时的标准噪声接收器。因此噪声抑制策略可以分为两大类，一是降低噪声源的噪声水平，通过合理设计调制策略使得噪声峰值谱能量更均匀地分散到整个频谱中或者减少整体的开关次数和等效开关电压幅值；二是在其传播路径上对噪声进行抑制或者旁路，通过分析传导回路等效电路，在合适的地方插入合理设计的 EMI 滤波器进行噪声抑制，或者构建阻抗更小的内部噪声路径使得原本向外传导的噪声被旁路。目前，电磁干扰的研究更多集中在如何更加方便地对 EMI 滤波器进行优化设计，以及针对特定拓扑和应用场景下的 EMI 抑制方法。

华中科技大学强电磁工程与新技术国家重点实验室的裴雪军教授等针对直流供电系统中存在的多变换器并联场景，分析了多变换器系统中的多干扰耦合效应，并进一步讨论了其对共模系统干扰预测的影响，在此基础上提出了多干扰耦合效应的共模系统干扰预测方法。深圳大学的刘艺涛副教授等提出了一种基于双探头提取单相逆变器实际工作条件下的噪声源阻抗方法，为 EMI 滤波器精细化设计提供了数据参考，成功将滤波器重量减少为传统设计方法的一半。福州大学的陈为教授等在无线基站开关电源应用领域，重点分析了平面变压器的噪声传输机制，建模并分析了一次、二次侧绕组间的寄生电容对共模噪声的影响，能够有效地降低后期电磁干扰噪声整改的难度和成本。伊顿集团联正电子有限公司的何少波工程师等针对实际设计中可能出现的输入滤波器离输入端口过远、输入线缆过长而导致的近场干扰问题，提供了一种输入零相线加磁环并采用双边差模绕制的实际工程方法，同时分析了磁环材料和绕制环数对输入侧噪声的影响并给出了工程选取建议，成功地解决了近场耦合的问题。北京交通大学的李虹教授等在模块化多电平变换器中提出了一种基于混沌最近电平逼近的调制策略，该调制中控制周期不再是固定值，而是在一定范围内混沌变化，使得电磁干扰频谱中的峰值能量可以扩散到整个频谱中，从源头中抑制了电磁干扰。

10. 无线电能传输

无线电能传输技术作为一种新型电能传输技术，因其占地面积小、安全可靠、灵活度高、环境适应性强等诸多优点广泛应用于各种场景，甚至在某些对充电方案要求极为严苛的领域拥有传统输电方式无法代替的优势，可以有效地避免各种极端环境因素对输电系统带来的影响，在倡导节能环保、高效便捷的未来有着良好的发展前景。为了解决无线电能传输系统抗偏移能力弱、多级系统效率低、系统输出波动大、线圈间异物检测系统不灵敏等问题，近年来无线电能传输领域的研究热点主要集中于：磁耦合器的设计与优化，解决电动汽车无线充电系统分段发射器之间的功率下降问题，解决电动汽车无线充电线圈偏移产生自感变化导致原有谐振网络失谐问题，抑制动态无线电能传输系统输出波动，磁耦合电能传输发射线圈与接收线圈之间的异物检测，提高多级 WPT 谐振变换系统电能传输效率，实现无线传输系统在非正常状态下高效稳定的电能传输。

针对现有的具有紧凑型接收侧的补偿结构仅在紧密耦合下表现较好，而无法被用于松散耦合的问题，浙江大学的马皓教授及其团队提出了一种新型 L-S/N 补偿拓扑，该补偿拓扑接收端仅仅只存在必要的接收线圈和整流桥，并且接收线圈匝数较少，实现了一个紧凑的、低成本、重量轻的接收端，所提出的 L-S/N 补偿可以工作于松散耦合的情况下，并且输入侧的无功功率基本被消除。重庆大学的孙跃教授及其团队提出了一种基于分段发射器的新型双螺线管磁耦合结构，该结构采用螺线管螺旋绕组线圈，可以有效地提高水平和垂直焊盘错位的性能，通过对磁耦合结构的有限元模拟和测量进行了优化设计，所提出的磁耦合结构可以有效地减少 EV-DWPT 系统在分段发射机之间的中间区域的功率下降问题。重庆大学的肖静教授及其团队针对电动汽车无线电力传输中的横向错位问题提出了一种新型耦合器，该耦合器将三重 D 线圈连接到 Q 线圈，通过叠加由两个串联线圈激励的磁场来提高 LTM 容限。深圳大学的田勇教授及其团队聚焦于基于辅助线圈的电动汽车无线充电系统金属异物检测技术的最新进展，对辅助线圈的分类、工作原理、线圈结构模式、线圈多层布局、金属异物判别方式、线圈激励源选择等方面进行了详细介绍，对比分析了各种金属异物检测技术的优缺点。青岛大学的王春芳教授及其团队提出优化了一种新的“U”型磁心结构，可以在使铁氧体用量最小的同时，获得更高的耦合系数和更好的抗偏移能力。哈尔滨工业大学的朱春波教授及其团队针对动态无线电能传输系统输出随设备运动大幅波动的问题，将应用于大功率场合的三电平 Buck 作为接收端 DC-DC 变换器，提出一种母线电流前馈的 Buck TL 控制策略以抑制输出波动。重庆大学的苏玉刚教授基于双边 LC 补偿网络提出了三种单电容耦合无线电能与信息并行传输系统的实现方法与参数设计方法，实现了系统发射端与接收端之间的信息并行传输。

11. 信息系统供电技术：不间断电源（UPS）、直流供电、电池管理

数据中心是集中计算和储存数据的场所，是为了满足互联网业务以及信息服务需求而构建的应用基础设施。UPS 是数据中心的关键设备，为数据中心不间断地提供稳定可靠的电能支持，保证数据中心设备的正常运行。受到新基建、数字经济等国家政策的影响以及大数据、云计算、人工智能、5G 等新一代信息通信技术发展的驱动，我国数据中心数量和规模高速增加，以互联网公司和大型工业企业为代表的数据中心用户对于数据中心的供电可靠性和数据中心的容量的要求越来越高，进而给为信息系统供电的 UPS 的可靠性、容量提出了较高的要求。目前数据中心所使用的电能主要来源于传统能源，总体电能消耗的增加所导致的高碳排放问题愈发明显。在我国“碳达峰、碳中和”政策的背景下，数据中心供电系统的绿色、节能、低碳也是不容忽视的一大趋势；此外，以 SiC 器件为代表的第三代半导体器件的设计和应用技术日臻成熟，SiC 器件的高频、高压和高热导率特点也为传统 UPS 的优化指明了方向。

北方工业大学的周京华教授考虑到目前的“碳达峰、碳中和”政策和数据中心的大规模增长，归纳总结了目前主流的数据中心方案所应用的典型供电架构，指出目前主要的供电方案分为传统的交流 UPS 供电架构、高压直流供电架构、中压集成式 UPS 供电架构和柔性直流输电架构。在能量来源方面，供电架构将采用风光储多种能源协同互补的供能模式以缓解电网压力、降低碳排放；在供电技术方面，中压直供和直流供配电减少了大量整流和逆变环节，提高了能量转换效率和供电可靠性，降低了投资成本，将会成为主流的供电架构。以巴拿马电源和阿里张北数据中

心为代表的新型供电方案由于综合考虑了供电可靠性、供电范围以及投资等因素，将在数据中心供电领域得到大规模的推广和应用。深圳英飞凌半导体有限公司的周明工程师结合北京市近日对新建、扩建数据中心 PUE 的要求，分析了 SiC MOSFET 等器件在 UPS 中应用的优势。SiC 的高开关速度和高耐压可以大幅度降低系统结构的复杂性、减小系统的体积，提升电力电子能量转换的功率密度、效率和可靠性。周明工程师基于模块化 UPS 常用 T 型、I 型逆变级比较了采用 Si 器件和 SiC 器件的损耗，得出采用 SiC 器件将会极大地降低逆变级的损耗、提升逆变级的开关频率、降低逆变磁件的体积和成本，大幅优化 UPS 的性能指标。深圳山特电子的郑大为工程师团队聚焦基于三相交错并联逆变器的 UPS 系统，提出了一种包含瞬时值电压控制器和新型等效有效值电压控制器的正交解耦逆变控制系统，分析了参数设计步骤并结合实验和仿真验证了控制器的动态响应性能。采用这种控制方案，能够保证基于三相交错并联逆变器的 UPS 系统的快速响应和稳定可靠供电。移动网络和移动多媒体技术国家重点实验室的朱俊杰博士团队着眼于软开关技术的改进，提出了用于非隔离变换器的变压器 ZVT 电路，通过辅助电路中的开关损耗和导通损耗来减少主电路的开关损耗。基于这一技术，可以在一定程度上提升电源中器件的开关频率，提升效率的同时保证了电源的功率密度。来自伊顿联正电子有限公司的钱金亮工程师基于同一型号普通精度采样原件偏差一致性的特点，提出了一种高精度的支路功率计算方法，实现了低成本高精度的支路功率采样设计，保证了采样精度的同时降低了供配电控制系统的采样设备成本。

12. 电动汽车充电与驱动

随着全球对于可持续发展的需求增加，电动汽车已经成为实现能源转型的重要手段。在电动汽车技术中，充电和驱动是两个关键领域。在充电技术方面，未来趋势是建立更加智能化、高效、快速的充电网络，以满足不断增长的电动汽车需求。这将包括更多的直流快速充电站、更高功率的充电设备、更智能化的充电管理系统等。同时，充电技术的发展也需要更加安全可靠的电力电子装置、更高效稳定的电池管理系统和更智能化的充电控制算法等技术的支持。在驱动技术方面，未来趋势是实现更高效、更可靠、更安全的电动汽车驱动系统，以满足市场的不断升级和消费者对于驾驶体验的要求。这将包括更高性能的电机、更先进的电控技术、更智能化的驾驶辅助系统等。同时，驱动技术的发展也需要更加高效的能量管理系统、更先进的车辆控制算法和更智能化的驾驶模式控制等技术的支持。为了实现电动汽车技术的可持续发展，需要加强电动汽车充电和驱动技术的研究和开发，探索更加先进的技术方案和方法。这将需要跨学科的合作和创新，以提高电动汽车的性能和可靠性，为实现能源转型和可持续发展作出贡献。

在电动汽车充电技术方面，杭州电子科技大学的谢小高教授等提出了一种基于单辅助绕组构造虚拟受控电压源的两相交错并联 LLC 谐振变换器均流策略，通过调节虚拟电压源的相位实现输出均流和纹波电流抵消，结构简单且几乎不增加电路成本和损耗。该方案在两相 LLC 谐振变换器且在大电流应用场合具有良好的应用前景。南京航空航天大学的胡海兵教授等提出了一种基于电荷控制的间歇控制策略，通过频率补偿建立控制量和负载电流的一一对应关系，避免了负载电流变化对间歇控制的影响，该策略具有较小的输出电压纹波和快速的动态响应性能，为 LLC 谐振变换器的高性能间歇控制提供了一种有效的解决方案。杭州电子科技大学的杭丽君教授提出了针对双向 CLLLC 谐振变换器的小信号和静态建模方法的改进，包括采用扩展描述函数法建立小信号模型和优化状态变量计算方法，可用于 V2G 场景下的参数优化和控制器设计，提高能源转换效率和稳定性。在电动汽车驱动技术方面，浙江大学的姚文熙副教授提出了一种考虑磁路饱和的永磁同步电机非线性大信号模型，并设计了基于 PI 控制器的优化方法，通过限制最大穿越频率提高了系统稳定裕度和响应速度。浙江大学的张军明教授提出了一种有源门极驱动电路来解决器件并联的动态不均流问题，相较于已有的均流方案，本方案原理简单，同时能够在单个周期内完成对动态不均流的调节。对于车载等大功率应用场景下的器件并联使用具有重要意义。浙江大学的邵帅副教授提出了一种基于磁隧效应的 SiC MOSFET 的短路和过电流故障检测方案。该方案具有更短的检测时间、反应时间和总保护时间，提高了 SiC MOSFET 的可靠运行能力，为电动汽车驱动领域的高性能 SiC MOSFET 提供了更广泛的应用前景。

13. 电力电子化电力系统及装备

随着能源生产和消费转型，电力系统正从依赖化石能源的电力系统向着高比例可再生能源的新一代电力系统转变，电力电子设备正在取代以同步发电机和异步电动机为主的电磁变换装备。在电能生产环节，风力和光伏发电等清洁能源通过并网逆变器大规模接入电网，因此并网逆变器的技术研发已经成为国内外研究的热点之一。

武汉大学的查晓明教授等采用李雅普诺夫直接法研究功率耦合对构网型变流器（GFM-VSC）暂态稳定性的影响，利用所提出的李雅普诺夫函数，通过估计吸引域（Domain of Attraction，DA）的大小来评估构网型变流器的暂态稳定性。在此基础上，还分析了不同无功环参数对暂态稳定性的影响。华中科技大学的朱东海等同时考虑锁相环和电流环的控制动态，建立了并网变换器的奇异摄动模型，将全阶模型降阶为低阶的快、慢子系统，并采用李雅普诺夫方法分析了并网变换器的暂态稳定性，探究了工作点、线路阻抗和控制参数等多重因素对暂态稳定性的影响规律，同时给出了提高系统稳定性的控制参数优化设计建议。合肥工业大学的汪宗强等探讨了虚拟同步控制方法在 DFIG 系统多种场景下的特点，利用半实物仿真实验对系统弱网稳定性、控制参数影响和高风电渗透率下的有功支撑能力等动态性能进行了研究。华中科技大学的马玉梅等分析了 VSG 的暂态功角特性，阐述了 VSG 有功传输极限对功角稳定性的影响。先在不考虑无功功率的工况下，分析了线路阻抗成分对有功传输极限的影响，然后针对考虑无功功率的场景，对输出功率的耦合作用做了进一步分析，并揭示了其对 VSG 并网系统有功传输极限的影响机理。华中科技大学的曾倩倩等详细地探究了 MMC-HVDC 送出系统存在高频振荡的机理，研究结果显示在构网型 MMC 中加外环 VF 控制有引起系统高频振荡的风险，并且在前馈环节中加入低通滤波会恶化系统在高频段的稳定性。

14. 交通电气化

交通行业是节能减排的重要领域，交通电气化是实现“碳达峰、碳中和”的必由之路。交通电气化领域以轨道交通、船舶、新能源汽车为主，目前交通电气化的研究热点主要集中于：功率器件驱动，热损耗与结温分布特性分析，牵引变流器优化控制与调制技术，牵引变流器寿命与可靠性评估，以永磁同步电机为主的电机驱动及其控制，新型牵引供电与牵引传动拓扑，电力牵引系统健康状态监测、寿命评估和智能运维等。

针对电气化铁路牵引系统中存在的电分相与负序等电能质量问题，湖南大学的涂春鸣教授等提出一种新型贯通牵引供电装置。该装置通过共直流母线手段有效抵消输入侧纹波功率，降低有源/无源器件数目与电容容量。同时，针对该装置直流侧存在稳态二次纹波与暂态冲击的问题，提出一种直流电压复合控制策略，有效解决上述问题的同时，实现输入侧负载均衡。在研究以低成本的方式快速简易地部署和验证磁浮交通直线运动控制算法方面，同济大学的马志勋教授等开发了一种分段式永磁直线同步电机牵引驱动样机，针对样机研究并开发了一种基于 EtherCAT 网络的 ARM-FPGA 双核专用控制器，在满足磁浮交通驱动系统的控制精度要求的同时，也能够提升其控制性能，易于算法的快速开发与部署。为了克服牵引电机参数失配的影响，抑制系统的抖振问题，同济大学的康劲松教授等提出了一种基于非线性积分滑模观测器的异步电机无差拍鲁棒电流预测控制算法：利用非线性积分滑模面实现电流观测误差在有限时间收敛的同时避免积分器的积分饱和，通过自适应趋近率来自动调整滑模观测器的增益，减小滑模抖振。该算法可以使观测器在有限的时间内收敛，减弱系统的抖振。同时，在电动汽车方面，为了评估锂电池老化状况，对电池的健康状态进行准确估计，哈尔滨工业大学的于全庆教授等从多个动态放电工况入手，首先建立电池初始循环动态测试数据的 Thevenin 等效电路模型，然后在不同老化点下，通过提取不同动态测试工况下小电流倍率对应的电池模型的端电压误差，构建误差均值-中位数平面下的模型误差谱，最后建立了欧氏距离与电池健康状态的经验模型，实现了多工况动态放电条件下的电池健康状态估计。在拓扑方面，为了深入了解三相交错并联的 LLC 谐振变换器存在的三次共模磁通的问题，南京航空航天大学的吴红飞教授等分析了三次共模磁通的产生机理及其抑制方法，并通过电感与变压器的集成为三次共模磁通提供了闭合路径。西南交通大学的宋文胜教授等为双向全桥串联谐振 DC-DC 变换器提出了一种基于扩展的全局优化控制方法，能有效降低回流功率和开关损耗。方法首先分析了双向全桥串联谐振 DC-DC 变换器的回流功率原理，建立回流功率的优化控制模型，然后结合软开关条件以及考虑死区时间下的完全软开关特性，建立了双向全桥串联谐振 DC-DC 变换器的全局优化控制算法。

15. 先进电池及其储能装置与系统

化石燃料的燃烧带来的环境问题和不可再生资源的日渐减少推动了以太阳能和风能为代表的新型能源的采用，并且随着“碳达峰、碳中和”的提出，我国对可再生能源的开发利用越来越重视，与新型能源配套的储能系统随之迅速发展。而在分布式可再生能源渗透率逐渐上升的背景下，额外配置储能装置并实现两者的联合运行，不但能够通过能量“削峰填谷”进一步促进可再生能源的消纳，同时还可以平抑可再生能源波动、改善配网负载用电质量。实际应用中，电池的健康恶化或是出现故障会造成极其严重的后果，因此通过有效手段对电池状态进行实时监测具有重要意义。郑州大学的金阳教授团队提出了一种基于环路电流检测的锂离子电池内部短路检测算法，通过检测环路电流实现对多串二并电池模组任意电池的内部短路的及时感知。该方法只需要检测诊断电阻两端的电压，具有检测点少、对电池模组额外加装的线路少的优点，在保护电池模组的同时，能够避免由于过多接线带来的安全隐患。如何在微电网中合理地配置储能容量系统是国内外学者的研究热点。来自北方工业大学的李建林教授团队提出了一种考虑可再生能源渗透率变化情况下的储能优化配置方案，并以系统最小化运行花费为目标函数，建立微电网系统规划配置模型。并对不同渗透率下，储能单元容量配置和系统运行成本进行了综合分析。最后，通过案例分析得到微电网系统的最佳运行渗透率下的储能容量配置结果，以保证了微电网系统高效、稳定、经济运行。

16. 燃料电池与氢能及其装置与系统

随着“碳达峰碳中和”目标的提出，坚定发力交通领域电动化转型。对于新能源商用车，纯电动和氢燃料由于可以实现使用过程中的真正的零排放，对节能减碳、减少污染物排放意义重大。燃料电池的安全性对于新能源汽车的运行尤为重要。华中科技大学的蒋栋教授团队提出了一种高频电池阻抗的在线辨识方法，通过直流母线纹波电流以及交流侧纹波电流对电池阻抗辨识频率范围进行修正，针对确定的扫频范围中的每个开关频率进行控制环节和采样环节的参数计算并更新相关配置，同时对采集到的时域数据进行一系列处理以得到电池阻抗谱，以此迅速完成对电池的健康诊断和故障检测。超级电容器是一种介于蓄电池与电容器之间的储能器件。来自华南理工大学的丘东教授团队针对传统超级电容器均压技术存在均压效率低、均压电路体积大等问题，提出一种先恒功率后恒压的充电方式。该方法根据单体的储能状态，通过对单体充放电功率的分配，保证所有单体同时结束充放电，且单体电压在充放电结束时相等。

17. 电能与其他能量转换元件、装置与系统

配电网深入负载终端，运行环境复杂且随机性故障频发。如何完成系统的无功和谐波电流治理，补偿故障电流中的无功分量、有功及谐波分量，并全面改善电力系统电能质量是目前国内外的研究重点。就目前电能质量控制发展状况而言，有源电力滤波器以其独有的良好性能得到人们的青睐。华中科技大学的裴雪军教授团队通过对有源电力滤波器谐波指令检测环节的详细分析，得出采用滑窗平均滤波计算负载电流基波分量将产生延迟，不仅会导致电

流补偿效果出现偏差，也会引起直流侧电压出现非常大的波动。因此，提出了采用缩短滑窗平均滤波器窗体长度和误差控制相结合的抑制措施，从而有效地抑制了有源电力滤波器直流侧电容电压在负载突变的巨大波动，同时可以实现谐波补偿的良好过渡。基于电力电子元件的有源消弧装置逐渐受到广泛关注。湖南大学的涂春鸣教授团队针对现有有源消弧装置体积大、模块复用率低等问题，提出一种基于 NPC 与 CHB 串联混合的多功能有源消弧装置，称为 MFAASD 系统。在电网正常时，其运行于无功补偿模式；在电网接地故障时，MFAASD 运行于柔性消弧模式。MFAASD 输出电压由 NPC 方波电压与 CHB 整形电压波形构成，充分利用 NPC 高压单元减少了 CHB 级联子模块数，提高了装置功率密度。此外，为解决传统电流消弧算法中对地参数测量难、测量精度低的问题，提出了一种改进电流型消弧算法，无需测量对地参数，简化了电流消弧算法流程，提高了消弧精度。

18. 电力电子装置相关电工材料与元器件技术

“一代材料决定一代元件，一代元件决定一代装备”，近年来关于新型电工材料的研究不断取得突破，材料性能的提升推动着功率半导体元件和无源元件的更新换代，最终实现了电力电子装备的性能跃升。在新型电工材料方面，西安交通大学团队在介电材料的改性研究方面开展了大量的研究工作。为了提升介电材料的击穿强度，张磊教授团队针对电容介电材料聚碳酸酯复合薄膜，通过蒽醌掺杂的方法，确定了最适掺杂浓度使得复合薄膜的击穿强度和体积电阻率均达到最大，复合材料的击穿强度比纯聚碳酸酯薄膜的击穿强度提高了 22%。为了提升储能介电材料的耐温特性，成永红教授团队借助固化剂在环氧聚合物中引入具有高偶极矩和无摩擦偶极重新取向的磺酰基来构建交联环氧网络，详细解释了分子结构与介电性能之间的关系，实现了在不牺牲耐热性的情况下同时实现介电材料的高介电常数和低损耗因子。在元器件研究方向上，西安理工大学的杨磊教授团队提出了一种用于生物传感器的基于石墨烯导电材料的单电容电场耦合式无线电能传输系统，这一研究充分利用了石墨烯材料的柔韧性、透明性和高导电性作为电场耦合式无线电能传输系统的接收器，为生物医学传感系统供电。除此之外，对于高速传动系统性能提升的核心元件——主动磁浮轴承，重庆理工大学的杨奕教授团队针对主动磁浮轴承的启动难题，探究转子从启动运动至中心位置这一过程的转子运动状态，对比分析了等效磁路法与麦克斯韦积分法计算转子自启动到中心位置这一阶段转子偏心运动位置时所受的电磁力，建立了符合实际转子结构和运行状态的力学模型，实现了悬浮动态平衡。

功率半导体芯片技术与产业发展

中国电源学会元器件专业委员会
电子科技大学集成电路研究中心
张　波

一、前言

2021年3月，新华社发布了经十三届全国人大四次会议表决通过的《中华人民共和国国民经济和社会发展第十四个五年规划和2035年远景目标纲要》，在这份6万多字的纲要文本中，规划了一系列重点任务和诸多标志性工程，擘画出了中国发展的蓝图，其中在第二篇第4章“强化国家战略科技力量”中，明确了集成电路前沿领域攻关为“集成电路设计工具、重点装备和高纯靶材等关键材料研发，集成电路先进工艺和绝缘栅双极型晶体管（IGBT）、微机电系统（MEMS）等特色工艺突破，先进存储技术升级，碳化硅、氮化镓等宽禁带半导体发展”。“十四五”规划中集成电路的前沿攻关领域如图1所示。上述纲要对我们功率半导体行业来讲包含了至少三方面涵义，第一，功率半导体属于集成电路行业，现在的集成电路定义是一个泛集成电路的定义；第二，以IGBT等功率半导体为重要组成部分的特色工艺第一次提升到与先进工艺并列发展；第三，碳化硅（SiC）和氮化镓（GaN）等宽禁带半导体被国家高度重视，而功率半导体是其重要内容。

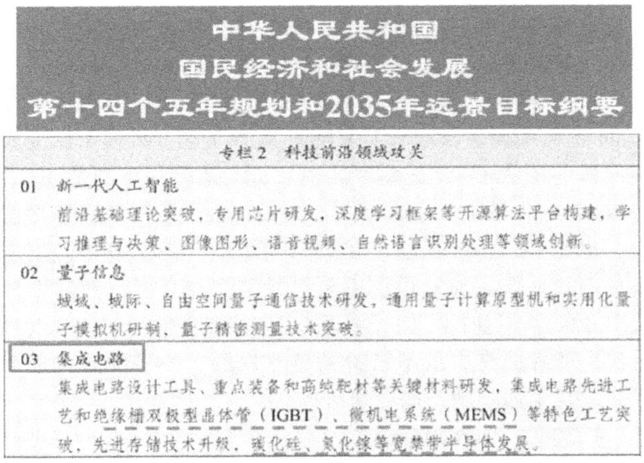

中华人民共和国
国民经济和社会发展
第十四个五年规划和2035年远景目标纲要

专栏2　科技前沿领域攻关

01　新一代人工智能
前沿基础理论突破，专用芯片研发，深度学习框架等开源算法平台构建，学习推理与决策、图像图形、语音视频、自然语言识别处理等领域创新。

02　量子信息
城域、城际、自由空间量子通信技术研发，通用量子计算原型机和实用化量子模拟机研制，量子精密测量技术突破。

03　集成电路
集成电路设计工具、重点装备和高纯靶材等关键材料研发，集成电路先进工艺和绝缘栅双极型晶体管（IGBT）、微机电系统（MEMS）等特色工艺突破，先进存储技术升级，碳化硅、氮化镓等宽禁带半导体发展。

图1　“十四五”规划中集成电路的前沿攻关领域

功率半导体器件包括功率半导体分立器件和功率集成电路两部分。在电源行业常讲的电力电子器件属于功率半导体分立器件范畴。根据“芯谋研究”数据，2021年全球功率半导体市场为570.5亿美元，其中功率半导体分立器件（含模块）销售额为265.88亿美元，在整个功率半导体市场中占比46.6%，其余53.4%为功率集成电路，其市场销售额为304.62亿美元。

20世纪80年代之前的功率半导体器件主要是功率二极管、双极型功率晶体管和晶闸管类器件。除双极型功率晶体管中部分功率不大的晶体管可工作至微波波段外，其余的功率半导体器件都是低频器件，一般工作在几十至几百赫兹，少数可达几千赫兹。然而，功率电路在更高频率下工作时将凸显许多优点，例如高效、节能、减小设备体积与重量，节约原材料等。因此，在20世纪80年代发生了“20kHz革命”，即功率半导体电路中的工作频率提高到20kHz以上。这时传统的功率半导体器件因速度慢、功耗大而不再适用，以功率MOSFET和IGBT为代表的新一代功率半导体器件应运而生。新一代功率半导体器件除具有高频（相对于传统功率器件而言）工作的特点外还都是电压控制器件，因而使驱动电路简单，逐渐成为功率半导体器件的主流和发展方向，在国际上曾被称为现代功率半导体器件。

现代功率半导体器件的制造技术与超大规模集成电路都是以微细加工和MOS工艺为基础，因而为功率半导体的集成化、智能化和单片系统化提供了可能，进而促进了将功率半导体器件与其驱动和控制电路、过电压、过电流、过温等传感与保护电路等集成于同一芯片的单片功率集成电路的迅速发展。

目前，市场主流的功率半导体器件是硅基器件，包括部分SOI（Silicon on Insulator）基高压集成电路，随着以SiC和GaN为代表的宽禁带半导体材料制备、制造工艺与器件物理的迅速发展，SiC和硅基GaN电力电子器件得到迅速发展，成为功率半导体器件的重要发展领域，并被誉为“下一代的功率半导体器件”。

二、功率半导体技术与产业发展趋势

功率半导体技术与产业将沿着两个维度并融合发展，一个是器件性能的不能提升（More Devices），另一个是基于系统性能提升来发展功率半导体器件（More Than Device），两个方向融合发展，以给用户提供满足系统需求的高性能、高性价比的功率半导体产品为发展目的。功率半导体技术与产业发展趋势如图2所示。

在器件性能提升方向，包括进一步挖掘硅基功率半导体器件潜力的More Silicon和大力发展宽禁带功率半导体器件的Beyond Silicon两个方向，下面分别进行介绍。

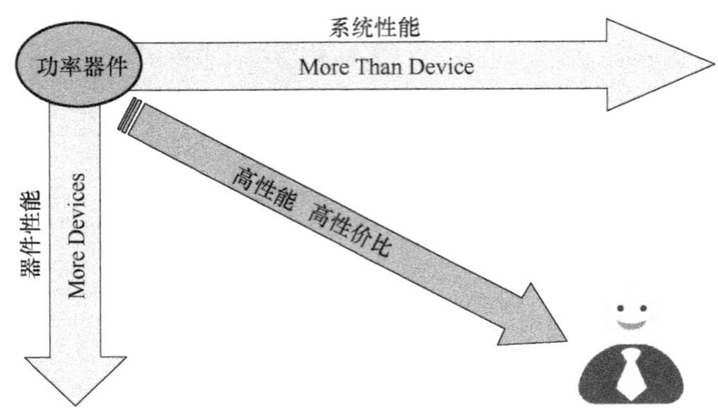

图 2 功率半导体技术与产业发展趋势

（一）More Silicon

功率半导体业界将进一步挖掘硅基功率半导体器件潜力，以进一步发展硅基功率半导体器件，主要从器件结构、器件工艺和更多的功能集成方面发展功率半导体器件。

硅基功率半导体器件，无论是功率 MOSFET、IGBT、晶闸管还是功率二极管，均将进一步发展。

以功率 MOSFET 为例，目前功率 MOSFET 产品主要有三种结构状态：平面型功率 MOSFET（也称之为 VDMOS）、槽栅型功率 MOSFET（Trench MOSFET）和超结功率 MOSFET（Super Junction MOSFET）。平面型功率 MOSFET 从 20 世纪 70 年代后期开始发展，是早期功率 MOSFET 的主力结构，目前仍占有一定市场，且电压范围扩展到超高压。2012 年美国 IXYS 公司推出 1500V 系列的高压平面 MOSFET，目前最高耐压已经上升到 4700V。

超结功率 MOSFET 被誉为“功率 MOS 器件的里程碑”，它采用超结作为器件耐压层，将功率 MOSFET 击穿电压与比导通电阻之间 2.5 次方关系降为 1.32 次方，极大地降低了器件损耗。超结是基于电荷平衡思想，电荷不平衡会导致器件耐压降低。在以往的超结理论中，通常假设耐压层全耗尽，但最近笔者所带领的研究团队通过深究多维场调制机理，实现复杂电荷场全域调控，发现耐压层局部非全耗尽条件下器件可实现更低比导通电阻，从而提出了超结器件的非全耗尽耐压模式，将超结结构击穿电压与比导通电阻之间的关系进一步降为 1.03 次方，获得超结功率 MOSFET 设计新关系。超结功率 MOSFET 经过二十余年的发展，导通损耗不断降低。德国英飞凌公司的 C7 系列已经将比导通电阻做到 $8m\Omega \cdot mm^2$ 左右，上海华虹宏力通过采用创新工艺与结构，进一步将超结功率 MOSFET 比导通电阻降低到 $6.5m\Omega \cdot mm^2$ 左右。功率 MOSFET 市场也不断扩大，2021 年市场销售首次超过 100 亿美元，达到 113.2 亿美元（数据来源于芯谋研究），为单一最大的功率半导体器件产品。

在功率半导体器件工艺方面，将向更大硅片、薄片工艺、更细线宽和更多功能集成等方向发展。

更大硅片：2011 年，德国英飞凌公司率先采用 12in[⊖] 硅片生产功率 MOSFET，2019 年，美国 AOS 公司在重庆采用其 12in 工艺线也生产出 700V 功率 MOSFET。目前，12in 生产线已成为生产功率 MOSFET 的主流工艺。2018 年，德国英飞凌公司率先采用 12in 硅片生产 IGBT。目前，包括上海华虹宏力等企业也开始采用 12in 硅片生产 IGBT。如果扩展到功率集成电路领域，采用 12in 生产线制造功率半导体器件的历史更为长远。2009 年，美国德州仪器公司获得奇梦达的 12in 工厂，就开始致力于用 12in 硅片生产包括功率集成电路在内的模拟芯片。

薄片工艺：传统的功率半导体器件为保持硅片的机械支撑，即使低压功率 MOSFET 的硅片厚度也往往厚达 200μm 以上。为降低器件损耗，德国英飞凌公司在 2011 年率先采用 50μm 的薄片工艺生产功率 MOSFET。在 2011 年的 ISPSD（International Symposium on Power Semiconductor Devices and ICs）会议上，德国英飞凌公司展示了其采用 8in 工艺、厚度只有 40μm 的逆导型 IGBT（RC-IGBT）。目前，薄片工艺已经被广泛应用于功率 MOSFET、IGBT 等功率半导体产品的制造中。

更细线宽：更细线宽不仅有益于先进集成电路工艺产品性能，在功率半导体产品中，更细线宽也是发展方向。早在 2012 年的 ISPSD 会议上，日本的 Omura 教授就发表了“Scaling Rule for Shallow Trench IGBT toward CMOS Process Compatibility”这篇文章，指出了更细线宽对功率半导体器件性能提升的优势，德国英飞凌公司的第七代 IGBT（TRENCHSTOP™ IGBT 7）已经将元胞尺寸降低到 1.6μm，上海华虹宏力的第八代 IGBT 正向 1μm 元胞尺寸发展。在功率集成电路所采用的主流 BCD（Bipolar-CMOS-DMOS）工艺平台上，台积电（TSMC）已经将线宽缩减到 22nm，90nm-65nm BCD 工艺平台已被众多企业推出。

更多功能集成：BCD 就是将双极性晶体管、低压 CMOS 器件和 DMOS 基高压功率半导体器件及电阻、电容等无源器件集成在同一块芯片上的工艺集成技术，是功率集成电路的主流工艺技术。在 BCD 工艺技术上，不仅在向更细线宽发展，也向更多功能集成发展，包括更高可靠性的 SOI 基 BCD 工艺。台积电的 40ULPBCD+工艺就是在其 40nm 超低功耗平台基础上发展的 BCD 工艺，内嵌了阻变式存储器（RRAM）工艺模块。RC-IGBT 是另一种功能集成，将 IGBT 与快恢复二极管单芯片集成，极大地降低了器件面积，目前 RC-IGBT 已从 600V 向 3300V、6500V 发展。更多集成不只是单芯片集成，还包括封装集成，以智能功率模块（IPM）与 IPEM（Integrated Power Electronics Modules）为代表的封装集成技术已得到迅速发展，并将随着先进三维封装技术而不断拓展应用范围。

（二）Beyond Silicon

以 SiC、GaN 为代表的宽禁带功率半导体器件（国内也称之为第三代半导体器件）在新能源汽车和快充充电器的市场牵引下得到快速发展，以氧化镓（Ga_2O_3）为代表的超宽禁带功率半导体器件也成为研究热点。据法国 Yole 公司的数据显示，SiC 功率半导体器件市场将从 2021 年的 10.9 亿美元增长到 2027 年的 62.97 亿美元，年均复合增长

⊖ 1in = 0.0254m。——编辑注

率 34%，GaN 功率半导体器件市场将从 2021 年的 1.26 亿美元增长到 2027 年的 20 亿美元，年均复合增长率高达 59%。

SiC 功率半导体器件目前以 SiC SBD 和 SiC MOSFET 为典型代表，主要以 SiC 分立器件（SiC SBD、SiC JFET、SiC MOSFET）、SiC 混合模块（SiC SBD+Si IGBT）和全 SiC 模块（SiC SBD+SiC MOSFET）三种形式销售，SiC IPM 也在发展中。虽然目前 SiC SBD 和 SiC MOSFET 单管占据了 SiC 最大的市场份额，但和 Si IGBT 的发展一样，将来 SiC 功率模块必将占据最大市场。

SiC MOSFET 最早采用平面 MOSFET 结构，且 SiC 平面 MOSFET 也是目前大部分厂商（如 Wolfspeed、ST、Onsemi）采用的主力结构，但随着工艺技术的发展，SiC 槽栅 MOSFET 将成为主流，并将向 SiC 超结 MOSFET 发展。

在 SiC 功率半导体器件的成本中，SiC 衬底材料与外延制造成本占据了 60%～70%，特别是前者，占比高达 40% 以上，严重阻碍了 SiC 功率半导体器件的大规模推广应用。目前，业界一方面在努力将 4～6in 的 SiC 制造线向 8in 发展，另一方面各种改善性能、降低成本的 SiC 材料制备方法，如住友金属子公司 Sicoxs 的 “SiCkrest”、法国半导体硅片厂商 Soitec 的 “SmartSiC™”，正在不断发展中。

目前，硅基 GaN 是 GaN 电力电子器件（Power GaN）的主流材料结构，与射频 GaN 器件（RF GaN）一样，HEMT（High Electron Mobility Transistor）结构是 GaN 电力电子器件普遍采用的器件结构。虽然耗尽型（D-Mode）GaN 器件、级联型（Cascode）GaN 器件和增强型（E-Mode）GaN 器件三种形态的 GaN 器件在市场上共存，但 E-Mode GaN 器件将逐渐成为市场主流。在 GaN 电力电子器件的发展中，由于其器件性能和高频工作环境，GaN 驱动芯片是其重要组成部分，GaN 集成芯片和合封 GaN 模块将是 GaN 电力电子器件的发展方向。

目前，虽然 GaN 电力电子器件的主力市场是在消费类的快充充电器，但数据中心、DC-DC 电源、车载充电机等应用市场将是其新的增长点。

（三）More Than Device

功率半导体器件属于模拟芯片范畴，与器件应用环境密切相关。器件结构参数所决定的器件电性能往往相互制约，需要设计者进行性能优化，而不同的应用环境对功率半导体器件的电参数要求常常也不同，因此笔者常说：没有最好的功率半导体器件，只有最适合的功率半导体器件。功率半导体业者需要从应用角度去设计器件，这就是 More Than Device 的内涵。同时随着功率半导体器件往高频、高功率密度发展，特殊的电路拓扑结构、专用的驱动芯片、高效的散热封装、电磁热力协同设计、可靠性设计将与功率半导体器件一起融合发展，以提升系统性能（包括性价比、可靠性）为最终目标，也就是所谓的 More Devices+More Than Device。这里还需指出的是，在功率半导体的发展中，先进封装技术将发挥越来越重要的作用。功率半导体技术与产业发展趋势详图如图 3 所示。

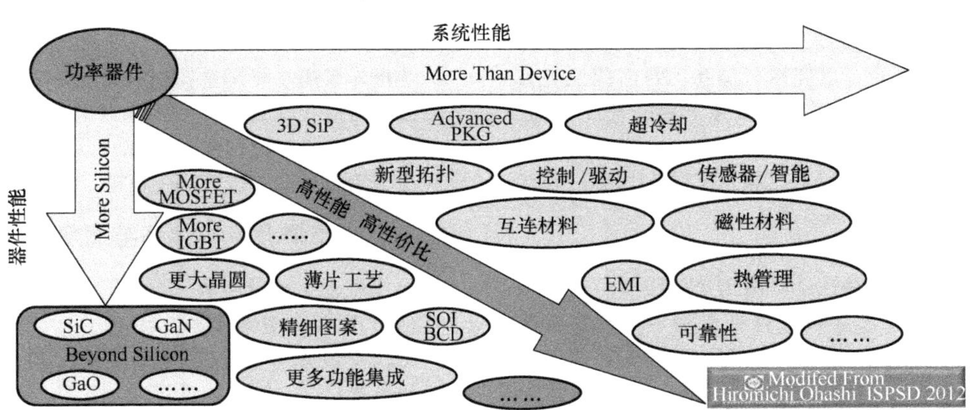

图 3　功率半导体技术与产业发展趋势详图

三、总结

随着节能减排和“双碳经济”的发展，功率半导体进入了最好的发展时期，新能源汽车、可再生能源、数字经济等新经济领域为功率半导体提供了更为广阔的发展空间。传统硅基功率半导体器件将不断挖掘潜力发展（More Silicon）；以 SiC、GaN 为代表的宽禁带功率半导体器件（Beyond Silicon）正快速发展，市场容量将越来越大；系统厂商重新下沉，与器件厂商通过各种形式合作，共同以提升系统性能为目标发展功率半导体器件，More Devices+More Than Device 的融合发展模式将越来越被业界所重视；功率半导体技术正不断发展，市场明确，产业有着光明的前景。

电能质量监测技术国内外现状

中国电源学会电能质量专业委员会
丁 同、刘 宁、王 昕

一、概述

在世界能源危机的背景下，节能减排已成为我国的基本国策。国务院2022年1月印发的《"十四五"节能减排综合工作方案》明确了到2025年全国单位国内生产总值能源消耗比2020年下降13.5%，能源消费总量得到合理控制，并部署了节能减排十大重点工程[1]。从我国的能源结构来看，电能是最主要的用能方式，因此通过降低电能在生产、传输、使用过程中的损耗是降低能耗的有效手段之一。2022年6月，国家电网公司发布了关于加快推动电力行业绿色发展、促进全社会节能降碳的倡议书[2]。作为节能减排的具体举措，我国电力工业将开展电能质量监测与控制列为国家战略发展的需要。《国家中长期科学和技术发展规划纲要（2006-2020年）》中明确将"电能质量监测与控制技术"列为能源重点领域的优先主题内容。

另一方面，新型电力系统是以新能源为供给主体、以确保能源电力安全为基本前提、绿电消费为主要目标，以坚强智能电网为枢纽平台，以源网荷储互动及多能互补为支撑，具有绿色低碳、安全可控、智慧灵活、开放互动、数字赋能、经济高效基本特征的电力系统。建设新型电力系统、服务"碳达峰、碳中和"目标正从国家战略规划层面逐步落实到政策措施和工程实践中。

随着新型电力系统建设的推进，尤其是电力电子技术的发展，使得电源类型与特性、电网拓扑结构和负荷构成正在发生深刻变化[3]。新能源并网逆变器、柔性交直流输电换流站、炼钢电弧炉、电气化铁路、家用电器等各类设备，由于非线性、冲击性和不平衡等特征，会导致诸如波形畸变、三相电压不平衡、电压波动和闪变等问题，使得电网电能质量日益恶化，同时影响了电网安全稳定运行[4]。此外，各种精密仪器对电能质量愈加敏感，人们生活质量的提高也对清洁绿色的电能供给提出更高的要求。电能质量如果出现问题，将会给电网和用户带来巨大的经济损失，包括电能损耗、设备损坏、用户生产产品质量的影响、电力系统恢复和用户生产恢复过程造成的损失等。据欧盟调查，因电能质量（包括供电可靠性）问题造成欧盟每年经济损失达1500亿欧元；美国近年也有调研数据，认为损失达每年2000亿美元。电能质量问题实际上已经由能源质量问题上升为经济性问题，电能质量已成为我国电力持续发展、节能减排、实现低碳经济的重要因素。

综合上述分析，开展电能质量监测，分析掌握电网电能质量特性，并针对性地研究和实施治理措施，最终提高电网电能质量水平，是提高电网稳定、降低电网损耗的有效手段，是推动电力市场发展、实现按质供电与按质收费的基础。

本报告聚焦电能质量监测技术，首先对电能质量标准和测量方法进行综述，然后侧重对电能质量监测终端、电能质量监测分析系统国内外研究现状进行介绍，最后对电能质量监测技术发展趋势进行展望。

二、电能质量标准体系与测量方法

1. 电能质量标准体系

（1）IEEE电能质量标准

IEEE Std 1159[5] 根据电压扰动的频谱特征、持续时间、幅值变化等，对电力系统典型电磁干扰现象进行了特性分类，见表1。这些分类也适用于电能质量。

表1 IEEE关于电力系统电磁干扰现象及其特性的分类

分 类	典型频谱	典型持续时间	典型电压幅值
1 瞬变现象			
1.1 脉冲			
1.1.1 纳秒级	5ns上升	<50ns	
1.1.2 微秒级	1μs上升	50ns~1ms	
1.1.3 毫秒级	0.1ms上升	>1ms	
1.2 振荡			
1.2.1 低频	<5kHz	0.3~50ms	0~4p.u.
1.2.2 中频	5~500kHz	20μs	0~8p.u.
1.2.3 高频	0.5~5MHz	5μs	0~4p.u.

（续）

分　类	典型频谱	典型持续时间	典型电压幅值
2　短期方均根值(有效值)变化			
2.1　瞬时			
2.1.1　暂降		0.5~30 周波	0.1~0.9p.u.
2.1.2　暂升		0.5~30 周波	1.1~1.8p.u.
2.2　暂时			
2.2.1　中断	—	0.5~3s 周波	<0.1p.u.
2.2.2　暂降		30~3s 周波	0.1~0.9p.u.
2.2.3　暂升		30~3s 周波	1.1~1.4p.u.
2.3　短时			
2.3.1　中断		>3s~1min	<0.1p.u.
2.3.2　暂降		>3s~1min	0.1~0.9p.u.
2.3.3　暂升		>3s~1min	1.1~1.2p.u.
3　长期方均根值变化			
3.1　持续中断		>1min	0.0 p.u.
3.2　低电压	—	>1min	0.8~0.9 p.u.
3.3　过电压		>1min	1.1~1.2 p.u.
3.4　电流过载		>1min	
4　不平衡			
4.1　电压	—	稳态	0.5%~2%
4.2　电流		稳态	1.0%~30%
5　波形失真			
5.1　直流偏磁		稳态	0~0.1%
5.2　谐波	0~9kHz	稳态	0~20%
5.3　间谐波	0~9kHz	稳态	0~2%
5.4　缺口		稳态	0~1%
5.5　噪声	宽带	稳态	
6　电压波动	<25Hz	间断的	0.1%~7% 0.2~2P_{st}
7　频率偏差	—	<10s	±0.10Hz

注：1. 这些标准和分类适用于电能质量测量。
2. p.u. 为电力标幺值。

（2）IEC 电能质量标准

IEC/TC 77 中的一个相当重要的标准是 61000-4-30[6]，这是几乎所有监测装置都遵循的标准。该标准定义了测量和解释交流电源质量参数结果的方法，适用于基频为 50Hz 或 60Hz 的电源系统，见表 2。

表 2　IEC 61000-4-30：2015 关于电能质量标准的定义

序号	指标名称
1	电源频率
2	供电电压幅值
3	闪变
4	供电电压暂降和暂升
5	电压中断
6	瞬态电压
7	供电电压不平衡
8	电压间谐波
9	电压间谐波
10	供电电压上的电源信号
11	快速电压变化
12	电压负偏差和电压正偏差
13	电流测量

（3）我国电能质量标准

我国的电能质量标准体系主要分为国家标准和行业标准。

1）国家标准。

我国的电能质量国家标准主要包括：

GB/T 30137—2013　电能质量　电压暂降与短时中断；

GB/T 18481—2001　电能质量　暂时过电压和瞬态过电压；

GB/T 12325—2008　电能质量　供电电压偏差；

GB/T 15945—2008　电能质量　电力系统频率偏差；

GB/T 15543—2008　电能质量　三相电压不平衡；

GB/T 12326—2008　电能质量　电压波动和闪变；

GB/T 14549—1993　电能质量　公用电网谐波；

GB/T 24337—2009　电能质量　公用电网间谐波；

GB/T 19862—2016　电能质量　监测设备通用要求；

GB/T 17626.7—2017　电磁兼容　试验和测试技术　供电系统及所连设备谐波、间谐波的测量和测量仪器导则；

GB/T 17626.11—2008 电磁兼容 试验和测量技术 电压暂降、短时中断和电压变化的抗扰度试验。

2）行业标准。

我国现有电力行业电能质量标准大致可分为以下几类：电能质量基础类标准、电能质量指标限值和基本要求标准、电能质量规划标准、电能质量指标评估标准、电能质量监测分析和计量标准、电能质量控制及治理标准、各类能源接入和评估标准、各类负载接入和评估标准、微电网标准、智能电网标准、电能质量管理标准、电能质量经济性标准、电能质量解决方法标准。

DL/T 1297—2013 电能质量监测系统技术规范[7]，参考了国内外电能质量监测相关标准、规定，重点对电能质量监测系统的组成、性能要求、应具备的功能和测试方法做出了规定，可指导公用电网及其他类型电网电能质量监测系统的建设，对电能质量状况实施有效的监测，对监测信息进行有效的管理、分析与评估。

2. 电能质量的测量方法

（1）频率偏差

频率的测量应针对电网基波频率，每次取 1s、3s 或 10s 间隔内计到的整数周期与整数周期累计时间之比。测量时间间隔不能重叠，与 1s、3s 或 10s 时钟重叠的单个周期应丢弃。

频率偏差的计算方法为

$$\Delta f = f - f_N \tag{1.1}$$

式中，Δf 为频率偏差；f 为测量值；f_N 为试验给定值。

（2）供电电压偏差

获得电压有效值的基本测量时间窗口为 10 周波，并且每个测量时间窗口应该与紧邻的窗口连续而不重叠。在此基础上，通常选择 3s 时间间隔并计算该时间间隔内所有 10 周波电压有效值的方均根值作为电压测量值。

供电电压偏差的计算方法为

$$\Delta u = \frac{u - u_N}{u_N} \times 100\% \tag{1.2}$$

式中，Δu 为电压偏差，单位为%；u 为电压测量值，单位为 V；u_N 为电压试验给定值，单位为 V。

（3）三相电压不平衡

三相不平衡度是衡量三相不平衡的量度，通常用电压、电流负序基波分量或零序基波分量与正序基波分量的方均根百分比来表示。三相电压不平衡度的基本测量时间窗口为 10 周波，并且每个测量时间窗口应该与紧邻的窗口连续而不重叠。在此基础上，选择 3s 时间间隔并计算该时间间隔内所有 10 周波电压有效值的方均根值作为电压测量值，再计算三相电压不平衡度。

三相电压不平衡度测量误差的计算方法为

$$\Delta \varepsilon = \varepsilon_u - \varepsilon_{uN} \tag{1.3}$$

式中，$\Delta\varepsilon$ 为三相电压不平衡度的测量误差，单位为%；ε_u 为三相电压不平衡度的测量值，单位为%；ε_{uN} 为三相电压不平衡度的试验给定值，单位为%。

（4）谐波和间谐波

谐波和间谐波的测量通常采用快速傅里叶（FFT）算法。为减少谐波测量过程中的频谱泄漏等问题，目前通常采用 IEC 61000-4-7 中推荐的谐波集（组）和谐波子集（组）的方法来计算谐波与间谐波。基本测量周期为 10 周波，并要求基本测量周期连续无间隔。基于 10 周波有效值进行 3s 时间间隔的方均根值计算，得到谐波和间谐波的实时测量结果。

电压（电流）谐波和间谐波测量误差的计算方法为

$$\Delta u(i)_h = \frac{u(i)_h - u(i)_{hN}}{u(i)_{hN}} \times 100\% \tag{1.4}$$

式中，$\Delta u(i)_h$ 为第 i 次电压（电流）谐波的测量误差，单位为%；$u(i)_h$ 为第 i 次电压（电流）谐波的测量值，单位为%；$u(i)_{hN}$ 为第 i 次电压（电流）谐波的试验给定值，单位为%。

（5）电压波动与闪变

电压波动计算目前有两种方法。

国标 GB/T 12326—2008《电能质量电压波动和闪变》中规定电压波动由电压波动幅度 d 和频度 r 来衡量，其中电压波动幅度 d 为电压方均根值中相邻两个极值电压之差，即

$$d = \frac{\Delta U}{U_N} \times 100\% \tag{1.5}$$

式中，ΔU 为电压方均根值曲线上相临两个极值电压之差；U_N 为系统标称电压。

IEC 61000-4-15：2010 中给出了衡量电压波动的主要指标电压波动幅度 d，同时给出了电压超出稳态范围的时间长度指标。电压波动幅度 d 的计算公式为

$$d = \frac{U_{end\_i-1} - U_{start\_i}}{U_N} \times 100\% \tag{1.6}$$

式中，U_{end_i-1} 为前一个稳态的最后一个电压半周波有效值；U_{start_i} 为后一个稳态的第一个电压半周波有效值；U_N 为系统标称电压。

闪变的计算方法主要采用累积概率函数（CPF）方法。首先由满足 IEC 61000-4-15 标准规定的采用灯-眼-脑模拟的闪变仪按照 10min 间隔计算短时闪变值 P_{st}，再基于 P_{st} 按照 2h 间隔计算出长时闪变值 P_{lt}。

电压波动和闪变测量误差的计算方法为

$$\Delta\delta = \frac{\delta_u - \delta_{uN}}{\delta_{uN}} \times 100\% \tag{1.7}$$

式中，$\Delta\delta$ 为电压波动的测量误差，单位为%；δ_u 为电压波动的测量值，单位为%；δ_{uN} 为电压波动的试验给定值，单位为%。

（6）电压暂降、电压暂升和短时中断

电压暂降、电压暂升和短时中断的测量一般采用 IEC 61000-4-30 中推荐的半周波有效值法，即每半个周波计算一次电压半周波有效值 $U_{rms(1/2)}$，再由 $U_{rms(1/2)}$ 与指定阈值比较，判断暂态是否发生以及结束。

计算 $U_{rms(1/2)}$ 的公式为

$$U_{rms(1/2)}(k) = \sqrt{\frac{1}{N} \sum_{i=1+(k-1)\frac{N}{2}}^{(k+1)\frac{N}{2}} u^2(i)} \tag{1.8}$$

式中，N 为每周期的采样点数；$u(i)$ 为第 i 次被采样到的

电压波形的瞬时值；k 为被计算的窗口序号（$k=1, 2, 3, \cdots$），即第一个值是在一个周期内（从样本 1 到样本 N）获得的，下一个值则从样本$\frac{1}{2}N+1$ 到样本$\frac{1}{2}N+N$，依次计算。

3. 小结

国外 IEEE、IEC 等组织在电能质量的定义、现象归类、指标测量、数据模型等的标准化方面领先于我国。近年来，随着我国电气化铁路、新能源、高端制造业的快速发展，电能质量技术在我国快速发展，我国电能质量技术人员在借鉴、吸收国外先进标准的同时，目前已经能够主导 IEEE、IEC 等标准化组织中电能质量相关标准的编制，从而将我国的先进经验推广到世界。

三、电能质量监测终端

1. 概述

（1）国内研究现状

20 世纪 90 年代末、21 世纪初，我国出现了具备电压偏差、频率偏差、谐波等监测功能的电能质量监测终端，如安徽振兴 PS-NET、深圳领步 PQM、保定方长等公司的产品。这些产品在功能、性能方面均不如当时国外的电能质量监测设备，因此 21 世纪初期，国内电能质量监测装置以国外产品为主。另外，不同厂家的装置采用不同的数据模型和通信协议，难以实现数据互联互通。国内早期电能质量监测终端如图 1 所示。

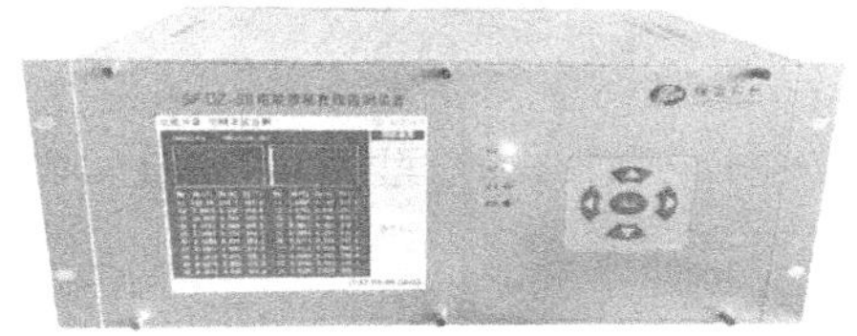

图 1 国内早期电能质量监测终端

2010 年以来，随着国内突破基于 IEC 61850 的电能质量数据模型技术[8]，实现不同厂家电能质量监测装置的数据模型统一化，推动国网公司、南网公司开始大力建设电能质量监测网，国内电能质量监测设备的需求猛增，深圳中电、南京灿能等国内厂商迅速崛起。同时，由于国外电能质量监测设备不提供对 IEC 61850 的良好支持、不开放通信协议、特别是不响应国内的信息安全要求，使得国外设备无法接入电网电能质量监测系统，在国内市场的使用量逐步萎缩。

目前，国内主流厂家生产的电能质量监测装置在功能、性能上已经全面超过国外同类产品，并且还在持续发展，例如采样率提升、边缘计算功能的增加、无线通信功能的增加、信息安全加密功能的强化等。近年来，随着新型电力系统的建设，电能质量监测设备正在向小型化、智能化的方向发展，小体积、导轨式电能质量监测终端已经出现，具备边缘计算功能的电能质量监测终端也通过科研项目研制出来，但还没有大规模应用。

（2）国外研究现状

电能质量监测终端在国外出现的时间早于国内。国外研究机构不仅研制出电能质量监测终端，同时也提出电能质量现象分类、电能质量测量方法、电能质量指标限值等一系列标准，为电能质量监测技术的发展作出了巨大的贡献。其中，IEC 61000-4-30 是国际包括我国普遍认可的电能质量测量方法标准，是电能质量监测装置研制的基础标准之一。国外莱姆公司（后被收购）、Fluke 公司、PML 公司（后被收购）、SEL 公司、电力士等公司研制的电能质量在线监测装置、便携式电能质量分析仪，设计理念先进，满足 IEC 61000-4-30 的要求，同时具备计量计费等功能，功能与性能均非常强大[9]。例如加拿大 PML 公司研制的 ION 系列电能质量监测终端，采用 ION 逻辑功能架构，具备逻辑可编程，可通过不同功能模块的搭配，按需实现不同的新功能，设计理念非常先进。ION 系列电能质量监测终端如图 2 所示。

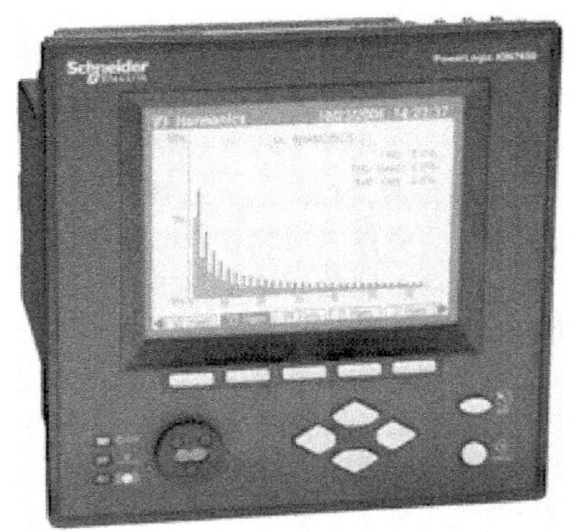

图 2 ION 系列电能质量监测终端

21 世纪初，由于国内电能质量监测技术相对落后，国外电能质量监测终端在国内大量使用，如加拿大 PML 公司的 ION 7500/7600/7550/7650 电能质量监测装置在广西、上海等地的应用，SEL 公司 SEL 734、美国电力士 DataNode5500 在广东、云南等地的应用等。2010 年以后，国内电能质量技术快速发展，国外监测设备则长期停滞不前，在国内的应用逐步萎缩，目前已经基本退出国内电网市场。

2. 电能质量数据模型

（1）电能质量数据模型的发展

电能质量数据模型的发展经历了三个阶段。2002 年以前，各设备厂家主要以自定义私有数据模型实现数据传输，数据通用性差。IEEE 1159.3 Power Quality Data Interchange Format（PQDIF）[10] 颁布后，成为第一个可在不同系统之间进行电能质量数据交换的标准，但 PQDIF 标准规定了数据模型，没有规定通信方式，所以没有得到大规模应用。2011 年，我国首次提出基于 IEC 61850 的电能质量数据模型，并采用其自带的 MMS 通信协议，基于 IEC 61850 的电能质量监测终端迅速成为市场的主流技术。目前，在我国大规模使用的电能质量监测装置均基于 IEC 61850，对 IEC

61850的要求已经列入GB/T 19862-2016[11] 等标准中。电能质量数据传输技术的发展如图3所示。

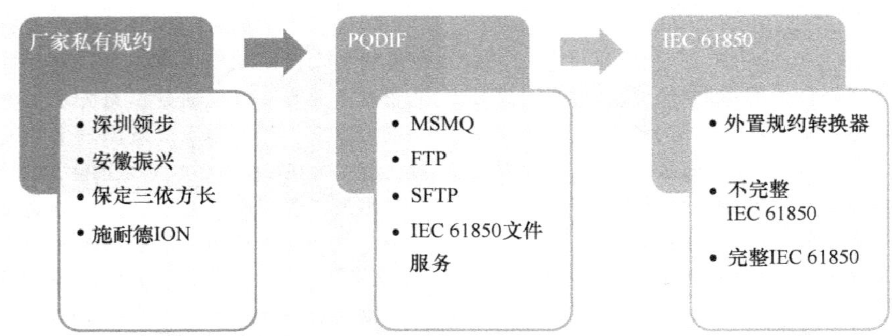

图3 电能质量数据传输技术的发展

(2) 基于PQDIF的电能质量数据模型

电能质量数据交换格式PQDIF是IEEE 1159.3中定义的一种专用于不同系统之间电能质量数据交换的通用格式，以PQDIF存储电能质量数据的文件称为PQDIF文件。

定义PQDIF是为了解决电能质量监测装置不同厂家之间的数据格式差异化导致的信息共享困难，因此PQDIF完全独立于监测设备的软、硬件。它不仅可以较好地解决多源数据的兼容问题，还可以实现电能质量物理属性的多角度观察。为达到通用性，PQDIF采用标准数据类型并定义了一系列全局标签，这些标签基本上覆盖了电能质量数据解析所需要的各个范畴，包括厂家标签、电能质量指标类型标签、量纲标签、数据类型标签、电能质量监测装置参数标签等。PQDIF以不同的标签及其组合，可以完整地包含电能质量监测装置信息及电能质量数据。

通过采用标准化的数据类型和丰富的标签定义、以及不授专利权限制的数据压缩算法（ZLIB），PQDIF解决了不同系统之间电能质量数据的交换问题。目前，PQDIF主要应用于系统与系统之间的、实时性要求不高的电能质量数据交互，有时候也用于便携式电能质量测试仪与系统之间的离线数据交互。

(3) 基于IEC 61850的电能质量数据模型

IEC 61850是新一代的变电站自动化系统的国际标准，它规范了数据的命名、数据定义、设备行为、设备的自描述特征和通用配置语言。就电能质量监测而言，早期版本的IEC 61850没有考虑到变电站电能质量监测应用。但2010年IEC 61850-7-3/-7-4 ED2[12-13] 中正式增加了MFLK、MHAI等电能质量相关逻辑节点，从而将电能质量监测纳入IEC 61850范畴。2011年我国推出了完全基于IEC 61850，支持IEC 61850报告、日志和文件等服务功能的电能质量在线监测装置，IEC 61850在电能质量监测领域的应用得到迅速发展，目前国内主流电能质量监测装置基本上都支持IEC 61850标准。

基于IEC 61850的电能质量数据传输，首先需要电能质量监测装置提供对IEC 61850的支持，其次需要明确各种不同电能质量数据合适的传输接口。电能质量监测获取的分类数据是进行电能质量分析和高端应用的基础，从实际应用的角度出发，电能质量监测终端应当能够提供稳态数据和暂态事件数据。结合IEC 61850-7-4，可利用MMXU、MSQI、MHAI、MFLK等逻辑节点来实现电能质量稳态数据建模，各逻辑节点通过不同的实例提供实时数据和统计数据。结合IEC 61850-7-4，可利用QVVR、RDRE等逻辑节点实现电能质量暂态数据建模，暂态电能质量功能和数据模型如图4所示。

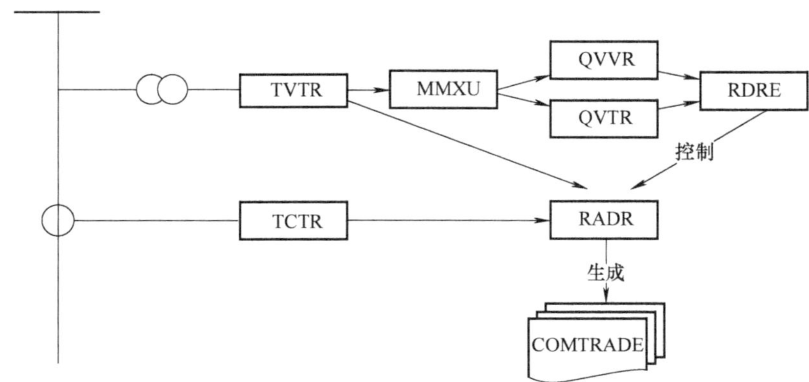

图4 暂态电能质量功能和数据模型

3. 电能质量监测终端的小型化

(1) 背景

随着配电网、用户侧对电能质量监测终端的使用量增加，在配电柜、环网柜、分布式光伏并网箱等小型空间中，无法容纳体积庞大的电能质量监测终端，必须要研制体积更小的电能质量监测终端，并且同时要支持导轨式、壁挂式、甚至插座式安装，才能满足新型配电系统带来的新的应用场景需要。此外，装置小型化带来额外的可靠性、精度补偿等问题有待解决。

（2）小型化关键技术

电能质量监测终端小型化，有利于提高终端集成度、缩小终端体积、提升终端防护能力、降低终端成本。同时，终端小型化也需要克服诸多难题，主要包括：传统的常规电压互感器体积较大，集成难度高；受整机空间限制，整机 EMC 和 EMS 问题不好处理；环境温度和整机温升影响测量回路精度等。小型化关键技术如下：

1）电压测量采用高输入阻抗方式：传统的电压测量采用常规电压互感器，如图 5 所示，单个互感器直径为 32mm，高为 27mm。电压测量高输入阻抗方式采用高可靠性、长期稳定性高、温漂系数小的高精度圆柱体薄膜电阻。单个圆柱体电阻长为 5.9mm，直径为 2.2mm。采用圆柱体电阻后，器件高度大幅度减小，大大降低了电压测量回路占用装置整机的空间。

a) 电压互感器方式

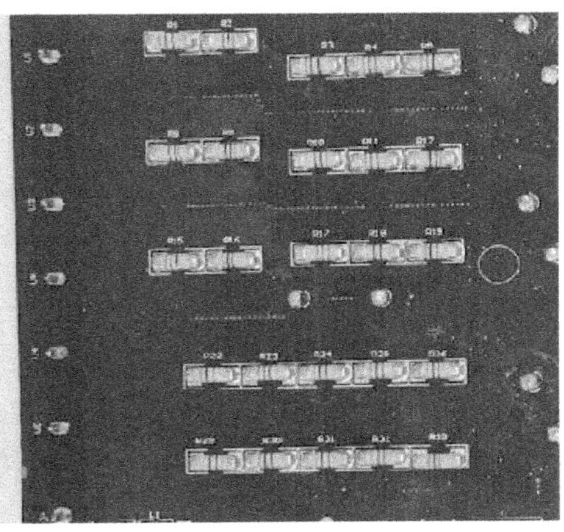

b) 高阻方式

图 5 电压测量方式

2）EMC/EMS 设计：为实现装置小型化，装置内部结构集成度较高，导致整机 EMC 和 EMS 存在问题，主要表现为 AC-DC 开关电源以及内部 DC-DC 电源高频干扰影响高速模拟电压采集。在 PCB 设计中予以考虑，将模拟敏感信号在空间布局上远离干扰源，并采用铺铜屏蔽等措施降低干扰信号强度。此外，为了保证装置运行的可靠性，需要综合采用不同的电气隔离措施。其中 AC-DC85～264V 电源输入采用变压器隔离，RS-485 通信电路信号部分采用光耦隔离，电源部分采用 DC-DC 隔离，如图 6 所示；电流测量回路采用电磁隔离，以太网通信口采用变压器隔离等，如图 7 所示。

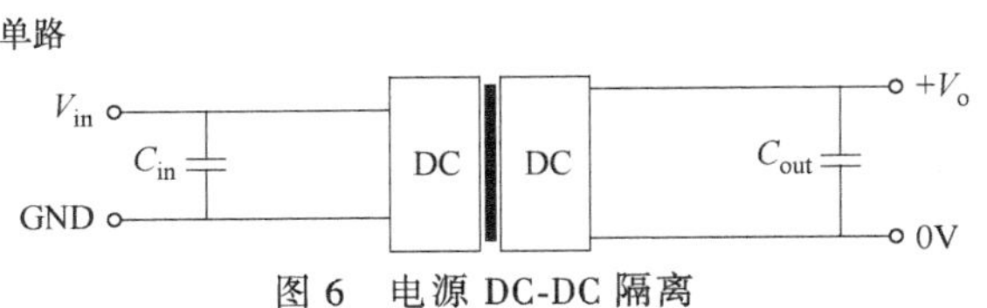

图 6 电源 DC-DC 隔离

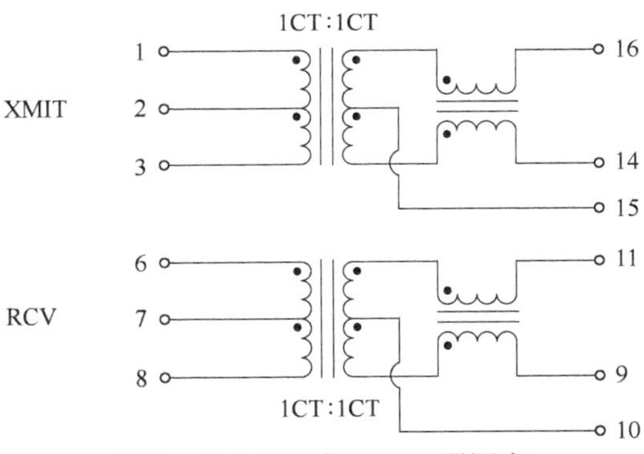

图 7 以太网通信口变压器隔离

3）测量精度温度补偿技术：为了保证不同温度下终端的测量精度，在 PCB 设计过程中将测温点靠近模拟电路，减少模拟电路温度测量的误差，并在同步相量计算过程中，根据测量温度，结合幅值-温度以及相位-温度特性，获取当前温度下由温漂特性造成的幅值和相位误差，对幅值和相位自动校准补偿。

4）整机成本控制：终端体积严格控制在 14.5cm×7.6cm×11.6cm，机壳成本大大缩减，与同品类产品相比成本降低超过 90%，PCB 成本降低超过 80%；采用工业级批量生产的小型化电源模块、通信模块，在保证可靠性的前提下成本降低超过 70%；高可靠性圆柱体电阻代替传统电压互感器进行电压测量，在缩小体积的同时，将电压回路采集回路成本降低 20%以上。

4. 电能质量监测终端的智能化

（1）背景

响应数字化电网发展需求，融合互联网思维，广泛应用大数据、物联网、人工智能新技术，使得电能质量监测装置智能化发展成为必要。电能质量监测设备智能化的目标是：

1）加强设备和数据管控：通过电能质量测量方法和数据加工算法的 APP 化，实现全网数据的一致性，进一步加强数据管控，确保数据和业务的可信度。

2）支撑云边协同：把电能质量监测装置从数据采集和

传输平台升级为数据管理平台。依托标准传感网和云边协同架构，通过电力物联网和深度感知，实现其他设备的灵活接入和边缘智能。通过边缘计算实现数据本地化、智能化处理和数据分析结果直接输出，满足故障预警、故障定位等快速应用的需求，同时可在一定程度上减少数据中台的压力。

3）推动数据融合共享和敏捷应用：把电能质量监测装置打造成变电站内的感知类数据大平台。通过高采样率、标准化数据处理算法实现感知数据源，通过标准化接口设计、标准化信息模型实现统一数据对外共享服务，通过业务需求 APP 化实现快速应用开发与加载，支撑电网各专业应用拓展。

（2）支撑智能化的新一代终端架构

根据新一代电能质量监测装置平台化、智能化总体设计目标，智能化电能质量监测装置总体框图如图 8 所示。

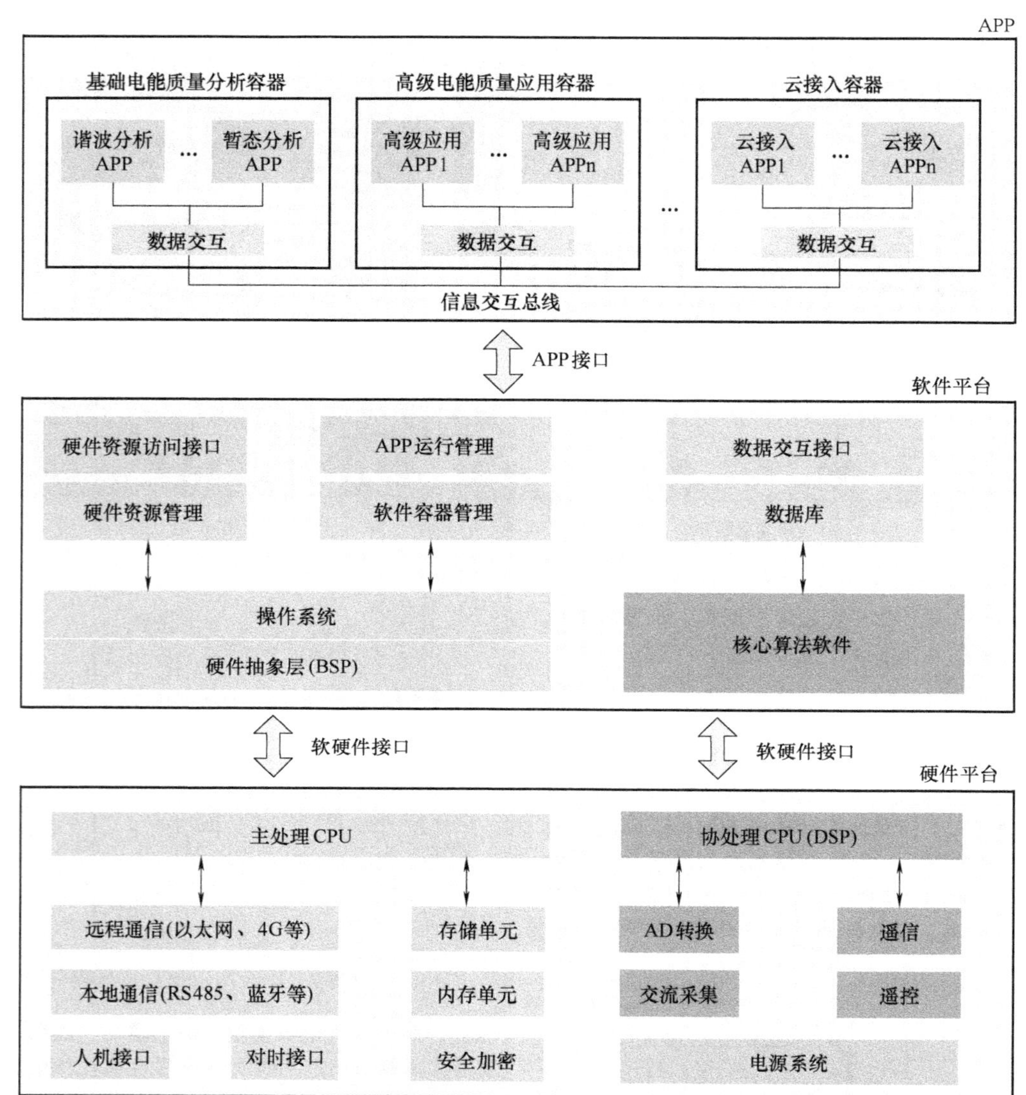

图 8　智能化电能质量监测装置总体框图

新一代电能质量监测装置由三个层次构成：

1）硬件平台：提供软件功能运行所需的各种硬件资源，以 CPU 为核心、外围器件为辅助。外围器件包括存储、通信、交流采集、遥信、遥控、时钟同步、安全加密、人机接口等。其中，通信接口既包括远程通信（将数据上送主站或物联管理平台），也包括本地通信（采集变电站其他端设备信息）。

2）软件平台：实现对硬件层的抽象，并提供支撑 APP 运行的软件资源及接口等。软件平台以通用操作系统为基础，提供非实时性软件功能，完成操作系统相关的硬件资源管理、软件容器管理，实现 APP 运行的全生命周期管理，提供硬件资源访问接口、数据访问接口；高实时性软件功能由核心算法软件完成，实现底层采样计算、电能质量基础算法相关功能，为各种 APP 提供数据基础。

3）APP：基于软件平台进行开发，采用容器技术进行管理，每个容器布署特定 APP，不同容器相互独立，并通过信息交互总线进行数据交互。可以按应用类型对容器进行划分，可以与设备密切相关、由装置厂家开发维护的基础电能质量分析容器，也可以结合具体业务、不同厂家定制开发的高级电能质量应用容器，或者云边协同应用相关的、具备边缘计算的云接入容器等。

采用上述架构，硬件平台、软件平台由终端厂商提供，APP 由终端厂商或 APP 厂商提供。从终端的角度来看，其维持内部运作的指标无需对外发布，例如所采用的 CPU 芯片型号、内部数据管理方法等，称为内特性；需要发布给其他厂商的特性则称为外特性，例如软件平台提供给 APP 的 CPU 运算资源、存储容量等。相应地，各层级、内部模块之间的接口可以分为内特性接口、外特性接口。

5. 小结

我国电能质量监测终端研发起步较晚，但发展迅猛，目前国内主流厂家生产的电能质量监测装置在功能、性能上已经全面超过国外同类产品。未来随着新型电力系统的建设，电能质量监测愈发受到重视，电能质量监测装置的市场规模会越来越大，如何研制智能化、小型化、融合高性能芯片的电能监测装置是亟待解决的关键问题，只有不断地突破和发展电能质量监测技术，才能满足日益增长的电能质量监测的需求。

四、电能质量监测系统

1. 概述

（1）国内研究现状

20 世纪 90 年代初开始，沿海一些经济发达省份开始了电能质量监测技术的研究和应用。国家电网公司和南方电网公司也逐渐建成了从数十个到数百个监测点规模的省级电能质量监测系统。2015 年，国家电网公司开始建设覆盖全网的谐波监测分析模块，要求在电网侧安装电能质量监测终端，实现对新能源、电气化铁路、换流站等的电能质量在线监测和专项分析[14]。截至目前，国内所有省级电网公司均已建成电能质量监测系统，国家电网公司、南方电网公司已建成网级电能质量监测系统。通过电能质量监测系统的建设，采集、存储海量电能质量数据，为电能质量大数据分析和应用提供了基础数据支撑和可行性。2021 年以来，随着双碳、整县光伏、新型电力系统等政策的提出和推进，基于智慧物联管理平台的电能质量监测系统[15]、面向新型电力系统的电能质量监测系统[16] 等新技术已逐步成为研究热点。

国家电网各省公司现已建立起针对特定区域的电能质量监测系统，在一定程度上实现了重要环节的数据采集与分析，为供电质量的评估与管控提供了有力的技术支持。但是，目前各省电能质量监测系统均以主网电能质量监测为主，极少涉及对配网、用户侧的电能质量监测。各省电能质量监测系统的应用也主要侧重于管理和常规应用。电能质量监测系统的海量数据和电能质量高级应用之间没有实现良好的结合，电能质量大数据分析还处于探索阶段。

在电力系统主-配-用一体化趋势的背景下，随着跨区域电网规模的不断扩大，负荷类型的日益丰富，网内电能质量扰动呈复合化、立体化扩散趋势，孤立的区域监测系统已不足以捕捉和分析各区域电能质量事件之间的相互关联性，唯有建立更为广泛的数据监测平台，才能实现全网层面的全面分析与管控[17]。然而，随着监测系统的无限扩展，传统方法已无法满足海量电能质量数据的存储、处理与分析需求。这些海量电能质量数据本身承载着大量涉及系统和设备运行状态的有用信息，其应用价值已超出传统电能质量所关注的范围，可进一步用于指导电力系统的调控、运行和保护。

（2）国外研究现状

国外尤其是北美、欧洲等经济发达国家对电能质量的研究与监控起步较早，而且与我国不同的是，国外电能质量研究的起步以及发展主要是在电力用户侧。无论是 CBEMA、ITIC 还是 SARFI、SEMI，都针对用电设备的电能质量特性。IEC 电能质量标准体系构建于电磁兼容基础之上，认为电能质量指标限制的制订要充分考虑用电设备对电能质量的耐受能力。美国、欧洲很早就开始了电能质量经济性研究，指出电压暂降是造成电力用户经济损失最大的电能质量问题。在工业企业层面，以 Intel 为例，其在全球每一个新建的半导体工厂，均会配置一套覆盖进线以及主要用电回路的电能质量在线监测系统；美国的大电力公司（如 American Electric Power、Big Rivers Electric 等）都安装了电能质量在线监测系统，并采用统一数据格式（PQDIF），规模扩大到 5000 个以上在线监测点；比利时电网公司（CPTE，装机容量 2000 万千瓦左右）在电力市场化的进程中，输电网与用户联结点的互联网化在线监测管理涉及全电网 50 个电厂、250 个高压工业用户和 400 个配电系统上千个在线监测点。但企业建立的电能质量在线监测系统均由企业管理，与供电公司建立的电能质量在线监测系统之间并无实时通信，因此不涉及复杂的数据传输问题。

可以认为，相对于我国，发达国家的电能质量研究以企业自建、自用为主，监测数据的应用主要是电力企业捕捉电能质量暂态事件、分析用电设备的容忍度、以及与供电局开展合同谈判和索赔。

2. 电能质量监测系统的组成与结构

（1）电能质量监测系统的组成

电能质量监测系统是由电能质量数据源、信息通道、服务站和用户计算机，以及软件系统组成系统的简称。其中，数据源包含可供读取的电能质量数据和信息的载体，其具体外在形式是多样的，如电能质量监测终端、PQDIF 文件或者数据库等；信息通道指数据源和后台软件系统之间数据传输的网络通道，可以是以太网、无线等；软件系统指负责数据召唤、数据存储、数据处理、数据展示等的数据分析处理系统，由不同功能的应用程序模块组成。

从逻辑层面讲，电能质量监测系统可分为监测设备层、服务层和应用层[18]。电能质量监测系统的组成及网络架构图如图 9 所示。

设备层主要包括标准电能质量监测终端等数据源及适配单元（可选），提供电能质量监测、记录、统计和就地存储功能。设备层和主站层之间以统一格式进行数据交换，每台电能质量监测装置具有固定的网络地址。针对已安装的非标准电能质量监测终端，采用适配单元实现非标准通信规约向 IEC 61850 规约的转换。

服务层主要包括通信通道及其附件、服务器组及配套软件、电能质量监测与分析系统软件：

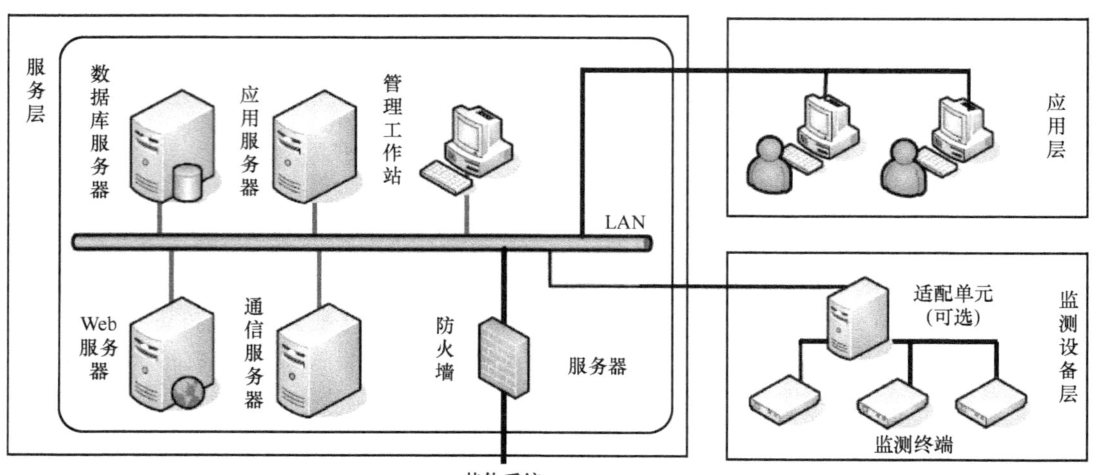

图 9　电能质量监测系统组成及网络架构图

1）通信通道用于提供电能质量指标数据、指令在电能质量监测终端与服务器之间交互的物理通道，可采用电力系统综合数据网、MIS 网、OA 网等。

2）服务器组包括数据库服务器、Web 服务器、应用服务器、通信服务器、管理工作站等，是电能质量监测与分析系统软件依存的硬件基础。数据库服务器用于实现电能质量数据长期存储，Web 服务器用于实现电能质量信息的 Web 展示，应用服务器用于实现各种高端电能质量分析应用，管理工作站用于实现电能质量监测系统的维护、管理和配置。

3）电能质量监测与分析系统软件依托电能质量监测终端、通信通道、服务器组等硬件基础，通过不同功能模块实现电能质量数据采集、存储、分析、展示、应用等功能。

应用层主要指能访问电能质量监测系统的 Web 客户端。

（2）电能质量监测系统的功能架构

电能质量监测系统应具备向用户提供电能质量统计、分析和数据查询的主要功能。为实现该目的，电能质量监测系统的功能可具体分解成三层：数据通信功能、数据存储功能、数据处理和应用功能。其中，数据通信和数据存储功能属于基础支撑平台，通常是系统用户不可见的层面；数据处理和应用功能属于人机交互接口，根据用户需求层次的不同又可分为常规应用和高级应用。电能质量监测系统功能架构示意图如图 10 所示。

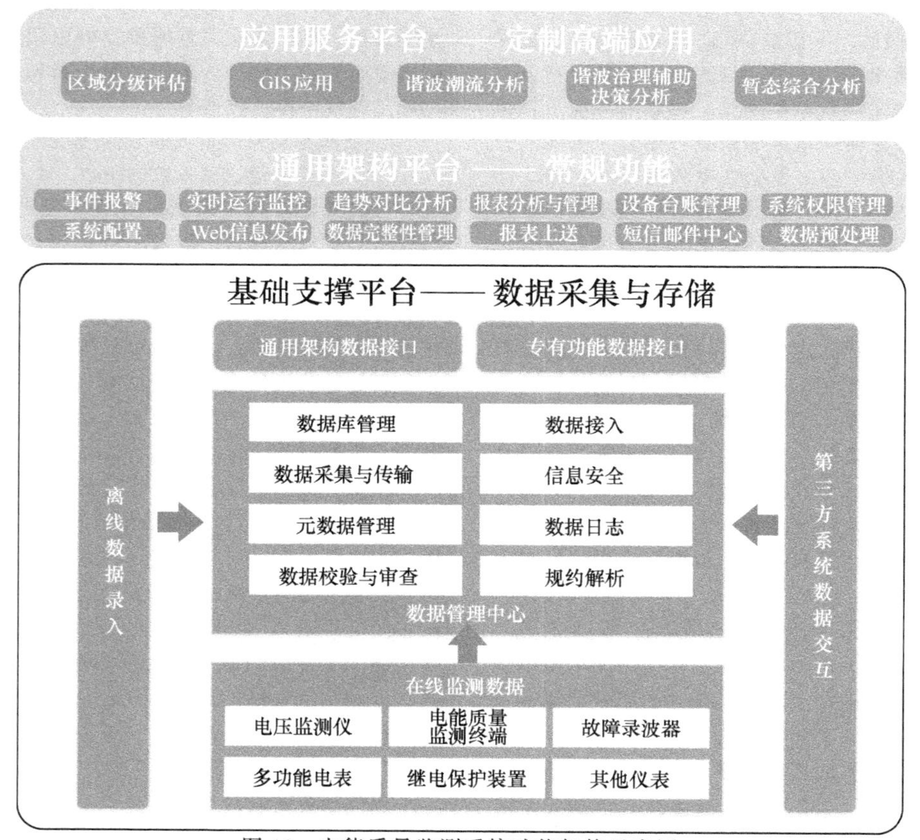

图 10　电能质量监测系统功能架构示意图

1）数据通信功能：数据通信指从不同数据源读取不同类型的电能质量数据。电能质量监测系统需要支持的数据源包含但不限于电能质量在线监测装置、其他监控仪表（如电压监测仪、继电保护装置等）、以及离散的数据文件（如 PQDIF 文件、XML 文件、EXCEL 文件等）。电能质量监测系统与不同数据源的通信规约、通信方式等都可能存在差异，因此必须是一个具有广泛兼容性能的系统。

2）数据存储功能：数据存储指将通信获得的各种电能质量数据分类存储，以供后续处理和应用。电能质量监测系统是海量数据系统，因此建议配置 Oracle、SQL Server 等大型关系数据库，以实现数据的长时间存储和高效查询性能。根据实际应用需要，不同类型电能质量数据的存储时间长度需求不同，见表 3。

表 3　不同电能质量数据的存储时间需求

数据和信息类型	数据库中的存储时间	说　明
实时数据	一组	只需要存储一组最新数据
实时波形	一组	
统计数据	两年	当前时间为止向前回溯，先进先出
波形记录	至少两年	
SOE 事件信息	至少两年	
运行状态信息	至少两年	

3）数据处理和应用功能：数据处理和应用是指根据用户实际需要，提供各种展现形式的数据统计结果供用户进行分析应用。一般而言，电能质量数据的应用包含两个层次。第一个层次是对电能质量数据的常规应用，包括实时数据、趋势曲线、报表、告警信息、波形等的查询和导出处理，主要应用于单点的电能质量状况检查、故障分析等场合。第二个层次是对区域多点电能质量数据的综合应用，包括电能质量综合评估、谐波潮流分析、暂态源定位等，需要较为复杂的评估指标定义以及算法支撑。

3. 小结

随着电能质量扰动呈复合化、立体化扩散趋势，孤立的区域电能质量监测系统已不足以捕捉和分析各区域电能质量事件之间的相互关联性，唯有建立更为广泛的监测平台才能实现全网电能质量的全面分析与管控。由于传统方法已无法满足海量电能质量数据的存储、处理与分析，因此如何有效地挖掘海量电能质量数据蕴含的大量涉及系统和设备运行状态的有用信息，为新型电力系统的调控、运行和保护等方面提供指导，值得进一步探索。

五、电能质量监测技术的发展趋势展望

为了推进能源绿色转型，实现“碳达峰碳中和”目标，满足人民日益增长的交通需求，助力高精尖紧密电子仪器的制造行业发展，降低电能质量高污染重工业的影响，未来电能质量监测技术有望在以下几个领域发展壮大：

1）新能源：随着新能源大量接入电网，电网结构和特性等方面都发生了较大变化。太阳能、风能、潮汐能等具有供应不连续与随机波动的特点，其并网发电的间歇性造成了电压偏差等电能质量问题。此外，新能源发电设备内部大量采用诸如 PWM 控制的整流器、逆变器等电力电子设备，也可能带来谐波等电能质量问题。因此，大力发展电能质量监测技术，能够更好地应对和解决大规模新能源并网造成的电能质量问题。

2）电动汽车和城市轨道交通：城市轨道交通负载因电力机车的不同工况、不同速度，会给电网带来相应的非线性、不对称性、波动性的电流。电动汽车充电负载主要由数量和本身特性所决定，由于人们的充电习惯趋近相同，会形成某一时段的用电高峰，从而对电网造成一定的冲击。开展电能质量监测技术研究能有效地检测相关的电能质量指标数值，对产生的电能质量问题进行高效治理。

3）高精尖制造行业：高精尖制造行业生产设备十分精密，供电要求极为苛刻，极为短暂的电能质量扰动都会造成设备损坏、工艺中断，尤其以电力谐波和电压暂降为主的电能质量问题造成的经济损失巨大。目前，我国电力结构的改变和负载类型增多，随之带来的谐波、电压暂降等各种电能质量问题越来越多，这对一些高精尖制造行业隐患极大。开展电能质量监测技术服务，助力高精尖制造行业安全、高效、有序生产经营。

4）电能质量高污染企业：电能质量高污染企业会产生大量的电能质量问题，例如钢铁冶炼行业用到的电弧炉，其在工作过程中需要产生作用于电极棒与冶炼原料的电弧，电弧长度变化越快，其造成的电力冲击也会越严重。针对电能质量高污染企业提供监测、评估服务，提供电能质量治理经济可行方案，并提供相关的电能质量评估、检测报告。

参 考 文 献

[1] 中华人民共和国国务院．“十四五”节能减排综合工作方案［R］．［2022-01-24］．国发〔2021〕33 号．

[2] 国家电网有限公司．关于加快推动电力行业绿色发展促进全社会节能降碳［EB/OL］．［2022-06-10］．http://www.chinasmartgrid.com.cn/news/20220614/642951.html.

[3] 张智刚，康重庆．碳中和目标下构建新型电力系统的挑战与展望［J］．中国电机工程学报，2022，42（8）：2806-2819.

[4] 汪飞，全晓庆，任林涛．电能质量扰动检测与识别方法研究综述［J］．中国电机工程学报，2021，41（12）：4104-4121.

[5] IEEE Std. 1159-2019. IEEE recommended practice for monitoring electric power quality［S］．IEEE，2019.

[6] IEC 61000-4-30：2015，Electromagnetic compatibility（EMC）．Testing and measurement techniques - Power quality measurement methods［S］．IEC，2015.

[7] DL/T 1297-2013．电能质量监测系统技术规范［S］．国家能源局，2013.

[8] 余晓鹏，李琼林，杜习周，等．基于 IEC 61850 的电能质量监测终端数据分析及模型实现［J］．电力系

统自动化，2011，35（4）：56-60.
[9] 唐涛. 电能质量全指标监测系统的研究与应用［D］. 合肥：安徽大学，2017.
[10] IEEE Std. 1159. 3-2019，IEEE recommended practice for power quality data interchange format（PQDIF）［S］. IEEE，2019.
[11] GB/T 19862—2016. 电能质量监测设备通用要求［S］. 北京：中国标准出版社，2016.
[12] IEC 61850-7-3，Communication networks and systems in substations. Basic communication structure for substation and feeder equipment. Common data classes［S］. IEC，2010.
[13] IEC 61850-7-4，Communication networks and systems in substations. Basic communication structure for substation and feeder equipment. Compatible logical node classes［S］. IEC，2010.
[14] 肖先勇，胡誉蓉，王杨，等. 基于非同步电能质量监测系统的谐波状态估计［J］. 中国电机工程学报，2021，41（12）：4121-4132.
[15] 彭阳. 基于物联网的用户端电能质量监测系统研究［D］. 北京：北京交通大学，2020.
[16] 史建平. 基于智能电网的电能质量监测系统研究［J］. 电气应用，2018，37（14）：17-19.
[17] 李林辉，杨军飞，谈军，等. 电能质量在线监测系统的设计与实现［J］. 中国电力，2017，50（5）：126-131.
[18] 杨磊. 网络化电能质量监测系统的研究与实现［D］. 无锡：江南大学，2017.

国内特种电源技术发展综述

中国电源学会特种电源专业委员会
李洪涛，袁建强，栾崇彪，马　勋，刘宏伟，肖金水，王凌云

摘要：特种电源技术在国家大科学装置、高新装备、高端医疗设备、航空航天、工业等领域均存在强烈需求，是国防、科研和先进制造等领域的重要基础性支撑技术，对支撑国家国防安全、能源安全、产业安全具有重要意义。近年来，“空间环境地面模拟装置”“电磁驱动聚变大科学装置”等国家大科学装置建设、高新技术发展对特种电源技术提出更精确波形调制、更高重复频率、更高功率密度、高可靠性、良好的环境适应性等迫切需求。本文对我国特种电源行业在特种开关与储能器件基础研究、新型电路拓扑、复杂电源系统综合设计、复杂环境下电源工程化设计等方面取得的进展，以及在大科学装置建设、高新技术、航空航天等领域的应用情况进行了综述，并分析了相关技术与应用的发展趋势。

一、特种电源发展与应用现状

特种电源指在特殊应用环境下实现电能以特殊形式耦合至负载产生特定效应的一种能量变换技术。特殊应用环境包含强电磁脉冲或射线辐射、高低温、冲击振动等，特殊形式指特种电源的开关、储能等主要器部件往往运行在极端参数条件下，特定效应指远超出工业或普通科研应用范围的输出功率、高功率密度、高能量密度、高重复频率、高稳定性、高输出精度、极高的可靠性要求，以及驱动负载产生强辐射场、瞬态电磁脉冲效应、等离子体、冲击波效应等。因此，高可靠、固态化特种电源技术在国家大科学装置、高新装备、高端医疗设备、航空航天、工业等领域均存在强烈需求，是国防、科研和先进制造等领域的重要基础性支撑技术，对支撑国家国防安全、能源安全、产业安全具有重要意义。

为了更好地满足实际应用需求，目前特种电源朝着固态化、高可靠性以及长使用寿命等方向发展。开关作为其中的核心器件，已经从传统的气体开关、真空开关、伪火花开关向晶闸管、可关断晶闸管等半导体开关发展。此外，加速器、闪光X光机、电磁加载等应用对高功率特种电源系统可靠性设计提出了更高挑战，其研究内容涉及器件载流子物理机理及失效机理、电磁兼容特性、电源与负载耦合特性等。针对电磁驱动聚变大科学装置用特种电源，集成模块化、紧凑化是其未来的发展趋势。相比传统电容器直接并联放电的技术路线，由模块组成的能库电源系统具有以下优点：①模块化设计，每个模块具有独立放电功能；②根据实际需求，通过放电模块投入数量、放电时序等组合调节，灵活实现输出波形调控；③将大能库储能化整体为分散，大大降低系统风险。

特种电源市场整体容量较大，但单一领域市场规模相对较小，对研制单位的技术实力、产品定制能力要求较高。高端特种电源领域，国外仍占据主导地位。但随着相关技术需求的快速发展，特种电源产业将逐步由小规模、定制化研发生产模式向大规模产业化发展。例如：伴随着我国航天事业的跨越式发展，航天器所使用轨道越来越多，太空环境也越来越复杂，对电源的可靠性、稳定性提出了新的要求，并且对寿命要求也越来越长。中国航天在未来20年内将进行大载荷火箭、深空探测、星座组网等项目，可以预见未来火箭、卫星对供电系统的性能需求将不断提升。为满足我国星座组网、重型火箭、深空探测等项目的需求，航空航天电源向着高效率、高功率密度、高可靠、固态化和长寿命的方向发展。

二、特种电源新技术发展综述

1. 光控高功率半导体开关

（1）光触发多门极半导体开关

光触发多门极半导体开关（LIMS）是在电控晶闸管与光导开关两种固态开关基础上发展起来的，其基本结构如图1所示。与硅基光导开关不同，在激光触发半导体开关的结构上引入了PN结，可以采用高压直流而非脉冲充电，充电系统的复杂性降低。采用大能量激光触发的方式（触发能量通常在百μJ），显著提升了开关速度。由于采用激光触发控制，开关可以比较容易实现串并联应用。

中国工程物理研究院流体物理研究所研究团队研制的LIMS-10kA开关耐压大于6kV，开关在4kV工作电压下均实现了不小于10kA电流输出，di/dt均大于30kA/μs；室温下开关芯片在4kV放电条件下寿命大于10000次（激光二极管、百μJ能量），通流密度大于10kA/cm^2；LIMS-10kA开关在-55℃和85℃条件下均实现了不小于10kA的电流输出；LIMS-2kA开关在125℃条件下实现了2kA电流输出，如图2所示[1]。

此外，中国工程物理研究院流体物理研究所研究人员开展了两只光触发多门极半导体开关串联组件设计及实验验证，开关组件结构如图3所示，开关组件工作电压约12kV，输出峰值电流约1.1kA，上升时间约19ns，每只光触发半导体开关所需激光能量为0.5mJ（波长1064nm），LIMS开关组件工作电压和输出电流波形如图4所示[2]。

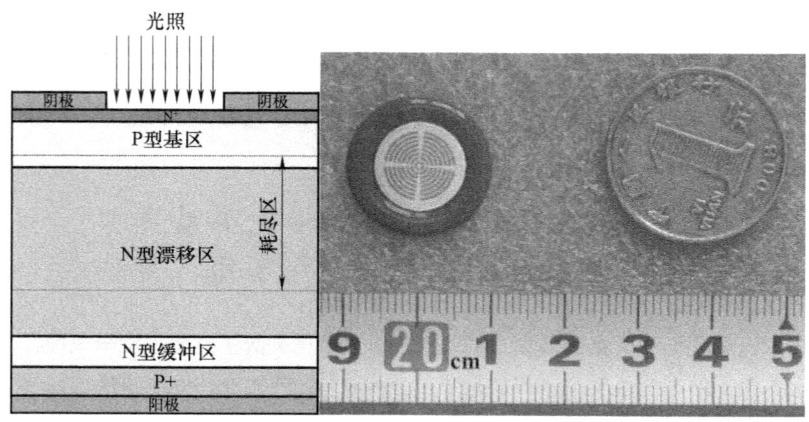

图 1 光触发多门极半导体开关

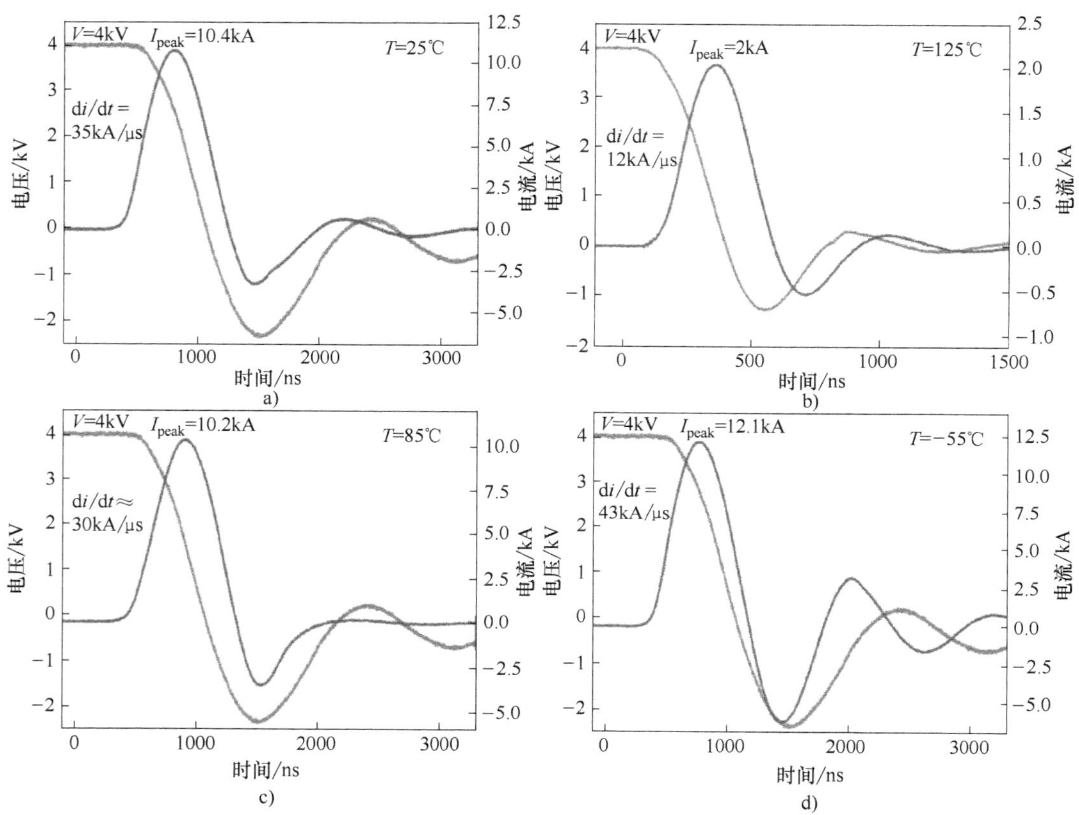

图 2 LIMS-10kA 和 LIMS-2kA 开关高低温工作条件下的电压和电流曲线

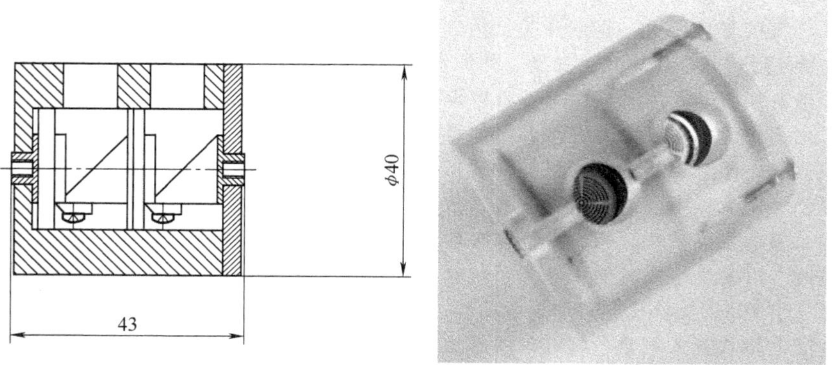

图 3 光触发多门极半导体开关组件结构

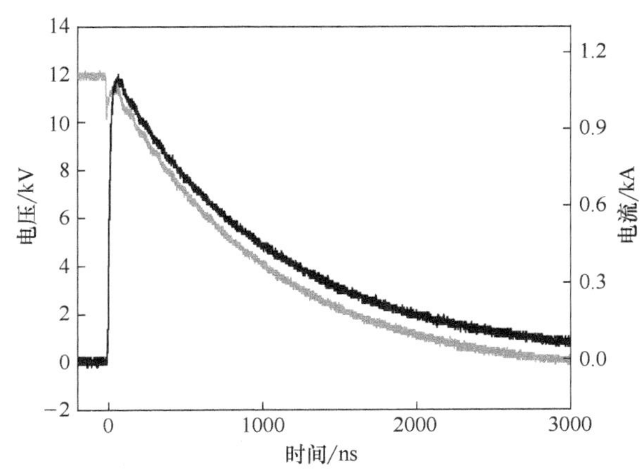

图 4　LIMS 开关组件工作电压和输出电流波形

(2) 光导开关

光导开关导通电阻对固态脉冲源输出效率有较大影响，针对此问题，中国工程物理研究院流体物理研究所和山东大学研究人员提出微堆栈结构 GaAs 光导开关设计，堆栈结构一方面可以抑制电场局部集中、产生光栅效应[3]、降低开关导通电阻，还可以减弱开关热载流子效应、抑制电流丝，进而提高系统输出效率。

堆栈结构光导开关结构如图 5 所示，首先在 GaAs 材料表面通过 MOCVD 的方法外延生长一层 n^+-GaAs 层，掺杂浓度大于 $10^{19}cm^{-3}$；通过湿法刻蚀的方法将电极区域外的高掺杂 n^+-GaAs 层去除，然后通过电子束蒸发的方式将 Ge/Au/Ni/Au 金属依次淀积到 n^+-GaAs 层表面；采用干法或湿法刻蚀将两电极间 GaAs 材料按照一定周期刻蚀一定深度（20nm～百 nm）；在刻蚀槽内蒸镀金属或者外延生长 n^+-GaAs 材料；最后通过快速热退火的方式形成欧姆接触，通过 TLM 方法测试得到欧姆接触电阻率小于 $10^{-6}\Omega \cdot cm^2$。研制的堆栈结构光导开关工作电压大于 15kV，输出电流大于 500A，导通电阻小于 1Ω，如图 6 所示。

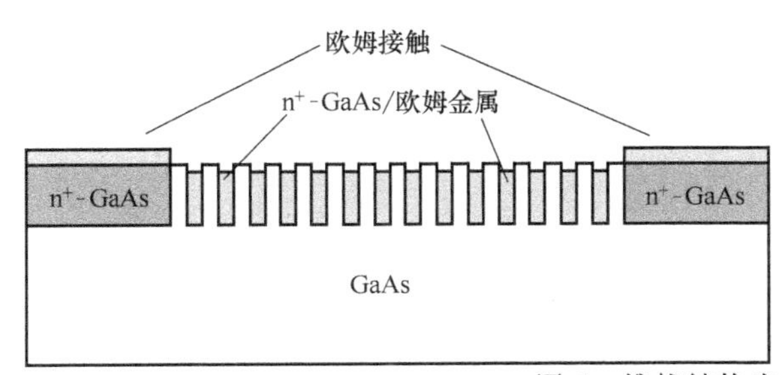

图 5　堆栈结构光导开关结构

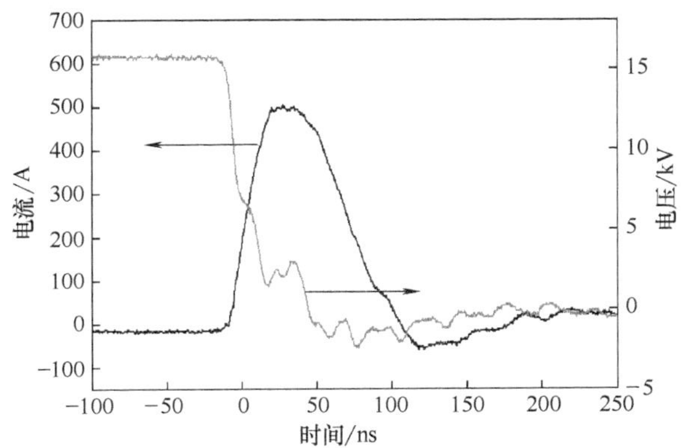

图 6　ns 量级激光触发条件下微堆栈结构光导开关测试波形

2. 储能器件

脉冲形成线作为脉冲功率技术中最基本、应用最广泛的脉冲压缩方式之一，几十年来一直是脉冲功率技术领域的研究热点。随着脉冲功率技术民用化的进程和国防军事的发展，特别是介质壁加速器研制、民用 X 光机的小型化等多个方面的应用推进，要求脉冲功率系统实现小型化、固态化以及高重复频率工作，这带动了脉冲形成线向着固态化和高重复频率工作的方向发展。目前，关于固态脉冲形成线的研究尽管取得了一系列的进展，但主要还是集中在单次脉冲输出特性的研究，针对固态脉冲形成线重复频率条件下的脉冲输出特性研究的报道还极少。玻璃陶瓷作为一类新型的储能介电材料，由于采用熔融—快冷—可控结晶工艺制备，在零孔隙率的玻璃基体中析出高介电常数 nm 尺寸陶瓷相，从而使得该纳米复合介电材料同时具备了高介电常数和高击穿场强。

北京有色金属研究总院和中国工程物理研究院流体物理研究所研究人员采用熔融—快冷—可控结晶工艺制备了 (Pb, Sr) Nb_2O_6-$NaNbO_3$-SiO_2 大尺寸玻璃陶瓷，开展了其介电性能以及脉冲充放电特性研究。实验结果表明：该玻璃陶瓷材料的介电常数约为 340，具有良好的温度稳定性和正的偏压特性。基于该材料制备的固态脉冲形成线输出脉冲脉宽约为 89ns，具有良好的脉冲平顶和快的上升时间。在 19kV 充放电电压、1kHz 的充放电频率、4kA 的放电电流条件下，固态脉冲形成线充放电寿命大于 100 万次[4]。

对制备的 (Pb, Sr) Nb_2O_6-$NaNbO_3$-SiO_2 大尺寸玻璃陶瓷进行了微观结构分析。如图 7 所示，玻璃陶瓷为完全致

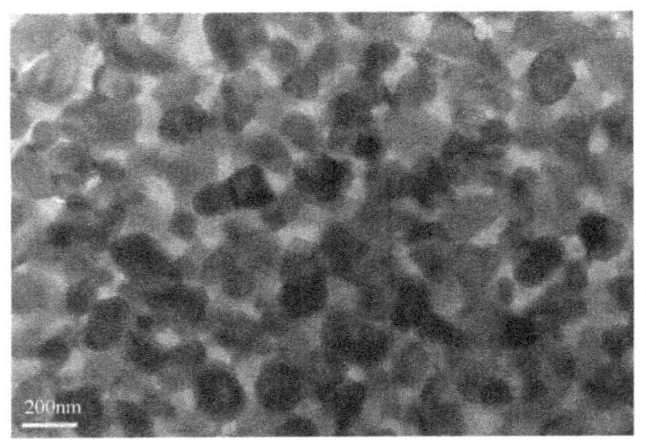

图 7　玻璃陶瓷的透射电镜照片

密材料，其主要包含两相：陶瓷相和玻璃相。灰色为陶瓷相，晶粒尺寸在 200nm 左右，亮色的为剩余玻璃相，分布在陶瓷晶粒之间。

图 8 所示为玻璃陶瓷脉冲形成线样品照片及单次脉冲放电波形。采用充放电测试平台对固态形成线样品进行了脉冲输出特性研究，脉冲输出峰值电压为 11.9kV，脉宽（半高宽）约为 76ns，输出脉冲具有良好的脉冲平顶，较快的上升沿。图 9 所示为玻璃陶瓷脉冲形成线样品在重频 1kHz 脉冲放电波形，放电寿命达到 100 万次。

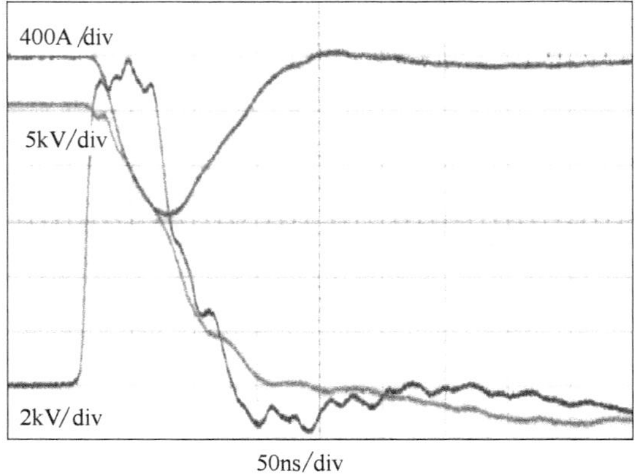

图 8　玻璃陶瓷脉冲形成线样品照片及单次脉冲放电波形

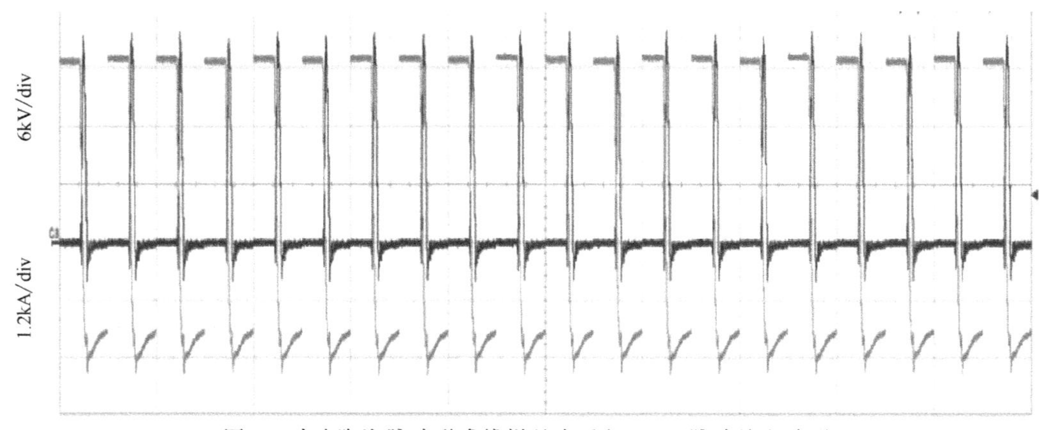

图 9　玻璃陶瓷脉冲形成线样品在重频 1kHz 脉冲放电波形

三、特种电源集成及应用研究综述

1. 空间环境地面模拟装置

空间环境地面模拟装置（Space Environment Simulation and Research Infrastructure，SESRI）是由哈尔滨工业大学承建的国家重大科技基础设施建设中长期规划——“十二五”时期建设重点之一，旨在地面上模拟太阳系空间环境。针对该空间环境因素种类多、参数变化大的特点，综合模拟其特有的真空、高/低温及热循环、粒子辐照、电磁辐射、等离子体、碎片/粉尘、磁场、中性气体分子（原子氧、星球大气、材料析气、羽流等）、微重力九类环境因素，其中空间等离子体环境模拟与研究系统（Space Plasma Environment Research Facility，SPERF）是该装置的重要分系统之一，其能够实现大尺度、高密度/强碰撞等特征的空间等离子体地面物理模拟和多种电磁波/磁场的时空分布。SPERF 系统按照功能划分为近地空间等离子体环境模拟系统和临近空间等离子体环境模拟系统两个部分，分别模拟地球空间中特定区域所需要的等离子体环境来进行物理实验。在近地空间等离子体环境模拟系统中，主要进行磁层顶磁重联模拟实验、由外部等离子枪驱动的模拟磁重联实验以及研究模拟“地球辐射带”的电磁波与等离子体相互作用的实验。为了模拟上述三种实验研究内容中所需的负载磁场环境，需要在直径 5 m，长 10 m 的真空仓内使用包含 18 个线圈的磁体系统来提供物理实验所需的背景磁场。整个磁体系统包括 4 个磁鞘极向场（PF）线圈、4 个磁鞘环向场（TF）线圈、6 个磁层顶位形控制（CK）线圈、1 个偶极磁场（OJC）线圈、1 个磁扰动Ⅰ型（CRDⅠ）线圈、1 个磁扰动Ⅱ型（CRDⅡ）线圈和 1 个磁镜场（CJC）线圈。

为了描述地面模拟装置中磁重联过程与真实宇宙空间等离子体中无碰撞磁重联过程的关系，人们采用伦德奎斯特数来说明二者的近似程度，该参数与装置的尺寸成正比、与电阻成反比，只有当伦德奎斯特数足够大时才可能近似地模拟空间等离子体物理过程。目前，已经建成的最大磁重联模拟装置——FLARE 装置，其伦德奎斯特数为 5000~16000，而采用相同磁通线圈技术的 SPERF 系统中的近地空间等离子体环境模拟系统，其伦德奎斯特数为3400～120000，这不仅需要更大的能量来驱动线圈产生实验所需的背景磁场，同时由于多种物理实验需求，使得为磁体系统提供能量的电源系统需要能够灵活地投入使用并按照设定的时序完成同步或者异步工作。此外，线圈之间的互感问题，真空舱外电源系统与真空舱内磁体系统之间的连接问题也是需要考虑的重要问题。

为此，中国工程物理研究院流体物理研究所研究团队研制了一套基于电容储能且最大储能 18.3 MJ 的模块化脉冲电源系统来为磁体系统提供激励电流，从而为 SPERF 系统中的近地空间等离子体环境模拟系统中的物理实验提供大空间尺度、多结构、参量可调的背景磁场。该套脉冲电源系统的总体结构如图 10 所示，主要包括作为电源控制系统的工程师站和操作员站、数据存储系统、同步触发设备、安全联锁系统、配电系统以及 18 套脉冲子电源，且电源标号与对应线圈的一致。

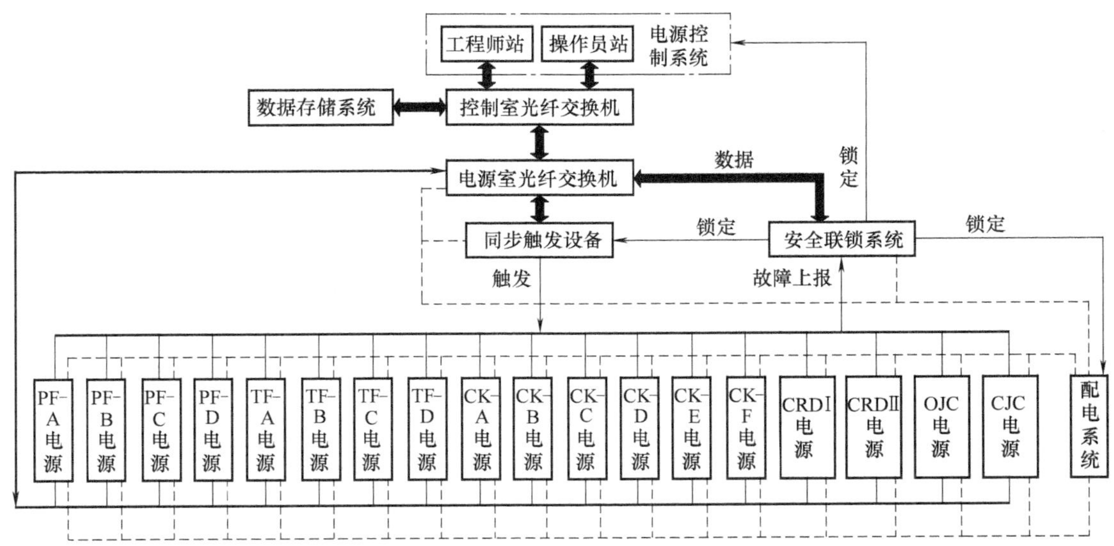

图 10　近地空间等离子体环境模拟系统脉冲电源系统的总体结构

18 套脉冲子电源均为模块化设计，其中 PF 电源由 9 个基于 560μF 储能电容的模块构成，TF 电源由 4 个基于 320μF 储能电容的模块构成，CK 电源由 10 个基于 320μF 储能电容的模块构成，CRDⅠ电源由 2 个基于 320μF 储能电容的模块构成，CRDⅡ电源由 5 个基于 320μF 储能电容的模块构成，OJC 电源由 10 个基于 3 个并联 560μF 储能电容的模块构成，CJC 电源使用 OJC 电源 5 个模块构成。18 套脉冲子电源所使用的模块种类如图 11 所示，它们具有相似的电路结构，均由保护电路和放电电路组成，保护电路用于在充电过程中出现故障的情况下保护充电机、主被动泄放电容储存的能量以及接地。放电电路为并联续流支路的 RLC 电路，其中晶闸管组件为放电开关，二极管组件为续流开关。此外，各个模块的充电机为双极性充电机，从而降低了模块中电容器两端所接入元件的耐压条件。

近地空间等离子体环境模拟系统中的磁体系统中的各个线圈根据实验需求对所需的激励电流分为两类，一类是快脉冲电流波形，这类电流在典型时刻（T_{tp}）需要达到名义值（I_{tp}），提供快脉冲电流的电源有 PF 电源、TF 电源、CK 电源、CRDⅠ电源和 CRDⅡ电源；另一类是缓脉冲电流波形，这类电流需要峰值电流（I_{max}）和平台期时间（T_{pl}）满足要求，平台期时间定义为电流不小于 95% 峰值电流（$0.95I_{max}$）的持续时间，提供缓脉冲电流的电源有 OJC 电源和 CJC 电源。此外，两种脉冲电流波形都对降流时间（T_D）有要求，其定义为电流从 100% I_{max} 下降至 10% 所需的时间。

a) 基于560μF储能电容的模块

b) 基于320μF储能电容的模块

c) 基于3个并联560μF储能电容的模块

图 11　18 套脉冲子电源所使用的模块种类

整个脉冲电源系统及所连接的磁体系统如图 12 所示。在额定最大充电电压为 20kV 的情况下，18 套脉冲子电源实际放电实验输出电流实测和仿真结果如图 13 所示，根据实测结果可知：PF 电源输出的电流波形能够在 0.11ms 时达到 374.3kA 的幅值，且降流时间为 0.596ms；TF 电源输出的电流波形能够在 0.08ms 时达到 206.8kA 的幅值，且降流时间为 0.467ms；CK 电源输出的电流波形能够在 0.11ms 时达到 402.2kA 的幅值，且降流时间为 0.596ms；CRDⅠ电源输出的电流波形能够在 0.12ms 时达到 140.6kA 的幅值，且降流时间为 0.43ms；CRDⅡ电源输出的电流波形能够分别在 0.65ms、0.9ms、1.1ms、1.3ms 和 1.4ms 时达到不小于 16kA 的幅值，且降流时间不大于 4.2ms；OJC 电源输出电流波波形的峰值为 18.5kA，平台期为 13.4ms，降流时间为 127.7ms；CJC 电源输出电流波波形的峰值为 12.3kA，平台期为 8.15ms，降流时间为 63.93ms。所有脉冲子电源的输出电流均满足设计指标要求，各套脉冲子电源能够为对应的磁体系统中各个线圈提供满足物理实验需求的电流波形。该套脉冲电源系统的研制成功对 SPERF 系统的稳定运行有着重大意义，并且能够为其他同类型的多负载耦合型脉冲大电流装置的研制提供重要的参考价值。

图 12　整个脉冲电源系统及所连接的磁体系统

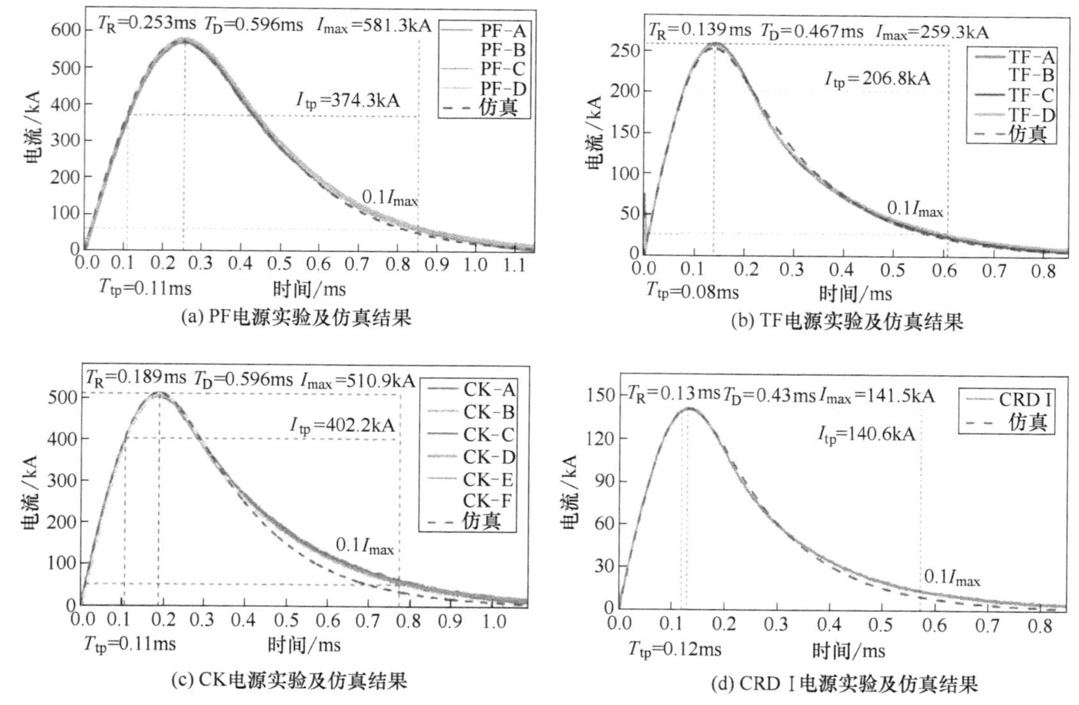

(a) PF电源实验及仿真结果　(b) TF电源实验及仿真结果

(c) CK电源实验及仿真结果　(d) CRD Ⅰ电源实验及仿真结果

图 3-13　18 套脉冲子电源实际放电实验输出电流实测和仿真结果

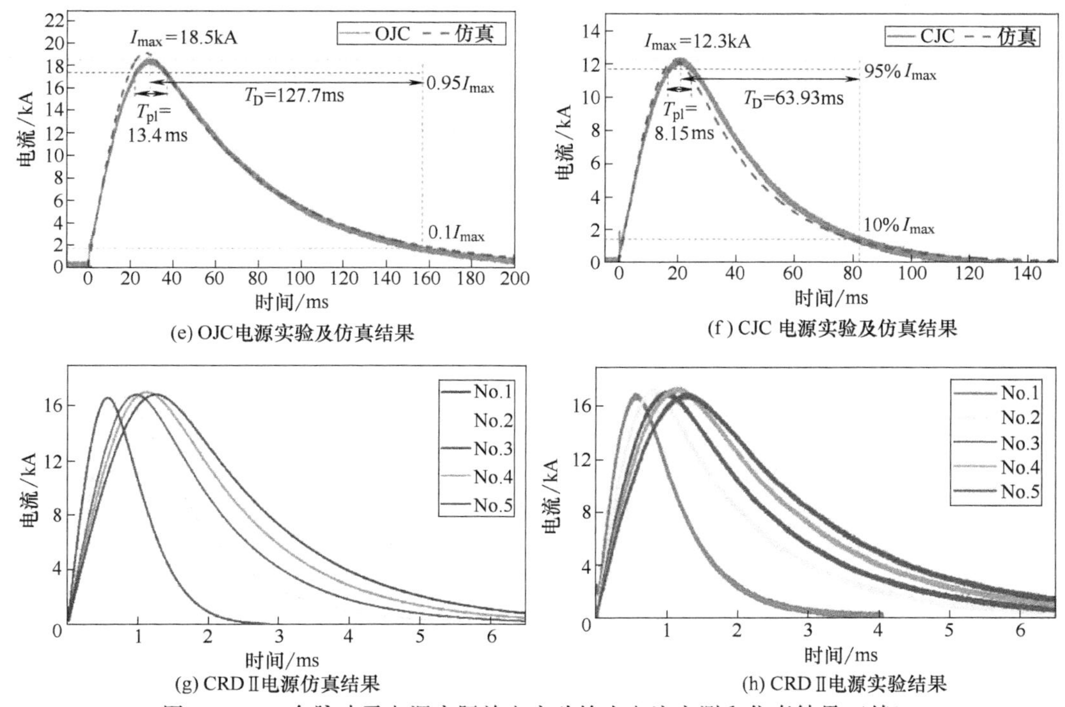

(e) OJC电源实验及仿真结果

(f) CJC 电源实验及仿真结果

(g) CRD Ⅱ电源仿真结果

(h) CRD Ⅱ电源实验结果

图 3-13　18 套脉冲子电源实际放电实验输出电流实测和仿真结果（续）

2. 全固态层叠 BPFN 研究

脉冲功率技术在高新装备、基础科学研究和工业领域（如加速器电源、纳米材料制备、废气处理、材料表面改性等）的应用日益广泛，这些应用对脉冲功率源提出了轻小型化、重复频率运行和长寿命等新的要求[5-6]，这使得紧凑型长寿命重复频率脉冲功率技术成为脉冲功率技术的另一个主要研究方向。2005 年，美国的 W. C. Nunnally 提出了采用平板脉冲形成线的层叠 Blumlein 传输线系统[7]，该系统将能量存储、开关切换和脉冲成形等模块紧密配合并放置于同一空间中，使系统的体积和重量最小化。类似地，可以采用等电容电感结构的脉冲形成网络代替传输线，构成层叠 BPFN，二者的原理完全相同，唯一的区别在于脉冲形成方式的不同，两种脉冲源可以统称为层叠脉冲源。层叠脉冲源由多个模块串联层叠构成，每个模块包含两个脉冲形成单元、开关和隔离器件（电感或电阻）。开关是层叠脉冲源的核心，层叠脉冲源需要开关具备快速导通、高同步性和低电感的特点，同时，由于层叠脉冲源实现倍压输出时，电位逐层抬升，每一层开关的触发源需要工作在悬浮的高电位，因此，可以实现光电隔离的光触发开关是层叠型脉冲源最适合的选择。中国工程物理研究院流体物理研究所开展了层叠传输线型重复频率脉冲功率源的技术研究，采用光导开关研制的层叠 B 线型纳秒快脉冲源可实现幅值为 53.6kV、脉冲上升沿为 5ns、半高宽为 12ns 的电压输出[8]；研制的基于光导开关和层叠 BPFN 的固态脉冲功率源，输出电压为 200kV，电流为 1kA，可实现最高 1kHz 的猝发输出，用于产生猝发重频 X 光[9]；研制的 15 级层叠 B 线在 2kΩ 负载上实现了 328kV 的脉冲输出[10]；基于新型光触发多门极半导体开关（LIMS）构建的两型不同脉宽的层叠功率源分别实现了输出脉宽约为 250ns，输出电压为 30kV，输出电流为 1.2kA，功率为 36MW，重复频率为 333Hz；以及输出脉宽约为 89ns，前沿约为 20ns，输出电压为 14.9kV，输出功率为 56.4MW 的技术指标。

采用硅光导开关构建了 BPFN 单元模块（见图 14）并开展了实验研究，设计 PFN 阻抗约为 1.5Ω，BPFN 阻抗约

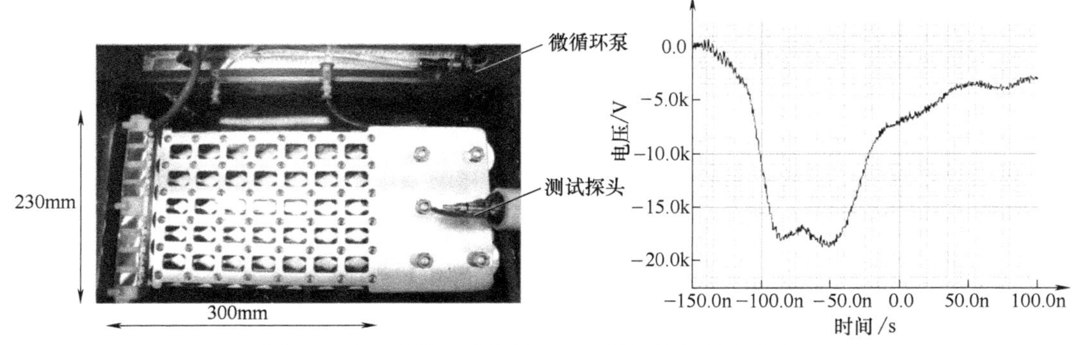

图 14　基于硅光导开关的 BPFN 模块和典型输出波形

为 3Ω，模块设计工作电压为 20kV，输出脉宽约为 100ns。可以计算出采用匹配负载时输出电压为 20kV，输出电流为 6.7kA，开关电流为 13.4kA，采用 8 个开关并联，单个开关电流约为 1.7kA，触发能量约为 3mJ，总触发能量为 24mJ。模块典型输出波形如图 14 所示，输出电压为 18kV，输出电流约为 6kA，输出功率为 100MW，前沿为 30ns（10%~90%），脉宽约为 90ns，模块可以实现 30Hz 重复频率数 10min 连续工作。

基于光触发多门极半导体开关研制了两种不同输出脉宽的层叠脉冲源 BPFN。第一种层叠脉冲源 BPFN，C_0 = 7nF，L_0 = 28nH，单个 PFN 阻抗为 2Ω，电容个数为 10，可以计算出输出脉宽 T = 250ns。为了减小开关电流，BPFN 中采用了两个开关芯片并联的结构，基于 LIMS 的层叠 BPFN 脉冲源及典型输出波形如图 15 所示。充电电压为 4.9kV，重复频率为 333Hz 时，输出电压约为 29.6kV，输出电流约为 1.22kA，输出功率为 36.1MW，输出平均功率约为 3kW。

图 15　基于 LIMS 的 250ns 层叠 BPFN 脉冲源及典型输出波形

第二种层叠脉冲源 BPFN，C_0 = 1nF，L_0 = 25nH，单个 PFN 阻抗为 5Ω，BPFN 模块阻抗为 10Ω，电容个数为 10，可以计算出输出脉宽 T = 100ns，开关设计工作电压为 10kV，采用两个光触发多门极开关串联。共 15 个模块采用 5 并 3 串设计，设计输出功率为 150MW，源阻抗为 6Ω，采用阻值为 6Ω 的固体电阻匹配负载，进行了初步放电调试，结果表明，充电电压为 6kV 时，输出电压约为 18.4kV，输出功率为 56.4MW，输出脉冲前沿为 20ns，脉宽约为 89ns。100ns 层叠 BPFN 脉冲源模块、集成及输出波形如图 16 所示。预计单个开关触发光能约为 0.5mJ，总触发光能为 15mJ，满功率运行可实现 150MW 的输出功率，等效为 100MW 时触发光能约 10mJ，比硅光导开关下降约 60%。

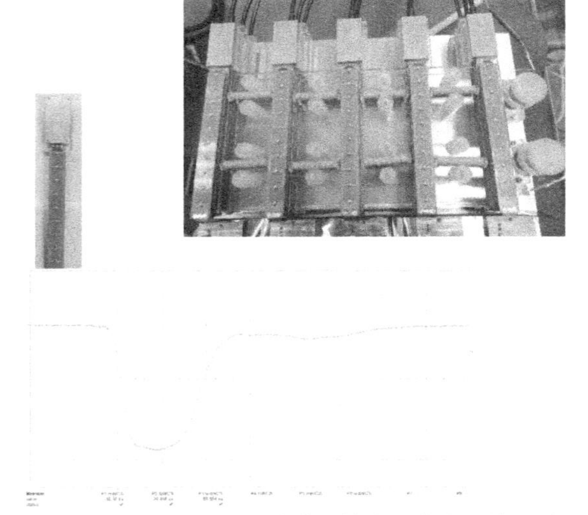

图 16　100ns 层叠 BPFN 脉冲源模块、集成及输出波形

3. 高新技术领域用特种电源研究

（1）全固态冲激脉冲源研究

冲激雷达具有距离分辨力高、频谱超宽等优良的特性，在反隐身雷达、电子战干扰机等军事电子领域有广阔的应用前景[11-13]。随着相关技术的不断进步，对冲激雷达提出了更高要求——固态化、模块化、紧凑轻量化、高重复频率、长使用寿命和良好的环境适应性。一个设计优良的脉冲源是实现上述技术指标的根基，当脉冲源的脉宽越窄、输出幅值越高、幅值抖动越小时，频谱宽度越宽、探测距离越远、探测精度越高，而且有利于天线辐射效率的提升[14-16]。因此，冲激雷达前端的脉冲源的设计至关重要。

为提升冲激雷达探测效率，要求前端亚 ns 脉冲源可以在高重复频率下工作，因此脉冲源朝着固态化方向发展。目前，亚 ns 固态脉冲源中的开关器件一般采用雪崩晶体管或者阶跃恢复二极管，但雪崩晶体管需要使用逆变高压电源激励，对能源需求较高且体积较大；而阶跃恢复二极管工作电压较低，单只器件难以实现较高功率输出，实际使用时并联数量较大，体积庞大[17]。因此，需要进一步提升单个器件的输出功率，降低系统复杂度和体积重量。

与雪崩晶体管、阶跃恢复二极管等器件相比，光导开关具有体积小、重复频率性能好、闭合时间短（ps 量级）、时间抖动小（ps 量级）、开关电感低（亚 nH）、同步精度高（ps 量级）、电磁兼容性强等优势[18]，非常适合用作亚 ns 固态脉冲源中的开关器件，而且易于实现功率合成。基于堆栈结构光导开关模块和微片激光器集成化设计的亚 ns 固态脉冲源是一种实现高功率亚 ns 脉冲输出的全新技术途径，在冲激雷达、超快脉冲计量测试等领域有广阔的应用前景。

中国工程物理研究院流体物理研究所研究人员设计了一种基于堆栈结构光导开关和微片激光器集成化设计的亚 ns 固态脉冲源，提出的微堆栈结构光导开关可以抑制电场局部集中、产生光栅效应、降低开关导通电阻；还可以减弱开关热载流子效应、抑制电流丝，进而提高系统输出效率；提出的脉冲形成模块与微片激光器一体化集成设计大幅度减小了系统体积，为后续多单元组合应用奠定了基础。研制了一台基于堆栈结构光导开关模块和微片激光器集成化设计的固态脉冲源，该脉冲源在重频为200Hz、输出电压为10.3kV、输出脉宽（半高宽）为950ps、前沿为330ps的条件下，可连续工作60min以上，这是一种实现高功率超窄脉冲输出的全新技术途径。

图17所示为基于光导开关的亚ns固态脉冲形成模块，采用激光触发。由于现有的窄脉宽输出激光器体积庞大，针对此问题，中国工程物理研究院流体物理研究所研究人员设计采用LD泵浦的微片激光器触发光导开关，实现了基于堆栈结构光导开关的亚ns固态脉冲形成模块与微片激光器一体化集成设计，大幅度减小了系统体积，为后续多单元组合应用奠定了基础。LD泵浦的微片激光器输出光脉冲宽度约为400ps，输出单脉冲能量大于1mJ。此外，为精确测量亚ns固态脉冲源输出电压波形，设计了基于同轴电缆的宽频率响应范围电容分压器，该分压器采用电阻补偿电容扩展高频响应能力、翼形结构电极箔拓展低频特性，工作频率范围为100kHz~2GHz[19]。研制的集成化亚ns固态脉冲源实物照片如图18所示，采用50Ω负载，测试了该脉冲源的输出特性，研制的亚ns固态脉冲源在重频为200Hz、输出电压为10.3kV、输出脉宽为950ps、前沿为330ps的条件下可连续工作60min以上，亚ns固态脉冲源单次和200Hz重频工作时输出电压波形如图19所示。

图17　基于光导开关的亚ns固态脉冲形成模块

图18　集成化亚ns固态脉冲源实物照片

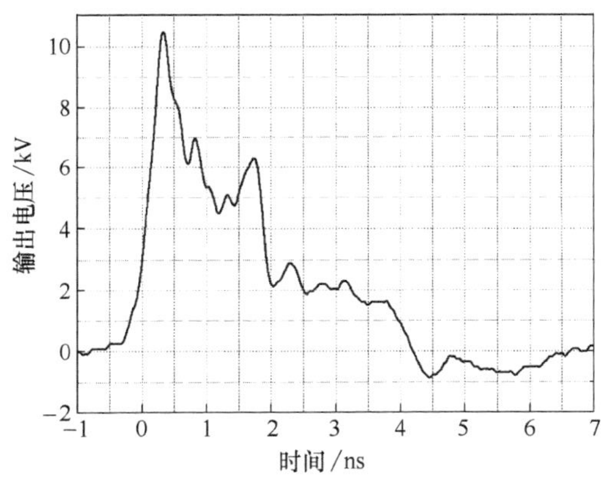

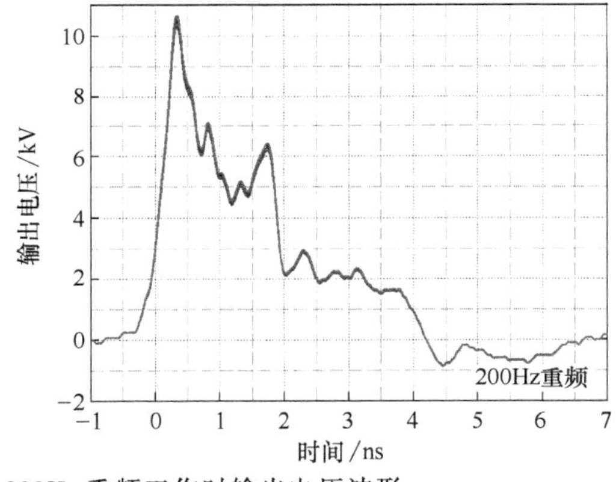

图19　亚ns固态脉冲源单次和200Hz重频工作时输出电压波形

中国工程物理研究院流体物理研究所研究人员研制成功的在重频为200Hz、输出电压为10.3kV、输出脉宽（半高宽）为950ps、前沿为330ps的条件下，可连续工作60min以上的亚ns脉冲源（单模块功率大于2MW，目前实现了4模块功率合成），在冲激雷达、超快脉冲计量测试等领域有良好的应用前景，对国内冲激雷达、超快脉冲计量测试等领域的快速发展具有重要意义。

（2）基于LIMS的全固态大电流注入源

针对不断完善的电磁脉冲效应现场试验考核和易损性评估的现实需求，为评估电子系统的电磁兼容安全裕度，迫切需要研制具有宽范围幅值调节能力和良好波形一致性的全固态脉冲电流注入源。

针对上述需求，中国工程物理研究院流体物理研究所和清华大学研究人员联合研制了基于光触发多门极半导体开关（LIMS）的全固态大电流注入源，电路拓扑采用Marx结构，共6级，Marx各级电容采用85nF/20kV脉冲电容器，绕制的充电和支撑电感实测值为76μH，LIMS组件为6个。采用上述组件，研制完成了基于LIMS的全固态脉冲电流注入源，如图20所示。

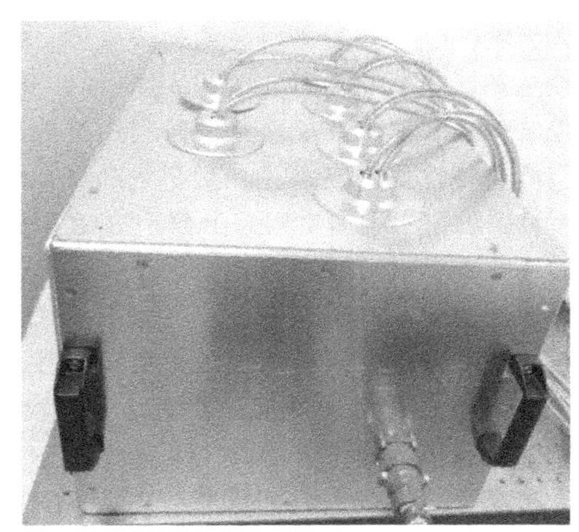

图20　基于LIMS的全固态脉冲电流注入源

采用 50Ω 负载，测试了全固态脉冲电流注入源在不同工作电压下的输出电流波形和负载电压波形，如图 21 所示。图 21a 为 Marx 各级电容充电电压为 900V 时输出电流和电压波形，电流峰值约为 100A、上升时间约为 18ns、脉冲半高宽约为 520ns；图 21b 为 Marx 各级电容充电电压为 9kV 时的输出电流和电压波形，电流峰值约为 1.1kA、上升时间约为 18ns、脉冲半高宽约为 520ns。研制的全固态脉冲电流注入源在输出电流为 0.1～1kA 范围内，波形一致性非常好。此外，全固态脉冲电流注入源输出电流延迟时间抖动小，可以较易实现多台脉冲电流注入源间的同步，满足更大脉冲电流的注入。

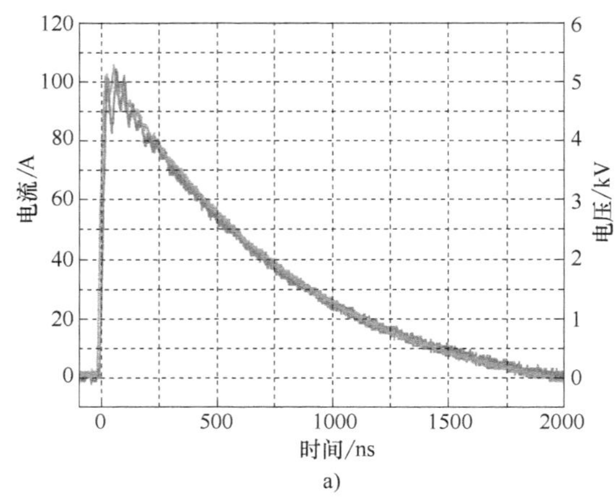

a)

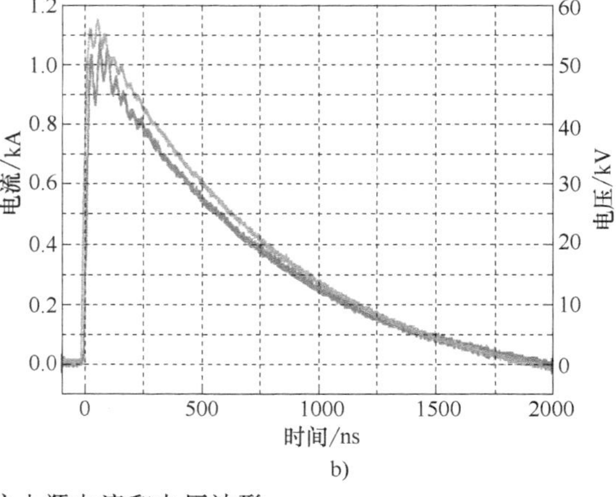

b)

图 21　全固态脉冲电流注入源电流和电压波形

4. 航空航天用特种电源

航空电源可划分为一次电源（主电源、辅助电源和应急电源）、二次电源和外部电源。航空特种电源主要服务于二次电源与外部电源，包括高压脉冲电源、中频电源两种基本类型。高压脉冲电源一般用于雷达、电子武器、直接能量武器的供电，如 F-22 装备的 AN/APG-77 与 F-35 的 AN/APG-81 有源相控雷达，单个阵面电源组件即可达 3～10kW，且为降低高频开关损耗多采用移相软开关电路。中频电源用于将一次电源转换为 230V/400V 交流电（400Hz）或 28V/270V/540V 直流电，包括变压整流器、自耦变压整流器、可控整流器、逆变器等。以多电飞机 B787 为例，自耦变压整流器功率等级已达 150kW，自耦整流器功率 90kW，变压整流器 6kW。国外航空特种电源领域的企业发展较早，规模效应已初步形成，行业垄断特征较为突出，如 Power-One、Vicor 等，在电推进方面更是先发优势明显，如 Eviation、Pipistrel、Ampaire、Bye Aerospace 等，其中 Vicor 公司在无人机轻量级紧凑电源方面，320W/600W 主打产品效率已达 93%。

在航天领域，由于空间应用环境的特殊性，抗辐照和超高可靠性是航天电源区别于其他应用的首要特征之一。此外，随着航天技术进入大规模开发和利用近地空间的新阶段，空间负载特性呈现多样化、复杂化趋势，对空间电源也提出了特殊的需求。如空间高分辨率 SAR 载荷，其工作模式为脉冲方式，瞬时功率可达数十千瓦，呈现高频大电流、短时大电流脉冲等负载特性。空间多模式电推进系统则呈现超宽电压范围、高供电电压等负载特性。脉冲电源和高压大功率电推进电源是航天特种电源的典型应用。美国在宇航抗辐照功率器件方面处于领先地位，目前正在发展基于宽禁带半导体材料的抗辐照功率器件。为了保障航天电源的高可靠性，各国除了在器件、电路、工艺等方面严格筛选和管控外，还通常在器件、电路和系统等层面进行多重冗余备份。美国、俄罗斯、日本、德国等在电推进、SAR 天线、雷达等技术方面研究起步早，20 世纪末就实现了在轨应用，也发展了与之相配套的电推进电源系统。

在航空领域，随着我国 C919 支线大飞机、运 20、歼 20、直 20 飞机的研发，我国航空航天特种电源产业虽然起步较晚但发展迅速。目前，注册资本 500 万以上航空特种电源生产企业超 20 家，如济南锦飞机电设备有限公司，注册资本 1000 万以上的超 11 家，如济南能华机电设备有限公司、山东航能电气设备有限公司、山东航宇吉力电子有限公司、上海宏允电子有限公司等，各主打电源产品效率均达到 90%以上。我国航空特种电源涉及的标准包括 GJB 181B—2012《飞机供电特性》、GJB 572A—2006《飞机外部电源供电特性及一般要求》、ISO 6858—2017《航空器地面保障电源一般要求》等，但部分条款仍对标美方标准 MIL-STD-704F。

在航天方面，国内的主要研制单位包括中国空间技术研究院 529 厂、510 所，上海航天技术研究院 811 所以及航天西安微电子技术研究所，中国电子科技集团公司第 43 研究所、24 研究所等厂家。529 厂、510 所等主要开展印制板式的模块电源产品开发，目前单个电源产品输出功率最高可达 2kW，最高效率可达 90%以上。西安微电子技术研究所、中国电子科技集团公司第 43 研究所和 24 研究所等主要发展厚膜电源，拥有混合集成国军标 H 生产线。研制产品可兼容 Interpoint、VPT、IR、DDC 等国外公司同类产品。近年来，国内在宇航抗辐照功率器件方面取得了较大进步，部分硅基抗辐照功率器件已经实现了国产化替代、性能也已达到国外同类产品水平。但目前高压大功率宇航抗辐照功率器件尚未完全实现国产化替代，基于新一代宽禁带半导体材料的抗辐照功率器件尚未实现在轨应用。在 SAR 载荷脉冲型特种电源方面，目前仍主要依赖于大容量滤波器来保障脉冲载荷供电需求，电源自身对脉冲功率的应对能力仍然有限，因此电源系统的体积重量较大。在空间电推进特种电源方面，我国在2012年霍尔电推进和离子电推进空间飞行试验的圆满成功，拉开了我国电推进工程应用的序幕，同时带动我国电推进技术的全面发展，但国内目前推进电源的功率等级仍然较小。此外，我国宇航级抗辐照控制芯片等仍严重依赖进口，目前市场上的功率控制芯片被德州仪器、安森美等外国公司垄断，国内仅部分厂家可以实现航天电源模块的独立自主研制，基础元器件、高密度封装能力与国外有明显差距。

航空航天特种电源工作环境特殊、工况复杂，在电源系统重量、体积及效率、可靠性、寿命等性能方面均受到极其苛刻的约束。在航空应用中，随着机载用电设备功率等级与类型的增加，尤其是多电/全电飞机、电推进技术的发展，当前航空特种电源的技术水平难以满足多样化发展需求，需要针对高功率密度变换拓扑及装置、全电力电子化电源系统架构、高容错性协同运行机制、强变载荷能量优化管理与多能场测试评估体系等重大学科基础问题开展研究，重点提升装置单元和独立电源系统的可靠性、稳定性、能量传输效率及极端工况适应性。在航天领域，商业航天技术的发展迫切需要降低航天特种电源的成本，如何在降低成本的同时保证电源的可靠性、寿命、效率等综合性能是目前研究的重点之一；随着探月、探火等深空探测技术的发展，对长寿命、高可靠性、超轻量化空间特种电源的需求日趋强烈；随着空间站、空间太阳能电站等大型空间平台技术的发展，对高压大功率空间特种电源的需求也越来越多；随着空间电推进、天基雷达、天基能量武器等新技术的发展，电压脉冲型、电流脉冲型、超宽电压范围型等特殊供电需求的特种电源正成为研究的重点。

四、特种电源技术发展态势分析

目前，高可靠特种电源中应用的开关器件已逐渐半导体化。例如，传统的速调管调制器电源大多采用脉冲形成网络储能、闸流管开关放电、再经脉冲变压器升压的方式实现。随着电力电子技术的发展，固态半导体开关IGBT的工作电压和工作电流越来越高，如Infineon、ABB、Westcode等厂家的IGBT指标可达6.5kV/600A。固态脉冲调制器电源采用半导体器件串并联作为开关组件调制高压，从而输出脉冲。由于它具有低电磁干扰、不需要磁心、可关断、重复性好、高效率、寿命长等优点，近年来得到了迅速的发展。固态开关大规模的并联和串联应用有效地提升了脉冲电源的性能，已经成为目前速调管电源的主流趋势。

未来我国对特种电源的发展要求主要体现在：从器件角度，能够自主生产符合特种电源工况需求的高频率、高功率、高可靠的商用功率半导体开关和储能器件，能够按照特定需求定制专用器件，能够复现特种电源实际工况，对器件进行在线/准在线的性能与寿命测试；从电路角度，能够理清不同负载与电能形态之间的匹配关系，能够实现传统特种电源向更高功率等级迈进，能够实现高端等离子体电源、高重频脉冲电源等电源在工业生产领域的实用化，实现电路结构上高频化、模块化、标准化，具备较高的功率密度和泛用性；从系统角度，能够从底层物化反应原理上指导特种电源的研发设计，形成成套的理论体系，电源具备高效的电能转化效率和优良的处理效果，符合智能工厂中对设备智能化的需求。根本目标是在本世纪中叶，我国能基本实现从中低端到高端工业用特种电源的自给自足，并且能在世界市场上与国外同类型产品相比位于领先水平。

其需要解决的关键科学问题包括但不限于以下几个方面：

(1) 大功率半导体开关初始载流子产生、扩散物理过程影响规律及调控方法

半导体开关初始载流子分布、输运、演变物理过程与开关所允许的最大电流上升率、峰值通流能力密切相关。开展半导体开关载流子的输运过程与材料掺杂浓度、芯片结构和触发方法的规律研究，建立光控半导体开关芯片内部载流子输运物理模型，获得开关导通、关断及通流过程中的静态和动态载流子输运物理机理认识，提出优化的载流子调控方法，以及开关芯片材料和结构优化设计方法。

(2) 高功率快前沿开关技术

需要发展高功率固态开关技术，研制通流能力大于30 kA，工作电压大于100 kV的快速固态开关。

(3) 脉冲功率源瞬态高压脉冲形成机理及抑制方法

脉冲功率源放电过程中形成的瞬态高压脉冲是半导体开关等器件损伤甚至失效的主要因素，也是系统对弱电控制电路形成干扰的主要因素之一。需要从开关动态导通关断物理过程、放电单元模块之间能量耦合形式、电路放电初始条件、电路参数突变等方面开展电磁脉冲发生器瞬态高压脉冲形成机制研究，建立瞬态高压脉冲模型，提出瞬态高压脉冲抑制方法。

(4) 高功率密度充电和高效能长寿命储能技术

高压充电电源和脉冲电容器作为能库电源的初级储能部组件，其技术参数将影响到系统的整体性能和水平。充电电源电压精度的高低，将对放电波形的重复性产生重要影响，进一步影响到负载加载效果的一致性。同时，充电电源以高重复频率对脉冲电容器进行充电，需要重点考虑如何进一步提高充电电源的功率密度，并解决在高功率密度运行条件下的热管理等工程性难题。另外，脉冲电容器在高压大电流运行条件下反复进行充电-放电过程，器件的等效内阻等结构性参数是影响电源系统能量转换效率和储能器件寿命的重要因素，需要通过合理设计加以解决。

(5) 能库电源系统的可靠性和安全性问题

能库电源采用高压储能型电容放电的技术路线，输出参数达到数百kA甚至MA量级。在这种强电动力和强电磁环境下，电源系统的高可靠性和高安全性，是能库电源系统实际应用中必须解决的关键问题。

参考文献

[1] LUAN C B, LIU H W, FU J B, et al. Study of a Si based light initiated multi? gate semiconductor switch for high temperatures [J]. Scientific Reports, 2022, 12

(1)：15508.

[2] LUAN C B, LIU H W, MAX, et al. All-solid-state pulsed current injection source based on the light initiated multi-gate semiconductor switches [J]. The Review of Scientific Instruments, 2022, 93 (1)：014705.

[3] FRANCISCO J T-M. Diffraction by metallic planar gratings [J]. Applied Optics, 2013, 52 (28)：6995-7001.

[4] 张庆猛，栾崇彪，唐群，等. 玻璃-陶瓷脉冲形成线的充放电特性 [J]. 强激光与粒子束，2018，30 (2)：025008.

[5] 丛培天. 中国脉冲功率科技进展简述 [J]. 强激光与粒子束，2020，32 (2)：025001.

[6] 邱爱慈. 脉冲功率技术应用 [M]. 西安：陕西科学技术出版社，2016.

[7] NUNNALLY W. Critical component requirements for compact pulse power system architectures [J]. IEEE Transactions on Plasma Science, 2005, 33 (4)：1262-1267.

[8] 姜苹，田青，李洪涛，等. 基于光导开关及层叠Blumlein线的纳秒脉冲源 [J]. 强激光与粒子束，2013，25 (4)：1063-1067.

[9] MA X, DENG J, LIU H, et al. Development of all-solid-state flash X-ray generator with photoconductive semiconductor switches [J]. Review of Scientific Instruments, 2014, 85 (9)：093307.

[10] WANG W, XIA L S, CHEN Y, et al. Research on synchronization of 15 parallel high gain photoconductive semiconductor switches triggered by high power pulse laser diodes [J]. Applied Physics Letters, 2015, 106 (2)：022108.

[11] LI Y, ZHANG G F, LIANG B G, et al, Study of anti-stealth mechanism of high power impulse [J]. Modern Radar, 2007, 29 (8)：40-43.

[12] BYRNE D, CRADDOCK I J. Time-domain wideband adaptive beamforming for radar breast imaging [J]. IEEE Transactions on Antennas & Propagation, 2015, 63 (4)：1725-1735.

[13] TAYLOR J D. Ultra-wideband radar technology [M]. London：CRC Press, 2001.

[14] HEYMAN E, MANDELBAUM B, SHILOH J. Ultra-wideband short-pulse electromagnetics 4 [M]. Boston：Kluwer Academic/Plenum Publishers, 1999.

[15] KOSHELEV V I, BUYANOV Y I, ANDREEV Y A, et al. Ultrawideband radiators of high-power pulses [J]. IEEE 28th International Conference on Plasma Science, 2001, 1661-1664.

[16] CHIAPPE M, GRAGNANI G L. Vivaldi antennas for microwave imaging：Theoretical analysis and design considerations [J]. IEEE Transactions on Instrumentation and Measurement, 2006, 55 (6)：1885-1891.

[17] MOLINA L L, MAR A, ZUTARVERN F J. Sub-nanosecond avalanche transistor device for low impendence pulsed power applications [J]. 28th IEEE International Conference on Plasma Science, 2001, 178-181.

[18] AUSTON D H, Picosecond optoelectronic switching and gating in silicon [J]. Applied Physics Letter, 1975, 26 (3)：101-103.

[19] WEI B, LIU H W, LIANG J H, et al. A novel broadband capacitor voltage divider for measurement of ultrafast square high voltage pulse transmitted in transmission line [J]. AIP Advances, 2020, 10, 045035.

智能移动终端大功率快充技术概述

小米通讯技术有限公司
上海南芯半导体科技股份有限公司
上海伏达半导体有限公司

一、技术背景

智能移动终端产品作为支撑人们生产生活的必要设备，在全球已有超过40亿的用户，而充电与电池系统是支撑智能移动终端产品正常运行的关键环节。在2017年前，智能手机充电功率在18W左右，均采用传统降压斩波（Buck）型充电芯片，效率均在90%以下，充电慢、充电发热严重成了当时智能手机的痛点。在2017年，智能移动终端的无线充电技术也开始发展，其充电功率一般在10W以内，虽然带来了充电的便捷性，但充电速率更慢、发热更严重，严重阻碍了无线充电技术的普及和发展。在2018年后，智能移动终端的快充技术开始发展。

而随着移动便携终端产品的智能化程度不断提高，特别是承载新一代通信技术（5G）的智能移动终端产品，其对功率的消耗不断提高，这也使现有快充技术面临很多问题与挑战：

1）充电功率不足，对于现有智能移动终端的大容量电池充电速度慢，需2h完成；同时充电效率偏低，通常在90%左右，考虑到几十亿用户量，这将造成巨大的能源浪费。

2）高充电倍率和高电池能量密度间的矛盾，致使现有电池系统为实现高充电倍率（快速充电），就要极大损失电池的能量密度（续航时间）。

3）快充过程中恒压阶段速度慢，电池系统温度过高并且难以精准控制，导致系统安全隐患以及电池健康状况下降。上述这些充电与电池系统的问题与挑战都将对智能移动终端产品功能与性能的进一步发展与提升产生很大的影响与阻碍。

智能移动终端快充技术研发的总体思路如图1所示，针对现有智能移动终端充电与电池系统面临的重大瓶颈问题，根据充电系统的组成，可以确定如下三个研究对象：1）充电芯片与架构；2）终端充电电池；3）充电算法与策略。其中，包含系统架构、电路拓扑、芯片设计、石墨烯和纳米硅材料、电池技术、充电算法等多方面创新的体系性研究工作。经由基础研究与关键技术开发、平台示范与产品推广，以及标准制定与规范发布三个阶段，我国在国际范围内率先解决了现有5G智能移动终端电池充电与管理系统“充电效率与功率低”、“充电倍率和电池能量密度不可兼得”、“充电慢、控温不准与电池老化”等痛点问题，实现了低损耗与高功率、高充电倍率、高能量密度的智能移动终端充电储能一体化系统。同时，通过快充技术的研发，其带来的产出覆盖基础理论、核心部件、系统平台、标准规范以及人才队伍培养等多个方面。解决快充技术难题惠及数亿部智能移动终端产品，助力5G技术在智能移动终端上快速应用以及我国碳达峰、碳中和重大战略的顺利实施，并在全球范围内推动智能移动终端的充电与电池系统迈入百瓦快充时代。

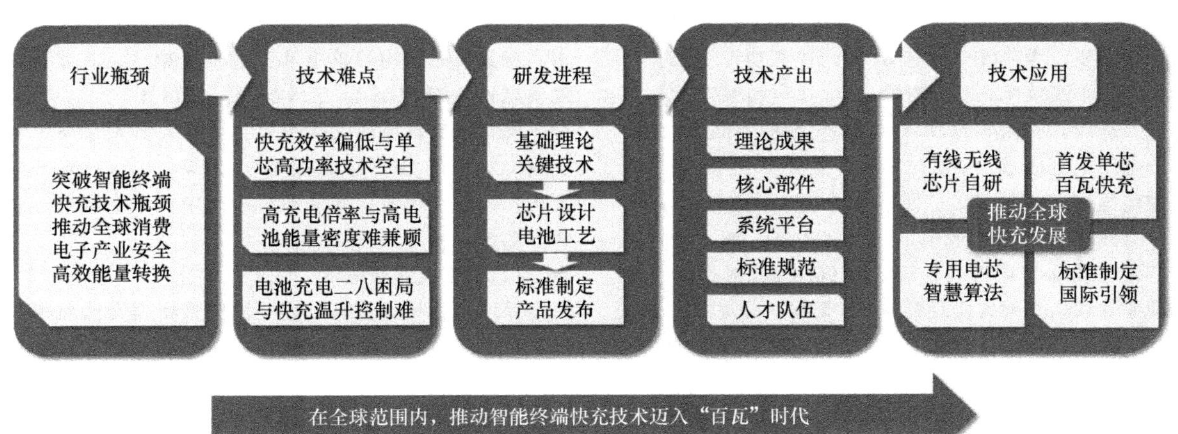

图1　智能移动终端快充技术研发的总体思路

二、技术创新概述

（一）充电芯片与架构

针对“充电效率与功率双低”的难题，通过研究基于电荷泵技术的拓扑设计，针对双电芯充电技术，行业开发了具有 98.6%效率的 4：2 电荷泵充电芯片，实现了 120W 和 200W 双电芯快充技术；针对单电芯充电技术，行业设计了效率高达 97.5%的 4：1 电荷泵充电芯片，实现了 120W 单电芯充电技术，填补了单电芯百瓦快充技术的空白。另外，为了兼容大功率的无线快充和无线反充技术，行业也研发了有线快充+无线快充+无线反充的三重快充架构，解决了三种快充技术面临的难以融合的技术瓶颈，确立了我国智能移动终端充电技术在国际竞争中的领先地位。

1）针对传统 Buck/Boost 变换器电感损耗较大，导致充电效率低（90%左右）的问题，行业研发设计了一款基于开关电容的 4：2 电荷泵转换器，其转换效率高达 97%以上。为进一步验证 4：2 电荷泵技术在智能移动终端充电领域的可落地性，行业采用分立器件搭建了首个 4：2 电荷泵架构，辅助以精准的调流调压策略，实现了 100W 双电芯快充技术，17min 充满手机，该项技术在 2019 年 2 月全球首发。前述 4：2 电荷泵集成芯片采用了双相设计，通过优化内部功率 MOS 管阻抗和工作频率，实现了在 10V/6A 输出功率下，芯片转换效率高达 98.6%，相比较传统 Buck/Boost 充电芯片，热损降低 70%以上。基于该高效率的 4：2 充电芯片，行业量产了首个 120W 双电芯快充手机并实现了首个 200W 双电芯快充技术的发布。其中，200W 双电芯快充技术采用了 3 颗 4：2 电荷泵芯片并联，将 20V/10A 的输入转换为 10V/20A 的输出，直接给双电池进行充电。通过三电流+三连接通路的设计减少发热，通过精准阻抗控制技术实现三路电流配比均匀，做到了 8min 充满 4000mAh 的电池，将智能手机快充时长带入“个位数时代”，如图 2 所示。

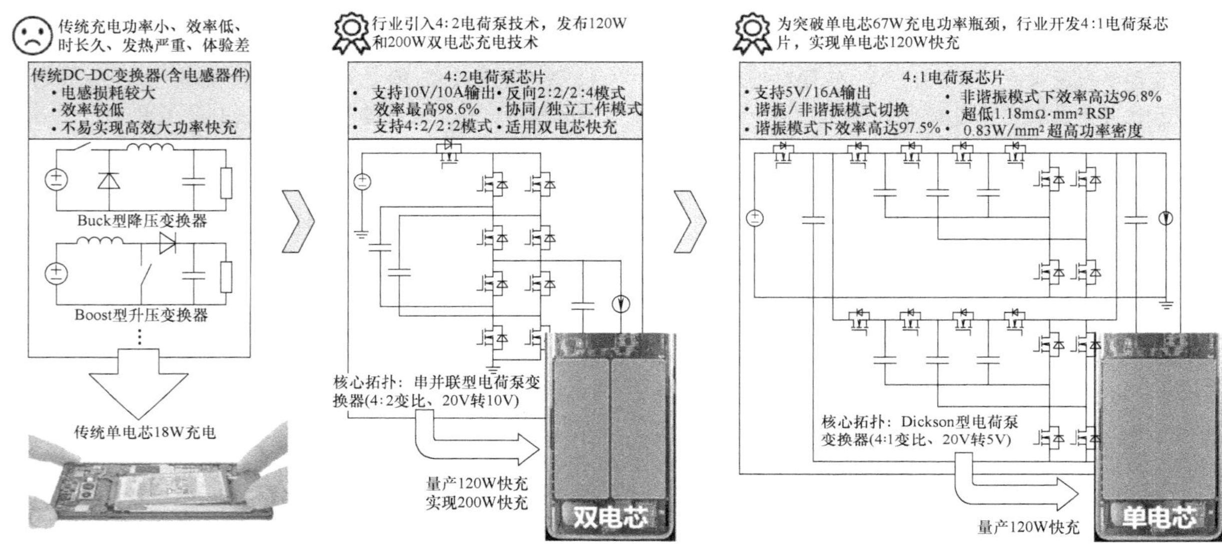

图 2　双电芯 4：2 电荷泵芯片和单电芯 4：1 电荷泵芯片的技术路线图

考虑到双电芯受体积限制，同样尺寸和充电倍率下，能量密度比单电芯低 4%左右，另外双电芯电路转换损耗也将增加 2%～3%。因此，针对单电芯，研发高效的有线快充芯片也十分必要。为突破单电芯 67W 的快充功率上限，行业设计与开发了高效率高功率密度的 4：1 电荷泵芯片。该芯片拥有自适应开关频率的 Dickson 拓扑架构，通过检测谐振腔内的电压电流信号，可实时调整开关频率 f_{sw} 以匹配外围谐振腔的固有谐振频率 f_r，使芯片始终工作在 $f_{sw}=f_r$ 的状态下，导通损耗控制到最小，效率高达 97.5%。同时芯片也支持传统的非谐振模式，效率为 96.8%，热损耗也比传统电荷泵并联快充架构实现的 4：1 架构（采用 4：2 芯片和 2：1 芯片级联实现）降低 30%。该芯片可实现 97.5%的超高单电芯充电效率、0.83W/mm^2 的超高功率密度，所使用的 LDMOS 技术也实现业界领先的 1.18mΩ · mm^2 RSP 指标。结合此 4：1 电荷泵芯片，行业发布了 120W 单电芯有线快充技术，如图 2 所示。

2）针对有线+无线+反充三重快充的系统化设计，为了实现更广泛的充电方式适配，推动无线快充技术的进一步发展，解决大功率有线快充与无线快充共存的难题，行业创新地设计了三重快充架构，如图 3 所示。其中包括双电芯三重快充架构和单电芯三重快充架构。有线快充和无线快充通过双 MOS 的互斥逻辑，复用 4：2/4：1 充电芯片，同时也支持反向无线充电，可以对其他设备进行反向充电。2020 年 10 月全球首发的 120W+50W+10W 三重快充架构，树立了我国智能移动终端充电技术在国际竞争中的领先地位。

（二）智能终端电池

针对“大倍率充电与高电池能量密度无法兼得”的难题，行业通过对石墨烯、硅材料等进行应用科学研究，结合高硅补锂、超薄单层石墨极片及全极耳电池结构等先进工艺技术，攻克电池领域技术难题，推动石墨烯及硅等先进材料在智能移动终端的广泛应用。

通过在原材料端对石墨烯层数、片径、官能团的设计筛选，行业成功开发出正极材料半固态捏合匀浆工艺，实

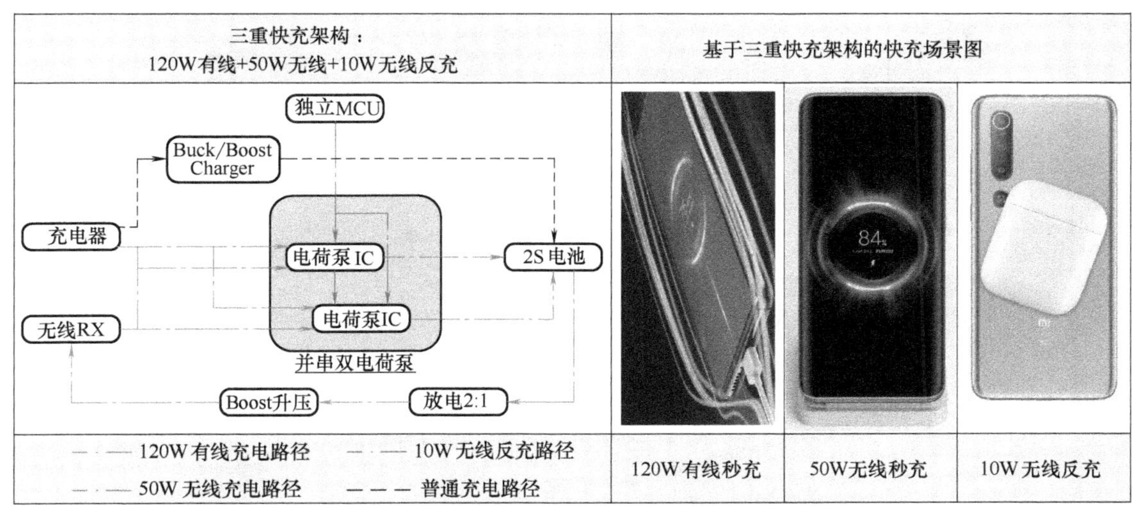

图3 三重快充架构及不同充电方式快充场景图

现了石墨烯材料在消费型锂离子电池领域的应用，解决了在消费类电池钴酸锂材料体系中的石墨烯回叠问题和离子位阻难题，构建了具有更高压实密度、更强导电能力的正极电极（见图4），同比电池能量密度提升3%以上。

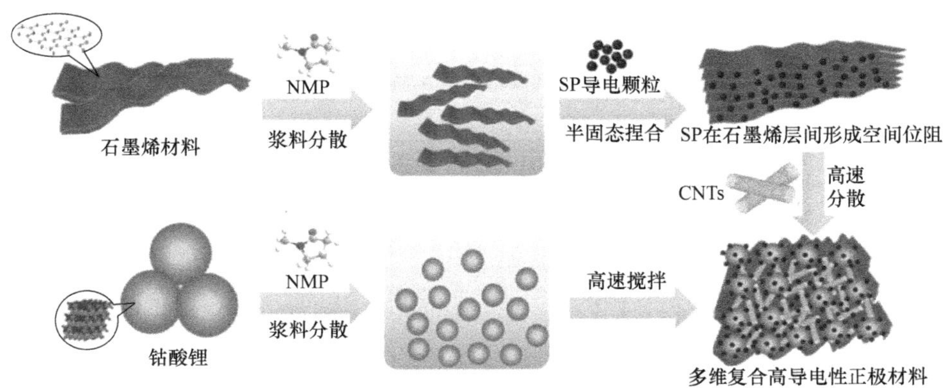

图4 石墨烯多维复合钴酸锂正极浆料制程工艺

在负极电极方面，行业重点攻关最新一代硅负极电池技术（见图5），突破了石墨负极容量极限。通过导入高克容量纳米硅技术，能量密度提升7%左右，并解决了硅材料膨胀大、库伦效率低及循环能力差难题，实现了硅负极在消费品锂离子电池领域的批量应用。在技术方案上为解决硅材料首效低、膨胀大、循环差等难题与技术瓶颈，行业通过在硅颗粒制程中引入新型预锂化技术，将硅材料自身首效提升，并结合采用极片补锂技术在极片原位提供更多活性锂源，根本地解决了硅材料首效低的问题。同时通过对导电剂、黏结剂的筛选设计，行业成功引入SCNT/SP复合导电碳网络及PAA-Li点-线黏结网络，在颗粒与颗粒间构建了全方位的黏结及导电网，有效地解决了硅负极循环膨胀问题，提升循环可靠性。最新一代的硅负极锂离子电池1000次循环的容量保持率大于80%（见图5）。

同时，辅助电池体系的材料和设计层面持续迭代，行业创新地提出全极耳结构的低阻结构设计，将消费类电池功率和能量特性大幅提升：电池材料电压平台提升80mV，最高能量密度达到745Wh/L；电池阻抗下降率达70%，最高充电倍率可达10C，充满电时间缩短至10min以内。目前，行业已出现全面覆盖1.5C~10C充电倍率的快充产品综合解决方案。

（三）充电算法与策略

1）针对锂离子电池在恒压阶段充电时间占比高、析锂反应易触发等难题，以及智能移动终端壳温和电池温度精准控制的挑战，行业所提出的极速无损充电策略通过大小颗粒层级梯度包覆掺杂技术手段提升正极材料的局部耐压能力，将恒压充电电势提高。建立了宽温域下电池的电压外特性模型、析锂边界模型和充电系统的热损耗模型，提出将电压检测从电池端移动到电芯端，结合内置三电极技术实时监控阳极电位，动态调整充电电流和电压。融合智能无级调控策略，预判电流与发热情况，使充电速度与温升达到最佳平衡，大幅提升恒流充电占比时间，削弱恒压阶段的副反应，实现极速无损充电（见图6）。前述充电策略的主要技术突破如下：

① 10min内无损极速充电。基于恒压电势抬升技术，在室温常规CC-CV模式总充电时间为19.63min，恒压充电时间占比为77.9%；而极速无损充电策略恒流阶段总充电时间为10min，恒压充电时间占比为58%。极速无损充电技

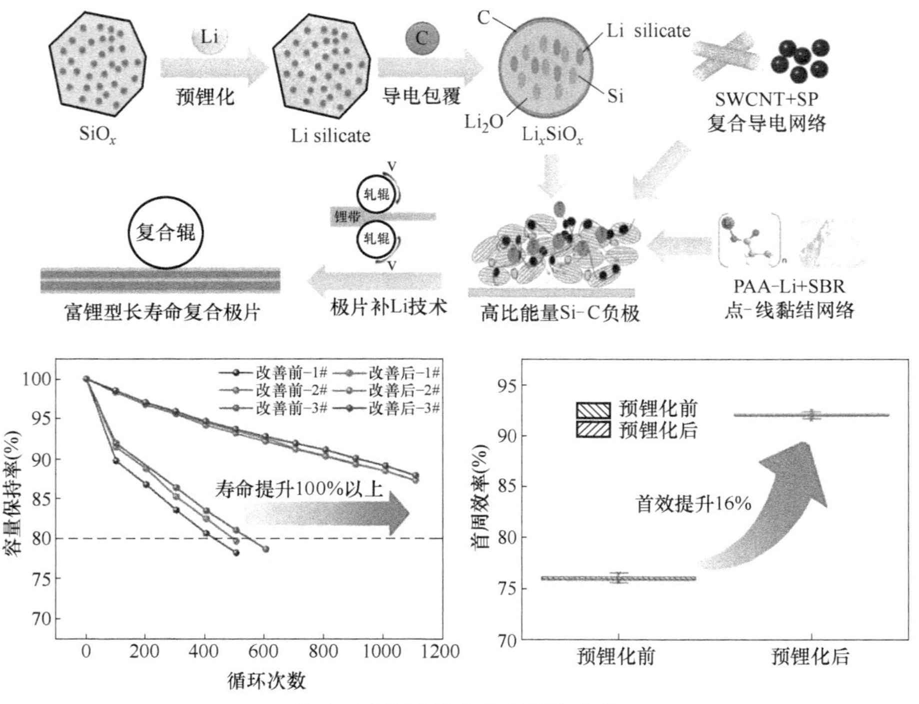

图 5　硅负极综合技术解决方案

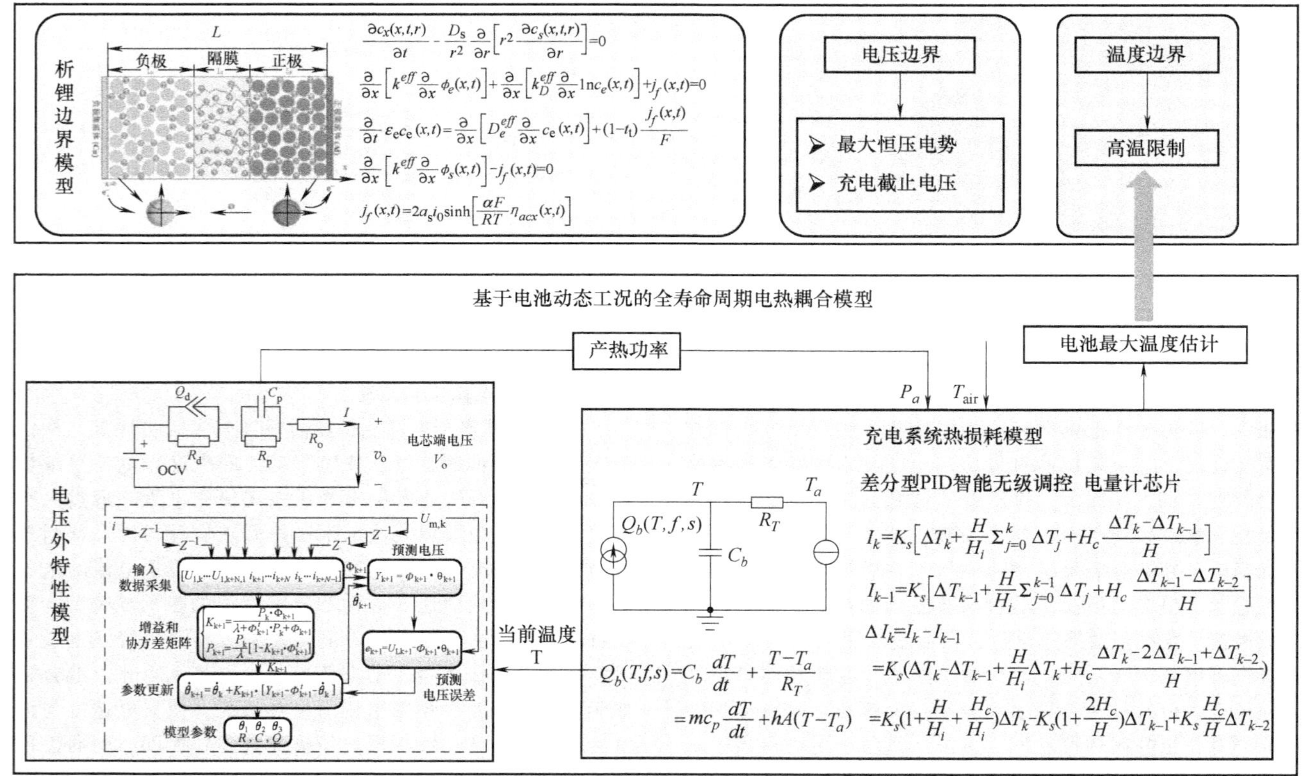

图 6　极速无损充电策略技术原理图

术恒压充电时间缩短了 62%，总充电时间缩短了 49%。

② 大于 1000 次超长循环寿命。在室温与常规 CC-CV 循环寿命相当，在 45℃高温场景，显著提升电池循环寿命 200 次（容量保持率提升 3.6%@500 次）。

2）针对不同用户的使用习惯和需求导致电池老化寿命难以预估或者预估不准的难题，行业提出了时域智能充电技术和任意区间老化趋势预测方法，构建了云智慧电池管理系统。该系统能够智能适应用户充电习惯，智能调节充电功率，深度学习电池行为模式，建立多层循环神经网络（LSTM）容量衰退预测模型，针对不同场景快速评估电池寿命，实现电池的耐久性管理。云智慧电池管理系统主要有以下几点技术突破：

① 夜间智能充电。夜间充电至一定电量自动开启充电维护，天亮之前自动饱充，提升电池循环寿命30%以上。

② 时域智能管控。根据所在地区与季节，自动实时调整电池充电策略，避免长时间高电位存储造成的电池老化，提升电池循环寿命15%以上。

③ 任意区间容量预测。使用循环遍历法搜索学习率和网络尺寸的最优超参数组合，采用快照集成的方法，对不同局部极小值处的模型进行融合，该技术最大误差不超过2%。

三、快充技术发展的社会意义

1. 引领了整个行业快充技术的飞跃式发展

为了解决传统快充技术存在的功率与效率低、充电倍率与电池能量密度无法兼顾，以及充电慢、控温不准与电池老化等业界难题，行业开展了包含拓扑架构、芯片设计、电池材料、充电算法等多方面创新的技术研究和发展，建立了集高充电倍率、高能量密度为一体的智能移动终端高效快充技术体系。基于该研究成果，行业在2021年发布了120W单电芯充电技术、200W双电芯充电技术、67W无线快充技术以及包含有线快充+无线快充+反向充电的三重快充技术。上述技术进步推动了全球主要智能移动终端厂商以及适配器、半导体、电池、测试认证厂商等整个智能移动终端充电行业的飞跃式发展。

2. 提升人们生产生活效率实现电能高效利用

通过深入研究，行业成功地将智能移动终端充电时间首次带入“个位数”时代，并可实现灵活的无线快充，极大地提升了充电体验，提高了社会与人们生产生活的效率与便利性。采用大功率快充技术的手机可以在10min内充满100%的电量，而传统手机在10min内仅能充电12%。同时由于更高的充电效率，快充技术在节能减排方面也取得了巨大收益，以1亿部手机和每个手机每年300次充电次数，98%效率的最新快充技术相比89%效率的传统快充技术，每年将节省0.52亿度电，减少5万吨温室气体排放。

3. 促进国内半导体厂商与芯片制造技术的快速发展

在智能移动终端充电行业，每代技术方案都涉及多种芯片的定制，如大功率充电芯片、协议芯片、充电器AC-DC转换芯片、控制芯片等。通常这些芯片数量多、规格高、交期紧，而实现芯片中众多模拟电路的设计也需多年项目的积累和无数难关的锤炼。智能移动终端厂商与国产半导体厂商一起攻克众多难题，实现了预期的创新和质量要求，促进了中国消费类电源IC的成长。包括南芯、伏达等国内优秀半导体厂商，在国内快充技术快速发展的推动下，成为快充芯片领域的领跑者。在行业首个单电芯百瓦谐振充电芯片的推动下，国内半导体厂商在快充领域实现了对国外半导体厂商的超越，对促进芯片国产化、推动我国半导体产业实现高质量发展具有重大意义。

四、总结

快充技术的发展不仅满足了普通消费者日益增长的充电速度要求，带动了国内半导体设计和制造技术的飞速进步，同时也促进电能的高效利用和节能减排。目前，手机领域充电功率已经来到了300W，充电时长进入“读秒时代”。从充电技术的极限来讲，随着电池技术的革新、板端充电效率的继续提升，充电功率仍然有进一步提升的空间。未来，行业主要会在快充功率和架构、电池体系、充电体验、技术普惠、生态建设等多个维度持续发展：

1）大功率融合快充架构的衍化，包括更高效率的电荷泵充电芯片、更精简的三重快充架构等。

2）高倍率高能量密度电池的迭代，包括更高倍率的硅氧/硅碳电池、更高能量密度的准固态/固态电池等。

3）大功率快充用户体验的升级，包括更聪明的充电技术、更安全和更耐用的电池技术、更智慧的电池管理技术等。

4）大功率快充技术持续下沉中低端产品，实现技术普惠。

5）生态建设方面，打造立体充电生态场景，营造互联互通的快充生态圈，为用户带来更舒适的充电体验。

第四篇 电源行业新闻

学会大事记

线上线下双向联动　共襄电源学术盛会——CPEEC & CPSSC 2022 顺利举行

2022 中国电力电子与能量转换大会暨中国电源学会第二十五届学术年会及展览会（CPEEC & CPSSC 2022）于 2022 年 11 月 4~7 日，以线上线下相结合的形式，在厦门成功举行。The 3rd IEEE International Power Electronics and Application Conference and Exposition（IEEE PEAC 2022）国际会议同期举办。

因受疫情的影响，CPEEC & CPSSC 2022 的举办挑战重重。会议组委会准确识变、积极应变，会前一周由广州转战厦门，同时全部会场设置线上参与通道，并通过互联网直播，实现了更大范围的相聚。

最终，本次会议近 500 人现场参会，近万人线上参与，全球顶级专家齐聚，共谋电力电子与电源学科发展，营造了疫情防控不放松，学术交流不断线的学术氛围，呈现了一场安全有序、精彩纷呈的电源行业饕餮盛宴。

中国电源学会学术年会暨展览会是中国电源界规模大、级别高的学术、技术和产业盛会，已有超过 40 年历史。在双碳战略背景下，2022 年中国电源学会在原有学术年会、电力电子技术与应用国际会议（IEEE PEAC）等品牌活动基础上整合升级，推出“中国电力电子与能量转换大会”“全球电力电子高峰论坛”等品牌活动，全力打造本领域全球顶尖会议平台。大会旨在促进电力电子、能量转换与电源技术相关领域学术、技术交流，促进产、学、研的合作，促进相关产业及产业链的技术创新和进步。

CPEEC&CPSSC 2022 和 IEEE PEAC 2022，共录用中文论文 415 篇，英文论文 310 篇，设置 19 场大会报告、8 场电力电子高峰论坛报告，15 场专题讲座，40 个中文主题技术报告分会场、36 个英文主题报告分会场，共计 439 场口头报告，10 个工业报告分会场 38 场报告，5 场专题活动以及 2 个墙报交流时段，同期展览原计划共有 87 家企业参展，展位数量超过 180 个。

根据疫情防控的要求，大会控制线下会议规模，线上联合发力。其中大会报告、高峰论坛、工业报告、部分技术报告、5 场专题活动采用线上与线下相结合的形式保留线下会场，专题讲座、墙报交流和大部分技术报告分会场转为纯线上进行，同期展览仅保留少量现场展位，大部分展位转入 2023 年会议展览。与会者在大会线上平台，可参加全部会议活动。

年会同期举办第八届中国电源学会科学技术奖颁奖仪式、“GaN Systems 杯”第八届高校电力电子应用设计大赛决赛及作品展示、中国电源产业与技术发展路线图发布会暨产业发展战略研讨会、电力电子化电力系统专题论坛、联合青年人才论坛、电源科研成果交流会、中国电源学会团体标准宣贯会等活动。

专题讲座　群星闪耀

11 月 4 日，年会正式开幕前，包括学会现任理事长刘进军教授、荣誉理事长徐德鸿教授、副理事长阮新波教授，国外电力电子权威专家 Thomas M. Jahns 博士、Brad Lehman 教授、Hirofumi Akagi 教授等在内的国内外知名专家开设了 15 场专题讲座。大会专题讲座会场采用纯线上的形式进行交流，但精彩程度仍然毫不逊色，各位专家从不同的专业角度，为与会者奉献了精彩而专业的分享，内容涉及永磁电机驱动和集成式电机驱动、数据中心的新型电力电子变换技术、电力电子变换器共模传导干扰的建模与抑制方法、海上风电交直流并网、中压大功率变流器、多端 MMC-HVDC 系统、采用 SiC 器件的高升压型隔离式 DC-DC 转换器、DER 逆变器、电力电子拓扑思维创新、银烧结工艺与可靠性、新型可调电抗器技术等。累计 3800 余人次线上观看。

同日，“GaN Systems 杯”第八届高校电力电子应用设计大赛决赛也在紧张地进行，13 支决赛队伍激烈角逐。

大会报告　大咖齐聚

11 月 5 日上午 8 点半，年会开幕式正式开始，中国电源学会副理事长、台达电子章进法博士主持开幕式。大会主席、中国电源学会理事长刘进军教授致开幕辞，会议技术程序委员会主席、浙江大学马皓教授介绍了会议主要情况。

在 2022 中国电力电子与能量转换大会暨中国电源学会第二十五届学术年会及展览会（CPEEC & CPSSC 2022）大会报告环节，美国工程院院士、中国工程院外籍院士、弗吉尼亚理工大学李泽元教授（Prof. Fred C. Lee），中国南方电网公司专家委员会名誉主任委员李立浧院士，湖南大学罗安院士，华为数字能源技术有限公司副总裁、研发管理部总裁何建军，株洲中车时代半导体有限公司总经理罗海辉等作了大会报告。

5 日下午，由中国电源学会与 IEEE 电力电子学会（PELS）联合主办的 the 3rd IEEE International Power Electronics and Application Conference and Exposition（IEEE PEAC 2022）国际会议正式启幕。

11 月 5 日下午到 6 日上午，德国亚琛工业大学、德国工程院院士 Rik De Donker 教授，瑞士苏黎世联邦理工学院、美国工程院外籍院士、IEEE Fellow Johann Kolar 教授，美国麻省理工学院、美国工程院院士、IEEE Fellow David Perreault 教授，哈尔滨理工大学、教育部汽车电子驱动控制与系统集成工程技术研究中心首席科学家蔡蔚教授，纳微半导体副总裁、中国区总经理 Charles（Yingjie）Zha 和三菱电机半导体大中国区技术总监宋高升作了 IEEE PEAC 2022 大会报告。

5 日下午，品牌活动“全球电力电子高峰论坛”同期开幕。报告人分别为丹麦奥尔堡大学丹麦科学院院士、IEEE Fellow Frede Blaabjerg 教授，欧洲电力电子中心主席、德国科学院院士、IEEE Fellow Leo Lorenz 博士，东京都立大学、IEEE PELS 日本分会主席 Toshihisa Shimizu 教授，IEEJ IA 协会原主席、加拿大纽布伦斯威克大学、IEEE 电力电子学会主席、加拿大工程院院士 Liuchen Chang 教授，美国阿肯色大学、IEEE 电力电子学会前主席、IEEE Fellow Alan

Mantooth 教授，巴西塞阿拉联邦大学、巴西电力电子学会（SOBRAEP）主席 Demercil de Souza 教授，韩国首尔国立大学、IEEE Fellow Seung-Ki Sul 教授，西安交通大学、中国电源学会理事长、IEEE Fellow 刘进军教授。8 位专家以国际视野的全新角度，紧扣电力电子领域的不同热点及发展趋势展开了热烈的交流和讨论，融汇前沿精华，碰撞思想火花，线上线下无障碍点评互动，受到与会者的热烈欢迎。

名企亮相　合作支持

5 日上午，年会同期展览会启幕，本次会议有 87 家企业计划参加现场展示，由于疫情防控政策，现场仅保留部分展位，其他展位将顺延至 2023 年展示。

学会理事长刘进军教授、国家海洋技术中心韩家新研究员向为本次会议提供了大力支持的华为数字能源技术有限公司、株洲中车时代半导体有限公司、三菱电机机电（上海）有限公司、纳微半导体等 4 家钻石合作伙伴，GaN Systems、艾德克斯电子有限公司、深圳市汇川技术股份有限公司、湖南三安半导体、派恩杰半导体有限公司、深圳基本半导体有限公司、村田（中国）投资有限公司等 7 家白金合作伙伴颁发纪念牌。

分会场报告　精彩纷呈

11 月 6~7 日，分会场交流包括 40 个中文主题技术报告分会场、36 个英文主题报告分会场，共计 439 场口头报告，10 个工业报告分会场 38 场报告，5 场专题活动以及 2 个墙报交流时段，精彩纷呈。与会论文作者和产业界资深工程师就电力电子全领域的最新成果进行了充分的交流和探讨。此外，会议还进行了 2 个主题的墙报交流活动。本次会议特设优秀分会场报告人评选活动，最终 106 位报告人获选。大会还评选出 CPEEC&CPSSC 2022 优秀论文 19 篇、PEAC 2022 优秀论文 15 篇，并评出 2 个专题共 10 名优秀专题主席。

会议期间还举办了第八届中国电源学会科学技术奖颁奖仪式和获奖成果展示，中国电源产业与技术发展路线图发布会暨产业发展战略研讨会、电力电子化电力系统专题论坛、联合青年人才论坛、电源科研成果交流会、中国电源学会团体标准宣贯会等活动。

为期 4 天的会议，于 11 月 7 日圆满落下帷幕。本次大会如期顺利举办，而且专家阵容空前，注重交流实践与产学研结合，隔离疫情不隔离交流，为今后电源学术年会的举办开拓了新方法，积累了宝贵经验，展示了中国电源学会以及电源领域的凝聚力和影响力。与会专家纷纷表示期待来年继续交流碰撞，共同推动电源及电力电子的发展。

共议行业新形势 共谋合作新路径——2022 年中国电力电子发展战略圆桌会议精彩落幕

8 月 11~15 日，2022 年中国电力电子发展战略圆桌会议在吉林省白山市召开。来自电力电子领域高校、企业、科研单位的 30 余位专家代表参会，就我国电力电子技术的发展方向与中长期规划、产业政策建议与产学研合作、教育发展战略、科技项目与基础研究投入的咨询建言以及学术组织的发展与协作等主题进行充分深入的研讨，对如何促进我国电力电子领域高质量创新发展，提出了指导性的意见和建议。

本次会议是中国电源学会入选中国科协首批决策咨询试点单位后，创建“中国电源学会电力电子与能量转换决策咨询专家团队”，组织召开的首个高层次行业发展规划专题会议。会议由中国电源学会主办，东北电力大学电气工程学院承办。中国电源学会理事长、西安交通大学刘进军教授主持会议，采用线上与线下相结合的方式召开。

会议期间，湖南大学罗安院士、西安交通大学刘进军教授、浙江大学徐德鸿教授、西南交通大学冯晓云教授、华中科技大学康勇教授和重庆大学杜雄教授等专家针对不同主题分别进行了引导发言。

在引导性发言的基础上，与会的各位专家从多角度、多层面梳理了双碳背景下，电力电子技术在战略性新兴产业发展中的支撑作用，分析了电力电子技术在迈向高频率、高精度、高集成过程中的挑战和机遇，并就如何凝聚共识、促进多方合作等方面展开了深入的交流和探讨。

刘进军理事长对圆桌会议讨论的观点进行了总结，充分肯定了会议取得的成效，并就后续继续优化圆桌会议、不断提升会议质量等提出了新的角度和思路。

本次圆桌会议汇聚科研、企业、学术、学会等多方力量，形成交流借鉴、相互启迪的新局面。会议内容丰富、观点鲜明、切合实际、前瞻性强，对于如何促进电力电子行业创新发展具有很强的现实针对性和实践指导性。下一步，学会将邀请有关专家就会议研讨成果进一步凝练并整理后正式发布。

中国电源产业与技术发展路线图发布会暨产业技术发展研讨会顺利举行

2022 年 11 月 7 日，中国电源产业与技术发展路线图发布会暨产业技术发展研讨会（下称“研讨会”）以线上线下相结合的形式，在厦门成功举行，会议特邀路线图首席科学家、浙江大学徐德鸿教授和各编写组主要负责人、执笔人进行报告，来自电源及相关领域产学研代表近 400 人参加。本次研讨会也是 2022 中国电力电子与能量转换大会暨中国电源学会第二十五届学术年会及展览会（CPEEC & CPSSC 2022）的同期重点活动之一。

在中国科学技术协会的指导和支持下，中国电源学会于 2020—2022 年组织开展《中国电源产业与技术发展路线图》（下称“路线图”）研究编写工作，广泛邀请各领域知名专家、学者和企业代表，组建了 7 个专题编写组，召开研讨、论证、评审会议 20 余场，共计 200 余位专家、企业人士参与。

本次会议由中国电源学会副理事长、浙江大学马皓教授主持。路线图首席专家、中国电源学会荣誉理事长、浙江大学徐德鸿教授作了电源总体报告。

路线图报告以 2021—2035 年为时间范围，通过充分调研国内主要电源企业和半导体器件相关技术发展需求情况，根据我国目前电源产业的技术水平和新一代电力能源系统所需应用的电源技术现状，借鉴电源产业发达国家和地区的经验，得到我国电源产业技术发展总体路线。

近期（2020-2025年）为第一阶段，总体目标是基础芯片攻关，追赶国际水平。中期（2026-2030年）为第二阶段，总体目标是核心问题攻克，领先国际水平。远期（2031-2035年）为第三阶段，总体目标是学科交叉融合，引领前沿技术。

华中科技大学电气与电子工程学院研究员梁琳，中国电源学会副理事长、华中科技大学袁小明教授，清华大学电机工程系李永东教授，南京航空航天大学自动化学院谢少军教授，中国工程物理研究院流体物理研究所副研究员栾崇彪博士，重庆大学电气工程学院副院长杜雄教授，分别作了功率元器件及模块产业与技术、电力系统中的电力电子变换技术、变频电源及其应用产业与技术、信息系统领域电源产业与技术、特种电源产业与技术、前沿技术领域发展6个重点细分领域报告，并与与会人员交流探讨。

在“双碳”战略背景下，研讨会的举行，让广大企业和人员进一步了解了路线图成果，进一步充分研讨电源产业与技术的未来发展，受到了会员、企业、科研院所和相关高校的欢迎和反响。

中国电源学会入选中国科协首批决策咨询专家团队建设试点单位

为了加强决策咨询战略人才队伍的建设，提升集思汇智资政能力，高质量服务党和政府科学决策的能力，中国科协组织开展决策咨询专家团队建设工作。

经学会申报，中国科协组织评审并批准，中国电源学会入选中国科协决策咨询首批试点单位，试点创建“中国电源学会电力电子与能量转换决策咨询专家团队”。

中国电源学会将以试点单位机制为依托，认真履行决策咨询专家团队建设和管理主体职责，将专家团队建设试点作为学会年度工作的重点，在已开展的电源产业与技术发展路线图研究、行业发展报告等基础上，进一步深入开展电源领域决策咨询工作，力争团结凝聚一批电源领域决策咨询战略人才、打造有影响力的决策咨询成果品牌，探索形成可复制、可推广的决策咨询新经验、新模式、新机制，为推动电源产业与技术的快速发展，为服务党和政府科学决策作出贡献。

中国电源学会推荐两家企业入选2022年首批“科创中国”创新基地

近日，中国科学技术协会公布了2022年首批“科创中国”创新基地认定结果。其中，中国电源学会推荐上海临港电力电子研究有限公司申报的“科创中国”电力电子创新基地以及英飞特电子（杭州）股份有限公司申报的“科创中国”英飞特开关电源创新基地入选首批“科创中国”产学研协作类创新基地。

“科创中国”创新基地是中国科协推动产学研协同创新和科技成果转移转化的合作载体，是促进跨界、跨域、跨境集聚配置创新资源的服务平台。

创新基地分为产学研协作、创新创业孵化、国际创新合作三类。本次学会入选的创新基地均属于产学研协作类型。旨在聚焦关键核心技术领域，依托学会、企业专家优势开展前瞻性研判，取得原创性成果，并探索产学研可持续协作机制，引领产业和企业高质量发展。

附：学会首批创新基地简介

上海临港电力电子研究有限公司是中国电源学会理事单位，成立于2019年4月，总部位于上海临港新片区，是临港新片区首批科技创新型平台之一。研究院聚焦高端电力电子产业链，重点开展产业链创新、重大产品研发及科创企业孵化等工作，以新能源智能网联汽车、集成电路、人工智能为切入点，致力于打造绿色、智能、共享的汽车电子产业生态，成为技术研究和产业孵化双向链接的创新型平台。

英飞特电子（杭州）股份有限公司是中国电源学会理事单位，是一家15年来专注于高效、高可靠性开关电源研发、生产、销售和技术服务的国家专精特新小巨人企业、浙江省隐形冠军企业和深圳创业板上市公司，是国际领先的LED驱动电源龙头企业。公司建有省级重点企业研究院、省级国际科技合作基地等先进平台，与美国电力电子系统工程研究中心、美国弗吉尼亚理工大学、浙江大学等国内外科研院所积极开展产学研合作，形成了多位一体的创新体系。未来，创新基地将深耕开关电源领域，联合科研院所和行业上下游企业加强项目合作，围绕创新战略制定、核心技术攻关、高端人才培养、共享平台辐射等方面持续开展工作，引领先进电源技术，打造联合科创示范基地。

2022年电源领域“最美科技工作者”学习宣传活动

为了进一步弘扬中国科学家精神，激发广大科技工作者的荣誉感、自豪感和责任感，中共中央宣传部、中国科协、科技部、中国科学院、中国工程院、国防科工局决定在全社会广泛开展2022年“最美科技工作者”学习宣传活动。

按照总体安排，中国电源学会遴选发布了本学科“最美科技工作者”。共有4位优秀科技工作者获得了2022年电源领域“最美科技工作者”称号。中国电源学会撰写、整理了4位人选的优秀事迹材料，在电源领域开启集中学习宣传，旨在引导和激励广大电源科技工作者学习最美、争当最美，为行业发展提升和服务国家需求贡献智慧力量。

王来利，西安交通大学教授、电气工程学院工业自动化系主任。近五年围绕电力电子封装集成方向，突破了限制宽禁带半导体优异特性的封装集成瓶颈，推进了宽禁带电力电子器件与变换器封装集成关键技术国产自主可控与产业化。

王懿杰，哈尔滨工业大学教授、博士生导师、电气工程及自动化学院副院长。2005年、2007年、2012年于哈尔滨工业大学获得学士、硕士和博士学位。2012年7月留校任教，2014年12月破格晋升为副教授，2017年12月破格晋升为教授。王懿杰教授在照明电子、无线电能传输、高频以及超高频功率变换方向开展了原创性研究工作。

王奎，IEEE高级会员、中国电源学会高级会员，于

2020年受聘为舰船综合电力技术国防科技重点实验室客座教授，并担任中国电源学会交通电气化专委会副秘书长、中国电源学会青年工作委员会委员、北京电力电子学会青年工作委员会委员等职务。王奎博士在多电平变换器的拓扑与控制领域取得较多创新成果，取得了较大的学术影响和在国防方面的经济效益。

曲小慧，教授，博士生导师。2003年和2006年分别于南京航空航天大学获得电气工程专业学士学位和电力电子专业硕士学位，2010年于香港理工大学获得电力电子专业博士学位。2010年加入东南大学电气工程学院，现任东南大学教授、博士生导师。曾于2009年在美国弗吉尼亚理工大学国家电力电子系统中心（CPES）交流访问，于2015-2016年在丹麦奥尔堡大学电力电子可靠性研究中心（CORPE）公派访问。曲小慧教授致力于高效、高可靠的电力电子功率变换技术的研究，在LED照明系统高可靠优化驱动和无线电能传输的拓扑理论及控制策略等方面取得较为突出成绩。

中国电源学会第六批共16项团体标准获准立项

作为引领电源技术进步和服务电源行业的重要手段，中国电源学会团体标准制定工作又取得了新进展。2022年5月，第六批共16项团体标准正式批准立项。

标准化是推动行业规范发展的“助推器”，而团体标准的制定则有助于弥补国标立项慢、周期长、种类不齐全等问题。本着“行业主导、需求为先、系统规划、务实高效”的原则，中国电源学会自2016年以来围绕电源行业团体标准做了大量扎实、有效的工作。针对目前电源行业急需领域和课题，学会每年定期面向行业征集标准提案，得到了学会各专委会以及电源企业、科研院所的广泛关注和积极参与。目前，已陆续有四批共41项团体标准经立项、起草、公开征集意见、审查、审批等工作程序后成功发布执行。这些标准或填补了行业空白，或领行业之先，对于引领行业健康发展意义重大。此外，还有第五批十余项团体标准正在起草过程中。

此次立项的16项团体标准也是学会第六批立项起草的团体标准，于2021年9月启动，并于2021年11月20日完成了提案征集。2021年11月下旬至2022年3月初，学会经归口专委会预审、行业专家组成的审查委员会审查，对提案项目进行严格筛选。2022年4月，学会团体标准工作领导小组对2022年学会团体标准审查立项意见进行审批。根据反馈意见以及《中国电源学会团体标准管理办法》的有关规定，于2022年5月6日正式批准立项。本次立项的16项团体标准涉及开关电源、电动汽车及无人机无线充电、电能质量、多并网逆变器、特种电源、锂电池等多个热点领域，2022年完成标准编制工作。

从2016年至今，学会开展团体标准工作已经六年。电源行业构建科学化、高水平的新型标准化体系的有序推进中，团体标准在行业中的辐射力和影响力逐步增加，不断推动了产品质量提升和行业转型发展。

中国电源学会2022年团体标准立项项目清单见表1。

表1 中国电源学会2022年团体标准立项项目清单

立项号	项目名称	发起单位
CPSS（L）2022-001	锂电池检测用AC-DC双向电源模块技术规范	深圳市洛仑兹技术有限公司
CPSS（L）2022-002	开关电源能效等级技术规范	深圳市瓦特源检测研究有限公司
CPSS（L）2022-003	直流散热风扇环境适应性技术规范	深圳市航嘉驰源电气股份有限公司
CPSS（L）2022-004	直流散热风扇性能通用技术规范	深圳市航嘉驰源电气股份有限公司
CPSS（L）2022-005	直流散热风扇运行寿命测试方法	深圳市航嘉驰源电气股份有限公司
CPSS（L）2022-006	磁约束聚变实验装置磁体电源程序测试指南	中国科学院合肥物质科学研究院
CPSS（L）2022-007	大功率高隔离等级射频隔离变压器技术规范	中国科学院合肥物质科学研究院
CPSS（L）2022-008	大功率热阴极离子源等离子体发生器电源系统技术规范	中国科学院合肥物质科学研究院
CPSS（L）2022-009	电动汽车双向无线充放电装置技术规范	重庆大学
CPSS（L）2022-010	电动汽车有线无线一体化双模充电桩技术规范	重庆大学
CPSS（L）2022-011	无人机无线充电系统 第1部分:通用技术要求	广西电网有限责任公司电力科学研究院
CPSS（L）2022-012	无人机无线充电系统 第2部分:特殊要求	广西电网有限责任公司电力科学研究院
CPSS（L）2022-013	空气源热泵接入电网电能质量技术要求	国网河北省电力有限公司电力科学研究院
CPSS（L）2022-014	配电台区低电压治理技术规范	国家电网重庆市电力公司电力科学研究院
CPSS（L）2022-015	多并网逆变器系统高频谐波评估方法	山东大学
CPSS（L）2022-016	电力系统超高次谐波测量方法	国网河南省电力公司电力科学研究院

中国电源学会2022年度8项团体标准正式发布

2022年9月6日，中国电源学会2022年度8项团体标准正式发布。这是继2018年发布首批8项团体标准以后，中国电源学会开展行业标准化体系建设的又一重要成果。截至目前，中国电源学会已发布团体标准49项。

根据《深化标准化工作改革方案》等文件要求，依照《中国电源学会团体标准管理办法》，中国电源学会于2016年启动中国电源学会团体标准工作，之后每年定期开展新的团体标准制订项目。

2020年9月，中国电源学会启动第五批团体标准项目，并于2021年5月正式立项9项团体标准。2022年4~6月以视频会议方式陆续召开了7场中国电源学会团体标准评审会议，对2021年立项的8项、2020年立项延期提交1项及2021年审查会中修改后重审项目4项，共计13项团体标准报审稿进行了审查。

最终，共有8项团体标准首批通过审查，之后经修改、审批等环节，此次正式发布。这8项团体标准，涉及电源不同领域的技术或检测规范，达到了业界先进水平，填补了相关行业空白，有助于指导行业规范化。今后，学会将继续推进先进标准体系建设，积极发挥行业主体作用，以高标准引领行业高质量发展。

本批团体标准全文可在中国电源学会官方网站-团体标准栏目免费下载，学会官网网址：www.cpss.org.cn。

附录：中国电源学会本次发布8项团体标准：

《T/CPSS 1001—2022　电动汽车大功率无线充电技术规范》

《T/CPSS 1002—2022　直串型分布式潮流控制器系统调试规程》

《T/CPSS 1003—2022　优质电力园区电能质量治理装置通信技术要求》

《T/CPSS 1004—2022　电压暂降敏感用户接入电网风险评估导则》

《T/CPSS 1005—2022　中低压配网电能质量监测终端接入物联管理平台技术规范》

《T/CPSS 1006—2022　船舶低压直流电力系统选择性保护设计规范》

《T/CPSS 1007—2022　应用于轨道交通车站的蓄电池设计和管理技术规范》

《T/CPSS 1008—2022　信息系统电源设备阻抗特性测试规范》

“GaN Systems杯”第八届高校电力电子应用设计大赛圆满结束

2022年11月3~6日，“GaN Systems杯”第八届高校电力电子应用设计大赛决赛在福建省厦门市举行。经过激烈角逐，华中科技大学代表队在众多参赛队伍中脱颖而出，斩获决赛特等奖。此外，2支队伍获得一等奖，3支队伍获得二等奖，2支队伍获得三等奖。

高校电力电子应用设计大赛是中国电源学会自2015年发起一项面向全国高校学生的具有探索性工程实践活动，是全国电力电子领域最高水平的大学生竞赛，已成功举办七届。本届大赛由中国电源学会、中国电源学会科普工作委员会主办，合肥工业大学承办，得到了冠名合作单位GaN Systems公司、联合支持单位宁波希磁科技有限公司、珠海泰为电子有限公司和测试设备指定供应商艾德克斯电子有限公司、EMI检测仪器提供服务商敏业信息科技（上海）有限公司的大力支持。

第八届大赛以“高效高功率密度单级光伏逆变器设计”为题目，于2022年1月27日发布竞赛方案征集通知，之后共吸引了来自全国46所高校的64支队伍报名参赛。参赛学校涵盖面广泛，既有电力电子技术领域的老牌强校，又有近年来成长迅猛的新兴院校，64支队伍报名也是自大赛举办以来最多的一次，并且本次大赛打破以往惯例以学校为单位的组织方式，鼓励不同学校之间联合组队，并且每个学校不限参赛队伍数量。

5月28日，“GaN Systems杯”第八届高校电力电子应用设计大赛启动仪式暨参赛辅导说明会在线成功举行，大赛正式拉开了帷幕。大赛组委会特邀评审专家对报名参赛的项目计划书进行首次评审，评选出50支队伍进入初赛，同时给各参赛队提出了方案修改和改进意见。进入初赛的各参赛队于8月15日提交了阶段研究报告，九位来自高校和企业的专家组成评审小组，对各参赛队提出的阶段研究报告进行了评审，主要针对研究报告所体现的项目实施情况、项目完整性和创新性等方面进行综合评估，并结合样机完成进度，经过充分讨论，投票确定了进入决赛的队伍。最终评出16支队伍获得本次决赛参赛资格。

11月4日，本次大赛决赛在福建省厦门市举办，决赛开幕式由合肥工业大学电气与自动化工程学院电气工程系主任马铭遥教授主持，中国电源学会副理事长、竞赛副主席、台达电力电子（上海）设计中心主任章进法博士致辞，介绍了大赛整体情况，并表示高校电力电子应用设计大赛为广大高校电力电子及相关专业学生提供了一个学以致用、理论联系实践的展示平台，激励更多学生进行电力电子技术领域的创新；合肥工业大学张兴教授代表承办单位致辞，对进入决赛的参赛队表示了热烈的祝贺，同时对各位评审专家、赞助商代表等与会者的到来表示了欢迎。

受疫情影响，本届竞赛冠名合作单位GaN Systems公司副总裁Paul Wiener先生通过录播的形式致辞，向大赛的成功举行表示祝贺，同时Paul Wiener先生在视频中高度评价设计大赛对促进新型功率器件的普及和发展所起的重要作用。随后，本届大赛的联合赞助商宁波希磁科技有限公司副总裁雷效雨女士、珠海泰为电子有限公司CEO吴亚杰先生也发表致辞，预祝大赛圆满成功。

本届大赛决赛，设置样机性能测试和汇报答辩两个环节。今年比赛题目“高效高功率密度单级光伏逆变器设计”极具挑战性，一方面涉及GaN器件的应用，另一方面对性能指标的要求，如输出电压稳定性，以及谐波、输入电流纹波等都有非常高的要求。参赛队伍所提出的技术方案非常新颖，且各具特色，经过初选、预赛的不断改进，汇报方案也有了很大完善和提升，决赛作品表现出很高的设计水平，参赛人员在回答评委答辩时逻辑清晰，思路敏捷，展现出当代大学生的专业素质和个人风采。各位评审专家热烈讨论，对决赛作品给予了高度的评价。

经过评审委员会的严格而又慎重的评审，本次大赛唯一的特等奖花落华中科技大学代表队，合肥工业大学和南京理工大学获得一等奖；黑龙江科技大学、湖南大学、杭州电子科技大学获得二等奖；燕山大学、昆明理工大学获得三等奖；重庆理工大学、北京交通大学、华南理工大学、浙江大学、南京航空航天大学获得优胜奖。

大赛颁奖仪式由竞赛承办单位合肥工业大学马铭遥教授主持。中国电源学会理事长、西安交通大学刘进军教授；中国电源学会名誉理事长、浙江大学徐德鸿教授；中国电源学会副理事长、台达电力电子（上海）设计中心章进法博士；合肥工业大学张兴教授向获奖参赛队颁发了证书，中国电源学会副理事长、台达电力电子（上海）设计中心章进法博士向大赛冠名合作单位 GaN Systems 公司以及联合支持单位宁波希磁科技有限公司、珠海泰为电子有限公司和测试设备指定供应商艾德克斯电子有限公司、EMI 检测仪器提供服务商敏业信息科技（上海）有限公司颁发了奖牌，并且为第八届大赛承办单位合肥工业大学颁发了承办单位奖牌，大赛冠名合作单位 GaN Systems 公司副总裁 Paul Wiener 先生通过视频录播的形式致辞。

本次设计大赛为方便广大会员、大赛关注者、参与者、爱好者第一时间了解大赛相关情况，本届大赛采取了线上线下决赛测试及答辩环节，并且通过现场直播的形式举办，超过 5000 人通过网络关注了本次大赛的直播情况。

下届竞赛将移师徐州。承办单位中国矿业大学电气工程学院院长原熙博教授致辞，并表示力争明年大赛的规模和水平再上一个台阶，欢迎各高校积极组队参赛。

中国电源学会第九届理事会第二次常务理事（扩大）会议在线召开

中国电源学会第九届理事会第二次常务理事（扩大）会议于 2022 年 4 月 1 日在线召开。48 位常务理事、监事及代表参加，会议由刘进军理事长主持。

会议传达了《中国科协 2022 年全国学会学术工作要点》，指出《要点》对学会各方面工作提出了明确的要求，同时也为学会提供了丰富的工作平台和资源，要求学会上下进一步认真学习文件精神，积极参与中国科协各项平台工作，把学会的工作推向新的高度。

刘进军理事长在会议上作了学会 2021 年工作报告和 2022 年工作计划，由会议审议通过。报告全面地总结了学会 2021 年的工作，深入地分析了学会面临的新形式和新任务，提出了 2022 年的重点工作。

会议审议通过了《中国电源学会 2021 年财务报告及 2022 年财务预算》《学会各分支机构 2021 年工作总结和 2022 年工作计划》《中国电源学会专职工作人员薪酬管理制度》《中国电源学会第九届理事会分支机构换届工作方案》等。

会议听取了中国电源学会第二十五届学术年会、PEAC2022 国际会议组织方案汇报。会议要求学会全体理事、各分支机构积极协助开展会议宣传、论文征集等工作。

会议通报了本届理事会主要领导分工安排、第八届高校电力电子应用设计大赛组织筹备情况等相关工作情况。

最后，与会人员就学会各方面工作进行了讨论，并提出意见与建议。刘进军理事长对于有关意见和建议给予充分肯定，并要求学会上下要积极推动并充分落实本次常务理事会议相关决议和意见。

中国电源学会九届三次常务理事会议在厦门召开

中国电源学会九届三次常务理事会议于 2022 年 11 月 4 日在厦门以线下线上相结合的形式召开。共有 39 位常务理事、监事及代表参加，会议由刘进军理事长主持。

韩家新主任结合中国科协党组书记张玉卓同志在 2022 年第三十九次中国科协党组（扩大）会议上的讲话，带领全体常务理事深刻学习并领会习近平总书记提出的“五个牢牢把握”重要要求，从战略和全局高度完整、准确、全面地理解把握党的二十大精神。会议要求全体常务理事要积极参加所在单位组织的学习宣贯活动，要有所思有所悟，要结合学会、本单位以及个人的工作，深入思考在实际工作中如何贯彻好党的二十大相关精神。

会议听取了刘进军理事长关于学会 2022 年主要工作进展情况的通报；交通电气化专业委员会副主任郑泽东教授关于申请与 IEEE TEC 合作举办电气化交通前沿技术论坛情况的汇报；学会张磊秘书长关于新能源车充电与驱动专业委员会主任人选推荐情况的介绍；学会副理事长、会员发展工作委员会主任杜雄教授关于学会发展高校团体会员工作方案的介绍，会议就相关事项进行审议并提出意见与建议。

学会学术工作委员会主任李武华教授、会员发展工作委员会主任杜雄教授、标准化工作委员会主任卓放教授等向会议汇报本机构新一届工作规划和 2023 年主要工作思路。

与会人员结合工委会工作思路和学会各方面情况，就学会未来发展和有关工作进行了讨论。

中国电源学会九届二次全体理事会议顺利召开

中国电源学会第九届理事会第二次全体会议于 2022 年 12 月 27 日在线召开。共有 120 位理事、监事及代表参加，会议由刘进军理事长主持。

韩家新主任向会议传达了中国科协关于科协系统认真学习宣传贯彻党的二十大精神工作的总体部署，介绍了中国电源学会关于认真学习宣传贯彻党的二十大精神工作方案有关安排，并就有关工作进行安排部署，同时通报了学会已开展的学习宣传工作情况。

会议指出党的二十大是国家迈向全面建设社会主义新征程的重要会议，党的二十大精神对于指导我们今后的工作具有十分重要的意义。在今后一段时期，学会将深入学习宣传贯彻党的二十大精神作为首要工作，会议要求学会总会及各分支机构按照工作方案的有关要求，认真学习、宣传、贯彻党的二十大精神，尤其是结合科技创新、人才培养和教育等方面工作，扎实学习，更好地推进有关工作，为全面建设社会主义现代化国家、全面推进中华民族伟大复兴积极贡献力量。

会议听取了刘进军理事长关于学会2022年主要工作情况的报告；学术、编辑、科普、国际交流、标准化、青年、女科学家、会员发展、专家咨询等9家工委会负责人向会议汇报本机构的工作规划和2023年的工作计划。

会议就学会2023年重点工作、学会成立40周年庆祝活动组织思路等进行了讨论，并就学会其他有关工作提出意见和建议。

中国电源学会科技服务行动——“电源云讲坛”系列活动成功举办

为持续助力会员单位和行业企业创新发展，2022年学会继续举办电源云讲坛活动。2022年共计组织了10期，共邀请报告人和嘉宾74人，总计来自电源领域高校、科研院所、企业的专家和科技工作者4000余人次参加。

“电源云讲坛”是学会于2020年推出的线上交流活动，共计举办24期，已有超过一万余人次参与。

云讲坛系列活动采用现场报告、网络会议研讨+直播的形式，根据国家新基建战略部署，结合企业具体需求，每期选择一个专业主题内容，进行专题报告和交流互动。邀请各领域优秀专家和会员企业，就广大会员关心的新技术、新成果、新产品进行讲座报告，同时邀请资深专家与企业代表就相关专题进行互动研讨。2022年各期电源云讲坛信息如下：

第1期：4月9日，低碳交通关键器件与装备技术专题，由交通电气化专业委员会、学术工作委员会承办，设置专题报告3场、邀请互动嘉宾4人，共500余人参会。

第2期：4月30日，直流配电网技术与未来电能质量专题，由电能质量专业委员会、学术工作委员会承办，设置专题报告3场、邀请互动嘉宾4人，共300余人参会。

第3期：5月21日，无线电能传输技术可靠性提升及产业发展专题，由无线电能传输技术及装置专业委员会、学术工作委员会承办，设置专题报告3场、邀请互动嘉宾6人，共500人参会。

第4期：6月11日，高性能谐振变换技术研究专题，由照明电源专业委员会、学术工作委员会承办，设置专题报告3场、邀请互动嘉宾5人，共600余人参会。

第5期：7月2日，信息系统的锂电应用技术及发展专题，由信息系统供电技术专业委员会、学术工作委员会承办，设置专题报告3场、邀请互动嘉宾4人，共200余人参会。

第6期：7月23日，电力电子装置可靠性专题，由国际交流工作委员会、学术工作委员会承办，设置专题报告3场、邀请互动嘉宾4人，共500余人参会。

第7期：8月30日，电源前沿科技研讨会，由学术工作委员会、浙江大学电气工程学院承办，设置专题报告3场，共500余人参会。

第8期：9月18日，先进电力电子技术研讨会，由IEEE电力电子学会中国区会员委员会承办，设置专题报告3场，共200余人参会。

第9期：9月24日，电源电磁兼容技术与创新高峰论坛，由电磁兼容专业委员会承办，设置专题报告3场、邀请互动嘉宾7人，共200余人参会。

第10期：9月29日，青年创新沙龙（第1期），由青年工作委员会承办，设置专题报告2场、邀请互动嘉宾11人，共500余人参会。

CPSS&PELS联合电源青年人才论坛顺利召开

由中国电源学会青年工作委员会和IEEE PELSChina联合举办的CPSS&PELS联合电源青年人才论坛于2022年11月4日晚19：00在厦门市佰翔五通酒店隆重召开，由于疫情原因，本次论坛采用线下+线上相结合的方式。出席本次会议的领导和嘉宾有：中国电源学会理事长、西安交通大学刘进军教授，IEEE PELS主席、纽布伦斯威克大学张榴晨教授，中国电源学会青年工作委员会主任委员、华中科技大学林磊教授等。线下和线上参会代表约260余人。

中国电源学会青年工作委员会副主任委员、西安交通大学王来利教授主持会议开幕式。

会议伊始，中国电源学会理事长刘进军教授代表中国电源学会致辞，表达了对各位青年学者克服疫情困难参与本次会议的感谢，并对青工委近期的工作给予了肯定，指出电源青年人才论坛已成为中国电源学会学术年会同期举办的品牌活动，有力地促进了我国青年人才的成长和发展，加强了高校、研究院所以及企业间青年人才的沟通、交流与合作。他强调青年是科技发展的主力军，更是科技发展的希望，中国电源学会一直非常重视青年人才的培养，多渠道助力电源青年科技工作者的成长和成才。最后，刘进军教授希望青年学者能积极与不同单位、不同方向的同行深入交流以激发科研的灵感，并积极与工业界的同行交流探讨以促进科研成果的转化与落地，把握好自己的研究方向并融入国家的重大发展需求，积极参与IEEE PELS等机构举办的国际学术活动以推动国内优秀科研成果国际化发展，同时预祝本次活动圆满成功。

紧接着，IEEEPELS主席张榴晨教授代表IEEEPELS致辞，他介绍了IEEEPELS中国区的会员发展情况，并期望青工委与IEEEPELS经常开展类似交流活动，以促进国内外电源领域的青年科技工作者、学生及工程师的交流与合作。

随后，中国电源学会青年工作委员会主任林磊教授代表主办方致辞，并介绍了中国电源学会青年工作委员会的组织架构、工作宗旨、目标和规划，以及已经开展和即将开展的工作。

本次论坛的专题报告环节由西安交通大学王来利教授和武汉大学黄萌副教授主持，邀请了北京交通大学李虹教授、新加坡南洋理工大学Yi Tang副教授、天津工业大学梅云辉教授、哈尔滨工业大学王懿杰教授、美国戴顿大学Dong Cao副教授、南京航空航天大学吴红飞教授等6位优秀青年学者，分别作了《与科研共成长》《Never Stop Thinking - My Journey in Power Electronics as a PhD student, Engineer, Postdoc, and Faculty》《新材料在电力电子元器件封装领域的交叉创新》《寻找与突破边界》《From a Fresh PhD to a Tenured Associated Professor》以及《立足创新，追求卓越——浅谈科研教学工作的一点体会》的精彩报告。

专题报告之后，6 位作报告的青年专家还与青年教师面对面地互动交流了教学、科研、指导学生、家庭与生活等多方面话题，针对青年教师提出的困惑和疑问，6 位青年专家耐心解答、传经送宝，并结合自身经历向与会青年教师分享了诸多宝贵经验。面对面交流环节由东北电力大学刘闯教授和西南交通大学杨平副教授主持。

本次会议流畅和谐，氛围轻松活跃，与会的青年才俊发言积极。本系列活动旨在团结全国广大电源青年工作者，通过开展电源技术相关的学术交流和产学研活动，为广大电源青年工作者提供交流学习和展示自我的平台，不忘初心、牢记使命，为我国电源行业的发展作出贡献。

提升发展中国家女性参与科技活动占比——中国电源学会女科学家工作委员会承办 NGO CSW66 平行会议

联合国妇女地位委员会第六十六届会议（NGO CSW66）于 2022 年 3 月 13~25 日在联合国总部举行，主题为“在不断变化的工作环境中赋予妇女经济权力”。中国电源学会女科学家工作委员会于 3 月 20 日承办了该会议的平行会议，主题为“Promoting the Proportion of Women in Participating Scientific and Technological Activities in Developing Countries（提升发展中国家女性参与科技活动占比）”。此次活动的协办单位为中国女科技工作者协会和 IEEE 电力电子学会。

会议通过 ZOOM 面向全球在线举行，外加 Bilibili 同步直播，参会人数 150 余人。中国女科技工作者协会解欣秘书长受邀参加本次会议并致开幕辞，特邀报告环节由中国电源学会女科学家工作委员会主任北京交通大学李虹教授主持，互动环节由杭州电子科技大学杭丽君教授和浙江大学杨树教授主持。

李虹教授首先介绍了中国电源学会的组织结构和学会女科学家工作委员会的服务宗旨，并介绍了来自尼日利亚、丹麦、意大利、美国和中国的 6 位特邀报告人。

特邀报告环节，来自尼日利亚的世界工程组织联盟 Women in Engineering 委员会前主席 Valerie IfuekoAgberagba 博士介绍了非洲女科技工作者的现状，分析了在科技领域存在的女性不可见问题，指出解决这一问题的关键是要进行性别分类统计，并强调了数据在解决该问题层面的重要性。

来自丹麦奥尔堡大学的 Francesco Iannuzzo 教授分享了他在创办期刊 Power Electronic Devices and Components（PEDC）过程中，为推动性别平等采取的具体举措。Francesco Iannuzzo 教授认为女性科研工作者在该项工作中的表现毫不逊色于男性，女性的参与为该领域注入了活力，提供了新的视角，并鼓励女性科研工作者要更加自信，勇于发出自己的声音。

来自美国佛罗里达州立大学的李慧教授结合自身的成长经历，分享了自己在求学过程中曾遭遇性别不平等并最终通过奋斗实现突破的故事，接着讲述了自己在平衡家庭与工作以及成长为一名优秀的女性科研人的经历。她指出选择自己感兴趣的专业和职业是女性一生重要的决定。

来自美国田纳西大学的 Kevin Tomsovic 教授介绍了田纳西大学超广域弹性输电网研究中心（CURENT）中心在政策制定、实施方式、师资投入等方面对女性科技工作者及少数族裔的考虑和措施，指出平等、尊重、成长、责任等核心政策可以吸引更多的科技工作者加入，从根本上提升中心的多样性和包容性。该中心由美国能源部和美国国家科学基金会联合资助。

来自中国湖南大学的程苗苗教授介绍了中国女性科技工作者在各行各业的占比以及中国在国家层面对女性科技工作者的政策支持和具体措施，并指出目前女性科技工作者在育婴、工作时间等方面仍然面临一定的困境。

来自意大利帕维亚大学的 Norma Anglani 教授通过 IEEE Women in Engineering 的数据介绍了女性在工程领域的参与度及面临的挑战，并分享了自己的成长经历，指出在身边找到一位亦师亦友的导师对个人的成长和参与科技活动帮助良多。

在互动环节，澳大利亚纽卡斯尔大学的曹振薇教授和中国清华大学的孙凯教授作为特邀嘉宾，与来自国内外的百位与会者就演讲主题及自己困惑的问题进行了深入的交流，讨论了女研究生如何申请去国外高校继续深造，如何选择平台与导师，如何提升女科技工作者在国际组织任职比例，如何提高女性在重大项目中参与度等大家普遍关注的问题，现场气氛十分热烈。

本次会议通过邀请发达国家和发展中国家有影响力的科技工作者分享他们对本次活动主题的观点和认知，讲述个人成长经历，交流不同国家之间女性科技工作者的发展现状，从而为推动电气领域两性平等，促进电气领域女科学家、女科技工作者的发展，增强她们的自信心起到了积极的作用。

2022 年中国电源学会 22 家分支机构完成换届

依据中国电源学会章程的有关规定，中国电源学会各分支机构于 2022 年开展了换届工作。

按照《中国电源学会第九届理事会分支机构换届工作方案》的要求，各分支机构在公开推荐的基础上，选举产生了新一届委员和主要领导。同时，为进一步完善学会党的工作系统，换届同期，在学会各分支机构建立了党的工作小组。目前，已完成换届的分支机构均已成立党的工作小组。为加强自身在本领域的影响力和号召力，14 家分支机构在换届会议同期举办了行业学术研讨会、技术交流会、学术论坛等丰富的学术交流活动。例如，中国电源学会电能质量专业委员会举办的第七届全国电能质量学术会议暨电能质量行业发展论坛，中国电源学会交通电气化专业委员会举办的第六届电气化交通前沿技术论坛，中国电源学会元器件专业委员会举办的中国电源学会元器件专业委员会武汉学术研讨会等。

截至 2022 年底，23 家本年度应换届分支机构中，22

家完成换届工作，1 家分支机构由于疫情等原因提出延期换届申请并计划于 2023 年上半年完成换届。

通过本次换届，绝大多数分支机构进一步扩大委员会规模，优化完善了人员结构和覆盖面，提升了分支机构工作力量。新一届分支机构委员们表示，将凝心聚力，履行职责，为电源行业的科技工作者们提供更好的服务，为我国电源技术的创新发展作出更大的贡献。

"喜迎二十大，科普向未来"——2022 年光伏、储能电源设计与应用专题研修班圆满结束

由中国电源学会主办，中国电源学会新能源电能变换技术专业委员会、中国电源学会科普工作委员会、合肥工业大学承办的 2022 年"光伏、储能电源设计与应用专题研修班"于 2022 年 7 月 30 日和 31 日在合肥成功举办，来自全国各院校及企事业单位百余名代表参加了本次研修班。

本次培训是中国电源学会 2022 年全国科普日专题活动，2022 年全国科普日活动以习近平新时代中国特色社会主义思想为指导，深入贯彻党的十九大和十九届历次全会精神，弘扬科学精神、普及科学知识，激发科学梦想和科学志向，推动全民科学素质全面提升，为高水平科技自立自强提供坚强支撑，为建设世界科技强国和实现中华民族伟大复兴作出更大贡献。

本次课程邀请到合肥工业大学张兴教授、清华大学耿华教授、中国中车首席技术专家罗海辉博士、上海交通大学朱淼教授、四川大学贺明智教授、湖南大学汪洪亮教授、中国电力科学研究院新能源研究中心太阳能发电试验与检测室张军军主任、阳光新能源开发股份有限公司副总裁张彦虎博士等 8 位国内知名学者专家，从多角度分析光伏产业的发展前景及技术新方法，从光储系统现状及趋势探讨，光储逆变器拓扑技术研究与创新，新能源并网装备暂态稳定设计中的建模、分析及控制，电解水相关的制氢整流电源技术，直流系统重构的新型直流装备拓扑与控制，国内外风光储，虚拟同步机技术标准及应用，新能源应用中的功率半导体技术创新与发展趋势，基于 CHB 的中压直挂式光伏逆变器关键技术等方面，全面解读国内外光伏与储能产业新技术、新动向。

课程理论联系实际，从提高我国光伏、储能产业技术人员的技术水平和创新能力角度出发，着眼设计基础，同时聚焦国内外热点问题，有效提高学员的技术及应用能力，推动我国光伏发电及储能产业的进一步发展。

经过两天的紧张授课，研修班圆满结束，大家对本次研修班给予了充分的认可，认为在授课内容设置上理论讲解与案例分析相结合，对于工程师在光储系统设计的实际研发具有很强的针对性和指导性。

"喜迎二十大，科普向未来"——功率变换器磁技术分析、测试与应用高级研修班圆满结束

由中国电源学会主办，中国电源学会磁技术专业委员会、中国电源学会科普工作委员会、福州大学高频功率电磁技术实验室承办的 2022 年"功率变换器磁技术分析、测试与应用高级研修班"于 2022 年 8 月 12~14 日在福建省福州市成功举办，来自全国各企事业单位、高校的百余名代表参加了本次高级研修班。

本次高级研修班是中国电源学会 2022 年全国科普日专题活动之一，2022 年全国科普日活动以习近平新时代中国特色社会主义思想为指导，深入贯彻党的十九大和十九届历次全会精神，弘扬科学精神、普及科学知识，激发科学梦想和科学志向，推动全民科学素质全面提升，为高水平科技自立自强提供坚强支撑，为建设世界科技强国，实现中华民族伟大复兴作出更大贡献。

本次高级研修班作为其中特色亮点活动之一，主题为"喜迎二十大，科普向未来"。在梳理电磁基本理论的基础上，结合功率变换器产品中磁元件的具体分析、设计、测试与应用，使工程师能从电磁场机理上深入认识磁元件的各项性能及其影响因素以及设计考虑点，改变传统设计方法的局限性。

中国电源学会常务理事、磁技术专业委员会主任委员，福州大学电气工程与自动化学院陈为教授作为本次研修班的总策划及主讲专家，此次研修班是连续第十年举办，课程内容从高频磁技术电磁基本概念与应用、磁性元件电磁干扰特性分析与设计技术、磁性材料电气和损耗特性及其应用、磁性材料及其应用等方面进行了系统、深入的讲解。福州大学陈庆彬副教授、林苏斌副教授、汪晶慧副教授、谢文燕副教授等更是对磁元件绕组、高频损耗分析与绕组设计、电磁场仿真软件使用及分析的方法以及磁元件的特性参数测量技术进行了讲解授课。

本次高级培训班理论讲解结合实际工程案例，加入了很多的实例讲解的环节，对于正、反激变压器、PSFB 和 LLC 电路、变压器共模噪声特性测量与影响因素分析等问题做了具体的分析和讲解。使学员对于相关理论知识有了直观的认识，加深了对于相关内容的理解，提高了学员实际解决问题的能力。

在正式授课时间之外，为使大家能够更加充分地交流和提问，每天课程结束后，专门安排半个小时自由交流时间。授课老师与各位学员充分交流，并针对每个学员的问题给予细致的答疑解惑。

经过三天的紧张授课，高级研修班圆满结束，大家对本次高级研修班给予了充分的认可，认为在授课内容设置上理论与实践相结合，加深了学员对授课内容的直观理解，对于工程师的实际研发工作具有很强的针对性和指导性。

2022 年高效率高功率密度电源技术与设计高级研讨班圆满举办

由中国电源学会主办、南京航空航天大学承办的"高效率高功率密度电源技术与设计高级研讨班"于 2022 年 8 月 25 日和 26 日在南京成功举办，来自全国各企事业单位、高校科研院所的代表 80 余人参加了本次研讨班。

这是中国电源学会连续第八次和南京航空航天大学联合举办此专题高级研讨班，本次课程特邀南京航空航天大学自动化学院博士生导师、"长江学者"特聘教授、中国电

源学会副理事长、学术工作委员会副主任阮新波教授；台达（上海）电力电子设计中心主任、中国电源学会副理事长章进法博士；中国电源学会直流电源专业委员会主任委员、北方工业大学张卫平教授；西安交通大学杨旭教授等国内知名专家学者担任本次课程的主讲老师，同时邀请了南京航空航天大学陈杰副教授、南京理工大学姚凯副教授、苏州大学季清副教授共同授课。

本次课程是面向企业技术人员开展的一次综合性电力电子技术理论知识培训，内容涉及高效率电源变换器技术；三电平变换器及其软开关技术；开关变换器的建模-控制与仿真；氮化镓器件的应用与集成化；变换器中的 PFC 和输出电容 ESR 及 C 的非侵入式在线监测技术；开关电源传导 EMI 预测与抑制技术以及航空电源技术，课程理论讲解结合实例分析，让参会人员快速掌握高效率高功率密度电源的设计方法，拓展技术人员的知识层面，提高企业人员的研发设计能力。

参加本次研讨班的代表们绝大部分为企业总工程师、高级工程师以及研究员、教授、副教授等高级技术人才。几位老师精彩讲解以及对于一些问题有针对性的解答得到了大家的认同。课间大家更是围住老师们，对于工作中、技术上遇到的问题和技术难点提出了询问，老师们通过图文并茂的解答方式不时地引起大家的赞叹。

经过两天的紧张授课，本次研讨班圆满结束，大家对本次研讨班的举办给予了充分的认可，认为在授课内容设置上理论与实践相结合，加深了学员对各类变换器设计的直观理解，对于工程师的实际研发工作具有很强的针对性和指导性。

第三代半导体器件、驱动控制、测试及应用技术高级研修班圆满结束

由中国电源学会主办，中国电源学会科普工作委员会、中国电源学会元器件专业委员会、英飞凌-上海海事大学功率器件应用培训和实验中心、上海临港电力电子研究院承办，上海临港经济发展集团科技投资有限公司协办的高端专家先进技术课程——“第三代半导体器件、驱动控制、测试及应用技术高级研修班” 于 2022 年 12 月 3~5 日在上海成功举办，来自全国企事业单位、高校、在校研究生等 50 余人线上及线下参加了此次研修班。

这是连续第十年在上海举办此类主题的高级研修班，课程全面、系统地介绍了第三代功率半导体新技术的发展，重点讲授了碳化硅和氮化镓器件的原理、结构、封装、驱动和保护，深入地分析了新型功率器件的可靠性与测试等核心技术。

本次研修班特邀电子科技大学张波教授作为主讲者，他作为国内功率半导体技术的领军人物，多次获得国家科技进步二等奖、三等奖和国家教学成果二等奖，与产业界合作密切，成果丰硕。张波教授深厚的理论功底和丰富的研发经验使参加者系统、深入地掌握功率半导体知识，为器件研发和应用奠定坚实的技术基础。同时邀请了电子科技大学邓小川教授、周琦教授共同授课。

由于疫情的原因，电子科技大学张波教授、邓小川教授、周琦教授无法到达现场授课，他们通过在线授课的形式，对功率半导体芯片技术与产业发展，碳化硅功率半导体的原理、特性和应用，硅基 GaN 功率开关器件关键技术现状、挑战与未来发展趋势等内容一一论述，内容由浅至深，阐述了半导体新型器件技术发展和应用空间以及未来技术展望，他们带来了当前最新的技术、产品与应用案例，深入分析功率半导体器件的性能特点，对于器件技术特点及应用做了精彩的讲解。

本次还邀请到英飞凌科技（中国）有限公司应用工程师团队陈子颖先生、郑姿青女士、张浩先生、郝欣先生、王志力先生，加拿大 Gan Systems 公司中国区技术总监屈云生先生，中国科学院电工研究所大功率电力电子器件封装工程实验室张瑾博士，上海临港电力电子研究院夏雨昕博士等知名企业高级研发人员对硅到碳化硅转换的应用技巧：设计、驱动、保护，碳化硅在电机驱动中应用、碳化硅器件建模与系统仿真，电动汽车充电和 ESS 应用的 11kW SiC 双向 DC/DC 转换器设计应用案例，功率器件的测试方法，碳化硅器件的设计与驱动，氮化镓产品及其应用设计，新能源汽车用的功率半导体测试与验证等课题作了精彩的宣讲。在课堂间隙，对于学员们提出的工作中、学习中不甚了解的问题给出了解答，因为疫情，会务组经过商议第一次采取线上+线下授课的模式举办，线上学员也是踊跃发言，与各位授课老师互动。并且安排了线下学员 5 日下午前往上海临港电力电子研究院实验室进行参观。

经过 3 天的学习，学员们纷纷表示此次研修班物超所值，真正地学习了相应的技术，对以前一些模糊不清的理念和技术难点也有了茅塞顿开的感觉。

电源大事记

2022年中国能源大数据报告——电力篇

一、电力生产

1. 全国发电量增速放缓

2022年全国电力生产供应能力稳步提升，供需总体平衡，结构进一步优化。根据国家统计局发布的国民经济和社会发展统计公报，2022年，全国发电量77790.6亿kW·h，同比增长3.7%，增速放缓，较上年降低1个百分点。其中，火电发电量253302.5亿kW·h，同比增长2.1%；水电发电量13552.1亿kW·h，同比增长3.9%；核电发电量3662.5亿kW·h，同比增长5.1%。另据中电联全口径统计，风电、太阳能发电量分别为4665亿kW·h、2611亿kW·h，分别同比增长15.1%和16.6%。生物质发电量1326亿kW·h，同比增长19.4%。

2022年，可再生能源发电量达到2.2万亿kW·h，占全社会用电量的比重达到29.5%，较2012年增长9.5个百分点。全国全口径非化石能源发电量2.58万亿kW·h，同比增长7.9%，占全国全口径发电量的比重为33.9%，同比提高1.2个百分点，非化石能源电力供应能力持续增强。

2. 全国电力装机规模达到22亿kW，同比增长9.5%

根据中电联发布的数据显示，截至2022年底，全国全口径发电装机容量22亿kW，同比增长9.5%，增幅较上年提升3.7个百分点。2022年，全国新增发电装机容量19087万kW，同比增加8587万kW，增速大幅提升。

近十年来，我国发电装机保持增长趋势。2011-2022年，我国发电装机累计容量从10.62亿kW增长到22亿kW。2022年后，我国装机增速呈下降趋势，至2022年陡然回升，最主要原因是风电、太阳能发电等新能源新增装机创历史新高。

从新增发电装机总规模看，连续八年新增装机容量过亿kW，2022年更是创历史新高。受电力供需形势变化等因素影响，2021、2022年我国新增装机规模连续下滑。2022年，在新能源装机高增速的带动下，新增装机总体容量大幅提升。

3. 发电装机结构持续优化，非化石能源装机创历史新高

截至2022年底，全国全口径火电装机容量12.5亿kW、水电3.7亿kW、核电4989万kW、并网风电2.8亿kW、并网太阳能发电装机2.5亿kW、生物质发电2952万kW。

全国全口径非化石能源发电装机容量合计9.8亿kW，占总发电装机容量的比重为44.8%，比上年提高2.8个百分点。煤电装机容量10.8亿kW，占比为49.1%，首次降至50%以下。

从装机增速看，2022年，火电装机同比增长4.7%，较上年增速高出0.7个百分点。风电装机同比增长34.6%，较上年增速提升21个百分点。太阳能发电以24.1%的速度增长，较上年增速高出7个百分点。核电增速收缩，降低6.7个百分点。水电装机低速缓增，同比增长3.4%。

从电源结构看，十年来我国传统化石能源发电装机比重持续下降、新能源装机比重明显上升。2022年火电装机比重较2011年下降了15.7个百分点，风电、太阳能发电装机比重上升了近20个百分点，发电装机结构进一步优化。水电、风电、光伏、在建核电装机规模等多项指标保持世界第一。2022年4月，我国在领导人气候峰会上承诺，“中国将严控煤电项目，‘十四五’时期严控煤炭消费增长、‘十五五’时期逐步减少。”电力行业将加速低碳转型，发挥煤电保底的支撑作用，同时，要继续推进机组灵活性改造，加快煤电向电量和电力调节型电源转换，实现煤电尽早达峰并在总量上尽快下降。

4. 新增发电装机规模创历史新高，新能源逐步向主力电源发展

2022年，全国电源新增发电装机容量19087万kW，比上年多投产8587万kW，同比增速81.8%。从各类电源新增装机规模看，2022年，新增火电装机5637万kW，自2022年以来，新增装机容量首次回升，较上年多投产1214万kW。新增并网风电和太阳能发电装机容量分别为7167万kW和4820万kW，分别比上年多投产4595万kW和2168万kW，新增并网风电装机规模创新高。新增水电和核电装机分别1323万kW、112万kW。新增生物质发电装机543万kW。

2022年，新增发电装机以新能源为增量主体。并网风电、太阳能发电新增装机合计11987万kW，超过上年新增装机总规模，占2022年新增发电装机总容量的62.8%，连续四年成为新增发电装机的主力。2022年，包括煤电、气电、生物质发电在内的火电新增装机占全部新增装机的29.53%，与2022年相比降低21个百分点；水电新增装机占比为6.93%。

到“十四五”末，预计可再生能源发电装机占我国电力总装机的比例将超过50%。可再生能源在全社会用电量增量中的占比将达到2/3左右，在一次能源消费增量中的占比将超过50%，可再生能源将从原来能源电力消费的增量补充，变为能源电力消费的增量主体。

二、电力消费

水电、核电设备利用小时同比提升

2022年，全国6000kW及以上电厂发电设备累计平均利用小时为3758h，同比减少70h。其中，水电设备平均利用小时为3827h，同比增加130h。核电设备利用小时7453h，同比提高59h。火电设备平均利用小时为4216h，同比减少92h。从全国发电设备平均利用小时来看，近十年总体呈下滑之势，2022年有所回升。2022年开始，全国发电设备平均利用小时数持续降落至4000h以内。

2022年水电设备利用小时数为历年来首次突破3800h。据国家能源局数据，2022年，全国主要流域弃水电量约301亿kW·h时，水能利用率约96.61%，较上年同期提高0.73个百分点，弃水状况进一步缓解。

火电设备利用小时数中煤电4340h，同比降低89h。伴随输配电能力的增强，跨区域送电量规模快速增长，支撑了一定火电发电，火电发电量平稳增加，但在总发电量中占比继续下降。受电力供需区域性差异以及可再生能源上

网电量挤占影响，火电机组利用效率仍旧偏低。2022 年新基建加速发展，部分特高压投产，煤电的定位由主体电源向基础性电源转变，提供更多的调峰调频服务。2022 年各地的电力容量市场、电力辅助服务市场的建立和完善，也将为煤电定位的转变提供政策支持。

2022 年水电设备利用小时数为历年来首次突破 3800h。据国家能源局数据，2022 年，全国主要流域弃水电量约 301 亿 kW · h，水能利用率约 96.61%，较上年同期提高 0.73 个百分点，弃水状况进一步缓解。

火电设备利用小时数中煤电 4340h，同比降低 89h。伴随输配电能力的增强，跨区域送电量规模快速增长，支撑了一定火电发电，火电发电量平稳增加，但在总发电量中占比继续下降。受电力供需区域性差异以及可再生能源上网电量挤占影响，火电机组利用效率仍旧偏低。2022 年新基建加速发展，部分特高压投产，煤电的定位由主体电源向基础性电源转变，提供更多的调峰调频服务。2022 年各地的电力容量市场、电力辅助服务市场的建立和完善，也将为煤电定位的转变提供政策支持。

电力行业污染物排放持续下降。燃煤电厂超低排放改造持续推进，全国超低排放煤电机组累计达 9.5 亿 kW。据中电联统计，2022 年，烟尘排放总量同比下降 14.29%，二氧化硫排放总量下降 10.1%，氮氧化物排放总量下降 3.13%。近十年来，污染物排放下降明显。

电能替代再创新高。2022 年，国家电网实现电能替代电量超过 2000 亿 kW · h，终端电气化水平达到 27%。南方电网实现电能替代电量 314 亿 kW · h，其中广东 207 亿 kW · h。“十三五”期间全国电能替代规模超过 8000 亿 kW · h，占新增用电规模的 44%。

三、电力基建

1. 电力总投资同比增长 9.6%，为近十年最高水平

据国家能源局数据显示，2022 年全国电源基本建设投资完成 5244 亿元，电网基本建设投资完成 4699 亿元，两项合计投资达到 9943 亿元，同比增长 9.6%。这是在 2022-2022 年投资接连收缩后的第二年增长。

从近十年数据来看，电力投资总体呈增长态势，“十二五”期间年均投资约为 7800 亿元，“十三五”期间年均投资约为 8800 亿元。2022 年是近十年电力投资的最高水平，2012 年电力投资 7393 亿元，为近十年最低。

2. 电力投资结构再次调整，网源投资差距继续缩小

2022 年全国电源基本建设投资占电力投资比重的 53%，较上一年增加 8 个百分点；电网基本建设投资占电力投资的比重为 47%，较上一年降低 8 个百分点。

近十年来，电力投资结构出现较大变化。“十二五”前三年电源投资虽略高于电网投资，但二者占比相当；自 2022 年起，电网投资持续增长，2022 年电网投资接近电源投资近 2 倍，达到历史峰值；2022 年二者的差距缩小，为 952 亿元，2022 年二者的差距继续缩到 500 余亿元。

据部分发电集团的“十四五”新能源装机规划数据，未来全国风能、太阳能、生物质能等非化石能源的投资和开发力度会提速，带动上下游及电网投资增长。新基建的重点领域，新能源汽车充电桩投资力度会继续加大，也将带动电网投资以及车网协同发展。

3. 新能源投资大幅上扬，火电投资连续五年下滑

2022 年全国电源基本建设投资完成 5244 亿元，同比增长 29.2%，可再生能源投资大幅上涨。其中，水电投资 1077 亿元，同比增长 19.0%；风电投资 2618 亿元，同比增长 70.6%，投资受到 2022 年风电光伏平价上网项目的拉动；火电投资 553 亿元，同比下降 27.3%，降幅进一步扩大，这与能源转型、严控新增煤电投资政策及煤电投资回报下降关系较大；核电投资 378 亿元，同比降低 22.6%，成为近十年的最低水平，与 2008 年投资额同在 400 亿元内。

近十年来，电源投资结构也出现明显变化，其中，火电投资有五年占比排名第一，水电有两年占比第一，风电有两年占比第一。

4. 电网投资同比降低 6.2%，为“十三五”期间最低水平

2022 年全国电网基本建设投资完成 4699 亿元，投资持续减少，同比降低 6.2%，较 2022 年降低 313 亿元，成为“十三五”期间最低投资额，与“十二五”末电网投资额相当。回看近十年，电网投资呈现倒 V 形，“十二五”期间整体呈上升趋势，“十三五”期间整体呈下降趋势。

2022 年全国新增 220kV 及以上变电设备容量 22288 万 kVA，比上年少投产 1526 万 kVA，同比减少 6.4%；全国新增 220kV 及以上输电线路回路长度 3.5 万 km，与上年投产量相当，同比减少 2.5%；新增直流换流容量 5200 万 kW，比上年多投产 3000 万 kW，同比上升 136.4%。

截至 2022 年底，全国 220kV 及以上变电设备容量达到 452810 万 kVA，同比增长为 4.9%；全国 220kV 及以上输电线路回路长度达到 79.4 万 km，同比增长 4.6%。我国共成功投运“十四交十六直”30 个特高压工程，跨省、跨区输电能力达 1.4 亿 kW。

近年来电网投运规模增速保持在较低水平，220kV 及以上变电设备容量、输电线路回路长度增速均在 5% 以内。新增规模波动幅度不大，基本保持近几年平均水平，变电设备增量持续超过 2 亿 kVA，输电线路回路长度增长超过 3.5 万 km。

特高压建设方面，2022 年，山东-河北环网、张北-雄安、蒙西-晋中、驻马店-南阳（配套）、乌东德-广东、广西（简称“昆柳龙直流工程”）、青海-河南等特高压线路建成投运。至 2022 年，我国共建成投运 30 条特高压线路。其中，国网共 26 条特高压，分为 14 条交流特高压和 12 条直流特高压；南网有 4 条直流特高压。此外，云贵互联通道工程、阿里与藏中电网联网工程等重点项目也已建成投产。

2022 年能源发展回顾与展望——能源篇

2022 年是党和国家历史上极为重要的一年，党的二十大胜利召开，制定了当前和今后一个时期党和国家的大政方针，描绘了以中国式现代化全面推进中华民族伟大复兴的宏伟蓝图，全面建设社会主义现代化国家新征程迈出坚实步伐。面对风高浪急的国际环境和艰巨繁重的国内改革发展稳定任务，在以习近平同志为核心的党中央坚强领导

下，全国能源行业牢牢把握高质量发展这一首要任务，全力保障能源安全，加快绿色低碳转型，不断推动能源安全新战略走深走实。

一年来，能源行业展现出稳中有进、以进固稳的良好发展态势。全力推动煤炭增产增供，全国新增煤炭产能超3亿吨/年；全力推动油气增储上产，油气产量超额完成“七年行动计划”阶段性目标；全力保障电力安全稳定供应，布局建设一批支撑性调节性电源。全国核准开工核电机组10台，白鹤滩水电站16台百万千瓦机组全部投产发电，以沙漠、戈壁、荒漠地区为重点的大型风电光伏基地建设扎实推进，白鹤滩-江苏、闽粤联网等重点输电工程建成投产。能源安全稳定供应有效保障，能源重大工程建设加速推进，为推动经济行稳致远注入持久动力。

2023年是全面贯彻落实党的二十大精神的开局之年，我国发展站在了新的更高的历史起点上。能源工作将坚持以习近平新时代中国特色社会主义思想为指导，全面贯彻落实党的二十大精神，坚持稳中求进工作总基调，完整、准确、全面贯彻新发展理念，加快构建新发展格局，着力推动高质量发展，全面落实能源安全新战略，深入推进能源革命，全力保障能源安全，坚定推进绿色发展，为全面建设社会主义现代化国家提供坚强能源保障。

一、政策与大事

1. 党的二十大对能源行业高质量发展提出新的部署要求

2022年10月16日，中国共产党第二十次全国代表大会在北京人民大会堂开幕。党的二十大就确保能源安全、深入推进能源革命、积极稳妥推进碳达峰碳中和、加快实施创新驱动发展战略、积极参与应对气候变化全球治理等作出安排部署，提出新的明确要求。

党的二十大报告提出，积极稳妥地推进碳达峰碳中和。实现碳达峰碳中和是一场广泛而深刻的经济社会系统性变革。立足我国能源资源禀赋，坚持先立后破，有计划分步骤实施碳达峰行动。完善能源消耗总量和强度调控，重点控制化石能源消费，逐步转向碳排放总量和强度“双控”制度。推动能源清洁低碳高效利用，推进工业、建筑、交通等领域清洁低碳转型。深入推进能源革命，加强煤炭清洁高效利用，加大油气资源勘探开发和增储上产力度，加快规划建设新型能源体系，统筹水电开发和生态保护，积极安全有序发展核电，加强能源产供储销体系建设，确保能源安全。完善碳排放统计核算制度，健全碳排放权市场交易制度。提升生态系统碳汇能力。积极参与应对气候变化全球治理。

2. 2023年全国能源工作会议在京召开

2022年12月30日，2023年全国能源工作会议在北京召开。会议总结了2022年重点工作成果，并部署了2023年重点任务。2022年我国全力推动油气增储上产，原油产量重回2亿吨，天然气产量超过2170亿 m^3；全力推动煤炭增产增供，煤炭总产量约44.5亿吨、同比增长8%；预计全年电煤中长期合同实际兑现量约20亿吨，稳住电煤供应的基本盘；加速推进能源重大工程，预计全年全国重点能源项目完成投资2万亿元左右；着力调整优化能源结构，第一批大型风电光伏基地9705万kW已全部开工，第二批、第三批基地项目陆续推进，全年风电光伏发电新增装机预计1.2亿kW以上；全面完成提升“获得电力”服务水平主要目标任务，累计为电力用户节省办电投资超过1800亿元。

会议明确了2023年能源工作的六项重点任务，包括全力提升能源生产供应保障能力、调整优化能源结构、加快科技自立自强、深化重点领域改革、加强能源监管以及加强能源国际合作。

3.《“十四五”现代能源体系规划》出炉

2022年1月29日，国家发展改革委、国家能源局印发《“十四五”现代能源体系规划》。《规划》明确了“十四五”时期现代能源体系建设五方面主要目标：能源保障更加安全有力，到2025年，国内能源年综合生产能力达到46亿吨标准煤以上，原油年产量回升并稳定在2亿吨水平，天然气年产量达到2300亿 m^3 以上，发电装机总容量达到约30亿kW。能源低碳转型成效显著，单位GDP二氧化碳排放量五年累计下降18%。到2025年，非化石能源消费比重提高到20%左右，非化石能源发电量比重达到39%左右，电能占终端用能比重达到30%左右。能源系统效率大幅提高，单位GDP能耗五年累计下降13.5%。到2025年，灵活调节电源占比达到24%左右，电力需求侧响应能力达到最大用电负荷的3%~5%。创新发展能力显著增强，“十四五”期间能源研发经费投入年均增长7%以上，新增关键技术突破领域达到50个左右。普遍服务水平持续提升，人均年生活用电量达到1000kW·h左右，天然气管网覆盖范围进一步扩大。

展望2035年，《规划》提出，能源高质量发展取得决定性进展，基本建成现代能源体系。能源安全保障能力大幅提升，绿色生产和消费模式广泛形成，非化石能源消费比重在2030年达到25%的基础上进一步大幅提高，可再生能源发电成为主体电源，新型电力系统建设取得实质性成效，碳排放总量达峰后稳中有降。

4. 有序推进全国统一能源市场建设

2022年3月25日，《中共中央 国务院关于加快建设全国统一大市场的意见》印发。《意见》提出，建设全国统一的能源市场。在有效保障能源安全供应的前提下，结合实现碳达峰碳中和目标任务，有序推进全国能源市场建设。在统筹规划、优化布局基础上，健全油气期货产品体系，规范油气交易中心建设，优化交易场所、交割库等重点基础设施布局。推动油气管网设施互联互通并向各类市场主体公平开放。稳妥推进天然气市场化改革，加快建立统一的天然气能量计量计价体系。健全多层次统一电力市场体系，研究推动适时组建全国电力交易中心。进一步发挥全国煤炭交易中心作用，推动完善全国统一的煤炭交易市场。

5.《促进绿色消费实施方案》印发

2022年1月18日，国家发展改革委等七部门联合印发《促进绿色消费实施方案》。《实施方案》按照目标导向和问题导向的要求，对促进绿色消费的制度政策体系进行了系统设计，提出四个方面的重点任务和政策措施：一是全面促进重点领域消费绿色转型。加快提升食品消费绿色化水平，鼓励推行绿色衣着消费，积极推广绿色居住消费，大力发展绿色交通消费，全面促进绿色用品消费，有序引导文化和旅游领域绿色消费，进一步激发全社会绿色电力消费潜力，大力推进公共机构消费绿色转型。二是强化绿色消费科技和服务支撑。推广应用先进绿色低碳技术，推动产供销全链条衔接畅通，加快发展绿色物流配送，拓宽闲置资源共享利用和二手交易渠道，构建废旧物资循环利用体系。三是建立健全绿色消费制度保障体系。加快健全法律制度，优化完善标准认证体系，探索建立统计监测评价体系，推动建立绿色消费信息平台。四是完善绿色消费激励约束政策。增强财政支持精准性，加大金融支持力度，充分发挥价格机制作用，推广更多市场化激励措施，强化对违法违规等行为处罚约束。

6.《关于完善能源绿色低碳转型体制机制和政策措施的意见》印发

2022 年 1 月 30 日，国家发展改革委、国家能源局印发《关于完善能源绿色低碳转型体制机制和政策措施的意见》。在完善引导绿色能源消费的制度和政策体系方面，《意见》提出推动完善能源相关的绿色消费机制，通过消费端优先使用绿色能源的需求选择带动能源生产供应端绿色低碳转型，在全社会倡导节约用能、绿色用能。绿色能源消费促进机制将为追求零碳低碳的绿色工厂、绿色园区、绿色社区等提供实现途径，并使之得到社会广泛认可。《意见》重点围绕工业、建筑、交通等行业领域，提出电价、分布式电力交易、国土空间保障等支持政策，推动提升终端用能低碳化和电气化水平，控制化石能源消费。

在建立绿色低碳为导向的能源开发利用新机制方面，《意见》强调化石能源清洁开发利用和减污降碳的重要性。在较长时期，立足以煤为主的基本国情，建立煤矿绿色发展长效机制，完善煤矸石、矿井水等资源综合利用政策，支持绿色智能煤矿建设，严格合理控制煤炭消费增长。完善推进煤电机组超低排放改造、灵活性改造、供热改造的机制和政策，推动燃煤自备机组公平承担社会责任，加快推动煤电向基础保障性和系统调节性电源并重转型。提升油气田清洁高效开采能力，完善油气与地热能以及风能、太阳能等协同开发机制。

7.《能源碳达峰碳中和标准化提升行动计划》发布

2022 年 9 月 20 日，国家能源局印发《能源碳达峰碳中和标准化提升行动计划》。《计划》提出，到 2025 年，初步建立起较为完善、可有力支撑和引领能源绿色低碳转型的能源标准体系，能源标准从数量规模型向质量效益型转变，标准组织体系进一步完善，能源标准与技术创新和产业发展良好互动，有效推动能源绿色低碳转型、节能降碳、技术创新、产业链碳减排。到 2030 年，建立起结构优化、先进合理的能源标准体系，能源标准与技术创新和产业转型紧密协同发展，能源标准化有力支撑和保障能源领域碳达峰、碳中和。

8. 能耗双控制度进一步完善

2022 年 11 月 1 日，国家发展改革委、国家统计局联合发布《关于进一步做好原料用能不纳入能源消费总量控制有关工作的通知》，明确原料用能的基本定义和具体范畴，即能源产品不作为燃料、动力使用，而作为生产非能源产品的原料、材料使用。用于生产非能源用途的烯烃、芳烃、炔烃、醇类、合成氨等产品的煤炭、石油、天然气及其制品，属于原料用能范畴；若用作燃料、动力使用，不属于原料用能范畴。《通知》明确提出将原料用能从能源消费总量中扣除，树立节能目标责任评价考核新导向，是完善能耗双控政策的重要举措，对科学有序推动节能降碳工作具有重要意义。

11 月 16 日，国家发展改革委、国家统计局和国家能源局联合发布《关于进一步做好新增可再生能源消费不纳入能源消费总量有关工作的通知》，明确现阶段不纳入能源消费总量的可再生能源，主要包括风电、太阳能发电、水电、生物质发电、地热能发电等可再生能源。随着技术进步和发展，其他可准确计量的可再生能源类型将逐步动态纳入。在开展全国和地方能源消费总量考核时，以各地区 2020 年可再生能源电力消费量为基数，“十四五”期间每年较上一年新增的可再生能源电力消费量在考核时予以扣除。《通知》提出，以绿证作为可再生能源电力消费量认定的基本凭证。此外，还将积极推动绿证交易体系建设。新增可再生能源电力消费量不纳入能源消费总量控制，将推动新增可再生能源消费量作为促进经济社会高质量发展的重要支撑和保障，有利于为经济社会发展提供充足用能空间，是完善能耗双控政策的重要举措，对推动能源清洁低碳转型、保障高质量发展合理用能需求具有重要意义。

9. “放管服”改革进一步深化

2022 年以来，我国持续深化“放管服”改革，全面实行电力业务资质许可告知承诺制，持续完善许可监管制度体系。5 月，国家能源局印发《国家能源局 2022 年深化“放管服”改革优化营商环境重点任务分工方案》，提出完善市场交易机制，支持分布式发电就近参与市场交易，推动分布式发电参与绿色电力交易。同时，提出精简整合能源项目投资建设审批流程，在确保工程质量前提下，进一步清理规范项目审批全流程涉及的行政许可、技术审查等事项，公开事项办理流程和条件标准等信息，不在法定条件之外增加前置条件。

7 月，国家能源局发布《关于进一步加强电力业务资质许可监管有关事项的通知》，共计三部分 10 项具体内容，涵盖资质许可“互联网+”监管五个重点环节，融合信用监管三项具体举措，强化闭环监督两个工作要求，进一步健全了资质许可事前事中事后全链条监管机制。《通知》有利于进一步贯彻落实“放管服”改革精神，不断优化营商环境；有利于进一步提升“互联网+”监管水平；有利于进一步完善资质许可管理工作。

数据显示，经过各单位努力，2022 年全面完成“获得电力”服务水平主要目标任务，基本实现用电报装“三零”“三省”服务全覆盖，累计为电力用户节省办电投资超过 1800 亿元。

10. 能源行业多措并举保供稳价

2022 年以来，国际能源供应形势严峻复杂，能源价格保持高位，对迎峰度冬能源保供稳价带来不利影响。面对这些困难挑战，党中央、国务院及时研判、超前谋划部署一揽子能源保供稳价政策措施，有效应对能源市场波动：一是发挥煤炭的主体能源作用，实行全国煤炭产量日调度的机制和价格、库存的监测机制，发挥好煤电油气运部际协调机制作用。二是支持煤电企业应发尽发，多渠道提升新能源发电出力，用好跨省跨区输电通道加强余缺互济。三是推动油气田安全满负荷生产，保证油气供应，加强对北方资源偏紧地区冬季供暖用能保障。国家发展改革委会同各有关方面认真贯彻落实党中央、国务院决策部署，充分发挥煤电油气运保障工作部际协调机制作用，全力加强统筹协调，提前做好各项工作，推动能源保供稳价工作取得明显成效。多家央企密集部署能源资源保供稳价，确保社会经济发展和民生用能需求。

经过各方共同努力，全国能源供需总体平稳有序，人民群众温暖过冬能够得到有效保障。目前，全国统调电厂存煤超过1.76亿吨，同比明显增加，电力、天然气供应也较为充足。北方港动力煤贸易商现货报价比前期明显下降，国内LNG现货交易价格远低于国际水平。

二、能源发展展望

1. 能源安全保障任务依然艰巨

作为世界最大的能源消费国，如何有效保障国家能源安全、有力保障国家经济社会发展，始终是我国能源发展的首要问题。俄乌冲突以来，国际局势加剧演变，国际能源形势更加复杂多变，对整个能源市场造成了巨大的冲击，能源供需失衡，能源价格飙升。全面建设社会主义现代化国家对能源安全提出了更高要求，只有把能源的饭碗端在自己手里，充分保障国家能源安全，才能把握未来发展主动权，牢牢守住新发展格局的安全底线。

一方面，煤电仍是近期电力系统灵活性和发电量的第一大支撑电源，需要正确发挥煤炭的压舱石作用和煤电的基础性调节性作用，同时，释放煤炭优质产能，大力提升油气勘探开发力度。另一方面，传统能源逐步退出要建立在新能源安全可靠的替代基础上，其核心是要在能源安全稳定保供的前提下实现新能源对传统能源的逐步稳步替代。同时推动化石能源和新能源的优化组合利用，提升新能源消费比重，逐步实现传统能源的平稳过渡替代。

2. 能源绿色低碳转型任务更加紧迫

党的二十大报告提出，推动能源清洁低碳高效利用。《“十四五”现代能源体系规划》提出，非化石能源消费比重在2030年达到25%的基础上进一步大幅提高，可再生能源发电成为主体电源，新型电力系统建设取得实质性成效，碳排放总量达峰后稳中有降。同时，在国际能源供给紧张、价格高位波动，国内油气对外依存度较高的背景下，推动能源绿色低碳转型的战略意义更加突出，能源行业需要以更大决心和举措推进能源低碳转型，为实现“双碳”目标提供有力支撑。

在此背景下，能源绿色低碳转型任务将非常艰巨。为此，应高水平发展核、风、光等清洁能源产业，推动水电、核电重大工程建设，推进以沙漠、戈壁、荒漠地区为重点的大型风电光伏基地建设，因地制宜发展生物质能、地热能等其他可再生能源。同时提升煤炭清洁高效利用水平，把煤电“三改联动”作为推进煤炭清洁高效利用的重要抓手，并推动二氧化碳捕集利用封存技术示范应用。此外，还需加强终端用能的清洁替代。这既包括在供应侧采取风电、太阳能等新能源发电措施，也包括在消费侧采取电能、氢能、太阳能直接利用、地热能直接利用、生物质能直接利用等多种手段。

3. 能源基础设施建设将进一步加强

党的二十大报告提出，构建现代化基础设施体系。中央财经委员会第十一次会议强调，基础设施是经济社会发展的重要支撑，要适应基础设施建设融资需求，拓宽长期资金筹措渠道，更好地集中保障国家重大基础设施建设的资金需求。国家发展改革委印发《“十四五”扩大内需战略实施方案》提出，加强能源基础设施建设。目前，我国在加快“十四五”规划的重大项目建成投产，积极拓展有效投资空间，预计“十四五”期间能源重点领域投资较“十三五”增长20%以上，为扩大有效投资、促进经济平稳运行提供强劲动力。加快能源基础设施建设，一方面应加大新型电力基础设施建设力度，推进以沙漠、戈壁、荒漠地区为重点的大型风电光伏基地、西南水电基地以及电力外送通道建设；另一方面应强化能源安全保供基础设施建设，加快提升网间电力互济能力，增强油气供应能力，完善原油和成品油长输管网体系建设，加快天然气管网建设和互联互通。

4. 创新引领能源发展作用更加凸显

我国风电、太阳能发电等技术创新能力全球领先，取得了多个“世界第一”和“国际首个”，建立了较为完备的可再生能源技术产业体系。但与世界能源科技强国相比，与引领能源革命的要求相比，我国能源科技创新还存在明显差距，支撑碳达峰、碳中和的能源技术有待突破。比如，关键零部件、专用软件、核心材料等大量依赖国外，能源领域原创性、引领性、颠覆性技术偏少。

党的二十大报告提出，以国家战略需求为导向，集聚力量进行原创性引领性科技攻关，坚决打赢关键核心技术攻坚战。随着科技创新在能源绿色低碳转型中的权重不断加大，只有从国家能源安全和经济可持续发展的战略高度重视绿色技术创新和推广，才能在新一轮科技革命中抢占主动权。下一步，要以实现能源强国为目标，集中攻关突破能源领域主要短板技术装备，加快研究快速兴起的前瞻性、颠覆性技术以及新业态、新模式，形成一批能源长板技术新优势。同时，进一步健全适应高质量发展要求的能源科技创新体系，有力支撑引领能源产业高质量发展和能源转型。

2022 年能源行业大事记

2022 北京冬奥会首次实现冬奥场馆全部绿电供应

2022 年北京冬奥会期间，三大赛区所有场馆历史性地首次实现了全部绿色电能供应。河北张家口的光伏电力和风能电力通过张北柔性直流电网工程输入北京电网，通过针对北京冬奥会的跨区域绿电交易机制，为冬奥会场馆的运行提供“绿电”保障。

2022 年北京冬奥会所有场馆历史性地首次实现全部绿色电能供应，彰显出中国政府大力发展清洁能源产业的信心和态度。

世界最大清洁能源走廊全面建成

2022 年 12 月 20 日，在建规模世界第一、装机规模全球第二的金沙江白鹤滩水电站 16 台百万千瓦机组全部投产发电，标志着我国在长江之上全面建成世界最大清洁能源走廊。

长江干流建设运营的 6 座巨型梯级水电站（乌东德、白鹤滩、溪洛渡、向家坝、三峡、葛洲坝）共安装 110 台水电机组，总装机容量达 7169.5 万 kW，年均发电量达 3000 亿 kW·h，形成跨越 1800km 的世界最大清洁能源走廊，对保障长江流域防洪、发电、航运、水资源利用和生态安全具有十分重要的意义。从万里长江第一坝——葛洲坝工程开工建设，到兴建世界最大水利枢纽工程——三峡工程，再到白鹤滩水电站全面投产发电，世界最大清洁能源走廊的建设跨越半个世纪。

光伏、风电成为我国第三、第四大装机电源

截至 2022 年 10 月底，全国累计发电装机容量约 25 亿 kW，同比增长 8.3%。其中，太阳能发电装机容量约为 3.6 亿 kW，同比增长 29.2%；风电装机容量约为 3.5 亿 kW，同比增长 16.6%。太阳能发电和风电仅次于火电和水电，成为我国第三、第四大装机电源。

可再生能源装机规模稳步扩大，可再生能源产业发展越发成熟，可再生能源发电成本不断降低，促使风电、光伏登上了新的历史舞台。

“三改联动”助推我国煤电升级

国家能源局 2022 年 4 月 25 日称，2022 年我国将大力推动煤电节能降碳改造、灵活性改造、供热改造“三改联动”，改造升级规模超 2.2 亿 kW，促进煤电清洁低碳发展。2022 年 4 月 26 日，国内首个百万千瓦煤电机组节能减排升级与改造示范项目——福建罗源湾电厂 2 号机组投入商运。

“十四五”期间，我国将逐步调整煤电功能定位，更多发挥其电力系统安全保障支撑能力、调节能力。“三改联动”高效实施，关乎煤电转型，更关乎新型电力系统构建质量和“双碳”目标实现。

2022 年我国煤电改造升级超 2.2 亿 kW

国家能源局 2022 年 4 月 25 日称，2022 年我国要大力推动煤电节能降碳改造、灵活性改造、供热改造“三改联动”，改造升级规模超 2.2 亿 kW，促进煤电清洁低碳发展。2022 年 4 月 26 日，国内首个百万千瓦煤电机组节能减排升级与改造示范项目——福建罗源湾电厂 2 号机组投入商运。

煤电“三改联动”是推进煤炭清洁高效利用的重要抓手，也是煤电实现高质量、可持续发展的重要途径。“十四五”期间，我国将逐步调整煤电功能定位，更多发挥其电力系统安全保障支撑能力、调节能力。“三改联动”高效实施，关乎煤电转型，更关乎新型电力系统构建质量和“双碳”目标实现。

国内首个煤电 CCUS 示范工程开建

2022 年 3 月 25 日，国内首个煤电 CCUS（碳捕集利用与封存）示范工程——50 万吨/年二氧化碳捕集与资源化能源化利用技术研究及示范项目在国家能源集团江苏泰州电厂开始基建。

该示范项目是国家发改委关键技术攻关项目，对我国煤电清洁高效发展具有重要的示范意义。

雅砻江两河口水电站 6 台机组全部投产

2022 年 3 月 18 日，我国海拔最高的百万千瓦级水电站——雅砻江两河口水电站 6 台机组全部投产发电，将实现雅砻江流域水风光清洁能源协同开发和优势互补。

雅砻江流域水风光互补绿色清洁可再生能源示范基地是世界首个绿色清洁可再生能源基地之一，两河口水电站是该基地的重要组成部分，也是川渝 1000kV 高压交流输电工程的支撑电源，对缓解四川电网“丰余枯缺”矛盾、促进长江经济带高质量发展和成渝地区双城经济圈建设具有重要意义。

国家能源局：我国充电基础设施数量约 520 万台

2022 年我国充电基础设施继续高速增长，年增长数量达到 260 万台左右，累计数量约 520 万台。其中，公共充电基础设施增长约 65 万台，累计数量达到 180 万台左右；私人充电基础设施增长超过 190 万台，累计数量超过 340 万台。

近年来，我国充电基础设施快速发展，已建成世界上数量最多、分布最广的充电基础设施网络。同时，充换电运营市场取得较快发展。我国充电市场呈现出多元化发展态势，目前各类充电桩运营企业达 3000 余家。电动汽车充电量持续保持较快增长，2022 年充电量超过 400 亿 kWh，同比增长达到 85%以上。

技术与标准体系逐步成熟。国家能源局组建能源行业电动汽车充电设施标准化技术委员会，建立了具有中国自主知识产权的充电基础设施标准体系，累计发布国家标准 31 项、行业标准 26 项。

政府监测服务平台体系加快建设。已建设省级充电设

施监测服务（监管）平台29个，为各地开展行业管理、补贴发放、规划制定提供支撑，国家能源局正有序地推进国家级平台的规划建设。

下一步，有关部门将持续优化充电网络规划布局，提升充电行业发展质量和建设运营标准，服务新能源汽车产业发展。

国家发展改革委、国家能源局发布《关于促进新时代新能源高质量发展的实施方案》

2022年5月30日，国家发改委、国家能源局发布《关于促进新时代新能源高质量发展的实施方案》。方案提出，要实现到2030年风电、太阳能发电总装机容量达到12亿kW以上的目标，加快构建清洁低碳、安全高效的能源体系。

加快推进以沙漠、戈壁、荒漠地区为重点的大型风电光伏基地建设，推动新能源在工业和建筑领域应用，引导全社会消费新能源等绿色电力，全面提升电力系统调节能力和灵活性，着力提高配电网接纳分布式新能源的能力，稳妥推进新能源参与电力市场交易，完善可再生能源电力消纳责任权重制度。

2022年光伏行业政策盘点

据国家能源局2022年12月16日公布的数据显示，2022年1~11月，太阳能发电新增装机6571万kW。据跟踪数据显示，12月份新增光伏装机超20GW，全年100GW装机目标有望达成。

光伏行业的蓬勃发展离不开国家政策的支持，政策对于光伏而言，有着行业风向标的作用。本文将盘点2022年国家级和地方级的重点政策。这些政策涵盖能源发展规划、光伏产业链发展、节能建筑等多方面。

中央一号文件：推进农村光伏建设！

政策回顾：2022年2月22日，2022年中央一号文件《中共中央国务院关于做好2022年全面推进乡村振兴重点工作的意见》发布。其中提到：巩固提升脱贫地区特色产业，完善联农带农机制，提高脱贫人口家庭经营性收入。逐步提高中央财政下达的衔接推进乡村振兴补助资金用于产业发展的比重，重点支持帮扶产业补上技术、设施、营销等短板，强化龙头带动作用，促进产业提档升级。巩固光伏扶贫工程成效，在有条件的脱贫地区发展光伏产业。扎实开展重点领域农村基础设施建设。推进农村光伏、生物质能等清洁能源建设。

九部门联合印发《“十四五”可再生能源发展规划》

2022年6月1日，国家发改委、国家能源局、财政部等九部门联合印发《“十四五”可再生能源发展规划》，规划锚定碳达峰、碳中和与2035年远景目标，按照2025年非化石能源消费占比20%左右任务要求，大力推动可再生能源发电开发利用，积极扩大可再生能源非电利用规模，“十四五”主要发展目标是：

可再生能源总量目标。2025年，可再生能源消费总量达到10亿吨标准煤左右。“十四五”期间，可再生能源在一次能源消费增量中占比超过50%。

可再生能源发电目标。2025年，可再生能源年发电量达到3.3万亿kWh左右。“十四五”期间，可再生能源发电量增量在全社会用电量增量中的占比超过50%，风电和太阳能发电量实现翻倍。

可再生能源电力消纳目标。2025年，全国可再生能源电力总量消纳责任权重达到33%左右，可再生能源电力非水电消纳责任权重达到18%左右，可再生能源利用率保持在合理水平。

三部门印发促进光伏产业链供应链协同发展的通知

2022年8月24日，工业和信息化部办公厅、市场监管总局办公厅、国家能源局综合司发布《关于促进光伏产业链供应链协同发展的通知》。各地工业和信息化、市场监管、能源主管部门要围绕碳达峰、碳中和战略目标，科学规划和管理本地区光伏产业发展，积极稳妥有序推进全国光伏市场建设。统筹发展和安全，强化规范和标准引领，根据产业链各环节发展特点合理引导上下游建设扩张节奏，优化产业区域布局，避免产业趋同、恶性竞争和市场垄断。优化营商环境，规范市场秩序，支持各类市场主体平等参与市场竞争，引导各类资本根据双碳目标合理参与光伏产业。在光伏发电项目开发建设中，不得囤积倒卖电站开发等资源、强制要求配套产业投资、采购本地产品。

两部委：关于促进光伏产业链健康发展有关事项的通知

2022年10月28日，国家发展改革委办公厅、国家能源局综合司发布《关于促进光伏产业链健康发展有关事项》的通知，通知要求，多措并举保障多晶硅合理产量，创造条件支持多晶硅先进产能按期达产，鼓励多晶硅企业合理控制产品价格水平，充分保障多晶硅生产企业电力需求，鼓励光伏产业制造环节加大绿电消纳，完善产业链综合支持措施，加强行业监管，合理引导行业预期。

重大利好！三部委发文力挺农村风电光伏建设，优先规划大基地及分布式项目

2022年1月5日，国家能源局、农业农村部、国家乡村振兴局联合印发《加快农村能源转型发展助力乡村振兴的实施意见》，文件明确到2025年，建成一批农村能源绿色低碳试点，风电、太阳能、生物质能、地热能等占农村能源的比重持续提升，农村电网保障能力进一步增强，分布式可再生能源发展壮大，绿色低碳新模式新业态得到广泛应用，新能源产业成为农村经济的重要补充和农民增收的重要渠道，绿色、多元的农村能源体系加快形成。

支持县域清洁能源规模化开发。在具备资源条件的中西部脱贫地区，特别是乡村振兴重点帮扶县，优先规划建设集中式风电、光伏基地，为脱贫县打造支柱产业。

支持具备资源条件的地区，特别是乡村振兴重点帮扶县，以县域为单元，采取“公司+村镇+农户”等模式，利用农户闲置土地和农房屋顶，建设分布式风电和光伏发电，配置一定比例储能，自发自用，就地消纳，余电上网，农户获取稳定的租金或电费收益。支持村集体以公共建筑屋顶、闲置集体土地等入股，参与项目开发，增加村集体收入。项目开发企业为村民提供就业岗位，帮助脱贫户增收。

光伏 12.545 亿元！财政部下达 2022 年地方电网风、光等补贴通知

2022 年 6 月 24 日，财政部官网正式下发了《财政部关于下达 2022 年可再生能源电价附加补助地方资金预算的通知》，根据通知，本次下达总计新能源补贴资金 27.5496 亿元。其中，风电 14.7061 亿元、光伏 12.545 亿元、生物质 2890 万元。

2022 年补贴资金共下达两批，本次共下达补贴资金 27.5496 亿元，之前已下达 39.645 亿元，累计下达 67.1946 亿元，值得注意的是，两次下达的均是地方电网公司范围内的可再生能源补贴，国家电网与南方电网范围内的补贴另外单独下达，一般不公开发布！

光伏 25.8 亿元！财政部提前下达 2023 年可再生能源电价附加补助地方资金预算

2022 年 11 月 14 日，中央预决算公开平台发布“财政部关于提前下达 2023 年可再生能源电价附加补助地方资金预算的通知”，数据显示：风电 20.46 亿元，光伏 25.8 亿元，生物质 8425 万元，合计 47.1 亿元。

新增建筑光伏 50GW！“十四五”建筑节能与绿色建筑发展规划出台

2022 年 3 月 11 日，住房和城乡建设部发布“十四五”建筑节能与绿色建筑发展规划的通知。通知指出，到 2025 年，完成既有建筑节能改造面积 3.5 亿 m^2 以上，建设超低能耗、近零能耗建筑 0.5 亿 m^2 以上，装配式建筑占当年城镇新建建筑的比例达到 30%，全国新增建筑太阳能光伏装机容量 0.5 亿 kW 以上，地热能建筑应用面积 1 亿 m^2 以上，城镇建筑可再生能源替代率达到 8%，建筑能耗中电力消费比例超过 55%。

2022 年风电光伏发电量首次突破 1 万亿 kW · h 同比增长 21%

2022 年，全国风电、光伏发电新增装机突破 1.2 亿 kW，连续三年突破 1 亿 kW，再创历史新高。风电、光伏发电量首次突破 1 万亿 kW · h，达到 1.19 万亿 kW · h、同比增长 21%，占全社会用电量的 13.8%，接近全国城乡居民生活用电量。

可再生能源竞争力不断增强。国家能源局新能源和可再生能源司副司长王大鹏介绍，当前，陆上 6MW 级、海上 10MW 级风机已成为主流，量产单晶硅电池的平均转换效率达到 23.1%；光伏治沙、农业+光伏、可再生能源制氢等新模式新业态不断涌现，分布式发展成为风电光伏发展主要方式，2022 年分布式光伏新增装机 5111 万 kW，占当年光伏新增装机 58%以上。

可再生能源继续保持全球领先地位。我国生产的光伏组件、风力发电机、齿轮箱等关键零部件占全球市场份额 70%。同时，可再生能源发展为全球减排做出积极贡献，2022 年我国可再生能源发电量相当于减少国内二氧化碳排放约 22.6 亿吨，出口的风电光伏产品为其他国家减排二氧化碳约 5.73 亿吨，合计减排 28.3 亿吨，约占全球同期可再生能源折算碳减排量的 41%。

新型储能具有响应快、配置灵活、建设周期短等优势，可在电力运行中发挥顶峰、调峰、调频、爬坡等多种作用，是构建新型电力系统的重要组成部分。国家能源局能源节约和科技装备司副司长刘亚芳介绍，截至 2022 年底，全国已投运新型储能项目装机规模达 870 万 kW，比 2021 年底增长 110%以上，平均储能时长约 2.1h。从 2022 年新增装机技术占比看，锂离子电池储能技术占比达 94.2%，仍处于绝对主导地位，新增压缩空气储能、液流电池储能技术占比分别达 3.4%、2.3%，占比增速明显加快。此外，飞轮、重力、钠离子等多种储能技术也已进入工程化示范阶段。

随着我国电力行业电源结构、网架结构等发生重大变化，电力系统运行管理的复杂性不断提高，对辅助服务的需求量显著增加。提供辅助服务主体范围包括新型储能、自备电厂、工商业可中断负荷、电动汽车充电网络、虚拟电厂等。国家能源局市场监管司副司长赵学顺介绍，去年年底，我国统一的辅助服务规则体系基本形成。通过辅助服务市场化机制，2022 年全国共挖掘全系统调节能力超过 9000 万 kW，年均促进清洁能源增发电量超过 1000 亿 kWh；煤电企业因为辅助服务获得补偿收益约 320 亿元，有效激发了煤电企业灵活性改造的积极性。

2022 年，我国加快推动全国统一电力市场体系建设。2022 年电力市场交易规模和主体数量均创历史新高。全国市场交易电量共 5.25 万亿 kWh，同比增长 39%，占全社会用电量比重达 60.8%，同比提高 15.4 个百分点。其中，跨省跨区市场化交易电量首次超 1 万亿 kWh，同比增长近 50%，市场在促进电力资源更大范围优化配置的作用不断增强。

总产值突破 1.4 万亿元！工信部发布 2022 年全国光伏制造行业运行情况

2022 年 2 月 16 日，工信部发布 2022 年全国光伏制造行业运行情况。

2022 年，我国光伏行业持续深化供给侧结构性改革，加快推进产业智能制造和现代化水平，全年整体保持平稳向好的发展势头，有力支撑“碳达峰、碳中和”顺利推进。

一是产业规模实现持续增长。根据行业规范公告企业信息和行业协会测算，2022 年全年光伏产业链各环节产量再创历史新高，全国多晶硅、硅片、电池、组件产量分别达到 82.7 万吨、357GW、318GW、288.7GW，同比增长均超过 55%。行业总产值突破 1.4 万亿元人民币。

二是技术创新水平加快提升。2022 年国内主流企业 P 型 PERC 电池量产平均转换效率达到 23.2%；N 型 TOPCon 电池初具量产规模，平均转换效率达到 24.5%；HJT 电池量产速度加快，硅异质结太阳电池转换效率创造 26.81%的世界新纪录，钙钛矿及叠层电池研发及中试取得新突破。

三是智能光伏示范引领初见成效。新一代信息技术与光伏产业加快融合创新，第三批智能光伏试点示范名单适时扩围，工业、建筑、交通、农业、能源等领域系统化解决方案层出不穷，光伏产业智能制造、智能运维、智能调度、光储融合等水平有效提升。

四是市场应用持续拓展扩大。2022 年，国内光伏大基地建设及分布式光伏应用稳步提升，国内光伏新增装机超过87GW；全年光伏产品出口超过512亿美元，光伏组件出口超过153GW，有效支撑国内外光伏市场增长和全球新能源需求。

超越水电！2022年光伏将成为我国第二大电源

从受制于人到全球领先，我国光伏经历了10年的完美蜕变与华丽转身。

在过去的10多年里，我国光伏走过了“双反”，走过了“光伏寒冬”，走出了行业“阵痛期”，走出了“两头在外”的困境，最终迎来了属于自己的“高光时刻”。

10年，转眼一瞬间。然而，曾经年少的中国光伏，如今已经成长为全球“巨人”。

连续10年世界首创：

自2013年国内光伏市场启动以来，在技术革新和政策扶持之下，中国光伏产业经过近10年的快速发展，已经取得了长足进步，并在全球光伏市场上具备了较高的国际影响力和竞争力。

最新数据显示，2022年我国光伏新增装机量达到87.41GW，再创历史新高，并且连续10年位居世界之首；累计装机量已经达到392.61GW，已经超越风电成为国内第三大电源，并且连续8年位居全球首位。

不仅如此，近10年来，我国光伏发电成本降幅超过90%，光伏平价上网已经成为现实。

更值得一提的是，国内甚至已经出现低于0.15元的上网电价，而这一价格明显低于第一大电源的火电。可见，光伏已经逐步具备与传统火电竞争的实力。

此外，随着技术的升级和产能释放，光伏发电将会成为最便宜的电力能源。

超越水电就在2023年

近年来，在“双碳”目标下，新能源行业迎来前所未有的黄金发展期。在国家政策和产业资本的支持下，光伏电站投资热情高涨。

根据国家能源局最新统计数据显示，截至2022年底，我国光伏发电累计装机量达到392.61GW，仅次于火电和水电，位列第三；与排名第二的水电（413.50GW）差距缩小到不足21GW。

在2022年，水电新增装机为23.87GW，同比增长1.6%；而光伏发电新增装机高达87.41GW，同比增长60.3%；光伏新增装机规模和增速大幅优于水电。

根据市场预测，预计到2023年底，国内光伏发电新增装机量将超过100GW，总装机量有望突破500GW。

换句话说，在能源转型的大趋势下，我国光伏装机总量将在今年正式超越水电，成为全国第二大电源。

降价刺激装机有望超预期

近期，光伏产业链全线降价，从硅料到硅片再到电池组件，价格“跳水”幅度令人咋舌。

2022年1月，硅料价格最低跌至12万元/吨左右，大尺寸硅片价格低至4元/片上下，电池价格也达到大约0.75元的低价，组件价格也跌至1.5元/W附近。

究其原因，主要是供应端新增产能释放以及临近春节终端需求锐减，供给双方心里拉锯战持续，观望情绪较浓。在价格下行趋势下，短期内全产业链产品价格出现了较大波动。

不过，随着节后需求恢复，价格也将出现企稳回升，全年维持宽幅震荡的格局。

需要指出的是，由于全产业链降价，组件价格已经明显回落，这将极大地刺激光伏电站的装机需求，特别是地面电站装机将迎来复苏。

因此，2023年全年光伏装机量有望超预期。根据知名机构中信证券预计，2023年我国光伏新增装机将达140GW。

大基地项目建设提速

近年来，风光大基地项目建设如火如荼。可以肯定的是，2023年将成为大基地项目大规模并网的第一年。

根据规划，到2030年，风光基地总装机约455GW。其中，“十四五”期间总装机约200GW，“十五五”期间总装机约为255GW。

在国新办举行新闻发布会上，国家发展改革委有关负责人透露，以沙漠、戈壁、荒漠地区为重点的4.5亿kW大型风电光伏基地的建设正在非常顺利的推进。

其中，第一批项目约100GW已经全部开工，第二、第三批项目也都在陆续推进。

可以看到，大基地项目落地，将进一步开拓我国风光电站开发投资的模式与场景，成为未来大型地面电站装机的重要支撑，开启我国大型地面电站开发应用的新纪元。

国家发改委等四部委：鼓励太阳能、风电等企业“走出去”

2022年3月28日，国家发改委等四部委公开《关于推进共建“一带一路”绿色发展的意见》，提出到2025年，共建“一带一路”生态环保与气候变化国际交流合作不断深化，绿色丝绸之路理念得到各方认可，绿色基建、绿色能源、绿色交通、绿色金融等领域务实合作扎实推进，绿色示范项目引领作用更加明显，境外项目环境风险防范能力显著提升，共建“一带一路”绿色发展取得明显成效。到2030年，共建“一带一路”绿色发展理念更加深入人心，绿色发展伙伴关系更加紧密，“走出去”企业绿色发展能力显著增强，境外项目环境风险防控体系更加完善，共建“一带一路”绿色发展格局基本形成。

鼓励发展TOPCon、HJT、IBC等电池技术！两部委印发《“十四五”能源领域科技创新规划》

2022年4月2日，国家能源局、科学技术部联合印发《“十四五”能源领域科技创新规划》，《规划》提出了2025年前能源科技创新的总体目标。在太阳能发电及利用技术方面，研究新型光伏系统及关键部件技术、高效钙钛矿电池制备与产业化生产技术、高效低成本光伏电池技术、光伏组件回收处理与再利用技术、太阳能热发电与综合利用技术5项光伏技术。

三部委：已建风光项目按规管理、严禁扩大现有规模与范围

2022年8月16日，自然资源部生态环境部 国家林业和草原局关于加强生态保护红线管理的通知（试行）发布，其中提到：有序处理历史遗留问题，零星分布的已有水电、风电、光伏、海洋能设施，按照相关法律法规规定进行管理，严禁扩大现有规模与范围，项目到期后由建设单位负责做好生态修复。

文件明确强调，要严格生态保护红线监管，生态保护红线划定方案经国务院批准后，应按照“统一底图、统一标准、统一规划、统一平台”的要求，逐级汇交纳入全国国土空间规划“一张图”，并与国家生态保护红线生态环境监督平台实现信息共享，作为国土空间规划实施监督、生态环境监督的重要内容和国土空间用途管制的重要依据。生态保护红线一经划定，未经批准，严禁擅自调整。

我国推动分布式发电参与绿色电力交易

2022 年 8 月 25 日，国家能源局综合司印发《国家能源局 2022 年深化“放管服”改革优化营商环境重点任务分工方案》的通知，通知指出，完善市场交易机制，支持分布式发电就近参与市场交易，推动分布式发电参与绿色电力交易。推动建设基于区块链等技术应用的交易平台，研究适应可再生能源微电网、存量地方电网、增量配电网与大电网开展交易的体制机制。

国家能源局发布户用光伏建设运行指南、百问百答

2022 年 8 月 31 日，国家能源局印发《户用光伏建设运行指南（2022 年版）》。为更好地推动户用光伏行业健康有序发展，向广大用户普及户用光伏行业知识，切实保障用户合法权益，国家能源局组织中国光伏行业协会等有关单位编写了《户用光伏建设运行百问百答（2022 年版）》和《户用光伏建设运行指南（2022 年版）》。

九部门联合发布“双碳”重大方案

2022 年 10 月 31 日，国家市场监管总局、国家发改委、工信部、自然资源部、生态环境部、住建部、交通运输部、中国气象局、国家林草局等九部门联合发布《建立健全碳达峰碳中和标准计量体系实施方案》，方案提出，加强重点领域碳减排标准体系建设。健全非化石能源技术标准。围绕风电和光伏发电全产业链条，开展关键装备和系统的设计、制造、维护、废弃后回收利用等标准制修订。

在光伏发电方面。开展高效光伏组件、大容量逆变器等关键产品技术要求和检测标准研究。推进光伏组件、支架、逆变器等主要产品及设备修复、改造、延寿标准制定。加快推进智能光伏产品、设备及光伏发电系统智能运维检修、安全标准制定。

国家能源局印发最新《光伏电站开发建设管理办法》有效期 5 年

2022 年 12 月 26 日，国家能源局印发关于《光伏电站开发建设管理办法》的通知，通知提到，国家能源局负责全国光伏电站开发建设和运行的监督管理工作，电网企业承担光伏电站并网条件的落实或认定、电网接入、调度能力优化、电量收购等工作，配合各级能源主管部门分析测算电网消纳能力与接入送出条件。有关方面按照国家法律法规和部门职责等规定做好光伏电站的安全生产监督管理工作。国家能源局依托国家可再生能源发电项目信息管理平台组织开展并网在运光伏电站项目的建档立卡工作。

2022 风光电价明确：继续执行当地燃煤基准价鼓励市场化交易形成上网电价

2022 年 6 月 1 日，国家发改委价格司下发《关于 2022 年新建风电、光伏发电项目延续平价上网政策的函》，文件明确：2022 年，对新核准陆上风电项目、新备案集中式光伏电站和工商业分布式光伏项目，延续平价上网政策，上网电价按当地燃煤发电基准价执行；新建项目可自愿通过参与市场化交易形成上网电价，以充分体现新能源的绿色电力价值。鼓动各地出台针对性扶持政策，支持风电、光伏发电产业高质量发展。

2022 年半导体行业大事记

回顾 2022 年的全球半导体产业，“缺芯潮”“产能紧缺”的情况，已经逐渐从年初的紧张严重状态逐渐放松下来，产业链各个环节也渐渐恢复正常有序的运转。但随之而来的，是市场供需关系的转变下出现的又一波新行情。在本文中，我们重启目光，重温 2022 年十大半导体行业年度事件，重新审视这一年来行业发展带来的思考。

上海 14nm 先进工艺规模量产

2022 年 9 月 14 日，中共上海市委外宣办举行“奋进新征程建功新时代”党委专题系列新闻发布会首场新闻发布会。首场发布会以“强化高端产业引领，构建新型产业体系”为主题。

会上，上海市经济信息化工作党委副书记、市经济信息化委主任吴金城透露了上海市集成电路产业最新进展：在集成电路领域，上海企业已经实现 14nm 先进工艺规模量产，90nm 光刻机、5nm 刻蚀机、12 英寸大硅片、国产 CPU、5G 芯片等实现突破；全市集成电路产业规模达到 2500 亿元，约占全国 25%，集聚重点企业超过 1000 家，吸引了全国 40%的集成电路人才。

此外，会上还在问答实录环节宣布了如下消息：①设计产业园引入 130 个优质项目，涵盖设计、制造、封测、装备材料全产业链；②聚焦关键核心技术攻关，制定实施集成电路、生物医药、人工智能三大先导产业人才培育专项；③在分配激励方面，协同市财政部门，拟对集成电路、生物医药、人工智能、软件、高端装备、航空航天、先进材料、新能源等，共 8 个重点产业领域的企业核心团队及人才实施奖励。

中国首个小芯片标准发布

2022 年 12 月 16 日，在“第二届中国互连技术与产业大会”上，由中国集成电路领域相关企业和专家共同主导制定的《小芯片接口总线技术要求》团体标准正式通过工信部中国电子工业标准化技术协会的审定并发布。对中国芯片产业而言，该团体标准是中国首个小芯片（Chiplet）技术标准，意义十分重大，这无疑是一大好消息。

小芯片（Chiplet）技术在近两年里收到了业内的热烈关注和探讨。小芯片 Chiplet 又被称为“芯粒”，Chiplet 将复杂芯片拆解成一组具有单独功能的小芯片单元 die（裸片），通过 die-to-die 的结构将模块芯片和底层基础芯片封装组合在一起。Chiplet 的主要优势包括：①可以大幅提高大型芯片的良好率；②可以降低设计的复杂度和设计成本；

③还能降低芯片制造的成本。

此次国内审定发布的《小芯片接口总线技术要求》中，描述了CPU、GPU、人工智能芯片、网络处理器和网络交换芯片等应用场景的小芯片接口总线（chip-let）技术要求，包括总体概述、接口要求、链路层、适配层、物理层和封装要求等。

此标准列出了并行总线等三种接口，提出了多种速率要求，总连接带宽可以达到1.6Tbit/s，以灵活应对不同的应用场景以及不同能力的技术供应商，通过对链路层、适配层、物理层的详细定义，实现在小芯片之间的互连互通，并兼顾了PCIe等现有协议的支持，列出了对封装方式的要求，小芯片设计不但可以使用国际先进封装方式，也可以充分利用国内封装技术积累。换个角度来看，小芯片Chiplet技术其实就是模块化的芯片技术，可以由多个不同制程、架构、功能的小芯片堆叠出全功能芯片，在半导体行业已经极为常见。此次中国发布原生Chiplet小芯片标准，无疑将推动本土半导体芯片这一领域的发展。

高端GPU断供，国产替代崛起

2022年，美国两大芯片巨头英伟达、AMD被要求停止向中国出口高端芯片，引发了人们对中国人工智能行业的担忧。据悉，英伟达、AMD被限制对华的芯片主要是用于云端数据中心的高性能AI芯片，即GPGPU（通用GPU），主要用于人工智能算法的训练。其中波及的芯片包括三项——英伟达的A100芯片、H100芯片，以及任何一项使用这两款芯片的系统；还包括AMD的M1250芯片。以英伟达A100为例，在2021年一项测试中，A100的深度学习性能达到了V100的3.5倍。国内几乎所有的云服务提供商都采用A100芯片来支持其数据中心的AI计算，包括阿里巴巴、腾讯、百度、浪潮、联想等，其适用范围覆盖了智慧金融、智慧城市、智慧医疗、智能制造、数据分析等领域。目前，国内依旧没有可全方位替代英伟达A100芯片的同等产品。

目前，国内的蔚来、小鹏、毫末智行等都在基于英伟达A100打造自动驾驶训练中心。如今美国政府这一道禁令宣告断供高性能AI芯片，势必会对国内智能汽车的自动驾驶产业发展造成实质性影响。

众所周知，GPU拥有极高的技术和商业壁垒，近年来它也被广泛应用于服务器端的密集数据处理，逐渐扩大其在服务器、汽车、矿机、人工智能、边缘计算等领域的衍生需求。有业内人士认为，像英伟达、AMD这样的GPU产品都比较成熟，相比之下，国内处理器厂商的产品确实有待进一步完善。如果AMD和NVIDIA切断我国高端GPU芯片的供应，国内的系统厂商，尤其是人工智能应用，甚至一些自动驾驶的系统厂商都可能面临被淘汰的风险。

但换个角度想想，这一事件对近几年刚刚兴起的国产GPU创业潮来说是大利好消息。在以往为了追求达到更好的性能效果，自动驾驶厂商们宁可选择更贵的国外处理器，对于国产GPU的接受度一直较低，美国限令出台必然会让更多人将目光转向国产GPU，从而加速技术迭代和国内GPU公司性能提升，进而推动GPU国产化进程。有国产GPU创业公司创始人表示，这对于GPU国产化推进绝对是里程碑式的事件。尤其是在中国大力发展自动驾驶产业的背景下，自主GPU研发更需要迎头赶上，全面提速了。

提及光储、半导体照明！六部门出台能源电子产业发展指导意见

2022年，工业和信息化部、教育部、科学技术部、中国人民银行、中国银行保险监督管理委员会、国家能源局六部门发布了《关于推动能源电子产业发展的指导意见》（下称"《意见》"），以推动能源电子产业发展，助力实现碳达峰、碳中和目标。

"光伏+储能"照明模式前景无限

《意见》在加大新兴领域应用推广要点中提到，采用分布式储能、"光伏+储能"等模式推动能源供应多样化，建立分布式光伏集群配套储能系统，促进数据中心等可再生能源电力消费，探索开展源网荷储一体化、多能互补的智慧能源系统、智能微电网、虚拟电厂建设，开发快速实时微电网协调控制系统和多元用户友好智能供需互动技术，加快适用于智能微电网的光伏产品和储能系统等研发，满足用户个性化用电需求。

《意见》中一系列"光伏+储能"行动要点的提出，将为新能源照明带来强大的政策驱动力。事实上，以"光伏+储能"为主导的离网照明模式最近几年已在全国各地试点展开。

早在2015年12月，国内首个高海拔离网光伏储能隧道照明系统就在青海玉树州杂多县杂多隧道投入运行。该隧道照明系统采用磷酸铁锂电池储能，可驱动347只节能隧道灯和4只隧道外引道路灯照明，同时运用智能化的监控手段，实现了运维简便和无人值守，而且通过微网独立发电技术的成功运用，为当地群众使用清洁绿色能源提供了示范。

2020年8月，在山东淄博西五路完成安装的141基光伏薄膜太阳能路灯将太阳能板包裹在路灯主杆上，通过搭载智控系统，远程管控，可实现人工智能化管理，降低运维难度，并根据不同光照时间呈现不同亮度效果。

2021年9月，山东临沂第四十中学为24间教室安装了288盏护眼灯，同时安装了6块太阳能光伏大板，实现了光伏发电直流供电，并通过新能源+智能制造，光伏发电+护眼灯，关爱青少年健康，构建起校园清洁低碳安全高效能源体系，有助于进一步做好碳中和工作。

2022年9月，国家能源集团广西公司在广西南宁横州开展的实验项目从光伏发电中获取少量电能直供LED植物灯，补偿光伏板遮挡而减少的自然光照，为水稻光合作用和健康生育提供适宜光照。

随着《意见》的出台以及多家照明企业对新能源产业的多元化布局，"光伏+储能"的照明模式即将开启社会化普及之路，并带动全国照明产业的能源变革热潮。

半导体照明将掀起新一轮推广热潮

在"光储端信"赋能照明储能设施的基础上，《意见》在推动先进产品及技术示范方面又提出，要提高长寿命、高效率的LED技术水平，推动新型半导体照明产品在智慧城市、智能家居等领域应用，发展绿色照明、健康照明。

基于此，《意见》在三大能源电子关键信息技术产品供给能力提升行动中也提到了半导体照明相关内容。

针对光电子器件，《意见》提到，基于能源电子需求，发展高速光通信芯片、高速高精度光探测器、高速直调和外调制激光器、高速调制器芯片、高功率激光器、光传输用数字信号处理器芯片、高速驱动器和跨阻抗放大器芯片。

对于功率半导体器件，《意见》也提出，面向半导体照明，发展新能源用耐高温、耐高压、低损耗、高可靠 IGBT 器件及模块，SiC、GaN 等先进宽禁带半导体材料与先进拓扑结构和封装技术，新型电力电子器件及关键技术。

发光二极管是《意见》在照明相关电子关键信息技术产品推广上提及的重点内容。《意见》提出要推动高品质、全光谱 LED 芯片及器件研发，加快提升晶片、银胶、环氧树脂等性能，并面向机器视觉、植物生长、紫外消杀等非视觉应用，突破 LED 生产工艺、高光效黄光 LED 芯片、新型高效非可见光发光材料等技术，支持新型照明应用。

在国内前沿科技领域不断变革创新的时代大背景下，《意见》相关半导体照明行动的提出，也将让照明之光在能源电子产业发展的大趋势下走进更多高新产业领域，从而不断兑现社会民生价值。

2022 年中国太阳能发电产业发展分析：太阳能发电装机容量 39261 万 kW

太阳能是太阳内部或者表面的黑子连续不断的核聚变反应过程产生的能量。太阳能具有资源充足、长寿，分布广泛、安全、清洁和技术可靠等优点。由于太阳能可以转换成多种其他形式的能量，因此应用范围非常广泛，在热利用方面有太阳能温室、物品干燥和太阳灶、太阳能热水器等。

无疑，利用太阳能发电的光伏发电技术前景广阔。太阳能资源近乎无限，光伏发电也不产生任何环境污染，是满足未来社会需求的理想能源。2022 年，全国太阳能发电装机容量 39261 万 kW，较上年增加 8605 万 kW，同比增长 28.1%。

随着光伏发电技术的深入发展，光伏发电这种绿色能源将成为未来社会的重要能源。2022 年，全国基建新增太阳能发电装机容量为 8741 万 kW，较上年同期增加 3248 万 kW，同比增长 60.3%。

2022 年我国火力发电装机量占比降至 52% 火力发电量占比跌破 70%

国家统计局公开的信息显示：我国 2022 年的发电量累计数值为 83886.3 亿 kWh，与上年相比实现了 2.2%的增长。其中，火力发电量为 58531.3 亿 kWh，同比增长率放缓至 0.9%。

2022 年我国火力发电量占比跌破 70%

我国火力发电量占比在 70%～75%之间，已徘徊数年了，但在 2022 年实现了历史性的改变，占据的市场份额降至 69.77%。按年计算，这是火力发电量在全国总发电量份额中，首次跌破七成。

发电量排名第二的依然是水力发电量！2022 年提供的电力数额为 12020 亿 kW · h，同比增长率放缓至 1%，占比降至 14.33%。

风力发电量为 6867.2 亿 kW · h，是我国第三大发电类型。2022 年的增长率为 12.3%，在全国发电量中的份额提升至 8.19%。

核电发电量在 2022 年提升至 4177.8 亿 kW · h，是我国第四大发电类型。2022 年同比增长率为 2.5%，在全国发电量中的份额为 4.98%。

我国太阳能发电量在 2022 年为 2290 亿 kW · h，同比上涨 14.3%，在全国发电量中的份额提升至 2.73%。

我国碳达峰、碳中和目标提出后，电力系统清洁、低碳转型的步伐进一步加快。可再生能源多次实现两位数增长，火力发电量和火力发电装机容量占比持续下滑，且后者的降幅更加迅猛。

我国火力发电装机容量占比，在 2022 年降至 52%

国家能源局公布了这样一组数据：截至 2022 年 12 月底，全国范围内，各种类型的发电装机容量累计为 25.6 亿 kW，同比上涨 7.8%。其中，火力发电装机容量为 13.324 亿 kW，占比跌至 52%。

火力发电中的核心——燃煤发电装机容量占比，早在 2021 年就跌破了 50%。上述数据一再表明，我国在改善能源结构、保护生态环境、实现人类社会可持续发展方面，给世界作出表率。

但同时我们也需要看到两组数据之间的“鸿沟”——火力发电装机容量占比只有 52%，但提供的电力占比却接近 70%。

这一方面表明，火电仍是维持我国电力供应稳定的支柱，特别是在可再生能源难以满足需求时，为各地区的“迎峰、度夏”供电保驾护航，以“满格电”状态做好冬季居民供暖储备工作。

另一方面则表明，可再生能源利用率仍有待提升，需进一步降低“弃水、弃风、弃光”现象，加快新能源外送通道、电网网架等基础设施建设，构建清洁、低碳、安全、高效的能源供应新体系。

如何有效地弥补可再生能源“发电缺陷”呢？

火力发电量占比，远远超过火力发电装机容量占比，背后的实质是：可再生能源仍具有较大的缺陷——具有瞬时波动、间歇、不可预测等特征，需要火力发电起到“调峰、填谷”作用，确保电力供应系统稳定运转。

在传统操作模式中，在电力系统无法及时消化水电、风电、太阳能发电时，就放弃了，这就是我们所说的“弃水、弃风、弃光”。这是一种巨大的浪费现象，应彻底扭转，可再生能源才能可持续发展。

当前主要采取的方式是“快速建设储能系统”，包括抽水储能、电化学储能、电气储能、热储能等等。将不能及时消化的可再生能源储存起来，形成“绿电+储能”模式，开启新能源发展第二赛道。

其中，抽水储能、锂电池储能是当前各国的主流选择，我国在全球均占据优势地位。在其他类型的储能建设中，我国也基本都位于世界领先水平。接下来，给大家分享我国 2022 年建设的一些重点储能项目。

2022年7月14日，江苏淮安465MW/2600MW·h盐穴压缩空气储能项目可行性研究报告在京顺利通过专家评审。这是当前国际上，容量最大的压缩空气储能电站，可实现年发电量8.5亿kW·h。

8月25日，全球首个二氧化碳+飞轮储能示范项目竣工仪式在德阳成功举行；9月20日，中能建哈密“光（热）储”多能互补一体化绿电示范项目签订，这是全球最大光（热）储多能互补一体化项目。

9月28日，全球最大规模“山东泰安350GW盐穴压缩空气储能示范工程”举行开工仪式；9月30日，世界单机规模最大新型压缩空气储能电站，在河北张家口顺利并网发电。

会员大事记

阳光电源牵头实施的国家重点研发计划项目通过验收

2022年11月7日，由阳光电源承担的国家重点研发计划“可再生能源与氢能技术”重点专项“新型光伏中压发电单元模块化技术及装备”项目顺利通过综合绩效评价验收，得到专家组的一致认可。

该项目由阳光电源联合浙江大学、上海交通大学、合肥工业大学、中国电力科学研究院等8家单位共同实施，为期三年。项目针对高效率、低成本大型光伏电站的需要，开展了光伏中压发电单元模块化技术及装备的研究，研制出基于模块化设计的国内首台35kV/6MW中压并网装备，为提升我国大容量光伏中压发电装备产业化应用的发展提供了理论基础、核心技术和工程试验验证，进一步促进了可再生能源行业降本增效及产业协同发展。

国家重点研发计划专项主要瞄准国民经济和社会发展的重大、核心、关键科技问题，组织产学研优势力量协同攻关，提出整体解决方案，突破主要领域的技术瓶颈。

阳光电源2022大事件

- 光伏逆变器出货量全球领先，成功保障冬奥会、世界杯、COP27等全球盛会绿电供应
- 推出业界领先“三电融合 专业集成”液冷储能系统，储能系统全球出货量连续6年中国企业领先
- 发布光储充全屋绿电解决方案，引领全球家庭能源独立变革；工商业全系新品登陆全球，高功率125kW产品领跑行业
- 国家重点研发计划项目“新型光伏中压发电单元模块化技术及装备”通过验收，全球首台35kV中压直挂光伏逆变器由此诞生
- 阳光新能源公司蝉联光伏电站开发商序列全球领先
- 阳光家庭光伏创新研发iSolarRoof户用智能设计软件，装机量实现翻番增长
- 阳光风电变流器全球出货量再创新高，同比增长53%
- 阳光水面光伏实现首个百米级深水区200MW项目设计与交付，市占率连续五年全球首位
- 阳光电动力年度第50万台电控产品下线
- 阳光智维入选国家专精特新“小巨人”企业，业务规模实现90%增幅
- 阳光氢能1000Nm^3/h碱性电解水制氢系统荣获国际认证，200Nm^3/h PEM制氢系统交付
- 阳光30kW充电桩欧洲首发并实现批量交付，持续引领充电技术变革
- 阳光慧碳SaaS平台与“碳中和”六步曲发布，提供一站式、全生命周期零碳解决方案
- 成功举办25周年庆典活动，蝉联“亚洲最佳企业雇主”，斩获欧美“Top Company 2022”等雇主品牌荣誉，阳光商研院荣获2022年度影响力教育品牌
- 捐资1000万元设立公益专项基金，启动全球志愿服务项目

台达首度入选科睿唯安全球百强创新机构

专业信息服务商科睿唯安（Clarivate），2022年2月23日发表2022年全球百强创新机构报告（Top 100 Global Innovators™），台达从全球各大企业与研究机构中脱颖而出，首度进入榜单。台达鼓励员工创新，自2008年起即设立台达创新奖，包含专利、新产品、制造以及新商业模式与流程等四大类别，每年表扬优异的创新成果、并提供专利申请与获证奖励。截至2021年底，台达于全球专利获准总数已累积超过13000多件，其中2021年申请近1200件专利，专利主要分布于美国、中国、欧洲等地。

科睿唯安知识产权与创新研究副总裁Ed White表示：“台达曾名列2020年发表的《明日之星：下一个百强创新机构》预测名单，今年分析显示台达的专利布局遍及全球多个主要经济体，发明的影响力亦有上佳的表现，因而首度入选。2022年全球百强创新机构展现了卓越的实力及绝佳的创造力，为世界带来新价值与独创性。”

台达执行长郑平表示：“很高兴台达入选全球百强创新机构，此次可以发现大中华区首次有专注电源、工业自动化等相关技术的企业获肯定，也代表台达的创新研发及智权管理已晋升全球顶尖梯队。台达持续投入产品研发与技术创新，全球各地共有74个研发中心，研发工程师超过9000人，近年的研发经费都超过营收的8%，2020年达到9%，致力打造创新节能的解决方案。在专利布局方面，台达长期耕耘电源、工业自动化以及楼宇自动化等技术的专利资产，并积极强化电动车、信息通信及能源基础设施等领域。在尊重知识产权的前提下持续突破创新，以期创造更大的产业价值。”

台达电动车充电设备为印尼G20峰会提供服务 响应全球气候议题　迈向绿色交通目标

全球电源暨能源管理厂商台达，与印度尼西亚国营电力公司、印度尼西亚国家石油公司、印度尼西亚现代汽车（Hyundai）合作，成功为2022年11月间在印度尼西亚巴厘岛举行的G20和B20峰会提供电动车充电方案，通过提供约250座各式交、直流充电桩，为峰会会场及嘉宾入住酒店停车场的近千辆电动运输车辆提供充电服务。台达在印度尼西亚电动车充电基础设施市场耕耘已久，在巴厘岛提供近8成的电动车充电桩，相较于同类型服务厂商，台达能提供完整充电设备系列选型，可满足电动巴士、电动小客车和电动机车的充电需求，且具备后台系统整合技术及软件链接能力，提升充电场站的运营管理效率。

台达能源基础设施暨工业解决方案事业部副总经理徐瑞源指出，在“环保 节能 爱地球”的经营使命下，台达致力于提供电动车充电解决方案，并交出了优异的成绩单。至2022年底，台达在全球已出货200万台电动车充电桩。G20峰会期间，台达安排技术人员进驻现场实地支持，确保车主完美的充电体验。客户对于台达充电桩的可靠性与软硬件整合能力皆给予了高度评价。

2022年印度尼西亚G20峰会口号是“共同复苏，强劲复苏”（Recover Together，Recover Stronger），与会的各界领袖共同讨论一系列地缘政治、经济、环境议题。印度尼西亚政府为履行对于推动绿色交通和巴厘岛可持续性基础设施整备的坚定承诺，安排了电动车车队为各国代表提供接驳运输服务。台达提供的200支交流充电桩和46座直流充电桩，包含200kW直流快速充电桩和25kW壁挂式直流充电桩，被分别安装在印度尼西亚国营电力公司、印度尼西亚国家石油公司、印度尼西亚现代汽车设置的充电站中，分布在巴厘岛努沙杜瓦会议中心，以及周边购物中心、停车场和各国代表下榻酒店，G20峰会期间为近千辆电动车提供服务。峰会过后，上述印度尼西亚国营企业计划在所有大城市广设充电桩，促进当地电动车生态环境。

自2019年印度尼西亚首都雅加达启用东南亚第一支直流快速充电桩以来，台达已在印度尼西亚境内布建超过2000座充电桩，丰富的经验和优异的实绩赢得了当地客户的信任，成为印度尼西亚电动车充电桩市场的重要厂商，这是继2017年台达在印度尼西亚首都雅加达安装21000支LED智慧路灯之后，再次创下的新里程碑，巩固了台达在智慧节能领域的地位。

航嘉圆满完成“绿航星旅五号”太空密闭实验测试

2022年8月，深圳市绿航星际太空科技研究院开展的“绿航星旅五号”科学实验圆满完成！

本次太空密闭实验于2022年7~8月期间进行，实验长达一个月，6位志愿者在此期间完成了各项检测任务。为保证志愿者能够高效地完成工作且获得良好的睡眠条件，航嘉历经多重筛选最终与绿航星际太空科技研究院达成合作伙伴关系，致力于为航天员提供良好的空气净化服务及安全稳定的充电设备。

欧思嘉采用MaSSC光触媒技术，基本无耗材，不产生二次污染的特点，有效避免因人类登上太空而产生的负担与污染，是航嘉空净产品技术的创新，亦是其多年来“低碳科技”主题的重要产品实践，更是空净行业技术的一次腾飞！

伴随电子产品的不断创新发明，人类对电的依赖越来越大，太空舱使用的各种设备离不开电，且对用电设备有着更严苛的技术要求！

航嘉安全快充在“六大安全核心技术”加持下，能为太空特殊环境安全用电提供强大保障！其采用的精密灌胶技术，散热性更好，减少太空舱内新风系统的负担。

值得一提的是，航嘉安全插座通过了近场干扰实验，确保USB接口不会受电磁场影响而产生干扰信号，造成电压波动和输出波动，电子电路在太空强辐射的环境下，仍能照常构成回路，以供正常使用。

千锤百炼始成钢，百折不挠终成才！历经数百次专家评审，数千次的模拟试验，以及数万次的寿命论证，航嘉最终成功通过太空密闭环境实验！在太空任务中相互成就，打造太空试验场，开启为美好生活“充电”之旅！

未来，航嘉将与万千航天人共铸一个航天梦，画好一个同心圆！发扬吃苦耐劳、敢于奋斗、敢于挑战、精益求精的工匠精神，为国民健康保驾护航！

通信储能智能化 中兴通讯提出5大分级新定义

随着全球碳达峰、碳中和运动的发展，能源结构向“低碳化、电能化、数字化”加速转型，当前5G网络和数据中心的大规模建设，5G网络站点及机房设备功耗大幅上升，站点数量数倍的增加，全网的能耗呈现爆发式增长。储能作为能源系统的重要组成部分，向低碳化、智能化发展迫在眉睫。

传统铅酸电池能量密度低、体积大、重量重、循环寿命短、充放电效率低，以及粗放的管理和运维方式，已无法满足网络发展的需要；站点、机房、数据中心对储能的能量密度、能效和智能化水平等提出了更高的要求，锂电池以其性能优势逐步替换铅酸电池，通信储能锂电化是大势所趋。

但当前行业提供的锂电池，由简单BMS（电池管理系统）和电芯封装，虽然具备了锂电池的特性，但功能趋于简单，扩容升级成本高，应用场景有限。

为了适应5G网络新业务的要求，迎合能源结构的转型，中兴通讯基于对未来网络演进的深入理解，融合电池技术、网络通信、电力电子、智能测控、热设计、AI及大数据、云管理等多项技术，全面推行智能锂电，并创新提出“通信储能双网融合新架构 & 智能化L1-L5分级新定义”。中兴通讯副总裁、通信能源产品总经理刘明明表示：“通过这5大分级新定义的提出，我们希望推动通信储能的智能化发展。”

她介绍道，通信储能架构正在从最初的“单一架构”发展到当前主流的“端到端架构”，并最终向“双网融合新架构”演进。

她还说：“在此基础上，我们创新性地将通信储能智能化发展定义为五个阶段，从最初的L1被动执行经过L2辅助自智，发展到L3条件自智，逐级提高智能化水平，最终向L4高度自智、L5互联互通方向演进。”

L1对应单一架构，普通锂电作为被动执行部件替代站点铅酸电池，部分性能有一定提升，但功能上类似，电池处于哑设备状态，使用场景有限。当前行业仍有部分厂家提供L1的产品。L2和L3对应端到端架构，L2建立了初级的管理模式，实现普通锂电向智能锂电的转变，具备执行自主、部分感知和分析能力；通过简单BMS、由电源接入后台网管，实现如电压、电流的均衡、实时参数检测、过流/过压保护等基本功能。当前行业众多厂家已具备提供L2的产品和方案能力。L3与L2相比，智能化水平有较大幅度的提升。通过功率变换技术引入、感知能力提升和部分决策系统的植入，L3具备执行和感知自主、部分决策能力，功能更强大，主要体现：

更强的性能，如更高能量密度、超多组级联、更高精度均衡控制等性能；

更多场景应用，如智能混用、智能并机、智能错峰、智能削峰、智能升压等智能化功能；

更加安全可靠，如 SOC/SOH、远程告警、智能防盗、预防性运维等功能。

刘明明指出：“‘通信储能智能化 L1-L5 分级新定义’旨在通过技术积累和实践为行业的不断发展和进步探索方向，为客户创造更大价值，实现最大化能源共享、最高效能源应用、最清洁能源供给，拥抱可持续的能源未来。新能源智能化任重道远，但势在必行。”

汇川技术助力深海勘探平台建造推进海工装备升级

苏州汇川技术有限公司将为华东院 75 米水深海上自升式勘测试验平台提供整船电力推进变频系统与桩腿升降变频系统解决方案。该平台由华东探测设计研究院与浙江华东建设工程有限公司出资，上海韦迖船舶科技有限公司设计，青岛海西重机有限责任公司承建。

海洋经济是国民经济的重要组成部分，随着我国海洋开发战略的不断推进，我国迎来海洋工程建设蓬勃发展的高峰期。海洋工程建设呈现高速发展的趋势，并不断向深海区域拓展。作为海洋工程建筑行业的基础和保障，海洋岩土工程勘察产业和海上基础设施建设产业正处于大有可为的重要战略机遇期，具有十分广阔的市场前景。

为加快推动海洋岩土工程勘察技术与装备技术发展，提升海洋工程综合探测能力，加速布局深远海域探测设备配套，“华东院 308” 75 米水深海上自升式勘测试验平台孕育而生。

华东院 75 米水深海上自升式勘测试验平台入级 CCS，为钢质四桩腿自升式，采用电动齿轮齿条升降系统，由平台主体、桩腿（带桩靴）、升降系统、推进系统、DP-1 动力定位系统、太阳能光伏、勘测试验设备设施等部分组成。平台桩腿全长约 100 米，最大作业水深 75 米，是国内作业水深最深的勘测试验平台，主要用于海上工程勘测一体化作业及科研，包括钻探、原位测试、物探、土工试验等全作业流程。

“华东院 308” 75 米水深海上自升式勘测试验平台电力推进系统与升降系统全部采用汇川 MD880 系列高性能工程型变频器。其中，电力推进变频器为 MD880 系列高性能水冷多传变频器。电动齿轮齿条升降变频器为 MD880 系列高性能风冷多传变频器。MD880 属于汇川技术高端变频调速产品技术平台，分为单机传动和多机传动两种拓扑形态，是一款定位于高端传动应用、高性能速度及转矩控制、高可靠性、灵活的系统集成能力、便捷的调试维护、高功率密度覆盖的驱动产品。无论是模块结构、功率密度、响应和精度，还是产品的适用范围，MD880 均树立了全新的行业标杆。

凭借在船舶海工行业的多年耕耘，汇川技术能够为各种海工类船舶提供整套变频驱动解决方案，包括起重系统、升降系统、电力推进系统、锚绞系统等。目前，已累计为数 10 座海工平台提供高效专业的产品与解决方案。实现海工装备核心零部件自主可控，推进海工装备核心技术产业升级，一直是汇川矢志不渝的社会责任！

志成冠军荣登第二十三届中国专利奖榜单

近日，《国家知识产权局关于第二十三届中国专利奖授奖的决定》正式发布。广东志成冠军集团有限公司的“一种高功率密度海岛互动式 UPS 及其综合控制方法 ”专利荣获中国专利优秀奖。

中国专利奖是我国知识产权领域的最高荣誉，由国家知识产权局和世界知识产权组织共同评选和联合颁发，是国内唯一得到联合国世界知识产权组织认可的政府部门奖，旨在表彰积极有效开展知识产权创造、运用、保护和管理工作，以及在促进创新和推动经济社会发展等方面作出突出贡献的专利权人和发明人（设计人）。

目前，随着越来越多的非线性负载接入海岛电力系统，海岛电力系统谐波污染越来越严重，谐波泛滥影响着电网的安全经济运行，电网谐波治理也越来越重要。传统的 UPS 很少考虑由于非线性负载引起的谐波与无功污染，以及储能电池充放电与控制直流侧电压的合理切换。如何改善在市电波动时的电压和电能质量，在市电故障后，如何进行电池充放电控制，提高功率密度，为负载提供连续可靠的电压，已经成为本领域的关键性、共性的技术难题。

志成冠军的专利技术提供了一种高功率密度海岛互动式 UPS 的综合控制方法用于 UPS 控制技术领域，为不间断电源产业提供了一种低成本且稳定可靠的高功率密度海岛互动式 UPS，能够降低 UPS 装置的容量和体积。目前，该技术已经成功地应用在某发电厂 10×10^4t 级码头新建岸电电源项目等重大项目。

华为电力模块 3.0 通过国际权威机构整机测试

华为电力模块 3.0 通过 TÜV 南德意志集团（以下简称“TÜV 南德”）整机测试，这是业内首次完成电力模块 2.5MW 整机测试，体现华为在供配电领域的强大技术实力，也为业内对电力模块进行规范化、标准化测试提供重要借鉴。

电力模块获 TÜV 南德 2.5MW 整机测试报告

TÜV 南德是全球知名第三方测试和认证机构，在数据中心领域解决方案研究、行业标准制定、产品检测与认证等方面具备数十年丰富经验，且拥有全球专家网络、先进的数据中心产品测试环境和权威的测试认证体系。

华为委托 TÜV 南德对电力模块 3.0 2.5MW 整机在专业环境中进行全方位严苛测试，结果表明电力模块 3.0 在整机效率、温升性能、全模式间切换、系统可靠性、可维护性等方面均达到预期。

其中，系统效率测试显示，华为电力模块 3.0 全链路极致高效，在不同额定线性负载工况中，系统最高效率达 97.8%（实测高达 98.3%），远高于传统供电方案链路效率 94.5%，可有效降低电能损耗。在系统模式切换测试中，电力模块 3.0 支持全模式间 0ms 切换，当旁路输入异常时，智能在线模式可 0ms 切换至双变换模式或电池模式，确保数据中心运行无间断。

针对系统可靠性、可维护性，TÜV 南德在不同负载率下对电力模块 3.0 进行高温工况测试，测试结果表明，系统在0~40℃预设范围内均正常运行，且系统温升远优于标准要求。同时，测试证实电力模块3.0核心部件支持模块化热插拔维护，5分钟完成更换，即插即用，维护简单。

此外，软件功能测试表明，华为电力模块3.0 iPower智能特性，具备全链可视、开关整定、AI低载高温预测、关键部件寿命预测、开关健康度评估等功能。iPower加持下，电力模块3.0可实时监测全链路温度；可提前对电容、风扇等关键器件和易损件进行寿命预测，防患于未然，全面提升数据中心供配电系统的安全可靠性，促使运维从“被动告警”到“自动自预”转变。

在全球数字化、低碳化浪潮下，数据中心规模逐步从千柜级走向万柜级，供配电系统作为数据中心的动力心脏，亟需朝着高密、高效、高可靠方向演进。华为电力模块是供配电系统的集大成者，凭借高密省地、快速交付、高效节能、安全可靠等特性，已成为大型数据中心供配电系统的首选方案，真正为大型数据中心的高效稳定运行保驾护航。

伊顿电源连续第15年荣登最佳企业公民百强榜单

美国克利夫兰——全球动力管理公司伊顿（纽交所代码：ETN）连续15年荣登由3BL Media发布的“最佳企业公民百强榜单”。该榜单针对罗素1000指数的企业进行排名，以表彰那些在环境、社会和治理（ESG）实践上有着卓越表现的大型企业。

伊顿商业体系首席可持续发展官兼执行副总裁Harold Jones表示：“入选该榜单代表着伊顿为履行‘提高人类生活品质，改善环境质量’的使命所做出的工作得到了广泛认可，同时也充分说明我们在实现ESG目标方面取得了显著进展，对此，我们感到十分荣幸。”

“最佳企业公民百强榜单”根据以下八个方面共计155个ESG因素进行排名：气候变化、员工关系、环境、金融、管理、人权、利益相关者和社会以及ESG绩效。

伊顿持续关注ESG透明度和报告，除了年度可持续发展报告外，去年还发布了伊顿全球首份独立的气候变化相关财务信息披露工作组（TCFD）报告和首份全球包容性和多元化透明度报告。

科华助力绿色冬奥 为智慧化运营提供数字底座

2022年北京冬季奥林匹克运动会为第二十四届冬季奥林匹克运动会，于2022年2月4日在首都北京开幕。此次冬奥会分为北京赛区，延庆赛区，张家口赛区三个赛区。北京成为第一个举办过夏季奥林匹克运动会，冬季奥林匹克运动会，亚洲运动会三项国际赛事的城市。

冰天雪地汇聚如火热情，冰雪运动绽放绚丽色彩。北京冬奥会始终践行“绿色办奥”理念，落实“碳中和”“碳减排”目标。读懂冬奥之约里的“绿色”，就是要树立节能减排理念，让“绿色”成为北京冬奥会最亮的底色。

“鸟巢”安全生产协同指挥中心是成功举办奥运会的重要基础和保障，走进“鸟巢”，会发现每个重要的区域都会有摄像探头，这些探头都与指挥中心相连。特别针对园区安全、生产安全等应用场景，需要精准安防布控，实时对安全隐患和故障异常自动诊断并报警；除此之外，还要对馆内设备的运行进行动态智能故障诊断和监测预警，有效地消除管理盲区，提高设备运维的安全性和可控性。这背后海量的数据对奥运安防的支撑来讲至关重要。

本次冬奥安防系统采用科华模块化数据中心基础设施解决方案，它基于能效管理技术、冷电联动节能技术、智能化运维管理技术等，显著降低制冷系统能耗及供配电系统损耗，实时智能自动化调优，最终实现节能减排，显著降低数据中心运维成本，实现了安防的绿色化、智慧化。

相约冰雪,共襄盛会。中国“绿色办奥”实践,不仅兑现了自身“双碳”实践,更向世界提供了节能减排的中国方案。

科华致力于满足冬奥场馆安防信息化基础支撑的环境需求，在赛事实践中起到重要的保障作用，助力冬奥打造智能、绿色、安全的数字底座。

科华再添国内及省内首台重大技术装备

科华两产品获福建省首台（套）重大技术装备认定。一个是“核级直流系统充电器、逆变器、UPS产品”被认定为国内首套重大技术装备，一个是“一体化供电管理系统”被认定为省内首台重大技术装备。

“核级直流系统充电器、逆变器、UPS产品”是科华数据作为行业的龙头企业，向首个国产示范快堆核岛电源设备的供货，并研发出符合示范快堆项目要求并通过相关质量鉴定的项目产品。快堆是世界上第四代先进核能系统的首选堆型，代表了第四代核能系统的发展方向，其可使铀资源利用率提高至60%以上，也可使核废料产生量得到最大程度的降低，实现放射性废物最小化。快堆项目核级直流系统充电器、逆变器、UPS产品的国产化，打破了国外企业在核电市场上的垄断地位，提高了我国核电设备的配套能力，打造完善的核电产业链，为我国核电产业的发展具有深远意义。

“一体化供电管理系统”是漳州科华自主研发的完全自主可控的一体化供电管理系统，通过实现主控芯片、通信芯片、关键核心器件国产化应用产品。这一产品作为重要的海外通信设备供电保障，要求适应极端恶劣环境与当地的电网环境，为通信设备提供不间断供电，此系统可通过远程监控实时查看系统的工作状态与参数，发生异常时，能智能报警与保护；产品质量稳定、可靠，且易于维护与管理，提升系统可用性。通过使用该产品，确保了产品的网络信息安全，对于提高我国能源系统的配套能力，打造完善的能源配套系统产业链，促进供电系统完全自主可控和国产化具有重要的意义。

目前，科华集团共拥有3套国内首台（套）重大技术装备产品和5套省内首台（套）重大技术装备产品。完全体现了科华坚持“科技立业、高端定位、自主创新、自有品牌”的理念，“不忘初心，牢记使命”，在自主研发的道路上不断前行。

聚焦两会 山特以创新技术助力“碳中和”

2022年政府工作报告提出，有序推进碳达峰碳中和工作，落实碳达峰行动方案。未来，我国将继续推进能源低碳转型，加快大型风光电基地及其配套调节性电源规划建设。减碳的挑战来势汹汹，面对这场全球性的大考，作为减碳核心推动者之一的企业，重压之下，如何尽一己之力，助力“碳中和”目标的实现？

深耕行业，技术创新增动力

在外部挑战与内部优势的碰撞下，坚持可持续发展的全方位电源解决方案提供商山特，有着自己的助力减碳心得：不断飞速发展的新技术，已让一切成为可能，实现“双碳”目标，科技创新是关键引擎，特别是能够实现绿色节能，提升能效的数字化技术更是显得生逢其时。

也因如此，山特将目光向内，深耕行业，凭借世界先进的生产线与研发条件，积极研发节能减排新方式，以技术立身，不断拓展技术边界，推出了一系列可以贯穿电源设备全生命周期的 UPS、精密空调、数据中心一体化机房等产品及解决方案，保障用户设备安全运行、智能化便捷管理、提高能源效率，助推用户向绿色节能、数字化转型。

兼顾储能与效能双升，剑指储能技术

UPS 作为关键电力应用的“后备防线”，其作用不言而喻，而随着各行业对 UPS 应用需求的愈加细腻化、低碳化，锂电储能型 UPS 通过电力储能，可以帮助数据中心进行节能管理，储能设备还可以与电网进行友好互动、通过电力需求响应，完成削峰填谷电力负载管理，成为数据中心供电系统节能减排的创新途径。

得益于深厚的技术“家学底蕴”，山特积极助力素有“能耗怪兽”的数据中心低碳转型，在锂电池 UPS 技术研发上持续发力，ARRAY 3A3 PT 系列 UPS 就是其具有代表性的得力之作。作为向高功率密度延伸的产品，ARRAY 3A3 PT 系列 UPS 集出色的效能与可靠性于一身，是当今数据中心的优秀解决方案。

储能硬实力，与锂电完美合作

ARRAY 3A3 PT 系列（60～600kVA）UPS 与锂电池完美集成，兼容多种锂离子电池管理系统（BMS），结合储能系统，在日常运行中预留部分容量，在市电断电期间仍然为重要负载提供后备电源。在低电价时为锂电池充电，在高电价时放电，以平移高峰时段用电量，削峰填谷；在负载高峰时段放电，以避免用电量溢出，使 UPS 不仅仅是 UPS，还将成为数据中心的能源管家，协助数据中心节省电费、降低能耗。

洞悉减碳，提供效能有力保障

通过在数据中心高功率 UPS 模块和技术方面不断实现创新突破，ARRAY 3A3 PT 系列（60～600kVA）UPS，在不对 UPS 运行的可靠性及安全性造成任何影响的前提下，大幅提升 UPS 的工作效率，为节约 UPS 自身能耗提供全新途径：

- 使用 SiC 新型 IGBT 封装模块，减少自身能耗。
- 在线双转换效率高达 97％，在节能模式下效率达到 99％。
- 创新型智能模块休眠功能，在负载较轻时使部分 UPS 模块休眠，并根据波形主动唤醒，对 UPS 模块进行动态损耗管理。

基于以上几点，ARRAY 3A3 PT 系列（60～600kVA）UPS 保证 UPS 即使在低负载率下表现依旧强劲，从而实现高效节能。

以工业用电平均 1 元/度计算费用，当一台 ARRAY 3A3 PT 600kVA UPS 启用节能模式时，其每年节省的电费就可达到六位数，低功耗反过来又可减少制冷空调的使用，帮助数据中心显著降低能源成本，减少碳排放。

因技术而改变，山特通过先进技术，将其对能源高效使用充分赋能行业用户的理解，在 ARRAY 3A3 PT 系列 UPS 等产品及解决方案上得到了真正的价值体现。

未来，山特将继续以前瞻性的技术创新优势，洞察各行业用户对绿色低碳、节能减排等方面的多种需求，一路坚定前行，以更为先进、专业的技术优势，助推行业用户实现“绿色蝶变”。

必易微入选第四批国家专精特新“小巨人”企业

深圳市中小企业服务局对第四批专精特新“小巨人”审核通过企业名单进行公示，华大九天、必易微（688045）等芯片龙头公司入选国家级专精特新“小巨人”企业名单。

华润微入选国家情怀 2022 科创板硬科技领军企业等三大奖项

专精特新“小巨人”企业是“专精特新”中小企业中的佼佼者，是专注于细分市场、创新能力强、市场占有率高、掌握关键核心技术、质量效益优的排头兵企业，普遍具有小市值、高成长、高盈利、创新能力强、经营业绩好、科技含量高、市场竞争力强等特点。

万帮数字能源入选中国工业大奖候选名单

2022 年 9 月 30 日，中国工业经济联合会公示第七届中国工业大奖候选名单，万帮数字能源股份有限公司承担的“基于移动能源网的智能充电装备研发及产业化”项目入选中国工业大奖表彰奖候选名单。中国工业大奖是我国工业领域最高奖项，被誉为中国工业的“奥斯卡”。大奖每两年评选一次，获奖者皆为“中国制造”标杆企业。

中国电科两大系统助攻“中国天眼”

2022 年，我国科学家利用“中国天眼”500m 口径球面射电望远镜（FAST），揭示了银河系星际介质前所未见的高清细节，获得银河系气体高清图像，这对研究银河系内的星际生态循环具有重要意义。

“正是由于‘中国天眼’具有高灵敏度的特点，才使得很多观测细节得以被发现，我们研制的反射面和馈源舱两大关键系统，在其中发挥了重要作用。”中国电子科技集团第五十四研究所首席专家、反射面单元总设计师郑元鹏表示。

反射面单元也就是射电望远镜的“球面”，外观看起来更像是一口“大锅”。它是由 4450 块反射面单元组成，每块单元又由 100 块直径大约为 1.1m 的面板子单元拼装而成。“这些设计细节，实现了反射面单元灵敏变身，更加适应观测区域的变化。”郑元鹏表示。

安装在蜘蛛网一样的索网上的反射面，与索网上的促动器连接，当需要观测某一区域的时候，促动器会带动相关的反射面单元在“大锅”上形成一个直径为300m的抛物面，就好像大锅上的一个“小碗”。“当观测区域变化的时候，促动器会随之带动反射面单元形成千变万化的‘小碗’，扩大观天的范围，提高信号的接收广度。”郑元鹏说。

眼眸灵动，顾盼生辉。

中国电子科技集团研制的另一关键系统馈源舱，是吊在“锅心”半空处的一个大家伙，这个直径为13m、高为6m的“庞然大物”，就如观天巨眼的瞳孔般，聚焦信号，“眼波”流转。“馈源舱处于每个抛物面的焦点位置，其作用就是聚焦反射面收集到的信号，来实现高灵敏度的太空观测。”馈源舱总设计师李建军表示。

巡测星河，瞭望天际，中国电子科技集团为“观天巨目”灵敏助力，探索宇宙更多可能性。

奥海科技实验室通过CNAS认可获Intertek、TÜV、UL、IECEE目击实验室授权

2022年6月30日，奥海科技实验室正式通过CNAS认可，代表着奥海科技实验室具备了按相应认可准则开展检测的技术能力，并获得了签署互认协议方国家和地区认可机构的承认。

奥海科技实验室建筑面积约为2000m^2，配置各类业界顶级设备400余台（套），专业技术人员近百人，以CNAS管理体系为基础，引进国际行业标准，可测试智能穿戴、智能快充、无线充电、大功率充储电、新能源汽车电控电源等多领域充储电产品及原材料。

2022年，奥海科技实验室先后获得了Intertek、TÜV、ULWTDP（Witnessed Test Data Program）和IECEE目击测试实验资质授权，奥海科技实验室的质量、环境、能源、安全、风险、健康、商业连续性以及社会责任感等获得国际机构全面授权认可，奥海科技实验室的产品在做Intertek、TÜV、UL和CB认证时，全部可以在自己的实验室完成测试，能够有效缩短项目测试周期，这也标志着奥海科技实验室的测试数据与国际实验室出具的数据具备同等效力，实验室达到同行业国际先进水平。

中科海奥入选国家级专精特新“小巨人”企业

2022年8月8日，根据国家工业和信息化部统一部署，安徽省经济和信息化厅发布了《关于安徽省第四批专精特新“小巨人”企业和第一批专精特新“小巨人“复核通过企业名单的公示》，中科海奥入选第四批国家级专精特新“小巨人”企业名单。

为贯彻落实习近平总书记关于“培育一批‘专精特新’中小企业”、提升中小企业创新能力的重要指示精神，工信部组织开展了第四批专精特新“小巨人”企业培育及审核工作。“小巨人”企业旨在聚焦制造强国战略，围绕提升产业基础高级化、产业链现代化水平；“小巨人”培育工作坚持培优企业与做强产业相结合，坚持创新驱动、市场带动、上下联动和持续推动，促进企业做精做强做大，为推动经济高质量发展、构建新发展格局提供有力支撑。

专精特新“小巨人”企业位于产业基础核心领域和产业链关键环节，创新能力突出、掌握核心技术、细分市场占有率高、质量效益好，是优质中小企业的核心力量。

入选国家级专精特新“小巨人”企业名单的安徽中科海奥电气股份有限公司，主营业务为直流微电网技术服务、软件平台和配套产品，服务于新能源“发、储、配、用”互联互通，以协同创新的理念推出中科海奥AI-EMS，形成以“海奥芯”为代表的核心能源路由产品，以“海奥脑”为代表的能源管理系统，以“海奥云”为代表的能源物联网平台。中科海奥建立协同创新机制，打通技术链、应用链和智造链，持续保持科学技术创新核心竞争力，助力“碳达峰、碳中和”战略，在新时代担当构建低碳能源体系新使命，致力于成为新能源行业直流产品的知名公司和一流的能源互联网企业。

科信技术获评“专精特新”企业

此次获评“专精特新”企业，也是主管部门、专业机构、行业和客户对科信技术多年来技术、产品、服务等方面的充分肯定。科信技术坚持以创新为发展驱动力，自2001年成立以来，深耕ICT领域，聚焦5G、IoT、IDC的技术突破，拥有300余项专利，超60项计算机软件著作权，并作为中国通信标准化协会会员，主导或参与了50多项国家及行业标准的起草和修订。

古瑞瓦特荣获2022年度PV Magazine Award奖项

近日，新能源行业权威媒体PV Magazine在阿布扎比举办了2022年度PV Magazine Award颁奖活动。来自全球40多个国家，共计192个公司的产品参与该奖项评选。古瑞瓦特凭借其最新的APX HV电池，获得了PV Magazine Award 2022奖项。古瑞瓦特中东市场经理Abdalrahman Al Smadi在现场领奖。

PV Magazine每年汇集全球光伏行业的顶级专家评委，对光伏和储能领域的技术创新和突破性解决方案颁发PV Magazine Award奖项。古瑞瓦特APX HV电池凭借先进的技术和产品功能赢得了评委的一致认可。

“古瑞瓦特致力于为人类打造全球最大的可持续智慧能源生态，对于户用智慧能源方案，该公司历来有着强劲优势，这也体现在其最新推出的APX高压电池。APX每个电池模块都配置了能量优化器，同时它采用云端电池管理技术及五重安全保护技术，让用户能安心享用绿色智慧能源。”PV Magazine发行人兼常务董事Eckhart K. Gouras称赞道。

早在2015年，古瑞瓦特就开始拓展户用储能业务，是国内最早一批涉足光伏储能领域的企业，也是业内为数不多为用户提供储能逆变器及自产电池一体化解决方案的企业。古瑞瓦特为全球市场提供光伏并网储能、光伏离网储能和光伏预备储能解决方案，涵盖户用、工商业、微电网等不同应用场景，可覆盖容量范围为2kW~1MW/2.56kWh~4MWh，可将光伏、储能、充电和用电深度融合，采用智能

化联调联动控制方式，最大化提升能源使用效益。

登高望远，前行不辍。古瑞瓦特将继续坚持以创新为驱动，传承工匠精神，以优异的技术成果成为行业典范，奋勇向上。

易事特集团连续荣登中国能源企业（集团）500强榜单

2022中国能源企业（集团）500强榜单重磅发布。易事特集团凭借其在风电、光伏、储能、充换电等新能源领域的优异成绩，连续多年荣登榜单，综合实力再获认可。

“中国能源企业（集团）500强”评选是由中国能源报、中国能源经济研究院共同举办的针对国内能源行业的年度公益性评选。评选采用国际通行方式，以企业年度营业收入为标准，旨在通过客观、公正的梳理，厘清我国能源产业格局、确定能源集团的市场地位，受到业界广泛好评和肯定。

易事特集团作为数字产业和智慧能源综合解决方案优秀上市公司，始创于1989年，2014年成功在深交所上市，曾是世界500强企业施耐德电气控股子公司，现为广东省属国资恒健控股旗下上市企业、国企混改典范，位列全球新能源企业500强及创新百强企业，是UPS龙头企业、国家火炬计划重点高新技术企业、国家技术创新示范企业、国家知识产权示范企业，荣获“全国五一劳动奖状”，在全球拥有268个营销及服务中心，覆盖100多个国家和地区。

33年以来，易事特集团始终践行“国家、荣誉、诚信、创新”核心价值观，坚守“产业报国、实业强国”的初心使命，专注电力电子行业30余年，持续加大研发创新投入，形成“量产一代、开发一代、预研一代、探索一代”四代一体体系，掌握了70多项核心技术、800余项专利，并紧跟时代趋势进行前瞻式布局，在风电、光伏、钠离子储能、充换电等新能源领域形成了核心竞争优势，连续7年上榜全球新能源500强，引领行业发展，在多重挑战中实现了逆势增长。

如今，易事特集团风光储充换产品及解决方案广泛应用于海内外，现持有运营已实现并网的地面光伏电站和分布式光伏电站近700MW；储能、充换电等不断推陈出新，相关项目遍地开花，打开了涵盖发电侧、电网侧、用户侧的巨大市场。相关产品及解决方案成功服务亚洲最大水面光伏电站、沙特阿拉伯运动会、印度离岛发电站、一汽新能源梯次电池光储充微电网、杭州G20峰会充电站、港珠澳大桥充电站、联合国气候变化大会等项目，广受赞誉。

尤值一提的是，易事特集团还积极响应政策和市场需求，制定了数字能源零碳整体解决方案，与多地政府及有关企业达成了总量近3GW的风光储项目战略合作关系，还与新疆昌吉州人民政府正式签署合作框架协议，将共同推动风光储充空气能装备制造基地、风电及配套储能项目、共享储能项目和风光储+清洁能源供热示范项目等开发建设。

接下来，易事特集团将继续紧跟全球碳减排大趋势，积极响应战略国策，贯彻落实二十大会议精神，做大做强数字能源主业，聚焦风电、光伏、钠离子储能、充换电等新能源产业，不断强化研发创新力度、提升自身核心竞争力，并与更多优秀企业合作，助推产业发展和双碳目标早日实现，为我国经济社会发展和人类生态文明建设积极贡献力量。

西安爱科赛博入选2022西安龙门榜TOP20

由中共西安市委、西安市政府主办的2022全球创投峰会开幕式上，发布了“2022西安龙门榜TOP20”当选企业名单，西安爱科赛博电气股份有限公司荣耀入榜。

2022年度，共有超2000余家企业参加“2022西安龙门榜TOP20”评选，该榜单由近百名投资人担任评委，以企业成长性、发展潜力、投资价值作为评判标准，历时4个月严格评判出前20家优秀企业，当选名单中不乏国内某些细分领域的龙头企业或行业精英企业。

西安爱科赛博电气股份有限公司入榜“2022西安龙门榜TOP20”，是爱科赛博在行业市场以外的金融资本市场受到的新认可。金融资本市场的肯定与资本助推力，也必将成为爱科赛博加速发展的第二引擎。使爱科赛博在科技为本，立足产品、解决方案的发展道路上，升华走向产业生态可持续发展的更大格局，迈向企业发展的新征程。

先控电气荣登“2022年河北省技术创新示范企业”榜单

日前，河北省工业和信息化厅公布“2022年河北省技术创新示范企业”名单，经各市工信局初审推荐、专家评审、实地考察等程序，共有36家企业上榜，先控捷联电气股份有限公司赫然位列其中。

据了解，示范企业的认定标准主要包括核心竞争力和领先地位、发展的强劲带动力、持续创新力和管理体系、研发机构以及知识产权管理体系和质量保证体系等。

先控电气一直专注于新能源、电力电子及控制技术，已形成数据中心基础设施、新能源汽车充电设备、绿色储能设备等标准化系列产品，为全球客户提供电源解决方案。可见，先控电气的核心竞争力十分强大，在众多的竞争对手中，也是属于上游水准。此外，先控电气坚持可持续发展理念，产品覆盖五十多个国家和地区，在对未来发展的计划中，更是将大量资金以及人员投入到研发、生产当中，雄厚的资金链以及强力的科研团队成为先控电气迅猛发展的重要支撑。众多优势使得先控电气冲出重围，荣登技术创新示范企业的宝座。

登榜“2022年河北省技术创新示范企业”榜单，是对先控电气综合实力的再次肯定，在未来，先控电气仍旧会继续加强研发力度，增加研发投入，促进产品的更新升级，不断提升企业核心竞争力，推动企业更高质量发展。

英威腾电源助力“一带一路”

2022年6月，匈塞铁路塞尔维亚贝尔格莱德至诺维萨德段通车仪式隆重举行。英威腾电源旗下多套RM系列、HR11系列、HR33系列等供配电系统全程支持铁路通信设备正常运行，有效保障铁路行车安全，提供强大的不间断电源保障，表现卓著，再创新高。

匈塞铁路是一条连接匈牙利共和国首都布达佩斯和塞尔维亚共和国首都贝尔格莱德的双线电气化客货共线高速铁路。铁路全长为341.7km，设计时速为200km，其中塞尔维亚段为183km。此次开通的贝诺段长为80km，由贝尔格莱德至旧帕佐瓦段、旧帕佐瓦至诺维萨德段2个区段组成。从塞尔维亚共和国首都贝尔格莱德抵达塞尔维亚第二大城市诺维萨德，将只需33min。

匈塞铁路是中国—中东欧国家合作的旗舰项目，也是中方共建“一带一路”倡议与欧洲发展战略对接的重大项目。对促进中国铁路和欧盟铁路互联互通、拉近塞尔维亚与欧洲其他地区的距离、助力塞尔维亚打造地区交通和物流枢纽具有十分重要的意义。在项目的可靠性、可用性、安全性、可维护性上都提出了较高的要求。

英威腾电源拥有产品的核心技术与1500多项知识产权专利，产品以高可靠性、高性价比，赢得了广大客户的一致赞誉。产品广泛应用于政府、金融、通信、教育、交通、气象、广播电视、工商税务、医疗卫生、能源电力等各个领域及全球80个国家和地区。

南京长江国际航运中心携手英威腾电源加速数字化可持续发展

南京是全国重要的综合交通枢纽和物流节点城市，在国家加快推动长江经济带发展背景下，对加快建立南京长江航运国际物流中心具有指导意义。南京长江国际航运中心位于江苏省南京市鼓楼区郑和中路与中山北路交叉口，面积约35.09亩（1亩=666.6m^2）。南京长江国际航运中心自2018年7月揭牌以来，运转日趋成熟。这是鼓楼区承担的南京市海港枢纽经济的核心项目，项目分三期建设，目前建成投用的一期总建筑面积达$2.9\times10^5m^2$，由四栋100m高的5A甲级写字楼组成。

据了解，南京长江国际航运中心依托航运物流传统产业优势，结合下关滨江商务区的开发，打造面向长江流域、参与国际航运物流资源配置的航运物流服务集聚区，目前引入了一大批航运管理机构、行政服务平台、航运企业、各类金融单位等。因此，数字化基础设施的建设随着信息化、智能化的水平持续提高也需进一步深化，确保各类用电设备供电系统的高稳定、高可靠、高效运行就显得更为重要。为各类用电设备提供稳定可靠、高品质的电力供应，是数字化运营的重中之重。

英威腾电源针对南京长江国际航运中心信息化建设需求，提供了RM系列模块化UPS解决方案，该系列产品各项性能均有极高的性价比。可为大中型各类数据中心、服务器机房、通信设备及工业自动化生产设备等关键负载提供高质量的供电系统。

英威腾电源RM400/50X、蓄电池、配电等产品应用于南京长江国际航运中心，不仅满足其对数据中心快速部署、灵活扩容、节省能源、降低成本、易于管理等需求，同时有力地保障机房设备的安全可靠和正常运行，保障电源设备的平稳可靠工作，为客户商业数字化发展保驾护航。

RM系列40~600kVA模块化UPS解决方案：

1）智能化的保护方案，采用DSP全数字化控制。

2）三进三出纯在线双变换式产品，提供理想的供电质量与负载保护；超强的负载适应性，超强的过载与短路能力。智能化电池管理方案，延长电池使用寿命。

3）采用智能化“三阶段”式电池充放电管理系统。模块化设计，功率模块支持热插拔，便于现场维护。

4）友好的人机界面，配置大屏幕液晶触摸屏与控制面板，信息量丰富。40~200kVA主机配置7in（1in=0.0254m）LCD彩色触摸屏；240~500kVA主机配置10.4in LCD彩色触摸屏。

5）具备智能休眠模式，可设置轮休时间来进行休眠轮换，实现绿色节能。

6）数字化环流控制技术，并机可靠性极高；面板配置EPO紧急关机按键；所有电路板均采用三防工艺。

英威腾电源作为整体机房能源解决方案提供商，凭借多年的技术创新实力，不断挖掘交通行业用户的底层需求，注重提升自身的方案能力及服务水平，为交通行业提供更优的数字化方案。

航天柏克助力宁夏煤业公司智慧矿山建设

过去，当提起煤矿，许多人自然而然会想到这样一个画面：在尘土飞扬的矿山，脸上布满煤灰的矿工推着运煤车穿行于地层深处。如今，智能化建设让传统矿山“换新颜”，告别脏乱落后的场景，升级为以数字化、信息化为基础的“智慧矿山”，实现安全、高效、绿色的目标。2022年，航天柏克模块化数据中心解决方案顺利进驻国家能源集团宁夏煤业有限责任公司，助力智慧矿山信息化建设，为现代化矿业高质量发展保驾护航。

国家能源集团宁夏煤业有限责任公司成立于2006年1月18日，是国家能源集团和宁夏回族自治区党委政府合资合作组建的国有能源企业。据了解，宁夏煤业公司作为国内首批智能矿山建设示范单位，自2017年起在金凤矿、金家渠矿、清水营矿进行智慧矿山试点建设，推行矿山数字化运营、智慧化管理等信息一体化模式，让人工远程干预、让机器自动采矿，破解传统时代制约安全生产的痛点和难点，真正做到减人、提质、增效。

红柳煤矿是国家首批智能化示范煤矿，也是宁夏煤业公司的主力生产矿井之一。基于矿井的生产特点和宁夏煤业公司信息化建设需求，航天柏克为其定制了BK-IMC系列池级微模块数据中心解决方案。该方案集成机柜、制冷、供配电、监控、消防等子系统于一体，满足矿山全方位智慧信息化管理需要；智能化程度高，融合智能供电、智能温控、自动监测等技术。该方案有效为红柳煤矿矿区生产调度指挥、设备能耗管控、实时监管安全采矿提供稳定、可靠的信息化运行环境。

为充分发挥各自优势，深化全面战略合作，更好推动我国能源行业和航天事业高质量发展，中国航天科工集团有限公司与国家能源集团签署了战略合作框架协议，致力于联合打造一批智慧矿山建设示范项目。航天柏克是中国航天科工集团有限公司旗下从事尖端电源技术研发的骨干企业，是我国电源技术应用于“高、精、尖”领域的探路者，先后服务了神华萨拉齐电厂一体化机房、神华神东电力新疆准东五彩湾发电有限公司机房、宁夏煤业公司智慧矿山等项目建设，用智慧赋能矿山信息化建设，推进采矿业智能化、绿色化深度转型，助力现代化矿业迈向高质量发展。

安泰河冶获得国家级专精特新“小巨人”认定

近日，2022年国家工业和信息化部第四批专精特新“小巨人”企业已完成公示，安泰河冶通过严格的审核，获得国家级专精特新“小巨人”认定。这是安泰科技所属单位获得的第三家国家级专精特新“小巨人”企业，也是安泰河冶继获得河北省专精特新示范企业荣誉称号后，获得的又一殊荣。

近年来，国家持续加大对优质中小企业的培育力度，精准有效支持中小企业高质量发展，进一步在资金、人才、技术、孵化平台搭建等方面，不断完善培育服务举措，为企业营造更好更优的发展环境。此次被授予国家级专精特新“小巨人”企业称号，是对安泰河冶产品研发实力、技术创新能力、市场竞争力、企业可持续发展方面的认可。未来，安泰河冶将不断提高创新能力与研发水平，持续增加在相关领域的影响力和知名度。

湖南三安与新能源车企签署38亿元订单

2022年11月7日，湖南三安隶属的上市公司三安光电发布公告称，湖南三安已经与战略合作汽车企业签署采购意向协议。根据协议，湖南三安将在未来数年为该车企的新能源汽车产品线供应碳化硅芯片，协议总金额将高达38亿元。

湖南三安总经理江协龙表示：“我们与该战略伙伴的协议进一步表明了汽车产业致力于向市场提供创新电动汽车解决方案，并运用宽禁带半导体的优势特性来提高整车性能。该协议确保向客户长期供应碳化硅，帮助他们实现低碳智能出行的愿景。”

协议中的碳化硅功率芯片将在湖南三安位于长沙高新区的超级工厂进行制造，该工厂是中国第一家碳化硅垂直整合制造服务平台，提供自碳化硅长晶、衬底、外延、芯片制造、封装及测试的全产业链制造服务，规划年产能500000片碳化硅6寸（1寸=0.033m）晶圆。近期，湖南三安已获得IATF 16949体系认证，车规级碳化硅MOSFET已在战略合作客户端验证，预计于2024年上车SOP。湖南三安与理想汽车合作成立的斯科半导体也于今年8月正式启动建设，预计于2024年投产，规划年产能可达240万只碳化硅半桥功率模块。

T碳化硅芯片作为新汽车时代的行业标准半导体在交通领域被广泛应用，可以实现更高的系统效率，为汽车行业向低碳智能出行的快速转型提供有力支持。根据Yole的报告，在新能源汽车市场的强力助推下，碳化硅功率器件市场将从2021年的10亿美元激增至2027年的63亿美元。但由于新能源汽车需求增长和碳化硅衬底扩展速度之间存在差距，因此短期内碳化硅芯片供应将处于短缺状态。汽车厂商选择与上游芯片制造商达成战略合作，旨在确保新能源汽车制造能持续获得关键零部件。

湖南三安的碳化硅技术将为中高压平台的新能源汽车动力系统提供动能，赋能新能源产业链打造低碳智能出行体验，助力绿色生活。

湖南三安获取IATF 16949证书
为新能源汽车市场注入信“芯”

2022年9月16日，湖南三安半导体有限责任公司（以下简称湖南三安）获得IATF 16949汽车行业质量管理体系认证证书，其提供的宽禁带半导体功率器件和规模制造服务均达到新能源汽车行业标准，进一步巩固三安在汽车客户端的服务能力。

IATF 16949汽车质量管理体系标准是由IATF制定和发布的一部国际汽车行业标准。IATF 16949：2016是基于ISO 9001：2015标准要求及高层次结构框架，综合全球顶尖汽车企业最新及最佳实践，着重于产品安全、强调缺陷预防以及减少汽车供应链中变差和浪费的更高标准的质量管理体系。

新能源汽车的普及和自动驾驶技术的发展，推动车规级半导体的需求逐年增加。同时，车规级半导体的性能和可靠性也将极大地影响终端用户的使用体验，因此严格的质量管理要求至关重要。湖南三安凭借成熟的生产管理和规模制造经验，在实施符合IATF 16949质量管理体系下，确保客户持续获得稳定可靠的高附加值产品和服务。

湖南三安总经理江协龙表示：“进军新能源汽车市场是我们企业发展的重要战略布局，我们很荣幸通过了IATF 16949的认证，代表我们能够更好地服务于蓬勃发展的新能源汽车及其配套市场。”

湖南三安是中国首家碳化硅全链整合制造服务平台，以160亿元投资于湖南长沙高新区建设具备长晶、衬底、外延、晶圆制造和封装测试全链服务能力的千亩制造基地，全方位满足新能源汽车、光伏、储能系统等高压高频大功率应用领域的客户需求，提供全面灵活的合作方式和解决方案。

新能源汽车步入高压时代 垂直整合
模式突破碳化硅供需瓶颈

在中国的碳中和计划中，普及交通电气化是实现“双碳”目标的重要途径。根据中汽协数据，2022年中国新能源汽车效率将达到550万辆，预计到2025年，这个数字将突破1000万辆。国内造车新势力涌现，消费者心智改观，新能源汽车渗透率已超过20%，市场发展态势稳中向好。

车主在选择新能源汽车时面临的主要顾虑之一是充电体验，比起燃油车5min的加油市场，动辄超过1h的充电时间和难以估计的排队时间，是让车主时常头疼的问题。在各地政策的支持下，充电桩铺设正在稳步推进，但充电技术的革新才能从根源上缓解新能源汽车快速增长所带来的充电压力。

高压快充是目前市场中的主流趋势，小鹏、理想为代表的国内造车新势力和奥迪、大众等国际大厂均布局了800V高压平台或车型，配合高压快充方案，有能力实现“充电5min，续航100km”。

在大多数支持 800V 高压快充平台的系统中，碳化硅功率器件都是整车和零部件厂商的首选。碳化硅功率器件以其耐高温、耐高压以及低开关损耗特性，展现出相较传统硅基功率器件更良好的电力转换效率和高压系统适配性。

1. 垂直整合模式是碳化硅供需矛盾最优解

根据 EV Tank《中国新能源汽车行业发展白皮书（2022年）》，2025 年，全球新能源汽车销量预计为 2240 万辆，保守估计 50%B 级以上车型会优先使用 800V 高压平台和碳化硅功率器件，届时将需要 219 万片碳化硅 6 寸晶圆来满足这部分需求，根据 Yole 预测，车用碳化硅器件的需求占全部行业需求的 60%，其他的产能将用于供给光伏、储能、充电基建等大功率应用。然而，根据市场公开数据，2025 年全球碳化硅芯片产能约为 242 万片 6 寸晶圆，为了满足全部碳化硅应用的需求，则仍有 123 万片的产能缺口。

在新能源汽车市场的强力助推下，碳化硅功率器件市场加速发展，但短期内的产能紧缺问题依然严峻。国内外碳化硅功率器件厂商在争分夺秒地布局产能，其中垂直整合模式更受新能源汽车行业青睐。一方面，垂直整合模式能够极大程度地确保新能源汽车供应链上游的稳定可靠，在高压平台车型落地过程中可以抢得先机，另一方面，垂直整合模式具备更好的质量管理能力，其高品质产品能在新能源汽车以及光伏、储能等高可靠应用场景中实现更好的长期效益。

2. 湖南三安实现整车和零部件厂关键客户突破

湖南三安作为碳化硅全链整合制造服务平台，以 160 亿元投资于湖南长沙高新区建设千亩制造基地，规划年产能 500000 片碳化硅 6 寸晶圆。湖南三安产业链涵盖长晶、衬底、外延、芯片制造和封装测试，为客户提供全面灵活的合作方式和解决方案。

目前，碳化硅衬底已向多家国际大厂送样并通过验证，实现批量交付。

碳化硅二极管产品已全面进入 PFC 电源、车载充电机、光伏逆变器、家电等高可靠应用领域，车规级碳化硅二极管器件已率先上车。

碳化硅 MOSFET 分立器件生产线是目前国内首家实现纯国产的量产平台，产品性能、关键参数均可对标国际一线厂商，在光伏、储能和新能源汽车等高压应用领域已实现通过数十家客户验证，今年实现批量交付；与理想汽车合资企业斯科半导体开发进展顺利，自研车规级碳化硅 MOSFET 芯片已开始在车规模块验证；与 Tier 1 标杆企业的碳化硅 MOSFET 芯片代工业务已取得实质进展，预计于 2023 年上车。

美的集团“科技领先”助力中国家电领跑

2022 年 5 月 19 日晚，中央电视台《焦点访谈》栏目报道了中国家电产业从“跟跑”到“并跑”再到“领跑”的发展轨迹，解读中国家电崛起的密码。其中，重点报道了美的集团在科技创新方面的突出成果。

完成从追赶到引领，进入“无人区”

2020 年底，美的集团将战略主轴升级为“科技领先、用户直达、数智驱动、全球突破”，其中“科技领先”为核心主轴。在科技研发方面，美的每年的投入均占年度营收的 3.5%以上，过去 5 年来，美的累计投入研发资金超过 450 亿元，2021 年超 120 亿元。

通过 40 年在家电产业的制造和研发领域的深耕，美的在全球建立了“2+4+N”的全球化研发网络，在全球拥有 35 个研发中心和 35 个主要生产基地，产品及服务惠及全球 200 多个国家和地区，用户超过 4 亿。

美的集团中央研究院院长刘前进在接受《焦点访谈》采访时表示，“美的集团已经完成了从追赶到引领的过程，进入‘无人区’”，美的通过构建“四级研发体系”，在全球布局研发体系和科学家人才体系，目前研发人员已超 1.8 万名，外籍资深专家超过 500 人。2021 年美的集团新吸纳研发人员 400 人，同时不断聘请行业资深专家与顶尖人才，实现行业领先的“三个一代”研发模式。

扎根核心技术，推动行业高质量发展

美的长期聚焦行业核心技术研究，近三年完成超过 3000 项高质量专利布局，实现 33 个关键技术领域全面布局。其中代表产品热泵采暖的压缩机市占率达到 59%以上，“一桶洗”高端市场占有率达到 40%。突破性产品近三年销售额超过 286 亿元，不断以自主创新的核心技术填补行业空白，打破国外的技术垄断，推动家电行业高质量发展。

“美的将航空涡轮对旋技术应用到家用空调，潜艇导弹发射的微穿孔技术用在电饭煲，”刘前进表示，“不断挖掘用户需求，这是不会变的，消费者的需求一直在变化，美的将不断探索新的可能性，加强前沿性研发布局，不断实现全球范围的科技领先，满足用户的多元化、个性化需求，真正做到‘用户直达’。”

近几年来，美的又在汽车核心零部件、伺服系统等多个领域攻克行业卡脖子技术难题，实现关键核心技术自主可控。目前，美的集团在全球将近 50 个国家和地区布局专利超过 10 万件，其中专利授权维持量超过 7 万件。2021 年，美的在全球范围内申请专利超过 1 万件，年度授权量已连续五年位列家电行业第一，而年度全球发明专利授权也首次超过 4000 件，尤其在海外，发明专利授权超过 1000 件。

美的正通过跨界融合、人工智能、数字仿真上的技术突破，不断创新升级产品，积极推动行业发展，未来将持续加大在数字化、IoT 化、全球突破和科技领先方面的投入，布局和投资新的前沿技术，致力于成为全球智能家居的领先者、智能制造的赋能者。

博兰得“口红电源”的前世今生

1985 年，东芝率先把笔记本计算机的电源外置，创造了世界第一个独立的笔记本电源适配器。此后至今的三十多年时间，笔记本计算机作为重要的生产力工具，伴随着信息化和数字化的浪潮不断演进，不断追求极致的便携性。然而，笔记本计算机的电源适配器，却似乎并无多少创新。购买一台便携的轻薄笔记本计算机，标配的“板砖”型适配器让人怀疑这是否是同一时代的产物。

2009 年，南京博兰得电子科技有限公司（以下简称博兰得）CEO 徐明博士辞掉在美国弗吉尼亚理工大学国家电力电子研究中心（CPES）的教授职位，回国创业。创业的初心很简单——用技术创新做一个电力电子界里的“Apple”。

但是回国到底要做什么？直到踏上回国的旅程，他仍然在思考。

当时，黑莓手机配备的一款充电器，尺寸仅有火柴盒大小，携带便携。深感计算机适配器的笨重不便，这位电力电子界的顶尖专家，认为他和团队多年来一直专研高频小型化供电设备的技术，足以将计算机适配器的尺寸大幅缩小。如果计算机适配器可以做到和黑莓手机充电器一样大小，那将极大提高便携性，改变行业的认知。

2012年，在博兰得实验室诞生了首款超小型计算机适配器电源，大小约为当时苹果 MacBook 适配器的一半。对比当时市面上的 PC“板砖”充电器，尺寸更称得上为迷你。

然而由于市场条件不成熟，该款原型机最终并未量产进入市场。

6年后的2018年，联想希望推出超小笔记本适配器，博兰得在技术领域已有多年积累，双方一拍即合，开始了一场颠覆行业的革新。

适配器缩小难在哪里？

要将传统的适配器尺寸缩小绝非易事。传统75W以下适配器有两级电路架构：EMI Filter，Flyback。为了解决EMI，需要增加一级 Filter 电路，这就导致了内部空间占用较大，同时为了满足散热要求，适配器体积便很难缩小。

博兰得是怎么做到的？

➢ 新颖的EMI滤波器设计：博兰得通过独家的EMI专利，将EMI Filter 尺寸缩小30%，因此降低了 Filter 占用的空间。

➢ Flyback 变压器设计优化技术：传统 Flyback 转换效率在90%~91%，而博兰得通过极致的设计能力将 Flyback 的效率提高到了94%，刷新了业内对该类产品效率极限的认知。

➢ 3D散热：博兰得创新的3D散热技术，可以让适配器散热更均匀，减小外壳的温升。

三代“口红电源”的研发

2018年11月底，第一款“口红电源”正式上市，联想旗下品牌 Thinkplus 推出首款超小型计算机适配器，这款65W的适配器仅有一只口红大小，尺寸仅有76.6cc（$1cc=1cm^3$），又称“口红电源”。

“口红电源”凭借修长小巧的外形，以极高的便携性一改传统笔记本适配器的笨重，一时引领了行业潮流。

2020年，在第一代“口红电源”的基础上，博兰得更进一步优化电路架构，通过利用和美国 CPES 共同研发的屏蔽绕组技术，使得 EMI Filter 尺寸进一步下降，同时第二代“口红电源”引入高频高效的氮化镓功率器件，效率进一步提升，尺寸进一步下降，仅有63cc。

2022年，博兰得再次推出体积更小的第三代“口红电源”，尺寸仅有44cc，市面上65W功率的适配器中尺寸最小，比第二代“口红电源”体积再度缩减30%，重量仅有89g。第三代“口红电源”采用博兰得专利高低压检测技术，以便实现低压功率降额，同时导入 ZVS 的 QR Flyback 设计，提升了效率，虽然体积小巧，但是却达成了1.45W/cm^3的超高功率密度。

如何定义下一代适配器？

如今，随着第三方适配器市场的竞争逐渐激烈，各方都在不断追求极致的小巧便携，然而徐明博士认为，当前的技术迭代还远远称不上革新，仅是在现有技术平台上的微创新。

“真正能被定义为下一代产品的适配器一定是颠覆行业认知的，一个全新的产品形态，而不仅仅是简单的依赖先进半导体器件应用来得到大同小异的体积缩小。我们正在研发的下一代产品会让消费者看到技术的颠覆。”徐明博士说。

茂硕电源获第八届“国际信誉品牌”殊荣

2022年8月24日，以“开创工业立市新格局 争创制造强市新优势”为主题的“第十一届五洲工业发展论坛”在深圳广电集团演播大厅举行。深圳工业总会联合十一区政府（新区、合作区管委会）及相关机构举办的第六届深圳国际品牌周开幕式同期举办。

第六届深圳国际品牌周以“创新引领、品牌赋能、文化奠基”为主题，线上线下同步启动，举行粤港澳大湾区质量品牌高峰论坛、品牌成果发布、各区特色主题活动、品牌专场活动、直播嘉年华等活动。

开幕当天的深圳工业总会20周年成果发布大会上，11个企业品牌获评为第八届国际信誉品牌，72个企业品牌获“深圳知名品牌”称号，253个品牌通过复审。其中，作为深圳品牌国际化成果的代表，茂硕电源科技股份有限公司（以下简称茂硕电源，股票代码：002660）自有品牌“茂硕（MOSO）”被联合国工业发展组织审核认定为“国际信誉品牌”；“茂硕”品牌顺利通过本届“深圳知名品牌”复审。

深圳作为粤港澳大湾区核心引擎的城市，一直走在创新的前列，是全国唯一持续20多年开展品牌建设的城市。以国际信誉品牌引领知名品牌走出国门、响遍世界，这是深圳的又一创新。此次“茂硕”品牌正式获颁“国际信誉品牌”殊荣，将有助于进一步提升公司产品及服务品牌的知名度和美誉度，扩大全球影响力，同时促进公司内部品牌建设共识凝聚。

茂硕电源作为国内LED驱动电源行业第一股，是全球先进的电源解决方案供应商和国内电源行业的标志性企业，多年来始终坚持聚焦发展消费电子类电源、LED智能驱动电源主业，连续多年保持在国内外市场占有率领先地位；与海康威视、Haier、Sagemcom、Honeywell、Stanley Black&Decker、TATA sky、欧司朗、飞利浦、朗德万斯、施耐德、洲明科技、华普永明、雷士照明等多家全球知名品牌企业保持长期合作，客户分布在全球60多个国家或地区。

多年的经营与积累，“茂硕”品牌建设不断取得新成绩、新突破，公司品牌知名度、美誉度、忠诚度得到大幅提升。迄今，“茂硕”品牌自2010年起连续五届被认定为

"深圳知名品牌"，自2014年起连续两届被认定为"广东省著名商标"；"茂硕"及"MOSO"同时于2017年获得中国驰名商标认定。公司先后入选2017中国品牌500强、粤港澳大湾区品牌100强以及2019年度、2020年度、2021年度深圳行业领袖百强企业榜单；获颁"2017中国十大影响力品牌"、2020年上市公司"金质量·公司治理奖"、2021年度"领航「9+2」粤港澳大湾区最具投资价值大奖"、2021年"深圳工业大奖"提名奖等多项奖项。

在经济全球化时代，品牌意味着市场竞争力、影响力。品牌作为品质的保证、美好的体验，不仅是企业的标志、城市的名片，也是经济发展的引擎、国家实力的象征。未来，在深圳大力推进大湾区+示范区的"双区"驱动、"双区"叠加、"双改"示范建设的背景下，茂硕电源将不忘初心，牢记成为全球电源第一品牌的使命，持续推动实施品牌战略，充分激发企业自主创新意识，与广大深圳知名品牌方一道，进一步凝聚品牌共识，加深品牌的海内外市场影响力，共同推动深圳制造向品质卓越和品牌卓著迈进，为深圳工业高质量发展提供有力支撑！

锂电改变生活 ITECH 测试方案护航锂电未来

全球双碳背景下，新能源成为全球发展的主要方向，随着我国新能源汽车产销量的双丰收带动了整个上下游产业链快速发展，特别是对动力电池的需求量不断攀升，同时，手机、电动车、电动工具、数码相机等行业的快速发展，我们的生活中锂电池无处不在。

作为"专精特新"代表企业，艾德克斯电子（ITECH）坚持"专业化、精细化、特色化、新颖化"发展，多年深耕于为新能源汽车、太阳能光伏、风电等相关行业，其中锂电化、节能化和高速化将是未来绿色能源的发展趋势。护航锂电技术的飞速发展，测试标准、测试方法、测试设备都是关键。艾德克斯电子（ITECH）凭借多年行业经验，为新能源锂电产业链上下游厂商提供一站式测试解决方案。

以电动汽车中的动力电池为例，最早实现应用在电动汽车上的动力电池是铅酸电池。在多年前铅酸电池的测试中，ITECH为客户配置两台设备：一台直流电源用于电池充电测试；一台电子负载用于电池放电测试，来获得电池的循环充放电过程中各项参数数据。

随着人们对于车辆的长途旅游出行的需求增加，铅酸电池的体积大、质量大、能量密度小、功率密度低，提供的续驶里程短的弊端显现。车企不断尝试不同技术动力电池装车，发展到现如今的以锂离子电池为基础的新能源汽车。相比铅酸电池，锂电池功率更大，功率密度更大，循环寿命更长，所需要应对的工况也更加复杂。新能源车为了增加续驶里程，需要把制动能量回收到电池，所以在测试过程中，需要正负电流的快速切换。以往的测试方案中电源和电子负载的切换中存在短暂的跳变，无法模拟出真实工况，为此，ITECH潜心研发出IT6500C（IT6000C）系列双极性电源（双向回馈式直流电源），一台设备在输出和吸收电流之间进行快速连续的无缝切换，为动力电池及车企工程师解决了电池技术更迭中的重大疑难。

"精益求精"是ITECH的座右铭，他们的科研不止步于解决了用户的需求，而是为了让测试更加便捷和高效。如上述中IT6500C（IT6000C）系列双向回馈式直流电源，在解决用户测试中的痛点同时，内置LV123、LV148、DIN40839、ISO-16750-2、SAEJ1113-11、LV124和ISO 21848标准汽车功率网用电压曲线。行业用户在进行必要的标准测试时，只需一键调取波形，大大减少了编辑波形的时间，这些匠心的研发设计在行业中得到了广泛的使用和认可，时至今日，"功率电子"相关行业的研发实验室、测试台、产线中，我们都能看到IT6500C（IT6000C）这款产品及其后来不断推新的IT6000系列（IT7900）、IT-M系列等ITECH品牌的身影。

2021年12月艾德克斯电子有限公司（ITECH）获得由国家工业和信息化部组织的"制造业单项冠军"，在全球制造业的中心收获国家认证，是ITECH深耕电源行业成为"小巨人企业"后的又一殊荣。

电源，不止于此。多年来，依托持续对研发的投入，ITECH开辟了"源载一体"的新概念，将回馈式电子负载和双向电源集成于一体实现一机多用；同时不断刷新"高功率密度"记录，3U单机达到18kW，27U体积达到144kW。ITECH拥有超过百项专利，与时俱进为新能源汽车、电池、光伏储能、半导体IC等领域提供优秀的测试解决方案及稳定高效的测试设备，帮助工程师们更高效、更便捷、更节能、更精准地验证理想和实现创新。引领时代发展，为下一代建造绿色未来。

黄金赛道——ITECH 储能变流器

世界各国对于能源需求持续增加，但因为再生能源不稳定的特性，必须广设太阳能光伏、风力电机与储能设备，俨然成为新兴高科技产业，被政府列为6大核心战略产业之一。2022年11月，由比亚迪储能供货的全球最大单期储能电站在美国西海岸成功投入商业运营成为业内热议新闻。该独立储能电站由比亚迪储能提供1500V的电网级储能产品BYD Cube T28，储能容量近1.7GW·h。不断有大型企业加入储能赛道，技术突飞猛进，储能系统如何向更高电压等级、更大系统规模、更高安全稳定性发展成为各家竞争的重点。

在多种能源组成的微网系统中，储能系统是新兴的核心单元，光伏、风力等可再生能源具有波动性，而负荷也具有波动性，燃油发电机只能发出电能，不能吸收电能。如果系统中只有光伏、风力和燃油发电机，系统运行可能会不平衡，当可再生能源的功率大于负荷功率时，系统有可能会出现故障，而储能系统可吸收电能，也可发出电能，且反应速度快，在系统中起到平衡作用。

何谓双向储能变流器PCS?

储能变流器，又称双向储能逆变器PCS（Power Conversion System），应用于并网储能和微网储能等交流耦合储能系统中，连接蓄电池组和电网（或负荷）之间，是实现电能双向转换的装置。既可把蓄电池的直流电逆变成交流电，输送给电网或者给交流负荷使用；也可把电网的交流电整流为直流电，给蓄电池充电。

储能变流器主要有并网和离网两种工作模式。并网模式，实现蓄电池组和电网之间的双向能量转换。具有并网逆变器的特性，如防孤岛、自动跟踪电网电压相位和频率，低电压穿越等，根据电网调度或本地控制的要求，PCS 在电网负荷低谷期，把电网的交流电能转换成直流电能，给蓄电池组充电，具有蓄电池充放电管理功能；在电网负荷高峰期，它又把蓄电池组的直流电逆变成交流电，回馈至公共电网中去；在电能质量不好时，向电网馈送或吸收有功，提供无功补偿等。

离网模式，又称孤网运行，即能量转换系统（PCS）可以根据实际需要，在满足设定要求的情况下，与主电网脱开，给本地的部分负荷提供满足电网电能质量要求的交流电能。储能 PCS 本身电压高、功率大，测试时还需构建电池模拟的直流端，并网/离网状态模拟的交流端，满足充电及发电的双向运行状态，结构复杂、仿真要求高还有完成多项法规测试要求，对测试设备提出了极高的要求。ITECH 为储能 PCS 提供高效高功率密度的测试解决方案。

客户实例

ITECH 案例——储能变流器设计验证

某家储能厂家，使用 IT7900 电网模拟器 &IT6000C 大功率双向直流电源验证储能变流器孤岛切换时间测试。

IT7900 及 IT6000C 均为双向工作，无需更改接线及控制就能完成连续充放电测试。IT7900 为四象限交流电源，最大功率可达 960kVA，可在提供电网供电的同时，自动吸收反送电能，内置孤岛保护测试功能。IT6000C 搭配 BSS2000 可形成专业电池模拟器，具有 8 种常用电池模型及用户自定义模型功能，最大电压可达 2250V，最大功率可达 1.152MW。

储能逆变器有两种切换时间，一是充放电切换，大型储能逆流应该能快速切换运行状态，通常要求在 90%额定功率并网充电状态和 90%额定功率并网放电状态之间，切换时间不大于 200ms，二是应用于并网模式和离网模式的切换，切换时间不大于 100ms。IT7900P 及 IT7900 电网模拟器内置孤岛保护功能，大大减少孤岛保护测试接线控制的工作量。

IT7900P 高性能电网模拟器相比 IT7900 电网模拟器，在交流负载功能方面更加全面：源载状态一键切换，AC 模式下支持 CC/CP/CR/CS/CC+CR/CE 多种工作模式。测试人员可以调节 RLC 参数或配置有功功率、无功功率参数，实现模拟纯阻性或非线性电网负荷的效果，进一步验证并网型 DUT 在不同等效阻抗，三相负荷平衡及非平衡状态下的响应。设置并网/离网状态更加清晰简单。

同时 IT7900 电网模拟器及 IT6000C 双向直流电源均为回馈式产品，IT7900 回馈效率达 88%，IT6000C 回馈效率达 95%，在大功率测试中可以将电能无污染地回馈电网，满足环保需求的同时也节省了大量用电和散热成本。

汇嘉基金重金加码独角兽希磁科技

近日，磁性传感器领域的独角兽企业蚌埠希磁科技有限公司（以下简称希磁科技）完成数亿元的 E 轮融资，老股东国投招商、汇嘉基金等继续加码，基石资本、惠友投资等机构踊跃参与，以支持公司研发的持续投入及产能扩张，解决高端磁性传感器芯片的卡脖子难题。

希磁科技是国内磁性传感器领域唯一集芯片设计、材料制备、晶圆生产、芯片测试、模组制造于一体的全产业链的 IDM 企业，近几年公司深耕光伏新能源和电动汽车两大高景气赛道，营收高速增长。磁传感器行业进入壁垒非常高，无论是传感器芯片的制造和设计还是终端客户的准入，都有较高的行业门槛。磁传感器市场头部 6 家公司（AKM、Allegro、Infineon 等）占据全球市场份额约 81%，竞争格局高度集中。随着国家加大数字化发展，对于中高端传感器的需求量也是越来越大。目前国内磁性传感器企业无法突破的原因主要是传感器芯片未能突破，据统计，目前我国使用的中高端传感器中，80%都要依靠进口，传感器芯片有 90%以上都要依赖向 Melexis、Allegro、TDK 等国外企业采购。由此可见，在传感器领域，中国的国产替代的空间很大。传感器行业利润大多数集中于最上游的芯片端以及最下游的解决方案端，国产传感器企业仅完成模组组装，利润率不高，规模也难以做大；另外，高端应用被国外企业垄断，国内因缺乏核心技术，也难以打入下游关键客户的供应链，传感器行业急需通过国产替代解决卡脖子的难题。蚌埠希磁科技有限公司是一家基于 TMR 技术的芯片级磁性传感器制造企业，拥有以海归博士及专家为核心的研发团队，涵盖 TMR 芯片设计、MEMS、磁路设计、电路设计等多领域人才，拥有国内外专利 80 余项。公司始终坚持自主创新，对现有电流传感器、磁性识别传感器等产品拥有全部知识产权。目前，希磁科技是国内稀缺的具备核心技术、具备量产能力、覆盖全产业链的磁性传感器厂商。从产业链角度来看，全球只有少数企业具备 xMR 能力，磁性传感器巨头均有 xMR 的布局。2021 年希磁科技完成对德国 Sensitec 的并购与整合，实现全球化的业务布局，目前希磁及 Sensitec 具备全部三种 MR 能力（AMR/GMR/TMR）。其中 TMR 作为第四代磁性传感技术，具备更优的性能及最高的技术壁垒（晶圆制造、芯片设计、技术人才壁垒等），有高度稀缺性。同时，Sensitec 为欧洲知名的磁性传感器制造商，具备良好的市场口碑，为拓展全球市场提供了有力支撑。

希磁科技业务布局紧密围绕新能源汽车、碳中和（光伏、风电、储能等）和工业自动化三大战略方向，研发和制造基地分别位于蚌埠、宁波、无锡、德国和葡萄牙，目前 1/3 销售收入来自于国际优质客户，2/3 收入来自于中国行业龙头企业。在资本的助力下，预祝希磁科技加快发展，早日上市，发挥行业龙头作用，为实现磁性传感器国产化，促进新能源行业发展做出更大的贡献。

2022 铭普光磁大事记回顾

东莞铭普光磁股份有限公司（以下简称铭普光磁）是一家集研发、生产、销售、服务于一体的高新科技企业，公司成立于 2008 年。多年以来，铭普光磁在 5G 及网络数据通信、工业互联网、智慧家庭等应用场景领域为客户提供优质的产品和技术解决方案。

01 铭普光磁助力中国电信推出“翼安能”电信级安全储能系统

“翼安能”电信级安全储能系统可用于电信机房，与现有48V直流供电系统完美结合，在不对现有48V通信电源系统进行改造的情况下代替原有蓄电池，在保证安全后备供电的前提下，充分利用电网峰谷电价差，为电信企业节省大笔电费，降低电信运营商的运营成本，同时为电网提供用户侧削峰填谷服务，一定程度上减轻电网的峰谷不平衡压力。

02 铭普光磁与东莞联通正式签署合作，共同打造产业生态

3月30日，中国联通东莞市分公司政企BG总裁叶颖英、中北部总经理缪骏等一行莅临铭普光磁考察交流。同时，双方正式签署《铭普光磁与东莞联通在5G基础上进行的数字化（含工业互联）、零碳化领域产业生态战略合作协议》，双方基于在各自领域的优势资源，一致同意聚焦5G、工业互联网、数据中心等“新基建”重点领域，以高质量5G网络为基础、5G+多行业融合应用为重点，建立战略合作伙伴关系，共同打造5G+工业互联网标杆。

03 新品介绍丨铭普“极智”系列模块化数据中心解决方案

为了满足数字化和云计算的需求，提高数据中心基础设施建设的效率。铭普光磁推出了全新数据中心基础设施解决方案——“极智系列模块化数据中心”，此系列解决方案目前包含有极智E柜级模块化数据中心、极智R行级单列式模块化数据中心、极智M模块级单/双列式模块化数据中心、极智C集装箱式模块化数据中心四类。

04 铭普光磁推出小尺寸一体成型电感

铭普光磁一体成型功率电感MHAT系列产品目前涵盖了201208～252012等主流尺寸及R22-4R7系列感值，特别适用于手机、耳机等移动便携式终端的供电。

05 喜迎十四周年庆典，铭普光磁片式网络变压器喜结硕果

铭普光磁已通过业内众多一线品牌的逐步认可，片式网络变压器生产规模目前已达100KK套每月，2022年规划产能将突破210KK套每月。

06 数字化、新能源战略推动产品矩阵升维，铭普光磁储能产品亮相

2022年6月25日，铭普光磁（股票代码002902）在“铭普集团十四周年庆典暨品牌战略升级”发布会上，重磅发布了DN系列便携式户外储能电源，正式进军便携式储能市场。

07 铭普光磁：业界首个基于液冷安全技术的通信用安全智能光储系统试点站投入运行

2022年7月，铭普光磁与中国电信研究院在广东联合研发的业界首个基于液冷安全技术的通信用安全智能光储系统试点站成功投入运行。这是继双方联合研发的安全智能锂电储能系统成功在上海、浙江、广东等地先后开通试点站后，为通信运营商基站践行双碳战略迈出的又一坚实步伐，再次成为业内领跑者！

08 新品丨磁集成方案-适用于直流充电桩DC-DC模块的主变压器、谐振电感

铭普开发出适用于直流充电桩DC-DC模块的主变压器、谐振电感产品，采用磁集成方式，可以在有效降低占地空间的同时，达到更高的功率密度。

09 铭普携新品亮相2022德国慕尼黑电子展，深耕海外市场

2022年11月15～18日，铭普美国团队前往德国慕尼黑，参展2022慕尼黑国际电子元器件展览会（ELECTRONICA 2022）。面对全球市场变化，铭普积极应对，在全球范围内扩大业务布局。

10 特易商城GMV再创新，突破1000万！

自2021年7月特易商城成立以来，在广大客户的支持下，业务量不断攀升，实现了GMV的持续增长。根据销售数据显示，截止至双十一活动，特易商城销售额破1000万。2021～2022年收入呈稳定增长趋势，同比年增长293%。

11 “一起户外”铭普创新生态大会落下帷幕，与战略伙伴共话未来深度合作

2022年12月26日，以“一起户外”为主题的铭普创新2022首届户外生态大会在深圳举行。铭普光磁董事长、铭普创新艺术总监杨先进先生在现场发表铭普品牌战略升级主题演讲；铭普光磁总经理李竞舟先生发布2023年营销战略规划，铭普创新运营总监赵宏达先生公布铭普户外生态战略规划，确立了品牌未来的发展方向及发展重点。

铭普与中国电信研究院联合研发的业界首个基于液冷安全技术的通信用安全智能光储系统试点站投入运行

2022年7月，铭普与中国电信研究院在广东联合研发的业界首个基于液冷安全技术的通信用安全智能光储系统试点站成功投入运行。这是继双方联合研发的安全智能锂电储能系统成功在上海、浙江、广东等地先后开通试点站后，为通信运营商基站践行双碳战略迈出的又一坚实步伐，再次成为业内领跑者！

随着信息通信系统技术不断发展，通信网络不断渗透到社会生产生活的方方面面，信息通信网络设备日益增长的能耗也逐渐受到人们关注，数据中心、通信机房、基站机房还有众多边缘节点都在消耗大量电能。同时，随着国家“双碳”战略的实施，大力发展新能源和节能技术应用，积极构建绿色低碳、安全可控的云网融合基础设施，成为行业数字化转型的必由之路。储能技术作为消纳不稳定的绿色能源的重要手段，是双碳战略必不可少的环节。

在此背景下，铭普光磁与中国电信研究院联合研制了电信级安全锂电储能系统——“翼安能”，“翼安能”电信级安全储能系统可用于电信机房，与现有48V直流供电系统完美结合，在不对现有48V通信电源系统进行改造的情况下代替原有蓄电池，在保证安全后备供电的前提下，充分利用电网峰谷电价差，为电信企业节省大笔电费，降低电信运营商的运营成本，同时为电网提供用户侧削峰填谷服务，从一定程度上减轻电网的峰谷不平衡压力。

此系统由多个安全智能锂电池模块和机柜组成，安全智能锂电池模块采用了基于可双向控制充放电电流的智能电池管理系统、高安全性长循环寿命的磷酸铁锂电池组和基于绝缘循环液冷的热失控抑制技术。绝缘循环液冷式热失控抑制技术，既能有效抑制锂电池热失控带来的危险，将锂电池系统发生热失控的风险消灭在萌芽状态、破解锂电安全困局，又避免了普通水循环系统进入机房可能存在的漏水引发的次生灾害，还避免了一次性灭火剂存在的无法确保抑制死灰复燃的缺陷。

此后，项目组马不停蹄，结合通信行业绿色能源应用的需求，在安全锂电储能系统的基础上，融入屋顶光伏发电技术，充分利用通信机房屋顶，打造光储一体系统，最大程度挖掘光伏发电带来的效益。

本次成功投入运行的安全智能光储一体系统具有安全、智能、极简的特点。系统能够充分结合光伏发电与错峰用电的优势，白天充分利用太阳能发电，深夜用电低谷时段利用廉价市电为储能电池充电，避免在电网用电高峰时段使用高价市电。这样既提升了绿色能源利用率，又为电网提供了削峰填谷的服务，还降低了运营商电费负担，实现了运营商与电力部门双赢。

据了解，该产品可与现有电源系统和蓄电池实现直接并联工作，无需对原供电系统进行任何改造，现场安装极为简单，产品可为各大运营商近千万通信基站及众多节点机房提供绿色低碳能源解决方案。

为响应国家的“双碳”战略，铭普基于传统产品和技术积累，整合新资源、打造新动能，向“数字化”和“新能源”两个领域延展。多年以来，铭普不断沿主业上下游布局发展，一方面在上游材料和半导体芯片领域的进行技术投入，获得战略控制点，另一方面在5G及网络数据通信、工业互联网、智慧家庭等应用领域为客户提供优质的产品和技术解决方案，形成了深度覆盖产业链的多元化产品矩阵。

在储能领域，除通信基站安全智能光储系统外，铭普不久前还推出了DN系列便携式户外储能电源产品，为消费者提供绿色低碳的能源解决方案。公司通过品牌升级，实现To B与To C双向延伸，围绕“数字化”和“新能源”进行的战略转型不断推进。

自上市以来，铭普一直在专注研发、潜心发展，通信基站安全智能光储系统、便携式户外储能电源等产品正是公司多年技术水平积淀成果的展现，使公司厚积薄发，多元化产品矩阵不断丰富，为公司长远发展带来新动能。

维安荣获第二十三届“中国专利优秀奖”

中国国家知识产权局公布了第二十三届中国专利奖评审结果，上海维安电子有限公司“电阻正温度效应导电复合材料及过电流保护元件”荣获中国专利优秀奖。

中国专利奖是国家知识产权局和世界知识产权组织共同授予的国家层面的专利奖励，是专利领域唯一国家级、专利行业最高奖项，该奖项聚焦重点产业和关键领域核心技术，旨在鼓励企业高质量发展，体现了行业的最高科技水平。

本发明专利技术解决了电路保护行业关键性和共性问题，通过基础功能材料、元件结构设计、先进制造工艺及测试应用方案等多环节重大创新，成功实现电路保护元件低电阻化、超小型化、高稳定性的优异特性，广泛应用于汽车电子、工业工控、智能物联、新能源电池及可穿戴设备等战略新兴领域，由该项专利技术获得的累计销售收入超过20亿元人民币，出口创汇1亿美金，大大增强了中国电子元器件产品在国际市场上的竞争力，产生了极好的社会经济效益。

电子元器件是电子信息领域战略性、先导性产业，是支撑国家电子信息技术高速发展的基石产业，维安电子26年如一日，始终以自主创新为主线，以知识产权为引擎，把知识产权的创造、占有、运用、保护纳入企业经营生产各个环节，扎实推进知识产权强企建设，为公司高质量发展提供强有力支撑，为中国电路保护领域实现自主可控努力奋进。

英飞特电子荣获“国家级制造业单项冠军示范企业”

近日，工业和信息化部、中国工业经济联合会公布“第七批制造业单项冠军企业（产品）”名单，英飞特电子（杭州）股份有限公司成功入选“国家级制造业单项冠军示范企业”。

英飞特电子成立于2007年9月，是一家专注于LED驱动电源研发、生产、销售和技术服务的深圳证券交易所创业板上市公司。深耕行业十五载，公司坚持专注主业、自主创新，不断进行技术革新，持续提高产品质量，积极推动全球化产业布局，利用行业领先的核心技术、高效可靠的卓越产品和统筹全球的市场布局夺取市场高地，已成为国际领先的行业龙头企业。

公司建有省级重点企业研究院、省级企业技术中心、省级国际科技合作基地等先进平台。截至2022年6月，公司拥有专利272项，其中中国发明专利136项，美国发明专利23项，欧洲发明专利1项。公司产品通过全球20多个国家和地区的认证，销往全球100多个国家和地区，为全球节能降耗、减排环保事业持续作贡献。

从省级“隐形冠军企业”，到国家级“专精特新小巨人”，再到国家级“制造业单项冠军示范企业”，英飞特一步一个脚印，脚踏实地、行稳致远、进而有为。

未来，英飞特将继续聚焦实业、做精主业，积极发挥单项冠军行业标杆作用，围绕细分市场进一步做专、做精、做强，持续提升企业科技创新能力，提高产品质量，全面巩固和提升全球市场地位，为实现“创新驱动，全球领航”的企业愿景蓄力远航，为实现国家和行业的高质量发展贡献力量。

厦门赛尔特电子有限公司（赛尔特）&阳光电源股份有限公司（股票代码：300274）达成战略合作与投资

2022年3月，赛尔特与光伏、储能行业龙头企业阳光电源股份有限公司达成战略合作共识，完成了战略投资暨合作协议签订。公司本次与阳光电源的合作，旨在通过与标杆企业的产业链协作、上下游联动，提升公司整体水平，从而实现为全球提供高标准、高品质电路保护元器件及电路保护解决方案。

无锡新洁能荣获中国半导体市场领军企业奖

2022世界半导体大会（World Semiconductor Conference & Expo 2022）暨南京国际半导体博览会于2022年8月18日在南京国际博览中心胜利召开。

在当天下午的创新峰会上发布了2022中国集成电路高质量发展“两优一先”遴选企业名单，无锡新洁能股份有限公司荣获“2021—2022中国半导体市场领军企业奖”，充分彰显了主办方对于新洁能在半导体功率器件领域所取得卓越成就的高度认可。

新洁能是国内率先掌握超结理论技术并且在12英寸工艺平台实现沟槽型MOSFET、屏蔽栅MOSFET量产的企业，同时也是全国首个推出品类最全光伏系列IGBT产品的企业，拥有业内最为专业、领先的研发团队。

未来新洁能也将不断持续布局半导体功率器件最先进的技术领域，并投入对SiC/GaN宽禁带半导体、智能功率器件的研发及产业化，持续引领国内半导体功率器件的发展。

从技术突破到生态构建　小米坚持做充电领域的拓荒者和领先者

作为百瓦快充技术的开启者和推动者，小米一直在充电领域深耕，在有线充电技术的研发上实现了一个又一个突破。目前，最新的红米Note 12探索版已经发布了210W的“神仙秒充”，在行业内遥遥领先。将4600mA·h的大电池充满，所用时间可以缩短到9分钟。

小米同时是国内手机无线充电技术的开启者。2022年7月发布的小米12S Ultra配备了50W无线秒充，是行业内最快的无线充电技术之一，能够在52分钟充满4860mA·h电池。同时，小米工程师仍在积极探索体验更好、速度更快的无线充电技术。限于无线充电的最大功率规定，已经储备的120W无线快充技术在短期内不会落地量产，但小米对无线充电技术的钻研与打磨从未停止。

此外，小米工程师打通全链路，构建行业领先的“小米澎湃电池管理系统”。在小米12S Ultra上，通过自研的充电芯片“澎湃P1”与电池管理芯片“澎湃G1”，兼顾续航与快充的平衡，并在效率、功率和尺寸上持续迭代升级，努力将充电的体验优化到极致。

随着小米有线、无线充电技术的发展与普及，小米将以手机为中心，打造充电立体生态，未来还会重点发力车载充电和生态模块，全面布局充电生态建设。

对于未来无线充电技术的发展趋势，会朝着大功率、高效率、高自由度和远距离四个方向发展，而每个方向下也包含了很多有待解决的实际问题：比如大功率方向下高感值大电流带来的线圈匝间高电势差防护问题，高效率方向下纳米晶磁芯损耗的降低问题，高自由度方向下漏磁电磁干扰的抑制问题，远距离方向下处于功率传输通道中金属异物的检测问题等等。

上述问题的攻克与解决需要学界与业界的共同努力。小米也将继续致力于无线电能传输技术的研发，为更加高效、环保、便捷、智能的用电体验而努力。

充电技术的革新，不仅会带来个体用户体验的飞跃，而且也为充电技术的生态建设奠定了基础，从而使得技术创新能够真正地惠及每一个人。这也是小米一直坚持做的事情，从硬核技术，到构建全新的科技生态，让全球每个人都能享受科技带来的美好生活。

年减CO_2 19940吨，合康新能助力库卡打造“绿电工厂”

2022年8月4日，“库卡机器人（广东）有限公司2.54MW屋顶分布式光伏发电一期项目”正式并网发电，标志着在美的工业技术的助力下，库卡机器人“绿电工厂”达成阶段性目标。该项目由美的工业技术旗下合康新能承建，项目涵盖光伏绿电、新能源充电桩、智慧能源管理系统等多项综合能源设施。

作为项目总承包方，美的工业技术旗下合康新能发挥在绿色能源领域的优势，能够为客户提供了包括项目规划、设计集成、施工交付、售电交易、运维检修在内的全生命周期流程服务。美的集团副总裁王金亮、普洛斯集团副总裁罗澍、合康新能科技股份有限公司总经理宁裕、库卡中国营运与人力资源总监陈峰等出席库卡机器人“绿电工厂”并网发电仪式，并就后续的全面战略合作进行座谈。

美的工业技术助力库卡机器人打造“绿电工厂”

当下，我国“碳达峰、碳中和”战略稳步推进，加快构建清洁、低碳、安全、高效的能源体系，推动构建新能源占比逐渐提高的新型电力系统意义重大。其中，以光伏为代表的清洁能源在其中的作用愈发显现。以由合康新能助力打造的库卡机器人“绿电工厂”项目为例，此次实现并网的一期项目装机容量2.54MW，运行期间发电量为279.4万千瓦·时/年，可减少二氧化碳排放1704.34吨/年；项目预计总装机容量为18.7MW，总体计划于2023年6月全容量并网，建成后每年可为工厂提供绿电2000万千瓦·时，节省电费支出300余万元，年减少二氧化碳排放19940吨，每年节约标煤6360吨，相当于每年植树造林199.4万棵。

库卡机器人“绿电工厂”于2022年5月27日开工，利用其屋顶资源进行分布式光伏电站建设。其中，合康新能利用在建设方面积累的丰富经验，克服了6月雨季、园区车流量大、吊装时间和吊装地点少等对施工影响较大的因素，确保项目在7月底顺利达到并网条件，展现出在绿色能源领域的深厚技术储备与过硬的项目执行能力。

据悉，库卡机器人“绿电工厂”项目采用“自发自用，余电上网”模式，随着一期并网，合康新能将继续为库卡机器人提供光伏工程建设服务。美的工业技术旗下合康新能也将以绿色能源领域的丰富实践经验为基础，积极推动光伏、储能产品及解决方案在工业领域的落地与应用，助力企业实现用能的“低成本、低风险、低碳排”，提升工业园区绿电率，在迈向“双碳”目标、绿色与可持续中发挥更大能量。

科达嘉电子与得捷 Digi-key 合作为全球研发工程师提供服务

2022 年 3 月 10 日，科达嘉电子与 Digi-Key 正式建立了合作关系，这将使得全球的研发工程师能够从 Digi-Key 在线购买科达嘉电子的大电流电感产品并享受及时发货服务。

Digi-Key 拥有全球选择最为广泛的电子元器件现货供应能力，研发工程师可以通过其在线市场获得无限的相邻产品和技术。Digi-Key 提供来自超过 2200 家优质名牌制造商的 1300 多万件零部件，以支持全球研发活动。

科达嘉电子第一批上线的产品包括一体成型电感 CSAB 系列、大电流电感 CSBX 系列和 CSCF 系列、数字功放大电流电感 CPD 和 CSD 系列。丰富的功率电感组合能够满足客户不同的应用需求，并实现快速选择、在线订购、立即发货和 8 周内补充库存。

为追求在清洁发电和能源数字化方面的创新，科达嘉电子持续设计和制造小尺寸、低直流电阻和高额定电流的功率电感。拥有材料研发能力和 CNAS 认可的实验室，科达嘉电子功率电感器能被快速设计制作和测试认证以满足客户的指定需求，低直流电阻和高额定电流的功率电感器可以实现客户节能和降低损耗的市场需求。在 Digi-Key 即时发货服务的支持下，来自 170 多个国家的国际工程师能够快速获得科达嘉大电流电感器，通常在中部标准时间下午 8 点之前下订单即可当天发货。

科达嘉电子和 Digi-Key 建立合作关系，结合大电流电感器技术创新和及时发货的特点，将支持全球研发工程师为建设低碳智能社会做出贡献。

此外，研发工程师在为他们的设计选择功率电感器时，将受益于科达嘉电子的设计工具。

科达嘉电子与清华大学深圳国际研究生院开展产学研交流合作

随着知识经济和信息化时代的到来，企业的竞争最终演变为人才的竞争。为促进产学研深入交流，加强对具有国际化视野的科技人才、管理人才的引进与培养，2022 年 11 月，科达嘉电子组织开展了与清华大学深圳国际研究生院的联谊活动，清华精英学子走进科达嘉深圳总部愉快座谈，深入交流，共同描绘美好蓝图。

校企联谊，开创产学研合作新局面

深圳的冬天阳光灿烂，天朗气清，来自清华大学深圳国际研究生院的精英学子面带笑容，走进位于坂田天安云谷产业园的科达嘉深圳总部。科达嘉副总经理卢轩及公司产品研发负责人对清华大学深圳国际研究生院精英学子们的到来表示热烈欢迎，并进行了热情接待。

科达嘉卢副总对公司的基本情况、核心业务、发展历程、核心优势、营销网络、品牌理念、人才体系、企业文化等进行了全面的介绍，引发了同学们的浓厚兴趣。同学们对科达嘉电感产品技术以及企业概况有了全面了解，并给予了高度的肯定。大家就公司所在行业技术趋势、发展前景、企业产能、未来规划、人才体系、薪酬福利等进行了提问，卢副总一一进行了细致解答，并就科达嘉当前阶段的人才需求、优才培养计划等进行了介绍。

在卢副总的带领下，同学们参观了生活区、休闲区、公司展厅、阳光餐厅、办公区等场所。科达嘉宽敞明亮的办公室、时尚现代的装修风格、舒适人性化的生活空间、科达嘉人朝气蓬勃、积极向上的精神风貌，以及天安云谷产业园便利的配套设施给大家留下了深刻的印象。

强强联手，资源互补共赢未来

清华大学深圳国际研究生院是获教育部正式批准设立，是清华大学唯一的国内异地办学机构。该院是在清华大学深圳研究生院、清华-伯克利深圳学院基础上建设的新型高等教育机构。学校面向学术与产业前沿，布局建设一批新型交叉学科，培养适应新时代的复合型人才；办学思路新，以开放合作为主要办学特色，大力吸纳国内外一流高校、高水平科研院所、企业等各主体的优质资源合作办学，探索人才培养新模式。

作为全球领先的磁性元件技术供应商之一，科达嘉专注电感产品研制 21 年，是一体成型电感、大电流电感专业制造商，国家高新技术企业、深圳市专精特新企业。公司技术实力雄厚，电感产品 100%自主研发生产，磁性粉末、磁粉芯等核心材料自主研制，具有很强的定制开发能力。公司拥有 CNAS 认可的实验室、符合 AEC-Q200 认证试验条件的可靠性实验室等，为产品质量和创新研发提供强有力的技术支撑。

目前，科达嘉电感产品已经广泛应用于工业控制、汽车电子、医疗电子、新能源、通信设备、电源系统等多个行业，产能稳步增长。科达嘉以领先的磁性元件技术和高可靠的电感产品助力工业 4.0、物联网新基建和国家“双碳”目标的实现。

在科达嘉快速发展的过程中，人才始终被视为企业发展的基石和“第一资源”。科达嘉先后参加了桂林电子科技大学、桂林理工大学、武汉中南民族大学、湘潭大学、长沙理工大学等知名院校的校招活动，并联合深圳龙岗坂田街道和各高校间成功举办了专场人才交流活动，围绕毕业生就业、科研成果转化、人才联合培养等校企合作模式进行了深入探讨。

科达嘉与清华大学深圳国际研究生院的交流，为实现校企资源有机结合和优化配置，共同培养社会、企业发展需要的人才提供了有效途径，开创了校企合作新局面。

创四方荣获北京市专精特新企业认定

近日，北京创四方电子集团股份有限公司（以下简称：创四方）收获一则喜讯，在 2022 年伊始，创四方成功入选北京市经济和信息化局颁布的“专精特新”中小企业名单，喜获荣誉证书。

根据北京市的认定条件，入选“专精特新”中小企业名单，需要在经济效益、专业化程度、创新能力、经营管理等专项层面达到行业领先水平，同时主导产品符合国家战略发展方向。

多年来，创四方专注行业领域持续深耕，始终将创新作为第一生产力。以三十年的技术积累和产业化开拓经验为依托，立足智能制造，不断迭代更新生产设备，大幅提升生产效率和产品的品质。与此同时，通过自动化融合，提升产品制造过程中精细化管理能力，保障研发、供应、生产执行各个环节的高效协同，为持续输出性能稳定、安全可靠的产品打下基础。如今，创四方传感器、互感器、变压器等产品已广泛应用于国内外电驱动控制、BMS 电池管理、新能源汽车充电桩、光伏逆变器、无功补偿器中，客户涵盖了大型国企、政府机关、知名车企、电网公司等，能够为客户提供完善的解决方案，产品表现良好，获得了广大用户一致好评。

本次成功入选北京市“专精特新”企业，是对创四方自主创新能力和技术研发实力的认可和鼓励。创四方将坚持“专精特新”发展之路，不断提高自身的创新能力，保障持续、健康、高质量发展，以专业精进的工匠精神，奔向智能制造星辰大海。

广州德肯电子股份有限公司通过国家高新技术企业认定

根据《高新技术企业认定管理办法》（国科发火〔2016〕32 号）和《高新技术企业认定管理工作指引》（国科发火〔2016〕195 号）有关规定，广州德肯电子股份有限公司被认定为广东省 2021 年第一批高新技术企业之一。

国家高新技术企业认定项目是国家政府为扶持和鼓励高新技术企业发展而制定的一项资助认定计划。该项目主要支持电子信息、生物与新医药、航空航天、新材料、高技术服务、新能源及节能、资源与环境、先进制造与自动化等八大高新技术领域。此次广州德肯电子股份有限公司被认定为广东省高新技术企业，这是对我司在产品研发、技术服务、校企合作等领域上取得的优异成果的肯定，我司将贯彻落实推进国产科学仪器设备设计与研发，奋揖笃行，臻于至善！

英威腾网能数据中心解决方案为“智慧医疗”强大赋能

日前，英威腾网能技术有限公司数据中心解决方案成功入驻桃源县中医医院，为该院全面提升现代化管理水平、保障医疗质量和安全、促进智慧医疗信息化建设提供了强有力的保障。

桃源县中医医院创建于 1955 年，医院占地面积 8 亩，建筑面积 11278 平方米。是一所集医疗、教学、科研和预防保健为一体、“以人为本、病人至上”为宗旨的综合性二级甲等中医医院。

为落实《国家健康医疗大数据标准、安全和服务管理办法（试行）》（2018 年）、《互联网医院管理办法（试行）》等文件精神，充分利用云计算、大数据、物联网、移动互联网等新兴信息技术，桃源县中医医院高度重视“智慧医院”信息化项目建设。

英威腾网能技术有限公司针对桃源县中医医院信息化建设需求，提供了腾智 ITalent 系列大型一体化数据中心解决方案，为该院智慧医院升级和安全高效运转提供全方位的关键基础设施支撑，并大幅度缩减了业务建设周期，匹配业务变化快速按需部署，进一步提高了医患体验，为其推进智慧医院信息化建设强大赋能。

易能时代首款 60kW 充电桩模块发布

2022 年 3 月 13 日，新能源领域新势力“易能时代”正式发布启明系列充电桩模块，其中包括 30kW 和 60kW 两个版本，适用于不同客户对充电桩模块解决方案的需求。

易能时代创始人 &CEO 苏昕表示，易能时代发布的这款新品转换效率高达 99%，能够最大程度降低电损，极大缓解桩企、运营商的经营压力。此外，它在散热、集成度、稳定与可靠性等方面的性能也十分出色，防护能力极强，售后成本低，能大幅减少运营商和桩企的运维成本。

目前，市面上的充电桩模块普遍存在同质化严重，功能参差不齐，缺乏核心技术等现象。易能时代这款新品发布后，有望解决充电桩行业长期以来存在的电损高、售后成本高等诸多痛点。

尤其对于桩企和运营商来说，在充电服务费受政策限制无法提升的形势下，充电效率是盈利的关键因素。这款新品转换效率高达 99%，如果未来能够大规模普及和应用，将创造巨大的社会价值和行业价值，促进产业健康有序发展。

在会后的媒体采访环节，易能时代的苏昕表示，构建“能源云”生态将是易能时代未来长期坚持的战略，易能时代将不断突破底层应用科技，去兼容整个行业生态，为广大充电桩厂商提供包括智能软硬件在内的整套技术服务解决方案。

对易能时代而言，此次发布的全新充电桩模块不仅仅是在迎合高效率、高电压平台的行业趋势，这也是一种自然的动机倾向，要符合主流的发展；未来还会通过全套的解决方案去深耕新能源市场，包括利用此前在能源信息化的业务线上的优势，起到一定的赋能作用。

当被问及是否会与车企进行合作时，苏昕也对此也进行了答复。首先，车企是生态链的合作伙伴，尽管车企的最终目的可能不只是做一个桩，而是为了整个车，但是在这个生态里面具有很强的关联性，而且车企在这方面是拥有定义的能力，但是具体的车企名单尚未透露，因为这会涉及双方传递信息的节奏。

未来，易能时代也将通过能源领域 8 年的信息化积累，3 年的新能源智能硬件探索，以及在数据运营和大数据方面的优势，力争成为新能源领域中的一匹黑马。

南京海迪自动化科技有限公司通过国家高新技术企业认定

南京海迪自动化科技有限公司顺利通过 2022 年度高新技术企业认定，荣获由江苏省科学技术厅、江苏省财政厅、国家税务总局、江苏省税务局联合颁发的高新技术企业证书。

科学是发展的重要内在推动力，高新技术企业是指通过科学技术或者科学发明在新领域中的发展，或者在原有领域中革新似的运作。在我国高新技术企业一般是指在国家颁布的《国家重点支持的高新技术领域》范围内，持续进行研究开发技术与技术成果转化，形成企业核心自主知识产权，并以此为基础开展经营活动的居民企业，是知识密集、技术密集的经济实体。

此次荣获“国家高新技术企业”荣誉称号，正是国家对海迪科技高新技术产品服务能力、科技创新实力、研发投入及成果转化能力的高度认可。海迪科技将以获得“高新技术企业”认定为起点，大力实施创新发展战略，加强技术研发和创新投入，为推动公司高质量发展，服务未来科技城市建设贡献一份力量！

第五篇　科研与成果

第八届中国电源学会科学技术奖获奖成果

特等奖

功率变流器安全运行可靠性提升技术及应用

奖项类别：科技进步奖（技术开发类）

完成单位：重庆大学、北京空间飞行器总体设计部、深圳古瑞瓦特新能源有限公司、同济大学、深圳市鼎泰佳创科技有限公司、深圳市禾望电气股份有限公司

主要完成人：杜雄、孙鹏菊、罗全明、周雒维、张晓峰、向大为、吴良材、梁远文、张军、卢伟国、李高显、周党生、黄晓宗、刘俊良、管勃

项目亮点：本项目围绕功率变流器安全可靠运行及状态监测问题，提出了复杂工况下基于复系数传递函数的并网变流器安全运行控制方法、电热特征量解耦的功率变流器在线状态监测方法、多时间尺度综合主动热调控方法和不受老化影响的功率器件结温在线提取方法，攻克了功率变流器安全运行控制准则认识不清、状态监测和热管理控制方法缺失等难题。

项目介绍：

功率变流器是新能源、航空航天、轨道交通、国防军工等领域的核心装备。安全可靠的变流器是先进电力电子技术的发展方向。功率变流器常处于高频工作状态、高温运行环境和复杂电网环境，其故障易引发系统起火或停机，造成重大安全事故，给国民经济带来巨大影响。功率变流器安全可靠运行中面临的四个关键技术难题是：复杂工况下安全运行控制准则认识不清；状态监测电热特征量强耦合；长时间热管理控制方法缺失；功率半导体器件结温测量不准。

针对上述技术难题，10余年来研究团队在国内率先开展功率变流器安全可靠运行方面的研究，完成了国家自然科学基金重点项目、面上项目、科技部国际合作项目等系列项目。在功率变流器的安全运行、状态监测、主动调控等方面取得了创新成果，主要科技创新如下：

1）复杂工况下基于复系数传递函数的并网变流器安全运行控制方法。提出了电网故障下并网变流器正负序电流解耦控制和基于安全运行域的多维控制策略，实现了变流器容量最大化利用，有效支撑电网电压恢复。

2）电热特征量解耦的功率变流器在线状态监测方法。针对功率器件键合线和焊料层老化的状态监测，发明了基于特定驱动电压下集射极电流和降温曲线的在线状态监测方法，实现了电热特征量的相互解耦。

3）多时间尺度综合主动热调控方法。揭示了实际工况下变流器的寿命分布规律，发明了多时间尺度下基于寿命分布的长时间主动热管理控制策略，显著提升了变流器的运行寿命。

4）不受老化影响的功率器件结温在线提取方法。提出了基于三维温敏特性的功率器件结温自标定方法，实现了工业现场功率器件结温的准确自标定；发明了不受疲劳老化影响的功率器件结温在线提取方法，解决了功率器件结温在线准确提取的难题。

成果已授权国家发明专利29项，发表高水平论文50余篇，相关成果已应用于风电/光伏变流器等产品中。研究成果获国内外期刊年度最佳论文奖3次，国内外学术会议优秀论文奖9次，培养了全国百篇优博论文奖和提名奖各1人，重庆市优秀博/硕学位论文4人。

项目完成单位及对本项目的贡献：

第一完成单位　重庆大学：是教育部直属的全国重点大学，国家“211工程”和“985工程”重点建设的高水平研究型综合性大学，国家“世界一流大学建设高校（A类)”。学科建设有输配电装备及系统安全与新技术国家重点实验室和国家雪峰山能源电力装备安全野外科学观测研究站，在功率半导体器件和变流器可靠性理论和技术的研究方面处于国内前列。该项目的四个科技创新点的核心思想和实施方法均源自重庆大学研究团队的开拓性理论和技术上的原创工作。围绕该项目的研究，形成了论文和发明专利。重庆大学对本项目的创新点1、2、3、4均做出了贡献，在人力、物力和财力上全面支持项目研发工作和科技创新，并协助合作企业开展了研究成果的应用和转化，增强了合作企业产品竞争力。

第二完成单位　北京空间飞行器总体设计部：是我国航天器总体领域最多、专业技术最齐备的空间飞行器研制总体单位，承担着以高分辨率对地观测系统、第二代卫星导航系统、载人航天与探月工程三大国家重大科技专项为代表的航天器研制任务，在牵引和推动我国空间事业领域和专业发展方面发挥着重要作用。主要对本项目的创新点2和4做出了重要贡献。

第三完成单位　深圳古瑞瓦特新能源有限公司：是一家专注于可持续能源发电、储电、用电以及能源数字化领域的企业。公司设计、研发、制造光伏逆变器、储能系统、智慧能源管理系统，为全球家庭及工商业用户提供优质的全场景分布式能源解决方案。自成立以来，古瑞瓦特始终坚持科技创新及研发投入，先后在深圳、西安及惠州成立

研发中心，建立了超500人的专业研发团队。古瑞瓦特业务已覆盖全球150多个国家和地区，自主研发的OSS智能运维云平台已连接全球约140万个家庭及工商业终端用户。在本项目中主要对创新点1做出了重要贡献。

第四完成单位　同济大学：是教育部直属的全国重点大学，国家“双一流”建设高校，国家“985工程”和“211工程”建设高校。电气工程系为适应智能电网、清洁能源、新能源汽车、轨道交通等领域的需求，在新能源利用及电气装备、电气绝缘与电力设备诊断、电力系统保护与监控、电力电子与牵引自动化、传动控制与系统仿真、智能配电网与微电网等方向开展了研究，取得了一批具有国际、国内先进水平的研究成果。近5年本学科共承担国家级项目18项，省部级项目50余项。在本项目中主要对创新点4做出了重要贡献。

第五完成单位　深圳市鼎泰佳创科技有限公司：是国家高新科技企业，深圳市软件协会会员，深圳市知名中小企业。公司有200名员工，其中近80多名研发技术人员，多名高级工程师曾就职于艾默生、华为等知名公司。研发团队由深圳市领军人才-地方级人才带队，公司每年投入10%的营收资金用于研发。公司配备电力电子研发中心、自动化研发中心和智能制造软件研发中心，可为新能源汽车核心部件测试、新能源发电生产自动化、新电力电子材料测试、3C产品智能自动化生产系统提供解决方案。在本项目中主要对创新点4做出了重要贡献。

第六完成单位　深圳市禾望电气股份有限公司：是一家专注于新能源电控系统研发、制造、销售和服务的高新技术企业，公司拥有完整的大功率变流器及监控系统的自主开发平台。通过技术和服务上的自主创新，不断地为客户创造超额价值，现已成为国内新能源领域领先的电力电子企业。产品系列覆盖国内850kW~6.0MW风电变流器和50~1260kW光伏逆变器的主流机型。风电变流器的技术研发在国内市场中已处于领先地位，高强度投资于中国电网的电网适应性研究和未来新机型变流器的技术研发。在并网型太阳能光伏发电领域，禾望电气提供有竞争力的整体解决方案，包括系列化的光伏逆变器、完善的监控系统等，并提供集装箱一体化解决方案。在本项目中主要对创新点1做出了重要贡献。

项目第一完成人介绍：

杜雄，工学博士，重庆大学教授，博士生导师，国家自然科学基金杰出青年基金获得者，国家“万人计划”青年拔尖人才，中国电源学会副理事长，全国优秀博士学位论文和中国电源学会杰出青年奖获得者。长期从事电力电子变流器可靠性、新能源电力电子系统稳定性等方面的科研工作，主持国家自然科学基金项目6项，其中重点项目1项。发表学术论文200余篇，授权发明专利30余项，出版Springer专著1部。

特等奖

风电机组正负序协同理论与故障穿越方法

奖项类别： 科技进步奖（基础研究类）

完成单位： 华中科技大学、浙江大学

主要完成人： 胡家兵、徐海亮、朱东海、林新春、邹旭东、胡胜、周诗颖、孙丹、康勇、贺益康

项目亮点： 建立了风电机组正负序协同理论，解决了不对称故障下风电机组多重应力的形成机理不明、抑制规律不清、控制方法不足等科学难题，为风电机组故障穿越奠定理论基础。

项目介绍：

风电机组故障穿越失败导致大面积连锁脱网，给电力系统安全带来严峻挑战，严重制约风电大规模开发利用。不对称故障下，风电机组脱网的直接原因是电磁转矩、直流电压和交流电流等多重应力超标，其形成机理及调控方法是国际电机与电力电子学科交叉的研究前沿。在国家自然科学基金、973计划等项目资助下，历经十多年持续攻关，建立了风电机组正负序协同理论，解决了不对称故障下风电机组多重应力的形成机理不明、抑制规律不清、控制方法不足等科学难题，为风电机组故障穿越奠定了理论基础。主要科学发现如下：

1）揭示了风电机组应力演化的形成机理。发现了负序电压扰动对电磁转矩、直流电压和交流电流等风电机组应力的作用机制，建立了能精确描述风电机组应力演化规律的解析模型，攻克了风电机组转矩、电压、电流等多重应力形成机理不清的障碍。

2）建立了正负序多自由度协同理论。发现了正负序电流指令对风电机组多重应力的影响规律，提出了机-网侧变流器正/负序、交/直轴电流的多自由度协同新机制，解决了风电机组转矩、电压和电流等多重应力协同抑制的理论难题。

3）提出了不对称故障穿越控制方法。探明了负序引起的锁相抖动机理和电流无静差调节的电路本质，提出了基于谐振式锁相环的比例-积分-谐振控制方法，实现了正负序电流指令的精确快速跟踪，推动了正负序协同理论用于工程实践，解决了风电机组故障穿越控制难题。

本项目8篇代表作他引1494次，其中1篇连续10年入选ESI高被引论文，1篇获国际权威期刊IEEE TEC最佳论文奖。提出的正负序协同理论与故障穿越控制方法已在禾望、艾默生等风电龙头企业产品中成功转化并应用，解决了风电机组穿越不对称故障的“卡脖子”技术难题，社会和经济效益显著。

项目完成单位及对本项目的贡献：

华中科技大学作为项目第一完成单位，组织项目团队，聚焦风电机组正负序协同理论与故障穿越方法，进行了长期科研攻关，取得了基础性、系统性和原创性的成果，突破了风电机组不对称故障穿越多重应力的形成机理不清、抑制机制不明和调节手段匮乏等国际性难题，有力地推动了风电并网控制技术的进步，并促进了电力电子和电机学科的融合发展。在该领域同行中公认度高、影响力大。主要贡献包括：

1）发现了负序电压对风电机组多重应力的作用机制，

建立了能精确描述风电机组应力演化规律的解析模型，攻克了风电机组多重应力形成机理不清的障碍。

2）发现了正负序指令对风电机组多重应力的影响规律，创建了机-网侧变流器正负序多自由度协同新机制，解决了不对称故障下多重应力协同抑制的难题。

3）探明了负序引起的锁相抖动机理和电流无静差调节的电路本质，提出了正负序电流统一控制架构，攻克了风电机组故障穿越控制难题。

浙江大学作为项目主要完成单位，是国内最早开展大型风电机组控制技术的高校（研究机构）之一。学校高度重视服务国家能源战略，致力于推动国家能源转型发展，组织项目团队，围绕风电机组正负序协同调控理论，开展了长期科研攻关，取得了一系列原创性的研究成果。主要贡献包括：

1）在风电机组应力演化机理分析方面，创建了风电机组瞬时功率/电磁转矩与正负序电压/电流之间的解析模型，发现了负序分量对转矩二倍频波动的作用规律。

2）在风电机组多重应力协同抑制方面，提出了机-网侧变流器正/负序、交/直轴电流的多自由度协同新机制，为风电机组多重应力协同抑制提供理论基础。

3）在风电机组不对称故障穿越控制方面，提出了基于比例-积分-谐振（PI-R）的风电机组正/负序电流统一调控方法，推动了正负序协同理论用于工程实际。

项目第一完成人介绍：

胡家兵，华中科技大学教授、博士生导师，国家杰出青年科学基金获得者，IET Fellow，IEC SC8A JWG5 工作组召集人。2004 年和 2009 年在浙江大学获学士和博士学位，2009 年至 2011 年在英国谢菲尔德大学从事博士后研究。研究兴趣包括电力电子化电力系统稳定与控制、大规模并网可再生能源发电装备与控制、多尺度复杂系统理论等，研究工作先后获得了国家“万人计划”青年人才项目、国家优秀青年科学基金项目、教育部“长江学者计划”青年学者项目、国家重点研发计划、国家自然科学基金重点项目与联合基金重大类集成项目等资助。以第一/通讯作者发表 SCI 论文 100 余篇、H 指数 41，出版专著 3 部，以第一完成人获中国电源学会特等奖、中国电工技术学会一等奖等。目前承担 *IEEE Transactions Energy Conversion*（*TEC*）、*IET Renewable Power Generation*（*RPG*）和《电力系统自动化》等期刊的编委工作，多次担任 IEEE/IET、中国电机工程学报等期刊的特约专题主编，2016—2021 年连续 6 年入选爱思维尔中国高被引学者（电气与电子工程学科领域）。

一等奖

基于电力电子化电池单元的规模化储能系统关键技术与应用

奖项类别：技术发明奖

完成单位：上海交通大学、阳光电源股份有限公司、广州智光储能科技有限公司、上海正泰电源系统有限公司、易事特集团股份有限公司

主要完成人：李睿、蔡旭、于玮、姜新宇、徐君、黄蕾、许明夏、杨佳涛、彭程、刘畅

项目亮点：通过功率变换、状态辨识和安全管控技术的集成创新，应对电池储能规模化应用的挑战。

项目介绍：

电池储能是解决高比例可再生能源电网消纳和维持电力系统安全稳定的重要手段。风、光电源电网渗透率的不断提升，推动了电池储能系统的设备容量与发展规模持续增加。随着电池储能系统的容量增加，电池系统内部的电池模块串并联规模持续扩大。由于电池模块参数一致性随其充放电循环次数增加而逐渐降低，导致串联模块间存在荷电状态短板效应、并联模块间存在电池环流，容易引发电池系统局部的模块过充、过热、循环损耗增加以及故障扩散，降低电池系统的循环效率、容量利用率、寿命和安全性，无法满足规模化电池储能系统的发展需求，亟需功率变换、状态辨识和安全管控技术集成创新，应对储能规模化应用的挑战。

本项目聚焦储能系统经济性和安全性提升难题，主要技术发明如下：

1）发明了电力电子化电池单元技术，将电池单元与双向变换器和状态辨识单元深度融合成“电力电子化电池单元”，使其具备自主管控输出电压、充放电电流和辨识电池状态的能力。通过变换器给电池单元主动注入功率扰动，实现了 0.1Hz～1kHz 电化学阻抗谱在线测量，协同 BMS 辨识电池状态，辨识误差降低到 3%；辨识单元定位电池微短路潜在故障后，结合变换器实现对故障电池单元的隔离与保护，避免电池故障导致的热失控，提升电池单元全生命周期的经济性与安全性。

2）发明了无变压器高压直挂电池储能技术，通过簇级电力电子化电池单元串联升压扩容，解决了单机大容量储能与海量电池单元参数失配矛盾，使电池系统无需工频变压器直接接入 6～35kV 高压电网，大幅提升系统容量、效率和安全性。最大单机容量可达 132MW，实测高压储能系统充放电全循环效率大于 90%，电池容量利用率大于 87%，分别比常规储能系统提升约 5%和 12%。

3）发明了多源混合储能发电系统拓扑与控制技术，通过电力电子化电池单元间并联协同控制，彻底实现了簇间并联型多 MW 级储能系统电池 SoC/SoH 状态均衡和环流抑制；将簇级电力电子化电池单元直接并入光伏阵列出口，通过光伏侧储能功率协同，大幅提升光储发电系统的能量利用率；通过多组电力电子化电池单元与柴油发电机组的协同控制，大幅提升 3000 马力[⊖]混合动力调车机车的能效水平。

本项目获授权发明专利 55 件，其中 7 件核心专利授权 4 家行业头部企业，发表 SCI/EI 期刊论文 38 篇，出版专著《储能功率变换与并网技术》，主持完成了由中国负责的首个并网型电池储能系统国际标准。项目团队依托上述成果形成了系列化储能系统、光储系统和混合动力调车机车牵

⊖ 1 马力 = 735.499W。

引控制系统，近三年完成储能设备产业化超过 4GWh，实现销售 24.1 亿元，产生利润 4.9 亿元。

项目完成单位及对本项目的贡献：

第一完成单位：上海交通大学，主要贡献：

1）发明了电力电子化电池单元技术，通过变换器拓扑设计与控制，提升电池单元能量转换效率；通过变换器给电池单元主动注入功率扰动，实现阻抗在线测量，协同 BMS 提高状态辨识精度；通过组配开关逻辑，实现对故障电池单元的隔离与保护，提升电池单元全生命周期的经济性与安全性。

2）发明了高压直挂储能拓扑与控制技术，通过电力电子化电池单元串联升压扩容，解决了储能大容量化与电池单元间失配的矛盾，使电池储能系统无需工频变压器直接并入 35kV 高压电网，实测储能系统充放电循环效率 90%，比常规系统提升 5%。

3）发明了多源混合发电系统拓扑与控制技术，通过系统的拓扑设计与电压/电流源双模控制，实现短路比 1.1 以下的弱电网稳定运行；通过电力电子化电池单元与发电机组的协同控制，实现半载以下零碳运行；通过电力电子化电池单元间并联协同控制，彻底解决了电池单元间状态均衡和环流抑制问题。

第二完成单位：阳光电源股份有限公司，主要贡献：

1）开发了电池簇经双向直流变换器接口后并联的 MW 级电池储能系统拓扑与电池簇分割管控技术，通过电力电子化电池单元的并联组合扩容，使电池簇间环流抑制为零，电池储能系统循环效率比常规电池簇直接并联系统提升 3%，电池簇可利用容量提升 5%，并大幅提高系统的转换效率和响应速度。

2）大幅提升了储能系统对电池簇 SoC、SoH 的平衡能力。将电压源电流源双模控制策略首次应用到大容量储能系统中，实现储能系统离/并网模式的无缝切换。

3）开发了电力电子化电池单元与光伏系统组合的模块化光储发电系统，广泛应用于用户侧和工商业场合，提升光伏系统发电效益并平滑光伏波动。

第三完成单位：广州智光储能科技有限公司，主要贡献：

1）开发了高压直挂储能拓扑与电池堆安全分割管控技术，通过电力电子化电池单元的串联升压扩容，使电池系统无需工频变压器直接并入 35kV 高压电网，使得储能系统单机功率从 630kW 提升到 25MW，并大幅提高系统的转换效率和响应速度。

2）开发了全工况下相内、相间电池簇主动均衡技术，提升储能系统对电池 SoC、SoH 离散的适应能力。将电压源电流源双模控制策略首次应用到级联式高压大容量储能系统中，实现储能系统离/并网模式的无缝切换。

3）首创储能系统高压在线维护技术，实现故障单元可在线维护，故障部件更换后，即可重新融入原系统继续运行，系统整体可利用率大幅提高。

广州智光储能科技有限公司完成了 35kV/25MW 级高压直挂储能的产业化应用和工程应用。

第四完成单位：上海正泰电源系统有限公司，主要贡献：

对本项目的发明点 1 和 3 的产品实现和优化有较大贡献，针对模块化储能和光储变换器产品化的具体工程问题开展大量研究工作，基于电力电子化电池单元拓扑、控制和组合扩容方法，高升压比、高效率储能功率变换技术，应对储能电池电压宽幅变化的变换器效率提升技术，交错并联多电平光储变换器的桥臂环流抑制技术，光储变换器接入弱电网的功率-电压控制技术，电池储能与新能源协调控制技术的突破，研发了商用 CPS ES 25kW 到 CPS ES 1MW 模块化储能和光储变换系列产品，大幅提升了储能和光储变换器的市场竞争力，产品远销北美和欧洲市场，产生了显著的社会和经济效益。

第五完成单位：易事特集团股份有限公司，主要贡献：

参加了本项目的发明点 1 和 3 的研究工作，将低压电池模块分别与非隔离型和隔离型双向直流变换器组合成非隔离型和隔离型电力电子化电池模块。EATPE 型号非隔离型电力电子化电池模块直接应用于 5G 基站和数据中心，大幅提升模块功率密度和安全管控水平；EAESS 型号储能系统将隔离型电力电子化电池模块并联扩容，达到 MW 级以上功率等级，系统运行效率较常规储能系统提升 3%，可利用容量提升 5%；针对光储互补系统，基于高电压增益、高效率电池储能耦合变换、光储互补家庭能源系统拓扑调制与控制技术、串入饱和电感的双向电路拓扑设计、多电平变换拓扑调制与控制技术，研发了 EAPCS 50~1000kW 系列储能和 EAKHD 1~10kW 光储一体化变流装备与系统，有效提升了光储变换器的效率和弱电网运行能力，产品销往国内外，产生了显著的社会和经济效益。

项目第一完成人介绍：

李睿，工学博士，上海交通大学电气工程系教授、博士生导师、电力电子教研室主任，兼任中国电源学会青年工作委员会副主任委员。主要研究面向电池储能和可再生能源发电的高效电力电子变换与电网接入技术。先后主持国家自然科学基金 4 项、863 计划和国家重点研发计划课题 3 项，作为主要技术负责人开发的 2MW/10kV 高压直挂电池储能功率变换器，在南方电网深圳宝清储能站完成世界首例高压储能工程示范。获得中国电源学会科技进步特等奖 1 项、技术发明一等奖 1 项、上海市技术发明一等奖 1 项、福建省科技进步一等奖 1 项，是 IEEE 电力电子协会会刊（*IEEE Transactions on Power Electronics*）年度最佳论文奖获奖人。近 5 年发表 IEEE 期刊论文和《中国电机工程学报》论文 40 余篇，授权发明专利 30 余项，出版中英文著作 3 部，参与编制 IEEE 国际标准 1 部。

一等奖

宽禁带电力电子器件与变换器高密度集成电热应力调控理论

奖项类别：科技进步奖（基础研究类）

完成单位：西安交通大学

主要完成人：王来利、王康平、杨旭

项目亮点：突破宽禁带器件电热应力瓶颈，发挥宽禁带半导体优势特性，形成了宽禁带器件电热应力分析与调控基础理论。

项目介绍:

本项目属于电力电子领域。电力电子器件是武器装备、航空航天器、特高压输电、5G通信、新能源汽车等战略领域的基础支撑元件，具有极为重要的地位。宽禁带半导体具有显著的特性优势，能够大幅提高器件与变换器的功率密度与效率，有望带来新的电能变换技术革命，但是目前宽禁带半导体却无法在电力电子变换器中充分发挥其特性优势，究其原因主要是因为器件与变换器封装集成无法匹配宽禁带半导体的特性，在高密度集成的同时面临高电热应力问题，限制了半导体特性优势延伸至器件与变换器层面，因此需要研究电热应力形成原因及其调控方法。

为了突破以上问题，项目组围绕“宽禁带电力电子器件与变换器高密度集成电热应力调控理论”这一主题展开研究，取得了以下的创新成果:

重要科学发现一:针对宽禁带电力电子器件动态行为模型缺失、电热耦合形成应力复杂的问题，建立了宽禁带器件电热分析方法，首次揭示了氮化镓器件自激振荡机理，掌握了宽禁带器件电热应力的分布规律与形成原因。

重要科学发现二:针对现有器件封装集成方法易形成高电热应力，难于充分发挥宽禁带半导体特性优势的问题，突破了现有调控方法对于宽禁带器件电热应力优化不足的限制，提出了宽禁带器件互连-结构-电磁多维度协同的电热应力调控基础理论与方法体系，攻克了宽禁带半导体芯片优异特性无法充分发挥的难题。

重要科学发现三:针对高频变换器高密度集成过程中易产生高电热应力，限制变换器性能全面提升的问题，发现了在功能空间设计集成元件的新原理，突破了现有的物理空间内集成的方法限制，建立了变换器功能空间复用的电热应力调控理论，形成了变换器高密度集成新方法。

基于以上研究成果发表文章136篇，其中SCI论文52篇，本领域重要的IEEE系列国际会议文章84篇，共计6次获得会议最佳/优秀论文奖，并获本领域权威期刊 *IEEE Transactions on Power Electronics* 优秀论文奖，论文被美国国家工程院院士 Fred C. Lee、Thomas M. Jahns 及多位 IEEE Fellow 所引用，该成果填补了我国在宽禁带半导体电热应力分析与调控方法方面的空白，为宽禁带半导体的大规模应用建立了理论基础。

项目完成单位及对本项目的贡献:

西安交通大学是本项目的唯一完成单位。项目组在科技支撑计划、自然科学基金重点项目、国家重点研发计划等项目的支持下，围绕大幅提升宽禁带半导体器件性能这一目标，在宽禁带器件内部电热应力形成机理、宽禁带电力电子器件电热应力调控、变换器电热应力调控的基础理论方面做出了重要贡献。

项目第一完成人介绍:

王来利，教授，博导，现任西安交通大学电气工程学院工业自动化教研室主任，长期从事宽禁带电力电子器件及变换器封装集成研究工作，主持国家重点研发计划项目、国家自然科学基金智能电网联合基金等5项国家级项目，在期刊与国际会议上发表论文200余篇，入选国家高层次人才引进计划青年项目、陕西省高层次人才引进计划创新人才长期项目、陕西省科技创新团队（带头人），担任IEEE电力电子学会 & 中国电源学会西安联合分会主席，国际宽禁带半导体器件技术路线图计划（ITRW）系统集成共同主席，中国电源学会青年工作委员会副主任，*IEEE Transactions on Power Electronics* 等三个本领域重要期刊副主编。

一等奖

电力电子变换器拓扑衍生、建模与控制方法研究

奖项类别: 科技进步奖（基础研究类）

完成单位: 西南交通大学

主要完成人: 杨平、许建平、周国华、王金平、徐顺刚、陈章勇、刘雪山

项目亮点: 本项目围绕电力电子变换器的拓扑结构、普适性模型与性能优化，提出了高效率电力电子变换器拓扑衍生方法，建立了电力电子变换器宽参数无约束模型以及提出了电力电子变换器的优化控制方法，攻克了多端口变换器拓扑衍生方法复杂、宽参数建模解析困难等难题，丰富与发展了电力电子变换器理论，取得了具有重要科学研究价值和工程应用价值的创新成果。

项目介绍:

本项目属于电力电子学科，在国家自然科学基金等课题资助下，围绕电力电子变换器的拓扑结构、普适性模型与性能优化，开展了电力电子变换器拓扑衍生、建模与控制等关键科学问题研究，取得了系列独具特色的创新成果:

1）发现电力电子变换器输入输出端口特征，揭示变换器端口之间能量流动与传递规律，寻求拓扑结构组成的基本电路单元，探讨基本电路单元的级联规则，提出高效率电力电子变换器拓扑衍生方法，包括基于功率流向图的多端口变换器拓扑衍生方法以及电感耦合/电感复用的电力电子变换器拓扑衍生方法，丰富了电力电子变换器的拓扑理论。

2）发现电力电子变换器在宽参数变化范围内的非线性复杂行为，揭示变换器主电路参数和控制环路参数对系统稳定性的影响规律，建立电力电子变换器宽参数无约束模型，包括电力电子变换器无约束降阶模型以及宽参数动力学离散迭代映射模型，丰富了电力电子变换器的模型。

3）发现电路参数耦合、调制策略以及控制方法是影响电力电子变换器控制性能的关键因素，揭示电力电子变换器调制策略和控制环路设计对控制目标的影响规律，提出电力电子变换器的优化控制方法，包括变占空比控制方法、电流解耦并联控制策略和电容电压/电感电流纹波峰值/谷值控制的归一化控制方法，丰富了电力电子变换器的控制理论。

本项目8篇代表性论文累计总引用442次，其中他引362次，总发表SCI收录论文64篇，EI收录刊物论文17篇；在科学出版社出版《开关变换器动力学建模与分析》

《三态开关变换器分析与控制》专著2部；获最佳论文奖3篇；主持完成的1项国家自然科学基金项目获评优秀结题；获1篇全国优秀博士学位论文，2篇省级优秀硕士论文；获授权发明专利43项。采用本项目方法和技术的产品已在我国航天、航空等电源系统装机使用，产生了良好的社会效益和经济效益。

项目完成单位及对本项目的贡献：

西南交通大学是教育部直属全国重点大学，国家首批“双一流”“211工程”“特色985工程”“2011协同创新计划”重点建设并设有研究生院的研究型大学，本项目申请人及团队所在学院为电气工程学院，建有国家轨道交通电气化与自动化工程技术研究中心、轨道交通电气化与自动化学科引智基地（“111”引智基地）、电气工程基础国家级实验教学示范中心、轨道交通电气化与自动化虚拟仿真国家级实验教学中心、磁浮技术与磁浮列车教育部重点实验室、铁道电气化与自动化铁道部重点实验室、电气工程专业实验中心和轨道交通实验室牵引供电功能实验室等，也是牵引动力国家重点实验室的重要组成部分。

西南交通大学作为本项目唯一完成单位，完成了电力电子变换器拓扑衍生、建模方法与控制技术研究的理论、仿真、实验以及应用等相关工作。

项目第一完成人介绍：

杨平，西南交通大学电气工程学院副教授，博士生导师。四川省QR计划特聘专家、中电联电能替代组专家。西南交通大学电气工程博士，香港理工大学博士后。主要研究方向为多端口变换器、脉冲负载电源等。主持国家自然科学基金面上、青年基金各1项，四川省科技计划项目、军工、企事业单位等项目10余项；以第一作者或通讯作者发表论文28篇，撰写专著2部，以第一发明人获授权发明专利8项，获中国电源学会科技进步奖-基础研究类一等奖（排名第一）。

二等奖

极端环境微电网宽增益直流变换关键技术及应用

奖项类别：科技进步奖（技术开发类）

完成单位：中国电子科技集团公司第十八研究所、天津大学、哈尔滨理工大学、天津蓝天太阳科技有限公司

主要完成人：张云、王萍、裴东、吴晓刚、呼文韬、李钏、高胜寒

项目亮点：宽增益直流变换拓扑构造技术与混合储能控制方法，“包容”了新能源发电的“任性”与储能模组的“小气”。

项目介绍：

在全球不可再生能源日趋枯竭与环境污染的双重挑战下，开发利用新能源已成为世界能源转型的必由之路，我国政府已确立“双碳”目标，重点建设和发展新能源高比例渗透的新型电力系统。微电网是新型电力系统的重要组成部分，其将光伏电池、燃料电池等分布式电源及储能元件有序构网，既可独立运行，又可并网运行。更重要的是，微电网在极地、临近空间等极端环境区域有着更为广泛而迫切的需求。然而，由于极端环境微电网的分布式电源及储能模组端电压的宽范围特性，造成其接口直流母线的直流变换器陷于极端占空比运行、储能模组被迫加大额外备用容量、储能蓄电池频遭冲击电流等问题。本项目为解决极端环境微电网应用的前述问题，在宽增益直流变换拓扑构造技术、混合储能协同运行控制技术方面取得了系列突破，对极端环境微电网领域的高效电能变换与控制具有重要的研究意义与应用价值。其主要技术内容包含以下三个方面：

1）针对分布式电源与微电网直流母线之间的电压动态失配难题，研究发现了低电压应力-宽输入三电平升压直流变换拓扑的构造机理和拓扑非极端占空比宽增益运行机理，提出了复合三电平升压拓扑与准Z源飞跨电容三电平升压拓扑，揭示了升压拓扑构造之间的对偶性规律，提出了一族开关电容升压拓扑。

2）研究发现了双向开关电容单元组合与双向开关准Z源网络间的本征规律，提出了单相共地宽增益的开关电容、开关准Z源双向直流变换拓扑族，发明了多相交错并联共地宽增益双向直流变换拓扑构造方法，解决了微电网混合储能系统中储能蓄电池、超级电容因需电压匹配而额外增加备用容量的问题。

3）针对储能蓄电池与超级电容的能量-功率协同控制问题，提出了基于虚拟电感、虚拟电阻的功率分频分模式控制策略及新型分散式下垂控制方法，实现了微电网直流母线电压的无跌落调节，提高了微电网系统的动态响应性能，并延长了蓄电池服役寿命。

本项目成果已发表国际高水平期刊论文17篇、极地实证论文1篇，已授权国家发明专利15件。项目的技术成果已推广应用到多个微电网重大项目工程，成功应用于南极泰山站、临近空间无人飞机飞艇、新疆塔什库尔干高原、西藏边远地区、青岛岛礁等极端环境区域的微电网系统，实现了极端环境微电网系统高性能安全运行。相关核心发明专利已完成技术转让，成功应用于河北汇能等企业的微电网和光伏电站储能用电源产品。项目成果的应用，产生了显著的社会效益和经济效益。

项目完成单位及对本项目的贡献：

1. 中国电子科技集团公司第十八研究所

中国电子科技集团公司第十八研究所：简称中电十八所，始建于1958年，为国家一类事业单位，是我国化学与物理电源行业中成立最早、规模最大、专业覆盖面最广、产品类别最多、技术实力雄厚的综合性化学与物理电源研究所。全所现有职工1500余人，其中集团公司首席科学家1人、首席专家2人，享受国务院政府特殊津贴专家11人，科技部创新人才推进计划1人，1个国防科技重点实验室，6个专业学术机构，1个质量监督检验中心。2016年至2020年，共获国家自然科学奖、国家技术发明奖、国家科技进步奖4项。

贡献：总结提炼出极端环境区域微电网应用中的实际工程问题，分析出了最直接的研究对象。负责本项目的总

体研发、试验、建设和验收，基于天津大学、哈尔滨理工大学研究开发的宽增益直流变换拓扑系列的原理样机、混合储能系统的实验平台、控制算法，设计并研制了极端环境区域微电网工程应用的定型直流变换电源及控制器产品，并实施了工程应用。

2. 天津大学

天津大学：简称天大，其前身为始建于1895年的北洋大学，是中国第一所现代大学。天津大学设有卫津路校区、北洋园校区和滨海工业研究院校区，形成了工科优势明显、理工结合，经、管、文、法、医、教育、艺术等多学科协调发展的综合学科布局。现有教职工4960人，其中两院院士17人，教授887人，74个本科专业，43个一级学科硕士点，31个一级学科博士点，30个博士后科研流动站，4个国家重点实验室。2016年至2020年，共获国家自然科学奖、国家技术发明奖、国家科技进步奖21项。

贡献：针对极端环境区域微电网工程中遇到的光伏等分布式电源宽电压范围发电受限、储能模组额外备用容量超标、储能蓄电池频繁遭受直流母线特殊负载的电流冲击等工程问题，提出了一系列适用于极端环境区域微电网工程应用的宽增益直流变换拓扑，发明了混合储能系统的分频分模式分散式协同运行控制策略，为微电网在南极泰山站新能源系统、新疆西藏边远地区供电系统、临近空间飞行器能源系统中的推广应用，提供了理论和方法的指导与有力支撑。

3. 哈尔滨理工大学

哈尔滨理工大学：简称哈理工，始建于1950年，在哈尔滨市有西、南、东3个办学区，在山东省荣成市设有哈尔滨理工大学荣成校区。现有教职工2500余人，其中中国工程院院士1人，国家高层次人才5人，65个本科专业，22个一级学科硕士点，8个一级学科博士点，7个博士后科研流动站，1个国家大学科技园，28个省部级重点实验室。近5年共获科研奖励103项。

贡献：针对极端环境区域微电网应用存在的前述问题，提出了宽增益升压直流变换器拓扑及多源功率分配方法，为分布式发电与混合储能协同运行控制提供了一定的方法依据。

4. 天津蓝天太阳科技有限公司

天津蓝天太阳科技有限公司成立于2009年，前身是中国电子科技集团公司第十八研究所（中电十八所）的第十一研究室，注册资本1亿元，由中国电子科技集团全资控股，是专业致力于新能源系统产品研发、生产、销售和服务的国家级高新技术企业。公司已承担完成科技部、工信部、国防科工局等一批重点科技项目，新产品技术在光伏并网电站、风光油储能离网电站、兆瓦级储能集装箱等多个方面取得了重大进展。

贡献：负责本项目在极端环境微电网系统工程中的具体应用与实施，设计了光储系统总体拓扑结构，实施了光伏、混合储能系统协同运行控制方法，对宽增益升压直流变换拓扑、混合储能系统运行控制的工程化进行了应用与推广。

项目第一完成人介绍：

张云，天津大学电气自动化与信息工程学院教授、博导，天津大学-中电十八所“临近空间电力变换系统”联合实验室主任。一直从事新能源电力变换与控制技术领域的研究工作，负责承担国家与省部级基金项目、军工项目、企业院所合作项目20余项，解决了宽范围发电的新能源与直流母线间的电压动态失配问题、储能模组的额外备用容量增加问题、PWM整流/逆变系统的失稳控制问题。发表IEEE汇刊论文30多篇，授权国家发明专利20多件，入选天津市131创新人才、天津大学北洋学者，获2022年中国电源学会科技进步二等奖、2018年 *Journal of Power Electronics* 期刊编委杰出贡献奖。

二等奖

5G站点储能系统关键技术及应用

奖项类别：科技进步奖（技术开发类）

完成单位：中兴通讯股份有限公司

主要完成人：刘明明、吕达、胡先红、熊勇、崔若吉、马广积、周建平

项目亮点：中兴通讯“端-边-云”5G站点全栈通信储能解决方案创新融合了电池管理、功率变换及云计算、大数据和AI等信息通信技术，促进了供电网络的极速部署、极简应用、智能运维和高效节能。

项目介绍：

作为推动能源革命的核心技术和能源转型必争的技术高地，储能不仅技术含量高、潜力巨大，更是建设清洁、低碳、安全、高效现代能源体系的关键支撑，关乎“双碳”目标如期实现。而作为新基建之一的5G通信网络，在加速人类社会数字化转型时，也对通信能源提出了严峻挑战，如站点数量多、站址获取和市电引入难、能耗倍增运营难等。传统通信铅酸电池，由于能量密度低、寿命短、扩容难、环境和维护要求高，更成为供电网络的短板。

为适应5G网络新业务要求，加速全球5G进程，迎合低碳发展和能源结构转型，中兴通讯基于对未来网络演进的深入理解，创新发展了电池管理和功率变换控制等关键技术，并与云计算、大数据和AI等先进信息通信技术融合，推出了“端-边-云”5G站点全栈通信储能解决方案，促进了供电网络的极速部署、极简应用、智能运维和高效节能。

1. 设备端：应用极简、性能优异

1）应用极简：锂电芯、功率变换、BMS全内置创新集成，简单易用。原位替换旧电池，自动识别，自动均衡，即插即用；微站型IP66防护、零占地、零制冷、零维护。

2）性能优异：完备的实时检测和安全保护，高精度SoC/SoH预测。相比铅酸电池，循环次数提升6倍、充电时间缩短70%、体积减小50%、重量减轻60%，支持恶劣应用场景。

2. 边缘侧：软件定义、AI协同

1）软件定义：软件定义输出特性，成就无限创意；自动化、智能化地适配和对接能力，灵活适应场景差异。

2）AI协同：内嵌AI加速器、支持本地推理。协同电源削峰降低市电需求、协同负载升压降低线损、协同异种电池混搭利旧残值、协同电源和网管防盗保安全。

3. 云服务：业务云化、智能营维

1）业务云化：PaaS平台和微服务架构，集成大数据/AI技术，通过业务云化、跨域编排和网络协同，及对外开放能力，支持快速定制开发、业务创新和敏捷运营。

2）智能营维：能源网和信息网融合，支持主动学习、绿能优先、智能调度、预测性维护、精准配置、容量规划、残值评估及高效运行，降低电费支出和维护成本。

项目团队获授权发明专利32项（国际授权9项）、待授权16项，软件著作权6项，发表论文8篇，成果丰硕。产业化后的系列锂电池、管控设备和智能运维运营系统，广泛应用于全球60多个国家和地区的5G网络，近三年直接创造18.7亿元产值和2.5亿元利润。

同时，“端-边-云”储能系统的广泛应用，累计节省了近20亿元的5G网络建设成本，降低电费支出约15%，并实现了价值10亿元存量旧电池的再利用，有力支撑了全球5G网络的极速部署、极简应用、智能运维和高效节能；为落实科学发展观、建设资源节约型社会，助力新一轮信息技术革命、国家“双碳”目标做出了重要贡献。

项目完成单位及对本项目的贡献：

完成单位：中兴通讯股份有限公司。

为适应5G网络新业务要求，加速全球5G进程，迎合低碳发展和能源结构转型，中兴通讯股份有限公司开展了5G站点全栈通信储能技术的立项研究；并为技术预研、方案论证、详细设计、评审测试、成果验收提供人力、场地、资金、设备支持；同时引入业界领先的项目管理及第三方审核和过程监督，确保项目目标达成。

项目顺利达成，实现了“端-边-云”5G站点全栈通信储能技术和解决方案。端侧锂电池实现基础储能的通用化、标准化和极简应用；边缘侧通过软件定义、AI协同的管控系统实现站点源网储荷的高效协作和集成管理；云端BMS和运维运营系统实现了业务云化、网络协同和智能营维。主要关键指标均实现业界领先，软件定义、绿能优先等全新概念引领了业界潮流。

解决方案在全球5G网络中得到大规模应用并取得良好社会和经济效益，为助力全球5G网络新基建、新一轮信息技术革命、国家“双碳”目标推进及社会绿色转型做出了重要贡献。

项目第一完成人介绍：

刘明明：中兴通讯数字能源经营部副总经理、原能源研发中心主任，教授级高工，IEEE会员，中兴通讯能源技术专家委员会核心成员，中兴青年科学奖专家评审委员会委员。主持完成5G通信电源、混合能源、IDC供配电、能源管理专业领域的技术创新、产品规划、产品研发、技术评审及决策。发表论文33篇，其中25篇国际论文全部被IEEE Xplore收录并应邀到国际电信能源会议做主题演讲，13篇被EI Compendex收录。拥有授权专利30余项。曾在美国、加拿大、西班牙、日本、澳大利亚、卡塔尔等十几个国家短时工作，参加行业学术年会，分享产品创新方案，探讨技术发展趋势，参与跨国通信运营商集团高端技术交流。

二等奖

电网友好型新能源并网逆变器控制关键技术与装备研发应用

奖项类别：科技进步奖（技术开发类）

完成单位：南京航空航天大学、重庆大学、国电南瑞科技股份有限公司、中天光伏技术有限公司

主要完成人：陈杰、陈家伟、陈鹏伟、孙海洋、陈新、冯志阳、孙雅旻

项目亮点：本项目研究了并网逆变器和新能源场站序阻抗建模方法，发明了基于电网阻抗在线测量的自适应控制技术，提出了新能源机组惯量-阻尼识别与协同模拟方法，探究了新能源微电网并/离网平滑切换及低通信带宽的分布式二次调控技术，研制了系列并网核心装备，实现了高比例新能源的稳定并网运行，助力我国新能源的利用和发展。

项目介绍：

风电、光伏等新能源均依赖于电力电子变换装置接入电网。在源-网非理想以及高比例电力电子装备接入的情况下，新能源发电系统的高效高质量和安全稳定运行面临着严峻挑战，电网友好型新能源并网逆变器控制关键技术与核心装备成为国内外亟待突破的重大技术瓶颈。项目团队在国家863计划、国家自然科学基金等课题资助下，取得了以下创新成果：

1）提出了并网逆变器多谐波线性化和新能源场站序阻抗网络聚合建模方法，构建了基于谐振频率计数的稳定性判据，发明了采用电网阻抗在线测量的逆变器端口阻抗自适应重塑技术，提出了并网逆变器电压前馈方法，实现电网电压高度畸变情况下额定电流THD<3%，攻克了非理想工况下新能源发电系统的致稳分析和多参量协同整定难题。

2）发明了基于非线性扰动观测的新能源机组无源控制技术，提出了新能源机组惯量-阻尼协同模拟方法，形成了基于虚拟转动惯量识别的多机协同配置技术，研制了新能源机组友好并网与互联的自主化核心装备，为新能源发电系统主动参与电网稳定运行提供了成套解决方案。

3）发明了低通信带宽的新能源微电网分布式二次调控技术；设计了功率区间映射的过电压预防机制，提出了微电网并/离网平滑切换控制技术，开发了分布式新能源协调控制与运行管理系统，解决了高渗透率新能源微电网中多逆变器协调控制难题。

应用上述创新技术已完成多款并网变流器及多座新能源场站的参数校核、谐振风险和致稳分析，并与中天光伏、南瑞等公司合作形成系列光/储及风电机组产品，在通州湾、湖北小池、南通洋口及印度、坦桑尼亚等国内外近70座场站中得到大规模应用，经济与社会效益显著。以罗安院士为组长的鉴定组专家认为：“该项目创新性突出，在新能源并网逆变器的阻抗自适应重塑与多机协同控制技术方面达到了国际领先水平。”

项目完成单位及对本项目的贡献：

1. 南京航空航天大学

南京航空航天大学新能源创新研究团队长期从事新能源并网逆变系统的理论和应用技术研究，攻克了阻抗建模、稳定性分析与设计、惯量-阻尼识别与模拟、并/离网平滑切换等关键技术，先后承担国家重点研发项目、国家863计划项目、国家自然科学基金项目、国家和省部级科技支撑计划科研项目，在并网逆变器并网电流质量控制、并网稳定性分析与设计、微电网系统控制与管理等方面取得了一系列创新研究成果。团队先后获省部级科技进步二等奖2项、三等奖2项，学会科技进步二等奖1项。作为项目的主要承担单位，全面组织项目的实施，完成了：①并网逆变器和新能源场站的序阻建模及稳定性分析与判定方法；②基于电网阻抗在线测量的逆变器端口阻抗自适应重塑技术；③并网逆变器的电压前馈与锁相环超前校正的电流谐波抑制方法；④新能源机组惯量-阻尼识别技术及协同模拟方法；⑤功率区间映射的过电压预防机制及微电网并/离网平滑切换控制技术等。

2. 重庆大学

重庆大学是教育部直属全国重点大学，由教育部和重庆市共同建设，是国家“双一流”建设高校（A类）、“211工程”和“985工程”首批重点建设的高水平研究型综合性大学。项目参研团队所在的重庆大学自动化学院拥有科技部无线电能传输技术国际联合研发中心（国家级）、复杂系统安全与自主控制教育部重点实验室、信息物理社会可信服务计算教育部重点实验室、重庆市控制与智能系统新技术工程实验室。作为项目参与单位，主要针对新能源发电机组，构建了暂态稳定性分析理论和量化评估方法，提出了可适应系统参数不确定、建模误差、外部扰动及状态受限等多扰动下新能源发电机组的致稳控制技术；针对新能源配（微）电网系统，提出了分布式电压/频率二次调节和无功功率精准调控方法。

3. 国电南瑞科技股份有限公司

国电南瑞科技股份有限公司是以能源电力智能化为核心的能源互联网整体解决方案提供商，是我国能源电力及工业控制领域卓越的IT企业和电力智能化领军企业。公司以先进的控制技术和信息技术为基础，以大数据、云计算、物联网、移动互联、人工智能、区块链等技术为核心，为电网、发电、轨道交通、水利水务、市政公用、工矿等行业提供软硬件产品、整体解决方案。作为主要完成单位，对分布式电源的惯量与阻尼模拟技术、具有频率电压自调节的同步运行特性微电网技术等新能源高效利用关键技术开展了深入研究，特别为项目核心装备的研制与示范应用做出了重要贡献。

4. 中天光伏技术有限公司

中天光伏技术有限公司是一个光伏系统集成服务商和设备制造商，致力于光伏电站系统核心技术及产品研发。公司是专业光伏系统集成服务商，提供大中型光伏并网电站、小型并网/离网光伏发电系统、光伏建筑一体化等光伏电站项目的咨询、设计、系统集成和工程总承包服务；同时配套开发、销售高质量的光伏电站核心产品。参与了混合阻尼控制、电网电压前馈控制、阻抗死区效应抑制等新能源并网逆变器的电流质量控制方面的技术攻关和产品研制，在光伏电站、微电网系统的测试与示范方面做出了重要贡献。

项目第一完成人介绍：

陈杰，博士，副教授，南京航空航天大学自动化学院院长助理。主要研究方向为功率电子变换与控制技术、电力电子系统建模与稳定性、新能源发电技术、微电网系统与控制等。2018—2019年在美国田纳西大学CURENT中心访问学习。主持国家自然科学基金2项、省部级基金6项、台达基金2项，作为主要人员参与973计划、863计划、国家自然科学基金重点项目等10余项，发表SCI/EI检索论文60余篇，多篇论文入选ESI高被引论文、中国电机工程学报最受关注论文、《电工技术学报》年度优秀论文等，授权中国发明专利10余项。获中国电源学会科技进步奖二等奖1项，江苏省科学技术成果奖三等奖1项，江苏省教学成果奖二等奖1项。担任中国电源学会编辑工作委员会秘书长，CPSS-Springer电力电子技术英文丛书编委会秘书。

二等奖

电力电子模块串并联运行机理与控制

奖项类别： 科技进步奖（基础研究类）

完成单位： 哈尔滨工业大学

主要完成人： 李彬彬、张学广、徐殿国

项目亮点： 针对大容量电能变换场景，系统研究了电力电子模块串并联的运行机理及其控制方法。

项目介绍：

本项目针对新能源发电、直流电网、直流配电、高压变频等领域，围绕电力电子模块的串并联运行机理、控制方法以及新型拓扑开展研究，旨在通过模块的灵活组合与有效控制，提升功率容量与运行性能。主要学术贡献在于，揭示了模块化多电平换流器的调制谐波、能量分布、环流产生等机理，系统地提出了模块化多电平换流器的运行控制方法；发现了电网不平衡与参数不对称等工况对变流器并联环流的负面影响，提出了多变流器并联运行的环流抑制方法；提出了一系列基于模块串并联的新型拓扑结构及其冗余容错控制方法。项目共发表论文被SCI收录30篇、被中文EI核心期刊收录13篇，其中26篇发表在*IEEE Transactions*汇刊。研究成果得到了国内外的广泛引用和正面评价，8篇代表性论文的SCI他引总计552次（检索库：SCI-Expanded），单篇最高SCI他引135次（检索库：SCI-Expanded），整体形成了较为完整的电力电子模块串并联运行理论体系，为推动大容量电力电子技术的发展提供了理论基础与技术支撑。

项目完成单位及对本项目的贡献：

哈尔滨工业大学是本项目的依托和完成单位，是本项目所有完成人的所在单位，负责本项目的总体计划与实施。主要承担了该研究成果的规划、实施、推广等全程各个环节的工作。学术贡献在于解决了模块化多电平换流器的运

行控制、换流器并联环流抑制、模块化串并联新型拓扑的关键科学问题，突破了传统研究方法的局限性，形成了完整的理论体系，丰富了电力电子变换的技术内涵，为推动高压大容量电力电子技术的发展提供了理论基础与技术支撑。

项目第一完成人介绍：

李彬彬，哈尔滨工业大学教授、博士生导师、电力电子与电力传动研究所副所长，主要研究方向为模块化电力电子技术与柔性直流输配电技术。担任中国电工技术学会青年工作委员会委员兼副秘书长、电机电力电子学组副主任委员，中国电源学会国际交流工作委员会委员、电力电子化电力系统及装备专委会委员，IEEE Senior Member，*IEEE Transactions on Power Electronics* 期刊副主编，*IEEE Open Journal of Industrial Electronics Society* 期刊副主编，《电力系统保护与控制》青年专家委员会委员。担任中国科协第333次青年科学家论坛执行主席，组织首届中国电工技术学会青年学者沙龙，在国内外学术会议做 Tutorial 讲座报告、大会/特邀报告10余次。主持研发多套 MW 级电能变换装备，发表期刊论文60余篇，Google 学术引用1900余次、H因子20，授权国家发明专利10余项，出版专著《模块化多电平换流器原理及应用》。入选中国科协青年人才托举工程，获得中国电机工程学会直流输电专委会直流电力优秀青年人物奖、中国电工技术学会青年工作委员会突出贡献委员称号。

二等奖

高效高功率密度智能化直流用电适配技术及应用

奖项类别：技术发明奖

完成单位：天津大学、国网江苏省电力有限公司电力科学研究院

主要完成人：王议锋、陈博、孙天奎、马小勇、陈梦颖、王忠杰

项目亮点：项目研发的高效高功率密度多端口直流用电适配装置，采用多谐振软开关技术、高频磁集成方法、GaN 应用技术、无通信自适应控制技术以及最优自抗扰控制技术，达到了最高效率98.14%，功率密度 $126W/in^3$ 的指标，实现了0~48V无通信自适应适配的功能，引领了直流用电系统的行业技术革新。

项目介绍：

随着配用电系统源荷直流特征越发明显，低压直流用电网络因其高效、安全、灵活的优势，必将成为未来的发展趋势。目前，其推广应用面临三大难题：①低压直流用电电压等级众多、难以统一，现有的自适应通信协议成本高、自适应供电范围窄；②低压中小功率传统适配装备存在效率和功率密度偏低等问题，且针对直流用电环境的适配装备缺乏；③传统数字控制方法多采用 PI 控制，难以满足直流系统适配多工况和多场景的复杂应用需求。

本项目聚焦上述问题，对直流用电技术及装备开展科技攻关，主要技术发明点如下：

1）提出高效、紧凑、宽增益、多磁件拓扑族衍生理论及构建方法。发明双变压器型多谐振软开关拓扑，构建含谐振零点拓扑族衍生理论，解决宽增益与高效率难以兼顾的矛盾；提出高频磁性元件集成方法，发明多磁柱不等气隙磁芯结构，提升磁芯利用率100%。相比国际主流产品，研制的系列样机电压增益范围拓宽50%，效率提升10%以上，功率密度提升4.2倍，突破直流用电设备的功率密度与效率提升瓶颈，引领高效小型化功率变换技术的革新方向。

2）首创低压无通信自适应直流用电适配方法。对小功率电压敏感精密电器，提出电压-电流自主检测与负载三段式适配策略，发明软开关范围拓展与精确死区在线调节技术，研发高效适配装置，实现无通信负载识别与0~48V自适应调压；针对中等功率电压不敏感电器，发明分量跟随的无通信电压自适应直流适配技术，通过主动跟随技术采集输出电压分量信号，实现无通信5~48V自适应调压。构建强通用性的中小功率低压直流自适应电压适配技术体系，为我国智能低压直流用电环境的建立奠定技术基础。

3）首创适配器两级强鲁棒性最优自抗扰方法。发明模糊自寻优规则构建方法，拓宽自适应抗扰策略对幅/频时变干扰的抑制范围，提升多工况下适配器前级输出电压稳定性；发明双校正强鲁棒最速观测器，减小多场景下时变非线性负荷波动对适配器后级输出电压的影响。实现了直流用电适配器两级电压的精稳调控，电压调节速度及精度均提升50%以上，保证复杂工况下用户侧高品质用电。

项目授权发明专利16件；发表论文48篇，包含 SCI 论文21篇；参与编制 IEEE 标准1项。关键技术在江苏考普司骆、上海良信等公司变流器产品中得到应用，项目成果推广至吴江中低压直流配用电系统、雄安市民中心广场等工程项目，经济效益显著，近三年新增销售额5.128亿元，新增利润6698.5万元。项目成果为直流用电侧智能适配装置的应用扫清了技术障碍，完善了直流用电系统的架构，引领了直流用电系统的行业技术革新。

项目完成单位及对本项目的贡献：

1. 天津大学

天津大学在本项目中全面主持相关技术创新和成果应用工作，对发明点1、2、3做出重要贡献。

提出了双变压器拓扑族及新型磁集成方法，丰富了高频多谐振隔离型变换器构建及衍生理论体系；提出了智能自适应负载适配思想，发明了智能自适应负载适配技术及新型家用负载的新型分类方案，提出了精确 GaN 寄生参数模型与死区建模；提出了适配器两级强鲁棒性最速自抗扰方法，实现了直流用电适配器两级电压的精稳调控，保证复杂工况下用户侧高品质用电。推动项目开展与实验平台验证，最终实现了0~48V无通信多种类多电压等级直流负载的高效自适应适配。

天津大学将项目相关技术研究推广应用到了吴江同里、雄安市民中心等直流配用电示范工程中，推动了相关企业的技术革新，产生了显著的社会和经济效益。

综上所述，天津大学对本项目发明中涉及的相关技术从构思-探索-实现的过程中均做出重要贡献，此外，对相关直流用电技术的应用和推广提出了指导性的意见，做出了建设性的贡献。

2. 国网江苏省电力有限公司电力科学研究院

国网江苏省电力有限公司电力科学研究院配合高校进行相关理论研究与示范应用工程推广。配合高校进行高效高功率密度直流用电硬件技术的理论研究和实现。对第2项技术发明做出了重大贡献。针对中等功率电压不敏感电器，发明了分量跟随的无通信电压自适应直流适配技术，通过供电端主动跟随技术提取受电端电压分量信息，在受电端不依赖芯片下实现了用电侧5~48V的电压自适应调节，提高自适应调压范围和供电功率的同时，解决了现有自适应充电协议依赖数字通信芯片的问题。

国网江苏省电力有限公司电力科学研究院将项目相关技术研究推广应用到了吴江同里等示范工程中，并通过示范工程的良好应用效果展示，促进了本发明的广大宣传，加深了相关企业的产学研合作，推动了相关企业的技术革新，进而促进了对应企业的经济效益提升。

综上所述，国网江苏省电力有限公司电力科学研究院在本项目创新发明中对涉及的相关直流用电技术的应用和推广做出了建设性的贡献，构建了低压直流用电环境，引领了用电侧核心设备高效小型化智能化的发展潮流。

项目第一完成人介绍：

王议锋，天津大学电气自动化与信息工程学院英才副教授，博士生导师。任职中国电源学会理事，天津市电源学会副理事长/秘书长，新能源电能变换技术等7个专委会委员。累计发表论文110余篇，含SCI期刊论文36篇，他引超过800次。受理发明专利40余项，授权12项，受理国际专利3项，授权1项。荣获天津市科学技术进步一等奖等省部级科技奖励6项，多项技术实现了国内/国际首创，成功研发相关样机20余台套，装备效率、功率密度和性能达到国际领先水平。

于2015年创建了天津大学先进电能变换与系统控制中心，努力打造具有家国情怀、立足国家重大需求、专业能力过硬且充满战斗力的高素质教学科研队伍，聚焦国家战略需求，深入开展高频高效率宽禁带半导体变流技术、装备及系统的研发与应用探索。经过多年坚苦卓绝的努力和积极推动产学研用，突破了系列科研创新难题和产学研合作攻关项目，在宽禁带半导体变流技术、电源装备和交直流微电网系统方面取得了多项首创研究成果。

二等奖

高功率密度高效率多级无线电能传输技术及应用

奖项类别：技术发明奖

完成单位：重庆大学、江苏方天电力技术有限公司、重庆市特种设备检测研究院、国网浙江省电力有限公司宁波市奉化区供电公司

主要完成人：戴欣、赵雷、杨庆胜、刘羽、吕潇、李军、徐妍

项目亮点：本项目针对多中继无线电能传输系统开展研究，突破了多中继系统关键频率求解、多负载输出、能信同传等关键技术，研制了多中继式无线传能装备，并应用于智能电网、石油勘探等多个领域，为电网安全监测、石油随钻等特种装备提供了稳定可靠的电能保障。

项目介绍：

本项目属于电气工程学科。无线电能传输技术是当前电气工程领域前沿科学技术之一。然而，空间传能尺度和功率传输能力这一矛盾问题极大地限制了该技术的发展和进步。

项目研发团队针对空间传能尺度提升这一问题，围绕多中继模式下无线传能技术的理论、技术研发到产业化攻关的系列工作，攻克了米级量级无线传能尺度、复杂交叉耦合参数影响、传能特性波动等瓶颈问题，形成了多中继模式的支撑理论及技术体系。

项目的主要创新贡献包括：

1）提出多中继模式磁耦合机构设计方法，解决了多中继模式下耦合机构设计难题，突破了多级负载端功率调控关键技术，提升了无线传能的空间尺度，实现了米级尺度下的千瓦量级无线电能传输。

2）提出基于多中继模式多输出无线电能传输系统的设计方法，突破了复杂多谐振系统设计、线圈电感自补偿等关键技术，解决了多中继无线传能系统的一体化设计的技术难题。

3）提出多中继模式无线电能传输系统模型构建及频率稳定性控制方法，建立了多参量的系统时域模型，突破了多谐振条件下的相控电感调控、无功补偿网络设计等关键技术，解决了系统在变负载模式下的传输稳定性技术难题，提升了整体系统运行效能。

4）提出多中继能量信号并行传输技术，发明了一种能量信号共享通道传输技术和OFDM调制方法，解决了能量传输和信号传递间的带宽限制和交叉干扰技术难题，实现了高速低延时的多中继无线电能与信号并行传输。

项目获得发明专利授权53件，发表论文40篇（SCI论文18篇、EI论文14篇），发布团体标准2项。项目成果通过中国电工技术学会鉴定。鉴定意见为：该项目技术复杂、难度大、创新性强，拥有完全自主知识产权，整体处于国际先进水平，其中，米级尺度下千瓦量级的高效率无线传能及多中继传能稳定性控制技术处于国际领先水平。

在推广应用方面，成果完成了知识产权转化，专利转化合同金额达到3180万元。成果转化后形成批量化产业生产能力，所研发的产品应用于智能电网、石油勘探、电动汽车、电梯等多个行业领域，产生的经济效益达到4.9亿元。在社会效益方面，所研发的成果解决了电网监测设备的电能供给问题，极大地提升了监测设备的长时间续航工作问题，显著减小了系统维护成本。同时还适应于极端恶劣环境下运行，对于提升电力系统的可靠性具有重要意义。所研发的成果还应用在石油勘探行业，突破了美国、欧洲

在该技术领域的行业封锁，并促使该技术领域产品国际市场售价大幅下降。

项目完成单位及对本项目的贡献：

1）重庆大学：承担了与本项目有关的国家自然科学基金项目、国家 863 计划项目、企业委托项目以及其他科技计划的立项、计划、管理、组织实施和结题鉴定的全部主要工作。主要承担中继式无线电能传输关键技术以及高压取电关键技术的研究，为项目组工作提供长期的技术支持，为研究成果的取得投入全部人才以及资源支持。同时，为项目组开展研究提供研究场所和实验设备，为项目成果的推广应用提供必备的条件。此外，还为项目组的国际交流提供支持。

2）江苏方天电力技术有限公司：调研了国内外研究现状，协助完成项目可行性研究报告的撰写、设计方案的制定。参与中继式无线供电理论研究。参与开发相关无线供电装置。完成无线供电产品的试验、测试、选型、调试、运行、维护。按照项目进度实施，负责现场协调，应急事故处理，施工质量把控。参与项目后期的运行、维护以及应用推广。

3）重庆市特种设备检测研究院：参与调研了级联式无线供电技术的研究现状，对技术做了对比分析。协助制定了项目的技术方案，推动了技术在特种设备行业的应用，为项目组工作提供了长期的应用支持。为项目成果的推广应用提供了一定的条件。

4）国网浙江省电力有限公司宁波市奉化区供电公司：协助完成了前期的技术调研、国内外情况对比，与相关部门讨论，探索了无线电能传输技术在高压线路在线监测设备供电领域中的应用。协助完成了电网技术的方案设计，协助完成了本项目在电网的应用试点。

项目第一完成人介绍：

戴欣，重庆大学教授/博导，担任国家无线电能传输技术国际联合研究中心副主任，中国-新西兰无线电能传输技术国际联合研究中心主任，重庆无线电能传输技术工程中心副主任，中国电源学会无线电能传输技术及装置专委会秘书长，中国能源学会专家委员。主持国家自然科学基金面上项目 3 项，国家自然科学基金青年基金项目 1 项，重庆市国际合作基地项目 2 项，中国博士后特别资助及博士后基金项目 2 项，教育部博士点基金 1 项，并作为主研人参研 863 计划子课题 1 项，获得重庆市技术发明二等奖 1 项（排名第 1），教育部科学技术进步二等奖 1 项（排名第 2），中国电源学会科技进步二等奖 1 项（排名第 1），授权发明专利 34 项，已发表 SCI/EI 检索论文 100 余篇。

二等奖

绿色低碳的智慧模块化数据中心关键技术研发与产业化应用

奖项类别： 科技进步奖（技术开发类）

完成单位： 科华数据股份有限公司、浙江大学、福州大学、厦门华睿晟智能科技有限责任公司

主要完成人： 易龙强、林艺成、胡长生、林琼斌、施科研、陈皓、崔福军

项目亮点： 项目围绕智慧模块化数据中心的绿色低碳关键技术开展研究，实现模块化数据中心供配电系统绿色低碳、制冷单元高效节能、综合运维智能安全、预制化组件集约高效，项目整体技术水平达到国内领先水平并已实现产业化应用。

项目介绍：

1. 项目主要技术内容

本项目属于动力与电气科学技术领域，由科华数据股份有限公司、浙江大学、福州大学、厦门华睿晟智能科技有限责任公司、漳州科华技术有限责任公司五家单位联合开发完成，项目主要围绕绿色低碳的智慧模块化数据中心关键技术进行研究，完成“基于多能互补的分布式绿色低碳智能供配电技术”“基于数据模型驱动的冷电联控节能技术”“基于数字孪生技术的 3D 智慧运维技术”“基于大数据分析的复杂设备健康度管理技术”“基于 AI 分析与数据联动的安全管控技术”“基于模块化设计的预制化集成技术”等关键创新技术，创新成果应用于模块化数据中心，供配电系统绿色低碳、制冷单元高效节能、综合运维智能安全、预制化组件集约高效，项目技术水平达到国内领先水平并已产业化应用。

2. 授权的知识产权情况

本项目累计授权专利技术 39 件（其中发明专利 19 件），软件著作权 9 件，发表专业论文 20 篇，其中 SCI/EI 收录论文 12 篇。参与制定行业标准 3 项，团体标准 2 项，完成企业标准 1 项，发布《数据中心不间断供电技术白皮书》。

3. 主要技术指标

系统效率高达 97.4%，降低损耗 35%；全年 PUE 低至 1.169（实测值），减少能耗 43.7%；PUE 统计精度低至 0.26%，控制精度提升 50%；全年非 IT 设备能耗节能率 19.52%，较行业均值提升 30%；温度场均匀度小于 ±2.5%，控制均匀度提升 50%；输入电源谐波（THDI）小于 1.5%（满载），波形畸变率降低 50%；输入电压范围 380V（-20%~+30%），输入频率范围 40~70Hz，分别提高电源电压、频率适应性 100%、50%。

4. 促进行业科技进步作用及应用推广及效益情况

完成绿色低碳的智慧模块化数据中心开发，持续提升数据中心可再生能源利用水平，对推动新基建与智慧能源建设，具有重要战略意义。

经项目单位推广，项目成果已应用在“北京冬奥会国家体育中心鸟巢”“南昌市民中心（城市大脑）项目”“宁德核电站项目”“亚运会组委会指挥中心项目”等众多大型工程或国家重要活动中，得到广大客户高度认可，取得了良好的市场推广成效，项目牵头单位科华数据荣获赛迪公司颁发的“2018—2019 中国模块化数据中心国产品牌市场占有率第一”的荣誉。截至 2021 年 12 月累计实现销售收入 113397.78 万元，实现利润 11801.14 万元，实现税收 7105.03 万元。

项目完成单位及对本项目的贡献：

1. 科华数据股份有限公司

科华数据股份有限公司是一家专注于电力电子技术领域的集研发、生产、销售和服务为一体的国家技术创新示范企业，设立了国家级企业技术中心。主营高端电源、IDC数据中心建设及云基础服务、新能源及能源微电网综合管理和解决方案，是业界公认的国内不间断电源（UPS）行业龙头企业。科华数据股份有限公司是本项目的第一完成单位，承担了绝大部分项目开发经费，完成了大部分研究内容和关键技术开发，对推动本项目顺利实施发挥重要作用，做出突出贡献。

1）技术创新贡献：对项目实施，科华数据股份有限公司提供了良好的开发平台和试验平台。在项目研究开发过程中，新增了7件发明专利，7件实用新型专利，2件外观设计专利，4件软件著作权。

2）推广应用贡献：科华数据股份有限公司是项目成果推广应用单位和生产单位。目前已经形成了批量生产能力。其中本项目产品成功入围工信部《国家绿色数据中心先进适用技术产品目录（2020）》《国家通信业节能技术产品推荐目录（2021）》。公司已在国内重大工程进行产品推广应用，取得了显著的社会和经济效益。

2. 浙江大学

浙江大学是本项目主要合作单位之一，为项目关键创新技术开发，提供了人才技术支持。

1）技术创新贡献：在项目实施过程中，浙江大学主要负责参与关键技术指导，项目开发期间，新增了2件发明专利，同时发表论文15篇，其中SCI/EI收录论文9篇，取得了一定的基础研究和理论研究成果。

2）推广应用贡献：指导科华数据股份有限公司完成了项目成果的产业化。

3. 福州大学

福州大学是本项目主要合作单位之一，为项目关键创新技术开发，提供了人才技术支持。

1）技术创新贡献：在项目实施过程中，福州大学主要负责参与关键技术指导，项目开发期间，新增了4件授权专利，同时发表论文5篇，其中SCI/EI收录论文3篇，取得了一定的基础研究和理论研究成果。

2）推广应用贡献：指导科华数据股份有限公司完成了项目成果的产业化。

4. 厦门华睿晟智能科技有限责任公司

厦门华睿晟智能科技有限责任公司是本项目完成单位之一，是一家软件与信息技术服务行业的国家高新技术企业，拥有10年以上IDC行业运营管理经验，参与本项目主要关键技术开发工作，项目开发期间，新增了3件发明专利，2件实用新型专利，5件软件著作权，对推动本项目顺利实施发挥重要作用，做出突出贡献。

5. 漳州科华技术有限责任公司

漳州科华技术有限责任公司是本项目完成单位之一，是科华数据股份有限公司的全资子公司，建立了国内一流的电力电子检测、试验中心，参与本项目主要关键技术开发工作，在项目研究开发过程中，新增了5件发明专利，7件实用新型专利。同时负责部分项目产品的生产，以及项目成果在军工、国防领域的应用推广，对推动本项目顺利实施发挥重要作用。

项目第一完成人介绍：

易龙强，男，1978年生，博士，高级工程师，毕业于湖南大学电路与系统专业，现任科华数据股份有限公司技术中心技术预研总工程师，兼中国电源学会信息系统供电技术专业委员会委员、《UPS应用》杂志编委会编委等职务。主要研究方向包括电力电子变流装置数字控制技术、智能数据中心及配套智慧电源产品、自主可控电能变换装置技术等，先后荣获厦门市高层次及骨干人才、厦门市创新创业人才等称号。完成国家科技项目10余项，获省部级科技进步奖9项、中国专利优秀奖2项，发表国内外核心期刊署名论文30余篇，授权知识产权90余项（其中发明专利70余项）。

优秀产品创新奖

美的MD-INV1500系列变频微波炉数字电源

完成单位： 广东美的厨房电器制造有限公司

项目亮点： 本项目所研究的变频微波炉数字电源，搭载了自创的多级逐波限流技术、变频电源智能控制技术以及全域松耦合磁集成技术，实现了变频微波炉数字电源的开关管过电应力保护、启动性能以及最小连续功率三个方面的技术突破，启动速度优于竞品12.5%，最小功率值优于57%，经过第三方鉴定，达到国际领先水平。

项目介绍：

1. 关键技术内容

本项目从微波炉的使用特点及解决用户体验中的痛点出发，对于以下几点内容展开研究

1）研究家用微波炉数字化变频电源的启动速度和启动应力的最优化控制。

2）研究家用微波炉数字化变频电源的连续小功率技术。

3）研究家用微波炉数字化变频电源的开关管过电应力保护及控制。

主要技术指标如下：

1）启动速度：3.5s内（环境温度为25℃时）。

2）最小输入功率：300W。

3）功率稳定性：±10W。

2. 关键创新点

创新点1：启动速度的优化控制——变频电源智能启动控制技术

现有技术大多是通过检测变压器的一次电流大小来判断磁控管预热是否完成，受器件之间的离散性影响，该检测方法的准确性和可靠性不佳，本项目创新方法是将磁控管的阳极与地回路之间串接电阻，当有电流流过这个电阻时，就会产生电压降，通过检测这个电压大小就能得到磁控管的阳极电流情况。在预热阶段，阳极电流随着温度升高而逐渐增大，当采集到的阳极电流AD值大于系统内设参考值时，表明预热阶段完成。

创新点 2：连续小功率——全域松耦合磁集成及同步检测技术

通过仿真设计，发现变压器的输出绕组的匝数与磁芯气隙长度（mm）的比值大于 100：1 时，小功率工作时一定会出现硬开关的现象，而通过更改气隙长度使输出绕组匝数与磁芯气隙长度的比值小于 100：1 时，硬开关得到了显著改善，即开关管在导通前的电压减小了很多，经过进一步的优化其比值，当其比值在 60：1~80：1 之间时，开关管在导通前的电压基本已经降到了零值。

创新点 3：开关管过电应力保护及控制——多级逐波限流技术及智能自检技术

变频电源控制系统通过检测输入电压及当前电流计算出瞬时功率，如果瞬时功率与设定功率有差异时，通过 PID 算法，得出下一个驱动的脉宽。当负载异常或者电压瞬间突变时，电流瞬间增大，这种突变的电流会造成功率异常、温升异常甚至功率器件损坏。因此变频电源控制系统中需要具有限流功能，实时监控电流波形，而在不同相位角时电流也不相同，就需要针对不同相位角设定不同的限流值。而本项目研究的多级逐波限流技术就能攻克这一难题，其具体的工作步骤如下：

1）通过对市电波形的跟随，根据不同相位角，软件设定不同的限流值 V_{REF}。

2）当 IGBT 导通时，电流流过取样电阻，在取样电阻上产生相应的电压 V。

3）将 V 接到一个比较器（内部集成），与软件预设值进行比较。

4）当 $V>V_{REF}$ 时，系统会自动快速关闭 IGBT。

这样流过系统的电流就不会发生突变，有效保护了功率器件及系统运行的稳定。

项目完成单位及对本项目的贡献：

广东美的厨房电器制造有限公司是美的集团旗下一家集研发、生产、营销为一体的现代化企业，是目前全球最具规模的厨房电器供应商，近三年，研发投入占比 5.5%，累计投入超 30 亿元。全球销售网络覆盖 145 个国家和地区，公司设有院士工作室、博士后工作站、联合试验室、863 计划成果应用基地、联合技术工程中心等机构，与电子科技大学、华南理工大学、厦门大学、中科院等近 20 家科研院所及院校展开合作。

广东美的厨房电器制造有限公司是本项目的主要应用技术研究、产业化和制造销售单位。

1）完成了高能效微波炉的研究，在绿色环保设计的基础上，实现了微波炉效率的全面提升，在结构及成本优化、节能方向上都达到了全行业领先，并主导制定了微波炉国家能效标准。

2）完成了变频微波炉的研发设计及制造，并全面推广到市场；变频微波炉为美的自主知识产权，全面考虑了系统可靠性、结构小型化、重量减小等核心需求，在行业内处于领先地位。

项目第一完成人介绍：

程艳，中山大学硕士，2006 年电子信息专业毕业后加入美的集团工作。从事家电产品电控开发及研究工作 16 年，重点深耕变频技术、EMC 设计、电控系统设计等技术领域，覆盖产品包括多头电磁灶、大烤箱、微波炉、微蒸烤一体机等产品。

优秀产品创新奖

ZXDN34 S4848A 高效高密功放电源

完成单位：中兴通讯股份有限公司

项目亮点：ZXDN34 S4848A 电源实现了业界领先的功率密度与转换效率，支持宽范围的输出电压快速调节，满足新一代 5G 通信基站节能降耗、小型轻量的关键需求。

项目介绍：

5G 通信基站带宽高、通道多、功率大，能效、体积、重量是其关键性能指标。ZXDN34 S4848A 电源功率密度业界领先，助力基站设备小型化、轻量化；在宽负载电流范围内均具有高转换效率，且支持宽范围的输出电压快速调节，满足新一代 5G 通信基站节能减排的需求。ZXDN34 S4848A 电源已作为中兴无线基站产品的一部分，广泛应用于移动、电信、联通等电信运营商的通信网络中。

项目研究并实现了高效软开关技术、数字控制算法，设计了小型高效的集成磁件，采用了低热阻的工艺结构，产品效率和功率密度达到行业领先水平。该产品支持输出电压在宽范围内快速调节，可根据基站实际业务负荷情况，动态调整功放供电电压，提高功放效率，进一步提升基站系统的能效，实现节能减排。该产品工作温度范围宽，输入输出纹波小，外场质量表现优秀。

完成单位介绍：

中兴通讯是全球领先的综合通信解决方案提供商。公司成立于 1985 年，是在香港和深圳两地上市的大型通信设备公司。公司通过为全球电信运营商和企业网客户提供创新技术与产品解决方案，让全世界用户享有语音、数据、多媒体、无线宽带等全方位沟通。

中兴通讯拥有通信业界完整的、端到端的产品线和融合解决方案，通过全系列的无线、有线、业务、终端产品和专业通信服务，灵活满足全球不同运营商和企业网客户的差异化需求以及快速创新的追求。

项目第一完成人介绍：

王林国，毕业于浙江大学，获得学士和硕士学位，现任中兴通讯电源平台技术预研总监，在通信电源领域有超过 15 年的技术研发经验，带领团队完成了中兴通讯多个系统产品供电技术平台开发，承担多个国家及省级科技项目的应用课题，主导开发的产品多次获国家及公司级奖项，申请发明专利 20 余件，发表相关论文 4 篇。

优秀产品创新奖

大功率节能型电池化成分容用数字化馈网双向开关电源 LRT20A040

完成单位：深圳市洛仑兹技术有限公司

项目亮点：大功率节能型电池化成分容用数字化馈网

双向开关电源采用全数字 DSP 控制和优秀软件架构，实现电池充电/放电功率双向流动，正反向无差极致快速切换，高动态响应特性，并将电池放电能量回馈电网，节能减排效果显著，广泛应用于锂电池生产检测领域。

项目介绍：

大功率节能型电池化成分容用数字化馈网双向开关电源系列产品通过两级功率变换和开关器件可双向流电流的特性来实现能量的双向流动，前级 AC/DC 功率变换采用双向有源功率因数技术，完成交流到高压直流的变换，实现高功率因数、低输入电流谐波等交流指标，后级 DC/DC 功率变换采用谐振变换技术，完成高压直流到客户所需电压的变换及电气隔离，实现客户所需要的直流输出的电压、负载动态等指标。

当电池充电时，产品通过有源功率因数校正电路将交流整流成高压直流，然后再通过 DC/DC 谐振变换电路将高压直流变换为隔离的、客户所需的直流输出电压；当电池需要放电时，可以通过 DC/DC 谐振变换电路把电池的低压直流转换为高压直流，然后通过有源功率因数校正电路再变换为与电网同相位和同幅值的交流电，回馈到电网；其中能量双向流动的控制是由配合先进的双向功率变换算法的全数字控制电路来实现的。

本项目产品具有以下特点：

1）馈网节能：电池放电时，存在能量被大量浪费的问题。该产品可实现电池放电时，将能量回馈至电网再利用，改变了原有技术中将电池能量完全浪费的传统方式，实现能量的循环利用。产品最高效率可达 94.5%，大幅度地减小了电池生产线用电量，为节能减排做出杰出贡献。

2）超高精度：原有技术中，存在低压直流电源纹波大、精度差的问题。该产品采用多路交错并联技术，实现直流端低电压纹波，从而提高电池充放电精度，提升了电池生产质量。该产品满载时直流端电压纹波低至 400mV，从而可较容易实现电池端 0.5‰精度的要求。

3）无缝微秒级切换：原有技术中，存在电池充放电需等待数秒时间的问题。该产品采用先进的整流逆变无缝切换技术，电池充放电随意切换，无需等待，大大提高了电池生产效率。整流逆变切换时间小于 100μs，同时可应用于实验室等更高要求。

本项目产品使用的关键技术有：三电平三相交直流转换技术，双向软开关高频隔离技术，交错并联技术，整流逆变无缝切换技术，多机并联均流技术。

项目完成单位及对本项目的贡献：

深圳市洛仑兹技术有限公司是一家拥有完全自主知识产权、专业从事绿色、数字化电源研发、生产、营销一体化的国家高新技术企业、专精特新企业。公司产品涵盖了绿色节能解决方案、数字储能解决方案、5G 通信能源解决方案、智能制造激光电源解决方案等，持续为全球客户提供稳定、高效的端到端新能源解决方案。

经过多年耕耘，公司自主研发大功率节能型电池化成分容用数字化馈网双向开关电源系列化产品，公司客户通过杭可、恒翼能、泰坦等设备供应链，服务宁德时代、比亚迪、LG、SK、亿纬锂能、中航锂电等全球知名电池企业，在工业双向电源领域，公司产品市占率高达 70%以上，已成为行业头部标杆型供应商。公司以创新为动力、以技术求发展，持续为客户提供高质量的创新产品，赋能新能源行业的快速发展，助力实现碳达峰、碳中和的环保目标。

项目第一完成人介绍：

张勇，男，电子信息科学与技术专业学士，公司专家级工程师，现任深圳市洛仑兹技术有限公司产品经理 & 技术总监。

参加工作以来一直从事大功率变换器拓扑与控制技术电源产品的研发和管理工作，曾任中兴通讯能源产品开发经理，从事光伏逆变器、储能逆变器的开发和设计，代表项目有 500kW 大功率光伏逆变器、组串型光伏逆变器、光储变流器等。加入公司后带领团队采用技术迭代研发模式，以创新为先导，通过核心专利技术解决了工程应用问题，先后完成大功率节能型电池化成分容用数字化馈网双向开关电源系列化产品开发，并使产品通过 TUV 和 UL 安全认证，目前该系列产品在网运行 20 多万台，远销欧美和日韩，使公司在锂电池化成分容行业成为头部开关电源企业。目前，主持各类项目累计 60 多项，持有 7 项授权专利，参与 1 项团体标准编制，所研发产品相比传统技术产品实现大幅度的节能，不仅为客户创造价值，更为节能减排做出卓越贡献。

优秀产品创新奖

连续模式（CCM）图腾柱 PFC 模拟控制芯片（IVCC1102）

完成单位：上海瞻芯电子科技有限公司

项目亮点：瞻芯的连续模式（CCM）图腾柱 PFC 模拟控制芯片，具备高速、精确控制能力，16 引脚紧凑设计，无需编程，使用简单、高效。

项目介绍：

在图腾柱 PFC 控制芯片 IVCC1102 问世前，因图腾柱功率因数校正（PFC）控制很复杂，数字电源控制器是市场上实现图腾柱 PFC 唯一方案。尽管数字电源性能有些特点，但项目需要高水平的软件和硬件工程师协作开发，有较大难度和时间成本，提高了应用门槛。而且，数字控制器在某些特殊的应用场景，如 AC 瞬间掉电或雷击等，其响应速度无法保持正确控制逻辑，从而难于应付电流倒灌。

因此，瞻芯电子开发了连续模式（CCM）图腾柱 PFC 模拟控制芯片 IVCC1102，芯片内置高可靠性的模拟控制，可快速、精确地输出 PFC 控制信号，不用数字电源控制器，无需编程调试，搭配 SiC 或 GaN 器件，能大幅简化器件选型，降低开发成本，大大加快电源的开发速度，克服多项控制难点，支持高效、高可靠性，迅速推出高性能电源产品。

项目完成单位及对本项目的贡献：

上海瞻芯电子科技有限公司是一家 SiC 功率半导体与

芯片解决方案提供商，致力于开发 SiC 功率器件、驱动和控制芯片、SiC 功率模块产品，以实现电源和电驱动系统的小型化、轻量化、高效化。

瞻芯电子研发团队，历时近 2 年，独立完成了图腾柱 PFC 控制芯片产品定义、电路设计、版图设计、产品测试、系统验证等过程，期间申请了 5 项发明专利，其中 4 项已获得授权。

同时，开发了 2.5kW 图腾柱 PFC 电路参考设计，并支持客户成功开发了量产版钛金电源，提供了一站式芯片解决方案，引发市场的广泛关注。

优秀产品创新奖

基于国产化的 EMS 能量管理系统

完成单位： 漳州科华技术有限责任公司

项目亮点： EMS 能量管理系统属于信息技术领域，是一种信息化的能源管理平台，能量管理系统解决了光/风/柴/储/负荷之间的配合问题，使得系统可以协调运行，既保证可再生能源的充分利用，又可以降低柴油消耗、保护环境。

项目介绍：

系统根据收集到的各个发电设备运行状态数据、负载用电数据，做出合适的判断，管理、控制各设备正常运行、保证电网稳定运行；可实现对多套储能单元、光伏单元、液冷电池单元，以及电表等辅助单元的监测、控制、功率分配等功能；同时满足对大数据、跨平台的接入需要，实现对海量数据的快速挖掘分析、高密度采集的电池监测数据列表展示，并上传至云平台。主要功能如下：

1）实时监控功能：实现对储能单元、储能变流器（PCS）、光伏、燃机等设备的实时监控。

2）满足今后 EMS 能量管理系统对大数据、跨平台的接入需要。

3）可实现海量数据的快速挖掘分析、高密度采集的电池监测数据列表展示。

4）策略监控：支持的光储控制策略、计划跟踪、防逆流控制、自动充电、容量标定、消防联动、离/并网切换、其他联动（关闭/启动 UPS、充放启停 BMS 电池柜等）。

5）逻辑编程功能：支持算术运算（加减乘除）、逻辑运算（大于，等于，小于，大于等于，小于等于，与，或，非）、函数（Lua 支持的所有函数）、定制 EMS 元件（储能功率分配，发电机功率分配），支持自定义逻辑元件（Lua 脚本实现）、控制输出元件（AO，DO）、逻辑模块（防抖延时，按位拆解，输入选择）。

6）报表浏览功能：支持储能收益报表、储能充放电统计报表、PCS/BMS 运行报表、电池电压/温度报表，所有报表支持按日月年时间段查询。

7）Web 浏览功能：通过 Web 页面查看各个设备的实时数据、主接线图、运行数据、功率曲线、控制策略等。

系统价值是可以帮助企业消除孤岛，降低运作成本，提高生产效率，加快变配电过程中异常的反应速度，产品主要应用于工矿企业、电力电网、企业微网、储能电站、新能源、机场交通、建筑楼宇、数据中心等领域。

项目完成单位及对本项目的贡献：

漳州科华技术有限责任公司是集研发、生产、销售和服务为一体的技术创新型企业，主营业务涵盖新能源、数据中心、高端电源三大领域。先后被认定为国家重点高新技术企业、国家重点“专精特新”小巨人、国家技术创新示范企业、国家知识产权优势企业、国家服务型制造企业、国家绿色工厂等，已发展成国内行业龙头企业。“基于国产化的 EMS 能量管理系统”从设备至通信系统、操作系统、数据库实现 100%全自主可控，是企业利用自有技术基于国产化而自主开发的项目。

优秀产品创新奖

医用 X 射线高频高压电源（PSG 系列）

完成单位： 苏州博思得电气有限公司

项目亮点： 本项目攻克了大功率高频软开关逆变技术、管电压管电流高性能数字化控制技术、球管旋转阳极的全数字无级变速旋转阳极控制技术、球管打火抑制技术等核心技术，开发出具有自主知识产权的医用高频高压电源，实现了 X 光影像设备核心部件“卡脖子”技术攻关。

项目介绍：

高压电源作为 X 射线设备的三大核心部件之一，由于高压电源技术壁垒很高，涉足这一领域的厂商非常少，且基本被欧美公司垄断，包括美国的 Spellman、加拿大的 CPI、欧洲的 EMD 等。目前 X 射线高压电源的关键技术指标主要包括开关频率、绝缘能力、精度、功率密度、可靠性等。其中开关频率和功率密度是评价高压电源性能高低的重要指标。高压电源的趋势是高频化、小型化、高可靠性、服务便利。此外，近年来新增固件在线升级、远程状态监控、远程故障诊断等需求。

因此，自主研发高性能高可靠 X 射线高压电源，可以解决核心部件受制于人的隐患，同时，降低整机设备制造及维护成本，提升 X 射线影像设备在各级医院的普及率，提高高端医疗设备的核心部件国产化率，对打破国外垄断、服务我国医疗卫生事业具有重要的现实意义。

本项目研发的医用 X 射线高频高压电源主要由控制系统、逆变模块、高压油箱、旋转阳极驱动模块、灯丝驱动模块等组成，具有高频逆变、高精度、高功率密度等特色。主功率采用 LCC 高频软开关逆变技术，以及高频多绕组变压器级联技术，最高频率 300kHz，最高输出电压 150kV。旋转阳极采用数字化驱动技术，且可根据不同球管的功率和焦点大小等需求自动调整旋转阳极转数，有效延长球管寿命。灯丝采用母线集成技术以及高频隔离技术，简洁高效可靠。同时，系统控制采用 DSP+FPGA 的集中控制方案，有效提升控制系统的可靠性。

项目产品功率密度高，可以满足医疗影像设备对小尺寸部件的需求，同时提供可配置的软件解决方案，满足客户对产品功能的多样化需求，主要应用在移动 DR、便携 DR、C 形臂、乳腺仪、肠胃机、CT 等高端影像设备中。

项目完成单位及对本项目的贡献：

苏州博思得电气有限公司致力于高端 X 光影像设备核心部件的研发、生产和销售，通过自主创新，实现了 X 光影像设备核心部件的技术突破，解决了“卡脖子”技术难题。自主研发的多款高压电源产品，具有高频逆变、高精度、高功率密度等特色，可保证影像设备稳定及高质量的成像，既可以满足医疗影像设备厂商对产品品质要求，又可以大幅度降低成本，打破了国外垄断的局面，实现进口替代。

博思得建立了完善的质量控制体系，已获得了 ISO 9001 质量管理体系、ISO 13485 医疗器械质量管理体系、WTDP（UL 目击认可实验室）等一系列认证，公司还获批了江苏省工程技术研究中心，这些为产品质量的把控保驾护航。

博思得不断加强资源整合，加大产品市场推广力度，陆续与国内外各大优质整机设备厂商达成战略合作。医学影像部件市场中，博思得的 DR 类高压电源的产品销量已连续两年位居全国第一，是国内高压电源领域龙头企业。

项目第一完成人介绍：

范声芳，华中科技大学博士，现任苏州博思得公司研发总监，江苏省医用 X 射线高频高压发生器工程技术研究中心负责人，江苏省产业技术研究院（JITRI）-博思得联合创新中心负责人，中国电源学会高级会员，江苏省双创博士、苏州高新区创新领军人才、苏州市重点产业紧缺人才。范声芳专注于电力电子及控制系统、高频高压直流电源、高压变频电源等技术的研发，主持了江苏省科技成果转化项目、国家发改委医疗器械核心技术攻关专项、工信部人工智能医疗器械创新任务等 10 余项创新项目，牵头制定了中国生物医学工程学会《医用乳腺 X 射线高压发生器》等标准。累计申请发明专利 50 余项。

优秀产品创新奖

汽车级全碳化硅功率模块 Pcell

完成单位：深圳基本半导体有限公司

项目亮点：汽车级全碳化硅功率模块 Pcell 基于内部紧凑结构的半桥拓扑结构设计，内部采用多芯片并联均流设计以及铜排焊接工艺，具有紧凑设计、高功率密度、低杂散电感以及无铅封装的高可靠性等特点，产品与技术达到国内领先水平。

项目介绍：

汽车级全碳化硅功率模块 Pcell 基于内部紧凑结构的半桥拓扑结构设计，内部采用多芯片并联均流设计以及铜排焊接工艺，引入电、热、力多物理场仿真手段优化，可有效平衡工作结温并降低寄生参数，具有紧凑设计、高功率密度、低杂散电感以及无铅封装的高可靠性等特点，产品与技术具有国内领先水平，已成功获得车企定点并实现量产，促进了我国新能源汽车产业的创新与发展。

项目完成单位及对本项目的贡献：

深圳基本半导体有限公司是中国第三代半导体企业，专业从事碳化硅功率器件的研发与产业化。公司总部位于深圳，在北京、上海、南京、无锡、香港，以及名古屋设有研发中心和制造基地。公司掌握碳化硅核心技术，研发覆盖碳化硅功率半导体的材料制备、芯片设计、封装测试、驱动应用等产业链关键环节，核心产品包括碳化硅二极管和 MOSFET 芯片、汽车级碳化硅功率模块、碳化硅驱动芯片等，服务于光伏储能、电动汽车、轨道交通、工业控制、智能电网等领域的客户。

项目第一完成人介绍：

和巍巍博士是中国功率半导体领域专家，现任深圳基本半导体有限公司总经理、中国半导体行业协会理事和中国电源学会青工委秘书长，荣获中国专利优秀奖、中国电源学会科学技术奖优秀青年奖和“CASA 第三代半导体卓越创新青年”奖。主持了工信部产业基础再造和制造业高质量发展专项、科技部重点研发计划等多项科技研发及产业化项目，带领团队研发了工业级碳化硅 MOSFET 芯片、车规级碳化硅模块、车规级碳化硅 MOSFET 驱动等国内首创产品，成功打破国外技术垄断，产品广泛用于智能电网、工业节能、新能源发电、新能源汽车、轨道交通、国防军工等领域，促进了中国功率半导体行业的技术创新和发展。

优秀产品创新奖

S7000H 系列回馈型直流源载系统

完成单位：科威尔技术股份有限公司

项目亮点：科威尔技术股份有限公司研发生产的 S7000H 系列回馈型直流源载系统在额定范围内输出电压范围达 2000V，3U 体积内输出功率达到 30kW，功率密度已是行业领先水平。

项目介绍：

S7000H 系列回馈型直流源载系统是一款带回馈功能的源载两用高精度直流电源，它成功地将双向电源及回馈式负载集成到仅 3U 高度的一台设备内，不仅能作为双向电源使用，还可以作为回馈式电子负载使用，吸收功率的同时还能将消耗的能量回馈至电网，实现双象限操作。S7000H 系列广泛应用于新能源电池测试、储能逆变器测试、汽车电子测试等多个领域，为不同类型的产品提供全面丰富、高效可靠的测试需求。

在器件选型上，采用碳化硅宽禁带功率器件，同时优化了多个碳化硅开关管并联的驱动电路和主功率回路设计，在保证可靠性的基础上，实现了在高压、高频率、大电流工作时，对比传统硅器件有更高的效率、更少的热量耗散，实现体积小、功率密度高。

在系统架构上，全采用双向变换器并多级级联，其中中间级采用 LLC 软开关技术降低开关损耗来提高开关频率、减小体积，实现了高功率密度和高效率，在 3U 高度下实现了中高压产品最高 30kW 的输出功率，最优效率达到 94.5%以上。

在控制策略上，采用16位AD的高精度采样和DSP的高精度PWM，实现了输出电压测量精度达到0.05%满量程以内，输出电流测量精度达到0.1%满量程以内。在传统的控制方法上叠加应用了特殊的预测、变斜率、动态前馈等多种非线性数字控制算法，使得产品的输出特性显著提高，50%～100%负载跳变时的电压波形恢复时间小于1ms，±27kW输出功率双向切换的完成时间小于2ms。

在电路设计上，整体分层为交流转直流变换器模块和直流转直流变换器模块，两者之间串联，交流转直流变换器模块中可以通过减配功率器件数量或型号等级来实现不同功率等级的母线输出，直流转直流变换器模块则可以通过灵活的减配模块数量或者功率器件数量及型号来实现不同功率等级对外输出，也可通过模块之间的串联和并联方式改变来实现各输出电压等级的不同。这样的分层设计，在功率密度上实现了3U/30kW，也缩短了产品的系列化开发周期。

拥有高可靠性的多机并联方案，支持多达30台机器的并联使用，选用LVDS高速信号替代普通的CAN，RS485传输，将主机的环路控制参数快速下发到每台从机，每台从机接收信号的同时，传输链路上的模拟器件快速同步转发控制参数到下一台从机，并且在信号校验机制上增加了多重纠错处理机制，在高速、高频率数据传输过程中提高了并机可靠性。

多功能，采用智能模拟算法设计，除了实现双向恒压、恒流功能，还内嵌了IV模拟器、电池充放电、电池模拟、电子负载等功能，让电源对外表现出不一样的外特性曲线，从而适配不同行业应用的功能模拟。

项目完成单位及对本项目的贡献：

科威尔技术股份有限公司于2011年6月成立，注册资金8000万元，是一家以测试电源为基础产品，为多行业提供测试系统及智能制造设备的综合性测试装备公司。

经过多年技术积累、升级和迭代，与市场深耕积累的大量的行业应用经验相结合，公司实现了前沿理论技术与实际工业场景的融合，有针对性地为下游行业领域客户提供所需的测试装备。公司多款产品实现了进口替代，产品远销欧洲、日韩及多个东南亚国家，是为数不多跻身国际测试设备供应商体系的中国本土品牌，并已成长为一家国内领先、业界知名的综合性测试装备公司。

科威尔于2019年在南京设立分公司，主要用于小功率测试电源的研究开发。充分发挥南京科技、人才资源优势，增强研发中心科技创新能力。经过多年积累和研发的C3000高频直流电源单品和S7000H系列回馈型直流源载系统的核心性能指标已达到国际知名品牌的水平，基于原有客户群体对于公司品牌及品质的认可，已经迅速打开局面，产品已经销往阳光电源、固德威、正泰、株洲中车等行业内知名企业。

项目第一完成人介绍：

蔡振鸿，男，汉族，1982年12月生，2007年毕业于南京航空航天大学自动化学院，获电力电子与电力传动专业硕士学位，专注于高效功率电子变换技术及新能源方向电力电子技术。在科威尔技术股份有限公司任电源事业部副总经理，全面负责小功率电源的开发。期间，从组建研发团队到建设研究中心，坚持以创新能力为先导，不断引进和吸收新技术，构建了一系列核心技术，实现了小功率测试电源产品在多功率段、多行业应用的覆盖，改变了产品应用行业客户以往对国外进口品牌供应商依赖的行业状况。

杰出贡献奖

罗安

湖南大学教授，中国工程院院士

个人亮点：紧扣国家与国防重大需求，攻关电能变换核心技术，把论文写在祖国的大地上，为国铸重器，为党育人才。

获奖人简介：

罗安，湖南大学教授，中国工程院院士，任国家电能变换与控制工程技术研究中心主任，湖南省科学技术协会副主席，中国电源学会副理事长，教育部高等学校电气类专业教学指导委员会副主任委员。30多年来，他一直工作在电能变换与控制领域教学与科研第一线。面向大功率电能变换与控制领域的国家重大需求，秉承“装备改变品质、品质影响世界”的科研追求，领衔组建湖南大学电能变换与控制创新团队，主持国家自然科学基金重大仪器、国家重点研发计划等课题，发明了多种大功率电能变换方法，突破了多项共性核心技术，研制出大功率电磁冶金、铜箔电解、海岛电源等核心装备并成功应用，取得了良好的经济和社会效益。他以第一完成人获国家科技进步创新团队奖1项、国家技术发明二等奖1项、国家科学技术进步二等奖2项、中国专利金奖1项、省部级一等奖8项，获“全国优秀共产党员”“全国先进工作者”“全国优秀科技工作者”等荣誉。主要科技成就和贡献如下：

1）首创大功率高密度磁场电磁冶金电能变换技术，实现了该领域的技术与装备国际领先。他提出了无齿槽磁屏蔽电磁搅拌和双通道中间包电磁加热技术，发明了大功率电磁能量双向快速变换技术；研制出高密度磁场冶金核心装备，与国外领先的产品相比，电磁搅拌力提高1.2倍，能效比提高1.4倍，1500℃钢水控温精度由±5℃提高到±3℃。他率领团队研制出我国首套宽厚板坯电磁搅拌系统和30吨双通道中间包电磁加热系统，大幅提高了我国钢材品质，成果获2014年国家技术发明二等奖、中国专利金奖。

2）突破低纹波大电流电解电能变换技术，引领了大电流、低纹波电解电源技术与装备的发展。他发明了多变压器全控高频变换与虚拟阻抗自动均流技术；研制出我国首台50kA铜箔电解电源装备并推广应用，电源效率提高12%，成果获2010年国家科技进步二等奖。

3）突破大功率高过载电能同步变换技术，实现了我国海岛大功率特种电源装备的跨越式发展。他发明了高过载拓扑结构与电能同步控制技术、多电源功率模块并联均衡控制技术；研制出我国首套兆瓦级海岛特种电源装备并成功应用，成果获2020年国家科技进步二等奖。

4）拓展有源滤波理论与核心技术，实现了有源滤波理论和技术创新及工程应用。他首创低损耗低成本混合有源滤波系统，率先提出谐波分频控制和相角补偿方法。研制出我国首台 10MVar/10kV 混合滤波器，并在贵溪冶炼厂、涟源钢铁集团等企业应用，节能效果显著，成果获 2006 年国家科技进步二等奖。

5）领衔团队组建了国家电能变换与控制工程技术研究中心，率先提出了“三链并举-四维递进”电气类五有创新人才培养模式与实践，培养出杰青、长江学者、万人计划等优秀人才，率领师生协力使湖南大学电气工程学科入选“双一流”建设学科。

杰出青年奖

郑泽东

清华大学副教授

个人亮点： 致力于大容量电气化交通电驱动技术的创新研究，推动动车组和舰船装备技术的进步。

获奖人简介：

郑泽东，清华大学长聘副教授，博士生导师，IET Fellow，IEEE Senior Member。

主要研究方向：高功率密度电力电子变换器技术、高性能电驱动技术、轨道交通牵引及供电技术、船舶电力推进技术等。主持国家重点研发计划课题、国家自然科学基金重点项目、北京市自然科学基金重点项目等国家级课题和国防军工、企业横向课题 30 余项。研制了世界电压等级最高的动车组牵引电力电子变压器并实现装车试验运行，多相电机低噪声及故障冗余控制研究等成果在舰船领域得到应用。在国内外期刊和重点国际会议上发表 SCI 论文 50 余篇、EI 论文 100 余篇，出版学术专著 1 部。2013 年入选北京市高校青年英才计划，2017 年被评为中达青年学者，2019 年受聘教育部青年长江学者。

主要学术兼职有：中国电源学会交通电气化专委会副主任委员，中国电源学会青年工作委员会副主任委员，IEEE 电气化交通社区（TEC）执行委员、北京分部主席，IEEE 工业电子学会（IES）电气化交通技术委员会秘书长，IEEE 车辆技术学会（VTS）电气化轨道交通系统委员会秘书长。

优秀青年奖

王丰

西安交通大学教授

个人亮点： 在规模化光伏发电系统的能效优化领域取得较多创新成果，获得较大学术影响，促进了相关产业的技术发展。

获奖人简介：

王丰，工学博士，西安交通大学电气工程学院教授，博士生导师，IEEE Senior Member。针对中压、大容量电力电子装备领域中规模化光伏系统高效发电的重大需求，围绕中低压电力电子装置拓扑、调制与控制策略优化、模块化系统可靠性优化等技术展开研究。先后主持包括国家自然科学基金、科技部重点研发计划子课题在内的各类科研项目 30 余项，参与各类国家级、省部级以及企业合作科技项目多项，相关成果发表 SCI/EI 论文 100 余篇，授权中国发明专利 11 件，美国专利 1 件，软件著作权 1 件。先后获得中国电源学会科技进步一等奖、陕西省科技进步一等奖、IEEE ECCE Asia 大会最佳论文一等奖等表彰奖励多项。相关技术成果应用于国内多个光伏发电综合示范工程，取得了较好的学术影响和经济效益。

王丰教授目前担任 IEEE PES 储能技术委员会-储能系统与装备技术分委会常务理事，IEEE PES 储能技术委员会-厂站直流电源与供配电技术分委会副秘书长，中国电源学会直流电源专业委员会委员，中国电源学会新能源电能变换技术专业委员会委员，中国电源学会交通电气化专业委员会委员。先后多次受邀担任 IEEE ECCE 等国际会议分会场主席等职务。

优秀青年奖

李奇

西南交通大学教授

个人亮点： 在氢能轨道交通领域开展了氢燃料电池混合动力系统稳定控制、性能优化和能量管理等方面的研究工作，取得了创新成果和实现了工程应用。

获奖人简介：

李奇，教授，博士生导师，西南交通大学国家轨道交通电气化与自动化工程技术研究中心副主任。长期从事轨道交通新型供电技术、氢能与燃料电池发电技术、综合能源系统规划与运行等领域的研究工作。2006 年和 2011 年在西南交通大学获得学士和博士学位，期间在新加坡南洋理工大学联合培养博士 2 年，2011 年作为副教授留校工作，2016 年晋升为教授。

入选 IET Fellow、Elsevier 中国高被引学者，担任 IEEE IES 交通电气化技术委员会委员和分委会主席、IEEE PES 3 个中国区分委会常务理事、中国电源学会交通电气化专业委员会副秘书长等，并担任 *IEEE Transactions on Transportation Electrification* 副主编和 *CSEE Journal of Power and Energy Systems* 青年编委。

面向轨道交通绿色低碳发展重大需求，以实现氢燃料电池混合动力系统稳定与高效运行为目标，聚焦系统输出特性与牵引负荷匹配适应性、稳定控制、动态能量分配难题，完成了相关基础理论与应用研究。同时作为技术负责人研制了世界首列氢燃料电池混合动力有轨电车、国内首辆氢燃料电池调车机车，并示范运行。成果获省科技进步一等奖、教育部优秀成果自然科学二等奖等省部级奖励 3 项，协会/企业奖励 4 项，以及获评教育部霍英东青年教师基金、四川省杰出青年基金、詹天佑铁道科技青年奖。主持国家自然科学基金、国家重点研发计划子课题、教育部高校博士点专项基金、四川省自然科学基金重点项目、国家铁路集团（原铁道部）科研重点项目等 20 余项。以第一/通讯作者发表 SCI 论文 73 篇（入选 ESI 热点/高被引论文 7 篇），授权发明专利 46 项。

优秀青年奖

马柯

上海交通大学特别研究员

个人亮点：促进了电力电子可靠性领域的技术发展与产业化应用。

获奖人简介：

马柯教授分别于2007年和2010年获得浙江大学电气工程学院学士、硕士学位，2013年获得丹麦奥尔堡大学能源系博士学位，2014年被聘任为奥尔堡大学助理教授。2016年起入职上海交通大学电气工程系，目前担任上海交通大学电力传输与功率变换控制教育部重点实验室副主任。

10年来致力于电力电子可靠性领域的分析建模、工况复现、应力调控等方面的研究工作，建立功率半导体器件频域热模型理论和测量方法，解决了服役工况下器件复杂电热行为分析的难题；提出多种用于工况模拟复现的新型电路拓扑及控制方法，极大提升了可靠性测试的灵活性和准确性；提出变流器多维度的主动电热应力调控方法，开辟了可靠性提升新思路。

基于上述成果，以第一/通讯作者发表JCR一区SCI论文50余篇，EI论文100余篇，200次以上ESI高引论文3篇，SCI他引1400余次，得到了国内外50余位院士/IEEE Fellow的多次正面引用及肯定。入选爱思唯尔“中国高被引学者”、斯坦福大学“世界前2%高被引科学家”、国家高层次青年人才计划；获欧洲风能学会“优秀青年风能博士奖”，以及数个国内外论文奖励。目前担任2个IEEE专委会副主席、3个IEEE Transaction期刊主编/编委、3个国内期刊编委，受邀做国内外特邀报告/专题讲座20余次。

主持国家重点研发计划重点专项（课题负责）、国家自然科学基金面上项目、台达电力电子科教发展计划重点项目等多项重要研究课题，获授权中国发明专利30余项，美国发明专利1项。通过技术合作，创新成果在电力装备、测评认证、新能源发电等领域多家龙头企业中得到了应用和推广。

电源相关科研团队简介
（按照团队名称音序排列）

1. 安徽大学—工业节电与电能质量控制省级协同创新中心

地址： 安徽省合肥市九龙路 111 号安徽大学磬苑校区理工 B 座

邮编： 230601

电话： 0551-63861862

传真： 0551-63861862

网址： http://www3.ahu.edu.cn/jdcx/

团队人数： 127

团队带头人： 王群京

主要成员： 李国丽、郑常宝、赵吉文、胡存刚、陈权

研究方向： 高节能电机及其控制，电力电子装置，电能质量检测与治理

团队简介：

工业节电与电能质量控制协同创新中心（以下简称“中心”）是安徽大学牵头，联合东南大学、安徽省电力公司、马钢（集团）控股有限公司、安徽皖南电机股份有限公司、合肥通用机械研究院等作为核心共建单位，由共同致力于提升科技创新能力和拔尖创新人才培养能力、服务和引领工业节电与电能质量控制领域技术创新、应用和推广的高等院校、科研院所、企业和国际创新机构等单位联合组建的非法人实体组织。

中心的宗旨是，面向制约区域可持续发展的节能和能源安全等重大问题，本着“优势互补，深度融合，协同创新，利益共享，对外开放，支撑发展”的原则，在安徽省能源局指导下，基于长期项目和人才合作，依托安徽大学和东南大学国家级重点学科和平台，以安徽电力、马钢、皖南电机等重点企业及其技术中心为工程化示范和产业化基地，改革协同创新模式和机制，联合共建“工业节电与电能质量控制协同创新中心”，在工业节电和用电质量及安全等重点领域，搭建高技术研发平台、技术转移平台、公共技术服务平台、科技型企业孵化平台和高层次人才培养平台，建成服务全省，辐射周边，在国内具有较大影响的公共协同创新中心，通过政产学研合作机制，整合各类资源，开展联合技术创新，推动高耗能传统产业技术升级，提高能源、钢铁等支柱产业经济和社会效益，孵化和催生节电产品战略性新兴产业，促进区域经济社会可持续发展。

通过中心实现政产学研实质性联合，发挥政府职能部门主导作用，建立高等院校与企业间的产学研合作对口支援关系，实现能力互补和研发风险的分担；融合高校和企业各自的人才优势、技术优势，集聚和培养一批高层次技术人才；面向产业，建立产学研结合的公共科技创新平台，形成一批在国内具有一流水平的产学研开发基地和产业化基地，加快学校科学技术向企业转移；承担和实施一批国家和省级重大科技项目，不断缩短企业产品技术研发周期，提升产业创新水平，加快相关产业的科技进步；攻克一批制约产业发展的工业节能和用电安全共性关键技术，形成具有国际竞争力的自主品牌、自主知识产权，形成系列化的国家、行业以及地方标准；通过中心的技术辐射、产品辐射和服务辐射功能，为行业单位和用户提供多层面、专业化的服务。

2. 安徽大学—特种电源与电能质量研究团队

地址： 安徽省合肥市蜀山区九龙路 111 号

电话： 0551-62631981

团队邮箱： gaomin_pq@163.com

团队人数： 固定研究人员 18 人

团队带头人： 陶骏、朱明星

主要成员： 颜娟、张茂松、朱乾龙、邓天白、尹骁骐、彭飞翔、那日沙、丁同、丁振桓、刘凯峰、高敏、焦亚东、曹义力、孙贺、沈显顺、汪日新

研究方向： 团队面向大科学装置特种电源及新型电力系统等典型场景下高品质供电的重大技术需求，聚焦系统设计、诊断评估和治理保护三大核心技术，推动多学科交叉融合和多维度协同创新。围绕极端运行条件下特种电源及电能质量控制技术，重点针对大科学装置电源系统设计及运行期间低频段、宽频带、非平稳间谐波产生机制与防治技术开展技术创新与应用，设计了各类高电压、大电流特种电源，建立了复杂脉冲功率电源系统电网运行风险评估方法，提出了冲击性负荷有功与无功协同、多时间尺度协同的优化控制技术，提升了大科学装置配电系统的安全性和可靠性。围绕新型电力系统电能质量分析与控制技术，研究电能质量干扰源交互耦合机制，创新多源交互下干扰源发射特性提取、干扰源潮流路径辨识及污染责任量化方法，突破宽频带电能质量检测及有源治理关键技术，研制了宽频带电能质量检测平台、宽禁带半导体器件高压断路器及多类有源高效治理

装备，获得了国家级 CMA 检测资质，可面向电网公司和工业用户开展电源系统设计、电能质量测试评估及预评估、电能质量解决方案优化、治理装置运行效果验收等技术咨询或科研服务。相关技术已在多个新型电力系统及典型工业负荷场景得到应用验证，形成了诸多典型应用案例，经济和社会效益显著。

团队在研项目：团队近 3 年在研或已完成的各类国际合作项目、重点研发计划、国家自然科学基金、电网公司横向委托等重点项目总计 30 余项，累计合同金额近 4000 万元。

（1）ITER 电源系统的设计与集成项目

项目概况：该项目为安徽大学参与的国际热核聚变实验堆计划国际合作项目，项目金额 210 万元。安徽大学电能质量团队在 ITER 线圈电源主控系统功能分析、ITER 脉冲功率电网协调控制、ITER 线圈供电系统调试和硬件在环测试等方面开展了理论和技术研究。团队提出多超导线圈耦合下的电源解耦算法，并给出故障保护策略，提高系统可靠性；针对 ITER 负荷和电网交互谐波放大机理与间谐波现象开展研究，提出 ITER 电源系统与无功补偿协同控制方法；基于 HIL 平台对 ITER 线圈电源控制系统进行了硬件在环测试。研究成果为磁约束聚变工程中大功率脉冲电源的电网兼容性和稳定性控制研究提供理论和技术支持。

（2）城市轨道交通柔性牵引变流关键技术研发

项目概况：该项目为安徽大学牵头，联合中国科学院合肥物质科学研究院、安徽祥雨电气有限公司开展的省重点研发计划项目，项目总金额 80 万元。项目针对城市轨道交通牵引供电系统面临的直流电压不可控、再生制动能量浪费严重、牵引供电系统电能质量差等亟待解决的问题开展理论研究和技术开发。安徽大学电能质量团队作为牵头单位负责总体方案设计、能量协同优化策略、柔性牵引变流电源控制系统设计开发与测试认证等工作，突破轨道交通发展的瓶颈问题，促进绿色轨道交通的发展。

（3）基于矩匹配和哈密顿能量的孤岛不平衡微电网大信号稳定性分析方法

项目概况：该项目为安徽大学电能质量团队青年教师获批的国家自然科学青年基金项目，项目金额 30 万元。项目以孤岛三相不平衡微电网的大信号稳定性为研究对象，重点研究保留微电网主要非线性特性的高效模型简化方法、孤岛三相不平衡微电网能量方程的构造方法两个尚未解决的关键科学问题。兼顾简化效果和重要非线性特性保留，对系统的动态模型进行有效的简化，量化孤岛三相不平衡微电网所能承受的最大扰动，为微电网控制技术的改良提供量化的指引。

（4）数字化驱动的高电能质量与客户增值服务关键技术研究与示范

项目概况：该项目为南方电网公司重点科技项目，由深圳供电局电力科学研究院牵头，安徽大学与四川大学、清华大学、上海交通大学共同参与实施，项目总金额近 2000 万元。安徽大学电能质量团队负责电能质量监测数据量测误差及园区配电网高电能质量关键技术研究，同时负责园区配电网高电能质量技术示范工程及智慧平台建设，通过对先进治理技术的创新研发与示范应用，为我国配电网及重要用户的高品质供电提供具有典型示范意义的技术范式。

团队科研成果：团队围绕大科学装置电源系统优化设计、电能质量诊断评估及治理等关键技术开展技术攻关，创新了宽频带谐波测量及分析技术，研发了系列宽频带电能质量检测平台，为北京冬奥场馆保电贡献安徽力量；创新了换流技术，研制了高效率、高功率密度混合式断路器，研发了基于碳化硅器件的模块化多电平换流器，推动宽禁带半导体器件应用，实现中压兆瓦级电驱动系统的技术升级；突破了复杂多变场景下关键治理装备的优化控制技术，研制了系列高效有源治理装备，实现了对聚变电源、分布式光伏等典型场景下低频段、宽频带、非平稳干扰的高效治理。近 3 年来，团队发表了中文核心和三大检索论文 40 余篇，获授权发明专利 20 余项，牵头或参与制定了国家、行业及团体标准 20 余项，助力电能质量行业健康有序发展。

团队所获荣誉：团队近 3 年获各类省部级奖项 7 项，其中安徽省科技进步二等奖 1 项（2022 年）、广西科学技术进步二等奖 1 项（2021 年）、中国机械工业科学技术二等奖 2 项（2020 年和 2021 年）、中国职工技术协会中国专利年度奖 1 项（2022 年）、国家电网公司科技进步二等奖 1 项（2022 年）、中国南方电网公司科技进步二等奖 1 项（2021 年）。此外，团队所在的电能质量教育部工程研究中心 2018 年获亚洲电能质量产业联盟颁发的电能质量行业十年突出贡献奖。

团队简介：

依托安徽大学电气工程与自动化学院师资力量，团队成员包括陶骏、朱明星、颜娟、张茂松、朱乾龙、邓天白、尹骁骐、彭飞翔、那日沙、丁同、丁振桓、刘凯峰、高敏、焦亚东、曹义力、孙贺、沈显顺、汪日新等 18 人，其中教授/博导 3 人、副教授 1 人、讲师 8 人、工程师 4 人、博士后 2 人。在读博硕研究生近 30 人。

团队拥有完善的科研平台，依托电能质量教育部工程研究中心、工业节电与用电安全安徽省重点实验室、工业节电与电能质量控制安徽省协同创新中心、安大绿研院电能质量产业共性技术研发中心等多个国家和省部级科研平台，在典型工业负荷、新能源发电系统、大科学装置电源领域推动学科交叉融合和技术创新突破。通过成果转化设立安徽安大清能电气科技有限公司，打造产学研一体化协同创新平台，提升工程建设能力，促进成果转化质量和技术服务水平。

近 3 年，围绕极端运行条件下的特种电源及电能质量控制、新型电力系统电能质量分析与控制面临的科学技术难题，广泛承担或参与了国际、国家、省部委、国家电网、南方电网等的纵横向科技项目研究，先后承担和完成了包括国际合作项目、国家自然科学基金、省重点研发计划在内的科研项目超过 30 项，发表中文核心和三大检索论文 40 余篇，授权发明专利 20 余项，牵头或参与制定国家、行业及团体标准20余项，获省部级科技奖项7项，研发了系列电能质量宽频带检测平台、宽禁带半导体器件高压断路器及多类有源治理装备，可为电网公司和电力用户提供多样化的科研和技术服务。

3. 安徽工业大学—优秀创新团队

地址：安徽省马鞍山市马向路新城东区电气与信息工程学院

邮编：243032

电话：0555-2316595

团队邮箱：liuxiaodong@ ahut. edu. cn

团队人数：8

团队带头人：刘晓东

主要成员：葛芦生、陈乐柱、郑诗程、方炜、胡雪峰、刘宿城、杨云虎

研究方向：电力电子功率变换技术

团队简介：

团队包括教授6人、副教授2人，其中7人具有博士学位，涉及电力电子、高电压技术、电力系统和控制理论工程等多个相关学科。围绕着“电力电子功率变换技术”核心研究方向，主要从事以下方面的研究：1）数字开关电源开发和应用；2）新能源发电及智能微电网技术的研究；3）特种电源及其应用。团队已获得国家自然科学基金7项、国家外专局项目1项、安徽省科技攻关项目1项、安徽省自然科学基金4项、安徽省教育厅基金项目6项、马鞍山市科技局项目1项，申请国家专利30余项，发表论文200余篇。与此同时，基于在开关电源和新能源变换等技术方面积累的较为丰富的理论和实践经验，团队成员积极地将部分先进的研究成果向应用领域转化，扩大了电力电子功率变换技术在国民经济领域的应用范围，促进了地方经济的发展。

4. 北方工业大学—新能源发电与智能电网团队

地址：北京市石景山区晋元庄路5号

邮编：100144

电话：17718347032

团队邮箱：zjh@ ncut. edu. cn

团队人数：11

团队带头人：周京华

主要成员：胡长斌、陈亚爱、朴政国、张海峰、章小卫、张贵辰、徐爽、景柳铭、李津、翁志鹏

研究方向：新能源发电技术，电力电子与电气传动，智能电网与微电网

团队在研项目：1项国家重点研发计划项目、1项国家自然科学基金面上项目、15项企业委托项目

团队科研成果：科研成果获省部级科技进步奖8项

团队简介：

北方工业大学“新能源发电与智能电网”北京市高水平创新团队，共有教师11名，其中教授3名、副教授5名、讲师3名，均具有博士学位。长期从事新能源发电技术、电力电子与电气传动、智能电网与微电网等方面的研究，均系统地完成过科研项目，具有科学的思维方式、完整的知识体系、较强的实践技能、合理的知识结构。成员之间科研方向具有互补性，长期以来一直在开展科研合作，形成了稳定的合作关系、扎实的合作基础。团队成员主持1项国家重点研发计划项目、4项国家自然科学基金、5项北京市自然科学基金、75项企业委托开发项目，出版专著3部、教材7部、译著7部，在新能源变换与控制、微电网运行与调度等领域具有较深的理论基础，并积累了丰富的工程经验。

5. 北京交通大学—电力电子与电力牵引研究所团队

地址：北京市海淀区上园村3号北京交通大学电气工程楼602

邮编：100044

电话：010-51687064

传真：010-54684029

网址：http：//ee. bjtu. edu. cn/xisuo/dianlidianzisuo. php

团队人数：18

团队带头人：郑琼林、游小杰

主要成员：杨中平、林飞、李虹、孙湖、郝瑞祥、贺明智、王琛琛、李艳、刘建强、郭希铮、黄先进、王剑、杨晓峰、周明磊

研究方向：轨道交通牵引供电与传动控制（高速列车、重载列车和城轨列车），特种电源（工业、军工），电力电子技术在电力系统中应用，光伏发电并网与控制，高性能低损耗电力电子系统，宽禁带器件应用，能源互联网

团队简介：

北京交通大学电力电子与电力牵引研究所（简称电力电子研究所）成立于2004年，主要从事电力电子和电力牵引领域的研究工作，是电力牵引教育部工程研究中心的依托单位。所在的电力电子学科为北京市重点学科。北京交通大学是台达电力电子科教基金资助的十所高校之一，中国高校电力电子学术年会四个发起单位之一。北京交通大学电力电子研究所团队有教授5人，副教授7人，讲师4人，博士生和硕士生130余人，近年来发表学术论文200余篇，其中SCI论文近40篇，EI论文100余篇，出版科技专著9部，已授权发明专利30余项，获软件著作权20余项，获省部级科技进步奖二等奖和三等奖各1项，培养优秀硕士/博士毕业生和荣获国家级奖学金学生20余人次。

近年来研究所围绕高速列车牵引传动与控制、重载列车牵引传动与控制、特种工业电源、特种军用电源、宽禁带器件应用、光伏发电并网与控制、柔性直流输电技术、电能质量控制技术、能源互联网等领域开展研究工作，研制出多个系列电能变换与节能装备，并成功实现了产业化。研究所自成立以来，承担并完成了许多国家科技支撑项目、国家重大研究计划、国家自然科学基金项目、863计划项目、铁道部项目、国防科技项目、台达科教基金项目、企业横向课题等许多科研项目，在这些项目中，研究所在国内率先研制成功了交流传动互馈试验台，可用于大功率牵

引电机及其他电机的控制、试验、测试等；建设了国内先进的电力牵引综合实验平台，并在该平台上开发了大功率电力机车牵引传动控制系统；完成了国内最大功率的航天试验用电源，特种军用电源，大功率电解、电镀等工业电源的研制。

北京交通大学电力电子研究所与许多科研机构和公司建立了长期的密切合作关系。与世界最大的 SVC 制造商——荣信电力电子股份有限公司签署协议共建电力牵引教育部工程研究中心；与中国中车股份有限公司、北京卫星制造厂等单位签署了产学研战略联盟协议；与北京京仪椿树整流器有限责任公司签署了共建电力电子联合实验室的协议；此外，还与北京京仪绿能电力系统工程公司、北京敬业电工集团等十余家知名企业建立了产学研合作关系，为企业的核心技术研发提供技术支持，同时也获得了研究所发展所需要的资金支持，并为研究生的培养提供了实践基地。

6. 重庆大学—电磁场效应、测量和电磁成像研究团队

地址：重庆市沙坪坝区沙正街 174 号重庆大学

邮编：400044

电话：023-65105242

传真：023-65105242

团队人数：9

团队带头人：何为

主要成员：熊兰、杨帆、张占龙、徐征、王平、肖冬萍、毛玉星、汪金刚、刘坤

研究方向：电磁场测量与成像

7. 重庆大学—高功率脉冲电源研究组

地址：重庆市沙坪坝区沙正街 174 号重庆大学 A 区电气工程学院高压系

邮编：400044

电话：023-65111795

传真：023-65102442

网址：http：//www.cee.cqu.edu.cn/pulse/

团队人数：40

团队带头人：姚陈果

主要成员：米彦、李成祥、董守龙

研究方向：全固态微秒/纳秒/皮秒脉冲的产生与测控技术，脉冲电场的生物医学应用，输配电设备绝缘在线监测与故障诊断技术

团队简介：

重庆大学高功率脉冲电源研究组成立于 20 世纪 90 年代末，依托于重庆大学输配电装备及系统安全与新技术国家重点实验室，一直从事高功率脉冲电场/磁场的产生与测控技术，及其在输配电设备绝缘在线监测和生物电磁学方面的应用研究。研究组的相关研究成果在 *IEEE Transactions*、《中国电机工程学报》等国内外高水平期刊上发表论文 90 余篇，被 SCI 收录 40 余篇；授权发明专利 20 余项，其中一项以 1000 万元实现成果转让；培养研究生 30 余名。研究组在生物电磁学方面的应用研究形成了较鲜明的特色，在国内外具有一定的学术影响力。

8. 重庆大学—节能与智能技术研究团队

地址：重庆市沙坪坝区重庆大学汽车工程学院

邮编：400044

电话：023-65106243

传真：023-65106243

网址：https：//www.researchgate.net/profile/Xiaosong_Hu2

团队邮箱：xiaosonghu@ieee.org

团队人数：6

团队带头人：胡晓松（入选“国家青年千人计划”）

主要成员：谢翌、张财智、唐小林、卢少波、杨亚联

研究方向：节能与智能技术

团队简介：

团队面向国家新能源汽车技术发展的重大战略需求，以“中国制造 2025”及国家重点研发计划为支撑，结合重庆优越的汽车工业环境，依托重庆大学机械传动国家重点实验室、重庆自主品牌汽车协同创新中心及汽车工程学院，以储能系统动力学、动态系统控制与优化为主要切入点，重点研究先进动力电池/超级电容管理算法和机电复合动力传动系统优化与控制，为新能源汽车产业提供必要的理论基础与应用技术。

团队针对车辆工程学科特色，以基础理论研究为先导、工程应用研究为落脚点，坚持理论与实践并行的理念，针对新能源汽车动力电池、动力总成最优设计与控制等热点领域存在的前沿共性问题展开系统和深入研究。团队将通过与国内外同行紧密协同，围绕动力电池/超级电容管理、混合动力系统优化等方向，建立国内领先的高水平科研能力。

团队现有正高级职称者 2 人，副高级职称者 3 人，中级职称者 1，在读硕士、博士共计 30 余人。

9. 重庆大学—无线电能传输技术研究所

地址：重庆市沙坪坝区沙正街重庆大学自动化学院

邮编：400044

电话：13508368896

网址：http：//www.wptchina.com.cn/

团队人数：8

团队带头人：孙跃

主要成员：苏玉刚、戴欣、王智慧、唐春森、叶兆虹、余嘉、朱婉婷

研究方向：无线电能传输系统关键技术与实现

团队简介：

重庆大学无线电能传输技术研究所（WPTCQU）前身为重庆大学电力电子与控制工程研究所，成立于 2005 年。专业从事无线电能传输技术及系统的理论研究、技术开发与工程实现。

研究所核心研发团队教授 3 人、副教授 3 人、中级职称 2 人。固定合作研究与技术开发人员 5 人，外聘国际高级专家 3 人。研究所招收和培养全日制硕士研究生、博士研究生和在职工程硕士研究生。在校全日制研究生 60

余人。

研究所紧密围绕无线电能传输技术，从事应用基础理论、技术开发与推广工作。先后承担国家863计划项目、国家自然科学基金项目、重庆市政府计划项目共20项。承担企业委托和合作研发重要科技开发项目50余项。累计科研和科技项目经费3000余万元。

先后获得教育部、重庆市、中国电源学会、中国仪器仪表学会科学技术奖5项。在国际国内重要刊物上发表高水平论文300余篇，其中SCI、EI核心检索150余篇。受理与授权国家发明专利近60余项。

研究所拥有“无线电能传输技术国际联合研究中心（国家级）”“中国—新西兰无线电能传输技术国际联合研究中心”“无线电能传输技术重庆市工程研究中心”“重庆市无线电能传输技术工程实验室”。

研究所拥有各类无线电能传输技术试验平台、先进测试/分析仪器，具有良好的科学研究软/硬环境，为全方位培养研究生的科学研究、技术开发与工程实践等科技能力和人文素质提供良好的工作条件。

10. 重庆大学—新能源电力系统安全分析与控制团队

地址：重庆市沙坪坝区沙正街174号重庆大学电气工程学院

邮编：400044

电话：13638301298

传真：023-65112740

团队人数：6

团队带头人：熊小伏

主要成员：卢继平（教授）、雍静（教授）、周念成（教授）、姚俊（教授）、欧阳金鑫（副教授）、王强钢（讲师）

研究方向：电力系统保护与控制，电能质量分析与治理

团队简介：

研究团队主要围绕智能电网从事相关基础理论及应用研究，立足于风力发电、光伏发电等新能源以及微电网、智能变电站等新技术的研究前沿，致力于智能电网的安全分析技术、防护技术以及智能控制技术的研究。在新能源并网故障分析与保护控制、智能变电站运行安全技术与计量、电力系统风险评估与气象灾害预警等研究领域积累了较强的技术基础。

11. 重庆大学—新型电力电子器件封装集成及应用团队

地址：重庆市沙坪坝区沙正街174号重庆大学电气工程学院

邮编：400044

电话：13883801036

团队人数：10

团队带头人：冉立

主要成员：李辉、周林、曾正、陈民铀、徐盛友

研究方向：电力电子器件可靠性及状态监测，碳化硅（SiC）器件封装和定制化设计，新型电力电子系统集成及应用

团队简介：

团队由10名教师组成，其中团队负责人为国家“千人计划”人才、教育部“长江学者”冉立教授。团队成员结构合理且研究方向涉及器件、变流器及新能源电力系统的应用，团队成员几乎都有海外留学或在著名国际企业工作的经历，且团队成员之间具有长期协作和合作的基础。团队一直从事电力电子技术及其在新能源电力系统应用的研究，在电力电子器件可靠性以及新能源发电系统的状态监测与运行控制方面有着坚实的研究基础。

团队建有中英碳化硅电力电子技术联合实验室，以新型电力电子器件及其系统应用的安全可靠性为研究方向，以提高综合效益（包括系统安全和可靠性）为目标，研究新一代电力电子装备（包括用电设备），并且追求全新的集器件和变流器系统一体化的技术，开展新型电力电子器件封装集成及应用的研究。

12. 重庆大学—周雒维教授团队

地址：重庆市沙坪坝区沙正街174号重庆大学A区6教6221-3

邮编：400044

电话：023-65102287

传真：023-65102287

团队人数：教师5人，学生48人

团队带头人：周雒维

主要成员：杜雄、罗全明、卢伟国、孙鹏菊

研究方向：功率变流器的可靠性研究，电力电子系统分析、建模及智能控制，电力电子电路拓扑结构及控制算法的研究，半导体照明驱动电源及系统研究，光伏直流微网系统研究，电动汽车与电网互动技术研究，电能质量测量与控制

团队简介：

团队从20世纪80年代就开始从事电力电子技术理论和应用研究，承担了国家自然科学基金、重庆市自然科学基金、教育部春晖计划、教育部博士点科研基金等项目。进行了有源电力滤波器（APF）、人工神经网络在电力谐波监测和控制中的应用、功率因数校正（PFC）技术等方面的研究，先后提出了有源电力滤波器谐波电流检测和控制的新方法、基于神经网络的自适应谐波电流检测方法、单周控制有源滤波器、直流侧APF、双频变换器等方法和思路。其中，双频变换器的研究构想为团队首创，在国内外共发表了近20篇高水平论文；功率因数校正研究方面，团队首次将APF技术应用到直流侧，并取得了良好的效果，先后承担了国家自然科学基金2项、重庆市自然科学基金1项，获得了中国高校自然科学二等奖和重庆市电力科学技术奖，并发表国内外高水平论文近30篇。目前团队依然奋斗在电力电子学科研究的第一线，承担了多个研究项目，如国家自然科学基金重点项目“可再生能源发电中功率变流器的可靠性研究”等。

近十年来，课题组培养了一大批优秀的博士、硕士研究生，如杜雄（全国百篇优博获得者）、卢伟国（全国百篇优博提名）、孙鹏菊（重庆市优博）、杜茗茗（重庆市优硕）等，这些研究生后来都成长为实验室的骨干力量。

13. 大连理工大学—电气学院运动控制研究室

地址： 辽宁省大连市高新区凌工路2号大连理工大学电气工程学院

邮编： 116023

电话： 0411-84708490

团队人数： 15

团队带头人： 张晓华

主要成员： 郭源博、李林、张铭、李伟、李浩洋、张宇、夏金辉

研究方向： 智能机器人与运动控制，电力牵引交流传动控制，无功补偿与谐波抑制

团队简介：

大连理工大学电气工程学院运动控制研究室现有教授1人，讲师1人，博士研究生6人，硕士研究生7人。多年来从事智能机器人与运动控制、电力牵引交流传动控制、无功补偿与谐波抑制等领域研究工作。先后承担"基于超长波的管道机器人示踪定位技术""海底管道内爬行器及其检测技术"和"X射线实时成像检测管道机器人的研制"等多项国家863计划项目，以及"故障条件下电能质量调节器的强欠驱动特性与容错控制研究""传感缺失条件下电力牵引变流器的动态参数辨识与控制技术""灵长类仿生机器人悬臂运动仿生与控制策略研究"等多项国家自然科学基金项目。在电力电子系统建模与非线性控制、电力电子系统故障诊断与容错控制、土木工程结构振动主动控制等方面具有坚实的工作基础和较强的技术力量。

14. 大连理工大学—特种电源团队

地址： 辽宁省大连市高新园区凌工路2号大连理工大学电气工程学院

邮编： 116024

电话： 13889626136

传真： 0411-84706489

团队人数： 10

团队带头人： 李国锋

主要成员： 王宁会、王志强、戚栋、杨振强

研究方向： 高压脉冲电源，高精度直流高压电源，交流/直流电弧炉供电系统

团队简介：

大连理工大学特种电源团队多年来从事脉冲功率技术、电磁兼容技术、无损检测与探伤技术、新型电源技术、大功率电弧冶炼装置及控制系统、电磁场理论和应用技术研究工作，研究成果成功应用于材料冶金、资源环境、海军舰船维修保障等领域，取得了良好的社会经济意义和国防意义。团队重视与国内外电气、化工、材料领域主要研究单位的合作，注重学科交叉、融合，已经形成了高等院校、科研院所、有色金属企业的产-学-研联合体，有利于基础研究成果直接转化为企业的创新技术。先后承担了和正在承担国家高技术研究发展计划（863计划）新材料技术领域"新型平板显示技术"重大专项"PDP用MgO晶体材料技术研究及产业化"；国家高技术研究发展计划（863计划）资源环境技术领域"低品位菱镁矿高效制备电熔镁砂的节能减排技术与装备"专题项目"菱镁矿高效制备电熔镁节能减排技术与装备"；国家国际科技合作专项项目"菱镁矿绿色生产电熔镁关键技术及装备合作研究"。在低温等离子体发生器、电弧热等离子体、电弧射流等离子体、等离子体材料改性、超大功率装备检测及控制等方面，具备较强的技术力量和扎实的理论基础。

15. 大连理工大学—压电俘能、换能的研究团队

地址： 辽宁省大连市甘井子区凌工路2号大连理工大学大黑楼A座422

邮编： 116023

电话： 0411-8470009-3422

团队人数： 12

团队带头人： 董维杰

主要成员： 白凤仙、孙建忠

研究方向： 基于压电材料的振动能量的研究

团队简介：

主要研究领域为机电系统测量与控制、功能材料传感器与执行器。

16. 电子科技大学—功率集成技术实验室

地址： 四川省成都市成华区建设北路二段四号

邮编： 610054

电话： 028-83207120

传真： 028-83207120

网址： https://icse.uestc.edu.cn/info/1194/1263.htm

团队邮箱： zwang@uestc.edu.cn

团队人数： 27

团队带头人： 张波（教授）

主要成员： 罗萍（教授）、李泽宏（教授）、方健（教授）、罗小蓉（教授）、陈万军（教授）、乔明（教授）、邓小川（教授）、周琦（教授）、明鑫（教授）、王卓（教授级高工）、周泽坤（教授）、张金平（研究员）、贺雅娟（教授）、魏杰（研究员）、陈勇（副教授）、任敏（副教授）、张有润（副教授）、甄少伟（副教授）、章文通（副教授）、周锌（副研究员）、李轩（副研究员）、孙瑞泽（副教授）、齐钊（副研究员）

研究方向： 实验室致力于功率半导体科学和技术研究，研究内容涵盖分立器件（从高性能功率二极管MCR、双极型功率晶体管、功率MOSFET、IGBT、MCT到RF LDMOS，从硅基到SiC和GaN、GaO）、可集成功率半导体器件（含硅基、SOI基和GaN基）和功率集成电路（含高低压工艺集成、高压功率集

成电路、电源管理集成电路、数字辅助功率集成及面向系统芯片的低功耗集成电路等)。

团队在研项目：实验室在研国家重点研发计划、国家自然科学基金项目、国家级其他项目、省部基础研究和产学研等项目 50 余项，企业横向合作研发 60 余项。

团队科研成果：近年来共发表 SCI 收录论文 400 余篇。在电子器件领域顶级刊物 IEEE Electron Device Letters (EDL) 和 IEEE Transactions on Electron Devices (T-ED) 上共发表论文 100 余篇。从 2011 年起，实验室在本领域国际顶级学术会议 IEEE ISPSD 入选论文数一直居全球研究团队前列，并在 ISPSD 2013、2017、2018、2019、2020、2022 上论文录取数居全球研究团队第一。实验室获授权中美发明专利近千件。产学研合作卓有成效，面向市场研发出百余种功率半导体器件与功率集成电路，为企业开发了多种工艺生产平台，部分产品打破国外垄断、实现批量生产，产生良好经济效益，推动了我国功率半导体行业的发展。团队已成为行业公认的研发创新高地。

团队所获荣誉：国家科技进步二等奖，2010 年；四川省科技进步一等奖，2017 年；四川省科技进步一等奖，2009 年；部级技术发明二等奖，2019 年；教育部自然科学二等奖，2015 年；四川省技术发明二等奖，2019 年；四川省技术发明二等奖，2021 年；四川电子科学技术一等奖，2015 年；北京市技术发明二等奖，2019 年；部级科技进步二等奖，2020 年；中国电子科技集团公司科技发明一等奖，2011 年；中国电子学会电子信息科学技术二等奖，2011 年。

团队简介：

电子科技大学功率集成技术实验室 (PITEL) 隶属于集成电路科学与工程学院，为“四川省功率半导体技术工程研究中心”，是“电子薄膜与集成器件国家重点实验室”和“电子科技大学集成电路研究中心”的重要组成部分。现有 15 名教授/研究员、8 名副教授，300 余名在读硕士/博士研究生，被国际同行誉为“全球功率半导体技术领域最大的学术研究团队”和“功率半导体领域研究最为全面的学术团队”。

17. 电子科技大学—国家 863 计划强辐射实验室电子科技大学分部

地址：四川省成都市建设北路二段四号电子科技大学沙河校区逸夫楼 416

邮编：610054

电话：028-83202103

传真：028-83201709

团队邮箱：tianming@ uestc. edu. cn

团队人数：7

团队带头人：李天明

主要成员：李浩、汪海洋、周翼鸿、胡标

研究方向：高功率微波、毫米波技术

团队简介：

项目研究小组所在的实验室为国家 863 计划强辐射重点实验室电子科技大学分部，在实验室建设方面得到了国家有关部门的强有力的资助。实验室拥有三套强流电子束加速器，可以从事低阻、高阻与重复脉冲等各类高功率微波源的实验研究，拥有各类适用于大功率、高功率真空电子器件的电源与磁场系统。在国家“211”“985”建设及学校的支持下，实验室花费近 400 万元购置了从厘米波到亚毫米波的测试设备，建立了微波暗室。同时，实验室拥有自主开发的粒子模拟软件 CHPIC，以及引进的用于粒子模拟的 MAGIC、MAFIA 及高频场分析的 HFSS、CST 软件包。另外，电子科技大学自 20 世纪 50 年代建校时就设有电真空器件系，是国内微波管研制的“两所、两厂、一校”之一，具有完整的微波管加工工艺线。

18. 东南大学—江苏电机与电力电子联盟

地址：江苏省南京市玄武区四牌楼 2 号东南大学动力楼

邮编：210096

电话：025-83794152

传真：025-83791696

网址：http：//www. jempel. org/

团队人数：143

团队带头人：程明（教授）

主要成员：花为（教授）、张建忠（研究员）、樊英（副教授）、王政（副教授）、王伟（讲师）

研究方向：电机与电力电子、电机驱动及应用、新能源发电、电动汽车、轨道交通等领域

团队简介：

江苏电机与电力电子联盟 (Jiangsu Electrical Machines & Power Electronics League，JEMPEL) 是由国内电机与控制学科领域首位 IEEE Fellow、著名电机与控制专家、东南大学特聘教授程明博士领衔，东南大学电气工程学院六名专任教师为核心，多名长江学者、千人计划等专家为支撑，50 余名博士后和博士、硕士研究生为骨干的科研团队，研究领域涵盖电机与电力电子及其在新能源发电、电动汽车、轨道交通、伺服系统等领域的应用。

JEMPEL 在电机与电力电子及其在新能源发电、电动汽车、轨道交通、伺服系统等领域的应用技术方面，开展了长期的研究，积累了丰富的成果。先后承担了国家 973 计划、863 计划、国家自然科学基金重点项目、国家自然科学基金重大国际合作研究项目等各类课题 90 余项；共发表论文 370 余篇，其中 SCI 收录 140 余篇；申请中国发明专利 100 余件，已获授权发明专利 60 多件。

JEMPEL 以培养电机与控制领域高水平人才为己任，以高水平科学研究促进高层次人才培养，始终践行东南大学“止于至善”的人才培养理念，先后为社会培养了近百位电机与控制领域英才，其中包括一位 IEEE Fellow，两位国家优秀青年基金获得者，两位全国优秀博士学位论文提名奖获得者，四位江苏省优秀博士学位论文获得者。

JEMPEL 以国际化作为加强人才培养和促进科学研究的重要推手，全体教师均有至少一年以上的海外留学经历，博士研究生大部分具有一年以上的海外联合培养经历。迄今为止，先后与美国、加拿大、英国、法国、意大利、丹

麦等国的知名高校开展项目合作或联合人才培养。此外，JEMPEL成员活跃于国内外的各种学术交流活动，追踪国际学术前沿动态，与国内外同行分享科研成果和经验。

为了及时交流电机与电力电子领域的最新科研成果，促进产学研合作，同时为毕业研究生与企业对接提供平台，JEMPEL建立了自己的会员体系，JEMPEL殷切期盼与联盟有过合作关系或者有合作意向、有志于电机与电力电子技术进步的创新企业加入联盟，与JEMPEL共创新型电机及其控制技术的美好未来。

19. 东南大学—先进电能变换技术与装备研究所

地址：江苏省南京市四牌楼2号

邮编：210096

网址：http：//ee.seu.edu.cn/2017/0508/c13614a188809/page.htm

团队邮箱：chenwu@seu.edu.cn

团队人数：7

团队带头人：陈武

主要成员：郑建勇、赵剑锋、梅军、尤鋆、曲小慧、曹武

研究方向：高压大功率电力电子技术在电力系统及工业应用

团队简介：

先进电能变换技术与装备研究所依托于东南大学电气工程学院，主要从事电力电子与电能变换领域的重大基础理论与前沿关键技术研究，包括直流电网装备、交直流输配电装备、新能源并网发电、电能质量治理、分布式储能、高压大功率工业电源、无线电能传输和LED照明驱动等，多项研究成果已成功得到工业应用。

近年来，研究所承担参与了国家863计划、国家自然科学基金、江苏省自然科学基金、江苏省重点研发计划、国家电网科技支撑等科研项目80余项，年均科研经费600万元。研究所现有研究人员50余人，包括教授3人，副教授3人，讲师1人，博士后、硕博士研究生40余人。

20. 福州大学—定制电力研究团队

地址：福建省福州市福州大学城新区学园路2号新楚楼

电话：15860838359

团队邮箱：zhangyi@fzu.edu.cn

团队人数：15

团队带头人：张逸

团队带头人简介：张逸，男，博士（后），福州大学副教授，硕士生导师，福州大学引进人才。四川大学博士、浙江大学博士后、丹麦技术大学访问学者、美国电气和电子工程师协会电力与能源协会会员（IEEE PES Member）、全国电压电流等级与频率标准化委员会通信委员、中国电源学会电能质量专业委员会委员、国网电能质量分析实验室学术委员会委员，曾在国网福建省电力有限公司电力科学研究院工作近6年。

研究方向：主要从事智能配电网中的电能质量问题、主动配电网技术和大数据技术在智能配电网中的应用等研究

团队简介：

依托产学研协同创新模式，为能源电力、高端制造等行业用户提供决策支持技术服务、高品质供电和智能管控软硬件解决方案。

21. 福州大学—功率变换与电磁技术研发团队

地址：福建省福州市闽侯县上街镇学园路2号福州大学电气工程与自动化学院

邮编：350116

电话：0591-22866583

团队人数：40余人

团队带头人：陈为

主要成员：毛行奎、董纪清、陈庆彬、林苏斌、汪晶慧、张丽萍、谢文燕

研究方向：开关电源高频电磁技术，超高频（百兆赫兹）薄膜电感，传导EMI预测诊断与抑制，无线电能传输技术，磁性元件高频损耗，磁性元件磁集成，平面磁性元件

团队简介：

福州大学功率变换与电磁技术研发团队将电磁技术与电力电子功率变换技术结合，在国家级、省部级项目的资助下，在国内率先开拓了电力电子高频磁技术的研究方向，十多年来持续开展了大量和系统的基础和应用研究以及与企业界的广泛技术合作，内容涉及与电力电子、电力系统、电器等领域相关的电磁技术的各个方面，获得国内外学术界和工业界广泛认可，建立了年富力强的研发团队和拥有先进仪器设备的实验室。现有高级职称教师5人，中级职称教师2人，实验员1人，在读博士生6人，硕士生30多人。

研究团队目前以开关电源高频电磁技术、超高频（百兆赫兹）薄膜电感、传导EMI预测诊断与抑制、无线电能传输技术、磁性元件高频损耗、磁性元件磁集成、平面磁性元件等为研究方向，涵盖了开关电源中电磁技术的各个方面，在研究广度和深度上都处于国内外领先水平。

22. 福州大学—智能控制技术与嵌入式系统团队

地址：福建省福州市大学新区学园路2号福州大学电气学院

邮编：350116

传真：0591-22866581

团队人数：9

团队带头人：王武

主要成员：蔡逢煌、林琼斌、柴琴琴

研究方向：新能源的控制技术，嵌入式技术开发

团队简介：

团队专注于研究智能控制、嵌入式软硬件协同设计、信号处理技术、嵌入式计算机系统等。主要开展了先进控制理论与控制算法及其在工程中的应用研究，优化控制技术理论及其在复杂工业过程的应用技术研究，网络化系统

控制技术及网络安全运行研究，人工智能在生物信息系统的应用研究，电力电子系统建模、算法分析以及数字化实现的应用研究。

团队负责人为王武博士、教授。形成了结构合理、多学科交叉的科研教学团队，其中高级职称 2 人，博士 5 人。团队成员依托福建省医疗器械与医药技术重点实验室和福州大学-厦门科华恒盛股份有限公司联合实验站，目前培养了研究生 30 余人。多年来完成了 5 项国家自然科学基金项目和数项省部级科学研究项目，在学术会议与期刊发表 160 多篇研究论文，获得福建省科学进步奖三等奖 3 项，并将学科研究成果引入教学领域和生产领域，促进产、学、研相辅相成，互相促进。团队目前承担福建省自然科学基金项目 2 项和企业合作项目 4 项。在嵌入式系统研究方面，与国际多家知名企业建立了联合实验室：福州大学-Freescale 嵌入式系统设计及应用实验室、福州大学-英飞凌嵌入式技术共建实验室、福州大学-TI 嵌入式技术共建实验室。

23. 广西大学—电力电子系统的分析与控制团队

地址：广西壮族自治区南宁市大学路 100 号广西大学电气工程学院
邮编：530004
电话：13878809870
团队人数：6
团队带头人：陆益民
主要成员：陈延明、李国进、黄洪全、黄良玉、陈苏
研究方向：电力电子系统的非线性分析与控制，工业特种电源开发，电气精密测量技术
团队简介：

广西大学电气工程学院“电力电子系统分析与控制”研究团队共有 6 名教师，其中教授 3 人、副教授 2 人、讲师 1 人。研究团队一直致力于电力电子系统基础理论及其应用技术的研究。近年来围绕电力电子系统的拓扑结构、稳定性分析和控制方法、工业特种电源开发、电气精密测量技术等方面开展了大量的研究工作，并取得了一系列的研究成果。团队承担 4 项国家自然科学基金项目、1 项国家科技型中小企业技术创新基金项目以及多项省部级科研项目和企业横向项目。研制了医用 X 射线机电源、通信电源、焊接电源、冲击接地电阻、电气设备介质损耗测量装置、无功补偿装置快速复合继电器等电力电子装置。在 *International Journal of Circuit Theory and Applications*、*International Journal of Bifurcation and Chaos*、《中国电机工程学报》《电工技术学报》《控制理论与应用》《机械工程学报》等学术刊物和 IEEE 等重要国际会议发表论文 60 多篇，获得国家专利授权多项。

24. 国家国防科技工业局“航空电源技术”国防科技创新团队、“新能源发电与电能变换”江苏省高校优秀科技创新团队

地址：江苏省南京市江宁区将军大道 29 号南京航空航天大学自动化学院（江宁区将军路校区）
邮编：211106
电话：13611590061
传真：025-84892368
团队邮箱：zhoubo@ nuaa. edu. cn
团队人数：26
团队带头人：周波
主要成员：龚春英、谢少军、邢岩、张卓然、王惠贞、黄文新、张方华、肖岚、刘闯、王莉、张之梁
研究方向：航空电源系统，电能变换技术，电机及其控制技术
团队简介：

团队现有人员 27 人，其中具有工学博士学位 26 人，教授（含研究员）12 人，副教授 14 人，讲师 1 人。团队重点研究航空电源系统、电能变换技术、电机及其控制技术。近年来主持国家、省部级科研项目及横向科研课题数十项，获国家技术发明二等奖、日内瓦国际发明展金奖、国防技术发明一等奖各 1 项，省部级二等奖、三等奖多项；每年获授权发明专利 20 多件，每年 100 多篇论文被国际三大检索收录。团队成员共有 16 人次进入国家、省部级人才计划，其中包括：国家自然科学基金优秀青年基金获得者 2 人，国家“万人计划”领军人才 1 人，教育部新世纪优秀人才支持计划 1 人，“511”国防科技人才计划 1 人，江苏省“333”工程培养对象第二层次 1 人、第三层次 5 人，江苏省“六大人才高峰”高层次人才 3 人，江苏省青蓝工程（学术带头人）3 人；12 人次获得国家、省部级荣誉称号，其中包括：全国模范教师、享受国务院政府特殊津贴专家、全国优秀科技工作者、国防科技工业百名优秀博士/硕士、江苏省优秀（先进）科技工作者、江苏省有突出贡献中青年专家、江苏省十大杰出专利发明人等。研究团队继 2008 年被评为国家国防科技工业局“航空电源技术”国防科技创新团队后，2011 年又被评为江苏省高校优秀科技创新团队。

25. 国网江苏省电力公司电力科学研究院—电能质量监测与治理技术研究团队

地址：江苏省南京市江宁区帕威尔路 1 号
邮编：211103
电话：025-68686380
传真：025-68686000
团队人数：15
团队带头人：袁晓冬
主要成员：陈兵、史明明、罗珊珊、李强、柳丹、朱卫平
研究方向：电网海量电能质量数据分析与高级应用技术，面向优质电力园区的定制电力技术，新能源、储能及微电网技术研究及应用
团队简介：

国网江苏省电力公司电力科学研究院电能质量监测与治理技术研究团队建成了国内规模最大、功能最全的省级

电能质量监测网，覆盖了1365个监测点，覆盖了大型污染源负荷、电气化铁路和新能源发电企业等非线性用户，具有谐波、间谐波、电压不平衡度、电压偏差、频率偏差及电压波动和闪变的实时在线监测分析功能，具备电能质量综合评估、指标异常预警等功能，为省公司运维检修部生产管理提供有力支撑。

实验室自主研发了电能质量在线监测终端和电压监测仪的一键式检测系统，可实现电能质量在线监测设备功能、精度和通信协议的完整检验，为省公司物质招标检测把好入网关。

实验室还承担了省内变电站的普测评价、新能源发电企业的技术监督和污染源用户电能质量问题治理分析工作，其中电能质量现场测试、动态无功补偿现场试验和低电压穿越检测项目已获得中国合格评定国家认可委员会（CNAS）的认证。

近年来，实验室积极开展电力电子技术在电网中的应用研究，承担了优质电力园区的设计开发、高压直流输电换流阀、统一潮流控制器MMC换流阀的研究工作。相关研究成果获得省部级科技进步奖7项、省公司科技进步奖11项，申请发明专利36项、软件著作权7项，发表学术论文58篇，制定国家、行业、国网标准22项。

26. 国网江苏省电力公司电力科学研究院—主动配电网攻关团队

地址： 江苏省南京市江宁区帕威尔路1号

邮编： 211000

电话： 025-68686850

传真： 025-68686000

团队邮箱： 1838658@ qq. com

团队人数： 14

团队带头人： 袁晓冬

主要成员： 陈兵、李强、朱卫平、史明明、柳丹、陈亮、孔祥平、李斌、杨雄、吕振华、贾萌萌、韩华春、吴楠

研究方向： 品质电力，协调控制，友好互动，弹性控制，试验检测

团队简介：

主动配电网攻关团队主要研究方向为品质电力、协调控制、友好互动、弹性控制、试验检测。具备4个科研小组，基于国网及省公司科技项目，结合主动配电网实验室建设，旨在培养一支具有高技术水平和创新能力的联合攻关研究人才队伍。

27. 哈尔滨工业大学—电力电子与电力传动课题组

地址： 黑龙江省哈尔滨市南岗区一匡街哈工大科学园K824

邮编： 150001

电话： 0451-86413420

传真： 0451-86413420

网址： http：//peed. hit. edu. cn/

团队邮箱： WGL818@ hit. edu. cn，xiangjunzh@ hit. edu. cn

团队人数： 20

团队带头人： 徐殿国

主要成员： 高强、杨明、刘晓胜、王高林、王懿杰、于泳、张学广、张相军、贵献国、李彬彬、武键、管乐诗、姚友素、张国强、王勃、王盼宝、赵楠楠、杨华、吕辛

研究方向： 信息网络家电及其智能控制技术，交流电机效率提升技术，系统可靠性分析与控制关键技术研究，变频调速系统的故障诊断与容错控制，照明电子技术，高功率密度特种电源技术，磁集成智能电机技术，级联多电平变换器拓扑与控制技术，大功率交流同步电机驱动与无传感器控制技术，交流感应电机无速度传感器矢量控制，电机多物理场综合设计与优化，永磁电机与驱动器协同设计技术，宽禁带电力电子器件应用技术，智能电网通信技术，电能质量控制技术与稳定性分析理论，智能油井与数字化油田技术，可再生能源发电变换器拓扑与控制技术，交流伺服技术

团队简介：

课题组面向国家重大需求和国际学术前沿，立足国际最新电力电子学科理论与技术成果，以国家发展战略重大需求为牵引，探索具有国际先进性与国家特色的当代电力电子与电力传动领域重大科学问题和重大工程技术问题。在学科的研究领域方面，课题组以先进电机驱动控制、电力电子化电力系统为主要研究方向，以提高现有能源的利用效率和开发利用新能源为目标，通过国家科技重大专项、国家重点研发计划、国家科技支撑计划、国家自然科学基金项目、台达电力电子科教发展计划重大项目和重点项目、黑龙江省科技计划项目等项目支撑，在新能源、装备制造、节能降耗、电动机能效提升、油田潜油电机驱动等领域，展开了广泛、深入的研究，并取得了突出的研究成果。课题组是电驱动与电推进技术教育部重点实验室、国际先进电驱动技术创新引智基地（111计划）、可持续能源变换与控制技术黑龙江省重点实验室、黑龙江省现代电力传动与电气节能工程技术研究中心的主要建设力量，为我国电力电子与电力传动学科发展贡献了力量。

28. 哈尔滨工业大学—电能变换与控制研究所

地址： 黑龙江省哈尔滨市南岗区西大直街92号哈工大403信箱

邮编： 150006

电话： 0451-86412811

传真： 0451-86402211

网址： http：//pe. hit. edu. cn

团队邮箱： lihy@ hit. edu. cn

团队人数： 17

团队带头人： 李浩昱

主要成员： 杨世彦、王卫、贲洪奇、邹继明、郑雪梅、杨威、刘晓芳、刘桂花、刘鸿鹏等

研究方向： 电力电子系统数字控制技术，特种电源理论及应用，极端环境电力电子技术，新能源并网逆变及稳定性研究，交/直流微电网技术，电能存储系统高效变换

团队简介：

哈尔滨工业大学电能变换与控制研究所主要围绕可再生能源发电、分布式能源与微网系统以及特种电能变换等领域，在电路拓扑、控制方法、工程应用等方面开展科学研究。经过30多年在该方向上几代人的积淀，目前在人才培养、研究应用等方面均取得一定的成就，并保持平稳、持续的发展趋势。近年来积极与美、英、日等国外和国内高校开展学术交流，与相关研究机构及科研人员建立了良好的学术合作关系。此外，研究所与国内外诸如国际整流器、艾默生、台达电子、华为等相关企业，国家电网、航天科技、中航工业等所属研究院所均保持良好的科研合作关系，同时每年向其输送大量的本科、硕士、博士毕业生，实现了优势互补、可持续发展的产、学、研一体合作模式。

电能变换与控制研究所科研团队现有专职教师17人，包括教授7人、副教授7人、讲师3人，其中国家级教学名师1人、博士生导师5人。累计毕业博士、硕士研究生近300人，目前在读研究生50余人，本科生60余人。团队教师获国家级和省部级教学、科研成果奖10项，出版专著、教材10部，发表SCI/EI科研论文300余篇，拥有国家发明专利30余项。目前，在研国家自然科学基金7项、其他企业合作科研项目5项，年平均科研经费300余万元，为团队持续深入的科学研究提供充足的资金支持。

29. 哈尔滨工业大学—动力储能电池管理创新团队

地址： 黑龙江省哈尔滨市西大直街92号哈尔滨工业大学逸夫楼603—605

邮编： 150001

电话： 0451-86416031

传真： 0451-86416031

网址： http://homepage.hit.edu.cn/pages/lvchao

团队邮箱： lu_chao@hit.edu.cn

团队人数： 15

团队带头人： 吕超

主要成员： 张刚、宋彦孔、张滔、张禄禄、夏博妍、赵云伍、绳亿、马堡钊、魏刚、赵言本、吴奇、韩依彤、张爽、闫胜来

研究方向： 基于电化学模型的锂离子电池电、热行为仿真，基于时频域联合分析的锂离子电池内部健康状态原位快速测量，基于电化学模型的锂离子电池高精度SoC/SoH估计，基于内部析锂抑制的电池低温健康预热，基于热耦合电化学模型的电池系统热仿真与热优化

团队简介：

团队致力于锂离子电池电化学建模、仿真、测试技术的研究。经过多年的积累，已经初步突破了电化学阻抗谱在线快速测量，电化学时域仿真模型参数离线测试、在线跟踪等瓶颈问题，并逐步将电化学模型应用于电池管理，包括：基于阻抗谱在线快速测量的电池性能评估、基于电化学模型参数跟踪的电池全寿命SOC/SOH联合估计、基于热耦合电化学模型的锂离子电池系统热仿真与热优化。

30. 哈尔滨工业大学—模块化多电平变换器及多端直流输电团队

地址： 黑龙江省哈尔滨市南岗区西大直街92号哈尔滨工业大学电机楼10018

邮编： 150001

电话： 0451-86418442

传真： 0451-86413420

网址： http://hitee.hit.edu.cn/

团队人数： 12

团队带头人： 徐殿国

主要成员： 杨荣峰、张学广、武健、李彬彬、于燕南、刘瑜超、刘怀远、周少泽、石邵磊、张毅、王倩楠等

研究方向： 模块化多电平拓扑、模拟、控制与应用，多端直流输电，电网稳定性

团队简介：

团队隶属于哈尔滨工业大学电气工程及自动化学院电力电子与电力传动专业，建立了一支以教授、博士研究生为主的高水平专业研究团队，获得政府与企业多项资助。与国内企业如哈尔滨同为电气股份有限公司开展了级联型中压无功补偿装置研究，与上海新时达开展了中压电机驱动的级联变频器研究，形成了产学研用四位一体战略联盟，解决了多项企业技术难题。

31. 哈尔滨工业大学—先进电驱动技术创新团队

地址： 黑龙江省哈尔滨市南岗区一匡街2号哈尔滨工业大学科学园2C栋

邮编： 150080

电话： 0451-86403086

传真： 0451-86403086

网址： http://blog.hit.edu.cn/zhengping

团队邮箱： zhengping@hit.edu.cn

团队人数： 5

团队带头人： 郑萍

主要成员： 刘勇、佟诚德、白金刚、隋义

研究方向： 永磁电机系统，新能源汽车

团队简介：

团队依托于哈尔滨工业大学电磁与电子技术研究所。团队有教师5人，博士、硕士研究生20余人，教师中有教授2人，副教授1人，讲师2人，所有教师均具有博士学位。团队带头人郑萍教授获国家杰出青年基金、教育部长江学者特聘教授，并入选国家“万人计划”领军人才；团队青年教师佟诚德入选哈尔滨工业大学“青年拔尖人才”选聘计划，并破格晋升为副教授。

团队指导的博士、硕士研究生成绩突出，获国家、省、校级奖励及荣誉称号50多项，其中获全国优秀博士学位论

文提名奖 1 人，教育部“博士研究生学术新人奖”1 人，黑龙江省优秀硕士学位论文 4 人，黑龙江省优秀博士毕业生 4 人，黑龙江省优秀硕士毕业生 7 人，哈尔滨工业大学研究生“十佳英才”3 人。毕业的研究生有国外博士后、国内 985 院校教师、企业和科研院所的部门主管及研发骨干。

32. 哈尔滨工业大学（威海）—可再生能源及微电网创新团队

地址： 山东省威海市文化西路 2 号
邮编： 264209
电话： 0631-5687208
传真： 0631-5687208
网址： http：//homepage. hit. edu. cn
团队邮箱： quyanbin@ hit. edu. cn
团队人数： 7
团队带头人： 曲延滨
主要成员： 孟凡刚、宋蕙慧、侯睿、李莉、吴世华、李军远
研究方向： 风力发电、光伏发电控制技术，微电网控制技术，控制理论及应用，电力电子与电力传动
团队简介：

可再生能源及微电网创新团队由 1 名教授、2 名副教授、4 名讲师组成。

已承担了国家自然科学基金面上项目 3 项，国家自然科学基金国际合作交流项目 1 项，国家自然科学基金青年基金 2 项，山东省自然基金 3 项，山东省中青年科学家基金 2 项，山东省科技攻关项目 2 项。

33. 海军工程大学—舰船综合电力技术国防科技重点实验室

地址： 湖北省武汉市解放大道 717 号
邮编： 430033
电话： 027-65461920
传真： 027-65461969
团队人数： 固定研究人员 142 人、博士后 13 人、在读博士生 95 人、硕士生 55 人
团队带头人： 马伟明
主要成员： 肖飞、王东、付立军、鲁军勇、汪光森、孟进、刘德志
研究方向： 实验室主要从事“舰船综合电力”“电磁发射”和“新能源接入”三大技术领域的科学研究和人才培养任务，研究层次涵盖应用基础理论研究、关键技术攻关和重大装备研制。
团队简介：

舰船综合电力技术国防科技重点实验室源于 1986 年由张盖凡教授牵头组建的多相电机课题组，1996 年经海军批准成立电力电子技术研究所，2003 年经国防科工委、总装备部批准建设舰船综合电力技术国防科技重点实验室，马伟明院士任实验室主任。

30 多年来，实验室始终瞄准世界科技发展前沿和国防装备发展需求，在“舰船能源与动力”“电磁发射武器与装备”“新能源接入”等领域开展了一系列应用基础理论研究、关键技术攻关和重大装备研制，取得了一批具有革命性意义的原创性成果，成为电气领域的创新研发中心，为国家科技进步、国防装备现代化建设和高层次人才培养做出了重大贡献。

34. 河北工业大学—电池装备研究所

地址： 天津市红桥区河北工业大学
邮编： 300130
电话： 15822197288
团队邮箱： gyuming@ 163. com
团队人数： 35
团队带头人： 关玉明
主要成员： 肖艳军、商鹏、许波、刘伟
研究方向： 机电一体化成套设备及关键技术
团队简介：

团队以关玉明教授为科研带头人，以肖艳军副教授、商鹏副教授、许波实验师、刘伟讲师为骨干的一个集产学研为一体的科研团队。团队多年来致力于机电一体化成套设备及其关键技术的研究，受多家公司委托，设计开发和改进了多个生产线及其相关设备。近两年来与团队合作过的公司包括：邢台海裕锂能公司、广州明佳包装机械有限公司、赤峰卉源建材有限公司、清河汽车研究院等；团队设计加工的设备包括：吸音板自动生产线设备、布料设备、3M 无纺棉大卷自动包装线、3M 滤芯自动包装线、轧机设备、锌空电池设备等。

目前重点研究新能源电池装备及相关电池制造工程化技术，投入主要精力在动力锂离子电池自动化生产线设计研发方面，在研设备包括：电池原材料干燥装置、极片干燥装置、浆料制备装置、电芯干燥装置、注液装置、加速浸润装置等，并且电芯干燥装置已经处于产品加工阶段。

35. 河北工业大学—电器元件可靠性团队

地址： 天津市红桥区丁字沽河北工业大学电气工程学院
邮编： 300130
电话： 022-60204360
传真： 022-26549256
团队人数： 8
团队带头人： 李志刚
主要成员： 李玲玲、姚芳、唐圣学、黄凯
研究方向： 寿命预测，失效分析，新能源可靠性

36. 合肥工业大学—张兴教授团队

地址： 安徽省合肥市屯溪路 193 号合肥工业大学屯溪路校区逸夫楼
邮编： 230009

电话：13605601932

团队邮箱：honglf@ ustc. edu. cn

团队人数：111

团队带头人：张兴

主要成员：谢震、杨淑英、马铭遥、王付胜、王佳宁、刘芳、李飞、王涵宇

研究方向：新能源发电混合模式并网及稳定控制，中压模块化光储逆变器技术，超大功率风电变流器及其电压源控制技术，交直流混联及其能源路由器，新能源发电系统的故障诊断与智能运维，电动汽车电驱动技术，高频电力电子分布参数及其结构优化，光伏直接汇集与系统控制，中压阻抗适配器及其系统优化

团队简介：

自1998年以来，以张兴教授为核心的科研团队以太阳能、风力并网发电技术为主攻方向，依托电力电子与电力传动国家重点学科和教育部光伏工程研究中心，专心致力于我国逆变器龙头企业——阳光电源股份有限公司的产学研合作，在太阳能光伏并网、风电变流器、微网逆变器及储能控制以及电动汽车电驱动等技术研究方面取得了丰硕的科研成果，并且为包括阳光电源股份有限公司在内的新能源电源企业输送了一批包括博士、硕士在内的高素质人才，取得了良好的社会和经济效益。

目前，团队有硕士和博士研究生共102人，研究生导师教师9人，其中，教授4人，副教授4人，讲师1人。团队具备先进的实验室条件，拥有光伏并网、风力发电变流器、微电网及储能实验室，并与阳光电源股份有限公司联合建立了多个产学研工程研究平台，为研究成果的产业化提供了必要的研究实验条件。

37. 湖南大学—电动汽车先进驱动系统及控制团队

地址：湖南省长沙市岳麓区麓山南路湖南大学电气与信息工程学院

邮编：410082

网 址：http：//eeit. hnu. edu. cn/index. php/dee/dee-lecturer/835-150107221

团队人数：10

团队带头人：刘平

主要成员：姜燕、卢继武、李慧敏、樊鹏、陈叶宇、孙千志等

研究方向：电动汽车高性能变换器系统及电机驱动控制

团队简介：

团队研究方向为电动汽车高性能变换器系统及电机驱动控制。研究方向涉及电动汽车、电力电子、电机控制等。主要内容包括：电动汽车动力总成系统级匹配优化与建模仿真、电动汽车用高密度新型电力电子变换器及数字控制、电机状态估计与无传感器牵引控制、电动汽车驱动系统的主动热管理等。

团队负责人刘平博士，2005年本科、2008年硕士和2013年博士皆毕业于重庆大学电气工程学院国家重点实验室，2012年为香港理工大学研究助理，2013—2014年在加拿大Mcmaster大学MacAuto研究中心从事加拿大自然科学与工程研究基金项目“下一代卓越效率与性能的电气化车辆动力总成”的博士后研究。2014年11月回国就职于湖南大学电气与信息工程学院。目前团队成员中有副教授2名，博士2名，助理教授1名，硕士生3名，兼职科研人员2名，以及本科生若干。

38. 湖南大学—电能变换与控制创新团队

地址：湖南省长沙市岳麓区麓山南路湖南大学电气与信息工程学院

邮编：410082

电话：15116268089

传真：0731-88823700

网址：http：//www. hnu. edu. cn

团队人数：150

团队带头人：罗安（院士）

研究方向：大功率特种电源系统，配电网电能质量控制，新能源发电建模与控制，企业综合电气节能，大功率电力电子器件

团队简介：

团队依托于湖南大学国家电能变换与工程技术研究中心，长期从事大功率特种电源、大功率电力电子器件、电能质量控制、新能源发电建模与控制等领域的科学研究与工程应用。20多年来，团队突破了多项大功率电能变换与控制关键技术，研制出世界领先的宽厚板坯电磁搅拌系统、中间包电磁加热系统、国内首套高精度50kA大电流铜箔电解电源系统、兆瓦级海岛特种电源系统、高压混合有源滤波器等核心装备，为我国国民经济发展与国防安全做出了重要贡献。目前，团队拥有中国工程院院士1人、国家万人计划“中青年科技领军人才”1人、国家万人计划“青年拔尖人才”1人、国家自然科学基金优秀青年基金获得者1人、国家青年千人计划获得者3人等优秀人才。

39. 湖南科技大学—特种电源与储能控制研究团队

地址：湖南省湘潭市雨湖区桃园路湖南科技大学信息与电气工程学院

邮编：411201

电话：15974131979

团队邮箱：xiaohuagen@ 163. com

团队人数：12

团队带头人：肖华根

主要成员：张小平、谢斌、黄媛

研究方向：特种工业电源，光储一体化逆变器，电能质量治理装置，交直流混合微电网，电源故障诊断技术

团队在研项目：高效铜箔电解电源研究，企业委托项目，2023. 01—至今；高功率××××电源研究，企业委托项目，2022. 01—至今；配电线路状态监测与故障诊断系统研制，企业委托项目，2021. 01—至今；新能源发电综合课程

设计实验平台研究，教育部产学合作协同育人项目，2022.06—至今。

团队科研成果：团队成员共发表SCI/EI论文80余篇，授权发明专利50余项，软件著作权10余件；自主研发了低电压、大电流、低纹波铜箔电解电源，两相正交逆变电源，电能质量综合治理装置，光储一体化单相光伏并网逆变器，配电线路在线监测与故障诊断系统等产品，其中，入选2021年度《湖南省优势技术与先进产品推介目录》1项。

团队所获荣誉：获得国家科技进步一等奖提名1次、中国专利金奖1项、中国有色金属工业科学技术一等奖3项、中国机械工业科学技术一等奖1项、湖南省技术发明二等奖1项。

团队简介：

团队成立于2015年，共有核心成员12人，均拥有博士学位，其中，教授2名、副教授5名。团队以满足工业电源特殊性能指标、提高电源效率与可靠性、降低企业生产成本为目标，长期围绕金属冶炼、新能源发电和高端科研仪器设备等行业需求，开展特种电源拓扑结构、控制方法及故障诊断技术等方面的理论与技术创新工作。团队成员共承担国防科技创新特区项目、国家重点研发计划课题、中国博士后科学基金、湖南省自然科学基金及中船重工、铜陵有色、国家电网等企业委托项目20余项，研发的产品已应用于国家电网和铜陵有色金属集团等企业。

40. 华北电力大学—电气与电子工程学院新能源电网研究所

地址：北京市昌平区北农路2号

邮编：102206

电话：010-61773741

传真：010-61773744

团队邮箱：xxn@ ncepu. edu. cn

团队人数：10

团队带头人：肖湘宁

主要成员：赵成勇、徐永海、颜湘武、郭春林、陶顺、郭春义、杨琳、袁敞、许建中

研究方向：柔性直流输电，电力系统电能质量，多FACTS协调，电动汽车与电网融合

团队简介：

华北电力大学电气与电子工程学院下设12个研究所（取消教研室编制），新能源电网研究所于2005年成立，组成人员主要来自全国知名高校博士毕业生。现有教授5人，其中博导4人，副教授3人，讲师2人。目前全所科研项目主要承担科技部、国家自然科学基金和国网公司重大项目。现有在校博士生15人，在校硕士研究生89人。几年来科研任务经费位居全院前3名。团队成员定期成为“新能源电力系统国家重点实验室”专职研究人员，负责“高电压大容量电力变换”子实验室、“柔性直流输电”子实验室、“电力系统电能质量”子实验室和“电动汽车与新能源电网融合”子实验室建设和相应研究方向的科研任务。

41. 华北电力大学—先进输电技术团队

地址：北京市昌平区北农路2号华北电力大学教五楼D204

邮编：102206

电话：010-61773733

传真：010-61773844

团队人数：8

团队带头人：崔翔

主要成员：李琳、卢铁兵、张卫东、赵志斌、齐磊、焦重庆、卞星明

研究方向：先进输电技术，大功率电力电子器件，电力系统电磁兼容

团队简介：

研究团队隶属新能源电力系统国家重点实验室（华北电力大学），长期从事先进输电技术研究。主要研究领域包括电磁场理论及其应用、电磁环境与电磁兼容、特高压交直流输电技术与装备、高电压大容量电力电子装备、高电压大功率电力电子器件等。

42. 华北电力大学—直流输电研究团队

地址：北京市昌平区北农路2号华北电力大学

邮编：102206

电话：010-61773744

网址：http：//www. vsc-hvdc. com/

团队人数：4

团队带头人：赵成勇

主要成员：郭春义、许建中、张建坡

研究方向：传统直流，柔性直流，混合直流

团队简介：

全部科研项目围绕直流输电，已结题项目30余项，在研横向课题15项。

43. 华东师范大学—微纳机电系统课题组

地址：上海市东川路500号华东师范大学信息楼

邮编：200241

电话：021-54345160

传真：021-54345119

团队人数：15

团队带头人：王连卫

主要成员：徐少辉、朱一平、熊大元

研究方向：锂离子电池，超级电容器，电化学传感器

团队简介：

团队目前主要从事微细加工用于新型高效微型储能装置，例如开展基于硅微通道板的三维锂离子电池研究，基于微通道板结构，发展出宏孔导电网络，开展纳米氧化物/纳米石墨烯/宏孔导电网络为电极的大体积比容量的超级电容器研究。

44. 华南理工大学—电力电子系统分析与控制团队

地址：广东省广州市天河区五山路381号华南理工大学30号楼宏生科技楼

邮编： 510641
电话： 020-87112508
传真： 020-87110613
网址： www. scut. edu. cn/ep
团队邮箱： epbzhang@ scut. edu. cn
团队人数： 60
团队带头人： 张波
主要成员： 丘东元、杜贵平、陈艳峰、王学梅、肖文勋、谢帆、张玉秋
研究方向： 电力电子系统的非线性分析与控制，高效电能变换拓扑，无线电能传输技术，可靠性分析
团队简介：

团队经过十多年的共同努力和发展，已经成为国内外电力电子学科有较大影响力的团队，是全国电工学科唯一连续获得 2 项国家自然科学基金重点项目资助的团队（2009. 1—2014. 12，基金号：50937001；2015. 1—2019. 12，基金号：51437005），在电力电子系统的非线性分析与控制、高效电能变换拓扑、无线电能传输技术、可靠性分析等方面处于领先水平。

45. 华中科技大学—半导体化电力系统研究中心

地址： 湖北省武汉市珞喻路 1037 号华中科技大学电气学院
邮编： 430074
电话： 027-87558627
传真： 027-87558627
网址： http：//csps. seee. hust. edu. cn/
团队人数： 50～60
团队带头人： 袁小明（教授）
主要成员： 胡家兵（教授）、占萌（教授）
研究方向： 大规模风力发电复杂电力系统分析与控制，柔性直流输电技术等
团队简介：

华中科技大学电气与电子工程学院袁小明教授领导建立的实验室成立于 2011 年 9 月。实验室主要的研究方向是大规模风力发电复杂电力系统分析与控制，研究内容包括：风力发电接入电力系统的独特性、风电电力系统的复杂性、风力发电控制系统的稳定性以及大规模风电的可预测性。

因电力电子变流器在负荷端（储能装置）、发电端（可再生能源）及输电线路（高压直流输电）的大量应用，传统电力系统正经历大的历史变革，即需要考虑电力电子化或者说是半导体化电力系统的运行与控制。基于此，实验室从早期的可再生能源与电力系统研究中心（Center for Renewable Energy and Power System）更名为半导体化电力系统研究中心（Center for Semiconducting Power System）。

目前，实验室专任教师从早期的 2 名发展为 4 名：袁小明教授、胡家兵教授、占萌教授、张喜成工程师。研究生也从早期的 20 名发展到现今约 50 名。在袁小明教授的带领下，课题组先后主持 973 项目（大规模风力发电并网基础科学问题研究），承担国家电网项目（风机建模及大规模风电对电力系统低频振荡影响的机理分析）、国家自然科学基金重大项目（随机-确定性耦合电力系统动态稳定控制的理论与方法）、科技支撑计划（风光储输示范工程关键技术研究）等。

21 世纪是能源、信息、材料、生命科学的时代。课题组本着着眼能源、放眼世界、引领潮流的目标前进，欢迎各位有志青年加入，一起探索新变革。

46. 华中科技大学—创新电机技术研究中心

地址： 湖北省武汉市洪山区路喻路 1037 号华中科技大学
邮编： 430074
电话： 027-87559483
传真： 027-87544355
网址： http：//caemd. seee. hust. edu. cn
团队邮箱： machine@ hust. edu. cn
团队人数： 86
团队带头人： 曲荣海
主要成员： 蒋栋、李健、李大伟、孔武斌、孙海顺、孙伟、高玉婷
研究方向： 电机设计、分析、驱动及控制系统集成
团队简介：

创新电机技术研究中心（以下简称“中心”）依托华中科技大学电气与电子工程学院、强电磁工程与新技术国家重点实验室和新型电机技术国家地方共建联合工程研究中心，由国家“千人计划”专家曲荣海教授创立于 2011 年 9 月，以满足国家和地方电机企业技术需求为目标，以雄厚的科研实力和先进的研发理念为手段，围绕高端电机设计、分析、驱动及控制系统集成开展工作，从拓扑结构和理论方面开拓创新。

中心注重人才汇聚和培养，拥有一支充满活力、具有海内外科研背景的研究团队，包括国家“千人计划”特聘专家，青年“千人计划”专家，湖北省“百人计划”专家，以及博士后创新人才支持计划和青年人才托举工程项目获得者，同时拥有两位中国工程院院士和两位美国工程院院士作为顾问。此外，还有博士后 3 名，助理 3 名，博士研究生 26 名，硕士研究生 34 名。中心近年毕业研究生 28 人，其中硕士研究生 21 人，博士研究生 7 人，另出站博士后 3 人。中心培养的研究生中有 2 人获湖北省优秀硕士/博士学位论文奖，2 人获批 2017 博士后创新人才支持计划，4 人进入国内大学任教，4 人赴美国、德国等知名高校继续深造。

中心重视先进成果转化，致力发展成为世界一流的电机及系统研究中心，推进我国电机技术进步和产品升级。研究对象包括但不限于各类新型电机及系统，如磁场调制电机、电动汽车和高铁永磁牵引电机、超导发电机、永磁风力发电机、高速同步电机、伺服电机、低速超大转矩电机、直线电机等。

47. 华中科技大学—电气学院高电压工程系高电压与脉冲功率技术研究团队

地址： 湖北省武汉市珞喻路 1037 号华中科技大学电气

学院高压楼

邮编： 430074

电话： 027-87544242

传真： 027-87559349

网址： http：//www. husthv. com/

团队人数： 30

团队带头人： 林福昌

主要成员： 戴玲、李化、李黎、张钦、刘毅、王燕、黄汉深

研究方向： 脉冲功率器件及其可靠性评估，脉冲功率电源，电力系统过电压，绝缘在线监测，电力设备故障诊断，气体放电等

团队简介：

华中科技大学电气学院高电压工程系高电压与脉冲功率技术研究团队是一支具有高度团结拼搏精神、踏实肯干的研究团队。现有教师8人，其中教授1人、副教授3人、讲师1人、工程技术人员3人。现有博士研究生、硕士研究生30余人。研究团队承担国家自然科学基金项目、国家863计划、国防预研项目、教育部新世纪优秀人才支持计划，参与了多项国家大科学工程的工作，完成了大量横向开发课题。

课题组主要研究方向为脉冲功率技术、高电压与绝缘技术、高电压新技术。

在脉冲功率方向，研究内容包括脉冲功率电源集成技术，高储能密度脉冲电容器技术，高功率、大通流开关技术，高精度控制与测量技术等；在高电压与绝缘技术方面，研究内容包括：外绝缘积污特性，变压器状态评估与诊断方法，电缆绝缘状态评估与检测方法，新型直流滤波和交流高压干式电容器技术，电力系统过电压与绝缘配合等；在高电压新技术方面，积极拓展脉冲功率技术在石油勘探，高压大容量直流断路器，高集成度、高可靠性柔性直流换流阀，新型可控串联补偿快速开关方面的研究。

研究成果获教育部科学技术进步奖一等奖1项，发表SCI/EI收录论文100余篇，获得中国国家发明专利和软件著作权10余项。

48. 华中科技大学—高性能电力电子变换与应用研究团队

地址： 湖北省武汉市洪山区珞喻路1037号华中科技大学

邮编： 430074

电话： 027-87543071

团队邮箱： zyu1126@ mail. hust. edu. cn

团队人数： 10

团队带头人： 康勇

主要成员： 彭力、戴珂、张宇、裴雪军、邹旭东、林新春、陈宇、陈材、朱东海

研究方向： 电力电子与电力传动

团队简介：

团队由陈坚教授于20世纪70年代创建，自70年代开始研制船用电力电子变流装置，现负责人为康勇教授，组员10人。多年来，为提升独立供电系统效率、供电质量和提高系统功率密度，从2000年开始开展了独立供电系统电力电子化的关键技术研究与装备研制，突破了系统短路保护、电磁兼容、模块化和高性能数字控制等关键技术，研制的装备解决了国家重大需求，应用成效显著，成果获2019年国家科技进步二等奖。

从2013年开始，团队依托华中科技大学强电磁工程与新技术国家重点实验室及电力电子与能量管理教育部重点实验室，通过培养、引进人才与协同创新，建立了“先进半导体与封装集成实验室”，在校内建成约310m^{2}的超净实验室，研究人员专业背景涵盖电力电子器件、封装、集成与应用，从事基于宽禁带半导体器件的封装集成技术研究，在封装集成结构、电磁热力综合分析优化方法、新型封装材料和工艺、应用及可靠性评估等方面取得突破。研究成果被国际宽禁带半导体路线图组织选为*IEEE Power Electronics Magazine*封面，所领导的实验室被中国航空、航天、船舶、铁路等行业研究机构和企业以及BOSCH、蔚来汽车等跨国企业和创新企业选择作为合作伙伴。并于2015年参加“Google Little Box”全球竞赛，成功研制出性能指标超竞赛要求的全碳化硅封装集成一体化电源，是最终有实物及验证结果的80多个世界顶尖团队之一，亚洲唯一团队。

2018年，康勇教授作为项目负责人主持了国家重点研发计划项目“可再生能源发电基地直流外送系统的稳定控制技术”。

2019年，康勇教授以第一完成人荣获国家科技进步二等奖。

团队与10余家电源企业建立了合作关系，研制过多种电源产品，曾荣获多项国家及省部级奖励。

49. 华中科技大学—特种电机研究团队

地址： 湖北省武汉市洪山区珞喻路1037号华中科技大学

电话： 18986166527

团队邮箱： cuixiupeng2521@ 163. com

团队人数： 20

团队带头人： 王双红

主要成员： 孙剑波、吴荒原、崔秀朋、赵建培、王江辉、刘辉、毕少华

研究方向： 高速开关磁阻电机系统，高速永磁同步电机系统

团队简介：

团队核心成员来自华中科技大学电气工程学院电机系实验室，深耕永磁同步电机、开关磁阻电机领域多年，有成熟的永磁同步/开关磁阻电机设计/驱动方案，圆满完成国家、军工等单位委托的重大项目，目前在高速永磁/开关磁阻电机领域有所突破，与军工单位联手将特种电机推向实用阶段。

50. 华中科技大学—高压大功率特种电源团队

地址： 湖北省武汉市洪山区珞喻路1037号

邮编：430074

电话：15102713960

团队邮箱：zhangli_ frank@ hust. edu. cn

团队人数：

团队带头人：林磊

主要成员：张力、时晓洁

研究方向：模块化多电平变换器，高压柔性直流输电技术，可再生能源功率变换技术，宽禁带半导体功率变换技术

团队在研项目：主持国家自然科学基金项目3项、国家863计划项目4项、国家科技创新战略研究专项1项、湖北省杰出青年基金1项以及其他项目10余项。

团队科研成果：入选国家级青年人才3人。在国内外高水平期刊发表论文60余篇，申请/授权发明专利30余项。获教育部科技进步一等奖2项、IEEE JESTPE最佳论文一等奖1项。

团队简介：

依托华中科技大学强电磁国家重点实验室和电力电子与能量管理教育部重点实验室，华中科技大学高压大功率特种电源团队由林磊教授负责，长期专注于模块化多电平变换器、高压柔性直流输电技术、宽禁带半导体功率变换技术方面的研究。团队有国家级人才项目入选者3人，主持国家自然科学基金项目3项、国家863计划项目4项、国家科技创新战略研究专项项目1项、湖北省自然科学基金2项（含杰青项目1项）、横向开发项目多项，参与国家首批重点研发计划课题2项、863计划项目等多项纵向和横向课题的研究工作，累计出站博士后1人，培养博士研究生5人，硕士研究生30人。

51. 吉林大学—地学仪器特种电源研究团队

地址：吉林省长春市西民主大街938号地质宫

电话：0431-88502382

团队邮箱：ligang2013@ jlu. edu. cn

团队人数：8

团队带头人：于生宝

主要成员：周逢道、李刚、王世隆、王远、周海根、张洋、庞营

研究方向：地球物理仪器中的电源技术

团队在研项目：国家自然科学基金重大仪器专项课题“海底耦合电磁探测技术”；国家自然科学基金面上项目“面向川藏铁路建设的全地形地空频率域电磁倾子散度探地方法研究”；国家重点研发计划项目课题“航空重磁多参量组合观测关键技术研究”；国家重点研发计划项目课题“住区大区域隐蔽管线无损快检技术与设备研究”；国家重点研发计划项目课题四子课题1“基于双源聚焦的隧道地空电磁定深勘查技术及装备”；吉林省科技发展计划项目“拖曳式地下水高分辨率时间域电磁探测仪器研制”；吉林省自然科学基金项目“基于大地电性模型的电磁发射电流质量控制方法研究”；中国电子科技集团公司第二十二研究所横向项目“基于地下人工空洞的航空电磁探测方法及实施方案研究”；吉林省电力科学研究院横向项目“电化学储能系统安全状态评估与故障诊断技术研究”

团队科研成果：研制我国第一台电磁驱动可控震源；研制了地面瞬变电磁探测系统，国内40多家单位采用；研制了国内第一套吊舱式直升机时间域航空电磁探测系统；研制了国内第一套大功率地空电磁探测系统；研制了国内第一套混场源航空电磁探测系统

团队所获荣誉：2021年，“艰险山区航空电磁勘察关键技术”，西藏自治区科学技术一等奖；2021年，“艰险山区铁路隧道航空电磁勘察关键技术”，中国地球物理学会科技进步二等奖；2018年，“地下工程重大水源性灾害隐患直接探测关键技术及应用”，吉林省技术发明一等奖；2015年，“时间域直升机航空电磁探测系统关键技术及应用”，中国商业联合会科技进步特等奖；2014年，“地、空协同时频电磁探地系统关键技术及应用”，国家技术发明二等奖；2010年，“地下水核磁共振探测与波场联合成像关键技术”，国家技术发明二等奖；2013年，“地、空协同电磁探测关键技术及应用”，教育部科技发明一等奖

团队简介：

吉林大学仪器科学与电气工程学院地学仪器特种电源研究团队承担国家自然科学基金重大仪器专项课题/面上项目/重点研发计划项目课题等国家、省部级项目10余项，研究经费1500多万元。在地学仪器研究方向取得多项有创新的研究成果。曾获得国家科技发明奖2项、教育部科技发明一等奖1项、教育部科技进步二等奖2项、吉林省科技进步一等奖1项、其他省部级奖励3项，在国内外发表学术论文100多篇，授权国家发明专利30余项。

52. 江南大学—新能源技术与智能装备研究所

地址：江苏省无锡市滨湖区江南大学物联网学院

邮编：214122

电话：15961809365

团队人数：22

团队带头人：颜文旭

主要成员：惠晶、方益民、吴雷、樊启高、许德智、卢闻洲、沈锦飞、肖有文等

研究方向：智能电网技术，电能质量控制，新能源技术（风，光伏，燃料电池），特种电机控制，电力电子技术

团队简介：

江南大学新能源技术与智能装备研究所在负责人颜文旭教授的带领下，负责科研项目约25项，包括多个国家自然科学基金项目、省部级资助项目等；团队培养毕业研究生约50名，目前在读硕士生20余名。

53. 江苏工程职业技术学院—新能源及新能源汽车创新团队

地址：江苏省南通市崇川区青年中路87号

邮编：226007

电话：13275298528

团队邮箱：mjsdy@ 126. com

团队人数：20
团队带头人：马骏
主要成员：贲礼进、陆锦军、张新亮、张航、朱双春、李军、梁博、严小亮、史茜、曹莹、卢欣欣、詹大琳、浦振托、陈继永、崔美丽
研究方向：新能源装备，新能源汽车
团队简介：
整合高校、科研院所、企业的技术能力，将新能源及新能源汽车技术链中的新能源、新材料、器件、电池管理系统、智能控制系统、网络技术进行整合优化和系统化。

54. 江苏省物联网应用技术重点建设实验室

地址：江苏省无锡市钱荣路68号无锡太湖学院13号楼419室
邮编：214064
电话：18261537678
团队邮箱：1905447@qq.com
团队人数：3
团队带头人：刘剑滨
主要成员：李莎、张喆
研究方向：开关电源，LED照明，智能控制，物联网技术应用等
团队简介：
团队核心成员3人，刘剑滨、张喆为具有20余年企业工作经验、3年高校工作经验的高级工程师，具有丰富的研发及产业化经验；李莎为具有10余年高校工作经验的副教授，具有扎实的理论基础。
团队长期从事开关电源、电力电子、物联网应用方面研究。

55. 江苏师范大学—电驱动机器人

地址：江苏省徐州市铜山区上海路101号
电话：15190668262
团队邮箱：xznu_zmw@163.com
团队人数：6
团队带头人：赵明伟
主要成员：刘丽俊、李春杰、赵强、甘良志、刘海宽
研究方向：电力电子及电力驱动，电驱动机器人，电动汽车，电气传动中的控制策略与优化

56. 兰州理工大学—电力变换与控制团队

地址：甘肃省兰州市兰工坪路287号
邮编：730050
电话：0931-2973506
传真：0931-2973506
团队邮箱：Wangxg8201@163.com
团队人数：6
团队带头人：王兴贵
主要成员：陈伟、杨维满、郭永吉、林洁、李晓英、郭群、王琢玲
研究方向：电力电子技术，运动控制系统，新能源发电控制技术
团队简介：
团队主要研究人员有8人，其中教授2人、副教授3人、讲师3人。团队带头人王兴贵教授具有丰富的工程实践经验，现为甘肃省“555”跨世纪学术技术带头人，甘肃省第一层次领军人才。团队近年来共完成和在研各类科研项目20多项。
团队主要研究应用于电力系统、电气传动、特种电源等领域的新型变流器拓扑结构、相关控制理论和技术。主要内容涉及高压大容量单元串联变流器、大容量单元并联变流器、并网逆变器、双向变流器、多功能变流器、无电网污染整流器及其控制技术。
近年来主要致力于：适用于微电网、新能源发电和分布式发电中的逆变器、储能双向变流器、风力发电变流器及其控制策略的研究；适用于矿井提升机和石油电驱动钻机的单元串、并联大功率变流器拓扑结构和控制技术，高能脉冲电源主电路拓扑和控制技术，通用变换器的关键技术研究。

57. 辽宁工程技术大学—电力电子与电力传动磁集成技术研究团队

地址：辽宁省葫芦岛市龙湾南大街188号
邮编：125105
电话：0429-5310899
团队邮箱：447987957@qq.com
团队人数：8
团队带头人：杨玉岗
主要成员：付兴武、李洪珠、荣德生、刘春喜、郭瑞、闫孝姮、韩占岭
研究方向：电力电子技术及其磁集成技术，数据中心高性能电压调节电源，新能源发电系统和电动汽车用双向直流开关电源，开关磁阻型电磁调速系统，无人机中电磁干扰滤波器，铁路信号电源，本安防爆型交流电机软启动，逆变器输出端无源滤波器
团队简介：
辽宁工程技术大学电力电子磁集成技术研究团队成立于2003年，现有教师8人，其中教授4人，副教授3人，7人具有博士学位，团队带头人为辽宁省特聘教授，两位教授获批辽宁省百千万人才工程，在读博士和硕士研究生60余人，主要从事电力电子变换器及其磁集成技术的研究工作，团队所在的电力电子与电力传动学科是辽宁省重点学科。团队承担国家自然科学基金、省部级项目和企业合作项目20余项，出版著作2部，发表论文200余篇，SCI和EI收录70余篇，授权和在审发明专利20余项，获得省级科技奖和教学成果奖10余项。指导博士和硕士研究生300余人，其中考取985高校博士6人，获得国家奖学金20余人，获得辽宁省优秀硕士学位论文3人，获得校级优秀硕士学位论文30余人，获得辽宁省优秀毕业生8人，获得校级优秀毕业生20余人。毕业研究生大多就业于北京、上

海、广州、深圳、苏州、杭州、沈阳、大连、天津、太原等地的高等院校、科研院所、电网公司和电源类科技企业。近年来，团队成员多次与国内外著名高校进行合作交流，与国内多家电源和变压器企业进行合作，为企业提供技术支持、技术培训和技术服务，为企业输送优秀毕业生。

58. 南昌大学—吴建华教授团队

地址： 江西省南昌市学府大道 999 号南昌大学信息工程院

邮编： 330031

电话： 0791-83968358

传真： 0791-83969338

网址： http：//www. ncu. edu. cn

团队人数： 5

团队带头人： 吴建华

主要成员： 石晓瑛、肖露欣、刘国强、徐春华

研究方向： 数字图像处理，图像加密，电力信号检测与识别，电力信号扰动检测与识别

59. 南昌大学—信息工程学院能源互联网研究团队

地址： 江西省南昌市学府大道 999 号南昌大学自动化系

邮编： 330031

电话： 13870809767

传真： 0791-83969681

网址： http：//ies. ncu. edu. cn/

团队人数： 6

团队带头人： 余运俊（副教授）

主要成员： 万晓凤（教授）、王淳（教授）、杨胡萍（教授）、聂晓华（副教授）、夏永洪（副教授）等

研究方向： 光伏发电智能控制，能源路由器，低碳电力，电力电子装置及其数字控制，包括：电能质量控制设备，如 APF、UPQC、SVC、dSTATCOM；新能源与分布式发电并网、组网及储能技术；PEBB（系统集成）技术应用及高可靠性、模块化技术；新型电机及控制系统

团队简介：

南昌大学能源互联网研究团队包括 3 名教授、3 名副教授及博士研究生和硕士研究生 40 多名。目前团队在研科研项目约 20 项，包括多个重大项目、国家自然科学基金项目、国际科技合作项目等。团队已培养毕业研究生 50 多名。

60. 南京航空航天大学—高频新能源团队

地址： 江苏省南京市江宁区将军大道 29 号南京航空航天大学

邮编： 211106

电话： 18912946722

网址： http：//www. nuaa. edu. cn/

团队邮箱： zlzhang@ nuaa. edu. cn

团队人数： 40

团队带头人： 张之梁

研究方向： 高频高功率密度宽禁带器件的电力电子变换技术

团队简介：

南京航空航天大学自动化学院模块电源组，由张之梁教授领军，主要研究高频电力电子、高频低功率芯片、电力电子在新能源变换中的应用技术，以及电动汽车电力总成。

61. 南京航空航天大学—航空电力系统及电能变换团队

地址： 江苏省南京市江宁区胜太西路 169 号

邮编： 211106

团队人数： 10

团队带头人： 杨善水

主要成员： 戴泽华、王丹阳、吴静波、刘力、唐彬鑫

研究方向： 飞机供配电系统、电能管理等

团队简介：

团队属于南京航空航天大学自动化学院电气工程系，主要研究方向为航空供配电系统及飞机电能管理领域，导师理论水平扎实、工程经验丰富，团队成员对科研工作充满热情、勤奋好学、团队意识突出。团队与中国商飞、中航工业 115 所、609 所、105 所等合作紧密，完成了多个研究任务，在航空供配电研究方面经验丰富。

62. 南京航空航天大学—航空电能变换与微型电网能量管理研究团队

地址： 江苏省南京市江宁区胜太西路 169 号

邮编： 211106

电话： 13912988096

传真： 025-84893500

团队人数： 8

团队带头人： 龚春英

主要成员： 王慧贞、张方华、陈新、秦海鸿、陈杰、邓翔、王愈

研究方向： 航空二次电源（TRU&ATRU、航空静止变流器、直流变换器），微型电网电能变换装置和能量管理，分布式发电系统建模及稳定性分析，宽禁带半导体器件的高频与高温应用，高功率密度电能变换，电力电子变换器的可靠性提升与寿命预测，电力电子变换器的电磁兼容性

团队简介：

南京航空航天大学电气工程系航空电能变换与微型电网能量管理研究团队，包括 4 名教授、2 名副教授、1 名高级工程师、1 名讲师，团队指导在读博士研究生 10 名、硕士研究生 50 名。团队包括“航空电能变换技术实验室”“微型电网能量管理实验室”“航空起动发电技术实验室”“高温电力电子变换技术实验室”。在航空二次电源领域，

主要研究高功率因数整流技术、高功率密度逆变技术、高功率密度直流变换技术、电力电子变换器的故障诊断和寿命预测、直流微电网的瞬态功率抑制、宽禁带半导体器件的高温和高频应用技术、航空起动发电技术等方向的研究；在微型电网能量管理领域，主要从事微型电网中新能源的电能预测与管理、微型电网的稳定性分析、大功率储能变流器、大功率并网逆变器、电动汽车充放电机、高可靠LED驱动器等方向的研究。

龚春英，教授/博导，承担国家973计划、国防型号、国家自然科学基金等项目，研究方向为航空二次电源。

王慧贞，研究员，承担国家863计划、国防型号等项目，研究方向为起动/发电、电机控制、电能变换。

张方华，教授/博导，承担国家863计划、国防型号、国家自然科学基金等项目，研究方向为航空二次电源和特种电源、微网电能变换器、LED驱动器等。

陈新，教授，承担国家863计划、企业合作等项目，研究方向为微型电网系统稳定性分析和控制、能量管理。

秦海鸿，副教授，承担国家自然科学基金等项目，研究方向为新型宽禁带半导体器件的应用。

陈杰，副教授，承担国家自然科学基金等项目，研究方向为微网电能变换器和微型电网控制。

邓翔，高工，承担多项校企合作项目，研究方向为航空二次电源。

王愈，讲师/博士，研究方向为微型电网电能管理。

63. 南京航空航天大学—模块电源实验组

地址：江苏省南京市江宁区将军大道29号南京航空航天大学

邮编：211100

电话：025-84896662

传真：025-84896662

网址：http：//ruanxb. nuaa. edu. cn/

团队人数：7

团队带头人：阮新波

主要成员：陈乾宏、金科、张之梁、刘福鑫、方天治、任小永

研究方向：电力电子系统集成，包络线电源跟踪，超高频电力电子变换技术，无频闪无电解电容LED驱动电源，并网型逆变器，开关电源传导电磁干扰的建模与抑制

团队简介：

团队现有教师7名，其中教育部长江学者特聘教授1人，国家杰出青年基金获得者1人，江苏省“333高层次人才培养工程”中青年科学技术带头人1人，江苏省“青蓝工程”中青年学术带头人1人，教授4人，副教授3人。近年来，主持国家科技重大专项项目及课题、国家杰出青年基金、国家自然科学重点基金、863计划高技术课题、国家自然科学基金等科技项目10余项，并承担多项省部级科技项目。在阮新波教授的带领下，团队已建设成为研究特色鲜明、研究方向明确、研究成果突出、教学水平优良、科研条件良好、管理制度健全的优秀科研团体。

64. 南京航空航天大学—先进控制实验室

地址：江苏省南京市江宁区将军大道29号

邮编：211106

电话：025-84892301

网址：http：//cae. nuaa. edu. cn/showSz/470-1043

团队邮箱：melvinye@ nuaa. edu. cn

团队人数：10

团队带头人：叶永强

主要成员：赵强松、任建俊、熊永康、竺明哲、曹永锋

研究方向：电力电子先进控制、逆变器抗扰控制、电机抗扰控制等

团队简介：

团队成员均为高学历的中青年科研人员，其中教授1名，副教授1名，博士生3名，硕士生5名。

65. 南京理工大学—先进电源与储能技术研究所

地址：江苏省南京市孝陵卫街200号南京理工大学自动化学院

邮编：210094

电话：13951658614

团队邮箱：yangfei@ njust. edu. cn

团队人数：26

团队带头人：李磊

主要成员：姚凯、权浩、李文龙、王韬、嵇保健、柳伟、李强、江宁强、汪诚、孙乐、颜建虎、杨飞、姚佳、季振东、孙金磊、王谱宇、赵志宏、徐妲、蒋雪峰、顾玲、闻枫、刘晋宏、雷加智、耿伟伟、万援

研究方向：

1）特种电源研究与应用。电外科射频能量发生器电源、电火花加工脉冲电源、军用模块电源、便携设备无线充电器等。研究成果应用于精密医疗器械、先进加工制造、军用便携设备、消费电子等领域。

2）现代电力系统及其电力电子化装置研究与应用。太阳能光伏并网逆变器、模块化多电平变换器、电能质量治理装置、直流潮流控制器、电力电子变压器等。研究成果应用于新能源发电、现代电力系统、轨道交通等领域。

3）车辆电驱系统研究与应用。电机容错驱动技术、故障诊断技术、磁通切换电机、混合励磁电机设计及控制研究等。

团队简介：

团队紧跟国际高水平研究方向与成果，面向国民经济发展建设需要，逐步形成自己的研究特色和优势。近年来，团队先后承担并完成多项国家自然科学基金和江苏省自然科学基金项目，获得多项省部级科技进步奖，取得了一批具有自主知识产权的科研成果，产业化成果尤其显著，取得了良好的经济与社会效益。团队主要研究领域涵盖电力电子变换器、功率因数校正和参数在线监测、高频环节多电平交流直接变换和逆变技术、电火花脉冲特种电源设计、医用高频电刀脉冲电源设计、电磁干扰预测诊断、电力系

统中大功率电力电子装置设计、电力系统多区间预测、新型永磁电机本体设计与控制、容错电机设计与控制、高温超导应用与装置设计等领域。

近五年来完成和参与了20余项纵向科研项目和数十项横向科研项目，科学研究水平不断提高。在 *IEEE Transactions on Industrial Electronics*、*IEEE Transactions on Power Electronics*、*Renewable Energy*、*IEEE Transactions on Power System*、*IEEE APEC*、*ECCE*、*IECON*、《中国电机工程学报》《电工技术学报》等国内外重要期刊、会议上发表高质量的学术论文100余篇。出版了《多电平交-交直接变换技术及其应用》学术专著。已申请中国发明专利和实用新型专利数十项。团队成员获得江苏省科技进步一等奖、国防科技进步二等奖等多项奖励。多名教师担任国家自然科学基金、江苏省自然科学基金等项目的评审专家和 *IEEE Transactions on Industrial Electronics*、*IEEE Transactions on Power Electronics*、*IEEE ECCE*、*IEEE IECON*、《中国电机工程学报》《电工技术学报》等国内外专业期刊和会议的审稿专家。

团队与国内外相关高校、学术组织建立了广泛的联系，与南瑞集团、国网电科院、国电南瑞科技、南车集团、南京地铁、熊猫电子、华为、中兴、台达、艾默生、通用电气、德国柏林工业大学、德国轨道技术研究院等知名公司保持着良好的交流与合作关系。

66. 清华大学—电力电子与电气化交通研究团队

地址：北京市海淀区清华园西主楼2-304

邮编：100084

电话：010-62772450

传真：010-62772450

团队人数：30

团队带头人：李永东

主要成员：肖曦、郑泽东、孙凯、姜新建、王善铭、陆海峰、许烈、王奎、孙宇光

研究方向：大容量电力电子变换器及其在调速节能领域的应用，交流电机的全数字化控制及其在数控机床/机器人、高铁电力牵引和舰船电力推进中的应用，新能源发电及储能

团队简介：

目标：发挥团队在现代电力电子技术方向的传统优势，力争把已掌握的核心技术及最新的科技成果在现代电气化交通系统，如高铁、电动汽车、船舰、大飞机及数控机床/机器人等高端应用中得到推广。研究方向为电力电子与电机控制，电气化交通，特种电源系统。电力电子与电机控制是团队成员的学科方向，包括电力电子变换器、电机控制与电力传动系统、电机设计及故障诊断等，需要进一步深入研究，并作为研究团队的学科和学术支撑；电气化交通（包括轨道交通、电动汽车、船舰和大飞机等）的多电和全电化驱动，包括相应的局域电力系统，是高性能电机控制系统和电力电子技术的最高端应用，是未来能源消费领域的重要革命；特种电源系统包括军用甚低频通信电源、大飞机电源系统、特种电机驱动系统等。其中军用通信电源采用电力电子高频变换器代替传统的模拟电路，实现通信电源的高效、高动态响应和高精度控制，频率的改变比较灵活，是对潜通信的重大革命性变化。大飞机电源系统包括起动发电一体化、环控、电除冰和电作动等，是影响我国C919、C929供电核心技术国产化的关键。

67. 清华大学—电力电子与多能源系统研究中心（PEACES）

地址：北京市海淀区清华大学自动化系中央主楼702

邮编：100084

电话：010-62770559

传真：010-62786911

团队邮箱：genghua@ tsinghua. edu. cn

团队人数：15

团队带头人：耿华

主要成员：杨耕、赵晟凯

研究方向：大功率电能质量治理技术及装置，新能源并网技术，储能技术及应用

团队简介：

清华大学“电力电子与多能源系统研究中心”（前身为“新能源与节能控制研究中心”）创建于2006年，挂靠清华大学自动化系（一级学科为“控制科学与工程”，历次全国学科评估中均名列全国第一）。为更好面向国家重大需求，瞄准学科发展前沿，同时有效继承课题组的传统，课题组于2018年正式更名为电力电子与多能源系统研究中心，英文全称为Research Center of Power Electronics And inter-Connected multi-Energy System（PEACES）。中心现有教师3人（教授/特别研究员/助理研究员各1人），中心主任为耿华博士。中心早期主要开展电力驱动技术研究，后逐步拓展到电能质量和多能源系统等领域。长期以来，中心系统性地将非线性控制、智能优化方法等先进控制理论应用到电力电子和多能源系统的稳定和优化运行中，取得一系列成果，并得到国内外同行的长期广泛关注。在国内较早开展了电能质量治理技术、大规模新能源并网技术等研究，与企业长期合作，成功开发相关产品并量产应用。先后主持国家重点研发项目、国家高技术发展计划（863计划）课题、国家自然科学基金重点、优青、面上等项目，其他省部级和企业合作课题多项。

68. 清华大学—汽车工程系电化学动力源课题组

地址：北京市海淀区清华大学李兆基科技大楼

邮编：100084

电话：010-62787815

网址：http: //thueps. org/

团队邮箱：leizhao@ mail. tsinghua. edu. cn

团队人数：14

团队带头人：张剑波

主要成员：李哲、葛昊、孙瑛、汪尚尚、黄福森、吴正国、司德春、滕冠兴、刘中孝、方儒卿

研究方向：

1）大型锂离子电池的热设计：锂离子电池的热参数测量，锂离子电池的产热率测量，锂离子电池的热电耦合模拟及验证，锂离子电池的热设计优化。

2）锂离子电池的老化和耐久性研究：多应力耦合研究，老化机理研究。

3）电池管理系统：荷电状态（State of Charge，SOC）估计，健康状态（State of Health，SOH）估计，析锂机理研究，锂离子电池低温充电。

4）大电流和低箔载量下的膜电极设计：膜电极的构效关系，梯度化膜电极设计，有序化膜电极设计。

5）燃料电池零下启动研究：零下启动机理研究。

团队简介：

电化学动力源研究室采用实验、模型、模拟相结合的方法，研究车用锂离子电池和质子交换膜燃料电池的性能、老化机理、寿命预测、设计等问题，重点关注电化学能量存储与转换装置大型化后出现的分布不均匀现象。

69. 清华大学—先进电能变换与电气化交通系统团队

地址：北京市海淀区清华大学西主楼

电话：010-62772450

传真：010-62785481

团队邮箱：liyd@ mail. tsinghua. edu. cn

团队人数：9

团队带头人：李永东

主要成员：肖曦、王善铭、孙凯、郑泽东、孙宇光、陆海峰、许烈、王奎

研究方向：大容量电力电子及其应用：大容量多电平变换器与中/高压变频调速系统，电力电子变压器与新一代高铁电力牵引，高压大功率高频磁性元件；多电飞机技术及其应用；高性能电机控制系统；电机振动分析与减振，故障诊断与保护；新能源、微网和储能：光伏发电直流升压电力电子变换技术，微网系统交直流供电拓扑稳定性对比研究，海水抽水蓄能可变速机组控制策略研究

团队在研项目：

1）课题项目名称：高压动态电压恢复器储能充放电管理系统，项目单位：新能动力（北京）电气科技有限公司，负责人：李永东，起止日期：20211022~20221001。

2）课题项目名称：微电网供电系统的储能优化与控制稳定性研究，项目单位：台达电子企业管理（上海）有限公司，负责人：李永东，起止日期：20190901~20220630。

3）课题项目名称：电力电子技术与新器件在通信领域的应用研究，项目单位：北京圣非凡电子系统技术开发有限公司，负责人：李永东，起止日期：20151030~20171231。

4）课题项目名称：高压大容量背靠背三电平 NPC 变频器系统设计与控制，项目单位：天水电气传动研究所有限责任公司（大型电气传动系统与装备技术国家重点实验室），负责人：李永东，起止日期：20180601~20190630。

5）课题项目名称：模拟推进系统、推进器设计、模拟燃气轮机发电机组及特性屏设计，项目单位：武汉长海高新技术有限公司，负责人：郑泽东，起止日期：20210301~20211220。

6）课题项目名称：技术研究，课题项目类别：专项-481，负责人：王奎，起止日期：20201130~20210630。

7）课题项目名称：Boost 升压电感优化设计，项目单位：青岛云路先进材料技术股份有限公司，负责人：郑泽东，起止日期：20210531~20220530。

8）课题项目名称：变压器谐波条件下损耗分析，项目单位：青岛云路先进材料技术股份有限公司，负责人：郑泽东，起止日期：20210531~20220530。

9）课题项目名称：面向交流传动的模块化多电平变换器优化运行关键技术研究，课题项目类别：（纵向）国家自然科学基金面上项目，负责人：王奎，起止日期：20180101~20211231。

10）课题项目名称：大功率风电变流器的共模电压抑制方法研究，课题项目类别：（纵向）北京市自然科学基金，负责人：王奎，起止日期：20210101~20231231。

11）课题项目名称：面向未来超级充电桩的 SiC 功率模块封装技术研究，项目单位：安世半导体科技（上海）有限公司，负责人：王奎，起止日期：20220430~20240630。

12）课题项目名称：清华大学新技术概念汽车研究院，项目单位：北京通盈时代科技有限公司，负责人：李骏，起止日期：20181122~20231122。

13）课题项目名称：高性能碳化硅驱动技术及其变流装置研究与应用，项目单位：北京智芯微电子科技有限公司，负责人：姜新建，起止日期：20211101~20230630。

14）课题项目名称：清华大学-浙江温岭电机与驱动系统联合研究中心，课题项目类别：（横向）国内-联合机构合作协议，项目单位：温岭市人民政府，负责人：王善铭，起止日期：20200526~20250430。

15）课题项目名称：基于多目标非线性预测理论的控制技术项目，项目单位：潍柴动力股份有限公司，负责人：陆海峰，起止日期：20210726~20220930。

16）课题项目名称：锂电池储能一体化 UPS 项目，项目单位：四川华泰电气股份有限公司，负责人：郑泽东，起止日期：20200525~20230525。

17）课题项目名称：清华大学（电机系）-中车株洲电力机车研究所有限公司绿色交通与能源技术联合研究中心，项目单位：中车株洲电力机车研究所有限公司，负责人：郑泽东，起止日期：20211213~20241206。

18）课题项目名称：清华大学-盐城智能控制装备联合研究院，项目单位：盐城高新区投资集团有限公司，负责人：朱纪洪，起止日期：20190710~20240710。

19）课题项目名称：基于多端口的家庭智慧能源管理系统及其关键电力电子技术研究，项目单位：广东美的制冷设备有限公司，负责人：孙凯，起止日期：20220325~20231231。

20）课题项目名称：电机定子模态性能与整机振动噪

声测试技术服务合同，项目单位：武汉长海高新技术有限公司，负责人：郑泽东，起止日期：20210323～20210531。

21）课题项目名称：国产高压碳化硅功率器件在交直流配网电力电子关键装备中的应用基础研究，项目单位：国网陕西省电力公司电力科学研究院，负责人：郑泽东，起止日期：20211208～20241231。

22）课题项目名称：高压电力电子变压器多耦合下功率传输机理及综合优化模型研究，课题项目类别：（纵向）国家自然科学基金面上项目，负责人：郑泽东，起止日期：20180101～20211231。

23）课题项目名称：大容量高性能多相永磁直驱电力推进系统关键科学问题研究，课题项目类别：（纵向）国家自然科学基金联合资助基金，负责人：郑泽东，起止日期：20220101～20251231。

24）课题项目名称：2021年新型V2G充放电模块损耗及拓扑结构研究项目，项目单位：国网电动汽车服务有限公司，负责人：郑泽东，起止日期：20210902～20211231。

25）课题项目名称：电源研究，课题项目类别：（纵向）专项-402，负责人：郑泽东，起止日期：20200101～20221231。

26）课题项目名称：（丰田联合研究基金）直接承压型深海供电直流变压器研究，项目单位：丰田投资有限公司，负责人：郑泽东，起止日期：20210311～20221231。

27）课题项目名称：轮毂电机高品质智能协同优化控制系统设计与研制，课题项目类别：（纵向）重点研发计划（国内）-课题牵头（项目校外牵头），负责人：郑泽东，起止日期：20211230～20241130。

28）课题项目名称：大功率、高效率、高可靠碳化硅双向车载充电机开发，项目单位：广东省科学技术厅，负责人：郑泽东，起止日期：20210304～20240731。

29）课题项目名称：高精度漏电流传感器研发与测试，项目单位：北京中瑞和电气有限公司，负责人：张品佳，起止日期：20200815～20230715。

30）课题项目名称：清华大学（电机系）-青岛云路先进材料技术股份有限公司先进磁性材料与高效能量变换联合研究中心，项目单位：青岛云路先进材料技术股份有限公司，负责人：姜齐荣，起止日期：20220722～20250721。

31）课题项目名称：清华大学-闻泰科技股份有限公司工业与车规半导体芯片联合研究中心，项目单位：闻泰科技股份有限公司，负责人：何虎，起止日期：20211230～20261229。

32）课题项目名称：清华大学-闻泰科技股份有限公司工业与车规半导体芯片联合研究中心，项目单位：闻泰科技股份有限公司，负责人：何虎，起止日期：20211230～20261229。

33）课题项目名称：清华大学-帝国理工学院自主科研国际合作专项，课题项目类别：（自主科研）国际合作专项-合作平台，负责人：康重庆，起止日期：20190331～20220331。

34）课题项目名称：面向复合场景应用的分布式储能系统关键技术研究，项目单位：国网（北京）节能设计研究院有限公司，负责人：许烈，起止日期：20190401～20201231。

35）课题项目名称：永磁电机的高效变换及控制技术，课题项目类别：专项-481，负责人：许烈，起止日期：20200609～20201030。

36）课题项目名称：起动发电系统半物理仿真试验验证，项目单位：中国商用飞机有限责任公司北京民用飞机技术研究中心，负责人：许烈，起止日期：20170915～20180914。

37）课题项目名称：大型民机大功率起动发电系统模拟器，项目单位：中国商用飞机有限责任公司，负责人：许烈，起止日期：20180101～20181231

38）课题项目名称：通用电机驱动器的研制，项目单位：天津航空机电有限公司，负责人：许烈，起止日期：20220819～20240126。

39）课题项目名称：大功率多电平船舶推进系统与磁悬浮轴承开发，项目单位：清正源华（北京）科技有限公司，负责人：王奎，起止日期：20211018～20261231。

40）课题项目名称：背靠背双PWM变换器的共模电压抑制方法研究，课题项目类别：（纵向）国家自然科学基金面上项目，负责人：王奎，起止日期：20220101～20251231。

41）课题项目名称：双高电力系统稳定性控制理论和方法研究，项目单位：国网辽宁省电力有限公司电力科学研究院，负责人：刘锋，起止日期：20211222～20241231。

42）课题项目名称：电能路由器用高频变压器与验证，项目单位：特变电工西安电气科技有限公司，负责人：孙凯，起止日期：20200501～20201231。

43）课题项目名称：高性能20kW充电模块优化设计与开发，项目单位：石家庄通合电子科技股份有限公司，负责人：孙凯，起止日期：20220318～20230131。

44）课题项目名称：半导体制造装备领域核心电源关键技术研究与应用，课题项目类别：（横向）国内-地方政府科技计划/基金项目，项目单位：长沙市科学技术局，负责人：孙凯，起止日期：20211129～20240630。

45）课题项目名称：大容量可逆固体氧化物燃料电池系统中的电力电子变换理论与技术研究，课题项目类别：（纵向）国家自然科学基金面上项目，负责人：孙凯，起止日期：20190101～20221231。

46）课题项目名称：基于多端口的家庭智慧能源管理系统及其关键电力电子技术研究，项目单位：广东美的制冷设备有限公司，负责人：孙凯，起止日期：20220325～20231231。

47）课题项目名称：面向整县屋顶光伏接入的供用电系统源荷协同运行与智能运维关键技术研究与示范，项目单位：国网甘肃省电力公司平凉供电公司，负责人：肖曦，起止日期：20220511～20231231。

48）课题项目名称：（跨学科专项）面向“光储充氢”的直流微网系统关键技术研究，项目单位：丰田汽车有限公司，负责人：欧阳明高，起止日期：20200401～20220331。

49）课题项目名称：城市智能配电网中变换装备的交互运行与弹性调控基础研究，课题项目类别：（纵向）国家自然科学基金重点国际（地区）合作研究项目，负责人：张宁，起止日期：20200101～20221231。

50）课题项目名称：氢岛——海上能源互联制氢系统集成关键技术研究及示范，课题项目类别：（横向）国内-地方政府科技计划/基金项目，项目单位：中国海洋工程研究院（青岛），负责人：肖曦，起止日期：20220512～20231231。

51）课题项目名称：双绕组电机关键控制算法研究，项目单位：西安清泰科新能源技术有限责任公司，负责人：陆海峰，起止日期：20210901~20220630。

52）课题项目名称：基于多目标非线性预测理论的控制技术项目，项目单位：潍柴动力股份有限公司，负责人：陆海峰，起止日期：20210726~20220930。

53）课题项目名称：一种在谐波平面在线辨识双三项电机参数的方法及装置，项目单位：北京清泰科新能源技术有限责任公司，负责人：陆海峰，起止日期：20190425~20290424。

54）课题项目名称：清华大学潍柴动力智能制造联合研究院，项目单位：潍柴动力股份有限公司，负责人：方红卫，起止日期：20181220~20231220。

55）课题项目名称：石油钻机直流微网混动系统关键子系统研制，项目单位：华兴智控（北京）能源有限公司，负责人：王善铭，起止日期：20220110~20221231。

56）课题项目名称：特殊电机设备模型，课题项目类别：专项-481，负责人：王善铭，起止日期：20140801~20141231。

57）课题项目名称：电机研制，课题项目类别：专项-481，负责人：王善铭，起止日期：20220415~2023041。

58）课题项目名称：先进电机，课题项目类别：专项-481，负责人：王善铭，起止日期：20150817~20160817。

59）课题项目名称：永磁电机驱控系统联合设计，项目单位：卧龙电气驱动集团股份有限公司，负责人：王善铭，起止日期：20220530~20250424。

60）课题项目名称：20kW/20MJ飞轮储能UPS电源系统，项目单位：江西清华泰豪三波电机有限公司，负责人：王善铭，起止日期：20180311~20181230。

61）课题项目名称：仿真分析，课题项目类别：专项-481，负责人：王善铭，起止日期：20210320~20220319。

62）课题项目名称：宁海电站发电电动机内部短路分析计算及其主保护配置方案研究，项目单位：东芝水电设备（杭州）有限公司，负责人：孙宇光，起止日期：20210707~20211231。

63）课题项目名称：电机系统绝缘检测，课题项目类别：（纵向）重点研发计划（先进技术）-基础加强项目（子课题），负责人：孙宇光，起止日期：20191210~20221230。

64）课题项目名称：通用电机起动控制器冗余控制技术研究中电动泵电机伺服控制器冗余控制技术研究，项目单位：陕西航空电气有限责任公司，负责人：肖曦，起止日期：20180901~20210401。

65）课题项目名称：高速电机驱动控制方法研究，项目单位：势加透博洁净动力如皋有限公司，负责人：肖曦，起止日期：20210926~20230831。

66）课题项目名称：高速永磁同步电机无速度传感器控制，课题项目类别：国际-清华大学国际科技合作项目，项目单位：ERGA LLC，负责人：肖曦，起止日期：20210101~20220130。

67）课题项目名称：三相真空电机驱动断路器用大功率永磁电机和驱动控制系统设计及优化，项目单位：平高集团有限公司，负责人：肖曦，起止日期：20181201~20191231。

68）课题项目名称：海浪发电捕能效率提升关键技术研究，课题项目类别：（纵向）国家自然科学基金联合资助基金，负责人：肖曦，起止日期：20190101~20221231。

69）课题项目名称：梯次利用动力电池储能系统技术研究，课题项目类别：（横向）国内-企事业单位委托项目，项目单位：广西睿奕新能源股份有限公司，负责人：肖曦，起止日期：20220407~20241231。

70）课题项目名称：机载先进电力系统仿真研究，项目单位：陕西航空电气有限责任公司，负责人：肖曦，起止日期：20190312~20220401。

71）课题项目名称：基于云计算的拆解物料信息管控和资源调度系统，课题项目类别：（纵向）重点研发计划（国内）-课题牵头（项目校外牵头），负责人：肖曦，起止日期：20201101~20231001。

72）课题项目名称：面向整县屋顶光伏接入的供用电系统源荷 协同运行与智能运维关键技术研究与示范，项目单位：国网甘肃省电力公司平凉供电公司，负责人：肖曦，起止日期：20220511~20231231。

73）课题项目名称：氢岛——海上能源互联制氢系统集成关键技术研究及示范，课题项目类别：（横向）国内-地方政府科技计划/基金项目，项目单位：中国海洋工程研究院（青岛），负责人：肖曦，起止日期：20220512~20231231。

74）课题项目名称：伺服系统参数辨识及高动态响应控制技术研究，项目单位：北京精密机电控制设备研究所，负责人：肖曦，起止日期：20210926~20221231。

75）课题项目名称：梯次利用动力电池系统的电、热和安全管控技术，课题项目类别：（横向）国内-地方政府科技计划/基金项目，项目单位：华电内蒙古能源有限公司，负责人：肖曦，起止日期：20210820~20230228。

76）课题项目名称：电力电子驱动型高压开关的智能控制技术研究，项目单位：国网江西省电力有限公司吉安供电分公司，负责人：肖曦，起止日期：20211216~20231231。

77）课题项目名称：高性能机器人专用伺服系统关键技术研发与产业化，项目单位：广东美的制冷设备有限公司，负责人：肖曦，起止日期：20190101~20211231。

78）课题项目名称：面向空间柔顺操作的伺服控制系统关键技术研究，课题项目类别：（纵向）国家自然科学基金面上项目，负责人：肖曦，起止日期：20210101~20231231。

79）课题项目名称：新能源多能互补冷热电联供系统一体化设计与优化控制，课题项目类别：（纵向）国家自然科学基金重点项目，负责人：肖曦，起止日期：20180101~20221231。

80）课题项目名称：高比例分布式发电的新型配电网精确建模和分布式电压自治控制技术，项目单位：国网河北省电力有限公司电力科学研究院，负责人：孙凯，起止日期：20220808~20221231。

81）课题项目名称：高性能高可靠性直流伺服电机驱动器开发，项目单位：哈工大机器人（合肥）国际创新研究院，负责人：张品佳，起止日期：20201215~20211215。

82）课题项目名称："信息能源"教育部-中国移动科研基金建设项目，课题项目类别：（纵向）教育部其他项目（项目部），负责人：慈松，起止日期：20191201~20221201。

团队科研成果：团队承担了200余项科研合作项目，

其中国家自然科学基金项目 30 余项，国家重点研发计划和国防预研项目 20 余项，以及国际合作与交流项目 20 余项，获得多项国内外奖励，取得了巨大的经济效益和良好的社会效益。发表论文 630 余篇，其中 SCI 收录 110 余篇，EI 收录 380 余篇。授权国家发明专利 50 余项。组织和共同主办了 IPEMC、ICEMS、MEA 等国际会议；主持和参加了众多国内电力电子和电气自动化领域的学术会议，并做大会报告。2009 年成功举办第三届中国高校电力电子与电力传动学术年会（SPEED），并于 2017 年和 2018 年在清华大学成功组织召开了第一届和第二届“电气化交通前沿技术论坛”，在行业内反响热烈。目前团队承担了国家重点研发计划多项课题，研究成果正在向新一代高铁、全电化船舰、多电飞机、电动汽车、大型发电机、新能源微网和工业自动化系统推广。

团队简介：

清华大学电机系先进电能变换与电气化交通系统团队是由国内外著名电机控制专家李永东教授领衔，由多名具有海内外博士学位且扎根中国本土多年的精干成员组成。从 1988 年以来，团队长期从事高性能、大容量、全数字化电力电子与交流电机控制、设计和故障诊断等领域的国际前沿研究，并致力于成果的产业化，为我国的节能减排、工业自动化、交通电气化事业做出了突出贡献。

70. 山东大学—分布式新能源技术开发团队

地址：山东省济南市经十路 17923 号

邮编：250061

电话：0531-81696186

传真：0531-88399385

团队邮箱：Lshuqin2014@ 163. com

团队人数：16

团队带头人：刘淑琴

主要成员：边忠国、郭人杰、王黎明、钱保岐、李德广、赵方、于文涛、梁振光、张川、张宇喆、周君民、刘明芬

研究方向：垂直轴风力发电机，风光互补小功率电源

团队简介：

山东大学高度重视磁悬浮轴承技术的人才培养和创新团队建设，充分利用自身的人、财、物优势给予各方面的支持，形成了以学科带头人刘淑琴教授为核心，以科研基地和多个重大科研项目为载体，结构合理、团结协作的学术研究团队。目前团队共有成员 21 人，具备丰富的理论知识和动手实践经验，包括具有高级职称 5 人，具有博士学位 8 人。

71. 山东大学—新能源发电与高效节能系统优化控制团队

地址：山东省济南市经十路 17923 号山东大学千佛山校区

邮编：250061

电话：0531-88392906

团队邮箱：chenalian2001@ 163. com

团队人数：30

团队带头人：张承慧

主要成员：王光臣、陈阿莲、高峰、段彬、商云龙、邢相洋、崔纳新、李珂、孙波、李岩、杜春水、张宪福、李同兴、李立伟、邢兰涛、方旌扬、刘凯龙、田昊、丁文龙、张关关、张帅、许涛、张奇、裴梦璐、李帆、李晓艳、王海洋、康永哲、李长龙

研究方向：新能源高效并网发电系统控制，新能源电网电能质量控制，储能系统智能管理与优化控制，综合能源系统优化设计与运行控制

团队在研项目：

1）新能源发电与高效节能系统优化控制理论、技术及应用，国家自然科学基金创新研究群体，1050 万元。

2）大功率动力电池智能精密测试仪器研制与产业化应用，科技部重点研发计划项目，1600 万元。

3）多主体综合能源系统分布式优化控制理论与方法，国家自然科学基金重点项目，297 万元。

4）海洋可再生能源多能互补智能变换与高效利用基础理论与关键技术，国家自然科学基金联合基金重点项目，280 万元。

5）面向快速安全高效的智能化 SiC 充电系统关键技术研究，国家自然科学基金汽车联合基金重点项目，227 万元。

6）动力电池全天候快速安全充电理论方法与综合评价研究，国家自然科学基金联合基金重点项目，297 万元。

7）正倒向随机系统最优控制理论，国家杰出青年科学基金项目，400 万元。

8）动力电池建模与管控，国家优秀青年科学基金项目，400 万元。

9）新一代综合能源系统协同优化控制基础理论与关键技术，山东省重大基础研究项目，348 万元。

10）新能源与高效节能国家地方联合工程研究中心，国家级创新基地-济南市科技计划项目，500 万元。

团队科研成果：

1）高性能光伏发电系统设计与控制技术：针对我国光伏系统长期存在的发电成本高、电能质量差、并网控制难三大难题，从功率变换拓扑、并网控制两大核心环节入手，研究了高性能光伏发电系统优化设计与控制关键技术。与企业合作研发了 37 个规格 1. 5kW ~ 1MW 集中式和分布式光伏发电系统。研究成果获 2016 年国家科技进步二等奖、2015 年山东省科技进步一等奖、2015 年教育部科技进步二等奖、第 18 届中国专利优秀奖。先后入选国家“庆祝改革开放 40 周年成就大型展览”“庆祝中华人民共和国成立 70 周年大型成就展”。

2）储能电池综合测试与智能模拟关键技术：团队承担国家重大科研仪器研制项目“动力电池综合测试与智能模拟仪器研制”，研制成功国际首台（套）50kW/150kW 动力电池智能管测仪器，整体技术居国际领先水平。成果成功

转化，促进了国家新能源储能、电动汽车等重大能源战略的健康发展；牵头制定团体标准《锂离子电池模组测试技术规范》，在全国推广应用，引领了行业进步。获教育部技术发明一等奖、中国自动化学会自然科学奖一等奖、中国专利优秀奖、山东省专利奖一等奖、日内瓦国际发明展金奖，入选“十三五”国家自然科学基金资助项目优秀成果。

3）高性能大容量电能质量治理装备关键技术：针对我国新能源电力系统电压波动大、谐波频带宽、故障穿越难等新特征和新问题，重点突破了无功-谐波检测与控制、故障穿越与功率协调、高压大功率装备协同控制等核心技术。与企业合作研发成功系列产品，成果获2020年国家科技进步二等奖、2019年中国自动化学会科技进步特等奖、第21届中国专利优秀奖，为攻克新能源电力系统高压直挂式SVG核心技术瓶颈提供了关键理论技术和工程示范支撑。

团队所获荣誉：

1）高比例新能源电力系统电能净化关键控制技术及应用，2020年国家科技进步二等奖。

2）高性能光伏发电系统关键控制技术与产业化应用，2016年国家科技进步二等奖。

3）张承慧，2021年何梁何利基金科学与技术进步奖。

4）张承慧，2022年光华工程科技奖。

5）大功率动力电池快速充放电测试与控制关键技术及应用，2022年教育部技术发明一等奖。

6）高性能大容量电能净化装备关键控制技术及工程应用，2019年中国自动化学会CAA科技进步特等奖。

7）动力电池多尺度融合建模与智能管理方法及应用，2020年中国自动化学会CAA自然科学奖一等奖。

团队简介：

团队始终面向国家新能源与节能减排重大战略需求，依托山东大学控制理论与控制工程国家重点学科，长期开展新能源发电与高效节能系统优化控制基础理论、关键技术和工程应用的创新性研究，为国家科学技术进步及经济社会发展做出重要贡献。2012年入选教育部创新团队，2016年验收优秀并获滚动支持。2018年团队入选国家自然科学基金委创新研究群体，2021年入选全国高校黄大年式教师团队。团队建有“新能源与高效节能”国家地方联合工程研究中心、“电力电子节能技术与装备”教育部工程研究中心（验收优秀），以及“新能源系统控制”学科创新引智基地（111计划）。团队现有成员30人，其中团队带头人张承慧教授为教育部长江学者特聘教授、IEEE Fellow、2021年中国工程院院士增选有效候选人（进入第二轮）、第八届国务院学科评议组成员，曾获全国先进工作者、国家“万人计划”教学名师等荣誉称号，是我国新能源控制领域科技创新和人才培养的领头雁。团队还有国家杰出青年科学基金获得者2人（王光臣、高峰），长江学者特聘教授1人（陈阿莲），国家优秀青年科学基金获得者2人（商云龙、邢相洋）、青年长江学者1人（段彬）、国家海外优秀青年科学基金获得者4人（邢兰涛、方旌扬、刘凯龙、田昊）。

近年来团队获国家科技进步二等奖2项、何梁何利基金科学与技术进步奖1项、光华工程科技奖1项、国家级教学成果二等奖2项、省部级/学会特等/一等奖7项、宝钢教育基金优秀教师特等奖1项。在国际权威期刊和会议上发表论文400余篇，授权国家发明专利150余件，出版教材/著作6部。

72. 陕西科技大学—新能源发电与微电网应用技术团队

地址：陕西省西安市未央大学园区陕西科技大学
邮编：710021
电话：029-86168631
传真：029-86168631
网址：http：//www. sust. edu. cn
团队邮箱：chenjwskd@ 163. com
团队人数：5
团队带头人：孟彦京
主要成员：石勇、陈景文、刘宝泉、王素娥
研究方向：风力发电控制技术，光伏发电及储能技术，电力传动技术，微电网控制技术等
团队简介：

陕西科技大学新能源发电与微电网应用技术团队是以孟彦京教授为负责人，从事风力发电控制技术、光伏发电及储能技术、电力传动技术、微电网控制技术等方面研究与实践工作的团队，成员包括5名教师（其中教授2名，副教授2名，讲师1名）和博士、硕士研究生16名，近年来主持各类横、纵向科研课题20余项，总经费1000余万元，获得省级政府奖励3项，授权专利50余项，在核心以上级别期刊发表行业论文100余篇，其中SCI、EI收录10篇。

团队从事的核心工作是应用技术的推广工作，以与企业为主，特别是在轻工自动化（如造纸机传动系统、复卷机传动系统等）领域享有较高的声望，近几年，在新能源应用方面也取得一定成就，自2008年起开始从事风力发电控制技术的研究工作，2011年起从事光伏发电的研究工作，2012年在金太阳工程的支持下在校园屋顶建设了876kW容量的光伏电站，年发电量近70万kWh。目前主要以新能源应用技术和电力传动技术为主要研究方向开展相关的研究和应用推广工作。

73. 上海大学—电机与控制工程研究所

地址：上海市宝山区南陈路333号9号楼125A
邮编：200444
电话：021-56331563
团队邮箱：gqxu@ shu. edu. cn
团队人数：23
团队带头人：徐国卿
主要成员：汪飞、罗建、张少华、张琪、宋文祥、陈息坤、李雪、周岐斌、邵定国、代颖、吴春华、杨影、赵剑飞
研究方向：新能源汽车电机与驱动系统，电力电子变换与新能源智能电网技术，机器人与智能

运动系统

团队简介：

团队共 23 人，其中正高级职称人员 11 人，副高级职称人员 9 人，中级职称人员 3 人。其中有博士学位人员 20 人，占比 87%，有海外经历教师 16 人，占比 70%。团队 40 周岁以下 9 人，占比 40%；40~50 周岁 6 人，占比 26%；50~60 周岁 7 人，占比 30%；60 周岁以上 1 人，占比 4%。

新能源汽车电机与驱动系统研究方向，致力于节能与新能源汽车用电机、电力电子与智能驱动控制技术等方向的研发，合作研制的新能源汽车电机系统产品覆盖市场 50%，是最早在上海市实现电动汽车电驱动系统产业化的团队。团队提出并发明电驱动车辆防滑控制与深度能量回收控制技术。

电力电子变换与新能源智能电网技术研究方向，致力于光伏微型逆变器、光伏电站优化运行控制术与智能运维、电网电能质量、新能源电力系统经济调度等方面的研究。电力电子变换与新能源智能电网技术研究方向，承担 10 余项国家和上海市重大项目课题和重大横向项目，取得多项国内首创理论成果，在 IEEE 等权威期刊发表 SCI 论文 10 余篇。团队发明电力电子变电站技术，实现西部地区既有电网供电半径延伸，大大节省建设投资。

机器人与智能运动系统研究方向，致力于机器人电伺服控制、智能视觉技术、机器人与电动汽车智能运动控制等方面的研究。团队建立室内图像大数据平台，物品识别率达到 98%，在无人零售、无人货柜以及家庭机器人推广应用；研制仿人行为的机械臂-灵巧手机器人系统，大大推动养老助残服务产业。

74. 上海海事大学—电力传动与控制团队

地址：上海市浦东新区海港大道 1550 号

邮编：201306

网址：http://www.shmtu.edu.cn/

团队人数：12

团队带头人：汤天浩

主要成员：Benbouzid、汪懿德、谢卫、陆凯元、王天真、韩金刚、姚刚、王润新、Nicolas、陈昊、彭越

研究方向：船舶电力系统及其控制，新能源及其电力电子装置，港航设备自动检测、故障诊断与容错控制

团队简介：

团队以港口、船舶等航运系统及海洋开发等领域的电气工程技术应用为特色，重点研究船舶电力系统及其控制，新能源及其电力电子装置，港航设备故障诊断与容错控制。近年来发表学术论文 100 余篇，其中 SCI/EI 检索论文 80 余篇；获得国家级和省部级项目 20 余项。

75. 上海交通大学—风力发电研究中心

地址：上海市闵行区东川路 800 号上海交通大学智能电网大楼 523 室

邮编：200240

电话：021-34207001

传真：021-34207001

团队人数：9

团队带头人：蔡旭

主要成员：朱淼、李睿、谢宝昌、高强、张建文、曹云峰、郑毅、施刚

研究方向：风力发电系统，风力发电交直流输电，大容量储能

团队简介：

上海交通大学风力发电研究中心致力于风力发电、直流输电以及储能技术的科研和教学工作，主要从事风电机组电气控制系统、大规模风电交直流并网以及大容量电池储能接入技术研究。

团队与上海电气集团联合研发了 1.25MW、2MW 和 3.6MW 双馈风电变流器、整机控制器以及 2MW 风机电动变桨控制系统并实现了产业化（上海电气集团）；研究了模块智能化风电变流器关键技术并应用于 3MW 全功率风电变流器中；提出了电网友好型风电场的架构及指标体系，机组及风场的动态控制模型，风储联合发电策略，成果得到示范应用；形成了面向复杂电力电子控制应用的控制器平台、面向机电系统控制的监控平台和风电机组气动-机-电实时联合仿真系统。

团队研制的大容量电池储能系统的高压直挂接入装备已通过国家 863 计划验收，研究了面向微电网的电池储能系统关键技术，对储能系统如何提高风电接入能力进行了研究。

在风电机组及风电场的动态建模技术方面，基于 Power Factory 和 PSCAD 针对国内主要厂商的机组建立了动态镜像模型，为含有大型风电场的电网仿真奠定了基础，研究了大规模电网友好型风电场关键技术以及多风电场集群控制系统。

对海上风电直流网采用直流汇聚传输进行了系统分析和经济评估，取得了一系列理论成果，针对直流网的关键装备 DC-DC 变换器做了系统的理论研究及试验样机开发。

团队与国内外学术机构长期保持学术沟通，承接并完成国家级、省部级研究项目及国内外企业委托项目，取得了一系列论文及专利成果。

76. 四川大学—高频高精度电力电子变换技术及其应用团队

地址：四川省成都市一环路南一段 24 号四川大学电气信息学院

邮编：610065

电话：028-85469866

传真：028-85400976

团队人数：10

团队带头人：张代润

主要成员：赵莉华、李媛、佃松宜、刘宜成、肖勇、段述江、吴坚

研究方向：高频射频开关电源技术，高精度电力电子

变换技术，电力电子仿真技术，新型电力电子控制技术

团队简介：

团队主要由教师、研究生组成，致力于高频、射频开关技术和高精度电力电子变换技术的基础理论、仿真技术、控制技术等方面的研究、开发和应用工作。

77. 太原理工大学—电力电子技术及其磁集成技术研究团队

地址：山西省太原市迎泽西大街 79 号

邮编：030024

电话：13593198618

团队邮箱：447987957@ qq. com

团队人数：60 人，包括教师 6 人，在读研究生 50 余人

团队带头人：杨玉岗

主要成员：孟润泉、任春光、张佰富、王磊、魏新伟

研究方向：电力电子技术及其磁集成技术，数据中心/新能源发电系统/电动汽车用双向直流开关电源，开关磁阻电机电磁调速系统，电力电子技术在电力系统中的应用，电力电子变换器建模与控制，电能路由器，微电网运行与控制

团队在研项目：

1）山西省科学技术厅，自然科学研究面上项目，20210302123171，大数据中心新一代供电系统用高电压变比 LLC 谐振变换器及其低匝数平面变压器研究，2022. 01～2024. 12。

2）山西省科学技术厅，基础研究计划项目，202203021212288，适用于“三源”微电网的三端口变换器关键技术研究与应用，2023. 01～2025. 12。

3）山西省科学技术厅，自然科学基金，20210302123170，高速高频工况下碳化硅功率器件与外电路交互机理及栅极驱动策略优化研究，2022. 01～2024. 12。

团队科研成果：

1）Yugang Yang，Junyou Yao，Heng Li，Jinsheng Zhao. A Novel Current Sharing Method by Grouping Transformer's Secondary Windings for Multi-phase LLC Resonant Converter ［J］. IEEE Transactions on Power Electronics，2020，35（5）：4877-4890.

2）Yugang Yang，Tingting Guan，Shuqi Zhang，Wei Jiang，Weiyi Huang，More Symmetric Four Phase Inverse Coupled Inductor for Low Current Ripples & High-Efficiency Interleaved Bidirectional Buck/Boost Converters ［J］. IEEE Transactions On Power Electronics，2018，33（3）：1952-1966.

3）Ren Chunguang，Han Xiaoqing，High Performance Three-phase PWM Converter with Reduced DC Link Capacitor under Unbalanced AC Voltage Conditions ［J］. IEEE Transactions on Industrial Electronics，2017，65（2）：1041-1050.

4）Xinwei Wei，Hongliang Wang，An Luo，Zhixing He，Xiaonan Zhu，Renjie Sun，Xinyue Chen. Parallel Open-Circuit Fault Diagnosis Method of a Cascaded Full-Bridge NPC Inverter With Model Predictive Control ［J］. IEEE Transactions on Industrial Electronics，2021，68（10）：10180-10192.

5）Xinwei Wei，Hongliang Wang，An Luo，Kangliang Wang，Xiaonan Zhu，Renjie Sun，Xinyue Chen. Robust Multilayer Model Predictive Control for a Cascaded Full-Bridge NPC Class-D Amplifier with Low Complexity ［J］. IEEE Transactions on Industrial Electronics，2021，68（4）：3390-3401.

6）Xinwei Wei，Hongliang Wang，Luo An，Fujun Ma，Zhen Zhu，Gaoxiang Li，Renyifan Hao. Parameter Identification and Lyapunov Function Based Adaptive Switched Control for Underwater Electroacoustic Transduction System ［J］. IEEE Transactions on Power Electronics，2020，35（6）：6572-6585.

7）Lei Wang，Xiaoqing Han，Chunguang Ren，Yu Yang，Peng Wang，A Modified One-cycle-control Based Active Power Filter for Harmonic Compensation ［J］. IEEE Transactions on Industrial Electronics，2018，65（1）：738-748.

团队简介：

太原理工大学电力电子技术及其磁集成技术研究团队目前有教授 2 人，副教授 1 人，讲师 3 人，在读博士和硕士研究生 50 余人。团队依托“煤电清洁智能控制”教育部重点实验室和“电力系统运行与控制”山西省重点实验室，主要从事电力电子技术技术及其磁集成技术、数据中心/新能源发电系统/电动汽车用双向直流开关电源、电力电子技术在电力系统中的应用、电力电子变换器建模与控制、电能路由器、微电网运行与控制和开关磁阻电机电磁调速系统等方向的研究工作，主持完成国家级、省部级和企业合作项目多项，发表论文 100 余篇，申请和获批国家专利 30 余项，培养研究生 100 余人。

78. 天津大学—先进电能变换与系统控制中心

地址：天津市南开区卫津路 92 号

电话：18522062559

团队邮箱：Wayif@ 126. com

团队带头人：王议锋

主要成员：陈曦、陈博、马小勇、王晨、徐安琪、白昱、鲁思

研究方向：高频高效高密度功率电能变换技术，聚焦第三代宽禁带半导体材料及器件、高频电力电子变换器拓扑及其数字控制理论、高频磁性元件平面化及磁集成技术、交直流微电网及分布式可再生能源发电中的现代电能变换与控制技术、低压直流配用电技术及装备等领域

团队简介：

天津大学先进电能变换与系统控制中心（Center for Advanced Power Conversion and System Control，CAPS）成立于 2014 年，课题组依托于天津大学智能电网教育部重点实验室，团队学术带头人王议锋副教授，本硕博毕业于哈尔滨工业大学电力电子与电力传动专业，美国国家电力电子

系统中心（CPES）高级访问学者，CASA 第三代半导体产业技术创新战略联盟卓越创新青年，IEEE Senior Member，中国电源学会理事，天津市电源学会副理事长/秘书长，分布式发电及智能配电专委会委员等。

课题组核心研发团队现有副教授 2 人、副研究员 1 人、中级职称 2 人、专职研究与技术开发人员 7 人。课题组招收和培养全日制硕士研究生、博士研究生和非全日制工程硕士研究生。课题组拥有各类先进电能变换技术试验平台、先进测试/分析仪器，具有良好的科学研究软/硬环境，为全方位培养研究生的科学研究、技术开发与工程实践等科技能力与人文素质提供良好的工作条件。

课题组立足国际最新电力电子学科理论与技术问题，以国家发展战略的重大需求为牵引，探索和解决具有国际先进性与国家特色的当代电力电子与电力传动领域重大科学问题和重大工程技术问题。紧密围绕高频高效高密度功率电能变换技术，聚焦第三代宽禁带半导体材料及器件、高频电力电子变换器拓扑及其数字控制理论、高频磁性元件平面化及磁集成技术、交直流微电网及分布式可再生能源发电中的现代电能变换与控制技术、低压直流配用电技术及装备等领域关键科学问题，从事应用基础理论研究、技术开发与推广工作。在国际国内重要刊物上发表高水平论文 100 余篇，其中 SCI、EI 检索论文 70 余篇。受理和授权国家发明专利 40 余项，国际专利 2 项。先后承担国家重点研发计划项目、国家 863 计划项目、国家自然科学基金项目、军工项目共 5 项。承担企业委托和合作研发重要科技开发项目 20 余项。累计科研和科技项目经费 1500 余万元。先后获得 2021 年天津市科学技术进步一等奖、2020 年新疆维吾尔自治区科技进步一等奖、2019 年江苏省科学技术进步二等奖等省部级科技奖励 6 项。

79. 天津大学—自动化学院电力电子与电力传动课题组

地址：天津市南开区卫津路 92 号天津大学自动化学院

邮编：300072

电话：13602064036

团队邮箱：pingw@ tju. edu. cn

团队人数：13

团队带头人：王萍

主要成员：贝太周、张志强、王慧慧、陈博、王耕籍、毕华坤、张博文、周雷、赵晨栋、王智爽、傅传智、闫瑞涛

研究方向：分布式新能源发电及电能质量控制，分布式光伏并网系统运行与控制，直流微电网

团队简介：

在人员结构层次上，团队现有 1 名科研学术带头人（教授职称）、6 名博士研究生以及 6 名硕士研究生，目前主要从事直流微电网、分布式新能源并网发电及电能质量方面的相关研究。在团队带头人的领导和影响下，团队成员始终以锐意进取的科研情怀、求真务实的首创理念，勤勉互助、精诚协作、继往开来，不断取得丰硕的科研成果。近年来，团队发表国内外高水平论文近 30 篇。

80. 天津工业大学—电工电能新技术团队

地址：天津市西青区宾水西道 399 号

邮编：300387

电话：13752736409

团队邮箱：xiaozhaoxia@ tiangong. edu. cn

团队人数：62

团队带头人：杨庆新

主要成员：肖朝霞、李阳、张献、金亮、祝丽花、薛明、刘雪莉

研究方向：无线电能传输，多能互补系统，电磁场云计算

团队简介：

团队共有教师 8 人，硕、博士生 60 余人。2014 年被评为“天津市创新团队”。团队多年来从事分布式发电系统与微电网、无线电能传输、电磁场数值计算等方面的研究，具有坚实的研究基础。2014 年，在天津工业大学成立中国首个无线电能传输技术专业委员会，同年，出版了国内第一本无线电能传输领域的专著。2018 年完成的“基于风光互补智能微电网的电动汽车无线充电系统关键技术及产业化”获得天津市科技进步一等奖。

81. 同济大学—电源系统智能管控实验室

地址：上海市嘉定区曹安公路 4800 号

邮编：201804

电话：65982200

团队邮箱：newscenter@ tongji. edu. cn

团队人数：5

团队带头人：魏学哲（教授）

主要成员：戴海峰（教授）、朱建功（副教授）、王学远（博士）、姜波（博士）等；

研究方向：新能源汽车，电池管理系统，电池设计

团队简介：

电源系统智能管控实验室致力于电源系统的基础研究、应用管理及技术服务，实验室现有教授 2 名、副教授 1 名、博士后 2 名，博、硕士研究生 50 余名。

82. 同济大学—磁浮与直线驱动控制团队

地址：上海市曹安公路 4800 号同心楼 505 室

邮编：201804

电话：13651743710

网址：http: //www. toongji. edu. cn

团队邮箱：12154@ tongji. edu. cn

团队人数：12

团队带头人：林国斌

主要成员：任敬东、廖志明、徐俊起、高定刚、潘洪亮、荣立军、吉文、韩鹏、胡杰

研究方向：磁浮车辆设计，悬浮控制，直线驱动控制，悬浮电磁铁，直线电机

团队简介：

国家磁浮交通工程技术研究中心下属车辆研究室，专业从事磁浮车辆整车设计和关键部件设计。牵头设计制造了中国第一列高速磁浮试验样车和中国第一列面向工程应用的国产化样车。

83. 同济大学—电力电子可靠性研究组

地址：上海市曹安公路 4800 号同济大学电气工程系

邮编：201804

电话：15909393698

团队人数：9

团队带头人：向大为

主要成员：许哲雄、李巍

研究方向：电力电子状态监测与故障诊断技术，新能源发电，电机运行与控制

团队简介：

课题组以提高电力电子系统运行可靠性为目标，研究相关监测、诊断、控制以及测试新技术。

84. 同济大学—电力电子与电力传动系统团队

地址：上海市嘉定区曹安公路 4800 号

邮编：201804

电话：17721085566

团队邮箱：kjs@ tongji. edu. cn

团队人数：7

团队带头人：康劲松

主要成员：胡景泰、胡浩、梁海泉、赵元哲、王汉卿、付琳

研究方向：载运工具电气化与智能化

团队在研项目：

1）2023. 1. 1—2026. 12. 31，基于宽频控制的高速磁浮列车推力波动机理及抑制，国家自然科学基金，主持。

2）2023. 01—2025. 12，高速磁浮系统直线同步电机多自由度非线性建模与解耦控制，国家自然科学基金-青年科学基金项目，主持。

团队科研成果：代表学术论文（10 项）

1）S Zhang，J Kang，J Yuan. Analysis and Suppression of Oscillation in V/F Controlled Induction Motor Drive Systems [J]. IEEE Transactions on Transportation Electrification，2022，8（2）：1566-1574.

2）J Kang，Y Liu，L Sun，et al. A Reduced-Order Model for Wirelessly Excited Machine Based on Linear Approximation [J]. IEEE Transactions on Power Electronics，2021，36（11）：12389-12399.

3）J Kang，S Mu，F Ni. Improved EL Model of Long Stator Linear Synchronous Motor Via Analytical Magnetic Coenergy Reconstruction Method [J]. IEEE Transactions on Magnetics，2020，56（8）：1-13.

4）S Wang，J Kang，M Degano，et al. An Accurate Wide-Speed Range Control Method of IPMSM Considering Resistive Voltage Drop and Magnetic Saturation [J]. IEEE Transactions on Industrial Electronics，2020，67（4）：2630-2641.

5）S Wang，J Kang，M Degano，et al. A Resolver-to-Digital Conversion Method Based on Third-Order Rational Fraction Polynomial Approximation for PMSM Control [J]. IEEE Transactions on Industrial Electronics，2019，66（8）：6383-6392.

6）康劲松，张凤岗．基于谐波提取的非隔离型并网光伏逆变器漏电流检测研究 [J]. 中国电机工程学报，2020，40（7）：2113-2122.

7）张树林，康劲松，母思远．基于等宽电压脉冲注入的永磁同步电机转子初始位置检测方法 [J]. 中国电机工程学报，2020，40（19）：6085-6093.

8）康劲松，王硕. 基于 Newton-Raphson 搜索算法的永磁同步电机变电感参数最大转矩电流比控制方法 [J]. 电工技术学报，2019，34（8）：1616-1625.

9）王硕，康劲松．一种基于自适应线性神经网络算法的永磁同步电机电流谐波提取和抑制方法 [J]. 电工技术学报，2019，34（4）：654-663.

10）康劲松，李旭东，王硕．计及参数误差的永磁同步电机最优虚拟矢量预测电流控制 [J]. 电工技术学报，2018，33（24）：5731-5740.

代表专利（5 项）

1）康劲松，母思远，刘宇松. 一种静止坐标系电机分布式参数模型建立方法，2020. 4. 28，中国，ZL201810898189. 9.

2）康劲松，武松林，王硕. 一种基于直接特征控制的新型凸极永磁同步电机控制方法，2019. 01. 15，中国，CN201610233156. 3.

3）康劲松，武松林，王硕，蒋飞. 一种基于直接特征控制的鼠笼式感应电机控制系统及方法，2018. 12. 18，中国，CN201610247481.

4）康劲松，李旭东，母思远，刘宇松. 车用永磁同步电机无位置传感器模型预测控制系统及方法，2020. 6. 26，中国，ZL2018108972762.

5）康劲松，王硕，武松林，蒋飞. 一种双向准 Z 源逆变式电机驱动系统的控制方法，2018. 10. 26，中国，CN201610363351. 8.

团队所获荣誉：团队带头人康劲松教授曾获上海市技术发明奖二等奖（2020），上海市科技进步奖三等奖，曾获得中国电源学会首届科技进步奖-青年奖。团队成员胡景泰教授作为第一完成人获机械工业科技进步奖一等奖 1 项，二等奖 2 项，3 等奖多项。获得原机械工业部的“中国机械工业青年科技专家”、上海市科委的“优秀学科带头人”、国务院的“享受国务院政府特殊津贴专家”等奖励。

团队简介：

团队带头人康劲松教授，任同济大学磁浮技术铁路行业重点实验室常务副主任，同济中车创新研究中心副主任，中国电源学会理事，中国电工技术学会电气自动化专委会委员，第五届电气化交通前沿技术论坛主席，IEEE Senior Member。长期致力于载运工具电气化与智能化研究，尤其在高速磁浮与轨道车辆、电动汽车领域。主持或作为技术

负责人承担国家“十五”“十一五”“十二五”863 计划重大专项课题、国家自然科学基金、铁道部重点项目、上海市国际合作等 20 多项项目。科研成果曾获上海市技术发明奖二等奖、上海市科技进步奖三等奖，曾获得中国电源学会首届科技进步奖-青年奖。在行业重要期刊、国际会议上发表学术论文共 120 余篇，授权发明专利 20 余项。

团队成员胡景泰，为同济大学教授级高工。借助同济大学轨道交通综合试验线系统、市级轨道交通工程技术中心的建设与发展，从事科研与教学工作。

团队成员梁海泉为同济大学讲师，主要研究方向为机车电气传动及其测控技术。

团队成员胡浩为同济大学讲师，主要研究方向为电力牵引及控制、载运工具电气化与智能化。

团队成员赵元哲为同济大学讲师，2022 年加入同济大学国家磁浮交通工程技术研究中心，从事高速磁浮列车悬浮系统控制方向的研究。

团队成员王汉卿为同济大学讲师，博士就读于勃艮第-弗朗什-孔泰大学，2021 年加入同济大学电子与信息工程学院，从事电力电子技术方向的研究。

团队承担了国家自然科学基金、国家重点研发计划、铁道部重点项目等重大课题，在载运工具电气化与智能化方面积累了丰富的理论和技术基础。

85. 同济大学—铁道与城市轨道交通研究院、磁浮技术重点实验室

地址：上海市嘉定区曹安公路 4800 号

电话：18019064619

团队邮箱：kjs@ tongji. edu. cn

团队人数：11

团队带头人：康劲松

主要成员：胡景泰、钱存元、马志勋、倪菲、孙友刚、胡浩、梁海泉、赵元哲、王汉卿、刘森铁

研究方向：轨道交通车辆、电动汽车、磁浮交通等载运工具动力系统及智能控制、故障预测与智能运维，交通与新能源融合自洽

团队在研项目：

1）2023. 1—2026. 12，基于宽频控制的高速磁浮列车推力波动机理及抑制，国家自然科学基金，主持。

2）2023. 1—2025. 12，高速磁浮系统直线同步电机多自由度非线性建模与解耦控制，国家自然科学基金-青年科学基金项目，主持。

3）2023. 1—2026. 12，面向多电磁铁竞态现象的高速磁浮车辆协同悬浮与容错控制研究，国家自然科学基金面上项目，主持。

4）2021. 12—2024. 11，碳陶制动盘摩擦副与制动系统匹配适应性研究，“十四五”国家重点研发计划“揭榜挂帅”专项，主持。

5）2021. 1—2024. 12，磁浮列车电磁铁两点悬浮系统耦合扰动机理研究，国家自然科学基金面上项目，参与。

6）2021. 7—2024. 6，非平稳随机激励下磁浮车/轨耦合系统动力学与最优控制研究，上海市科学技术委员会，主持。

7）2020. 1—2023. 12，高速列车牵引系统健康监测、故障诊断与安全控制技术研究，高铁联合基金，参与。

8）2020. 7—2023. 6，双边双层 Halbach 磁极直线同步电机强鲁棒模型预测控制研究，上海市自然科学基金面上项目，主持。

9）2020. 1—2022. 12，具时滞效应的磁浮车辆悬浮系统的记忆型稳定性控制方法研究，国家自然科学基金-青年基金项目，主持。

10）2022. 3—2023. 2，上海市“科技创新行动计划”软科学研究项目（青年项目），主持。

团队科研成果：代表学术论文（限 20 项）

1）Zhang S，Kang J，Yuan J. Analysis and suppression of oscillation in V/F controlled induction motor drive systems ［J］. IEEE Transactions on Transportation Electrification，2021，8（2）：1566-1574.

2）Kang J，Liu Y，Sun L，et al. A reduced-order model for wirelessly excited machine based on linear approximation ［J］. IEEE Transactions on Power Electronics，2021，36（11）：12389-12399.

3）Kang J，Mu S，Ni F. Improved EL model of long stator linear synchronous motor via analytical magnetic coenergy reconstruction method ［J］. IEEE Transactions on Magnetics，2020，56（8）：1-13.

4）Wang S，Kang J，Degano M，et al. An accurate wide-speed range control method of IPMSM considering resistive voltage drop and magnetic saturation ［J］. IEEE Transactions on Industrial Electronics，2019，67（4）：2630-2641.

5）Wang S，Kang J，Degano M，et al. A resolver-to-digital conversion method based on third-order rational fraction polynomial approximation for PMSM control ［J］. IEEE Transactions on Industrial Electronics，2018，66（8）：6383-6392.

6）Wang H，Gaillard A，Li Z，et al. Multiple-Fuel Cell Module Architecture Investigation：A Key to High Efficiency in Heavy-Duty Electric Transportation ［J］. IEEE Vehicular Technology Magazine，2022，17（3）：94-103.

7）Jian B，Wang H. Hardware-in-the-loop real-time validation of fuel cell electric vehicle power system based on multi-stack fuel cell construction ［J］. Journal of Cleaner Production，2022，331：129807.

8）Wang H，Morando S，Gaillard A，et al. Sensor development and optimization for a proton exchange membrane fuel cell system in automotive applications ［J］. Journal of Power Sources，2021，487：229415.

9）Wang H，Gaillard A，Hissel D. A review of DC/DC converter-based electrochemical impedance spectroscopy for fuel cell electric vehicles ［J］. Renewable Energy，2019，141：124-138.

10）Zhao Y，Ren L，Liao Z，et al. A novel model predictive direct torque control method for improving steady-state performance of the synchronous reluctance motor [J]. Energies, 2021, 14 (8): 2256.

11) Ni F, Mu S, Kang J, et al. Robust controller design for maglev suspension systems based on improved suspension force model [J]. IEEE Transactions on Transportation Electrification, 2021, 7 (3): 1765-1779.

12) Sun Y, Xu J, Chen C, et al. Reinforcement learning-based optimal tracking control for levitation system of maglev vehicle with input time delay [J]. IEEE Transactions on Instrumentation and Measurement, 2022, 71: 1-13.

13) Sun Y, Xu J, Wu H, et al. Deep learning based semi-supervised control for vertical security of maglev vehicle with guaranteed bounded airgap [J]. IEEE Transactions on Intelligent Transportation Systems, 2021, 22 (7): 4431-4442.

14) Sun Y, Wang S, Lu Y, et al. Control of time delay in magnetic levitation systems [J]. IEEE Magnetics Letters, 2021, 13: 1-5.

15) Sun Y, Xu J, Lin G, et al. RBF neural network-based supervisor control for maglev vehicles on an elastic track with network time delay [J]. IEEE Transactions on Industrial Informatics, 2020, 18 (1): 509-519.

16) Sun Y, Qiang H, Xu J, et al. Internet of Things-based online condition monitor and improved adaptive fuzzy control for a medium-low-speed maglev train system [J]. IEEE Transactions on Industrial Informatics, 2019, 16 (4): 2629-2639.

17) Sun Y, Xu J, Qiang H, et al. Adaptive neural-fuzzy robust position control scheme for maglev train systems with experimental verification [J]. IEEE Transactions on Industrial Electronics, 2019, 66 (11): 8589-8599.

18) 马志勋，刘思明，牛海川，韩耀飞，林国斌．基于 EtherCAT 的磁浮交通 PMLSM 驱动系统架构及控制研究 [J]. 电气工程学报，2022，17 (2)：73-82.

19) 康劲松，张凤岗．基于谐波提取的非隔离型并网光伏逆变器漏电流检测研究 [J]. 中国电机工程学报，2020，40 (7)：2113-2122+2391.

20) 康劲松，王硕．基于 Newton-Raphson 搜索算法的永磁同步电机变电感参数最大转矩电流比控制方法 [J]. 电工技术学报，2019，34 (8)：1616-1625.

代表性专利（限 10 项）

1) 康劲松，母思远，刘宇松．一种静止坐标系电机分布式参数模型建立方法 [P]. 上海市：CN109150049B，2020-04-28.

2) 康劲松．一种基于直接特征控制的新型凸极永磁同步电机控制方法 [P]. 浙江省：CN105871278B，2019-01-15.

3) 康劲松，武松林，王硕，蒋飞．一种基于直接特征控制的鼠笼式感应电机控制系统及方法 [P]. 上海市：CN105915147B，2018-12-18.

4) 康劲松，李旭东，母思远，刘宇松．车用永磁同步电机无位置传感器模型预测控制系统及方法 [P]. 上海市：CN109039204B，2020-06-26.

5) 康劲松，王硕，武松林，蒋飞．一种双向准 Z 源逆变式电机驱动系统的控制方法 [P]. 上海市：CN105897099B，2018-10-26.

6) 徐俊起，孙友刚，陈琛，荣立军，林国斌，倪菲，吉文，宋一锋．一种用于磁浮列车的悬浮控制系统和控制方法 [P]. 上海市：CN111806245B，2021-10-08.

7) 韩艺婷，倪菲．一种用于智能车辆的信息感知装置 [P]. 上海市：CN211617614U，2020-10-02.

8) 梁海泉，韦莉，胡景泰，王之琪，陈宇飞，吴婷．一种储能式城轨列车的节能与安全综合计算方法 [P]. 上海市：CN106650184B，2019-01-29.

9) 赵元哲，孙彦，任林杰，林国斌，晁睿杰．一种电压补偿型变压器励磁涌流抑制装置 [P]. 上海市：CN109599837B，2020-06-02.

10) 赵元哲，林国斌，潘洪亮．一种中低速磁浮列车低噪声受流系统 [P]. 上海市：CN108528223B，2021-09-03.

团队所获荣誉：团队带头人康劲松博士，科研成果曾获上海市技术发明奖二等奖、上海市科技进步奖三等奖，曾获得中国电源学会首届科技进步奖-青年奖、中国产学研合作促进会产学研合作创新奖。

团队成员胡景泰博士，曾获机械工业科技进步奖一等奖 1 项、二等奖 2 项、三等奖多项。获得原机械工业部的“中国机械工业青年科技专家”、上海市科委的“优秀学科带头人”、国务院的“享受国务院政府特殊津贴专家”等奖励。

团队成员马志勋博士，曾获第 30 届中国控制与决策会议“张嗣瀛优秀青年论文奖”。

团队成员孙友刚博士，曾获 2021 年度吴文俊人工智能科技进步二等奖、2020 年度上海市技术发明奖二等奖、第二十一届“铁路青年五四奖章”。

团队成员刘森轶博士，2022 年获得了上海市海外领军计划和 IEEE 交通电气化学会最佳博士论文奖。

团队简介：

团队带头人康劲松博士，同济大学教授、博导，磁浮技术铁路行业重点实验室常务副主任，同济中车创新研究中心副主任，中国电源学会理事，交通电气化专委会副主任委员，中国电工技术学会电气自动化专委会委员，第五届电气化交通前沿技术论坛主席，IEEE 高级会员。2007 年作为访问学者在加拿大瑞尔森的 LEADER 研究所学习一年，师从 IEEE Fellow 吴斌教授，2013 年作为访问教授在德国亚琛工业大学 E. ON 能源研究中心学习半年，师从 IEEE Fellow De Doncker 教授。曾作为美国弗吉尼亚理工大学，英国诺丁汉大学、剑桥大学，澳大利亚悉尼大学等访问教授。长期致力于载运工具电动化与智能化研究，尤其在高速磁浮与轨道车辆、电动汽车领域。曾主持或作为技术负责人承担国家“十五”“十一五”“十二五”863 计划电动汽车重大专项子课题、“十三五”轨道交通重点专项子课题、高铁联合基金项目、国家自然科学基金项目、原铁道部重点项目、教育部项目、上海市科委项目，以及中国中车等企业合作项目。主编国家级规划教材《电力电子技术》，参编《新能源汽车电机技术与应用》《电力传动控制系统》《电机控制技术》等著作。科研成果曾获上海市技术发明奖二等奖、上海市科技进步奖三等奖、中国电源学会首届科技进步奖-青年奖、中国产学研合作促进会产学研合作创新奖。在行业重要期刊、国际会议上发表学术论文共 140 余篇，授权发明专利 20 余项。

团队成员胡景泰博士，同济大学教授级高工，同济轨道交通综合实验中心主任。曾获机械工业科技进步奖一等奖 1 项、二等奖 2 项、三等奖多项。获得原机械工业部的“中国机械工业青年科技专家”、上海市科委的“优秀学科带头人”、国务院的“享受国务院政府特殊津贴专家”等奖励。

团队成员钱存元博士，同济大学副教授，长期致力于轨道车辆电力牵引控制、检测和诊断技术领域。主持和参与国家 863 计划高新技术项目、国家科技支撑项目、铁道部科技项目、上海市科委科技攻关项目、上海市经信委产学研合作项目、国际合作项目以及企业科研合作项目等 40 多项；发表学术论文 50 多篇，编著教材 3 部，参与编写标准 2 部。

团队成员马志勋博士，同济大学副研究员、博导，研究方向为磁悬浮与轨道交通牵引控制、电机及电磁控制、电力电子变换器控制等。中国电源学会高级会员，交通电气化专业委员会委员，IEEE 高级会员。主持包括上海市自然科学基金、揭榜挂帅以及横向课题等 6 项，出版专著 2 部，发表期刊论文 20 余篇。

团队成员倪菲博士，同济大学副研究员、博导，中国电源学会青年工作委员会委员，世界交通运输大会（WTC）磁浮交通技术委员会委员，德国 TUV 莱茵轨道交通领域专家库成员，主要研究方向为磁浮列车鲁棒控制与可靠性分析、电力-交通融合系统分析与优化。

团队成员孙友刚博士，同济大学副教授、博导，中国人工智能学会智能服务专委会委员，中国自动化学会青工委委员，世界交通大会（WTC）磁浮交通技术委员会委员。主持或参与国家自然科学基金、上海市磁浮与轨道交通协同创新中心项目等科研项目 20 余项。已发表学术论文 50 余篇。

团队成员胡浩博士，同济大学讲师、硕士研究生导师。长期致力于载运工具电动化与智能化研究，尤其在电力牵引及控制、电气传动、电力电子等领域。在行业重要期刊、国际会议上发表学术论文 20 余篇。

团队成员梁海泉博士，同济大学讲师、硕士研究生导师。主持“十四五”国家重点研发计划“揭榜挂帅”专项项目，中国铁道科学研究院集团有限公司，“动车组和机车牵引与控制国家重点实验室开放课题”项目。发表了多篇 SCI/EI 学术论文。

团队成员赵元哲博士，同济大学助理教授、硕士研究生导师。主持或参与国家自然科学基金、教育部产学研协同育人项目、国家科技部重点研发计划等 8 项，在行业重要期刊、国际会议上发表学术论文 10 余篇，授权发明专利 6 项。

团队成员王汉卿博士，同济大学助理教授、硕士研究生导师。致力于燃料电池汽车储能系统建模、燃料电池剩余寿命预测与健康管理燃料电池多模块应用研究领域。发表国际期刊和会议论文 10 余篇，主持或参与法国国家研究总署重点项目，法国国家投资银行、法国弗吉亚集团、中国国家自然科学基金等项目。

团队成员刘森轶博士，同济大学助理教授、硕士研究生导师。从事轨道交通车辆牵引系统的相关研究。在电机驱动控制、电磁设计、无线电能传输领域发表了 30 余篇 SCI 论文，授权 2 个中国专利及 1 个美国专利。2022 年获得了上海市海外领军计划和 IEEE 交通电气化学会最佳博士论文奖。

86. 同济大学—电力电子与新能源发电课题组

地址：上海市嘉定区曹安公路 4800 号

邮编：201804

电话：13867150432

团队邮箱：tqian@ tongji. edu. cn

团队人数：11

团队带头人：钱挺

研究方向：功率变换器的新型拓扑与超快速控制，新能源转换与控制，新器件在功率变换器中的应用，功率变换器的芯片集成，有源滤波器的控制方案等

团队简介：

团队带头人钱挺，1977 年 12 月生，博士，教授，同济大学电气工程系主任，第五批“国家青年千人计划”入选者，IEEE Transactions on Power Electronics，Associate Editor。1999 年 6 月和 2002 年 3 月分别获得浙江大学学士和硕士学位；2008 年 1 月获得美国东北大学（Northeastern University）博士学位；2007 年 10 月至 2013 年 2 月留美工作，任美国得州仪器公司（Texas Instruments）系统工程师；2013 年 6 月至今在同济大学工作，先后任副教授、教授。以第一作者发表 9 篇 SCI 国际期刊论文（其中 7 篇为 IEEE Transactions 论文）和 12 篇 EI 收录论文。

团队依托同济大学电气工程系开展电力电子与新能源方向的研究工作，目前有教授 1 人，研究生 10 人，主要研究方向包括：功率变换器的新型拓扑与超快速控制、新能源转换与控制、新器件在功率变换器中的应用、功率变换器的芯片集成、有源滤波器的控制方案等。团队一直致力于学术探索与工程应用相结合的研究，长期与美国东北大学 Brad Lehman 教授的电力电子团队保持紧密合作，并与领域内的知名公司开展合作研究。

87. 武汉大学—电气与自动化学院大功率电力电子技术研究中心

地址：湖北省武汉市武汉大学电气与自动化学院 3412

电话：13871102226

团队邮箱：xmzha@ whu. edu. cn

团队人数：50

团队带头人：查晓明（教授）

主要成员：孙建军（教授）、潘尚智（教授）、刘飞（教授）、黄萌（副教授）、宫金武（副教授）、田震（副研究员）、刘懿（博士后）、张远志（博士后）、高玉婷（研究员）

研究方向：

基础研究：电力电子电磁过程与器件材料，包括电磁兼容、半导体材料效应、测量与传感技术。

主攻方向：新型电力系统中的电力电子技术，包括电力电子化电力系统、多端口电力电子变流器、电力电子装备的安全性和可靠性、高功率密度电力电子技术。

培育方向：新能源汽车高效电机及其驱动，包括高速高效高转矩密度电机系统设计、飞轮储能系统集成、电机驱动控制与集成。

团队在研项目：多尺度激励下网络动态特性的形成机理与统一建模理论和方法，国家自然科学基金智能电网联合基金集成项目课题（U1866601）；电力系统安全性框架下并网电力电子变流器运行韧性分析及评估研究，国家自然科学基金重点项目（51637007）。

团队科研成果：

团队贡献：

1）国际上首次提出了电力系统安全性框架下并网电力电子变流器运行韧性分析与评估理论方法，丰富了高比例电力电子设备电力系统安全性评价方法。主持国家自然科学基金重点项目，结题获评优秀（2022）。

2）提出了新能源汇集接入和配电网中应用的大功率并网电力电子变流器稳定运行能力提升方法，建立了电网适应性试验平台，支撑了多项国家标准的制定和贯标。分获湖北省科技进步一等奖（2021）和中国电力科技进步一等奖（2020）。

3）发明了多种多端口高压大功率级联多电平变换器结构，满足多源接入及多元用户应用场景的需求。获教育部技术发明二等奖（2017）。

4）开展了电力电子化电力系统动态问题研究，主持了智能电网联合基金重大项目课题、国防973计划专题，参与科技部973计划、国家自然科学基金重大项目等多个项目研究，解决了舰船综合电力系统安全稳定性问题。获军队科技进步一等奖（2010）。

5）开发了大功率高压变频器、高压SVG、有源电力滤波器、大功率测试电源等产品，并在湖北省内及省外企业进行了产业化推广。分获湖北省科技进步二等奖（2013）和湖北省技术发明二等奖（2005）。

团队参编专著及行业标准：

1）《电力电子并网变流器运行韧性分析与控制》，科学出版社，2022。

2）《并联型有源电能质量治理设备性能检测规程》，GB/T 35726—2017。

3）《低压有源电力滤波器技术规范》，DL/T 1796—2017。

4）《低压有源电力滤波器检测规程》，DL/T 2096—2019。

团队代表性论文：

1）X Zha，M Huang，Y Liu，et al. An overview on safe operation of grid-connected converters from resilience perspective：Analysis and design［J］. International Journal of Electrical Power and Energy Systems，2022，143（6）：108511.

2）X Zha，Y S Liu，M Huang. Resilient power converter：a grid-connected converter with disturbance/attack resiliency via multi-timescale current limiting scheme［J］. IEEE Journal on Emerging and Selected Topics in Circuits and Systems，2021，11（1）：59-68.

3）X Zha，S Liao，M Huang，et al. Dynamic aggregation modeling of grid-connected inverters using Hamilton's-action-based coherent equivalence［J］. IEEE Transactions on Industrial Electronics，2019，66（8）：6437-6448.

4）廖书寒，查晓明，黄萌，等．适用于电力电子化电力系统的同调等值判据［J］．中国电机工程学报，2018，38（9）：2589-2598+2827.

5）J Zhao，M Huang，H Yan，et al. Nonlinear and transient stability analysis of phase-locked loops in grid-connected converters［J］. IEEE Transactions on Power Electronics，2021，36（1）：1018-1029.

6）X Diao，F Liu，Y Song，et al. Topology Simplification and Parameter Design of Z/T/C-Source Circuit Breakers［J］. IEEE Journal on Emerging and Selected Topics in Circuits and Systems，2021，9（6）：7066-7077.

7）Y Zhuang，F Liu，X Zhang，et al. Short-Circuit Fault-Tolerant Topology for Multiport Cascaded DC/DC Converter in Photovoltaic Power Generation System［J］. IEEE Transactions on Power Electronics，2021，36（1）：549-561.

8）庄一展，刘飞，黄艳辉，等．模块化串联光伏直流变换器的环形功率均衡拓扑及效率优化策略［J］．中国电机工程学报，2022，42（5）：1657-1669.

9）Y Liu，M Huang，C K Tse，et al. Stability and Multi-constraint Operating Region of Grid-Connected Modular Multilevel Converter Under Grid Phase Disturbance［J］. IEEE Transactions on Power Electronics，2021，36（11）：12551-12554.

10）Y Zhuang，F Liu，Y Huang，et al. A Multi-port DC Solid-state Transformer for MVDC Integration Interface of Multiple Distributed Energy Sources and DC Loads in Distribution Network［J］. IEEE Transactions on Power Electronics，2021，37（2）：2283-2296.

团队所获荣誉：

1）湖北省科技进步一等奖（2021）。

2）中国电力科技进步一等奖（2020）。

3）教育部技术发明二等奖（2017）。

团队简介：

团队在学术带头人查晓明教授的带领下，长期从事大功率电力电子技术研究及其在电力系统中的应用工作。主要研究领域包括电力电子功率变换系统、智能电网及新能源发电中的电力电子技术应用、电能质量分析与控制、高压大功率电机的变频调速技术等。近年来，主持和参与国家自然科学基金重大、重点、面上项目、国家重点研发计划课题、973计划国防项目以及国家电网公司/南方电网公司项目等。团队成果获湖北省科技进步一等奖、中国电力科技进步一等奖、教育部技术发明二等奖等十余项。产业化成果包括：大功率电机用的高压变频器、动态无功补偿装置、有源电力滤波器，以及应用于电力系统及新能源领域测试专用的高电压大功率试验电源等。

88. 武汉理工大学—电力电子技术研究所

地址：湖北省武汉市珞狮路 122 号

电话：027-87859049

团队邮箱：zhgr_55@ whut. edu. cn

团队带头人：朱国荣

主要成员：林德焱、黄云辉、徐应年、张侨、邓翔天、熊松、康健强、罗冰洋、孟培培、王菁

研究方向：电力电子，电池储能，船舶电气

团队简介：

电力电子技术研究所是武汉理工大学自动化学院内设机构，由朱国荣、康健强、黄云辉等十多名导师以及数十名硕、博士生共同组建了多个导学团队。主要从事电力电子相关的教学科研工作，专注于电池储能的理论研究和船舶电气的应用开发。

89. 武汉理工大学—夏泽中团队

地址：湖北省武汉市洪山区珞狮路 205 号

邮编：430070

电话：18771025810

团队人数：10

团队带头人：夏泽中

主要成员：唐智、纪晓泳、马一鸣、欧阳雷

研究方向：DC-DC 变换器，双向 AC-DC 变换器

团队简介：

年轻有活力的团队，对电力电子有兴趣，大家都在探索中不断成长。

90. 武汉理工大学—自动控制实验室

地址：湖北省武汉市洪山区珞狮路 205 号武汉理工大学马房山校区东院自动化学院实验楼

邮编：430070

电话：15827553507

团队人数：43

团队带头人：苏义鑫

主要成员：张丹红、谌刚、姜文、顾文磊、朱敏达、金铸浩、左立刚、夏慧雯等

研究方向：网络通信，嵌入式控制，电机运行与控制

团队简介：

团队有 43 人，主要包括几位导师、在读研究生和在读博士，主要研究方向包括：神经网络算法与应用、风力发电并网运行与控制、永磁同步电机运行与控制等。

91. 西安电子科技大学—电源技术应用研究所

地址：陕西省西安市西安电子科技大学北校区老科技楼一楼

邮编：710071

电话：13991846490

传真：029-88203312

团队邮箱：wsp_121@ 163. com

团队人数：18

团队带头人：王水平（学术带头人兼总工）

主要成员：周佳社（所长）、王禾（常务副所长）、李凯利（硬件部部长）、周崇杰（软件部部长）吴世杰（市场部部长）黄淑梅（综合办公室主任）。

研究方向：电源技术应用，智能锁电子模组

团队简介：

电源技术应用研究所以西安电子科技大学周佳社教授任所长，王水平教授为学术带头人兼总工，研发团队主要来西安电子科技大学与西北工业大学航海学院。目前研发团队共有 11 人，其中教授 2 人，博士 4 人。

30 多年来以在电源技术领域教学与科研的积淀为依托，致力于高等院校电源教学实验平台构建以及各类特种电源、新能源优化器、智能家居等新产品研制和电力、通信行业相关技术的开发和咨询服务。

92. 西安电子科技大学—电源网络设计与电源噪声分析团队

地址：陕西省西安市太白南路 2 号西安电子科技大学电路 CAD 研究所 376 信箱

邮编：710071

电话：029-88203008

传真：029-88203007

网址：http：//seeweb. 710071. net/iecad/index. asp

团队人数：20

团队带头人：李玉山

主要成员：初秀琴、刘洋、路建民、李先锐、史凌峰、代国定、王君

研究方向：电源完整性分析与电源分配网络设计，EBG 结构、DC-DC 稳压源芯片设计

团队简介：

负责人李玉山教授/博士生导师，教育部超高速电路设计与电磁兼容重点实验室学术委员会副主任；初秀琴副教授/硕士生导师，电路 CAD 研究所常务副所长、教育部超高速电路设计与电磁兼容重点实验室副主任；史凌峰 教授/电路与系统学科博士生导师；代国定副教授/硕士生导师；刘洋 副教授/硕士生导师；李先锐副教授/硕士生导师；路建民讲师；王君博士。

93. 西安交通大学—电力电子与新能源技术研究中心

地址：陕西省西安市咸宁西路 28 号交大电气学院

邮编：710049

电话：029-82667858

传真：029-82665223

网址：http：//www. perec. xjtu. edu. cn/

团队人数： 16

团队带头人： 刘进军

主要成员： 杨旭、卓放、裴云庆、肖国春、王跃、王来利、甘永梅、贾要勤、何英杰、张笑天、雷万钧、王丰、刘增、易皓、张岩

研究方向： 电力电子技术在电能质量控制、输配电系统中的应用，电力电子技术在新能源发电及新型电能系统中的应用，开关电源与特种电源技术，电力传动及运动控制技术，电力电子集成封装技术

团队简介：

团队学术带头人刘进军教授大学就读于西安交通大学电气工程系，于1992年和1997年先后获得工学学士学位和工学博士学位，随后留校在电气工程学院任教至今。1999年12月~2002年2月，在美国弗吉尼亚理工大学电力电子系统研究中心做博士后访问研究。2002年8月晋升教授，2005~2010年兼任电气工程学院副院长，2009年4月~2015年1月兼任西安交通大学教务处处长。2014年获聘教育部长江学者特聘教授。2014年获得“全国优秀科技工作者”荣誉称号。2015年人选西安交通大学首批“领军学者”。现为IEEE电力电子学会副主席、学报副编辑，中国电工技术学会电力电子学会副理事长，中国电源学会理事长，中国电机工程学会直流输电与电力电子专业委员会委员，教育部全国电气类专业教学指导委员会副主任委员。

团队共有教师16人，其中长江学者1人，科技部中青年科技创新领军人才1人，中组部“青年千人计划”人选者1人，教育部新世纪优秀人才计划人选者3人，教授7人。主要从事电力电子技术的应用基础研究，研究方向涵盖了电力电子技术的各个方面，部分教师还涉及计算机控制网络与微机控制技术。团队是国内电力电子技术领域研究水平居于领先地位的团队之一，也有广泛的国际交流与合作，形成了重要的国际影响。

94. 西安理工大学—光伏储能与特种电源装备研究团队

地址： 陕西省西安市金花南路5号110信箱

邮编： 710048

电话： 029-82312013

团队邮箱： sxd1030@ 163. com

团队人数： 7

团队带头人： 孙向东

主要成员： 任碧莹、张琦、安少亮、陈桂涛、杨惠、张晓滨

研究方向： 光伏储能技术，微电网控制技术，特种开关电源技术

团队简介：

研究团队主要由7人组成，其中教授1人、副教授3人，7人都具有博士学位，5人具有国外留学或进修经历。主要有光伏储能技术、微电网控制技术、特种开关电源技术等三个研究方向。光伏储能与微电网控制技术主要涉及光伏发电技术、蓄电池、飞轮和超级电容器等储能技术、微电网电压频率控制技术等。特种开关电源技术主要研究铝镁合金等轻金属微弧氧化电源控制技术、磁控溅射电源技术、电磁搅拌电源技术、感应加热电源技术等。

95. 西安理工大学—交流变频调速及伺服驱动系统研究团队

地址： 陕西省西安市金花南路5号西安理工大学电气工程学院

邮编： 710048

电话： 029-82312650

传真： 029-82312650

团队邮箱： zhgyin@ xaut. edu. cn

团队人数： 7

团队带头人： 孙向东

主要成员： 尹忠刚、王建渊、徐艳平、赵纪龙、周长攀、张延庆

研究方向： 新型交流变频调速装置，交流电机设计及控制，伺服驱动，电力电子技术及应用

团队简介：

团队依托西安理工大学电气工程陕西省重点学科、西安市电力电子器件与高效电能变换重点实验室，主要从事高性能交流电机控制及伺服驱动系统及其信息化、智能化、集成化的相关基础研究与应用研究。目前，团队主要由7人组成，其中教授2人、副教授2人、讲师3人，其中新疆“天山学者”1人，陕西省“特支计划”青年拔尖人才1人，“陕西省青年科技新星”1人；此外，在读博士研究生5人，在读硕士研究生32人。在研国家级项目4项，省部级项目9项，企业合作项目5项。主要研究方向为新型交流变频调速装置、交流电机智能化控制、高效永磁电机设计、伺服驱动、电力电子技术及应用等。

96. 西安理工大学—无线电能传输团队

地址： 陕西省西安市西安理工大学曲江校区综合楼

电话： 18710872807

团队邮箱： yanglei0930@ xaut. edu. cn

团队人数： 20

团队带头人： 同向前

主要成员： 杨磊、申明、邓亚平、王海燕、潘忠美、文海兵、赵垚澎、尹军、党超亮、陈思磊、黄晶晶、高翔

研究方向： 无线电能传输，电能传输，非线性控制

团队在研项目：

1）国家自然科学基金委员会，联合基金项目，U2106218，海下无线供电系统兼容性和能效提升关键技术，2022-01-01 至 2025-12-31，262万元，在研。

2）国家自然科学基金委员会，青年科学基金项目，52107205，动态海洋环境电场耦合无线电能传输系统瞬态模型和能效提升方法研究，2022-01-01 至 2024-12-31，30万元，在研。

3）国家自然科学基金委员会，地区科学基金项目，52267019，柔性可集成电能变换器瞬态模型及自适应控制方法，2023-01-01 至 2026-12-31，33 万元，在研。

4）国家自然科学基金委员会，青年科学基金项目，62103328，基于深度学习的多源信息协同化电压暂降溯源方法，2022-01-01 至 2024-12-31，30 万元，在研。

团队科研成果：在无线供电方面主持国家自然科学基金重点项目 1 项，国家自然科学基金 5 项，陕西省自然科学基金项目 6 项。曾获得陕西省科技进步二等奖、陕西高等学校科学技术奖二等奖、陕西省电源学会青年学术贡献奖等各类科技奖项 10 余项。在国际、国内的重要学术期刊和国际会议上发表论文 200 余篇，其中被 SCI/EI 收录 90 余篇，申请国家发明专利 50 余件，授权 30 余件。对无线供电基站兼容充电和能效提升的关键技术问题等方面有着多年基础研究经验。

团队简介：

团队由电气工程、控制科学与工程、船舶与海洋工程、电子科学与技术、信息与通信工程等学科的专家组成。项目团队在西安理工大学同向前教授的带领下进行了多年的无线供电技术研究并取得了丰硕的研究成果。团队核心成员博士毕业于西北工业大学航海学院、西安交通大学电气工程学院、哈尔滨工业大学电气工程及自动化学院以及东南大学电气工程学院等电气工程和船舶与海洋工程领域国内知名院所。团队成员与功率器件和电路技术领域著名专家 IEEE Fellow、加州大学欧文分校 Guann-Pyng Li 教授，电力电子领域著名专家 IEEE Fellow、加州大学欧文分校 Keyue Ma Smedley 教授，以及产业界专家西安爱科赛博电气股份有限公司白小青董事长（国家“万人计划”科技创业领军人才），亚德诺半导体技术有限公司（Analog Devices, Inc.）高级工程师吴斌博士等有着长期密切合作关系。与无线电能传输领域著名专家新西兰奥克兰大学呼爱国教授，IEEE Fellow、圣地亚哥州立大学米春亭教授，电力电子领域著名专家西安理工大学钟彦儒教授，电力系统领域著名专家 IEEE Fellow、西安交通大学别朝红教授等长期保持沟通交流。团队成员长期从事综合能源开发与控制技术、海下无线供电系统等方面的研究。

97. 西南交通大学—电能变换与控制实验室

地址：四川省成都市郫都区犀安路 999 号

邮编：611756

电话：028-66366733

团队邮箱：ghzhou-swjtu@ 163. com

团队人数：教师 10 人、博士生 15 人、硕士生 75 人

团队带头人：许建平

主要成员：周国华、杨平、马红波、吴松荣、沙金、徐顺刚、何圣仲、陈正格、陈健

研究方向：先进电能变换与控制技术，多源多荷新能源优化利用技术，储能系统及其能量管理技术

团队在研项目：

1）国家自然科学基金“相控阵电子战供电系统宽频脉冲功率解耦与抑制方法”。

2）国家自然科学基金“基于离散移相调制的嵌入式锂电池宽频带阻抗测量方法”。

3）国家自然科学基金“光储直流系统稳定性评估与综合性能提升关键技术”。

4）国家自然科学基金“基于交叉影响抑制与效率提升的单电感多输出开关变换器控制技术”。

5）国家自然科学基金“集成谐振单元及嵌入谐振模态的 AC/DC 变换器关键技术研究”。

6）国家自然科学基金“基于双缘调制的开关功率变换器数字控制技术研究”。

7）国家自然科学基金“基于功率流向图的多端口 DC/DC 变换器拓扑衍生方法研究”。

8）国家自然科学基金“高能源效率、高可靠性 HB-LED 驱动电源关键技术研究”。

9）国家自然科学基金“脉冲序列调制开关功率变换器控制技术研究”。

10）国家自然科学基金“基于纹波控制的开关变换器控制方法研究”。

11）国家自然科学基金“具有快速动态响应开关变换器拓扑结构和控制方法研究”。

12）国家自然科学基金“变结构系统的神经网络控制方法研究”。

13）国家科技支撑计划“高速列车牵引传动系统优化控制策略仿真研究”。

14）国家高技术研究发展计划（863 计划）重点项目“高速检测列车动车组技术——供电监测及故障诊断技术研究”。

团队科研成果：

1. 主要著作

1）Teuvo Suntio. 开关变换器动态特性：建模、分析与控制［M］. 许建平，王金平，等译. 北京：机械工业出版社，2011.

2）周国华，许建平. 开关变换器数字控制技术［M］. 北京：科学出版社，2011.

3）周国华，许建平，吴松荣. 开关变换器建模、分析与控制［M］. 北京：科学出版社，2016.

4）周国华，何圣仲，杨平，等. 开关变换器动力学建模与分析［M］. 北京：科学出版社，2018.

5）沙金，王金平，秦明，等. 开关 DC-DC 变换器脉冲序列调制及控制技术［M］. 北京：科学出版社，2020.

6）杨平，张斐，周国华，等. 三态开关变换器分析与控制［M］. 北京：科学出版社，2022.

2. 主要论文

实验室团队发表论文 500 余篇，部分代表性论文如下：

1）R Huang, J Xu, Q Chen, et al. Reconstructed Phase Voltages Based Power Following Control for Three-Phase Buck Rectifier Under Unbalanced Phase Voltages and Wide AC Input Frequency［J］. IEEE Transactions on Power Electronics, 2023, 38（2）：2022-2031.

2）J Chen, J Xu, W Song, et al. A Suppression Method

for Gate-Source Voltage Oscillation With Clamping Function for GaN Devices [J]. IEEE Transactions on Power Electronics, 2023, 38 (2): 1435-1439.

3) F Liu, J Xu, Z Chen, et al. A Constant Frequency ZVS Modulation Scheme for Four-Switch Buck-Boost Converter With Wide Input and Output Voltage Ranges and Reduced Inductor Current [J]. IEEE Transactions on Industrial Electronics, 2023, 70 (5): 4931-4941.

4) R Huang, J Xu, Q Chen, et al. An Optimized Asymmetric Modulation Scheme for Three-Phase Buck Rectifier Without Input Current Distortion at the Sector Boundaries [J]. IEEE Transactions on Power Electronics, 2022, 37 (12): 14040-14044.

5) L Wang, J Xu, Q Chen, et al. Improved PWM Strategies to Mitigate Dead-Time Distortion in Three-Phase Voltage Source Converter [J]. IEEE Transactions on Power Electronics, 2022, 37 (12): 14692-14705.

6) Z Chen, J Xu, X Liu, et al. High Power Factor Bridgeless Integrated Buck-Type PFC Converter With Wide Output Voltage Range [J]. IEEE Transactions on Power Electronics, 2022, 37 (10): 12577-12590.

7) R Huang, J Xu, Q Chen, et al. Independent Current Control With Differential Feedforward for Three-Phase Boost PFC Rectifier in Wide AC Input Frequency Application [J]. IEEE Journal of Emerging and Selected Topics in Power Electronics, 2022, 10 (6): 7062-7071.

8) L Wang, J Xu, Q Chen, et al. An Improved Trapezoidal Voltage Method for Dead-Time Compensation in Three-Phase Voltage Source Converter [J]. IEEE Transactions on Power Electronics, 2022, 37 (8): 8785-8789.

9) Z Chen, J Xu, P Davari, et al. A Mixed Conduction Mode-Controlled Bridgeless Boost PFC Converter and Its Mission Profile-Based Reliability Analysis [J]. IEEE Transactions on Power Electronics, 2022, 37 (8): 9674-9686.

10) X Geng, J Xu, L Wang, et al. Performance Analysis and Improvement of PI-Type Current Controller in Digital Average Current Mode Controlled Three-Phase Six-Switch Boost PFC Rectifier [J]. IEEE Transactions on Power Electronics, 2022, 37 (7): 7871-7882.

11) X Wang, J Xu, S Lu, et al. Single-Receiver Multioutput Inductive Power Transfer System With Independent Regulation and Unity Power Factor [J]. IEEE Transactions on Power Electronics, 2022, 37 (1): 1159-1171.

12) R Huang, D Xu, F Liu, et al. Embedded Bidirectional Buck-Boost Converter in Half Bridge Class-D Audio Amplifier for Suppressing Bus Voltage Pumping [J]. IEEE Transactions on Industrial Electronics, 2022, 69 (2): 1454-1464.

13) P Yang, X Chen, R Chen, et al. Stability Improvement of Pulse Power Supply With Dual-Inductance Active Storage Unit Using Hysteresis Current Control [J]. IEEE Journal on Emerging and Selected Topics in Circuits and Systems, 2021, 11 (1): 111-120.

14) X Wang, J Xu, M Leng, et al. Individually Regulated Dual-Output IPT System Based on Current-Mode Switching Cells [J]. IEEE Transactions on Industrial Electronics, 2021, 68 (12): 12930-12934.

15) Q Chen, J Xu, L Wang, et al. Analysis and Improvement of the Effect of Distributed Parasitic Capacitance on High-Frequency High-Density Three-Phase Buck Rectifier [J]. IEEE Transactions on Power Electronics, 2021, 36 (6): 6415-6428.

16) Q Chen, J Xu, F Zeng, et al. An Improved Three-Phase Buck Rectifier With Low Voltage Stress on Switching Devices [J]. IEEE Transactions on Power Electronics, 2021, 36 (6): 6168-6174.

17) X Wang, J Xu, H Ma, et al. Inductive Power Transfer Systems With Digital Switch-Controlled Capacitor for Maximum Efficiency Point Tracking [J]. IEEE Transactions on Industrial Electronics, 2021, 68 (10): 9467-9480.

18) Q Chen, J Xu, R Huang, et al. A Digital Control Strategy With Simple Transfer Matrix for Three-Phase Buck Rectifier Under Unbalanced AC Input Conditions [J]. IEEE Transactions on Power Electronics, 2021, 36 (4): 3661-3666.

19) J Yi, H Ma, X Li, et al. A Novel Hybrid PFM/IAPWM Control Strategy and Optimal Design for Single-Stage Interleaved Boost-LLC AC-DC Converter With Quasi-Constant Bus Voltage [J]. IEEE Transactions on Industrial Electronics, 2021, 68 (9): 8116-8127.

20) X Wang, J Xu, M Leng, et al. A Hybrid Control Strategy of LCC-S Compensated WPT System for Wide Output Voltage and ZVS Range With Minimized Reactive Current [J]. IEEE Transactions on Industrial Electronics, 2021, 68 (9): 7908-7920.

21) Q Chen, J Xu, Z Tao, et al. Analysis of Sector Update Delay and Its Effect on Digital Control Three-Phase Six-Switch Buck PFC Converters With Wide AC Input Frequency [J]. IEEE Transactions on Power Electronics, 2021, 36 (1): 931-946.

22) X Wang, J Xu, M Mao, et al. An LCL-Based SS Compensated WPT Converter With Wide ZVS Range and Integrated Coil Structure [J]. IEEE Transactions on Industrial Electronics, 2021, 68 (6): 4882-4893.

23) D Xu, S Zhong, J Xu. Bipolar Phase Shift Modulation Single-Stage Audio Amplifier Employing a Full Bridge Active Clamp for High Efficiency Low Distortion [J]. IEEE Transactions on Industrial Electronics, 2021, 68 (2): 1118-1129.

24) X Wang, J Xu, H Ma, et al. A Reconstructed S-LCC Topology With Dual-Type Outputs for Inductive Power Transfer Systems [J]. IEEE Transactions on Power Electronics, 2020, 35 (12): 12606-12611.

25) X Wang, J Xu, H Ma, et al. A High Efficiency LCC-S Compensated WPT System With Dual Decoupled Receive

Coils and Cascaded PWM Regulator [J]. IEEE Transactions on Circuits and Systems II: Express Briefs, 2020, 67 (12): 3142-3146.

26) H Luo, J Xu, D He, et al. Pulse Train Control Strategy for CCM Boost PFC Converter With Improved Dynamic Response and Unity Power Factor [J]. IEEE Transactions on Industrial Electronics, 2020, 67 (12): 10377-10387.

27) P Yang, J Cao, Z Shang, et al. Double-Line Frequency Ripple Suppression of a Quasi-Single Stage AC-DC Converter [J]. IEEE Transactions on Circuits and Systems Ⅱ: Express Briefs, 2020, 67 (10): 2074-2078.

28) Y Chen, J Xu, Y Gao, et al. Analysis and Design of Phase-Shift Pulse-Frequency-Modulated Full-Bridge LCC Resonant Converter [J]. IEEE Transactions on Industrial Electronics, 2020, 67 (2): 1092-1102.

29) Y Cai, J Xu, P Yang, et al. Design of Double-Line-Frequency Ripple Controller for Quasi-Single-Stage AC-DC Converter With Audio Susceptibility Model [J]. IEEE Transactions on Industrial Electronics, 2019, 66 (12): 9226-9237.

30) X Zhou, J Xu, S Zhong, et al. Soft Switching Symmetric Bipolar Outputs DC-Transformer (DCX) for Eliminating Power Supply Pumping of Half-Bridge Class-D Audio Amplifier [J]. IEEE Transactions on Power Electronics, 2019, 34 (7): 6440-6455.

3. 授权发明专利

实验室团队授权发明专利100余项，部分专利如下：

1）许建平，王金平，秦明，周国华，吴松荣，牟清波，“开关电源的双频率控制方法及其装置”，发明专利，专利号：ZL200910058418.7。

2）许建平，张斐，周国华，吴松荣，王金平、秦明，“伪连续工作模式开关电源功率因数校正方法及其装置”，发明专利，专利号：ZL200910058127.8。

3）许建平，王金平，周国华，吴松荣，秦明，“准连续工作模式开关电源双频率控制方法及其装置”，发明专利，专利号：ZL200910058420.4。

4）许建平，秦明，“一种开关电源的控制方法及其装置”，发明专利，专利号：ZL200810044884.5。

5）许建平，王金平，秦明，周国华，吴松荣，牟清波，“准连续工作模式开关电源的多频率控制方法及其装置”，发明专利，专利号：ZL200910058419.1。

6）许建平，阎铁生，张斐，周国华，沙金，“一种临界连续模式单位功率因数反击变换器控制方法及其装置”，发明专利，专利号：ZL201210359424.8。

7）许建平，高建龙，华秀洁，刘雪山，“一种工频纹波电流的抑制方法及其装置”，发明专利，专利号：ZL201310234878.7。

8）许建平，董政，舒立三，张士宇，“一种宽输入电压宽负载范围直直变换器控制方法及其装置”，发明专利，专利号：ZL201310188962.X。

9）许建平，刘雪山，王楠，高建龙，“一种并联整合式 Buck-Flyback 功率因数校正 PFC 变换器拓扑”，发明专利，专利号：ZL201310597600.6。

10）周国华，金艳艳，吴松荣，许建平，“开关变换器双缘脉冲频率调制C型控制方法及其装置”，发明专利，专利号：ZL201310022501.7。

11）周国华，杨平，沙金，许建平，“输出电容低ESR开关变换器双缘PFM调制电压型控制方法及其装置”，发明专利，专利号：ZL201310022469.0。

12）周国华，许建平，王金平，张斐，“伪连续导电模式开关变换器自适应续流控制方法及其装置”，发明专利，专利号：ZL201210115359.4。

13）周国华，金艳艳，许建平，杨平，张斐，“开关变换器双缘恒定导通时间调制电压型控制方法”，发明专利，专利号：ZL201310005129.7。

14）周国华，金艳艳，阎铁生，许建平，“开关变换器双缘脉冲频率调制V2C型控制方法”，发明专利，专利号：ZL201310022460.X。

15）周国华，周述晗，王瑶，陈兴，“单电感双输出开关变换器双环电压型PFM控制方法及其装置”，发明专利，专利号：ZL201510089074.1。

16）周国华，周述晗，张凯暾，李振华，“连续导电模式单电感双输出开关变换器变频控制方法及其装置”，发明专利，专利号：ZL201510070974.1。

17）吴松荣，何圣仲，许建平，周国华，王金平，“固定关断时间峰值电流型脉冲序列控制方法及其装置”，发明专利，专利号：ZL201310236584.8。

18）王金平，许建平，周国华，秦明，“改进的开关电源脉冲宽度调制技术及其实现装置”，发明专利，专利号：ZL200910059156.6。

19）秦明，许建平，“一种改进的开关电源脉冲序列控制方法及其装置”，发明专利，专利号：ZL2010101448801。

20）秦明，许建平，牟清波，王金平，“伪连续模式开关电源的单环脉冲调节控制方法及其装置”，发明专利，专利号：ZL201010004308.5。

团队简介：

电能变换与控制实验室是依托于西南交通大学国家重点（培育）学科“电力电子与电力传动”、磁浮技术与磁浮列车教育部重点实验室的研学团队（带头人为首批国家级百千万人才工程人选许建平教授），以电力电子技术与新能源行业为背景，重点开展“电力电子技术及应用”“电工理论与新技术”两个特色方向的教学和科研工作；与中电29所共建四川省高效电源变换技术工程研究中心，入选新能源电能变换与控制四川省青年科技创新研究团队。团队自建立以来，已培养博士生30余人、硕士生170余人。出版中文专著5部、译著1部，发表SCI期刊论文220余篇、EI期刊论文340余篇，授权发明专利120余项；主持国家863计划重点项目子课题、国家科技支撑计划子课题、国家自然科学基金、全国优博论文作者专项基金、教育部霍英东高校青年教师基金等国家/省部级科研项目40余项，主持其他纵向、横向项目/课题60余项；获教育部自然科学奖二等奖、中国电源学会科技进步奖一等奖、全国优秀博士学位论文、四川省青年科技奖等奖励/荣誉。

实验室长期致力于与国内外教育机构和企业单位的学术交流、合作，并保持与毕业博士生和毕业硕士生的深度联系。多名研究生赴弗吉尼亚理工大学、得克萨斯大学奥斯汀分校、俄亥俄州立大学、恩克莱德大学、利兹大学、里尔中央理工学院、奥尔堡大学、香港理工大学、香港城市大学等著名高校进行深造、访问、进修；多名研究生在东方电气集团、华为、易事特、中电29所、Intel、O2 Micro、Emerson等著名企业参观、实习、就业；实验室邀请著名专家来访交流，接收多名来自国内外高校的访问、交流学者。

98. 西南交通大学—高功率微波技术实验室

地址：四川省成都市二环路北一段111号

邮编：610031

电话：028-87601752

传真：028-87603134

团队人数：20

团队带头人：刘庆想

主要成员：李相强、张健穹、王庆峰、张政权、王邦继等

研究方向：电能变换与控制，高功率微波天线，脉冲功率技术，高功率微波器件，电机驱动与控制

团队简介：

高功率微波技术实验室成立于2003年，实验室瞄准国家重大战略需求，主要从事高功率微波技术及其相关领域的研究工作。实验室以“尽职尽责、团结和谐，挖掘每个人的潜能，创造更大价值，服务于社会”为理念，本着“想别人所不想的，做别人所不能做的”的信念，近五年来，承担了20余项国家863计划项目以及10余项横向项目，年科研经费突破1000万元，形成了一支团结和谐、勤于钻研、勇于创新的年轻科研团队。在研究过程中，实验室重视开展创新性的研究，目前已在电能变换与控制技术、电机控制技术、高功率微波辐射技术等方面取得了多项研究成果，并在新能源汽车、工业控制系统与机器人、微波天线与波导元器件、脉冲功率系统及微波源、高储能密度薄膜电容器技术等方向积累了深厚的技术储备。

99. 西南交通大学—列车控制与牵引传动研究室

地址：四川省成都市二环路北一段111号西南交通大学九里校区电气馆3231室

邮编：610031

电话：028-86465637

传真：028-86465637

团队人数：52

团队带头人：冯晓云

主要成员：丁荣军、葛兴来、宋文胜、熊成林、王青元、孙鹏飞

研究方向：电力牵引交流传动系统控制与仿真，电力牵引系统稳定性分析，电力牵引系统故障预测、诊断及容错控制，电力电子变压器，动力集成设计研究，虚拟同相柔性供电系统，列车运行节能优化，车线匹配评估与列车在线跟踪，重载列车辅助驾驶

团队简介：

由冯晓云教授创建于2000年的列车控制与牵引传动研究室（Train Control & Traction Drive Lab，TCTD），以国家重点（培育）学科“电力电子与电力传动”为依托，以轨道交通行业为背景，主要开展轨道交通电力牵引传动及其控制、电力电子变流技术、列车运行控制、优化控制与辅助驾驶领域的教学和科研工作。著名的交流传动控制专家丁荣军院士（西南交通大学双聘）也在团队指导博士和硕士研究生。目前，研究室现有教师7人，其中院士1人，教授2人，副教授1人，讲师1人，助理研究员2人；博士生7人，硕士生40人。在科学研究方面，长期以来研究室逐渐形成了以学生为主体，以项目为依托，以创新为目标的科学研究方式，本着严谨治学、求实务真的态度不断努力提升科研能力。

100. 西南交通大学—汽车研究院

地址：四川省成都市金牛区二环路北一段111号

邮编：610031

电话：18628264826

团队人数：30

团队带头人：胡广地

主要成员：刘伟群、祝乔、郭峰、刘丛志等

研究方向：新能源汽车与汽车工程相关方向

团队简介：

西南交通大学汽车研究院概况：

机构性质：西南交通大学校内独立二级单位；中国振动工程学会机械动力分会理事单位；中国内燃机学会大功率柴油机分会会员单位；中国汽车工程学会振动噪声分会会员单位；四川省新能源汽车产业推进办成员单位。

发展定位：整合校内优势资源，树立西南交大汽车领域强势学科形象，实现“大交通”战略。

技术重点：以发展新能源汽车、汽车电子、汽车节能减排为主。

建设资金：将汽车学科列为西南交大重点学科，初期投入2000万元建设资金，及300万元/年汽车学科发展资金。

主要职能：校内协同创新、检验检测与认证、技术成果孵化与转化、人才培养。

101. 西南科技大学—新能源测控研究团队

地址：四川省绵阳市涪城区青龙大道中段59号

邮编：621010

电话：15884655563

传真：0816-6089326

网址：https://www.scholarmate.com/P/DTlab

团队邮箱：497420789@qq.com

团队人数：60

团队带头人：王顺利

主要成员： 于春梅、李小霞、邹传云、范永存、曹文、李珂、熊莉英、靳玉红、刘春梅、陈蕾、乔静、张丽、张小京、张良、王瑶、周长松

研究方向： 紧密围绕学科建设，开展信号检测与估计、控制策略、人工智能和智能计算研究，针对特种机器人、大规模储能、新能源汽车和无人机等可靠供能典型工况需求，进行全寿命周期锂电池状态测控理论探索与产业化应用。

团队简介：

团队承担国家自然科学基金、省科技厅重点研发等项目 40 余项，发表重要核心论文 100 余篇，申请知识产权 30 余项，出版著作 4 部，获省科技进步奖、青年学者等奖励 20 余项。

团队编写的《新能源技术与电源管理》总印数 3800 册并重印 2 次且获得高度评价，主持开设新能源特色专业课程 1 门，指导学生开展科技创新项目 20 余项，相关研究获省科技进步三等奖、市科技进步二等奖、青年学者和创新人才团队领衔专家等荣誉称号或奖励，得到“知名高校·企业创新人才团队支持计划”的持续支持，获得用人单位和同行专家的一致好评。

基于相关研究，与罗伯特高登大学、奥尔堡大学、清华大学、北京理工大学、中国科学技术大学、重庆大学、九院五所联合开展研究，与绵阳市质检所、维博电子、华泰电气、多氟多新能源和长虹电源等单位合作，研发了多台/代动力锂电池组自动化测控设备。相关研究成果已在多家单位使用，提高了其可靠性并逐步扩展其应用领域，社会和经济效益显著。

102. 厦门大学—微电网研究团队

地址： 福建省厦门市翔安区新店镇厦门大学能源学院和木楼 A111

邮编： 361102

电话： 15960221861

团队人数： 6

团队带头人： 孟超

主要成员： 孙纯鹏、杨赟、纪承承、魏闻、陈颖

研究方向： 直流微电网及其控制策略，能源互联网与园区能源规划，不间断电源设备，电能质量治理与装备

团队简介：

厦门大学微电网研究团队主要致力于直流微电网系统建模、控制策略分析及其工程产业化。在此基础上，团队积极延伸研究领域，正在配合国内某大型能源集团共同向国家能源局申请某大型科技园区能源互联网示范项目，并作为主要参与人及子课题负责人参与其中。电力电子变换器是能源互联网和微电网的核心设备，在该研究领域，团队先后开展了高性能大功率不间断电源、有源电力滤波器、静止无功补偿器、双向 AC/DC 变换器等技术和设备的研究，并取得了一些成果，部分研究成果已经实现产业化。

103. 湘潭大学—智能电力变换技术及应用研究团队

地址： 湖南省湘潭市湘潭大学信息工程学院

邮编： 411105

电话： 58292224

团队人数： 4

团队带头人： 邓文浪

主要成员： 谭平安、李利娟、陈才学

研究方向： 电力电子技术及其应用

团队简介：

湘潭大学智能电力变换技术及应用研究团队主要从事电力电子技术及其应用方面的研究，近十年来在新型电力电子拓扑及其控制、电网安全、功率半导体器件建模及可靠性、无线电能传输、风力发电控制技术等方面开展科学研究。承担了多项国家自然科学基金、湖南省自然科学基金等项目。

104. 燕山大学—可再生能源系统控制团队

地址： 河北省秦皇岛市海港区河北大街西段 438 号燕山大学电气工程学院

邮编： 061001

团队人数： 教师 6 人，学生若干

团队带头人： 张纯江

主要成员： 李珍国、阚志忠、王晓寰、郭忠南、董杰

研究方向： 逆变器并网控制，微电网运行控制，风力发电

团队简介：

团队成立于 2005 年，由张纯江教授为带头人，由李珍国副教授、阚志忠副教授、王晓寰副教授、郭忠南讲师、董杰讲师为主要成员，开展可再生能源系统控制相关研究。已经完成国家基金项目 4 项，河北省基金项目 2 项，在研的国家基金项目 1 项，省级项目 3 项，建立风力双馈、直驱发电平台 2 个，光伏发电平台 1 个，逆变器并网平台 1 个，开关磁阻电机运行平台 1 个。发表论文 70 余篇，申请专利 4 项，培养博士生 5 名，研究生近百余名。

105. 浙江大学—GTO 实验室

地址： 浙江省杭州市西湖区浙江大学玉泉校区应电楼 103

邮编： 310012

电话： 0571-87951950

团队人数： 21

团队带头人： 吕征宇、姚文熙

主要成员： 靳晓光、胡进、黄龙、刘威、虞汉阳、陈发毅、王斌斌、黄羽西、谢良等

研究方向： 电力电子系统集成，电力电子功率变换及其控制技术，变模态柔性变流器，电机控制

团队简介：

团队属于浙江大学电气工程学院电力电子技术研究所，主要由 1 名教授、1 名副教授，及博士研究生和硕士研究生

组成。主要研究方向为电力电子系统集成，电力电子功率变换及其控制技术，变模态柔性变流器，电机控制等。

106. 浙江大学—陈国柱教授团队

地址： 浙江省杭州市西湖区浙大路 38 号浙江大学玉泉校区电气工程学院

邮编： 310027

电话： 13958133125

团队人数： 25

团队带头人： 陈国柱

主要成员： 博士生、硕士生

研究方向： 电力电子装置及其数字控制，包括：电能质量控制及节能电气装备，如 APF、UPQC、SVC、dSTATCOM 及 dFACTS；新能源与分布式发电并网、组网及储能技术；PEBB（系统集成）技术应用及高可靠性、模块化技术；特种电力电子变换电源

团队简介：

浙江大学电力电子与电力传动学科（国家重点）研究团队带头人陈国柱教授、博士生导师、留美博士后，兼任中国能源学会副理事长、江苏省风力机高技术设计重点实验室学术委员会委员、浙江省电源学会理事、江苏省电力电器产业技术创新战略联盟技术委员会委员，是“教育部新世纪优秀人才”（2006）、浙江省重点“新能源电力电子技术创新团队核心成员”（2010）、“南太湖科技精英计划人才”（2012）、浙江省“千人计划”人才（2013）。负责科研项目约 25 项，包括多个重大项目、国家自然科学基金项目、国际资助项目等；培养毕业研究生约 40 名，目前在读硕士生 10 名、博士生 13 名、留学生 2 名、合作博士后 1 名。

107. 浙江大学—电力电子技术研究所徐德鸿教授团队

地址： 浙江省杭州市西湖区浙大路 38 号浙江大学玉泉校区应电楼 105 室

邮编： 310027

电话： 0571-87953103

传真： 0571-87951797

团队人数： 27

团队带头人： 徐德鸿

主要成员： 陈敏、胡长生、林平、谌平平、杜成瑞、董德智、张文平、何宁、李海津、陈烨楠、严成、施科研、朱晔、贾晓宇、朱楠、马杰、王昊、王晔、胡锐、王小军、刘超、朱应峰、叶正煜、刘亚光、邱富君、吴俊雄

研究方向： 高效率不间断电源，新能源和电动汽车用电力电子变换器，高可靠性多能源储能系统，功率半导体器件封装及应用

团队简介：

科研团队的带头人徐德鸿教授是 IEEE fellow，中国电源学会名誉理事长，浙江大学电力电子技术研究所所长，长期从事电力电子领域科学研究和产品开发。团队在新能源发电用电力电子装置、大功率不间断电源、高效率高可靠性功率变换器设计等研究方向均有丰富的研究和实践经验。欢迎广大高校和企业与团队合作研究，共同学习。

108. 浙江大学—电力电子先进控制实验室

地址： 浙江省杭州市西湖区浙大路 38 号浙江大学玉泉校区电气工程学院应电楼 109 室

邮编： 310027

团队人数： 21

团队带头人： 马皓

研究方向： 电力电子技术及其应用，电力电子先进控制技术，电力电子系统故障诊断理论和方法，新型高效功率变换拓扑与控制技术，电力电子系统网络控制技术，逆变器无线并联技术，电能非接触传输技术，电动汽车中电力电子技术等

团队简介：

团队属于浙江大学电力电子与电力传动学科（国家重点学科）研究团队、浙江省重点科技创新团队。带头人马皓教授，现任浙江大学伊利诺伊大学厄巴纳香槟校区联合学院副院长；浙江省科协委员；中国电源学会副理事长、学术工作委员会主任、直流电源专业委员会副主任、无线电能传输技术及装置专业委员会副主任；浙江省电源学会副理事长、秘书长。团队完成科研项目 50 余项，包括国家自然科学基金项目、国家高技术研究发展计划（863 计划）项目、国际合作项目、企业合作项目等。培养毕业研究生 79 名，目前在读硕士生 9 名、博士生 9 名。

109. 浙江大学—电力电子学科吕征宇团队

地址： 浙江省杭州市浙大路 38 号浙大电气学院

邮编： 310027

网址： http://ee.zju.edu.cn/

团队邮箱： eeluzy@cee.zju.edu.cn

团队人数： 15

团队带头人： 吕征宇

主要成员： 姚文熙、张德华

研究方向： 电力电子学科

团队简介：

团队由浙江大学电气工程学院电力电子学科教师组成，具有教授博导、副教授、博士生、硕士生等，与国家科研院所、国内外多家企业有长期合作关系，具有研究、设计及后续工程研究开发能力，完成过多项国家与企业委托开发及咨询项目。近年来致力于新能源微网、车载充电、蓄电池充放电管理、新型电机驱动、工业特种电源等开发，具有整合前端探索性研究、应用型原型样机研究，以及工程样机开发的能力，愿意为推动产学研合作做出贡献。

110. 浙江大学—何湘宁教授研究团队

地址： 浙江省杭州市浙大路 38 号浙江大学电气工程学院

邮编： 310027

团队人数： 39

团队带头人： 何湘宁

主要成员： 石健将、邓焰、吴建德、李武华、胡斯登

研究方向： 电力电子技术及其工业应用，包括大功率变换器与智能控制系统，特种电源及其网络化系统，电力电子器件、电路和系统的建模、仿真和测试等。

团队简介：

SEEEDS（Sustainable & Efficient Electric Energy Delivery Systems）团队依托于浙江大学电力电子技术国家专业实验室。团队目前拥有教授 3 名、副教授 3 名。主要研究方向为电力电子技术及其工业应用，包括大功率变换器与智能控制系统，特种电源及其网络化系统，电力电子器件、电路和系统的建模、仿真和测试等。与美国通用电气、日本富士电机、台达、中国电科院、上海电气等公司及研究机构保持密切的交流合作。

111. 浙江大学—石健将老师团队

地址： 浙江省杭州市浙江大学玉泉校区工业电子楼 102 室

邮编： 310027

电话： 18268874591

团队邮箱： 1916512011@ qq. com

团队人数： 9

团队带头人： 石健将

主要成员： 何昕东、侯庆会、李竟成、汪洋等

研究方向： 高频电力电子变流技术，高可靠性中大功率高频组合直流变换器，高可靠性高功率密度航空静止变流器，单相/三相中大功率高频逆变器（包括输出 50Hz 工频和 400Hz 中频两类），三相高功率因数高频 PWM 整流器，固态电力变压器（SST），光伏发电，智能电网等

团队简介：

团队有 9 名成员，1 名博士。

112. 浙江大学—微纳电子所韩雁教授团队

地址： 浙江省杭州市西湖区浙大路 38 号浙江大学玉泉校区信电学院微电子楼

邮编： 310027

电话： 0571-87953116

传真： 0571-87953116

网址： www. isee. zju. edu. cn/IC

团队人数： 15

团队带头人： 韩雁

主要成员： 张世峰、韩晓霞

研究方向： 集成电路与功率器件设计

团队简介：

团队共有教授 1 名，副教授 1 名，讲师 1 名，专职科研岗教师 1 名，博士生 5 名，硕士生 6 名。

113. 浙江大学—智能电网柔性控制技术与装备研发团队

地址： 浙江省杭州市西湖区浙大路 38 号

邮编： 310027

电话： 0571-87951541

团队人数： 50

团队带头人： 江道灼

主要成员： 甘德强、赵荣祥、梁一桥、文福拴、李海翔、丘文千、江全元、郭创新、周浩

研究方向： 交直流电力系统运行与控制，柔性输配电控制技术与装备

团队简介：

团队由浙江大学牵头，合作单位为浙江省电力公司（含其下属企业）、浙江省电力设计院。团队规模约 50 人，拥有副高及以上技术职称人数约占 57%；核心成员 10 人，其中中科院院士 1 人，教育部“新世纪优秀人才支持计划”入选者 3 人，浙江大学求是特聘教授 1 人。

团队依托浙江大学电气工程国家一级重点学科（涵盖电力系统及其自动化、电力电子技术、电机与电器 3 个国家二级重点学科）、电力电子应用技术国家工程研究中心和电力电子技术国家专业实验室，汇集了浙江省乃至全国一流的业界专家，且团队成员有着长期紧密的合作历史和合作基础。团队注重产学研结合，并将紧密围绕分布式发电与并网技术、特高压交直流输电技术、智能电网技术等国内外电力行业最新发展趋势，针对浙江省重大需求开展创新性研究，为浙江省电力工业的现代化改造与发展提供基础理论和核心技术支撑。

114. 中国东方电气集团中央研究院—智慧能源与先进电力变换技术创新团队

地址： 四川省成都市高新西区西芯大道 18 号

邮编： 611731

电话： 18602832917

传真： 028-87898139

网址： http：//www. dongfang. com

团队邮箱： tangjian@ dongfang. com

团队人数： 15

团队带头人： 唐健

主要成员： 田军、周宏林、杨嘉伟、刘静波、刘征宇、代同振、舒军、肖文静、何文辉、王多平、吴小田、边晓光、武利斌、王正杰

研究方向： 智能电网与微电网，新能源发电与并网，大功率变流器与系统，新器件与应用

带头人简介：

唐健，男，博士，高级工程师。唐健博士 2010 年毕业于华中科技大学，获电气工程专业博士学位；2007～2008 年，留学英国 STAFFORD，从事智能电网高压直流输电及无功功率控制方面的研究工作；2010 年至今，就职于东方电气集团中央研究院，从事电力电子及电能变换领域相关研究工作。现为东方电气集团中央研究院电力电子技术研

究室副主任。近五年来，唐健博士共主持承担省级重点科研项目两项：主持承担四川省科技支撑计划项目“光伏发电逆变系统及光伏电池组件关键技术研究”，项目经费200万元；主持承担四川省重大技术装备创新研制项目“3MW直驱风电全功率变流器及集成化电控系统研制”，项目经费120万元。

团队简介：

唐健博士带领的“智慧能源与先进电力变换技术”创新团队直属中国东方电气集团中央研究院，始创于2010年，团队创建之初紧密围绕企业级创新团队的特点，明确了自主研发掌握重大关键技术、核心技术为产品创新和产业升级服务的目标。近年来，在国家、地方政府以及集团公司的高度关怀与重视下，在国家产业结构升级的大背景下，智慧能源与先进电力变换技术团队高速稳定发展，团队成员全部毕业于国内外知名高校，现已形成以4名博士、15名硕士为核心成员的富有活力与创造力的年轻化创新团队，核心人员队伍涵盖电力电子、电机与驱动、电力系统、自动控制、计算机、测量技术等专业。团队研究方向紧密围绕国家、行业发展需要，做到关键技术提前布局、提前预研，目前已形成“互联网+”智慧能源互联网、电厂远程监测与诊断、智能微电网、大型发电设备与分布式能源发电控制、高效大功率电力电子变流等稳定的研究方向，开展实施电力电子、微电网、光伏发电、风力发电、光热发电、大容量储能、电动汽车功率组件及车载电源、电厂远程监测诊断、大型同步发电机励磁控制等多项课题，发表论文数十篇，形成一批专利、软件和核心技术，完成一项MW级风光储微电网示范工程，团队还承担了风电、光伏领域两项省级重点项目。团队采用协同管理模式，做到人员梯队分层和核心人员复用，保证团队高效运转与密切协作。

东方电气集团中央研究院现已为智慧能源与先进电力变换技术团队基础实验设施建设投资逾千万元，已建成实验场地近400m^2，建成4RACK等级RTDS数字实时仿真平台、基于RTLAB的同步/异步电机拖动实验平台、远程信息显示发布平台、具有电网模拟功能的发电能量转换与控制实验平台、大功率电力电子组件动态测试平台、高压大容量电力电子装置去离子循环水冷系统测试实验平台等先进实验平台；在建实验场地近600m^2，容量与电压等级达5MW/ 35kV，内循环实验能力达20Mvar，达到国际先进水平。

115. 中国工程物理研究院流体物理研究所—特种电源技术团队

地址：四川省绵阳市绵山路64号

邮编：621000

电话：0816-2491069

传真：0816-2485139

团队邮箱：Lihongtao-ifp@ caep. cn

团队人数：7

团队带头人：李洪涛

主要成员：马勋、王传伟、马成刚、栾崇彪、肖金水、易晗

研究方向：特种电源技术及其应用

带头人简介：

李洪涛，博士研究生导师，担任中国博士后基金评审委员会专家，中国电源学会特种电源专委会秘书长，中国兵工学会复杂电磁环境专委会委员，全国高电压试验技术委员会测试技术与设备专家组委员等学术职务。从事特种电源技术研究20余年，主持或主要参加国家大科学工程专项等科研项目20余项，发表SCI/EI论文50余篇，在大功率开关技术、脉冲形成方法、真空放电物理等领域有较高的学术造诣，带领团队研制成功4MV/500kA激光触发多级多通道气体开关、500kV全固态Marx发生器、基于光导开关的全固态重复频率功率源、天蝎-I闪光X光机、6MV低抖动Marx发生器等，总体技术和研究能力处于国内外领先水平，相关研究成果引起美国桑迪亚国家实验室等国际同行广泛关注，并为我国首台自主研制、达到国际先进水平的多路并联超高脉冲功率输出装置聚龙一号（8~10MA电流）研制成功等做出重要贡献，获得军队科技进步一等奖等学术奖励10余项。

团队简介：

流体物理研究所电子技术应用团队主要从事特种电源技术及其应用研究，在固态脉冲功率技术及器件物理、真空放电物理、高压大电流产生技术、精密时序控制和高速采集技术等方面具有数十年的积累，研制出系列中低能闪光X光机、高性能固态脉冲功率源、高压脉冲触发系统和高压电源，团队研究成果不仅为我国流体动力学实验研究做出了重要贡献，也在国内科研单位、高等院校中得到较多应用。

116. 中国科学院近代物理研究所—电源室

地址：甘肃省兰州市南昌路509号

邮编：730000

电话：0931-4969539

传真：0931-4969560

网址：http：//www. impcas. ac. cn

团队邮箱：Gaodq@ impcas. ac. cn

团队人数：50

团队带头人：高大庆

主要成员：周忠祖、闫怀海、吴凤军、黄玉珍、张华剑、上官靖斌、赵江、燕宏斌、封安辉、芦伟

研究方向：离子加速器用直流电源技术，脉冲电源技术，脉冲功率及高压电源技术，数字控制技术，电气技术，电磁兼容等

团队简介：

电源室由电源组、电气组、电气安全与电子兼容组、数字组和脉冲功率与高压组组成。主要负责：

1）加速器系统交流供配电系统的运行维护、调试改进，及全所各实验室供配电系统设计施工、监督和验收。

2）研制和生产了各种功率等级的加速器用直流稳流电

源 300 多台，满足了 HIRFL 磁场系统的需要，填补了当时国内空白。从 1998 年起，承担了兰州重离子加速器冷却储存环（HIRFL-CSR）电源系统的研制任务，开展了各种脉冲电源的研究工作，相继研制成功了晶闸管脉冲电源、IGBT 脉冲开关电源，以及 KICKER 电源、BUMP 电源、三角波扫描电源等各种用途的特种电源，填补国内多项电源技术空白。

3）正在进行的重离子肿瘤治疗专用装置的电源研制。

117. 中国科学院等离子体物理研究所—ITER 电源系统研究团队

地址：安徽省合肥市蜀山湖路 350 号等离子体物理研究所

邮编：230031

电话：0551-65593257

网址：http：//psdb. ipp. ac. cn

团队邮箱：fupeng@ ipp. ac. cn

团队人数：38

团队带头人：傅鹏

主要成员：高格、许留伟、黄懿赟、宋执权

研究方向：大功率电源系统设计和单元研发

团队简介：

团队现有人员 38 人，其中正高级职称 6 人，副高级职称 5 人，具有博士学位者 12 人，专业、职称、学历结构合理，具有较为雄厚的科研实力。

团队近年来承担国家 973 计划、ITER 磁约束聚变专项、科技部国际合作项目十余项，对现代聚变电源系统进行了深入的研究。项目组成员针对电源、负载、系统的特点，创新性地在系统和单元两个层面，集成了多项技术，提出了无功超前计算、新型四象限运行模式、一体化设计，完成了系统和单元的研发。项目组对 ITER 磁体电源系统所进行的分析、设计和提出的解决方案，得到了国际独立专家组认可，并通过了试验验证，被 ITER 组织作为设计基准采纳。

团队不仅与国内相关机构和科研院所保持良好的交流合作，同时还与国际相关组织和团队保持良好的沟通与交流，如法国 ITER 组织、韩国 KSTAR 超导核聚变装置研究团队、美国 DIII-D 装置研究团队、美国通用原子能公司等。

118. 中国科学院电工研究所—大功率电力电子与直线驱动技术研究部

地址：北京市海淀区中关村北二条 6 号

邮编：100190

电话：010-82547068

网址：http：//www. iee. ac. cn

团队邮箱：gqx@ mail. iee. ac. cn

团队人数：60

团队带头人：李耀华

主要成员：严陆光、王平、葛琼璇、史黎明、杜玉梅、李子欣、韦榕、张树田、王晓新、王珂、刘洪池、朱海滨、吕晓美、程宁子、刘育红、胜晓松、李伟、董贯洁、陈敏洁、张瑞华、徐飞、张志华、李雷军、高范强、赵鲁、马逊、楚遵方、殷正刚、张波等

研究方向：

1）轨道交通牵引变流与控制系统：高速磁悬浮交通牵引变流与控制技术，直线电机轨道交通牵引变流与牵引控制技术，高速列车牵引变流与牵引控制技术。

2）新能源与智能电网用电力电子装置：高压柔性直流输电技术，电力电子变压器技术，有源滤波技术和动态无功补偿技术。

3）高压大功率变流基础理论研究：高压大功率变流系统的拓扑和应用研究，高压大功率变流系统测量与评估基本理论与技术。

团队简介：

中国科学院电工研究所大功率电力电子与直线驱动技术研究部主要面向国家能源、电力和交通的战略需求，重点解决电力电子与电能变换领域的重大应用基础理论和战略高技术问题，是中国科学院电力电子与电气驱动重点实验室的重要组成部分。主要从事大功率电力电子与电能变换、高功率密度电力驱动、大功率直线驱动等方向的核心关键技术和重要基础理论研究工作。现有固定人员 30 人，其中中国科学院院士 1 名、正高级职称研究人员 6 名。

总体目标：面向国家能源、电力和交通的战略需求，重点解决电力电子与电气驱动领域的重大应用基础理论和战略高技术问题，为我国电力电子与电气驱动及相关领域的发展，发挥重要的支撑和骨干引领作用。

研究部在“十五”“十一五”“十二五”期间先后承担了多项国家项目，取得了一系列研究成果，培养了一大批年轻有为的中青年技术骨干，形成了一支由多名学术带头人引领、一批技术骨干为支撑以及众多基础扎实、研究和技术经验丰富的高素质研究人员为基础的研究团队。

近年来研究部主要承担的科研项目包括：

承担南方电网世界电压等级最高、容量最大科研示范工程项目“云南电网与南方电网主网鲁西背靠背直流异步联网工程”——±350kV/1044MW 换流站及阀控系统的研制任务。项目实施过程中，所研制 MMCon-G4 换流器控制保护系统完成了数千项 FPT、DPT 测试试验。所研制的云南鲁西柔直工程广西侧换流器于 2016 年 8 月 29 日成功投运，测试和运行结果表明，系统运行稳定可靠，性能满足设计。云南异步联网柔直工程的顺利建成投运创造该技术领域新的世界纪录：单台柔性直流换流器容量最大——1044MW，直流电压最高——±350kV，换流器电路最复杂——高压环境下 5616 只 IGBT 同时实时协调工作。

完成全球首个±160kV 多端柔直柔性直流输电示范工程中青澳换流站换流器及阀控系统的攻关研制工作。攻克了多端柔性直流输电控制保护这一世界难题，成为世界第一个完全掌握多端柔性直流输电成套设备设计、试验、调试和运行全系列核心技术的企业，建成了世界上第一个多端柔性直流输电工程，在中国乃至世界电力发展史上具有划时代的重要意义。

在高效轨道交通牵引驱动系统研发与应用领域：

承担了“十二五”国家科技支撑计划重大项目子课题“高速磁浮半实物仿真多分区牵引控制设备研制”任务，完成了高速磁悬浮列车牵引控制系统、高速磁浮多分区牵引控制系统、1.5km试验线双分区升级和28km半实物仿真系统牵引控制系统设备研制、7.5MVA IGCT高压大功率牵引变流器、新型15MVA四象限变流器系统、满足三步法供电的15MVA变流器研制；建立并完善了大功率同步直线电机控制理论，解决了大功率交直交变流器的理论、控制、模块化设计、制造、集成及工程试验等重大难题。首次在国内研制成功具有自主知识产权的基于VME的高速磁悬浮列车牵引控制系统，在上海高速磁悬浮试验线实现了磁悬浮列车的双分区、双端供电、双车无人驾驶智能牵引控制，填补了国内空白。

研制成功了国内单机容量最大的7.5MVA IGCT交直交牵引变流器，研究成果获2009年度中国电工技术学会科技进步一等奖、2009年度北京市科技进步一等奖、2010年度国家科技进步二等奖。

在高速铁路牵引控制及牵引变流器方面：

承担了基于场路耦合的高速列车牵引电机控制特性研究、高速铁路TCU控制系统研制；深入研究了高速铁路电机牵引特性、多场耦合机理、牵引控制关键技术、系统工程化优化设计方法，突破了高铁牵引控制技术难题，研制成功了具有自主知识产权的三型车牵引控制系统，完成了TCU系统的电磁兼容测试和功能测试，填补了国内空白。

在城市轨道交通牵引控制及牵引变流器方面：

承担了大功率非粘着直线电机轨道车辆牵引系统研制与应用、A型地铁车辆大功率牵引变流器研发与应用、高性能有轨电车牵引传动系统研发与应用、机场线直线电机牵引变流系统国产化工程应用等项目。突破了大功率直线异步电机高性能控制技术难题，研制了190kW直线异步电机，1.3MVA大功率直线电机牵引变流器及牵引控制系统，已应用在北京机场线直线车辆上完成了10万公里考核验证，性能与庞巴迪进口产品性能相当，具备了全面替代进口系统进行应用的技术能力。研究成果获2013年度北京市科技发明一等奖和2013年度中国电工技术学会科技一等奖。

研制了系列化兆瓦级城轨车辆牵引变流器及全数字化高性能牵引控制器，通过了各项型式试验并获得国家相关认证。已批量应用于大连低地板有轨电车线路上，已安全载客运营超过7万公里。

承担并完成中车唐山机车车辆公司的无弓受流系统研制任务，研制成功国内第一套轨道交通车辆用百千瓦无接触受流系统装置系统样机，安装在一辆实际车辆的转向架，测试表明，实际输出功率160kW、效率83%，满足轨道交通非接触式供电运行要求。同时研制成功满足磁浮列车非接触车辆供电的“多模块化”高频无线电能传输工程样机，包括敷设于轨道沿线的高频线缆绕组、高耦合车载接收板、并联式高频逆变模块，满足实际磁浮列车供电需求。可在磁浮交通、城市轨道交通供电领域推广应用。

承担了国家高技术研究发展计划（863计划）“新型超大功率场控电力电子器件的研制及其应用”项目中子课题“新型高压场控型可关断晶闸管器件的研制与应用”科研任务。研究新型高压场控型可关断晶闸管器件芯片的设计、工艺、制造与测试技术，研制出满足高电压、大电流需求的芯片样片；研究新型高压场控型可关断晶闸管器件的智能化驱动、封装及测试技术，研制出满足高电压、大电流需求且具有智能化低驱动功率特性的器件样片；研究新型高压可关断晶闸管器件的测试技术，研制一套具有自动检测和监控功能的新型高压可关断晶闸管器件测试平台；基于该课题研制的新型高压场控型可关断晶闸管器件，研制了一台5MVA三电平大功率变流器样机，推动了基于大功率新型高压场控型可关断晶闸管器件相关技术的跨越式发展和相关产品的产业化。

119. 中国矿业大学—电力电子与矿山监控研究所

地址：江苏省徐州市大学路1号中国矿业大学

邮编：221116

电话：0516-83590819

团队人数：10

团队带头人：伍小杰

主要成员：原熙博、戴鹏、周娟、夏晨阳、张同庄、宗伟林、于月森、耿乙文、王颖杰

研究方向：电机与控制，有源电力滤波器，无线电能传输，本安防爆电器，光伏并网发电，无功补偿与谐波治理，矿井无线通信等

团队简介：

中国矿业大学电力电子与矿山监控研究所团队主要从事电力电子、电力传动与电控、矿井电气自动化及通信方面的研究。目前团队成员10人，其中教授4人，副教授5人，讲师1人，团队目前有10名博士，90多名硕士，科研实力强劲。

120. 中国矿业大学—信电学院505实验室

地址：江苏省徐州市泉山区中国矿业大学文昌校区505室

邮编：221000

团队人数：22

团队带头人：周娟

主要成员：魏琛（博士）、郑婉玉（硕士）、甄远伟（硕士）、刘刚（硕士）、王超（硕士）、宋振浩（硕士）、董浩（硕士）等

研究方向：电能质量控制

团队简介：

团队主要针对基于三相三线制及三相四线制有源电力滤波器的谐波检测方法、调制方法及电流控制策略算法进行理论研究，提出改进方法，进行MATLAB仿真验证，并搭建实验平台编写DSP程序进行实验验证。

121. 中国矿业大学—无线电能传输技术团队

地址：江苏省徐州市大学路1号

电话：18260722082

团队邮箱：bluesky198210@163.com

团队人数：60

团队带头人：夏晨阳

团队带头人简介：夏晨阳，教授，博士生导师，江苏省六大人才高峰，中国矿业大学电气工程学院副院长，江苏省煤矿电气与自动化工程实验室副主任，中国电源学会无线电能传输专委会委员。目前主持国家自然科学基金项目2项、江苏省自然科学基金项目2项、教育部博士学科点专项基金项目、中国博士后基金、徐州市重点研发计划项目、中国矿业大学重点项目等省部级及横向科技项目近20项，参研国家重点研发计划等各类科技项目2项，出版专著1部，发表SCI/EI期刊论文40余篇，获授权发明专利近30项。主要研究领域：电力电子技术，无线电能传输技术。在煤矿、海洋、军用、电动汽车等领域开展了相关无线电能传输技术应用研究，掌握了多项重要核心技术，建立了具有自主知识产权的技术体系。

研究方向：无线电能传输技术方面的相关研究与产业化推广工作

团队在研项目：多频复合电流跟踪PWM控制磁耦合谐振无线电能传输机理及关键问题研究；双频调制PWM操控电动汽车无线充电系统金属异物检测机制研究；分层介质下无线电能传输系统传能机理及关键技术研究；三维动态磁耦合无线电能传输系统本征态传能机制及能效提升策略研究；关闭矿井狭长空间分布式压缩空气规模储能的基础研究（子课题4：关闭矿井CAES分布式空间特征提取与五维数据融合）；任意多线圈架构磁耦合无线电能传输系统本征态建模及空间能力提升策略研究；跨频段超表面介入无线电能传输系统工作机制及关键问题研究。

团队科研成果：团队负责人夏晨阳及其团队主持了与无线电能传输技术相关的国家自然科学基金项目4项，包括“无线电能传输系统谐波提取与利用机理及关键技术研究”“自配置非对称无线蜂窝网供电机制及关键技术研究”“三维动态磁耦合无线电能传输系统本征态传能机制及能效提升策略研究”“分层介质下无线电能传输系统传能机理及关键技术研究”，江苏省自然科学基金项目3项，包括“双频调制PWM操控电动汽车无线充电系统金属异物检测机理及关键技术研究”“自由高效无线平面供电网关键技术研究”“任意多线圈架构磁耦合无线电能传输系统本征态建模及空间能力提升策略研究”，中国博士后科学基金1项“水上水下无人探测设备并行无线供电机理及关键技术研究”，教育部高等学校博士学科点专项科研基金项目1项“高瓦斯粉尘及复杂电磁矿井非接触安全供电机理研究”，以及江苏省六大人才高峰项目1项“双面共芯电动汽车集群无线充电机制及关键技术研究”。项目负责人及其团队先后在*IEEE Transactions on Power Electronics*、*IEEE Transactions on Control Systems Technology*、*IET Power Electronics*、《中国电机工程学报》《电力系统自动化》《电工技术学报》等国内外高水平期刊上发表了与无线电能传输技术相关的高水平论文50余篇，获得厅局级奖励3项，授权国家发明专利23项，公开发明专利14项，出版专著1项。

团队所获荣誉：获得厅局级奖励3项

团队简介：

团队负责人夏晨阳及其团队自2006年起一直专注于从事无线电能传输技术方面的相关研究与产业化推广工作，建设有江苏省煤矿电气与自动化工程实验室，开展了复杂环境下及极端条件下的无线电能传输技术研究工作，并开展了以机理研究及基本原理实现为主的基础性研究和技术攻关，在系统新型工作模式构建、电磁路机构设计、建模与控制、稳定性研究等方面形成了具有创新性的理论与技术体系；同时在煤矿、海洋、军用设备、电动汽车等领域开展了相关技术开发工作，掌握了无线电能传输技术的基础理论与技术实现的核心技术，建立了具有自主知识产权的技术体系。

122. 中国矿业大学（北京）—大功率电力电子应用技术研究团队

地址：北京市海淀区学院路丁11号中国矿业大学（北京）逸夫实验楼701

邮编：100083

电话：010-62331257

传真：010-62331370

网址：http://jdxy.cumtb.owvlab.net/virexp/

团队邮箱：wangc@cumtb.ed.cn

团队人数：10

团队带头人：王聪

主要成员：程红、卢其威、邹甲

研究方向：大功率电力电子应用技术、大功率电力电子传动控制技术、电力电子技术在煤矿中的应用

团队简介：

科研团队所在实验室依托中国矿业大学（北京）“电力电子与电力传动”国家级重点学科及北京市电气工程实验教学示范中心的科研优势，先后得到国家“211工程”、国家普通高校修购专项以及基于校企联合实验室的国际知名公司大学计划等多项建设项目的投入和资助，已具有完善的从事电力电子相关领域科学研究的实验条件和设备。同时自主研制了光伏并网发电系统实验平台、100kW三电平静止无功发生器实验系统用于后续研究。另外，团队多年从事电力电子与电力传动技术和理论的教学与研究，取得了一系列高水平的学术成果，使得团队具备从事电力电子相关研究的能力与经验。

123. 中山大学—第三代半导体GaN功率电子材料与器件研究团队

地址：广东省广州市海珠区新港西路135号中山大学

邮编：510275

电话：13318727167

团队邮箱：liuy69@mail.sysu.edu.cn

团队人数：32

团队带头人：刘扬

主要成员：张佰君、洪瑞江、杜晓荣、江灏、黄智恒、

王自鑫、陈鸣、梁宗存、付青、朱琳、郭建平、粟涛、李柳暗、何亮、张晓荣、刘佳业、吴志盛

研究方向： 宽禁带半导体 GaN 基功率电子材料与器件

团队简介：

团队的研究工作主要依托于中山大学广东省第三代半导体 GaN 电力电子材料与器件工程技术研究中心及中山大学电力电子及控制技术研究所，拥有价值近亿元的 GaN 材料生长、芯片制备、特性表征等涵盖基础研究及工程化应用的研发平台，在 GaN 功率电子材料与器件设计、制造、特性表征、可靠性机理分析方面有长期的积累。总体定位是以实现技术高度前瞻性与实际创新工程应用结合为目的，以缩短产业化进程为目标，通过整合产业链条构建工程技术研发平台。团队在过去的十年，承担了国家 973、863、国家重点研发计划项目、科技部国际合作项目、国家自然科学基金联合基金重点项目、广东省应用型研发重大专项、广东省重大专项、广东省重点领域研发计划第三代半导体重大专项等科技项目近 20 项，拥有国家发明专利 40 余项，并完成 Si 衬底 GaN 功率电子材料与器件的产业化转移 1 项。

团队最早组建于 2007 年，是国内最早从事 GaN 功率电子器件的研发团队之一，拥有产业化推广及技术转移的成功经验，是一支国际化的产学研融合的队伍。团队曾在大尺寸 Si 衬底 GaN 异质结构功率半导体材料与器件方面取得重要的进展与突破，在国内率先实现高耐压 4 英寸硅衬底 GaN 功率半导体材料外延生长，并提出基于选择区域外延方法的增强型器件技术路线。另外，在掌握关键基础科学问题和技术问题的同时，针对初期这一新兴产业在国内发展近乎空白的状况，链接整合上下游传统龙头企业资源，积极开展产学研合作，同时在产业资本的助推下，打造了国内首家 GaN 功率电子材料与器件工程制造与技术研发的产业平台，分别实现大尺寸 GaN 材料与器件的核心关键技术的产业化转移，在产业平台率先成功实现 6 英寸、8 英寸 Si 衬底高耐压高电导 GaN 功率电子材料晶圆及 650V 耐压等级的 GaN 功率电子器件的自主制造。

在推动器件发展的同时，团队也建立了系统应用端产业平台，针对不同应用领域将器件产业化成果持续向下游应用企业辐射，并将工程化过程中产生的新的技术问题，带到新一轮的材料与器件技术开发循环中去。发挥中心的“桥梁”作用，跨越式地缩短器件开发到市场应用的推广进程。

124. 中山大学—广东省绿色电力变换及智能控制工程技术研究中心

地址： 广东省广州市海珠区新港西路 135 号

电话： 18928990068

团队邮箱： fuqing@ mail. sysu. edu. cn

团队带头人： 付青

主要成员： 夏俐、余向阳、王本斐、丁喜冬、官权学、冯国栋、魏亮亮、郑寿森、王东海、戴正

研究方向： 新能源储能应用技术，光伏发电技术，轻型高效电力变换技术，电动车充电变换及管理技术，5G 信息融合与边缘计算技术，精密仪器及控制技术

团队在研项目： 国家自然科学基金面上项目 1 项，国家自然科学基金青年基金 1 项，广东省重大研发项目 1 项，广东省科技计划项目 1 项，地局级科技项目 2 项，企业委托科技开发项目 5 项

团队科研成果： 工程中心承担国家自然科学基金项目、省部级产学研重大专项、省级科技计划项目等各种科研项目 40 多项，获得授权专利 100 多项，其中发明专利 40 多项，获广东省科技进步二等奖 1 项、广东省高新技术企业协会科技一等奖 1 项、地市级科技进步三等奖 1 项。

团队简介：

工程中心面向产业、行业需求，解决企业技术难题，引导企业、行业转型升级，重点突破太阳能光伏利用技术、轻型高效电力变换技术、高性能电力逆变技术、5G 信息融合及边缘计算的电力安全技术、智能微电网控制技术以及虚拟现实核心引擎关键技术等多项产业核心关键技术，提出了光伏应用系统多目标优化集成、大数据聚类分析和智能算法的光伏发电功率预测、高效率绿色电力变换、信息融合与异构数据共享互融的高度智能化电力安全、高效稳定的微电网能量管理与绿色高效储能系统智能充电等创新理论与方法，多项技术应用于工业企业，促进相关产品销售 30 多亿元，促进新能源和智能电网的发展，为“双碳”目标实现贡献力量。

电源相关科研项目介绍
(按照项目名称音序排列)

1. 超紧凑电力电子硬件在环实时仿真器 PocketBench-Ultra-compact

主要完成人： 沈磊

完成单位： 杭州福创科技有限公司、杭州电子科技大学

联系邮箱： 41869@ hdu. edu. cn

具体计划、基金名称和编号： 自筹资金

项目起始时间： 2017 年 1 月 1 日

项目完成时间： 2021 年 12 月 31 日

项目简介：

PocketBench 是专门为电气工程实践教学开发的小步长电力电子硬件在环实时仿真器，具有体积重量小、性价比高、配套教学资源丰富的特点。PocketBench 仿真器可以实时模拟功率变换器，当控制器向它注入 PWM 激励时，就像连接到了真实的功率变换器一样，可以获得实时的电压和电流反馈信号。该平台将危险的功率变换器虚拟化，解决了传统实物实验设备的安全性问题；同时它还保留了真实的控制电路，保证了学生可以获得真实的上手体验。它体积重量很小，甚至可以装在衣服口袋里，可能是全球体积重量最小、单位功耗仿真能力最强的实时仿真器。使用计算机 USB 接口供电，学生利用笔记本电脑就可以快速部署实验平台。它在保证学生实践体验的前提下赋予师生在任何时间地点安全自由开展实践学习的新能力，是电气工程及相关专业的下一代实践教学仪器。PocketBench 的技术指标如下：

尺寸：106mm×114mm×26mm

重量：251g

供电：USB 直接驱动，功耗<1W

步长：不大于 1.25μs

数字输入：6 通道，支持 3.3V、5V 输入电平，用于 PWM 信号捕捉

数字输出：6 通道，数字信号输出（0~3.3V，用于正交编码器信号输出）

模拟输出：5 通道，模拟信号输出（0~3.3V，用于电压电流等模拟信号输出）

控制器接口：DB25

端口保护：ESD 保护，符合 IEC 61000-4

建模方法：支持 13 种预设模型，包括 Boost 变换器、Buck-Boost 变换器、Buck 变换器、单相 PWM 并网逆变器、单相 PWM 整流器、三相 PWM 并网逆变器、三相 PWM 整流器、三相永磁同步电机驱动系统、有刷直流电机驱动系统、单相晶闸管整流器、三相晶闸管整流器、正激变换器、反激变换器

PC 软件：PocketBench Software，用于配置模型，施加负载和数据显示

虚拟示波器：通道数量：8 通道，采样率：400ksps，触发模式：连续触发、上升沿触发、下降沿触发，时基范围：200μs/div~100ms/div，支持频谱分析功能

目前 PocketBench 已经在浙江大学、华中科技大学、北京交通大学、西南交通大学、海军工程大学、中北大学、福州大学、兰州理工大学、福建工程学院、塔里木大学及英国帝国理工学院等国内外 100 余所院校和科研院所推广使用，受到了教学一线教师和学生好评。该成果在由教育部高等学校电气类专业教学指导委员会和中国电工技术学会主办的首届全国高校电气类专业青年教师实践教学设计创新大赛中获得了全国第一名，在全国仿真创新大赛中获得了工科组第二名。为了进一步推广该成果，还与工信部合作举办了 PocketBench 半实物实时仿真专项赛，首届比赛吸引了全国近 20 所高校参赛。

2. 大型光伏电站直流升压汇集接入关键技术及设备研制

主要完成人： 李永东、孙凯、刘建政、王奎、许烈、郑泽东

完成单位： 清华大学、浙江大学、中国科学院电工研究所

联系邮箱： liyd@ mail. tsinghua. edu. cn

项目来源： 国家计划

具体计划、基金名称和编号： 重点研发计划（国内）

项目起始时间： 2016 年 6 月 9 日

项目完成时间： 2020 年 6 月 30 日

项目简介：

本课题重点利用宽禁带半导体器件，研究并开发下一代高效率、高功率密度、高可靠性、高输入输出性能的新型光伏直流升压变流模块，提高模块级光伏直流变换系统的性能。SiC MOSFET 和 GaN HEMT 开关频率可达到 200kHz 以上，需要超高速驱动和超高速保护，并且分布参数的影响加大，模块设计和控制技术挑战极大。本课题针对以上问题，①研究 SiC MOSFET 和 GaN HEMT 高速开关下器件和系统在电、热、磁等多物理场耦合下的相互影响机理及多物理场耦合模型，②研究 SiC MOSFET 和 GaN HEMT 的纳秒级高速驱动方法、可靠的过电压过电流保护

方法和高热流密度下的高效热管理方法，③基于宽禁带功率器件的新型光伏直流升压变流模块拓扑结构、控制策略与设计集成方法，为禁带功率器件在光伏直流升压变流模块中的可靠应用奠定理论与设计基础。通过本课题的研究，掌握基于宽禁带半导体器件的光伏直流升压变流模块技术，研制 1200V/400A 适用于光伏直流升压变流器的 SiC MOSFET 功率模块，研制 25kW 基于 SiC MOSFET 功率模块的光伏直流升压变流模块和 5kW 基于 GaN HEMT 的光伏直流升压变流模块，功率密度在 $1.5W/cm^3$ 以上，最大效率不低于 97%。

3. 多频复合电流跟踪 PWM 控制磁耦合谐振无线电能传输机理及关键问题研究

主要完成人：夏晨阳

完成单位：中国矿业大学

联系邮箱：bluesky198210@ 163. com

项目来源：基金资助

具体计划、基金名称和编号：基金名称：国家自然科学基金面上基金

编号：52277020

项目起始时间：2023 年 1 月 1 日

项目完成时间：2026 年 12 月 31 日

项目简介：

无线电能传输技术为实现电气设备安全、灵活、洁净供电提供了有效解决方案。为克服现有基于高频逆变器“180°控制”方式磁耦合谐振无线电能传输（MCR-WPT）模式在多频多负载应用中存在的不足，研究满足不同应用场景的新型多频多负载兼容性无线电能传输模式迫在眉睫。本项目提出一种多频复合电流跟踪 PWM 控制 MCR-WPT 思想，以多频复合电流跟踪 PWM 控制为主线，重点研究多频复合电流跟踪 PWM 控制 MCR-WPT 机理；突破多频多负载独立高效供电、多参数辨识、电能与信号同步传输等关键技术；解决多频电能复合、解耦、控制与高效传输等一系列关键难题。项目预期将形成一套多频复合电流跟踪 PWM 控制 MCR-WPT 理论体系，提出一种兼容多频多负载无线电能传输、多参数辨识和电能与信号同步传输的新方法。项目成果对丰富和完善无线电能传输理论体系具有重要理论意义，对于拓展 MCR-WPT 技术在多频多负载领域的应用具有重要指导价值。

4. 分层介质下无线电能传输系统传能机理及关键技术研究

主要完成人：刘旭

完成单位：中国矿业大学

联系邮箱：xu. liu@ cumt. edu. cn

项目来源：基金资助

具体计划、基金名称和编号：基金名称：国家自然科学基金青年基金

编号：52107012

项目起始时间：2022 年 1 月 1 日

项目完成时间：2024 年 12 月 31 日

项目简介：

针对复杂非理想环境下智能化装备无线供电系统线圈间传能介质多样性的问题，本项目拟开展分层介质下无线电能传输系统传能机理及关键技术研究，以解决为运行在与能量源不同介质内的智能化装备高效、稳定无线供电的共性关键问题。项目针对磁耦合谐振式无线电能传输技术利用线圈间耦合电磁场实现能量隔空传输的基本原理，通过分层介质内电磁波传输与损耗特性的研究，揭示分层介质下无线电能传输与损耗机理，建立系统电磁一体化理论分析模型，明确系统功效性和稳定性关键影响因素，制定系统功效性定量评价指标及稳定性判断依据。在此基础上，提出跨介质高效稳定耦合的磁路耦合机构设计与控制方案，得到分层介质下线圈间跨介质耦合互感自动识别方法，制定内外多扰动参数影响下不依赖系统数学模型的线性自抗扰控制策略，以有效提升系统的功效性及稳定性。

5. 高速列车牵引系统健康监测、故障诊断与安全控制技术研究

主要完成人：冯晓云、康劲松、葛兴来、宋文胜

完成单位：西南交通大学、同济大学、北京纵横机电科技有限公司

联系邮箱：kjs@ tongji. edu. cn

项目来源：基金资助

具体计划、基金名称和编号：高铁联合基金

编号：U193420110

项目起始时间：2020 年 1 月 1 日

项目完成时间：2023 年 12 月 31 日

项目简介：

电力牵引系统是高速列车的“心脏”，由牵引变压器、变流器、电机和控制单元等组成，为列车高速运行提供强劲动力。牵引系统一旦发生故障，轻则列车降速运行，重则导致列车大面积晚点甚至线路瘫痪，严重影响铁路运输秩序和造成重大经济损失。电力牵引系统具有内部结构复杂、非线性、大时滞、强耦合、多时间尺度等特征，且其还要遭受极端气候、牵引网电压谐振波动、复杂线路条件等恶劣外部运行环境考验，从而导致其健康状态监测与故障诊断难度极大。为此，本项目拟通过牵引系统部件劣化机理分析、基于数据驱动与经验模型融合的健康状态表征建模、故障特征提取、故障溯源与诊断、主动安全与故障容错控制、试验测试与验证等，形成基于“机理分析与建模-健康状态监控与诊断-主动安全与容错控制”的高速列车牵引系统健康监测、故障诊断与安全控制的理论和技术体系，构建高速列车牵引系统健康监测综合分析平台，希望为我国高速铁路智能运维提供理论支撑和技术应用。

6. 共拓扑多模态磁耦合谐振无线电能传输机理及关键技术研究

主要完成人：夏晨阳

完成单位：中国矿业大学

联系邮箱： bluesky198210@ 163. com

项目来源： 基金资助

具体计划、基金名称和编号： 基金名称：江苏省自然科学基金面上基金

编号： BK20171190

项目起始时间： 2017 年 7 月 1 日

项目完成时间： 2020 年 6 月 30 日

项目简介：

针对现有基于“基波利用-谐波滤除”的传统谐振补偿网络设计理念在对磁耦合谐振无线电能传输系统设计、分析和研究过程中存在的瓶颈问题，提出一种共拓扑多模态磁耦合谐振无线电能传输系统设计理念，以谐波提取与利用为主线，构建一套共用拓扑机构基谐波双通路磁耦合谐振无线电能传输模型，并围绕基于谐波通路实现电能传输、信号传递和负载识别存在的相关科学技术实现机理展开研究，重点解决共拓扑多模态磁耦合谐振无线电能传输系统基谐波有效分离、能量分配与控制、四线圈磁路机构物理和数学模型构建及鲁棒稳定特性等关键难点问题，为有效提升磁耦合谐振无线电能传输功率容量，提高系统的鲁棒稳定特性，丰富无线电能传输理论体系，加速推进其产业化应用进程，探索并开辟一条研究磁耦合谐振无线电能传输系统的新思路，并致力于将研究成果推广应用于电动汽车无线充电等领域。

7. 关闭矿井狭长空间分布式压缩空气规模储能的基础研究（子课题 4：关闭矿井 CAES 分布式空间特征提取与五维数据融合）

主要完成人： 廖志娟、夏晨阳

完成单位： 中国矿业大学

联系邮箱： zjliao@ cumt. edu. cn

项目来源： 国家计划

具体计划、基金名称和编号： 具体计划：国家重点研发计划“政府间国际科技创新合作”重点专项项目

项目来源： 中华人民共和国科学技术部

编号： 2022YFE0129100

项目起始时间： 2023 年 1 月 1 日

项目完成时间： 2025 年 12 月 31 日

项目简介：

针对关闭矿井压缩空气规模储能分布式空间生命周期能效演化规律认识不全面的问题，通过融合人-机-环境多源监测信息，构建数据级-特征级-决策级多级信息融合模型；挖掘多源异构数据与分布式空间生命周期能效之间的关联特征，提出生命周期-空间-能效五维指标体系；揭示分布式空间全生命周期能效演化规律，形成关闭矿井压缩空气规模储能分布空间能效特征与五维数据融合分析理论。

8. 寒区全气候电动汽车动力电池系统热电耦合机理与高效管理

主要完成人： 戴海峰

完成单位： 同济大学

项目来源： 基金资助

项目起始时间： 2021 年 1 月 1 日

项目完成时间： 2024 年 12 月 31 日

项目简介：

锂离子电池在吉林省等寒区低温下工作时的性能衰退成为制约电动汽车推广的瓶颈之一，低温极速自加热是解决该问题的有效方案，其核心问题是合理控制自加热电流。本项目针对低温极速自加热控制中面临的控制策略制定缺乏依据、控制约束边界不明确及控制反馈量获取困难等挑战，研究①电池热-电动态特性耦合机理及其建模，以设计自加热控制策略；②电池性能衰减及锂沉积多维演化机理，以明确自加热控制的约束边界；③低温下电池多域状态协同估计，以获取自加热控制的反馈量。并在①电池生热-温升-电特性之间的时变耦合机理及规律，②电池性能衰减的主导机制及其多维演变规律，③交流自加热过程中的电池锂沉积生成条件，④车载非稳态工况下电池交流阻抗演变动力学机理及分数阶阻抗模型结构等关键科学问题上取得突破。研究将建立高效电池热-电协同管理，实现电池低温快速加热及高性能、长寿命、可靠工作，突破电动汽车全气候运行的限制。

9. 基于薄膜电容的三角形连接级联 H 桥 STATCOM 电容容量设计研究

主要完成人： 王恒宜

完成单位： 上海大学

联系邮箱： hengyiwang@ shu. edu. cn

项目来源： 其他单位委托

具体计划、基金名称和编号： 中达电通股份有限公司

项目起始时间： 2022 年 9 月 30 日

项目完成时间： 2024 年 4 月 30 日

项目简介：

本项目研究基于薄膜电容的三角形连接级联 H 桥 STATCOM 电容容量设计策略，提出了适合时域分析的周期信号模型；提出了保障电能质量和装置长期安全运行的电容容量设计关键约束；提出了满足关键约束条件的电容容量优化模型，并利用合适的计算方法求解了最优电容容量。本项目探讨的是薄膜电容应用研究中较少涉及的电容容量设计问题，该研究形成了电容容量设计的系统理论，弥补了相关领域的研究空白，对提高电力电子装置的寿命和可靠性具有积极作用。

10. 基于宽频控制的高速磁浮列车推力波动机理及抑制

主要完成人： 康劲松、赵元哲、王汉卿

完成单位： 同济大学

联系邮箱： kjs@ tongji. edu. cn

项目来源： 基金资助

具体计划、基金名称和编号： 国家自然科学基金

编号： 52277196

项目起始时间： 2023 年 1 月 1 日

项目完成时间： 2026 年 12 月 31 日

项目简介：

径向和法向电磁力波动是高速磁浮列车极速服役性能和舒适性提升的重要制约因素。长定子直线同步电机的气隙磁场空间谐波、定子电流时间谐波和悬浮/牵引耦合等是导致推力波动的因素。本研究聚焦高速磁浮牵引系统“宽频”控制理论方法，克服传统集中参数模型难以表征非线性、谐波、时变特征的局限性，预期成果如下：①探究基于磁共能重构的直线电机分布参数建模，基于二维傅里叶向量和多项式系数矩阵建立直线电机解析模型，获得计及空间分布特性的电磁力、磁链表达；②针对直线同步电机磁场空间谐波和悬浮/牵引控制耦合引起的推力波动，提出改进谐波电流计算方法与基于线性变换的谐波电流控制方法；③考虑直线电机的磁饱和、温升等因素引起的参数摄动，通过滑模方法观测系统扰动，研究基于无差拍预测控制的高速磁浮牵引控制算法。基于同济大学高速磁浮试验线，开展推力波动抑制方法原理验证，为我国高速磁浮交通的创新发展提供理论基础和关键技术支撑。

11. 计及关键机理特征的动力电池非线性衰减识别和后续性能预测

主要完成人：朱建功

完成单位：同济大学

项目来源：基金资助

项目起始时间：2022 年 1 月 1 日

项目完成时间：2024 年 12 月 31 日

项目简介：

新能源汽车是国家重要战略新兴产业，动力电池是新能源汽车的核心部件。动力电池在使用过程中存在性能衰减，衰减中的非线性问题具有突发性和离散性，未准确识别会致使电池组的安全失效风险加剧。电池性能衰减还具有工况依赖性，退役电池后续性能的不确定性制约其在储能领域的创新应用。本课题立足新能源汽车可持续发展，面向动力电池全生命周期管理中长寿命和高安全的需求，聚焦动力电池的“非线性衰减”问题，开发电池非线性衰减识别和退役电池后续性能预测方法。研究内容包括：①采用多尺度研究方法，探究动力电池非线性衰减的诱因及关键机理特征的演化规律；②阐明非线性衰减阶段电池内部微观状态与外部宏观性能的构效关系，进行非线性衰减的准确识别；③基于关键机理特征的演化规律，面向光储充需求的退役电池后续性能预测。

12. 跨频段超表面介入无线电能传输系统工作机制及关键问题研究

主要完成人：荣灿灿

完成单位：中国矿业大学

联系邮箱：ccrong@ cumt. edu. cn

项目来源：基金资助

具体计划、基金名称和编号：基金名称：国家自然科学基金青年项目

编号：52207019

项目起始时间：2023 年 1 月 1 日

项目完成时间：2025 年 12 月 31 日

项目简介：

项目以跨频段超表面介入磁耦合无线电能传输系统为研究对象，瞄准系统在提升空间无线电能传输的迫切需求，与超表面深度交叉，并将系统三大研究对象“频率”“功率”“效率”进一步融合，从跨频段超表面设计与实现、工作机理研究、动力学行为分析、电磁调控分析四个阶段依次展开。

13. 锂离子电池老化过程中热安全特性演变机制及在线表征

主要完成人：魏学哲

完成单位：同济大学

项目来源：基金资助

项目起始时间：2022 年 1 月 1 日

项目完成时间：2025 年 12 月 31 日

项目简介：

电动汽车锂离子电池安全工作窗口随老化过程改变这一问题造成了严重的安全隐患，充电成为触发老化电池热失控的典型工况，严重制约了电动汽车的推广。其关键在于电动汽车复杂的使用工况导致电池衰减路径复杂，电池老化状态对热安全特性的影响机制未能探明，且电池安全性在线表征方法匮乏，导致充电策略不能跟随安全窗口变化及时调整。面对以上挑战，本项目基于电动汽车工况，提炼出多种路径进行老化测试，并同步开展拆解表征分析和热失控分析，探究电池热安全性随老化演变的机理和规律，并以电池衰减内部表征量作为中间桥梁，构建起电池热安全表征与无损老化表征的关系模型，实现电池安全性的在线表征。基于以上表征，结合电池电热模型，面向快速充电这一典型应用场景，优化老化电池在快速充电过程中的安全电流边界。

14. 强鲁棒性锂离子电池循环寿命预估研究

主要完成人：王顺利

完成单位：西南科技大学信息工程学院新能源测控研究团队

项目来源：国家计划

项目起始时间：2022 年 1 月 1 日

项目完成时间：2025 年 12 月 31 日

项目简介：

项目所属科学技术领域为系统建模理论与仿真（F0303），针对锂离子电池系统的强鲁棒性循环寿命预估目标，拟开展基于深度学习理论的多时间尺度多变量耦合成组复合等效建模、循环寿命预估及其优化策略研究。①提出复合等效电路建模新思路，构建精细化数学描述模型，揭示多变量耦合影响下电池老化过程的外在表现和内在机理；②优化卷积计算和数据分布方式，构建兼具速度和精度的深度学习网络，对典型动态时刻进行静态展开，获得时间和空间双重维度信息的完整特性，结合迭代寻优探索形成强适应性预估算法；③考虑环境温度、电流倍率和动

态工况特性等诸多因素，研究单体间差异等关键参数影响机制，构建目标函数并实现最优化求解，获得多状态参量协同估计策略，实现多时间尺度、多变量耦合的特征信息融合与修正。本项目将深度剖析电池系统特性表征理论，揭示建模机理及其优化机制，建立适合复杂工况的强鲁棒性循环寿命预估方法体系，为锂离子电池的产业化应用和推广奠定理论基础。

15. 任意多线圈架构 MC WPT 系统本征态传能机理研究

主要完成人：廖志娟

完成单位：中国矿业大学

联系邮箱：zjliao@ cumt. edu. cn

项目来源：基金资助

具体计划、基金名称和编号：具体计划：中央高校基本科研业务费　基金名称：青年科技基金

编号：2020QN63

项目起始时间：2020 年 1 月 1 日

项目完成时间：2021 年 12 月 31 日

项目简介：

项目研究了多线圈架构系统本征态的能效和能流特性，提出了多线圈架构系统的能流路径规划策略。

16. 任意多线圈架构磁耦合无线电能传输系统本征态建模及空间能力提升策略研究

主要完成人：廖志娟

完成单位：中国矿业大学

联系邮箱：zjliao@ cumt. edu. cn

项目来源：基金资助

具体计划、基金名称和编号：基金名称：江苏省自然科学基金

编号：BK2020065

项目起始时间：2020 年 7 月 1 日

项目完成时间：2023 年 6 月 30 日

项目简介：

针对 MC-WPT（磁耦合无线电能传输）系统共振机理认识不全面以及共振点及其相关特性缺乏准确的数理描述等问题，项目申请人从系统建模、共振机理分析、模态参数配置、共振模态设计四个方面依次展开研究，形成一个以模态参数为轨迹的 MC-WPT 系统共振分析与设计的理论技术体系。主要创新点包括：①提出了一套完整的适用于任意线圈架构 MC-WPT 系统的建模分析方法，可快速、准确得到任意线圈架构、参数条件下系统中各回路电流的解析表达式；②揭示了 MC-WPT 系统共振机理及频率分裂的物理原理，建立了一套系统性的参数准则保证 MC-WPT 系统工作在共振状态；③提出了基于频谱指标的 MC-WPT 系统模态参数配置方法，实现任意给定频谱指标下的系统模态参数配置；④提出了一套基于模态参数配置的 MC-WPT 共振模态设计方法，可使得任意线圈架构 MC-WPT 系统共振在任意给定的频段。

17. 三维动态磁耦合无线电能传输系统本征态传能机制及能效提升策略研究

主要完成人：廖志娟

完成单位：中国矿业大学

联系邮箱：zjliao@ cumt. edu. cn

项目来源：基金资助

具体计划、基金名称和编号：基金名称：国家自然科学基金青年项目

编号：52007188

项目起始时间：2021 年 1 月 1 日

项目完成时间：2023 年 12 月 31 日

项目简介：

针对无人机器人等三维动态无线充电系统空间传能性能差、系统鲁棒性差等问题，项目申请人以系统本征参数轨迹为线索，从动力学行为分析入手，建立了不同本征态的诱导机制，揭示了不同工作模态的物理原理差异，提出了基于本征参数操控的性能提升策略。项目成果对于丰富和完善传能机理描述，提升一定距离内系统的空间传能性能具有重要的理论意义，对于探索磁耦合无线电能传输技术在无人机、智能机器人等领域应用具有重要的实际指导价值。主要创新点包括：①提出了基于本征参数轨迹的磁耦合无线电能传输系统动力学分析方法，构建了系统能效、磁场激励频率和系统各电参数之间的数理描述；②建立了不同本征态的诱导机制，揭示了不同工作模式的原理差异，为实际系统工作模态的选择提供了理论依据；③操控系统的本征矢量，提出了类理想变压器无线电能传输系统，能够按需设置电流幅值比，且与距离无关，从而能有效提升系统的位置鲁棒性。

18. 双面共芯电动汽车集群无线充电机制及关键技术研究

主要完成人：夏晨阳

完成单位：中国矿业大学

联系邮箱：bluesky198210@ 163. com

项目来源：省、市、自治区计划，基金资助

具体计划、基金名称和编号：基金名称：2019 年，江苏省六大人才高峰项目

编号：XNYQC-012

项目起始时间：2020 年 1 月 1 日

项目完成时间：2021 年 12 月 31 日

项目简介：

本项目针对目前多电动汽车并行无线充电存在的问题，引入“集群”概念，提出一种双面共芯电动汽车集群无线充电系统设计思想，并围绕其关键技术展开研究，用以实现设备群智能、高效、灵活无线充电，从而构建智能化、便捷化、通用化的多电动汽车并行无线充电系统。

19. 双频调制 PWM 操控电动汽车无线充电系统金属异物检测机制研究

主要完成人：夏晨阳

完成单位：中国矿业大学

联系邮箱：bluesky198210@163.com

项目来源：基金资助

具体计划、基金名称和编号：基金名称：江苏省自然科学基金面上基金

编号：BK20211246

项目起始时间：2021年7月1日

项目完成时间：2024年6月30日

项目简介：

为满足电动汽车无线充电安全需求，针对现有电动汽车无线充电系统金属异物检测方法存在的瓶颈问题，提出一种双频调制PWM操控电动汽车无线充电系统金属异物检测思路。基于双频调制PWM操控，构建双频调制PWM操控电动汽车无线充电系统金属异物检测模型，重点研究双频调制PWM操控无线充电系统金属异物检测机理，并围绕相关技术展开研究，以达到在满足电动汽车无线充电的同时，实现金属异物检测盲区消除、检测精度与检测系统抗扰度提升的目的。项目预期将提出一种双频调制PWM操控电动汽车无线充电系统金属异物高精度、无盲区与高抗扰度检测的新方法，以进一步丰富无线电能传输理论体系，推动电动汽车无线充电技术的发展。

20. 水上水下无人探测设备并行无线供电机理及关键技术研究

主要完成人：刘旭

完成单位：中国矿业大学

联系邮箱：xu.liu@cumt.edu.cn

项目来源：基金资助

具体计划、基金名称和编号：基金名称：中国博士后科学基金

编号：2019M652003

项目起始时间：2019年6月1日

项目完成时间：2021年6月30日

项目简介：

针对水上及水下无人探测设备传统拖线供电方式与回收充电方式存在的设备可持续工作能力与工作范围有限、湿插拔充电接头易漏电等问题，本项目拟开展水上水下无人探测设备并行无线供电机理及关键技术的研究，以实现利用振荡浮子式波浪能收集装置同时满足水上和水下两种介质内的无人探测设备智能、高效、稳定无线供电的需求。项目首先将研究电磁波跨介质传播时的空间分布特性与耗散机理，提出跨介质无线电能传输技术的理论分析方法，建立整体系统的电路分析模型；其次研究线圈结构设计对电磁波跨介质传输特性的影响，提出高效、高抗扰的跨介质双面传能与单面取能磁路耦合机构的设计方法；最后分析水流扰动及双负载不均衡取电工况下的系统功效变化特性，提出适用于多参数扰动工况下的系统综合控制策略，并研究瞬态大功率冲击下不同介质内的系统硬件保护方法、电磁屏蔽策略及抗电磁干扰技术。

21. 水下大功率高效无线电能传输机理及关键技术研究

主要完成人：刘旭

完成单位：中国矿业大学

联系邮箱：xu.liu@cumt.edu.cn

项目来源：基金资助

具体计划、基金名称和编号：基金名称：中央高校基本科研业务经费

编号：2019NQA08

项目起始时间：2019年1月1日

项目完成时间：2021年6月30日

项目简介：

针对水下电气设备传统拖线供电方式存在的供电活动范围受限、蓄电池湿插拔充电插头易漏电等问题，本项目拟进行水下无线电能传输系统基础研究。研究电磁波水下传播与耗散机理，完善水下无线电能传输技术理论分析方法；基于虚拟建模技术，设计适用于水下无线电能传输系统的新型磁路耦合机构、高频变换器、补偿拓扑结构及水密结构；分析水流扰动下系统功率及效率变化特性，研究系统效率的最优控制策略；基于双向无线携能通信技术，研究水下无线电能传输系统与用电设备电池管理系统间的双向控制技术；建立水下无线电能传输系统磁场分布模型，研究水下电气设备间的电磁交叉耦合串扰问题，提出电磁干扰抑制屏蔽策略及瞬态大功率冲击下的无线电能传输系统硬件保护技术，以突破水下无线电能传输技术的大功率、高效率、远距离、高可控性和高安全性等关键技术。

22. 无线电能-智能可穿戴电子设备柔性供电技术研究

主要完成人：杨磊、同向前、刘兴华、文海兵、朱大锐、黄晶晶

完成单位：西安理工大学、西安交通大学、西北工业大学

联系邮箱：yanglei0930@xaut.edu.cn

项目来源：国家计划

具体计划、基金名称和编号：

1）中国博士后科学基金，项目编号：2018M643700，项目名称：新能源系统隔离性高增益开关电容变换器研究

2）国家自然科学基金，项目编号：51677151，项目名称：复杂弱电网中并网变流器系统稳定性的分析测评与增强控制

项目起始时间：2016年9月

项目完成时间：2022年12月

项目简介：

本项目研究方向隶属于电气工程、控制科学与工程、材料科学与工程和生物医学工程的交叉领域。本项目立足于智能可穿戴电子设备所存在的供电难瓶颈问题，提出相关控制方法，建立与之对应的数学模型，进行计算方法的理论创新和技术创新。深入地研究了智能可穿戴电子设备的材料制作和电路集成技术、基于柔性材料光伏和光电化学能量供应技术以及基于超薄柔性导电材料的柔性供电技

术及其控制策略。系统地解决了智能可穿戴电子设备的能源供应的瓶颈问题。该项目成果主要包括：①柔性电子器件的材料制作和集成技术；②基于柔性材料光伏和光电化学能量供应技术；③智能可穿戴电子设备柔性供电技术及其控制策略。

本项目属于电气工程、生物医学工程和材料科学与工程等交叉学科的前沿研究领域。本项目团队实现了跨学科、跨高校和优势互补的合作模式，研究水平处于国际前列。本项目研究成果可以实现智能可穿戴电子设备、可植入医疗电子设备、生物传感器等便捷、高效的电能供给，具有非常高的科学研究和实际应用价值，产业化前景光明，市场价值可观。

智能可穿戴电子设备的电能补给方式主要是储能锂电池、太阳能电池或者机械自发电供电。但是太阳能电池或者机械自发电供电方式的相关研究和应用还处于初级阶段。一般情况下，电池的寿命是有限的，而更换电池程序复杂且很大程度会带来电池损伤。特别是对于可植入医疗电子设备更换电池，增加了二次手术感染的可能性以及患者的经济负担，这为可植入医疗电子设备带来很大挑战。另外，为了减小对人体的损害，通常对可植入医疗电子设备的体积和功率密度有很高的要求。

柔性供电技术开辟了可植入电子设备电池充电的新方向。柔性供电技术应用于可植入医疗电子设备、医疗传感器如胶囊内镜等医疗电子设备领域，可有效解决患者利用手术更换电池蓄能的问题。结合无线电能传输技术，柔性供电方式已经在可植入电子设备上得到了广泛的应用。

基于柔性导电材料的供电方式由于自身能效高、稳定性高、形状可塑性高等特点，可以完全满足智能可穿戴电子设备的多场景能量供应要求。因此，柔性供电技术将形成智能可穿戴电子设备新科学研究范式或学科增长点并带动智能可穿戴电子设备的快速发展。

23. 谐波分离与复用磁耦合谐振无线电能传输机理及关键技术研究

主要完成人：夏晨阳

完成单位：中国矿业大学

联系邮箱：bluesky198210@ 163. com

项目来源：基金资助

具体计划、基金名称和编号：基金名称：国家自然科学基金面上基金

编号：51777210

项目起始时间：2018 年 1 月 1 日

项目完成时间：2021 年 12 月 31 日

项目简介：

无线电能传输技术为实现电气设备安全、灵活、洁净供电提供了有效解决方案。解决传统的基于基波通路实现磁耦合谐振无线电能传输、电能信号传递及负载识别过程中存在的能量高效传输及系统稳定性等关键问题，是加速推进无线电能传输技术发展的重要途径。本项目借鉴电力系统谐波利用相关理论，提出一种谐波分离与复用磁耦合谐振无线电能传输思想。构建基谐波双通路磁耦合谐振无线电能传输系统模型，并针对其运行机制及基谐波双通路电能传输、信号传递和负载识别等相关关键技术实现机理展开研究。重点解决基谐波有效分离、双通路能量分配与控制、四线圈磁路机构物理和数学建模及鲁棒稳定特性等关键难点问题，探索并开辟一条研究磁耦合谐振无线电能传输系统的新思路。通过本项目的研究，可望提高我国无线电能传输基础理论水平。研究结论有望丰富无线电能传输技术基础理论体系，并为无线电能传输技术的推广以及产业化发展和应用做出一定贡献。

第六篇　电源标准

中国电源学会团体标准 2022 年度工作综述

培育发展团体标准，是发挥市场在标准化资源配置中的决定性作用、加快构建国家新型标准体系的重要举措。2015 年，国务院颁布了《深化标准化工作改革方案》；2016 年 3 月，质检总局和国家标准委印发了《关于培育和发展团体标准的指导意见》，鼓励具备相应能力的社团组织和产业联盟制定满足市场和创新需要的标准，以增加标准的有效供给。

长期以来，由于没有专门的标准委员会针对电源产品进行标准的统筹制定，电源行业标准存在多头制定、缺乏体系规划、更新不及时等问题，难以满足行业发展的需要。

在此背景下，中国电源学会于 2016 年正式启动团体标准制定工作，并初步取得了成效。本着“行业主导、需求为先、系统规划、务实高效”的原则，学会在 2022 年度依据《中国电源学会团体标准管理办法》，针对目前电源行业急需领域和课题，继续开展团体标准工作。

一、团体标准建设工作概要

标准化是推动行业规范发展的“助推器”，而团体标准的制定则有助于弥补国家标准编制程序较多、周期较长、种类不够齐全、标准更迭相对滞后等缺陷。本着“行业主导、需求为先、系统规划、务实高效”的原则，中国电源学会自 2016 年以来围绕电源行业团体标准做了大量扎实有效的工作。针对目前电源行业急需领域和课题，学会每年定期面向行业征集标准提案，得到了学会各专委会以及电源企业、科研院所的广泛关注和积极参与。

2018 年至 2020 年间共 41 项团体标准成功进行了立项、起草、公开征集意见、审查、审批等工作程序并顺利发布执行，各项标准或填补了行业空白，或领行业之先，对于引领行业健康发展意义重大。

2022 年，学会同时开展了三批团体标准的相关工作：

1）完成对 2021 年立项团体标准的审查、审批及发布工作，分两批共发布 11 项团体标准。

2）完成对 2022 年立项团体标准的立项审查、审批工作，共计立项 16 个新标准项目，并组织开展起草工作。

3）启动 2023 年立项团体标准的提案征集工作，并开展相关意见征求。

二、2021 年立项团体标准审查及审批工作概要

2021 年立项团体标准 8 项和延期审查、修后重审标准 5 项同批进入 2022 年标准审查及审批工作，该 13 项团体标准经格式审查、集中审查会后共有 11 项团体标准顺利获批，并于 2022 年 9 月 6 日和 12 月 27 日分两批成功发布并于次日正式实施。

1. 格式审查

2022 年 3 月，中国电源学会对起草组提交的 9 项团体标准报审稿（初稿）及 2021 年参评修后重审的《核聚变磁体电源等离子体击穿开关网络系统设计技术导则》《聚变失超保护系统直流快速开关测试规范》《聚变失超保护系统爆炸开关测试规范》《聚变失超保护系统直流快速开关测试规范》二次报审稿，共 13 项报审稿组织进行格式审查并进行相应规范性修改。

2. 视频审查会

2022 年 4~6 月，中国电源学会团体标准工作办公室在归口专委会协同支持下，以视频形式分别组织召开 7 场审查会议，共邀请专家 24 位，审查标准报审稿 13 项，起草组代表共计 30 余人次参加视频会议答辩。

评审专家听取了标准起草单位关于标准报审稿的编制情况汇报和说明，从合法性、合理性、可行性、精确性、协调性和先进性等方面对提交的报审稿进行审查、讨论。

最终，共有 8 项团体标准报审稿顺利通过审查，3 项标准后续修改函审后通过。专家组认为，相关标准整体结构合理，内容系统全面，具有较强的现实需求和实用价值，符合当前行业发展要求，有利于推动行业有序发展。同时专家组也就标准的内容侧重、范围、规范用语和准确性等方面提出了修改意见和建议。

3. 审批工作组织

审查会后，通过审查的 11 个团体标准项目根据审查会委员意见及现场会议纪要文件对标准文本进行修改处理，并陆续修改完成，通过专家审查组确认。基于国家标准 GB/T 1.1 和审查会专家所提格式修改相关意见，学会团体标准工作办公室已同步对该 11 项标准进行了三轮格式校对及修改，最终形成标准报批稿，提交学会团体标准领导小组审批。2022 年 9 月 6 日和 2022 年 12 月 27 日，中国电源学会第五批共 11 项团体标准先后正式获批发布，并于当年的 9 月 7 日和 12 月 28 日起正式实施。

4. 2022 年发布 11 项团体标准项目及编号

［T/CPSS 1001—2022］电动汽车大功率无线充电技术规范

［T/CPSS 1002—2022］直串型分布式潮流控制器系统调试规程

［T/CPSS 1003—2022］优质电力园区电能质量治理装置通信技术要求

［T/CPSS 1004—2022］电压暂降敏感用户接入电网风险评估导则

［T/CPSS 1005—2022］中低压配网电能质量监测终端接入物联管理平台技术规范

［T/CPSS 1006—2022］船舶低压直流电力系统选择性保护设计规范

［T/CPSS 1007—2022］应用于轨道交通车站的蓄电池设计和管理技术规范

［T/CPSS 1008—2022］信息系统电源设备阻抗特性测试规范

［T/CPSS 1009—2022］聚变失超保护系统爆炸开关测试规范

［T/CPSS 1010—2022］聚变失超保护系统直流快速断路器测试规范

［T/CPSS 1011—2022］核聚变磁体电源等离子体击穿开关网络系统设计技术导则

5. 2022 年发布 11 项团体标准基本信息

（1）电动汽车大功率无线充电技术规范［T/CPSS 1001—2022］

英文名称：Technical specification for high-power wireless charging of electric vehicles

起草单位：哈尔滨工业大学、国网电力科学研究院有限公司、重庆大学、中国汽车技术研究中心有限公司、宇通客车股份有限公司、中国计量科学研究院、北京理工大学、国电南瑞科技股份有限公司、哈尔滨理工大学、台达电子企业管理（上海）有限公司、广西电网有限责任公司电力科学研究院

项目负责人：宋凯（哈尔滨工业大学）

执笔人：宋凯、姜金海、杨光

起草组成员：宋凯、姜金海、朱春波、杨光、王可、桑林、戴欣、孙跃、张宝强、孔治国、兰昊、刘威、潘仙林、熊瑞、吕晓飞、吴晓刚、廖永恺、肖静、龚文兰、吴晓锐

标准范围：

本标准规定了电动汽车大功率无线充电系统主要性能、通信要求、安全要求、辅助功能要求等。

本标准适用于电动汽车大功率无线充电系统（功率等级为 11kW 以上），其供电电源额定电压最大值为 1000V AC 或 1500V DC，额定输出电压最大值为 1000V AC 或 1500V DC。

标准先进性：

新能源汽车属于国家战略性新兴产业，是新一轮科技革命和产业变革的方向，是实现我国汽车产业转型升级、跨越发展的重要抓手。双碳背景下，财政部 2022 年 5 月印发了《财政支持做好碳达峰碳中和工作的意见》，意见中指出："大力支持发展新能源汽车，完善充换电基础设施支持政策"。电动汽车非车载充电机受插拔枪不方便、天气环境影响大、建站用地较多等因素制约，特别是如何解决触点式充电的安全隐患，成为电动汽车充电设施建设亟待解决的难题。目前国内电动汽车无线充电系统已进入示范应用阶段，也制定了部分技术规范及标准，但是现有的标准文件只规定了 11kW 及以下功率级别系统的设计及试验规范，对于 11kW 以上功率级别的无线充电系统尚无明确的统一技术规范。而对于电动大巴等大功率纯电车辆，11kW 的传输功率已不满足其充电需求，同时工业和信息化部无线电管理局的《无线充电（电力传输）设备无线电管理暂行规定》（征求意见稿）也规定了不同功率等级无线充电设备的不同工作频率要求，因此急需制定相关的技术规范满足市场与国家相关规定对于大功率无线充电系统的需求。

该标准规定了 11kW 以上功率等级电动汽车无线充电系统的主要性能、通信要求、安全要求、辅助功能要求等，明确了大功率电动汽车无线充电系统的模块化要求和 22kW 以上与 22kW 以下功率等级的不同工作频率要求，给出了电动汽车大功率无线充电系统的地面推荐设备与车载推荐设备，补充了目前国际、国内、行业标准中 11kW 以上功率等级的电动汽车无线充电系统技术规范尚不完善与尚待明确的内容，实现了该功率等级无线充电系统"有标准可依"，具有重大的现实意义和社会效益，充分发挥了团体标准的规范与引领作用，有利于电动汽车大功率无线充电系统产业化发展。

（2）直串型分布式潮流控制器系统调试规程［T/CPSS 1002—2022］

英文名称：System commissioning specifications for direct series connection type distributed power flow controller

起草单位：国网浙江省电力有限公司电力科学研究院、国网浙江省电力有限公司、武汉理工大学、南京南瑞继保电气有限公司、中电普瑞科技有限公司、中国能源建设集团浙江省电力设计院有限公司、国网湖北省电力有限公司电力科学研究院、安徽大学、国网冀北电力有限公司电力科学研究院、西安爱科赛博电气股份有限公司、浙江华云电力工程设计咨询有限公司、国网福建省电力有限公司电力科学研究院、中国石油大学（华东）、思源清能电气电子有限公司、国网山西省电力公司电力科学研究院、中国电力科学研究院有限公司、亚洲电能质量产业联盟、国网江苏省电力有限公司电力科学研究院、南方电网科学研究院、国网河北省电力有限公司电力科学研究院、广西电网有限责任公司电力科学研究院

项目负责人：裘鹏（国网浙江省电力有限公司电力科学研究院）

执笔人：裘鹏、陈骞

起草组成员：裘鹏、陈骞、谢浩铠、唐爱红、盛晓东、张佃青、李国尧、陈堃、郑常宝、辛光明、徐华、潘武略、王朝亮、薛艳梅、尹康、黄道姗、仇志华、李耀海、樊瑞、吴永康、王语洁、李鹏、李桂源、杨少波、金庆忍

标准范围：

本标准规定了直串型分布式潮流控制器的系统调试条件、项目、方法及要求。

本标准适用于 220kV 及以下电压等级电网中的直串型分布式潮流控制器，采用其他型式的分布式潮流控制器可参照执行。

标准先进性：

随着高压直流输电、新能源发电在电网接入规模的不断扩大，大容量电源分层接入电网后的潮流控制与新能源灵活消纳问题日益突出，电网运行过程中潮流波动大、分布不均衡现象严重，造成重要及关键供电断面限额偏低，成为电网供电能力制约的瓶颈。

传统新建线路、发电厂等解决方案建设周期长、投资大、占地要求高，采用电力电子技术的潮流控制器对现有交流线路进行改造、升级是最为有效的方案，统一潮流控制器（UPFC）已有多个工程示范案例，效果良好，但由于

其含有串、并联变压器等，占地要求高、造价高，工程应用限制较大，综合评价无法兼顾电网运行与投资效益问题，因此有必要研究提升电网潮流输送能力的新型技术手段，提高电网运行效率与安全稳定性。

分布式潮流控制器（DPFC）是一种基于大功率电力电子技术的新型柔性潮流控制装置，它可以分布式地安装于变电站内或线路耐张杆塔上，可实现目标潮流断面的优化控制，充分发挥线路走廊资源，解决断面超限问题，增强系统网架结构和承载力，提升区域电网抵御故障及风险能力。结合其本身具有成本低，可靠性高，占地小和可扩展性强的特点，DPFC是未来灵活交流交流输电（FACTS）技术的又一发展方向，具有广阔的推广应用前景。

随着DPFC的推广应用，开展DPFC工程系统调试，全面考核DPFC主设备及系统的功能和性能，对于保证工程可靠投运及安全稳定运行至关重要。当前国内外均没有DPFC工程系统调试的标准，迫切需要相应的DPFC系统调试标准来规范DPFC工程系统调试的项目和方法，提高调试全面性和准确性，保证DPFC安全可靠运行。

（3）优质电力园区电能质量治理装置通信技术要求［T/CPSS 1003—2022］

英文名称：The communication technical specification of power quality control device for premium power park

起草单位：深圳供电局电力科学研究院、安徽大学、西安交通大学、安徽安大清能电气科技有限公司、西安爱科赛博电气股份有限公司、上海电器设备检测所有限公司、国网辽宁省电力有限公司电力科学研究院、安徽徽电科技股份有限公司、北京英博电气股份有限公司、亚洲电能质量产业联盟、国网河北省电力有限公司电力科学研究院、国网山西省电力公司电力科学研究院、中国电力科学研究院有限公司、广东电网有限责任公司电力科学研究院、辽宁东科电力有限公司、厦门大学、广西电网有限责任公司电力科学研究所

项目负责人：游奕弘（深圳供电局电力科学研究院）

执笔人：张茂松

起草组成员：游奕弘、张茂松、易皓、高敏、白士贤、史贵风、李平、虞江华、姚彩娟、王语洁、闫鹏、王腾鑫、胡蓓、杜婉琳、董鹤楠、孟超、阮诗雅

标准范围：

本标准规定了优质电力园区电能质量治理装置和控制中心站之间通信的总体架构、要求和数据规约。

本标准适用于交流35kV及以下电压等级的交流供电优质电力园区，其他电压等级的电力园区可参照执行。

标准先进性：

随着科学水平的不断提高，分布式电源和功率负荷等电力电子装置在现代园区配电网中得到了广泛而深入的应用，但装置的大规模接入和高渗透分布产生的污染叠加效应可能会给园区配电网的电能质量带来严重的危害。

优质电力园区逐渐成为综合解决敏感用户电能质量问题的一种方式。优质电力园区通过在特定范围合理规划不同特性的电能质量治理设备，可针对用户的需求制订可靠的供电规划，保证治理措施的有效性和针对性。从经济性和有效性角度出发，为实现对优质电力园区电能质量治理装置进行优化协调控制，需要建立园区中心控制站和电能质量治理装置间的稳定通信。由于不同的电能质量治理装置所要求的通信标准不一，导致了控制中心站与各个子装置的通信方式复杂，这不仅加大了通信的难度，还使控制中心命令的下发具有一定的延时性。因此，一种通过优化不同电能质量装置与控制中心通信策略以达到电力园区实现统一协调控制的治理方案确实具有实际意义。

项目对电能质量治理装置与控制中心站协同控制的通信策略进行研究，设计电能质量治理装置与中心的优化控制，通过改善电能质量治理装置通信技术规范，利用统一的通信平台拓扑，加强园区内各分区电能质量治理装置与控制中心站合作的实时性，进而使得电能质量治理装置更加有效的工作，优化各自动作秩序，减少不可控干扰，从整体上改善园区电能质量，为优质电力园区提供基于经济性和安全性的电能质量装置优化控制提供标准指导。

（4）电压暂降敏感用户接入电网风险评估导则［T/CPSS 1004—2022］

英文名称：Guidelines for risk assessment of voltage sag sensitive users accessing power grid

起草单位：深圳供电局有限公司电力科学研究院、四川大学、国网福建省电力有限公司电力科学研究院、国网上海市电力公司电力科学研究院、华南理工大学、亚洲电能质量产业联盟、安徽大学、国网湖北省电力有限公司电力科学研究院、广西电网有限责任公司电力科学研究所、广东电网有限责任公司电力科学研究院、国网山西省电力公司电力科学研究院、国网北京市电力公司电力科学研究院、国网辽宁省电力有限公司电力科学研究院、西安爱科赛博电气股份有限公司、国网河北省电力有限公司电力科学研究院、南京国臣直流配电科技有限公司、国网吉林省电力有限公司电力科学研究院、北京国网信通埃森哲信息技术有限公司、上海电器设备检测所有限公司、思源清能电气电子有限公司、南旭福（北京）信息工程技术有限公司、北京英博电气股份有限公司、普世通（北京）电气有限公司、山东华天电气有限公司、辽宁东科电力有限公司、靖江市普瑞电力科技有限公司、西安科湃电气有限公司、费籁电气（上海）有限公司、中国电力科学研究院有限公司、国网河南省电力公司电力科学研究院、国网天津市电力公司、厦门大学、电子科技大学

项目负责人：吴显（深圳供电局有限公司电力科学研究院）

执笔人：吴显、汪颖

起草组成员：吴显、汪颖、吴丹岳、潘玲、钟庆、黄炜、朱明星、胡畔、姚知洋、马明、张敏、王海云、程绪可、王森、苏灿、邹学毅、袁野、吴耀军、何朴芳、黄磊、范福在、姚彩娟、渠学景、王德涛、张冠锋、张乔龙、赵哈、李稳良、肖梁乐、王毅、李树鹏、孟超、韩杨

标准范围：

本标准规定了电压暂降敏感用户（以下简称敏感用户）接入35kV配电网的风险评估流程，包括评估流程、评估信息、评估方法和风险评估报告内容框架。

本标准适用于接入35kV配电网的新增和扩容的电压暂降敏感用户。已接入的敏感工业用户或其他类型用户可参照执行。

标准先进性：

2015年5月8日，中共中央、国务院印发了《中国制造2025》，其中明确提出要加快机械、航空、船舶、汽车、轻工、纺织、食品、电子等行业生产设备的智能化改造，提高精准制造、敏捷制造能力，大力发展制造业。但是，提高精准制造和敏捷制造能力，意味着高端制造业用户的生产线会加大精密仪器的使用，这类仪器对电压暂降问题十分敏感。据不完全统计，全国约75%的高端制造业用户的生产线对于电压暂降非常敏感，对其造成巨大的风险和经济损失，影响制造业用户的高质高效发展，引起用户投诉和抱怨。在电压暂降敏感用户接入配电网时为其评估电压暂降风险，明确其接入后可能会面临的电压暂降及其严重程度。用户可根据电压暂降风险值，在接入前采取相应的治理措施，可降低其在接入配电网后电压暂降对生产的影响，对增强用户电力获得感，提升营商环境，实现电压暂降零投诉具有非常重要的意义。

国内外各类标准均在电压暂降监测、治理方面做了规范，为敏感用户电压暂降风险评估奠定了基础。目前，国内外针对敏感用户并网电压暂降风险评估尚无统一标准，目前国家标准化管理委员会颁布了GB/T 30137—2013《电能质量 电压暂降与短时中断》，但该标准还仅停留于基本概念和特征的定义。针对电压暂降敏感用户，相关标准有GB/T 39227—2020《1000V以下敏感过程电压暂降免疫时间测试方法》，电力行业标准中也在制定经济损失评估、敏感度测试等标准，但是，针对敏感用户接入电网电压暂降风险评估尚无标准。单一针对敏感设备和过程的电压耐受能力测试结果，并不能取代敏感用户接入电网电压暂降风险评估的标准。因为电能质量问题是供电系统内的扰动水平与接入电网中的用电设备耐受能力之间的兼容性问题。因此，不仅需要关注接入设备的抗扰动能力，还必须考虑实际接入点系统强弱程度等多方面因素。为了推广和普及敏感用户接入配电网的评估工作，现建立本技术标准，规范敏感用户入网电压暂降风险评估工作，以提升高端制造业用户高品质用电体验，助力中国制造2025战略发展，具有重要工程应用价值和现实指导意义。

（5）中低压配网电能质量监测终端接入物联管理平台技术规范［T/CPSS 1005—2022］

英文名称：Technical specifications for connecting the power quality monitoring device of the medium and low voltage distribution to the IoT platform

起草单位：国网山西省电力公司电力科学研究院、深圳市中电电力技术股份有限公司、西安博宇电气有限公司、南京南瑞继保电气有限公司、国网河北省电力有限公司电力科学研究院、上海科梁信息科技股份有限公司、中国电力科学研究院有限公司、国网北京市电力公司电力科学研究院、国网辽宁省电力有限公司电力科学研究院、亚洲电能质量产业联盟、国网福建省电力有限公司电力科学研究院、广西电网有限责任公司电力科学研究院、全球能源互联网研究院有限公司、北京国网信通埃森哲信息技术有限公司、安徽大学、国网浙江省电力有限公司、广东电网有限责任公司电力科学研究院、国网湖北省电力有限公司电力科学研究院、辽宁东科电力有限公司、国网河南省电力公司电力科学研究院、国网天津市电力公司、南方电网电力科技股份有限公司、电子科技大学、中电普瑞科技有限公司

项目负责人：常潇（国网山西省电力公司电力科学研究院）

执笔人：张敏、王昕

起草组成员：常潇、张敏、王昕、刘军成、王同勋、代双寅、韩杨、程立、贺伟、胡存刚、李胜辉、吴耀军、王玲、周文、谢宁、李树鹏、李伟、谢冰、郭敏、赵刚、郜登科、黄道姗、王朝亮、于希娟

标准范围：

本标准规定了中低压配网电能质量监测终端（以下简称监测终端）接入物联管理平台的接入架构、基本要求、接入技术要求等。

本标准适用于35kV及以下交流配网装设的电能质量监测终端。

标准先进性：

本标准属于电能质量技术领域范畴，涉及中低压配电网电能质量监测终端接入物联管理平台的相关技术要求，适用于对中低压配电网及用户侧电能质量监测终端。

随着配电网中非线性负荷的快速增加、分布式新能源的大规模接入以及工业用户要求的不断提高，电能质量问题越来越受到供、用电各方的关注。配电网中非线性电力电子设备、谐波发生源众多，谐波超标、配变电压变动、三相不平衡等电能质量问题，对电力用户和电力企业造成了极大的损失。电能质量下降不但严重影响供电企业的安全运行及经济效益，影响用电设备效率和性能，而且易引起用电设备寿命大幅下降，因此电能质量的有效监测是目前配电网运行亟需解决的重要课题。

电能质量在线监测装置及系统已经广泛应用，但主要集中在电网变电站中。配电网及用户侧电能质量监测仍处于起步阶段，主-配-用一体化电能质量监测无法实现。配电网及用户侧环境复杂、涉及范围广，目前主网变电站中应用的电能质量监测终端体积大、价格昂贵，不适用配网及用户侧安装环境使用。配网及用户侧只能以无线通信方式实现数据传输，在信息安全管理越来越严格的背景下，信息融合比较困难。电力用户特别是高端敏感用户关注电能质量问题，但缺乏数据以及基于数据的服务。

此外，在配电网电能质量监测装置接入省级电能质量（谐波）监测系统及应用方面，根据电力物联网整体架构，配电网电能质量监测数据应实现基于MQTT协议的从“配电网电能质量监测装置—省级物联管理平台—省级谐波监测系统”的安全接入及数据贯通，在无线APN专网数据传输方式、省级物联管理平台数据共享、接口联调、通信适配及安全网关等方面，缺乏可借鉴的经验及标准参考。

制定配电网电能质量监测终端接入物联管理平台技术规范，装设在35kV及以下中低压配网的电能质量监测终端

接入物联管理平台的接入架构、基本要求、接入技术要求等进行规范要求，有助于规范配电网电能质量监测工作，促进配电网电能质量监测技术的发展和应用。

（6）船舶低压直流电力系统选择性保护设计规范［T/CPSS 1006—2022］

英文名称：Specifications for selective protection design of ship LVDC power system

起草单位：中国船舶集团有限公司第七一一研究所、清华四川能源互联网研究院、上海海事大学

项目负责人：刘佳彬（中国船舶集团有限公司第七一一研究所）

执笔人：刘佳彬、李威

起草组成员：刘佳彬、杨超、李威、杨璇、姚大伟、包维瀚、姚刚、高迪驹

标准范围：

本标准规定了船舶低压直流电力系统面向短路故障的选择性保护设计方法。

本标准适用于采用双极、单极对称等浮地接线方式的船舶低压直流（1000V 以下）电力系统因热、电流超限所采取的保护。

标准先进性：

本标准在多型船舶低压直流电力系统设计和大量实船短路试验验证的基础上，总结和提炼出一套实用的标准，其目的和意义是：

1）顺应全球船舶绿色节能发展，推动船舶低压直流配电技术应用。

船舶使用直流配电系统与交流相比，主要有两个方面的优点。首先，直流送电时，线路电容电感对送电影响很小，线路容量比同样条件下的交流线路高；其次，直流配电电压要高于交流配电电压，这使得电能传输距离以及电能质量得到了保证。相关文献表明，直流配电网具有提高供电容量、减小线路损耗、改善负载侧电能质量、隔离交直流故障，以及可再生能源灵活、便捷接入等一系列优点。4 年的实船运营数据表明，“镇扬汽渡”直流电力推进系统实测能效较同类交流电力系统船舶提升 10%～15%。

2）填补国际船舶直流电力系统选择性保护设计标准的空白，树立我国行业领先地位。

由于现低压直流配电系统是一种新兴的配电方式，相关技术还不成熟，特别是在配电保护的领域，电源和配电保护装置厂家的技术路线差距很大，且都对系统保护方式有很大影响，因而直到现如今还没能有相关国际机构提出较为公认的低压直流系统设计标准。

本标准提出了低压直流系统主流保护设备和拓扑结构的选择性保护原则，形成一套较为通用的船舶低压直流电力系统选择性保护设计标准。本标准的实施，将填补国际船舶直流电力系统选择性保护设计标准的空白，有助于树立我国在直流配电领域的行业领先地位。

（7）应用于轨道交通车站的蓄电池设计和管理技术规范［T/CPSS 1007—2022］

英文名称：Technical specifications for battery design and management applied to rail transit stations

起草单位：上海交通大学、广州地铁设计研究院股份有限公司、清华大学、中车株洲电力机车研究所有限公司、荷贝克电源系统有限公司、宁波市轨道交通集团有限公司、中铁二院工程集团有限责任公司、北京城建设计发展集团股份有限公司、广州地铁集团有限公司、中国铁路设计集团有限公司、中铁第六勘察设计院集团有限公司

项目负责人：向东（上海交通大学）

执笔人：向东、严正、廖振宁、张金华

起草组成员：向东、严正、何治新、廖振宁、郑泽东、黄江伟、李守杰、莫修栋、罗学玲、刘丽萍、许霓、马坚生、张志学、秦岭、杨超、舒德兀、柏泽钿、张金华、黎干斌、邵明瑞

标准范围：

本标准规定了轨道交通车站蓄电池前期设计和后期管理的技术规范。

本标准适用于轨道交通车站蓄电池相关内容，用于指导轨道交通车站蓄电池科学的使用，避免发生安全事故。

标准先进性：

目前，轨道交通处于规模化建设中，蓄电池作为车站特别重要负荷的后备电源，在轨道交通内广泛应用。根据现在蓄电池技术的发展，蓄电池的固有特性也带来诸多问题，主要有：

1）安全问题：轨道交通多选用铅酸胶体蓄电池，存在漏液的问题，并在电池架（柜）形成电路环路，短路时有发生，造成设备房火灾。多个城市轨道交通车站有蓄电池火灾发生的事件。

2）温度问题：轨道交通蓄电池房间温度采用 28℃ 标准，有些城市甚至没有温度的规定，维持在 36℃ 左右。这对蓄电池的寿命，带来不利影响。

3）布置问题：轨道交通蓄电池是重要的设备，有部分蓄电池之间距离较小。只有规范、合理布置，才能对蓄电池使用起到保障作用。

4）监控问题：轨道交通蓄电池的信息，需要及时上传车控室，便于运营管理人员监视蓄电池状态，并完成保护和控制蓄电池的工作。

综上所述，以上轨道交通蓄电池的问题，需要通过专门的技术规范指导轨道交通前期的蓄电池设计和后期的运营管理工作。因此，在轨道交通行业制定蓄电池设计和管理技术要求有重要的现实意义。

国内或国外规范没有针对轨道交通的蓄电池的技术规范。本标准借鉴国外使用在其他行业的蓄电池技术规范，但仅仅只借鉴蓄电池产品技术本身。关于与轨道交通设计和管理的相关的具体技术要求，全部是本标准新编写内容。

本标准还指出锂离子电池和超级电容在轨道交通应用的要求并说明了需论证的内容。

制定本技术标准对产业发展有一定的促进作用：建立轨道交通蓄电池集中管理平台，对蓄电池实现线级和线网级集中管理平台，是设计的方向。生产和实施适合于轨道交通的蓄电池是产业发展的方向。

（8）信息系统电源设备阻抗特性测试规范［T/CPSS 1008—2022］

英文名称：Test specification for impedance characteristics of power supply equipment in information system

起草单位：上海科梁信息科技股份有限公司、科华数据股份有限公司、上海千黎电气科技有限公司、浙江大学、台达电子企业管理（上海）有限公司、京东云计算有限公司、厦门大学、北方工业大学、华侨大学、国网思极紫光（青岛）云数科技有限公司、厦门市爱维达电子有限公司、阿里巴巴（中国）有限公司

项目负责人：郜登科（上海科梁信息科技股份有限公司）

执笔人：郜登科、易龙强、徐德鸿、王琳

起草组成员：郜登科、易龙强、董慨、陈一逢、陈敏、李升、王琳、郑飞、陈四雄、曾奕彰、韩金刚、周京华、郭新华、林燎源、练恒、肖昌允、苏坚坚、孟超、彭广香、陈国峰、文芳志

标准范围：

本标准规定了数据中心信息系统电源设备阻抗特性的测试要求、测试方法、测试步骤和测试结果。

本标准适用于数据中心信息系统电源设备的输入/输出端口阻抗特性测试，电源设备采用交流 1000V/直流 1500V 及以下的电压进行供电，端口包含且不限于三相四线制、三相三线制、单相交流、直流等。

对于其他信息系统的电源设备阻抗特性测试，可参照执行。

标准先进性：

随着不间断电源（UPS）、电源供应器（PSU）、静止无功发生器（SVG）、有源电力滤波器（APF）等电源设备在信息系统的广泛使用，由于电源设备阻抗特性不匹配引起的信息系统供配电稳定性问题时有发生。为了预防并解决供配电稳定性问题，需要对电源设备在接入信息系统之前进行阻抗特性测试。

目前国内外尚无正式发布的有关信息系统电源设备阻抗特性的测试标准，使得信息系统在实际运行过程中，由于电源设备阻抗特性没有规范要求而引发的振荡事故往往无规可循，不能从规范的角度提供强有力的技术支持和保障，从而降低了信息系统特别是大型数据中心运行的可靠性。有鉴于此，本标准对数据中心信息系统电源设备阻抗特性的测试要求、测试方法、测试步骤和测试结果等方面予以规范。

本标准的发布可以填补我国在该方面标准的空白，促进在信息系统推广电源设备阻抗特性的测试规范，从阻抗特性规范层面为电源设备的设计、选择和验收提供技术依据，以提高信息系统的供配电稳定性和可靠性，为信息产业的持续快速发展提供技术支撑。

（9）聚变失超保护系统爆炸开关测试规范［T/CPSS 1009—2022］

英文名称：Test standard for pyro-breaker of quench protection system in fusion device

起草单位：中国科学院等离子体物理研究所、合肥聚能电物理高技术有限公司、安徽建筑大学、华中科技大学、合肥工业大学、合肥科烨电物理设备制造有限公司

项目负责人：宋执权（中国科学院等离子体物理研究所）

执笔人：宋执权、吴义兵、张秀青

起草组成员：宋执权、吴义兵、张秀青、陈建军、李华、高格、陈晓娇、李令鹏、吴杰峰、杨亚龙、张明、黄海宏、席赟、孙守付、刘国柱

标准范围：

本标准规定了聚变失超保护系统爆炸开关的性能测试要求及方法。

本标准适用于核聚变失超保护系统中的爆炸开关测试，其他领域爆炸开关测试可参考本标准执行。

标准先进性：

本标准的目的在于为应用于核聚变失超保护系统爆炸开关的性能测试提供标准的和科学的测试项目、测试方法以及测试结果判定准则，也为其他领域的爆炸开关测试提供参考。

聚变失超保护系统的爆炸开关是一种由雷管炸药驱动的机械开关，其主要作用是为超导磁体提供保护和后备保护。在聚变装置超导磁体运行中，一旦失超，应立即分断与爆炸开关串联的直流快速断路器，迫使与其并联的移能电阻接入回路，以限制超导磁体电流，并将能量转移到移能电阻中，避免超导磁体因过热而损坏。如果直流快速断路器不能可靠地分断，则立即触发爆炸开关，通过爆破炸药强制将移能电阻接入回路，实现对超导磁体的保护。爆炸开关作为保护超导磁体的最后一道屏障，其可靠分断能力对聚变系统超导磁体运行的安全性极其重要，在其投入运行之前，应严格地对其运行的安全性和可靠性进行一系列的性能测试，以确保爆炸开关对超导磁体的保护功能。

关于开关设备的测试标准，现行的国家标准 GB/T 14048 和国际标准 IEC 60947 规定了常规的低压开关设备和控制设备的基本特性、使用安装和运输的条件、结构和性能要求以及试验项目和要求。目前尚无标准对聚变失超保护系统爆炸开关性能测试进行规定。基于失超保护系统爆炸开关的重要性及其性能测试标准建立的必要性，迫切需要建立一套标准对失超保护系统爆炸开关性能测试的要求、方法以及结果判断准则进行规定。

本标准规定了聚变失超保护系统爆炸开关的性能测试、测试要求、测试方法以及测试结果判定准则，其目的和意义在于：

1）确保聚变失超保护系统爆炸开关运行的安全性和可靠性。

2）填补了聚变失超保护系统爆炸开关测试标准的空白。

3）为聚变失超保护系统爆炸开关建立了科学的和标准的性能测试依据，规范了聚变失超保护系统爆炸开关的性能测试项目、测试要求、测试方法以及测试结果判定准则。

4）为其他领域的爆炸开关测试提供参考。

（10）聚变失超保护系统直流快速断路器测试规范［T/CPSS 1010—2022］

英文名称：Test standard for DC fast breaker of quench protection system in fusion device

起草单位：中国科学院等离子体物理研究所、安徽建筑大学、合肥工业大学、合肥科聚高技术有限责任公司、华中科技大学、浙江长春电器有限公司、西安安尔尊电气有限公司

项目负责人：张秀青（中国科学院等离子体物理研究所）

执笔人：宋执权、张秀青、吴义兵

起草组成员：宋执权、张秀青、吴义兵、李华、陈建军、高格、陈晓娇、杨亚龙、黄海宏、李令鹏、张明、席赟、程炳楚、陈灵犀、罗鹏

标准范围：

本标准规定了聚变失超保护系统直流快速断路器的性能测试及方法。

本标准适用于核聚变失超保护系统中额定电压不超过1500V的直接开断型直流快速断路器的出厂及运维测试，其他领域的直流快速断路器测试可参考本标准执行。

标准先进性：

本标准的目的在于为应用于聚变失超保护系统的直流快速开关的性能测试提供科学的和标准的测试要求、测试方法以及测试结果判定准则。

聚变失超保护系统直流快速开关是由主触头和灭弧触头构成的双触头开关，其主要作用是保护超导磁体。在磁体失超的情况下，分断直流快速断路器，迫使与其并联的移能电阻接入回路，以限制超导磁体电流，并将能量转移到移能电阻中，避免超导磁体因过热而损坏。直流快速开关运行的可靠性和稳定性直接影响聚变系统超导磁体运行的安全性，在其投入运行之前，必须对其运行的安全性和可靠性进行一系列的性能测试。

关于开关设备的测试标准，目前现行有效的标准包括：GB/T 14048.1—2012、GB/T 14048.2—2020 和 GB/T 14048.3—2017，这些标准仅规定了常规的低压开关设备和控制设备的基本特性、使用安装和运输的条件、结构和性能要求以及试验项目和要求。基于失超保护系统直流快速断路器的重要性和应用场景的特殊性，现有标准规定的内容不适用于失超保护系统直流快速断路器性能测试，迫切需要建立一套完善的聚变失超保护系统直流快速断路器测试标准，为应用于失超保护系统的直流快速断路器的性能测试提供标准的和科学的测试依据。

本标准规定了聚变失超保护系统直流快速断路器的性能测试、测试要求、测试方法以及测试结果判定准则，其目的和意义在于：

1）确保聚变失超保护系统直流快速断路器运行的安全性和可靠。

2）填补了聚变失超保护系统直流快速断路器测试标准的空白。

3）为聚变失超保护系统直流快速断路器建立了科学的和标准的性能测试依据，规范了聚变失超保护系统直流快速断路器的性能测试、测试要求、测试方法以及测试结果判定准则。

4）为其他相似领域的直流快速断路器测试提供参考。

（11）核聚变磁体电源等离子体击穿开关网络系统设计技术导则［T/CPSS 1011—2022］

英文名称：Design specification of switching network system in fusion coil power supply

起草单位：中国科学院等离子体研究所、中国船舶重工集团公司第七一二研究所、华中科技大学、西安交通大学、西安高压电器研究院有限责任公司、陕西宝光真空电器股份有限公司、山东泰开直流技术有限公司

项目负责人：宋执权（中国科学院等离子体研究所）

执笔人：李华、叶玉龙、李传

起草组成员：宋执权、李华、叶玉龙、李传、张秀青、任志刚、杨晨光、彭振东、何俊佳、袁召、张明、吴翊、吴益飞、史宗谦、姚斯立、毕冬丽、张志成

标准范围：

本标准规定了核聚变磁体电源等离子体击穿开关网络系统的功能、设计和运行等方面的技术要求和相应的推荐技术方案。

标准先进性：

磁约束核聚变装置磁体电源中采用开关网络进行主动分断产生高电压，从而在放电初期通过高压击穿产生等离子体电流。开关网络系统的核心设备是开断控制精确且具有高度可重复性的大电流直流开关和放电电阻设备。对于该应用条件下的开关网络设计缺乏相应的指导规范和统一的实施标准，而通用的电气开关设计规范则无法涵盖聚变装置中开关网络系统的特殊运行工况。

本标准针对聚变装置中开关网络系统的特殊要求，并结合当前聚变电源开关网络的设计和直流开关技术的发展，提出了通用性的设计导则，涵盖了开关网络系统的拓扑设计和测试，其目的和意义在于：

1）定义和规范磁约束聚变磁体电源开关网络系统的设计准则和要求。

2）定义和规范磁约束聚变磁体电源开关网络系统设备和系统的型式认证试验、出厂验收试验和现场接收试验的内容和要求。

3）填补核聚变磁体电源开关网络系统相关标准的空白。

4）本技术标准的编制和实施，会带动更多生产厂家和研究单位根据标准进行这类特殊系统的设计、生产和测试，整体上提高国内聚变电源开关网络系统的研发水平。

5）同时本标准可以作为其他领域大电流直流开关的设计参考。

三、2022年立项团体标准起草工作概要

2021年末，中国电源学会面向行业征集标准提案，共接到申报28项。经公开征求意见、归口专委会预审及学会团体标准专家审查，共有16项提案于2022年5月获批立项，涉及开关电源、配套产业、特种电源、电能质量等多个领域，并于2022年12月完成初稿（征求意见稿）起草及提交，启动征求意见工作。

（一）审查立项

2021年末至2022年3月初，学会先后两次组织数十位专家进行预审及审查，对提案项目严格筛选。2022年3月，

学会团体标准工作领导小组对 2022 年学会团体标准审查立项意见进行审批。根据反馈意见以及《中国电源学会团体标准管理办法》的有关规定，共有 16 项提案准予立项，涉及开关电源、配套产业、特种电源、电能质量等多个领域。

按学会相关文件规定，由相关专业委员会、标准工作委员会会同发起单位组建标准起草工作组。按照符合利益相关方代表均衡的原则，充分兼顾代表性、广泛性、专业性、先进性，共有 232 个单位参加标准编制，申报编制人员 324 人次。

立项号	项目名称	主要起草单位
T/CPSS(L)2022-001	锂电池检测用 AC-DC 双向电源模块技术规范	深圳市洛仑兹技术有限公司
T/CPSS(L)2022-002	开关电源能效等级技术规范	深圳市瓦特源检测研究有限公司
T/CPSS(L)2022-003	直流散热风扇环境适应性技术规范	深圳市航嘉驰源电气股份有限公司
T/CPSS(L)2022-004	直流散热风扇性能通用技术规范	深圳市航嘉驰源电气股份有限公司
T/CPSS(L)2022-005	直流散热风扇运行寿命测试方法	深圳市航嘉驰源电气股份有限公司
T/CPSS(L)2022-006	磁约束聚变实验装置磁体电源程序测试指南	中国科学院合肥物质科学研究院
T/CPSS(L)2022-007	大功率高隔离等级射频隔离变压器技术规范	中国科学院合肥物质科学研究院等离子体物理研究所
T/CPSS(L)2022-008	大功率热阴极离子源等离子体发生器电源系统技术规范	中国科学院合肥物质科学研究院等离子体物理研究所
T/CPSS(L)2022-009	电动汽车双向无线充放电装置技术规范	重庆大学
T/CPSS(L)2022-010	电动汽车有线无线一体化双模充电桩技术规范	重庆大学
T/CPSS(L)2022-011	无人机无线充电系统　第 1 部分：通用技术要求	广西电网有责任公司电力科学研究院
T/CPSS(L)2022-012	无人机无线充电系统　第 2 部分：特殊要求	广西电网有责任公司电力科学研究院
T/CPSS(L)2022-013	空气源热泵接入电网电能质量技术要求	国网河北省电力有限公司电力科学研究院
T/CPSS(L)2022-014	配电台区低电压治理技术规范	国家电网重庆市电力公司电力科学研究院
T/CPSS(L)2022-015	并网逆变器超高次谐波评估方法	山东大学
T/CPSS(L)2022-016	电力系统超高次谐波测量要求	国网河南省电力公司电力科学研究院

注：以上立项名称在编制起草过程中根据实际情况部分有修改。

另有 2021 年立项延迟提交 1 项及前期修后再审 2 项标准与 2022 年度 16 项标准同批进入工作流程：

CPSS（L）2021-007《车规级分立器件通用规范》（主要起草单位：深圳基本半导体有限公司）

CPSS（L）2021-008《车规级功率模块通用规范》（主要起草单位：深圳基本半导体有限公司）

CPSS（L）2021-009《电弧炉用超高功率柔性直流电源装置》（主要起草单位：中冶赛迪工程技术股份有限公司）

（二）起草过程

2022 年立项 16 项标准在中国电源学会团体标准领导小组及相关专委会、工委会指导及组织下组建起草组，在术语定义、技术指标、实验方法、产品性能、存储运输等方面进行大量考察、实验与研讨等工作，在编写过程中会同大专院校、研究机构及相关一线企业进行多次沟通及编制会议，使团体标准制定工作顺利进行。

2022 年 12 月初，经过各主要起草单位数月的广泛调研、充分讨论和认真起草，共有 12 项（含 2022 年立项 11 项及 2021 年延期提交 1 项）团体标准完成征求意见稿，进入征求意见阶段。学会本着科学、严谨、公开、透明的原则，通过学会官网、官微、相关行业媒体及专业委员会等渠道，以定向及公开征求方式向生产单位、企业客户、业内专家等广泛征求意见，力争做到标准先进、可行。此次征求意见参与单位范围广泛、意见的数量与质量较高，共有来自 100 余家单位的专家及资深从业技术人员提出 479 条意见，涵盖标准结构、术语定义、写作规范、参数设定、测量设备、试验方法、考核指标等多个部分。起草单位将于 2023 年 1～3 月对这些意见进行逐一处理，根据处理结果对标准征求意见稿进行修改，形成标准报审稿。

下一步工作安排中，学会团体标准工作办公室计划于 2023 年上半年完成对该 12 项标准及 2022 年度修后再审 2 项标准的评审、审批工作的组织与执行。

四、启动 2023 年立项团体标准工作简况

2022 年 9 月，中国电源学会启动新一批团体标准制定，并于 2022 年 11 月 20 日完成了提案征集。本批提案征集共收到 28 项提案，经团体标准办公室形式审查、各归口专委会预审查、专家评审组函审审查后，学会标准化工作委员会将召开评审会，学会团体标准工作领导小组根据评审会结论意见对 2023 年学会团体标准审查立项进行审批，通过评审和审批的提案项目预计将于 2023 年 4～5 月完成组建起草组并正式立项，并按计划 2023 年底完成标准草案编制工作。

中国电源学会2022年发布团体标准节选

一、电动汽车大功率无线充电技术规范（T/CPSS 1001—2022）

1 范围

本文件规定了电动汽车大功率无线充电系统技术主要性能、通信要求、安全要求、辅助功能要求等。

本文件适用于电动汽车大功率无线充电系统（输入功率等级为11kW以上），其供电电源额定电压最大值为1000V AC或1500V DC，额定输出电压最大值为1000V AC或1500V DC。

5 系统组成

图1给出了电动汽车大功率无线充电系统架构及组件示意图。

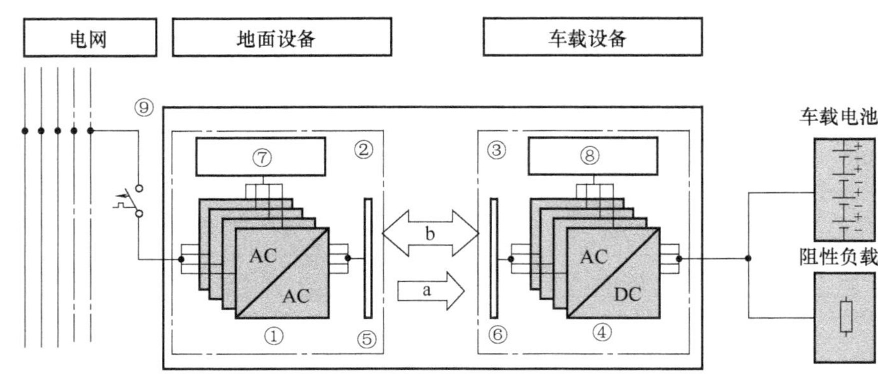

标引序号说明：
①—— 地面设备能量变换装置；
②—— 地面设备；
③—— 车载设备；
④—— 车载设备能量变换装置；
⑤—— 发射线圈；
⑥—— 接收线圈；
⑦—— CSU；
⑧—— IVU；
⑨—— RCD或RCBO；
a—— 无线电能传输通道；
b—— 无线通信通道。

图1 电动汽车大功率无线充电系统架构及组件

6 主要性能

6.1 输入功率

电动汽车大功率无线充电系统输入功率等级参考国标GB/T 38775.1—2020，如表1所示。

表1 电动汽车大功率无线充电系统输入功率等级分类

类别	MF-WPT4	MF-WPT5	MF-WPT6	MF-WPT7
功率范围 kW	11<P≤22	22<P≤33	33<P≤66	P>66

6.2 系统频率范围

电动汽车大功率无线充电频率范围：额定传输功率大于11kW且不超过22kW的电动汽车无线充电设备应工作在79kHz~90kHz，额定传输功率超过22kW的电动汽车无线充电设备应工作在19kHz~21kHz频段，系统可工作在定频或变频工作模式。

6.3 系统效率

电动汽车大功率无线充电系统效率参考国标GB/T 38775.1—2020，根据车辆不同对准情况，如表2所示。

表2 电动汽车大功率无线充电系统效率

对准情况	最小系统效率
中心对准点	85%
对准容忍区域	80%

6.4 离地间隙分类

电动汽车大功率无线充电系统地面设备支持的离地间隙分类应满足其可支持的车载设备的离地间隙范围。MF-WPT1、MF-WPT2、MF-WPT3系统的离地间隙分类应符合

GB/T 38775.3—2020 中表 3 的规定。MF-WPT4、MF-WPT5、MF-WPT6、MF-WPT7 系统的离地间隙分类，如表 3 所示。

表 3　离地间隙分类

离地间隙分类	支持的车载设备离地间隙 H/mm
H1	110≤H≤170
H2	160≤H≤220
H3	210≤H≤270
H4	H>270

6.5　偏移距离

电动汽车大功率无线充电系统的偏移距离应符合 GB/T 38775.3—2020 中表 6-4 的规定。其余功率等级电动汽车无线充电系统的偏移距离应符合表 4 的规定。

表 4　不同功率等级下车辆偏移距离

等级	MF-WPT4	MF-WPT5	MF-WPT6	MF-WPT7
X 行驶方向 mm	±75	±100	±100	±100
Y 侧移方向 mm	±100	±100	±150	±150

二、直串型分布式潮流控制器系统调试规程（T/CPSS 1002—2022）

1　范围

本文件规定了直串型分布式潮流控制器的系统调试条件、项目、方法及要求。

本文件适用于 220kV 及以下电压等级电网中的直串型分布式潮流控制器，采用其他型式的分布式潮流控制器可参照执行。

5　系统调试条件

5.1　各分系统调试全部完成并通过验收。

5.2　系统调试方案已经得到工程启动验收委员会（简称“启委会”）的批准。

5.3　所有保护已按主管部门下达定值正确整定，可以投入系统带电调试。

5.4　调试期间的事故紧急处理措施和预案已拟定，并已得到启委会的批准。

5.5　调试调度方案已经得到启委会的批准，DSCT-DPFC 接入系统具备运行条件。

5.6　调试系统和运行系统的交接办法已得到启委会的批准。

5.7　调度通信自动化系统、安全自动装置以及相应的辅助设施均已安装齐全，调试整定合格。

5.8　至地调和省调的通信、站内各调试组和关键主设备之间的通信已经落实，并经调试，通信正常，清晰畅通。

5.9　开关场已具备带电条件，站内所有设备及其控制、保护（包括通道）、测量、监控装置以及相应的辅助设施已安装齐全，符合设计要求并经校验合格，设备已正确标识。

5.10　调试期间的安全保卫措施已经落实，站内消防系统经过检验，可以正常运行。调试期间的变电站出入制度已经形成和完备，与调试无关人员已全部撤离现场；调试区域与其他区域之间已有明显隔离、指示标志。

5.11　调试区域的接地线已全部拆除，不满足带电要求的施工临时设施经检查已全部拆除。

5.12　监控系统未出现影响系统调试的报警信号。

5.13　系统调试所需具备的其他条件均已满足。

6　系统调试项目

6.1　项目内容

系统调试项目应包括但不限于表 1 规定的调试项目。对于某些 DSCT-DPFC 工程所要求的特殊功能和性能，可根据工程技术规范要求增加相应的调试项目。

DSCT-DPFC 子模块接线图以及 DSCT-DPFC 系统典型接线图见附图 A.1 和附图 A.2。

6.2　项目完成要求

单回线 DSCT-DPFC 系统应按表 1 完成对应调试项目。

多回线 DSCT-DPFC 系统应按表 1，先分别在各回线单独完成对应的调试项目，后在多回线 DSCT-DPFC 同时运行条件下，再完成表 1 对应的调试项目。

表 1　DSCT-DPFC 系统调试项目及完成要求

序号	调试项目		调试方法及要求章条号	项目完成要求
1	不带电试验	开关刀闸联闭锁试验	7.1.1	应完成
2		顺控联闭锁试验	7.1.2	应完成
3		最终跳闸试验	7.1.3	应完成
4		通信试验	7.1.4	应完成
5		抗干扰试验	7.1.5	应完成
6		对时试验	7.1.6	应完成
7	启动试验	瞬时解锁试验	7.2.1	应完成
8		启停试验	7.2.2	应完成
9		紧急停运试验	7.2.3	应完成
10		最小电流启动试验	7.2.4	应完成

（续）

序号	调试项目		调试方法及要求章条号	项目完成要求
11	稳态工况试验	自监视试验	7.3.1	应完成
12		控制系统切换试验	7.3.2	有双重化控制系统的 DSCT-DPFC 应完成
13		控制模式切换试验	7.3.3	应按功能设计规范完成所有控制模式间的切换
14		潮流控制试验	7.3.4	应完成
15		潮流控制中的切换试验	7.3.5	有双重化控制系统的 DSCT-DPFC 应完成
16		断面限额控制试验[a]	7.3.6	应完成
17		过载控制试验	7.3.7	应完成
18	动态性能试验	控制阶跃试验	7.4.1	应按功能设计规范完成所有控制模式下的试验
19		保护试验	7.4.2	应完成
20		三相平衡试验	7.4.3	应完成
21		多回线协调控制试验	7.4.4	多回线 DSCT-DPFC 系统应完成
22	运行试验[b]	短路试验	7.5.1	应完成
23		大负荷试验	7.5.2	应完成
24		168 小时运行试验	7.5.3	应完成
25		谐波监测试验	7.5.4	应完成

[a] 多回线 DSCT-DPFC 系统的断面限额控制试验只在多回线 DSCT-DPFC 同时运行时完成。

[b] 多回线 DSCT-DPFC 系统的运行试验只在多回线 DSCT-DPFC 同时运行时完成。

三、优质电力园区电能质量治理装置通信技术要求（T/CPSS 1003—2022）

1 范围

本文件规定了优质电力园区电能质量治理装置和控制中心站之间通信的总体架构、要求和数据规约。

本文件适用于交流 35kV 及以下电压等级的交流供电优质电力园区，其他电压等级的电力园区可参照执行。

4 园区通信总体架构

4.1 总体架构

按照功能和业务的不同，优质电力园区实现电能质量协调控制时，通信框架可划分为四个层次：中央控制层、网络层、感知与本地控制层和执行层，如图 2 所示。

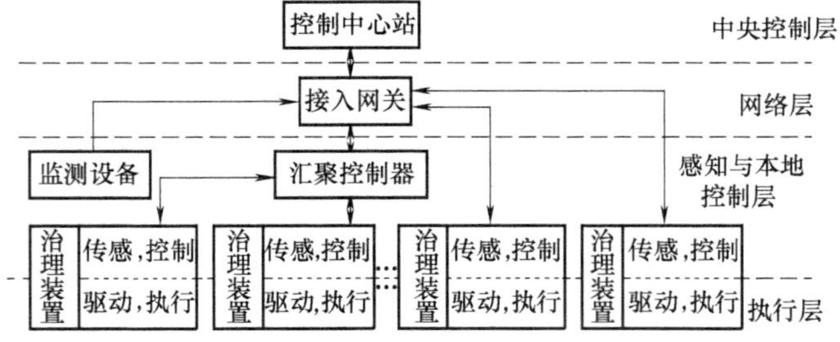

图 2 优质电力园区通信总体架构

4.2 中央控制层

控制中心站接收关键节点电能质量状态，生成调度指令，主要功能模块或流程包括：

——按照负荷的类别及敏感程度、园区供电质量等级等设定园区关键节点和关键电能质量指标；

——从接入网关接收治理装置和监测设备反馈的节点电能质量状态信息，评估节点电能质量达标状态；

——基于园区网架结构和从接入网关接收的治理装置运行状态，以稳态电能质量指标及运行经济性等指标构建多目标协调优化模型，生成调度指令；

通过接入网关下发调度指令到相应治理装置。

控制中心站应对电能质量治理装置具有权限管理功能，宜实现优质园区电能质量治理状态的实时展示，调度操作正确率应达到 100%。

4.3 网络层

网络层主要实现协调控制时各类信息在中央控制层和感知与本地控制层间广域范围内的传输控制。网络层主要采用以太网通信，EIA RS-485 或 CAN 等可作为补充通信方式。

网络层设备为接入网关，主要功能包括：

——接收汇聚控制器、电能质量治理装置上传的节点电能质量状态信息和运行状态信息，及监测设备上传的节点电能质量状态信息；

——通过身份认证、信息加密等方式，集中实现节点的电能质量状态信息和设备运行状态信息安全接入控制中心站，确保信息安全；

——完成数据校验和日志记录；

——转发控制中心站对治理装置的调度指令。

4.4 感知与本地控制层

4.4.1 概述

感知与本地控制层主要实现节点电能质量状态信息和治理装置运行状态信息的采集。感知层的主要设备包括汇聚控制器、电能质量治理装置和电能质量监测设备。

4.4.2 汇聚控制器

汇聚控制器主要实现某一节点多治理装置的协调控制，可独立存在，也可存在于某一治理装置内，主要功能包括：

——汇聚节点的多治理装置的运行状态信息；

——上传节点的电能质量状态信息和汇聚的治理装置运行状态信息至接入网关；

——接收接入网关的调度命令，协调后下发至本汇聚控制器相连的治理装置。

4.4.3 电能质量治理装置

电能质量治理装置既属于感知与本地控制层的一部分，也是执行层的唯一设备，应实现对节点电能质量状态信息和治理装置本身运行状态信息的采集。

电能质量治理装置应能接收控制中心站的巡检指令。

4.4.4 电能质量监测设备

对未接入电能质量治理装置的关键节点，应配置电能质量监测设备，实现对电能质量指标的监测，其功能和性能应满足 GB/T 19862—2016 的要求。

4.5 执行层

电能质量治理装置是执行层的唯一设备，主要功能包括：

——接收感知与本地控制层的调度指令；

——实现对节点电能质量的控制，基本功能和性能应满足 T/CPSS 1001—2018、GB/T 20298—2006、T/CPSS 1002—2018、T/CPSS 1003—2018、DL/T 1229—2013 的要求，详见附录 A。

——电能质量治理装置应优先补偿本地负荷，协调控制长时间尺度负荷。

5 通信要求

5.1 通信接口

为实现和控制中心站的信息交互和接收控制中心站的调度指令，电能质量治理装置应至少具备一个带宽 100Mbps 及以上以太网接口，可配置 EIA RS-485 接口或 CAN 总线接口。通信接口应采用符合《电力监控系统安全防护规定》要求的硬件架构，应支持通讯故障自恢复。

5.2 通信协议

基于相应物理接口，电能质量治理装置的通信协议应支持 MODBUS-TCP 通信协议，宜支持 MODBUS-RTU、IEC 61850、TCP/IP 或 CAN 总线协议等通信协议，参考附录 B。

5.3 对时功能

5.3.1 对时方式

遵守通信协议的电能质量治理装置应具有网络对时功能，宜具备 IRIG-B 码对时或卫星对时功能。

5.3.2 时钟精度

实时时钟相对于国际标准时间［Coordinated Universal Time（UTC）］的准确度，应满足 GB/T 7408—2005 的规定。

5.4 时间分辨率

5.4.1 系统调度操作响应时间（调度命令下达至终端响应的时间）应不大于 100ms。

5.4.2 定值控制操作终端补偿响应时间（定值控制命令下达至终端后输出响应的时间）应不大于 20ms。

5.4.3 控制中心站 IRIG-B 同步对时精度优于 1ms，SNTP（网络时间协议）同步对时精度优于 100ms。

5.5 通信安全

电能质量治理装置通信接口应具有唯一性标识，应符合 GB/Z 25320.1—2010 第 1 部分规定的通信安全的规定。

四、电压暂降敏感用户接入电网风险评估导则（T/CPSS 1004—2022）

1 范围

本文件规定了电压暂降敏感用户（简称：敏感用户）接入 35kV 配电网的风险评估流程，包括评估流程、评估信息、评估方法和风险评估报告内容框架。

本文件适用于接入 35kV 配电网的新增和扩容的电压暂降敏感用户。已接入的敏感工业用户或其他类型用户可参照执行。

5 评估信息

5.1 用户侧信息

敏感用户的信息包括但不限于以下内容：

a）敏感用户设备电压暂降耐受性信息，如：

1）敏感用户提供敏感设备的类型；

2）敏感用户直接提供敏感设备的 VTC 和相关参数；

3）敏感用户无法提供敏感设备 VTC 时，可通过电压暂降耐受性测试获得其 VTC。在不具备测试条件时，可采用典型敏感设备 VTC 数据或用户购置设备的 VTC 要求，进行后续评估。典型敏感设备 VTC，参考附录 A。

b）敏感用户工业过程包含的敏感设备台数、容量以及设备间连接方式等信息。

c）每年因电压暂降发生生产中断的次数以及每次中断导致的损失。敏感用户的单次生产中断损失应该包括直接损失和间接损失，按照 GB/Z 32880.1—2016 建议的方法提供单次生产中断损失计算数据，如中断引起的生产损失，敏感设备维修费用，折旧更新费等。

d）用户侧监测得到的电压暂降数据。

e）敏感用户预期年产值。

5.2 电网侧信息

电网侧信息包括但不限于以下内容：

a）若待选接入点母线或上级变电站已安装了电能质量监测装置，则应用该监测装置的电压暂降监测数据，作为接入点的电压暂降数据，用以评估。

b）若存在多个满足 5.2 中 a）要求的监测装置，选取与敏感用户电气距离最短的监测点数据，用以评估。

c）若待选接入点所在母线或上级变电站未安装电能质量监测装置，则选择区域电网内与待选接入点电压等级一致且电气距离最短的电能质量监测数据（包括最严重和最不严重电压暂降数据），用以评估。

d）电压暂降严重程度评估，采用 GB/T 39270—2020 中建议的方法评估。

注：电压暂降监测数据的监测周期应至少一年。用户侧信息和电网侧信息可通过附录 B 向敏感用户收资调研获取。

6 敏感用户接入电网风险评估方法

6.1 生产线中断概率

6.1.1 敏感设备非正常运行概率

根据敏感设备的 VTC（参见附录 A）可实现敏感设备非正常运行概率的评估。位于正常运行区域的暂降事件导致敏感设备非正常运行的概率为 0；位于故障区域的暂降事件导致敏感设备非正常运行的概率为 1；位于不确定性区域的暂降事件 $E(U, T)$ 导致敏感设备 i 非正常运行的概率 P_{Di} 的计算见公式（1）。

$$P_{Di} = \int_0^{\frac{U_{\max}-U}{U_{\max}-U_{\min}}} f_X(u)\,\mathrm{d}u \cdot \int_0^{\frac{T-T_{\min}}{T_{\max}-T_{\min}}} f_Y(t)\,\mathrm{d}t \quad \cdots \quad (1)$$

式中：

$f_X(u)$——残余电压 U 的敏感设备非正常运行概率密度函数；

$f_Y(t)$——暂降持续时间 T 的敏感设备非正常运行概率密度函数；

$U_{\min}$——不确定性区域中残余电压的最小值；

$U_{\max}$——不确定性区域中残余电压的最大值；

$T_{\min}$——不确定性区域中电压暂降持续时间的最小值；

$T_{\max}$——不确定性区域中电压暂降持续时间的最大值。

本文件推荐敏感设备非正常运行概率密度函数采用均匀分布函数来获取，也可根据自身情况采用正态、指数和负指数等分布函数，具体求取方法见附录 C。

6.1.2 生产线中断概率

6.1.2.1 整个工业过程由各种敏感设备串联/并联而成，可采用串并联模型或故障树来描述工业过程的结构属性，具体刻画方法详见附录 D。根据工业过程的结构属性和敏感设备的非正常运行概率可计算生产线中断概率。

6.1.2.2 若所有的敏感设备间的连接方式均为串联方式，则生产线中断概率 P 为 1 减去各敏感设备正常运行概率的乘积，计算见公式（2）。

$$P = 1 - \prod_{i=1}^{m}(1 - P_{Di}) \quad \cdots\cdots\cdots\cdots\cdots \quad (2)$$

式中：

P_{Di}——敏感设备非正常运行概率；

m——串联的敏感设备数量；

i——计数符号。

若所有的敏感设备间的连接方式均为并联方式，则生产线中断概率 P 为各敏感设备非正常运行概率的乘积，计算见公式（3）。

$$P = \prod_{i=1}^{n} P_{Di} \quad \cdots\cdots\cdots\cdots\cdots\cdots\cdots\cdots \quad (3)$$

式中：

n——并联的敏感设备数量。

6.1.2.3 若敏感设备（最小敏感设备单元）间的连接方式既有串联方式也有并联方式，按如下步骤计算生产线中断概率：

a）将最小敏感设备单元分为多个敏感设备组，各敏感设备组内的最小敏感设备单元间应只有一种连接方式；

b）基于公式（2）或公式（3）计算得到各敏感设备组的非正常运行概率；

c）将敏感设备组看作最小敏感设备单元，进一步分析各最小敏感设备单元间的连接方式类型。

d）若最小敏感设备单元间只有一种连接方式，即可基于公式（2）或公式（3）计算得到生产线中断概率；若最小敏感设备单元间既有串联方式也有并联方式则重复步骤 a）~d）。

注：生产线中断概率的计算案例见附录 E。

6.2 单次生产中断损失

根据 GB/Z 32880.1—2016，生产线中断后的单次损失 C_{ave} 可以分为两部分：直接损失（中断引起的生产损失 C_0）和间接损失（敏感设备维修费用 C_{mt}、折旧更新费 C_{ch}），C_{ave} 的计算见公式（4）。

$$C_{ave} = C_{mt} + C_{ch} + C_0 \quad \cdots\cdots\cdots\cdots\cdots\cdots\cdots\cdots \quad (4)$$

式中：

C_{mt}——敏感设备维修费用；

C_{ch}——折旧更新费；

C_0——中断引起的生产损失。

6.3 敏感用户接入电网风险评估

将接入点第 j 次电压暂降损失 C_j 定义为生产线中断概率 P_j 与单次中断损失 C_{ave} 的乘积，C_j 的计算见公式（5）。

$$C_j = P_j \cdot C_{ave} \quad \cdots\cdots\cdots\cdots\cdots\cdots\cdots\cdots \quad (5)$$

若敏感用户接入点的年度电压暂降次数为 N_{sag} 次，则敏感用户年度电压暂降损失 C_{pro} 的计算见公式（6）。

$$C_{pro} = \sum_{j=1}^{N_{sag}} C_j \quad \cdots\cdots\cdots\cdots\cdots\cdots\cdots \quad (6)$$

若敏感用户预期年产值为 C_{gain}，则敏感用户接入电网风险 $Risk$ 的计算见公式（7）。

$$Risk = \frac{C_{pro}}{C_{gain}} \quad \cdots\cdots\cdots\cdots\cdots\cdots\cdots\cdots \quad (7)$$

7 入网评估报告

电压暂降敏感用户接入电网风险评估报告宜包含能重现评估的全部信息：

——用户侧信息：

- 敏感设备名称；

- 敏感设备类型；
- 敏感设备容量；
- 敏感设备台数；
- 敏感设备 VTC 参数；
- 生产过程工艺环节；
- 中断引起的生产损失；
- 敏感设备维修费；
- 折旧更新费；
- 预期年产值。

——电网侧信息：

- 接入点处的电压等级；
- 接入点是否安装电能质量监测装置；
- 接入点所在专线是否有其他敏感用户；
- 接入点的年电压暂降频次；
- 敏感用户接入电网电气一次图。

——风险评估：

- 敏感用户接入电网后年中断次数；
- 敏感用户接入电网后年中断经济损失；
- 敏感用户接入点风险评估值。

电压暂降敏感用户接入电网风险评估报告示例见附录 F。

五、中低压配网电能质量监测终端接入物联管理平台技术规范（T/CPSS 1005—2022）

1 范围

本文件规定了中低压配网电能质量监测终端（以下简称监测终端）接入物联管理平台的接入架构、基本要求、接入技术要求等。

本文件适用于 35kV 及以下交流配网装设的电能质量监测终端。

5 接入架构及基本要求

5.1 典型架构

中低压配网电能质量监测终端接入物联管理平台的典型架构见图 1。

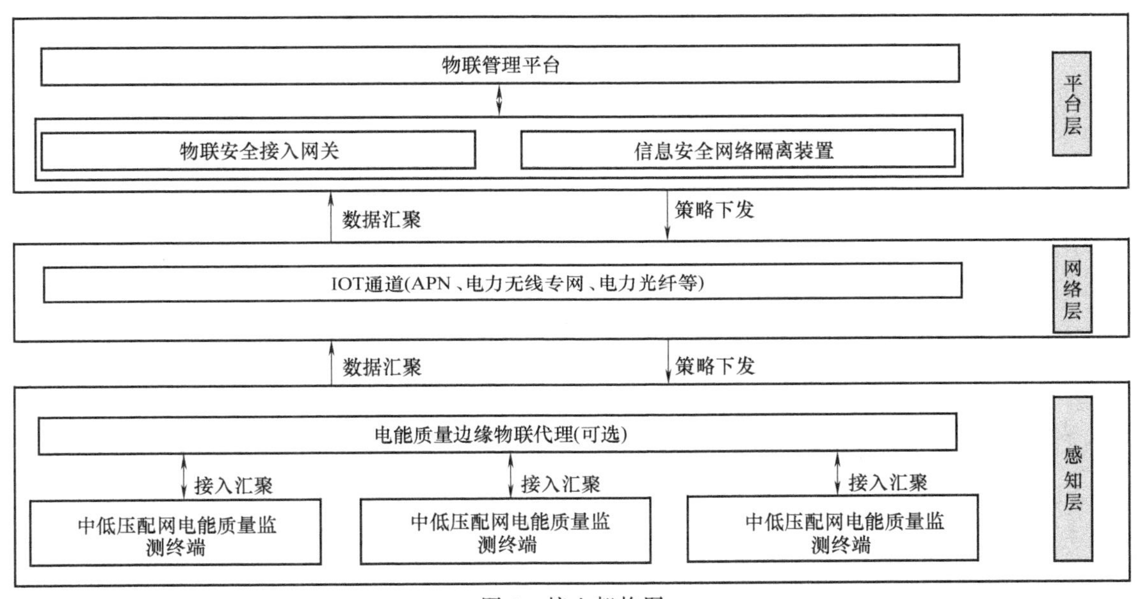

图 1 接入架构图

5.2 中低压配网电能质量监测终端

5.2.1 监测终端稳态电能质量指标（除长时间闪变以外）的累积时间间隔宜选择 10min，长时间闪变宜选择 2h。

5.2.2 监测终端应具备无线通信模块，实现无线通信功能。

5.2.3 监测终端应支持至少一种网络对时方式，如 SNTP 网络对时。

5.2.4 监测终端应采用数字证书双向认证技术实现通信过程身份鉴别，采用数据加解密和消息认证技术确保数据的保密性和完整性，通过访问控制、数据完整性保护和审计等信息安全机制，防止恶意访问设备内部数据、控制并利用设备接入系统网络乃至广域数据网中的其他系统。监测终端信息安全功能要求参考 T/CPSS 1004—2020 中的附录 A。

5.2.5 监测终端宜支持面板安装、壁挂式、导轨式等多种安装方式，以适应配网复杂安装环境。

5.2.6 监测终端宜支持外部电源供电、电压互感器取电、监测点取电等多种取电方式。

5.2.7 监测终端应支持电流钳、柔性电流钳（罗氏线圈）等方式进行电流信号采样。

5.3 物联安全接入网关

5.3.1 物联安全接入网关部署在企业内网与专用 APN、互联网等外部网络的边界，配合信息网络安全隔离装置实现企业内网与外部网络的网络隔离。物联安全接入网关应具备监测终端身份认证、链路加密、可信传输通道防护、访问权限控制等功能。

5.3.2 物联安全接入网关应支持基于 TCP 协议通信的应用协议。

5.4 信息网络安全隔离装置

5.4.1 信息网络安全隔离装置配合物联安全接入网关

实现企业内部网络与外部网络的网络隔离。

5.4.2 信息网络安全隔离装置应支持 SSL 协议的通信，通过 SSL 协议封装各业务的应用协议，增强应用层协议的隔离强度。

5.5 电能质量边缘物联代理（可选）

5.5.1 电能质量边缘物联代理实现监测终端接入以及统一管理，通过协议解析将业务数据提取、汇聚、标准化建模，并利用边缘计算能力对电能质量数据处理以减少发送至物联管理平台的数据量。

5.5.2 电能质量边缘物联代理应存储监测终端及自身配置数据信息，应支持对采集的电能质量数据进行分类管理和存储。数据存储时间不少于三个月。当与监测终端的远程通信中断时，应能缓存所连接的全部监测终端的业务数据。

5.5.3 电能质量边缘物联代理对监测终端安全接入宜采用数字证书双向认证技术，能够终止认证超时接入设备的会话，应能够终止规定次数认证失败的接入设备建立会话的尝试。

5.5.4 电能质量边缘物联代理宜对自身的安全状态、运行状态（如断电重连次数）进行标识，并具备将该状态标识向安全接入网关报送的能力。

5.6 物联管理平台

5.6.1 物管管理平台应具备平台开放、弹性伸缩、安全可靠、海量接入的统一物联管理功能。

5.6.2 物联管理平台应遵守物联安全实践及安全技术要求，构建物联管理终端防御、管道保障和云端保护等安全运维与管理体系。

5.6.3 物联管理平台应提供完善的连接实时监控，便捷查看监测终端在线情况、消息量统计，以及客户端异常日志的查看。

6 接入技术要求

6.1 数据要求

6.1.1 数据内容

接入物联管理平台的监测终端，其电能质量监测数据内容要求见表 1。

表 1 接入物联管理平台的电能质量监测数据内容要求

电能质量参数		实时数据	统计数据	波形数据
稳态参数	电压、电流有效值	可选	必备	—
	电压、电流相位	可选	—	—
	频率	可选	必备	—
	有功功率、无功功率、视在功率、功率因数	可选	必备	—
	三相电压、电流不平衡度及序分量	可选	必备	—
	谐波电压含有率、谐波电流有效值(2 次~50 次)	可选	必备	—
	电压总谐波畸变率、谐波电流含量	可选	必备	—
	基波相位、谐波相位(2 次~50 次)	可选	可选	—
	基波功率、谐波功率(2 次~50 次)	可选	可选	—
	基波电能、谐波电能(2 次~50 次)	可选	可选	—
	间谐波电压含有率、间谐波电流有效值(0~49 次)	可选	可选	—
	9k~150k 超高次谐波电压含有率、谐波电流含量	可选	可选	—
	短时间闪变和长时间闪变	—	必备	—
	电压波动	—	可选	—
暂态参数	电压暂降	—	—	必备
	电压暂升	—	—	必备
	电压中断	—	—	必备
	冲击电流	—	—	可选

6.1.2 数据模型

接入物联管理平台的监测终端数据模型参考附录 A。

6.2 通信要求

6.2.1 监测终端与边缘物联代理的通信（可选）

6.2.1.1 可采用无线、以太网等通讯方式。

6.2.1.2 宜采用附录 B 所规定的通信协议。

6.2.2 边缘物联代理与物联管理平台的通信（可选）

6.2.2.1 可采用 APN、电力光纤、电力无线专网等通讯方式。

6.2.2.2 宜采用附录 B 所规定的通信协议。

6.2.3 监测终端与物联管理平台的通信

6.2.3.1 可采用 APN、电力光纤、电力无线专网等通讯方式。

6.2.3.2 宜采用附录 B 所规定的通信协议。

6.3 信息安全要求

6.3.1 监测终端与电能质量边缘物联代理、监测终端与物联管理平台及电能质量边缘物联代理与物联管理平台间通信宜采用 SSL 等协议进行传输通道加密，监测终端、电能质量边缘物联代理宜采用数字证书验证基础身份。

6.3.2　监测终端、电能质量边缘物联代理应对业务数据进行加密，宜采国密或国际标准加密算法。

六、船舶低压直流电力系统选择性保护设计规范（T/CPSS 1006—2022）

1　范围

本文件规定了船舶低压直流电力系统面向短路故障的选择性保护设计方法。

本文件适用于采用双极、单极对称等浮地接线方式的船舶低压直流（1000V 以下）电力系统因热、电流超限所采取的保护。

6　基于快速熔断器的短路选择性保护设计

基于快速熔断器的短路选择性保护设计总体要求、分区域保护设计要求、动作时间设计要求和设备的选型原则。基于快速熔断器的分区域短路选择性保护设计相关示例见附录 A。

6.1　一般要求

用于选择性保护的快速熔断器，应按照如下原则进行选用：

a）熔断器熔体的选择要照顾到上、下级保护的配合，以满足选择性保护要求；

b）快速熔断器上一级熔体的熔断电流应当至少为下一级熔体熔断电流的 1.6 倍；

c）快速熔断器配置应以弧前焦耳积分（I^2t）为主要参考依据，弧前时间 t 即为电流上升至足够大，使熔体发生熔断并出现拉弧之前的时间；

d）选择性保护的上一级熔断器的弧前焦耳积分应当大于下一级熔断器的弧前焦耳积分，下一级熔体的熔断时间应小于上一级熔体的熔断时间；

e）采用熔断器作为保护装置时，预期熔断时间应采用毫秒级别；

f）快速熔断器仅作为低压直流电力系统的选择性保护装置之一，变流器区域和变流器外部区域由 6.2 和 6.3 所规定的保护方式设计。

6.2　变流器区域保护设计

6.2.1　变流器应在发生故障时根据预设的保护时间和电流阈值对自身进行闭锁。

6.2.2　用于低压直流电力系统的变流器（包括直流侧支撑电容），在额定电压下向支路外部馈送短路电流的峰值应高于其额定电流的 10 倍以上，达到峰值时间应低于其内部器件承受其限流容量的时间。

6.3　变流器外部区域保护设计

6.3.1　各个变流器外部区域应根据故障是否在区域中、区域中设备特点分别设计保护方案。

6.3.2　当变流器外部区域为锂电池或超级电容等直流供电电源，其内部短路故障由其设备本身短路保护实现。

6.3.3　当变流器外部区域为交流电源或交流用电系统时，应当按照中国船级社《船舶电力系统过电流选择性保护指南》进行保护配置和整定。

6.4　直流配电区域保护设计

6.4.1　整流器及其与下级间的选择性保护

6.4.1.1　接入到同一直流汇流排的多个整流器支路中，其中一个支路整流器出口发生短路故障，保护该支路的熔断器应当熔断。

6.4.1.2　当整流器出口熔断器与下级熔断器之间发生短路故障时，保护该整流器的熔断器应熔断。

6.4.1.3　熔断器弧前焦耳积分的整定，应按照小于所保护整流器自身送出短路电流的能量进行，保护时间大于下级熔断器的熔断时间。

6.4.2　直流汇流排间的选择性保护

6.4.2.1　多段直流汇流排之间应采用隔离开关作为联络开关。

6.4.2.2　在联络开关处设置直流保护装置，该保护处于整流器及其下级间选择性保护的下一级。

6.4.2.3　宜采用固态断路器，或通过试验验证的快速熔断器母联保护，作为联络开关处直流保护装置。

6.4.2.4　采用固态断路器和快速熔断器时，直流汇流排之间选择性保护的配置要求如下：

a）选用母联快速熔断器保护方案时，快速熔断器参数选择的依据，应按照其所连接两汇流排处分别发生短路时短路电流较小的一侧的短路电流焦耳积分值来确定，同时其熔断时间应避开下级熔断器的熔断时间。

b）选用母联直流固态断路器保护方案时，当任意侧母排及其所连直流支路发生短路或类似故障时，电流达到母联固态断路器的额定电流的 1.05 倍以上，母联固态断路器应当首先动作，各汇流排上的快速熔断器再在其各自的熔断曲线配合之下先后动作，实现母排上的选择性保护。

c）选用母联直流固态断路器保护方案时，固态断路器参数选择的依据，应按照联络线所连接两汇流排处分别发生短路时短路电流较小的一侧的短路电流值来确定。同时为了实现选择性，动作时间则应小于系统中最下级熔断器的最小预期熔断时间。

6.4.3　直流汇流排与其下级之间的选择性保护

6.4.3.1　直流汇流排与其下级之间的快速熔断器保护，应按照其所保护支路内、外的短路能量确定。

6.4.3.2　支路内部短路时，快速熔断器应熔断；支路外部短路时，快速熔断器不应熔断。

6.5　快速熔断器动作时间设定

6.5.1　保护动作时间和动作电流应当考虑以下因素进行整定：

a）应以限制变流器送出短路电流的能量，不高于其限流容量承受时间内所累积的能量为参考依据；

b）直流汇流排间母联保护装置的动作时间，应小于直流配电区域整流器和其他电源支路熔断器熔断的时间；

6.5.2　快速熔断器保护的具体动作时间，应由其熔断参数和系统在短路故障中的能量积累决定。

6.5.3　应根据船舶直流电力系统的时间常数具体分析并确定预期动作时间。

6.5.4　保护的选择性由不同工况下流过熔断器焦耳积分曲线间的配合实现。

6.5.5　应取一定的时间裕度确定熔断器的预期熔断

时间。

6.6　快速熔断器选型原则

选择合适的直流熔断器，主要是确定如下几个参数：额定电压、额定电流、弧前焦耳积分（I^2t）、额定分断能力。在选用熔断器时应考虑以下原则：

a）系统电压的最大值不得超过熔断器额定电压的1.1倍。

b）根据直流系统的最大负荷电流，选择熔断器的额定电流。若单个熔断器的额定电流较小，也可采用多个相同型号熔断器并联的形式。

c）为匹配被保护设备，应保证熔断器的弧前焦耳积分小于设备的焦耳积分值。

d）熔断器应能分断系统中存在的最大预期短路电流。根据船舶直流电力系统短路电流计算方法，计算在选择性保护所设计的最长保护动作时间内，保护区域中所预期出现的最大短路电流，用该最大预期短路电流校验直流熔断器是否合适，熔断器的额定分断电流应不小于所保护区域的最大预期短路电流。

七、应用于轨道交通车站的蓄电池设计和管理技术规范（T/CPSS 1007—2022）

1　范围

本文件规定了轨道交通车站蓄电池前期设计和后期管理的技术规范。

本文件适用于轨道交通车站蓄电池相关内容，用于指导轨道交通车站蓄电池科学的使用，避免发生安全事故。

5　管理

5.1　蓄电池防火管理

蓄电池有较大的火灾危险。阀控式密封铅酸蓄电池房间应符合下列要求：

a）蓄电池室应装有通向室外的有效通风装置。阀控式密封铅酸蓄电池室内照明、通风设备可不考虑防爆。

b）除架空地板的燃烧性能可为B1级外，蓄电池室的顶棚、墙面、地面装修材料的燃烧性能应为A级。

c）消防安全管理制度上墙，设置在明显位置。蓄电池室应明确火灾危险源，并制定符合实际的应急处置预案，定期对工作人员进行培训演练。

d）蓄电池室内不应私自使用大功率电器、充电器具等电器，电气线路应按规定要求设置防火保护。

e）蓄电池室内不应存放易燃易爆物品和与工作无关的杂物，工作需要的工具、物品应存放在指定区域，不得随意堆放，且应拆除可燃、易燃包装。

f）应定期对蓄电池和电器设备进行巡检、维保和充放电试验，确保完好有效，填写相关记录并放置在蓄电池室内备查。

g）运营人员进入蓄电池室前应通知车控室值班人员。蓄电池室内设置了气体灭火系统，应由有操作资质人员先将气体自动灭火系统设置于手动状态并现场监管，在运营人员全部离开蓄电池室后将气体自动灭火系统恢复自动状态并进行记录，记录本应在蓄电池室保存备查。

h）蓄电池室应当建立岗位防火职责，设置明显的防火标志，并在出入口位置悬挂防火警示标示牌，防火警示标示牌内容应包括消防安全重点部位的名称、消防管理措施、灭火和应急疏散方案和防火责任人。

i）蓄电池室宜借助视频监控、机器人等手段实现无人化管理。

5.2　蓄电池寿命管理

5.2.1　蓄电池监测系统应该具有的特点

蓄电池监测系统应该具有的特点如下：

a）蓄电池早期故障监测；

b）标准模块化设计，可进行扩展以监测所使用的全部数量的电池串；

c）全自动巡检及自动监测记录蓄电池的数据；

d）高抗干扰设计，能阻挡大功率高频UPS的纹波干扰；

e）基于Windows的后台软件，应用方便直观；

f）可灵活配置，支持MODBUS及SNMP协议，易接入第三方监测系统，低成本实现解决方案。

5.2.2　蓄电池监测系统的功能

蓄电池监测系统的功能如下：

a）单体蓄电池电压监测（充电、放电、浮充）；

b）温度监测：单体蓄电池温度、环境温度；

c）单体蓄电池内阻监测；

d）电池组电流监测等。

5.2.3　均衡充电维护

在电池的使用过程中，由于电池的个体差异、温度差异等原因造成电池端电压不平衡，为了避免这种不平衡趋势的恶化，需要不定期地提高电池组的充电电压，对电池进行活化充电，以达到均衡电池组中各个电池特性，延长电池寿命。

5.2.4　人工维护规程

通过良好的人工维护，实现蓄电池寿命管理。人工维护规程见表3。

表3　蓄电池人工维护规程

时间	人工维护规程
月度	系统电压、充电电流、温度；通风和目测；单体电压压差的检测、确认和维护
季度	（每月检查的基础上）电池单体内阻、单体温度、电池连接电阻
半年	（每月和每季检查的基础上）单体电池电压
年度	（在所有上面内容的基础上）电池单体间及连接配件的电阻；容量测试等

八、信息系统电源设备阻抗特性测试规范（T/CPSS 1008—2022）

1　范围

本文件规定了数据中心信息系统电源设备阻抗特性的测试要求、测试方法、测试步骤和测试结果。

本文件适用于数据中心信息系统电源设备的输入/输出端口阻抗特性测试，电源设备采用交流1000V/直流1500V及以下的电压进行供电，端口包含且不限于三相四线制、三相三线制、单相交流、直流等。

对于其他信息系统的电源设备阻抗特性测试，可参照执行。

6　信息系统电源设备阻抗特性测试方法

6.1　测试拓扑结构

6.1.1　输入阻抗特性测试拓扑结构

电源设备输入阻抗特性测试拓扑结构如图 3 所示，不同频率的交流小信号扰动电压以串联方式依次注入被测电源设备输入端口，对输入端口电压和电流信号进行采样分析，从而得到被测电源设备输入阻抗特性。

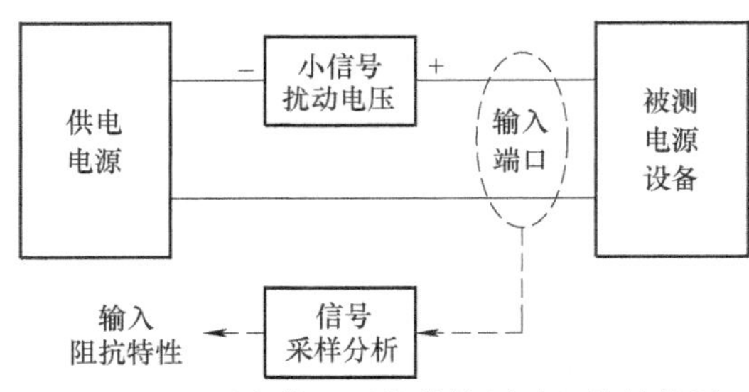

图 3　电源设备输入阻抗特性测试拓扑结构图

6.1.2　输出阻抗特性测试拓扑结构

电源设备输出阻抗特性测试拓扑结构如图 4 所示，不同频率的交流小信号扰动电流以并联方式依次注入被测电源设备输出端口，对输出端口电压和电流信号进行采样分析，从而得到被测电源设备输出阻抗特性。

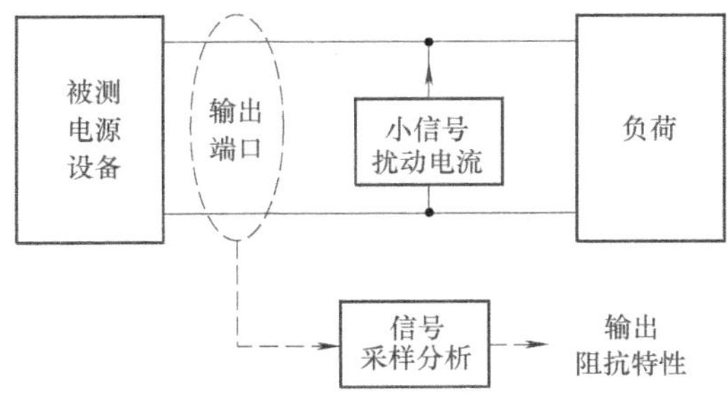

图 4　电源设备输出阻抗特性测试拓扑结构图

6.2　输入阻抗特性测试方法

6.2.1　输入端口采用三相四线制

被测电源设备输入端口采用三相四线制的示意图如图 5 所示，需要在被测电源设备稳态工作时测试其正序、负序和零序输入阻抗特性。

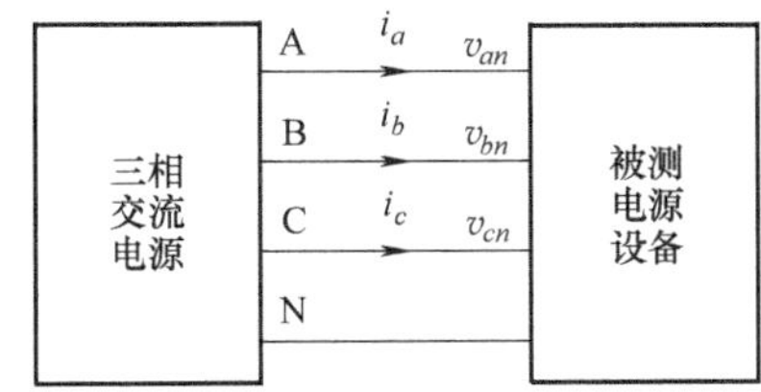

图 5　输入端口采用三相四线制示意图

注：图中 v_{an}、v_{bn} 和 v_{cn} 分别为被测电源设备输入端口的 A 相、B 相和 C 相的相电压，i_a、i_b 和 i_c 分别为被测电源设备输入端口的 A 相、B 相和 C 相电流，N 为中性线。

向 v_{an}、v_{bn} 和 v_{cn} 注入正序扰动电压信号 $v_{a+}(t)$、$v_{b+}(t)$ 和 $v_{c+}(t)$：

$$\begin{cases} v_{a+}(t)=V_+\sin(2\pi f_p t+\varphi_{v+}) \\ v_{b+}(t)=V_+\sin(2\pi f_p t+\varphi_{v+}-2\pi/3) \\ v_{c+}(t)=V_+\sin(2\pi f_p t+\varphi_{v+}+2\pi/3) \end{cases} \quad \cdots\cdots\cdots (2)$$

式中：

V_+——正序扰动电压幅值；

φ_{v+}——正序扰动电压初相角。

对采样得到的 v_{an}、v_{bn} 和 v_{cn} 进行正序分量提取，得到与扰动频率 f_p 对应的正序输入电压 $\mathbf{V}_+(f_p)$。

对采样得到的 i_a、i_b 和 i_c 进行正序分量提取，得到与扰动频率 f_p 对应的正序输入电流 $\mathbf{I}_+(f_p)$。

正序输入阻抗幅值和相角由公式（3）计算：

$$\begin{cases} |\mathbf{Z}_+(f_p)|=\dfrac{|\mathbf{V}_+(f_p)|}{|\mathbf{I}_+(f_p)|} \\ \angle\mathbf{Z}_+(f_p)=\angle\mathbf{V}_+(f_p)-\angle\mathbf{I}_+(f_p) \end{cases} \quad \cdots\cdots\cdots (3)$$

式中：

$|\mathbf{Z}_+(f_p)|$——对应扰动频率 f_p 的正序输入阻抗幅值；

$|\mathbf{V}_+(f_p)|$——对应扰动频率 f_p 的正序输入电压幅值；

$|\mathbf{I}_+(f_p)|$——对应扰动频率 f_p 的正序输入电流幅值；

$\angle\mathbf{Z}_+(f_p)$——对应扰动频率 f_p 的正序输入阻抗相角；

$\angle\mathbf{V}_+(f_p)$——对应扰动频率 f_p 的正序输入电压相位；

$\angle\mathbf{I}_+(f_p)$——对应扰动频率 f_p 的正序输入电流相位。

向 v_{an}、v_{bn} 和 v_{cn} 注入负序扰动电压信号 $v_{a-}(t)$、$v_{b-}(t)$ 和 $v_{c-}(t)$：

$$\begin{cases} v_{a-}(t)=V_-\sin(2\pi f_p t+\varphi_{v-}) \\ v_{b-}(t)=V_-\sin(2\pi f_p t+\varphi_{v-}+2\pi/3) \\ v_{c-}(t)=V_-\sin(2\pi f_p t+\varphi_{v-}-2\pi/3) \end{cases} \quad \cdots\cdots\cdots (4)$$

式中：

V_-——负序扰动电压幅值；

φ_{v-}——负序扰动电压初相角。

对采样得到的 v_{an}、v_{bn} 和 v_{cn} 进行负序分量提取，得到与扰动频率 f_p 对应的负序输入电压 $\mathbf{V}_-(f_p)$。

对采样得到的 i_a、i_b 和 i_c 进行负序分量提取，得到与扰动频率 f_p 对应的负序输入电流 $\mathbf{I}_-(f_p)$。

负序输入阻抗幅值和相角由公式（5）计算：

$$\begin{cases} |\mathbf{Z}_-(f_p)|=\dfrac{|\mathbf{V}_-(f_p)|}{|\mathbf{I}_-(f_p)|} \\ \angle\mathbf{Z}_-(f_p)=\angle\mathbf{V}_-(f_p)-\angle\mathbf{I}_-(f_p) \end{cases} \quad \cdots\cdots\cdots (5)$$

式中：

$|\mathbf{Z}_-(f_p)|$——对应扰动频率 f_p 的负序输入阻抗幅值；

$|\mathbf{V}_-(f_p)|$——对应扰动频率 f_p 的负序输入电压幅值；

$|\mathbf{I}_-(f_p)|$——对应扰动频率 f_p 的负序输入电流幅值；

$\angle\mathbf{Z}_-(f_p)$——对应扰动频率 f_p 的负序输入阻抗相角；

$\angle\mathbf{V}_-(f_p)$——对应扰动频率 f_p 的负序输入电压相位；

$\angle\mathbf{I}_-(f_p)$——对应扰动频率 f_p 的负序输入电流相位。

向 v_{an}、v_{bn} 和 v_{cn} 注入零序扰动电压信号 $v_{a0}(t)$、$v_{b0}(t)$ 和 $v_{c0}(t)$：

$$v_{a0}(t)=v_{b0}(t)=v_{c0}(t)=V_0\sin(2\pi f_p t+\varphi_{v0}) \quad \cdots\cdots (6)$$

式中：

V_0——零序扰动电压幅值；

φ_{v0}——零序扰动电压初相角。

对采样得到的 v_{an}、v_{bn} 和 v_{cn} 进行零序分量提取，得到与扰动频率 f_p 对应的零序输入电压 $\mathbf{V}_0(f_p)$。

对采样得到的 i_a、i_b 和 i_c 进行零序分量提取，得到与扰动频率 f_p 对应的零序输入电流 $\mathbf{I}_0(f_p)$。

零序输入阻抗幅值和相角由公式（7）计算：

$$\begin{cases} |\mathbf{Z}_0(f_p)| = \dfrac{|\mathbf{V}_0(f_p)|}{|\mathbf{I}_0(f_p)|} \\ \angle \mathbf{Z}_0(f_p) = \angle \mathbf{V}_0(f_p) - \angle \mathbf{I}_0(f_p) \end{cases} \quad \cdots\cdots\cdots (7)$$

式中：

$|\mathbf{Z}_0(f_p)|$——对应扰动频率 f_p 的零序输入阻抗幅值；

$|\mathbf{V}_0(f_p)|$——对应扰动频率 f_p 的零序输入电压幅值；

$|\mathbf{I}_0(f_p)|$——对应扰动频率 f_p 的零序输入电流幅值；

$\angle \mathbf{Z}_0(f_p)$——对应扰动频率 f_p 的零序输入阻抗相角；

$\angle \mathbf{V}_0(f_p)$——对应扰动频率 f_p 的零序输入电压相位；

$\angle \mathbf{I}_0(f_p)$——对应扰动频率 f_p 的零序输入电流相位。

6.2.2 输入端口采用三相三线制

被测电源设备输入端口采用三相三线制需要在其稳态工作时测试正序和负序输入阻抗特性，相应的测试方法可参照 6.2.1，其中输入端口相电压可由测量获取的线电压计算得到。

6.2.3 输入端口采用单相交流

被测电源设备输入端口采用单相交流的示意图如图 6 所示，需要在被测电源设备稳态工作时测试其单相输入阻抗特性。

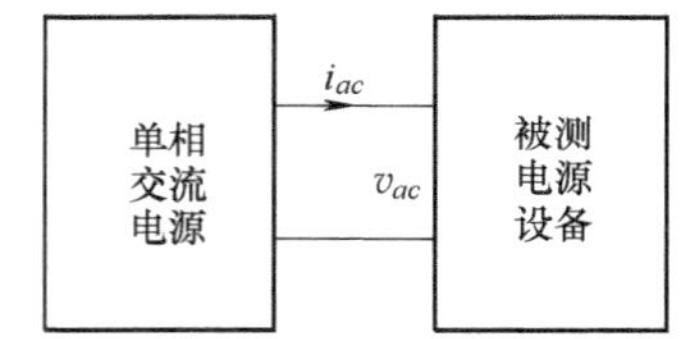

图 6 输入端口采用单相交流示意图

注：图中 v_{ac} 和 i_{ac} 分别为被测电源设备输入端口的单相电压和电流。

向 v_{ac} 注入扰动电压信号 $v_{acp}(t)$，对采样得到的 v_{ac} 和 i_{ac} 进行分量提取，得到与扰动频率 f_p 对应的单相输入电压 $\mathbf{V}_{ac}(f_p)$ 和单相输入电流 $\mathbf{I}_{ac}(f_p)$。

单相输入阻抗幅值和相角由公式（8）计算：

$$\begin{cases} |\mathbf{Z}_{ac}(f_p)| = \dfrac{|\mathbf{V}_{ac}(f_p)|}{|\mathbf{I}_{ac}(f_p)|} \\ \angle \mathbf{Z}_{ac}(f_p) = \angle \mathbf{V}_{ac}(f_p) - \angle \mathbf{I}_{ac}(f_p) \end{cases} \quad \cdots\cdots\cdots (8)$$

式中：

$|\mathbf{Z}_{ac}(f_p)|$——对应扰动频率 f_p 的单相输入阻抗幅值；

$|\mathbf{V}_{ac}(f_p)|$——对应扰动频率 f_p 的单相输入电压幅值；

$|\mathbf{I}_{ac}(f_p)|$——对应扰动频率 f_p 的单相输入电流幅值；

$\angle \mathbf{Z}_{ac}(f_p)$——对应扰动频率 f_p 的单相输入阻抗相角；

$\angle \mathbf{V}_{ac}(f_p)$——对应扰动频率 f_p 的单相输入电压相位；

$\angle \mathbf{I}_{ac}(f_p)$——对应扰动频率 f_p 的单相输入电流相位。

6.2.4 输入端口采用直流

被测电源设备输入端口采用直流需要在其稳态工作时测试直流输入阻抗特性，相应的测试方法可参照 6.2.3，其中被测电源设备输入端口接入直流电源。

6.3 输出阻抗特性测试方法

6.3.1 输出端口采用三相四线制

被测电源设备输出端口采用三相四线制需要在其稳态工作时测试正序、负序和零序输出阻抗特性，相应的测试方法可参照图 4 和 6.2.1，注入的是电流扰动信号。

6.3.2 输出端口采用三相三线制

被测电源设备输出端口采用三相三线制需要在其稳态工作时测试正序和负序输出阻抗特性，相应的测试方法可参照图 4 和 6.2.2，注入的是电流扰动信号。

6.3.3 输出端口采用单相交流

被测电源设备输出端口采用单相交流需要在其稳态工作时测试单相输出阻抗特性，相应的测试方法可参照图 4 和 6.2.3，注入的是电流扰动信号。

6.3.4 输出端口采用直流

被测电源设备输出端口采用直流需要在其稳态工作时测试直流输出阻抗特性，相应的测试方法可参照图 4 和 6.2.4，注入的是电流扰动信号。

九、聚变失超保护系统爆炸开关测试规范（T/CPSS 1009—2022）

1 范围

本文件规定了聚变失超保护系统爆炸开关的性能测试要求及方法。

本文件适用于核聚变失超保护系统中的爆炸开关测试，其他领域爆炸开关测试可参考本文件执行。

5 测试要求

5.1 测试项目

表 1 为爆炸开关测试项目一览表。除非另有协议，标示“△”的项目是在爆炸开关定型时进行，标示“▲”的项目只需在出厂时进行，标示“★”的项目应在每次爆炸开关运行维护时进行。各项目的测试方法及结果判定见第 6 章。

表 1 爆炸开关测试项目一览表

序号	测试项目	型式试验	出厂试验	常规试验
1	外观检查[a]	△	▲	★
2	爆炸开关主体电阻测量[a]	△	▲	★
3	绝缘测试[a]	△	▲	★
4	冲击耐压测试[a]	△	▲	—
5	额定电流测试[a]	△	▲	—
6	温升测试[a]	△	▲	—
7	引爆装置可靠性测试[b]	△	▲	★
8	雷管与炸药可靠性测试	△	▲	★
9	分断测试	△	▲	—
10	短时耐受电流测试	△	▲	—
11	可靠性测试	△	—	—

[a] 应在不装入雷管与炸药的情况下进行。

[b] 应在不装入炸药的情况下进行。

5.2 技术要求

5.2.1 爆炸开关主体电阻测量

测试电流不小于 100A，允许误差为±2%。

爆炸开关主体电阻测量值应满足 4.2 要求，允许偏差为±5%。

5.2.2 绝缘测试

测试电压详见表 2（参见 GB/T 25890.1—2010, 7.5.2）。

测试电压耐受时间为 60s。

爆炸开关主体对地绝缘电阻应大于 5MΩ，控制电路对地绝缘电阻应大于 1MΩ。

在施加测试电压期间，爆炸开关应无绝缘击穿或电压闪络现象。

表 2 绝缘测试电压

额定电压 U_{Ne}/kV	绝缘测试电压 U_d/kV	
	开关主体对地（DC）	控制电路对地（绝缘电阻测试仪）
$U_{Ne}<3$	$5U_{Ne}$	2
$3\leqslant U_{Ne}<10$	$4U_{Ne}$	2
$10\leqslant U_{Ne}<15$	$3.5U_{Ne}$	2
$15\leqslant U_{Ne}<20$	$3U_{Ne}$	2
$20\leqslant U_{Ne}$	$2.5U_{Ne}$	2

5.2.3 冲击耐压测试

测试电压按照 GB/T 17627 中规定的标准雷电冲击波 1.2μs/50μs，电压峰值按表 3 选取。

表 3 冲击耐压测试电压

额定电压 U_{Ne}/kV	冲击电压 U_p/kV
$U_{Ne}<3$	$8.3U_{Ne}$
$3\leqslant U_{Ne}<10$	$6.7U_{Ne}$
$10\leqslant U_{Ne}<15$	$5.0U_{Ne}$
$15\leqslant U_{Ne}<20$	$4.2U_{Ne}$
$20\leqslant U_{Ne}$	$3.3U_{Ne}$

标准冲击电压的容差应满足以下要求：

——峰值±3%；

——波前时间±30%；

——半峰值时间±20%。

测试电压应施加在主电路与地之间。

测试顺序应包括 3 个正脉冲波和 3 个相同波形的负脉冲波的冲击耐受电压测试。

在施加雷电冲击电压过程中，爆炸开关应不发生无故意的击穿放电现象。

5.2.4 额定电流测试

测试电源的输出电流能力应不低于爆炸开关的额定工作电流。

测试电流为爆炸开关额定电流，允许偏差应在 0~+5%范围。

爆炸开关应能在额定电流下正常运行。

5.2.5 温升测试

温升测试前、后均应测量爆炸开关主体的电阻。

温升测试中，应对爆炸开关主体连续施加额定工作电流，允许误差±5%。

温度采样频率应至少 2 次/min。

连接导线的尺寸应在测试报告中说明。

测试电路与爆炸开关的连接线不应造成热量的明显发散或导入。温升测量应在爆炸开关和连接线间进行（距连接线 1m），其温升差值不应超过 5K（见 GB/T 14048.1—2012，8.3.3.3.3）。

温升测试结果应满足：

——环境温升应不超过 10K；

——爆炸开关触头温升应不超过 4.2 规定限值，其他关键部位温升应不超过 GB/T 25890.1 规定的温升限值；

——温升测试后爆炸开关主体电阻的测量值与温升测试前测量值的偏差应不超过±5%。

5.2.6 引爆装置可靠性测试

引爆装置的高压击发器未收到起爆信号时，引爆装置的放电击发针不产生高压电火花。

引爆装置的高压击发器一旦收到起爆信号，引爆装置的放电击发针应立刻产生高压电火花，高压击发器的间隙放电电压峰值应不低于 1000V。

对于型式试验，测试次数不低于 50 次，每次都可靠引爆导火索；对于出厂试验，测试次数不低于 30 次，每次测试都能可靠引爆导火索；对于常规试验，测试次数不低于 3 次，且都能可靠引爆导火索。

对不接导火索的测试，测试结果应满足：

——高压击发器间隙放电电压至少 1000V；

——高压击发器一旦收到触发信号，放电击发针处产生弧光；

——高压击发器储能电容器状态信号指示灯状态由亮变暗，再由暗变亮。

对导爆索接入的测试，测试结果应满足：

——高压击发器间隙放电电压至少 1000V；

——高压击发器一旦收到触发信号，放电击发针处产生弧光；

——高压击发器储能电容器状态信号指示灯状态由亮变暗，再由暗变亮；

——导爆索应有明显的燃烧痕迹。

5.2.7 雷管与炸药可靠性测试

当引爆装置产生高压电火花时，通过导爆索能成功引爆雷管和炸药。

对于出厂试验，测试次数宜 3~5 次，每次测试均能可靠引爆炸药、分断触头；对于常规试验，测试次数为 1 次，且能可靠引爆炸药、分断触头。

测试结果应满足：

——引爆时，应有剧烈的爆轰声和明显的刺鼻烟雾；

——引爆之后，爆炸开关的触头应上、下完全分断，如果触头置于密闭腔体中，无法直接观测，则应拆开腔体查看触头分断情况；

——引爆前、后开关主体电阻测量值的偏差不应超过±10%。

5.2.8　分断测试

分断测试应在爆炸开关承载额定电流的条件下进行。

为了在爆炸开关分断后给负载提供耗能回路，爆炸开关两端应并联耗能电阻，耗能电阻取值应保证在开断过程中开关断口电压最大值达到其额定电压，允许偏差为-10%～+20%，电阻耗能容量应不小于负载电感 L 的储存能量。

分断测试前，应测量爆炸开关主体电阻。

分断测试后，先恢复爆炸开关主体，再测量其主体电阻。

分断测试结果应满足：

——引爆时，应有剧烈的爆轰声和明显的刺鼻烟雾；

——爆炸开关触头应上、下完全分断；

如果触头置于密闭腔体中，无法直接观测，则应拆开腔体查看触头分断情况。

——完成起爆后，爆炸开关支路的电流转移到耗能电阻支路，开关断口电压应达到额定电压，允许偏差应满足5.2.8 的规定。

——分断测试前、后爆炸开关主体电阻测量值的偏差应不超过±10%。

5.2.9　短时耐受电流测试

短时耐受电流测试中，预期电流等于额定短时耐受电流 I_{NCW}，允许偏差为±5%。

耐受时间为 1s，即电流在测试电流要求值 10%以上的通电时间为 1s。

冲击次数 3 次。

短时耐受电流测试结果应满足：

a）短时耐受电流测试前、后，爆炸开关主体电阻测量值的偏差应不超过±10%；

b）爆炸开关在承受 3 次短时耐受电流测试后，开关主体未发生永久性变形或损坏。

5.2.10　可靠性测试

爆炸开关整体可靠性测试仅作为型式试验要求。

测试次数不低于 10 次。

连续 10 次的分断测试结果均满足 5.2.8 要求。

十、聚变失超保护系统直流快速断路器测试规范（T/CPSS 1010—2022）

1　范围

本文件规定了聚变失超保护系统直流快速断路器的性能测试及方法。

本文件适用于核聚变失超保护系统中额定电压不超过 1500V 的直接开断型直流快速断路器的出厂及运维测试，其他领域的直流快速断路器测试可参考本文件执行。

5　测试要求

5.1　测试项目

直流快速断路器测试项目见表 1。除非另有协议，标示“△”的项目是在直流快速断路器定型时进行，标示“▲”的项目只需在出厂时进行，标示“★”的项目应在每次直流快速断路器运行维护时进行。各项目的测试方法及流程见第 6 章。

表 1　直流快速断路器测试项目

序号	测试项目	型式试验	出厂试验	常规试验
1	外观检查	△	▲	★
2	断路器主电路电阻测量	△	▲	★
3	绝缘测试	△	▲	★
4	空载操作测试	△	▲	★
5	冲击耐压测试	△	▲	—
6	额定分断能力测试	△	▲	—
7	短时耐受电流测试	△	▲	—
8	寿命测试	△	—	—
9	额定电流测试	△	▲	★
10	温升测试	△	▲	★

5.2　技术要求

5.2.1　测试电源输出性能

测试电源应能提供满足要求的测试条件，比如测试电压、测试电流以及电流纹波等。测试电压和测试电流的允许偏差应不超过表 2 规定的限值。

控制系统电源应是频率为 50Hz 的单相 220V±10%的交流电或 220V±10%的直流电，电源额定容量应根据实际情况确定。控制系统电源电压的容许偏差应不超过表 2 规定的限值。

表 2　测试参数容许偏差

参数	最大容许偏差
测试电流	±5%
电流纹波	≤3%
测试电压	±5%
电压纹波	≤3%

5.2.2　断路器主电路电阻测量

测试电流不小于 100A，允许误差为±2%。

直流断路器主体电阻的允许偏差为±5%。

直流快速断路器主回路电阻应满足 4.2 参数要求。

5.2.3　绝缘测试

测试电压：

——测试电压为直流电压。

——对使用交流电的辅助电路，其对地之间的测试电压应是频率在 45Hz～60Hz 之间的交流电压（见 GB/T 25890.1 对工频耐受电压试验的规定）。

——不同绝缘水平的测试电压 U_d 列于表 3。

电压耐受时间为 60s。

直流快速断路器主回路对地绝缘电阻应大于 1.5MΩ，辅助回路对地绝缘电阻应大于 1MΩ。

在施加电压期间，直流快速断路器应无绝缘击穿或电压闪络现象。

表 3 绝缘测试电压

额定电压 U_{Ne}/kV	绝缘测试电压 U_d/kV		
	主电路对地（DC）	隔离断口之间（DC）	辅助电路对地（绝缘电阻测试仪）
$U_{Ne}<1$	$5U_{Ne}$	$6U_{Ne}$	2
$1\leq U_{Ne}<1.5$	$4U_{Ne}$	$4.8U_{Ne}$	2

5.2.4 空载操作测试

空载操作应在主电路未通电流情况下进行。

控制电路的所有电阻和阻抗都应接入，但在电源与控制电路端子间则不应接入任何附加阻抗。

测试中，操作机构应尽可能地调整到正常操作条件。

操作次数：5 次。

在 85%、100%及 110%控制电压下，直流快速断路器均能连续正常分合闸 5 次。

5.2.5 冲击耐压测试

测试电压按照 GB/T 17627 中规定的标准雷电冲击波 1.2μs/50μs，电压峰值按表 4 选取。

表 4 冲击耐压测试电压

额定电压 U_{Ne}/kV	冲击电压 U_p/kV	
	主电路对地	隔离断口之间
$U_{Ne}<1$	$8.3U_{Ne}$	$10U_{Ne}$
$1\leq U_{Ne}<1.5$	$6.7U_{Ne}$	$8.0U_{Ne}$

标准冲击电压的容差应满足以下要求：

——峰值±3%；

——波前时间±30%；

——半峰值时间±20%。

测试电压施加位置：

——直流快速断路器闭合时，在主电路带电部分与其他所有已经接地的带电部分之间；

——直流快速断路器打开时，在隔离断口之间。

测试顺序应包括 3 个正脉冲波和 3 个相同波形的负脉冲波的冲击耐受电压测试。

在施加雷电冲击电压过程中，直流快速断路器应不发生无故意的击穿放电现象。

5.2.6 额定分断能力测试

额定分断能力测试应在不超过额定电压的任意电压下进行，测试参数要求见表 5，允许偏差为±5%。

表 5 额定分断能力测试

测试项目	测试电流	预期峰值	时间常数
额定分断能力测试	I_{Ne}	$\geq I_{Ne}$	由其他电路参数确定

由于失超保护开关适用于大型超导线圈供电回路，在进行额定分断能力测试时，须在开关两端并联适当的电阻用于分断后电流转移和消耗能量。

分断次数：≥1 次。

分断测试前、后，应测量直流快速断路器的主电路电阻，二者偏差应小于 50%。

分断测试后，应按照 5.2.4 要求进行空载操作测试。

分断测试后，应按照 5.2.3 要求进行绝缘测试。

5.2.7 短时耐受电流测试

短时耐受电流测试中，直流快速断路器应处于闭合位置，预期电流等于额定短时耐受电流 I_{NCW}，允许偏差为±5%。操动机构的控制电路应施加有关产品标准规定的最小电压。

耐受时间为 1s，即电流在测试电流要求值 10%以上的通电时间为 1s。

在短时耐受电流测试前、后，应按照 5.2.2 要求分别测量直流快速断路器主电路电阻，二者偏差应不超过 10%。

在承受短时耐受电流后，直流快速断路器及外壳都不应发生永久性变形或损坏。

5.2.8 寿命测试

断路器寿命分为机械寿命和电气寿命。

对于机械寿命测试：

——主电路中不施加电流，操作循环次数不低于 200 次，操作频率 1 次/min。

——在进行 200 次机械分合闸操作后，直流快速断路器的空载操作仍通过。

对于电气寿命测试：

——主电路中施加额定电流，操作循环次数不低于 50 次，操作频率 1 次/12min。

——直流快速断路器连续额定带载分合闸 50 次之后，绝缘测试结果应满足 5.2.3 要求。

——直流快速断路器连续额定带载分合闸 50 次之后，其主回路电阻测量值较测试前不高出 50%，否则应在额定电流下对直流快速断路器进行温升测试，温升测试结果应满足 5.2.10 要求。

5.2.9 额定电流测试

测试电压应为不超过直流快速断路器额定电压的任意电压，测试电流应为直流快速断路器额定工作电流，允许偏差为 0~+5%。

直流快速断路器应能在额定电流下正常运行。

5.2.10 温升测试

温升测试前、后均应测量直流快速断路器的主电路电阻，二者偏差应不超过±5%。

温升测试中，应对直流快速断路器连续施加额定工作电流（允许偏差为±5%），直至温度达到稳态。

测试时间不宜超过 8 小时，温度采样频率应至少 2 次/min。

测试导线的尺寸应在测试报告中说明。

测试电路与直流快速断路器的连接线不应造成热量的明显发散或导入。温升测量应在直流快速断路器和连接线间进行（距连接线 1m），其温升差值不应超过 5K（见 GB/T 14048.1—2012，8.3.3.3.3）。

直流快速开关温升测试结果要求：

——环境温升应不超过 10K；

——触头温升应不超过 4.2 规定限值，其他部位温升应不超过 GB/T 25890.1 规定的温升限值；

——温升测试后直流快速断路器主回路电阻的测量值与温升测试前测量值的偏差应不超过±5%。

十一、核聚变磁体电源等离子体击穿开关网络系统设计技术导则（T/CPSS 1011—2022）

1 范围

本导则规定了核聚变磁体电源等离子体击穿开关网络系统的功能、设计和运行等方面的技术要求和相应的推荐技术方案。

4 系统、单元及部件功能和设计要求

4.1 开关网络系统功能和配置

在等离子体放电开始时，等离子体击穿开关网络系统向中心螺线管（CS）和极向场（PF）磁体电路中提供击穿注入气体，并产生等离子体电流所需的高电压。

在核聚变装置中，每套中心螺线管和极向场磁体电源各配置一个开关网络单元，全部开关网络单元构成开关网络系统。

4.2 开关网络单元基本配置

开关网络单元串联在磁体电源变流器和磁体负载之间，主要由换流开关部件、开关网络电阻、旁路合闸开关部件、仪控部件以及电缆或连接排等部件组成，如图 1 所示。

等离子体开关网络单元各部件的功能参见附录 A。

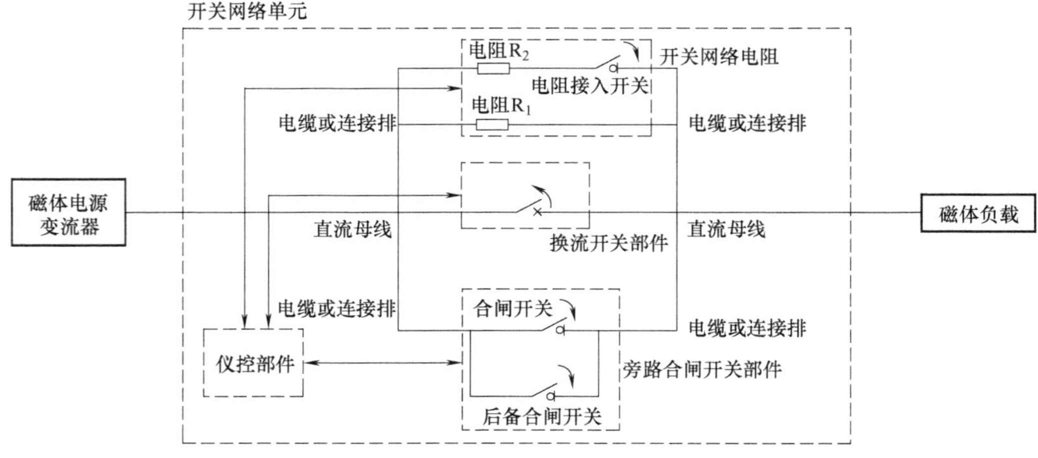

图 1 开关网络单元构成示意图

4.3 基本运行原理

图 2 为开关网络单元各部件的基本运行时序：

——T_0 之前，磁体经磁体电源励磁运行，换流开关部件处于闭合状态（旁路合闸开关部件处于断开状态）。

——T_0 时刻即等离子体脉冲开始时刻，换流开关部件接受动作命令打开，电流换流至电阻 R_1 支路，换流开关保持打开状态，承担电阻两端的电压。

——开关网络电阻分段运行。T_1 时刻，R_2 电阻接入开关闭合，接入 R_2 电阻支路，磁体电流由 R_1 支路和 R_2 支路共同承担，开关网络等效电阻为 R_1 并联 R_2。

——T_2 时刻，旁路开关闭合，电流从开关网络电阻回路换流至旁路合闸开关回路。

旁路合闸开关部件应配置后备合闸开关，当检测到合闸开关动作失效，立即触发后备合闸开关。

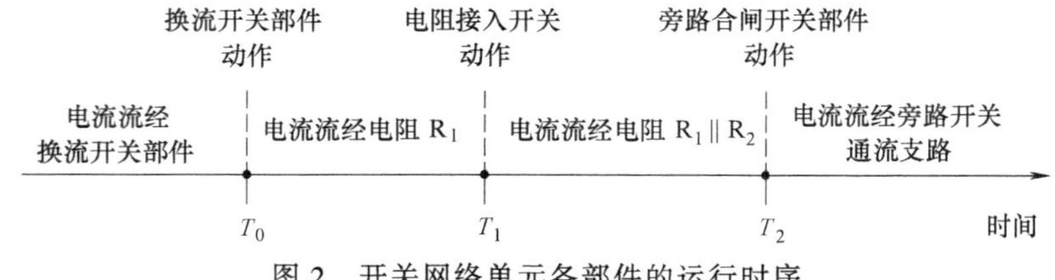

图 2 开关网络单元各部件的运行时序

4.4 设计要求

在开展开关网络系统和单元设计前，必须明确相关设计输入，并结合 4.3 节开关网络系统的运行原理进行定义。

4.4.1 参数要求

4.4.1.1 额定电压（U_r）

额定电压等于开关网络单元所在磁体电源的最高运行直流电压。

开关网络单元推荐的额定电压为 3.6、7.2、12 或者 24kV（见 GB/T 156 的第 9 章）。针对特殊系统，允许由用户根据系统需求，定义与标准推荐电压不同的额定电压等级。

4.4.1.2 绝缘水平

开关网络单元和部件的额定绝缘水平应满足表 1 要求。

表 1 开关网络单元绝缘水平

额定电压 U_r kV(有效值)	额定短时工频耐受电压 U_d kV(有效值)		额定雷电冲击耐受电压 U_p kV(峰值)	
	通用值	隔离断口	通用值	隔离断口
3.6	25	27	40	46

（续）

额定电压 U_r kV(有效值)	额定短时工频耐受电压 U_d kV(有效值)		额定雷电冲击耐受电压 U_p kV(峰值)	
	通用值	隔离断口	通用值	隔离断口
7.2	30	34	60	70
12	42	48	75	85
24	65	79	125	145
注:出厂试验的相对地,相间及开关断口间采用上表的通用值。				

注：参见 GB/T 11022—2011 表 1。

4.4.1.3　额定电流（I_r）和温升

开关网络单元各部件的额定电流是指在规定的使用和性能条件下，设备能够持续承载的电流有效值，应根据磁体电源系统直流侧的额定电流定义。

开关网络单元各部件的温升应满足 GB/T 11022—2011 表 3 规定。

4.4.1.4　额定短路耐受电流（I_k）和持续时间（t_k）

开关网络单元各部件设备的额定短路耐受电流 I_k 应为磁体电源变流器的最大短路电流，额定短路持续时间 t_k 应为输入侧断路器的最大动作时间（通常为 80~100ms）。

额定短路耐受电流应适用于换流开关部件、旁路合闸开关部件及相关的连接排等连续通流部件，不适用于开关网络电阻。

4.4.1.5　分闸、合闸装置和辅助回路的额定电源电压（U_a）和频率（f_a）

应满足 GB/T 11022—2011 4.9 和 4.10 规定。

4.4.1.6　可控压力系统压缩气源的额定压力

应满足 GB/T 11022—2011 4.11 规定。

4.4.1.7　电阻运行阶段、持续运行时间（t_1，t_2…）及电阻值（R_1，R_2…）

应根据磁体电源系统运行要求，尤其是等离子体击穿电压要求，确定开关网络系统电阻的运行阶段及相应的运行时间。以两段电阻运行阶段为例，应定义一段和二段的运行时间（t_1 和 t_2）以及两段的电阻值（R_1 和 R_2）。该系列参数由核聚变装置磁体线圈磁场和运行方案设计组提供。

4.4.1.8　开关网络单元的动作时间

开关网络单元的动作时间应含以下参数，但不限于：

a）换流时间（t_c）：换流开关接收到动作指令到完成换流动作的时间，本导则推荐 t_c 不大于 15ms。

b）换流不一致时间限值（D_t）：在开关网络系统中各单元换流时间最大值和最小值之差的最大允许值，本导则推荐 D_t 不大于 3ms。

c）阶段电阻接入动作时间 t_R：适用于分阶段投入电阻的情况，运行单元的阶段电阻从接入开关接收到动作命令到完成阶段电阻承担稳态电流（稳态电流 90%以上）的时间，本导则推荐 t_R 不大于 20ms。

d）旁路开关合闸时间（t_b）：从旁路合闸开关接收到动作指令到最终完成动作，系统电流（大于 90%以上）换流至旁路合闸开关的最大时间，本导则推荐 t_b 不大于 20ms。

4.4.2　其他要求

4.4.2.1　使用条件要求

本系统单元设计须考虑相关气候条件要求。开关网络单元系统为室内安装的电气设备，应满足相关室内环境的要求，具体安装使用条件应满足 GB/T 11022—2011 2.2.1 的规定。

4.4.2.2　安全要求

任何部件不得使用静置或正常工作时会产生有毒有害气体的材料。

开关网络单元的防火设计应满足 GB/T 11022—2011 5.17 的规定。

开关网络单元各部件应保证金属外壳部件可靠接地，满足 GB/T 11022—2011 5.3 的规定。各部件通过冷却水或支撑结构的接地漏电流不可对磁体-电源电路接地检测造成影响。

本系统设计及实现过程不得妨碍核聚变装置的任何安全系统实现其功能。

开关网络系统中各单元及其部件不应在任何工况下以任何方式影响核安全功能（如适用）。

4.4.2.3　电磁兼容要求

开关网络单元的设计必须满足电磁兼容设计要求。所有单元和部件须在本系统自身产生的磁场环境（包括故障下）和其他系统（主要是所处环境附近的通流设备）产生的磁场环境中正常运行，尤其是装置主机相关系统产生的磁场环境。

仪控部件应满足 GB/T 17626.2、GB/T 17626.4、GB/T 17626.5、GB/T 17626.8、GB/T 17626.11、GB/T 17626.16 和 GB/T 17626.18 的电磁兼容测试要求。

第七篇　主要电源企业简介

（同类企业按单位名称音序排列）

副理事长单位

广东志成冠军集团有限公司

CHAMPION

地址：广东省东莞市塘厦镇田心工业区
邮编：523718
电话：0769-87282699
传真：0769-87927259
邮箱：liux@ zhicheng-champion. com
网址：www. zhicheng-champion. com

简介：广东志成冠军集团有限公司，系国家高新技术企业和国家创新型试点企业。公司创办于 1992 年 8 月，注册资本为 1 亿元人民币，总占地面积达 27 万 m^2，拥有资产 6. 5 亿元。

公司致力于从事先进装备制造业和自动化与新能源和节能两大高新技术领域。目前主要从事大容量不间断电源、消防应急电源、岸电电源、海岛特种电源、光伏逆变电源、高压直流电源及配套的新型阀控型全密封免维护铅酸蓄电池、新能源汽车用的磷酸铁锂动力电池的研发、生产、销售与服务。公司坚持自主创新，拥有一支实力强大的技术创新团队，发明专利“大容量不间断电源”荣获全国第十届发明专利金奖，发明专利“一种多制式 UPS 电源及其实现方法”荣获中国专利优秀奖。同时，公司与湖南大学、华中科技大学、武汉大学等高校分别共建有国家电能变换与控制工程技术研究中心志成冠军研发科研基地、广东省大功率电源工程技术研究开发中心、广东省电力电子变流技术企业重点实验室等 8 个联合研发机构及国家博士后科研工作站。

公司拥有各类专业技术人员 470 余人和原值达 8000 多万元的研发仪器设备。构建了以企业为主体、市场为导向、产学研相结合的技术创新体系，先后填补了国家 10 项空白，且已有 9 项分别列入了国家火炬计划和国家重点新产品等国家科技计划。近几年以来，公司被认定为 4A 级“标准化良好行为企业”“国家创新型示范企业”及首批 29 家“广东省创新型企业”、20 家“广东省装备制造业重点企业”和“广东省战略新兴骨干企业”。

公司大力推广品牌战略。为了培育属于自己的品牌，公司提出了“质量第一，信誉为本”的质量方针，在国内同行业中首批通过了 ISO 9001 质量管理体系认证和 ISO 14001 环境管理体系认证。连续多年被广东省市场监督管理局评定为“守合同重信用”企业。

主要产品介绍：

岸电电源

岸电电源系统指具有变频变压能力或具备多频多压能力的船舶岸电，安放于港口码头，为集装箱、客滚船、邮船、客运、干散货船及各种专用船舶等提供供电服务。分为高压（或称中压）船舶岸电和低压船舶岸电。具有 V/F 分离控制、恒频稳压输出、一键并网、软件逆功率控制等功能；逆变器采用模块化模式和支持多机并联的应用等特点。

高层专访：

被采访人：李民英　总工程师

▶ 请您介绍企业 2022 年总体发展情况。企业的核心竞争力有哪些？

公司 2022 年度总体发展平稳，原有不间断电源（UPS）、逆变电源（INV）、应急电源（EPS）、铅酸蓄电池等产品受新冠肺炎疫情的影响，业绩有所下降，储能、磷酸铁锂电池等新能源产品的销售保持平稳增长。另外，公司大力推进储能、新能源、特种电源的研发，积极向海洋、军民融合方向拓展，取得了一定的成绩。

公司的核心竞争力主要体现在以下方面：

1）公司始终坚持自主研发和科技创新，构建和完善了以企业为主体、市场为导向、产学研相结合的技术创新体系。经过 31 年的努力，公司有着深厚的技术积累。

2）公司一直坚持“质量第一，信誉为本”的质量方针，以客户为中心，提供高质量、高可靠的服务。

华为技术有限公司

地址：广东省深圳市福田区香蜜湖街道香安社区安托山六路 33 号安托山总部大厦 A 座研发 39 层 01 号
电话：0755-89247231
传真：0755-89247231
网址：https：//e. huawei. com/cn/

简介：华为技术有限公司（以下简称华为）是全球领先的信息与通信解决方案供应商，于 1987 年成立于中国深圳。华为围绕客户的需求持续创新，与合作伙伴开放合作，在电信网络、终端和云计算等领域构筑了端到端的解决方案优势。华为致力于为电信运营商、企业和消费者等提供有竞争力的综合解决方案和服务，持续提升客户体验，为客户创造最大价值。目前，华为的产品和解决方案已经应用于 140 多个国家和地区，服务全球 1/3 的人口。华为以丰富人们的沟通和生活为愿景，运用信息与通信领域专业经验，消除数字鸿沟，让人人享有宽带。为应对全球气候变化挑战，华为通过领先的绿色解决方案，帮助客户及其他行业降低能源消耗和二氧化碳排放，努力创造最佳的社会、经济和环境效益。

科华数据股份有限公司

地址： 福建省厦门市湖里区马垄路 457 号
邮编： 361006
电话： 0592-5160516
传真： 0592-5162166
邮箱： fengbo@ kehua. com
网址： www. kehua. com. cn

简介： 科华数据股份有限公司（以下简称科华数据）前身创立于 1988 年，2010 年深圳 A 股上市（股票代码 002335），是国家认定企业技术中心、国家火炬计划重点项目承担单位、国家高新技术企业、国家技术创新示范企业和全国首批“两化融合管理体系”贯标企业，服务全球 100 多个国家和地区的用户。

科华数据立足电力电子核心技术，融合人工智能、物联网前沿技术应用，致力于将“数字化和场景化的智慧电能综合管理系统”融入不同场景，提供稳定动力，支撑各行业转型升级，在数据中心、高端电源以及新能源三大领域，为政府、金融、工业、通信、交通、互联网等客户提供安全、可靠的智慧电能综合管理解决方案及服务。

科华数据本着“自主创新，自有品牌”的发展理念，组建了以自主培养的 4 名享有国务院政府特殊津贴的专家领衔的 1000 多人的研发团队，先后承担国家级与省部级火炬计划、国家重点新产品计划、863 计划等项目 30 余项，参与了 140 多项国家和行业标准的制定，获得国家专利、软件著作权等知识产权 1000 多项。

权威调研机构赛迪顾问报告显示，科华数据连续多年保持中国 UPS 国产品牌市场占有率领先；权威 ICT 研究资讯机构计世资讯（CCW）报告显示，科华数据在 2019 年中国微模块数据中心市场、UPS 市场份额排名中，其在整体市场占有率方面领先，以品牌力量引领智慧电能行业发展，驱动数字互联世界。

主要产品介绍：

科华 S^3 液冷储能系统

科华 S^3 液冷储能系统由储能电池、簇级控制器、液冷系统、智能管理系统组成，经过簇级控制器汇流后输出到集装箱外部接口，集装箱整体采用非步入式外维护设计，集成内部消防、液冷管道设计，实现液冷储能电池系统安全防护、智能管理应用，结合新能源发电侧、电网侧、用户侧进行调峰调频、平滑出力、电网支撑、削峰填谷等不同储能应用。

高层专访：

被采访人：陈四雄　总裁

▶ 请您介绍企业 2022 年总体发展情况。企业的核心竞争力有哪些？

2022 年是国家“十四五”规划实施的关键之年，也是全体科华人攻坚克难、砥砺前行的一年。纵然国内外疫情反复、国际地缘政治冲突、汇率波动、原材料紧缺等因素加剧了全球能源市场的风云突变和公司经营的成本压力，但我们依然保持稳健前行。因为，在我们身后，有一群勇敢坚强、爱拼爱赢、可敬可爱的“科华人”。他们中既有身处俄乌冲突前线、过年期间感染新冠病毒仍坚守岗位的俄罗斯团队；也有为保障数据中心正常运维，吃住都在机房的云集团华东团队；还有为保障跟客户顺畅交流、几过家门而不入的金融团队；更有领导干部齐上阵，克服高原严寒等重重困难，连续作战，终于顺利完成大型储能项目并网的数能团队……这样的例子还有很多，我几乎每天都在被这样的“科华人”感动着。正是由于大家的努力，才换来了过去一年公司在清洁能源、数据中心、高端电源三大业务板块取得的骄人成绩。

▶ 请您介绍企业 2023 年的发展规划及未来展望。

随着“东数西算”序幕开启和“双碳”目标的有序推进，全球能源结构变革仍将继续。数字化与绿色化是当今时代的主旋律，各路企业看好这个赛道纷纷涌入，行业后起之秀异军突起，科华数据作为智慧能源行业的头部企业，应当如何继续抢立潮头，实现更高质量发展？这是时代对科华数据提出的考验，也是公司自己要解决的问题。我们的答案是，我们唯有持续深入地自我变革，拿出二次创业的勇气与魄力，才能跑得更快，跑得更远。2023 年还会有很多新的机遇与挑战，希望 2023 年，我们依然坚持热爱、追逐理想，因为在公司，每一个值得记录的日子，都是我们璀璨的人生！让我们一起携起手来，继续发扬“爱拼团结共赢”的科华精神，为科华的 2023 创造更大价值！

山特电子（深圳）有限公司

SANTAK

地址： 广东省深圳市宝安区宝安 72 区宝石路 8 号
电话： 0755-27572666
传真： 0755-27572730
邮箱： 4008303938@ santak. com
网址： www. santak. com. cn

简介：山特电子（深圳）有限公司（以下简称山特）成立于1984年，根植于中国UPS市场近40年，是专业从事不间断电源（UPS）、模块化数据中心以及数据机房供配电等电能质量设备开发、生产及经营的国际性厂商。从后备式500 VA到在线式4.8 MVA大功率并机系列，山特产品能满足不同行业用户的需求。目前，公司在北京、上海、广州、沈阳、成都、武汉、西安七地均设有分支机构，在深圳设有研发和生产基地。

山特凭借雄厚的技术研发实力，可靠的产品品质，完备、快捷、高效的售后服务体系，得到了国内众多行业用户的肯定，产品已广泛应用于政府、金融、电信、能源、交通、医疗、制造以及地产等行业，数以千万的用户正在依靠山特UPS为其设备提供安全、可靠的电源环境。

永不妥协是山特一直以来的品质追求：

山特不断钻研产品功能的开发，突破技术限制，制定高于行业水平的生产规范，在质量上严格把关。作为早期进入中国市场的UPS厂商，山特已通过ISO 9001质量管理体系认证和ISO 14001环境管理体系认证，产品通过泰尔认证、国家广电总局入网认证等多项行业认证。

技术创新是山特的核心竞争力：

设立于深圳的技术研发中心，拥有优良的研发条件及强大的研发和创新能力，拥有500多位优秀的技术人员。强大的研发能力，保证了山特产品的创新性。山特不断推出更具市场竞争力的机种，以满足用户对UPS高可靠性和高智能化的需求。并率先将IGBT功率元件及高频PWM技术引入UPS行业，从根本上提升了UPS的性能、效率和可靠性，推动行业转向高频化和数字化技术发展。

规范高效的服务是山特的特色：

山特一直把建立规范化的服务体系和为客户提供及时、高效的技术支持保障作为重点。全国分布有50多家山特服务网点，100多名通过专业培训的技术工程师正时刻准备响应客户的需求。同时，山特还在深圳设立客户服务中心，并在武汉建立技术培训中心，以便提供规范高效的专业服务。

特约经销是山特在中国的主要销售模式：

全国现已有数百家特约经销商，强强联手，是共同发展的根本。

山特，将一如既往地秉承诚信、服务、品质、专业、创新的理念，不断致力于为数以千万的用户设备提供安全、可靠的电源环境。

主要产品介绍：

山特灵霄PT3000 IoT UPS

山特灵霄PT3000 IoT UPS，基于山特在电力电子领域30多年的沉淀并应用先进的数字化技术而开发的云管理UPS，以物联网技术为主要特点，集IoT UPS、手机APP和云服务平台于一体。用户只需将UPS接入互联网，即可借助山特手机APP随时随地监控UPS，实现智能云管理、云运维、云客服。

高层专访：

被采访人：余宝锋　山特市场营销总监

▶ 请您介绍企业2022年总体发展情况。企业的核心竞争力有哪些？

2022年在诸多挑战中，山特人通过努力实现了多维度的韧性生长。产品上完成了多个产品线的升级，包括更高效的三相UPS 3C3 HD、更节能的变频SCC精密空调等产品，同时在数字化转型和新能源等应用领域推出了“山特+”APP与云UPS PT3000组合、能源行业专用UPS“M PLUS”以及移动电站C1400等新产品，始终紧跟社会的发展和方向。品牌建设上在多个评比中获得奖项，其中PT3000系列获得德国红点设计奖，在不间断电源行业开了先河。同时2022年山特人也在完成自身数字化的转型，微信小程序“山特服务”的上线和完善为新冠肺炎疫情期间及时响应客户的问询和技术支持奠定了坚实的基础。在渠道建设上，开展了近百场线上赋能课程及线下活动交流会，进一步巩固及提升了渠道能力。这些努力最终体现在业务上，山特2022年实现了规划的增长目标。山特有由行业优秀的研发、制造团队打造的稳定可靠的产品，有一群愿意为山特荣誉奉献的经销商合作伙伴，这应该是企业的核心竞争力。

▶ 请您介绍企业2023年的发展规划及未来展望。

2023年是个机会之年，经济的复苏增长、新能源产业的发展、人工智能的崛起都将增大对能源产业的需求。山特对此已经做好了准备，会一如既往秉持以社会发展为导向，带给市场和客户更多节能高效的产品，相信2023年会取得新的成长。

▶ 您认为当前电源行业（或您所在细分行业领域）发展的有利因素和不利因素是什么？企业准备如何应对？

当前企业以及整个行业面临的挑战与机会都大体相同，有利因素是需求还在不断增长，挑战主要就是能否在快速的需求变化中率先响应满足客户的需求。今天客户对不间断电源的要求不止停留在可靠地断电保护这个最基本的需求。比如客户会有更多的整体集成方案的需求，会有更快的交付能力和服务要求，会有更独特的产品定制化需求。响应这些需求其实正是山特的强项，在很多品牌都因为成本原因找第三方贴牌产品的时候，山特还是保留了自己强大的研发、制造能力，这部分能力可以确保我们及时有效地应对客户端的各种状况，为企业的持续发展提供动力。

深圳市航嘉驰源电气股份有限公司

HuntKey航嘉

地址：广东省深圳市龙岗区坂田坂澜大道航嘉工业园

邮编：518129

传真：0755-89606333

网址：www.huntkey.com/cn

简介：深圳市航嘉驰源电气股份有限公司（以下简称航嘉）成立于1995年，总部位于深圳，是国际电源制造商协会（PSMA）会员、中国电源学会（CPSS）副理事长单位、中国电动汽车充电技术与产业联盟会员单位。公司自主设计、研发、制造开关电源、计算机机箱、显示器、适配器等IT周边产品以及手机等移动电子产品的充电器、旅行充等消费周边产品，智能插座、智能小家电、智能LED照明等智能家居产品，充电桩、新能源汽车车载电源（充电机、DC-DC等）。

航嘉凭借自有技术和制造实力，长年服务于联想、华为、海尔、中兴、惠普、戴尔、BestBuy、OPPO、VIVO、大疆、海康、大华等企业，获得了客户的一致认可和充分信任，是电源行业极具实力的供应商。

企业目前有员工总计3000余人，其中研发人员400余人。2006年荣获深圳市龙岗区“双爱双评活动先进单位”，2010年被评为“国家级高新技术企业”，2018年荣获“广东省绿色智能电源工程技术研究中心”称号，目前航嘉深圳园区正在建设5G网络能源研发、中试和智能制造基地。

深圳市禾望电气股份有限公司

地址：广东省深圳市南山区西丽官龙第二工业区11栋

邮编：518055

电话：400-8828-705

传真：0755-86114545

邮箱：qinyuexian@hopewind.com

网址：www.hopewind.com

简介：深圳市禾望电气股份有限公司（股票代码：603063，以下简称禾望）于2017年在上海A股主板上市，是一家专注于新能源和电气传动产品研发、生产、销售和服务的国家高新技术企业。主营产品有风力发电产品、光伏发电产品、储能产品、SVG、电气传动产品等。公司拥有完整的大功率电力电子装置及监控系统的自主开发、研发与测试平台。通过技术和服务上的创新，不断为客户创造价值，现已成为国内新能源领域最具竞争力的电气企业之一。

在新能源领域，禾望产品系列覆盖国内850kW～24MW风电变流器、5kW～3.125MW光伏逆变器及1.0MW～6.25MW箱逆变一体机等主流机型，目前公司新能源累计发货容量超过85GW。在储能领域，提供50kW～3.45MW储能变流器以及EMS、离网控制器等设备，广泛应用于发电侧、电网侧、用户侧和微网等。在电能质量领域，提供单机30kvar～100Mvar的SVG产品，已广泛应用于区域电网、风电、光伏、石化、煤炭、钢铁、油田和轨道交通等多个领域和行业。在电气传动领域，提供0.75kW～72MW的传动成套解决方案，可广泛应用于冶金、石油石化、矿山机械、港口起重、分布式能源发电、大型试验测试平台、海洋装备、纺织、化工、水泥、市政及其他各种工业应用场合。

深圳市汇川技术股份有限公司

INOVANCE
汇川技术

地址：广东省深圳市龙华新区观澜街道高新技术产业园汇川技术总部大厦

邮编：518110

电话：0755-29799595

传真：0755-29619897

网址：www.inovance.com

简介：深圳市汇川技术股份有限公司（以下简称汇川技术）创立于2003年，聚焦工业领域的自动化、数字化、智能化，专注“信息层、控制层、驱动层、执行层、传感层”核心技术，专注于工业自动化控制产品的研发、生产和销售，定位服务于高端设备制造商，以拥有自主知识产权的工业自动化控制技术为基础，以快速为客户提供个性化的解决方案为主要经营模式，持续致力于以领先技术推进工业文明，快速为客户提供更智能、更精准、更前沿的综合产品及解决方案，是国内工业自动化控制领域的领军企业和上市企业，入选“2020胡润中国500强民营企业”，排名第93位。汇川技术拥有苏州、杭州、南京、上海、宁波、长春等20余家分（子）公司，2020年汇川技术研发投入11.2亿元，拥有员工1.4万余人，其中专门从事核心平台技术研究、应用技术研究和产品开发的研发人员达2800余人。

主要产品介绍：

小型自动化TCO价值典范：“灯塔”系列MD800

随着大规模计算、高可靠控制和高质量通信技术的不断发展，网络智能化、专业化、一体化、高效低耗化正呼唤一座新的“灯塔”，汇川技术多机传动变频器MD800，数字化时代驱控的“灯塔”，指引制造业数字化转型的新航向。主要应用于食品饮料、木工机床、纺织印染、物流仓储、印刷包装、风机水泵等行业。

高层专访：

被采访人：宋君恩 董秘办副总裁，晋永清 能源SDT总裁

▶ 请您介绍企业2022年总体发展情况。企业的核心竞争力有哪些？

公司2021年营业收入179.4亿元，2022年比上年同期增长20%～40%；2021年归母净利润35.73亿元，2022年比上年同期增长10%～30%；2021年扣非净利润29.2亿元，2022年比上年同期增长10%～30%。

经过十多年的积累，公司综合实力与品牌得到了极大的提升。公司的核心竞争优势体现在以下几个方面：①多层次、多产品、多场景的核心技术优势；②多产品组合解决方案或定制化解决方案优势；③国产行业龙头的品牌优势；④成本优势；⑤管理优势。

▶ 企业当前面临的难题或挑战是什么？准备用什么策略来应对？

目前公司面临的风险和应对措施有以下几个：

1. 经济波动带来的经营风险

公司作为智能制造领域的核心部件供应商，下游行业众多，分布广泛。这些行业与宏观经济、固定资产投资、出口等因素密切相关。此外，国际环境复杂多变等因素，会导致宏观经济下滑、市场竞争加剧，从而影响公司相关产品的市场需求与业绩。

公司将持续提升产品与解决方案竞争力，坚持技术营销、行业营销和品牌营销，落实上顶下沉营销策略，扩大市场空间，提升市场份额，以应对经济下滑带来的经营风险。

2. 部分器件供货紧张及大宗材料价格上涨带来的采购风险与成本上涨的风险

近年来，由于智能汽车、智能家电等行业快速发展，导致芯片等关键物料的供需出现失衡，价格上涨。公司部分物料回货难度加大，采购成本上升。另外，自2020年末以来，铜、稀土、硅钢、铝等大宗材料价格持续上涨，导致公司部分产品成本上涨。

公司将密切关注芯片等关键物料及大宗材料的供需情况，加强与战略供应商的合作，加大关键器件的储备与回货，寻求国产器件替代，并采用期货套期保值等措施降低采购与成本上涨的风险。

3. 新能源汽车市场竞争加剧，导致公司新能源汽车业务盈利水平下降的风险

虽然新能源汽车行业发展前景广阔，但因行业处于发展初期，产业格局尚未定型，市场竞争十分激烈，产品毛利率普通偏低，企业盈利水平低下。若新能源汽车市场竞争进一步加剧，则会影响公司新能源汽车业务的经营质量与盈利水平。

公司将持续加大研发投入，提高精益管理能力，降本控费，以降低竞争加剧带来的盈利水平下降的风险。

4. 核心技术和人才不足导致公司竞争优势下降的风险

虽然公司在一些领域拥有核心技术，并在部分细分行业形成领先优势；但总体上看，公司在工业软件、控制层等核心技术上，仍然落后于国际主流品牌。随着公司技术创新的深入，技术创新在深度和广度上都将会更加困难。如果公司现有的盈利不能保证公司未来在技术研发方面的持续投入，不能吸引和培养更加优秀的技术人才，将会削弱公司的竞争力，从而影响进口替代经营策略的实施。

公司将持续加大研发投入，突破核心技术，并通过差异化的激励策略引进核心技术人才，以缩小公司在工业软件、控制层等核心技术方面与国际主流品牌厂商之间的差距。

5. 公司规模扩大带来的管理风险

近年来随着公司资产规模、人员规模、业务范围的不断扩大，公司面临的管理压力也越来越大。从新业务的经营模式到运营效率，都给公司管理提出了更高的要求。虽然近几年公司不断优化治理结构，实施管理变革，并且持续引进优秀管理人才，但随着经营规模扩大，仍然存在较大的管理风险。

公司会根据业务发展需要，持续推进管理变革，不断优化流程和组织架构，并积极引进高端管理人才，以满足公司高速发展过程中的管理需求。

▶ 您认为当前电源行业（或您所在细分行业领域）发展的有利因素和不利因素是什么？企业准备如何应对？

当前电源行业发展的有利因素是对特种电源的国产化及需求比较迫切；不利因素是一些特种行业工艺对电源的指标要求理解还不是很深，导致创造力不足。应对措施为加强特种电源应用场景工艺理解及相关领域合作，专注电力电子变换装置及相关配套的产品开发，提升产品的可靠性。

台达电子企业管理（上海）有限公司

地址： 上海市浦东新区曹路镇民雨路182号

邮编： 201209

电话： 021-68723988

传真： 021-68723996

邮箱： news.cn@deltaww.com

网址：www. delta-china. com. cn

简介：台达电子企业管理（上海）有限公司（以下简称台达）创立于1971年，为全球客户提供电源管理与散热解决方案，并在多项产品领域居重要地位。面对日益严重的气候变迁议题，台达秉持“环保节能爱地球”的经营使命，运用电力电子核心技术，整合全球资源与创新研发，深耕三大业务范畴，包含“电源及元器件”“自动化”与“基础设施”。

台达致力于创新研发，每年投入集团营业额8%以上作为研发费用，研发基地遍布国内外。基于对环境保护的承诺，台达不断提高电源产品的转换效率。目前产品转换效率都已达90%以上，其中先进的通信电源效率超过98%，光伏逆变器效率高达99.2%。我们坚信，发展环保节能产品，对台达的业务成长与环境保护的实践均具有正面助益。

台达持续通过多元方式应对不断变化的世界，并积极落实品牌承诺：“Smarter. Greener. Together.”，这不只象征了台达对自身的要求，也代表对股东、客户与员工的承诺。“Smarter”代表台达在电源效率与可再生能源的核心技术能力，“Greener”则是台达创立以来所坚持的“环保节能爱地球”的企业经营使命，“Together”是台达的经营哲学，与客户建立长期伙伴关系。

我们深信技术与合作的重要性，藉由领先的技术与客户合作，持续创造高效率、可靠的电源及元器件产品、工业自动化、能源管理系统以及消费性商品，为工业客户与消费者提供多元的产品与服务。

近年来，台达陆续荣获多项荣誉。自2011年起，连续12年入选道琼斯可持续发展指数的“世界指数（DJSI World Index）”；亦于2022年CDP全球环境信息研究中心年度评比荣获气候变迁与水安全领导评级；2011～2022年连续12年入选“中国台湾二十大国际品牌”。

台达电子企业管理（上海）有限公司位于上海浦东，为地区运营暨研发中心，主要从事电能有效利用和计算机、信息、通信、网络、机电、光伏、汽车电子领域，以及太阳能、风能等绿色能源的研究开发和技术支持，配合集团整体策略，运用电源设计与管理的基础，结合相关领域创新技术及软硬件开发，深耕三大业务范畴，使台达逐步从产品制造商转型成为整体节能解决方案的提供商。

主要产品介绍：

服务器电源

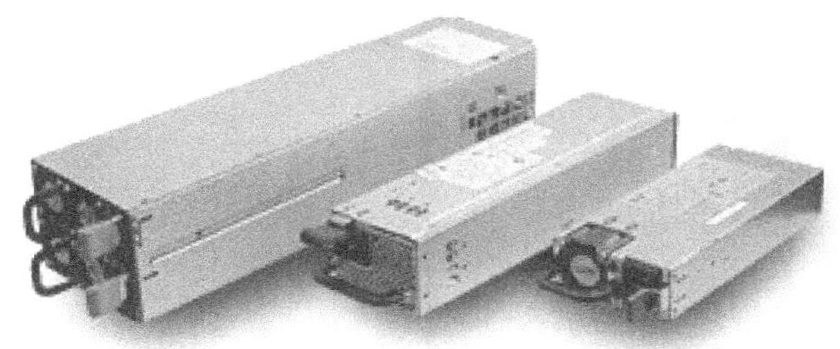

台达提供从入门级服务器所需的300W电源，到高达数千瓦、针对特大型复合处理系统的电源，积极开发符合SSI法规的服务器用电源产品。对于中端和高端应用的高可靠度需求，台达提供了一系列的冗余电源产品。AC-DC领域，台达也开发拥有自身先进DC-DC变流器的分布式电源，满足多样化配置。

高层专访：

被采访人：周志宏　台达首席可持续发展官暨发言人

▶ 请您介绍企业2022年总体发展情况。企业的核心竞争力有哪些？

在各国收紧货币、疫情反复和地缘政治等负面因素的共同作用下，2022年全球经济复苏乏力。但是，台达还是做到了逆势增长，台达2022年累积合并营业额较2021年累积合并营业额增长22%。2022年是台达进入大陆市场的第30年，台达在大陆的发展情况整体以“稳”字表现。台达也正在大幅深化在大陆的投资和规模，未来几年还将积极扩增生产网点，扩容研发团队。

台达由电起家，并从零组件供货商成功转型为系统整合方案的提供者，50年来已成为全球知名的工业品牌。近几年，台达更逐步扩展至商业应用领域，以电力电子核心技术发展电动车车载电力控制、动力系统以及充电设备；同时，以物联网科技发展智能健康建筑及能源基础设施的解决方案，助力打造以人为本、可持续发展的智慧城市。面对不断增加的数字服务对信息通信设备和数据中心产生强烈需求，台达作为知名的通信电源供货商，将伴随5G的趋势，提供绿色机房及节能解决方案。台达期盼以半个世纪积累的能源效率专精技术，与各领域合作伙伴携手迎向下一个50年。

▶ 请您介绍企业2023年的发展规划及未来展望。

台达将持续投入创新研发，继续深耕电气化交通、新能源、5G与数据中心、智能制造等国家重点发展领域；为智能建筑、智能家居及智慧城市等领域，推出更多创新应用，以期提供人们所需的服务，打造健康幸福的生活环境。在国家碳达峰碳中和的目标下，相信台达在可再生能源解决方案、能源互联网等领域将大有可为。

企业当前面临的难题或挑战是什么？准备用什么策略来应对？

近年来，全球自然灾害和极端天气频发，与气候变暖关联密切，而碳排放加剧了自然环境的恶化，为了积极应对不断恶化的自然环境，中国提出了“双碳”目标。企业作为落实和实现“双碳”目标的关键主体，正面临着减碳转型带来的新机遇和新挑战。

台达深知电力能效提高一分，碳排放就会降低几分。因此，“环保节能爱地球”一直是台达的经营使命，也是企业可持续发展的战略核心。台达将节能减碳视作“投资未来”，长期致力于发展节能产品、绿色智能制造、能源基础设施、智能楼宇及视讯等解决方案，将企业运营与ESG（环境、社会、治理）紧密结合，以具体行动应对气候变化带来的严峻挑战，经营策略与减碳路径一致。在“双碳”目标指引下，台达未来将继续以“节能”为核心，着力发展各项绿色低碳的解决方案，为工厂、楼宇、能源基础设施的低碳转型助力。

截至目前，台达在大陆有四大生产基地，80多个运营网点，4万多名员工，为客户提供电源管理及散热解决方案。近年来，顺应当前经济发展趋势，台达持续加强产业布局，增购杭州办公楼，扩展新的电力电子技术和产品领域实验室并招贤纳士吸引人才，强化台达研发能力；投资五千万美元扩建郴州厂区，增产新能源汽车磁性组件；并在重庆建设首座西部生产基地，将其打造成包括电源、风扇、通信及汽车电子等相关领域产品的智能化生产基地，这也将成为台达在大陆的第五个生产基地，2022年开始建设，预计2024年底投入生产。台达将驰而不息，把握双循环机遇，拓建厂区，增购新设备，以满足未来产能需求，为带动当地就业、加快制造业转型升级、推进经济高质量发展贡献力量。

在履行市场责任的同时，台达长期关注气候变化，在自身建筑上做到能源的合理利用转化，在日常运营中致力节能减碳。台达也积极接轨国际可持续发展倡议，早在2017年台达即制定了科学减碳目标（SBT），至2021年碳密集度较2014年下降了71%，提前4年达成原制定的2025年碳密集度下降56.6%的目标。台达在2021年承诺2030年全球所有网点达成100%使用可再生电力及碳中和，通过自主节能、自建及投资可再生能源发电站、购买绿色电力及凭证等发展策略，至2022年底台达在大陆运营网点整体可再生电力使用比例已达90%，绿色发展成果显著。

台达不但在内部落实节能减碳，更逐步强化供应商ESG管理，助力产业可持续发展，已连续两年获评CDP（全球环境信息研究中心）供应链参与领导者。台达在供应商行为准则中增加制定气候变化专章，并提供供应商温室气体盘查教育训练，带领不同规模的厂商展开碳盘查，要求通过ISO 14064-1温室气体盘查标准。针对长期合作的供应商，实施供应链可持续合作计划，进行节能产品需求访谈，协助供应商进行节能诊断及改善工程规划，推动供应链践行绿色发展。为有效降低供应商因干旱发生断链的风险，台达也挑出近600家重要供应商为干旱风险评估对象，将评估结果纳入决策依据。

此外，台达作为中国电子工业标准化技术协会社会责任工作委员会单位，近年来参与发起电子信息行业绿色低碳创新倡议、工业和信息化企业可持续发展倡议，积极支持包括产业链供应链安全稳定、碳达峰碳中和、环境社会治理（ESG）、企业合规经营、体制改革、绿色供应链等重点领域的专题论坛，期待与各利益相关方携手共创产业低碳未来。

阳光电源股份有限公司

SUNGROW

地址：安徽省合肥市蜀山区习友路1699号
邮编：230088
电话：0551-65327877-8278
传真：0551-65327800
邮箱：gaoaimei@ sungrowpower. com
网址：www. sungrowpower. com

简介：阳光电源股份有限公司（股票代码：300274）（以下简称阳光电源）是一家专注于太阳能、风能、储能、氢能、电动汽车等新能源电源设备的研发、生产、销售和服务的国家重点高新技术企业，主要产品有光伏逆变器、风电变流器、储能系统、水面光伏系统、新能源汽车驱动系统、充电设备、可再生能源制氢系统、智慧能源运维服务等，并致力于提供全球一流的清洁电力解决方案。

自1997年成立以来，公司始终专注于新能源发电领域，坚持以市场需求为导向、以技术创新作为企业发展的动力源，培育了一支研发经验丰富、自主创新能力较强的专业研发队伍；先后承担了20余项国家重大科技计划项目，主持起草了多项国家标准，是行业内为数极少的掌握多项自主核心技术的企业之一。

公司核心产品光伏逆变器先后通过TÜV、CSA、SGS等多项国际权威认证与测试，已批量销往全球150多个国家和地区。截至2022年6月，阳光电源在全球市场已累计实现逆变设备装机超269GW。

公司先后荣获“国家重点新产品”“中国驰名商标”及全球最具融资价值逆变品牌、全球新能源企业100强、国家级“守合同重信用”企业、“中国工业大奖”“亚洲最佳企业雇主奖”等荣誉，是国家级博士后科研工作站设站企业、国家高新技术产业化示范基地、国家认定企业技术中心、国家级工业设计中心、《福布斯》“中国最具发展潜力企业”等，综合实力位居全球新能源发电行业第一方阵。

未来，阳光电源将秉承“让人人享用清洁电力”的使命，立足新能源装备业务，加快清洁能源系统集成及投资建设业务发展，创新拓展清洁电力转换技术领域新业务，不断贴近客户需求，积极参与全球竞争，努力将公司打造成为受人尊敬的全球一流企业。

主要产品介绍：

PowerTitan 液冷储能系统

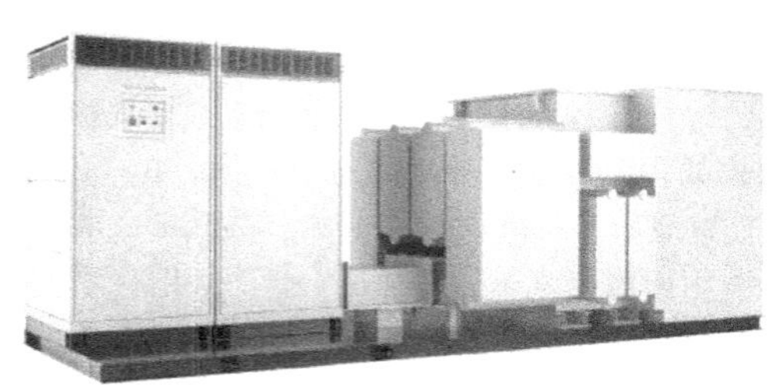

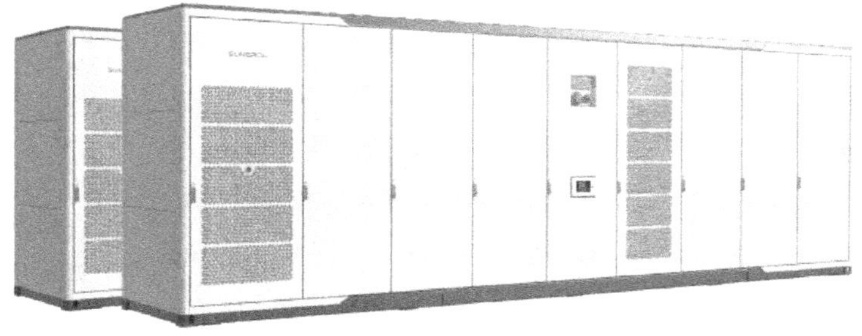

PowerTitan储能产品融合了电力电子、电化学与电网支撑技术，在全栈自研生产 BMS/BSS/PCS/EMS 的基础上，通过产品一体化设计、实现软硬件高度兼容、系统内各单元数据互通、控制逻辑一致，保障储能系统从电池、PCS 到 EMS 等各环节协同运行，打造出专业集成的储能系统。

高层专访：

被采访人：顾亦磊 阳光电源高级副总裁、光储集团总裁

▶ 请您介绍企业 2022 年总体发展情况。企业的核心竞争力有哪些？

2022 年总体发展情况：2022 年面对着复杂的国际形势、供应链短缺等挑战，阳光电源通过加强研发创新，深耕全球市场，推进精细化运营等措施，实现了经营业绩的大幅增长，2022 年营业收入增长 70%左右，净利润增长超过 100%，逆变器、储能、电站、风能等业务的市场领先地位进一步巩固、扩大。

阳光电源 25 年来持续深耕清洁电力转换领域，在技术、产品、品牌和营销方面构建了全方位核心竞争力。技术方面，我们定位为技术实力派的品牌定位，坚持高研发投入，围绕客户价值进行持续创新，研发人员占比达到 40%，累计专利申请超 5300 件，技术实力持续引领行业。产品方面，我们通过平台化打造技术领先、质量稳定可靠、性价比领先的优秀产品，产品效率和性能在行业中遥遥领先，光储充等核心业务实现产品细分领域全覆盖。品牌方面，我们持续塑造值得信赖、负责任的全球品牌形象，阳光电源是电站融资过程中资金方最为认可（100%）的逆变器品牌，连续四年被彭博新能源财经评为最具融资价值的逆变器品牌，2022 年品牌价值超 600 亿元。营销方面，坚持国际化路线，我们拥有 150 多个全球渠道商，370 多个服务网点，产品已批量销往全球 150 多个国家和地区。

▶ 请您介绍企业 2023 年的发展规划及未来展望。

阳光电源将牢牢把握全球绿色能源市场发展机遇，深耕全球市场，聚焦清洁能源领域，加大先进储能、新能源汽车电控及充电桩设备、水面光伏系统、可再生能源制氢等新兴产业关键技术的科研攻关力度，持续高研发投入，深度发挥光风储电氢协同创新优势，持续提升企业的科技创新能力，为行业技术进步贡献阳光力量。

▶ 您认为当前电源行业（或您所在细分行业领域）发展的有利因素和不利因素是什么？企业准备如何应对？

有利因素：国家政策的大力助推——2023 年 2 月 13 日，国家能源局在给人大代表建议的答复中提到，高度重视新型储能发展，并采取多种举措促进储能发展，主要以“价格政策+辅助服务市场+标准建设”三方面补充完善。为储能的大规模发展创造良好的生存环境。

不利因素：储能建而不用的问题愈发显著——2021～2022 年，由于各省下发新能源强制配储政策，导致各新能源场站均建设了一定规模的储能设施，但储能并网后基本搁置，完全不参与电网调度，不能发挥储能调节能力的效用，储能场站形同虚设，需尽快研究优化储能调度运行机制，着力解决建而不用的问题。

在储能大发展环境下，阳光电源将继续秉持“三电融合、专业集成”理念，立足市场和行业发展需求，不断加强技术研发创新，持续向市场输出更安全、高效、可靠的储能系统产品，助力储能行业高质量发展。

伊顿电源（上海）有限公司

EATON
Powering Business Worldwide

地址： 上海市长宁区临虹路 280 弄 3 号楼

电话： 021-52000000

传真： 021-52000300

网址： www. eaton. com

简介： 伊顿电源（上海）有限公司作为一家智能动力管理公司，致力于改善人类生活品质并提升环境质量。无论是现在还是未来，我们承诺诚信经营、可持续发展和帮助客户更好地管理动力。在电气化和数字化发展趋势的助力下，我们正在加速推进全球向可再生能源转型，帮助解决最紧迫的动力管理挑战，为我们的利益相关方及社会创造更多价值。

伊顿公司成立自 1911 年，于 1923 年在纽约证券交易所上市。2022 年，伊顿公司销售额达 208 亿美元，业务遍布 170 多个国家和地区。伊顿公司于 1993 年进入中国市场，此后迅速发展其中国业务。2004 年，伊顿公司亚太区总部从香港搬至上海。在中国，伊顿公司现有约 9000 名员工和 20 家生产基地。2023 年是伊顿公司自纽交所上市 100 周年，也是伊顿进入中国市场 30 周年。

主要产品介绍：

Eaton 93PR UPS 系统

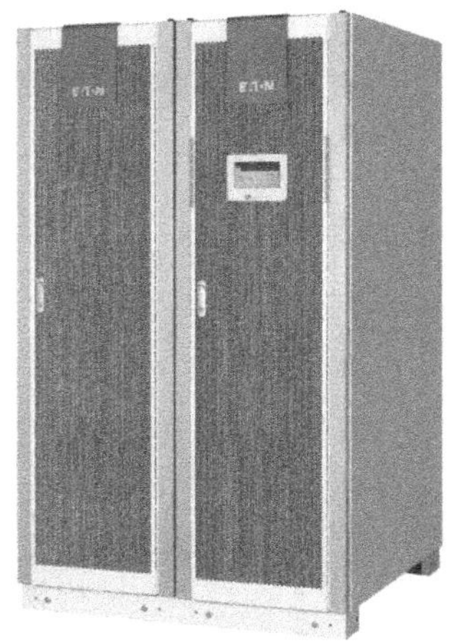

伊顿公司面向全球客户发布的具有锂电性能的、高效、高可靠 UPS。通过追求更高的功率密度和供电效率，支持锂电储能技术，适应不断变化的数据中心供电需求，降低数据中心成本。为各类数据中心、超算中心、银行清算中心、企业信息中心及政府等网络中心的关键应用提供高可用性的 UPS 电力保护系统。

高层专访：

被采访人：李海平 伊顿公司关键电源解决方案事业部总经理

▶ 请您介绍企业 2022 年总体发展情况。企业的核心竞争力有哪些？

伊顿公司已经公布的数据为截至 2022 年第三季度实现销售额 153 亿美元。预计截至 2022 年 12 月 31 日可以超额完成 2022 年的既定目标。其中以 UPS 为核心的关键电源产品及解决方案业务保持稳定增长，并成功实现能源化工、工业制造、医疗卫生及教育科研等行业的突破，连续推出工业级 UPS 9EHD 2.0、升级模化数据中心 MDC3.0、倾力打造全新一代数智化 93PR 15-80kVA UPS 和一体化的 BESS 锂电储能系统等。产品随需而变，主动贴近市场，携手合作伙伴共克时艰。

▶ 请您介绍企业 2023 年的发展规划及未来展望。

伊顿公司始终秉持客户至上的经营理念，在 2023 年，将加大研发力度，持续创新产品，加快客户响应速度，保障客户业务稳定向上。同时，积极履行企业责任，推动“绿电”事业，为“零”碳未来添砖加瓦。

2023 年伊顿公司将继续探索深化合作，在继续深挖牢固关键产品品质的基础上，丰富产品品类，适应市场需求，切实为客户创造看得到的价值。同时，伊顿公司提供全面的合作伙伴赋能计划，关注合作伙伴业务成长，我们也将以更加开放的姿态和稳定的渠道政策欢迎更多的合作伙伴携手伊顿公司，走得更稳更远。

▶ 企业当前面临的难题或挑战是什么？准备用什么策略来应对？

随着全球 2030 年可持续发展目标的不断深入，国家“双碳”目标的不断落实，如何满足伊顿公司客户的迫切要求，实现公司的能源转型和数字化转型目标，保证我们关键电源业继续保持稳定的增长是我们当前面临的最大挑战。为此，我们制定了“三横三纵、三聚焦三转型”的战略目标：聚焦行业、聚焦渠道、聚焦产品；加强基础方案转型、能源转型、数字化转型。以丰富伊顿的产品线、扩大伊顿的生态圈来实现双位数的增长。

中兴通讯股份有限公司

ZTE中兴

地址：深圳市南山区西丽留仙大道中兴通信工业园研一楼

邮编：518055

电话：18575586592

传真：0755-26770000

邮箱：li.lil51@zte.com.cn

网址：www.zte.com.cn

简介：中兴通讯股份有限公司（以下简称中兴通讯）已成为通信能源全球市场较为成功的中国企业和具有全球服务能力的综合网络能源解决方案提供商。中兴通讯数字能源产品经营部有两大主营业务：通信能源及数据中心能源。

作为 5G 供电方案引领者，行业智能供电创新者，中兴通讯规模部署 5G 电源和极简站点方案，截至目前，已服务于全球 160 多个国家和地区的 386 家电信运营商，累计发货超过 200 万套通信电源产品，为全球 55 万 5G 基站提供供电保障；推出 sPV 太阳能供电解决方案，实现通信站点全场景平滑叠光，推动运营商网络向低碳化、智能化发展；近年来更持续深耕通信储能方向，提出“通信储能智能化分级”新理念，推出全球领先的 L3 智能锂电产品并获得批量应用。截至 2022 年底，中兴通讯锂电池在全球市场累计发货 32 万套，是通信储能领域 TOP 供应商。

作为绿色智慧数据中心引领者，中兴通讯持续创新，为广大客户提供覆盖全场景，全生命周期的数据中心方案以及产品。2022 年，中兴通讯发布新一代数据中心，从绿色节能、快速易构、智慧管理、安全可靠 4 个方面建设高可用数据中心。为打造极致 PUE 推出电力模块、液冷系统等创新节能产品，PUE 可低至 1.15，已在项目落地应用。积极响应东数西算政策，全面推出八大核心节点数据中心完整解决方案，助力东数西算建设。截至 2022 年底，中兴通讯数据中心产品在全球已拥有超过 380 个项目案例，部署超过 25 万个机架，机房面积超过 200 万 m^2，获得国内外行业奖项超过 50 个。

主要产品介绍：

-48V 直流电源系列

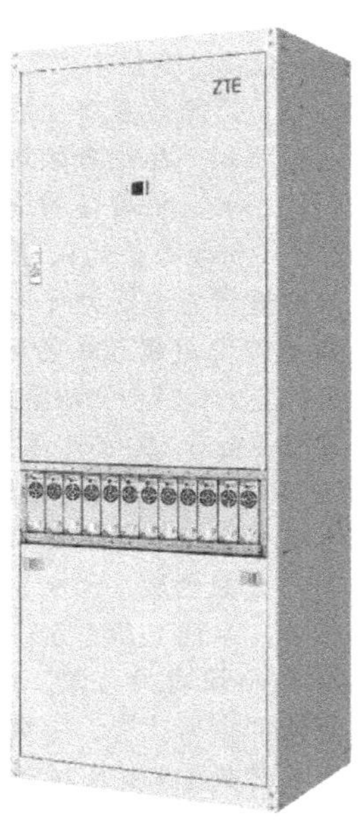

中兴通讯提供全系列的-48V 直流电源系统，容量为 600W～240kW，结构形式包括组合式、嵌入式、壁挂式、分立式等，满足各种容量及各种场景对直流电源的需求。

中兴通讯提供的直流电源系统具备高可靠性、高效率、高功率密度的特点。产品经过严格的实验室检验和长期的市场应用，近 30 年持续不间断的产品研发投入和市场应用，确保了产品的可靠性。

高层专访：

被采访人：刘明明　中兴通讯副总裁、通信能源产品总经理

▶ 请您介绍企业 2022 年总体发展情况。企业的核心竞争力有哪些？

中兴通讯数字能源产品重点聚焦通信能源和数据中心

能源行业。2022年中兴通讯准确地把握行业发展脉搏，在运营商5G网络供电、算力基座的数据中心建造，以及助力运营商实现碳中和的能源解决方案上，进行了充分的研发和实践。2022年通信电源保持国内在各大运营商和铁塔的领先地位，新增电源市场格局稳步提升；极简站点供电改造实现多个省份的规模运作；同时持续发力电力市场，突破部分省份国网电源项目；通信智能锂电规模落地多个省份，市场份额占比显著提升。国际市场稳中有升，第六代智能电源新增突破多家运营商及国际塔商，智能锂电实现全球规模供货。在数据中心领域，国内市场规模稳步提升，连续中标多个大型运营商集成项目；存量市场经营稳健，重点省份项目形成滚动产单效应；集采市场持续突破；海外市场拓展力度增强，在东南亚等国的大客户完成了数据中心业务的增长，实现集装箱堆叠方案大规模突破。

中兴通讯能源产品的独特优势主要有：

1）高研发的持续投入保持行业的技术领先；在智能光伏-绿色发电、智能变换-高效转电、智能锂电-高效储电、智能配电-精准供电、智能温控-极低耗电等关键技术，以及极简站点、绿色机房、预制全模块数据中心、能源云管理等综合方案和产品领域保持不断的技术创新和积累，成就企业核心竞争力。

2）全球化市场与服务，持续努力下建立的品牌优势：已为全球160多个国家和地区的386家运营商提供优质的能源产品及服务。

▶ 请您介绍企业2023年的发展规划及未来展望。

2023年中兴通讯除了聚焦通信能源和数据中心能源两大领域，还将大力发展新能源和探索清洁能源新方向。重点面向全球政府及行业客户，提供绿色发电、智能储能、智能用电、能源管理等产品及解决方案，助力客户实现大型光伏电站、城镇光伏微网电站、绿色低碳产业园区建设，及城市综合智慧能源、新型清洁能源应用。

▶ 您认为当前电源行业（或您所在细分行业领域）发展的有利因素和不利因素是什么？企业准备如何应对？

在全球“双碳”的大背景下，5G、新基建、AI和大数据应用、智慧城市、绿色出行等领域将给电源带来新的发展机会，储能作为能源供电系统的重要组成，为未来的安全稳定低碳供电发挥更加重要的作用，近年在通信储能、电力储能以及储能智能化方向的机会将爆发式增长。把握这些机会就要提前感知发展的脉搏，并要深入而精准地把握客户的核心需求。只有为客户带来价值才能创造出自己的价值。

▶ 海外疫情、地缘政治对中兴通讯数字能源产品海外市场拓展的影响是什么？

虽然俄乌冲突、海外疫情对海外市场拓展带来了一些影响，但中兴通讯数字能源产品的海外市场拓展没有松懈，及时针对不可控风险的国家进行业务和目标的调整，对国际整体业绩影响不大，其他国际区域市场商机在当前传统能源价格高企的动荡局面下，针对去油化，铅退锂进，错峰用电，站点叠光等绿色低碳的需求明显增加。

常务理事单位

安徽博微智能电气有限公司

CETC 安徽博微智能电气有限公司
CETC ECRIEEPOWER (ANHUI) CO.,LTD.

地址：安徽省合肥市蜀山区香樟大道168号柏堰科技实业园
邮编：230088
电话：0551-62724787
传真：0551-65311615
网址：www.ecrieepower.com

简介：安徽博微智能电气有限公司（以下简称博微智能）是中电博微电子科技有限公司控股子公司，公司成立于2016年7月，是一家专业从事于车载OBC、车载DC-DC、智能配电单元、不间断电源、先进电力电子装置、智能车载物联网终端、物联网设备和其他智能电气产品的研发、生产、销售与服务的科技型企业，位于合肥国家级高新技术产业开发区。

安徽博微智能电气有限公司拥有一支数百名固定科研人员组成的研发团队，公司拥有软件著作权和发明专利、实用型专利、外观专利共120项，两项省级新产品，荣获第五届安徽省工业设计大赛优秀奖、合肥市第五届职工技术创新成果二等奖。博微智能先后获得2018高新区优秀企业“创新创业奖-创新主体奖”、2018新疆安防行业杰出贡献企业、2018年高新区高成长（瞪羚）企业、2019年高新区高成长（瞪羚）企业、2017新疆安防优秀企业、2017年高新区优秀企业“江淮硅谷”创新团队、2017数据中心产品创新奖等荣誉称号，2019年认定为合肥市企业技术中心、合肥市工业设计中心、安全生产标准化三级企业，2019年通过国家两化融合管理体系评定，2020年认定为安徽省企业技术中心、合肥市专精特新中小企业、合肥市和谐劳动关系示范企业。2021年顺利通过国家高新技术企业复评，认定为安徽省工业设计中心。2022年先后认定为安徽省创新型中小企业、安徽省专精特新中小企业、合肥市重点产业企业，高新区高成长（瞪羚）企业及高新区品牌荣誉示范奖。

博微智能已经与全球知名企业建立了战略合作伙伴关系。为更好地服务全球战略客户，海外办事处及仓储中心遍布欧美、日本、中亚、东南亚等地区。目前产品广泛应用于新能源汽车、医疗装备、数据机房等领域。

主要产品介绍：

新能源汽车车载电源

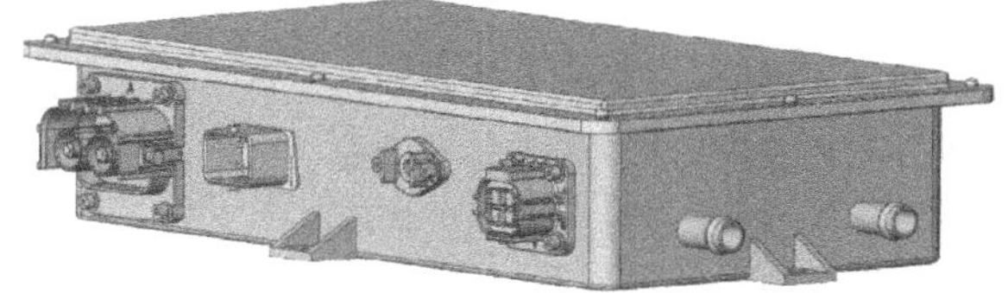

安徽博微智能电气有限公司具有5年的车载电源研发生产经验，2022年推出的6.6kW OBC和3.0kW DC-DC二合一车载电源，具有体积小、质量轻、效率高的特点，能为整车布局提供便利。采用自主研发的磁集成、谐振软开关、数字化控制等关键核心技术。OBC输出电压范围为200~500V，DC-DC平均效率达94%，峰值效率达96.5%。支持OTA、UDS诊断，可以根据主机厂规范定制开发。

高层专访：

被采访人：王晓龙　董事长

▶ 请您介绍企业2022年总体发展情况。企业的核心竞争力有哪些？

安徽博微智能电气有限公司2022年顺利推出新能源汽车车载电源产品，已经取得主机厂的合格供方资质。在大功率模块化不间断电源领域，进一步提升了产品的变换效率，巩固了现有市场，同步紧盯特种细分行业，持续为客户创造价值。公司已经形成了30人的电源产品研发团队，构建了高低温、盐雾、振动可靠性测试实验室，有十年的电力电子产品技术积累。

▶ 请您介绍企业2023年的发展规划及未来展望。

2023年将大力发展新能源汽车车载电源产品线，在现有6.6kW和3.0kW的产品平台上，开发国内主机厂客户，扩充研发人员编制，对11kW OBC及4kW DC-DC进行预研。UPS电源产品线为客户提供定制化、液冷、全国产化的1~200kVA产品。“十四五”期间，聚焦数据中心、特种电源、新能源汽车车载电源，面向市场需求进行产品研发。

▶ 企业当前面临的难题或挑战是什么？准备用什么策略来应对？

当前，产品更新换代节奏快，SiC MOS、混合IGBT器件的进步，成本要求高，要求企业产品研发往高频化、数字化、小型化、智能化方向发展。公司将打造核心技术平台，与核心供应商战略合作，与高校及科研院所协同研发，打造领先于市场的核心产品。打造信息化研发管理体系、推进工厂自动化及数字化建设，为客户提供高质量的产品和服务。

安徽中科海奥电气股份有限公司

地址： 安徽省合肥市蜀山区高新区习友路2666号创新院4楼

邮编： 230000

电话： 0551-65379402

传真： 0551-65379402-801

邮箱： sales@ hiau-et. com

网址： www. cashiau. com

简介： 安徽中科海奥电气股份有限公司（以下简称中科海奥）是中科院技术创新工程院成员单位、国家高新技术企业，总部位于合肥国家高新技术开发区。

立足合肥综合性国家科学中心，中科海奥始终秉承“创新、合作、贡献”的核心价值观，以中科院国家大科学工程“人造太阳”为依托，以核聚变堆高压、强流、快控电源系统技术为基础，专注于高功率、物联网和人工智能领域研究开发及科技成果转化。中科海奥科创中心建立协同创新机制，打通技术链、应用链和智造链。“科技奉献蔚蓝天”，公司致力于高新科技服务低碳经济，以人工智能带领能源互联网。

安泰科技股份有限公司非晶制品分公司

中国钢研
安泰科技

地址： 北京市海淀区永丰基地永澄北路10号B区

邮编： 100094

电话： 010-58712641

传真： 010-58712642

邮箱： nano@ atmcn. com

网址： www. atmcn. com/fjjssyb

简介： 非晶制品分公司隶属于安泰科技股份有限公司，主要产品为纳米晶带材、铁心制品及磁性器件，从原材料到器件一站化生产，产品类别、品种多，可满足客户多元化需求。分公司产品被广泛应用于电动汽车、高频驱动、电力电气、工业电源、新能源、消费电子、轨道交通等领域，为客户提供先进的节能材料及解决方案。分公司现有员工300余人，产品开发科研人员、自动化装备人员占比大，为公司长远发展打下了坚实基础。

分公司历经40多年发展由科研开发到实现大规模稳定化高质量批量化生产：1975年，非晶合金材料的基础研究及工艺试验设备开发；1986年，百吨级中试线；1998年，成立非晶制品分公司；1999年，在河北涿州基地建成千吨级非晶带材线；2003年，在北京永丰基地建成年产500吨高精度纳米晶薄带生产线；2010年，在河北涿州基地建成年产4万吨非晶带材生产线；2012年，在北京永丰基地开始年产3000吨高精度纳米晶带材生产厂建设。

分公司从事非晶/纳米晶金属材料及制品的产业化及研究开发。分公司依托于国家非晶微晶合金工程技术研究中心（国家科委1995年12月批准建立的国家级非晶中心），是国内非晶、纳米晶软磁材料研发先驱。国家非晶微晶合金工程技术研究中心拥有专业全面、结构合理的研发团队，立足于自主研发，突破非晶纳米晶材料制备核心技术，共取得50余项科技成果，荣获国家科技进步二等奖2项，授权专利51项，注册商标有Antainano®、Antaico®、Antaimo®、NANOWPT®、MAGIELD®。

分公司2006年获得ISO 9001：2015、ISO 14001：2015、GB/T 28001—2011质量体系认证，2013年滤波器产品通过TUV认证，2015年通过ISO/TS 16949：2009，2018年通过IATF 16949：2016汽车产品体系认证，2019年共模电感通过IATF 16949：2016汽车产品体系认证。分公司体系完善，不断进步，为稳定高质量产品做足了准备。

分公司在电动汽车、消费电子方面也有突出贡献。纳米晶共模电感铁心及器件由于高阻抗、抗振性好的优点，被作为EMC元件应用到电动汽车上，为国内外知名电动汽车品牌供应非晶纳米晶零部件产品；用纳米晶宽带制备的无线充电用导磁片由于厚度薄、磁导率高的优点，被有效地应用在手机无线充电模块，大批量供应到小米、华为、三星等多个品牌和型号中。

主要产品介绍：

纳米晶超薄带材，汽车共模电感产品

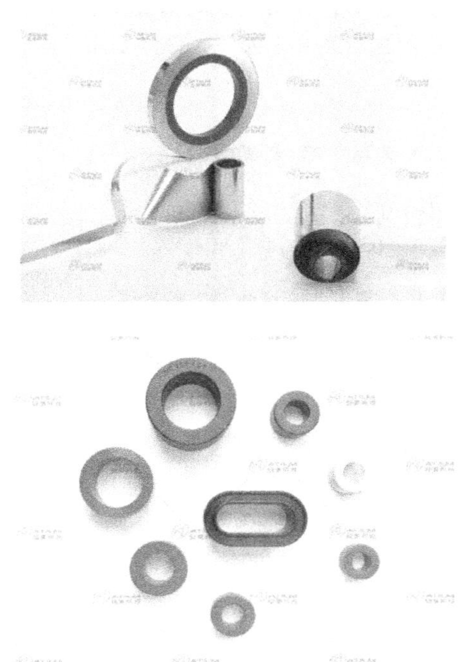

安泰非晶制品分公司针对电动汽车市场提前布局研制纳米晶超薄带和高端纳米晶共模电感产品，高阻抗优势更加明显；严格按照IATF 16949：2016汽车产品体系认证全流程执行，全自动化生产线完全保证了产品的一致性和高可靠性，目前已经给全球90%以上的电动汽车生产企业及其一级供应商供应纳米晶共模电感产品，并形成了战略合作开发。

高层专访：

被采访人：刘天成　安泰科技股份有限公司非晶制品分公司　总经理

▶ 请您介绍企业2022年总体发展情况。企业的核心竞争力有哪些？

2022年，安泰非晶以创新驱动引领市场，扎实推进精细化管理，在新产品迭代、研发平台完善、新客户开发、自动化提升、生产质量管控、与客户战略合作等方面都取得了很好的成绩，公司实现了放量生产向高质量发展；纳米晶材料开发及终端市场不断做强，中间制备过程不断做精，自动化水平大幅提升，与客户的战略合作不断加深，终端客户的国内外龙头企业在公司的客户群中占比越来越高，总体按照公司既定战略规划路线向好发展。

公司的核心竞争力是高端纳米晶材料的高精度制备技术，是国内外产量最大的纳米晶材料生产企业，也是国内最早开发非晶纳米晶材料和产业化的企业，具有国家非晶微晶合金工程技术研究中心，具有深厚的非晶和纳米晶材料开发基础和完整的研发队伍，材料制造和热处理装备完全自主开发设计，目前公司围绕高端纳米晶材料制备技术不断提升公司核心竞争力，发展高端器件产品，为客户量身定制材料、铁心和器件，与大客户形成战略合作，解决了很多终端电源企业的材料瓶颈问题，逐渐从单一材料供应商向提供综合解决方案的战略供应商方向发展。

▶ 请您介绍企业2023年的发展规划及未来展望。

2023年，安泰非晶将继续服务好我们的重点客户，狠抓质量管控和产品生产自动化水平提升，紧紧围绕新能源汽车和5G市场，尤其是当前提出的“新基建”的几个大方向，我们力争可以在新基建的浪潮中，做好材料供应和解决方案，服务好客户，持续提升产品质量，目前越来越多的企业重视国内材料生产供应商，解决了材料就是解决了终端客户的“卡脖子”问题，期望能更多地参与新基建，更多、更好地服务终端客户。

▶ 企业当前面临的难题或挑战是什么？准备用什么策略来应对？

电源行业逐步向高频化发展，结合SiC/GaN半导体器件的发展，未来的市场发展趋势显而易见，高频化和小型化的发展方向，以及高端高效电源是未来发展的重点。节能环保是全球认知的可持续发展要求，因此，对于电源行业的发展需求，必定是技术上解决低损耗和高效率的难题。新型电源得益于半导体开关管的迅猛发展，实现高频化和大功率的设计。因此，对于配套电源行业的非晶纳米晶材料，必然要以此为目标，具备高频、大功率、低损耗电源所需求的特性指标，这恰恰是非晶纳米晶材料的制备工艺得天独厚的优势所在。因此，安泰科技开发的超薄（12~14μm）非晶纳米晶材料，得到了电源行业的充分认可，为企业发展带来了更多的发展机遇，充分验证了安泰科技在非晶纳米晶行业的前沿技术研发的先进性和创新性，为后续开发更好的非晶纳米晶材料奠定了基础。

北京动力源科技股份有限公司

地址：北京市丰台区科技园区星火路8号

电话：010-83682266

传真：010-83682266

网址：www. dpc. com. cn

简介：北京动力源科技股份有限公司（以下简称动力源）成立于1995年，总部坐落在北京中关村科技园丰台园区。作为中国电源行业首家上市企业，于2004年在上海证券交易所主板上市。多年来一直致力于电力电子及信息技术相关产品在绿色能源、智慧能源领域的研发和应用。为保证产品的成本最优、性能稳定、质量可靠，落实“全面优秀”的基本战略，动力源投入大量的人力、物力、财力、智能化设备和先进技术构建研发、测试、生产及供应链等平台能力，形成了动力源的核心竞争优势。

动力源在数据通信、智慧能源、新能源汽车等领域拥有良好的口碑和市场。旗下拥有北京迪赛奇正科技有限公司、香港动力源国际有限公司、安徽动力源科技有限公司等十家全资子公司。凭借自身产品实力，成为中国铁塔、中国移动、中国联通、中国电信、阿里巴巴、百度、腾讯等国际知名企业的设备主流供应商。所研发的产品广泛应用于国家重点建设项目，包括国家体育场、国家奥林匹克体育中心、上海世博园、港珠澳大桥、大兴国际机场等项目。

动力源成立至今，取得了数百个专利、产品认证及行业标准，得到了客户的一致好评并多次受到科技部、工信部、国家发展改革委、北京市政府、中国科学院、相关行业协会的嘉奖，先后获得“国家高新技术企业”称号、“‘十二五’节能服务产业突出贡献企业”称号、标准创制突出贡献奖、国家重点新产品奖、博士后科学工作站、守信企业、北京民营企业科技创新百强、丰台区文明单位等奖项与荣誉。

动力源始终以“专注能源动力，创绿色环保世界，做能源利用专家”为使命，致力于功率电子学技术的研究与产品的开发和经营，在通信、分布式能源、电动汽车等产业做电能转换与能源利用专家，成为该行业电能效率、质量和安全水平进步的推动者和领导者；以“成为员工和合作伙伴的事业动力”为愿景，为致力于绿色能源和智慧能源事业的有识之士打造事业平台和创业平台，为人类社会在能源利用领域创造绿色之源、智慧之源。

主要产品介绍：

充电桩、换电柜；光储产品；新能源汽车驱动系统、车载电源、氢燃料电池变换器、UPS、EPS

新能源汽车电驱动系统、车载电源、氢燃料电池 DC/DC 变换器等方面已形成核心技术优势，可为客户实现全覆盖式新能源汽车系统解决方案。

通过产品、云平台、解决方案等多层次提供一站式智慧能源服务。产品涵盖光伏逆变器、功率优化器、备用电源、双向变流器、新型风冷及液冷充电模块、大功率充电桩、换电柜、工业电源等。

北京微科能创科技有限公司

地址：北京市海淀区上地四街 1 号院 2 号楼 104
邮编：100085
电话：010-62968273
传真：010-62968273
网址：www. bwkpower. cn

简介：北京微科能创科技有限公司成立于 2004 年 10 月，位于北京市海淀区上地高新技术开发区内，是一家具有现代运营管理体制的高科技企业 。

公司主要从事高频开关电源及滤波器的研发和生产。公司拥有强大的科研实力，积累了丰富的项目开发、管理和项目集成经验，在国内电源行业处于领先地位，尤其是在军品电源的研发和生产方面积累了十余年的经验。公司投资上百万元购置了各种专业检测仪器、自动测试设备及专有电子产品生产线。公司与多家国际知名电子公司保持着横向协作关系，时刻跟踪世界最前沿的技术发展动向。

公司以促进科技创新为己任，致力于为军工、铁路、通信、工控、电力行业提供世界领先的技术、产品和服务。公司已开发完成的系列电子产品，广泛应用于航空、航天等行业中，其中 DC-DC 系列电源在航天、航空等国家军工兵器的重点型号上使用，得到了用户单位的一致好评。

成都航域卓越电子技术有限公司

地址：四川省成都市双流区牧鱼二路 588 号
邮编：610000
电话：028-65790372
传真：028-65790376
邮箱：hyzy@ protionic. cn

简介：成都航域卓越电子技术有限公司（以下简称航域卓越）是一家专注于军用大功率高压直流变换电源和厚膜电源模块的研发、生产、销售的国家高新技术企业，是我国军工类电源行业高端应用市场和全套解决方案的主要供应商之一。

航域卓越现有深圳研发中心、成都研发中心和成都生产基地，拥有军工相关全套资质，获得多项国家专利，是中国电源学会常务理事单位、四川电源学会会员单位以及中国电子商会军民融合委员会副理事单位。

航域卓越的主要产品包括标准电源、定制电源和厚膜电源模块，现已广泛应用于国内航空、航天、兵器及军用船舶领域，产品长期装列部队，以“高效率、高功率密度、高可靠性”的产品特点获得业内一致认可。

航域卓越始终秉承“服务航空，开拓领域，卓识远见，不断创新”的经营理念，在国家“民参军”政策鼓励下，不断开发适应军工行业特点的高可靠性电源和器件产品，逐步成为拥有核心研发团队、行业领先技术和先进管理经验的军工电源行业一流企业。

高层专访：

被采访人：明嘉　副总经理

▶ 请您介绍企业 2022 年总体发展情况。企业的核心竞争力有哪些？

得益于国家“民参军”相关政策的实施，2022 年公司在军工电源市场迎来了较好的发展机遇，得以在军工领域参与多个重要战略电源项目，并取得了较好的成绩。同时，公司军工电源业务平稳增长，其中标准电源和厚膜电源模块在军工电子产品的小功率电源模块应用市场占有率显著提高。

公司的核心竞争力主要体现在成熟可靠的军工电源核

心技术以及开放的前沿技术储备。公司的研发核心团队来源于前四川托普集团通信电源技术团队，是 20 世纪 90 年代西南地区唯一一家取得通信入网电源许可的技术团队，后依托军工各大高校的业内专家资源，形成了一支具备二十余年军工电源研发经验，有创新意识并用于迎接挑战的技术队伍。现在成都和深圳都设有研发中心，其中深圳研发团队主要进行以电源前沿发展技术为核心的前瞻性研发。从而保证公司电源技术的更新换代和持续发展。

▶ 请您介绍企业 2023 年的发展规划及未来展望。

2023 年随着国家军工行业发展战略的不断深化，公司将继续加大研发和技术投入，持续提升产品性能以抢占航天、航空军工电源高端应用市场。同时，不断提升公司技术能力、产品能力和服务能力，使公司成为军工电源行业的一流企业。

▶ 新冠肺炎疫情在 2022 年对企业的主要影响有哪些？企业采取了哪些策略进行应对？

国家加大对“民参军”相关企业的扶持，让民营企业有更多的机会可以参与国家重要军工项目的技术竞争，2022 年新冠肺炎疫情对公司目标市场和客户服务方面未带来过大影响。针对公司内部经营，公司严格按照政府要求，安排和部署公司和员工防疫工作，目前产能和服务未受到影响。

东莞市奥海科技股份有限公司

AOHAI
奥海科技

地址：广东省东莞市塘厦镇蛟乙塘银园街 2 号（办公地址）/蛟乙塘振龙东路 6 号（上市公司注册地址）

邮编：523723

电话：0769-89290871

传真：0769-89290868

邮箱：LHB@ aohaichina. com

网址：www. aohaichina. com

简介：东莞市奥海科技股份有限公司（股票代码：002993）创立于 2004 年，是一家专业从事充储电能源产品设计、研发、生产和销售的集团化运营企业，公司紧随电源行业发展，重点聚焦消费电子、新能源汽车、数字能源三大领域，提供充储电能源系统解决方案。现拥有深圳、东莞、武汉、上海四个研发中心，东莞、武汉、江西等五大智造基地及 10 余家国内外控股公司，集团员工超 5000 人。

公司的充储电能源产品主要包括充电器（有线和无线）、电源适配器、动力工具电源、便携储能、电机控制器（MCU）、电池管理系统（BMS）、整车控制器（VCU）、动力域控（PDCU）、整车域控 & 区域域控（VDC & ZCU）、充电桩（直流和交流）、充电模块、随车充、数据中心服务器电源、光伏/储能逆变器等。消费电子类充电器、电源适配器和移动电源产品主要应用于小米、华为、荣耀、vivo、OPPO、传音、MOTO 等品牌，Amazon（亚马逊）、Google（谷歌）等国际互联网零售与服务品牌，Bestbuy（百思买）、Belkin（贝尔金）、Mophie（墨菲）等国际数码消费品牌企业，新能源汽车电控等零部件相关产品主要应用于东风等汽车集团（含合资品牌）和新势力品牌主机厂，客户群体覆盖全球多个国家和地区。公司凭借充储电能源技术研发、智造及信息管理、生态品牌合作、供应协同四大优势，依托五大智造基地，不断稳固充储电能源行业的领先地位。

公司作为国家级高新技术企业，高度重视技术积累和储备，东莞和武汉两个实验室分别获得消费电子电源和新能源汽车电控和电驱动领域的 CNAS 认证；截至 2022 年底，已获得专利 525 项，其中：发明专利 56 项、实用新型专利 291 项，外观设计专利 178 项，以及 22 项软件著作权，作品著作权和集成电路布图设计各 1 项。“充电器自动测试及镭雕生产线”荣获第二十三届中国专利奖优秀奖。公司还被认定为国家级专精特新“小巨人”企业、广东省知识产权示范企业、广东省智能终端充储电工程技术研究中心，广东省博士工作站；已与浙江大学和福州大学等科研院校建立了产学研合作。

公司秉承“服务至上，与客户共成长”的服务理念，获得行业协会和合作伙伴的高度认可。公司先后获得：广东省制造业企业 500 强、大中华区电源适配器行业十强优秀供应商、中国电子元件行业协会电子变压器分会优秀企业、客户优秀/战略供应商奖等。

主要产品介绍：

15～1500W 机壳开关电源

功率密度：0. 83W/CC；认证：CCC/UL；优势：输入兼容中美电压，笔记本计算机和手机通用，效率高：满载效率：≥95. 00%（28V5A 时）（DoE 法规要求≥88. 00% Avg.）；轻载效率：≥90. 50%（9V3A 时）（DoE 法规要求≥86. 62% Avg.）。

高层专访：

被采访人：刘昊　董事长

▶ 请您介绍企业 2022 年总体发展情况。企业的核心竞争力有哪些？

受新冠肺炎疫情持续三年和俄乌冲突的影响，全球通胀消费能力下降，公司顶住了经营压力，预期 2022 年营收和利润均实现增长。

公司是基于电力电子技术的全球充储电能源研发智造平台，现已具备四大核心竞争优势：

（1）充储电能源技术研发优势

通过技术延展和并购，由消费电子电源类技术向控制和系统集成等充储电能源技术方向发展，顺应高效转换、高功率密度、集成与轻量化、安全可靠等核心客户需求和行业发展趋势，打造硬件、软件、结构和第三代半导体功率器件（GaN HEMT 和 SiC MOSFET）等共性技术平台，形成软硬件集成开发优势；在仿真技术、高频磁和驱动技术、EMI 的分析与设计、PFC、电路拓扑、集成式平面变压器、高度集成动力域控制、大功率直流电机驱动与控制、基于 AUTOSAR 开发的 800V 高压电驱动和 BMS、域网络通信（CAN FD、汽车以太网等）、汽车功能安全认证等方面已形成领先技术和系列产品并申报和获授权多项专利。

（2）智造及信息管理优势

公司已布局东莞奥海、武汉智新、江西奥海、印度希海和印尼奥海全球五大智能制造基地。公司设有多基地柔性制造协同能力定制产线，同时具备大规模制造快速响应和多品种小批量柔性出货能力。充电器产线的自动化和信息化程度全球领先；新能源汽车电控类产品实现电路模块全自动制造检测，所属的自动化部门已能批量化设计和制造所需的多种非标设备和治具。

公司已通过 ISO 质量管理体系、IATF 16949 车规级、ISO 26262 ASIL C 功能安全等认证，奥海科技实验室先后获得了 Intertek 和 TÜV 目击测试实验资质授权、CVC 威凯能力认证 CHEARI 中国家电研究院能力认证，东莞和武汉两个实验区均已获得了 CNAS 认证，武汉实验区获得了汽车大客户认可实验室资质，公司荣获多家客户优质供应商奖。

基于现有制造相关信息化系统功能，实施大数据预警等质量监控和预警；面向国际化业务布局和新业务发展，不断更新和完善信息平台，导入 SAP 等提升信息管理水平。

（3）生态品牌合作优势

公司以客户为中心，通过大客户战略和标品战略，充储电能源产品已全面布局物联网生态品牌，并与客户建立了稳定的合作关系，建立了高度的相互认同感。公司现有的物联网生态品牌客户（小米、华为、vivo、OPPO、荣耀、亚马逊、谷歌等），部分已逐渐从智能手机发展到笔记本计算机、智能穿戴、智能家居以及新能源汽车；部分国内新能源汽车品牌客户已跨界智能手机。公司在 AIOT 和新能源汽车等业务板块能为物联网生态品牌客户提供一站式充储电能源解决方案，通过自主品牌渠道拓展，开展 F2C 业务探索。

（4）供应协同优势

公司的充储电能源产品已涵盖消费电子、新能源汽车及光伏/储能等领域，这些电力电子产品具备共性构成，包括外壳结构件、PCB、功率器件、磁性元器件和电阻电容等，可通过集团统一采购实现各业务板块供应协同。在垂直整合方面，在充电器适配器业务中自建了供应链全资子公司供应部分核心零部件，包括胶壳、电解电容和集成式平面变压器；在新能源汽车电控业务中具有稳定的车载芯片供应商和紧密合作的 IGBT 本土厂商；在核心原材料和元器件中增加直接供应占比，减少代理采购；实施芯片类电子元器件等国产化替代，替代率已在逐步提升；获得供应链综合竞争优势。

▶ 请您介绍企业 2023 年的发展规划及未来展望。

公司愿景：做充储电能源行业的领航者，做有益于人类的长青企业。

1. 坚持“一三三战略”

基于充储电能源技术的全球智能制造平台，为智能物联时代提供绿色能源解决方案。

一个平台：基于充储电能源技术的全球智能制造平台，具备能源技术、品牌渠道、智能制造、供应协同能力与信息共享五大平台能力。

三条边界/三大领域：三条边界是指能源交换、高效充储、集中供给，三大领域指手机及消费电子领域、新能源汽车、新能源（光伏/储能逆变）。

三个百亿：短期目标是手机领域维持行业龙头地位，新拓展 IOT、PC、动力工具、新能源汽车、数据电源、品牌（含跨境电商）、无线充和新能源（光伏/储能逆变）8 个大颗粒市场；中长期目标是手机及消费电子、新能源汽车、新能源（光伏/储能逆变）实现三个百亿。

2. 实施“架炮轰城，乘胜追击”的作战方针

2023 年，在“一三三战略”背景下，我们制定了详细的作战方针，用八个字介绍概括那就是“架炮轰城，乘胜追击”。

在前端发力的同时，我们的中后平台部门也会做好三个建设。

其一，人才队伍建设。企业的竞争核心是人才的建设，2023 年，我们将继续完善人力资源团队建设，通过人才内心和外部引进的发方式夯实人才密度。

其二，建立公司层面的一套完整的“为自己干”的激励机制，进一步落实共创共赢共享的企业文化，增强企业内部活力和加速人才成长速度。

其三，研发沉淀，加强技术创新建设，通过产品管理部将技术落实到产品上，为业务营销提供枪支弹药，为客户、为消费者提供安全、环保、高效的充储电产品。

▶ 企业当前面临的难题或挑战是什么？准备用什么策略来应对？

2023 年消费电子行业下行趋势是否逆转具有不确定性，公司的策略是大力开拓新能源汽车电控电源零部件、新能源光伏/储能逆变器、数据中心服务器电源、动力工具电源、新型终端消费电子电源等具有发展前景的新业务领域，在消费电子领域加大大功率便捷使用电源和无线充电器的推广应用，降低手机和 PC 为代表的传统消费电子行业下行带来的不利影响。

▶ 您认为当前电源行业（或您所在细分行业领域）发展的有利因素和不利因素是什么？企业准备如何应对？

受新冠肺炎疫情持续三年和俄乌冲突的影响，密集的地缘经济冲突，全球通胀消费能力下降，宏观经济下行消费意愿下滑，以智能手机、PC、智能电视等主流产品为代表的全球消费电子市场出现萎缩。公司将坚持“一三三战略”拓展新业务领域，集中人才、技术和资金等资源，聚焦消费电子、新能源汽车、新能源光伏/储能三大领域，开发更多应用市场，提升企业抗击单一细分行业下行综合竞争力。

东莞市石龙富华电子有限公司

地址： 广东省东莞市石龙镇新城区黄洲祥龙路富华电子工业园
邮编： 523326
电话： 0769-86022222
传真： 0769-86023333
邮箱： fuhua@ fuhua-cn. com
网址： www. fuhua-cn. com

简介： 东莞市石龙富华电子有限公司（以下简称 UE Electronic）创立于 1989 年。UE Electronic 研发、生产、销售全球医疗、通信电源产品，是国家高新技术企业、广东省省级企事业技术中心、东莞市民营企业 50 强，每年为全球客户提供 1 亿台各类电源产品。UE Electronic 自有厂区建筑面积超过 12 万 m^2，是现代化的智能型花园式工业园区，为来自五湖四海的 UE 人提供工作、生活和娱乐服务。

UE Electronic 拥有 ISO 9001 质量管理体系认证、ISO 13485 医疗器械质量体系认证、OHSAS 18001 职业健康安全管理体系认证、ISO 14001 环境管理体系认证等系列国际权威体系认证。并获得教育部技术发明奖二等奖、广东省科学技术奖励二等奖、东莞市政府质量奖、东莞市科技进步一等奖等诸多奖项。

UE Electronic 电源产品功率涵盖 5~500W，可实现模块化、标准化、智能化、定制化设计；具有防短路、防过电流、防过电压、防过载、防漏电五重保护，能满足+/-15KV 抗雷击检测要求；符合医疗 2MOPP 标准及 UL 国际医疗认证第 3.1 版，符合六级能源之星标准，并通过 cULus、CSA、TUV-GS、CE、BEAB、RCM、PSE-JET、KC-MARK、EAC、NOM、PSB、CCC、IRAM、CB、EMC、FCC 及可靠度评定等各种认证，得到了业界同行与客户的高度认可。

主要产品介绍：

15~1500W 机壳开关电源

其特点如下：

具有医疗安全认证；2 MOPP 隔离保护

接触电流 ≤ 100μA；峰值负载：120%额定负载（1 秒）；工作海拔为 5000m；无风扇设计，为自然风冷。

高层专访：

被采访人：李涛　营销中心总经理

▶ 请您介绍企业 2022 年总体发展情况。企业的核心竞争力有哪些？

2022 年，面对需求收缩、供给冲击、预期转弱三重压力持续加大，多种超预期因素冲击的严峻形势，公司以迎接和学习宣贯党的二十大为工作主线，全面贯彻“疫情要防住、经济要稳住、发展要安全”要求，坚决落实党中央、国务院决策部署，统筹疫情防控和提高统筹发展和安全的能力，迎难而上。

公司在自身稳健发展的同时，坚决扛起企业的社会责任，全力做好疫情防控医疗物资保障供应工作，在疫情防控工作中发挥了重要作用。公司在极端困难的环境下，通过各种渠道购买了大批的防疫物资，保障了公司作为东莞市首批防疫保障企业开工时员工的防疫需求（东莞市首批 16 家防疫保障企业，经省市两级政府审批，提前 10 天开工生产，支持全国的抗疫战斗）。

公司积极推进管理提升、品牌引领和价值创造行动，持续推进科技创新激励机制，科技创新成效进一步显现，关键核心电源技术攻关取得重大进展。

企业核心竞争力的重要源泉是具有自己的独特性，它是企业赖以生存与发展的灵魂，是企业的生命线，是企业运行、发展的动力源。

一、企业核心竞争力的深层次因素：企业文化

1. 企业最大的财富就是员工，一个公司员工的素质和它的思想对企业的发展起着决定性的作用

1）公司为保障员工身体素质提供系列员工身心关爱，如各类节日的慰问及活动，全员年度健康体检，外聘专业人员开展健康知识讲座、急救知识等。

2）公司不断加强对员工的培训，让员工理解公司的经营理念，从而形成一种共同的核心价值观。这个共同的核心价值观无形中形成了对员工的激励，使他们为此而奋斗，形成独特的企业核心竞争力。

3）公司注重人才的培养，帮助员工做好自己的人生职业规划，使每个人都树立自己的理想，从而使它们在不同的岗位发挥自己最大的潜能。

4）公司助力员工成长，组建学习型组织活动，如建立 UE 学堂，从应届生到关键人才到资深管理人员，多层次多维度的学习资源支持，长期聘请外部资深专业顾问进行指导等。

2. 一个人一生的成就由他的态度、观念和自我修炼所决定，一个企业的成败由它的结构、合理的利益和团队学习力所决定

1）公司拥有相对完善的福利体系，在基本福利待遇外，多渠道全方位为员工的工作、学习成长、健康生活提供福利保障。

2）建立独特的企业文化“精益求精，厚积薄发”，塑造团队精神，让公司每位员工都具有敢于承担责任、挑战困难的顽强精神。

二、企业核心竞争力的重要因素：独特卖点（经营、服务、产品）

1. 经营焦点

1）稳健经营、永续经营，不会因公司问题导致供应中断。

2）严格把控产品质量，不给客户添麻烦。

3）公司有定制强开发能力，能满足客户电源定制服务需求。

2. 增值服务

1）公司有对标医疗认证注册机构的 EMC 实验室，可

24 小时提供 EMC 测试及整改服务。

2）公司为东莞市倍增企业，如在非常时期，能获得政府的更多资源支持，拥有更高的交付保障。

3）公司拥有极强追溯能力的 MES，产品质量溯源能追溯到最小包装，快速精准了解产品的生产过程。

3. 产品优势

面对现在日益激烈的竞争，公司向多元化方向发展，建立公司直接面对客户的终端产品，集中公司资源从事医疗电源、通信电源、poe 电源的专业化经营，以一流的品质和低成本取胜。

三、企业核心竞争力的关键：加强技术创新

一个企业要形成和提高自己的核心竞争力，必须有自己的核心技术，可以说核心技术是核心竞争力的核心。

关键技术

1）我们与 IC 方案商深度配合。

2）变压力设计研发能力。

3）公司 EMC 一致性保证能力。

4）公司有过往 30 多年设计经验总结作为设计指南。

四、企业核心竞争力经久不衰的决定因素：忠诚稳定的客户群

公司重视自己的客户群。从产品、价格、渠道、促销到公关宣传等营销的各个方面着手，努力培育自己的客户群，建立公司自己的品牌，打造品牌效应。

1）一站式全球电源品牌服务。

2）公司有标准的 EMC 实验室，可帮助客户解决医疗器械注册中的 EMC 问题。

3）与众多国内外知名品牌商合作，并得到了客户的认可和好评。

4）公司有一套完整的基于严进严出的质量管理体系，以及弹性的交付管理体系，我们的客户都将按同一体系享受公司的高品质、快速交付服务。

5）一旦选定客户，我们将全力满足客户需求。

五、企业核心竞争力的制度保证：现代企业制度

核心竞争力是成长在公司良好的土壤之中的，一些企业搞不活和竞争力不强在很大程度上受到企业制度的束缚和制约，因此企业必须按照“产权清晰、权责明确、管理科学”的现代企业制度要求，改造和改革企业的制度，使之更科学、更合理、更规范、更现代化，为核心竞争力的培育和提升提供制度保证。

1）从公司内部经营管理角度，我们构建以产品质量为核心竞争力，成本、交付齐头并进的管理模式。

2）公司致力于打造以客户为中心，以管理 IT 化、人才专业化为支点，结合现代化企业管理模式，为客户提供从产品咨询到产品售后的全流程、全天候服务。

▶ 请您介绍企业 2023 年的发展规划及未来展望。

公司 2023 年的发展规划及未来展望：

1）坚持以电源技术的升级与迭代为发展方向，大力拓展新能源电源产业，从传统人力密集型产业转型为技术密集、高自动化程度的智能制造企业。

2）成为世界最具竞争力的电源供应商。

竞争力具体体现在：产品竞争力、服务竞争力、创新合作竞争力这三个方面。

首先在产品竞争力上，公司以高质量、快速交付、齐全的安规认证为全球客户提供可靠的电源产品服务。

在服务竞争力上，公司致力于打造以客户为中心，以管理 IT 化、人才专业化为支点，结合现代化企业管理模式，为客户提供从产品咨询到产品售后的全流程、全天候服务。

▶ 企业当前面临的难题或挑战是什么？准备用什么策略来应对？

2023 年是全面贯彻落实党的二十大精神的开局之年。

公司切实加大科技创新力度，通过管理提升、价值创造和品牌引领，深入推进公司电源产品结构优化和结构调整，更加突出高质量发展的首要任务，扎实推进公司提质增效稳增长。

公司推动专业化整合，打造医疗、通信、POE 电源等业务结构更加聚焦、更加清晰、核心能力更加突出。公司持续推进低效无效非优势业务退出，做好产能过剩整合，促进产品结构调整升级。

公司瞄准高水平、导向性，积极推动电源技术提高，支持产品升级，促进发展合力。

目前我国面临的外贸环境的压力比较大，从 2022 年 10 月份以来出口开始负增长。虽然近期下跌速度有所趋缓，但整个 2023 年外贸形势仍面临相对严峻的挑战。随着海外市场回暖，下半年会有所好转，全年面临前低后高的发展趋势。

锚定海外市场回暖趋势，公司乘势而上组织参加出口海外展销会，打开海外市场，加快打造海外现代产业链，构建以链带面、织链成网的企业发展新格局，推动传统人力密集型产业升级改造。

弗迪动力有限公司电源工厂

地址：广东省深圳市坪山新区坑梓街道深汕路 1301 号
电话：0755-89888888
传真：0755-89888888
网址：www. byd. com. cn

简介：电源工厂隶属于弗迪动力有限公司，成立于 2007 年 1 月，其研发基地坐落在坑梓工业园，生产基地坐落在深圳坪山工业园、长沙工业园。厂房面积约 47507. 37m^2。拥有员工 2000 余名，其中研发团队占比 20%以上，其中资深研发技术骨干的平均经验达 12 年以上。2019 年车载类产品完成交付 3 万台、DC 类产品完成交付 15 万台、充电设施类产品完成交付 20 万台、漏电类产品完成交付 6 万台。年总产值达到 15 亿元。乘用车/商用车数字电源、充电设备市场占有率达 20%。公司通过了中国质量认证中心、IATF 16949：2016 汽车质量管理体系认证，具备 VDA2、VDA6. 3 资质审核实施经验。

电源工厂坚持以“开放、合作、创新、共享”的八字方针，广泛开展内外部合作，打造核心竞争力的信念。秉承公司“技术为王、创新为本”的发展理念，为公司新能源汽车发展打下夯实的基础！

广州金升阳科技有限公司

金升阳
MORNSUN®

地址：广东省广州市黄埔区科学城科学大道科汇发展中心科汇一街5号

电话：020-38601850

传真：020-38601272

网址：www. mornsun. cn

简介：广州金升阳科技有限公司（以下简称金升阳）作为国家高新技术企业，已连续七年荣登广东省制造业500强榜单且排名稳步提升，2022年荣获国家级专精特新“小巨人”称号，是国内集研发、生产、销售于一体的服务全球的电源解决方案提供商，也是拥有强大自主研发和知识产权优势的创新型企业。金升阳自主创立“MORNSUN”品牌，商标已在全球50多个国家与地区注册并已有70多个全球渠道。公司致力于为工业、医疗、能源、电力、轨道交通、智能交通、智慧城市等领域提供一站式电源解决方案，帮助客户提高生产效率和能源效率，同时降低对环境的不良影响，为客户提供“无忧电源”。

主要产品介绍：

15～1500W机壳开关电源

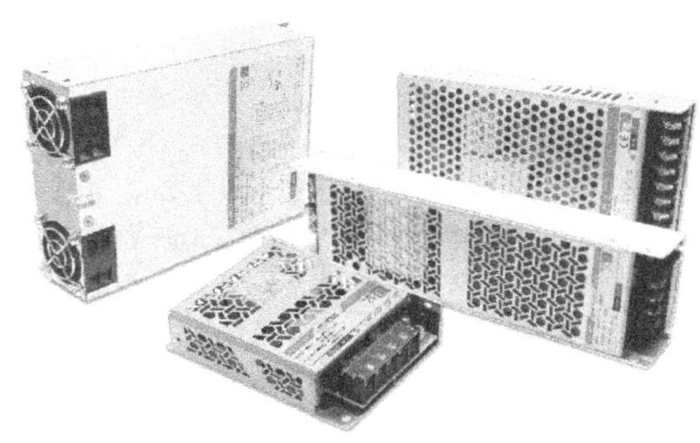

金升阳15～1500W机壳开关电源性能优异，满足不同场景的多种需求。其中“LM-R2”系列电源，突破体积与性能的瓶颈，重新定义工业电源标准，以更高性能适配305全工况应用。全系列效率平均值达89.8%，高于行业平均水平；拥有AC80～305V超宽输入电压范围，可适应全球输入电压长期波动大环境；工作温度范围为-40～85℃，适应恶劣应用环境；抗干扰能力更强，EMS四级，达到A级重工业标准。

高层专访：

被采访人：奉启珠　国内营销中心总监

▶ 请您介绍企业2022年总体发展情况。企业的核心竞争力有哪些？

受新冠肺炎疫情、“缺芯潮”等风波的影响，金升阳加速应变部署，进一步提升抗风险能力，在2022年取得了重大的进步。一方面是生产规模的扩大，金升阳怀化产业园第6栋大楼已正式投入使用，SMT线增至48条，产能提至150kk/年。另一方面是金升阳的研发实力的提升，目前已在国内成立6个研发基地，满足了从芯片到模块，再到设备级大功率电源的研发。

作为创新型技术企业，金升阳已连续7年被评为广东省制造业500强。“创新”是企业发展的源动力，包含的核心竞争力如：

1）坚持自主研发创新：金升阳秉持技术创新、自主研发的理念，坚持每年将销售额15%以上投入到研发费用中，培养出700多名研发人员组成的深层梯队，让创新理念践行到每一个行动中。2022年，推出“LM-R2”系列行业前沿机壳开关电源、高端导轨电源等，稳固了国产电源全球竞争力。

2）深耕行业完善方案：金升阳通过多年对行业需求的挖掘和市场的反馈，不断升级和完善电源解决方案，如研发设计可用于1500V光伏系统、储能系统等的行业专用PV电源；满足医疗行业2×MOPP标准的医疗设备专用电源；封装从1/8到1/32砖类DC-DC电源广泛适用于通信设备；满足EN50155铁标认证的6～400W轨交行业专用电源适用于车载、轨旁及车站设备等。

3）本地服务快速响应：在8大城市设有本地化服务团队，进一步提升了T+4小时的服务质量，便于更快更好地响应客户需求，提供真正的“无忧电源”。

▶ 请您介绍企业2023年的发展规划及未来展望。

2023年，金升阳在开关电源方面将以客户需求为导向继续推进产线的完善，提供客户更优质的国产电源。

在5G通信领域，金升阳深入布局3～1300W通信行业专用国产电源，此系列电源采用金升阳自主研发的IC，从内部器件实现产品国产化，有效避免因外部环境影响导致的断货情况，且金升阳自主研发芯片与同类型其他芯片在性能相当的前提下，价格更低，性价比更高。可应用于POE交换机、基站网络设备和专网通信系统等通信行业场景。

针对医疗领域，金升阳将其细分为诊断类、治疗类及辅助类三大应用环境。由行业特殊性，医疗行业电源需满足医疗认证、高隔离电压和低漏电流，在多设备集中供电时会发生EMI互相干扰以及漏电流的叠加，且多数设备需要不间断供电。针对不同环境实际应用需求，金升阳开发上市了不同特性的产品：15～1500W LM系列大功率AC-DC电源、30～750W LO/LOF系列高功率密度电源、3～90W LD-R2系列超小体积电源，重点满足2×MOPP、隔离电压高达AC4000～6000V、极低漏电流，可靠性高，可应用于制氧机、内窥镜、注射泵等医疗设备中。

此外，在智能物联网领域，金升阳的单相线电源也趋于成熟，可用于旧设备改造及电网改造的智能化。金升阳“百搭型”LS-R3系列产品拥有超小体积、极简外围的优势，在智能家居，智慧楼宇等领域已小有成绩。金升阳重视市场的需求和用户的意见反馈，坚持为客户带来更优质的电源解决方案。

▶ 您对电源行业（或您所在细分行业领域）未来市场发展趋势有什么看法？企业会迎来哪些机遇？如何把握？

借国家政策的东风大力发展，在“双碳”政策和“十四五”规划的推动下，助力轨交、5G、光伏储能、充电桩等项目的推进。如金升阳深挖储能领域需求，了解到储能行业的电源需具备超宽输入电压范围、高隔离耐压加强绝缘、符合 1500V 等级安规设计与认证、产品可靠性要求高、三防功能齐全等特性。针对这些特性，开发了 15～1000W 光伏储能行业专用 PV 系列电源，输入电压范围宽至 DC100～3200V，隔离电压高达 AC4000V，可满足储能行业的严苛要求。广泛应用于 PCS 系统、电池 BMS 系统、分布式逆变器、PACK 系统等应用场景，已为行业知名企业提供电源解决方案及服务。

此外，基于大环境的问题，电源和芯片的自主把控力显得更为重要，电源企业应抓住国产化替代战略机遇对海外品牌进行替代，这就要求企业提升自主创新能力，做属于自己的精品，既可以有效避免因外部环境影响导致的断货情况，也可以有效降低采购成本，提升产品的性价比。

金升阳始终相信，坚持技术创新与自主研发，不断提升综合实力与核心竞争力，为各行各业客户提供更优质的电源解决方案，定能让我们的民族工业品牌在世界舞台大放异彩。

航天柏克（广东）科技有限公司

BAYKEE 航天柏克

地址：广东省佛山市禅城区张槎一路 115 号 4 座
邮编：528000
电话：0757-82207158
传真：0757-82207159
网址：www. baykee. net

简介：航天柏克（广东）科技有限公司是中国航天科工集团旗下从事尖端电源技术研发的骨干企业，是我国电源技术应用于“高、精、尖”领域的探路者，持续为航天防务、长征五号到七号运载火箭、歼 20 战斗机、大飞机及无人机、海上防务、数十条高铁等诸多国家重大项目提供高可靠性的电力保障。

公司积极贯彻集团公司“科技强军 航天报国”的发展使命，依托航天的技术优势、军民产业复合型高学历人才优势，重点聚焦电源技术军民两用领域，专业从事研发、生产、销售于一体的军工级、工业级电源、定制化电源等，已形成网络能源、新能源、应急供电系统、行业专用电源、电能质量管理五大业务板块。目前公司围绕智慧城市 & 大数据、智慧能源、轨道交通、军民融合等战略性新兴产业，成立 9 个行业事业部，形成了 IDC 数据中心、通信电源系统、军工电源系统、海绵城市系统、光储充一体化智慧能源系统、轨道交通智能供电系统等全方位解决方案，致力于打造成为国际知名电气企业。

公司组建了省级企业技术中心和省级工程中心，航天二院 6 名院士及一大批国家级突出贡献专家的参与是公司开展尖端技术研发的有力保障。目前，公司拥有专利技术 113 项，参与了 9 项行业标准的制定，获得了广东省知识产权示范企业、广东省守合同重信用企业、广东省专利奖、广东省省级企业技术中心、禅城区质量奖企业（首批）、博士后创新实践基地、广东省高效节能型应急电源工程技术研发中心等荣誉与资质，所生产的不间断电源、应急电源产品被认定为广东省名牌产品、广东省高新技术产品。

公司通过了 ISO 9001 质量管理体系认证、CE 认证、节能认证、泰尔认证、消防电子产品强制性认证、国军标质量管理体系认证等，具备军品电源及同源产品二级资质，承担了南京青奥会、广州亚运会 80%的场馆、粤港澳大桥、广州电视塔、阳江核电站、广州白云机场、海南文昌卫星发射基地、粤赣高速、武广高铁在内的十多条高铁项目、中国大飞机项目等国家重点工程，是国家轨道交通应急电源基础设施供应的主力军。并与万达、中石化、阿里巴巴、上海宝之云数据中心、万国数据中心等中国 500 强企业建立了战略合作伙伴关系。

公司在全国建设了 85 个营销网点，业务覆盖到了华北、华南、华东、西南、西北五大片区。售后服务网络全面覆盖到全国主要省市，能以行业最快捷的本地化服务，为客户提供个性化、全方位的售前、售中服务和最可靠的售后保障，解决客户的后顾之忧。

合肥华耀电子工业有限公司

CETC 合肥华耀电子工业有限公司 ECU ELECTRONICS INDUSTRIAL CO.,LTD.

地址：安徽省合肥市蜀山区淠河路 88 号
邮编：230031
电话：0551-62731110
传真：0551-68124419-0
邮箱：sales@ ecu. com. cn
网址：www. ecu. com. cn

简介：合肥华耀电子工业有限公司（以下简称华耀）成立于 1992 年，是由中国电子科技集团第 38 研究所投资设立的首家产业公司，专注于航空航天、新能源汽车、工业制造等领域关键电能转换部件及电源系统的研发、生产和销售，致力于为客户提供全方位电源解决方案，凭借多年的电源关键技术积累和勇于创新的高效团队，公司与多个世界 500 强企业结成优质合作伙伴关系，所生产的电源类产品销往美国、欧洲等世界各地。

公司早在 1996 年就通过 ISO 认证、军方质量体系认证，品牌和产品在业内具有较高的知名度和美誉度。凭借扎实的发展，现在的华耀已是国家级企业技术中心、国家级技术创新示范企业、国家级高新技术企业、国家 CNAS/国防 DILAC 实验室、安徽省智能供电工程技术研究中心、安徽省产学研示范企业、安徽省技术创新示范企业、安徽省自主创新品牌示范企业、安徽省工业设计中心。

未来，华耀将秉承“责任、创新、卓越、共享”的核心价值观，致力于成为高性能电源模块和电能转换设备的领先供应商。

合肥华耀电子工业有限公司是：国内率先提供机载预警雷达批产电源的公司、国内率先提供高空系留气球供配电系统的公司、国内率先提供大型运输机襟缝翼控制电源的公司、国内率先提供受控核聚变辅助加热系统兆瓦级电源的公司、国内率先提供百兆瓦级光热电站电源的公司、国内率先提供小型高频医用高压发生器的公司。

鸿宝电源有限公司

HOSSONI 鸿宝®

地址： 浙江省温州市乐清市柳市镇象阳工业区
邮编： 325604
电话： 0577-62762615
传真： 0577-62777738
网址： www. hossoni. com

简介： 鸿宝集团·鸿宝电源有限公司（以下简称鸿宝公司）是一家专注于电源领域产品研发、制造、销售、信息及服务一体化的大型高新技术企业。30多年来，公司拥有上海、浙江两大生产基地、300余家专业协作工厂、500余家国内销售代表，产品销往150多个国家与地区。公司专业生产各种稳压电源、EPS（应急电源）、UPS（不间断电源）、变频器、软起动器、变压器、充电器、绿色能源-太阳能/风能并离网逆变器、光伏控制器、铅酸/胶体蓄电池、断路器及LED灯具等60多个系列、3000多个品种的电源产品，是国内电源行业“龙头”企业。

鸿宝公司作为中国电源学会常务理事单位，在同行业中率先通过ISO 9001质量管理体系认证、ISO 14001环境管理体系认证、OHSAS 18001职业健康安全管理体系认证。所生产的产品先后获得CE、CB、SEMKO、SASO等国际产品质量认证，以及CCC、CQC、信息产业部TLC等国内产品质量认证。“HOSSONI鸿宝”牌商标被认定为“浙江著名商标”，“HOSSONI”商标在马德里国际商标体系中100多个国家成功注册。

“HOSSONI鸿宝”牌电源产品连续被省、市评为“质量连续稳定产品”“质量信得过产品”“浙江名牌产品”“浙江出口名牌”；其中微电脑智能型充电器列入国家级“火炬计划”项目、荣获市科学技术进步奖；UPS（不间断电源）曾荣获“产品质量国家免检”产品；太阳能/风能并离网逆变器列入浙江省重大项目。所有产品均由太平洋财产保险股份有限公司承保。

鸿宝公司连续被省、市人民政府评定为明星企业、出口创汇先进企业、重合同守信用企业、银行AAA信用、百强纳税大户和质量管理先进企业。“HOSSONI鸿宝”品牌成为品质保证和优质服务体系的象征，在国内外赢得了广泛的信誉和褒奖。

鸿宝公司一直对电源技术富有前瞻性理解，孜孜不倦追求完善的工艺和优质的产品质量，不断推陈出新；一直致力于满足用户不断变化的需求，致力于服务用户、社会、员工，创造共赢价值，维护国内、国际市场良好的电源企业形象；公司秉承“立鸿鹄之志，创电源瑰宝”，“我们要做最好的电源”的经营理念，逐步成为一个管理科学、技术先进、规模宏大、高效益的现代化名牌企业，“HOSSONI鸿宝”品牌在世界电源的舞台上熠熠生辉。鸿宝电源与您携手共进，期待您的合作！

主要产品介绍：

HB系列光伏逆变器

HB系列光伏逆变器通过先进的拓扑结构及创新的逆变控制技术，实现高达99%的转换效率，提高发电量及用户投资收益。同时HB系列光伏逆变器拥有全方位的保护措施，组串智能监控及故障排除功能，灵活多样的通信方式，IP65高防水防尘等级和多路MPPT等特点，保证逆变器长期高效可靠安全地运行工作。

高层专访：

被采访人：王丽慧　总经理

▶ 请您介绍企业2022年总体发展情况。企业的核心竞争力有哪些？

2022年，我国发展面临着国际国内复杂严峻的环境，鸿宝公司在董事会的正确领导下，全体员工共同努力，管理人员科学管理，在逆境中稳步前进，品牌知名度有了更大的提高，新产品开发和市场投入进一步扩大，内部管理进一步完善，公司的整体销售也保持了一个平稳发展趋势。

▶ 请您介绍企业2023年的发展规划及未来展望。

2022年是全球进入疫情时代的第三年，各行各业都依然处在疫情所带来的阴霾中，因为病毒的不断肆虐，及国际局势的不安定，造成原材料的大幅增长，企业面临着种种困难，在政府的大力帮扶下，企业自身更是积极应对。2023新的一年，企业发展依然面临很多困难，在这样的环境下，网络营销作为最为热门的营销模式，已经占据了营销市场的半壁江山。我们全面加入这个市场，紧跟时代及环境趋势，进行线上、线下同步衔接。站在信息化时代的前沿，做好网络销售，这对公司的销售及未来发展发挥着重要作用。

▶ 您认为当前电源行业（或您所在细分行业领域）发展的有利因素和不利因素是什么？企业准备如何应对？

电源行业的需求量一直是比较大的，但是同时现在电源研发企业也很多，这就势必导致竞争激烈和利润下滑。因此，电源行业当然不能和现在火热的互联网行业相比，但仍然算是个常青行业，比上不足比下有余。同时，在大功率方面，现在电力电子技术和电力系统结合得越来越紧密，将来电力电子在电力系统中的应用（如无功补偿、有源滤波、新能源并网发电等）会是一个新的行业发展点。公司将研发标准产品，向市场及客户推广，积极拓展电子行业客户，展示公司研发设计能力、生产规模和质量管理能力。

湖南三安半导体有限责任公司

湖南三安

地址： 湖南省长沙市岳麓区长兴路 399 号
电话： 0731-85160836
传真： 0731-85160836
网址： www. sanan-semiconductor. com

简介： 湖南三安半导体有限责任公司（以下简称湖南三安）一期工程于 2021 年 6 月正式点火，项目位于湖南长沙高新区，公司打造专门的碳化硅垂直整合产业链，覆盖碳化硅长晶、衬底、外延、芯片、封装和测试服务。目前已经通过 ISO 9001 以及 IATF 16949 体系认证。

湖南三安致力于加速普及碳化硅应用，促进低碳社会生活。作为碳化硅全链整合制造平台，湖南三安为提高系统能效和可持续社会提供全面灵活的解决方案。湖南三安的产品系列包括车规级碳化硅功率二极管、碳化硅 MOSFET 和氮化镓晶圆代工服务，为新能源汽车、光伏储能、不间断电源和家电等高可靠性应用提供助力。

主要产品介绍：

车规级碳化硅功率二极管

湖南三安拥有全面的碳化硅功率二极管型谱，目前已量产第三代高性能版本，第四代已在预研当中。产品采用 MPS 结构，具备更优异的稳固性和可靠性。全系列产品符合 JEDEC 工业标准，部分产品已通过 AEC-Q101 车规级认证，广泛应用于新能源汽车、光伏储能、不间断电源、家电等高可靠场景。

高层专访：

被采访人：张真榕　销售副总

▶ 请您介绍企业 2022 年总体发展情况。企业的核心竞争力有哪些？

受益于新能源汽车市场的爆发，碳化硅功率半导体也获得良好的发展。湖南三安车规级和工业级碳化硅功率半导体 2022 年出货突破 1 亿颗，2022 年新进订单及长期供应协议累计金额超 65 亿元。

湖南三安的碳化硅二极管产品目前已有 7 款产品通过 AEC-Q101 认证，预计 2023 年上半年会新增 5 款并开始批量出货。

碳化硅 1200V 80/32/20mΩ MOSFET 已在 OBC、光伏逆变器客户端导入批量订单。车规级 1200V 16mΩ MOSFET 已经在战略客户处进行模块验证，预计于 2024 年正式上车量产。

车规级衬底、外延也已经在国际客户端批量出货。

湖南三安的垂直整合产业链具备优越的质量管理优势，能够确保产品的可靠性、一致性，在交付环节，也能够满足客户对稳定、高质量交付的期待。另外，垂直整合模式赋予了湖南三安业务形态的灵活性，我们可以与客户在衬底、外延、晶圆、器件各个环节开展标准化和定制化服务。

▶ 请您介绍企业 2023 年的发展规划及未来展望。

新能源汽车和可再生能源市场的爆发是可预见的，湖南三安的二期扩产工程也在紧锣密鼓地建设当中，预计于 2023 年底完成，全面达产后将实现 50 万片 6 寸碳化硅晶圆的年产能；

工业级碳化硅二极管已经在向第四代高性能产品迭代，在光伏逆变器、行业客户供应体系中已经占据显要比重。

面对新能源汽车市场，我们也在不断完善我们的车规级功率半导体型谱，今年会有更多二极管产品通过 AEC-Q101 认证，应用于高压平台的 1200V 16mΩ/13mΩ 和应用于中压平台的 650V MOSFET，预计于 2023 年向市场推出。

湖南三安与理想汽车合资打造斯科半导体，将进行碳化硅功率模块的共同开发，预计将年产 240 万只碳化硅半桥功率模块。

▶ 企业当前面临的难题或挑战是什么？准备用什么策略来应对？

可再生能源的广阔市场是可预见的，但碳化硅功率半导体的供应在短期内仍处于紧张状态，湖南三安已经开始积极筹备产能，全面提高工艺质量，密切关注行业动态和客户需求，充分准备应对“产能大考”。

华东微电子技术研究所

CETC 中国电科

地址： 安徽省合肥市蜀山区高新技术开发区合欢路 19 号
邮编： 230088
电话： 0551-65743712
传真： 0551-63637579
邮箱： info43@ 163. com
网址： www. cetc43. com. cn

简介： 华东微电子技术研究所（中国电子科技集团公司第四十三研究所，以下简称 43 所）于 1968 年创建于陕西，1982 年整体搬迁至安徽合肥，现有员工 1500 多人，是我国最早专业从事混合集成电路（HIC）技术研究的国家一类研究所，是我国高可靠混合集成电路专业领域的领军者。

43 所数十年如一日，致力于混合集成电路技术及相关产品的研制与生产，为电子信息系统提供小型化解决方案，服务于国防和民用工程。主持制定了 GJB 2438A《混合集成电路通用规范》等 30 余项国家及行业标准，拥有国际水平的设计和工艺平台，具备从材料、基板、微组装、封装、试验、验证等完备的研发和生产体系，拥有厚膜混合集成电路、薄膜混合集成电路、多芯片组件（LTCC）、SMT 模块电路、金属封装外壳等7条国军标认证的研制生产线，拥有国家实验室、国防实验室和军用实验室三项资质认证的混合集成电路及电子元器件检测实验室、微系统安徽省重点实验室、博士后科研工作站等科研平台。

主要产品有DC-DC、AC-DC、DC-AC、EMI滤波器、电机驱动器、SDC/RDC、DRC/DSC、I/F变换、F/V变换、电压基准源、精密恒流源、信号处理电路、隔离放大器、微波/毫米波组件以及MCM、SiP、微系统等专用集成电路，主导产品已形成系列化、标准化，广泛应用于航天、航空、船舶、电子、兵器、通信等高可靠电子设备及工业领域。

50多年来，43所为“长征”系列火箭、“神舟”系列飞船、“天宫”飞行器等百余项重点工程做出了突出贡献，部分技术和产品已达到或接近国际先进水平，荣获国家级科技进步奖和发明奖300多项，省、部级科技成果奖100多项。同时，43所积极投身国民经济建设，在新材料、新能源、LED绿色照明、光电通信、新能源汽车等领域开拓进取，获得国内外市场认可，产品出口欧美亚等20多个国家和地区。

华润微电子有限公司

華潤微电子
CR MICRO

地址：江苏省无锡市滨湖区梁溪路14号
邮编：214000
电话：0510-81805800
传真：0510-85872470
网址：www. crmicro. com
简介：华润微电子有限公司是华润集团旗下负责微电子业务投资、发展和经营管理的高科技企业，经过多年的发展及一系列整合，公司已成为中国本土具有重要影响力的综合性半导体企业，多年被工信部评为中国电子信息百强企业。

公司是中国领先的拥有芯片设计、晶圆制造、封装测试等全产业链一体化运营能力的半导体企业，公司主营业务可分为产品与方案、制造与服务两大业务板块，公司产品设计自主、制造过程可控，在分立器件及集成电路领域均已具备较强的产品技术与制造工艺能力，形成了先进的特色工艺和系列化的产品线。

公司产品聚焦于功率半导体、智能传感器领域，为客户提供系列化的半导体产品与服务。未来公司将围绕自身的核心优势，提升核心技术及结合内外部资源，不断推动企业发展，进一步向综合一体化的产品公司转型，成为世界领先的功率半导体和智能传感器产品与方案供应商。

科威尔技术股份有限公司

Kewell

地址：安徽省合肥市蜀山区高新技术开发区大龙山路8号
电话：0551-65837951
传真：0551-65837951-6006
网址：www. kewell. com. cn
简介：科威尔技术股份有限公司（KEWELL TECHNOLOGY CO.，LTD.）是一家以测试电源为基础产品，为多行业提供测试系统及智能制造设备的综合性测试装备公司。

公司目前主要产品线有测试电源、氢能测试及智能制造装备、功率半导体测试及智能制造装备等。产品主要应用于新能源发电、电动汽车、氢能、功率半导体等工业领域。由于测试电源产品运用的广泛性特点，公司产品还应用于轨道交通、汽车电子、智能制造、机电设备、航空航天、实验室认证等众多行业领域。

经过多年技术积累、升级和迭代与市场深耕，积累了大量的行业应用经验，公司实现了前沿理论技术与实际工业场景的融合，有针对性地为下游行业领域客户提供所需的测试装备。公司多款产品实现了进口替代，产品远销欧洲、日韩及东南亚国家，是为数不多跻身国际测试设备供应商体系的中国本土品牌，并已成长为一家国内领先、业界知名的综合性测试装备公司。

“勇担当、敢创新、精益求精”是公司的核心价值观，公司致力成为全球领先的综合性测试装备供应商，为客户提供专业的产品和服务，让测试精准便捷。

主要产品介绍：

S7000/S7100系列回馈型可编程直流电源

S7000/S7100是一款带回馈功能的双向高精度可编程直流电源，作为直流源使用支持双象限的能量流动。该机型具有高转换效率、高功率密度的特点，3U的尺寸可以支持30kW的功率，高达2000V的输出电压，并且该机型还支持多机并联功能，可应用于新能源电池测试、储能逆变器测试及汽车电子测试等多个领域。

连云港杰瑞电子有限公司

地址：江苏省连云港市海州区圣湖路18号
邮编：222000
电话：0518-85981950
传真：0518-85981799
网址：www. jariec. com
简介：连云港杰瑞电子有限公司是特大型国有重要骨干企业中国船舶集团有限公司下属国有控股公司，中国海防全资子公司；2004年由中国船舶第七一六研究所（江苏自动化研究所）自动控制器件研究中心改制成立，是专业从事军民用电子芯片、器件、设备及系统研发、生产、销售和系统集成的高新技术企业。

公司拥有控制器件与设备、电源及智慧城市三大产业方向，是国内率先专业从事轴角类转换器件的研制单位，轴角类转换器件国内市场占有率达70%以上；是领先的军民用电源产品及系统供应商，其恶劣环境计算机电源模块产品稳居行业三甲；是领先的智慧城市产品及解决方案供应商，其交通信号控制领域技术产品在市场稳居行业三甲。

公司加强企业业务辐射能力，相继成立武汉分公司、济南分公司、西安分公司、南京研发中心和上海子公司，形成华东、华中、西北的综合空间布局，全面拓展国内市场。

实施“从芯到云”技术战略，实现重大装备核心元器件国产替代，系统级产品安全可控，保障国家国防安全，促进民生经济技术革新。公司相关产品应用在航空、航天、船舶、兵器、安防、交通等领域。在“蛟龙号”“天宫”等国家重点型号、重点工程项目中公司产品均有靓丽表现。

主要产品介绍：

微晶片电源

微晶片电源模块是基于革命性 ChiP（Converter housed in Package，转换器级封装）技术的最新一代电源，具有高效率、超高功率密度、超小体积、超轻重量、低 EMI 等优点。电源具有完善的保护等功能，产品设计与制造满足 SJ 20668—1998《微电路模块总规范》和产品详细规范的要求。特别适合航空、航天、船舶、兵器等领域对功率、效率、体积、重量、高度等要求极端严苛的高可靠电子系统。

高层专访：

被采访人：杨静　副总经理

► 请您介绍企业 2022 年总体发展情况。企业的核心竞争力有哪些？

2022 年，公司进一步加强市场进行顶层规划，加强市场预判工作，将市场跟进转变为市场前端布局，未雨绸缪，为产品布局及推广赢得先机。国际形势依然复杂严峻，国家装备自主可控方针政策不动摇，持续狠抓国产化替代的窗口期，制定专项模块化自主可控产品的市场营销策略，并进一步完善考核体系。深入推进新领域、新客户，拓展星载供电、无人机装备、弹载供电、通信基站、单兵装备等重点领域。模块化电源首次突破一亿，新增千万级客户 6 家，500 万级客户 7 家，聚焦大客户经营模式，成绩得到显著提高。

► 请您介绍企业 2023 年的发展规划及未来展望。

1）加快推进晶片电源国产化设计工作，全面提升芯片设计和研制能力；2）加强微晶片电源批产工艺的技术攻关，全力推进智能测试系统、三温试验系统、老练系统多维一体建设；3）优化研发质量体系，提高质量管控手段，建立一体化标准智能测试系统，强化转产审查方式，确保标准产品高可靠高品质；4）深耕国际市场，深挖电子信息装备细分领域，扩展服务器民用市场，力争晶片电源合同额有更大突破。

► 企业当前面临的难题或挑战是什么？准备用什么策略来应对？

主要问题和困难：1）电源产业民用市场拓展缓慢，有效市场规模不够大；2）晶片电源国产化程度有待提高，批产工艺暂时还不成熟。

解决方法：提高市场顶层运作能力；加强微晶片电源批产工艺的技术攻关。

茂硕电源科技股份有限公司

MOSO® 茂硕电源

股票代码：002660

地址：广东省深圳市南山区西丽茂硕科技园

邮编：518108

电话：0755-27657000

传真：0755-27657908

网址：www. mosopower. com

简介：茂硕电源科技股份有限公司（以下简称茂硕电源，股票代码：002660）成立于 2006 年，是国家高新技术企业、全球先进的电源解决方案供应商和国内电源行业的标志性企业，也是深圳知名品牌、广东省著名商标、中国驰名商标企业，持有国内外注册商标 230 余项、知识产权 300 余项。公司于 2012 年在深圳证券交易所中小板块成功挂牌上市，成为国内 LED 驱动电源行业第一股。

多年的经营与积累，茂硕电源品牌知名度、美誉度、忠诚度得到大幅提升。茂硕电源品牌自 2010 年起连续五届被认定为“深圳知名品牌”，自 2014 年起连续两届被认定为“广东省著名商标”；自有品牌商标“茂硕电源”及“MOSO”同时于 2017 年获得中国驰名商标认定。公司先后入选 2017 中国品牌 500 强、粤港澳大湾区品牌 100 强及自 2019 年起连续三年荣登深圳行业领袖百强企业榜单；获得 2021 年度“领航「9+2」粤港澳大湾区最具投资价值大奖”及 2022 年“国际信誉品牌”等荣誉。

自成立以来，茂硕电源始终坚守实业，聚焦发展消费电子类电源、LED 智能驱动电源主业，连续多年保持在国内外市场占有率领先地位，尤其在电视电信、安防及大功率路灯照明等行业领域形成了领先的竞争优势；与多家世界 500 强或知名企业保持长期合作，客户分布在全球 60 多个国家和地区。

当前，公司消费电子类电源业务，涵盖配套于全球知名品牌的机顶盒、网通、安防、显示器、医疗美容、电机驱动、3D 打印机、激光打印机、电动工具、小家电充电器、工业控制、5G 通信等应用领域，拥有海康威视、Haier、印度 Tata sky 等全球知名品牌的优质大客户。

LED 智能驱动业务，专注于道路照明驱动、大功率照明驱动、植物照明驱动、工业照明驱动、景观照明驱动、大空间公共照明等应用领域。应用案例包括北京大兴机场、深圳机场、浦东机场、深圳地铁、洛杉矶码头、休斯敦机场等项目，拥有欧司朗、飞利浦、施耐德、华普永明、洲明科技、雷士照明等众多国内外全球知名品牌合作伙伴。

未来，在国家“双碳”背景下的一带一路、双循环、湾区+等发展机遇面前，茂硕电源将不忘初心，牢记成为全球电源第一品牌的使命，以国内产经政策为引导，围绕主业构建公司发展新格局，时刻用行动贯彻落实“创新技术，产品为王”发展战略，持续巩固产业优势、提升运营效率，将发展目光瞄准全球市场，以实际行动践行节能减排理念，引领公司及产业高质量发展！

主要产品介绍：

X6 系列 LED 驱动电源

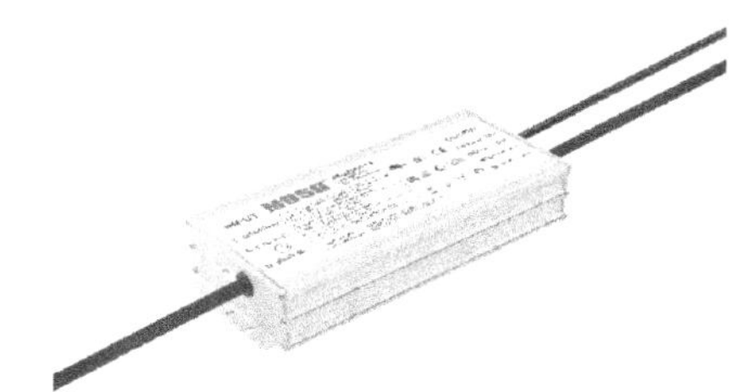

X6系列产品是具有超高功率因数的可编程室外恒流驱动电源，专为路灯和隧道灯设计，以兼容性为设计目标，旨在打造标准化的“万能”电源，在产品功能、性能上有很多的突破与创新，充分满足灯具产品多样化的需求；同时，高效率以及简洁的金属壳设计使产品的散热性能优异，有效提高了产品可靠性和延长了寿命。

高层专访：

被采访人：顾永德　公司创始人、总裁

▶ 请您介绍企业 2022 年总体发展情况。企业的核心竞争力有哪些？

1. 2022 年总体发展情况

2022 年茂硕电源依托国资背景，在公司董事会的领导下，紧抓国家“双碳”背景下的一带一路、双循环、湾区+等发展机遇，围绕主业构建公司发展新格局，充分发挥科技创新的支撑引领作用，多项举措齐发力，着力实现产业规模不断壮大、创新能力取得突破、质量效益显著提升等目标，推动公司各项工作取得长足进展，为实现未来三年战略目标奠定了坚实基础。

2. 企业核心竞争力

1）业内领先的技术研发能力；

2）享誉中外的品牌影响力；

3）稳定的国内外大客户群体；

4）先进的自动化制造能力。

▶ 请您介绍企业 2023 年的发展规划及未来展望。

2023 年是全面深入贯彻落实党的二十大精神的开局之年，也是茂硕电源抢抓机遇、加快高质量发展的三年规划攻坚之年。新的一年，茂硕电源将继续落实“创新技术 产品为王”的经营战略，围绕公司年度总目标和 LED 国际化深度布局、SPS 核心优势凸显并强化、采购系统优化再升级三大重点工作，切实做好各项任务分解，科学制定方案，抓出实效，确保全面完成今年各项目标任务。

▶ 您认为当前电源行业（或您所在细分行业领域）发展的有利因素和不利因素是什么？企业准备如何应对？

展望未来，世界经济形势错综复杂，复苏之路挑战重重；但经济全球化不可逆转，世界各国加强交流合作的动能及国内发展的内生动力依然强劲。尤其全球 LED 照明市场的快速增长推动了 LED 照明驱动电源行业不断发展，推动景观照明、植物照明、UV LED 及以 LED 路灯、智慧灯杆为代表的户外 LED 照明领域成为当下 LED 驱动电源主要市场增长点。

茂硕电源一方面将加强科技引领，持续研发推出契合各领域需求的新产品，另一方面将进一步加强与各行业头部企业的战略合作，资源共享，优势互补，深入推动业务协同、市场开拓、技术创新、产品研发和集成等方面的协同奋进，携手开拓更为广阔的合作空间。

美的集团

地址：广东省佛山市顺德区北滘镇美的大道 6 号美的总部大楼

邮编：528311

电话：18022227010

邮箱：liuyang3@ midea. com

网址：www. midea. com

简介：“科技尽善，生活尽美”——美的集团秉承用科技创造美好生活的经营理念。经过 54 年发展，已成为一家集智能家居、工业技术、楼宇科技、机器人与自动化、数字化创新五大板块为一体的全球化科技集团。过去 5 年投入研发资金超 500 亿，在全球拥有 35 个研发中心和 35 个主要生产基地，产品及服务惠及全球 200 多个国家和地区约 5 亿用户。形成美的、小天鹅、东芝、华凌、布谷、COLMO、Clivet、Eureka、库卡、GMCC、威灵、菱王电梯、万东医疗在内的多品牌组合。

2022 年前三季度，美的集团营业总收入 2718 亿元，同比增长 3.36%，净利润 245 亿元，同比增长 4.33%。近六年累积纳税超 940 亿元，经营业绩持续向好。现拥有海内外员工总数约 16 万人，其中海外员工近 4 万人。2022 年，美的集团位列《财富》世界 500 强第 245 位，《财富》中国 500 强第 35 位，Brand Finance 全球最有价值科技品牌 100 强第 36 位。

2022 年，美的重新定位五大业务板块，以科技领先为核心，实现 ToC 和 ToB 业务并重发展，推动国内和全球突破双重质变。在双循环、国产替代、产业升级的大背景之下，坚持“科技领先、用户直达、数智驱动、全球突破”的全新战略主轴，持续加大在数字化、IoT 化、全球突破和科技领先方面的投入，布局和投资新的前沿技术，致力于成为全世界智能家居的领先者，智能制造的赋能者。

南京博兰得电子科技有限公司

地址：江苏省南京市秦淮区永智路 6 号

邮编：200010

电话：025-85582306

传真：025-85582306

网址：cn. powerlandtech. com

简介：南京博兰得电子科技有限公司（以下简称博兰得）是全球领先的高端电源解决方案提供商，专注为交通、工业、照明、医疗、汽车及消费类电子等领域提供开创性的产品及系统解决方案。成立于2009年，博兰得由全球顶尖电力电子行业专家徐明博士创办于南京。经过十余年的发展，博兰得已成长为掌握电力电子核心原创技术和国际领先的研发制造能力的高新科技企业，具备极强的技术创新能力与产品线拓展能力。在徐明博士的带领之下，博兰得在两轮锂电充电器、PD快充适配器及大功率LED驱动电源、海底网络用高压电源等领域已确立领先地位。两轮锂电充电器及DCDC系列产品功率覆盖94W~6.6kW全系列，可为电动自行车、电动摩托车、电动汽车以及燃料电池应用提供可靠、安全的电能转换解决方案。在PD快充适配器领域，博兰得一直作为行业先行者与领导者，不断优化创新电路架构，突破自我，引领行业设计方向与潮流，多款产品均为行业标杆。在大功率LED驱动领域，博兰得技术实力行业领先，并在市场端占据龙头地位，全系列产品广泛应用于植物灯、路灯、球场灯照明产品中。在海底网络用高压电源领域，博兰得始终致力于以客户需求为导向，利用自身尖端的研发能力解决客户需求，以技术能力填补市场空白，提供开创性的产品及系统解决方案。

作为能量转换的重要环节，电源是一切电子设备的心脏。博兰得主导产品属于电力装备重点领域，独有高频变换、磁集成技术、高功率密度模块结构、高频软开关等技术均为国际领先水平。公司产品助推电力电子产业链向高功率密度和高转换效率革新，在关键领域能为国产市场补齐短板。凭借强大的科研能力和创新能力及多年来的制造加工经验技术能力，博兰得突破诸多技术瓶颈，以高可靠性、高效率、高功率密度、高智能化的新一代技术与产品为电力电子行业发展持续提供动力。公司愿景是让人类运用电能更优秀。

主要产品介绍：

Usmile 33W 超薄手机快充

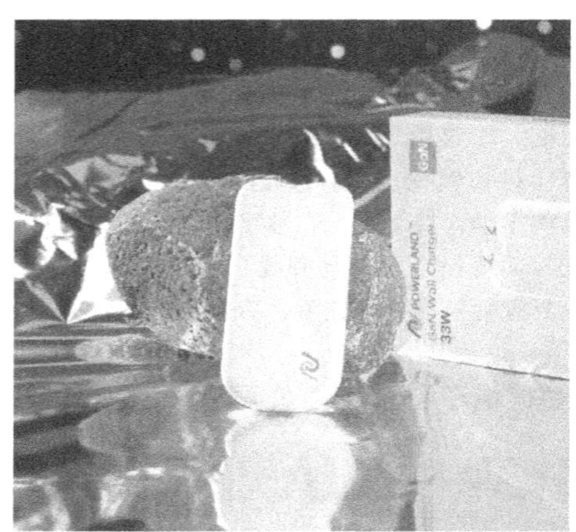

博兰得自有品牌PD快充产品Usmile 33W超薄快充，拥有全球最薄尺寸，仅厚10.8mm，以氮化镓技术为核心，协同多项黑科技，打造业界天花板级尺寸，温控更好、更节能、更安全。

高层专访：

被采访人：徐明　CEO

► 请您介绍企业2022年总体发展情况。企业的核心竞争力有哪些？

南京博兰得电子科技有限公司是全球领先的高端电力电子方案提供商，着力于交通电源、照明电源、IT电源及特种电源等新兴产业电能保障装备，提供多种高可靠性、高效率、高功率密度、高智能化的能量转换产品及系统解决方案。2022年博兰得保持了稳健的增长，在博兰得传统优势业务领域，继续保持领先优势，目前已在两轮中高端锂电充电器、PD快充适配器及大功率LED驱动电源、海底网络用高压电源等细分市场确立领先地位。博兰得始终坚持技术创新，两轮锂电充电器及DCDC系列产品功率覆盖94W~6.6kW全系列，可为电动自行车、电动摩托车、电动汽车以及燃料电池应用提供可靠、安全的电能转换解决方案。在PD快充适配器领域，博兰得一直作为行业先行者与领导者，不断优化创新电路架构，突破自我，引领行业设计方向与潮流，多款产品均为行业标杆。在大功率LED驱动领域，博兰得技术实力行业领先，并在市场端占据龙头地位，全系列产品广泛应用于植物灯、路灯、球场灯照明产品中。在海底网络用高压电源领域，博兰得始终致力于以客户需求为导向，利用自身尖端的研发能力解决客户需求，以技术能力填补市场空白，提供开创性的产品及系统解决方案。不断的技术创新是博兰得的立身之本，也是博兰得稳健发展的核心竞争力。2023年，博兰得会继续坚持科技创新，做出更优秀的电力电子产品。

► 请您介绍企业2023年的发展规划及未来展望。

立足于博兰得多年积累的行业经验与不断创新的技术能力，博兰得目前已奠定高端两轮锂电充电器、标杆PD快充适配器、高端LED驱动电源和特种电源四大基本盘业务。公司通过前期技术研发积累以基础PPU模块推出面向充电桩模块、服务器电源和储能DC-DC的高端前沿电源产品，预计2023年，公司将在上述领域持续发力，推出创新有竞争力的产品与解决方案。

► 您认为当前电源行业（或您所在细分行业领域）发展的有利因素和不利因素是什么？企业准备如何应对？

电能转换贯穿从发电、输配侧到用电侧整个链条，覆盖从系统、模组到核心元器件整个体系，电源转换技术在以电能为主的能源体系中占据核心地位。国内工业和社会体系的电气化和智能化转型对各类设备和元器件的稳定、高效供电提出较高要求，电源转换技术在高转换效率与高功率密度的持续革新将引领智能化与电气化趋势。作为电源行业的企业，电气化的趋势下机遇与挑战并存，我们只有保持不断创新的精神，不断锻造极致产品，才能在当前的行业趋势下更好地生存与发展。

南京国臣直流配电科技有限公司

地址：江苏省南京市江宁区福英路1001号

电话：025-52103128

传真：025-52103128

网址：www.gc-bank.com

简介：南京国臣直流配电科技有限公司成立于 2005 年，致力于用低压直流配电技术，为用户改善电能质量、提高供电可靠性、消纳新能源、提升用电能效、降低配用电成本，并提供完整的解决方案和系列产品。公司自主研发的 ±1500V 以下的系列电力电子变换器、暂降保护系统、低电压穿越装置、低压直流测控装置、直流一体化配电单元、微机型低压直流继电保护、直流配电抽屉柜、主动式保护装置、电能质量监测装置、电池监视管理系统、直流配电监控系统等产品，均取得了国家级检验机构的第三方权威检测，广泛用于电力、石油、化工、电子制造、冶金、数据中心、楼宇建筑等多个领域，并已踏出国门，走向国际市场。

为保持技术和产品持续领先，公司积极参与了 IEC、CIRED、CIGRE、APQI、CPSS、CEC、SAC/TC1 等组织的系列活动和标准制定工作，与南京航空航天大学航空电源实验室成立了电源技术中心，在中国石油大学成立了研究生联合培养基地，在太原理工大学成立了直流配电研究院，并参与了清华大学建筑节能研究中心、深圳建筑科学研究院、中国电力科学研究院等业内知名科研院所的直流配电及微电网实验室的建设。参加了国家重点研发计划“净零能耗建筑关键技术研究与示范”首个楼宇低压直流配电系统的设计与建设、国家重点研发计划“基于电力电子变压器的交直流混合可再生能源技术研究”中低压直流保护和户用能源路由器的设计与建设、安徽六安市金寨县分布式电源与多元化负荷高效接纳综合示范工程等项目，赢得了各界的广泛好评。公司取得国家专利授权 50 多项，发表国内外学术论文 50 多篇，参编专著 5 部，参与制定国家标准、行业标准及团体标准 20 多项，获省部级以上科技成果奖 5 项。

在“碳达峰碳中和”的大背景下，作为主要的技术路线之一，直流配电受到了能源、建筑、交通、电网、工业制造、家用电器等各大行业前所未有的高度关注。直流配电的发展，也将面临空前机遇。公司将继续专注于低压直流领域的研究与实践，坚持自主技术创新，为全球的能源变革奉献国臣智慧和解决方案。

主要产品介绍：

光储直柔系统

光储直柔系统是集分布式光伏发电、分布式储能、低压直流配电、柔性用电为一体的新型配电系统，产品包括电力电子变换器模块、继电保护模块、协调控制模块及云管理系统，适用于低碳建筑、低碳交通、低碳工厂、新型电力系统等场景，助力我国实行低碳发展，早日实现碳中和。

高层专访：

被采访人：李忠　总经理

▶ 请您介绍企业 2022 年总体发展情况。企业的核心竞争力有哪些?

2022 年公司克服了新冠肺炎疫情的影响，总体经营情况和 2021 年持平。2022 年，公司对原有的产品线和技术方案进行了查漏补缺，对产品销售组织架构进行了重新梳理，使得产品和销售更加贴合实际的应用需求，为 2023 年打下了坚实基础。

▶ 请您介绍企业 2023 年的发展规划及未来展望。

2023 年公司将实现跨越式的发展，无论从团队质量、数量还是销售收入上，都将有一个历史性的突破。公司将继续深耕低压直流配电领域，把公司打造成为细分领域的领先企业。

▶ 您认为当前电源行业（或您所在细分行业领域）发展的有利因素和不利因素是什么? 企业准备如何应对?

器件国产化率不足，对公司的降本增效产生阻力。供应链的不稳定，也给企业在 2022 年产品按期交付带来了很大的影响。2023 年公司将拓宽器件选型替代和器件采购渠道，保障经营的稳定和高效。

宁波赛耐比光电科技有限公司

地址：浙江省宁波市鄞州区高新区剑兰路 1228 号

电话：0574-27902084

传真：0574-27902805

网址：www. snappy. cn

简介：宁波赛耐比光电科技有限公司是一家专业研发、生产、销售 LED 驱动电源的国家高新技术企业，始创于 2003

年，注册资本 2976 万元。公司秉承“以人为本，诚信立业”的宗旨，致力成为全球橱柜卫浴电源的专家。公司产品种类齐全，以高品质、高可靠性、长寿命等优点深受客户好评，目前产品已销往欧盟、澳洲、英国等 30 余个国家和地区。

公司注重高端 LED 电源产品的开发研究，拥有一支创新型的技术团队，目前拥有产品的核心技术与专利 80 项。未来，公司将以“智造”为理念，以“舒适的生活，健康的照明环境”为使命，致力于开发高效、高可靠、智能化 LED 驱动电源。

主要产品介绍：

SDL240-12/24VF

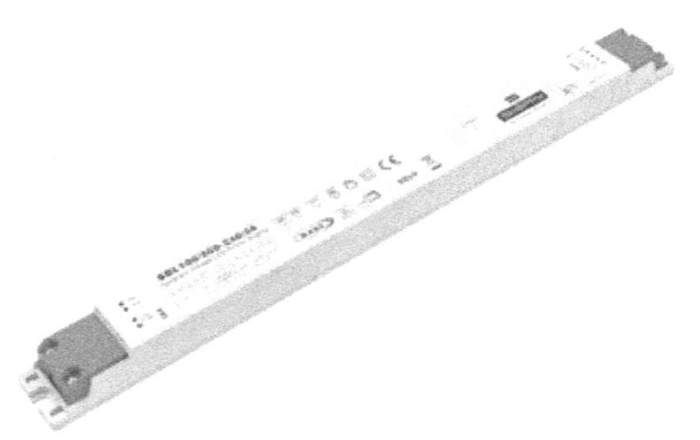

1）内置式恒压 LED 驱动电源；
2）内置按压调光功能；
3）符合 DALI2.0 标准（IEC 62386-101，102，207）；
4）线性或对数曲线可选；
5）调光范围 1%～100%；
6）启动时间小于 0.5s；
7）开路、短路、过载、过温保护；
8）效率大于 92%；
9）应用于室内照明，办公照明；
10）5 年质量保证。

高层专访：

被采访人：张莉 董事长

▶ 请您介绍企业 2022 年总体发展情况。企业的核心竞争力有哪些？

在不是特别好的大环境下，2022 年公司通过自身努力和客户支持，呈现了稳定的发展趋势，全面完成了企业工作目标和任务。

公司产品种类齐全，以高品质、高可靠性、长寿命作为核心竞争力，注重高端 LED 电源产品的开发研究，凭借完整的现代管理经验和高效的技术创新能力，不断推出迎合市场发展需求的优异新产品。

▶ 请您介绍企业 2023 年的发展规划及未来展望。

2023 年，公司将继续以“智能制造”为理念，以“舒适的生活，健康的照明环境”为使命，继续致力于开发高效、可靠、智能化的 LED 驱动电源，加大技术创新开发力度，满足市场大环境的需求。

▶ 企业当前面临的难题或挑战是什么？准备用什么策略来应对？

数字电源技术将是未来 LED 电源技术主流。未来的照明方式和模式也将不再局限于目前现有的，会有更多的、更人性化、更高能效的照明形式出现，营造出一种崭新的光环境。

因此，公司将顺应市场发展趋势，着重于解决技术创新难题，朝着产品更轻、更薄、更高性能和更智能的目标去前进、去突破。

普尔世贸易（苏州）有限公司

PULS

地址：江苏省苏州市苏州工业园区兴浦路瑞恩巷 1 号
邮编：215126
电话：0512-62881820
传真：0512-62881806
邮箱：contact-sales-suzhou@ pulspower. com
网址：www. pulspower. cn

简介：来自德国慕尼黑的 PULS 普尔世电源集团是工控电源、DIN 导轨电源、直流不间断电源、缓冲模块和冗余模块等产品的世界级技术领导者。产品设计研发在德国，绿色环保的生产和物流基地位于欧洲的捷克和中国的苏州，通过遍布世界各地的子公司和合作伙伴服务全球用户。

普尔世产品包括 AC-DC 电源、DC-DC 转换电源、DC-UPS 直流不间断电源、缓冲模块、冗余模块、智能回路保护模块等，功率范围覆盖 15～1000W，可广泛应用于工厂自动化、过程控制、机械制造、能源以及轨道交通等领域。

厦门市爱维达电子有限公司

EVADA 爱维达

地址：福建省厦门市海沧区新阳路 10 号
邮编：361028
电话：0592-8105999
传真：0592-5746808
网址：www. evadaups. com

简介：厦门市爱维达电子有限公司（以下简称爱维达）创立于 1998 年，是一家专业从事电源保护产品设计、开发、生产、销售及提供全面电源解决方案的高科技企业，产品覆盖数据中心关键基础设施（“维”系列微模块、UPS、精密配电柜、精密空调、动环监控、蓄电池等）、模块化 UPS、高频 UPS、工频 UPS、工业 UPS、电力 UPS、逆变器、通信电源、5G 电源及定制电源产品等。爱维达在全国设有 31 个销售服务机构，是中国驰名商标“EVADA”持有者、国家级高新技术企业，国家专精特新”小巨人“企业、福建省企业技术中心，位列中国 UPS 企业十强。爱维达秉持让电能更可靠更高效的企业使命，致力于成为电能变换领域的领导者。

爱维达以“靠科技创新、凭质量腾达、以服务保障、创品牌辉煌”为经营理念，经二十多年的产业深耕与技术沉淀，产品广泛运用于军工、通信、电力、石油、化工、工业、广电、医疗、国防、交通、新能源、金融、政府和教育等行业。

主要产品介绍：

HQ-MR 系列模块化 UPS

HQ-MR 系列模块化 UPS 采用先进的三电平逆技术，功率模块双 DSP 数字化控制，兼容磷酸铁锂电池，具有高效率、高功率密度、易于扩展、便捷扩容和占地面积小等特点。产品可应用于政府机关、军队、通信、电力、交通、广电、金融、税务、医疗、教育、企业、石化、互联网等各行业。

山克新能源科技（深圳）有限公司

地址： 广东省深圳市光明新区玉塘街道长圳社区沙头巷工业区 18 栋三层

电话： 0755-23408902

传真： 0755-23408902

网址： www. skepower. cn

简介： 山克新能源科技（深圳）有限公司（以下简称山克）成立于 2015 年，总部位于深圳光明区，在东莞企石、东坑设有分公司。山克是国家高新技术企业，深圳市"专精特新"企业。公司聚焦网络能源和新能源领域，致力于为数据中心机房等基础设施提供高性能的电源产品及制冷、配电等一体化解决方案，为家庭储能、户外储能提供光伏+储能的一体化产品解决方案。主要产品有 UPS（不间断电源）、光伏逆变器、微模块机房、PACK 电池、精密空调、户外电源等。

山克从创立之初就坚持走品牌化发展之路，自建"SKE""山克"品牌，一方面大力拓展线上电商，打造品牌实力，目前在京东自营、天猫长期位列 UPS 电源类目销售 TOP1；另一方面倾注心力开拓国际市场，提供研发及产品定制服务，产品远销全球 30 多个国家和地区，迅速成为国货出海新势力。同时，山克在全国 5 个大区设立了服务中心，构建了覆盖全国主要市县的服务网络，确保及时高效的服务品质。

2023 年新年伊始，山克官宣签约三位体育冠军成为品牌形象代言人，正式开启品牌升级战略。山克将在研发、产品、服务端持续发力，致力于打造"冠军品质、优选山克""选 UPS 电源选山克"的品牌印象。凭借技术优势以及优质的服务平台，山克已经成功在钢铁、机械、冶金、石化、港口、石油和天然气、电力、银行、广电、医疗等诸多领域树立了良好的口碑，正在成长为 UPS 电源行业的新锐明星品牌。

主要产品介绍：

山克 SC PRO 系列 UPS（不间断电源）

山克 SC PRO 系列采用 DSP 数字化控制技术，在解决九大电力问题（市电断电、电压下陷、浪涌、欠电压、过电压、电子干扰、频率波动、顺变、谐波失真）的基础上，进一步提高了产品的适用性和可靠性，为用户设备以及 UPS 本身提供万无一失的保障。

高层专访：

被采访人：张志敏　董事长

▶ 请您介绍企业 2022 年总体发展情况。企业的核心竞争力有哪些？

行稳致远，2022 年山克继续保持稳健的发展势头，超额完成了业绩同比增长 30%的年度目标。在产品研发、市场开拓两端发力，构筑山克的核心竞争力，同时请体育冠军做品牌形象大使，在电视、高铁、楼宇电梯等媒体做广告宣传，花大力气打造山克品牌知名度、美誉度。2022～2025 年，山克品牌的冲锋期。这一阶段，山克的目标是向中国 UPS 行业的一线品牌迈进。2022 年，我们利用线上渠道收获的品牌影响力，开始发力线下，建立全国范围内的经销渠道。凭借线上快速响应、贴近用户，线上+线下结合的优势，进行营销模式创新，在短时间内打通了品牌流通链条。同时，坚持加大对核心产品的研发投入和新产品的开发力度，稳固优势，寻找新的增长点，其中山克上线的户外电源、光伏逆变器等产品就取得了较大增长。未来，我们将继续以用户需求为核心，不断进行产品升级，持续拓展山克 UPS 的市场版图。随着山克品牌实力的逐步提升，可以肯定我们在通信、电力、石油化工、矿业、金融、建筑、医疗卫生、教育、制造业、军工、交通运输、航空航天等众多对电能稳定和持续性要求较高的行业领域会有更多的建树。

深圳古瑞瓦特新能源有限公司

地址： 广东省深圳市宝安区西乡街道中德欧产业园

电话： 13631663207

传真： 0755-29515888

网址： www. growatt. com

简介： 深圳古瑞瓦特新能源有限公司（以下简称古瑞瓦特）创立于2011年，其立足于新能源行业，是一家专注于提供光伏发电、储能、智慧能源设备和解决方案的高新技术企业。

公司先后在德国、美国、英国、澳大利亚、泰国、印度、荷兰等23个国家和地区设立销售和服务网点。公司高度重视研发，由一批在逆变器领域具有10年以上研发经验的骨干带队，累计占营收10%的研发高投入，已取得80多项国内外授权专利。2020年底，公司在惠州建成并投产了20万m^2，年产能20GW的逆变器智慧产业园，用于满足全球产品需求的快速交付。

截至2021年底，公司在全球100多个国家和地区累计出货设备数量超过350万套，累计出货逆变器容量超过37GW。据权威调研机构IHS Markit 2021年报告，公司已位列全球光伏逆变器出货量排名TOP10，户用光伏逆变器出货量及混合储能逆变器出货量全球领先。

古瑞瓦特正用国际化的视野布局长远，坚持成就客户，以奋斗为本，致力于成为全球最大的智慧能源方案供应商。

深圳华德电子有限公司

WATT

地址： 广东省深圳市南山区南海大道蛇口兴华工业大厦五栋A座六楼

邮编： 518067

电话： 0755-26693168

传真： 0755-26693918

邮箱： wangg@ watt. com. cn

网址： www. watt. com. cn

简介： 深圳华德电子有限公司建立于1987年，是随经济特区共同发展成长的专业电源技术公司。

公司注重高端电源产品及技术的开发研究，已成规模的电源产品涵盖了数据通信、医疗设备、工业设备、测量仪器、汽车及工程机械动力控制系统、高端计算机及服务器、民用航空飞行器等领域。

在不断发展和完善产品研发及销售平台的基础上，公司积极地引进国内外先进技术和专利技术，采取自主设计、定制、合作开发等灵活的方式，为全球的客户提供最佳的解决方案、高可靠产品及优质服务。

公司不断强化企业的现代化管理水准和体系建设，重视人才，重视质量，以自动化的生产能力和先进的生产工艺使产品品质得到有效的保证。

深圳科士达科技股份有限公司

KSTAR 科士达

股票代码：002518

地址： 广东省深圳市光明新区高新园西七号路科士达工业园

电话： 0755-21389008

传真： 0755-86168482

网址： www. kstar. com

简介： 深圳科士达科技股份有限公司成立于1993年，是专注于电力电子及新能源领域，产品涵盖UPS（不间断电源）、数据中心关键基础设施（UPS、蓄电池、精密配电、精密空调、网络服务器机柜、机房动力环境监控）、太阳能光伏逆变器、逆变电源、新能源汽车充电桩（交流充电桩、直流充电桩、直流充电模块、充电桩运营平台）的国家火炬计划重点高新技术企业、国家企业技术中心、国家技术创新示范企，是中国本土具有较大规模的UPS研发生产企业及品质阀控式密封铅酸蓄电池制造商、数据中心关键基础设施一体化解决方案提供商、新能源电力转换产品领域厂商。产品覆盖亚洲、欧洲、北美、非洲90多个国家和地区。2010年12月7日，公司在深圳证券交易所成功上市（股票代码：002518）。

深圳市必易微电子股份有限公司

地址： 广东省深圳市南山区西丽街道西丽社区留新四街万科云城三期C区八栋A座3303房

电话： 0755-82042689

传真： 0755-82042689

邮箱： ir@ kiwiinst. com

网址： www. kiwiinst. com

简介： 深圳市必易微电子股份有限公司（以下简称必易微）（股票代码：688045）拥有半导体领域的资深专家和高效的管理团队，主要从事高性能模拟及数模混合集成电路的研发和销售，在杭州、厦门、上海、成都、中山等地设有研发中心及分支机构。

必易微高度重视知识产权的开发和保护，已拥有多项集成电路和系统应用的国际、国内专利。主营产品包括AC-DC、DC-DC、驱动IC、线性稳压、保护芯片、电池管理等，为消费电子、工业、通信、计算机等领域客户提供完整电源解决方案和系统集成。

科技改善生活。必易微尊重人才、重用人才，以客户为中心，始终坚持“独特创新、易于使用”的公司理念，创新芯领域，引领芯发展，力争成为全球卓越的芯片设计企业。

主要产品介绍：

KIWI KP2813ASGA + KP1601ASGA 隔离智能调光LED驱动控制器

KIWI KP2813ASGA +KP1601ASGA 隔离智能调光LED驱动控制器可以实现全输入电压范围（AC90～305V）内，PF>0.95，THD<10%，无需光耦即可以实现精准的原边控制输出电压，并且具有启动速度快（<200ms），低待机功耗（<200mW）等特点。同时该方案可实现万分之一的调光深度。

高层专访：

被采访人：王轶　DC电源管理线总经理

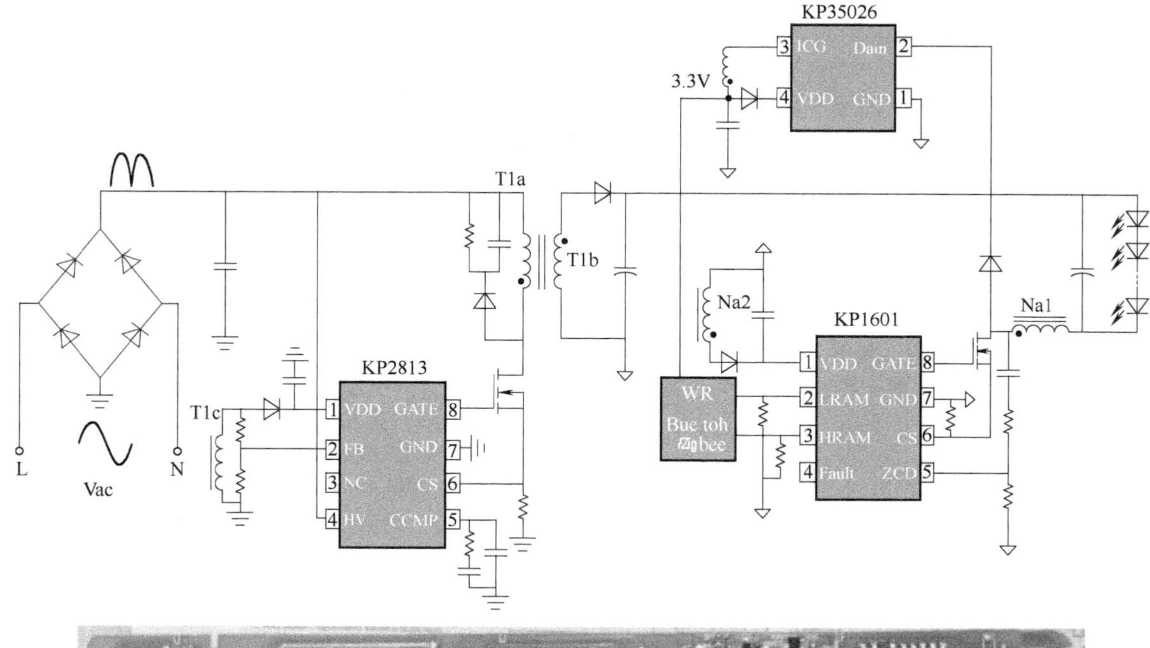

▶ 请您介绍企业 2022 年总体发展情况。企业的核心竞争力有哪些？

2022 年出现半导体行业下行周期，客户订单减少并库存高企，对公司成长造成了一定的经营压力，但公司稳健的经营和过硬的产品组合帮助公司在动荡的市场环境中平稳度过。

▶ 请您介绍企业 2023 年的发展规划及未来展望。

2023 年，公司将继续稳健经营公司现有主业，在巩固现有 AC-DC、LED 驱动产品的市场地位的同时，持续加大 DC-DC、电池管理芯片、电机驱动控制、保护芯片等新产品的研发投入，不断丰富产品类型和数量，目前公司产品已覆盖消费电子、工业控制、网络通信、计算机、电源转换及储能等各应用领域，与此同时将密切关注新能源领域的市场动态，打造全方位模拟芯片解决方案。公司致力于为国内主流厂商提供电源管理芯片一站式解决方案，力争成为全球卓越的芯片设计企业。

▶ 企业当前面临的难题或挑战是什么？准备用什么策略来应对？

当前公司面临的挑战也是国产半导体共有的痛点，即人才缺乏，由于最近几年的人才缺口，目前人才市场面临招人难同时成本高企的问题。公司的应对策略是持续校招，以内部传帮带的方式培养人才，给年轻人足够的培训和项目历练，结合企业文化的熏陶培养他们成为未来的研发主力。

▶ 您认为当前电源行业（或您所在细分行业领域）发展的有利因素和不利因素是什么？企业准备如何应对？

目前行业发展的有利因素是市场国产半导体有更多的机会，不利因素是中美脱钩，外部大环境造成客户订单不稳定，且国产内卷态势越发激烈。企业应对策略是响应国家号召，专注中国制造业升级，研发大力投入高端制造业、新能源，增加增量市场、长周期行业在企业收入中的比重，从而获得企业高质量发展。

深圳市皓文电子股份有限公司

地址： 广东省深圳市南山区学苑大道 1001 号智园 A5 栋 5 楼

邮编： 518000

电话： 0755-26805439

传真： 0755-26696592

网址： www. hawun. com

简介： 深圳市皓文电子股份有限公司（以下简称皓文电子）是专业从事电源产品设计、生产和销售的企业。公司成立于 2001 年，总部位于深圳市南山智园，在深圳和成都、武汉、石家庄等地均设有研发中心，工厂位于深圳市光明新区。皓文电子具备军工及相关保密资质，并被认定为国家级高新技术企业、国家级专精特新“小巨人”企业，拥有专利 70 多项，软件著作权 40 多项，产品广泛应用于航空航天、工业控制、轨道交通及通信等高可靠领域。

皓文电子一直致力于设计和生产具有高可靠性、高效率的电源产品，技术实力达到世界领先水平，单模块产品功率范围从 1W～10kW，输出电压从零到千伏级，直流输入范围涵盖 9～1000V，交流涵盖单相、三相各类输入电压。皓文电子从成立之初即坚持高比例研发投入，所销售产品均为自主知识产权产品，公司自 2015 年开始加大穿透国产化产品设计，近年所设计产品均实现 100% 穿透国产化，持续推出全国产化产品系列，产品广泛应用于航空航天、船舶、车载、地面、水下等平台的探测、计算、通信、控制等设备。

皓文电子坚持自身不断创新，努力成为提供高端可靠开关电源产品和服务的领先供应商。

深圳市科信通信技术股份有限公司

地址： 广东省深圳市龙岗区新能源一路科信科技大厦

邮编： 518116

电话： 0755-29893456

邮箱： chengxy@ szkexin. com. cn

网址： www. szkexin. com. cn

简介： 深圳科信通信技术股份有限公司专注于 ICT 领域，聚焦 5G、IoT（物联网）、IDC（数据中心）技术突破，积极开展基础设施、行业应用的研究及投资布局，在巩固主业内生增长的同时，适时推进产业链延伸、资源互补等具有协同效应的外延式增长。

公司一直把技术研发作为战略重心之一，形成光通信网络解决方案、通信网络能源解决方案、数据中心解决方案、物联网解决方案四大产品体系。公司坚持自主研发，掌握核心技术，持续技术创新，构建自主知识产权体系，建立和规范行业标准。截至目前，公司及子公司共拥有专利 228 项，计算机软件著作权 36 项。同时，公司作为中国通信标准化协会会员，主导或参与了 50 项行业标准的起草和修订，为推动行业标准制定做出了积极贡献。

公司拥有完善的销售渠道和服务网络，覆盖国内、海外运营商、ICT 设备商等客户群体。公司在国内设立的省级销售联络处覆盖全国 32 个省市的三大运营商及中国铁塔，已建成较为完备的多层次直接营销和技术服务体系，具备电信运营商的分级营销和快速响应能力。在立足于中国市场的同时，积极开拓海外市场，目前已与全球知名 ICT 设备商开展业务合作，并在印度、越南等东南亚地区也有业务布局，全球一体化营销网络加速成长。

深圳市盛弘电气股份有限公司

地址： 广东省深圳市南山区西丽街道松白路 1002 号百旺新高科技工业园 2 区 6 栋

电话： 0755-86511588

传真： 0755-86513100

网址： www. sinexcel. com

简介： 深圳市盛弘电气股份有限公司（以下简称盛弘股份）从成立初，一直注重技术人才的培养和产品质量的科学管理，重点资源投入产品研发和市场需求的快速响应。目前，主要管理人员和核心技术人员均为相关领域的资深专家，具有长期、丰富的技术和管理经验，公司现有员工 800 余人，其中研发技术人员占总员工 30%以上，全部为本科及以上学历，其中高级工程师 6 人，硕士 43 人。年投入研发的金额大于销售额的 10%。

公司先后被评为国家高新技术企业、国家工信部专精特新“小巨人”企业、广东省工程技术中心、深圳 500 强企业及 ISO 9001-2008 质量管理体系认证企业。盛弘股份累计已获得授权的有效专利共计 160 多项，其中发明专利 40 多项；旗下产品通过中国电科院、信息产业部、中国质量认证中心、北京鉴衡认证中心、IEEE、IEC、UL、ETL、TUV、CE、SAA 等多种国内及国际认证。

深圳市英威腾电源有限公司

地址： 广东省深圳市光明新区马田街道薯田埔社区英威腾光明科技大厦 1 栋 501

邮编： 518106

电话： 400-700-9997 转 2

传真： 0755-26782664

邮箱： chinasales@ invt. com. cn

网址： www. invt-power. com. cn

简介： 深圳市英威腾电源有限公司是深圳市英威腾电气股份有限公司（股票代码：002334）的子公司，国家重点高新技术企业，广东省模块化 UPS 工程技术中心，深圳市工程研究中心，深圳市企业技术中心，深圳市知名品牌，专注于模块化 UPS 研发生产与应用，向全球客户提供高可靠、高品质的产品解决方案与全方位的优质服务。

公司拥有产品的核心技术与 1300 多项知识产权专利，产品以高可靠性、高性价比，赢得了广大客户的一致赞誉，广泛应用于政府、金融、通信、教育、交通、气象、广播电视、工商税务、医疗卫生、能源电力等各个领域及全球 80 个国家和地区。为客户提供全方位、专业的解决方案是公司的经营宗旨，持续创新是公司追求的目标。不断推出的具有竞争力的解决方案和优质服务满足了各行各业用户对于供电系统高可靠性和绿色智能化的需求。公司将致力于通过技术创新和全球化运营，成长为受人尊敬的产品和服务提供商。

主要产品介绍：

RM 系列 20～200kVA 模块化 UPS

产品核心功率器件采用集成封装 IGBT 模块，系统主机配置 5.7 英寸触摸 LCD，具有热插拔静态旁路监控模块、

强大的远程网络管理方案、智能化电池管理方案等性能特点，产品广泛应用于政府、金融、通信、教育、交通、气象、广播电视、工商税务、医疗卫生、能源电力等各个行业领域。

高层专访：

被采访人：牟长洲　总经理

▶ 请您介绍企业2022年总体发展情况。企业的核心竞争力有哪些？

2022年在国内外疫情变化多端的局势下，公司紧紧围绕既定的思想和方针，带领全体员工凝心聚力，坚持围绕质量服务双提升，不断锐意改进。以打造优秀研发创新企业为目标，加强技术创新，不断提升公司的自主核心技术研发能力及产业化开发能力。增加对重点业务的资源投入，建立有核心、有支撑的生态化业务发展模式，从产品端强化高端电源+数据中心的核心竞争力，持续迭代升级产品和解决方案。同时，重视自主研发与引进消化吸收再创新相结合，支持开展多方位联合攻关和技术集成，促进各领域技术交叉融合和相互渗透，不断实现技术跨越式发展。在公司研发团队的努力下，突破了多项技术难题，获得多项专利，并将各项成果广泛应用于产品开发；深化内部各项管理机制和市场开拓能力。2022年，公司营收较上年度同期增长20%以上，实现了持续稳定增长，公司的综合实力保持稳步发展的态势。

企业核心竞争力是企业生存发展的源动力，是保证企业能在行业内处于领先地位的优势保障。公司的核心竞争优势第一个方面在于大胆突破、敢于竞争的创新力，拥有自主研发能力和技术更新迭代的能力，完全自主知识产权及掌握产品的核心技术，使得公司在市场中获得一定优势。第二方面在于具有高质量的人才及管理模式，既要注重顶层设计，也要注重细节管理。着力于培养团队管理者承接公司的战略与经营管理理念，使其渗透进团队之中，设计合理人才培养发展途径，浇筑了公司核心竞争力的坚实基础。第三个方面，不断壮大的自主生产能力，实现自产自销及成本控制最大化，同时保质保量，打造优质服务的强劲引擎。这些核心竞争力在保持公司长期稳定健康发展方面发挥重要作用。

▶ 请您介绍企业2023年的发展规划及未来展望。

“明者因时而变，知者随事而制”，创新依旧是当代社会的主基调。创新引领是动力引擎，绿色崛起是发展路径。新的一年，公司将抓住经济复苏的风口，加大新能源领域技术投入力度，紧密围绕节能和信息化领域，做好信息化建设工作，全面提升整体竞争力。同时，积极开拓国内和海外市场，扩大行业和区域覆盖面，深度挖掘大客户、开发和维护行业销售渠道，激发重点客户的潜在需求，提高客户的黏性，进一步提升市场份额。坚持“以市场为导向，以客户为中心”的经营方针，以“众诚德厚，业精志远”为经营理念，坚持以追求社会和经济效益、构建和谐的客户关系为主要内容，提高服务质量。

时代前进的道路上，永远都会充满各种机遇。未来公司将继续巩固提升行业地位，在技术上保持领先优势，进一步扩大产品范围。在享用科技创新红利的同时，更要以科技的发展前景为着眼点，在巩固目前市场地位的基础上，根据市场需求以及发展趋势，大力开发新产品、改进工艺，紧跟国内外技术发展方向，提升和完善公司的现有产品的技术，突破各种技术限制，不断在打磨中趋于完善，形成规模化生产占领更多的市场。

▶ 企业当前面临的难题或挑战是什么？准备用什么策略来应对？

随着全国性和区域性的综合交通网基础设施和物流需求的增加，加之一带一路、互联互通、海外援建将带来大量高端电源装备的出口等，对高端电源市场促进较为明显。另外随着4G全覆盖、5G深发展助力互联网建设，也大大增加了UPS市场的应用需求。基于电力的供需不平衡，以及电力品质的问题日益严重，全世界UPS的需求仍呈现稳定增长的趋势。

公司经过多年的中大功率通信电源系统的产品开发和研究，以及在市场环境运行中，积累了大量的电源系统技术和经验。诸多关键技术得到了有效解决，并形成了完整的技术平台。未来公司将继续攻破研发能力壁垒，顺应时代的潮流，创造更先进更优质的技术，进一步增强企业核心竞争力和市场竞争力。

深圳市永联科技股份有限公司

Winline Technology　深圳市永联科技股份有限公司 Shenzhen Winline Technology Co.,LTD.

地址： 广东省深圳市南山区西丽街道阳光社区松白路1002号百旺信工业园7栋101-501

电话： 0755-29016366

传真： 0755-29016399

网址： www. szwinline. com

简介： 深圳市永联科技股份有限公司（以下简称永联科技）是一家集新能源高端装备研发制造和能源互联网方案提供与建设运营为一体的国家级高新技术企业，是工信部认定的国家重点支持的国家级专精特新“小巨人”企业。

公司创业团队以“中国智造”为己任，以智慧能源为主攻方向，集结了一批国际顶尖研发人才，打造了一流的研发平台，在新能源领域研制了一系列创新产品，填补了多项国际国内空白，获得了“国家重点新产品”等荣誉。同时也承担了多项国家标准的编制重任，并参与了中日充电技术统一标准的起草编制。

永联科技以“永远创新，联合发展”为企业核心理念，将培育持续不断的创新动力作为公司的重要战略。通过持续高强度的研发投入和技术积累，公司形成了强大的自主创新能力，拥有电源领域多项核心技术，申请发明专利超过150项，已获授权发明专利达76项，申请PCT国际专利12项。

公司产品和服务包含新能源汽车充换电、储能及智能微网、高压直流电源（HVDC）、智联综合能源管理系统等。公司通过了质量管理体系认证、环境管理体系认证和职业健康安全管理体系认证以及知识产权管理体系认证，产品取得了CB、欧盟CE、德国莱茵TÜV、美国UL、CGC和国网电科院等权威机构的认证并在市场上得到广泛应用和高度认可。在国际市场上，充电模块电源、充电桩、储能等产品销往欧洲、韩国、东南亚和美洲等国家及地区。

当前，公司业务横跨“新基建”新能源汽车充电桩和大数据中心两大核心领域，属于国家战略性新兴产业。两次上榜权威第三方机构评选的“新基建”独角兽企业，为新能源汽车充电设备研发制造领域唯一上榜企业。永联人将努力为智慧能源的发展注入新的能量，为全球实现“碳达峰”和“碳中和”目标不懈努力。

主要产品介绍：

充电模块、充电桩、高压直流电源等电源产品，储能设备

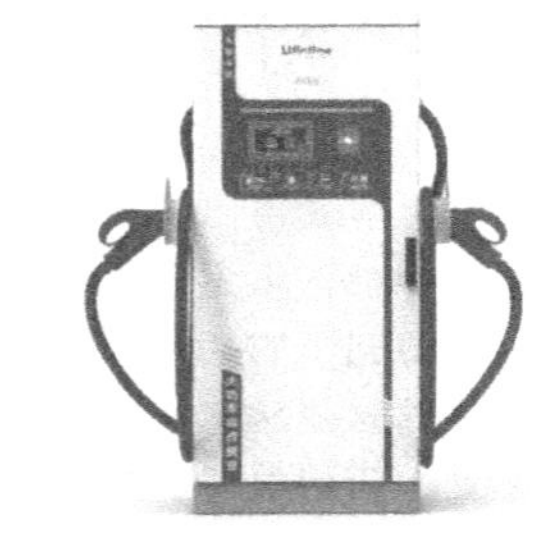

永联科技的充电模块和直流充电桩应用了多项自主研发的专利技术，性能卓越、可靠性高，其中40kW超大功率充电模块UXR100040具有超高满载工作温度和超宽恒功率范围两大业内领先的突出优势，直流充电桩则不仅充电效率高、充电速度快、适用车型广，而且具有良好的防腐蚀、防尘、防水性能，防护等级达到IP54。

高层专访：

被采访人：朱建国　董事长

▶ 请您介绍企业2022年总体发展情况。企业的核心竞争力有哪些？

公司2022年在苏州常熟建立了充电桩制造基地，产能提升一倍，国内外获取的产品订单同比基本实现了50%以上的增长。永联科技作为国内研发充换电核心技术的创新型企业，核心竞争力来自于我们对技术创新和满足用户需求始终不懈的追求。通过对智能电网技术、电力电子技术、动力电池及储能技术和新材料应用技术的研究，开发了20kW、30kW、40kW高电压1000V智能型高效率充电模块电源及满足光储充和站级V2G方案的双向DC-DC和PCS储能模块电源，同时开发出相应的充换电桩（机），从电网端和新能源应用端解决直流快充、超级快充和移动充电的用户需求，提升用户体验，保障电动汽车的便捷出行。

深圳威迈斯新能源股份有限公司

地址： 广东省深圳市南山区科技园北区高新北六道银河风云大厦3楼
电话： 0755-86020080
传真： 0755-86137676
网址： www.vmaxpower.com.cn

简介： 深圳威迈斯新能源股份有限公司（以下简称威迈斯）成立于2005年，总部位于中国深圳，致力于电力电子与电力传动产品的研发、生产和销售。威迈斯与众多汽车制造商合作，为客户提供优良的汽车动力域产品和高效的解决方案，产品包括但不限于OBC、DC-DC转换器、逆变器、齿轮箱、电动汽车通信控制器（EVCC）、电动汽车无线充电系统（WEVC）等。公司以自主知识产权的电力电子技术为基础，以快速响应客户的定制需求为主要经营模式，实现企业价值与客户价值共同成长。

公司以客户需求和客户利益为中心，满足全球客户差异化的需求以及快速的创新追求，获得了行业内客户的普遍认可。公司获批国家高新技术企业（GR201744202135），在深圳和上海建立了国内优良的研发中心，拥有高端的电力电子变换技术、电源结构工艺技术及高质量的产品设计能力和高水平的技术研究能力。有着业界优良的研发团队、完善的企业流程体系、高效的管理结构、先进的软硬件系统，具备行业优良的研发设计技术和测试能力。专注于快速响应定制化的需求，为客户提供灵活的电源解决方案。公司是国内外众多知名企业的电源解决方案的主流供应商。

威迈斯的愿景是致力于成为世界优良的电动汽车动力域整体解决方案供应商。

深圳英飞源技术有限公司

INFY POWER
英飞源技术

地址： 广东省深圳市宝安区石岩街道塘头社区塘头1号路领亚工业园春生楼1楼
电话： 0755-86574800
传真： 0755-86588721
网址： www.infypower.cn

简介：深圳英飞源技术有限公司（以下简称英飞源）是全球领先的电能变换产品及系统解决方案供应商，公司以电力电子及智能控制技术为核心，聚焦于新能源汽车充换电、储能、智慧能源服务及智能电源装备等领域。公司总部位于深圳，并拥有深圳制造基地、江苏制造基地、南京研发智造中心、成都研发中心、慕尼黑海外综合基地等分支机构。

公司产品涵盖高性能充电模块、智慧能源路由器、电动汽车充换电及储能系统产品，并为充换电、储能、能源互联网等各类应用提供专业解决方案，解决市场多样化的需求。

英飞源以“匠心、品质、分享、进取”的文化构筑企业价值观；通过孜孜不倦的创新积累和技术突破铸就行业标杆。英飞源始终坚守匠人的本真，秉持“锐意创新、能源无界”的使命，以不断地技术创新，持续为客户创造最大价值，成就低碳未来。

主要产品介绍：

全液冷超充系统

传统的充电系统采用风冷散热设计，存在充电功率小、可靠性低、噪声大的特点。全液冷超充系统由液冷电源柜及液冷充电终端构成，液冷电源柜内置液冷充电模块，通过液冷管道将热量传导至外部风墙散热，电源柜具有高防护、低噪声的特点。充电终端采用液冷充电枪，具有充电电流大、充电枪线细、轻便、便于操作的特点。液冷充电系统可广泛应用于超级快充站点，为车辆提供充电 5min，增加续航 250km 的友好体验。

高层专访：

被采访人：鲁力　营销部总监

▶ 请您介绍企业 2022 年总体发展情况。企业的核心竞争力有哪些？

2022 年是新能源行业快速发展的一年，公司业绩保持了近 60%的增长。在电能变换模块领域，英飞源充电模块继续保持市场前茅的占有率，同时能源互联网业务实现了突破，公司业务实现了双轮驱动。这一年光储充系统、全液冷超充系统、V2G 充电系统等充电产品实现了批量应用，且得到了客户认可。这一年，公司海外业绩超过了 1 亿美金，成为中国充电企业出口的龙头。

公司在传统的电能变换模块以及新兴的光储充、全液冷超充、V2G 等技术上有着比较多的技术积累，故产品有着较高的溢价。同时在海外新能源市场有着良好的声誉及坚实的客户基础。英飞源为客户提供全球全方位的产品及解决方案。

▶ 请您介绍企业 2023 年的发展规划及未来展望。

2023 年新能源行业将迎来更为快速的增长。英飞源将进一步加大研发的投入，通过持续不断的技术创新，为行业提供更好的产品，同时保持自身的技术优势；在储能、充电领域英飞源将实现双轮驱动，双翼腾飞；国内市场，英飞源继续保持业界龙头的地位，海外市场业绩翻倍。英飞源始终坚守匠人的本真，秉持“锐意创新、能源无界”的使命，以不断的技术创新，持续为客户创造最大价值，成就低碳未来。

▶ 您认为当前电源行业（或您所在细分行业领域）发展的有利因素和不利因素是什么？企业准备如何应对？

充电电源行业经过早期野蛮的生长，暴露出一个较大的问题：产品为追求低价，可靠性满足不了实际运营的需要。当前公共充电场站的运营周期为 8~10 年，而业界常见的充电设备质保期限为 3~5 年，场站运营期内会更换一次充电设备，导致运营成本极高。充电设备作为社会基础设施，应具有较高的可靠性和使用周期，对此英飞源推出了 8 年质保的充电模块、充电系统以及使用寿命更长的全液冷超充系统，促进行业从“降价降质降服务”的内卷竞争趋势，向“高质量、长质保、低生命周期成本”方向发展。

石家庄通合电子科技股份有限公司

石家庄通合电子科技股份有限公司
Shijiazhuang Tonhe Electronics Technologies Co.,Ltd.

地址：河北省石家庄市裕华区漓江道 350 号
电话：0311-66685604
传真：0311-86080409
网址：www. sjzthdz. com

简介：石家庄通合电子科技股份有限公司是一家致力于电力电子行业技术创新、产品创新、管理创新，以高频开关电源及相关电子产品研发、生产、销售、运营和服务于一体，为客户提供系统能源解决方案的高新技术企业。

公司成立于 1998 年，并于 2012 年整体变更为股份有限公司，2015 年 12 月 31 日成功在深交所创业板挂牌上市，股票代码为 300491。

公司坐落在石家庄国家高新技术产业开发区，拥有自主产权的研发生产基地。公司首创的“谐振电压控制型功率变换器”技术使谐振式开关电源的全程软开关技术进入了产业化阶段，引领了行业技术潮流。

公司具有成熟的营销体系和客户服务体系，销售网络遍及全国 20 多个省市自治区，拥有超过 600 家客户，与国内多家主要电力设备和新能源汽车整车制造商保持长期合作。公司领先的技术优势、可靠的质量保证和卓越的服务品质得到了客户的一致好评。

特变电工新疆新能源股份有限公司

TBEA 特变电工

地址：陕西省西安市长安区上林苑 4 路 70 号

电话： 15739578607
邮箱： 153433706@ qq. com
网址： www. sunoasis. com
简介： 特变电工新疆新能源股份有限公司（母公司新特能源股份有限公司在香港联交所上市，股票简称为新特能源；证券代码为 HK1799）创立于 2000 年，长期专注于光伏、风电、电力电子、能源互联网等领域的智能设备研发、电站建设、运营等，提供逆变器、储能、柔直换流阀等电力电子装备，以“奉献绿色能源，创造美好生活”为使命，助力实现国家“双碳”目标。在全球设有 10 余个常驻办事机构，业务遍及印度、巴基斯坦、巴西、西班牙、菲律宾等 20 余个国家和地区，为客户提供清洁能源项目开发、投（融）资、设计、建设、调试、运维整体解决方案。

在光伏发电领域，自主研制 8kW～9000kW 全系列并网逆变器，产品具有高容配比、高效率、高可靠性的特点，应用于户用、工商业、地面电站、沙漠、戈壁、荒漠场景及渔光、农光、海光等多类型各场景各类光伏电站 1000 多座，业务遍及全球 4 大洲 20 多个国家。产品通过了 CQC、CGC 新能标、TUV、VDE、CE、G59、BDEW、SAA、UL、国网零电压穿越等多项国内外权威认证及测试，获得了中国光伏领跑者首批认证及中国效率 A+认证。全球稳定运行业绩已超过 46GW。

在储能领域，公司针对新型电力系统架构下的业态变化，推出了智能组串式液冷储能系统解决方案。应用场景包括新能源发电侧储能、电网侧储能、工商业园区储能。从客户盈利角度出发，着重关注全生命周期成本和收益，组串式液冷储能系统核心价值体现在极致安全、精细高效和灵活友好。以前瞻性的组串式 PCS 一体机和液冷电池户外柜的产品形式，可实现多应用场景的兼容配置和可靠运行。

在电能质量领域，3.3～35kV/1～100Mvar 全系列高压 TSVG 产品，凭借可靠的品质，提高 SVG 在恶劣环境下并机系统在线运行率大于 99%，目前 TSVG 产品累计全球应用业绩超过 17Gvar。

公司拥有建设大型荒漠、山地、渔光、农光、低风速、工商业屋顶、住户屋顶等各类风、光电站的丰富经验，先后承建大型山地光伏电站、渔光互补光伏电站、风光互补荒漠并网示范电站项目、商业化光伏储能电站项目等多个刷新行业新高度的新能源项目。截至目前，公司累计承建各类风电、光伏离并网电站 5000 余座，建设容量超过 25GW。

主要产品介绍：

组串逆变器、集中式逆变器、储能系统、SVG

自主研制 8kW～9000kW 全系列并网逆变器，产品具有高容配比、高效率、高可靠性的特点，应用于户用、工商业、地面电站、沙漠、戈壁、荒漠场景及渔光、农光、海光等多类型各场景，产品通过多项国内外权威认证及测试，获得了中国光伏领跑者首批认证及中国效率 A+认证。全球稳定运行业绩已超过 46GW。

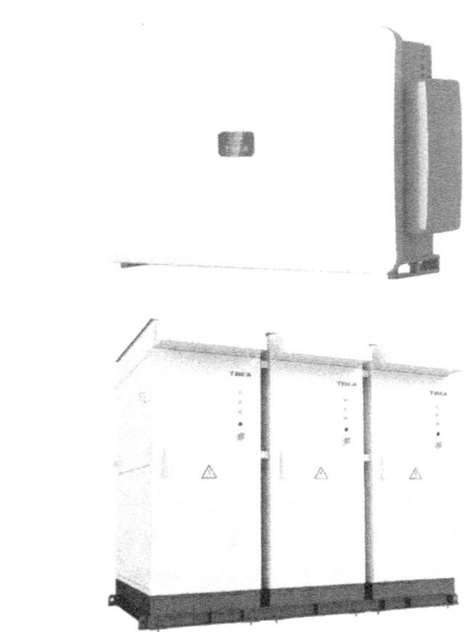

万帮数字能源股份有限公司

地址： 江苏省常州市武进区龙惠路 39 号
电话： 400-8280-768
网址： www. wbstar. com
简介：“双碳”战略大局下，万帮数字能源股份有限公司深耕于新能源领域，聚焦“交通减排”与“能源减排”两大路径，旗下共有“星星充电”与“星星能源”两大核心品牌，是亚洲数字能源独角兽，也是国内行业龙头与领军企业。现已发展成为我国三大电动汽车充电设备运营商之一。

公司专注于新能源汽车充电设备研发制造，平台兼容全部国标车型，产品线涵盖交直流设备、充电枪头、电源模块、智能电柜、换电设备等，掌握着智能控制、物联网、大功率定制等核心研发能力，并形成了硬件+软件+服务的业务模型，并在移动能源领域率先提出了“云管端”的业务形态，借助车辆销售、私人充电、公共充电、金融保险、电力交易等业务，打造用户充电全生命周期平台。可为全国乃至全球客户提供设备、平台、用户和数据运营，以及光储充放与绿电交易等综合能源服务，为工业、商业、社区、楼宇、公共配套等各类场景提供低成本、高效率的整体解决方案，以此来实现整个城市“低碳”、甚至“零碳”运行，为助力我国早日实现“双碳”目标，提供示范样本。

多年来，公司始终保持在车企品牌、地产、运营商、政府等多个领域的市场优势，是包括梅赛德斯奔驰、保时捷、捷豹路虎、大众等在内的全球 60 多家知名车企以及壳牌、中石化、ENGIE 等全球知名能源公司的生态战略合作伙伴。

公司是国家绿色工厂、国家高新技术企业、工信部国家级制造业单项冠军示范企业、国家能源局能源互联网重大应用示范平台、工信部智能制造 2025 新模式应用平台、工信部国家企业服务平台、APEC 30 周年中国数字经济样板 50 强、充电领域国标制定单位、IEC 国际标准中方代表。

主要产品介绍：

480kW 超级充电桩

电动汽车发展迅猛，对提升充电效率、缩短充电时间，提出了更高的要求。公司 480kW 充电桩产品，电压平台最高支持 1000V，额定电流 600A，最高可达 700A，完美覆盖未来大功率充电发展趋势，单枪输出最大功率 480kW，充电 8min，最高续航可达 400km，让充电和加油一样方便。再搭配独创的 DPA 双层功率池技术与智能云平台，将车端的充电需求与桩端的功率分配策略进行精准匹配，让场站运营效率更高。

高层专访：

被采访人：郑隽一　万帮数字能源股份有限公司副董事长、星星充电联合创始人

▶ 请您介绍企业 2022 年总体发展情况。企业的核心竞争力有哪些？

过去的一年，万帮数字能源股份有限公司发展稳中向好，迎来了不少"高光时刻"。比如，研发、生产、制造并在全国投建 480kW 大功率超级充电桩，一辆车充满电只需十分钟；全国多地迎来了我们的"光储充放"一体化示范场站，让新能源车真正充上了新能源电；我们还通过绿电交易、绿证认购等方式，在全国 3000 多个绿电场站发起"用绿电，更零碳"的主题活动，号召全国广大新能源车主认识和使用绿电，选择低碳的生活方式；同时，我们还牵手哈尔滨、盐城、常州等城市，共同打造绿色低碳智慧城市；为了更好地保护用户安全与能源安全等，我们还不断强化网络安全建设，在去年成为由必维集团颁发、全球新能源领域首批获得 IEC 62443-4-1（ML2）和 IEC 62443-4-2（SL2）认证的公司之一，这在全球充电桩行业尚属首家。不仅如此，我们还同时拥有"三级等保"与 ISO 27001 认证等。网络安全能力，在行业内首屈一指。

至于核心竞争力，首先，我们创新地提出了"云-管-端"，即软件+硬件+服务的业务模型，并打通了新能源产业上下游全产业链，解决了盈利模式难题。同时，针对充电场站的运营效率问题，我们探索出了"两高三低"的运营模型，所谓"两高"是指：第一，运维、决策、选址的准确率高，或者说选址效率高；第二是运营的效率高；"三低"是指：投建的成本低、运营的成本低、运维的成本低。通过大数据，最终轻松实现千人千面的精准营销。客户构成上，我们的客户类型也非常多元化。此外，我们第三个优势则在于技术的创新。比如，在 2014 年，我们就率先使用工业互联网平台搭建智能充电网络的运营商，发明了无屏无卡，完全将人机对话界面装到手机上，用工业互联网的思维来搭建硬件网络载体的充电公司。又比如，2017 年，与国家电网牵头，做国家的大功率充电示范与标准的引领。再之后，我们自主研发的液冷技术与自动充电技术成为了行业标杆。能源方面，我们自主研发的 BEMS、HEMS、云平台等技术，可实现云、管、端的高度协同数字化、智能化；可移动的 EnergyX 系统，聚焦家庭和商业两种能源管理应用场景，在用电能耗可视化分析管理、智能化电费支出节流控制、经济优化充/放电排程管理、自动需求响应控制等方面都有突破。

▶ 请您介绍企业 2023 年的发展规划及未来展望。

2023 年，我希望我们可以继续保持技术硬实力与服务软实力的双轮驱动，握牢数字技术与经济发展的主动权，用科技创新，不断引领着行业"蝶变"。不仅要为广大新能源车主提供更优质的充电体验，还要不断突破行业技术壁垒，破解更多行业共性的难题，为我国新能源汽车高质量发展注入强劲动力。同时，发挥好自身在"光储充放"、"绿电交易"等领域的领先优势，与生态合作伙伴一起，实现智能微网向移动能源网的完美升级，并通过"交通减排"与"能源减排"两大抓手，助力我国早日实现"双碳"目标。

▶ 企业当前面临的难题或挑战是什么？准备用什么策略来应对？

新能源汽车充电连接着两大市场：上游接电，背后是一张容纳光、储、配售、双向充电等的能源互联网；下游接车，背后是一张以车联网、智慧交通、智能汽车等为主的产业互联网。其最终尽头则是形成移动能源网，以此来构建新型电力结构，助力我国实现"双碳"目标。而要实现这一美好愿景，关键是利用工业互联网技术，一端能源互联，一端产业互联，最终构建集"充电网，能源网，用户网"于一体的三网融合平台。目前，国内绿电行业已发展到 3.0 阶段，江苏率先推出分布式绿电现货交易相关政策，积极推进新能源领域转型升级。公司在国内率先实践绿电交易，并拥有完整成熟的光储充系统投运经验。作为目前业内少有的绿电交易范围覆盖全国，绿电交易品种覆盖广，且具有全国充电场站运营能力的数字能源企业，公司正在积极促进能源资产循环利用，让新能源车早日用上新能源电，真正实现零碳。而这过程中，也需要国家与地方各级政府进行政策层面的积极引导与支持。比如，建立健全新能源汽车参与电力市场运营机制，通过 V2G 等试点示范，运用实时价格信号引导新能源汽车参与车网互动。充分发挥电网平台枢纽作用，挖掘新能源汽车参与电网负荷调节的潜力，实现充电负荷与新能源供应的精准匹配，更好地助力能源绿色转型。

温州大学

地址：浙江省温州市茶山高教园区
邮编：325035

电话： 0577-86598000
邮箱： wzdx@ wzu. edu. cn
网址： www. wzu. edu. cn

简介： 温州大学是一所地方综合性大学，现有茶山和学院路两个校区，学校占地面积 1973. 43 亩（约 131. 56 万 m^2）校舍面积 106. 06 万 m^2，学校现有教职工 2231 人，其中专任教师 1416 人（博士 939 人，占 66. 31%）。拥有全职院士、国家“万人计划”人选、国家引才计划入选者等国家级人才 33 人，现有各类省级以上高层次入选人才 180 人，获批国家引才引智示范基地。学校拥有一级学科博士学位授权点 1 个，一级学科硕士学位授权点 18 个、硕士专业学位授权点 17 个。建有温州大学瑞安研究生院、浙江省博士后工作站，与国内外 24 所知名高校和科研机构联合培养博士、博士后。学校现有国家级科研平台 3 个、省部级科研平台 37 个，拥有浙江省重点创新团队 4 个、浙江省高校高水平创新团队 4 个。主持国家科技重大专项等国家重大项目 10 项，国家杰出青年科学基金 2 项，国家优秀青年科学基金 2 项，国家级科研重点项目 41 项，其他国家项目 814 项。出版各类著作 385 部。成果获国家级、省部级奖项 182 项。

温州大学电气工程学科是浙江省“十二五”重点学科、温州大学重中之重 A 类学科和“十三五”浙江省一流学科 B 类，拥有电气工程一级学科硕士学位授权点。该学科拥有电气数字化设计技术国家地方联合工程研究中心、浙江省低压电器工程技术研究中心、浙江省低压电器技术创新服务平台、浙江省温州激光与光电产业技术创新服务平台——光电能源服务中心、机械工业用户侧光伏微网工程中心等国家级、省部级科技创新平台。学科建有浙江省智能电网低压电器技术重点科技创新团队、电气数字化设计技术浙江省工程实验室-海岸工程特种电源技术创新团队、智能电气技术及应用创新团队共 3 支省级创新团队。

温州大学电气数字化设计技术国家地方联合工程研究中心针对“国家战略性新兴产业”和“浙江省海洋经济”等重点领域，围绕海洋工程电源技术与装备、电气数字化与综合能源系统、光电功能器件与数字化检测等方面开展创新研究。近年来，工程研究中心主任戴瑜兴教授及团队核心成员完成的重要科研成果，荣获国家科技进步奖二等奖 1 项，教育部科技进步奖一等奖 1 项、二等奖 2 项，中国机械工业科学技术奖特等奖 1 项；获得中国专利金奖 1 项、优秀奖 6 项；获得中国产学研合作创新奖 1 项，中国发明协会发明创业奖特等奖 1 项、创新奖一等奖 2 项、成果奖一等奖 1 项。

西安爱科赛博电气股份有限公司

地址： 陕西省西安市高新区新型工业园信息大道 12 号
邮编： 710119
电话： 029-88887953
传真： 029-85692080
邮箱： sales@ cnaction. com
网址： www. cnaction. com

简介： 西安爱科赛博电气股份有限公司创立于 1996 年，拥有西安、苏州两大研发生产基地，厂房面积 4 万 m^2，员工 600 余人。旗下有苏州爱科赛博电源技术有限责任公司（全资）、北京蓝军电器设备有限公司（控股）、上海研发实验室、广深营销与服务中心。

公司专注于电力电子电能变换和控制领域，为用户提供精密测试电源、精密特种电源和电能质量控制系列产品和解决方案，应用于光伏储能、电动汽车、航空航天、轨道交通、科研试验、智能电网、特种装备等诸多领域，是相关行业领先的设备制造商和解决方案提供者。

公司成立至今，持续专注于电力电子功率变换和控制领域的研发创新，掌握了电力电子功率变换和控制相关的自主知识产权核心技术，取得各类专利上百项，其中发明专利 39 项，参与国家和行业标准制定 16 项，参与多项国家重大科技基础设施建设，取得包括国家科技进步二等奖在内的多项领先科技成果，相关领域技术水平国内领先。

公司采用全流程全要素的 IPD 集成产品开发管理，与西安交通大学共建先进电力电子装备研究中心，较好地完成了从新技术到市场需求产品的转化，使公司和产品竞争力不断提升。公司将一如既往，继续加速技术创新和应用拓展，持续为客户提供创新产品和解决方案，提升中国技术和产品的竞争力，创建一流中国品牌。

主要产品介绍：

PRE 系列回馈型可编程交流源载一体机

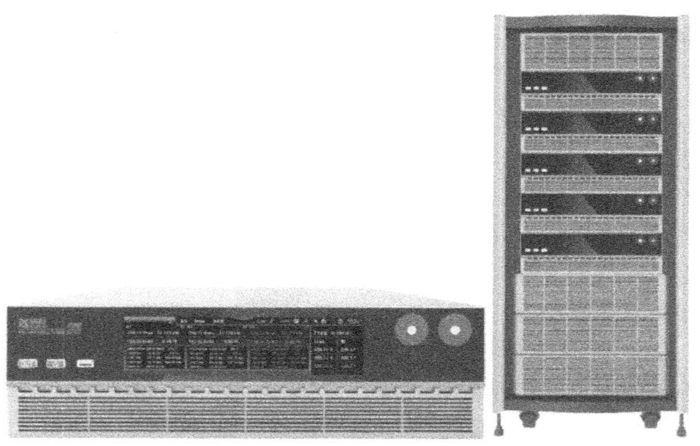

爱科 PRE 系列回馈型可编程交流源载一体机拥有极高的功率密度，在 3U 体积下即可实现额定 20kVA 的输出功率，全系配置矩阵式并联功能，并联扩容最大至 200kVA。源载一体，全功率回馈、全功率四象限负载；多达 12 种 RLC 网络拓扑模拟；具有硬件在环仿真（PHIL）功能。无需搭配任何选配件即可实现一机两用，可回收 100% 的电流至电网，具有高达 91% 的回馈效率。降低了用户设备投入及能耗费用，更符合“双碳”要求。

高层专访：

被采访人：白小青　董事长兼总经理

▶ 请您介绍企业 2022 年总体发展情况。企业的核心竞争力有哪些？

2022 年公司在产品端、市场端不断拓展，产值和营收全面增长，竞争力和创新能力持续提升；品牌等软实力得到认可；面对新冠肺炎疫情挑战，砥砺前行，硕果累累。企业核心竞争力在于持续专注于电力电子功率变换和控制领域的研发创新，掌握了电力电子功率变换和控制相关的自主知识产权核心技术，为产品更新换代、性能持续升级，提供了保障。

▶ 请您介绍企业 2023 年的发展规划及未来展望。

希望公司在 2023 年，抢抓发展机遇，夯实发展基础，勇往直前，再创佳绩，迈上发展新台阶。

西南应用磁学研究所（中国电子科技集团公司第九研究所）

CETC 中国电子科技集团公司第九研究所

地址： 四川绵阳市滨河北路西段 268 号电科九所
邮编： 621000
电话： 0816-2868139
邮箱： 554871954@ qq. com
简介： 中国电子科技集团公司第九研究所（以下简称九所）始建于 1967 国家大三线建设时期，主体由北京内迁四川绵阳组建而成，主要从事磁性功能材料与特种元器件的研制、开发、生产、服务以及应用磁学基础研究，是我国唯一的综合性应用磁学科研机构。

经过五十年的建设与发展，九所在磁性材料、磁应用技术及产品的研发、生产、测试与验证、质量控制、产品品种系列等方面处于国内领先水平；获得了国家发明奖、国家科技进步奖、国防科技奖、国家银质奖章及用户和行业颁发荣誉等 1000 多项奖励。

九所是应用磁学学科和技术带头人，是国家信息产业磁性产品质量监督检测中心、磁性材料及器件专业情报网秘书处单位、中国电子材料行业协会磁性材料分会理事长单位、中国电子学会应用磁学分会挂靠单位、国家标准化管理委员会 IEC/TC51 国内技术归口单位。

九所秉承“靠科技创新、树北斗品牌、以诚信服务、让用户满意”的质量方针，打造了微波材料及器件、永磁合金材料与器件系列、铁氧体软磁材料及组件系列、EMI 材料与器件系列、磁敏感组件与传感器系列、磁性专用仪器与设备系列等“北斗牌”高新科技及其产品，产品已广泛应用和服务于国民经济中。

先控捷联电气股份有限公司

地址： 河北省石家庄市高新区湘江道 319 号第 14、15 幢
邮编： 050035
电话： 400-612-9189
传真： 0311-85903718
邮箱： scu@ scupower. com
网址： www. scupower. cn
简介： 先控捷联电气股份有限公司（股票代码：833426，以下简称先控电气）是具备核心竞争力的电力电子、新能源领域的设备制造商。公司始终致力于电力电子产品的研发、生产和推广。先控电气主要为数据中心基础设施、新能源汽车充电和绿色储能这三大业务领域提供完整的解决方案，为全球客户提供可持续性的能源与动力管理系统，以科技推动世界从工业文明向生态文明的转型。

目前数据中心产品主要包括各类 UPS（不间断电源）、模块化数据中心、一体化电力模块、高低压成套设备等；新能源汽车充电产品包括直流充电桩、交流充电桩、欧标充电桩、智能充电模块、有序充电控制柜、立体车库充电机等；绿色储能产品包括多功能储能变流器、光储一体机、锂电池系统、一体化光储系统（GRES）、储能集装箱等多种产品系列。

先控电气专注科研，不断突破核心技术中的“不可能”，成功申报百余项技术专利，填补了行业多个领域的空白，参与起草多项国家及行业标准，荣获科技部技术发明奖、科技进步奖等荣誉。公司是双高双软企业、河北省“专精特新”示范企业、河北省工业设计中心、河北省企业技术中心、河北省技术创新示范企业、燕山大学研究生教育实践基地、中国电源学会常务理事单位、中国通信标准化协会会员、中国电动汽车充电技术与产业联盟理事单位、守合同重信用企业，连续多年被评为 10 强企业、十大领军人物、河北省著名商标、河北省知名品牌、河北省中小企业名牌产品、石家庄高新区质量奖、充电设施行业杰出贡献企业、绿色与创新企业、数据中心优秀服务商等荣誉称号，并获得“改革开放 40 年·工业铸魂”优秀企业“金鹰奖”、科学技术创新奖、AAA 级企业信用等级、优秀解决方案奖、用户信赖产品奖等奖项。

先控电气产品多次入围各级政府单位，涉及国家重点项目、数据中心、电力、军事工业、轨道交通、金融、通信、能源、电动汽车充电行业等多个领域，产品覆盖全球 50 多个国家和地区，凭借前瞻性、差异性、定制化的优势，赢得了全球客户的信赖。

主要产品介绍：

不间断电源（UPS）、一体化电力模块、新能源充电桩、光储充系统、储能变流器、锂电池系统

先控电气主要为数据中心基础设施、新能源汽车充电和绿色储能这三大业务领域提供完整的解决方案。以公司

丰富的标准化产品和技术平台为依托，对客户的差异化需求，可灵活、高效地制定相应解决方案，为全球客户提供可持续性的能源与动力管理系统，以科技推动世界从工业文明向生态文明的转型。

高层专访：

被采访人：陈冀生　总经理

▶ 请您介绍企业 2022 年总体发展情况。企业的核心竞争力有哪些？

先控电气面对市场的需求，不断提高自主创新和制造能力，提高产品设计和质量水平，不断向市场推出拥有较高技术附加值及较高品质的产品，在不同应用领域实现更可靠、更高效、更环保的供电保障，受到市场的广泛青睐，也获得了更多的市场份额。

先控电气的核心竞争力表现在以下方面：

（1）多产品线发展路线契合当前以新能源为主体的新型电力系统发展趋势

先控电气以 UPS 在市场立足，早在 2014 年开始布局新能源汽车充电产品，在 2017 年筹划并推出第一代储能产品。三大产线齐头并进，应势发展，满足用户不同场景的用电需求。

（2）全产业链布局满足客户一体化解决方案需求

先控电气有自己的研发团队、施工团队、运维团队，有电装车间、钣金车间、组装调试车间，这也就意味着从设计研发，到生产组装、调试，再到整体方案集成、投运，从 PCBA 板加工、钣金制作到项目安装、售后、运维，先控电气可以为用户提供全方位一站式解决方案。

（3）研发生产型企业定位，标准化、模块化产品布局思路满足用户智能化、定制化的产品需求

先控电气三大产线产品核心部件全部为自主研发，功率模块、STS 模块、储能电池 PACK 及 PMS、BMS、EMS 等各种监控、管理系统，掌握产品最核心的技术，再加上模块化的产品思路，能快速为客户提供智能化、定制化的产品及解决方案。

▶ 请您介绍企业 2023 年的发展规划及未来展望。

1）深耕细作，保持三大产品线在产品功能、性能、成本方面的核心竞争力，提升市场、销售及整体管理水平。

2）加快发展现代制造服务业，由加工环节向后延伸，不仅向用户提供产品，而且向用户提供一系列增值服务性产品，包括但不限于 EPC、售后、维护、监控运营等。

3）在生产经营模式上，推进生产型制造向服务型制造转变，围绕公司主营产品，适时、逐步推进运营计划（充电桩运营、新能源车车电分离运营、储能系统运营），实现经营模式多元化，并通过运营形式，增强企业的知名度，形成品牌优势。

▶ 公司 2022 年发布新品以及树立行业标杆情况如何？

先控电气推出“一体化电力模块”系统，为大型数据中心供配电系统提供一体化方案预制产品，打造未来数据中心低碳运行模式。先控电气一体化电力模块系统具备集成度更高、投资更低、高效节能、安全可靠等特点，已应用于热电公司、芯片制造等领域，能够妥善应对数据中心复杂多变的业务需求，实现可靠、低碳的供电保障。

先控电气 UPS 产品支持（IECO）在线补偿式节能运行模式，IECO 模式将传统 ECO 模式时 UPS 的后备状态升级为在线式，同时将 UPS 系统和市电的串联结构调整为并联结构，具有并网不上网、并网不出功率、并网出有功功率、并网出无功功率、实时进行功率因数校正、谐波治理提高电能质量、支持油机软起动、削峰填谷等多项功能，目前该运行模式已得到广泛应用验证以及泰尔认证严格检测，运行效率可达 99.5%，可实现市电供电与 UPS 供电 0ms 无缝切换，在 UPS 系统中具有很高的应用价值，降低了 UPS 自身损耗的同时，大幅降低了数据中心的 PUE 值，成为高效节能的关键措施之一。

2022 年末，先控电气被认定为“2022 年河北省专精特新示范企业”，未来，公司将在电力电子行业持续发力，赋能关键核心技术研发，拓展业务布局，完善服务网络，努力向“小巨人”企业迈进，推动电力电子行业的可持续发展。

芯朋微电子股份有限公司

Chipown
High Performance Power Semiconductor
芯朋微电子　股票代码 688508

地址：江苏省无锡市新吴区长江路 16 号芯朋大厦

电话：0510-85217718

传真：0510-85217718

网址：www.chipown.com.cn

简介：芯朋微电子股份有限公司（Chipown）是一家专注于功率半导体研发的高科技企业，公司成立于 2005 年，总部位于江苏无锡，并在苏州、上海、深圳、中山、厦门、青岛设有研发中心和客户支持机构。主要产品线包括模拟/数字架构的 AC-DC、DC-DC、Driver IC 及 Power Discretes 等，广泛应用于家电、充电 & 适配器、智能电网、通信、光储充、工业电机、工控设备、汽车等领域。目前，公司已发展成为国内高压电源和驱动类芯片的领先供应商，为众多行业的 TOP 企业提供从高压电源到低压电源、从一次电源到三次电源、从功率控制芯片到分立器件的“PowerSemi Total Solution”，年出货超过 14 亿颗芯片，建立了数千家客户长久信赖的品牌优势。公司是上交所科创板的第一家高压电源芯片设计企业，股票简称为芯朋微，股票代码为 688508。

主要产品介绍：

图腾柱无桥功率因数校正（PFC）控制芯片——PN6811

PN6811 是一款高集成度的图腾柱无桥功率因数校正数模混合控制芯片，采用恒定导通时间控制实现高功率因数，系统工作于 CRM/DCM 状态，外围精简，省略整流桥以提升效率降低发热，非常适合高效率和高功率密度需求的应用。

新疆金风科技股份有限公司

地址：新疆乌鲁木齐经济技术开发区上海路107号
邮编：830026
电话：0991-3767402
邮箱：xinjingjinfengkeji@ goldwind. com. cn
网址：www. goldwind. com. cn
简介：新疆金风科技股份有限公司是我国较早进入风力发电设备制造领域的企业之一，有超过20年的风电整机设计和开发经验，是国内领军和全球领先的风电整体解决方案提供商；拥有自主知识产权的全系列永磁直驱机组，代表着全球风力发电领域最具前景的技术路线；国内风电市场占有率连续九年排名领先，在全球连续五年排名前三；申请国内发明专利2700多项，海外发明专利300项；累计主持和参与标准制定235项，其中国内标准220项，国际标准15项；所主持项目“风电机组关键控制技术自主创新及产业化”荣获2016年国家科技进步二等奖。自2015年开始风电场智能控制技术开发，为项目开展提供了良好的支撑条件。建有国家风力发电工程技术研究中心，大型直驱永磁海上风电机组检测技术国家地方联合工程实验室；承担973计划、863计划、支撑计划和国家重点研发计划等50余项；获国家科技进步二等奖2项、国家技术发明二等奖1项、省部级科技进步一等奖7项及其他省部级8项。

易事特集团股份有限公司

EAST® 易事特
始于1989年 | 股票代码:300376

地址：广东省东莞市松山湖科技产业园区工业北路6号
电话：0769-2289777
传真：0769-87882853
网址：www. eastups. com
简介：易事特集团股份有限公司（股票代码：300376，以下简称易事特集团）始创于1989年，公司主营5G+智慧电源（UPS/EPS电源、5G基站电源、轨道交通电源、军工领域电源）、大数据（云计算/边缘计算数据中心、IT基础设施）、智慧能源（光伏逆变器、储能变流器及发电系统、锂电池及储能系统、充电桩模块及系统、微电网和智能配电网）三大战略板块业务，是全球数字产业&智慧能源综合解决方案提供商。易事特集团曾是世界500强施耐德控股子公司，现为广东省属国资恒健控股旗下上市公司、国企混合所有制典范。易事特集团总部坐落于东莞松山湖国家级高新区，在南京、西安、成都等地设有研发中心，在全球拥有268个客户中心，营销服务网络覆盖全球100多个国家和地区。

主要产品介绍：

EA660系列智能模块化UPS

EA660系列采用模块化设计，易维护易扩容，采用DSP智能控制，功率模块由整流器和逆变器构成，通过高频开关技术将输入变换为纯净高质量的正弦波输出。输入

整流器采用有源功率因数校正技术，输入功率因数高达0.99；系统效率提升至95%，节能率提升一倍；电网条件较好的情况下开启ECO模式后工作效率高达98%。

高层专访：

被采访人：何思模　创始人、董事局主席

▶ 请您介绍企业2022年总体发展情况。企业的核心竞争力有哪些？

2022年，易事特集团紧紧围绕国家、省市各级党委、政府的号召，积极响应政策和市场需求，在和全国人民并肩抗疫的同时，不断创新突破，累结硕果：高端电源、数据中心等产品研发不断推陈出新，并发力风电、光伏、钠离子储能、充换电等新能源领域，发布了第五代光分布式光伏逆变器、EAHI-3000～6000-SL系列储能逆变器、全新一代1500V 1.67MW模块化储能变流器、100kWh/200kWh一体化储充系统等，并与合作伙伴共同推出流动浸没液冷箱式储能系统，属行业首创；与扬州市、苏州市、南通市、盐城市、庆阳市、张掖市、酒泉市、韶关市、汕头市、梧州市、来宾市、百色市、德保县、隆林县、洛阳市、三门峡市及湖滨区、灵宝市、大理州、南涧县、山西吕梁市、安徽肥西县和青阳县、抚州市、吉安市等多地政府及有关企业达成或推进风光储项目战略合作；继连续多年上榜全球新能源500强之后，荣登中国能源企业（集团）500强、广东企业500强、广东省制造业民营企业100强、PVBL2022全球光伏品牌100强、2022中国储能企业创新力TOP30、2022年储能上市公司总市值TOP100等多个榜单等。

▶ 请您介绍企业2023年的发展规划及未来展望。

2023年，集团将继续立足中华民族伟大复兴战略全局和世界百年未有之大变局，积极响应战略国策，贯彻落实党的二十大会议精神，依托国资赋能，把握制造业高质量发展新阶段、贯彻新理念、构建新格局，持续抢抓数字产业和双碳目标黄金机遇，以客户为中心，以技术创新为驱动，加大钠电池新型储能等数字能源产业化技术攻关力度，做强研发、做精产品、做大市场、做好服务，进一步构建从研发到市场的全链条良性互促格局，持续推进高端电源装备、数据中心业务稳健发展，聚力深耕风光发电、钠电池储能、充电桩、光储充一体化等新能源市场，尤其是为新能源而生的新型储能。同时，集团还将大力提升经营管理水平、不断强化核心竞争力、积极开拓国内外市场，并携手更多优秀合作伙伴，以“绿电+储能”等助推新基建发展，为我国经济社会高质量发展做出更大贡献。

▶ 2023年是全面贯彻落实党的二十大精神的开局之年，企业将从哪些方面增强核心竞争力，助力开创高质量发展新局面？

首先，坚持数字能源主业。在继续做大高端电源、数据中心的同时，以“储能引领、风光充换同进”策略做强新能源产业，抢跑双万亿赛道，引领行业发展。

其次，加速产品和市场深度联动。持续加大研发创新投入，深挖大客户、大行业，并加大集团自主研发生产产品推广力度，进一步构建从研发到市场的全链条良性互促格局，实现共生、共荣、共赢发展。

再次，升级自身数字化水平。通过数字化充分整合优势资源，从研发、生产、市场等多个环节提质增效，为持续高质量发展提供坚实支撑。

此外，还将同步发力国内国际市场，不断提升自身国际竞争力、影响力、带动力，助力“中国制造”向“中国智造”转型升级，打造具有全球影响力的知名品牌等。

浙江东睦科达磁电有限公司

地址： 浙江省湖州市德清县阜溪街道环城北路 882 号

邮编： 313200

电话： 0572-8085882

传真： 0572-8085880

网址： www. kda. com. cn

简介： 浙江东睦科达磁电有限公司（以下简称 KDM）成立于 2000 年，隶属于上市公司——东睦新材料集团股份有限公司（股票代码：600114），为该集团的全资子公司。KDM 是全球屈指可数覆盖从铁粉芯到高性能铁镍磁粉芯等全系列金属磁粉芯的行业领先厂商，公司拥有先进的软磁金属磁粉芯自动化生产线和磁材料研发中心，已通过 ISO 9001：2015、ISO 14001：2015 和 IATF 16949：2016 管理体系认证。KDM 产品广泛应用于高效率开关电源、UPS、光伏逆变器、新能源汽车车载电源、充电桩、高端家用电器、电能质量、5G 通信等领域，产品远销亚洲、欧洲和美洲等海内外地区。

主要产品介绍：

组合磁粉芯

组合磁粉芯是为了满足自动化生产的新型磁芯，主要包括 EE、EQ、EE、Block、cylinder 等形状，主要应用场合包括光伏逆变器、UPS、充电桩模块电源等场合，主要材质为铁硅铝、铁硅、气雾化铁硅铝、铁镍等材质。KDM 拥有优秀的研发团队，能够为客户定制各类合适的形状、尺寸来满足不同客户的需求。

高层专访：

被采访人：陆庆　市场总监

▶ 请您介绍企业 2022 年总体发展情况。企业的核心竞争力有哪些？

KDM 在 2022 年整体销售增长迅速，主要在于光伏逆变器市场和车载电源的快速成长。公司在铁硅铝、气雾化铁硅铝、铁硅等材料上进行了技术提升，产品性能在满足直流叠加特性的基础上，不断降低磁芯损耗。同时公司内部积极增加产能，很大程度上满足了快速增长的市场需求。

▶ 请您介绍企业 2023 年的发展规划及未来展望。

公司目前仍处于快速发展阶段，将金属软磁 SMC 板块作为最优先发展方向。2023 年公司将会更加深入光伏逆变器、车载电源、充电桩等领域的市场开发，重点突破头部终端客户企业，助力公司能够持续快速的发展。

▶您认为当前电源行业（或您所在细分行业领域）发展的有利因素和不利因素是什么？企业准备如何应对？

金属磁粉芯行业在未来几年都会快速发展，主要市场包括光伏逆变器、新能源汽车、服务器电源、UPS、充电桩等行业，都处于新能源发展的快车道。按照国家碳中和、碳达峰的目标，未来金属磁粉芯行业的整体体量还在持续快速增长。公司将积极投入研发，开发适合电力电子发展和半导体器件发展的新型磁性材料，并与各类电源终端厂家进行密切配合，从而满足客户的需求。

中国电子科技集团公司第十四研究所

地址： 江苏省南京市雨花台区国睿路 8 号

邮编： 210039

电话： 025-51827249

邮箱： sunyong6@ cetc. com. cn

网址： http：//14. cetc. com. cn

简介： 中国电子科技集团公司第十四研究所（以下简称十四所）成立于 1949 年，是中国雷达工业的发源地，是国家探测感知领域的引领者，也是全球领先的探测感知系统与装备创新基地。作为国家国防电子信息行业的骨干研究所，十四所时刻牢记党和国家赋予的神圣使命，形成了以“责任、创新、卓越、共享”为核心价值观的企业文化，以“引领电子科技、构建国家经络、铸就安全基石、创造智慧时代”的企业使命。十四所电源团队秉承不断创新、永无止境的科研精神，为十四所所有雷达提供先进的电源系统解决方案，为装备提供高品质电能源保障。

株洲中车时代半导体有限公司

株洲中车时代半导体有限公司
ZHUZHOU CRRC TIMES SEMICONDUCTOR CO., LTD.

地址： 湖南省株洲市石峰区田心高科园半导体三线办公大楼三楼 309 室

邮编： 412001

电话： 13107334974

邮箱： huangda3@ csrzic. com

简介：株洲中车时代半导体有限公司（以下简称中车时代半导体）从1964年开始功率半导体技术研发与产业化，已发展成为同时掌握IGBT、SiC、大功率晶闸管、IGCT器件及其组件技术以及我国集器件开发、生产与应用于一体的IDM模式企业。公司是功率半导体与集成技术全国重点实验室、国家能源大功率电力电子器件研发中心的依托单位，功率半导体技术创新与产业联盟理事长单位（产业上下游会员单位100余家），承担了国家及省部级重大项目30余项，先后获国家、省级科技奖多项。中车时代半导体经过50多年的发展，产品技术水平、产业规模、市场影响力处于国内领先地位，接轨国际先进水平。国内轨道交通及智能电网领域市占率超40%，新能源汽车领域市占率超15%，新能源风电领域市占率达35%。2022年营业收入超20亿元(上市公司子公司，具体数据以年报披露为准)。

中车时代半导体长期坚持自主创新，构建了丁荣军院士领衔的功率半导体研发团队（500余人，2015年入选国家创新团队），搭建了集聚中国株洲、英国林肯优势资源的全球功率半导体研发平台，掌握了完全自主可控的功率半导体成套关键技术（核心发明授权发明专利460余项，获得国家技术发明奖1项、国家专利银奖1项、湖南省专利特等奖1项、湖南省科学技术一等奖1项及行业协会特等奖等多项），推出了具有完全自主知识产权的系列产品。目前，中车时代半导体自主IGBT已批量应用到轨道交通（“复兴号”高铁）、智能电网、新能源汽车、新能源发电等领域，为战略性新兴产业提供自主IGBT解决方案，破解了“卡脖子”问题。公司自主SiC已在城市轨道交通、电动汽车、光伏发电等领域工程应用。公司从业人员超2000人，其中研发人员占比25%。博士研究生占研发人员比例为12%，硕士研究生占比为53%，本科生占比为35%；35周岁以下人员占比达87%。

中车时代半导体目前已建成两条8英寸IGBT芯片专业生产线及其配套封装测试产线，具备36万片晶圆及200万只模块年产能，并已启动新一期芯片产能提升项目建设，预计2025年投产，届时芯片年产能将达100万片。已建成6英寸SiC芯片专业生产线，年产能2.5万片。在当前能源领域“缺芯”的大市场环境下，极大程度缓解了“源网荷储”全能源产业链对进口IGBT、SiC等功率器件的依赖程度，保障了国家供应链的安全可控。

理事单位

阿里巴巴（中国）有限公司

地址：浙江省杭州市西湖区西斗门路3号天堂软件园A幢10楼G座

邮编：310000

电话：13923700073

邮箱：lianheng.lh@alibaba-inc.com

网址：www.alibabagroup.com/cn/global/home

简介：阿里巴巴集团的使命是让天下没有难做的生意。

公司旨在赋能企业，帮助其变革营销、销售和经营的方式，提升其效率，为商家、品牌及其他企业提供技术基础设施以及营销平台，帮助其借助新技术的力量与用户和客户进行互动，并更高效地进行经营。

公司的业务包括核心商业、云计算、数字媒体及娱乐以及创新业务。除此之外，公司的非并表关联方蚂蚁金服为平台上的消费者和商家提供支付和金融服务。围绕着公司的平台与业务，一个涵盖了消费者、商家、品牌、零售商、第三方服务提供商、战略合作伙伴及其他企业的数字经济体已经建立起来。

艾德克斯电子有限公司

地址：江苏省南京市雨花台区姚南路150号

邮编：210008

电话：025-52415098

传真：025-52415098

邮箱：market@itech.sh

网址：www.itechate.com/cn

简介：艾德克斯电子有限公司（以下简称ITECH）是专业从事精密测试测量仪器的设备制造商，始终以“客户需求”为导向，致力于以“功率电子”产品为核心的相关产业测试解决方案的研究，面向全球的电力电子产业、汽车电子、半导体IC提供精准稳定的测试仪器产品，同时，也针对新能源产业提供先进全面的测试解决方案，为全球绿色能源产业发展贡献力量。

ITECH单机产品多达700个型号，为客户提供了丰富的产品线，包括：可编程单路及多路电源、可编程单路及多路电子负载、高性能交流电源及交流电子负载、功率分析仪和电池内阻测试仪；自动测试系统产品包括：电源自动测试系统、电池测试系统、新能源汽车测试系统，太阳能电池测试系统、汽车电子相关测试系统以及老化测试系统等。从硬件到软件全部由ITECH自主研发，结合配套设计优势，让用户能够享受到稳定、兼容性俱佳的测试系统。

ITECH测试解决方案广泛应用于电源测试、电池测试、汽车电子及新能源汽车动力电池、充电桩、充电机测试、太阳能电池测试、LED产业以及半导体产业等。

主要产品介绍：

新能源汽车/光伏/储能测试解决方案

电源，不止于此

多年来，依托持续对研发的投入，ITECH 开辟了“源载一体”的新概念，将回馈式电子负载和双向电源集成于一体实现一机多用；同时不断刷新“高功率密度”记录，3U 单机达到 18kW，并机可达 2MW。ITECH 拥有超过百项专利，与时俱进为新能源汽车、电池、光伏储能、半导体 IC 等领域提供优秀的测试解决方案及稳定高效的测试设备，帮助工程师们更高效、更便捷、更节能、更精准地验证理想和实现创新。引领时代发展，为下一代建造绿色未来。

爱士惟科技（上海）有限公司

地址：江苏省苏州市虎丘区向阳路 198 号 9 栋
邮编：215011
电话：0512-69370998
传真：0512-69370630
邮箱：sales. china@ aiswei-tech. com
网址：www. aiswei-tech. com
简介：爱士惟科技（上海）有限公司（以下简称爱士惟）是原全球知名太阳能逆变器领先企业 SMA 集团的中国全资子公司，经由股权重组于 2019 年 4 月，从 SMA 集团脱离而独立运营，致力于高质量、高可靠性的光伏并网逆变器、储能逆变器的研发和制造的高科技企业。

爱士惟管理总部和研发总部位于苏州，在上海、扬中两个城市分别设有商务采购中心和生产制造中心，在澳大利亚、荷兰、波兰，土耳其等国家和地区设有销售与服务职能子公司或合作伙伴。爱士惟拥有一流的专业技术团队、国际认可的实验室，符合德国质量标准和管控体系的规模化先进制造基地，逆变器年产能超过 3GW。除自身业务之外，爱士惟还在逆变器研发、生产、供应链、客户服务等方面为 SMA 集团提供服务，有着深度合作关系。

爱士惟拥有 1~60kW 光伏并网逆变器、储能逆变器系列产品，产品已行销全球数十个国家和地区。基于为 SMA 集团所生产的优质逆变器产品所积累的成功经验，爱士惟分别面向中国和海外市场推出爱士惟及 Solplanet 品牌的高质量、高可靠逆变器产品，并以更加贴近市场的完善售后服务体系，为客户带去持续稳定的贡献和更多的增值服务。

北京大华无线电仪器有限责任公司

DAHUA

地址：北京市海淀区学院路 5 号
邮编：100083
电话：010-62937169
传真：010-62937189
邮箱：marketing@ dhtech. com. cn
网址：www. dhtech. com. cn
简介：北京大华无线电仪器有限责任公司（原国营七六八厂）（以下简称大华电子）始建于 1958 年，是我国最早建成的微波测量仪器大型骨干企业，现隶属于北京电子控股有限责任公司。大华电子专注于测试仪器行业，是军工级测试解决方案供应商。目前大华电子的产品已覆盖大功率直流电源、交流电源、电子负载、单路及多路线性电源等以及自动化测试系统和解决方案，拥有国内一流的研发技术团队，具有国际先进技术水平。大华电子产品已被广泛应用于军工、科研、高校、通信、工业控制、汽车电子、新能源等领域。

北京合康新能科技股份有限公司

HICONICS
合康新能

地址：北京市北京经济技术开发区博兴二路 3 号
邮编：101102
电话：010-59180000
邮箱：HK_service@ midea. com
网址：www. hiconics. com
简介：北京合康新能科技股份有限公司（以下简称合康新能）创建于 2003 年，于 2010 年 1 月 20 日在深交所挂牌上市，证券简称“合康新能”，证券代码为 300048，位于北京中关村高科技园区是专业从事工业传动领域及新能源技术相关产品研发、生产和销售的高新技术企业，以高低压变频器驱动技术为核心，专注发展高效节能、先进环保、资源循环再利用等关键技术，采用 EPC 项目管理、EMC 合同能源管理、PPP 公私合营等方式，致力于成为工业传动解决方案专家和绿色能源引领者。

2020 年 4 月，美的集团控股合康新能，拉开企业战略重组新序幕，合康新能正式并入美的集团工业技术事业群。依托集团资源，合康新能在供应链、制造升级、品质管控等方面进行全面革新，为客户提供全方位高品质的产品和服务。

目前，合康新能下设 8 家全资及控股子公司，一个重点实验室和一个技术中心；现有员工千余人，其中核心科研及开发人员约占 20%，拥有遍布全国的办事处和完善的售后服务网络，产品销往全球 20 多个国家和地区；业务领域涵盖了工业自动化、能源管理、节能环保、储能等领域，产品广泛应用于冶金、电力、矿山、水泥、石油、市政、机床、橡塑、物流、建机暖通等行业。

在工业自动化领域，合康新能是我国最早一批挂牌上市的变频器企业之一，经过 19 年的发展，公司凭借雄厚的技术实力、先进的生产工艺，树立了国内优秀的变频节能和控制专家的形象，巩固了自身在行业内的引领地位。其主要产品包括：高中低压变频器、施工升降机驱动器及控制系统等核心部件及电气解决方案。在高压变频器方面，由合康研发团队自主研发的高压变频矢量控制、大功率单元水冷、四象限能量回馈、高压永磁同步直驱变频等技术，均处于业内领先地位。在中低压变频器方面，合康新能拥有施工升降机驱动器、高性能矢量变频器、伺服器和永磁同步电机控制等核心平台技术。

在节能环保领域，合康新能紧跟国家发展步伐，专注发展高效节能、先进环保、资源循环再利用等关键技术，采用 EPC 项目管理、EMC 合同能源管理、PPP 公私合营等方式致力于工业节能环保、资源综合利用，推广以储能、光伏、生物质能等节能环保一揽子系统性解决方案，致力于成为节能环保领域新标杆。

合康新能凭借多年的技术积累，在新的技术领域不断探索发展，在未来的产品布局中将立足于通用变频器市场，不断拓展行业专机领域。截至 2021 年 4 月，公司及旗下全资子公司已获得软件著作权十余项，及相关专利证书百余项。合康新能依托美的集团的数字化、智能化战略，逐步强化自身的数字化管理能力，践行美的集团累积多年的全价值链精细化管理理念，逐步从制造型企业走向智慧服务提供商。

合康新能高压变频器生产基地位于北京，具备年产 2000 套高压变频器生产能力。为了持续提升产能，促进企业可持续发展，2015 年 1 月，于长沙市高新区建立合康新能长沙研发生产基地。

合康新能致力于通过技术创新、模式创新、协作创新，帮助客户提升能效水平，主动承担社会责任，争做良好企业公民，推动中国的绿色可持续发展。未来，合康新能愿携手广大客户和合作伙伴，积极探索能源新世界，努力让每个人都可以随时随地享受新技术带来的便利，让人们的生活更加丰富多彩，拥有更加美好的未来。

同时，合康新能也将依托美的工业技术的全球研发布局及自身在能源管理领域的丰富实践，在助力客户提升绿电占比、实现绿色转型和高效降碳上，为全球的绿色可持续发展贡献中国智慧与中国方案。

北京力源兴达科技有限公司

地址：北京市海淀区西三旗建材城中路 12 号院 27 号楼
邮编：100096
电话：010-82922202
传真：010-82923776
邮箱：hr@ liyuanxingda. com. cn
网址：www. liyuanxingda. com. cn
简介：北京力源兴达科技有限公司是深交所中小板上市公司上海康达化工新材料股份有限公司（股票代码：002669）全资子公司，注册资本 2500 万元。研发中心在北京市海淀区西三旗建材城中路 12 号院 27 号楼，制造中心在北京市昌平区极东未来产业园新业一号楼二层 2068 号。

公司致力于为高端前沿军工科研单位提供高性能的精密电源系统产品。主要产品有 DC-DC 系列电源模块、AC-DC 系列电源模块、DC-AC 系列电源模块、定制电源、大功率电源、组合定制集成电源及浪涌抑制器等。已研发、生产多种电源产品型号，广泛应用于武器装备、铁路自控、通信设备、测试设备等领域。多年来保持以科研创新为公司发展动力，和军工科研单位、科研院校建立了合作机制，不断开发新技术、新工艺，保证产品的技术质量，使公司产品始终保持行业领先地位。

公司通过了质量管理体系认证、保密资格单位资质认证、被评为高新技术企业和中关村高新技术企业，通过了安全生产标准化、环境保护验收批复等资质认证。在公司发展过程中，取得了 4 项实用新型专利、50 项软件著作权，有 3 项发明专利在申请过程中。

北京纵横机电科技有限公司

地址：北京市海淀区永丰产业基地永泽北路纵横机电二期
邮编：100094
电话：010-56972606
传真：010-56972116
邮箱：liudonghui@ zemt. cn
网址：www. zemt. cn
简介：北京纵横机电科技有限公司是由中国铁道科学研究院集团有限公司机车车辆研究所出资设立的独立法人单位，1988 年在北京市海淀区新技术开发区注册成立，2010 年至今被评为北京市高新技术企业，分别通过了 ISO 9001：2008 质量管理体系认证；IRIS 第 2 版国际铁路行业标准认证、ISO 14001：2015 环境管理体系认证、BS OHSAS 18001：2007 职业健康安全管理体系认证、BSEN 15085-2 焊接企业质量管理认证。

公司现有职工 1167 人，其中本科以上学历 726，有博士学位的 72 人，有硕士学位的 397 人，并且拥有多名部级和院级的学术专家及专业带头人。申请专利 618 项，其中发明专利 369 项，实用新型专利 246 项，外观设计 3 项；获得专利授权 352 项，其中发明专利 143 项，实用新型专利 207 项，外观设计 2 项；获得软件著作权登记 149 项。

公司凭借扎实的技术支持、过硬的产品质量、良好的售后服务，受到国内外同行的认可。所提供的牵引、网络、制动、安全监控产品，已为全国 24 个城市、75 个城轨项目、18 个铁路局集团公司提供了优质服务，与中国中车集团公司下属的城市轨道交通车辆制造企业建立了紧密的合作关系。

成都金创立科技有限责任公司

地址：四川省成都市新都区斑竹园镇斑大路 752 号
邮编：610506
电话：13688396792
传真：028-83948431
邮箱：1084483793@ qq. com
网址：www. cdjcl. com
简介：成都金创立科技有限责任公司是一家以等离子技术产业化推广为目标的高科技公司。公司依托大型科研院校和控股企业，科研开发能力强、技术积累深厚。通过几年的努力，全面掌握了“等离子体发生器技术”及大功率脉冲电源技术。在环保领域实施“电弧等离子体技术应用开发”为专项的高科技项目、高压静电除尘专用电源及控制技术；在材料表面改性领域实施真空镀膜电源技术、等离子表面处理专用电源技术，形成了一定的研发能力和生产能力。

公司现有环保、物理、材料、机械、真空、电气、电子等学科各类技术人员多人，是专业从事低温等离子体技术应用、材料表面改性处理技术设备、大功率开关电源和专用脉冲电源研究生产型高科技企业。

公司成功开发生产大功率开关电源和专用脉冲电源、高压电源、工业生产用微弧氧化设备、等离子抛光技术和成套表面处理设备。可根据用户对材料表面处理的需求，提供整套解决方案或研制非标设备。

公司遵从平等互利、友好合作、坚持服务至上、信誉第一的宗旨，竭诚为科技界、实业界提供技术产品和各种形式的技术服务和合作。

东莞铭普光磁股份有限公司

mentech

地址：广东省东莞市石排镇东园大道石排段 157 号 1 号楼
邮编：523330
电话：0769-86921000
传真：0769-86921000
邮箱：kelly-liu@ mnc-tek. com. cn
网址：www. mnc-tek. com

简介：东莞铭普光磁股份有限公司在 2017 年 9 月成功上市，为企业进一步的持续稳定发展以及更好地服务客户提供了新的平台。公司一直致力于关键电子元器件、模组和设备的研发，目前公司产品主要有磁性元器件、光通信部件、新能源供电系统、消费电源、塑胶成型及五金冲压件。产品广泛应用于接入网、主干网、城域网、光纤交换机、光纤收发器、数字电视光纤拉远系统以及计算机主板、网络交换机、路由器、电视机顶盒、终端通信设备、网络数据通信行业，并延伸应用于汽车电子、新能源、物联网及工业互联网等领域。

公司与中国移动、中国电信、中国联通、中国铁塔及华为、中兴、爱立信、诺基亚等众多知名通信企业建立了长期的合作关系。始终坚持以客户为中心的经营理念，为客户提供全方位的优质服务。公司已在中国、美国、德国、韩国、日本、新加坡等地区及国家建立了营销网络。

主要产品介绍：

零碳智慧能源解决方案

提供零碳智慧能源解决方案，产品包括通信电源、配电设备、柜级小型数据中心、行级小型数据中心、混合能源供电系统、分布式光伏发电系统、通信用储能系统、通信用光储系统、户用储能系统及工商业储能系统等。产品在超过 10 万个基站\机房中安全运行使用，深受用户的认可，公司完善的质量控制体系、可靠的供应链体系及专业智能的制造平台为客户提供质量可靠的产品和交付及时的供货保障。

东莞市冠佳电子设备有限公司

地址：广东省东莞市塘厦镇莆心湖浦龙工业区莆田路七号
邮编：523710
电话：0769-87921555
传真：0769-87921555
邮箱：ming. dai@ guanjia. com. cn
网址：www. guanjia. com. cn

简介：东莞市冠佳电子设备有限公司（以下简称冠佳）从事高端装备制造行业，创立于 2006 年，位于东莞市，注册资本 2190 万元，是国家高新技术企业、东莞“倍增试点”企业、东莞市上市后备企业、国家知识产权优势企业。现在拥有 600 多名员工，40%以上拥有大学及以上学历。

冠佳主要为电子电源行业提供整厂智能制造解决方案，在国家七大战略性新兴产业中，冠佳跨节能环保产业和高端装备制造业两个新兴产业。用智慧的火花点亮创新之路，用拼搏的汗水铸就成功的果实，冠佳先后被认定为高新技术企业、东莞市专利培育企业、东莞市专利试点企业、东莞市创新型培育企业、国家专利优势企业、东莞市倍增试点企业，获得了东莞市科技进步奖一等奖、东莞市专利金奖、广东省专利优秀奖、国家专利优秀奖和东莞市首台（套）重点技术装备等荣誉，拥有专利超两百余项。冠佳首创的节能老化技术为客户年节省 5 亿元电费，用自己的实际行动践行着“节能减排，从我做起”的理念。冠佳的产品也获得苹果、华为、小米、OPPO、vivo、联想、戴尔及比亚迪（BYD）、吉利、长城、二汽、中车、汇川、立讯等国际大公司的认可和推荐。

冠佳所服务的细分市场主要包括电源、医疗、电器、网通、3C 等行业。行业景气度好，保持着稳定增长态势，部分行业处于快速增长期。冠佳提供电源整厂自动化解决方案，实现了电源的全自动插件、全自动焊接、全自动点胶、全自动组装、全自动检测、全自动老化、全自动测试和全自动包装，在工艺的灵活性、多机种的通用性、换线便捷性、整线稳定可靠性和售后维护方便性等方面具有优势，深受市场欢迎。冠佳在服务现有市场的同时，也积极加强研发投入，布局新能源汽车电子设备市场，为新能源汽车电子设备提供智能制造生产线解决方案及相关后续服务，目前冠佳已与比亚迪、小鹏、吉利、长城、二汽、中车等新能源汽车行业企业形成合作并已开始交付相关设备。

未来三到五年，依托老化自动化双轮驱动，冠佳将成为中国绿色制造和智能制造自主品牌的新名片，推动中国装备制造业的科技进步，实现智能制造产业的高速发展，缔造中国制造业转型升级新传奇。为客户创造更高价值，为社会做出更大贡献！

东莞新能源科技有限公司

新能源科技
Amperex Technology Limited

地址：广东省东莞市松山湖工业西路一号
邮编：523808
电话：0769-88989023
邮箱：marketing@ atlbattery. com
网址：www. atlbattery. com
简介：东莞新能源科技有限公司（Amperex Technology Limited）是行业内知名的锂离子电池生产者和创新者，是以提供高质量可充电式锂离子电池的电芯、封装和系统整合方案为己任，致力奉献先进的技术、产能和优质服务的高新科技企业。公司为非上市公司，总部位于中国香港，下辖子公司位于广东省东莞市和福建省宁德市。

公司的服务对象包括多个知名的智能手机、笔记本计算机和平板计算机原厂制造商、各类无人机、智能机器人和电动工具制造厂家，以及各种智能家居、虚拟、增强现实和可穿戴电子产品的先锋领导者。我们愿与国内外生产商紧密合作，运用先进科技令各类消费类电子产品的使用更安全、更便捷、更持久、更富创造力，为开创人类生活的美好未来而不懈努力。

佛山市杰创科技有限公司

地址：广东省佛山市南海区狮山镇罗村下柏第三工业区兴发路 16 号
邮编：528226
电话：0757-86795444
传真：0757-86798148
邮箱：jiechuangkeji@ 163. com
网址：www. jc-power. com
简介：佛山市杰创科技有限公司创建于 1996 年，2000 年通过吸收和引进国内外先进的高频开关电源技术开发了目前市面上运用较为广泛的高频开关电源，产品中主要电子元器件模块以进口大功率绝缘栅双极型晶体管（IGBT）模块为主功率器件，以超微晶（又称纳米晶）软磁合金材料及铁氧体为主变压器磁心，控制系统采用了自主研发的主控 IP 技术，结构上采用了冷轧板面、喷环氧树脂漆技术，提高了设备外表抗氧化、抗酸碱的效果。通过多年的生产实践和客户使用反馈，产品质量有了飞跃提升，在各表面处理行业如镀铬、镀铜、镀锌、镀镍、镀金、镀银、镀锡、合金电镀等各种电镀场所，以及在国防、冶金、电力、电解、阳极氧化、电铸、电泳、单晶硅加热、PCB 制板等各个行业得到了大力的推广和应用；从电力应用和原材料上大大降低了客户的生产成本，该设备体积小、重量轻，是晶闸管体积的二分之一，节能效果和晶闸管相比能节省 15%以上，堪称“绿色环保电源”。

本着“杰出品质、创造未来”的企业精神，公司不断向国内外客户提供不同种类的表面处理电源。多年来企业一直坚持技术变革创新，成立至今公司已拥有二十多项实用新型及发明专利，并且已实际投入到产品使用中，使公司的技术水平始终处于本行业的技术领先前沿，公司坚持以发展作为永恒的主题，倡导“以人为本”的经营管理理念，培育“客源+资本”的核心竞争力，打造市场认可的品牌，注重提升公司价值，满足市场需求，为社会创造财富。杰创力争做最适合的整流器，做最值得依赖的供应商。

佛山市顺德区冠宇达电源有限公司

地址：广东省佛山市顺德区伦教熹涌解放东路南 1 号
邮编：528308
电话：0757-27736306
传真：0757-27725706
邮箱：gve01@ gve-cn. com
网址：www. gve-cn. com
简介：佛山市顺德区冠宇达电源有限公司创立于 1999 年，是一家提供中大功率电源、充电器、适配器及其行业解决方案的国家高新技术企业。

公司拥有 1500 多名员工及两大生产基地，年产能可达 3600 多万台，始终坚持以技术驱动的经营理念，现有佛山、深圳、西安、台湾四处技术研发基地，产品成熟可靠，多国安规认证齐全，已成为海尔、美的、英国联合利华、美国 A. O. 史密斯等企业的配件供应商，全球市场布遍二十多个国家。

公司致力于为全球客户提供安全、环保、有竞争力的产品，全力为客户创造更大的价值。

固纬电子（苏州）有限公司

GW INSTEK
固緯電子

地址：江苏省苏州市姑苏区珠江路 521 号
邮编：215011
电话：0512-66617177
传真：0512-66617177-603
邮箱：marketing@ instek. com. cn
网址：www. gwinstek. com. cn
简介：固纬电子（苏州）有限公司（以下简称固纬电子）成立于 1975 年，深耕大陆市场 20 余年，是中国台湾首批电子测试测量仪器领域的上市公司。中国营运总部与制造基地坐落于江苏省苏州市，是全球主要的专业电子测试仪器生产厂之一。固纬电子延续 40 多年信誉与用心经营，据点遍布中国、美国、日本、韩国、马来西亚、印度及荷兰等地，行销服务全球五大洲近 100 个国家和地区。产品阵容一应俱全，包括示波器、频谱分析仪、信号发生器、电源、基础测试测量仪器、智能实验室系统、电力电子开发设计与实训系统（PTS）、电池测试系统、自动测试系统（ATE）以及可靠性环境试验设备、可靠性委托测试验证、录像监控系统等共 400 多种产品，被广泛应用于电工电子产业的研发设计、生产制造、高校教育实验实训、科研、军工和其他电子相关领域。固纬电子深耕产业市场，与众多知名企业长期深入合作，研发设计的产品更符合行业测试需求。根据与企业长期的深入合作，固纬电子持续不断精进，提供了大量符合各个产业的测试方案。如电源测试方案、EMC 测试方案、汽车电子电源测试方案、手持式设备测试方案等。

广东电网有限责任公司电力科学研究院

地址：广东省广州市越秀区东风东路水均岗 8 号
邮编：510080
电话：020-85124581
邮箱：maming@ dky. gd. csg. cn
网址：www. gd. csg. cn/gddky
简介：广东电网有限责任公司电力科学研究院成立于 1958 年底，是广东电网有限责任公司综合性科研试验的执行机构，为广东电网有限责任公司和直属供电局提供科技研发、技术服务、技术监督、技术信息、人才培养、器材检验等业务。

广西电网有限责任公司电力科学研究院

地址：广西壮族自治区南宁市兴宁区民主路 6-2 号
邮编：530023
电话：0771-5697293
邮箱：guo_ m. sy@ gx. csg. cn
网址：www. gx. csg. cn
简介：广西电网有限责任公司电力科学研究院位于广西南宁，始创于 1961 年，2009 年 9 月由广西电力试验研究院有限公司改制而成，是广西电网有限责任公司的分公司。主要职责是履行广西壮族自治区经贸委关于电力行业技术监督的授权，承担对电网公司和发电企业技术监督，负责电网公司技术服务、技术信息、科研开发、技术培训、实验室的营运及电力行业标准量值传递和实验室检测校准等工作，对广西电网乃至南方电网的安全、稳定、经济运行负有重要的技术责任。

广州回天新材料有限公司

地址：广东省广州市花都区花港大道岐北路 6 号
邮编：510800
电话：020-36867996
传真：020-36867991
邮箱：marketing-gz@ huitian. net. cn
网址：www. huitian. net. cn
简介：广州回天新材料有限公司是由湖北回天新材料（集团）股份公司投资组建的高新科技企业。湖北回天新材料（集团）股份有限公司是国内胶粘剂的龙头企业，回天品牌是民族胶粘剂第一品牌，“回天”是国内胶粘剂行业首家上市公司（股票代码：300041）。

广州回天新材料有限公司坐落于广州市花都区汽车产业开发区，占地 37 亩（1 亩 = 666.67m^2），建筑面积 1.2 万 m^2。公司完善并建立了法人治理结构等现代企业管理制度，有完整的科研、生产、质检和销售管理架构，建立健全了先进的质量和环境管理体系，并且已通过 ISO 9001：2000、ISO 14001：2004、美国 UL、SGS 等认证。公司专业科研所出身，拥有较雄厚的科研力量，具有中级以上职称的技术人员占总人数的 60%左右，硕士研究生占员工总数 10%以上。

广州回天新材料有限公司在硅橡胶、UV 光固化胶、丙烯酸酯胶、环氧胶等方面的基础研究处于国内领先地位。公司产品广泛应用于 LED 显示与照明、LCD 液晶显示、车灯、电源、电器、医疗、移动终端等行业，与美的、格兰仕、明纬、茂硕、三思、GE、海尔、亿纬锂能、力神、HW 等国内外知名企业形成了长期的合作伙伴关系，是国内光学、光电显示、医疗、电器、电工等领域用胶粘剂和密封剂的最大供应商之一。

广州致远仪器有限公司

ZLG 致远电子

地址：广东省广州市天河区天河软件园思成路 43 号
邮编：510000
电话：020-28015699-8004
传真：020-28267891
邮箱：zhaoshasha@ zlg. cn
网址：www. zlg. cn
简介：广州致远仪器有限公司是一家专业从事电力电子新能源测量测试仪器设备开发、销售的公司，主要产品包括示波器、功率分析仪、示波记录仪、变频电源、协议分析仪等仪器设备，产品广泛应用在光伏发电、储能、电动汽车、充电桩、工业电源、计量校准等电力电子及信息电子领域，产品先后获得中国电子学会、中国仪器仪表学会等一级学会颁发的科学技术奖，得到了行业内外的一致好评。公司牵头和参与制定了《数字功率分析仪通用规范》《电动机系统节能量测量和验证方法》等新能源测试相关的国家标准和行业标准，并多次获得国家知识产权局颁发的中国专利优秀奖等荣誉。为更好地服务国家碳达峰碳中和的战略愿景，广州致远仪器有限公司在其仪器事业部基础上组建了广州致远仪器有限公司，为更好地服务国内能源电子行业的测量测试仪器设备需求，构建绿色、高效、安全的新能源体系贡献自己的力量。雄关漫道真如铁，而今迈步从头越，让我们携手一起赋能高效测试，共创美好生活。

国网河南省电力公司电力科学研究院

地址： 河南省郑州市二七区嵩山南路 85 号

邮编： 450052

电话： 0371-67905438

邮箱： zhengchen725@ 163. com

简介： 国网河南省电力公司电力科学研究院（以下简称电科院）成立于 1958 年，是国网河南省电力公司直属单位，承担着河南电力系统的技术监督、技术服务、技术开发、技术信息“四个中心”职能，对公司大运行、大检修、科技信息等核心业务和精益化管理提供全面支持。现具有电网工程类特级调试资质，国家电网公司智能变电站现场调试 A 级资格和二次系统集成测试资格等 22 项国家级、省部级专业资质。在特高压联网背景下区域电网网源协调、输电线路舞动防治、动力电池梯次利用等技术领域处于行业前沿。

近年来，电科院注重科技信息服务生产管理，持续完善实验室建设、科技项目研发、攻关团队培育和技术标准创制的“四位一体”科技创新体系，建成 7 个省部级实验室（包括 1 个国网公司、河南省“双重点”实验室），7 个省公司级实验室；拥有国网公司科技攻关团队 2 个、河南省创新型科技团队 1 个及代管博士后工作站 1 个。

电科院以“坚持精益卓越，推动本质提升”为发展理念，始终坚持“尽职责、提效率、扩影响、树引领”的工作方针，把科技创新作为立足之本，把本质提升作为着力点，把人员队伍素质提升作为关键所在，把体制机制效能提升作为成事之基。着力提升设备技术监督、电网安全运行、信息大数据、科技创新等核心业务支撑能力，为公司和电网发展提供坚强保障。获得 2016 年度国家电网公司省级电科院区域标杆，华中首位，国网第三（不含计量中心和客服中心）。先后荣获“全国五一劳动奖状”“国家电网公司劳模创新工作室示范点”“国家电网公司科技工作先进集体”“河南省文明单位”“全国模范职工之家”“全国职工书屋示范点”等荣誉称号。

国网重庆市电力公司电力科学研究院

地址： 重庆市渝北区黄山大道中段 80 号

邮编： 401123

电话： 18875286489

邮箱： maxing1987@ 126. com

网址： http：//portal. dky. cq. sgcc. com. cn

简介： 国网重庆市电力公司电力科学研究院原名重庆电力试验研究所，于 1998 年 3 月组建，2004 年 11 月更名为重庆电力科学试验研究院，2011 年 5 月更名为重庆市电力公司电力科学研究院，2013 年 7 月更为现名。先后荣获国网公司文明单位、市公司先进单位、全国电力建设行业统计工作先进单位等荣誉称号。

我院现有员工 384 人，其中全民员工 264 人，社会化用工 120 人；有博士 20 人、硕士 152 人、高级职称人员 111 人；拥有国网公司级专业领军人才 5 人、优秀专家人才 11 人、中央企业技术能手 1 人，全国电力行业技术能手 2 人，省公司级优秀专家人才 7 人；人才当量密度达 1. 2989，高技能人才比例为 100%。研究院设置 7 个职能部门和 4 个业务实施机构，业务实施机构辖 27 个专业室。国网重庆公司依托我院成立了智能电网研究中心、安全风险预控中心、电网设备材料质量检测中心、信息安全督查队。经国家人力资源和社会保障部批准成立“博士后科研工作站”，经市科协批准成立院士专家工作站，与重庆大学联合成立“研究生联合培养工作站”。拥有国网公司重点实验室 1 个、国网公司实验室 1 个、重庆市重点实验室 2 个，累计获省部级（含国家电网公司）及以上科学技术奖 83 项，获专利 398 项。

杭州铂科电子有限公司

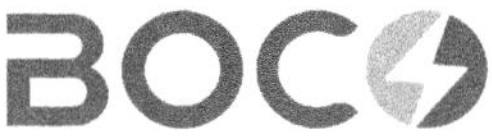

地址： 浙江省杭州市滨江区浦沿街道东冠路 611 号 4 幢 3 层 301-11 室

邮编： 310000

电话： 18771112394

传真： 0571-87379097

邮箱： shan. li@ hzboco. com

网址： www. bocohz. com

简介： 杭州铂科电子有限公司创建于 2021 年，其前身为杭州安瑞绿能科技有限公司，是一家国家级高新技术企业。公司的核心团队是一群在开关电源行业深耕多年的资深工程师，项目经验涉及国外及国内头部服务器、数据中心和通信设备厂商。通过不断的研发创新，在短短几年时间里已经完成了多项专利和知识产权的积累。公司在 2021 年入选杭州市高新区 5050 计划、杭州滨江区瞪羚企业。

杭州铂科电子有限公司是高可靠性电源转换和嵌入式计算解决方案设计和制造领域的国内领先创新性企业，产品解决方案适用于数据中心供电与节能、云计算、大数据、人工智能、区块链和电动汽车充电桩及储能。电源产品的标准型 AC-DC 产品系列涵盖 100W～30kW 功率范围，包括开放式和封闭式型号、高度集成的模块化电源、机架式大容量电源、充电桩模块电源。公司始终以产品质量和可靠性作为第一选择，本着“比客户更了解客户需求”的理念，不断推出高效率、高功率密度、高防护等级、高性价比的电源模块，在相关领域树立优良品质的口碑，深得市场和客户的青睐。

杭州博睿电子科技有限公司

地址： 浙江省杭州市萧山区所前镇所前中路 1085 号 1 幢

邮编： 311254

电话： 0571-82616510
传真： 0571-82610970
邮箱： jmli@ hzbrdz. com. cn
网址： www. hzbrdz. com. cn

简介： 杭州博睿电子科技有限公司前身为博才电源，始创于2005年，多次承接国家科研院所重点产学研攻关项目的研制。公司研发团队主要由多位具有高级专业技术职称的资深科技精英领衔，已通过国家级高新技术企业资质认定和国际ISO双体系认证资格，现为中国电源工业协会常务理事单位、中国电源学会理事单位、中国电源产业技术创新联盟会员单位、中国电动汽车产业技术创新联盟会员单位、中国电子节能技术协会电能质量专业委员会会员单位。公司所有产品均通过国际、国内安全和标准认证，是一家集LED大功率驱动电源，高压中大功率激光电源及电力、通信、工业、医疗用电源，模块电源，适配器，智能控制等产品研发、制造、销售为一体的节能环保产业型国家级高新技术企业。

杭州飞仕得科技股份有限公司

地址： 浙江省杭州市上城区同协路1279号西子智慧产业园5号楼4-5楼
邮编： 310000
电话： 0571-88171615
邮箱： marketing@ firstack. com
网址： www. firstack. com

简介： 杭州飞仕得科技股份有限公司专注于为客户带来高可靠性（Enhanced Reliable）、高功率密度（Extremely Compact）、智能化（Highly Intelligent）的功率单元整体解决方案，专业从事功率器件、功率半导体设备及工业数据服务的研发和销售。公司是国家高新技术企业、中国电源学会理事单位、浙江企业研究院、浙江省AAA级守合同重信用企业。公司已成功将智能驱动批量应用于新能源汽车、新能源发电、电力系统、轨道交通等多个高可靠性领域。

航天科工惯性技术有限公司

ASIT 航天惯性

地址： 北京市丰台区海鹰路1号院2号楼3层
邮编： 100071
电话： 010-68374098
邮箱： licheng4101@ 126. com
网址： www. cnasit. com

简介： 航天科工惯性技术有限公司是由中国航天科工集团发起成立的高新技术企业。公司依托中国航天科工集团第三研究院雄厚的研发实力和技术基础，主要从事油气测控装备、安全监测系统、惯性传感器、特种电源电路、专用测试设备的研制、生产和服务，产品广泛应用于航空、航天、兵器、船舶、石油、地质、水利、交通等行业。

河北久维电子科技有限公司

地址： 河北省石家庄高新区太行大街769号京津冀协作创新示范园203
邮编： 050031
电话： 0311-68078672
邮箱： hbjwdz@ 126. com
网址： www. hbjwdzkj. com

简介： 河北久维电子科技有限公司系河北省高新技术企业，注册资金5000万元人民币。公司坐落于河北省石家庄市高新技术开发区，是专业提供交、直流电源系统、供用电系统解决方案的高新技术企业。

河北久维电子科技有限公司在成立之初就注重公司的技术研发实力。目前公司研发人员设置了软件、电力电子、系统设计、结构设计、产品人性关怀设计等专业，拥有一批具有扎实理论功底、行业经验丰富、研发技能高超的高素质人才。

公司遵循“成就客户，团队合作，至诚守信，简单快捷”的企业价值，本着“以人为本，做精品产品，与客户共同成长”的经营理念，严格执行ISO 9001：2008质量管理体系认证，让每个用户都尽享快捷、简单的产品体验。公司产品涉及的行业有电网、水电、火电、风电、通信、太阳能、石油化工、交通运输、矿山机械、钢铁水泥、建筑楼宇等。

河北久维电子科技有限公司致力于民族高科技工业的发展，以“让电力点燃无限未来”为愿景，以人为本建立职业化的人才队伍，不断追求技术核心竞争力最大化，在中国电力装备行业做到最优、最强、最大，成为具有竞争力的国际化经营企业。

核工业理化工程研究院

地址： 天津市河东区津塘路168号
邮编： 300180
电话： 022-84801274
传真： 022-84801274
邮箱： hlhy_dy@ 163. com
网址： www. cnnc. com. cn

简介： 核工业理化工程研究院系我国大型央企中国核工业集团公司所属的一所自然科学和工业应用研究院，始建于1964年，坐落于天津市河东区，目前承担着多项重点科研和生产任务，受到国家高度重视。50余年来，为我国核工业建设和发展做出了重大贡献。研究院现有在职职工1100余人，其中专业技术人员700余人，包括研究员和研究员级高级工程师80余人，副研究员和高级工程师300余人，助理研究员和工程师300多人；并有中国科学院院士1人，中国工程院院士2人，国家级有突出贡献的中、青年专家3人，省部级有突出贡献的中、青年专家10人，天津市授衔专家4人。

50多年来，在国家重点攻关科研项目共获科研成果奖300余项，其中国家级奖励27项，省部级科技进步奖270余项，取得国家专利共计400余项。

研究院长期从事核技术开发研究，已发展成为多学科的综合性研究院。研究院专业涉及基础理论、超净过滤、机械设计与制造、自动化控制、新材料、化工、理化分析、光电技术、科技信息、环境评价、质量保证等，建立了多个装备先进具有现代化水平的试验室，配备一批高精度仪器、仪表和设备。

研究院在电源技术领域拥有多项核心技术，其中在大功率中频变频器、冗余并联中频变频器、中频感应加热电源、永磁体充磁电源和永磁同步电动机伺服控制器等技术方向都具有较强的科研和生产能力。

湖南炬神电子有限公司

地址：湖南省郴州市苏仙区高新技术产业开发区台湾工业园第16、17幢

邮编：423000

电话：0735-2668668

传真：0735-2668000

邮箱：rd03@ giantsun. com

网址：www. giantsun. com

简介：湖南炬神电子有限公司GSP（GiantSun Power）于2001年在重庆成立，先后在深圳、湖南等地设有公司，是国内知名电子制造服务商，专业从事电源、智能家居等电子产品研发、生产和销售的科技型企业，产品涵盖智能快速充电器、电源适配器、移动电源、共享充电宝、便携式储能电源、UPS电源、无线充电器、锂电池、机顶盒电源、TV电源、扫地机器人、割草机器人、智能插座、TWS蓝牙耳机等共计1000余种。公司坚持科技创新引领，实现了企业高质量发展，取得了显著成绩。公司现已获授权专利248项，其中发明专利32项；创建并获评湖南省第三代半导体GaN绿色电源工程技术研究中心、湖南省企业技术中心等多个省、市级科技创新平台。主要产品市场占有率位居国内同行业前茅，产品远销国内外。

公司现有厂房面积11万m^2，已通过ISO 9001、ISO 14001、ISO 45001等体系认证；并已获得CCC、CQC、QC、QI、UL、GS、CE、UKCA、RCM、FCC、PSE、ETL、S-mark、TISI、cTUVus、BSMI、KC、MFI等全球60多个国家的产品认证。

公司拥有一批经验丰富的专业电源及智能家居研发和管理人才，可充分保证研发设计、制造出的产品满足客户需求，为客户提供更优质的产品。

公司是高科技、高效率、高品质的代名词，是持续技术领先及蓬勃发展的永续经营者，是您值得信赖的优质团队！

主要产品介绍：

智能快速充电器、移动电源、便携式储能电源、无线充电器

产品具有充电速度快、高功率密度、高智能化程度、轻便、高可靠性、高智能化、高性价比等优势。

惠州志顺电子实业有限公司

地址：广东省惠州市惠城区航天科技工业园

邮编：516006

电话：0752-2609015

传真：0752-2609015

邮箱：mkt6@ casil-jeckson. com

网址：www. casil-jeckson. com

简介：自1975年成立以来，惠州志顺电子实业有限公司凭借提供的优质电子产品，一直在业界稳居领导地位。本着专业精神，公司在开关电源、配电器、逆变器、微型投影、家居安防、便携式电源、动力电池组以及无线控制等产品的设计及生产中拥有丰富的经验，从而获得全球各地客户的青睐及信赖，顾客数目因而每年递增。

面对世界科技发展一日千里、瞬息万变的大气候，公司不断对自己的企业使命做出调整以迎合市场需求，为生产线打造先进的厂房设施正是力臻完善的最佳实证。

于母公司航天科技国际集团有限公司全资拥有附属公司志源集团旗下，惠州志顺电子实业有限公司与其他同系的姊妹公司能完全互相配合，相辅相成。志源集团设有众多业务单位，其成员公司均各自拥有不同专业及相关的生产设施，如模具建构、注塑模块、金属压铸、电镀、包装、SLA电池及LCD模块。这些先进的设备和生产模块都令公司能在电子业内承担起先驱的角色。

迄今，公司于中国惠州中国航天科技工业园建了两座厂房，各占面积达2.5万m^2，其中设置了24条生产线、12条贴片生产线、6条变压器/生产线及6台自动插件机，另配备10条人工插件生产线，共有1000多名员工。

江苏爱克赛实业有限公司

江苏爱克赛实业有限公司
JIANGSU EKSI INDUSTRIAL CO., LTD

地址：江苏省扬州市开发区宜城路1号

邮编：225131

电话：0514-87525888，87525668，87525858

传真：0514-87525888

邮箱：jqeksi@ 163. com

网址：www. eksi. cn

简介：江苏爱克赛实业有限公司（原江苏爱克赛电气制造有限公司）创立于2000年，是国家高新技术企业，是智慧城市、云计算、智能微电网工程、大数据系统解决方案供应商和绿色能源供应商。公司专业致力于UPS（不间断电源）、EPS（应急电源）、通信电源、电力一体化电源、逆变电源、工业节能及电能质量控制系统、微模块一体化机房、机房精密空调、智能微电网、嵌入式软件等高科技产品的研发、制造及销售，以及锂电储能装置的研发和应用，光伏组件、逆变器、控制器等分布式发电装置的建设。历经20多年的锐意进取和诚信经营，公司已发展成为具有市场竞争力的高科技型企业。公司长期致力开展科技创新平台建设，与东南大学、西安交通大学、南京理工大学、合肥工业大学等全国十多所高校建立起长期战略合作关系，先后成立江苏省不间断电源和光伏逆变器工程技术研究中心、江苏省企业研究生工作站；参与起草多项国家及行业技术标准，已拥有发明专利、实用新型专利及软件著作权近百项，构筑起公司在业界较强的技术优势、人才优势、品牌优势和其他综合资源优势。

主要产品介绍：

UPS、锂电储能系统

UPS产品采用先进的DSP数字控制技术，有效提升了产品性能和系统可靠性，同时采用了独特的散热和结构设计，实现更高功率密度的集成和小型化。

锂电储能系统由高品质磷酸铁锂电芯及先进的电池管理系统组成，安全可靠，设计使用寿命达10年以上，标准循环使用寿命超过5000次。

江苏宏微科技股份有限公司

地址：江苏省常州市新北区华山中路18号

邮编：213022

电话：0519-85166088

传真：0519-85162297

邮箱：hygu@ macmicst. com

网址：www. macmicst. com

简介：江苏宏微科技股份有限公司（以下简称宏微）成立于2006年，主要从事功率半导体器件IGBT、VDMOS、FRED等芯片和分立器件、标准模块及用户定制模块的设计、研发、制造及销售。公司于2021年9月1号成功在上海证券交易所科创板上市，股票代码为688711。公司宗旨是自主创新，设计、研发、生产国际一流的IGBT、VDMOS、FRED分立器件及其模块，打造民族品牌，成为提供功率半导体器件解决方案的专家。

宏微现为国家高新技术企业、国家高技术产业化示范基地、新型电力半导体器件领军企业，并被认定为江苏省著名商标。公司设有江苏省新型高频电力半导体器件工程技术研究中心、江苏省认定企业技术中心、江苏省博士后创新实践基地；拥有授权专利111项，其中发明专利37项；获认定高新技术产品8个。作为国家IGBT和FRED标准的起草组长单位之一，已完成2项国标的制定。

公司自产IGBT、FRED芯片技术已达国际先进、国内领先水平，打破国外垄断，填补了国内的空白，现已形成批量生产规模。公司已开发IGBT、VDMOS、FRED、晶闸管、整流芯片模块共计300余个型号，年产量大于400万只，IGBT已有30余种封装种类，电流范围从10~1000A，电压范围从600~6500V。公司产品荣获中国电源学会科学技术奖一等奖及江苏省、市级科学技术进步奖和中国半导体创新产品和技术奖，广泛应用于工业控制、电动汽车控制器、充电桩、家用电器、光伏和风电新能源等领域，产品绝大部分替代国外进口，个别产品在国内的市场份额已经占到了50%以上。

江西艾特磁材有限公司

地址：江西省宜春市袁州区宜发路中段

邮编：336000

电话：0795-3669789

传真：0795-3669789

邮箱：liw@ etnm. cn

网址：www. etnm. cn

简介：江西艾特磁材有限公司是国家高新技术企业，专业从事铁硅铝、铁硅、铁镍、非晶、纳米晶合金软磁磁粉芯及其他复合软磁材料的研发、生产、销售。产品主要应用于车载OBC、充电桩、储能、光伏、5G通信、服务器等领域。

共取得发明专利16项，其中国内发明专利授权15项，国外发明专利授权1项；实用新型专利25项。

公司通过了质量（ISO 9001）、环境（ISO 14001）、职业安全健康（OHSAS 18001）3个管理体系认证，2021年通过了IATF 16949认证。

江西大有科技有限公司

地址：江西省宜春市袁州区环城南路565号

邮编：336000

电话：0795-3241256

传真：0795-3241608

邮箱： hr@ dayou-tech. com
网址： www. dayou-tech. com

简介： 江西大有科技有限公司成立于 2001 年，为股份制民营科技企业、国家高新技术企业、江西省第一批科技创新型企业，主要从事非晶纳米晶合金软磁材料及其元器件的研发、生产、销售，为国内非晶纳米晶合金软磁铁心及各类磁粉心生产基地之一。

公司位于江西省宜春经济技术开发区（国家级），分南、北两个厂区，拥有冶炼、制带、滚剪等非晶纳米晶软磁合金材料及其高性能磁心主要生产设备和生产线。主要产品有非晶纳米晶合金带材及其软磁铁心，铁硅、铁硅铝磁粉芯、非晶纳米晶合金磁粉芯等十几个系列，100 多个品种。产品广泛应用于计算机、通信等开关电源和汽车电子、家用电器、电力与工业自动化控制、精密仪器仪表等领域。

立讯精密工业股份有限公司

地址： 江苏省昆山市锦溪镇百胜路 399 号
邮编： 215300
电话： 0512-82698999
邮箱： Brian. wang@ luxshare-ict. com
网址： www. luxshare-ict. com

简介： 立讯精密工业股份有限公司（以下简称立讯精密）成立于 2004 年 5 月 24 日，于 2010 年 9 月 15 日在深圳证券交易所成功挂牌上市（股票代码：002475），自上市以来，营业收入年复合增长率达 50%。立讯精密始终坚持以技术导向为核心，集产品研发和应用服务于一体，并逐步实现从传统制造向智能制造跨越。

公司总部位于广东省东莞市，其中制造基地主要分布在广东、江西、江苏、安徽、湖北、浙江、山西、河北、四川、台湾等地，海外主要位于德国和越南，并在广东东莞、江苏昆山、台湾省及美国设有研发中心。

立讯电源有苏州、江西和深圳、西安 4 个研发中心。苏州和深圳研发中心以大功率电源及品牌定制无线充为主要研发目标；江西研发中心主要以零售领域、智能家居领域的电源转换及连接类（墙充、车充、无线充、移动电源、电源线）产品开发为主要开发目标；西安研发中心主要以新能源、服务器电源、通信电源为研发目标。立讯电源制造分为昆山、江西、东莞、恩施及越南五大生产基地；其中，昆山以国内及欧洲中功率电源的生产为主；江西生产基地主要以 EMS 及其他零售电源为主；越南生产基地主要服务于欧美客户，减少关税，降低成本，维持制造成本优势；东莞以生产大功率电源、UPS、逆变器等电源为主；恩施主要生产电动车电源的电源。

六和电子（江西）有限公司

地址： 江西省宜春市经济技术开发区宜春大道 705 号
邮编： 336000
电话： 0795-3668860
传真： 0795-3668383
邮箱： sales1@ nistronics. cn
网址： www. nistronics. cn

简介： 六和电子（江西）有限公司于 2005 年正式运营投产，是专业生产有机薄膜电容器的国家高新技术企业、中国电子元件行业协会电容器分会有机专业委员会副会长单位。公司通过了 IATF 16949、ISO 9001 质量管理体系认证、ISO 14001 环境管理体系认证、ISO 45001 职业健康安全管理体系认证，多体系的有效结合提升了企业的核心竞争力，为公司的发展打下夯实的基础。

公司集薄膜电容器和薄膜电容器用材料研发、生产、销售为一体，依托企业组建的国家级检测中心、薄膜电容器工程技术研究中心和公司管理团队在电容器行业的资深经历，每年投入巨额资金研发新产品、新装备，取得了大量科研成果。目前公司有行业领先的自动化生产设备，设有镀膜、注塑、模具生产车间，及齐全、高精的检测设备，为产品的研发、检测及分析提供了强有力的支撑。公司产品质量始终居于行业较高水平，深受客户信任。

公司保持每年五项以上技术专利的技术储备及两项以上新产品投放市场，产品小型化、耐高温、低噪声、双 85 性能处于行业领先水平，2020 年公司研发的 125℃ 金属化聚丙烯薄膜抗干扰电容器（X2）、高稳定性（满足 PCT/双 85/强制阻燃要求）安规电容、全机贴表面安装回流焊电容在业内具有引领性，产品广泛用于工业、汽车、充电桩、新能源、家电、电源、照明、音响、智能电表及高精度传感器等领域。

龙腾半导体股份有限公司

LONTEN 龙腾

地址： 陕西省西安市经济技术开发区凤城十二路 1 号西安关中综合保税区 A 区
邮编： 710000
电话： 029-86658666
传真： 029-86658666-4000
邮箱： sales@ lonten. cc
网址： www. lonten. cc

简介： 龙腾半导体股份有限公司是一家致力于新型功率半导体器件研发、生产、销售和服务的高新技术企业。

公司将技术创新视为企业发展的第一驱动力，拥有两百余项核心技术专利；参与制定了超结功率 MOSFET 国家行业标准（标准号 SJ/T 9014. 8. 2—2018）；运营校企联合新型研发平台（交大-龙腾先进功率半导体技术研究院）。公司建有一流的器件测试实验室及产品可靠性工程中心，并专注提供高效、可靠、安全的功率器件及高性价比的系统解决方案。

公司已形成高压超结功率 MOSFET、绝缘栅双极型晶体管（IGBT）、屏蔽栅沟槽型（SGT）功率 MOSFET、低压沟槽型功率 MOSFET、高压平面功率 MOSFET 及功率模块等完整的功率器件产品系列。产品已在消费类（TV 板卡电源、充电器、适配器、LED 驱动电源）、工业类（计算机及服务器电源、通信电源）、汽车类（充电桩、车载电源）等领域得到了广泛应用。

公司愿景是成为领先的功率半导体器件及系统解决方案提供商。

洛阳隆盛科技有限责任公司

隆盛科技
ROSEN
ROSEN TECHNOLOGY

地址：河南省洛阳市西工区凯旋西路 25 号
邮编：471009
电话：400-0379-613
传真：0379-63917137
邮箱：rosen. rosen@ 163. com
简介：洛阳隆盛科技有限责任公司成立于 1996 年 4 月，位于驰名中外的十三朝古都——洛阳，是中国航空工业集团公司洛阳电光设备研究所下属的一家全资子公司。公司成立 20 多年来，专注于设计和制造高效率、高可靠性的电源产品，已经形成了定制电源、模块电源、标准电源、系统电源和 DC-DC 转换器五大电源专业方向，成为在国内军品电源领域颇具影响的综合性电源企业。公司现有员工 330 余人，配套完善的研发、生产、调测以及环境试验中心，总面积约 8000m^2，年生产能力达近万台套。公司作为河南省的高新技术企业，具备全套的军工产品生产与服务资质。目前已拥有应用于航天、航空、兵器、船舶、雷达、机车、通信等多个领域 10 余种各具优势和特色的系列产品，并持续为 510 多家用户以及多项国家重点工程提供数万台套电源产品，受到军方和民用客户的一致好评。“怀凌云之志，铸稳定之源”，隆盛人秉承“用军工技术打造优质电源，以可靠质量赢得用户信赖”的理念，依托成熟的航空技术和多年的电源研发经验，不断努力开拓和超越自我，竭诚为每一位客户提供优质的产品和真诚的服务。

麦田能源股份有限公司

地址：浙江省温州市龙湾区空港新区金海三道 939 号
邮编：325000
电话：0577-86108391
邮箱：info@ fox-ess. com
网址：www. fox-ess. com
简介：麦田能源股份有限公司（以下简称麦田能源）成立于 2019 年，专注于光伏并网逆变器、储能逆变器及储能电池系统的研发、生产及销售，提供先进的分布式能源、储能产品及智慧能源管理方案，旨在帮助用户高效地进行新能源发电、储电和用电的全流程管理，从而达到提高能源利用率，降低用电能耗等目的。

麦田能源已建成温州产研基地与上海、无锡、武汉三处研发中心，拥有独立的研发部门，保持高研发投入，2022 年研发投入超亿元。公司研发部门现有专职研发人员近 300 人，且 60%以上毕业于双一流院校，研发实力雄厚。研发团队具有多年逆变器和电力电子行业的产品研发经验，专业涵盖电力电子、自动控制、计算机、工业设计等，核心成员在新能源行业有着 10 年以上的技术沉淀，为新产品的开发与后续升级提供了强有力的保证。

公司除了自身的科研与生产力量外，也与国内重点院校和研究所保持着紧密联系，不断加强在技术、人才方面的合作深度，引进更高层次专业人才、拓宽发展产学研平台，同浙江大学、上海理工大学、上海工程技术大学等院校“联姻”，合作共建“1+3+N”产学研体系，共同攻克光储充关键技术。

截至目前，麦田能源已拥有自主知识产权 58 项，并形成六大系列 20 多款产品的规模，产品已取得多个国家太阳能产品认证，其中发明专利已授权 8 项，实用新型专利已授权 22 项，外观专利已授权 23 项，并拥有软件著作权 5 项。

麦田能源温州产研基地具有国内外先进技术水平的生产装备、自动化生产线和信息化管理系统，已建成智能化、数字化生产线 26 条，生产装备技术水平处于行业前茅，并于 2022 年 8 月被认定为“浙江省级智能工厂”。截至目前，麦田能源已形成年产并网逆变器、储能逆变器 100 万套，储能电池 100 万套的生产能力，企业综合实力已迈入行业前十。

在产品市场销售方面，麦田能源现已与世界各地的上百家分销商、电力公司、能源协会紧密合作，在主要区域设立了 7 家海外全资子公司与办事处，产品出口至全球 60 多个国家和地区并深受欢迎。2022 年总营收突破 30 亿元，同比增长超 400%，2023 年总营收有望超 60 亿元。

凭借公司产品的先进技术水平和市场销售能力，麦田能源先后被山东省太阳能行业协会、中国分布式光伏创新发展论坛组委会等多家协会、机构评为“零碳先锋”“清洁能源标杆企业奖”“影响力光伏逆变器品牌”等社会荣誉，并获得“光伏逆变器十佳优胜品牌奖”“卓越创新贡献奖”“新锐逆变器品牌奖”等奖项。

明纬（广州）电子有限公司

地址：广东省广州市花都区金谷南路 11 号
邮编：510890
电话：020-37737100
传真：020-37737100
邮箱：info@ meanwell. com. cn
网址：www. meanwell. com. cn

简介： 明纬（广州）电子有限公司（以下简称明纬）成立于1993年，隶属于台湾明纬企业股份有限公司，负责明纬（MEAN WELL）开关电源产品的研发、制造、生产及国内外客户销售服务与技术支持，且为集团制造与采购中心。

明纬为全球标准电源供应器的领航者，秉持技术扎根的企业精神，每年新增10%的新产品，至今可提供0.5W～256kW完整的电源解决方案，包括：AC-DC电源供应器、LED驱动电源、AC-DC电池充电器、DC-DC转换器以及DC-AC逆变器等，提供不同档次产品以满足各产业的应用需求，包含：LED广告牌/照明、工业自动化/工控、信息/通信/商用、医疗、交通运输以及绿色能源产业等。

明纬秉持“您信赖的电源伙伴”的理念，坚持提供最优质的电源产品与服务。经过多年的努力与耕耘，明纬已建构起全球经销通路网络，能快速提供全球在地化服务。

明纬（MEAN WELL）的品牌含义是“怀有善意的”，也是企业的核心价值所在。我们深信，可靠的企业（reliable company）、值得信赖的员工（reliable people）及可信赖的产品（reliable product）是企业的根基。公司以“与时俱进的创新与改善，提供最佳性价比的标准电源产品与服务”为使命，以“全球标准电源的百年标杆企业，建构永续经营ESG企业”为愿景，并为此持之以恒。

主要产品介绍：

内置机壳型电源、LED驱动电源

明纬是市面上产品种类较齐全的电源品牌，内置机壳型电源与LED驱动电源两大家族，是营运成长的基本盘，让明纬站稳全球标准电源的领航地位。针对医疗、绿色能源、安防、交通、信息通信等产业应用推出众多产品线，包括导轨式电源、充电器、DC-AC逆变器、基板型电源、适配器、DC-DC模块、模组电源、系统电源等产品。

纳微达斯半导体（上海）有限公司

 纳微 Navitas

地址： 上海市浦东新区碧波路912弄16-17号101、201、301、401室

邮编： 200120

电话： 15820401428

邮箱： grace. li@ navitassemi. com

网址： www. navitassemi. com

简介： 纳微达斯半导体（上海）有限公司（以下简称纳微半导体）（纳斯达克股票代码：NVTS）成立于2014年，是一家全面专注下一代功率半导体事业的公司。GaN-Fast™氮化镓功率芯片将氮化镓功率器件与驱动、控制、感应及保护集成在一起，为市场提供充电更快、功率密度更高和节能效果更好的产品。性能互补的GeneSiC™碳化硅功率器件是经过优化的高功率、高电压、高可靠性碳化硅解决方案。重点市场包括移动设备、消费电子、数据中心、电动汽车、太阳能、风力、智能电网和工业市场。纳微半导体拥有超过185项已经获颁或正在申请中的专利，已发货超过7000万颗半导体，于业内率先推出20年质保承诺，也是全球首家获得CarbonNeutral®认证的半导体公司。

南京芯全信息科技有限公司

地址： 江苏省南京市江北新区孵鹰大厦A座409

邮编： 210043

电话： 18551615333

邮箱： support@ wholechips. com

网址： www. wholechips. com

简介： 南京芯全信息科技有限公司是国内领先的能源、半导体、电力电子、EDA产品及系统性解决方案的服务商之一，是全球排名前茅的电子设计自动化（EDA）解决方案提供商、芯片接口IP供应商——新思科技（Synopsys）的战略伙伴，并与多所知名高校和科研院所达成技术支持、方案协作、课程共享的战略型伙伴。

公司为用户提供专业技术咨询、研发团队培训与仿真外协服务，致力于将尖端科技引入联合仿真平台，凭借强大的技术力量和对方案的合理规划能力，为军工、航空、航天、汽车、能源、电子、船舶等领域的客户提供完美的系统性解决方案和咨询服务，引领传统模式的工程技术发展变革，帮助客户缩短产品设计开发周期、有效降低成本、创造高附加值产品，从而达到企业经济利益最大化，以客户打造世界一流的能源公司为使命。让用户透彻的理解产品的开发过程，公司在获得利益的同时也获得自身价值的极大提升，从容把握工程开发的过程，开创高新制造业的崭新未来。

南通新三能电子有限公司

THREECON
新三能电子 SUNION ELECTRONIC

地址： 江苏省南通市通州区兴仁镇工业园区

邮编： 226371

电话： 0513-86562926

传真： 0513-86561788

邮箱： yb@ sunion. cc

网址： www. sunion. cc

简介： 南通新三能电子有限公司是专业从事电容器研发、

制造和销售的国家级高新技术企业，为中国电子元器件协会理事单位和中国电源学会理事单位。公司产品涵盖铝电解电容器和电力电子薄膜电容器两大系列，广泛运用于工业控制、电能质量、UPS、新能源及新能源汽车、LED 照明等领域。公司成立于 1995 年 10 月，现拥有 2 家生产企业，分别位于江苏省南通市通州区兴仁工业园区和石港科技产业园，毗邻机场、高速公路和火车站，交通便捷、位置优越。

公司严格执行 IATF 16949：2016 质量管理体系认证、ISO 14001 环境管理体系认证和 QC 080000 有害物质控制体系认证，产品完全符合 RoHS 环保标准、UL 安全认证、CE 欧盟电工委员会安全标准。优良的品质和优质的服务使公司成功通过 PHILIPS、GE 等国际著名跨国公司的供应商认证，成为其全球供应链合格供方。

公司注重技术创新，被评定为国家高新技术企业，建有省级企业技术中心和工程技术研究中心，与东南大学、电子科技大学等院校开展产学研合作。公司拥有发明专利 25 项，实用新型专利 13 项。

公司目标是成为工业自动化、节能照明、新能源及新能源汽车等产业专用电容器的首选品牌。

宁波乐铂科技有限公司

乐邦电源
ROBUST

地址：宁波鄞州区投资创业中心启明路 655-90 号
邮编：315040
电话：0574-88113638
邮箱：sales@ robust-power. com
网址：www. robust-power. com

简介：宁波乐铂科技有限公司前身为宁波欣达集团电源事业部（乐邦电源），由一支通信电源资深外企团队创立于 2004 年。初期服务于华为、华为 3Com 、UTStarcom、普天等通信领域客户的定制系统电源研发。其后拓展了车载汽车电子专用电源的研发及应用，并获得多项国家发明专利，主要应用于工业控制、船载海图、船载卫星电视、安防、车载 WiFi 等高可靠性领域。十年磨一剑，公司已成为车载电源领域的领军企业，获得多家行业龙头客户的独家供应商资格和海康金牌供应商等荣誉，并服务于北京奥运会、国庆 60 周年阅兵、上海世博会、广州亚运会、交通运输部长途客车无线 WiFi 专项、广电总局船载卫星电视专项、国家海事局船载海图专项、一二线城市公交监控系统及公安取证系统等众多项目和中电集团、中航集团、中船重工、海康、大华等优质客户。

同时作为美国高端电源领导品牌 SynQor 在中国区的增值服务商和技术服务中心，借助 SynQor 优异的产品性能和可靠的标准化电源模块，结合乐邦电源强大专业的研发整合能力和对国内市场应用环境的精准把握，双方共同携手开拓国内轨道交通、航天军工等中高端电源市场，致力于通过专业、专注、专心的服务，向我们客户提供一站式电源解决方案和世界级水准的优秀电源产品。目前公司拥有数十个产品开发平台，主要应用于传感驱动控制、网络信号控制、PIS 控制、牵引制动控制、机车信号控制、真空集便器、车辆照明、轴温检测、WiFi 等领域，并服务于北车四方、南车时代、大连电牵、铁科院等重量级客户。

未来公司会继续深耕轨道交通、汽车电子、航天军工、通信系统电源、便携移动应急电源等领域，并专注于对设计和工艺等每个细节的持续优化，为客户提供高可靠性的电源产品。

宁波生久科技有限公司

地址：浙江省宁波市余姚市大隐镇生久环路 1 号
邮编：315000
电话：0574-62913088
传真：0574-62914008
邮箱：mk@ shengjiu. com
网址：www. shengjiu. com

简介：宁波生久科技有限公司（以下简称生久公司）主营产品包括散热系列的各类散热器、DC 风扇及附件产品，锁控进入系列的机械锁具、铰链、拉手、限位、密封条、搭扣、五金附件以及相关电子锁等产品。

客户涉及包括通信、电力电气、电源、轨道交通、高端制造及自动化设备、物流快递及物联网、工程机械及特种设备、能源设备、安防/安检/自助设备、汽车制造及改装产业 10 大产业领域，以及制冷背板空调、光通信设备、IDC 机房/数据中心/铁塔、服务器（交换机）、变频器设备、逆变器设备等 30 个细分行业。代表客户包括华为、诺基亚、中兴、爱立信、三星、迈普、星网锐捷、南瑞、南自、许继、西特变、施耐德、ABB、西门子、正泰、上海电气、卡特彼勒、小松、神钢、三一、中联、长客、唐车、四方、中车铺镇、中车株机、松下、阿尔斯通等。

生久公司本着“建百年生久 创世界品牌”的经营愿景，致力于服务客户，持续为客户创造价值。公司拥有超过 200 人的销售服务团队，800 多人的生产供应团队，200 多人的技术研发团队；持续投入达 4000 万元的国内领先的实验室，10 万 m^2 的生产基地，上千台（套）的生产设备；18 条年产量近 3000 万件的五金制品产线；8 条年产量近 1000 万件的风扇制品产线。

宁波希磁电子科技有限公司

地址：浙江省宁波市镇海区蛟川街道金溪路 1 号
邮编：315200
电话：0574-86663021
传真：0574 86663022

邮箱： sinomags@ sinomags. com

网址： www. sinomags. com

简介： 宁波希磁电子科技有限公司成立于 2013 年，致力于磁性传感器的研发和生产，旗下有无锡乐尔、宁波希磁、蚌埠希磁、德国 Sensitec 等几家子公司。

公司研发团队由以磁学及电力电子学领域多名专家为核心的 250 多位技术人员组成，涵盖了从 xMR 晶圆到传感器模块的全产业链的设计开发和规模生产。

公司产品包括电流传感器、角度传感器、位移传感器、磁性编码器、磁图像传感器、弱磁检测传感器、厚度检测传感器、齿轮传感器等多系列产品。

凭借对磁传感核心技术的掌握以及不断地创新，希磁科技正在为新能源发电、新能源汽车、智能电网、智能家居、智能制造等行业提供更具竞争力的解决方案。

目前公司现有员工 1200 人，其中技术人员 250 人；晶圆产能 5 亿颗/年；2022 年电流传感器产能突破 1 亿颗，累计出货量约 2.5 亿颗；产品应用领域为航空航天、机器人、医疗、新能源、汽车等。

主要产品介绍：

电流传感器有 STK-616 系列、STK-CTS 系列、STK-HD 系列、STK-PL 系列、STB-CAS 系列、STB-LA 系列、SFG 系列。角度/位移传感器有 EBM7913、EBx7811、EBx7914、EBM7921、EAP7931、AA 系列、AL 系列、TF 系列、GF 系列、CFS1000。

电流传感器参数如下

电流范围：5A ~ 10kA

频率响应：~ 50ns

噪声：<10mVpp @ 200kHz

精度：0.1% ~ 2%。

角度/位移传感器运用 ARM，GMR，TMR 技术，采用 AEQ-Q100 标准，模拟、数字输出形式可选

公司拥有 20 年航空/航天、车载、工业控制等领域的应用经验。

宁夏银利电气股份有限公司

地址： 宁夏回族自治区银川市西夏区银川经济技术开发区光明路 45 号

邮编： 750021

电话： 0951-5045200

传真： 0951-5019240

邮箱： hr@ yinli. com. cn

网址： www. yinli. com. cn

简介： 宁夏银利电气股份有限公司成立于 1992 年，位于宁夏银川（国家级）经济技术开发区光明路 45 号，注册资本 3180.85 万元，占地面积 2 万多 m^2，是一家从事电力电子磁性器件的研发、生产、销售的高新技术企业，是国内同行业中产品覆盖电力电子电磁元件全部应用领域的企业。

公司在国内电力电子行业居于领先地位，产品广泛应用于航空航天、轨道交通、新能源、电能质量、智能电网及新能源汽车等领域，是国内产品覆盖电力电子全部应用领域的企业。在公司发展的历程中，为中国 CRH3、CRH5、CRH380A 等多型号高铁动车组及数个国产型号的导弹、舰载直升飞机平台等配套特种变压器，并成功为我国“神州”系列一至六号载人航天飞船、“天宫一号”空间实验站配套变压器、电感器。公司拥有前景广阔的客户群，与全球规模较大、品种较全、技术领先的轨道交通装备供应商中国中车、光伏风电并网装置市场占有率国内领先的企业特变电、深圳禾望及中国电力装备行业龙头企业许继电气等建立了长期稳定的合作关系。2018 年，公司成功研制新能源汽车配套汽车级功率电感及变压器，并成立新能源汽车电子事业部，进军新能源汽车电磁元件领域。2020 年宁夏银利电气股份有限公司全资注册苏州银利电器制造有限公司，目前已经顺利运行 3 年，且更好地为长三角一带的客户提供了更便捷的服务。

公司作为国内少数具有独立正向设计能力的企业之一，产品设计与制造水平赢得了西门子、阿尔斯通、夏弗纳等国际同行的认可。在高铁/地铁和新能源汽车领域，产品研制已达到甚至超越国外和国内引进技术水平，获得了行业和客户的认可与好评。

派恩杰半导体（杭州）有限公司

PNJ 派恩杰半导体
PN JUNCTION SEMICONDUCTOR

地址： 浙江省杭州市萧山区宁围街道悦盛国际中心 603 室

邮编： 311215

电话： 0571-88263297

传真： 0571-88263297

邮箱： info@ pnjsemi. com

网址： www. pnjsemi. com

简介： 派恩杰半导体（杭州）有限公司（以下简称派恩杰半导体）成立于 2018 年 9 月，是中国第三代功率半导体器件的领先品牌，主营车规级碳化硅 MOSFET、碳化硅 SBD 和氮化镓功率器件。派恩杰半导体拥有国内最全碳化硅功率器件产品目录，碳化硅 MOSFET 与碳化硅 SBD 产品覆盖各个电压等级与载流能力，并且通过 AEC-Q101 测试认证，可以满足客户的各种应用场景，为客户提供稳定可靠的车规级碳化硅功率器件产品。

派恩杰半导体拥有深厚的技术底蕴和全面的产业链优势，创始人黄兴博士于2009年起深耕于碳化硅和氮化镓功率器件的设计和研发，师承IGBT发明人B. Jayant Baliga教授及晶闸管发明人Alex Huang教授。派恩杰半导体的碳化硅功率器件性能优异，质量可靠，各项性能均能达到国际水准。截至目前，派恩杰半导体已导入碳化硅功率MOSFET器件客户60余家，量产交付产品80余款。量产产品已在电动汽车、IT设备电源、光伏逆变器、储能系统、工业应用等领域广泛使用，为Tier 1厂商持续稳定供货，且产品质量与供应能力得到客户的一致好评。

青岛鼎信通讯股份有限公司

地址：山东省青岛市城阳区华贯路858号
邮编：266109
电话：0532-55523196
传真：0532-55523168
邮箱：zonggongban@ topscomm. com
网址：www. topscomm. com
简介：青岛鼎信通讯股份有限公司于2008年成立，2016年10月在上海证交所挂牌上市（股票代码：603421），拥有完全自主知识产权的国产工业级系列芯片，通过和自主结构设计，实现全产业链自动化制造，产品广泛应用于泛在电力物联网、综合能效管理、电力信息通信、电弧故障保护、智慧消防等领域。

青岛海信日立空调系统有限公司

Hisense | HITACHI

地址：山东省青岛市经济技术开发区前湾港路218号海信工业园南门
邮编：266510
电话：0532-80879905
邮箱：hhrdc@ hisensehitchi. com
网址：www. hisensehitachi. com ·
简介：青岛海信日立空调系统有限公司（以下简称海信日立）成立于2003年1月8日，投资总额为1.5亿美元，是中国海信集团与日本日立空调投资组建，集商用和家用中央空调技术开发、产品制造、市场销售和用户服务为一体的大型合资企业。

海信日立确立了以日立FLEX MULTI变频多联式空调系统产品为主导的产品体系，其中所独有的压缩机专利技术、变频技术、风扇调速技术、智能除霜技术、静音设计等皆为行业领先技术。1983年日立制造出世界上第一台空调用涡旋压缩机，而日立专利的涡旋压缩机正是海信日立中央空调的核“芯”。海信日立推出的最新一代多联机产品SET-FREE A系列在节能高效、设计与用户体验、环境保护、智能控制等方面均取得了突破性的进展。配以先进的智能控制系统，使其精细化、人性化程度更高，是未来智能型建筑的首选。

海信日立本着高起点的方针，致力于做“做中国中央空调高端市场的领导者”，积极推行专业技术、专业制造、专业营销、专业设计、专业服务、专业管理的经营体系，引领中国多联机空调技术不断进步，为人类创造一个更加美好的生活空间和生态环境。

瑞能半导体科技股份有限公司

地址：上海市静安区中兴路1509号
邮编：200070
电话：021-80263000
邮箱：hr. communications@ ween-semi. com
网址：www. ween-semi. com/en
简介：瑞能半导体科技股份有限公司是全球领先的功率半导体中国供应商。公司通过为客户提供各种高度可靠、高性价比和勇于创新的功率半导体器件，让客户在具体应用中实现最高效率。2020年公司主要业务中，晶闸管分立器件全球市场占有率为17%，位列世界第二；碳化硅（SiC）功率二极管全球市场占有率为3.85%，位列世界第五。2021年成功研制SiC MOSFET器件并推向市场，成为中国领先的第三代半导体设计厂商。

赛尔康技术（深圳）有限公司

地址：广东省深圳市宝安区沙井镇新桥芙蓉工业区赛尔康大道赛尔康技术（深圳）有限公司
邮编：518125
电话：0755-27255111
传真：0755-27255255
邮箱：leon. liu@ salcomp. com
网址：www. salcomp. com
简介：赛尔康技术（深圳）有限公司（以下简称赛尔康）2019年成为广东领益智造股份有限公司（股票代码：002600）的子公司。赛尔康1975年在芬兰成立，在全球各地设有销售中心，在芬兰、中国深圳和中国台北设有研发中心，在中国深圳以及广西贵港、巴西和印度设有生产基地。赛尔康致力于开发和提供最具创新和绿色环保的手机电源适配器产品及其他电源方案。赛尔康在全球手机电源适配器行业处于世界领先地位，公司年度总业绩达到6.8亿美元，主要客户涵盖了排名世界前列的手机制造商。赛尔康自主研发的电源产品适用于各类手机（包括智能手机）、无绳电话、蓝牙耳机、平板计算机、数码相框、路由器、机顶盒、POS机、笔记本计算机等。赛尔康技术（深圳）有限公司位于深圳市宝安区沙井芙蓉工业区，是国家评定的高新技术企业，同时赛尔康技术（深圳）有限公司的研发中心是深圳市评定的企业技术中心。赛尔康（深圳）现有 6000 多名员工，主要从事销售、研发和制造工作。

厦门赛尔特电子有限公司

SETsafe | SETfuse

地址：福建省厦门市翔安区翔安西路 8001 号/8067 号

邮编：361101

电话：0592-5715838

传真：0592-5715839

邮箱：sales@ setfuse. com

网址：www. setfuse. com

简介：厦门赛尔特电子有限公司（SETsafe丨SETfuse）的使命“制造电路控制及安全保护元器件、提供电路安全解决方案”。2000 年成立于中国厦门，产品销往 40 多个国家和地区，与世界 500 强的部分企业有深远的合作。公司参与多项电路保护元器件的国家、国际标准制定和修订；被认定为工业和信息化部专精特新“小巨人”企业（2022—2025 年）；连续 4 次获评国际级高新技术企业（2012—2024 年）；2018 年入选寻找中国制造隐形冠军厦门卷。

公司产品广泛应用于新能源、储能、通信、防雷器、电源、照明、家电、移动设备、医疗等用电设备市场。

主要产品介绍：

TFMOV20M

热保护型压敏电阻（TFMOV）是压敏电阻与热保护脱离部件的组合。压敏电阻存在老化特性，热保护型压敏电阻能够在压敏电阻（MOV）劣化或失效时，通过热保护部件的动作将压敏电阻从主回路中脱离。常用于光伏逆变器、通信设备、机房电源等对可靠性和耐候性要求高的场所。

厦门讯亨电子科技有限公司

地址：福建省厦门市翔安区厦门火炬高新区（翔安）产业区翔岳路 28 号 202 单元

邮编：361101

电话：0592-3575666

传真：0592-3576966

邮箱：info@ xun-heng. com

网址：www. xun-heng. com

简介：厦门讯亨电子科技有限公司成立于 2016 年，企业面积 10000m^2，是一家专业从事 AC-DC 开关电源、智能模块等高性能电源产品的设计、开发生产的高新技术企业，公司现有在职员工 828 人，平均月产能 400 万台，年产值 4 亿元，连续 3 年保持 30%年增长，产品销往世界各地，与诸多国内外知名客户建立了长期战略关系。

公司在开关电源、充电器、电源适配器、隔离 LED 驱动、防水电源、智能电源板等拥有十分丰富的产品经验，竭诚为客户提供理想的设计方案和产品选型，公司实施 ISO 9001 质量管理体系，以安全可靠、高效持续的方式管理生产，主要管理干部拥有电源业界 20 年以上经营管理经验，秉持人性化管理，以先进完善的管理理念合力管控公司，技术实力雄厚，研发团队中拥有 25 年以上资深经验的工程师，充分保证了公司产品的设计质量。公司产品设计均符合 CCC、UL、CE、CB、GS、KC、PSE、SAA、UKCA、ETL、FCC、BIS、BSMI、ROSH、REACH、PSB、C-TicK、RCM、SIRIM、EMC 等安规认证标准，满足欧盟 CoC V6 和美国 DoE（六级能效）标准要求，广泛适用于按摩器、电动工具、打印机、家用电器、通信类设备、手机充电器、机顶盒等领域，赢得客户的高度认可。

公司以“生产客户最需要的产品，满足客户最迫切的要求”为理念，提供最满意的服务给客户，成为客户最信赖的朋友。

山顿科技（广东）股份有限公司

SENDON®

地址：广东省惠州市惠城区仲恺高新区东江产业园兴德西路 2 号可立克工业园 T2 栋 4 楼

邮编：516000

电话：0752-2382517

传真：0752-2382517

邮箱：wangzhen@ sendon. cc

网址：www. sendon-elec. com

简介：山顿科技（广东）股份有限公司成立于 2021 年，其前身为成立于 1984 年的山顿国际有限公司，是国内最早从事 UPS 研发、制造和服务的公司之一。公司是 UPS 产业的先行者，是国内最早拥有高端电源方案体系的 UPS 厂商之一。产品广泛应用于金融、工业、交通、通信、政府、国防、医疗、电力、新能源、数据中心等行业，服务全球 30 多个国家和地区，10 多万个用户，致力于打造环保节约型能源企业。

公司通过了 ISO 9001、ISO 14001 和 OHSAS 18001 认证，产品通过了节能认证和中国泰尔认证中心权威认证。

公司现有员工 600 余人，在北京、上海和广东有三个现代化的电源生产基地，在全国设立了多家办事处。

公司以环保节约为设计理念，以电力电子技术为核心，始终致力于数据中心关键基础设施产品（UPS、精密空调、精密配电、蓄电池、动力环境监控）、工业级交流电源产品的研发、制造和一体化解决方案应用开发。

商宇（深圳）科技有限公司

地址： 广东省深圳市宝安区松岗街道松岗大道26号商宇科技园
邮编： 518105
电话： 0755-23282881
传真： 0755-23282881
邮箱： 2885824082@ qq. com
网址： www. cpsypower. com/lxwm

简介： 商宇（深圳）科技有限公司于2011年注册成立，总部及生产基地设在深圳市宝安区商宇科技园。公司是全球技术领先的电源设备制造商，也是集研发、设计、制造、服务于一体的解决方案先行者。公司是国家级高新技术企业、深圳市专精特新中小企业，也是深圳市科创委孵化企业对象之一，主要产品包括微模块数据中心、UPS（含蓄电池）、精密空调、机房配电、动力环境监控、直流充电桩等数据中心物理基础设施类产品。“商宇”产品广泛应用于政府、医疗、金融、通信、教育、广电、交通、能源、军队等领域，尤其为多个国家重点工程提供了安全、可靠、高效的电力保障。公司成立以来，逐年递增地投入大量资金用于技术专研、产品开发，不断研发出一批批具有自主知识产权的新产品，部分产品的技术水平居国际领先水平，其产品的先进性、可靠性得到广大用户的一致好评。

上海超群检测科技股份有限公司

地址： 上海市松江区洋河浜路188号
邮编： 201615
电话： 021-37633088
传真： 021-37633097
邮箱： wyan@ sandt. cn
网址： www. sandt. com. cn

简介： 上海超群检测科技股份有限公司是在国内外具有领先地位的专业X光设备制造商，在X光领域已有超过60年的经验。掌握了从电子玻璃、玻壳、X射线管、X射线高压源到无损检测系统整机关键生产技术，具有强大垂直整合能力。

公司有坚强的工程研发团队，其中包括行业知名资深专家和多名国内外知名大学毕业的博士生、硕士生等工程人员。公司自主研发的产品具有国际水准，并获得国际同行的认可。公司深信提供给客户高性价比的产品和优异的产品质量，将是公司永续发展的重要方针。

公司专业设计、制造的主要产品包括X光实时成像系统、X光实时线扫描系统、高精度高稳度高频X射线源、专用中高频X射线源、X射线管、气绝缘便携式X射线探伤机、油绝缘移动式X射线探伤机、移动式金属陶瓷管X射线探伤机、工业用电子源等。

公司产品应用和销售的领域涵盖航空航天、兵器工业、安全检查、汽车、摩托车、铸件、医疗卫生、印刷、压力容器管道耐火材料等行业，多数产品远销欧美市场，并在某些领域领先欧美竞争对手。公司通过了ISO 9001：2015质量管理体系认证。

主要产品介绍：

X射线管、X射线发生器、工业用X射线实时成像系统

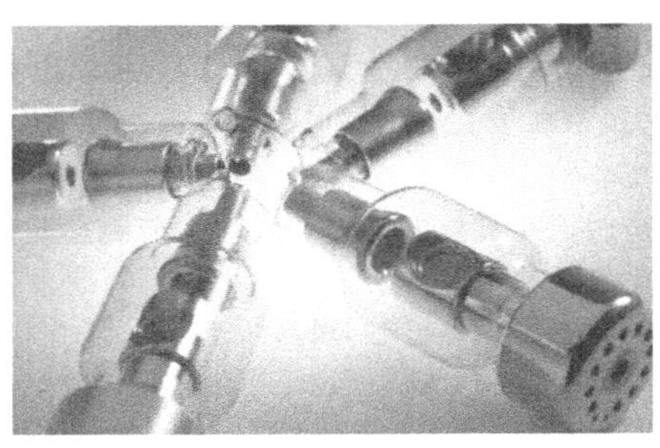

X射线管长期占据全球安检用管销量第一的位置，是全球各大安检机厂商重要配套光源。X射线管和X射线源产品从2006年冬奥会开始，持续给每一届奥运会和世界杯足球赛等国内外重大体育赛事提供产品。X射线实时成像系统广泛应用于航空航天、兵器工业、安全检查、汽车、摩托车、铸件、医疗卫生、印刷、压力容器管道耐火材料等行业。

上海电气电力电子有限公司

地址： 上海市宝山区富桥路66号
邮编： 201906
电话： 021-33713200
传真： 021-33713262
邮箱： dldz_ sales@ shanghai-electric. com
网址： www. shanghai-electric. com

简介： 上海电气电力电子有限公司属于上海电气输配电集团控股企业，成立于2007年4月，注册资金7509.68万元。公司依托上海电气输配电集团的雄厚实力及自有的市场、技术、管理人员的优势，致力于风电、储能及新能源相关的电气控制设备、高低压电力电子、自动控制、配电设备和相关产品的设计、生产、销售，并提供相关技术咨询和技术服务。

上海电气电力电子有限公司拥有强大的研发能力，采取引进先进技术和自主开发相结合的方式，完全符合我国当前在新能源、风电、电力电子等领域国家科技发展支撑计划的要求，具有广阔的发展前景。

上海电气电力电子有限公司将会依托上海电气输配电集团这一平台，秉着“合作共赢”的企业宗旨，致力于成为客户长期的、可信赖的合作伙伴。在为客户创造未来的同时，也在为开发绿色能源、保护环境、探索可持续发展等方面做出积极的努力和贡献。

主要产品介绍：

储能变流器

上海电气电力电子有限公司提供全系列的630～1725kW储能变流器，集中式、模块化两种技术路线并行，覆盖发电侧、用户侧、电网侧、微电网等多种使用场景，支持离网运行和“黑启动”，具有高转换率、强适应性、高可靠性等特点，已在多个储能项目中实际应用。

上海电器科学研究所（集团）有限公司

SEARI
上電科

地址：上海市普陀区武宁路505号
邮编：200063
电话：13917082318
邮箱：shigf@ seari. com. cn
网址：www. seari. com. cn

简介：上海电器科学研究所（集团）有限公司（以下简称电科集团），原名机械工业部上海电器科学研究所，创建于1953年，是我国电工行业多专业、综合性行业归口研究所，原机械工业部直属的事业单位。1999年7月按照国务院要求，转制为科技型企业，划归上海市。2004年底，经上海市人民政府批准，实行整体改制，率先实现了投资主体多元化的研究所改制。改制后，随着现代企业法人治理结构逐步完善，电科集团进一步加快了在科技创新、科技服务和科技成果产业化的发展步伐，加大研发装备、检测服务装备和产业园区的投入，现已形成拥有一个科技园和三个产业和创新服务基地的集科技创新服务、国家产品检测、系统集成解决方案提供和高新技术产品生产为一体的企业集团。

60多年来，电科集团已取得3000多项科技成果。特别是近10年，除承担多项国家863项目、科技部及上海市重点重大科技项目外，更取得了国家及省部级二等奖以上的科技和产业成果90多项，国家授权专利数百项（其中1/3为发明专利），软件著作权100多项。一大批科技产业成果已成为我国相关企业各个时期的主导产品，为促进行业的技术创新和科技进步做出了贡献。

立足上海，服务全国，电科集团先后争取了一批国家级研发和产业服务平台落户上海。2009年筹建了国家中小型电机工程研究技术中心，2010年建设了国家智能电网用户端产品（系统）质量监督检验中心，2011年筹建了国家能源智能电网用户端电气设备研发（实验）中心等。2012年被认定为“国家能源低压电器及电机设备（系统）评定中心”。通过这一系列新建、整合以及能力提升，围绕电机系统节能、智能电器、智能交通、智能电网用户端共性与关键技术等诸多行业领域，建成了集研发、检测、标准为一体的，具有国际先进水平的创新服务平台，形成了新的创新服务能力，促进新兴产业发展。

作为我国电器、电机、智能交通等行业综合技术整体解决方案的提供商、科技研发与产业发展相结合的智能电工产业集团，电科集团始终坚持“技术先导、产业先导、服务先导”的经营理念，注重加强与国内外同行开放性的技术交流与合作，通过在智能电器/系统技术及产业、电机/系统节能技术及产业、智能交通/系统技术及产业、智能电网用户端产品及系统和网络、船用电机电器/系统技术及产业、电工合金及材料、智能电器电机检测及服务、传媒会展等领域的不懈努力，以科技创新缔造领先品质，以持续努力塑造企业品牌，以优质服务创造顾客价值。

上海晶丰明源半导体股份有限公司

BPS
晶丰明源

地址：上海市浦东新区中国（上海）自由贸易试验区申江路5005弄3号9-12层、2号102单元
邮编：200120
电话：021-51870166
传真：021-51870166
邮箱：sales@ bpsemi. com
网址：www. bpsemi. com

简介：上海晶丰明源半导体股份有限公司（以下简称晶丰明源）（股票代码：688368）成立于2008年10月，是国内领先的模拟和混合信号集成电路设计企业之一。

公司总部位于上海，在杭州、成都和香港设有子公司，在深圳、厦门、中山、东莞、苏州设有客户支持中心，为客户提供全方位服务。

晶丰明源专注于电源管理和电机控制芯片的研发和销售，坚持自主创新，产品覆盖LED照明驱动芯片、AC-DC电源管理芯片、DC-DC电源管理芯片、电机控制驱动芯片等，广泛应用于LED照明、家电手机、个人计算机、服务器、基站、网通、工业控制等领域。

晶丰明源坚持“创芯助力智造，用心成就伙伴”的使命，为行业发展而拼搏，为国家强盛而立志，在公司领先的领域推动行业进步，在国产落后的领域奋力缩小差距，迎难而上，努力追赶，铸就时代芯梦想！

主要产品介绍：

BPD93010

BPD93010 支持原生 1~10 相 Buck 控制器，由数字方式控制，小封装（QFN 5×5），在国内实现了从单相到多相、从模拟控制到数字控制的飞跃。成功应用于 CPU、GPU、AI 等大功率计算芯片供电，可广泛应用于 PC、服务器、数据中心、基站、自动驾驶等行业领域。

上海科梁信息科技股份有限公司

地址：上海市徐汇区宜山路 829 号海博综合楼 2 号楼
邮编：200233
电话：021-54234718
传真：021-54234721
邮箱：marketing@ keliangtek. com
网址：www. keliangtek. com

简介：上海科梁信息科技股份有限公司（以下简称科梁）创建于 2007 年，是一家“以模型驱动开发，以创新创造价值”的高新技术企业，致力于为能源电力、高端装备、轨道交通、新能源汽车、信息技术等众多行业的装备设计、研发、制造、测试和运维提供仿真测试类工业软硬件产品、嵌入式测试系统和全方位的配套服务。公司总部位于上海市，在北京、西安、长沙设有分支机构。

自成立以来，科梁依托专业的数字化仿真测试技术，持续围绕能源、控制、信息三大回路系统的技术发展需求进行全面深耕，不断在电力电子和电力系统专业领域构建自身的关键核心技术优势。经过多年的探索和实践，凭借强大的建模仿真能力、软件开发能力、系统集成能力和项目实施能力等全生命周期服务能力，科梁积累了丰富的工程模型、算法应用、行业解决方案和交钥匙工程项目经验，形成了完善的仿真测试软硬件产品研发、生产、销售和服务体系，市场份额日益扩大并逐步发展成为国内仿真测试技术领域的领军者。

科梁注重创新发展，通过产品和技术创新保持行业领先地位。截至 2022 年底，科梁已申请专利 138 项，已获得授权专利 67 项，其中发明专利 49 项，实用新型专利 16 项，外观设计专利 2 项；同时，还拥有 57 项软件著作权。在企业资质方面，公司已荣获国家级专精特新“小巨人”企业、上海市高新技术企业、上海市双软企业、上海市专精特新中小企业、上海市科技小巨人企业、上海市专利试点企业、上海市徐汇区企业技术中心等资质认证。

主要产品介绍：

电机模拟器

科梁利用 PHIL 技术开发了可用于测试各种领域多种类型的电机控制器的电机模拟器 KLME，该系统结合了半实物仿真测试和台架测试的优势，填补了信号级 HIL 测试与功率级电机台架测试之间的空白。该系统利用其准确的电机模拟功能，可灵活模拟不同类型、不同场景的电机特性，能高效、全面地测试电机控制器的功能及性能。

上海临港电力电子研究有限公司

上海临港电力电子研究有限公司

地址：上海市浦东新区海洋四路 99 号 2 号楼 2 层
邮编：201315
电话：13818055083
传真：13817765201
邮箱：chenbo. zhou@ leadrive. com
网址：www. leadrive. com

简介：上海临港电力电子研究有限公司于 2019 年 4 月成立于上海临港，是上海临港新片区授牌的首批 6 家科创型平台之一，由美国工程院院士、原 GE 全球副总裁陈向力院士领衔，由 GE 中央研究院整建制团队构成核心研发班底。截至目前，公司新引进全职员工近 70 多名，其中硕博比例达 65%以上。公司首期任务聚焦于国产功率半导体模块相关产业链，定位于促进重大基础研究成果产业化。公司致力于打造国际化协同创新孵化基地，推动国产功率半导体技术与产品的导入，助力临港和全国新能源汽车、新能源装备、海洋海工等产业的快速发展。

上海强松航空科技有限公司

地址：上海市松江区捷辰路 68 号
邮编：201617
电话：13061686418

邮箱：xinhua. qin@ qiangsong-sh. com

网址：www. qiangsong-sh. com. cn

简介：上海强松航空科技有限公司是一家集研发设计、生产制造、销售、售后服务于一体的高新技术企业，获得了 ISO 9001、IATF 16949、GJB 9001B 等资质认证。公司电子事业部专注于电源转换器领域，产品涵盖军品电源模块、铁路电源模块、新能源车载 DC-DC 模块、车载逆变器、车载无线充电器等。公司致力于为客户创造价值，在品质、价格、服务等多个方面紧密配合客户，为客户提供最优质的产品。

公司的市场、研发、制造及管理核心团队由来自国内外知名电源企业、科研院所及著名院校的精英组成。公司与上海交大、南航等高校进行合作，组建联合实验室，在新技术研发、制造工艺、质量管控、管理能力等方面均处于行业领先水平。公司产品不仅包含标准的模块电源，而且可根据客户要求进行定制。产品可媲美国外电源企业，并广泛应用于航空、船舶、兵器等领域。

上海维安半导体有限公司

CYG WAYON

Let's make electronics safer!

地址：上海市浦东新区祝桥镇施湾七路 1001 号

邮编：201207

电话：021-68960650

传真：021-68969990

邮箱：zhuwj@ way-on. com

网址：www. way-on. com

简介：上海维安半导体有限公司成立于 2008 年，致力于电路保护、功率半导体及模拟 IC 产品的技术研发。公司主要产品包括 ESD & EOS、TVS、TSS、MOSFET、保护 IC 及电源管理 IC，拥有一支强大的研发团队，获得专利 200 余项，其中低压 EOS 防护产品系列技术在行业中处于领先，出货量行业领先。公司率先掌握硅基 ESD&EMI 集成技术，高压超结 MOSFET 应用于全球首款 5G 智能手机充电器。公司的核心价值观为“以客户为中心，以技术为本，坚持艰苦奋斗的精神”，从客户应用出发，为客户提供专业的产品解决方案，技术的领先优势获得了众多国际化客户的认可，主要客户包括三星、LG、华为、中兴、小米、亚马逊、富士康等；产品应用领域涵盖 5G 通信、物联网、安防、消费类电子、汽车电子等。

上海沃孚半导体有限公司

地址：上海市普陀区真北路 958 号天地科技广场 1 号楼 16 层

邮编：200333

电话：021-52658800

传真：021-52831810

邮箱：tie. lin@ wolfspeed. com

网址：www. wolfspeed. com

简介：上海沃孚半导体有限公司 Wolfspeed（美国纽约证券交易所上市代码：WOLF）引领碳化硅（SiC）和氮化镓（GaN）技术在全球市场的应用。公司为高效能源节约和可持续未来提供业界领先的解决方案。公司产品家族包括了 SiC 材料、功率开关器件、射频器件，涉及电动汽车、快速充电、5G、可再生能源和储能以及航空航天和国防等多种应用。公司通过勤勉工作、合作以及对于创新的热情，开启更多可能。

深圳超特科技股份有限公司

地址：广东省深圳市宝安区华丰国际商务大厦 516

邮编：518100

电话：0755-23223672

传真：0755-23223675

邮箱：szct@ chinte. com. cn

网址：www. chinte. com

简介：深圳超特科技股份有限公司是 IT 行业里的一家全国性企业，公司以机房一体化解决方案、网络系统集成作为业务主架构，业务涵盖产品研发、生产与销售，工程设计、实施与服务，技术咨询与培训。

深圳供电局有限公司

中国南方电网

CHINA SOUTHERN POWER GRID

深圳供电局有限公司

地址：广东省深圳市福田区中心一路 39 号

邮编：518001

网址：www. sz. csg. cn

简介：1979 年，南方电网深圳供电局伴随着深圳改革开放的步伐正式成立。2012 年，在南方电网公司的统一部署下，正式注册为深圳供电局有限公司，成为南方电网公司直接管理的全资子公司。2015 年底成立董事会，进一步完善现代企业治理。深圳供电局有限公司承担着深圳市及深汕特别合作区的供电任务，供电面积 2421 $(km)^2$，供电客户 323 万户；共有 110kV 及以上变电站 260 座，110kV 及以上输电线路 5042km。深圳电网是我国供电负荷密度最大、供电可靠性领先的特大型城市电网之一。2019 年最高负荷 1910 万 kW；供电量 938.5 亿 kW · h；售电量 925.7 亿 kW · h；客户年平均停电时间 0.54h/户，供电可靠率行业对标连续 9 年全国前十。供电服务连续 9 年位居深圳市 40 项政府公共服务满意度第一位。

深圳可立克科技股份有限公司

地址：广东省深圳市宝安区福海街道新田社区正中工业厂

区 7 栋二层

邮编： 518103

电话： 0755-29918302

传真： 0755-29918007

邮箱： 649849500@ qq. com

网址： www. clickele. com

简介： 深圳可立克科技股份有限公司（以下简称可立克）成立于 2004 年，是一家专注于磁性元件及电源产品研发设计、生产、销售和服务的上市企业（股票代码：002782），经过多年的发展，已成长为欧美地区乃至国际市场有影响力的磁性元件和电源厂商之一。公司生产基地分布在深圳、惠州、信丰、安远、英德，广德等地，拥有数百条磁性元件生产线和数十条电源产品生产线，具备年产磁性元件 15 亿只和电源 1 亿只以上的生产能力，产品畅销海内外，客户主要为世界 500 强、国内外上市公司或细分行业龙头企业，公司于 2010 年荣获“广东省著名商标”。

可立克紧跟行业趋势，设计和制造的产品广泛应用于信息与通信（城市智能化、网络通信设备）、工控、消费类电子（家庭智能化）以及新能源/清洁能源、高端电子仪器设备、汽车电子等高科技领域。可立克已通过 ISO 9001、ISO 14001、QC 080000 和 IATF 16949 体系认证。可立克崇尚技术创新，在技术和工艺上，紧跟国际行业技术前沿，兼收并蓄，不断引进吸收先进技术和设计理念，拥有一整套现代化的验证和检测实验室（如 EMI、EMC、AECQ200 等），年实现研发项目 3000 多个，研发中心已成为省工程技术研究中心和工业设计中心，每年都获得多项专利。

今天的可立克，无论从公司规模、研发技术实力、市场营销能力、企业管理水平还是品牌知名度来说，都位于同行企业的前列。

主要产品介绍：

260W 电源适配器和 175W 逆变器+PD45W 电源、1000W 充电器

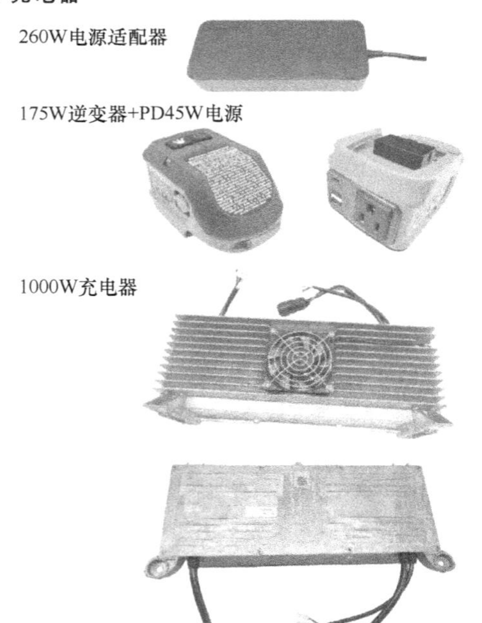

260W 电源适配器满足 DOE VI 和 CoC V5 能效要求，具有同步整流技术和多重保护等性能。

175W 逆变器+PD45W 电源可靠性高，能源效率超过 87%，符合 USB PD3.0 规范。

1000W 充电器输入 AC 100～240V，输出电压 28～118V，电流为 3～8.5A，符合 IP54 防水和防尘要求。

深圳欧陆通电子股份有限公司

欧陆通 HONOTO

地址： 广东省深圳市宝安区西乡街道固戍二路星辉工业厂区厂房一、二、三（星辉科技园 A、B、C 栋）

邮编： 518000

电话： 0755-33857166

传真： 0755-81453432

邮箱： yuetian@ honor-cn. com

网址： www. honor-cn. com

简介： 深圳欧陆通电子股份有限公司（以下简称欧陆通，股票代码：300870）成立于 1996 年 5 月 29 日。公司总部位于深圳宝安，已在深圳、赣州、东莞等地设立生产基地，并在全球多个地区设立分公司和子公司，是国内领先的开关电源制造商。

欧陆通主要从事开关电源产品的研发、生产与销售。公司产品系列广泛，主要产品包括电源适配器、服务器电源、通信电源和动力电池充电器等。产品可广泛应用于办公电子、网络通信、安防监控、数据中心、动力电池设备、音响、金融 POS 终端等众多领域。

欧陆通是国家高新技术企业，并设有深圳市企业技术中心、博士后创新实践基地和广东省高能效智能电源及电源管理工程技术研究中心，并已建立了较为完备的实验室，可进行传导实验、辐射实验、可靠性实验、环境实验、雷击实验、电性测试、结构验证等多项检测。

欧陆通旗下品牌“欧陆通（Honoto）”和“ASPOWER”，凭借着优良的产品品质、快速响应的服务能力等，树立了良好的市场形象，获得了众多海内外知名客户的认可，建立了合作关系。公司多次获得市级奖项和殊荣，其中包括广东省制造业企业 500 强、深圳市专利奖、深圳市知名品牌、广东名牌产品、深圳 500 强企业、第三届深圳质量百强企业等荣誉称号。

深圳青铜剑技术有限公司

地址： 广东省深圳市南山区高新南环路 46 号留学生创业大厦二期 22 楼

邮编： 518000

电话： 0755-86329497

传真： 0755-86329497

邮箱： info@ qtjtec. com

网址： www. qtjtec. com

简介： 深圳青铜剑技术有限公司（以下简称青铜剑技术）是中国 IGBT 驱动行业的领导者，专注于功率器件驱动器、驱动 IC、测试设备的研发、生产、销售和服务，致力于为客户提供集成化、智能化、自主可控的电力电子解决方案。公司打造了一支实力雄厚的研发团队，成立了广东省大功率电力电子核心器件与高端装备工程技术研究中心，完成了多项国家、省、市科技计划项目，累计获得专利授权百余项，荣获中国专利优秀奖、深圳市专利奖等奖项。

青铜剑技术成功率先研发出大功率 IGBT 驱动 ASIC 芯片，推出 IGBT 标准驱动核、即插即用型驱动器、成套驱动方案、驱动电源、隔离驱动 IC、驱动芯片组、功率器件动态参数测试系统等。产品通过 UL 认证，已广泛应用于新能源、电动汽车、智能电网、轨道交通、工业控制等多个领域。青铜剑技术通过 ISO 9001、IATF 16949 等认证，是中国中车、中国船舶、国家电网、阳光电源、特变电工等 300 多家知名企业的核心零部件供应商，并与英飞凌、富士电机等国际知名企业建立了战略合作关系。

深圳市倍思科技有限公司

Baseus倍思

地址： 广东省深圳市龙岗区坂田街道雪岗路 2008 号倍思智能园 B 栋 2 层

邮编： 518129

电话： 0755-82433603

邮箱： ppds@ baseus. com

网址： www. baseus. com

简介： Baseus（倍思）是深圳市倍思科技有限公司旗下集研发、设计、生产、销售为一体的新生活数码品牌，品牌名 Baseus 由 Base on user（基于用户）的理念演化而来，代表着品牌以满足用户需求为核心，创造实用而美的产品，为用户尽责，为用户增添获得感。

Baseus（倍思）诞生于 2011 年，是新生活数码品牌。倍思秉持“Base on user”的初心，持续创造实用而美的产品，为用户尽责、为人们增添获得感，为用户提供更高效、便捷的产品体验。

创立至今，已超过 3 亿人次选择 Baseus（倍思），品牌触达超过 60 亿人次，每年超过 9000 万件 Baseus 倍思产品正每天陪伴全球 100 多个国家和地区的用户，使他们的新生活方式更高效、更便捷。

2011 年，Baseus（倍思）品牌注册成立。

2015 年，开始采用“设计主导，供应链自控”模式。

2016 年，成为线上电商渠道 TOP 品牌，并开设线下实体店铺。

2017 年，线上平台排名稳步提升，线下实体店开设新增 30 个国家。

2018 年，国内业绩同比增长 200%，参与国际大型电子展不断拓展海外市场。

2019 年，线上平台排名稳定前十，线下实体店增至 120 家，在海外 70 多个国家获得市场。

2020 年，确立主营围绕“充电类”的产品定位及品牌定位，及“充电快，用倍思”的品牌语。

2021 年，成立广东省大功率智能快速充电技术 Baseus（倍思）工程技术研究中心。

2022 年，全新品牌升级，确立“新生活数码品牌”定位，品牌语“新技术，有颜值更好用”。

Baseus（倍思）产品涵盖充电品类、音频品类和 1+C 创新品类等科技全品类，坚持基于用户的需求为导向，以科技创新实力构建强大的产品竞争优势，以实用而美的产品满足智能终端周边、车载出行和办公电子等多个使用场景。

笃行不怠，踔厉奋发，Baseus（倍思）正在为不断满足用户各种智能场景需求而努力前行。

深圳市铂科新材料股份有限公司

地址： 广东省深圳市南山区沙河西路 3157 号南山智谷产业园 B 座 13F

邮编： 518026

电话： 0755-26654881

传真： 0755-29574277

邮箱： services@ pocomagnetic. com

网址： www. pocomagnetic. com

简介： 深圳市铂科新材料股份有限公司成立于 2009 年，于 2019 年在深交所创业板上市（股票代码：300811），是一家聚焦于软磁粉末、金属磁粉芯及电感应用解决方案开发的国家高新技术企业。通过自主创新，公司完全掌握了铁硅、铁硅铝等从粉末研发、制造、绝缘，到成型的整个金属磁粉芯全制程体系及核心技术。基于对金属软磁材料的深度研究，通过与光伏逆变器、新能源汽车及充电桩、变频空调、不间断电源、信息通信等电力电子行业知名企业的深度应用合作，已完美架构从金属磁粉芯生产、销售到磁元件设计的一站式金属磁粉芯服务平台，为电力电子客户解决电感元件成本、效率、空间等多方面的技术问题。公司终端用户包括华为、ABB、古瑞瓦特、伊顿、固德威、锦浪、阳光电源、中兴、比亚迪以及格力等众多国内外优秀企业。

深圳市鼎泰佳创科技有限公司

地址： 广东省深圳市光明新区南太云创谷产业中心 4 栋 14 楼

邮编： 518000
电话： 18682044651
邮箱： lic@ szdtjc. com
网址： www. szdtjc. com
简介： 深圳市鼎泰佳创科技有限公司专业提供电源老化测试一体化解决方案、全自动老化测试解决方案、电池充放电一体化解决方案等，是集研发、生产、销售、服务为一体的国家级高新科技企业。

公司成立于 2010 年 1 月，历经多年发展，现拥有一批经验丰富的专业技术人才和高级产品开发人员，有现代化标准厂房面积 6000 多 m^2。拥有高素质团队 100 余人，其中主要以工程技术、产品服务、产品研发人员为主，建有标准工程研发中心及实验室。

公司在创建“节能环保先锋”的企业使命驱动下，一直致力于节能型老化设备及产品的研发与创新，现已取得多项实用新型和发明专利，已形成门类齐全的节能老化设备系列，是目前国内节能老化设备的领跑者。公司可按照客户需求，量身设计、定做非标自动化、老化柜、安装调试各类型的节能老化设备，并提供完善的售后服务。

公司经过这几年的发展，一直秉承以一流的品质、完美的服务，为客户提供高性价比的产品。严格执行“技术领先、质量可靠、服务满意、客户至上”的经营方针，以此赢得顾客的信赖和双赢的市场发展空间，并得到市场上的认可和享有较高的声誉。公司的节能老化设备已成功销售给中兴、长城、光宝、航嘉、伟创力、华为和菲律宾康舒等国际大公司，并得到认可和通过稽核，鼎泰佳创已成为电源类节能老化、测试设备的首选品牌。

深圳市海思瑞科电气技术有限公司

地址： 广东省深圳市宝安区创业二路创锦壹号 B 座 313
邮编： 518000
电话： 0755-23890707
传真： 0755-23883586
邮箱： sales@ hisrec. com
网址： www. hisrec. com
简介： 深圳市海思瑞科电气技术有限公司（HISREC）（以下简称海思瑞科）是集研发、生产、销售、服务于一体的员工持股的国家级高新技术企业。海思瑞科专注于电能质量治理方向，自主研发生产的电能质量治理产品可以帮助客户解决用电过程中存在的各种电能质量问题困扰，避免因为用电电压、电流、功率因数等电能质量不达标而造成的生产损失和供电中断等问题。

10 多年来，海思瑞科集全公司力量对电能质量治理这个公司唯一的业务领域不断探索和耕耘，公司的专业性和产品品质逐渐赢得了众多客户的信赖，在电能质量治理领域已经成为行业内的主要公司，是公认的电能质量治理专家！

海思瑞科拥有自主知识产权的有源电力滤波器（APF）、静止无功发生器（SVG）、动态电压恢复装置（DVR）、传统和智能电容补偿装置等一系列电能质量监测治理产品，产品广泛应用于光伏、锂电池、汽车、市政、数据中心、建筑、化工、电子、冶金等多个领域。

海思瑞科尤其深刻理解和熟悉光伏电池制造和锂电池制造这两个领域，充分了解这两个行业的生产工艺设备特性，并能及时做出针对性的专业电能质量治理方案。多年来海思瑞科在光伏电池制造和锂电池制造这两个领域的客户中已经持续取得了大量的产品现场应用，在一些行业头部企业中占据大部分市场份额。

海思瑞科坚持以客户为中心、成就奋斗者价值、持续回报社会为企业使命，并为成长为一个受人尊敬、值得信赖、具有卓越企业文化的世界级企业而长期努力奋斗！

深圳市瀚强科技股份有限公司

地址： 广东省深圳市龙华新区宝能科技园 7 栋 B 座 7 楼
邮编： 518110
电话： 13928485135
邮箱： liuyg@ rspower. cc
网址： www. rspower. cc
简介： 深圳市瀚强科技股份有限公司是一家专业从事各类节能环保电源及计算机软件产品的开发、设计、销售与服务的国家级高新技术企业，主营射频电源、超算服务器电源、模块电源等，并向储能系统积极布局和拓展。

自 2004 年成立以来，公司秉持“源自专业，追求卓越”的理念，以“专一、专注、专业”为原则，坚持“品质第一、客户至上”的企业精神，集产品、方案、服务于一体，不断进行资源整合与业务拓展，立志成长为电子电力电源行业尖端细分市场的领导者。公司拥有卓越的研发团队和生产基地，不断汇聚行业高素质人才，公司研发人员占比达到 65%以上。通过多年不懈的努力，公司拥有多项发明专利，并以质量求生存，全面地按 ISO 9001 质量管理体系要求执行，建立了高质量的生产制造体系和贯标全面的知识产权体系。产品符合多个国家的安规标准，如 CCC、CE、CQC、UL 等。

公司将秉承“以客户需求为导向，并优于客户的要求”的产品战略，致力于在新能源与电力电子领域“突破极限、引领未来”。

深圳市恒运昌真空技术有限公司

地址： 广东省深圳市宝安区西乡街道铁岗社区桃花源智创小镇功能配套区 B 栋

邮编：518102
电话：0755-27813086
传真：0755-23023766
邮箱：sales@ csl-vacuum. com
网址：www. csl-vacuum. com

简介：深圳市恒运昌真空技术有限公司创立于 2013 年，专注于半导体设备核心零部件领域，提供射频电源卡脖子技术产品，赋能半导体设备、芯片制造等行业，助力集成电路产业自主可控和升级换代，2022 年成长为专精特新“小巨人”企业。

2019 年，公司于国内率先突破全数字射频电源技术瓶颈，满足 28nm 工艺制程需求，性能达到或超过同一节点国外同类产品技术水平，填补了国产射频电源系统在高端集成电路设备上应用的空白。

公司是国内唯一通过半导体装备验证的供货商，已批量交付拓荆科技等半导体设备领先厂商，并配套中芯国际等国内领先终端晶圆厂商，产品技术和交付数量在国内射频电源领域处于领先地位，细分市场占有率超 90%。公司产品可满足逻辑、DRAM 和 NAND 等芯片制程的需求，填补了半导体制造领域的短板。

当前，国产射频电源和匹配器在集成电路设备上的份额不足 1%，在国家大力支持发展全国产化半导体产线，实现全面自主可控的战略机遇下，公司深耕国内市场，计划在 2~3 年内逐步实现 28nm 工艺级射频电源系统的量产及完全进口替代。进一步地，实现 14nm 及以下工艺制程射频电源的完全自主，在迅速崛起的中国半导体市场完成构筑企业的优势定位。在此基础上，部署从深耕国内到走出国门的战略准备，未来在全球舞台上与行业头部企业同台竞技。

公司立志做核心零部件的领跑者，履行为中国半导体与真空装备国产化贡献“芯”力量的使命。

主要产品介绍：

Bestda LF/HF 射频电源、Aspen Plus 射频电源、Bestda 双输出自动匹配器、Combo 双频自动匹配器

Bestda LF/HF系列射频电源

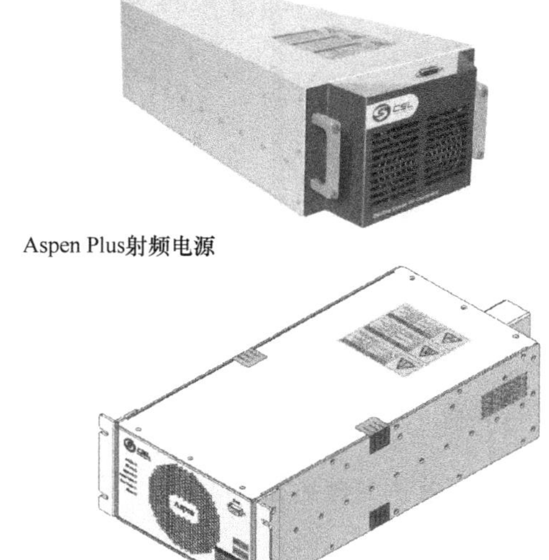

Aspen Plus射频电源

公司 Bestda/Aspen/Combo 系列射频电源和匹配器是面向晶圆制造前道工艺的高端等离子体工艺电源/匹配器，属于半导体核心零部件“卡脖子”技术产品，性能达到或超过同一节点国外同类产品技术水平，已配套国内领先的半导体设备厂商和晶圆厂商，补齐了集成电路制造产业链高端射频电源依赖进口的短板。

深圳市汇业达通讯技术有限公司

地址：广东省深圳市光明区圳美大道海鑫光工业区 C 栋
邮编：518038
电话：0755-89800910
传真：0755-27521353
邮箱：chenluping@ huiyeda. com
网址：www. huiyeda. com

简介：深圳市汇业达通讯技术有限公司（以下简称汇业达）成立于 1996 年，专注于交直流电源系统、电力电源模块及电源监控系统的研发、生产和销售的国家级高新技术企业。

汇业达自成立以来，历经多年的沉淀与积累，建立了一套完整的管理及服务体系，培养出了一支高素质专业化的团队。公司一直坚持走自主研发、技术创新的道路，所有产品均拥有自主知识产权，并获得多项国家发明专利和软件著作权。

公司主要产品有站台门电源、交直流电源、智能一体化交直流电源、模块化 UPS、蓄电池维护设备及特殊定制电源等。产品在轨道交通、光伏发电、风电场、火电厂、水电站、变电站、冶金化工、新能源、数据中心等领域得到广泛应用。

汇业达人以“诚实守信、开拓创新、客户第一、合作共赢”为核心的价值观，以技术为核心，视质量为生命，为客户提供具有竞争力的核心部件及整体解决方案，持续为客户创造最大价值。

深圳市京泉华科技股份有限公司

地址：广东省深圳市龙华新区观澜街道桂月路 325 号京泉华工业园
邮编：518110
电话：0755-27040011
传真：0755-27040555
邮箱：everrise@ everrise. net
网址：www. jqh. cc/cn/index. aspx

简介：深圳市京泉华科技股份有限公司（以下简称京泉华）成立于 1996 年 6 月，注册资本 18000 万元。公司主要从事磁性元器件、电源及特种变压器等产品的研制开发，是一家集研发、生产、销售、服务于一体的国家高新技术企业，并于 2017 年 6 月在深交所中小板上市。

京泉华以磁性元器件生产为基础，以电源及特种变压器同步开发为特色，形成了可靠性高、质量稳定、技术先进、应用领域广泛、规格品种齐全的产品线。公司已发展成为国内磁性元器件和电源行业具有领先竞争优势和品牌影响力的专业供应商。公司先后荣获“深圳市企业技术中心”“广东省著名商标”“深圳市知名品牌”“博士后创新实践基地”“两化融合贯标企业”“省级知识产权示范企业”等荣誉；是连续多年的中国电子元件百强企业、龙华区工业百强企业、龙华区纳税百强企业。

公司现有员工 3200 余人，技术研发中心为 405 人。公司已获授权专利 192 项，其中发明专利 32 项。深厚的技术研发积累不仅帮助公司提高了新产品的研发数量，成功开拓了新产品市场，而且极大地提高了产品的技术水平，使公司产品更具竞争力。

深圳市雷能混合集成电路有限公司

SUPLET®

地址： 广东省深圳市光明区玉塘街道田寮社区高新园区拓日新能源工业园 A 厂房 601、701、901，B 厂房 401

邮编： 518132

电话： 0755-86001502

邮箱： postmaster@ suplethic. com

网址： www. suplet. com

简介： 深圳市雷能混合集成电路有限公司成立于 2003 年，是创业板上市公司北京新雷能科技股份有限公司（股票代码：300593）的全资子公司。公司核心业务是研发、生产和销售高效高功率密度高可靠性电源，主要产品为通信用模块电源、定制电源、电源系统。目前公司整体技术处于国内领先、国际一流水平，产品在 4G、5G、光通信等领域获得广泛应用。2020 年 12 月 11 日，公司被继续认定为国家高新技术企业，证书编号为 GR202044202930；2021 年 8 月 20 日公司被广东省科学技术厅认定为“广东省高效高功率密度 5G 电源系统工程技术研究中心”，工程中心编号为 2021B126。截至 2022 年 4 月公司获得有效知识产权 82 项，其中发明专利 30 项。

公司实行高水准的国际质量管理体系，对研发、工艺、生产、检验等全过程进行严格控制，产品稳定可靠。目前公司通过了 ISO 9001、TL 9000、ISO 14001、ISO 45001 等管理体系的认证。公司与客户关系稳定，具备扎实的合作基础，能够快速响应客户需求，提供优质服务。

深圳市洛仑兹技术有限公司

深圳市洛仑兹技术有限公司
Shenzhen Lorentz Technology Co., Ltd.

地址： 广东省深圳市南山区西丽街道阳光社区松白路 1008 号艺晶公司 15 栋 501A 区

邮编： 518055

电话： 0755-23206724

邮箱： quality@ lrt-tech. com

网址： www. lrt-tech. com

简介： 深圳市洛仑兹技术有限公司成立于 2017 年，经过初期的快速发展，已成长为拥有完全自主知识产权，专业从事绿色、数字化能源互联网的研发、生产、营销的国家高新技术企业。公司产品涵盖了绿色节能解决方案、数字储能解决方案、5G 通信能源解决方案、智能制造激光电源解决方案等，持续为全球客户提供稳定、高效的端到端新能源解决方案。在工业双向电源领域，公司产品市占率高达 90%以上，已成为行业头部标杆型供应商。

公司总部位于深圳西丽，在武汉、长沙设有研发基地及分公司。现有生产场地 10000 多 m^2，严格按照现代企业管理制度组织生产和经营管理，在 ISO 9001：2008 质量管理体系认证的规范下，从器件选型、采购、产品生产制造、工艺控制、QC 到产品服务等均已形成严格、严谨、规范的管理程序。

公司的核心管理团队由前中兴通信能源产品线总经理领衔，团队拥有先进的企业管理理念，技术能力达到国际领先水平。公司规模已达百人以上，其中研发人员占比高达 60%，本科以上学历占比超过 80%，由行业从业十年以上经验的团队组成，具有丰富的产业应用经验。公司始终以科技创新为中心，已获得专利 30 多项，软件著作权 20 多项，并以每年 10 多项的速度快速增长。

经过多年耕耘，公司客户覆盖了宁德时代、比亚迪、欣旺达等国际知名企业的供应链企业，如杭可、恒翼能、泰坦等，同时也为京信、盛弘电气等上市公司提供整体解决方案，在长期、稳定的战略合作过程中，公司以创新为动力、以技术求发展，持续为客户提供高质量的创新产品，赋能新能源行业的快速发展，早日实现碳达峰、碳中和的全球环保目标。

深圳市首航新能源股份有限公司

SOFAR
首航新能源

地址： 广东省深圳市宝安区新安街道兴东社区 67 区高新奇科技楼 11 层

邮编： 518101

电话： 0755-26526757

邮箱： info@ sofarsolar. com

网址： www. sofarsolar. com

简介： 深圳市首航新能源股份有限公司是一家全球领先的光伏和储能解决方案提供商，致力于成为数字能源解决方案的领航者，为全球户用、工商业、大型地面电站提供创新的技术与系统解决方案。公司核心产品涵盖 1～255kW 光伏逆变器、3～20kW 储能逆变器、储能电池、数据中心能源系统。

深圳市斯康达电子有限公司

地址： 广东省深圳市宝安区福永街道吉安泰工业园

邮编：518000
电话：0755-26016812
传真：0755-26016813
邮箱：li. junping@ skonda. com. cn
网址：www. skonda. com. cn

简介：深圳市斯康达电子有限公司（以下简称斯康达）成立于2002年，是国内精密测量仪器与测试系统核心技术自主化的国家级高新技术企业，也是集电力电子、新能源、充电桩、电池、自动化测试与老化方案研发、生产、销售、服务于一体的综合仪器设备供应商。

斯康达20多年来专注于仪器测试领域，“SKONDA”品牌原创产品及解决方案已成熟应用于3C、新能源汽车、医疗电子、5G电源、充电桩、信息通信、LED照明、电子元器件、军工、实验院所等领域。

近年来，斯康达品牌、业务、技术屡获市场关注与认可，公司致力于整合更灵活、更可靠的专业设备测试方案，全方位支持客户需求，为客户创造价值。

以技术开拓为驱动，以客户需求为导向，斯康达始终致力于提供全球工业测试领域高可靠、高精准、可持续的测试设备及整合解决方案。现阶段，斯康达在广东、江苏、山东等地区均设立分支机构，销售业务及技术支持可快速抵达全国广大客户群。未来。斯康达将持续打造泛领域、多应用、深耕作的定制化开发设计、测试方案集成的服务体系，推动中国电力电子、新能源与工业自动化产业向高效率、低能耗、轻便化转型升级。

深圳市瓦特源检测研究有限公司

地址：广东省深圳市龙华区观澜街道牛湖社区君新路101号国升工业园厂房10101
邮编：518110
电话：0755-85297065
邮箱：test@ wtypower. com
网址：www. wtypower. com

简介：深圳市瓦特源检测研究有限公司位于深圳，是高新技术企业，产品服务涉及信息技术类电源、家用和类似用途类电源、灯具类电源、通信类电源、安防类电源、汽车电子类电源、医疗器械类电源、航模飞机类电源、特殊定制类电源等多个领域。

公司创立于2015年，是专注开关电源细分领域国内首家第三方检测实验室，属于技术密集型企业。公司专业提供开关电源产品设计方案选型阶段、器件选型阶段、EVT开发阶段、DVT开发阶段、验收定型阶段、小批试产阶段、量产阶段的第三方实验室、检测与评价服务。公司现有$1380m^2$的专业实验室，总价值3000万元的各类专业检测仪器设备，全方位提供开关电源产品150多个检测项目；拥有一批在开关电源产品设计验证领域工作10多年经验丰富的工程师。公司拥有一支高水平的专业研发队伍和与国际接轨的研发体系，并与国内外高等院校、研发机构拥有多项合作，共同拓展电力电子应用领域，为保持产品技术研发的领先优势，不断加大研发投入力度，建立了先进的研发和实验平台。

公司目前已拥有安全/性能实验室、电磁兼容实验室、声学实验室、可靠性实验室、零件实验室、光学实验室，热分析实验室等。

深圳市英可瑞科技股份有限公司

地址：广东省深圳市南山区TCL国际E城E1栋11楼
邮编：518052
电话：0755-26586000
传真：0755-26545384
邮箱：increase@ szincrease. com
网址：www. increase-cn. com

简介：深圳市英可瑞科技股份有限公司成立于2002年，为国家高新技术企业，2017年11月1日在创业板顺利上市（股票代码：300713）。公司专注于电力电子产品的研发、生产和销售，定位服务于中高端直流电源系统制造商，以拥有自主知识产权为基础，在经营过程中坚持走自主研发、技术创新的道路，为客户提供设备配套及其服务，实现企业价值与客户价值共同成长。

公司成立10多年来，一直在努力建设高素质研发团队，积极担当电源行业技术创新的探索者和实践者，先后获得多项国家发明专利技术和软件著作权。同时公司坚持制造符合国标和欧美标准的高品质产品，锻造专业化的营销服务精英。目前公司产品广泛应用于汽车、电力、铁路、冶金、通信等领域，业绩案例遍布国内及世界各地。

为了致力于新能源电动汽车的市场开拓，公司自2011年开始进行汽车直流充电模块的开发，目前有3.5kW、7.5kW、10kW、15kW、20kW系列共计50余款型号的产品；充电桩标准系统从21kW到450kW覆盖多个功率等级。目前，参与北京APEC会议中心充电站、首都国际机场充电站、上海交投公交充电站、南京公交充电站、苏州大型充电站等项目，在新能源汽车充电桩领域享有很高的美誉度。

深圳市智胜新电子技术有限公司

地址：广东省深圳市南山区西丽街道西丽社区打石一路深圳国际创新谷2栋A座904
电话：0755-83526100
传真：0755-83526199
邮箱：sales@ zeasset. com，yukz@ zeasset. com.
网址：www. zeasset. com

简介： 深圳市智胜新电子技术有限公司成立于 2004 年，是从事大型铝电解电容器和超级电容器研发、生产与销售的高新技术企业。公司先后被认定为国家高新技术企业和国家级专精特新“小巨人”企业。公司设有研发中心，研发工程师占企业总人数的 25%，均具有 15 年以上研发工作经验。公司拥有包括发明专利、实用新型专利及软件著作权共 40 多项，多次承接深圳市铝电解电容器关键技术的研发项目。公司引进欧美、日本等国家和地区的先进生产设备，配备齐全与精密的检测和试验设备。公司已通过了 ISO 9001 质量管理体系认证、ISO 14001 环境管理体系认证、IATF 16949 汽车质量管理体系认证、ISO 45001 职业健康安全管理体系认证，以及 RoHS 环保认证和 UL 安全标准的权威认证；同时在管理环节、制造环节、服务环节等诸多方面实现了标准化、信息化、数据化，确保产品品质的保障。公司在以中国大陆为主要销售市场外，先后与欧美、亚洲等诸多厂商保持着长期与良好的合作关系，获得了客商的一致好评。

深圳市中电熊猫展盛科技有限公司

地址： 广东省深圳市坪山新区锦绣中路 19 号美讯数码科技园 A 栋 701、B 栋 7-8 楼
邮编： 518118
电话： 0755-86238746
传真： 0755-86238829
邮箱： eng@ jensin. cn
网址： www. jensin. cn
简介： 深圳市中电熊猫展盛科技有限公司成立于 1996 年，隶属于世界 500 强中国电子集团，是一家集研发、生产、销售为一体的国家级高新技术企业。公司成立至今，专注于高端电源、大功率电源的生产、制造，产品多服务于新能源、监控、金融、电力、医疗、通信等行业。20 多年来，公司坚持为客户提供高品质的电源制造服务，客户多为世界 500 强企业或行业领先企业。公司取得了 ISO 9001、TUV、PSE、CCC 等质量体系认证和安全认证，并获得 DENSO、OKI、NEC、HITACHI、TOSHIBA、川崎重工、国网、南网等知名企业集团供应商资质认定。

工厂建有 5000m^2 高标准、自动化厂房，直接作业人员达到 150 名，拥有松下高速贴片线 4 条，30m 流水线 5 条，月产能可达到 10 万台，同时拥有锡膏厚度测试仪、AOI 自动光学检测系统、全自动电源测试系统、GPIB 测试仪等多种检测设备。

基于对客户需求的精准把握，公司坚持长期的研发投入，组建了经验丰富、运作高效的研发团队，在深圳和南京均设立研发中心，申请了多项发明专利，成为产品研发和技术革新的有利保障。公司开发的大功率智能快充模块等产品获得国内先进产品鉴定，高可靠的 ATM 取款机电源、工业机器人电源模块等广泛应用于各领域。

四川爱创科技有限公司

AI·Chance
爱创科技

地址： 四川省绵阳市其他安州区安州工业园马安大道
邮编： 621000
电话： 15984665776
邮箱： 646440808@ qq. com
简介： 四川爱创科技有限公司的业务范围有电子、通信与自动控制技术研究及应用服务；家用制冷电器具、家用空气调节器、家用通风电器具、其他家用电力器具的制造与销售；照明器具、塑料制品、机械零部件的加工制造、销售；商业、饮食、服务专用设备的制造、销售；保鲜产品（高压静电装置）以及水分子激活技术研究与应用产品的开发；其他医疗设备及器械的制造、销售；软件开发；新技术推广服务及应用、信息技术咨询服务；物联网技术的开发及应用；互联网开发及应用；企业形象策划服务；广告的设计制作发布；职业技能培训；仪器仪表修理；货物和技术进出口（法律、法规禁止项目除外，限制项目凭许可证经营）。

四川经纬达科技集团有限公司

地址： 四川省绵阳市高新区永兴镇工业园区
邮编： 621016
电话： 13696263070
邮箱： myjwd@ myjwd. com
网址： www. myjwd. com
简介： 四川经纬达科技集团有限公司成立于 2002 年，总部位于四川绵阳，员工有 1700 余人。公司是领先的专业磁性器件制造商，主要研发和生产磁性器件产品，包括网络磁性器件（如网络变压器、RJ45 模块、Chin Lan 产品、RF 变压器等），及功率磁性器件（如功率电感、驱动变压器、隔离变压器、共模电感、电流互感器等）。公司产品应用行业覆盖通信、汽车、数据存储、工业、新能源、消费电子等领域。公司一如既往地坚持实业报国，以先进技术为核心，以卓越品质为保证，以行业应用为导向，持续为中国磁性器件的发展贡献力量。持续帮助合作伙伴提高竞争力。

苏州博思得电气有限公司

POWERSITE

地址： 江苏省苏州市高新区富春江路 188 号 5 号楼
邮编： 215100

电话：18020273536

邮箱：teng_dou@ powersite-group. com

网址：www. powersite. cn

简介：苏州博思得电气有限公司（以下简称博思得）是一家专注于研发和生产 X 光影像设备核心部件的现代化高科技企业。公司主要提供高压发生器（HVG）、组合式 X 射线源、电源分配单元（PDU）等核心部件整体解决方案，产品主要应用于高端 X 光影像设备，例如 CT、CBCT、DR、乳腺仪、C 型臂 X 光机、安检及工业检测设备等。

博思得自创立以来，注重产品自主研发和技术创新，实现了 X 光影像设备核心部件技术突破，经过不断地探索，最终成就出了一系列高性能、高质量的产品，实现了进口替代。目前高压发生器 DR 类产品国内市场已连续两年销量前茅。

博思得先后被认定为国家级高新技术企业、江苏省专精特新中小企业、江苏省工程技术研究中心、苏州市独角兽培育企业等，还积极与多所知名高校展开产学研合作。

博思得始终秉承着“专注、专业、用心服务”的理念，目标成为世界一流的 X 光影像核心部件供应商。多年来，博思得不断创新、追求卓越，以高性能、高质量的产品为基础，与多家知名企业达成了长期战略合作关系，目前已成长为国内高压发生器领域头部企业。

苏州纳芯微电子股份有限公司

地址：苏州市苏州工业园区金鸡湖大道 88 号人工智能产业园 C1-5F

邮编：215123

电话：0512-62601802

邮箱：sales@ novosns. com

网址：www. novosns. com

简介：苏州纳芯微电子股份有限公司（股票代码：688052）是高性能高可靠性模拟及混合信号芯片设计公司。自 2013 年成立以来，公司聚焦信号感知、系统互联、功率驱动三大方向，提供传感器、信号链、隔离、接口、功率驱动、电源管理等丰富的半导体产品及解决方案，并被广泛应用于汽车、工业控制、信息通信及消费电子领域。

公司以“‘感知’‘驱动’未来，共建绿色、智能、互联互通的‘芯’世界”为使命，致力于为数字世界和现实世界的连接提供芯片级解决方案。

溯高美索克曼电气（上海）有限公司

socomec
Innovative Power Solutions

地址：上海市普陀区大渡河路 168 弄 31 号北岸长风 E 栋 5 楼 01，04-08 室

邮编：200052

电话：021-52989555

邮箱：info. cn@ socomec. com

网址：www. socomec. cn

简介：溯高美索克曼电气（上海）有限公司，一个法国电气百年品牌，集团总部位于法国，是全球电气技术产品领域领先的制造商，子公司遍布全球。公司始终关注客户需求，以低压电气网络的建立、控制和安全为主。三大业务领域为不间断电源、电气控制与安全、能效管理，拥有完整的产品系列，致力于为您的电网运行保驾护航。

公司专注于不断创新来完善专业领域，每年投入 10% 的营业额作为研发资金。公司拥有法国第二大认证实验室——特斯拉实验室，可出具权威认可的测试报告。

泰克科技（中国）有限公司

Tektronix

地址：上海市长宁区福泉北路 518 号 9 座 5 楼

邮编：200335

电话：400-820-5835

邮箱：china. mktg@ tektronix. com

网址：www. tek. com. cn

简介：泰克有限责任公司（以下简称泰克）成立于 1946 年，是世界首台触发式示波器的发明者，作为一家全球领先的测试测量仪器及系统方案提供商，泰克推出的各种解决方案在过去的 70 多年间，为许多人类重大进步提供了强有力的支持，涵盖医疗、通信、移动和太空等领域。泰克办事处遍布于 21 个国家和地区，致力于为即将创造未来的全球科学家、工程师和技术人员提供服务和支持。

泰克产品主要包括示波器、信号源、电源、频谱分析仪及各类探头与附件。泰克的设计和制造能够帮助您测试和测量各种解决方案，从而突破复杂性的层层壁垒，加快您的全局创新步伐。

当前整个电源产业正发生着深刻的变革，以 SiC（碳化硅）、GaN（氮化镓）为代表的宽禁带半导体技术已经在众多行业中得到了广泛的应用，也给电源的开发测试工作带来了众多的挑战。

泰克始终密切跟踪最新技术的进展，通过和业内领军企业的密切合作来开发针对性的测试方案。基于其性能独特的光隔离探头以及示波器等产品，泰克为广大电源工程师们提供了卓越的完整测试解决方案。

田村（中国）企业管理有限公司

TAMURA

地址：上海市黄浦区淮海中路 527 号新国际购物中心 A 座 13 楼

邮编：200001

电话：021-63879388

传真：021-63879268

邮箱： zhong. xue@ tamura-ss. co. jp

网址： www. tamuracorp. com/global/index. html

简介： 田村（中国）企业管理有限公司成立于 2003 年（原田村电子（上海）有限公司），是日本田村集团海外最重要的产品研发和市场营销基地，现有员工近百名，其中研发中心员工占人数的一半以上。

田村（中国）企业管理有限公司研发中心成立于 2006 年，主要从事高频开关电源、电感变压器等电子元器件的研发及市场开拓。主要客户遍及全球国际性知名企业，如三菱电机、Sony、丰田、欧姆龙、施耐德、牧田、FANUC、珠海格力等。根据田村集团的战略定位，上海研发中心与日本技术总部具有同等技术研发资质，是日系公司在中国展开高水平技术研发的少数公司之一；特别是通过不断的技术创新，上海技术研发中心正逐步成为国际新能源电源磁元件技术领域研发的开创者和领导者。

公司具有完善的职业培训制度，坚持严谨、规范、高效的技术研发作风，通过严格的 OJT 开发实战训练，给本地员工提供与国际著名企业的世界一流研发队伍进行定期交流的技术平台。

田村集团的母公司——日本田村制作所是一家拥有 90 年历史，早于 20 世纪 70 年代在东京证券交易所上市的机电制造业国际性公司，田村集团在中国主要从事电子材料、电子元件、电路板焊接设备等业务，目前在台湾、香港、深圳、惠州、东莞、上海、苏州、常熟、合肥、北京等地分别设立了大型生产基地、营业部、办事处及上海和台北两个研发机构。

无锡新洁能股份有限公司

地址： 江苏省无锡市新吴区电腾路 6 号

邮编： 214029

电话： 0510-85629718

邮箱： sales@ ncepower. com

网址： www. ncepower. com

简介： 无锡新洁能股份有限公司（以下简称新洁能）成立于 2013 年 1 月，注册资本为 21284 万元，拥有新洁能香港、电基集成、金兰功率半导体、国硅集成电路多家子公司以及深圳分公司、宁波分公司。目前公司员工总共 360 余人，其中研发人员 100 余人。

新洁能为江苏省高新技术企业，2016 年以来连续 6 年名列"中国半导体功率器件十强企业"，建立了江苏省功率器件工程技术研究中心、江苏省企业研究生工作站、东南大学-无锡新洁能功率器件技术联合研发中心等。新洁能参与的"智能功率驱动芯片设计及制备的关键技术与应用"项目获得了 2019 年度江苏省科学技术一等奖，并获得 2020 年度国家技术发明二等奖。在 2021 年第十六届"中国芯"集成电路产业促进大会中，新洁能产品"85V 320A 大功率超薄贴片式功率 MOSFET 器件"获得"芯火新锐产品"称号。2021 年、2022 年连续两年荣列"福布斯中国最具创新力企业榜 TOP50"。2021 年获得江苏省专精特新"小巨人"企业称号。截至目前，公司拥有 176 项专利，其中发明专利 58 项。

武汉恩硕科技有限公司

地址： 湖北省武汉市武昌和平大道三角路水岸国际大厦 26 层

邮编： 430061

电话： 4008275833

邮箱： wj@ aonesoft. com. cn

网址： www. aonesoft. net

简介： 武汉恩硕科技有限公司（以下简称恩硕科技）致力于中国企业创新体系建设，帮助中国企业实现创新梦想，助力中国企业智能制造。恩硕科技成立于 2003 年，总部位于武汉，目前在深圳、南京、西安、香港等地设立有分支机构。恩硕科技与 Ansys、Siemens、Coventor、Eplan 和 MSC 等公司建立了长期的战略合作伙伴关系，获得 Ansys 亚太区最佳合作伙伴、中国 CAE 最佳供应商、Ansys 最佳工程师、CAE 最佳工程实践等荣誉，为近 300 家客户提供仿真方案及服务。

恩硕科技为用户提供全方位仿真设计验证解决方案，提供仿真培训服务、咨询服务、定制化服务。

恩硕科技仿真技术服务内容：

（1）培训服务：

• 专题培训：根据用户需要，提供针对性的专题培训，推进用户的软件使用和工程问题解决。

• 公开课培训：每年定期提供入门培训、进阶培训及结构、流体与热分析、电磁场、耦合场等培训。

（2）咨询服务

• 项目咨询：针对用户的工程问题，利用仿真软件出具仿真计算分析报告，帮助用户解决实际的工程问题。

• 项目导航：在项目咨询的基础上，对用户进行培训，帮助用户在解决实际工程问题的同时提高 CAE 工具的使用水平。

• 项目联合攻关：为用户提供完整的项目技术方案，并与用户技术人员一起完成项目。

（3）定制化服务

• 仿真流程梳理和仿真流程模板定制。

• 专业化仿真工具集成和仿真工具模板定制。

• 软件界面用户化定制。

• 高性能集群仿真平台部署。

• 仿真数据管理平台。

西安伟京电子制造有限公司

Weiking 伟京

地址： 陕西省西安市高新技术开发区锦业二路 87 号

邮编： 710077
电话： 029-65660060
传真： 029-65660061
邮箱： sales@ weiking. com
网址： www. weiking. com
简介： 西安伟京电子制造有限公司于 2004 年成立，是一家集电源模块和厚膜混合集成电路类产品研发、生产、销售和服务为一体的高新技术企业，现已形成了通用 DC-DC 电源模块、高电压输出 DC-DC 电源模块、低纹波输出 DC-DC 电源模块、线性稳压器、开关稳压器、电源滤波器、预稳压模块、保持模块、线性放大器、开关放大器及无刷电动机驱动器等产品系列，能够为客户提供小功率军用直流变换的全套解决方案和直流无刷电机驱动解决方案。产品广泛应用于航天、航空、兵器、船舶等军工领域。

西安翌飞核能装备股份有限公司

地址： 陕西省西安市高新技术开发区秦岭大道西 6 号科技企业加速器二区
邮编： 710304
电话： 029-68065000
传真： 029-68065111
邮箱： infisrc@ infisrc. com
简介： 西安翌飞核能装备股份有限公司（以下简称翌飞核能）成立于 2010 年，注册资本实缴人民币 4000 万元，公司研发中心位于高新区 CBD 核心区域，紧邻高新管委会，总面积 1200m^2。生产基地坐落于风景优美的西安高新区国家级科技企业加速器园区内，自有独立厂房，总建筑面积 5000 m^2。成立伊始，公司就奠定了军民融合的创业发展理念，不断探索技术创新及模式创新，依托在测量监控、虚拟仿真、工业自动化及电力电子技术领域的优势和经验，主要为核能、军工、特种工业提供关键设备及行业解决方案，是集设备研发、制造、销售为一体的科技创新型企业。

经过多年积累，公司已经形成智能电气装备及测控系统、工业自动化装备、特种智能机器人、虚拟仿真系统 4 个主营方向。在特种工业、电力、安全以及核能细分领域的工业产品均取得多项填补国内空白的技术成果，实现多项工艺革新，并成功应用于多个“国家级重点项目”及其他高端定制行业。

公司逐步建立和完善了规范化的研发、管理体系，通过对产品研发持续高投入，以及与国内多所知名高校开展产学研战略合作，发挥各自优势，全面提升技术创新、成果转化、人才培养能力。公司不仅具备了一流的研发实验环境，同时拥有业内最专业且具有丰富实践经验的专家团队，累计获得专利百余项。

公司是国家级高新技术企业、中国核工业集团公司合格供应商、中国核能行业协会理事单位、中国电源学会理事单位、陕西省核学会常务理事单位，顺利通过了包含 ISO 9001 质量管理体系在内的三体系认证。2012 年公司被西安市高新区纳入规模以上企业，2016 年被评为核工业某公司战略采购优秀供应商，2017 年被评选为西安高新区 2016 年度战略性新兴产业明星企业，2018 年被评为国家高新区瞪羚企业，2019 年被评为核工业某公司国产大型商用示范工程建设突出贡献单位、陕西省民营经济转型升级示范企业。

在自身发展的同时，公司牢记企业的社会责任，通过对核心企业文化的具体实践，努力提升自身价值。公司将通过专业领域内持之以恒的不懈追求，致力于成为核能、军工及特种工业领域国内一流的设备及综合解决方案提供商，为提升中国技术和中国实力贡献力量！

小米通讯技术有限公司

地址： 北京市海淀区安宁庄路小米科技园
邮编： 100085
电话： 010-60606666
传真： 010-60606666
邮箱： xiaomi-pr@ xiaomi. com
网址： www. mi. com
简介： 小米通讯技术有限公司（以下简称小米）于 2010 年 4 月在北京成立，是一家以智能手机、智能硬件和 IoT 平台为核心的消费电子及智能制造公司。成立 12 年来，小米深耕精耕国内市场，不断开拓国际市场，以“手机×AIoT”为核心实现双引擎发展，以“互联网+制造”为方向植根制造业，以“投资+孵化”全面构建智能产业生态，坚持做“感动人心，价格厚道”的好产品，始终将人民群众对美好科技生活的向往作为奋斗目标。2022 年 11 月，小米连续第 4 年位列《财富》世界 500 强榜单，排名第 266 位，较 2021 年上升 72 位。2021 年，小米全球智能手机出货量达到 1.9 亿台，全球排名第三，市占率为 14.1%。在国内市场，在全国布局线下零售店数量超过 10200 家；在国际市场，在全球 14 个国家和地区的智能手机出货量排名第一。

主要产品介绍：

小米 13 Pro

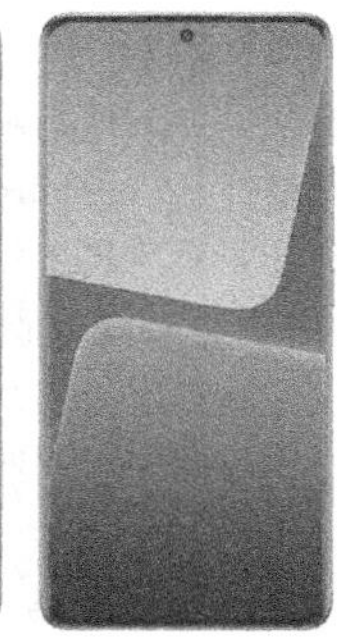

小米 13 Pro 是小米于 2022 年 12 月 11 日发布的手机产品；于 2022 年 12 月 14 日正式开售。小米 13 Pro 搭载高通骁龙 8Gen2 八核处理器，配备徕卡专业光学镜头，电池容量为 4820mAh，支持 120W 有线秒充和 50W 无线秒充以及

10W 无线反充。

英飞凌科技（中国）有限公司

infineon
英飞凌

地址：上海市浦东新区川和路 55 弄 4 号楼 2~4 层
邮编：201210
电话：021-61019001
传真：021-61019001
邮箱：info@ infineon. com
网址：www. infineon. com/cms/cn/

简介：英飞凌科技（中国）有限公司（以下简称英飞凌）是全球十大半导体企业之一。公司致力于打造一个更加便利、安全和环保的世界，在赢得自身成功发展的同时，积极践行企业社会责任。半导体虽不显眼，却已成为我们日常生活中不可或缺的一部分。英飞凌在共建“更加美好未来”的愿景中，发挥着至关重要的作用：我们用先进的微电子科技连接现实和数字世界。英飞凌为您提供全面的半导体解决方案，实现智能出行、高效的能源管理以及安全的数据采集与传输。

英飞凌设计、开发、制造和销售多品类的半导体元器件和系统解决方案。公司的产品主要应用于汽车电子、工业电子、通信与信息技术，以及基于硬件的安全技术等多个领域。公司的产品线包括标准元器件、针对设备和系统的客户定制化解决方案，以及面向数字、模拟和混合信号应用的特定元器件等。

英飞凌拥有四大事业部：汽车电子、工业功率控制、电源与传感系统事业部、数字安全解决方案。

英飞特电子（杭州）股份有限公司

INVENTRONICS
英飞特电子

地址：浙江省杭州市滨江区江虹路 459 号英飞特科技园
邮编：310052
电话：0571-56565800
传真：0571-86601139
邮箱：sales@ inventronics-co. com
网址：cn. inventronics-co. com

简介：英飞特电子（杭州）股份有限公司成立于 2007 年 9 月 5 日，是一家专业从事 LED 驱动电源研发、生产、销售及技术服务的高新技术企业。公司于 2016 年 12 月首次公开发行股票并在深圳证券交易所创业板上市（股票代码：300582）。

公司董事长 Guichao Hua 先生在行业内具有国际影响力。公司设有省级重点企业研究院、省级高新技术企业研究开发中心、省级企业技术中心、省级国际科技合作基地、企业博士后科研工作分站等，并先后承担和参与了国家科技支撑计划、国家高技术研究发展计划（国家 863 计划）、国家重点研发计划等重点研究开发项目，先后获得了国家知识产权示范企业、工信部国家级专精特新“小巨人”企业、浙江省“隐形冠军”企业等多项荣誉。截至 2021 年底，公司及子公司共拥有有效授权专利 276 项，其中 23 项美国发明专利，1 项欧洲发明专利和 135 项中国发明专利。

公司总部位于浙江省杭州高新（滨江）区，在欧洲、美国、印度、墨西哥设有子公司，且在东南亚、韩国、巴西等地设立了办事处，建立了覆盖全球的独立营销和服务网络，产品销往全球多个国家和地区，在国内外享有较高的品牌知名度及美誉度。

英飞特秉承“创新驱动、全球领航”的品牌理念，在致力于开发高效、可靠、智能化 LED 驱动电源的同时，拓宽公司的产品类别，进军新能源汽车充电领域。公司将继续推进创新，紧握品质红线，不断丰富拓展产品线，以极具特色和差异化的产品来继续引领行业发展。

长城电源技术有限公司

Great Wall®
长城电源

地址：山西省太原市尖草坪区中北高新区钢园北路
邮编：030008
电话：0351-7552779
传真：0351-7552779
邮箱：yaokw@ gwpst. com
网址：www. greatwall. cn

简介：长城电源技术有限公司的前身是中国长城科技集团股份有限公司电源事业部，成立于 1989 年，是国内率先从事计算机电源研发的单位，多年以来在服务器电源、台式机电源领域国内市场占有率领先。公司主要产品包括服务器电源、台式机电源、通信电源、工控电源、砖块电源、医疗电源、定制电源以及机箱外设等。公司在山西、深圳、桂林、南京、北京、台北、上海、杭州设有生产或研发机构，有员工 3000 多人，研发人员 700 多人，是国内最大的电源研发和生产制造企业之一。

主要产品介绍：

CRPS3200TW 钛金电源

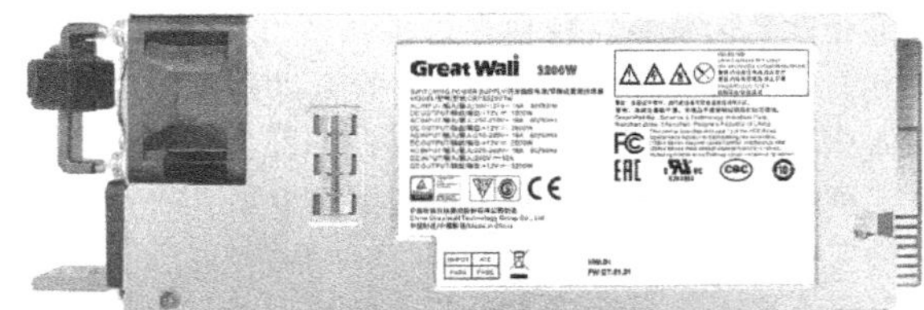

CRP3200TW 钛金电源 3200W（High line）/1200W（Low line），80Plus 钛金标准，有 DC+12V 输出，支持 PM-Bus1. 2 通信协议，具有 185mm×73. 5mm×40mm 标准尺寸。

浙江嘉科电子有限公司

CETC 浙江嘉科电子有限公司

地址：浙江省嘉兴市秀洲区桃园路 587 号中电科智慧园 1

号厂房
邮编：314000
电话：0573-82651133
传真：0573-82651197
邮箱：lixf@ jec. com. cn
网址：www. jec. com. cn
简介：浙江嘉科电子有限公司是中国电子科技集团公司第三十六研究所于1998年9月投资成立的全资子公司，是国家级高新技术企业，注册资金1亿元，坐落于嘉兴市秀洲国家高新区中电科（嘉兴）智慧产业园，总建筑面积近15000m²。公司现有员工500人，研发人员为162人，拥有各领域集团高级专家、集团专家。公司以军工电子与安全电子两大业务协同发展，努力打造具有自主创新能力的高科技现代企业。公司主要业务包括电源、微波、北斗、功率放大器等产品的设计、生产与服务；工业污水智能处理、智慧城市等领域的信息系统集成服务。

军工电子业务由原来的满足所内配套为主，现已逐步走向外部军、民市场，近两年正加速推进军工技术向民用领域转化，在5G、物联网、新能源汽车、北斗应用等领域拓展市场。

经过20多年的发展，公司已拥有一个省级高新技术企业研发中心，一支高素质设计研发团队，一流的研发、生产和检测设备，已取得多项国家发明和实用新型专利。通过了ISO 9001：2015质量管理体系、GJB 9001C-2017质量管理体系、ISO 14001：2015环境管理体系和OHSAS 18001：2007职业健康安全管理体系认证。目前，公司已获得装备承制单位注册证书、武器装备科研生产单位三级保密资格证书、武器装备科研生产许可证、国家涉密计算机系统集成乙级资质证书、安全防范系统工程设计施工壹级资格证书、建筑智能化系统设计专项乙级证书、电子智能化专业承包二级证书等。

浙江榆阳电子股份有限公司

地址：浙江省嘉兴市桐乡市桐乡经济开发区同德路656号
邮编：314500
电话：0573-89817002
传真：0573-89817000
邮箱：sales@ link-power. cn
网址：www. link-power. cn
简介：浙江榆阳电子股份有限公司始创于1997年，2010年在桐乡建立工厂，2013年5月由杭州整体搬迁至桐乡并投入生产。

公司依靠科技创新和技术进步，具备了较强的自主开发能力，产品核心技术已经获得多项发明及实用新型专利和软件著作权。公司将着力打造具有数字化和智能化特点的智能驱动电源，广泛应用于商业、工业照明，致力于物联感知、人工智能、大数据技术服务领域以及智慧办公、智能家居及医疗护理等领域，产品成功应用于G20峰会、金砖国家峰会、乌镇互联网大会等全球顶级大会主会场。

公司先后被认定为国家高新技术企业、国家专精特新“小巨人”企业、国家两化融合贯标企业、浙江省专精特新中小企业、浙江省“隐形冠军”培育企业 和浙江AA守合同重信用企业，同时企业技术中心也先后被认定为浙江省企业技术中心、浙江省工业设计中心、浙江省企业研究院和浙江省高新研究开发中心。

中电科瑞志电源技术（西安）有限公司

地址：陕西省西安市雁塔区白沙路1号
邮编：710068
电话：029-88788606
传真：029-88788103
邮箱：cetcrzdy@ 163. com
简介：中电科瑞志电源技术（西安）有限公司是中国电子科技集团有限公司的三级单位，隶属于中电科西北集团有限公司。公司于1994年成立，现有职工84人，现已通过GB/T 19001质量管理体系认证、GJB 9001C认证、三级保密资格认证、高新技术企业认定。公司集研发、生产、销售、服务于一体，长期坚持“精心开发、诚信服务、以质取胜、追求卓越”的质量方针，为用户提供优质电源产品和系统解决方案。公司电源产品分为组合电源、模块电源、电源系统三类，其中组合电源产品目前形成了通用组合开关电源、通用组合线性电源、特种专用电源、设备电源系统等四大系列1000多种高可靠、智能化、抗恶劣环境的电源产品，已广泛应用于航空、航天、船舶、兵器等行业。
主要产品介绍：

多路输出定制电源

该产品功能及特性如下：
1）DC 500V耐压，多路±5V，±15V隔离输出；
2）体积小（最大高度12mm），且可定制；
3）纯模拟硬件实现功率转换，抗干扰能力强；
4）可实现18~60V宽范围输入；
5）超低输出电压纹波，最高输出电压纹波≤20mV；
6）-45~85℃环温，寿命大于10年。

中国船舶工业系统工程研究院

地址：北京市海淀区丰贤东路1号

邮编： 100094
电话： 010-59516445
传真： 010-59516400
邮箱： huiqingdu@ 126. com
网址： seri. cssc. net. cn
简介： 中国船舶工业系统工程研究院成立于 1970 年，隶属于中国船舶工业集团公司，是我国率先将系统工程理论和方法应用于海军装备技术发展、率先以“系统工程”命名的军工科研单位，凝聚了多专业、多领域科研能力和多地布局的子公司产业化力量，立足海军、聚焦海洋，形成了从研发、设计、试验到产品生产及售后的全产业链架构，覆盖体系研究和顶层规划、系统综合集成、系统核心设备研制 3 个层次，是海军装备建设和国家海洋装备事业的中坚力量。截至目前，共获得科技进步奖 451 余项，授权专利近千项，拥有双聘院士 1 名，在职员工 1000 余名，其中研究员 160 余名、高级工程师 200 余名，硕士及以上学历占 71%。

中国电力科学研究院有限公司武汉分院

地址： 湖北省武汉市洪山区珞瑜路 143 号
邮编： 430074
电话： 027-59258065
传真： 027-59258848
邮箱： 68582170@ qq. com
网址： www. epri. sgcc. com. cn
简介： 中国电力科学研究院有限公司是国家电网公司直属单位，工作场地分布在北京、南京、武汉等地。中国电力科学研究院有限公司根据属地经营工作的需要，于 2012 年 4 月在武汉注册成立了中国电力科学研究院有限公司武汉分院。中国电力科学研究院有限公司电力工业电气设备质量检验测试中心地点位于武汉，其经营工作纳入中国电力科学研究院有限公司武汉分院管理。中国电力科学研究院有限公司电力工业电气设备质量检验测试中心（以下简称武汉检测中心）始建于 1974 年，自 1986 年起采用该名称并一直沿用至今，武汉检测中心是中国电力科学研究院有限公司的业务单位之一，是通过了国家计量认证和实验室国家认可，国家市场监督管理总局和中国国家认证认可监督管理委员会授权的、具有社会第三方公正地位的检测机构。武汉检测中心分别处于鲁巷和特高压交流试验基地 2 个工作试验场所，试验场地达 85000m^2 左右。

中冶赛迪工程技术股份有限公司

地址： 重庆市北部新区赛迪路 1 号
邮编： 200913
电话： 023-63548406
传真： 023-63547777
邮箱： dqqd. bpsq@ cisdi. com. cn
网址： www. cisdi. com. cn
简介： 中冶赛迪工程技术股份有限公司从事投资业务（不得从事金融及财政信用业务）及相关资产经营、资产管理，投资咨询服务，从事建设项目工程咨询、工程管理服务和规划管理，高科技产品开发、研制及相关技术咨询服务，金属制品、冶金成套设备及零配件、通用机械设备、工业电热成套设备、电气及自动化成套设备的设计、制造、销售，计算机自动化系统集成，计算机软硬件产品的研究、开发、生产、销售，销售化工产品（不含危险化学品）、金属材料、仪器仪表，货物及技术进出口（法律、法规禁止的不得从事经营，法律、法规限制的，取得相关许可或审批后，方可从事经营）。

重庆荣凯川仪仪表有限公司

地址： 重庆市北碚区澄江镇桐林村 1 号
邮编： 400701
电话： 023-86020089
传真： 023-68221017
邮箱： rongkaizqq@ 163. com
网址： www. rongkai. com. cn
简介： 重庆荣凯川仪仪表有限公司（以下简称荣凯川仪）是中国四联重庆川仪旗下的电源科技公司，是一家专业从事电力电子领域产品的生产、销售、研发的高新技术企业。公司现已通过 ISO 9001 质量管理体系认证，建立了一套完整的质量监控体系。公司产品通过国家高新技术产品鉴定，并获得欧盟 CE 认证、TLC 认证、英国 NQA 质量认证、中国计量中心 EMC 认证等。

荣凯川仪从事电源产品的研发、设计及生产制造已有 40 多年的历史，从 20 世纪 70 年代初开发出国内第一台晶闸管逆变器到 90 年代引进美国先进电源技术，通过不断消化、吸收、改进，于国内率先推出工业型 UPS（不间断电源）及其系统。进入 21 世纪后公司产品经全面智能化升级改造，现已成为国内最具规模的智能化交直流不间断电源系统领军企业。

荣凯川仪拥有一支有多年从事国内外工业电源研究的技术精英，拥有一批先进的高精尖加工检测设备及先进的自动化流水线和成套产品生产线。目前，公司具备为年产 600 万吨钢铁项目、1200MW 机组、60 万吨合成氨，80 万吨乙烯、年产 300 万吨水泥生产线等大型工程提供 UPS 产品的配套能力。先后向北京地铁、重庆地铁、成都地铁、广州地铁、深圳地铁等国内重点工程提供 UPS 装置数万套。在占有国内市场的同时，公司积极拓展海外市场，为印尼、巴西、越南、缅甸等国家重点建设项目提供 UPS 配套产品，奠定了公司在国内外工业制造行业及轨道交通领域电源产品应用市场的主导地位。

面向未来，荣凯川仪将秉承“诚信、品质、人本、创新”的经营理念，以产业报国，造福员工的经营宗旨，以永不间断的创新精神，向“国内最大的绿色、节能、环保电源整体方案提供商”而迈进！

珠海格力电器股份有限公司

地址：广东省珠海市香洲区前山金鸡西路 789 号
邮编：519070
电话：0756-8974023
传真：0756-8668281
邮箱：hz@ cn. gree. com
网址：www. gree. com
简介：珠海格力电器股份有限公司是一家多元化、科技型的全球工业集团，产业覆盖家电、通信设备等消费品和智能装备、模具、工业制品等工业品，产品远销 160 多个国家和地区。

公司有近 9 万名员工，其中有 1.5 万名研发人员和 3 万多名技术工人，在国内外建有 15 个生产基地及 6 个再生资源基地，覆盖从上游生产到下游回收全产业链，实现了绿色、循环、可持续发展。

公司现有 15 个研究院、126 个研究所、1045 个实验室、1 个院士工作站（电机与控制），拥有国家重点实验室、国家工程技术研究中心、国家级工业设计中心、国家认定企业技术中心、机器人工程技术研发中心各 1 个，同时成为国家通报咨询中心研究评议基地。

经过长期沉淀积累，目前累计申请国内专利 79900 项，其中发明专利 40714 项，国际专利 2441 项，在 2020 年国家知识产权局排行榜中，格力电器排名全国第六，家电行业第一。现拥有 30 项国际领先技术，获得国家科技进步奖 2 项、国家技术发明奖 2 项、中国专利奖金奖 4 项。公司始终致力于自主创造核心领先技术，不断满足全球消费者对美好生活的向往。据中标院统计发布，自 2011 年以来，格力顾客满意度、忠诚度连续 9 年保持行业第一，并于 2018 年荣获第三届“中国质量奖”。2019 年，公司全年实现营业总收入 2005.08 亿元，实现归母净利润 246.97 亿元，公司税收贡献 157.90 亿元，连续 13 年位居家电行业纳税第一。

珠海英搏尔电气股份有限公司

地址：广东省珠海市高新区科技六路 6 号
邮编：519085
电话：0756-6860800
邮箱：luchunrong@ enpower. com
网址：www. enpower. com
简介：珠海英搏尔电气股份有限公司（以下简称英搏尔）成立于 2005 年，是一家专注新能源汽车动力及电源系统研发、生产的高新技术企业。公司于 2017 年在深交所创业板上市，股票代码为 300681。公司主营产品有新能源汽车动力总成、电源总成以及驱动电机、电机控制器、车载充电机等新能源汽车动力系统核心零部件。

英搏尔深耕新能源汽车行业近 20 年，通过在人才、技术、产品以及管理等方面的持续投入，构建起以驱动系统和电源系统两大产品平台的核心研发队伍。公司创新的“集成芯”技术，使产品具有高效能、轻量化、小体积、低成本等显著优势，客户占国内整车厂 80% 以上，并达成与国内外众多大型零部件集团的长期合作关系。

会 员 单 位

广　东　省

安德力士（深圳）科技有限公司

ANDLESS

地址：广东省深圳市光明新区公明街道塘尾第三工业区 8 号 10 栋七楼
邮编：518107
电话：0755-27956972
邮箱：zhqs88@ 163. com
网址：www. andless. com. cn
简介：安德力士（深圳）科技有限公司是集研发、生产、销售、服务为一体的机房一体化专业制造商，是全球最具实力的一体化机房设备生产商之一。公司致力于 UPS（不间断电源）、精密空调、配电系统、机房网络系统、绿色云数据中心解决方案和环境监控开发，主营 UPS（不间断电源）、逆变电源、太阳能逆变器、变频器、EPS（消防电源）、稳压电源、蓄电池、精密空调、配电柜、网络机柜、机房环境监控监测产品、防雷产品、计算机网络设备、计算机外围设备的研发与销售；软件开发、系统集成；机房整体工程施工；国内贸易，货物及技术进出口。凭借着领先的技术、成熟的产品和专业的服务，为用户提供网络区域环境监控、设备管理、数据分析等一体化解决方案。

东莞昂迪电子科技有限公司

地址：广东省东莞市凤岗镇碧湖大道 39 号翼达龙科技园 B

栋 4 楼

邮编： 523681

电话： 0769-81223270

邮箱： evan@ angdipower. com

网址： www. angdipower. com

简介： 东莞市昂迪电子科技有限公司成立于 2016 年，是深圳市麦迪瑞科技有限公司的子公司及专注于高端开关电源、电池充电器、定制化锂电池充电器的专业制造商。产品功率范围为 30～1000W（输出电压 7～84V，输出电流 300～10000mA），目前共 570 种型号和规格，全系列通过美国 UL、加拿大 CUL、CSA，欧洲 TUV/GS、CE，英国 BS，澳大利亚 SAA、C-Tick，韩国 KC，日本 PSE，中国 CCC 以及 FCC、LVD、EMC、CEC、MEPS、EUP、CB 和 ROHS、REACH 等安规及环保认证；产品广泛用于电动自行车、电动平衡车、电动滑板车、电动冲浪板、无人机、UPS、电动四轮车、电动工具、智能家电充电器等，为全球客户提供 OEM/ODM 服务。公司生产基地位于东莞市凤岗镇，总面积 5000m^2，现有员工 150 人，欢迎各位随时到公司参观！

东莞宏强电子有限公司

地址： 广东省东莞市南城街道宏远路 22 号

邮编： 523087

电话： 0769-22414096

传真： 0769-22414097

邮箱： sj_zhang@ decon. com. cn

网址： www. decon. com. cn

简介： 成立于 1995 年的广东宏远集团合资的高新技术企业东莞宏强电子有限公司主要从事铝电容器的研发、生产和销售服务，公司拥有自主知识产权的技术工艺体系和多项发明、实用型专利，培养和造就了大批专业技术人才。公司先后通过了 IECQ、ISO 9001、ISO 14001 体系认证，产品符合 RoHS、Reach 相关规定。未来，公司将进一步加强关联企业的铝电极箔产业垂直整合，使公司成为全球优质铝电容器的优秀供应商。

东莞立德电子有限公司

地址： 广东省东莞市塘厦镇莲湖第一工业区

邮编： 523710

电话： 13360650136

邮箱： Annie. Su@ l-e-i. com

网址： www. lei. com. tw

简介： 东莞立德电子有限公司位于东莞市塘厦镇第一工业区，公司注册资本为 8050 万港元，员工总人数近 4000 人。总公司于 2002 年 12 月在台北交易所正式公开上市，全球事业处分布在 10 个不同的地点，遍及 6 个国家和地区。东莞立德电子有限公司主要生产和销售变压器、三相变压器、电抗器、整流器、充电器、电源供应器、半导体、元器件专用材料（多层电路板）、新型电子元器件（电力电子器件，如电子安定器，不间断电源）、锂离子电池、数字放声设备（激光唱机）、宽带接入网通信系统设备（网卡）、交换设备（交换机）、高端路由器（路由器）、数字音/视频编译码设备、电子专用设备（电源供应器，电磁锁）等各类电子元器件系列产品。

东莞市大忠电子有限公司

地址： 广东省东莞市东城区温塘茶上工业大道 16 号

邮编： 523121

电话： 0769-22630563

邮箱： cgl@ dgwxez. com

网址： www. dgwxez. com

简介： 东莞市大忠电子有限公司成立于 1992 年，主要产品有高频变压器、低频变压器、灌封变压器、环形变压器、大功率变压器、电感系列、充电器、适配器、电抗器、非晶器件等电子组件产品，产品广泛应用于 AI 智能设备、光伏、风电、UPS、EPS、IT、工业电源、充电器、家用电器等领域。

东莞市金河田实业有限公司

地址： 广东省东莞市厚街镇科技工业城

邮编： 523960

电话： 0769-85585691

传真： 0769-85587456

邮箱： maga@ goldenfield. com. cn

网址： www. goldenfield. com. cn/ch/main. html

简介： 东莞市金河田实业有限公司成立于 1993 年，是一家集研发、生产、销售、服务于一体的民营高新技术企业，主要产品有计算机机箱、开关电源、多媒体有源音箱、键盘、鼠标等，是国内主要的“计算机周边设备专业制造商”之一。

公司是国家高新技术企业，是中国优秀民营科技企业、广东省民营科技企业、广东省知识产权优势企业、广东省创新型试点企业和东莞市工业龙头企业等。公司自主品牌“金河田”商标是中国驰名商标和广东省著名商标。公司主导产品计算机机箱、开关电源、多媒体有源音箱均为广东省名牌产品。公司产品销售和服务网点已覆盖全国各大中城市，并进入了韩国、印度、俄罗斯、阿联酋、德国、巴西、澳大利亚等 40 多个国家和地区。

东莞市乔顿电子有限公司

VCRR

地址： 广东省东莞市常平镇木伦工业一路 39-2 栋 4 楼
邮编： 523570
电话： 13549347808
邮箱： sales@ jdvcrr. com
网址： www. jdvcrr. com

简介： 东莞市乔顿电子有限公司成立于 2016 年，是一家专业从事生产销售 TMOV、压敏电阻、防雷模组、SPD 型压敏电阻的高科技企业，公司从日本引进先进半导体工艺以及设备，多年来秉承“品质第一，客户至上”的原则，先后成为 ABB、Powin、Wistron、Brava、沃尔、美的等百余家国内外知名企业优秀供应商。

公司同时也专注材料研发与产品质量提升，先后与南昌大学、江西财经大学等多所大学的材料实验室建立了产学研合作关系。公司持续钻研提炼行业共性技术，积极参与制定多项国家及行业标准。

公司通过了 ISO 9001 质量管理体系认证、美国 UL 认证和 IATF 16949 体系认证，产品广泛用于新能源汽车、储能、动力电池、光伏逆变、工控、UPS、家用电器、物联网、电力消防、医疗器械、仪器仪表等行业。目前公司产品已经出口至 80 多个国家和地区，正在朝着无源元器件领域的国际品牌迈进。

佛山市禅城区华南电源创新科技园投资管理有限公司

地址： 广东省佛山市禅城区张槎一路 127 号 1 座 3 层
邮编： 528000
电话： 0757-82580666；82208102
传真： 0757-82503337
邮箱： 495620638@ qq. com
网址： www. hndy. gd. cn

简介： 1. 精细、集约化的电源产业综合体

华南电源创新科技园大力发展开关电源、逆变器、UPS、EPS 等电源电子产业，打造现代电源及节能技术科技园区的标杆，推动电源产业精细化、集约化、国际化，建设集产品研发、生产、检测、展示、交易、人才培训、孵化中心等为一体的电源产业创新基地，成为汇集金融、科技、项目、商务会展等多位一体的电源产业综合体。

2. 优质信誉的电源专业园区

华南电源创新科技园是中国首个电源创业主题园区、全国现代电源（不间断电源）产业知名品牌创建示范区、国家现代电源高新技术产业化基地培育单位、中国电源学会副理事长单位、中国电源学会现代电源产业基地、佛山中德工业服务区生产基地、禅城区低碳试点园区。

3. 五大平台提供一体化专业服务

园区已引入科技服务平台、金融服务平台、人才服务平台、招商服务平台、园区合作平台五大平台，为入园企业提供技术升级、人才培养、金融支持、政策引导扶持、合作交流等一体化专业服务。

4. 都市里配套设施齐全的厂房

华南电源创新科技园大力打造、扶持、发展电源电子类产业，以都市型厂房为核心，以总部大楼和商业办公楼为服务载体，配备了会议办公、展厅、会展中心、培训中心、商会协会办公区、银行、自助服务中心、回廊书吧、中西餐厅、酒店、车位、人才公寓、员工饭堂、图书馆、超市、运动及休闲等配套设施。

5. 活性商务、产业空间

华南电源创新科技园是区域内规模最大的主题园区，总占地面积约 22 万 m^2，建成后总建筑面积达 42.6 万 m^2，分核心区及外延区两部分进行打造。

总部大楼定位为电源企业总部办公、园区服务平台及产业商务配套的功能，目前部分主力商业及区域内的电商龙头开始陆续进驻，包括四星级标准精品酒店 、五星级豪华多功能影院、港台餐饮白领餐厅 、商协会平台 、互联网+电商企业，创客、创新孵化器等，签约面积超过 2.3 万 m^2。

2#商业办公楼，建筑面积约 3.3 万 m^2，分为南塔（7 层）和北塔（9 层），首二层为商业旺铺，三层以上为商务办公，200~3000m^2 活性商务空间自由组合。

园区都市型厂房，户型为方正的 1300m^2 和 2000m^2 空间，拥有独立产权，可租、可售、可按揭，五大服务平台促进产业发展，百强龙头企业率先抢驻。

6. 上市企业与骨干企业的选择

华南电源创新科技园的入驻企业总数已经达到 202 家，累计入园的电源、电子类及其上下游产业的企业达 90 多家，占园区总企业数的 46.5%，其中 2015 年新增入园企业达 45 家，包括厦门科华、湖南科力远两家上市企业及佛山电源行业协会中的骨干企业（柏克、新光宏锐、众盈、欧立、飞星、朗博等）。

佛山市汉毅电子技术有限公司

汉毅
Han Yi

地址： 广东省佛山市禅城区岭南大道北 131 号碧桂园城市花园南区 3 座 28 楼
邮编： 528000
电话： 0757-63223916
传真： 0757-83835018
邮箱： hanny@ hanny. com. cn
网址： www. hanny. com. cn

简介： 佛山市汉毅电子技术有限公司创建于 1997 年，现有 5 处生产基地，分别位于佛山市禅城区、佛山市顺德区陈村镇、佛山市顺德区伦教镇、东莞市长安镇、江西省南昌市。公司现有员工 1000 余人；主导产品为开关电源，开关电源年产量 2000 万件；拥有高速插件机 8 台、一个电磁干扰测量室；拥有波峰焊机、红外线温度测试仪、RoHS 光谱扫描仪、耐压测试仪、电参数测量仪、高频示波器、漏电流测试仪、晶体管多功能筛选仪、数字电桥等一大批电子电气测量设备。

公司产品全部为自主研发，自有知识产权，拥有发明专利、实用新型专利 30 多项。公司产品主要用于电子制冷饮水机、净水机、电冰箱、超声波雾化器、数字音响等领域。公司主要客户有美的、沁园、安吉尔等，产品同时出口到德国、荷兰、美国、日本等发达国家。公司自 1999 年以来，一直是美的优秀供应商，同时多次获得沁园优秀供应商、质量优胜奖和安吉尔优秀供应商、质量优胜奖等荣誉！

佛山市南海区平洲广日电子机械有限公司

地址： 广东省佛山市南海区平洲夏西工业区一路 3 号
邮编： 528251
电话： 0757-87691200
传真： 0757-86791244
邮箱： windingchina@ 126. com
网址： www. windingchina. com

简介： 佛山市南海区平洲广日电子机械有限公司是我国最大的环形绕线机械制造商之一，专业生产环形变压器绕线机、环形电感线圈绕线机及稳压器、调压器专用绕线机，矩形绕线机/包带机，环形小孔包带机，电力变压器绕线机，EI 型变压器绕线机，环形包绝缘胶带机以及环形线圈匝数/匝比测量仪等产品。

公司已通过德国 TUV 9001（2000）国际质量体系认证，良好的品质和完善的售后服务已赢得了众多客户的青睐和支持，产品远销东南亚及欧美等国家和地区。

佛山市南海赛威科技技术有限公司

SiFirst®

地址： 广东省佛山市南海区桂城深海路 17 号瀚天科技城 A 区 7 号楼六楼 604 单元
邮编： 528200
电话： 0757-81220912
传真： 0757-81220912
邮箱： support@ sifirsttech. com
网址： www. sifirsttech. com

简介： 佛山市南海赛威科技技术有限公司（以下简称赛威科技）赛威科技成立于 2009 年 6 月，总部位于佛山市南海区，是一家以电源管理芯片为主的模拟和数/模混合半导体供应商。公司在深圳、上海设有研发中心及分支机构，电源芯片产品广泛应用于工业控制、网络通信、照明、家用电器、消费类电子等众多领域。

赛威科技核心管理及技术团队来自欧美世界一流半导体公司，凭借领先的技术研发能力及对客户需求的精准掌握，致力于在消费电子、工业、汽车电子等行业为客户提供高集成度、高性能、高可靠性的芯片产品和整体解决方案。

赛威科技高度重视知识产权的开发和保护，已拥有多项集成电路和系统应用方面的专利技术，先后被评为广东省专精特新企业、广东省高新技术企业、广东省人才引进团队、广东省守合同重信用企业、佛山市专精特新企业、佛山市高性能集成电路设计（赛威）工程技术研究中心等。

赛威科技秉承“以人为本、以客为尊、持续创新、价值共赢”的宗旨，致力于成为全球领先的模拟与数模混合芯片企业。

佛山市顺德区瑞淞电子实业有限公司

地址： 广东省佛山市顺德区北滘镇坤洲工业区
邮编： 528312
电话： 0757-26666876
传真： 0757-26606087
邮箱： sales@ recl. cn
网址： www. recl. cn

简介： 佛山市顺德区瑞淞电子实业有限公司（以下简称瑞淞电子）成立于 2005 年，是专业从事整流桥器件设计、开发、封装测试和销售的国家高新技术企业。自成立以来，公司销售业绩持续保持高速增长，2018 年公司达到年产各类整流器件 1.2 亿只的规模。

公司产品广泛应用于家用电器、LED 照明、通信电源、开关电源、消费电子、机器设备等领域。产品不仅在国内热销，还远销韩国、德国、西班牙、越南、美国、印度、意大利、俄罗斯等多个国家和地区。

公司经过不断努力，建立了严格的质量、环保、安全管理体系，成功通过 ISO 9001：2015 质量管理体系认证，全部产品均获得美国 UL 安全认证，并符合欧盟最新 RoHS 和 REACH 环保要求。公司产品共获得了 12 项国家授权的专利，其中发明专利 3 项。

未来，公司将涉足 SMD 器件、MOS 器件、芯片制造等全产业链，在快恢复器件、MOS 器件、TO-220、TO-3P、模块、功率器件、SMD 器件方面扩大投资和生产线规模，根据市场需求开发生产更多产品来满足客户。瑞淞电子立志成为一流的半导体制造企业和客户首选的整流桥供应商。

佛山市顺德区伊戈尔电力科技有限公司

EAGLERISE
伊戈尔电气股份有限公司

地址： 广东省佛山市顺德区北滘镇环镇东路 4 号
邮编： 528200
电话： 0757-86256765-888
传真： 0757-86256886

邮箱： sales@ eaglerise. com

网址： www. eaglerise. com

简介： 佛山市顺德区伊戈尔电力科技有限公司始建于20世纪90年代，总部位于中国佛山，现有2个生产基地、2个研发中心，拥有标准厂房12万 m^2，员工2100余人，致力于向全球市场提供最优质的电力、电源及电源组件产品和解决方案，主要产品系列有LED驱动器、开关电源、电源变压器、电感器、特种变压器、电抗器、配电变压器共七大类400余个品种，广泛应用于照明、电力、新能源、工控等行业。公司坚持以市场为导向，以客户为中心，在日本、美国、德国分别设有驻外机构，在全球范围内围绕着有价值的客户群，建立并发展着互惠互利的良好合作关系。

佛山市欣源电子股份有限公司

地址： 广东省佛山市南海区西樵科技工业园富达路

邮编： 528211

电话： 0757-86816518

传真： 0757-86816598

邮箱： fslaowl@ qq. com

网址： www. nh-xinyuan. com. cn

简介： 佛山市欣源电子股份有限公司（股票代码：839229）位于广东省佛山市南海区西樵科技工业园富达路，是一家集研发、生产、销售及售后服务于一体的高新技术企业。公司拥有广东省电容器工程技术研究开发中心、广东省院士专家企业工作站，能为客户专门设计各种电容器。电容器年生产量达到40亿只左右，具有较强的生产能力和及时供货能力。公司已通过ISO 9001、TS 16949等认证及ISO 14000认证、OHSAS 18001认证，并获得德国VDE、TUV、美国UL等安全认证。

公司主营产品：

1）全系列薄膜电容器、电容电池模组。

2）柔性锂离子电池，安全、柔性、可快充，适用于各类可穿戴设备、物联网卡等。

3）锂电池负极材料，产品涵盖人造石墨、天然石墨和钛酸锂材料，倍率性能好，安全性能突出，适用于各类高能量密度电池。

佛山市新辰电子有限公司

地址： 广东省佛山市南海区桂城北约瀚天科技城A1座2号门左边三楼

邮编： 528000

电话： 0757-86368352

传真： 0757-86368353

邮箱： 381590039@ qq. com

网址： www. maxiups. com

简介： 佛山市新辰电子有限公司是联合投资经营的专业电源公司，公司总部及UPS生产基地坐落在风景秀美的古城——佛山市，是国内专业研究、开发、生产免维护蓄电池直流屏、通信电源屏、交直流稳压电源、逆变电源、变频电源、UPS（不间断电源）、铅酸免维护蓄电池的高科技企业。公司拥有全国性的营销网络，产品通过公司的“销售网”25个分公司（办事处）或代理商，用户遍及全国各地，涉及各行各业，凭借专业的产品推广经验、完善的电源解决方案、超值的产品服务保障，赢得了国内各行业广大用户的最终信赖。

佛山市新辰电子有限公司的产品是由美国万时国际有限公司提供技术支持，公司一贯致力于高品质产品的推广。凭着成熟的技术、优良的品质、完善的售后服务及高瞻远瞩的营销策略，经过数年的不懈努力，“MAXI万时”品牌在激烈的市场竞争中脱颖而出，产品质量深得各界用户的认可。

佛山市新辰电子有限公司对大陆电网电力不足、波动大、传输干扰强、频率稳定性能差等现状，研究、生产出完全符合国情、品质优良的电源产品，通过严格标准检测的“MAXI万时”电源符合国家质量监督检验检疫局的产品质量标准，同时公司通过了国际ISO 9001：2015量认证，严格规范的操作和管理保证了公司不断为客户提供了良好的服务和尽快融入世界先进模式。持续稳定增长的销售业绩使得公司不断成长，“MAXI万时”商标成为业内著名商标。凭着一流的技术、过硬的质量，在国内拥有较高品牌知名度和广泛而固定的市场，公司凭着完善的服务网络，使得公司的用户享受着终生优质服务。

佛山市新辰电子有限公司以服务用户为最终理念，从售前电话咨询、现场电力环境勘察、电源产品方案设计，到售后安装调试、产品使用维护、用户技术培训等，均由经验丰富的人员负责。公司在满足用户要求的同时不断挖掘用户新的需求，使用户真正得到高可靠性、高可用性的网络整体电源保护方案。通过对国内市场的全面了解、对电源产品的深入研究、对用户满意的整体服务，业务范围广泛涉及金融、银行、证券、交通、民航、海关、税务、教育、邮电、电信、石油、化工等重要领域，并赢得电源保护服务专家的赞誉，产品远销东南亚、中东、南非和欧美等地区。

以“质量第一，用户至上”作为经营理念的佛山市新辰电子有限公司真诚希望得到各界朋友的信任和支持，本着“团结、奋进、优质、创新”的精神，努力进取，以一片至诚服务于客户，以高质量的产品奉献给社会，回报那些曾给予我们关怀的新老朋友。公司全体同仁热诚希望各届仁人志士光顾，共创属于我们大家庭的未来。

广东宝星新能科技有限公司

地址： 广东省佛山市南海区罗村联和工业西二区石碣朗大

道 1 号（宝星科技园）
邮编： 528251
电话： 0757-81285481
传真： 0757-81285480
邮箱： ups@ prostar-cn. com
网址： www. Prostar-cn. com

简介： 广东宝星新能科技有限公司（以下简称 Prostar 宝星公司）始建于 1998 年，是国家高新技术企业、广东省民营科技企业和中央国家机关政府协议供应商。Prostar 宝星公司致力于 UPS（不间断电源）、EPS（消防应急电源）、IDC 数据中心、太阳能组件、太阳能逆变器、太阳能离网/并网发电系统、储能系统、蓄电池和物联网、机房动环设备智能监控等产品的研发、制造和销售。经过 20 多年的发展，Prostar 宝星公司已成为国内知名的网络能源、数据中心、新能源、储能、应急领域及机房智能云监控整体解决方案制造商和供应商。

Prostar 宝星公司为响应不断提升的电力能源安全需求，对客户提供更加全面和直接的支持，相继在北京、上海、广州、深圳、重庆、天津、南京等 30 多个省、市、自治区成立办事处、分公司和客户服务中心，在全国范围内建立了一套完善的销售、服务体系，以保障及时迅速地响应客户的各种需求和服务。凭借雄厚的创新研发能力、智能制造实力、可靠的产品品质和高效的售后服务，得到了国内各行业用户的一致肯定和好评，产品广泛应用在政府、金融、电信、电力、财税、石化、安防、军队、教育、交通、制造等行业，例如中国银行、中国移动、中国电信、中国人保、首都国际机场、清华大学、广州海关、中国石油集团等。尤其是北京奥运会的竞赛场馆项目，Prostar 宝星公司的 UPS 服务于北京老山自行车场馆、五棵松篮球场馆、奥林匹克公园网球中心等奥运场馆项目，以优质、可靠的电力安全保护系统为北京奥运会保驾护航。Prostar 宝星公司以“给世界永续光明与动力”为己任，坚持落实“不断学习，敢于创新”的企业精神，以专业诚恳的态度，勇攀事业新高峰。

广东创电科技有限公司

地址： 广东省佛山市南海区桂城街道深海路 17 号瀚天科技城 A7 号楼 2 号门 3 楼
邮编： 528000
电话： 0757-86766288
传真： 0757-86766800
邮箱： liaoh-cd@ gzzg. com. cn
网址： www. ups-chadi. com

简介： 广东创电科技有限公司成立于 1997 年，是广州智光电气股份有限公司控股的旗下企业，公司厂房 8000 余 m^2，拥有员工 120 人（其中技术人员 50 人），是国家高新技术企业、广东省专精特新企业和广东省产教融合型企业。公司主要产品是工业级 UPS、储能变流器、模块化 UPS、轨道交通供电系统、变频电源、特种电源、电池监控系统和智能配电设备等，拥有完全自主知识产权，单台 UPS 功率达 800kVA，可多台并机，产品广泛应用于轨道交通、数据中心、新能源、医院、公安、公路、银行、广电、电力、通信、化工、冶炼和国防等领域。

公司全面通过了 ISO 9001 认证，产品通过了泰尔、节能、CE 认证等，其中工业级 UPS、轨道交通电源为省名优产品，承担了如北京地铁、佛山地铁、京港地铁等多项电源工程项目。公司以广东省大功率智能控制电源工程技术研究中心（评估优秀）以及校企共建的广东省研究生联培基地、省高校智能电气装备协同创新中心等平台为依托，与华南理工大学等院校合作，组建了一支实力雄厚的研发队伍，积累了丰富的技术和工程项目经验。近年公司承担了国家级科技项目 1 项、省级 8 项（重点 1 项）、市级 7 项（重点 2 项），获得授权专利和软著 50 余项，荣获了广东省 2018 年度科技进步奖一等奖、北京市 2021 年度科技进步二等奖等奖励。

广东大比特资讯广告发展有限公司

Big-Bit 大比特资讯 Big-Bit Information

地址： 广东省广州天河区东英科技园 9 栋 3 层
邮编： 510630
电话： 020-37880700
传真： 020-37880701
邮箱： isc@ big-bit. com
网址： www. big-bit. com；www. globalsca. com

简介： 历经 12 的创业发展，广东大比特资讯广告发展有限公司已成长为中国电子制造业优秀的资讯提供商。

公司业务范围涉及行业门户网站、平面媒体宣传、市场调查、行业专题研讨会策划、展览展示、人力资源服务等一系列围绕中国电子制造业提升竞争力的服务举措。

大比特资讯旗下拥有以下成熟媒体：

- 大比特商务网 www. big-bit. com
- 磁性元件与电源网 mag. big-bit. com
- 半导体器件应用网 ic. big-bit. com
- 电源供应器网 power. big-bit. com
- 传感器应用网 sensor. big-bit. com
- 微电机世界网 emotor. big-bit. com
- 连接器世界网 conn. big-bit. com
- 中国电子制造人才网 www. emjob. com
- 《磁性元件与电源》杂志（月刊）

广东丰明电子科技有限公司

地址： 广东省佛山市顺德区北滘镇黄龙村委会龙乐路 1 号
邮编： 528311

电话：0757-23602982；13924884455

传真：0757-23608828

邮箱：x2sale@ bm-cap. com

网址：www. bm-cap. com

简介：广东丰明电子科技有限公司是一家 2004 年成立的台港澳合资企业，是集研发、生产、销售为一体的金属化薄膜电容器制造商。公司占地约 3.4 万 m^2，拥有 10 万 m^2 现代化高标准厂房，耗资超 2 亿元打造了丰明制造产业园。公司设备投资超 2 亿元，总资产过 5 亿元，2020 年，丰明电容器销量超 7 亿只。一直以来，公司以品质和诚信享誉业界，获得“高新技术企业”“广东省著名商标”“广东省名牌产品”“佛山市细分行业龙头企业”等殊荣，并顺利组建了广东省、佛山市及顺德区感应加热专用电容器工程技术研究开发中心及佛山市企业技术中心。为了打造公司“核动力”，大力投资引进先进检测及研发设备，建设产品开发中心、工艺研究中心和实验检测中心、进一步提高检测及研发能力。

本着“创一流薄膜电容器供应商”的企业目标，公司全面执行 ISO 9001 质量管理体系认证和 ISO 14001 环境管理体系认证，生产的薄膜电容器 MKP、MKPL1、MKPH、CBB61、CBB60、CBB65、CBB80、X2、CBB20、CBB21、CBB81 已通过了严格的 CB、CE 检测，并取得了 CQC、UL、CUL、VDE、TUV 等多国安全质量认证，产品应用于各类电子设备、电磁炉、电风扇、照明灯具、空调、电冰箱、洗衣机等家用电器及电力系统中。公司以精准把握客户的需求为核心，为各类客户提供薄膜电容器“一站式”解决方案及配套服务，产品热销全球。

公司以“为成功的企业配套，为企业的成功配套”为宗旨，以“科技、品质、环保”为核心，凭借强大的制造能力、可靠的品质保证、优秀的技术团队、精良的生产设备、先进的生产工艺、严格的成本管理、诚信的经营服务，与美的、格力、格兰仕、三星、LG 等多家国内外著名品牌建立了合作伙伴关系，在业界深受客户肯定，连续多年被评为优秀供应商。

广东鸿威国际会展集团有限公司

地址：广东省广州市海珠区保利世贸 C 座七楼

邮编：510330

电话：13070211486

传真：020-36657099

邮箱：13070211486@ 163. com

网址：www. bspexpo. com

简介：广东鸿威国际会展集团有限公司是一家会展全产业链数字化创新科技集团，具有 21 年组展经验，以广州为核心，业务遍及全国，现已拓展至南非、巴西、迪拜、印度、俄罗斯、土耳其、英国、美国等国际区域。集团公司累计展览面积超 1200 万平方米，展览总数 1000 多场，服务展商 10 万余家，接待专业观众超 2000 万人次，举办会议总数 1500 余场次，线下实力获客，并以 4.1 亿$^+$大数据精准获客平台全面赋能云上。

2017 年起，集团公司紧抓产业数字化赋予时代的新机遇，积极布局传统会展产业向数字化转型，深入落实“互联网+大数据”，在行业内率先提出“扎根互联网，拥抱数字化”的新战略。先后成立了广东鸿威创意科技有限公司、广东小豆智能科技有限公司、广州智会云科技发展有限公司，以三大数字化创新硬核，积极投身于新一轮数字技术革命和产业变革，推动数字技术的创新应用，推进互联网、大数据、人工智能和实体经济的深度融合，不断开拓创新，合作共建新生态，提升数字竞争力，培育经济增长新动能。

广东力科新能源有限公司

地址：广东省东莞市寮步镇横东三路 11 号

邮编：523000

电话：0769-83527566

传真：0769-83520288

邮箱：mark@ szpowtech. com. cn

网址：www. szpowtech. com. cn

简介：广东力科新能源有限公司（以下简称力科）成立于 2015 年，总部坐落于深圳福田 CBD 中心，生产基地位于广东东莞，是一家从事锂离子电池研发、制造、销售及服务的国家高新技术企业。力科始终以客户服务为中心，秉承质量优先、技术创新的发展理念，为 3C 消费类电子产品、智能家居、移动支付、医疗器械、工业安防、小动力及小储能等领域提供绿色安全、高效快捷的新能源产品及服务，致力于成为国内外一流的电池管理解决方案提供商。

力科凝聚了一支拥有 15 年以上锂电池领域工作经验的高端技术人才和管理团队，打造了由博士、硕士和行业资深专家组成的研发梯队，创建了拥有世界一流科研设备的实验室（配有有机仪器、无机仪器、气象色谱-质谱连用仪、扫描电镜、X 射线衍射仪等众多先进仪器）。得益于团队精湛的技术和努力钻研的精神，公司获得了多项发明专利和数十个国家认证证书。力科已全面实现 ISO 9001 质量管理体系、ISO 14001 环境管理体系以及 OHSAS 18001 职业健康安全管理体系，为了进一步提升了公司产品的国际竞争力，近年来，公司加大投入引进了多条现代化、全自动生产线，大大地提高了生产效率，不断为国内外客户提供更优异的品质和个性化的服务。

力科注重与国际化接轨，所生产的锂离子电池均通过 UL1642、UL2054、CB、CE、PSE、KC、BIS、BSMI、GB 31241—2014 等多项国际安全认证和 RoHS、REACH 等环保体系要求，并销往国内 40 多个大中城市及北美、欧洲、东南亚、韩国、日本等国家和地区。

广东南方宏明电子科技股份有限公司

SHM

地址： 广东省东莞市望牛墩镇牛顿工业园
邮编： 523216
电话： 0769-22407479
传真： 0769-22407481
邮箱： officeclerk@ gdshm. com
网址： www. gdshm. com

简介： 公司始建于 1988 年，2001 年经国家批准设立广东南方宏明电子科技股份有限公司。公司位于东莞市望牛墩镇牛顿工业园，是国家专精特新“小巨人”企业、广东省高新技术企业、广东省技术创新优势企业、广东省外商投资先进技术企业、广东省知识产权优势企业、东莞市装备制造业重点企业，是中国颇具规模和竞争实力的安规元器件生产企业之一。公司注册商标 SHM® 荣获广东省著名商标称号。

公司专业生产各种高品质瓷介电容器、压敏电阻器和热敏电阻器，其中包括全系列圆片瓷介电容器、片式单层瓷介电容器、独石电容器、氧化锌压敏电阻器以及 NTC 热敏电阻器，年综合生产能力超过 30 亿只。公司产品主要用于设备电源、通信器材、计算机、电视机、视听设备、空调、电子厨具、灯具和设备保护装置等，远销美洲、欧洲和土耳其、印度、日本、韩国等国。在国内市场中，公司的产品被大部分知名大型电子设备生产企业采用，产品品质和服务在行业中享有很高的声誉。

公司已通过 ISO 9001 质量管理体系认证、ISO 14001 环境管理体系认证、GJB 9001C 中国军工产品质量体系认证、GJB 546B 贯彻国军标生产线认证、GB/T 29490—2013 知识产权管理体系认证等。产品符合美国 EIA 标准和国际电工委员会（IEC）标准。安规瓷介电容已取得美国 UL、德国 VDE、欧洲 ENEC、加拿大 CSA、中国 CQC、瑞士 SEV、瑞典 SEMKO、挪威 NEMKO、丹麦 DEMKO、芬兰 FIMKO 和韩国 KTC 安全质量认证；氧化锌压敏电阻器已取得中国 CQC、美国 UL 和德国 VDE 安全质量认证；NTC 热敏电阻器已取得中国 CQC、美国 UL、德国 TUV、加拿大 CUL 认证。

公司的质量方针是“全员参与、品质先行、真诚服务、顾客满意”。

公司的环境方针是“遵守法规，齐心协力，节能、降耗、减污、增效，持续改进，造福社会”。

公司知识产权方针是“自主创新，有效运用，加大保护，科学管理”。

公司的经营方针是“以市场客户为中心、开拓进取、务实创新、精益管理、控制成本、可持续发展”。

广东全宝科技股份有限公司

TOTKING
全宝科技

地址： 广东省珠海市斗门区白蕉科技工业园新科一路 23 号
邮编： 519125
电话： 0756-6290628
传真： 0756-8888756
邮箱： info@ totking. com
网址： www. totking. com

简介： 广东全宝科技股份有限公司（以下简称全宝科技）成立于 2002 年，是一家专业研发、生产印制电路用金属基导热覆铜板并为客户提供全面导热散热材料解决方案的高科技企业。其旗下全资子公司珠海精路电子为客户提供一站式导热电路板解决方案及专业研发生产金属基导热电路板。经过十多年发展，公司拥有了 20000 多 m^2 自建厂房，40000 多 m^2 的在建工业厂房项目，未来金属基 PCB 年产能将达到 120 万 m^2。公司坚持研发创新，掌握产品核心技术，已获得 40 余项专利，且新技术专利在持续申请中。公司现已形成多个系列的金属基导热覆铜板产品，在高导热、高耐压、高 TG、无卤素等高阶产品细分领域的研发生产能力处于业界领先水平。公司获得高新技术企业认证，通过 IATF 16949、ISO 14001 等认证，产品获得 UL/SGS/NQA 等专业机构认可，并符合欧盟 RoHS、REACH 标准，是大中华区第一家获得 UL 全性能认证的企业。公司不断开拓国内及国际市场，产品主要出口欧洲、北美及东南亚地区并获得全球知名品牌客户的一致好评。全宝科技是国内行业领先者之一，作为主要起草人及起草单位承担了行业及国家规范标准的编制工作。2009 年参与起草了《印制电路用金属基覆铜箔层压板》CPCA 4105—2010 行业标准；2014 年开始主导编制由中国国家标准化管理委员会立项的《印制电路用金属基覆铜箔层压板通用规范》国家标准（国标编号 GB/T 36476—2018），该标准 2018 年 6 月 7 日正式发布，于 2019 年 1 月 1 日开始实施。

广东仁懋电子有限公司

仁懋电子

地址： 广东省深圳市松岗街道潭头社区松岗大道 2 号厂房 3 栋 3 楼
邮编： 518000
电话： 18476881657
邮箱： 2851631004@ qq. com
网址： www. mot-mos. com

简介： 广东仁懋电子有限公司（以下简称仁懋电子）创建于 2011 年，2016 年落户于深圳，是国家高新技术企业，2020 年被评为广东省专精特新企业，是少数具备从专利到量产完整经验的 IDM 模式高性能功率器件制造企业，属于战略性新兴产业，是半导体产业链中的封测环节。公司聚集第三代半导体碳化硅产品，坚持自主研发制造，打破国外技术壁垒，助推碳化硅汽车芯片的国产化。

仁懋电子集聚人才，以院士、行业领军人才为核心，引进国际一流的高端先进设备，打造高标准智能生产线，不断优化生产工艺和流程，严格按照 ISO 9001 质量管理体系进行品质管控，产品通过 RoHS、REACH、TSCA 等认证，创立自主品牌 MOT 逐步形成 ODM 及 IDM 两大商业模式。

公司规划申请/获得国内国际专利近百余项，初步形成立体的知识产权保护体系。产品和技术涵盖了主流的集成电路的系统应用，以分立器件、功率半导体为主，包括二极管、三极管、肖特基、中高低压 MOS、IGBT 等。产品型号齐全，5 大 MOS 系列产品，对标英飞凌系列，产品性能参数及品质等均达到同等水平，或将逐步实现国产化替代，广泛应用于消费电子、工业自动化、光伏新能源、物联网、人工智能、新能源汽车等领域。

广东顺德三扬科技股份有限公司

Samyang
三扬股份

地址：广东省佛山市顺德区勒流街道富安工业区 30-3 号
邮编：528322
电话：0757-25563570
传真：0757-25566961
邮箱：sales@ kingsunny. com
网址：www. gdsamyang. cn
简介：广东顺德三扬科技股份有限公司（以下简称三扬公司）成立于 2004 年，是佛山市标杆高新技术企业、佛山市工业互联网示范标杆项目企业、2021 年佛山市数字化智能化示范车间企业。三扬公司 2013 年完成股份制改革，2015 年登陆新三板，分别在 2015 年成立全资子公司三扬机器人公司和 2018 年成立全资子公司三扬网络科技公司。如今四大业务板块（电源整流设备、拉链机机械设备、制造运营管理系统 MOM 和工业机器人）已在业内形成口碑。

三扬公司历来重视产品信息化、自动化和智能化的研发，在微电子技术与精密机械制造领域具有多年行业经验，公司拥有核心技术与研发团队，设立有省级工程中心——广东省精密金属拉链机装备工程技术研究中心，现已取得国家发明专利 25 项、实用新型专利 47 项、外观专利 9 项、软件著作权 17 项。三扬公司不断优化产品设计、提升产品运行效率，以期更好的体现产品智能化、数控化与自动化的设计理念。三扬公司产品大多具有检测、记忆、运算、比较判断、反馈控制及显示等一系列功能，产品技术水平处于业内领先地位。三扬公司所处行业符合国家及地方的产业政策导向，采用高新技术改造提升优势传统产业，促进产业结构优化升级的要求。

公司未来发展的重点仍然是自动化、信息化与智能化相结合的机电一体化产品的研发、生产和销售。一方面，公司计划进一步完善现有主要产品的技术工艺，提高生产服务水平，加强市场营销力度，进一步提高公司品牌知名度和市场份额，使产品达到业界领先水平；另一方面，在我国产业结构调整升级的大背景下，自动化与数字化结合将应用到更多的工业制造领域，公司将拓展产品范围，利用智能制造技术储备为更多的制造业领域提供自动化、信息化与智能化相结合的智能制造产品，推动相关产业实现数字化和自动化的技术升级，同时为制造企业完善企业内的信息化管理系统的建设，联通生产设备与生产管理系统实时管控企业的内部运作过程。

广东新成科技实业有限公司

地址：广东省汕头市泰山路珠业北街 2 号
邮编：515000
电话：0754-8813426
传真：0754-8813429
邮箱：sc@ xincheng-in. com
网址：www. xincheng-ic. com
简介：广东新成电子科技有限公司成立于 2002 年 7 月，是中国专业制造陶瓷电容器、负温度系数热敏电阻、薄膜电容器和压敏电阻器的大型民营科技企业之一，是 2016 年国家认定通过的高新技术企业、市级元器件工程技术研究中心，拥有自主的注册商标证、2 项发明专利、4 项实用新型专利、3 项软件著作权及 4 个广东省认定高新技术产品，是中国船舶重工集团公司第七一二研究所、江苏大学联合共建产学研和研究生实习基地长期合作单位。公司主营产品（服务）所属技术领域为电子信息、新型电子元器件、敏感元器件与传感器。公司经过十多年的积累与沉淀，拥有一支高效的管理团队，集研发、生产、营销为一体，自动生产设备已实现规模化生产，通过 ISO 9001 质量管理体系认证，并获颁英国 UKAS 认证证书，全系列产品符合并通过 SGS 环保要求和中国 CQC、美国 UL/CUL、德国 VDE 及 ENEC 等安规标准。产品被广泛应用于工业电子设备、通信、电力、交通、医疗设备、汽车电子、家用电器、测试仪器、电源设备等领域，质量处于国内领先水平。

广州德肯电子股份有限公司

PINTECH 品致®

地址：广东省广州市黄埔区西成中街联东 U 谷科技总部港一期 A1 栋 10 楼
邮编：510000
电话：13825053608
传真：020-82510899
邮箱：sales@ pintech. com. cn
网址：www. pintech. com. cn
简介：广州德肯电子股份有限公司（Pintech 品致）成立于 2006 年，总部位于广州市联东 U 谷黄埔科技总部港，是一家专注于电子测量测试仪器仪表研发、制造及销售的高新技术企业。公司已在广东股权交易中心挂牌（股权代码：880555），被认定为高新技术企业、两化融合贯标企业、专精特新企业、科技型中小企业等，并与华南理工大学合作成立研究生实习基地。

Pintech 品致，仪器仪表著名品牌，示波器探头技术标准倡导者，“两点浮动”电压测试创始人，与华为、比亚迪、西门子等企业以及国内各大知名高校建立供应合作关系。“Pintech 品致”商标，蕴含精雕细琢出精品，视产品的品质为生命的含义。

经过公司员工多年来的辛勤付出，公司技术日益成熟，获得了 30 多项国际发明专利和技术专利；产品也在不断推陈出新，至今已推出有源差分探头、示波器探头、高压衰减棒、高频电流探头、电流探头、高压电表、高压放大器、功率放大器、静电放电发生器、信号发生器、示波器、频谱分析仪、万用表、高压电源、交流电源、直流电源和电力设备仪器等 70 多款产品。

广州德珑磁电科技股份有限公司

地址： 广东省广州市番禺区石基镇金山村华创动漫产业园 B25 栋

邮编： 511400

电话： 18320687624

邮箱： 706528033@ qq. com

网址： www. deloopgroup. com. cn

简介： 广州德珑磁电科技股份有限公司（以下简称德珑）创立于 2004 年，总部位于广州番禺，目前在广州、深圳、中山、云浮、合肥、凤阳、杭州等地拥有多家全资子公司。

德珑致力于半导体传感器、集成电路芯片（MCU）、磁性元器件、绝缘材料、磁性材料的研发和生产制造。产品符合国家发展规划的新一代信息技术产业方向，广泛应用于智能家电、光伏、电动汽车、物联网（IT/5G）、智能电网、医疗健康、智能装备、节能照明等多个领域。与各大高校、院所建立了密切的产学研合作，已成功申请了数十项的发明专利和实用新型专利。

公司是国家认定的高新技术企业、专精特新“小巨人”企业、国家科技型中小企业、民营科技企业、科技创新小巨人企业、广东省工程技术中心和广州市企业研发机构，承担了广东省多个科技科研攻关项目。

德珑已发展成为一家集研发、生产、销售、服务于一体的综合性企业，拥有一批由高级工程师、电子学博士、材料学博士组成的资深研发团队，不断引进国内外先进技术并加强自主研发创新能力。在全国具有多个生产基地，上千名员工，采用国内外先进的自动化制造设备和高效标准的生产线，严格执行 ISO 9001：2015、IATF 16949：2016、CQC、UL、IEC 等认证标准，满足欧盟 RoHS、REACH 指令等要求。

广州东芝白云菱机电力电子有限公司

GTMBU

地址： 广东省广州市白云区江高镇神山管理区大岭南路 18 号

邮编： 510460

电话： 13450372313

传真： 020-26261285

邮箱： gtmbu@ gtmbu. com. cn

网址： www. gtmbu. com. cn

简介： 广州东芝白云菱机电力电子有限公司成立于 2004 年 2 月，注册资本 3510 万元，是由东芝三菱电机产业系统株式会社与广州白云电器设备股份有限公司、东芝三菱电机工业系统（中国）有限公司共同出资组建的高科技公司。公司位于广东省广州市白云区江高镇神山管理区大岭南路 18 号，主要以开发、设计、制造、销售变频器系统、不间断电源系统等电力电子类产品为主，并提供产品的设计、咨询、工程安装及售后服务。公司注重产品质量，注重环保和员工职业健康安全，建立了质量环境职业健康安全管理体系，于成立初期即通过了 ISO 9001、ISO 14001 和 ISO 45001 认证，随后持续对体系管理工作进行了改进和完善。

公司已连续十五年获评为广东省高新技术企业，设有广东省电力电源及变频调速装置工程技术研究中心、广州市高低压电源工程技术研究开发中心，先后承担了广东省教育部“变电站交直流一体化电源”产学研结合项目、广州市“起重机用变频器”产业关键共性技术研究项目、广州市“6. 6kV 高压 IGBT 变频器”科技攻关计划项目等多个政府科研项目，被认定为广东省自主创新示范企业，先后获得了广州市白云区促进专利授权奖二等奖、中国质量评价协会科技创新产品优秀奖等多个奖项。公司是规模以上企业、重点四上企业，并且公司近几年发展迅速。另外，公司还是广东省高成长中小企业、广东省守合同重信用企业、纳税信用 AAA 级纳税人、广州市安全生产标准化达标企业、广州市清洁生产企业、广州市诚信中小企业、创新型中小企业、专精特新中小企业，公司在各方面操作规范并持续改进和完善。

广州高雅信息科技有限公司

高能立方
HIECUBE

地址： 广东省广州市天河区龙洞第三工业区 A8 栋 210

邮编： 510520

电话： 020-29019513

传真： 020-29019513

邮箱： hiecube@ foxmail. com

网址： www. hiecube. com

简介： 广州高雅信息科技有限公司坐落于广州市天河区，毗邻广州科学城，是一家集研发、生产、销售及服务于一体的 AC-DC 电源模块生产厂家。公司拥有专业的研发团队，产品研发经过立项评审、方案评审、样品测试、小批量试验、批量定型等设计论证和工程、制造验证，及各种可靠性试验，全方位保证电源设计质量。

公司生产的AC-DC电源模块使用先进的自动化生产设备和工艺，使得产品一致性非常好。公司拥有国际先进测试设备，所有产品均通过初测、老化和终测三次测试，从而保证了“HIECUBE”电源产品的高可靠性。公司提供5~36W中等功率电源模块产品，致力于在中小功率领域提供专业化的产品及服务，服务网络遍及全国30多个城市，可满足各地不同客户的供货需求，所生产电源模块已广泛应用于电力、工业控制、仪器仪表、医疗电子、轨道交通、通信通信、安防、军工等领域。

多年来，广州高雅信息科技有限公司始终秉承着“以创新为本，让品质说会话”的原则做事。在这个竞争激烈的时代，公司毅然坚持以高性价比产品与客户建立稳定的合作关系，脚踏实地一步一步成为电源技术行业的佼佼者。

广州华工科技开发有限公司

地址： 广东省广州市天河区五山街华南理工大学内28号楼西侧

邮编： 510641

电话： 020-85511281

传真： 020-85511287

邮箱： yjxue@ 163. com

网址： www. 32163. com

简介： 广州华工科技开发有限公司（原名为华南理工大学科技开发公司）是直属于华南理工大学的全资公司，在我国率先引进国外先进电力电子器件，先后成为日本富士电机功率半导体中国代理、日本三社电机半导体的中国代理。公司多年来致力于富士功率半导体在中国的推广与应用，是富士电机公司合作最长、最具实力的代理商。经过30多年的经营，业务遍及UPS、变频器、逆变焊机、开关电源、风电、光伏、电动汽车等领域，与国内多家知名企业建立了长期稳定的合作关系，在中国电力电子半导体市场有着广泛的影响力。广州华工科技开发有限公司实力雄厚，重守信誉，每种元件皆为原厂订购，库存充足，保证质量，交货最快，价格最优。公司以用户需求为导向，以产品、技术和服务为依托，为顾客提供完善的技术支持和选型方案。经过多年不懈的努力，同时在富士电机、日本三社电机及广大客户的大力支持下，公司经营业务蓬勃发展，在长期的发展过程中，始终坚持“诚信经营，服务至上”的经营理念，不断完善发展，竭诚为广大用户提供最优质的服务。

广州健特电子有限公司

JETEKPS健特

地址： 广东省广州市黄埔区蓝玉四街九号广州科技园2栋3楼

邮编： 510700

电话： 18210301780

传真： 020-32029926

邮箱： jetekps2022@ 126. com

网址： www. jetekps. com

简介： 广州健特电子有限公司（以下简称健特）成立于2008年，注册资本1500万元，拥有400多名员工和超过5000m^{2}的办公及研发基地，是国内集研发、生产、销售于一体，大规模的模块电源制造商。总部位于广州，工厂位于重庆（重庆炬特电子有限公司）。

健特致力于为工业通信、新能源、电力、轨道交通、智能控制、智慧城市、物联网、消防等领域提供一站式电源解决方案，帮助客户提高生产效率和能源效率，同时降低对环境的不良影响，是一家为客户提供“无忧电源”的多元化高新科技企业。

自成立以来，健特一直秉承着锐意创新、开拓进取的精神，践行“以人为本、以质取胜、以客户需求为导向”的宗旨，以“诚信、绿色、创新、共赢”的经营理念及优质的服务，走品牌发展之路。

广州金磁海纳新材料科技有限公司

地址： 广东省广州市黄埔区隧达街18号

邮编： 510530

电话： 13392675300

邮箱： annie@ joinchina. com. cn

网址： www. joinchina. com. cn

简介： 广州金磁海纳新材料科技有限公司是国家认定的高新技术企业，由从事非晶、纳米晶材料研究的教授、博士及硕士研究生组建而成，荣获多项国家发明奖、国家创新创业奖，致力成为国际领先的磁性材料及制品方案提供商。

公司以先进的非晶纳米晶材料及制品为主，主要服务新能源行业、电子电力电源行业、军工等战略性新兴产业。为满足高端客户要求，于2020年在广州中新知识城购买15000m^{2}厂房，用于研发、实验平台组建及生产自动化产线布局，主要满足华南区客户订单需求。并于2021年底，由江苏南通政府引进在南通成立金磁海纳科技园，占地面积约3.3万m^2，计划2023年初建成投入使用，计划投入2条喷带线及全自动化生产车间。

广州科谷动力电气有限公司

地址： 广东省广州市天河区东圃大马路1号东圃购物中心B座商务区304室

邮编： 510660

电话： 020-31602680

邮箱： info@ kg-power. net

简介： 广州科谷动力电气有限公司是一家主要从事新能源产品、通信电源产品、无线通信产品、机房动力环境系统、储能系统、数据中心监控系统、化成系统的开发、生产、运维和销售的企业。公司坐落于广东省的政治、经济、文化和交通枢纽中心的广州市天河区，拥有近1000m^{2}的办公区域，研发基地近 500m²。其拥有业界领先的产品策划、技术支撑平台和专业的通信能源实验室。

广州欧颂电子科技有限公司

地址： 广东省广州市越秀区大南路 2 号合润国际广场 26 楼
邮编： 510000
电话： 020-83309090
传真： 020-81885936
邮箱： 2880360350@ qq. com
网址： www. osen. net. cn
简介： 广州欧颂电子科技有限公司是一家集研发、生产、销售、技术服务为一体的中小型高科技民营企业，拥有欧芯品牌。公司成立于 1999 年，成立以来，一直在研科、创新等领域投入巨资，不断开发出新的产品，并建立起了一支技术力量雄厚的科研团队和精英销售管理团队，在各个方面都取得了一定的突破。公司的宗旨是助客户走向成功，让客户体验价值，公司的目标是把中国的半导体产业推向世界，为中国制造走向中国创造贡献一份力量。

公司目前主要生产功放音响配对管、开关晶体管、整流肖特基二极管及场效应管，年生产能力已突破一亿只，产品的质量严格控制在国际标准的 99.9%以上，正朝着零不良率目标努力。公司已先后通过 ISO 9001、RoHS 和欧盟 CE 等的认证，现在已与多家大型功放音响、开关电源、电子镇流器、电焊机、逆变器、照明以及雾化加湿器等企业建立起合作伙伴关系，受到了广泛赞誉，也逐渐成为众多知名厂家的首选品牌。公司始终坚持以质量求发展、以科技求创新为发展目标，努力打造出功放音响管、开关晶体管、整流肖特基二极管以及场效应管中的精品。

广州市爱浦电子科技有限公司

AIPULNION

地址： 广东省广州市黄埔区埔南路 63 号四号楼
邮编： 510000
电话： 020-84206763
邮箱： sale@ aipu-elec. com
网址： www. aipulnion. com
简介： 广州市爱浦电子科技有限公司（以下简称爱浦电子）创立于 2004 年，是专业从事模块电源研发、生产、销售和电源解决方案的国家高新技术企业。公司通过 ISO 9001：2015 质量管理体系认证，和 IATF 16949 认证及测量管理体系认证、绿色企业认证、四星品牌企业认证。

爱浦电子拥有 8000m² 现代化电子生产车间、1000m² 产品老化车间、1000m² 研发中心，先进的自动化生产线、自动检测设备、自动贴片机、自动测试生产线及无铅回流焊、组装生产线、全自动老化车、专业验证实验室、异常监控设备、EMI 实验室等现代化生产设备。

作为 18 年品牌企业，爱浦电子拥有丰富的产品设计经验，多项关键技术已经申请了国家专利。

爱浦电子产品系列分为 1～700W 的 DC-DC 模块电源、2～200W 的 AC-DC 模块电源和通信隔离收发模块。

公司的电源产品广泛应用于军工、铁路、电力、船舶、医疗、通信、工控、智能家居、物联网、充电桩、安防等领域；服务网点遍布全国 30 个城市，能够为客户提供个性化、全方位、最直接的服务。

未来，公司将不断努力，提供更优质、环保、高性价比的产品与服务。

广州市昌菱电气有限公司

地址： 广东省广州市天河区中山大道西 215 号
邮编： 510665
电话： 020-38915779
传真： 020-38915769
邮箱： zhangyumin@ cl-ele. com
网址： www. cl-ele. com
简介： 广州市昌菱电气有限公司是一家以不间断电源（UPS）、智能节能供电系统为核心的电源综合解决方案供应商，是中国电源学会会员单位、国家高新技术企业。

公司初期以 UPS 产品业务起步，在中国代理销售日本三菱、东芝三菱 TMEIC、共立和 My Way 等品牌的系列产品，并提供相关技术服务。随后不断扩大业务范围，同时创立自主品牌，并提供 UPS、蓄电池、柴油发电机组、大容量快速转换开关 SSTS/ATS/HTS、削峰填谷储能系统等电源相关设备，并以这些产品为基础提供智能、节能配电系统解决方案。经过几年的发展，公司成为内地知名的电源综合解决方案供应商。

公司非常注重可持续性发展，在提供销售和技术服务的同时，坚持自主技术开发，在电源系统、LED 照明、节能减排等领域取得多项国家专利。

为提高管理水平，公司于 2008 年引入 ISO 质量管理体系，使公司管理水平迈上一个新台阶，为提高企业核心竞争力和进入国际竞争创造了有利的条件。

广州市力为电子有限公司

地址： 广东省广州市增城市石滩镇沙庄街建设东路南 2 巷 2 号
邮编： 511328
电话： 020-32801682
传真： 020-82907228
邮箱： meiji@ meijipower. com
网址： www. meijipower. com

简介： 广州市力为电子有限公司成立于 1995 年，是一家专注于电源研发与制造的科技型企业，并于 1998 年取得 ISO 9001 认证和国家强制性认证等。

产品线有各类开关电源、计算机电源、服务器电源、车载（适用于火车、舰船）直流电源、特种 LED 驱动电源、适配器电源等；产品功率覆盖 10W～10kW；产品广泛应用于照明、通信、电力、工业控制、仪器仪表、医疗、铁路、海洋等各个领域。

拥有近 3 万 m^2 的专属研发与生产工业园，配置国际先进的检测设备和测试手段，进行各种元器件应力分析、高低温及其循环试验、振动试验、交变湿热试验、MTBF 分析试验、FMEA 分析试验等。

公司与多家安规检测、EMC 检测实验室长期保持密切合作，从而保证了电源产品的高可靠性，使力为电源产品成功通过 3C、UL、CE 等全球安规认证。

全面品保、客户满意是公司的质量政策，在力为每一个产品从技术研究、设计、试作、设计验证（DVT）、设计质量测试（DQT）、选料、试产、量产等均有一套严谨的标准控管程序与规范；在管理上，从业务接单、生管排单、采购、制程管理到出货、售后服务、质量分析等，也自行设计了一套高效率的计算机化管理系统，以确保提供最佳的 PQCDSR（产品、质量、价格、交期、服务、信赖）给客户。

广州市能智威电子有限公司

广州市能智威电子有限公司
Guangzhou Nzway Electronic CO.,Ltd.

地址： 广东省广州市白云区白云湖街夏花一路 177 号 B 栋 2 楼

邮编： 510450

电话： 020-86544750，13928715727

邮箱： 13928715727@163.com

网址： www.nzway.cn

简介： 广州市能智威电子有限公司（NZWAY）成立于 2012 年，是一家专注于恒压开关电源研发、设计、生产、销售与服务的制造商。产品广泛地应用于舞台灯光、美容仪器、物联网、人工智能、工业自动化、安防监控、机械设备、通信、医疗等产业。

公司于 2017 年通过高新技术企业认证，2018 年通过知识产权管理体系认证。在产品研发设计方面，公司有 10 年开关电源研发经验的团队，台湾明纬电源同等技术设计理念；产品通过 CCC/CE/ROHS 等全球认证，累计已取得数十项发明、实用新型专利；为 200 多客户提供整机的 EMC 解决方案经验；在品质保障方面，公司在用料源头把关，核心元器件采用进口大品牌，如 ST（意法半导体）/TI（得州仪器）/infineon（英飞凌）；产品经过 3 道功能检测、产品 AC 100V/240V 老化测试及 30 次满载通断电测试。在交货保障方面，公司拥有超过 5000m^2 现代化生产厂房，8 条自动化生产线，月产能超过 200 万台。拥有管家婆 ERP/任我行 CRM 等完善的生产与管理系统，从下单到出货，全程系统化。在服务方面，免费为客户提供样品服务，1000W 级以内电源 3 天送样；同时可为客户提供特殊化定制服务。

公司很荣幸为惠州西顿照明、深圳腾盛、广州升龙、湖南明和等知名企业提供产品与技术服务。以人为本的经营理念，积极进取的创新技术团队，精益化的生产管理等让公司具有核心竞争力。公司期待与您携手共进，互利互赢，共同为人类和社会的进步与发展做出贡献。

广州旺马电子科技有限公司

WM·wangma®
旺马电源

地址： 广东省广州市番禺区南村镇市新路 147 号

邮编： 511400

电话： 020-34821510

邮箱： 305905012@qq.com

网址： www.wanma888.com

简介： 广州旺马电子科技有限公司是一家拥有多项国家专利，研发、生产、销售开关电源产品的实业型电源生产企业，产品主要应用于工控自动化、动漫游乐、自助终端设备、安防、医疗、通信设备等行业。公司自 2009 年成立以来，秉承“以自主研发为核心、以品质为根本、以产品使用安全为首重、以市场需求为主导、以工程人员施工方便为导向”的“五以”原则，开发生产出多款贴近行业、贴近市场的产品，深得国内外众多用户好评；产品质量层层把控，创建并树立了良好的品牌形象，赢得了行业内的良好口碑。

广州旺马电子科技有限公司拥有一支高素质、充满活力、富有创新精神的研发团队。迄今为止，产品已通过 CCC、CE、FCC 等认证，工厂已通过 ISO 9001 质量管理体系等认证。公司生产基地面积约 5000m^2，月生产各类电源达 20 万台以上。为了保证及时交货，公司一直保持 90%的标准品库存；如果您不能从公司网站或产品目录上找到合适的机型，公司强大的研发队伍也能按照您的要求为您开发定制、研发生产出您所需要的电源产品。可靠的品质、合理的价格与快速的交货服务是您选择的理由。

广州旺马电子科技有限公司深受广大客户的信任与肯定。

海丰县中联电子厂有限公司

地址： 广东省海丰县金园工业区 A6 座

邮编： 516411

电话： 0660-6400997

传真： 0660-6405708

邮箱： eee@zldyc.com

网址： www.zldyc.com

简介： 海丰县中联电子有限公司成立于 1991 年，位于海丰县城金园工业区，拥有自已的工业园区，占地面积为 14600m²。自建厂房建筑面积为 4000 多 m²；拥有现代化生产流水线 4 条，具有完善的生产、研发和检测设备。公司目前有员工 100 多人，其中科研、工程技术人员 30 多名。

公司为国内电源行业知名高新技术企业及国内最早进入开关电源邻域的专业研发生产厂家之一，专业从事各类开关电源、充电机等电源设备的研发、生产、销售，可为客户量身定制各种开关直流稳压电源和充电机等系列产品（电压在 1000V 内，电流在 6000A 内）。公司推出的系列开关电源和系列充电机已在 UPS/EPS、电力自动化、广播电视、仪器仪表、通信系统和工业控制、电镀氧化、元器件老化、部队等领域广泛应用，用户遍及全国各地。

公司的产品品种多、种类全，产品详情请登录公司网站查看。

辉碧电子（东莞）有限公司广州分公司

inventus POWER

地址：广东省广州市番禺区南村镇兴业路 921 号长华大厦西 3 楼
邮编：511400
电话：020-39298880
邮箱：laurel. chen@ inventuspower. com；roby. luo@ inventus-power. com
网址：inventuspower. com

简介：辉碧电子（Inventus Power）成立于 1960 年，总部位于美国伊利诺伊州伍德里奇，是全球先进电池系统的领导者，专注于设计和制造高质量、可靠和创新的电池系统，产品广泛应用在便携式、动力式、固定式的产品上。辉碧电子总员工数超过 3000 人，业务遍布四大洲，拥有 5 家制造工厂、3 个研发中心及多层的销售服务渠道，产品覆盖工业、消费品、医疗、军工等行业。60 多年来，辉碧电子致力于通过提升研发能力与工程能力来应对日新月异的世界里快速增长的电池能源需求。公司也将持续加大对员工及流程的投入力度，同时继续优化产品、提高综合实力，以创造一个更安全、智能和可持续发展的电池能源世界。

辉碧电子（东莞）有限公司广州分公司（亚洲技术中心）是 Inventus Power 集团级研发中心，成立于 2007 年，位于广州市番禺区，目前拥有近 200 名工程师。广州技术中心实力雄厚，一直致力于大、中、小型电池包、充电器以及电源的研发，可独立完成产品设计、样品制作、安规申请等一系列新产品导入工作，并对全球 5 个工厂提供生产技术支持。

惠州三华工业有限公司

地址：广东省惠州仲恺高新区 14 号小区
邮编：516006
电话：0752-2771196；2771317
传真：0752-2771199
邮箱：sales@ cnsanhua. com；ywb@ cnsanhua. com
网址：www. cnsanhua. com

简介：惠州三华工业有限公司主要产品为逆变电源、太阳能/风能并网逆变电源、LCD、LED 彩电和计算机显示用电源及适配器、打印机/复印机用电源及新兴医疗器械等高科技含量的产品。公司产品市场前景广阔，销量一直保持全国前三甲。公司通过了 ISO 9001：2000、ISO 14001、CQC、UL、VDE 等认证，是广东省首批国家级高新技术企业、惠州市软件和系统集成行业协会首批会员企业之一。公司是 TCL、Sony、Samsung、松下、创维、长城、日本 JVC、美国 P&G 等国内外知名企业的合作伙伴，海外销售客户遍及欧洲、北美、日本、巴西、印度及东南亚等地。多年来，公司一直凭借着稳定可靠的产品质量、极具竞争优势的产品价格、全面及时的售后服务，被三星、松下、长城、TCL 等国际知名公司评为“优秀供应商”“十佳供应商”等荣誉称号。

理士国际技术有限公司

地址：广东省深圳市宝安区福海街道和平社区展景路 83 号会展湾中港广场 6 栋 A 座 14 楼
邮编：518000
电话：0755-86036063
传真：0755-86036063
邮箱：ds@ leoch. com
网址：www. leoch. com

简介：理士国际技术有限公司（以下简称理士国际）创建于 1999 年，是专门从事蓄电池的研制、开发、制造和销售的国际化高科技企业，是香港主板上市企业（股票代码：00842. HK）。经过多年发展，理士国际已成长为全球知名的蓄电池制造商及出口商，现有员工 10000 余人，企业在美国、欧洲、亚太等地成立有海外销售公司及仓库，以及国内设有近 70 个销售公司和办事处，产品销往全球 110 多个国家和地区。

理士国际多年专注于蓄电池领域，为运营商客户、企业客户和消费者提供有竞争力的解决方案、产品和服务，研发制造的备用型、起动型、动力型全系列蓄电池同类产品在全球竞争中具有竞争力和影响力，广泛应用于通信、电力、广电、铁路、新能源、数据中心、UPS、应急灯、安防、报警、园艺工具、汽车、摩托车、高尔夫球车、叉车、电动车、童车等十几个相关产业，年生产能力总和超过 2000 万 kVA · h。理士国际在国内（广东、江苏、安徽）和国外（马来西亚、斯里兰卡、印度）共建有 11 个区域性生产基地，占地面积 132 多万 m²，拥有 105 条电池生产线及相应的检测设备，建有专业的质量管理中心，成功通过

ISO 9001、IATF 16949、ISO 14001、OHSAS 18001 等一系列认证。

茂睿芯（深圳）科技有限公司

地址： 广东省深圳市南山区招商街道水湾社区太子路 111 号水湾 1979 广场二期 16E

邮编： 518000

电话： 0755-21650039

邮箱： osial. ou@ meraki-ic. com

网址： www. meraki-ic. com

简介： 茂睿芯（深圳）科技有限公司（以下简称茂睿芯）是一家专业从事模拟和混合信号集成电路设计、研发、销售与技术服务的公司，总部设在深圳。公司由半导体业界资深专家团队创立，其核心成员均具有欧美及国内一流半导体公司丰富的工作经验。公司依托其在模拟和混合信号半导体领域的技术积累和运营经验，不断创新并推出技术领先的芯片产品系列。

茂睿芯长期致力于模拟和混合信号集成电路芯片级和系统级解决方案开发，主要产品定位于高性能电源管理、汽车电子、功率驱动模块、电机驱动及传感器技术等应用。公司持续大力投入先进产品的研发，每年营业收入的 20% 以上用于研发，并与国内著名企业、科研院校展开多个技术项目合作。公司同时与国内外晶圆代工企业展开战略合作，在先进工艺制程上积累了大量知识产权，具备快速研发及量产模拟和混合信号集成电路的能力。

茂睿芯致力于成为国际一流的模拟和混合信号集成电路品牌，在多个领域填补国内空白，并将持续为客户提供技术领先、最有竞争力的芯片方案，为客户价值最大化而奋斗！

南方电网电力科技股份有限公司

中国南方电网
CHINA SOUTHERN POWER GRID
南方电网电力科技股份有限公司

地址： 广东省广州市越秀区西华路捶帽新街 1-3 号华业大厦附楼 501-503 室

邮编： 510170

电话： 020-85124296

邮箱： 7845258059@ qq. com

网址： tech. csg. cn

简介： 南方电网电力科技股份有限公司（以下简称南网科技公司）是中国南方电网下属的三级国有企业，前身是广东电科院能源技术有限责任公司。

南网科技公司力争成为全国领先、世界一流的电力能源领域技术服务和智能设备综合解决方案提供商。现有职工 311 人，平均年龄 36 岁，共有博士研究生 53 名、硕士研究生 254 人，具有高级及以上职称 154 人。公司人均素质当量 1.80，在南方电网系统内位于前列。公司是国家认定的高新技术企业，拥有电源、电网工程特级调试资质，通过质量、职业健康安全、环境管理体系认证和实验室 CNAS 认可。

全天自动化能源科技（东莞）有限公司

全天科技
APM TECHNOLOGIES

地址： 广东省东莞市南城街道科创路联科产业园 7 栋 201

邮编： 523960

电话： 0769-22028588

传真： 0769-22026771

邮箱： mk@ apmtech. cn

网址： www. apmtech. cn

简介： 全天自动化能源科技（东莞）有限公司（以下简称全天科技）成立于 1989 年，于 2012 年成立自有品牌，是一家集自主研发、生产、销售、服务于一体的高新技术企业，以测试源/载为核心产品，提供全方位综合解决方案及服务。公司产品广泛应用于航天航空、新能源、功率电子、智能制造、科研教育等相关领域。

凭借着多年深厚的技术底蕴与生产经验，全面推进精密仪器国产化，以自主品牌“APM”行销全球。同时与国内外科研团队保持长期的战略合作关系，探索测量领域先进技术和应用前沿，不断推进产品迭代与创新，从而在根本上保证产品和服务处于行业领先地位。

公司始终坚持以“专业、创新、品牌、服务”为企业经营理念，为客户提供更高的附加价值与服务，专注深耕测试领域，并致力于成为世界级功率电子测试解决方案供应商，服务全球客户。

深圳阿洛西设备有限公司

地址： 广东省深圳市南山区西丽文光村文康苑 2 栋 201 房

邮编： 518000

电话： 0755-81176890

邮箱： 249908333@ qq. com

网址： www. arosichina. com

简介： 深圳阿洛西设备有限公司（以下简称阿洛西）总部位于深圳，是一家以从事研发空调机组及各类电源管理解决方案的厂商，业务范畴涉及机房整体解决方案、空调制冷系统的开发和制造及电源产品、太阳能光伏发电系统与可再生能源相关产品的研发、生产、销售商。

阿洛西秉承产品领域专注化的理念，为特定目标市场提供完美的服务，同时，借助全球化资源整合策略，以及针对特定市场需求设计个性化产品，为客户构筑端到端的解决方案。在多个领域以先进的技术和卓越的品质赢得了用户的广泛赞誉。其产品广泛应用于金融、证券、电力、通信、军队、教育、医疗、企事业单位等各类机房控制的领域。

公司在不断提升科技创新能力的同时，坚持以客户为先，了解最终用户的需求与渴望，坚持以持续技术创新为客户不断创造价值。为用户提供更好的产品、更好的服务。

全国客服热线：400-015-2600

深圳基本半导体有限公司

基本半导体
BASiC Semiconductor

地址：广东省深圳市南山区高新园区高新南七道国家工程实验室大楼 B 座 11 层

邮编：518000

电话：0755-86713170

传真：0755-86713170

邮箱：info@ basicsemi. com

网址：www. basicsemi. com

简介：深圳基本半导体有限公司（以下简称基本半导体）是中国第三代半导体行业领军企业，专业从事碳化硅功率器件的研发与产业化。公司总部位于深圳，在北京、上海、南京、无锡、香港以及日本名古屋设有研发中心和制造基地。公司拥有一支国际化的研发团队，核心成员包括 20 余位来自清华大学、中国科学院、英国剑桥大学、德国亚琛工业大学、瑞典皇家理工学院、瑞士联邦理工学院等国内外知名高校及研究机构的博士。

基本半导体掌握领先的碳化硅核心技术，研发覆盖碳化硅功率半导体的材料制备、芯片设计、封装测试、驱动应用等产业链关键环节，累计获得 200 余项专利授权。公司核心产品包括碳化硅二极管和 MOSFET 芯片、汽车级碳化硅功率模块、碳化硅驱动芯片等，性能达到国际先进水平，服务于光伏储能、电动汽车、轨道交通、工业控制、智能电网等领域的全球数百家客户。

基本半导体承担了国家工信部、科技部及广东省、深圳市的数十项研发及产业化项目，与深圳清华大学研究院共建第三代半导体材料与器件研发中心，是国家 5G 中高频器件创新中心股东单位之一，获批成为中国科协产学研融合技术创新服务体系第三代半导体协同创新中心、广东省第三代半导体碳化硅功率器件工程技术研究中心。

深圳库马克科技有限公司

Drive & Automation

地址：广东省深圳市光明新区光电东路 68 号库马克大厦 3F

邮编：518107

电话：15813810370

传真：0755-81785108

邮箱：business@ cumark. com. cn

网址：www. cumark. com. cn

简介：深圳库马克科技有限公司（以下简称库马克）创立于 2001 年 3 月 19 日，长期专注于电力电子传动与自动化产品研发、生产和销售，是国家级高新技术企业和广东省特种变频工程技术研究开发中心，依靠优异的技术和多年积累的行业应用经验，为用户提供高效可靠的智能驱动产品和自动化完整解决方案。

公司的高、中、低压系列智能变频器及其自动化集成产品，具有广泛的应用前景，是通过信息化弱电信号控制强电，从而驱动电动机实现各类机械调速和运动控制的信息化电力电子设备，可广泛应用于数控机床和机器人、海洋工程装备及船舶、轨道交通装备、节能与新能源汽车、农业机械装备、物流与仓储、电力、煤炭、石化、化工、环保、制药、有色金属、钢铁等领域，可以帮助生产企业提高装备自动化水平、节能增效、降低生产成本，帮助装备制造业产品绿色智能化升级换代，提高市场竞争力。

在国际化进程中，库马克将以“智能驱动创造美好生活”为企业使命，以“务实高效、开拓创新”的企业精神，克服一切困难，实现企业愿景。未来的库马克，是服务的库马克、高科技的库马克、世界的库马克！

深圳麦格米特电气股份有限公司

MEGMEET

地址：广东省深圳市南山区粤海街道学府路 63 号荣超高新区联合总部大厦 34 层和深圳市南山区科技园北区朗山路资格信息港 5 层

邮编：518057

电话：0755-86600500；86600666

传真：0755-86600999

邮箱：megmeet@ megmeet. com

网址：www. megmeet. com

简介：深圳麦格米特电气股份有限公司（深交所挂牌上市，股票代码：002851）成立于 2003 年，注册资本 3. 13 亿元，是一家以电力电子及工业控制技术为核心的首批国家级高新技术企业。公司以成为全球一流的电气控制与节能领域的方案提供者为愿景，立志做到麦格米特无处不在。公司业务涵盖工业自动化、轨道交通、新能源汽车、清洁能源、智能家电等领域，产品广泛应用于医疗、通信、IT、电力、交通、光伏、油田采油、警用装备、工业焊机、工业微波、变频空调、变频微波、平板显示、户外彩屏、智能卫浴等数十大行业，产品销售覆盖欧美、印度、巴西、韩国、日本等 40 多个国家，赢得了 800 多家客户的信赖。

公司自成立以来，务实创新，凭借人才与技术优势，取得了快速发展。其中，每年均以较高强度投入产品研发，研发费用逐年提高，目前拥有 3000 余名员工，其中专业研发工程师 650 余名。同时，公司铸平台促发展，建立了业界一流的产品研发、测试及制造的软硬件平台，现已取得 414 项专利授权（数据截至 2019 年 1 月 4 日），是中国电源学会会员单位，被认定为广东省电源工程技术中心、深圳市技术研究开发中心、深圳市微波能控制技术工程技术研究中心、深圳市知识产权优势企业、深圳市窄间隙焊接技术工程实验室、南山区纳税百强等，在科技创新方面多次摘得深圳市科学技术奖等多个奖项。

深圳尚阳通科技股份有限公司

地址： 广东省深圳市南山区科技园高新南一道创维大厦A座1206室

邮编： 518063

电话： 0755-22953335

传真： 0755-22916878

邮箱： yuewei. jiang@ sanrise-tech. com

网址： www. sanrise-tech. com

简介： 深圳尚阳通科技股份有限公司（以下简称尚阳通）成立于2014年，是国家级高新技术企业、知识产权贯标企业、深圳专精特新企业。

尚阳通是中国半导体集成电路行业专注于工业级和车规级先进功率器件芯片的设计公司，全面掌握IGBT、超级结MOSFET、SGT MOSFET、SiC的设计、工艺和封装等核心技术。尚阳通的自主专利技术大大提升了国内中高端功率半导体的设计水平，提高了国内功率半导体产品的整体性能，目前已解决部分高端功率器件芯片依赖进口产品的“卡脖子”现象，正在为国家重大战略目标做出积极贡献。

尚阳通致力于高端工业电源的市场培育。通过完全自主的设计、高端制造、严格的测试与车规级的可靠性考评，尚阳通产品兼具高性能、高一致性、高可靠性的优势，被广泛应用到新能源汽车、汽车充电桩、光伏发电、智能电网、储能和便携储能、数据中心、5G通信基站、轨道交通等重要应用领域的头部企业。尚阳通在新能源多个细分领域已处于国内领先。

基于多年的技术专研、产品积累、市场考验和优秀的产业链整合能力，以及完善的客户服务链体系，尚阳通已成为国内领先的高性能功率器件芯片设计企业。尚阳通坚持以新能源经济为导向，面向国家与社会重大需求，面向新能源主战场，以技术创新驱动企业发展，不断扩大核心技术优势，有力推动高端功率器件芯片的国产替代。

深圳市安托山技术有限公司

地址： 广东省深圳市宝安区沙井镇新沙路安托山高科技工业园6栋

邮编： 518104

电话： 0755-33842888

传真： 0755-33923833

邮箱： salesc@ atstek. com. cn

网址： www. atstek. com. cn

简介： 深圳市安托山技术有限公司是深圳市安托山投资发展有限公司下属的一家致力于逆变器、光伏发电系统、电子电控产品的开发、生产、销售的高科技企业，产品辐射新能源、通信、电力、工业控制及其他高科技领域，属国家高新技术企业和深圳市高新技术企业。公司已通过ISO 9001：2008质量管理体系认证和ISO 14001：2004环境管理体系认证。

公司位于深圳市沙井安托山高科技工业园内。安托山集团投资10多亿元人民币建造的安托山沙井高科技工业园，占地28万m^2，总建筑面积86万m^2，有商住楼4栋13单元，高标准工业厂房21栋，是集工业、研发、商住、商务酒店于一体的大型综合性高科技工业园区。

公司拥有数位享受国务院津贴的专家，聚集了电力电子、热学、结构、硬件、软件等多学科的一支梯次配置合理的技术骨干队伍，整个团队具有强大的新产品开发和快速响应能力。

公司在设计、工艺和设备等方面均达到国际先进水平，生产工艺机械化、自动化程度高；并配备有一级实验室，引进了国际先进检测设备，建立了完备的试验、检测系统，确保产品保持国际国内领先水平。公司产品选用经过长期验证的、高可靠性的元器件，以精细的工艺流程，100%的受控过程，经过严格完备的测试与评审，制造出高品质和高可靠性的ATSTEK精品。

公司本着精益求精的原则，顺应产品绿色潮流，响应人类社会与自然环境的和谐发展，走可持续性发展道路，在规范的管理体系运行下，以良好的质量、合理的价格来满足专业用户的需求。根据客户提出的产品性能指标，公司会以最快、最好、最到位的解决方案，为客户提供优质的服务。

深圳市柏瑞凯电子科技股份有限公司

PolyCap®柏瑞凯

地址： 广东省深圳市龙华新区宝能科技园7栋A座4楼

邮编： 518109

电话： 0755-33086600

传真： 0755-33692186

邮箱： polycap@ polycap. cn

网址： www. polycap. cn

简介： 深圳市柏瑞凯电子科技股份有限公司（以下简称柏瑞凯）是一家专注于导电高分子型固态铝电容器和固液混合型铝电容器研制、生产和销售的国家级高新技术企业，由深圳市领军人才和江西省双千计划人才汪斌华博士于2011年在深圳创立，公司技术来源于创始人的博士后研究课题，拥有完全自主的知识产权。公司拥有完备而先进的制造技术和生产线，产品系列齐全，经过12年的发展和积累，已为众多行业客户提供了优质的产品和服务。

固态铝电容器作为一种新型电子元件，其原材料、设计技术、制造工艺、设备技术、失效分析等技术一直在快速发展中。公司持续在各项技术上进行探索和研究，持续推出性能优异的新产品。截至当前，公司已经推出插件型、V-CHIP型、固液混合型等各类型全系列固态铝电容器，产品技术指标全面达到国际先进水平，其中150℃/2500h产品达到国际领先水平。未来公司将继续秉承“技术+品质=

生存+发展”的经营理念，持续加大研发投入，持续提升产品技术指标和品质指标，主动匹配各新兴行业对固态电容器新技术和新型号的需求。

柏瑞凯在江西赣州自建约 5.6 万 m^2 工业园，于 2022 年年底完成二期工程的扩建，建筑面积 5.9 万 m^2，工厂总产能可达 2.5 亿只/月。公司将持续提升产品竞争力，为市场提供高可靠性的产品。

深圳市北汉科技有限公司

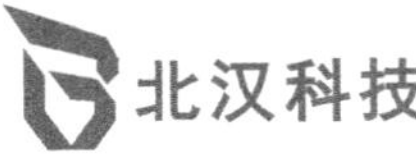

地址： 广东省深圳市南山区科技中二路软件园一期 4 栋 503
邮编： 518052
电话： 0755-27852001
传真： 0755-27852005
邮箱： yangqingdi@ bukhan-cn. com
网址： www. bukhan-cn. com

简介： 深圳市北汉科技有限公司（以下简称北汉科技）是国家高新技术企业，于 2014 年由国内有关单位发起设立，目前已经成为中国电子测试测量领域的综合服务商。北汉科技总部设在深圳，在北京、成都、天津、西安和苏州等地设有分支机构，并拥有一支专业团队。公司通过与业务伙伴的紧密合作，凭借覆盖全国几个地区的营销服务网络，致力于为客户提供专业、方便、快捷的本地化服务。公司的客户涉及工业电子制造、通信及信息技术、教育科研、航空航天、微电子、新能源、节能环保等行业和领域。通过与致远电子、罗德与施瓦茨、北京大华、德国 EA、ADLINK 和上海凌世等知名厂商的合作，为客户提供产品增值销售、应用系统集成、计量校准、第三方检测、维修维护和科技资产外包管理等综合服务。

此外，北汉科技还不断创新，利用自身的优势，借鉴国际先进经验快速提供各类电子测量仪器，以满足客户，特别是中小型高新技术企业；积极为社会经济发展、创新环境建设以及企业自主创新提供了良好的支撑平台。公司秉承“科技无限、服务创新”的宗旨，北汉科技将继续通过不懈的努力，给客户提供“更丰富的产品选择、更经济的解决方案、更全面的专业服务”。

深圳市槟城电子股份有限公司

地址： 广东省深圳市宝安区石岩街道松白路海谷科技大厦 T4 栋 4 楼
邮编： 518108
电话： 15002055037
邮箱： rd20@ bencent. com. cn
网址： www. bencent. com. cn

简介： 深圳市槟城电子股份有限公司成立于 1999 年，是专业的防护元件及创新解决方案提供商，产品包括陶瓷气体放电管（GDT）、瞬态抑制二极管（TVS）、半导体放电管（TSS）、静电保护器件（ESD）、稳压管（Zener）、压敏电阻（MOV）、晶闸管（SCR）、复合器件（Hybrid deivce）等。产品广泛应用于通信、安防、消费电子、工业、医疗、汽车、新能源等行业。是华为、诺基亚、三星、海康、联想、富士康、松下、格力、美的、英飞特、比亚迪等国内外知名企业的首选供应商。

深圳市创容新能源有限公司

地址： 广东省深圳市松岗街道燕川北部工业园研发中心楼 7 层
邮编： 518107
电话： 0755-29948998
传真： 0755-29948906
邮箱： sales@ csdcap. com
网址： www. csdcap. com

简介： 深圳市创容新能源有限公司专业生产、销售全系列金属化薄膜电容、各种工业大电容、X2 安规电容及 CBB 电容等。公司自 2001 年创立以来，凭借全套先进的进口设备和精湛的生产工艺以及全面推行国际质量管理体系，使产品以优异的品质在电力电子行业、新能源汽车、风能发电、太阳能发电等行业，以上乘的服务和极具竞争力的价格赢得了广大客户良好的声誉和口碑。

深圳市村田电源技术有限公司

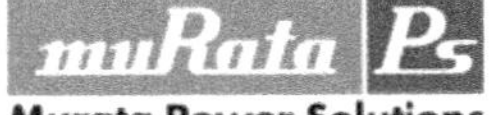

地址： 广东省深圳市龙岗区平湖街道海源国际金融中心 T1703 室
邮编： 518111
电话： 18672392966
邮箱： liang. ma@ murata. com
网址： www. murata-ps. com

简介： 深圳市村田电源技术有限公司为世界知名电源产品生产商 Murata Power Solutions Inc 在中国的独资企业。公司成立于 2003 年 4 月，是集产品设计开发、销售、技术支持、服务等于一身的公司。Murata Power Solutions Inc 隶属于国际级电子产品制造商 Murata 集团，总部位于美国波士顿地区，在加拿大、墨西哥、英国、法国、德国、日本、新加坡和中国等地都设有工厂、研发中心或营业处。公司的产品主要包括 DC-DC 转换器、AC-DC 电源、数字面板仪表、数据采集及转换器件、计算机数据采集板等工业级和军用级高端产品，Murata Power Solutions Inc 专注于电源领域，具有丰富的产品线，其中 DC-DC 产品全球排名领先，整个电源产品也名列前茅。

深圳市飞尼奥科技有限公司

Fineio

地址：广东省深圳市南山区桃源街道大园工业区 7 栋 1 楼
邮编：518052
电话：0755-82838425
传真：0755-82838444
邮箱：hr-fineio@ fineio. com
网址：www. fineio. com
简介：深圳市飞尼奥科技有限公司是一家集创新、高新技术、代理贸易为一体的企业。公司成立之初为德国 INF INEON 代理商、INF INEON 中国区第三方设计公司及战略合作伙伴。公司拥有国内顶尖的自主研发设计方案，包括家电、工业加热、直流电机等，客户覆盖全国 20 多个省市。公司有优秀的工程团队及销售团队，能为客户提供全方位的更加贴心的配套服务。

深圳市冠新科技有限公司

GX-POWER

地址：广东省深圳市宝安区新安街道留仙三路长丰工业园 F4 栋 A 座 4 层
邮编：518101
电话：0755-27870095
传真：0755-27870059
邮箱：sales@ gx-power. com
网址：www. gx-power. com
简介：深圳市冠新科技有限公司（以下简称冠新科技）成立于 2012 年，是一家专业从事物理电源和化学电源产品的研发、生产和销售的国家高新技术企业。冠新科技通过 GJB 9001 质量管理体系认证，取得专利及软件著作权 20 多项，产品广泛应用于军用机载、弹载、舰载车载、地面系统设备、航天航空、船舶重工等国防项目。

公司通过多年持续的研发投入和技术积累，拥有一支专业的软硬件研发团队和先进的技术开发平台，技术实力达到行业领先水平，并掌握了军工电源多项核心技术。冠新科技先后推出了一系列的军事工业、北斗导航、特种设备等产品，其中公司国内首创的 VPX 系列电源，打破了热处理的技术壁垒，其性能和稳定性均居业界领先地位。

冠新科技坚持“冠军品质、科技创新”作为经营理念，以优良的产品质量和服务质量作为公司生存的基石，以技术创新和管理创新作为公司发展的源动力，努力成为业界一流、受人尊敬的电源供应商，为中国的国防事业发展贡献一份绵薄之力。

深圳市航智精密电子有限公司

地址：广东省深圳市宝安区宝源路华源科技创新园 B 座 330-342
邮编：518100
电话：0755-82593440
传真：0755-82593440
邮箱：service@ hangzhicn. cn
网址：www. hangzhicn. cn
简介：深圳市航智精密电子有限公司是一家致力于高精度电流传感器、电压传感器，高精度电测仪表的研发、生产、销售及方案定制的技术先导型企业。公司着力打造直流领域精密电流传感器及精密电测仪表的知名品牌，打破国外企业市场垄断的现状，力争发展成为国际领先的直流系统领域精密电子的领军企业。公司开发的高精度直流传感器是一种基于磁通门技术的电流测量与控制元器件，可以将穿过传感器的直流大电流精密地变换成便于测量的小电流。它是一种比霍尔电流传感器的极限测量精度高两个数量级的电流测量元器件。公司计量测量级产品主要应用在仪器仪表、航空航天、地铁及高铁轨道交通、核磁共振设备、高校科研院所；工控级产品主要应用在新能源电动汽车、BMS 模块、充电桩、储能系统、光伏逆变器、大数据中心、工业空调、变频器、直流电源等领域。

深圳市核达中远通电源技术股份有限公司

地址：广东省深圳市龙岗区宝龙街道宝龙社区宝龙二路 36 号
邮编：518116
电话：0755-32886829
传真：0755-33229850
邮箱：yeshunli@ vapel. com
网址：www. vapel. com
简介：深圳市核达中远通电源技术股份有限公司隶属于广东核电集团，是国家核准认定的高新技术企业。公司 20 多年专业致力于 VAPEL 品牌高频开关电源的研发、生产和销售。公司已通过 ISO 9001 质量管理体系认证、ISO 14001 环境管理体系认证和 TS 16949 汽车行业质量管理体系认证，是北汽福田、海马、宇通、长春一汽、长安汽车、华为、中兴、诺基亚、爱立信、惠普等国内外知名企业的优秀供应商。

公司总部设在深圳，拥有 80000 多 m^2 的开发和生产基地，现有员工 1900 多人，其中有 400 多名的研发队伍，具有强大的新产品开发和快速响应能力。公司每年研发投入占上年销售收入的 10%左右。公司巨资建设了各种国际标准实验室，配置国际先进的实验设备，采用国际先进的测试手段，进行各种元器件应力分析、高低温及其循环试验、振动试验、冲击试验、交变湿热试验、安规测试、EMC 测试、MTBF 分析试验、FMEA 分析试验、加速老化试验、HALT 实验等，保证了 VAPEL 电源产品的高可靠性。公司电源产品通过了 UL、TUV、CE、CSA、CCC、TLC 等国内外的产品安规认证，其中 TUV 认证达到 ACT 水平，UL 认证达到 CTDP 水平。现有 8000 余种 AC-DC、DC-DC、DC-AC 标准产品、非标准产品、客户定制产品的种类和系列，功率覆盖 2~15000W 等级，广泛应用于新能源、通信、电力、工业控制、仪器仪表、医疗、铁路、军工等高科技领域。自主研发设计的电动汽车交直流智能充电桩满足低速车、乘用车、物流车、大巴车、装备车等所有车型和各种充电方式。模组化全系列宽电压车载充电机、车载转换电源满足所有电动汽车车载充电机应用和所有车型的电源转换。公司是国内较全面的电动汽车电源厂家，是国内较全面的电动汽车电源、充电桩研发、生产、销售厂家，其产品在国内外地区均已被大批量应用。

深圳市虹茂半导体有限公司

H&M 虹茂功率半导体
Semicon www.hmsemicon.com

地址：广东省深圳市福田区福田街道福南社区福虹路世贸广场 A 座 3308

邮编：518033

电话：0755-83679709

邮箱：manager@ hmsemicon. com

网址：www. hmsemicon. com

简介：深圳市虹茂半导体有限公司（H&M Semiconductor）（以下简称虹茂半导体）是国内电源管理 IC 方面领先的设计与销售企业，专业从事各种电源管理 IC 的设计、生产和销售。

虹茂半导体自成立以来，飞速发展，产品已涵盖了电源管理 IC（锂电充电 IC/锂电保护 IC/LDO IC/低电压检测（复位）IC/DC-DC 升压 & 降压 IC/电压基准源 IC/恒压恒流控制 IC/三端稳压 IC/通用 PWM 控制 IC 等）、LED 驱动 IC、运放 IC、比较器 IC、逻辑电路 IC、模拟开关 IC 等诸多种类上百个型号。

公司紧密结合自身器件与工艺设计方面领先的优势，与国内一流的晶圆代工厂、封装代工厂保持密切配合与合作，严格控制产品质量，保证产品的优质品质和稳定供货。

公司目前专注于电源管理 IC 的设计、生产、测试、品质管控、销售与服务。

公司产品的定位：性能与可靠性向进口品牌和国内大品牌看齐，应用定位中高端，性价比高，注重品牌、品质和信誉。

公司主要团队是由一批国内专业、经验丰富的电源管理 IC 工程师组成。

公司目标是成为国内最具价值的电源管理 IC 的供应商之一。

公司是深圳半导体协会成员、中国电源学会成员。

公司立足于自主创新，拥有和致力于“HM Semi”“虹茂半导体”自主品牌产品的推广。

公司本着诚信的宗旨，致力于提供给客户高性价比的产品、高效及时的交货、专业技术支持等全方位的服务。

公司目前 IC 产品可广泛应用于手机、平板计算机、移动电源、电子烟、迷你音响（插卡音箱）、蓝牙耳机、GPS、行驶记录仪、液晶电视、液晶显示器、机顶盒、汽车音响、手机电池、锂电保护板、充电器、家电控制板、电动车控制板、各种电源（UPS/通信电源等）、适配器、LED 照明（LED 荧光灯 & 球泡灯 & 台灯/LED 手电筒/头灯 & 矿灯等）、节能灯照明、LED 显示屏、无线鼠标 & 键盘、无线防盗报警器、无线收发模块、游戏机及手柄、POS 机、打印机、传真机、电动玩具、遥控玩具、安防电子、网络通信、可视门铃、电表/水表/气表、对讲机、电动工具、电磁炉、电焊机、逆变器、变频器等各类电子产品上。

公司坚持诚信、专业、热诚的服务精神，以最负责的态度，追求客户最高满意度，并视客户为成长道路上永远的伙伴，与客户共同成长。

深圳市虹美功率半导体有限公司

H&M 虹美功率半导体
PowerSemi www.hmpowersemi.com

地址：广东省深圳市福田区福虹路世贸广场 A 座 3308

邮编：518033

电话：0755-83679705

邮箱：manager@ hmpowersemi. com

网址：www. hmpowersemi. com

简介：深圳市虹美功率半导体有限公司是国内功率半导体器件领先的设计与销售企业，专业从事各种功率半导体器件的设计、生产和销售。

公司成立以来，飞速发展，产品已涵盖了单 N/双 N 沟道，低压 MOS、单 P/双 P 沟道低压 MOS、N+P 沟道低压 MOS、单 N/双 N 沟道中压大电流 MOS、单 P/双 P 沟道中压大电流 MOS、N+P 沟道中压大电流 MOS、低压 SGT MOS、中压大电流 SGT MOS、高压平面 MOS、高压超结 MOS、IGBT 单管、SiC（碳化硅）二极管、GaN（氮化镓）FETC 等诸多种类上百个型号。

深圳市鸿云恒达科技有限公司

地址：广东省深圳市南山区科技园讯美科技广场 1 栋 9 层 901 室

邮编：518000

电话：0755-86100170

传真：0755-86100170

邮箱：hyhd@ fontalcloud. com

网址：www. fontalcloud. com

简介：深圳市鸿云恒达科技有限公司成立于 2014 年，是国家高新技术企业。公司致力于为客户提供云数据中心全生命周期和运营运维服务、智慧能源产品解决方案和服务、云互联运营和智能 SDN（软件定义网络）开发与服务。公司拥有强大的全球客户和供应链资源，在中国拥有一流的云数据中心与云互联 SDN 服务网络。

深圳市捷益达电子有限公司

地址：广东省深圳市南山区蛇口招商大厦 401 室
邮编：518067
电话：0755-26675418
传真：0755-26811099
邮箱：jeidar@ 163. com
网址：www. jeidar. cn

简介：1993 年成立的深圳市捷益达电子有限公司（以下简称捷益达），是集研发、生产、销售、服务为一体的电源专业制造商，是获得认定的国家高新技术企业、深圳市高新技术企业、深圳市双软企业和深圳市自主创新企业。

捷益达在多个省市建立了办事与服务机构，并在多个国家建立了品牌经销商和服务商，具备年产电源 15 万台的生产能力。目前产品有商用 UPS、工业用 UPS、通信用逆变电源、光伏并离网逆变电源、电力专用 UPS、蓄电池及动环监控产品。几十年来，捷益达产品以先进的技术、高可靠的品质、高性价比以及突出的服务，赢得了各行业用户的好评。

捷益达在持续推动品牌建设的战略下，以自主创新，掌握产品的核心技术，走国际化、标准化、规范化的管理之路；在产品的研发和制造上，始终围绕着“高可靠的根本理念”，采用国际先进技术和制造工艺精益求精。

在捷益达，我们以客户为至尊，珍惜所有为企业付出努力的员工，以及与我们一起携手合作的伙伴。

“真诚、互信、沟通、合作”，我们愿与您携手同行！

深圳市金威源科技股份有限公司

地址：广东省深圳市坪山新区大工业区聚龙山片区金威源工业厂区 A 栋 1~3 层，B2 栋 1~5 层
邮编：518118
电话：0755-84636021
传真：0755-83432651
邮箱：info@ goldpower. com. cn
网址：www. goldpower. com

简介：深圳市金威源科技股份有限公司（以下简称金威源）成立于 2001 年，总部位于深圳，是集自主创新研发、生产、销售、安装、加工为一体的国家高新技术企业，拥有自建创新产业园区 8 万 m^2，同时也是科技创新孵化器园区。

金威源一直以来非常重视技术创新，技术团队都是由博士、硕士组建的，拥有百余项核心自主知识产权。公司被广东省科学技术厅认定为“广东省新能源汽车充电系统工程技术研究中心”，拥有 3000 多 m^2 的独立研发办公场地，设有投入超千万的大型现代化共享实验室，包含 966 标准半电波暗室、电磁屏蔽室、环境标准测试实验室等。

金威源专注于电力电子及其控制技术的研究与应用，坚持创新驱动，在设计中构建质量优势、成本优势。在通信、电力、电动汽车、轨道交通、金融自助设备、商业显示（LED）、新能源等众多领域构筑了端到端整体解决方案优势，为中兴、华为、中国电信、中国移动、中国联通等国内知名企业，以及印度信实公司等国外企业提供有竞争力的电源技术解决方案、产品和服务。

金威源旗下有 20 多个著名品牌，如 Goldpower、云电、Supersonic、狗刨网、超音速、电王快充、电王充电等。

深圳市巨鼎电子有限公司

地址：广东省深圳市宝安区宝田一路 231 号凤凰岗第三工业区 B5 栋
邮编：158100
电话：0755-26974799
传真：0755-26974522
邮箱：sales@ judingpower. com
网址：www. judingpower. com

简介：深圳市巨鼎电子有限公司是一家专业的高频开关电源制造商，成立于 1998 年，一直专注于开关电源的研发、生产、销售与服务，致力于为客户提供高品质的、高可靠的电源产品和完美的电源解决方案。

公司的产品包括 AC-DC 一次电源、DC-DC 二次电源、适配器电源、DC-AC 逆变电源、PFC（功率因数校正）电源及 UPS（不间断电源）等六大系列，1000 多种标准与非标电源产品，单机电源功率涵盖 0. 5~5000W。

公司产品目前在国内电子检测设备和银行监控等应用领域处于领先地位，其中集中供电电源成为唯一一家入围多家银行监控工程的产品。

“高质求生存，低价赢客户，优服促发展”是公司的经营宗旨。制造高品质、高可靠性的电源产品仅仅是我们迈出的第一步，为每一个客户提供最完美的电源解决方案才是我们的最终目标。

“创新源于专业制造，放心自在‘巨鼎电源’”！

每一个产品，我们，巨鼎人，都将为您精诚打造！

深圳市康奈特电子有限公司

地址：广东省深圳市龙华新区观湖街道松元厦社区大布头路 321 号
邮编：518110

电话： 0755-28199177
传真： 0755-28168210
邮箱： szcnntxue@ 126. com
网址： www. szcnnt. com
简介： 深圳市康奈特电子有限公司（CNNT）具有20多年的电连接器产品、电子接口产品定制开发与生产经验，同时致力于各类新能源电连接口与电子接口的研发与生产，凭借多年来的OEM/ODM连接器制造经验、先进的管理模式、完善的工艺设施及精细的模具加工技术和装备，加之雄厚的经济实力，创立了自己的连接器品牌（CNNT）。产品包括印制电路板接线端子（ERTB系列）、组合式接线端子（PLTB系列）、通用导轨接线端子（DRTB系列）、功率型接线端子（BRTB系列）、穿墙式接线端子（QCTB系列）、贯通式接线端子（DSTB系列）、变压器接线端子（TFTB系列）、新能源汽车专用接线端子（HSTB系列、EVC系列）、母线系统及其他电气辅件产品。公司生产的各系列产品可满足各行各业的不同电气连接需求。

深圳市科达嘉电子有限公司

CODACA科达嘉

地址： 广东省深圳市龙岗区坂田街道天安云谷产业园11栋34楼
电话： 0755-89585372
传真： 0755-89585280
邮箱： info@ codaca. com
网址： www. codaca. com
简介： 深圳市科达嘉电子有限公司（以下简称科达嘉）是一家专业研发与生产电感、线圈等磁性组件的国家高新技术企业。公司成立于2001年，总部位于深圳市坂雪岗科技城天安云谷产业园，生产基地位于广东河源，现有厂房面积30000m^2，员工总数900多人。

科达嘉的主要产品包括大电流电感、一体成型电感、高频大电流电感、数字功放电感、SMD功率电感、插件电感、磁棒电感、共模电感、黏结钕铁硼等，广泛应用于工业控制、汽车电子、医疗电子、新能源、电机、通信设备、数字功放、电源系统等领域。

科达嘉引进大量自动化设备，与全球领先的材料供应商深入合作，及时掌握了核心材料的发展动态；建立了具备专业研究磁性材料和产品失效分析的检测分析室，符合AEC-Q200认证试验条件的可靠性实验室等，为科达嘉在磁性粉末研发、原材料分析、产品可靠性验证等方面的研究与应用提供了强有力的技术保障。

科达嘉通过不断发展和完善企业管理，现已通过了UKAS（英国）、ISO 9001、ISO 14001和TUV（德国）IATF 16949等管理体系认证，旗下检测中心已获CNAS认可证书。

科达嘉立足深圳，布局全球，为客户提供高价值的产品与服务。

科达嘉与您同行，携手向前！

深圳市力生美半导体股份有限公司

地址： 广东省深圳市南山区留仙大道南山智园（崇文）1号楼21层
邮编： 518000
电话： 0755-25577257
传真： 0755-25577257
邮箱： yinwen@ liisemi. com
网址： www. liisemi. com
简介： 深圳市力生美半导体股份有限公司是一家集功率管理半导体集成电路研发、设计、销售与技术服务于一体的公司，始终致力于为电子、电器、网通及工业设备提供各种电源与功率管理IC，包括隔离与非隔离、BUCK、反激、谐振、同步整流、BLDC、电机驱动、加热与电磁及微波控制等IC及一揽子解决方案，秉承"让功率永继可控、让低碳成为可能"的企业使命，以技术创新实现功率高效转换，以产品进步推动地球绿色发展，多年来持续服务全球众多行业标杆企业客户，深受客户好评，已使公司成为电源与功率管理领域的行业知名品牌。

深圳市联宇科技有限公司

地址： 广东省深圳市宝安区石岩街道塘头一路创维创新谷5D# 204室
邮编： 518108
电话： 13828880435
邮箱： liumao@ lianyukeji. com
网址： www. lianyukeji. com
简介： 深圳市联宇科技有限公司（以下简称联宇科技）成立于2014年8月，位于深圳市宝安区创维创新谷，是一家专注于高频化模块电源的设计、研发、生产、销售和服务的高新技术型企业，致力于为客户提供高可靠性的电源产品和整体解决方案。联宇科技拥有一批在国内外各知名企业工作10年以上经验的高级研发技术人才，具备强大的新产品开发和快速响应能力。联宇科技针对国内外军工、工业、轨道交通等应用领域，运用先进成熟的专业技术设计了全砖、半砖、四分之一砖、八分之一砖、十六分之一砖、三十二分之一砖、2×1in（1in = 25.4mm）、1×1in、1×0.5in，超薄型40mm×26mm×7.6mm（长宽高），32mm×19.3mm×7mm（长宽高）等系列模块电源；电源的低压输入范围包含了DC9～36V、DC16～40V、DC15～55V等；高压输入范围包含了DC34～160V、DC155～425V、DC180～425V、DC380～650V、AC85～264V等；输出电压范围为DC1.5～400V，输出功率范围为2～2000W，具有高可靠性、高功率密度、高效率、低纹波噪声等优势，大部分产品内部所有元器件已经实现100%国产化穿透；同时可根据客户的需求，在成熟产品和电路基础上提供多元化的定制产品和电源系统解决方案。

深圳市鹏源电子有限公司

深圳市鹏源电子有限公司
Forever Power　Shenzhen Advantage Power Limited

地址： 广东省深圳市福田区新闻路侨福大厦4F
邮编： 518034
电话： 0755-82947272
传真： 0755-82947262
邮箱： sales@ szapl. com
网址： www. szapl. com
简介： 深圳市鹏源电子有限公司是一家专业为新型能源产品提供核心电子零件的代理商，既提供包括各类IGBT、MOSFET、快速二极管、整流桥、晶闸管、碳化硅二极管和场效应晶体管和控制IC等关键的半导体器件，也提供薄膜电容器、铝电解电容器、电流传感器和高压直流继电器等产品，能为功率变换的各个环节提供关键的元器件。

公司不仅拥有专业的销售工程师团队，能为客户提供正确、高效和经济的元器件方案，同时还拥有业界领先的宽禁带半导体应用实验室，能为客户提供高效率的技术支持。公司先后完成针对电动汽车、光伏逆变器等相关应用的几十个项目的研发，形成了几十项专利技术和软件著作权。公司也与相关的院校展开了深入的合作，是华南理工大学的研究生培养基地。公司代理的产品包括Littelfuse、wolfspeed、Tamura、YM、TE、Potens、HJC、AgileSwitch、纳芯微等。

深圳市柔性磁电技术有限公司

地址： 广东省深圳市光明新区马山头社区第七工业区世峰科技园126栋3楼
邮编： 518106
电话： 0755-21380791
邮箱： jgg@ szfmf. com
网址： www. szfmf. com
简介： 深圳市柔性磁电技术有限公司专注于新型电磁元器件研发、制造、销售、包含高频平面或柔性变压器、电磁类传感器、扬声器、微电机、高效节能电机等、广泛应用于通信、电力、工业控制、家用电器、LED等领域，是电子电力行业重要的核心基础部件。

深圳市瑞必达科技有限公司

地址： 广东省深圳市宝安区福海街道桥头社区富桥第二工业区北A3幢
邮编： 518103
电话： 0755-33850600
传真： 0755-29912756
邮箱： guoguiyuan@ rbdpower. com
网址： www. rbdtech. com
简介： 深圳市瑞必达科技有限公司（简称瑞必达）是瑞达国际集团旗下的全资子公司，成立于2004年，是一家集研发、制造、销售和服务于一体的国家级高新技术企业，产品远销40多个国家和地区。公司在电力电子领域耕耘十多年，主营智能家居解决方案、智慧办公、按摩椅控制系统、升降桌控制系统、医疗电源、充电器及军工、储能系统、电池管理系统（BMS）、具体产品有按摩椅电源、升降桌电源、医疗电源、充电器、电池管理系统（BMS），细分行业内位居国内前三。

瑞必达始终坚持“专注、高效、创新、共赢”的经营理念，秉持追求极致的工匠精神，为客户提供卓越的产品和解决方案。公司通过了ISO 9001、ISO 14001体系认证，相关产品通过了TUV、CB、CE、UL、FCC、PSE、GS、CCC、EMC等各项国际安全规范认证。

经过十多年的发展，瑞必达先后成为广东省质量检验协会理事单位、中国电源学会会员单位，获评深圳知名品牌、医疗电源10年新兴品牌。目前，公司已与国内外多家客户建立了长期稳定的战略合作关系。

深圳市瑞晶实业有限公司

深圳市瑞晶实业有限公司

地址： 广东省深圳市龙岗区吓坑一路168号恒利工业园C1栋
邮编： 518055
电话： 0755-88860609
传真： 0755-26515068
邮箱： xianhua. zou@ rjsz. net
网址： www. rjsz. net
简介： 深圳市瑞晶实业有限公司成立于1997年6月，是世界500强企业中国电子科技集团（CETC）的全资控股子公司，是国家级高新技术企业。

公司专注通信电源、工业电源、电源适配器、充电器等产品的研发生产销售25年。近年来，公司加大在智能快充、智能家居、穿戴设备及新能源领域的研发投入，已经形成新的技术、新的市场增长点。现公司拥有10000m^2生产平台、1000名员工和一批专业技术骨干，20条生产装配线及4台SMT自动贴片机，各种专业电子测试仪器，信赖性测试设备，及可同时BURN—IN 7200pcs的老化室。日平均产能35kpcs，峰值产能可达到50kpcs。2005年的年产值已超过亿元大关。

1999年开始为国内外主流通信设备及相关厂商提供各类规格的开关电源、工业电源、LED驱动电源。从1997年到 2022 年，公司服务的主要客户有中兴通信、创维数字、安克创新、索尼、公牛、NBT、伟易达、欧瑞博、松下、阿里巴巴、亚马逊、泽宝、福乐云等。

2009 年，深圳市瑞晶实业有限公司成为深圳市 LED 产业标准联盟核心会员单位（该联盟由深圳市计量院与标准局牵头创建），积极参加深圳市 LED 产业标准的制定工作，并已成为深圳市有关 LED 产业中电源产品核心生产厂家。公司专注于电源集成电路应用产品的研发、生产和销售，产品覆盖 5～3000W 全规制的 AC-DC、DC-DC、DC-AC 等开关电源及模块电源。公司拥有稳定电源集成电路应用技术产品研发核心团队，积极把握最新市场趋势，自主开发了多款符合现代市场需求的特色产品，给客户提供更多的产品建议及选择。公司至今已拥有 30 多项专利，2015 年起已被认定为国家级高新技术企业。

深圳市瑞隆源电子有限公司

RUILON

地址：广东省深圳市龙华区观澜街道桂花社区观光路 1231 号美泰工业园 4 栋厂房 301 室
邮编：518000
电话：0755-82908296；18688824021
传真：0755-82908002
邮箱：michelle@ ruilon. com
网址：www. ruilon. com. cn
简介：深圳市瑞隆源电子有限公司（以下简称瑞隆源电子）于 2009 年 3 月成立，深耕过电压被动保护元器件行业 14 年，是国家高新企业、广东省专精特新企业，2021 年细分领域放电管市场占有率居全国第二，公司成立之初，就致力于电路保护领域的研究与应用，以国产化代替为目标的总体战略规划。产品涵盖陶瓷气体放电管（GDT）、压敏电阻（MOV）、瞬态抑制二极管（TVS）、静电保护器件（ESD）、复合保护器件（SPD）等。

公司坚持自主研发创新，截至 2022 年 12 月，共申请知识产权 145 项，授权 96 项。公司以提供专业应用电路解决方案为基础，建有广东省通信防雷及元器件工程技术研究中心，能够完成全套浪涌测试等多项可靠性测试项，并通过了 TUV 目击实验室认证。同时，公司建立了完善的产品质量溯源体系，2015 年通过 GB/T 19001—2016 质量管理体系认证和 IATF 16949：2016 质量管理体系认证。主要产品均通过了中国质量认证中心 CQC 认证、安全 CE 认证、电工产品合格测试 CB 认证、UL 认证、元器件产品安全 TUV 认证、中国合格评定国家认可 CNAS 认证，全线产品通过 RoHS、REACH、卤素认证，确保产品质量过硬，保证客户设备安全。产品广泛应用于工业电子设备、通信、电力、交通、医疗设备、汽车电子、家用电器、绿色能源、节能环保及军工等领域，并凭借独特的工艺方法和领先于行业的技术水平使产品具备高精度、高可靠性、高稳定性等突出优势，远销欧洲、北美等国际市场。瑞隆源电子坚持走自主品牌、自主创新的发展道路，打造 RUILON 品牌。未来，瑞隆源电子还将继续加强产品的技术革新和市场投入，持续优化产品结构，延展市场影响力，力争成为民族品牌。

深圳市三和电力科技有限公司

三和电力
SANHE POWER TECH

地址：广东省深圳市南山区西丽官龙第二工业区 6 号厂房 1～3 楼
邮编：518055
电话：0755-26518038
传真：0755-26749991
邮箱：samwha2002@ vip. 163. com
网址：www. samwha-cn. com
简介：深圳市三和电力科技有限公司（以下简称三和电力）成立于 2002 年，是国家级高新科技企业，专注于电能质量产品、技术和解决方案的研发、生产和服务，为行业领军企业。

公司多项技术引领行业发展，拥有 28 项发明及新型实用专利及 24 项软件著作权，参与了 22 项国家标准和 15 项行业标准的起草和制定工作，是国际电工委员会（IEC）等的正式成员。软件开发体系通过了美国 SEI 的 CMMI 评估。在当前“双碳”加智能化升级的大背景下，三和电力将基于多年关于电能质量技术和经验的积累，结合新型电力电子和先进智能化软硬件技术，在为传统型电力系统持续提供升级解决方案的同时，也将紧密参与新型电力系统的构建与优化，为产业升级和行业进步乃至国家持续发展贡献力量。

深圳市兴龙辉科技有限公司

地址：广东省深圳市龙岗区横岗镇西坑村西湖工业区 19 栋
邮编：518002
电话：0755-89737829；89737228；89737666
传真：0755-89737108；89737118
邮箱：admin@ unitefortune. com
网址：www. gd-battery. com
简介：深圳市兴龙辉科技有限公司成立于 1998 年，是一家专门从事设计、制造镍氢电池、锂电池、聚合物电池的企业，产品广泛应用于数码摄像机、PDA、手机、无绳电话等。

自公司成立以来，始终坚持“技术第一，品质卓越，顾客至上”的原则。其先进的品质检测设备及严格的质量管理体系确保电池在生产过程中品质更完善，性能更稳定。

经过多年的研究与发展，凭借良好的产品品质与不断的技术创新，公司的金龙品牌电池已逐渐成为国内电池业非常畅销的产品，远销美国、欧洲、东南亚、中东等。

我们热烈欢迎新老客户来公司参观与指导，并期待着与您进一步的合作！

深圳市宜步科技有限公司

地址： 广东省深圳市南山区留仙大道红花岭工业园朋年大学城 A 栋 314~320 室
邮编： 518000
电话： 0755-86643966
邮箱： andypeng@ ebullcorp. com
网址： www. ebullcorp. com

简介： 深圳市宜步科技有限公司（以下简称宜步科技）创立于 2011 年，是一家专注于储能、消费类电子产品的研发、生产与出口的高新技术企业，产品品类含便携式储能电源、太阳能移动电源、太阳能板、充电器及数据线等。

作为一家科技公司，宜步科技积极响应国家节能环保的号召，研发的清洁能源方案持续为环保事业做出企业应有的贡献！宜步科技积极参与各协会标准的讨论和起草，将前沿技术从源端融入产品设计，推出的 Cellpowa 系列便携式储能和 Solarpowa 系列太阳能板，深受广大消费者喜爱。

公司已取得 30 多项发明专利，其中储能相关专利占比达 30%。公司 2012 年获得苹果 MFi 许可证和 BSCI 认证，2015 年创立 BigBlue 品牌。自有品牌成立以来，客户遍布全球 100 多个国家和地区；2018 年被认定为国家高科技企业；2019 年引进 ISO 9001 质量管理体系；2021 年成为深圳市电池行业协会会员；2022 年成为广东太阳能协会理事单位和广东省电子数码行业协会会员。

宜步科技一直致力于打造出色用户体验的优质产品，为顾客提供不同使用场景下安全高效快速的清洁能源解决方案。消除用电焦虑，是我们持之以恒的动力和使命。

深圳市英威腾网能技术有限公司

地址： 广东省深圳市光明新区马田街道薯田埔社区英威腾光明科技大厦 1 栋 601 室
邮编： 518106
电话： 0755-23535030
传真： 0755-23535030
邮箱： yanglibing@ invt. com. cn
网址： www. invt-networkpower. com. cn

简介： 深圳市英威腾网能技术有限公司是深圳市英威腾电气股份有限公司（股票代码：002334）的子公司，专注于数据中心关键基础设施一体化解决方案的研发生产与应用，为信息化建设赋能，为数据的传输、计算、存储提供安全可靠、技术先进、智能灵活、绿色节能、经济适用的数据中心关键基础设施“底座”。

以微模块、环境制冷、智能监控研发生产为主线，融合配电、UPS、电池等，向您提供四大“智”系列数据中心一体化解决方案。依据 GB 50174—2017、TIA-942 相关标准，全面采用标准化、模块化设计，实现快速部署、灵活扩展、智能运维、绿色高效等优势。

公司的团队在数据中心行业有 15 年以上的从业经验，对数据中心行业理解深入透彻；研发经验丰富，技术能力雄厚，技术理念先进；具备 MES 生产、ERP 计划、OA 办公、PDM 数据管理、CRM 客户关系、TMS 物流管理等先进的信息化、智能化供应链管理手段和服务能力。

公司将以“竭尽全力提供物超所值的产品和服务，让客户更有竞争力”为使命。

深圳市振华微电子有限公司

地址： 广东省深圳市南山区高新技术工业村 W1-B 栋 2 楼
邮编： 518057
电话： 0755-26525998-882
传真： 0755-26520788
邮箱： shzjg11@ 163. com
网址： www. zhm. com. cn

简介： 深圳市振华微电子有限公司于 1994 年成立，隶属于中国振华（集团）科技股份有限公司，地址位于深圳市高新技术工业村。公司注册资本 6810 万元，总资产为 2. 14 亿元，共有员工 500 人。

公司主要产品为厚膜混合集成电路、高压直流电源系统，有独立的研发中心及可靠性实验室。

公司于 1994 年被认定为深圳市首批高新技术企业，先后被评为信息产业部军工电子质量先进单位、信息产业部军工电子质量年活动先进单位及总装备部、国防科工委、信息产业部“十五”军用电子元器件科研生产先进单位，2010 年被评为国家级高新技术企业。

公司拟申报专利 50 项，已授权 33 项，其中实用型专利 31 项，发明专利 2 项。

深圳市知用电子有限公司

地址： 广东省深圳市龙岗区黄阁北路天安数码新城四号大厦 A1702
邮编： 518100
电话： 15986618000
传真： 0755-86628001
邮箱： percy. zhang@ cybertek. cn
网址： www. cybertek. cn

简介： 深圳市知用电子有限公司（CYBERTEK）是一家专注于专业测试仪器领域的高科技公司。公司开发的高性能高频电流/电压探头和传感器、高精度电流互感器、全数字化电磁兼容接收机及专业测量附件等产品系列，广泛用于电子产品研发生产的各领域，性能全面达到世界先进水平。目前已掌握高频电流探头核心科技，打破了国外公司的长期技术垄断格局。公司创始人及其开发团队在精密传感器、数字信号处理、射频技术等方面经过长期的技术积累，拥有相关的知识产权和专利以及核心专业技术能力。公司的研发生产体系在 ISO 9001 质量管理体系的管理下，产品通过了各种认证（如 CE）和各国权威计量单位的计量。通过提供各类高性能的测量和测试解决方案，为客户快速研发生产高可靠高性能低成本的产品提供强有力的保障，从而使客户实现产品与服务的增值。

深圳市卓越至高电子有限公司

地址： 广东省深圳市龙岗区龙城街道新联社区嶂背一村园湖路横二巷 18 号 3 楼

邮编： 518126

电话： 0755-89395358；13828861046

传真： 0755-22640117

邮箱： andrew. zhao@ excellenttop. com. cn

网址： www. etopower. com

简介： 深圳市卓越至高电子有限公司是一家优秀的国家高新企业，是电源解决方案供应商，拥有十余年的电源研发、制造经验，公司以“卓越质量，高效服务”为宗旨，竭诚为客户提供最优质的产品和服务。公司电源产品系列包括通用标准工业开关电源产品、LED 驱动电源产品、安规适配器充电器、标准模块电源产品、标准仪器电源产品、特种定制电源产品等，产品广泛用于通信、IT 和 AV 类电子、电力电子、自动化控制、铁路、军工、医疗等行业。公司重视技术、重视人才，不断强化内部管理，狠抓产品质量。公司的产品 100% 经过高温老化，符合 CCC、CE、GS、KCC、SAA、UL 等多个国家权威机构的安全认证标准。在保证内销的同时公司产品也大量销往欧美、日本、印度、中东等。

为了保证及时交货，公司一直保持标准品库存，为客户解决燃眉之急。如果您不能从我们的产品目录上找到合适的电源解决方案，或者您无法在市场上找到合适规格的产品，请联系我们，我们强大的研发队伍和多年不同行业的研发经验一定能按您的需求为您开发定制出您满意的产品。

奉行“诚信、严谨、创新、高效”的理念，坚持以顾客满意为中心、以环境友好为己任、以安全健康为基点、以品牌形象为先导的价值观，一如既往地为国内外顾客提供优质的技术服务和电源产品。

深圳欣锐科技股份有限公司

地址： 广东省深圳市南山区塘岭路 1 号金骐智谷大厦 5 层

邮编： 518000

电话： 0755-86261588

传真： 0755-86329100

邮箱： evcs@ shinry. com

网址： www. shinry. com

简介： 深圳欣锐科技股份有限公司（以下简称欣锐科技，股票代码：300745）自 2006 年初进入新能源汽车产业，专注新能源汽车高压“电控”解决方案（其主要技术集中在车载 DC-DC 变换器和车载充电机，统称为车载电源），欣锐科技拥有车载电源原创性核心技术的全部自主知识产权，在车载电源和大功率充电领域积累了丰富的研发及产业经验，拥有业界领先的研发创新能力及工程制造能力，产品技术水平居行业前列。

深圳易能时代科技有限公司

地址： 广东省深圳市南山区招商街道水湾社区蛇口望海路 1166 号招商局广场 13 层

邮编： 518052

电话： 400-8396-555

邮箱： info@ ejiayou. com

网址： www. ensds. com

简介： 深圳易能时代科技有限公司（以下简称易能时代）成立于 2014 年，是深圳高新技术企业，多年来始终专注于能源与新能源产业生态建设，以数字化运营赋能智慧出行场景，以创新科技助推数字能源新基建的快速发展。

多年新能源硬件探索，着力打造集软硬件研发、生产、制造、销售于一体的全链路布局，以前瞻的科研成果，加快新能源产业的数字化升级，为合作伙伴提供端到端一站式智能产品解决方案。

8 年能源信息化积累，已链接数万个能源站点、服务 4800 万位车主，并与众多头部互联网平台、银行等多方达成深度合作，全面打造出行能源消费新场景。

易能时代始终坚持以新能源产业生态链建设作为企业发展的战略方向，积极探索全球化业务布局。未来，易能时代将持续依托创新科研能力与数字化运营优势，助力新能源行业高质量发展，决心面向全球，鼎力中国智造。

深圳易通技术股份有限公司

地址： 广东省深圳市宝安区石岩街道龙腾社区光辉路 16 号第二工业区厂房 3 栋 1~3 层

邮编： 518100

电话： 0755-83704966

传真： 0755-29467335

邮箱： 1546441228@ qq. com

网址： www. eton-tech. com

简介：深圳易通技术股份有限公司（股票代码：839972）成立于2002年，于2016年7月由深圳市易网通通信技术有限公司改制而来，是一家集研发、制造、销售于一体的科技企业。公司自主研发户外一体化机柜、机柜空调、智能门禁系统、通信机房、智能果皮箱、智能电源等产品。公司以“通信领域综合节能解决方案”为主体，同时利用公司多年在通信电子和物联网方面积累的专业经验，让智慧环卫业务协同发展。智能一体化产品的智能空气调节系统、柜热交换节能系统、变频空气调节系统、一体化开关电源系统、智能门禁系统等均为中国铁塔采用，并成功成为中国铁塔的入围供应商。公司专注于为国内外产品结构升级的智能化提供专业全面的综合节能解决方案。公司产品质量可靠，已通过ISO 9001、ISO 45000、OHSAS 18000等质量管理体系的认证。户外机柜产品已取得3C认证，公司所有产品均通过第三方检测，且CE、FCC等相关证书齐全。公司产品类型全面，确保快速高效地达到国家节电、节能的目的，实现“绿色通信”的最终目标。公司以品质、服务、精益求精来赢得顾客满意。

深圳中测通科技有限公司

地址：广东省深圳市宝安区宝安大道4336号洪盛科技园五栋3楼
邮编：518000
电话：18033440012
传真：0755-23702323
邮箱：2881501600@ qq. com
网址：www. renzhengjiance. com
简介：深圳中测通科技有限公司专注于电源、驱动、开关电源、电源适配器、电池等电子产品的检测认证。

深圳中瀚蓝盾技术有限公司

地址：广东省深圳市南山区西丽街道松白路南岗第一工业区3栋2楼
邮编：518000
电话：0755-83021690
传真：0755-83021987
邮箱：sales@ hz-tech. com. cn
网址：www. hz-tech. com. cn
简介：深圳中瀚蓝盾技术有限公司专注于电源行业，以模块电源为核心，公司产品覆盖超算、航空航天、军工、船舶、激光技术工业控制等应用领域，主要客户包括中国电子科技集团公司、中国航天科工集团有限公司、中国兵器工业集团有限公司、中国船舶重工集团公司等。

公司自主研发设计的系列电源，具有高可靠性、高功率密度、质量轻、效率高，并具有多种保护功能等特点，能满足各种环境要求。公司拥有先进的研发中心和生产试验检验中心，集聚了设计经验丰富的世界级电源行业专家和专业技术高超的工程技术人员，配备了包括全自动电源测试系统在内的精良先进的测试仪器，以及全套的电源加工生产和各种环境筛选试验设备。公司成立三年之际，中标当年全军最大的军工电源订单：8万只1kW DC-DC电源模块，并顺利完成交付，无模块不良现象发生，产品质量及性能得到客户一致认可。

公司通过了GB/T 19001—2016及GJB 9001C—2017质量管理体系认证，拥有完善的质量管理体系，产品设计开发完全按照军品标准进行，确保了每台电源的可靠性、可追溯性及质量的稳定性。用军工技术打造优质电源，以可靠质量赢得用户信赖。

天宝集团控股有限公司

地址：广东省惠州市惠城区水口街道办东江工业区
邮编：516000
电话：0752-2312605
传真：0752-2313888
邮箱：mkt@ tenpao. com
网址：www. tenpao. com
简介：天宝集团控股有限公司（以下简称天宝）始创于1979年，2015年在香港主板上市（股票代码：1979），专注于电源技术研发，设计和制造安全可靠的电源与智能充电器产品，为不同的客户及不同的终端领域，提供具有市场竞争力的一站式智能电源解决方案，多年来和众多国际顶尖品牌建立了长期稳固的合作关系，成为可信赖的主要供应商。

天宝致力于研发电源技术及产品，其产品广泛应用于多个不同的行业领域，包括消费品开关电源的电信设备、媒体及娱乐设备、家庭电器、照明设备等；工业用途的智能充电器及控制器（主要适用于电动工具）；新能源电动汽车行业的智能充电设备。

天宝拥有完善的体系，集技术研发、制造生产、销售服务及成熟的供应链于一体，在我国、匈牙利、越南设立了生产基地，配套先进的生产技术和自动化设备。销售网络分布全球，并在韩国、日本、美国等设有办事处。

天芯互联科技有限公司

SCI天芯互联

地址：广东省深圳市龙岗区坪地街道环坪路3号101
邮编：518117
电话：13794836016
邮箱：chenc-sci@ scc. com. cn

网址： www. sky-chip. com

简介： 天芯互联科技有限公司专注于器件、模组产品开发和半导体测试接口系统开发。公司为客户提供系统级封装及微组装服务。公司拥有专业的技术服务团队，在深圳和无锡两地均设有研发团队和制造工厂，为客户提供原理图设计、基板封装设计仿真、基板制造、封装测试、失效分析等一站式服务。

维谛技术有限公司

地址： 广东省深圳市南山区学苑大道 1001 号南山智园 B2 栋 1~4 楼、6~10 楼

邮编： 518055

电话： 18026919276

邮箱： Li. Jian@ Vertiv. com

网址： www. vertiv. com

简介： 维谛技术有限公司（以下简称维谛技术）（Vertiv, NYSE：VRT）致力于保障客户关键应用的持续运行、发挥最优性能、业务需求扩展，并为此提供硬件、软件、分析和延展服务技术的整体解决方案，帮助现代数据中心、边缘数据中心、通信网络、商业和工业设施客户在面临艰巨挑战时，提供全面覆盖云到网络边缘的电力、制冷和 IT 基础设施解决方案和技术服务组合。

维谛技术总部位于深圳，根植中国，服务中国，依靠全球视野为客户提供高品质服务。公司在深圳、西安设立了本地研发中心，在广东江门、四川绵阳设立了本地制造工厂，并在全国设有 30 余个客户服务中心和办事处，同时发展了超过 700 家核心渠道合作伙伴，充分保障了客户能够随时随地获得公司创新的技术、优质的产品方案及高效的服务响应。

Architects of Continuity™ 恒久在线，共筑未来™。

维沃移动通信有限公司

地址： 广东省东莞长安镇乌沙步步高大道 283 号

邮编： 523860

电话： 0769-38816888

邮箱： lidahuan@ vivo. com

网址： www. vivo. com. cn

简介： 维沃移动通信有限公司（以下简称 vivo）成立于 2010 年 6 月 7 日，在东莞、深圳、南京分别设立了研发中心。公司致力于有绳电话、无绳电话、数字无绳电话、音乐手机、智能手机等各类通信产品的研究、开发、生产和销售。

vivo 是步步高旗下年轻而有活力、科技、亲和力的智能手机品牌。vivo 专为时尚、年轻群体打造拥有卓越外观、专业级音质享受、极致影像、愉悦体验的智能产品和服务，并将敢于追求极致、创造惊喜作为 vivo 的持续追求。

公司始终恪守本分、诚信为企业核心价值观，致力于为消费者提供具有高度行业差异化和极致用户体验的移动通信产品与服务，建立高度风格化的强大品牌，成为更健康更长久的世界一流企业！

欢迎进入公司官方网站 http：//www. vivo. com. cn/，详细了解公司及产品信息。

协丰万佳科技（深圳）有限公司

地址： 广东省深圳市龙岗区平湖街道良安田社区良白路 179 号

邮编： 518111

电话： 0755-84687810

传真： 0755-84688817

邮箱： yangjiao@ hipfunggroup. com

网址： www. hipfunggroup. com

简介： 协丰万佳科技（深圳）有限公司是香港协丰公司在内地投资兴建的企业，加工生产基地主要向客户提供各种电子产品的加工生产服务，完全有能力满足各种 OEM 客户的需求和各种复杂产品的加工要求。

公司于 2002 年 5 月积极地引进无铅焊接技术，现今完全有能力生产无铅产品。目前公司的生产设备可以满足欧洲市场。

此外，公司还加强了环境管理体系，参与了一些客户的“绿色伙伴”计划，并根据 RoHS 指示减少、逐渐停止或随后禁止采购和使用破坏环境的物质。

公司具有稳定的人力资源、国际最新和专门的生产设备、良好的质量控制，准时交货，与相关方保持互利的合作与信任，使公司与来自日本、美国、欧洲等的大型电子公司客户保持着良好的商业合作关系。

亚源科技股份有限公司

地址： 广东省深圳市龙岗区园山街道保安社区马六路 10 号

邮编： 518115

电话： 0755-28607677

传真： 0755-28600134

邮箱： inquiry@ apd. com. tw

网址： www. apd. com. cn

简介： 全球电子产业发展趋势快速变迁，质量要求提高、研发生产时程缩短，已是大势所趋。亚源集团深耕电力电子技术 20 余年，凭借高质量与弹性化生产设计能力，已成为特定应用领域的技术领导者。在全球电信基础建设高速发展的浪潮中，亚源集团的电源产品，已在各国网通设备中具有可观的市场占有率。在全球医疗设备市场中，亚源

集团更已成为一线大厂的重要伙伴。在迅速发展的各项电子外围设备市场中，亚源集团供应的优质产品，更早已成为不可或缺的高能效可靠组件。

坚实的关键技术能力。凭借着精益求精的工程师精神，以及对于技术与质量的执着，亚源集团长年投注高比例的研发资源，累积专业技术能力。如今，在自动化设计、产品安全耐受度，以及 EMC 等关键技术，亚源集团皆已成为业界的领先者。

永无止境的质量追求。客户的信赖来自于我们永无止境的质量追求。面对电源产品严格的安规要求，亚源集团对于质量的执着未曾松懈。多年来，各大产品线的稳定可靠，已赢得客户一致信赖。

亚源集团持续创新的脚步从不停歇，近年已投入太阳光电变流器领域。未来，将持续深耕网通、医疗电源领域，开发更多样化的客制电源产品，为企业发展带来崭新动能。

英富美（深圳）科技有限公司

地址：广东省深圳市福田区深南中路 307 号（南光捷佳大厦）720 室
邮编：518033
电话：0755-36905610
传真：+886 02 28084990
邮箱：info@ infomatic. com. sg
网址：www. infomatic. com. sg
简介：自 2008 年从我国台湾翘慧事业股份有限公司的软件事业部门分立出来，新加坡英富美有限公司（INFOMATIC PTE. LTD.）提供给客户关于电力电子仿真的多种解决方案。

由于中国市场快速成长，于 2018 年在深圳成立英富美（深圳）科技有限公司，提供更贴切与即时的产品服务。

公司目前代理瑞士 Plexim 与 Imperix 的电力电子系统仿真与快速原型设计相关软硬体产品，提供给客户从离线仿真到在线实时仿真，从设计验证到搭建实物平台的完整解决方案。

英诺赛科（深圳）半导体有限公司

地址：广东省深圳市龙华区民治街道民塘路汇德大厦写字楼 37 层
邮编：518000
电话：13043412612
邮箱：jiaxinhuang@ innoscience. com
网址：www. innoscience. com
简介：英诺赛科（深圳）半导体有限公司成立于 2015 年 12 月，是一家致力于第三代半导体硅基氮化镓研发与制造的高新技术企业，拥有较强的 8in（1in = 25.4mm）硅基氮化镓晶圆的生产能力。公司采用 IDM 全产业链模式，集芯片设计、外延生长、芯片制造、测试与失效分析、销售与应用支持于一体，主要产品涵盖从低压到高压（30～650V）的氮化镓功率器件，产品设计及性能均达到国际先进水平。当前已在激光雷达、数据中心、5G 通信、高效快充、无线充电、车载充电器、LED 照明等方面发布了产品方案，并与国内多家应用头部企业开展深度合作，成功量产超过一亿颗氮化镓芯片，广受众多一线品牌客户认可。

中山市电星电器实业有限公司

地址：广东省中山市阜沙镇聚福街 1 号
邮编：528434
电话：0760-28132828
传真：0760-28161013
邮箱：2354511780@ qq. com
网址：www. kebopower. com
简介：中山市电星电器实业有限公司成立于 1984 年 9 月，坐落于美丽发达的珠江三角洲地区，是一家已有 38 年发展历史的民营出口企业。公司主要生产交流稳压器和不间断电源，集注塑、五金加工、丝印、插元件和装配于一体，并拥有专业的研发团队和与时俱进的营销团队，销售范围遍布全球 93 个国家和地区，产品质量和服务得到全球客户的高度肯定和信赖。公司秉承“质量为本、管理立业、以客为尊、持续改进”的企业文化和精神，不断发展壮大，业绩逐年增长！

珠海镓未来科技有限公司

地址：广东省珠海市横琴粤澳深度合作区 ICC 横琴国际商务中心 1 座 23 楼
邮编：519031
电话：0756-8886753
邮箱：sales@ ganext. com
网址：www. ganext. com
简介：珠海镓未来科技有限公司成立于 2020 年 10 月，致力于高性能级联结构氮化镓产品的研发和生产。依托高起点、强队伍，实现 GaN 技术的国产化，推动 GaN 器件技术达到世界领先，实现能源的绿色、高效利用。公司产品广泛应用于快充适配器、照明电源、户外电源、服务器和通信电源等行业领域。

珠海山特电子有限公司

地址：广东省珠海市香洲区唐家湾镇哈工大路 1 号-1-C102
邮编：519085

电话： 0756-3388866
传真： 0756-3388866
邮箱： ata@ ataups. com
网址： www. ataups. com
简介： 珠海山特电子有限公司是目前国内具有较完整产品系列的不间断电源（UPS）和免维护蓄电池生产制造企业之一。ATA 是珠海山特电子有限公司的自主品牌。

公司的产品主要有不间断电源（UPS）、逆变器、稳压电源以及免维护蓄电池。其中不间断电源有后备式、高频在线式、工频在线式、在线互动式等几大系列 100 余种规格；免维护蓄电池有世界各种型号汽车电池，广泛用于通信、电力、消防等各个行业用的 2～24V 电池。以上产品能够满足不同用户的要求，并可根据客户要求设计生产，接受 OEM 订单。

公司采用先进的设备进行生产，产品质量的管理体系通过 ISO 9001 质量管理体系认证，并大力引进世界著名企业的管理理念，以确保满足用户对高品质产品的要求。

ATA 品牌的系列产品广泛用于金融证券、医疗、通信、教育、交通等各个领域，并大量出口至东南亚、中东、南非和欧美等。

珠海市睿影科技有限公司

RAYIMAGING

地址： 广东省珠海市香洲区高新区创新海岸科技五路 18 号
邮编： 519085
电话： 0756-3635978
传真： 0756-3635252
邮箱： marketing@ rayimaging. cn
网址： www. xrimaging. com
简介： 珠海市睿影科技有限公司（以下简称睿影科技）成立于 2014 年，自成立以来，睿影科技专注于高压电源领域，为医用 X 光诊断设备系统提供高压电源部件和技术支持方案，服务多家国内外大型医疗设备公司。

公司业务集超高频高压发生器研发、生产、销售，服务于一体。在创始人冯锐先生的带领下，已形成多个产品系列和服务方案，覆盖医疗 X 光诊断设备绝大部分种类。

目前，睿影科技的超高频高压发生器在珠三角市场占有率大幅领先行业竞品，扎实的技术储备和精益求精的生产管理，让睿影科技的产品的平均故障率远低于行业平均水平。

未来，睿影科技将继续深耕行业，不断创新，助力全球人类健康事业！

珠海泰坦科技股份有限公司

地址： 广东省珠海市石花西路 60 号泰坦科技园
邮编： 519015
电话： 0756-3325899
传真： 0756-3325889
邮箱： titans@ titans. com. cn
网址： www. titans. com. cn
简介： 中国泰坦能源技术集团有限公司为香港联交所主板上市企业（股票代码：2188），包括珠海泰坦科技股份有限公司、珠海泰坦自动化技术有限公司、珠海泰坦新能源系统有限公司、北京优科利尔能源设备公司等企业，公司以电力电子为主要行业定位，集科研、制造、营销于一体，围绕发电、供电、用电的各类用户，运用先进的电力电子和自动控制技术，满足客户电能的转换、监测、控制和节能的需求，通过技术创新和新技术新产品的推广应用取得企业的发展。公司成立于 1992 年 9 月，总部设在风景优雅的珠海市石花西路泰坦科技园。公司拥有专业化、高素质的员工团队和雄厚的研发实力，以及覆盖全国的营销和技术服务网络。

公司研制和营运的主要产品有电力直流产品系列、电动汽车充电设备、电网监测及治理设备、风能太阳能发电系统等产品。

珠海泰为电子有限公司

地址： 广东省珠海市高新区唐家湾镇港湾 1 号港 11 栋 4 楼
邮编： 519000
电话： 15919157764
邮箱： flavie. peng@ tai-action. com
网址： www. tai-action. com
简介： 珠海泰为电子有限公司（以下简称泰为电子）成立于 2019 年 9 月，是一家致力于工业级、车规级核心处理器芯片研发的高新技术企业。公司拥有一支由海外博士领衔的高水平研发团队，全方位涵盖芯片设计、应用开发、算法研究、生产测试等领域，核心成员均有超过 10 年的研发经验。自成立以来，公司先后研发并已量产通用智能化 DSP 芯片、高性能电能转换 DSP 芯片、高性能电机控制器芯片等产品，产品采用独创的 AMSC-Engine、HRPC-Engine、ISNN-Engine 三大引擎，极大提高了单芯片算力及智能化处理能力。截至目前，公司产品已拥有国内外专利 40 余项及荣誉 10 余项。

泰为电子立志引领国产半导体行业创新，面向工业控制、新能源电能转换、电能质量监测与治理、高端电源、伺服等领域不断创新，持续研发全面替代国外产品的工业级核心处理器芯片，全力为客户打造更优质的产品和服务，为高能效社会、高安全性用电环境贡献我们的一份力量。泰为电子致力于在未来五年内成长为国内集成电路行业领先的研发企业，填补国内市场的巨大空白，实现 DSP 芯片进一步本土化，从而提升国产自主研发芯片在国际舞台上的地位。

珠海云充科技有限公司

地址： 广东省珠海市国家高新技术开发区唐家湾镇大学路101号清华科技园二期孵化楼3栋405室

邮编： 519000

电话： 0756-3613621

邮箱： 348449224@ qq. com

网址： www. yccharge. cn

简介： 珠海云充科技有限公司（以下简称云充科技）创立于2018年4月26日，是一家以高效率高功率密度电力电子变换器技术为核心的科技型企业。

公司总部位于珠海市国家级高新区，研发团队主要来自于加拿大著名的国际电气工程实验室——LEDAR实验室。2019年公司研发人员已经占80%以上，含1名珠海高层次人才、3名博士后以及多名硕士。公司凭借团队的自身研发力量，拥有多项世界领先的创新技术，并拥有30余项发明专利。云充科技相继获得珠海高新创投和珠海深圳清华大学研究院等投资机构的投资，标志着云充科技在资本市场获得认可，云充科技将与合作伙伴携手并进，加速科研及产业化的进程。

云充科技已通过ISO 9001、ISO 27001、ISO 14001、ISO 45001等认证及高新技术企业认定。云充科技积极响应国家绿色发展理念，坚持技术创新、服务至上、合作共赢的原则，致力于为客户提供高效率高功率密度的电力电子装置及技术方案，积极推动新能源、智能电网、电动汽车等事业的快速发展。

专顺电机（惠州）有限公司

CSEpower

地址： 广东省惠州市博罗县石湾镇鸾岗村大牛路润万家工业园

邮编： 516127

电话： 0752-6928301

传真： 0752-6928311

邮箱： csc@ csepower. com

网址： www. csepower. com

简介： 专顺电机成立于1978年，是一家致力于变压器设计和制造的专业厂商，并在变压器行业取得了骄人的成绩。2002年成立了专顺电机（惠州）有限公司，工厂位于惠州市石湾镇，占地面积60000多m^2，现有员工1500多人。为更好地服务客户，还在菲律宾、印度设立生产服务据点。公司的主要产品包括电源变压器、UPS变压器、环形变压器、自耦变压器、三相变压器、高频变压器、线圈及非晶电抗器等。经过多年的努力公司已成为许多全球知名品牌客户的一级供货商。

公司始终以质量和创新的理念来经营管理，通过了UL认证（Class B. F. H. N. R）及TUV ISO 9001认证并全面执行RoHS标准。公司既有欧洲研发团队，也有经验丰富的管理人员和高效熟练的员工。公司现代化设备使我们成为变压器行业的先驱，并为客户提供物美价廉的产品。

完善的质量保证体系，严格的原材料和生产质量检测以及优质的售后服务，树立了客户对公司产品的信心，在国际及国内市场享有较好的信誉，期待与您的真诚合作！

上　海　市

昂宝电子（上海）有限公司

昂宝电子（上海）有限公司

地址： 上海市张江高科技园区华佗路168号商业中心3号楼

邮编： 201203

电话： 021-50271718

传真： 021-50271680

邮箱： andrew_ lin@ on-bright. com

网址： www. on-bright. com

简介： 昂宝电子（上海）有限公司（以下简称昂宝电子）坐落在中国国家级信息技术产业基地——上海浦东张江高科技园区，是一家从事高性能模拟及数模混合集成电路设计的企业。公司专注于设计、开发、测试和销售基于先进的亚微米CMOS、BiPOLAR、BiCMOS、BCD等工艺技术的模拟及数模混合集成电路产品，以通信、消费类电子、计算机及计算机接口设备为市场目标，致力成为世界一流的模拟及数模混合集成电路设计公司。

昂宝电子拥有一批由来自国内外顶尖半导体设计公司的资深专家组成的核心技术团队，既有在模拟及数模混合集成电路领域多款成功产品的开发经验，也带来了鲜活的创新思维。核心技术团队的数位成员来自美国的著名半导体公司，拥有超过40项美国专利。通过将这支资深的技术专家队伍与本地优秀的设计人才相结合，昂宝电子可为客户提供高品质、具有成本竞争力的半导体精品芯片、解决方案以及优良的服务。在竞争日益激烈的市场，昂宝电子坚持以创新、务实、高效、共赢为经营理念，为您提供最适合的半导体解决方案，是您最佳的策略合作伙伴。

主要产品涵盖：电源管理IC，高速、高精度数/模、模/数转换器，无线射频IC，混合信号的系统级芯片（SoC）。

忱芯科技（上海）有限公司

UniSIC 忱芯科技

地址： 上海市浦东新区盛夏路608号3幢107-108室

邮编： 201210

电话： 13764269536

邮箱： ctc@ unisic. tech
网址： www. unisic-tech. com
简介： 忱芯科技（上海）有限公司（以下简称忱芯科技）的创立缘起于一场关于“寻找中国半导体”的探讨，忱芯科技聚焦于碳化硅核心功率部件的突破，将夯实“大国芯路”作为核心使命，实现创新驱动发展，以科技变革重塑国际半导体产业格局。

忱芯科技核心研发团队成建制来自 GE 中央研究院，横跨半导体材料、封装、驱动及应用领域。

技术带头人深耕碳化硅产业十余年，已成功开发多台基于碳化硅的产品，并已将碳化硅功率模块应用到了航空、新能源发电、高端医疗、石油开采、照明、新能源汽车、数据中心等重要领域。

大交新能源技术（上海）有限责任公司

地址： 上海市闵行区鹤庆路 398 号 41 幢 4 层 04013 室
邮编： 200240
电话： 13641842767
邮箱： wushunli850304@ 163. com
网址： www. dajotech. com
简介： 大交新能源技术（上海）有限责任公司由长期从事电能质量治理及电力电子产品开发研究的专业人员组建，是专业从事电力系统电能质量治理及电力电子控制系统相关产品的研发、生产、销售及服务的科技型公司。公司主要产品有（增强型）静止无功发生器、有源电力滤波器、智能型电容投切开关，广泛应用于电力、交通、石化、医疗、煤炭、冶金、建筑等行业。公司专业为客户提供谐波及三相不平衡治理、无功补偿系统等电能质量问题集成解决方案。

公司产品已通过国家电力工业无功补偿成套质量检验测试中心检验，具有多项软件著作权及发明专利。公司具有完全自主知识产权及所覆盖产品线的全套核心技术，自主研发创新，为客户创造价值。

公司依托上海交通大学、西安交通大学，并保持长期的合作关系，不断提升公司研发团队的技术力量和设计开发能力，致力于为智能电网优化、配网自动化及电能质量改善治理提供高新技术产品和技术服务。

登钛电子技术（上海）有限公司

DENSITYPOWER

地址： 上海市浦东新区建韵路 500 号 4 号楼 601 室
邮编： 201213
电话： 13601619496
传真： 021-50876659
邮箱： sam. zuo@ densitypower. com
网址： www. densitypower. com
简介： 登钛电子技术（上海）有限公司（Density Power）致力于全球领先的“高效，安全，可靠”的电源转换器及 EMC 滤波器的研究、生产、销售和服务，并为客户提供电力电子变换器、高可靠性应用电源的整体解决方案。公司拥有雄厚的技术背景、研发实力和经验丰富的管理团队。公司已通过 ISO 9001 和 IATF 16949 认证，并被认定为国家高新技术企业。

“以技术驱动为核心，以客户满意为宗旨”，公司拥有业界一流的技术和管理团队，完善的管理流程体系，先进的研发、测试、生产设备和系统平台，具有多项专利技术和软件著作权及自主知识产权业界先进的自动化电源测试系统、全自动电源热性能测试系统、可靠性测试和验证平台、高效节能型能量回馈老化测试系统等。

公司的产品主要包括：DC-DC 电源、AC-DC 电源、EMC 滤波器产品等，并为客户提供专业的定制化服务和整体解决方案。产品广泛应用于轨道交通、电力、汽车电子、工业控制、医疗设备、半导体测试设备以及仪器仪表等高可靠性的应用领域。

横河测量技术（上海）有限公司

YOKOGAWA

地址： 上海市长宁区天山西路 799 号
邮编： 200335
电话： 021-22508809
传真： 021-22508809
邮箱： tmi@ cs. cn. yokogawa. com
网址： tmi. yokogawa. com/cn
简介： 横河测量技术（上海）有限公司（以下简称横河）开发测试解决方案已有百年的历史。一个世纪以来，横河不断探索新方法为企业研发提供先进的测试工具，帮助企业从其测量策略中获得最精确的结果。横河拥有丰富的产品线并能提供范围广泛的校准及其他服务。在悠久的历史进程中，横河不仅是精准功率测量的开创者，更是数字功率分析仪市场的领导者。

横河测量仪器以高精度和高稳定性著称，能够维持高水平的测试精度，稳定运行时间远超此类设备正常的保质期。横河坚信成功创新的核心是精确高效的测量，横河以此为己任，专注于自身的研发，汇集最新技术于测试工具，帮助研究人员和工程师应对大大小小的挑战。

横河以产品和质量享誉全球—不断增强新特性以响应客户的特别需求—不断提高技术服务和技术支持的水平，帮助客户设计测量方案，应对最具挑战性的测量环境。

美尔森电气保护系统（上海）有限公司

地址： 上海市松江区书山路 55 弄 6~8 号

邮编：201611

电话：021-67602388

传真：021-67760722

邮箱：liuxiong. mao@ mersen. com

网址：www. ep-cn. mersen. com

简介：美尔森电气保护系统（上海）有限公司作为世界领先的电气保护专家，为市场提供高品质的、安全可靠且不断创新的产品和符合客户需求的解决方案，从而帮助客户优化他们的电力效率，满足不同客户的需求。公司拥有世界上最全面的中低压熔断器产品及熔断器底座、浪涌保护器、散热冷却产品、大电流隔离开关、低压接触器以及叠层汇流排等，广泛应用于电力控制、输配电、大功率低压配电和电力电子等领域。

敏业信息科技（上海）有限公司

地址：上海市浦东新区锦绣东路 1999 号 523 室

邮编：201206

电话：021-68788771

传真：021-68788771

邮箱：myemc@ myemc. net. cn

网址：www. myemc. net. cn

简介：公司成立于 2014 年，以黄敏超博士为引领的国际化 EMC 专家团队，在上海、武汉和深圳创办了 EMC 诊断测试中心，为国内外企业提供 EMC 诊断测试、正向设计服务以及整体解决方案。公司的产品和技术服务领域覆盖医疗、通信、电动汽车、家电、电力、新能源发电、照明和军工等，为国内外近百家知名企业提供产品和电磁兼容技术服务及正向设计服务，同时获得了相关领域的多项专利。

公司推出一站式 EMI 诊断测试系统和插入损耗测试仪，为电子产品产业链上下游企业提供了最合适和量身定制的诊断设备，配合 EMI 滤波器仿真数据库和闭环验证系统软件，帮助快速诊断 EMC 问题的原因以及相关物料选型，大幅度地节省 EMC 问题的解决时间。

公司主营业务：

1）电磁兼容系统集成方案；

2）电磁兼容专用仪器设备的开发与销售；

3）电磁兼容正向设计及解决方案服务；

4）电磁兼容技术专业培训。

上海爱硕科贸有限公司

地址：上海市延安西路 1590 号增泽世贸大厦 6 楼 A 座

邮编：200052

电话：021-63536900

邮箱：wangzhen@ isk. cn

网址：www. isk. cn

简介：上海爱硕科贸有限公司是日本岩崎通信机株式会社的技术服务中心，主要负责在中国市场对 IWATSU 品牌的 BH 测试仪以及半导体曲线图示仪的销售、计量、维护保养。

上海萃锦半导体有限公司

地址：上海市长宁区广顺路 33 号 8 幢

邮编：200050

电话：15295004991

邮箱：xuejiao. jiang@ bestirpower. com

网址：www. bestirpower. com

简介：上海萃锦半导体有限公司（以下简称萃锦半导体）专注于功率半导体超薄芯片的特殊工艺、碳化硅和硅基功率器件，以用“芯”为合作伙伴创造价值为使命，以用“芯”推动世界的可持续发展为愿景，旨在成为自主研发和创新设计、特色工艺与智能制造的优秀的功率半导体上市企业。公司始终秉持创新驱动、求真务实的工程师文化，坚持“以市场为导向，用可靠的产品和周到的服务为客户创造价值”的经营策略，坚持追求卓越品质的理念，推动高端功率芯片的国产替代。公司的目标产品涉及新能源应用和储能、汽车、工业控制等领域。

公司的核心团队来自国内外功率半导体知名公司，建制完整，平均拥有行业经验超 15 年，富有行业前瞻洞见力，研发、管理、制造经验丰富，熟悉硅基 IGBT、SiC 功率器件等晶圆制程、功率器件封装整套设计、制造、测试及应用的技术，具有从“0”到“1”的产品研发、整线建立、市场应用的能力。同时公司研发力量雄厚，拥有硅基 IGBT 和 SiC 功率芯片的设计仿真技术、关键制造工艺技术，并充分利用国内外流片资源，可以做到芯片自产自用，保证了芯片供应，并且已获得多项专利。

公司在上海东虹桥设有芯片设计研发中心，芯片设计测试平台、销售和应用支持中心，并计划在宁波杭州湾建设功率半导体器件封装和 BGBM 超薄工艺生产基地。

上海大周信息科技有限公司

地址：上海市闵行区漕宝路 1788 号 108A

邮编：201101

电话：021-64959258

邮箱：sales@ greatzhou. com

网址：www. greatzhou. com

简介：上海大周信息科技有限公司致力于成为顶尖的直流微电网关键产品提供商以及 1500V 以下工业直流微电网系统集成服务商。

公司成立于2010年，总部位于上海漕河泾高科技开发区，长期关注电力电子、新能源发电与微电网领域的相关技术发展，尤其看好直流电技术路线。

公司主要服务于能源互联网范畴下的新能源发电、储能及储能设备测试、工业节能、科研实验等领域，用户包括电网公司、发电集团、电力装备企业、工矿企业、售电公司及领域内的科研机构和高校等。

公司自成立以来，充分发挥长期与前沿科技紧密接触的优势，站在科技与工业的交汇处，敏锐观察未来趋势，并结合工业需求，充分利用上海信息便利和科研人才众多的优势，为用户提供完备的相关产品及系统服务。

上海汉象智能科技有限公司

地址： 上海市松江区涞寅路1898号8幢1309室
邮编： 201615
电话： 021-67606607
邮箱： zhipeng. wang@ hanxiang-tech. com
网址： www. hanxiang-tech. com

简介： 上海汉象智能科技有限公司致力于电力系统、电力电子系统、电动汽车、航空电力、船舶电力系统等领域的仿真测试及技术咨询，主营业务为系统开发及建模、半实物仿真测试、工程技术服务，旨在为企业、科研院所和高校提供一站式的解决方案和技术服务。

上海华翌电气有限公司

地址： 上海市静安区恒丰路218号2004室
邮编： 200070
电话： 021-56688889
传真： 021-56688889
邮箱： hy@ huayi-power. com
网址： www. huayi-power. com

简介： 上海华翌电气有限公司成立于1999年，是一家专业生产直流电源、EPS、消防照明及设备专用EPS、UPS的企业。公司共有员工100多人，其中工程技术人员30多人。公司总部位于上海理工大学国家科技园，主要从事研发、设计、销售及售后服务及部分生产；二分部位于军工路2390号，主要从事产品制造加工；三分部位于青浦区天一路451号，主要从事结构制造。制造采用日本进口的数控冲床、数控折弯机、数控剪板机、数显铜排加工机、低压开关实验台、耐压实验仪、恒温箱、模拟负载箱、CL312三项电能表现场校验仪、CHXLW微电阻测试仪、LBO-522日本LEADER示波器、HSI801电涌绝缘测试仪、QT2型半导体管特性图示仪、HF2811C型LCR数字电桥等先进加工、检测设备。

企业具有先进的生产、检测手段和国内一流的制造技术，企业一直以“质量为本，科技立业”为宗旨，把产品的质量视为企业的生命，公司按ISO 9001标准建立了质量管理体系，2002年获得了该质量管理体系认证证书，2003年7月获得中国国家强制性产品3C认证证书，公司获得公安部消防产品合格评定中心颁发的消防应急灯具专用应急电源国家强制性产品认证证书及消防设备应急电源国家强制性产品认证证书，开发的GZTW智能型系列直流电源柜1998年在香港获得世界华人发明博览会银质奖。公司于2003年加入中石化总公司战略合作伙伴。公司生产的直流电源、EPS（应急电源）、消防照明及设备专用EPS、UPS（不间断电源）、智能照明控制柜、交流稳压电源、电机分批自启动柜及低压开关柜MAS（MNS）在燕山石化、安庆石化、新疆塔河石化、扬子石化、中石化仪征化纤、天津石化、泰州东联石化、镇海石化、四川维尼纶厂、青岛炼化、青岛石化、济南石化、海南炼化、茂名石化、中原油田、中海油、泉州石化、南京南化、海宁供电局、上海南桥500kV变电站、上海宝钢、宝钢湛江基地、武钢武汉基地、武钢广西防城港基地、首钢水城钢厂基地、上海国际博览中心等国家重点工程中获得一致的好评。公司被中国石化总公司及中海油公司、中化集团公司、冶金、电力等国家重点企业选为资源市场成员厂。

上海吉电电子技术有限公司

地址： 上海市盘阳路59弄融信绿地国际3号楼
邮编： 201107
电话： 021-52964208
传真： 021-54484207
邮箱： samson_ au@ jd-ele. com
网址： www. jd-ele. com

简介： 上海吉电电子技术有限公司是一家专业电子元器件和高度信息化集成配套的代理商和供应商，公司下属集科研、开发、制造为一体的嵌入式网络设备及各类专业开关电源的工厂。

上海杰鸥科工贸有限公司

地址： 上海市莘庄雅致路215号置业大厦1406A&B
邮编： 201199
电话： 021-54131016
传真： 021-54131020
邮箱： anthony_yang@ sh-gcs. com
网址： www. sh-gcs. com

简介： 上海杰鸥科工贸有限公司创立于2004年，是一家以机电一体化与工业电气自动化为主营，集贸易、技术、工程成套为一体的公司。与此同时，公司具有独立进出口权，代理、经营欧洲、美国、日本等多国厂家的传感器、工具仪表、气动液压、工业电器、传动机械和自动化产品等全套解决方案。公司独家优势品牌主要为：稳压电源系列——Schulz-Electronic、Delta Electronika、Regatron、Technix，定量加注系统——D+P、Dopag，气动、液压单元——Domino Module、Somatec 等。公司是机电一体化及工厂备品、备件（MRO）综合配套、一站式服务专家。

公司是专业电源的领先供应商，产品包括 AC-AC、AC-DC、DC-DC、高压电源、电子负载、激光驱动器、脉冲发生器等。与全球所有主要的生产厂家合作，品牌覆盖 Schulz-Electronic、Delta Electronika、Technix、Lumina、POLYAMP、Regatron、Camtec、TDK-Lambda、PicoLAS、H&H 等。可根据客户的个性需求特性定制、找到问题的解决方案，同时可提供相应的售后技术支持及故障诊断、维修。

上海科泰电源股份有限公司

地址： 上海市青浦区天辰路 1633 号
邮编： 201712
电话： 021-59758000
传真： 021-69758500
邮箱： sales@ cooltechsh. com
网址： www. cooltechsh. com
简介： 上海科泰电源股份有限公司于 2002 年在上海市张江高新区青浦园成立。公司立足于发电设备制造，逐步向集团化、多元化产业发展。公司于 2008 年完成股份制改制，并于 2010 年在深圳证券交易所正式挂牌上市（股票代码：300153）。

公司位于上海市青浦区的电力设备成套厂房面积约 8 万 m^2，拥有大、中、小功率自动化组装流水线，6 间设备测试台位及配备国际一流设备的钣金车间，产品包括标准型机组、静音型机组、移动发电车、拖车型机组、集装箱型机组、方舱型机组、中低压输配电产品等电力设备整体解决方案，并具有混合能源、分布式电站、储能系统等新型电力系统的设计、制造和运维能力。标准化、智能化、环保性、高品质是公司电力设备产品的主要特点。

近年来，公司被评为上海市高新技术企业、上海市“专精特新”企业、2018—2019 年上海市民营制造业 100 强企业、上海市实施卓越绩效管理先进企业、AAA 资信等级企业、中国电器工业最具影响力企业、上海市专利工作示范企业，并获得上海市五一劳动奖状等诸多荣誉。“科泰电源（COOLTECH）”被评为“2016—2017 年度推荐出口品牌”，得到了社会各界的广泛认可。

展望未来，公司将依托主业优势，多元化发展的战略，聚焦电力设备制造主业，向上游配套件制造和下游以混合能源、分布式电站、储能系统为代表的新型电力系统应用方面延伸，实现全产业链制造，以储能为纽带将电力设备和新能源连接为一体，双向促进，协同发展，共同打造一流品质、一流服务、绿色发展、环境友好、以人为本、安全第一、科学规范、智慧运营的中国电源设备制造和服务企业。

上海南芯半导体科技股份有限公司

SOUTHCHIP

地址： 上海市浦东新区晨晖路 1000 号 214 室
邮编： 201203
电话： 021-58309616
邮箱： ming-xu@ southchip. com
网址： www. southchip. com
简介： 上海南芯半导体科技股份有限公司（以下简称南芯）成立于上海浦东张江高科技园区，是一家专注于电源和电池管理的高性能国产半导体设计公司，拥有 Charge pump、DC-DC、AC-DC、有线充电、无线充电、快充协议、锂电保护等多条产品线及基于自主研发的升降压充电、电荷泵和 GaN 直驱等核心技术，推出了多款明星产品，得到业内广泛认可。

南芯能够提供从 AC 到电池的端到端快充完整解决方案，产品覆盖 10~200W 整个范围。其中电荷泵大功率快充系列产品率先打破国外垄断，通过了国内多个知名品牌手机厂家的认证，并已实现大规模稳定量产；DC-DC 类产品在工业类市场取得了丰硕的成绩；无线/有线充电类产品也已经通过车规认证，打入国产汽车前装市场。

南芯拥有强大的研发及系统团队、独立的品质管控团队以及贴近客户的销售和支持团队，为高质量的产品开发设计保驾护航。南芯也得到了上下游产业链与资本的广泛认可与支持，获得了小米、OPPO，vivo、中芯聚源、上海集成电路产业基金、红杉资本等的资源和资本加持，极大助力公司持续、快速成长，以及可靠的供货保证。

南芯产品已在小米、荣耀、OPPO、联想、三星、大疆、Anker、紫米等国内外知名品牌的产品中频频亮相，并助力多款产品入驻 Apple Store，证明了南芯产品在性能、品质和成本等方面的诸多优势。南芯秉承不断提高、不停创新的企业文化，致力于为客户提供高性能、高品质与高经济效益的系统解决方案。

南芯，为效率而生。

上海全力电器有限公司

地址： 上海市普陀区金沙江路 891 号
邮编： 200062
电话： 021-62535836
传真： 021-62558838
邮箱： 426356837@ qq. com
网址： www. querli. com

简介：上海全力电器有限公司坐落于上海市嘉定区南翔蓝天开发区，占地面积 2 万 m^2，建筑面积 1.2 万 m^2，是中国电源学会会员单位，是一家专业从事各种交直流电源研究、开发、生产、销售的综合性企业。

公司创办以来，一贯坚持“以质量求生存，以科技求发展”的发展纲领，不断引进和吸收国内外新技术、新工艺、新器件，产品品质不断提高，功能不断完善，性能更加可靠。全力人本着“追求永无止境”的理念，不断创新、努力开拓，先后取得中国电工产品安全认证（长城认证）、ISO 9001 质量管理体系认证，并由中国人民保险公司承担质量责任保险。经过十年拼搏和奋斗，现已发展成为具有多项国内领先技术，以高科技为基础的初具规模的电源生产基地。目前公司生产的产品主要有精密净化交流稳压器、直流稳压电源、逆变电源、各种充电机、调压器、变压器等十大系列 300 多种规格，年产各种产品达 10 万台（套），产品畅销全国近 100 个城市，部分产品远销国际市场，深受国内外用户的好评。

上海申睿电气有限公司

SRE POWER®

地址：上海市宝山区长逸路 15 号 A 幢 17 楼
邮编：200441
电话：18516606048
传真：021-65682881
邮箱：xiangwei. zeng@ sre-power. com
网址：www. sre-power. com

简介：上海申睿电气有限公司是一家由归国留学人员创办的技术研发型企业，成立于 2014 年。公司先后被认定为国家高新技术企业、上海市专精特新企业。公司聚焦数字技术和电力电子技术，专注于开关电源、运动控制、新能源和工业 4.0 相关的研发、生产和销售。公司拥有马来西亚全资工厂及东莞、深圳和苏州工厂等生产基地；拥有中国华东（上海）和华南（东莞）研发中心；在国内和马来西亚拥有销售分支机构和售后服务网点。

上海数明半导体有限公司

SiLLUMIN
数明半导体

地址：上海市松江区中心路 1158 号科技绿洲 21 幢 A 座 604-2 室
邮编：210000
电话：021-67895296
邮箱：joyce. dong@ sillumin. com
网址：www. sillumin. com

简介：上海数明半导体有限公司（以下简称数明半导体）成立于 2013 年，聚焦于高性能模拟芯片设计以及系统的整体解决方案，产品包括驱动芯片、隔离器、电源管理以及智能光伏方案等，广泛应用在工业、汽车以及能源等领域。公司总部位于上海临港松江科技城，在深圳南山、浦东张江等地建立了分支机构。数明半导体的核心研发和管理团队由一批来自业界顶级半导体设计公司的资深专家们组成，公司拥有独立自主知识产权和丰富的 IP 积累，已获得 24 项专利授权并于 2020 年被评为高新技术企业。数明半导体始终坚持以“专业、专注、创新、高效”为经营理念，致力于成为国内领先的驱动及电源管理芯片供应商。

上海唯力科技有限公司

Micropower

地址：上海市虹口区天宝路 578 号飘鹰世纪大厦 806、807 室
邮编：200086
电话：021-65038036
传真：021-65038673
邮箱：micropower@ vip. sina. com
网址：www. shmicropower. cn

简介：上海唯力科技有限公司是 1998 年成立的高科技企业，主要经营电源模块，电源适配器、EMC/EMI 滤波器、抗浪涌抑制器、MCU，并提供相关产品的技术支持、应用开发及售后服务等。

公司分别在北京、上海、合肥、深圳设立多个办事处。通过 10 多年的磨砺与发展，公司在开关电源 AC-DC、DC-DC、EMI/EMC 滤波器领域形成了较为完整的产品系列和成熟的解决方案，已经成为国内外多家著名企业集团、科研院所的合作伙伴和指定产品供应商。

公司着眼于长远的发展战略，以“诚实、竞争、开拓、创新”的经营理念，“人无我有，人有我优”的服务承诺，不断提高技术服务水平。

上海稳利达科技股份有限公司

地址：上海市嘉定区高石公路 2439 号
邮编：201800
电话：400-060-5788/800-820-3007
传真：021-60831633
邮箱：sales@ wenlida. com
网址：www. wenlida. com

简介：上海稳利达科技股份有限公司是一家专注于电能质量领域设备研发、制造、销售和技术服务于一体的股份制企业。公司位于上海市嘉定区，旗下拥有上海嘉定技术研发基地、上海交通大学 FACTS 技术科研成果转化基地、浙江嘉善生产基地，走科技创新推动低碳经济发展的创新型企业道路。

公司致力于稳压电源、谐波治理装置、高低压无功补偿、成套电气及电力节能设备的研发和生产，为客户提供专业化、定制化的电能质量综合解决方案和能效卓越的电气设备。多年来公司的产品和服务广泛应用于工业4.0智能制造、轨道交通、电力、通信、医疗、冶金、化工、民航、石油、市政、汽车制造、高速公路、新能源等行业。秉承“稳行致远，利信达业”的企业经营理念，通过不断的科技创新和完善服务，为客户持续创造价值。

上海新进芯微电子有限公司

地址：上海市闵行区紫竹科技园区紫星路1600号
邮编：200241
电话：021-24162266
邮箱：wenhui_dong@ cn. diodes. com
网址：www. diodes. com
简介：上海新进芯微电子有限公司隶属于美国Diodes公司，现有全职员工1000余人，其中从事设计和工程的技术团队为300余人。公司拥有6in（1in=25.4mm）以及8in晶圆制造净化厂房，可以为系统客户提供采用先进的模拟IC设计和研发、以及利用高阶的生产工艺（如Bipolar、CMOS、BiCDMOS、TVS和SKY等）制造的多元化高效能半导体产品。公司广泛的产品组合锁定在高增长高价值的市场应用领域，包括消费性电子、计算机、通信、工业及车用电子。

上海伊意亿新能源科技有限公司

地址：上海市闵行区漕河泾开发区新骏环路138号5幢401室
邮编：201114
电话：021-52213028
传真：021-52213028
邮箱：info@ 3e-powersystem. com
网址：www. techmation. com. cn
简介：上海伊意亿新能源科技有限公司成立于2016年，与意大利EEI S. P. A公司同是弘讯科技的子公司，负责EEI S. P. A公司在亚洲市场的产品推广销售以及售后服务。

EEI创立于1978年，在电力电子、自动化系统、制造技术以及能源领域有着丰富的经验。在过去的40余年中，EEI持续稳健发展壮大，公司产品涵盖工业、能源、物理以及医疗应用等领域，目前现有员工近100人，有超过3000个EEI的系统在世界各地运行着。EEI拥有自己的研究设施，于1996年成为意大利科学研究部核批的“研究实验室”。

EEI设计和提供应用于各类能源生产系统的静态转换器，为可再生能源领域提供创新解决方案，旨在为客户提供最好性能、最先进的产品，主要应用领域包括太阳能发电、风能发电、储能、水力发电以及智能电网。

上海英联电子系统有限公司

地址：上海市浦东新区置业路111弄2号楼4层
邮编：201200
电话：18917685058
邮箱：contact@ union-pwr. com
网址：www. union-pwr. com
简介：上海英联电子系统有限公司成立于2005年，位于中国（上海）自由贸易试验区张江科学城，主要从事高可靠性、高性能的电源模块和微系统产品的开发、生产和销售；以前沿的技术视野、“可靠、创新、易用和杰出（R. i. S. E.）”的产品开发原则，为电信通信和数据处理等基础设备、信息处理终端、工业和高端装备领域的客户提供市场领先的功率变换产品；秉持“提升客户价值、与客户一起成功”的理念，从而达成“创造社会财富、助力世界高效运作”的使命。

上海鹰峰电子科技股份有限公司

EAGTOP
all for you,all for inverter

地址：上海市松江区石湖荡工业园唐明路258号
邮编：201617
电话：021-57842298
传真：021-57847517
邮箱：zhaozhanglong@ eagtop. com
网址：www. eagtop. com
简介：上海鹰峰电子科技股份有限公司（以下简称鹰峰电子）是以专业研发、生产电力电子无源器件为发展方向的高新技术企业，是国内领先的无源器件解决方案供应商，主要产品包括薄膜电容器、电抗器、叠层汇流排、电阻器、水冷散热器、相变热管散热器等，公司先后通过了SQC ISO 9001：2008质量管理体系认证和ISO/TS 16949—2009质量管理体系认证。

鹰峰电子不断致力于产品的开拓与创新，为新能源汽车、光伏、风力发电、轨道交通、工业传动等行业客户提供极具竞争力的无源器件综合解决方案和服务，持续了解客户需求，配合客户共同研发，提升用户体验，为用户创造最大价值。

上海远宽能源科技有限公司

ModelingTech
远宽能源

地址：上海市杨浦区隆昌路619号城市概念2号楼C12室

邮编： 200090
电话： 021-65011357
传真： 021-65011629
邮箱： info@ modeling-tech. com
网址： www. modeling-tech. com
简介： 上海远宽能源科技有限公司（以下简称远宽能源）成立于 2011 年，专注于电力、新能源、电气化交通等行业中的实时仿真和控制器快速原型应用，公司自成立起就持续进行电力电子仿真技术的自主研发；于 2013 年发布了基于 CPU 的 StarSim 实时仿真器，于 2016 年发布了基于 FPGA 的 StarSim 实时仿真器，于 2020 年发布了基于自研硬件的实时仿真产品，能够支持任意电力电子拓扑在 1μs 量级步长实时仿真，已经达到国际领先的小步长仿真技术水平。

远宽能源拥有一支精干敬业的员工团队，始终致力于向客户提供最专业的售前和售后技术服务。公司目前服务了国内上百家单位，包含远景能源、正泰电源、禾望电气、固德威等新能源相关企业，中国电科院、各省网公司电科院等电力科研院所以及清华、上海交大、华北电力等国内知名高校；产品成功帮助客户解决逆变器入网测试、设备故障检测、多逆变器协调控制等实际科研与工程问题，深受行业好评。

远宽能源的目标是成为电力仿真领域的全球领先企业，向客户提供最先进的产品和最佳的技术服务，和客户一起携手走向绿色和节能的未来世界！

上海瞻芯电子科技有限公司

地址： 上海市浦东新区南汇新城镇海洋一路 333 号 8 号楼 3 楼
邮编： 201306
电话： 021-60870175
传真： 021-60870172
邮箱： huasheng. gong@ inventchip. com. cn
网址： www. inventchip. com. cn
简介： 上海瞻芯电子科技有限公司（以下简称瞻芯电子）是一家由海归博士领衔的碳化硅（SiC）高科技芯片公司，于 2017 年 7 月在上海临港科技城园区成立。

瞻芯电子团队由海归博士领衔，从国内外齐集了一支经验丰富的 SiC 工艺及器件设计、SiC MOSFET 驱动芯片设计、电力电子系统应用、市场推广、产品运营等方面高素质的核心团队。

公司致力于开发以碳化硅为核心、高性价比的功率半导体器件和驱动控制 IC 产品，为电源和电驱动系统的小型化、轻量化和高效化，提供完整的半导体解决方案。

上海众韩电子科技有限公司

地址： 上海市虹口区欧阳路 196 号法兰桥创意园区 10 号楼 308 室
邮编： 200081
电话： 021-55159880
传真： 021-55159881
邮箱： ckb@ ckb-sh. com
网址： www. ckb-sh. com
简介： 上海众韩电子科技有限公司成立于 2007 年，现有员工 50 多名，总部位于上海，在沈阳、天津、郑州、威海、苏州、广州等地设有办事处。公司授权代理韩国三和长寿命高纹波电解电容、韩国 AUK 高压 MOSFET、威海东兴高频变压器、美国 SSO 光耦继电器等产品，可为您提供产品选型咨询。

上海灼日新材料科技有限公司

地址： 上海市松江区港业路 558 号 4、5 幢
邮编： 201617
电话： 021-51872995
传真： 021-51872995
邮箱： 4381505@ qq. com
网址： www. jorle. net
简介： 上海灼日新材料科技有限公司是一家从事胶黏剂研发、生产、销售服务的高科技型企业。公司主营有机硅、环氧树脂、聚氨酯等系列产品，并设有完善的产品研发中心和检测中心。公司先后通过了 ISO 9001 质量管理体系、ISO 14001 环境管理体系以及 IATF 16949 质量管理体系认证；灼日产品已通过 RoHS 环保认证、UL 产品认证等，广泛应用于电子、电气、电力、新能源（风能、光伏以及电池）、汽车、高铁等众多领域。

上海灼日新材料科技有限公司始终以客户需求为导向，致力于为客户提供完善的产品黏接、密封解决方案。公司与国内知名院校、科研机构建立了长期稳定的合作关系，为公司的产品开发和技术创新提供了可靠保障。

“科技，点燃灼日的魅力”，灼日——勇于追求、不断超越的企业，公司将始终不渝地以诚信为纽带，建构信任的桥梁，与您携手，同步世界。

思瑞浦微电子科技（苏州）股份有限公司

地址： 上海市浦东新区张东路 1761 号 2 号楼
邮编： 201203
电话： 021-51090810
邮箱： business@ 3peakic. com. cn
网址： www. 3peakic. com. cn
简介： 思瑞浦微电子科技（苏州）股份有限公司（3PEAK INCORPORATED，股票代码：688536）成立于 2012 年，公司始终坚持研发高性能、高质量和高可靠性的集成电路

产品，包括信号链模拟芯片、电源管理模拟芯片和数模混合模拟前端，并逐渐融合嵌入式处理器，为客户提供全方面的解决方案。其应用范围涵盖信息通信、工业控制、监控安全、医疗健康、仪器仪表、新能源和汽车等众多领域。

思源清能电气电子有限公司

Sieyuan

地址： 上海市闵行区华宁路 3399 号 5 号楼
邮编： 201108
电话： 021-61610996
传真： 021-61610996
邮箱： mmz. 19623@ sieyuan. com
网址： www. sieyuan. com/index. aspx? cat_code = qingneng
简介： 思源清能电气电子有限公司（以下简称思源清能）是思源电气股份有限公司的全资子公司，专注于大功率电力电子技术在电力系统“发、输、配、用、储”各领域的应用。公司不仅掌握多种柔性交流输配电装置的自主知识产权，而且能够提供输配电系统的稳定性分析、电能质量分析等相关的咨询服务。思源清能是 SVG/STATCOM 产品的技术领头羊，积极参与起草了多项链式静止无功补偿器的国家及行业标准，截至 2022 年底全球投运数量 7000 余套，产品已成熟应用于新能源、电网、轨道交通、冶金等多个行业，并出口俄罗斯、东南亚、中亚、美洲及非洲等海外市场。思源清能也是国内早期进入储能行业的企业之一，产品包括锂电池储能系统、储能变流器、电池管理系统、电池包（Pack）及 EMS 等，并拥有先进的储能试验设备、EMC 试验室，电池包（Pack）、储能变流器、储能系统的生产流水线，实现了全过程质量监控。公司从 2008 年于上海漕溪路变电站储能示范工程开始，在储能领域持续耕耘，产品不断迭代。公司秉承向全球客户提供一流的电气设备和服务的企业愿景，帮助客户安全、可靠、高效地使用和维护电力。

致瞻科技（上海）有限公司

ZINSIGHT 致瞻 | 科技

地址： 上海市浦东新区秀浦路 68 号 1 幢东区 303~305 室
邮编： 201315
电话： 021-68161639
邮箱： yong. li@ zinsight-tech. com
网址： www. zinsight-tech. com
简介： 致瞻科技（上海）有限公司（以下简称致瞻科技）是一家聚焦于碳化硅器件及先进电驱系统的高科技公司。依托超过 10 年的碳化硅功率半导体设计及驱动系统研发经验，致瞻科技推出了 SiCTeXTM 系列碳化硅先进电驱系统，及 ZiPACKTM 高性能碳化硅功率模块，产品广泛应用于燃料电池空压机、微型燃机、离心式鼓风机等高速透平设备、航空及船舶电力推进系统等，立志成为领先的碳化硅半导体器件及先进电驱系统供应商。

致瞻科技的合作客户包括中船重工、中国中车、上汽捷氢、长城汽车、青岛中加特等业界领先企业，及清华大学、南京航空航天大学等著名高校。致瞻科技积极拓展海外客户，目前产品已经出口德国等国家。

致瞻科技汇集了世界著名企业的核心研发团队，多数成员毕业于中国及欧美知名高校，包括浙大、华科、南航、德国慕尼黑工大、德累斯顿工大、美国阿肯色大学、丹麦奥尔堡大学等，博士及硕士占比超 90%。

致瞻科技秉持“开放、创新、成长、务实、执行”的核心价值观，强调人才是公司的重要资产和核心竞争力。公司通过多种方式培养人才和历练人才，以客户需求为牵引，创建开放、包容的创新环境，使员工、企业、客户共同成长。

江 苏 省

艾普斯电源（苏州）有限公司

Preen® 艾普斯電源 apc AC POWER

地址： 江苏省苏州市虎丘区新区科技工业园火炬路 39 号
邮编： 215000
电话： 0512-68098868-862
传真： 0512-6824 5670
邮箱： peggy. lin@ acpower. net
网址： www. preenpower. com. cn
简介： 艾普斯电源（Preen）为交流电源和直流电源的开拓者，专注于可编程交/直流电源、测试电源、测试系统、航空军用电源及保护电源，以电力电子的核心技术拓展市场，产品广泛地补充再生能源、电机/电子、实验室、航空国防等行业。

公司成立于 1989 年，总部位于台北市内湖科技园区。30 多年来以研发、生产、销售、售后服务经营自有品牌“艾普斯电源”，近年以“Preen”（电力与可再生能源）新的品牌踏入再生能源及高端测试产业。

艾普斯电源（Preen）已在亚洲打下良好的品牌及通路，拥有完整的交流及直流电源产品线，是全球少数拥有大功率可编程式电源能力的厂家，未来期望能打造成为电源仪器界的世界品牌，投入再生能源及智慧电网电源测试产业。

百纳德（扬州）电能系统股份有限公司

地址： 江苏省仪征市新集镇工业集中区创业路 10 号

邮编： 211403
电话： 0514-80857711
传真： 0514-80857711-821
邮箱： online@ bnd-ups. com
网址： www. bnd-ups. com
简介： 百纳德（扬州）电能系统股份有限公司（以下简称百纳德）为国内领先的备用、应急电源系统解决方案供应商，是国家认定的高新技术企业，其在南京设立了产品研发中心。公司生产和销售自主开发的 UPS/EPS、交直流稳压电源、精密净化电源、直流电源、逆变器、铅酸免维护蓄电池等全系列电源相关产品。

自百纳德创立以来，其产品和服务得到了政府、轨道交通、高速公路、金融、科研高校、医疗、石油化工、广电、电力、军队、工矿和其他系统用户的一致认可。为用户提供性能优良、质量可靠、价格合理、服务一流的产品，既是百纳德人一直不变的承诺，也是我们持之以恒的努力。公司按用户的需求，为客户量身定制适合的产品和技术解决方案，超越用户的期望提供超值的产品和服务。

百纳德人坚持“创新”与“服务”相结合，相信只有不断开发技术先进、性能优良、质量可靠的产品，才能在激烈的市场竞争中立于不败之地。因此，公司不仅非常重视自身技术人才的引进与培养，而且特别注重与高等院校、科研机构的合作。公司的研发中心目前拥有 22 名本行业资深开发工程师，下设信息部、研发部、工艺部、试验室和技术部。到目前为止，获得了 11 项专利证书。2013 年，公司成为南京理工大学教授柔性进企业定点单位、研究生实习基地，双方合作成立了联合研发中心。2016 年，公司又与南京航空航天大学合作，共同开发国内外技术领先的 UPS 系统，并对现有产品进行全面技术升级。

公司倡导“海纳百川、以德为先”的企业文化，以“严谨细致、高效卓越”为管理理念，以“为用户提供超值的产品和服务”为经营宗旨。百纳德人以千方百计满足和超越用户的期望为工作目标，从售前方案选型、免费提供技术支持，到售中现场考察、检测用电环境、设备安装调试，再到设备售后 3 年免费保养维护、产品使用情况定期跟踪，公司以一丝不苟的严谨细致，为用户提供优质的产品和服务。正是凭借十几年不变的承诺与实践，如今百纳德已成为一个值得信赖的知名品牌，一个受人尊敬的企业。

常熟凯玺电子电气有限公司

地址： 江苏省苏州市常熟市常熟高新技术产业开发区金麟路 16 号 3B
邮编： 215500
电话： 0512-52956256
传真： 0512-52956356
邮箱： kxeeg@ kxeeg. com
网址： www. kxeeg. com
简介： 常熟凯玺电子电气有限公司（以下简称凯玺）成立于 2014 年 9 月，是国家高新技术企业和江苏省民营科技企业。作为射频等离子体全产业链拥有企业，在承担国家变革性技术研制的同时，产品以军工品质在中航科技八院、三乐电子信息产业集团有限公司、第五十四研究所等大型企业、国家重点实验室、著名大学得到应用。拥有超高集成度的“凯玺”牌微波源已随“起源太空 NEO-1”卫星遨游太空。

凯玺作为集研发、生产、销售、服务于一体的高新技术自动化设备制造商，在等离子清洗、刻蚀、镀膜等相关应用领域有着丰富的经验，是同时完整拥有大型微波源/射频功率源/中频源/直流源/脉冲源及其零部件（变压器、电感、电容等）研究、生产与技术支持能力、冷等离子体制备与测试能力、大型射频信号发射/接收测试能力的技术型企业。

公司专注于为客户提供先进设备与专业技术服务，优秀而齐全的等离子体状态测试、射频测试、真空测试、热测试仪器与专有系统可为客户提供优质 24 小时的售后服务、现场诊断与处理能力。

公司具备从元件到系统各层级的射频等离子体产品设计制造能力。秉持无尘、高洁净、高可靠、高稳定、高一致性理念，打造最佳性价比的等离子清洗机，成为摄像头企业产线自动化升级的首选。

常州浩仪科技有限公司

地址： 江苏省常州市新北区高新科技园 10 号楼西楼 215 室
邮编： 213000
电话： 18136911520
邮箱： haoyi001@ uni-trend. com. cn
网址： www. hao-tech. cn
简介： 常州浩仪科技有限公司是一家专注于高端工业测量仪器研发与制造的公司，坐落于中国测量仪器之乡常州，目前产品涵盖半导体、组件参数测试、安规测试、电力电子测试等领域。

常州市创联电源科技股份有限公司

地址： 江苏省常州市钟楼区童子河西路 8 号
邮编： 213000
电话： 0519-85215050
传真： 0519-85215252
邮箱： li. jg@ cl-power. com
网址： www. cl-power. com
简介： 常州市创联电源科技股份有限公司是中国电源学会

成员单位、国家高新技术企业、江苏省工程技术中心、江苏省专精特新产品企业、中国著名品牌电源制造商，专业从事 AC-DC、DC-DC 开关电源及模块电源的研究开发及制造，是国内规模最大的电源厂家之一。目前主要有几大系列产品，分别为显示屏系列、工控系列、照明亮化系列三大种类，共涉及电源种类 2000 余种，满足不同领域的电源产品需求。公司在行业内率先建立了独立的 EMC 实验室，开发的绝大多数产品通过了 UL/CE/CB/CCC/KC/BIS/CQC/EAC 等国内外认证，满足不同国家和地区客户的需求。公司获得了发明专利及实用新型专利 40 余项，外观设计专利 20 余项，显示屏电源市场占有率连续多年国内排名领先。

常州市武进红光无线电有限公司

HGPOWER®红光

地址：江苏省常州市武进区礼嘉镇桂阳路 1 号
邮编：213176
电话：0519-86733545；86732495
传真：0519-86731270
邮箱：sales@ hgpower. com
网址：www. hgpower. com
简介：常州市武进红光无线电有限公司成立于 1998 年，一直致力于交换式电源产品的开发及生产。目前公司已成为国内知名的开关电源生产基地，拥有先进的生产工艺和完善的品质保证体系，主要产品全部通过 CCC、UL、CE、GS、FCC 认证，并通过 ISO 9001：2008、ISO 14000：2004、GJB 9001B：2015、TS 16949：2015 等认证。

目前，公司产品广泛应用于家电、通信网络、LED 驱动、电动汽车充电、模块电源等领域。公司现有固定资产 15000 万元，厂房及宿舍面积达 50000m^2，生产开关达电源 2 万台/天。

公司拥有一支作风严谨、高素质的研发队伍，可以灵活高效地为客户提供全面的电源解决方案。

创一流品质，持续不断推出高效、节能、绿色电源产品，打造中国电源品牌是公司的宗旨。

东电化兰达（中国）电子有限公司

TDK

地址：江苏省无锡市珠江路 95 号
电话：0510-85281029
网址：www. lambda. tdk. com. cn
简介：关于 TDK 公司。TDK 总部位于日本东京，是一家为智能社会提供电子解决方案的全球领先的电子公司。TDK 建立在精通材料科学的基础上，始终不移地处于科技发展的最前沿，并以“科技，吸引未来”，迎接社会的变革。公司成立于 1935 年，主营铁氧体（是一种用于电子和磁性产品的关键材料）。TDK 全面和创新驱动的产品组合包括无源元件（如陶瓷电容器、铝电解电容器、薄膜电容器、磁性产品、高频元件、压电和保护器件）以及传感器和传感器系统（如温度和压力、磁性和 MEMS 传感器）。此外，TDK 还提供电源和能源装置、磁头等产品。产品品牌包括 TDK、爱普科斯（EPCOS）、InvenSense、Micronas、Tronics 以及 TDK-Lambda。TDK 重点开展如汽车、工业和消费电子以及信息和通信技术市场领域。公司在亚洲、欧洲、北美洲和南美洲拥有设计、制造和销售办事处网络。在 2022 财年，TDK 的销售总额为 156 亿美元，全球雇员约为 11.7 万人。

关于 TDK-Lambda 公司。TDK-Lambda 是一家向全球提供值得信赖、创新的高可靠工业电源解决方案的行业领导公司。

TDK Lambda 公司在中国、日本、欧洲、美国和东南亚拥有研发、制造、销售、售后服务和应用技术支持等完整的体制，随时随地快速响应客户的各种需求。

江南大学

地址：江苏省无锡市滨湖区蠡湖大道 1800 号
邮编：214122
电话：18661091539
邮箱：ewlu@ jiangnan. edu. cn
网址：www. jiangnan. edu. cn
简介：江南大学是教育部直属、国家“211 工程”重点建设高校和一流学科建设高校。学校具有悠久的办学历史、厚重的文化积淀，源起 1902 年创建的三江师范学堂，历经发展，1958 年南京工学院食品工业系整建制东迁无锡，建立无锡轻工业学院，1995 年更名为无锡轻工大学；2001 年无锡轻工大学、江南学院、无锡教育学院合并组建江南大学；2003 年东华大学无锡校区并入江南大学。

江苏坚力电子科技股份有限公司

地址：江苏省常州市钟楼区香樟路 52 号
邮编：213023
电话：0519-86926668
传真：0519-86965903
邮箱：xujiankang@ cnfilter. com
网址：www. jsczjianli. com
简介：江苏坚力电子科技股份有限公司是规模与研发实力并举的 EMI/EMC 电源滤波器制造商。自 20 世纪 60 年代生产滤波器以来，积累了近 60 年的专业制造经验，能为您提供和解决各种 EMI/EMC 问题的方案和产品，并为电能的安全、高效、可靠的利用积极贡献力量。在国内同行业中率先通过了 ISO 9001 质量管理体系认证，ISO 14001 环境管理体系认证、OHSAS 18001 职业健康与安全管理体系认证、TS16949 汽车质量管理体系认证。先进的测试设备和严格的品质管理形成了我们的独特优势，历年来坚力产品主要品种已先后通过 UL、CSA 和 VDE 等国际安规认证。公司产品应用于各种仪器仪表、医疗设备、电力电源、通信电源、驱动及控制设备等，多次为国家重点工程——电子方舱、运载火箭、考察船等配套。公司产品畅销海内外，拥有国内外各领域的优秀客户。公司能在 4~6 周内为您提供 0.5~2000A 各种规格的单相、三相交流电源滤波器、直流电源滤波器、电抗器、谐波滤波器等。专业的研发团队可为客户设计和制造各种特规滤波器，以帮助您的设备有效地抑制沿电源线传输的电磁干扰，满足电磁兼容（EMC）规范的要求。

江苏兴顺电子有限公司

SEMITEC®

地址：江苏省泰州市兴化市昭阳工业园二区宏泰路 18 号
邮编：225700
电话：13338883596
传真：0523-83234146
邮箱：shenqi@ jsxingshun. com
网址：www. semitec. co. jp
简介：江苏兴顺电子有限公司系日本 SEMITEC 独资企业，地处江苏省兴化市昭阳工业园二区，主要产品有热敏电阻及压敏电阻、温度传感器，广泛应用于现代通信、工业交通、家用电器、汽车电子及办公自动化等领域。近几年来公司充分发挥日本 SEMITEC 敏感元件所具有的国际领先水平的优势，拥有具有国内领先水平和国际先进水平的全自动化生产线及各类检测试验设备，产品通过美国 UL、加拿大 CSA、德国 VDE 和中国 CQC 认证。目前公司已成为国内较大的集研发、生产和销售于一体的 NTC 热敏电阻和压敏电阻的制造商，并已成为索尼、松下、佳能、LG、三星、台达、冠捷、海信、格力、长虹、长城、TCL、康佳等国内外知名企业主要供应商。公司近期发展目标是建成 SEMITEC 的重要生产基地。

江苏中科君芯科技有限公司

地址：江苏省无锡市新吴区菱湖大道 200 号中国传感网国际创业园 D2 栋五楼
邮编：214135
电话：0510-81884888
传真：0510-85381915
邮箱：cas-igbt@ cas-junshine. com
网址：www. cas-junshine. com
简介：江苏中科君芯科技有限公司（以下简称中科君芯）是一家专注于 IGBT、FRD 等新型电力电子芯片研发的中外合资高科技企业。公司聚焦在 IGBT 及配套 FRD 等电力电子器件的开发，包括芯片、单管、模块等产品形式。同时，中科君芯立足于雄厚的研究实力，可针对客户做定制式技术开发服务。2021 年，中科君芯完成了与锡产微芯整合，实现了由芯片设计模式向 IDM 模式的转型，拥有芯片设计、晶圆制造、封装测试在内的一体化经营全产业链。

公司优势：公司由中国科学院微电子所和中国物联网研究发展中心的两个研究团队和电子科大研究团队组成，聚集了国内领先 IGBT 研发团队。作为国内业界的领军者，中科君芯是国内率先开发出沟槽栅场截止型（Trench FS）技术并真正实现量产的企业。

雷诺士（常州）电子有限公司

雷诺士® | Reros®

地址：江苏省常州市新北区华山中路 38 号
邮编：213001
电话：0519-85190886
传真：0519-85190886
邮箱：xinhua@ rerosups. com
网址：www. rerosups. com
简介：雷诺士（常州）电子有限公司是国内知名电源设备制造商，是集设计、生产、销售、服务于一体的高科技股份制企业。公司总部及科研生产基地坐落于国家级常州高新技术开发区，毗邻上海、南京，是国内电源设备制造重点企业之一。目前拥有两大生产基地、4 个生产厂区，工厂占地面积 35000m^2。

公司长期从事电源产品的制造与销售，在产品的电源设计、制造工艺、出厂检验、开通调试等方面具有丰富的经验。主要产品有 UPS（不间断电源）、EPS（应急电源）、精密空调、精密配电柜、稳压电源、电池以及机房一体化集成配套设备，为国内多家知名品牌 UPS 厂商提供 OEM 服务，相关产品已经出口到包括欧美在内的 80 多个国家和地区。公司产品具有个性化、智能化、环保化、品质高等性能特点。同时公司具备强大的技术研发实力，能根据用户需求，量身定制非标电源产品，以满足特殊供电环境的需求。

公司已通过 ISO 9001 质量管理体系认证、ISO 14001 环境管理体系认证以及 ISO 18001 职业健康与安全管理体系认证，并获得认证证书。相关产品已经连续入围“中央政府采购网”“国税总局采购平台”，企业是江苏省高新技术企业、绿色与创新企业、江苏省 UPS 研发机构、中国通企业协会会员、中国电源学会会员单位，并获得“最具用户满意度品牌”等荣誉称号。公司产品广泛应用于医疗卫生、政府机关、税务金融、电力、教育、铁路、冶金、科研、消防、交通、国防、航空航天、广电等重要领域，在各个行业发挥着电力保护神的重要作用。

南京海迪自动化科技有限公司

地址：江苏省南京市雨花台区凤展路 30 号 3 幢 1508 室

邮编： 210012
电话： 025-86726859
传真： 025-86726859
邮箱： nanjinghaidi@ 163. com
网址： www. njhaidi. com. cn
简介： 南京海迪自动化科技有限公司成立于 2018 年，是一家专注于电力综合自动化、电力二次安全防护、电力通信系统的研发、设计、生产、销售的高科技企业。公司技术和研发实力雄厚，被政府认定为高新技术企业。

公司自成立以来，始终坚持以人才为本、诚信立业的经营原则，严格按照电力行业有关部门的要求，完善硬件设备，狠抓队伍建设，强化服务意识，努力建设一支装备良好、技术熟练、服务周到的服务队伍。公司通过了 ISO 9001、ISO 14001 等体系认证，并在企业内建立了一流的中心实验室，目前拥有 10 余项发明专利、9 项软件著作权，被江苏省科技厅认定为科技型中小企业，被江苏省软件协会认定为软件企业。

公司人才结构合理，拥有一支以设计和项目管理为核心的高素质员工队伍，并且大量投入研发，开展了电力监控系统网络安全设备、智能变电站一体化监控系统、电力能量管理设备等项目的研发，紧密跟踪电力行业发展特点，不断优化产品，令用户得到最优质的服务和最好的投资回报。

公司已与国家电网、国电南瑞、国电南自、苏美达、青岛特锐德等国有企业、上市公司达成了长期合作。也愿意成为您最可信赖的长期合作伙伴。

南京泓帆动力技术有限公司

地址： 江苏省南京市江宁区诚信大道 885 号
邮编： 210000
电话： 025-52168511
传真： 025-52168511
邮箱： info@ sailingdeep. com
网址： www. sailingdeep. com
简介： 南京泓帆动力技术有限公司致力于深度掌握控制系统 MBD 和机电设计 MBD 技术，为学院、科研机构和制造企业提供全面的高效工具链和完整工作流的技术服务。目前主要从事智能电网领域电力电子设备和运动控制领域高性能控制平台和开发平台的研制。

南京酷科电子科技有限公司

CUKTECH

地址： 江苏省南京市栖霞区南京经济技术开发区恒泰路 8 号汇智科技园 A1 栋 16 层
邮编： 210033
电话： 13813898295
邮箱： chenwei@ cuktech. com
简介： 南京酷科电子科技有限公司是由陈玮博士于 2016 年 5 月份创立，公司创立之初就获得小米、紫米、顺为等公司的投资，并于 2020 年 3 月获得南芯、领益天使轮投资。公司目前的主要产品有智能快速充电器产品系列、创新产品系列、定制电源产品系列等多个系列产品。公司产品借助小米平台、紫米平台、京东平台、美团平台、淘宝平台等进行销售，并提供优质的售后服务。公司秉承技术创新为基石，用户体验为核心，性价比为指引，打造“创新工厂”并引领行业发展为愿景。

南京兰泰机电集成有限公司

LANtech
兰泰集成
Lantech Integration

地址： 江苏省南京市雨花台区大周路 32 号软件谷科创城 D2 北幢 11 层
邮编： 210012
电话： 025-86208290
邮箱： header8001@ 126. com
网址： www. dpg10. com
简介： 南京兰泰机电集成有限公司是一家整合全球资源，着力工业技术与产品的应用和创新的系统集成供应商。

公司由德国 ED-K 公司授权，代理销售该公司 DPG10 系列综合电抗测试仪，为线圈类、磁材料类产品的大电流、高可靠、更快捷的测试、测量提供了精准、高效的产品与服务，在光伏、新能源、轨道交通、磁性材料、储能、工业自动化等诸多行业中获得了较大应用与发展。

该 DPG10 系列综合电抗测试仪，自 2002 研发、销售以来，产品不断进步，得到行业中若干著名企业的综合应用，已经成为电力电子行业中测量电感及相关性能特性的第一选择。该 DPG10 系列综合电抗测试仪，创新地运用大电流脉冲测量法，给被测电感施加一个与其实际工作条件相同的矩形恒定直流电压，这样的结果是会在被测组件中产生一个上升的直流电流，而上升电流的 di/dt 值取决于电感系数。如果达到预先设定的最大电流，测量脉冲就会被断开。只需一个单次测量，通过对测量电流等特性的计算，一个完整的电感曲线便被表现出来。目前可提供单机最大电流从 100～4000A 的单相直流电抗测量条件；同时通过三相扩展测试仪，可以轻松地实现直接测量有效电流为 58～2350A 的三相交流正弦电感的电感值。

南京瑞途优特信息科技有限公司

地址： 江苏省南京市江宁区铺岗街 381 号德茂大厦 5 楼 511 室
邮编： 210000
电话： 025-52458092

邮箱： hellodsp@ vip. 163. com
网址： www. rtunit. com
简介： 南京瑞途优特信息科技有限公司致力于机电系统与电力电子系统控制相关的技术开发和产品设计，同时开发和销售研发所需的开发平台和实验仪器，主营半实物仿真系统和电力电子功率产品。公司立足于自主创新，拥有一支高素质、高水平、技术全面、结构合理的团队，能够积极响应用户的应用需求，提供定制化开发与专业的工程服务。公司依托东南大学电气工程学院，同时与国内多所知名院所保持密切合作关系，努力将最先进的技术转化到实际产品中来，推动中国新能源和节能技术的快速发展。

南京芯干线科技有限公司

芯干线科技
WWW.X-IPM.COM

地址： 江苏省南京市江宁区菲尼克斯路 70 号总部基地 34 栋 1403 室
邮编： 215124
电话： 18550188382
邮箱： lisa. hu@ x-ipm. com
网址： www. x-ipm. com
简介： 南京芯干线科技有限公司于 2020 年 10 月成立，是一家致力于第三代半导体（氮化镓及碳化硅）的芯片设计公司，专门从事氮化镓、碳化硅功率器件应用模块解决方案的研发设计、销售和技术服务。公司在注册初期就获得了多家风投机构的青睐，两个月内拿到了知名投资公司的 TS，目前融资金额 2300 多万元资金已全部到账。

公司高度重视技术自主可控和研发人才的引进和培养，目前已建立了以傅博士牵头的来自佛罗里达大学、华南师范大学等国内外一流大学的 30 人以上的核心团队，其中 60%以上是技术开发人员，完成了 650V 增强型氮化镓功率器件，650V 及 1200V 碳化硅肖特基二极管等系列核心产品的开发，产品的技术参数和质量均达到国际标准，2021 年下半年实现量产，2022 年开始盈利。目前公司正在开发 1200V SiC MOS 系列功率器件并正在规划全 SiC 模块的产品开发。

知识产权方面，目前公司获得了 9 项集成电路布图专利，20 余项发明专利及实用新型专利正在申请。

未来公司将持续以市场需求为导向，以自主创新为驱动，对现有产品线进行完善和升级，不断提升产品的质量和技术服务，并布局海外市场，逐步发展成为全球领先的第三代半导体供应商。

南京研旭电气科技有限公司

地址： 江苏省南京市浦口区新科一路 6 号
邮编： 210032
电话： 025-58747116
传真： 025-58747106
邮箱： njyanxu@ vip. qq. com
网址： www. njyxdq. com
简介： 南京研旭电气科技有限公司（以下简称研旭）是一家集研发、生产、销售于一体的科技型企业，以嵌入式开发和电力电子定制为基础，通过多年的技术积累和用户反馈，研旭在微电网、新能源、电力电子和电机控制领域的教学和科研方面拥有了大量的技术积累和开放式开源服务的经验。主要产品有：嵌入式开发工具、电力电子功率硬件模组、快速原型开发控制系统、开放式风光储创新实验平台、开放式微电网创新实验平台、工业变流器等。

公司经多年历练，现横跨高教、电源两个领域，形成独特的交叉优势。在功率硬件教研系统中，研旭有着成熟的功率硬件工业成品的经验。在功率硬件成品企业中，研旭有着对功率硬件高效研发过程的理解与工具链的支持，推出的产品在多个科研院所、实际项目工程中得到应用，并广受好评。

潜润电子科技（苏州）有限公司

地址： 江苏省苏州市吴江经济技术开发区庞金路 1801 号庞金工业坊 E01 中单元
邮编： 215000
电话： 13761232430
邮箱： mikejiao@ cheeryenergy. com
网址： www. cheeryenergy. com
简介： 潜润电子科技（苏州）有限公司成立于 2021 年 9 月，以提供高效率高功率密度的定制化的 AC-DC 开关电源为主要方向。企业核心团队研发人员均毕业自浙江大学与哈工大电力电子专业，并有十余年的产品研发经验。企业在苏州吴江设有生产基地，具备电源产品完整的产销研的能力。

苏州锴威特半导体股份有限公司

Convert

地址： 江苏省苏州市张家港市杨舍镇沙洲湖科创园 B2 幢
邮编： 215600
电话： 0512-58979952
传真： 0512-58979952
邮箱： shenzh@ convertsemi. com
网址： www. convertsemi. com
简介： 苏州锴威特半导体股份有限公司（以下简称锴威特）坐落于张家港市经济技术开发区，设有无锡、西安研发中心和深圳分公司，是国家高新技术企业、国家专精特新"小巨人"企业、苏州市瞪羚企业、张家港领军人才示范企业。

锴威特专注于智能功率器件与功率集成芯片的研发、生产和销售，同国内重点院校合作建有省级工程技术研究中心，围绕高可靠和第三代功率半导体展开研究。公司拥有100多项专利，产品广泛应用于智能家电、工业控制、智能电网和新能源汽车等领域。

锴威特目前已形成30~1700V全电压范围、高可靠性硅基功率器件（VDMOS、FRMOS、SJMOS、SGTMOS、TrenchMOS、PhotoMOS）、650~3300V碳化硅基功率器件（SiC SBD、SiC MOSFET）、IPM功率模组、大功率电源管理IC和驱动IC等产品系列。

苏州量芯微半导体有限公司

GaNPOWER

地址：江苏省苏州市工业园若水路388号纳米技术国家大学科学园F0411室

邮编：215000

电话：13472720575

邮箱：information@ iganpower. com

网址：www. iganpower. com

简介：苏州量芯微电子股份有限公司（Suzhou NOVOSENSE Microelectronics Co.，Ltd.）是高性能、高可靠性模拟及混合信号芯片的研发设计企业。

公司自2013年成立以来，专注于围绕各个应用场景进行产品开发，由传感器信号调理ASIC芯片出发，向前后端拓展了集成式传感器芯片、隔离与接口芯片、驱动与采样芯片，形成了信号感知、系统互联与功率驱动的产品布局。公司在混合信号处理、高耐压数字隔离、集成式传感器设计等领域拥有独立知识产权和丰富的技术储备，产品已作为新能源汽车、工业自动化等应用的关键芯片，成功进入多个行业一线客户的供应体系并实现大规模量产。同时公司持续加大各应用场景的产品研发，产品被广泛应用于国内知名品牌客户，涵盖信息通信、工业控制、汽车电子和消费电子等领域。

公司以“感知”驱动“未来”，构建万物互联的“芯”世界为使命，在夯实、深掘信号感知、系统互联、功率驱动技术的基础上，积极拓展三个方向的前沿技术能力，致力于成为信号感知芯片、隔离与接口芯片、驱动与采样芯片的行业领导者和国内领先的车规级芯片提供商。

苏州美恩斯电子科技有限公司

地址：江苏省苏州市吴中区木渎镇木东路317号11幢

邮编：215000

电话：18018191789

传真：0512-66351237

邮箱：fantianyu@ szmains. com

网址：www. szdcpower. com

简介：苏州美恩斯电子科技有限公司（以下简称美恩斯）成立于2015年，现为国内电源测试设备、测量仪器制造商，是集研发、生产、销售、服务于一体的国家高新技术企业。公司先后通过了CE认证和GB/T 19001—2016/ISO 9001：2015质量管理体系认证，拥有标准现代化工厂及生产线；致力于以“功率电子”产品为核心的相关产品测试解决方案的研究，为电子、电力、科研、教育等行业用户提供自主品牌的电力电子测试设备。公司主要产品有直流电源、可编程直流电源、电子负载、稳压电源、军品电源、直流电源测试系统以及全系列电源产品。美恩斯始终专注于行业电源领域，坚持市场导向，将技术创新作为企业发展的核心。公司设立了研发中心，构建了一只技术精湛、勇于创新、经验丰富的专业技术团队，现拥有软硬件研发工程师30余名。通过引进吸收、合作开发、自主开发等多种方式，逐步形成具有自主知识产权的电源产品，并联合科研机构雄厚的技术力量，与国内多所高校及科研院所建立了合作关系。

苏州西伊加梯电源技术有限公司

地址：江苏省苏州市工业园杏林街78号新兴产业工业坊11号厂房1楼B单元

邮编：215121

电话：0512-65072152

传真：0512-65072153

邮箱：info@ cet-power. cn

网址：www. cet-power. cn

简介：西伊加梯（CE+T）集团成立于1937年，总部位于比利时，并在英国、卢森堡、美国、中国、印度先后设立了分公司。1985年进入电信设备制造领域，1990年开发出世界上第一台大功率可并联逆变电源系统。长期以来，CE+T在大功率可并联逆变电源产品领域始终保持国际领先位置，是欧美主要电信营运商和电信设备制造商的长期合作伙伴。

2016年，西伊加梯电源赢得了谷歌小盒子挑战赛的冠军。

西伊加梯电源拥有独特的TSI技术和升级版的ECI技术。公司主要产品为模块化逆变器及其集成系统、模块化UPS及其集成系统。

模块化逆变器产品功率范围从500VA~20kVA不等，直流输入电压为24V、48V、110V、220V，交流输出电压为120V、230V，产品系列为Bravo、Media、Nova、Veda等。集成系统的功率范围为10~225kVA。

模块化UPS产品Agil，交流输入电压为三相380V、400V、415V，直流输入电压为±204V，交流输出为单相230V或三相380V，功率为20kVA。集成系统的功率范围为40~640kVA。

太仓电威光电有限公司

地址：江苏省苏州市太仓市新毛管理区新港西路 66 号
邮编：215414
电话：0512-827755558
传真：0512-827755558
邮箱：epe@ powerepe. com
网址：wwww. powerepe. com
简介：太仓电威光电有限公司是一家专业研发与生产舞台灯光电源、车用 HID 电源、LED 驱动电源的江苏省高新技术企业。公司通过自身的研发能力及先进的生产技术，先进的生产设备和齐全的试验、检验、测试设施，加之严格的产品监控措施，并在 2004 年通过了 ISO/TS 16949 质量管理体系认证和 ISO 14001 环境管理体系认证。

公司以优质的产品、良好的信誉和完善的服务赢得了国内外客商的普遍赞誉。公司占地约 24664m^2，注册资本 3600 万元，拥有 10000m^2 的现代化厂房，拥有一个现代化的研发中心，一个现代化的实验室，为了确保产品的高可靠性，自建了实验室，对产品进行各项环境测试、老化测试、高低温测试、电磁兼容测试，从而确保公司产品的安全和可靠。

公司坚持“不断以高性能、高可靠的产品服务于市场”的经营理念，国内外市场不断得到扩大，产品遍布美国、南美、俄罗斯、澳大利亚等地。

无锡希恩电气有限公司

地址：江苏省无锡市锡山区东港镇科技园区勤工路 8 号
邮编：214199
电话：18908235950
传真：0510-88765273
邮箱：marker1974@ 163. com
网址：www. wxshn. com. cn
简介：无锡希恩电气有限公司成立于 1985 年，是中电元协电子变压器行业协会理事单位，是 ISO 9001 认证企业、装备承制单位资格企业、中电元协 AA 信用企业、无锡市 AAA 重合同守信用企业、无锡市专精特新“小巨人”企业，公司拥有江苏省著名商标“希恩”。

公司主要研制各类铁心、快脉冲磁环、电磁铁磁场线圈及各类特种变压器、电感电抗器、大功率脉冲变压器、特种电源等，产品主要应用于国防科研、高铁车辆、电力电子、医疗、能源科技、大科学工程、防务装备等领域。

公司目前已经获得知识产权管理体系认证证书，拥有授权发明专利与实用新型专利达 60 多项，省高品 5 项，国家重点新产品 2 项，科研工作稳步推进，国网特高压直流输变电换流站核心组件阳极保护电抗器特种铁心、大功率高压脉冲变压器、大型速调管聚焦装置、快脉冲磁环技术处于行业领先地位。

未来，公司将继续坚持“科技、绿色、健康”的发展战略，努力开展科技创新和管理创新，构建融高科技、优品质、新管理于一体的高新技术企业，专注于电子电气电源领域中的健康、和谐发展，将“希恩”打造成国内外有影响力、创造力的卓越品牌。

扬州星瀚科技有限公司

地址：江苏省扬州市邗江区凯勒路 29 号中兴大厦 A 区一层
邮编：225000
电话：13773504860
邮箱：920817445@ qq. com
网址：www. yangzhouxh. com
简介：扬州星瀚科技有限公司坐落在风景秀丽的历史文化名城——扬州。公司专注于大功率直流电源、大功率高压电源、高精度开关电源、精密线性直流电源、交流可调电源、变频电源、智能电源、电容器纹波耐久性试验/老化电源等产品的生产、研发、销售。公司自成立以来，依托高校科研力量，集聚了一批长期从事直流电源产品开发、接受过国际专业培训和实践的技术精英，积极吸收国内外先进技术和理念，不断推出新产品，满足全球电子制造业、新能源、污水处理、医疗设备、特种电镀、高端研究等相关行业对电源设备的市场需求，并获得用户一致好评。

公司拥有雄厚的开发与设计能力，在最短的时间内为客户设计并制造出具有特殊功能和较高技术含量的专用电源；尤其擅长电容器纹波耐久性试验电源、测试电源以及各种老化电源，电源精度高，稳定性好，纹波小，其性能指标已接近或达到行业内先进水平，并在此基础上增加了微机控制、人机对话等智能型功能，在国内同行业中处于领先地位。

公司自成立以来坚持以客户为中心的经营理念，以优质的产品、精湛的工艺、弹性灵活的行销理念，诚信待人，服务至上，不断提高产品的档次，满足各类用户的需求，承诺用户 2 小时内响应，24 小时内到达客户现场，终身上门服务。

技术进步和高素质的人才是公司始终坚持的发展之路，公司每年将不少于收入的 10% 投入研发，并和国内多家大专院校、科研单位建立了长期合作关系，以确保产品领先。公司将不断引进更多的技术人员来赢得更高的技术和创新的产品，从而进一步巩固产品的核心竞争力，为社会做出更多的贡献。

越峰电子（昆山）有限公司

地址：江苏省昆山市黄浦江北路 533 号
邮编：215337

电话：0512-57932888
传真：0512-50369559
邮箱：acme@ usig. com
网址：www. acme-ferrite. com. tw
简介：越峰电子材料股份有限公司成立于1991年9月5日，是台湾聚合化学（USI）转投资企业。总公司设在台湾省台北市，在我国和马来西亚布局了4个生产基地。1994年在台湾桃园成立台湾桃园厂，2000年在江苏昆山成立越峰电子（昆山）有限公司，2005年在广东增城成立越峰电子（广州）有限公司，2009年在马来西亚怡宝成立越峰马来西亚厂。越峰电子材料股份有限公司于2005年2月17日在台湾证券柜台买卖中心正式上柜，股票代码为8121。

公司主要业务为锰锌及镍锌软磁铁氧体、金属磁粉芯的研发、制造及销售，公司已经通过ISO 9001、ISO 14001和IATF 16949认证。公司为台湾最大锰锌、镍锌铁氧体专业制造商，传承欧洲先进技术，专业生产软磁铁氧体磁铁心，为中国前五大软磁铁氧体磁铁心制造商。铁氧体磁铁心是电感类被动电子元器件的主要材料，广泛应用于3C、网络通信、工业自动化、云端伺服、汽车电子、电动汽车及新能源工业等相关行业，是电子业的上游供货商。

公司致力于电子原材料的研发，秉持“市场与技术的开发”策略，不断自我提升能力，不论在技术研发、市场营销、经营管理上均居行业领先地位，在汽车电子、网络通信及云端伺服行业获得了国际品牌大厂的认可，在我们设定的市场区域内成为行业领导者。

张家港市电源设备厂

地址：江苏省张家港市长安中路599号
邮编：215600
电话：0512-58683869
传真：0512-58674019
邮箱：zjgpower@ hotmail. com
简介：江苏省张家港市电源设备厂位于风景秀丽、美丽富饶的长江三角洲畔的新兴城市——张家港市，这里紧靠苏锡常沪等发达地区，交通便捷。

该厂始创于1983年，主要生产通信电源、高频开关稳压电源、直流稳压恒流电源、逆变电源、变频电源、交流稳压电源、UPS（不间断电源）和中频电源等各种电源，是集开发、生产、销售、工程设计施工等多种业务于一体的专业工厂。该厂产品以体积小、质量轻、效率高、智能化程度高、维护操作方便等诸多优点赢得了用户的一致好评。

该厂通过了ISO 9001质量管理体系认证，形成了完备的质量管理体系（原材料采购、物料管理、产品制造与质量控制、生产技术工艺与设备管理、产品储运等）。该厂将紧随国际电力电子技术的发展步伐，不断研发更高性能的电源系列产品，以高标准、高品质、高性价比来满足广大用户的要求，同时也可为客户量身定做电源产品来满足用户的特殊需求。

张家港市加亿德机械制造有限公司

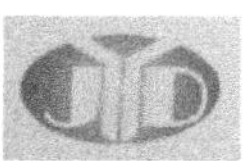

地址：江苏省张家港市塘桥镇妙桥中恒制造产业园5幢102室
邮编：215611
电话：13601562090
邮箱：SDLHDZ@ 126. com
网址：www. jiayide. com. cn
简介：张家港市加亿德机械制造有限公司成立于2011年，前身是张家港市圣德利精密模具厂，是一家专业生产制造精密五金、塑胶模具与中高档五金件的企业。公司位于张家港市塘桥镇北环路，距上海市120km，离苏州、无锡80km，地理位置优越，交通便利，具有良好的人文环境和可持续发展条件。

公司占地面积2000m^2，现有员工30多名，其中工程技术人员4名，主要骨干为大中专模具学校毕业，且从事模具设计制造10多年，其中公司主要负责人是西安交通大学模具专业毕业，多年从事模具制造设计工作，并有ISO 9000内审员资格证。公司现有制作模具常用设备与五金加工设备30余台，并且有表面精细化加工设备研磨机、拉丝机等，目前已形成中高档电器盒与精密钣金件研发生产能力，部分产品出口至欧美、日本。

多年来，公司以客户的“质量和成本”为中心，实行全面的全员参与的质量管理，真正让客户得到实惠，并凭借自身的技术能力，不断创新。

公司相信，随着推进贯彻执行ISO 9001：2008质量管理体系，公司将以一种崭新的姿态参与到市场中去，使客户得到更为满意的产品和服务。

浙　江　省

杭州奥能电源设备有限公司

地址：浙江省杭州市拱墅区莫干山路1418-29号奥能电源
邮编：310000
电话：0571-88966622-8019
传真：0571-88966989
邮箱：chenxl@ on-eps. com
网址：www. on-eps. com
简介：杭州奥能电源设备有限公司是一家集开发、生产、销售、服务于一体的国家高新技术企业和软件企业，专业生产逆变电源、UPS、高频开关电源、电力用智能一体化电源、高压直流电源系统、新能源电动汽车充换电系统等系列产品及一体化解决方案的主流供应商。

“质量第一，客户至上”是公司的经营理念，公司奉献给用户的不仅是品质优良的产品，同时也是优质、可靠、及时的服务。随着企业的不断发展，公司已全面贯彻实 ISO 9001 质量管理体系并顺利通过认证。

客户的满意是我们永远的追求！

创一流企业是我们最终的目标！

企业使命：致力于为社会节能做出贡献，并在此过程中，为全体员工追求物质与精神两方面幸福搭建平台。

企业愿景：成为行业内极具实力和倍受尊敬的企业。

核心价值观：创造价值、创造快乐、守正出奇、敬业爱岗、分享共赢。

发展理念：做大、做专、做快、做强。

员工管理理念：以人的发展为本。

杭州精日科技有限公司

地址： 浙江省杭州市滨江区长河路 351 号拓森科技园 4 号楼 2 层
邮编： 310051
电话： 0571-85198193
传真： 0571-85198393-807
邮箱： sales@ cn-power. cn
网址： www. cn-power. cn

简介： 杭州精日科技有限公司是一家集研发、生产、销售、服务于一体的国家级高新技术企业，主要产品研发方向为高功率密度高端测试电源、机场空管系统专用供电模块电源与直流 UPS、5G 基站高压远距离传输局端与远端供电电源、5G 微基站通信电源模块。

“精日”寓意“精益求精、日新月异”。公司成立之初就确立了高技术、高品质、高精度、高可靠、多功能的产品策略，从国外引进行业内先进技术，并利用本身多年来从事航空航天军工电源产品研发的技术经验与优势，经过多年的研发与可靠性试验认证，推出了多个系列的高品质电源，希望通过我们的努力能给国内电源行业带来超高性价比的高端产品，为振兴民族工业做出贡献！

杭州易泰达科技有限公司

地址： 浙江省杭州市上城区钱江路 58 号太和广场 3 幢 15 楼
邮编： 310008
电话： 0571-85464125
传真： 0571-85464128
邮箱： sales@ easi-tech. com
网址： www. easi-tech. com

简介： 杭州易泰达科技有限公司（以下简称杭州易泰达）是国内领先的电源、电机和驱动器设计工具解决方案提供商，长期为国防军工、航空航天、铁道船舶、汽车、工业自动化、家电、电梯、石油化工、新能源等行业提供产品与咨询服务，能够提供涉及电子产品设计各个方面（如电磁场、电路、温升、结构应力、电磁兼容性）问题的仿真软件产品。

杭州易泰达专注于以电源、电机及其控制系统为主的机电系统的仿真软件开发及电机和控制器技术的产品研发。杭州易泰达以系统建模与仿真技术为纽带，为客户提供电力电子及电源高效设计的高性能仿真平台 SIMetrix/SIMPLIS，从电力电子、开关电源、变频驱动、旋转电机到负载机构的电路、机械、磁场、温升等多物理场耦合机电系统专业仿真平台 Portunus，电机快速优化设计与分析平台 EasiMotor，以及“CAE+互联网+云计算”仿真工具革命性解决方案 EasiMotor Online，融合 AI 人工智能、云计算技术和系统仿真的“数智电机工程师”APP。公司致力于切实解决用户难题并不断改进用户体验，通过专业的技术知识和服务流程，为客户提供经济、高效、可靠的解决方案和专业的咨询服务，以帮助客户实现技术创新、提高效益和增强竞争力。

杭州远方仪器有限公司

EVERFINE 远方

地址： 浙江省杭州市滨江区滨康路 669 号
邮编： 310053
电话： 0571-86698333
传真： 0571-86696433
邮箱： sales@ emfine. cn
网址： www. everfine. cn

简介： 杭州远方仪器有限公司是远方信息（股票代码：300306）的全资子公司，是国家重点高新技术企业，专业从事交流电源、直流电源、数字功率计、功率分析仪及综合测试系统等产品的研究、开发、生产、销售和技术服务，为客户提供新能源汽车、充电桩、光伏发电、电机、变频器、开关电源、家用电器、电动工具、医疗器械、国网电力等行业的电测解决方案。公司建有企业院士工作站、博士后工作站、省企业技术中心、省研发中心等科研平台，拥有美国 NVLAP 和中国 CNAS 认可实验室。并多次承担国家高技术研究发展计划（863 计划）课题和省市级重大科技攻关项目，拥有专利 260 余项，其中包括中、美、德发明专利 80 余项。公司积极参与标准化活动，主导或参与了 40 余项国际、国内标准或技术规范的编制与修订。

经过多年的技术发展与积累，公司的电子测量仪器已远销全球 70 多个国家和地区，客户包括中国计量院（NIM）、ITS、TUV、SGS、UL、DEKRA、BV、CTI 等国际高水平检测实验室、国家光伏产品检测中心、数百家省市质检院、清华大学、浙江大学等高校及众多国内外著名企业（如吉利、金龙、比亚迪、正泰、德力西、华为、阳光、博世、松下、英飞特、茂硕等）。

杭州之江开关股份有限公司

地址： 浙江省杭州市萧山区萧清大道 4518 号
邮编： 311234
电话： 0571-82867931
邮箱： fx@ hak. com. cn
网址： www. hzk. com. cn
简介： 杭州之江开关股份有限公司是杭申集团下属的重点骨干企业，是集高低压成套开关设备和高低压电器元件、智能电子仪表、电工材料等研发、生产、销售、服务于一体的现代化企业。

公司前身始创于 1966 年，经过 50 多年的发展，总资产 5.5 亿元，总注册资本 1.25 亿元，现有员工 500 人。公司位于杭州，拥有“杭申电气”品牌，产品被广泛应用于电力、钢铁、石化、铁道、煤炭、城建、教育等领域以及三峡工程、山西大同电厂、北京地铁、杭州萧山国际机场等一大批国家重点工程，同时，还远销东南亚。

杭州中恒电气股份有限公司

地址： 浙江省杭州市滨江区东信大道 69 号
邮编： 310053
电话： 0571-56532188
传真： 0571-86699755
邮箱： zhangning@ hzzh. com
网址： www. hzzh. com
简介： 杭州中恒电气股份有限公司（以下简称中恒电气，股票代码：002364）创立于 1996 年，2010 年 3 月在深圳证券交易所上市，是一家专注于零碳智能社会建设的数字能源公司。

公司总部位于中国杭州高新技术产业开发区，拥有浙江省重点新能源用电力电子技术科技创新团队、浙江省能源互联网重点研究院、博士后流动工作站和现代化生产制造基地，并在杭州、北京、上海、深圳等地设立了研发中心。

公司坚持把“掌握数字能源的前沿技术和研发具有国际竞争力的产品”作为发展的战略支撑，在“电力电子技术”“电力数字化技术”“能源云平台技术”等关键技术饱和投入，聚焦绿色 ICT 基础设施、低碳交通、新型电力系统及综合能源服务等四大领域，构筑数字世界与能源世界的孪生系统，提供能源减碳的全链路产品和解决方案。

公司引领 ICT 基础设施领域能源全直流化、电气设备预制化，打造国际领先的数据中心用 HVDC 供配电、预制化 Panama&T-train 电力模组、5G 全栈式站点高效能源等产品及解决方案。牵头制定《信息通信用 240V/336V 直流供电系统技术要求和试验方法》标准及直流生态建设，推动 ICT 领域率先实现“直进交退”的新型绿色、低碳的供电架构。

公司深挖低碳交通的智慧用能和能源综合利用率，积极布局从“车-桩”到“能源互联”的关键技术，构建“智能充/换电设备+云平台+能源利用管理”的创新融合，助力终端用户的充/换电体验和能源互联网建设。

公司助力构建新型电力系统和提供智慧综合能源服务，围绕用户侧负荷需求和电网侧数字化升级，以智慧能源 PaaS/SaaS、智能储能、微网、电力数字化技术等智慧综合能源解决方案，实现“源-网-荷-储”一体化碳中和。

经过 20 多年的行业深耕，公司与中国移动、中国铁塔、中国电信、阿里巴巴、腾讯、百度、拼多多、国家电网、南方电网、小鹏汽车、哈啰出行等客户建立起了深度的战略合作关系。

聚势拓新，扬帆未来。全球“碳中和”目标政策加速升级，为企业发展呈现了新的蓝海。公司将坚持“做受众尊敬的价值创造者”的愿景和“至诚至精，追求卓越”的核心价值观，与客户及合作伙伴和谐共赢，为业至精，以工匠精神铸就专业价值。践行“让能源更智慧”的企业使命，全力推动数字能源的技术创新发展，携手合作伙伴构建蓬勃发展的更高效、更智能、更安全的数字能源生态系统，共建零碳智能社会，共享绿色美好未来！

弘乐集团有限公司

地址： 浙江省乐清市柳市镇象阳产业功能区
邮编： 325604
电话： 0577-61762777
传真： 0577-61755177
邮箱： linfor@ honle. com
网址： www. honle. com
简介： 弘乐集团有限公司是国内知名的电源供应商，是中国电源学会会员。公司自创立以来，一贯坚持“科技是第一生产力”的理论导向，以品牌战略为先导，凭着对电源技术的前瞻性理解，以完善的工艺和对品质的孜孜追求，为各行各业的精密设备提供安全稳定的电力供给保障，在国内外市场上树立了美好形象。

公司以“弘扬和谐，乐享世界”的企业精神为核心，先后推出稳压电源、精密净化电源、直流电源、逆变电源、调压器等系列多种电源产品，实行供、销一体化。公司在电源的品种、质量、规模和管理模式等方面已得到了完善，使公司产品质量达到先进技术水平，畅销全国，部分出口国外，深受广大客户的好评。

公司产品由中国人民财产保险公司承保。公司始终以“质量求生存，创新求发展”的方针，通过了 ISO 9001 质量管理体系认证。

宁波博威合金材料股份有限公司

地址： 浙江省宁波市鄞州区鄞州大道 1777 号

邮编： 315000
电话： 400-9262-798
传真： 0574-83004000
邮箱： service@ bowayalloy. com
网址： www. bowayalloy. com
简介： 宁波博威合金材料股份有限公司创建于 1993 年，注册资本 627219708 元，拥有博威云龙、博威滨海、博威尔特（越南）三大工业园区，占地面积 36.44 万 m^2，员工 3000 余人，其中博士、硕士及以上的专业研发人员有 49 人。公司于 2011 年 1 月在上交所主板上市（股票代码：601137），历经多年发展，现已成为中国首批创新型企业、国家技术创新示范企业、中国重点高新技术企业、国际有色金属加工协会（IWCC）董事单位和技术委员会委员，拥有博士后科研工作站、国家认可实验室、国家认定企业技术中心和国家地方联合工程研究中心。根据公司战略，博威合金构建起“新材料”“新能源”“资本合作”三轮驱动的产业格局，近年来完成新材料创新项目 50 多项，目前已申报 65 项发明专利，其中授权国家发明专利 37 项，美国发明专利 1 项。公司主导或参与了我国有色合金棒、线 21 项国家标准、5 项行业标准的编制，推动了我国有色合金材料产业快速发展。

宁波久源电子有限公司

地址： 浙江省宁波市海曙区集士港望春工业园区布政东路 368 号
邮编： 315100
电话： 13857880546
传真： 0574-88050079
邮箱： pengpeng-000@ 163. com
网址： www. nbjiuyuan. cn
简介： 宁波久源电子有限公司（原宁波市鄞州求精电子电气厂）是直流稳定电源专业生产企业。企业以科技开发为准则，以双赢营销为理念，生产经营教育、科研、工业使用的直流稳压电源和船舶通信导航系统的专业电源；承接国内外用户所需的设计与生产。企业注重科研领先，技术创新，质量上乘；并以其良好的售后服务，务求用户满意作为企业行为规范。企业坚持精益求精的敬业精神，以可靠的品质、精湛的工艺、优质的功能，以及最佳性能价格比赢得了客商的信赖与厚爱。

宁波磊邦新材料科技有限公司

地址： 浙江省宁波市北仑区戚家山街道联合工业区笠山路 1 号
邮编： 315800
电话： 15867363726
邮箱： liulei@ lbhg3. wecom. work
网址： www. leibang. com
简介： 宁波磊邦新材料科技有限公司成立于 2017 年，有多年的有机硅产品的生产和销售的经历。公司以“匠心做好一款好产品，用心服务好每一个客户”为宗旨，目前公司的核心产品有电源灌封胶、电子元器件固定胶、线路板涂覆胶等。产品通过了 UL、Reach、Rohs、美国 FDA 和德国 LFGB 认证，并广泛应用于电源、储能设备、太阳能光伏、LED 照明、轨道交通、汽车电子等行业。目前公司服务于这几个行业的多家龙头公司。

铁城信息科技有限公司

地址： 浙江省杭州市拱墅区祥园路 108 号智慧信息产业园 3 期 A 座 5 楼
邮编： 310011
电话： 0571-88368685
传真： 0571-88368685
邮箱： export@ tccharger. com
网址： www. tccharger. com
简介： 铁城信息科技有限公司成立于 2003 年 12 月，是一家专业从事新能源汽车车载充电机及 DC-DC 转换器等零部件的研发、生产和销售的国家高新技术企业。公司致力于车载充电机多合一、高集成技术的研发，是中国首批新能源汽车车载充电机的制造商之一，在国内新能源汽车车载充电机细分市场占有率位居全国前十位。公司秉承“以责任求发展，以信誉赢天下”的经营理念，开拓创新、锐意进取，为实现高效能、高集成、高密度、轻量化的充电系统不懈努力，力争成为国内车载充电机和直流转换器技术的领跑者。

祥博传热科技股份有限公司

地址： 浙江省杭州市萧山区经济技术开发区启迪路 198 号信息港小镇 D 座 7 楼
邮编： 311200
电话： 0571-82308051
传真： 0571-82308081
邮箱： xenbo@ xenbo. com
网址： www. xenbo. com
简介： 杭州祥博传热科技股份有限公司（以下简称祥博传热）是一家专业对电力电子热管理系统产品进行研发、制造、销售及技术服务的国家高新技术企业，公司已于 2017 年 3 月 6 日正式在新三板挂牌上市，股票代码为 871063。

祥博传热成立的研发中心——杭州祥博电力电子传热高新技术研究开发中心是杭州市级高新技术研发中心，重点研发用于特高压直流输电、柔性直流输电、轨道交通、新能源汽车、光伏、风电等装置的散热技术和产品。研发队伍及技术支持由一支来自散热器行业专家及相关领域从业多年的专家及博士、硕士专业人才组成。祥博传热凭着专业的技术团队和创新的技术理念先后承担了国家火炬计划项目、科技部创新基金项目、浙江省重大科技专项、萧山区重点科技项目等各级科技项目的研发任务，科研成果丰硕，掌握了行业内最前沿的工艺和生产技术。近年来，祥博传热已取得40余项专利技术，并研发了数十项省级新产品和新技术。凭着强大的技术研发和创新能力祥博传热已成为了行业的引领者，祥博传热是《电力半导体器件用散热器》和《静止无功补偿装置水冷却设备》标准的起草单位，并参与制定了《柔性直流输电设备监造技术导则》等行业标准。

祥博传热产品和技术广泛应用于直流输电、新能源汽车、风力发电、轨道交通、电能质量治理等领域。多年来祥博传热以技术研发为基础，以客户需求为导向，以满足市场为目标，实现了个性化技术服务。凭着扎实的技术实力，祥博传热进入了国内输变电行业、机车行业所需的高端市场，同时也满足了欧美及中东市场对高端产品的需求。祥博传热已与中国电科院、许继集团、西安西电、荣信集团、南瑞继保、中国中车、ABB、BOMBARDIER等国内外知名企业建立了稳定的业务合作关系。

祥博传热在安徽省绩溪县建有占地面积33300m^{2}的专业生产基地，装备了国际领先的真空钎焊和搅拌摩擦焊等生产线，并配备了先进的检测设备，能满足各类中高档散热设备的生产加工，是中国电力半导体器件用散热器行业最具竞争力的企业，是国内首家搅拌摩擦焊通过EN 15085焊接体系认证的单位。

祥博传热专注于散热技术的创新发展，立志成为该行业的引领者与资源的整合者，引领世界大功率半导体散热器的科技进步，“创精湛传热技术，树百年祥博传热品牌”是祥博传热人的追求和目标。

浙江大华技术股份有限公司

地址：浙江省杭州市滨江区滨安路1199号
邮编：310053
电话：18100187630
传真：18100187630
邮箱：zhang_kun5@ dahuatech. com
网址：www. dahuatech. com
简介：浙江大华技术股份有限公司是全球领先的以视频为核心的智慧物联解决方案提供商和运营服务商，现拥有16000多名员工，研发人员占比超50%，产品覆盖全球180个国家和地区。公司以技术创新为基础，提供端到端的视频监控解决方案、系统及服务，为城市运营、企业管理、个人消费者生活创造价值。基于视频业务，公司持续探索新兴业务，延展了机器视觉、视频会议系统、专业无人机、智慧消防、汽车技术、智慧存储及机器人等新兴视频物联业务，致力于让社会更安全，让生活更智能。

浙江大维高新技术股份有限公司

地址：浙江省金华市金东区曹宅镇西工业园区
邮编：321031
电话：18357961215
传真：0579-82158853
邮箱：dowaygroup@ 163. com
网址：www. zjdoway. com
简介：浙江大维高新技术股份有限公司（原名金华大维电子科技有限公司）成立于2003年7月24日，是一家以高压电力电子智能控制技术为核心，依托能量智能优化软件和大功率高压电力电子技术，研发、设计、生产和销售智能高压供电控制装置，不断拓展高端应用领域并实现产业化的高新技术企业。注册资金5500万元，位于金义经济走廊的中心位置——金华市金东区曹宅镇西工业园区，目前为国家高新技术企业、省电子信息行业百家重点企业、省“隐形冠军”企业、省成长性科技型百强企业。

公司的两家全资子公司为杭州大维软件有限公司和金华大维环保工程有限公司；股份公司下辖6个事业部和财务部、制造部、人力行政部、企业研究院等职能机构，现有员工197人（其中本科及以上学历占60%以上），占地约41996m^2，其中智慧化工厂建设用地约26664m^2，于2020年建设完成投产使用，响应国家中国制造2025要求，成为金华市乃至浙江省智慧化工厂示范性建筑。

公司目前为浙江省专利示范企业、浙江省“守合同重信用”企业、浙江省创新型示范中小企业、浙江省“隐形冠军”企业、金华市高成长标杆企业、金华市“三名”试点企业、金华市学习型企业、金华市数字经济标杆企业、金华市创新型企业、中国环保产业协会电除尘委员会常委单位、机械工业标准化委员会大气净化设备分技术委员会委员单位，建有浙江省企业研究院、浙江省博士后工作站、浙江省企业技术中心、高新技术企业研发中心，持有住建部机电工程总承包和环保工程专业承包三级资质、住建部大气污染和水污染治理设计乙级资质、省环境污染工程总承包和环境污染防治工程专项承包甲级资质，被评为中国环保产业协会行业企业信用等级AAA级。

公司经过多年的研发投入，目前形成了以大功率高压电力电子技术、能量智能优化软件技术为核心的软硬件技术平台，结合高稳定性工业通信及互联技术和整机制造工艺，研发、设计、生产高频高压供电控制装置、脉冲高压供电控制装置和等离子高压供电控制装置等三大类产品。公司产品目前主要应用于工业领域的粉尘超低排放、等离子多种污染物协同脱除和高盐易结垢废水脉冲浓缩零排放等方面。在面临综合、复杂的应用场景时，将产品与相应的工艺装置相配合，为客户提供综合性的环保整体解决方案，目前终端客户主要集中在国内各省份及东南亚地区的燃煤发电厂、垃圾发电厂、生物质电站、危废处理中心和燃气分布式能源等企业。

公司企业研究院共有科技人员70余人，研发流程体系和实验设施完备，研发投入比重高，年平均研发经费投入约占销售收入的8.5%以上，已承担包括国家创新基金、浙江省重大科技专项等在内的各类科技计划30余项，研发完成的产品荣获浙江省名牌产品、浙江省装备制造业重点领域首台（套）产品等各类省、市级奖项15余项，累计获得授权各类专利123项，其中授权发明专利16项，获得国内商标注册10项，参与制定行业标准4项、国家标准1项，主导制定“浙江制造”标准1项。公司历来重视技术创新工作，依托浙江大学、华电电力科学研究院等资源丰富的高校院所，建有省级企业研究院、省级博士后工作站、省级高新技术企业研发中心、省级企业技术中心、市级院士工作站等科研机构，同时，产学研共同研制的产品也给公司带来了良好的经济效益。

未来，公司将以高频高压供电控制装置、脉冲高压供电控制装置和等离子高压供电控制装置等三大类产品为基础，立足于粉尘超低排放、等离子多种污染物协同脱除和高盐废水脉冲浓缩零排放等应用领域，巩固产品在工业节能减排、超低排放、零排放治理领域优势地位的基础上，持续加强现有技术和负载侧高压谐振供电技术、高压脉冲磁压缩能量回收技术、智能人机交互控制技术等方面的研发和创新，通过资本化运作、人才资源整合，积极寻求并开发高性能电控产品在更多领域（包括国防军事、海洋探测、医疗等领域）的应用，将公司打造成为具有自主知识产权、国际化、具有强大竞争力的高端智能供电控制装置的民族品牌企业。

浙江恩鸿电子有限公司

TW-EHC

地址：浙江省桐乡市梧桐街道康定路8号

邮编：314500

电话：18157383537

邮箱：dora@ hzehc. com

网址：www. hzehc. com

简介：浙江恩鸿电子有限公司前身为杭州恩鸿科技有限公司，成立于2006年，是专业从事非晶纳米晶磁心、电力仪表用互感器及电感研发设计、生产、销售的高新技术企业。

公司坐落位于浙江省嘉兴市桐乡市，拥有5600m^{2}的生产制造基地，配备一流的自动化设备及严格的工艺管控流程及装配、检测设备的流水线，年生产销售量近4000万只。

公司管理体系完善，已通过ISO 9001：2008、TS 16949：2009、ISO 140001：2004、OHSAS 18001：2007体系认证，产品已经通过RoHS和REACH等认证。

公司是国内少数几家拥有自主核心技术的生产企业之一，从生产设备、工艺流程和产品应用，每一环节都包含严格的品质管控和自主设计。

公司可以为您提供产品解决方案，包含新产品应用开发、材料检测、标样制作及元器件设计。

公司客户包括德国大众汽车、施耐德、西门子、ABB、夏弗纳、康舒、松下电器、国家动车系统等国内外知名企业。

公司的主要产品：

1）磁心类：互感器磁心、电感磁心、变压器磁心、C型磁心、环形开气隙磁心、矩形磁心等。

2）互感器：高精度互感器、抗直流互感器、高线性互感器、漏保互感器等。

3）电感类：共模电感、差模电感、滤波电感等。

浙江富特科技股份有限公司

EVTECH

地址：浙江省杭州市西湖区吉园路36号春树云筑

邮编：310012

电话：0571-85220370

邮箱：market@ hzevt. com

网址：www. zjevt. com

简介：浙江富特科技股份有限公司是一家专注于新能源汽车高压核心零部件的国家级高新技术企业，是国内新能源汽车车载充电机及车载DC-DC转换器的主要供应商，主要产品包括电动汽车车载充电机、车载DC-DC转换器、一体机等。公司在该领域拥有较高的市场占有率和品牌知名度。公司已建成了CNAS认证的车规级实验室以及车规级产品开发体系，同时规划了120万台（套）的车规级工厂（安吉）且已建成投产。

公司客户已覆盖国内外多家新能源汽车生产厂商，主要客户包括雷诺日产联盟、LG、ICS、长城、广汽、蔚来、小鹏、易捷特等国内外知名主机厂。

未来，公司还将围绕新能源汽车充放电应用，积极拓展非车载、储能等新业务，致力于成为世界一流的高压电子核心零部件供应商，为清洁、安全、高效、智慧的绿色能源世界助力！

浙江海利普电子科技有限公司

地址：浙江省海盐县武原镇新桥北路339号

邮编：314300

电话：0573-86169999

传真：0573-86158001

邮箱：holipmarketing@ holip. com

网址：www. holip. com

简介：浙江海利普电子科技有限公司（以下简称海利普）成立于2001年，于2005年纳入丹佛斯（Danfoss）旗下，成为其全资子公司。丹佛斯是丹麦大型的跨国工业制造公司，创立于1933年。丹佛斯以推广应用先进的制造技术，并关注节能环保而闻名，是制冷和空调控制、供热和水控制以及传动控制等领域处于世界重要地位的产品制造商和服务供应商。

历经十余载翻天覆地的变化，海利普已发展成一家集研发、生产、销售于一体的高新技术企业，同时也是国内较早拥有省级变频研发中心的企业。海利普是目前国内重要的变频器生产厂家之一，其核心产品HLP系列变频器，广泛应用于空压机、包装、印刷、纺织、印染、石油、化工、建筑、建材、橡胶、塑料、造纸、食品、饮料、环保、水处理、机床等行业，先后被列入“国家重点新产品”（2002.7~2005.7）、“国家火炬计划项目”（2002.7~2005.7），并被授予“浙江省名牌产品”等荣誉。

为了持续推进丹佛斯“中国第二故乡市场”的首要战略，海利普作为丹佛斯中国的核心成员，因地制宜地开展了一系列重要行动计划；同时也进一步巩固了海利普在国产变频器的重要地位。如今，海利普已经成为丹佛斯亚太地区的制造以及物流中心，海利普所在的生产基地——海盐工业园区已成为丹佛斯全球重要的工业园区，年生产变频器可达180万台。

浙江宏胜光电科技有限公司

地址：浙江省乐清市柳市镇柳黄路2285号5楼

邮编：325604

电话：0577-61676211

传真：0577-61676212

邮箱：9029226@ qq. com

网址：http：//hosgd. 1688. com

简介：浙江宏胜光电科技有限公司创立于2010年3月，是一家集开发、设计、生产、销售、服务于一体的高科技专业化电源制造企业。

公司重视人才的培养与引进及以人为本的理念，拥有一批高素质专业人才。公司员工200余人，其中高级技术人员10余人，专业管理人员20余人，质检人员10余人；年产电源达200多万台，厂房面积5000余m^2；公司注册资金1020万元，是国内最具规模的开关电源专业制造企业。

公司以产品质量为方针，注重产品的研发和技术的更新；同时公司引进全自动插件机、自动化生产流水线，采用精确完善的检测设备，筛选优质的进口电子元件；产品经过100%烧机老化、耐压检测，合格率高达99%以上，通过先进的管理和流程，铸就高品质的电源产品。

公司主要产品有防水电源，防雨电源，AC-DC单组、多组开关电源，超薄型、小体积、导轨型、大功率开关电源，DC-DC开关电源，充电开关电源，适配器开关电源，逆变器开关电源等上千种电源规格产品。另外，公司可快速开发各种非标电源及特殊定做规格电源产品，来满足客户对不同产品的需要。产品广泛应用于LED亮化工程、LED显示屏、监控设备、医疗设备、工控自动化、电力通信等领域。

企业宗旨：服务员工、服务顾客、服务社会。

企业方针：技术创新、质量创新、服务创新。

企业口号：全力打造中国电源第一品牌。

公司竭诚欢迎各界朋友前来考察、洽谈、合作、共图发展！

浙江华昱欣科技有限公司

地址：浙江省杭州市西湖区转塘街道久耀商业中心3号楼9-10层

邮编：310008

电话：18957132243

邮箱：shan_haifeng@ hyxipower. com

网址：www. hyxipower. com

简介：浙江华昱欣科技股份有限公司是一家专注光伏逆变器业务产品研发、制造与销售，并提供未来智慧能源整体解决方案的极具潜力的初创企业。

浙江暨阳电子科技有限公司

地址：浙江省诸暨市暨阳街道大侣路60号

邮编：311800

电话：0575-87327588

传真：0575-87995599

邮箱：wangyang@ zjjiyangdz. com

网址：www. zjjiyangdz. com

简介：浙江暨阳电子科技有限公司是一家集研发设计、生产制造、销售服务于一体的专业磁环电感元件生产企业。由浙江菲达集团公司（股票代码：600526）与诸暨斯通电子有限公司实行股份制合作成立而来，现注册资金为3500万元。公司磁环电感产品专为电源系统、电源适配器、LED照明、消费电子、新能源汽车、光伏电源等领域提供最适合的电感配套解决方案。公司拥有20年的自动化设备研发经验，目前拥有发明专利3项、其他专利15项。其自主研发的磁环全自动绕线机、自动上锡机、全自动检测机均填补了国内磁环全自动化生产制造的空白，是真正实现了磁环电感全自动化生产的制造企业。

公司现有员工135人，其中研发技术人员15人，工厂厂房总面积为10000m^2。目前拥有全自动绕线机200台，可日绕线100万只，日产电感70万只，具备大批量稳定供货的能力。公司已通过ISO 9001质量管理体系认证。

浙江巨磁智能技术有限公司

地址：浙江省嘉兴市南湖区昌盛南路36号智慧产业创新园四号楼201室

邮编： 314000
电话： 0573-82660267
传真： 0573-82660100
邮箱： liang. chen@ magtron. com
网址： www. magtron. com. cn
简介： 浙江巨磁智能技术有限公司是一家专业从事智能传感器芯片技术开发与应用的高科技公司，为全球智能磁电传感产业发展提供极具创新的 SoC 单芯片级别解决方案，将其创新产品带给智能交通、汽车、新能源、机器人、运动控制、轨迹追踪等多个行业和应用。

公司核心开发基于巨磁阻（GMR）及磁通门（Fluxgate）传感集成的单芯片 SoC 产品，为业界带来全球首发 Quadcore 集成 FPGA 及 DSP 的电流传感器 SoC 芯片，可实现任意电流等级、任意增益以及真正的零漂移，单芯片封装芯片 MS 系列产品将优化光耦放大器或互感器等采样方式，将电阻变为更加智能，彻底改变使用电流传感器昂贵以及光耦电路匹配负载等现状，而全集成可编程的传感器模块 JCB、MX 等系列，将为节省客户成本，实现任意电流增益，为客户提供便捷的定制服务。全球首款集成磁通门以及安全自检功能单芯片 Self-Check 的剩余电流检测芯片方案 MT 系列，以及其各个功率段漏电流传感模块（RCMU），为新能源电动汽车、充电站以及光伏逆变器提供一种超高性价比的产品方案，已经成为行业众多领先厂家应用开发的不二选择。

浙江君亿环保科技有限公司

地址： 浙江省杭州市上城区鸿泰路 133 号天空之翼商务中心 3-1707
邮编： 310009
电话： 18658108713
邮箱： junyi005@ junyihb. cn
网址： www. junyihb. cn
简介： 浙江君亿环保科技有限公司成立于 2015 年，是国家电网浙江综合能源服务有限公司的供应商之一，是集电能质量评估与检测、能源评估、清洁生产等高端技术服务于一体的系统服务商。目前，公司拥有 CMA 电能质量检测及光伏相关检测资质，清洁生产审核丙级资质；通过了 ISO 9001、ISO 14001 和 OHSAS 18001 认证。公司被中国企业信用公共服务平台评为“企业信用评价 AAA 级信用企业”。公司是浙江省绿色产业发展促进会会员单位。公司注重研发，目前已经有 13 项软件著作权，公司不断投入研发费用，为企业注入“碳中和”技术的源动力。公司目前是国家高新技术企业、浙江省科技型企业、创新型中小企业。公司的愿景是建设成为一个具有全国战略性质的公司，为企业谋福利，为社会谋发展。

浙江君亿环保科技有限公司面向未来，将继续秉持“创造价值、追求卓越”的核心理念，努力恪守企业公民的社会责任，致力于创新发展、和谐发展、绿色发展，矢志打造长青基业，持续为利益相关方及社会大众创造福祉。

我们的服务宗旨是：诚实、公正、守信、价格合理、平等互利。

公司凭借多年的经济实力，恪守诚信为本的原则，得到了众多客户的信赖，并在业界获得了好的口碑，建立了稳固的合作关系，随着业务的不断发展和壮大，合作伙伴的范围也在不断扩大。

我们热情盼望与您的合作，为社会的可持续发展献上一份力量。

浙江亚能能源科技有限公司

地址： 浙江省湖州市安吉县递铺街道阳光工业园 3 幢 2、3 楼（科技创业园）
邮编： 313300
电话： 0572-5862882
邮箱： hr@ youngenergy. com
网址： www. youngenergy. com
简介： 浙江亚能能源科技有限公司（以下简称浙江亚能）成立于 2015 年 10 月，由浙江省“万人计划”专家及浙江大学博士团队领衔创建，致力于新能源汽车充电及医疗电源产业的发展，是一家依靠产品创新而飞速成长的国家高新技术企业，市场上每两台电动工业车辆，就有一台使用亚能充电器，实现了“亚能智造，服务全球”。

公司目前有员工 230 人，建立有 2 个工厂。成立 8 年来，基本保持 50%～200%飞速增长，目前月产量达 2～3 万台，2020 年总体产值达 2 亿元。作为新兴行业，公司已经在电动工业车辆充电装备领域产销量排名国内领先，并已经成为中国智造走向世界的一个典型，主要客户均是国内外相关行业的龙头型企业。

通过在数字信息技术和电力电子技术领域的持续研发，公司目前已经拥有了 26 项软件著作权、20 项专利，其中 6 项为国家发明专利，产品通过了 UL、TUV、CE、CEC 等一系列国际权威认证，浙江电视台、浙江经济广播等媒体多次对企业进行了采访报道。

通过不断技术迭代，在系统方面，公司跳出由传统电源公司主导的监控模式，结合了通信、移动互联网、物联网等数字信息技术，实现充电设备网络化运行，具有集中监控、实时数据分析等功能特性，并将其智能化、模块化。

公司自成立以来，2016 年入选浙江湖州“南太湖精英计划”、湖州市 1112 人才项目；2017 年被认定为国家高新技术企业、浙江省第二批省级科技型企业，通过 ISO 9001 体系认证，企业负责人被认定为安吉学术带头人项目；2018 年被认定为浙江省高成长科技型企业，并发展成为细分行业龙头企业；2019 年启动企业上市孵化工作，被认定为湖州市瞪羚企业，通过国家知识产权管理体系认证，获得“恒创中国”创业大赛杭州赛区冠军；获得“创青春”

浙江省青年创新创业大赛总决赛金奖；获得“恒创中国”创业大赛全国总决赛第一名；2020 年获得“中国创翼”创业创新大赛湖州市选拔赛第一名，“创客中国”浙江好项目中小微企业创新创业大赛湖州赛区总决赛第一名，“中国创翼”创业创新大赛浙江省决赛一等奖，同年 11 月入选浙江省“放水养鱼”行动计划培育企业，企业负责人入选“万人计划”青年拔尖创业人才项目、获得湖州市 2020 年度创业精锐奖；2021 年获得安吉开发区年度科技人才发展奖、湖州市最美湖州人——第九届十大杰出青年、安吉最美科技人等荣誉，被认定为湖州市“头雁”培育企业及湖州市“双高”企业。

浙江长春电器有限公司

地址： 浙江省嘉兴市桐乡市高桥经济园区 2 幢
邮编： 314515
电话： 0573-87533046
传真： 0573-87536088
邮箱： info@ ccele. com
网址： www. ccele. com
简介： 浙江长春电器有限公司位于杭嘉湖平原的中心，举世闻名的钱江大潮和中国皮革之都——海宁市，东邻上海西靠杭州，航空、高铁、公路四通八达。公司始建于 1974 年，历史悠久，公司主要生产 DS12、DS14、DS16、QDS8 系列直流快速断路器，DM4、DM8G 系列磁场断路器，HD18 系列电动、手动隔离刀开关以及交流、直流成套设备等产品。产品适用于矿山开采、金属冶炼、城市电车、轻轨、地铁牵引、过载保护及发电机组的励磁保护。

浙江长春电器有限公司拥有一支优秀的员工队伍，技术力量雄厚，生产设备齐全，检测仪器先进，生产能力强大，能够满足广大用户的需求。公司致力于发展绿色环保系列产品，企业通过了 ISO 9001：2008 质量管理体系认证，并坚持“以质量求生存、以信誉求发展、质量第一、信誉至上、诚信为本、客户为先”的宗旨，积极进取、开拓创新，做客户满意的产品，为广大用户服务。

中川智能科技有限公司

地址： 浙江省温州市乐清市经济开发区纬六路 219 号
邮编： 325600
电话： 13958705235
传真： 0577-62779186
邮箱： 465316429@ qq. com
网址： www. cnzczn. com
简介： 中川智能科技有限公司是专业从事电源、电子产品的研发、制造、销售、服务的大型国家级高新技术企业，也是国内电源制造的龙头企业之一。2018 年产值为 2.87 亿元，行销世界 48 个国家和地区，公司已成为极具竞争力的国际化品牌。公司专注于生产智能无触点稳压器、SVC 稳压器、SBW 大功率稳压器、UPS（不间断电源）、变压器以及一批拥有自主知识产权的智能电力监控、电能质量管理解决方案及智能化新产品，拥有浙江和上海两个大型生产基地、一个以博士后为主导的技术研发中心，以及一个国内唯一的厂家级综合类电源产品长期培训中心。中川产品规格齐全，全系列产品采用行业的最新技术、工艺设计，同时不断创新和赶超行业前沿技术。公司产品性能稳定，节能环保，可靠性高，质量体系立足于高起点，与国际标准接轨，全系列产品均由中国人民财产保险公司承保。公司在国内共设有 4 个营销管理中心、37 个分公司或办事处，在国外设有 3 个办事处，蓬勃发展的中川期待与您的合作，创造互惠共赢的美好未来。

北　京　市

北京柏艾斯科技有限公司

PAS 柏艾斯

地址： 北京市顺义区林河工业开发区林河大街 28 号
邮编： 101300
电话： 010-89494921
传真： 010-89494925
邮箱： ayu@ passiontek. com. cn
网址： www. passiontek. com. cn
简介： 北京柏艾斯科技有限公司（以下简称柏艾斯）是一家电参数隔离测量方案提供商，成立于 2004 年，经过多年的高速发展，已拥有完善的生产体系、研发体系、质量保证体系，及高素质的销售和客服队伍。公司员工均经过严格的专业技术培训，拥有较强的技术开发、生产和销售的实力。

公司早在 2005 年便已顺利通过了 ISO 9000 质量管理体系认证并严格执行，部分产品通过了 CE、RoHS 等国内外权威认证。柏艾斯掌握多种电测量技术，拥有数十项专利技术，如电磁隔离技术、霍尔零磁通技术、磁通门技术、柔性罗氏线圈技术等。

PAS 系列产品型号齐全，包含数字通信电流传感器、霍尔电流传感器、霍尔电压传感器、电流变送器、电压变送器、功率变送器、漏电流变送器、开关量变送器以及智能电量变送器等产品。

柏艾斯科技具有 10 年以上的磁通门电流电压传感器技术积累，其中数字通信（含 CAN BUS 及 MODBUS）输出的电流传感器以及超高精度的电流电压传感器 HPIT 系列和

FV 系列，在高精度测量领域有着得天独厚的优势，在医疗、新能源、储能、直流输电等领域有越来越多的应用。

柏艾斯可为用户提供完整的、高可靠性的、高安全性的电流、电压传感器及变送器。电流传感器可测量范围从 5mA ~ 20kA，精度从 1% ~ 0.001%可选。电压传感器可测量范围从 10mV ~ 10kV，精度从 1% ~ 0.1%可选。

柏艾斯也可提供 OEM、ODM 服务，并获得了用户的一致好评，使企业在日趋激烈的市场竞争中更具优势。

北京创四方电子集团股份有限公司

地址： 北京市朝阳区酒仙桥北路甲 10 号院 201 号楼 C 门 3 层

邮编： 100015

电话： 010-57589000

传真： 010-57589168

邮箱： trans-far@ trans-far. cn

网址： www. trans-far. cn

简介： 北京创四方电子集团股份有限公司（股票名称：创四方，股票代码：838834）是一家专业致力于各类精密电磁器件、精密电量传感器以及新能源电抗器和特种变压器和 AC-DC、DC-DC 模块电源的高新技术企业，公司总部位于北京市朝阳区中关村电子城 IT 产业园，集开发、生产和销售及配套于一体，拥有“BingZi 兵字”和“TransFar 创四方”两大自有品牌，产品覆盖全国并远销海外。公司自从 1992 年诞生中国第一款全封闭式变压器以来，产品品种和业务规模得到快速的发展，现拥有占地面积约 $53328m^2$、建筑面积 $34000m^2$ 的福建生产基地。

经过多年的发展，公司汇聚了一批高素质的专业技术人才，在各类产品上都能实现有针对性的专业性设计和高品质制造。所有产品都具有结构布局合理、隔离耐压高、散热好、环境适应能力强等显著优点，可广泛应用于工业控制系统、电力电子装置、充电桩、电动汽车、环保、医疗、新能源、交通等不同行业复杂的使用环境中。

公司的设计将以市场需求为导向，不断创新，关注客户并努力为客户创造价值，与业界同仁携手并进，共同为电子元器件市场和电力电子行业的繁荣与发展做出应有的贡献。

北京航天星瑞电子科技有限公司

地址： 北京市大兴区北京经济技术开发区万源街 18 号 425 室

邮编： 100176

电话： 010-67878915

传真： 010-67888906

邮箱： sale@ xrpower. com

网址： www. xrpower. com

简介： 北京航天星瑞电子科技有限公司是一家高新技术企业，位于北京经济技术开发区，成立于 2006 年 3 月，注册资金 1000 万元。公司致力于航空航天及各种军用领域测控电源设备以及民用测控电源的设计、开发、生产和服务，是中国电源学会会员单位。

公司成立之初就确立了高技术、高质量、高可靠的产品策略，并始终以“宽一寸、深百里”的经营理念在所处的电源行业中精耕细作，立志成为国内电源行业的著名企业。同时公司以“以人为本、诚信于心”的管理理念对待员工和客户，努力体现企业的社会价值，成为一个广受尊重的企业。

公司主要产品包括军用程控交直流电源、军用大功率直流电源、军用供配电系统、军品定制电源。此外，还可根据用户需求设计专用电源，提供军用测控系统供配电解决方案。

公司拥有军品研制生产资质。

我们渴望与客户一起为国家国防事业的发展做出贡献！

北京恒电电源设备有限公司

地址： 北京市海淀区温泉路 26 号

邮编： 100086

电话： 010-62451119

传真： 010-62451121

邮箱： wuchao@ hendan. com. cn

网址： www. hendan. com. cn

简介： 北京恒电电源设备有限公司（以下简称恒电电源）是北京恒电创新科技有限公司全资子公司，是我国最早研发、生产 UPS 的高新技术企业之一，也是我国最早研发、生产新能源电源的企业之一。公司成立于 1993 年，注册资金 2000 万元，在北京海淀区拥有自己的生产基地。

恒电电源自主研制、开发、制造恒电牌（HENDAN）系列电源产品并获得德国莱茵公司 ISO 9001、TUV、CE 等国际认证。2003 年被中国国家发展改革委列入“可再生能源项目”合格供应商名单。产品各项技术指标均通过中国质量检测中心的检测。多种产品取得中国国家“金太阳”认证。从 20 世纪 90 年代第一台 HENDAN 牌电源问世到今天，公司在电源领域拥有 20 多年的研发、生产经验，在新能源领域也已经拥有 15 年以上的经验。凭借丰富的行业积累，恒电电源多年来不断为客户提供完整、满意的解决方案，以及细致入微的全面的咨询及定制化服务。

恒电电源产品在金融、证券、邮电、通信、国防、医疗、铁路、交通、税务、教育、电力、水力等国内外重点行业领域都有应用。并且，公司的新能源产品被广泛应用于金太阳工程、三江源自然保护区生态移民工程、光明工程及供电到乡工程等新能源和地域性扶贫项目中。

弘扬民族工业，打造恒电品牌，恒电电源要以高品质的产品、系统化的管理、周到全面的服务成为中国及世界电源品牌的佼佼者。

北京汇众电源技术有限责任公司

地址： 北京市海淀区上地七街一号 3 号楼 208 室
邮编： 100085
电话： 13381097896
传真： 010-62974057
邮箱： Huizhong_gyj@ 163. com
网址： www. huizhong. comc. cn

简介： 北京汇众电源技术有限责任公司始建于 1986 年，位于海淀区上地七街一号，自有土地 1 万 m^2，3 栋科研及生产大楼，建筑面积 23500m^2。30 多年来一直致力于电源产品的设计、开发、生产和服务，获得了丰富的工艺理念、可靠的技术储备和全系统质量管理经验，建立了一支稳定可靠的职工队伍。2008 年，荣获国家科技进步奖一等奖。

产品包括模块电源、车载电源、逆变电源、军用微电路电源和高精度定制电源，主要应用于航天、航空、船舶、兵器、铁路通信、电力等领域。

具有的资质认证：

1）武器装备质量管理体系认证证书；
2）军工保密资格证书；
3）武器装备科研生产许可证；
4）武器装备承制资格单位证书；
5）TS 16949 汽车行业管理体系认证。

北京机械设备研究所

地址： 北京市海淀区永定路 50 号（142 信箱 208 分箱）
邮编： 100854
电话： 010-88527004
传真： 010-68386215
邮箱： m15027842488@ 163. com

简介： 航天科研系统是我国最大的科研系统之一。北京机械设备研究所［即中国航天科工集团（即原中国航天工业总公司）第二研究院二〇六所］是航天科研系统中的一个重要的、多学科及专业的综合性科研单位，有两弹一星功勋奖章获得者黄纬禄、6 名中国工程院院士、2000 多名高级科研人员和 4000 多名中级科研人员，其中既有我国电子界、宇航界的老前辈，又有实践经验十分丰富的中、青年科技专家。

航天二院不仅承担多种类型飞行器系统的总体、控制、制导、探测、跟踪、动力及地面系统的设计与生产，还承担了空间高科技产品的研制；不仅承担了国内的重大科研项目，还承担着外贸出口任务。研究院采用现代科学的系统工程管理方法，把众多的研究所与生产厂有机地组成一体。近年来，共获国家与部委各种发明奖以及重大科技成果奖数千项。

航天二院拥有现代化的科学研究设备，尤其是电子和光学仪器设备大都是全国第一流的；拥有世界先进水平的计算机系统与控制系统仿真实验室；有 863 高科技技术等多个国家重点实验室，可为从事科研工作提供先进的研究与测试手段。

北京京仪椿树整流器有限责任公司

地址： 北京市丰台区右安门东滨河路 2 号
邮编： 100014
电话： 010-88680221
传真： 010-88680221
邮箱： zhuju110@ sina. com

简介： 北京京仪椿树整流器有限责任公司始创于 1960 年，总部位于北京市丰台区，隶属于北京控股集团有限公司，注册资金 7284 万元，是中国较早生产电力电子器件和电力电子变流装置的高科技企业。

公司目前拥有市级企业技术中心、博士后科研工作站以及北京市优秀创新工作室，与清华大学、北京交通大学等产学研合作。早在 2000 年和 2008 年分别通过质量管理体系认证和武器装备质量管理体系认证；2019 年通过 ISO 9001：2015 和 GJB 9001C—2017 质量管理体系换版认证。是中国电器工业协会电力电子分会的副理事长单位。

公司产品秉承“优质环保、高效节能”的发展方向，主营产品有节能型电解电镀电源、科研院所试验电源、兆瓦级电弧加热电源、污水处理电源、特种气体制备电源、次氯酸钠发生器电源、中频感应加热电源、多晶硅还原炉电源、氢化炉电源、单晶炉电源、铸锭炉电源等系列产品。凭借雄厚的技术实力、领先的生产工艺及高效的管理团队，一直坚持不懈地努力为客户提供集设计、研发、制造、服务于一体的最佳解决方案。

公司为航天科技集团提供了大型的单套电源系统。公司拥有自主知识产权 30 余项，连续两年获得北京市科学技术奖。

北京铭电龙科技有限公司

地址： 北京市顺义区中关村顺义园林河大街 21 号
邮编： 101300
电话： 010-89493662；89493772
传真： 010-89491003
邮箱： WHL6688@ 126. COM
网址： www. mdlkj. cn

简介： 北京铭电龙科技有限公司注册于北京市中关村顺义园，是集研发、生产、销售于一体的高科技企业，在国内开关电源及电源解决方案等领域处于领先地位；主要生产军品电源、工业电源、车载电源、通信电源、LED 驱动电源等高可靠的电源产品；生产车间拥有成套先进的生产设备和检测仪器。公司通过国军际 GJB 9001B—2009 标准认证。

公司拥有一支超强研发能力的专业团队，在高压电源、超宽输入电压电源、数字电源、软开关谐振、LLC 谐振、全桥移相软开关等开关电源技术前沿领域，取得了巨大成果，填补了国内的技术空白，并申请了具有完全知识产权的专利，使公司处于遥遥领先的地位。公司拥有 34 个大系列，几千个型号的成熟产品供客户选择。公司的系列电源产品已广泛应用于通信、铁路、航天航空、车载设备、电力设备等，并取得广大客户的认可，多个型号已列装。

除上述众多产品与服务外，公司尊重客户需求，可为客户提供完整的技术解决方案和定制产品。

北京森社电子有限公司

地址：北京市朝阳区双桥西里 7 号院内 20 幢
邮编：100121
电话：010-85361517-617
传真：010-85368977
邮箱：2850326119@ qq. com
网址：www. bjsse. com. cn
简介：北京森社电子有限公司是专业设计、生产、销售（霍尔）电流、电压传感器/变送器（即宇波模块）的高新技术企业，公司前身是北京七〇一厂传感器事业部。

20 世纪 80 年代初，公司在国内率先开展了霍尔技术的研究。1989 年，通过引进国外先进的闭环霍尔传感器技术，研制生产了（霍尔）电流、电压传感器/变送器，目前已生产了上千个品种，可测量直流、交流及脉冲电流或电压，电流量程从 10mA～100kA，电压量程从 10mV～10kV，产品覆盖了工业及军工应用的各个领域。

1999 年，宇波模块的设计、生产及服务通过 ISO 9001 质量管理体系认证。

2004 年，北京七〇一厂国企改制，正式注册成立北京森社电子有限公司。

2012 年，全面贯彻执行国军标 GJB 9001B—2009 标准，取得武器装备质量体系认证证书。

2018 年，参与起草行业标准《核聚变装置用电流传感器检测规范》，并于 2018 年 6 月 6 日发布实施。

北京韶光科技有限公司

地址：北京市海淀区知春路 108 号豪景大厦 B 座 2002 室
邮编：100086
电话：北京总部电话为 010-62105512
深圳办电话为 0755-83980566
上海办电话为 021-54641492
南京办电话为 025-84409203
传真：010-62102958
邮箱：xuyp@ shaoguang. com. cn；xhd@ shaoguang. com. cn
网址：www. shaoguang. com. cn
简介：北京韶光科技有限公司成立于 1998 年，是国内较早从事代理仙童功率器件产品的公司。公司主要致力于半导体器件的推广，如 MOFET、IGBT 单管和模块及超快恢复二极管和模块。公司还代理美格纳、东芝、瑞萨及南京晟芯半导体 IGBT、MOS、FRD 单管及模块产品（适应半导体国产化的趋势），晟芯半导体产品由原美国知名半导体厂商工程师设计，单管产品由原仙童代工厂等代工生产，晟芯的质量管控贯穿在产品实现的整个过程中，尤其是增加了晟芯自己的二次测试步骤，确保交付到客户手中的产品有 100%的质量保证。公司的产品主要应用于充电桩、开关电源（AC-DC、DC-DC）、逆变电源、UPS/EPS、通信电源、车载电源、电焊机、特种电源、电动机控制器、高频感应加热、纺织机械、仪器仪表等。公司在北京、深圳、南京、上海、佛山、成都设有办事处，各办事处都设有技术支持部门，技术实力雄厚，可以为客户提供技术解决方案，解决客户的技术难题。公司在北京、上海、南京、深圳均设有库房，备有大量的现货库存，价格极具竞争性，并且可为客户配套服务。

以质量和诚信占有市场是公司始终坚持的宗旨。以创新和共赢求发展。光阴如织，时间似箭，世界在变，商海也在剧变，唯一不变的是，我们对事业永恒的追求。挑战与机遇同在，我们时刻充满自信。

北京市天润中电高压电子有限公司

地址：北京市丰台区马家堡路 65 号
邮编：100068
电话：4001116789
传真：010-67586655
邮箱：sale@ hv-semicon. com
网址：www. hv-semicon. com
简介：北京市天润中电高压电子有限公司是专业从事半导体高压器件研发、生产、销售和服务的国家高新技术企业，主要产品为高压半导体芯片、高压二极管、高压硅堆、高压组件、倍压模块、电力整流模块等，产品广泛应用于军工、航天航空、医疗、电力、环保、安防等领域。公司拥有先进的生产设施和试验检测设备、完善的质量管理体系，从原材料采购、生产、检验到产品销售均处于受控状态，使产品品质得到了有效保障。公司拥有一支在高压半导体器件领域积累了丰富经验、实力雄厚的技术团队，他们立足于自有的知识产权，致力于高精尖、高可靠产品的研发；还拥有一支由技术工程师及销售人员组成的销售团队，在提供高性价比产品的同时，还为用户提供必要的技术支持和满意的售后服务。同时，公司还与国内诸多高等院校、科研院所保持密切的技术合作，使公司在技术创新、产品开发等方面保持着极强的实力，先后参与了航天航空、电力、水利、科学装置等多个重大国家项目。公司已通过 ISO 9001 质量管理体系认证，并连续 10 多年获得“中国电子信息用户满意企业”“中国电子信息用户满意产品”“中国电子信息用户满意服务”等荣誉。

北京武西测控技术有限公司

地址： 北京市大兴区宏业路 9 号院嘉悦广场 5 号楼 8 层 801
邮编： 102627
电话： 010-80252428
邮箱： wangbin@ wuxicekong. com
网址： www. wuxicekong. com
简介： 北京武西测控技术有限公司是一家从事测试测量整体解决方案的科技型企业，主要致力于电学、长度类测试仪器的销售、测试数据管理、测试系统集成。

公司坚持“客户为先、现场为先”的原则，不断提高自身能力，竭尽所能为客户提供优质的产品、完善的服务。

公司销售的测试仪器主要包括示波器、可编程交/直流电源、电子负载、功率放大器、功率分析仪、红外热像仪、万用表、信号源等电学基础测试仪器，以及千分尺、卡尺、轮廓仪、表面粗糙度仪、三坐标测量机等长度基础测量工具。

公司还可提供各种数据采集技术方案，可实现电压、电流、温/湿度、频率、速度、加速度、位移、应变等参数的同步采集。适用于实验室、现场等多种场景。

在测试数据管理方面公司依托测试管理平台-DAQTest，可为客户提供针对产线、实验室的专业数据管理；实现数据采集、测试管理、曲线显示、数据分析、报表输出、测试检索、报警显示等操作的自动化处理，可平台适用范围广、可靠性强，可为测试提供便捷、高效、人性化的管理。

在测试系统集成方面公司可为客户提供电气自动化设备定制服务，包括电气控制柜、控制箱、操作台等，还可面向电机、家电、电力系统客户提供测试方案定制化服务，满足客户的个性化需求。

公司与日本横河（YOKOGAWA）、德国 EA、美国力科（LeCroy）、法国 CA、美国泰克（Tektronix）、福禄克（Fluke）、日本菊水（KIKUSUI）、日本 NF、日置（HIOKI）、三丰（MITUTOYO）、菲力尔（FLIR）、罗德与施瓦茨（R&S）、致茂电子（CHROMA）等品牌保持良好的合作关系。

北京新雷能科技股份有限公司

新雷能®

地址： 北京市昌平区科技园区双营中路 139 号
邮编： 102200
电话： 010-81913666-3792
传真： 010-89723611
邮箱： support@ xinleineng. com
网址： www. xinleineng. com
简介： 北京新雷能科技股份有限公司（以下简称新雷能）成立于 1997 年，是专业研发制造功率微模组、模块电源、大功率电源及供配电电源系统的国家高新技术企业，是深圳证券交易所创业板上市企业（股票代码：300593）。

新雷能一直致力于高端电源产品的研发、生产和销售，产品主要应用于通信网络、航空航天、车载船舶、铁路电力、安防工控等行业。针对不同的应用环境公司可为客户提供从芯片级电源到系统级电源不同类型的产品，主要产品包括以下品类：

1）集成电路类：功率微模组、电源管理芯片、驱动芯片等；

2）模块电源类：微电路模块电源、厚膜混合集成电路模块电源、浪涌抑制器及滤波器等；

3）电源组件及其他类电源：CPCI/VPX 电源、激光器电源、电源逆变器、大功率风冷/液冷电源等；

4）供配电电源系统类：岛礁/浮台风光油储能源供电系统等。

新雷能长期坚持“科技领先”的发展战略，累计获得各项知识产权 271 项：其中发明专利 54 项，实用新型专利 122 项，外观设计专利 33 项，软件注册权 56 项，集成电路布图设计 6 项，被北京市经信委评为“北京市企业技术中心”，被北京市发展改革委审定为航空航天级电源及整机系统关键技术“北京市工程实验室”。

北京鑫思源融科技有限公司

地址： 北京市平谷区兴谷经济开发区 6 区 305-464 号
邮编： 101200
电话： 18618433880
邮箱： 365584286@ qq. com
网址： www. bjxinsi. com
简介： 北京鑫思源融科技有限公司致力于电力系统重点用户用电安全服务，客户遍及电力系统、数据中心、电信运营商、医院、石油石化、机场、大型工矿企业，自主研发的电力仪表应用于上千用户。公司员工 50 人其中注册电气工程师 5 人，具有高级职称人员 10 人，具有中级职称人员 20 余人，本科及以上学历占公司总人数 90%以上。

北京雅世恒源科技发展有限公司

北京雅世恒源科技发展有限公司
Beijing YSHY Technology Co., Ltd.

地址： 北京市经济技术开发区科创十二街 8 号院 2 号楼 C

座 703 室

邮编： 100176

电话： 010-88136168，88131819

邮箱： gh. zheng@ ndtek. com

网址： www. ndtek. com

简介： 北京雅世恒源科技发展有限公司成立于 2003 年，致力于为广大客户提供高性能的红外热像仪、红外热成像系统、半导体微电子领域的显微红外成像测温系统、半导体缺陷检测系统、无损检测等仪器设备的销售及售后服务，以及红外成像检测服务。

公司是全球知名的红外热像仪制造商——德国英福泰克红外传感与测量技术公司（InfraTec GmbH Infrarotsensorik und Messtechnik）的中国总代理，负责 InfraTec 红外热像仪、红外成像系统和应用解决方案的技术咨询、产品演示、销售、客户培训、技术支持等业务。

产品包括：

■ ImageIR 系列制冷式红外热像仪

■ VarioCAM HD 系列红外热像仪

■ 半导体应用领域的高解析度显微红外成像测温系统

■ 半导体应用领域的 ACTIVE-LIT 半导体缺陷检测系统

■ Active Thermography System 主动激励式红外无损检测系统

■ PV-LIT 太阳能电池片及组件缺陷检测系统

■ Thermo Check Weld 自动化焊接质量检测系统

■ Press Check 热冲压过程红外热成像测温监控系统

■ INDUSCAN 钢铁制程监控系统

■ FIRESCAN 火灾早期预防和探测系统

■ IRBIS Rotate 高速旋转目标测试台（适用于制动盘、轮胎等旋转目标的测试）

■ IROD 安全监控红外探测系统

■ 机载热成像系统

■ 红外成像顾问检测服务

北京银星通达科技开发有限责任公司

银星通达
SILVER STAR SCIENCE & TECHNOLOGY

地址： 北京市西城区北三环中路甲 29 号华尊大厦 A 座 401 室

邮编： 100029

电话： 010-82021883

传真： 010-62034689

邮箱： silverst_1@ 163. com

网址： www. silverst. com

简介： 北京银星通达科技开发有限责任公司前身创建于 1994 年 5 月，是高新技术企业、北京中关村高新技术企业。公司自成立以来，始终致力于国际知名品牌电源产品在国内市场的推介工作，是国内外各知名品牌 UPS、LED 屏、蓄电池、机柜以及相关电子产品的销售、服务代理商，是专业从事各行业数据中心机房建设、UPS 供配电、制冷、监控等系统整体解决方案的提供商，是中央国家机关政府采购中心指定供货商、北京市政府采购中心协议供货商、中共中央直属机关电子商城中标供应商、中共中央直属机关协议供货商。公司与中环物研检测中心合作，具有国家质量监督部门批准的对机房环境、基础设施检测资质；可为数据中心提供设计规划、竣工验收、等级评定、测试鉴定等服务项目。多年来，公司同仁不断开拓进取，凭借良好的敬业精神、过硬的专业技术及竭诚服务于用户的意识，得到了广大用户和业界的认可。公司自 2004 年起至今通过了 ISO 9001 质量管理体系认证，并历年被北京市工商行政管理局评为“守信企业”被北京市企业评价协会评为“北京市信用企业”，获得“中国电源行业诚信企业”证书。公司是中央国家相关政府采购中心指定供货商、北京市政府采购中心协议供货商、中共中央直属机关电子商城中标供应商、中共中央直属机关协议供货商。

北京英博电气股份有限公司

英博电气

地址： 北京市海淀区紫竹院路 69 号 1 层裙房 118 号

邮编： 100083

电话： 010-63805588

传真： 010-82600608

邮箱： jia. yanfei@ inpower. net

网址： www. in-power. net

简介： 北京英博电气股份有限公司（以下简称英博电气）成立于 2004 年 3 月，是中外合资的高新技术企业，总部设在北京市中关村高新技术产业园，目前在全国设有 2 个研发中心、2 个全资及控股子公司和 25 个办事处，构建了覆盖全国的营销和服务网络。英博电气历经多年发展，已成为集新能源和电力电子技术研发、设备制造、工程服务于一体的高科技企业。

英博电气视创新为企业发展之本，以客户需求为导向，以提供让客户满意的产品及服务为宗旨。面对新的发展机遇，英博电气已构建电能质量、轨道交通及储能系统 3 大业务板块，聚焦轨道交通、数据通信、半导体、市政基建、汽车制造、钢铁冶金、轻工业、石油化工等多个核心行业，为客户提供新能源和电力电子技术的整体解决方案。

英博电气作为国家电能质量标准委员会成员、中国节能协会节能服务产业委员会成员、中国电源学会成员，为推动行业技术与标准的发展做出了巨大贡献，被列为首批工信部推荐工业节能服务公司，并被评为国家重点火炬计划高新技术企业、国家重点高新技术企业、电能质量十佳企业、北京市创新型企业等。同时，公司先后通过了 ISO 9001、ISO 14001、OHSAS 18001 体系认证和中国质量认证中心的 CCC 认证。

北京元十电子科技有限公司

地址： 北京市顺义区北小营镇北府环附路 11 号

邮编：101300
电话：010-69497802
传真：010-69497995
邮箱：bjys668@ 139. com
网址：www. fac. com
简介：北京元十电子科技有限公司是一家专注于电子元件技术开发和应用推广的企业，主要产品包括混合型超级电容、电容模组、工业电解电容器，产品应用领域广，包括工业电源、新能源、自动化控制等领域，并可以按照客户要求设计开发关联产品。

北京长城电子装备有限责任公司

CSSC

地址：北京市海淀区学院南路 30 号
邮编：100082
电话：010-62250747
传真：010-62250747
邮箱：bgwr@ China. com
网址：www. bgwr. com. cn
简介：北京长城电子装备有限责任公司是中国船舶集团有限公司的成员单位之一，2017 年底被置入中国船舶集团有限公司电子信息板块上市平台公司中国海防，现为国家高新技术企业和中关村高新技术企业、北京市企业技术中心。公司注册资本 47025.83 万元，占地面积 1.6 万 m^2，建筑面积 2.4 万 m^2，正式员工 400 余人。

公司主要从事以船舶电子配套为主的相关研制生产业务，在特种电源、水下通信、电控系统、汽车电子产品等领域具有完整的科研生产能力。在仪器仪表、通信设备、机电设备、海洋工程设备等方面，公司拥有完善的整机组装部门及相应的流水生产线，拥有 SMT、波峰焊、组装生产线以及相关数控机械加工设备，同时具备机电电子产品环境测试与可靠性试验检测测试能力（经 CNAS 认可、DILAC 认可、国防实验室认可及国家计量认证），能够独立承接环境与可靠性以及应力筛选等多项试验。

公司通过了 GJB 9001C、GB/T 19001、GB/T 14000、GB/T 28001 和 TF 16949 等体系认证。公司成立 50 余年以来，坚持“不正不选、不精不做、不优不休”的质量方针，使公司的产品及服务持续地满足用户的需要。

北京智源新能电气科技有限公司

ZYXN 智源新能

地址：北京市大兴区金苑路 26 号 A613 室
邮编：100000
电话：13439289923
传真：010-62947495
邮箱：zoujia911@ 126. com
网址：www. zyxndq. com
简介：北京智源新能电气科技有限公司是一家致力于电力电子电能变换和控制领域的国家级高新技术企业，主要提供提升配网电能质量的设备相关技术和解决方案，目前产品包括有源电力滤波器、低压静止无功发生器、配网三相不平衡、有源前端、微电网系统等。在低压配网直流输电、机车能量回馈等方面有深厚的技术储备。

公司以技术研发作为企业生存发展之本，研发实力是公司核心竞争力，目前掌握电力电子功率变换和控制领域相关的自主知识产权和核心技术，共取得和获受理专利 4 项（其中发明专利 2 项）及软件著作权 10 项。由清华大学教授、专家、博士、硕士组成的核心研发团队共 18 人。公司坚持产学研相结合，与清华大学、中国矿业大学、兰州理工大学、北方工业大学等高等院校积极开展合作，积累了比较丰富的产学研管理经验，取得了众多技术成果。

北京中天汇科电子技术有限责任公司

中天汇科

地址：北京市昌平区沙河镇七里渠育荣教育园区（北门）
邮编：102206
电话：010-80707609
传真：010-80707609-8009
邮箱：sun-zthk@ sohu. com
网址：www. zthk. com. cn
简介：北京中天汇科电子技术有限责任公司是一家专业的电力电子制造企业，具有 20 多年生产开关电源的历史，产品累计生产达数万余台，广泛应用于通信设备、广播发射、电力自动化、EPS（应急电源）等多个行业。

公司注册于北京中关村昌平科技园区，是中国电源学会的团体会员，并取得了高新技术企业认证。公司下设开发部、生产部、销售部、质管部等职能部门，并拥有一批高新技术人才，其中具有大专学历以上的人员（含高级职称）占员工总数的 60%。

公司自创业以来以诚为本，坚持以科技为先导。与中国矿业大学紧密合作，采取校企协作，以知名教授及高级工程师为技术后盾，不断地研制出各种新型的电力、电子产品。

公司已通过 ISO 9001：2000 质量管理体系认证，产品安全及电气性能完全符合 YD/T 731—2000《高频开关整流器》标准，并通过了北京市产品质量监督检验所及国家电力科学院等权威部门的检测。

国网北京市电力公司电力科学研究院

国家电网
STATE GRID
国网北京电科院

地址：北京市丰台区南三环中路 30 号
邮编：100075
电话：010-63677345
邮箱：wangboz@ bj. sgcc. com. cn
网址：www. bj. sgcc. com. cn
简介：北京电力科学研究院为业务支撑与实施单位，位于北京市丰台区南三环中路30号，主要工作包括负责系统调度控制、电网设备监控、调度计划、运行方式、继电保护、调度自动化、网源协调、水电及新能源、信息通信、环境保护、输变电设备状态在线监测与分析、物资质量监督等专业技术支持；负责信息通信技术支持、信息通信系统和设备测试、信息通信专业技术监督和信息安全技术督查；承担电网物资质量检测业务；负责开展科技创新工作，负责公司科技情报工作；协助开展运营分析、编制分析报告，提供常态化的运营监测及分析模型、工具、方法等研究与技术支持，协助开展“大数据”挖掘等业务；负责电网设备专业管理、状态检修、全过程技术监督及性能质量抽检；负责所辖±660kV及以下直流和500~1000kV交流变电设备状态监测评估；负责计量器具检定配送等省级集中业务执行；承担电源技术服务业务。

深圳市合派电子技术有限公司

地址：北京市昌平区定泗路国际信息产业基地高新四街6号院1号楼502室

邮编：102206

电话：010-56290816

传真：010-80706922

邮箱：sales@ hepaipower. com

网址：www. hepaipower. com

简介：深圳市合派电子技术有限公司成立于2012年。公司长期专注于成长型电源应用市场，是一家能提供全方位轨道交通电源、军工电源解决方案及相关产品的应用创新型公司。

公司在北京、深圳、香港、武汉、天津等城市拥有分支机构，快速响应本区域客户需求，先后获得军标质量体系认证、国家高新技术企业认定，并取得多项技术专利和软件著作权。

公司专注于国家基础产业的快速成长领域，长期与全国高精尖科研院所、各大高校及知名企业密切合作，建立了全方位技术研发团队、完备的产品体系，拥有庞大的高端客户群体以及高效的信息化运营系统。并与VICOR、博大、幸康、皓文等全球众多顶级电源品牌结为长期战略合作伙伴，在提供全方位技术支持的同时，可依据客户的电气要求、复杂环境、电磁兼容、特殊行业标准等，提供专属定制型产品的深度研发服务，充分满足客户的特殊应用要求。

随着公司规模不断发展壮大，面对电源在轨道交通领域、军工领域的国产化需求，投入大量人力、物力、财力，致力于自主知识产权的产品研发工作，相关国产化产品跻身同行业领先水平。

威尔克通信实验室

地址：北京市海淀区学院路40号研7楼B座300-507号

邮编：100191

电话：010-62301146

传真：010-62301146

邮箱：jczx@ chinawllc. com

网址：www. chinawllc. com

简介：威尔克通信实验室前身为1990年成立的邮电部数据通信产品质量监督检验中心，隶属于数据通信科学技术研究所（1972年成立），并作为国家数据通信工程技术研究中心的依托单位，是我国第一家从事数据通信的标准编制、产品进网检测、技术研究、支撑政府的国家机构。2003年经信息产业部批准在信息产业部数据通信产品质量监督检测中心基础上组建了威尔克通信实验室/北京通和实益电信科学技术研究所有限公司，成为独立法人单位，是国家高新技术企业和中关村高新技术企业。

实验室开展的电源类产品泰尔认证/委托测试业务涵盖通信系统用户外机柜、通信用高频开关整流器、通信用高频开关电源系统、通信用不间断电源、通信用配电设备、传输设备用电源分配列柜、通信用直流—直流变换设备、通信用逆变设备、通信用交流稳压器、通信用240V/336V直流供电系统等。

同时，实验室为满足客户需求，能够承担数据中心场地验收检测、数据中心/机房第三方委托检测与评估，中国质量认证中心（CQC）数据中心场地基础设施ABC等级认证、数据中心节能认证、绿色等级认证，以及电子学会绿色数据中心等级认证、国家绿色数据中心评估等相关服务。

山 东 省

海湾电子（山东）有限公司

地址：山东省济南市高新技术开发区孙村片区科远路1659号

邮编：250104

电话：0531-83130301

传真：0531-83130303

邮箱：mk_king@ gulfsemi. com

网址：www. gulfsemi. com

简介：海湾电子（山东）以专业玻璃钝化及玻球封装技术，提供电子照明、LED照明、LED电源供应器、工业类电源、仪器仪表等业界广泛使用的整流器件。20多年来直接服务于各领域的国际知名公司（如Samsung、PHILIPS、GE、Emerson、Delta、Panasonic、Sharp等）及国内各电源行业的龙头企业。

长期以来，公司依托二极管最先进的玻璃球钝化工艺技术，已完整开发了PHILIPS原BYV、BYM、BYT等系列产品，满足业界对高性能、高可靠性产品的需求。公司又相继引进了外延、玻璃钝化技术，已替代原 SANKEN、ON SEMI、TOSHIBA、IR 等知名公司的系列产品，满足业界对高频率、低 VF、高效整流的需求。公司还大量开发了肖特基、高性能桥堆等系列产品，满足各个领域的整流方案。

海英特电源技术有限公司

地址： 山东省临沂市高新技术产业开发区双月湖路 310 号

邮编： 276017

电话： 15153993599

邮箱： fengfeifan@ hient. cn

网址： www. hientpower. com

简介： 海英特电源技术有限公司是春光科技集团公司的全资子公司，是春光科技集团纵跨锰锌粉料、铁氧体磁心、电子元器件、电源类产品“致力成为世界一流磁电专业制造商”的全产业链发展模式的重要组成部分。

海英特电源技术有限公司是从事电源供应器和电源系统开发、设计、制造及销售的科技型企业，产品包括适配器、充电器、工控电源、工业电源、LED 电源、新能源用电源模块和定制电源等，能满足不同行业用户的需求。

海英特电源技术有限公司凭借安全、可靠、优质、稳定的电源产品以及全方位高效、优质、快捷的服务，秉承“以客户为中心、深耕产品、合作共赢”的经营理念与客户同成长，共进步！

华夏天信智能物联股份有限公司

地址： 山东省青岛市黄岛区海西路 2299 号

邮编： 266400

电话： 0532-89056115

传真： 0532-89056113

邮箱： chinatx@ iiotos. com

网址： www. chinatxiiot. com

简介： 华夏天信智能物联股份有限公司自 2008 年开始，先后在青岛、北京、大连、西安设立分公司，专注于煤矿井下装备、石油天然气、工程机械、轨道交通等领域的变频驱动与智能化控制系统解决方案。

公司主要产品包括永磁同步变频调速一体机（矿用防爆型及通用型）、高低压变频器（矿用防爆型及工业通用型）、页岩气/页岩油/煤层气压裂电驱动系统（油气领域）、高速直驱系统（飞轮储能、鼓风机、压缩机等领域）、重型矿卡电驱动系统、重型轨道车电驱动系统、防爆组合变频启动器、智能电控系统等，并提供智慧能源操作系统平台、相关智能应用 APP 软件类产品，以及设备故障预测与健康管理系统。公司围绕各工程设备及相关领域的智慧化建设需求，逐步建立并完善了包括感知执行层、网络传输层、操作系统平台层、智能应用 APP 层的能源工业物联网四层架构体系。

公司是国家重点高新技术企业，拥有 100 余项发明和实用新型专利、软件著作权。公司坚持以客户需求为导向、以技术创新为引擎的核心发展战略，致力于从单一的智能硬件设备供应商，发展为基于工业物联网技术的智慧能源整体解决方案提供商。

济南晶恒电子有限责任公司

地址： 山东省济南市历下区和平路 51 号

邮编： 250013

电话： 400-055-0531

传真： 0531-86947096

邮箱： zhangxy@ jinghenggroup. com

网址： www. jingheng. cn

简介： 济南晶恒电子有限责任公司（以下简称晶恒）始创于 1958 年，其前身是济南市半导体元件实验所，是中国首批自行研发生产二极管的单位。60 多年来，晶恒为国家历次火箭、导弹、卫星和各类航天器的研制，提供了大量优质、可靠的半导体器件。

如今晶恒已经发展成为是一家综合性多元化的集团企业，可提供民用和军工两大系列优质产品。

晶恒拥有半导体器件生产最完整的产业链，包括前端芯片研发、引线框架生产、器件成品封装，可靠性验证等全部环节。产品包含全系列肖特基管及快恢复、超快恢复管，全系列 TVS 管、稳压管，全系列触发管和各式桥类整流器，MOS 管、集成模块等。

公司产品应用于各大行业，如汽车、电源、家电、电表、安防、通信、照明、太阳能等多个领域。远销世界各地，与多家国际知名公司保持密切合作。

晶恒在不断丰富产品的同时，建立了完善的质量保障体系，凭借国家军工级检验中心和国家二级计量中心，以及国内类型全面的高精度检测设备，在质量管控和产品检定上达到国际先进水平，可以为各行业高端客户提供最优质的产品和最好的技术支持。

济南宇正电子科技有限公司

地址： 山东省济南市历城区华山街道泺华路华美创新大厦 7 层

邮编： 250000

电话： 15562570668

邮箱： z492473@ vip. qq. com

网址： www. jnyzdzkj. com. cn

简介： 济南宇正电子科技有限公司（以下简称宇正）是一家国家高新技术企业和科技型企业，是消防极早期空气采样火灾预警系统品牌供应服务商，专注于人类安全和环境探测产品的专业化公司。公司还从事火灾自动报警、消防联动控制、安全技术防范、楼宇智能化控制系统研发、销售和安装。

宇正专业从事消防一体化产品、消防物联网系统的研发、生产、销售和服务，专注于消防报警领域核心产品的研发制造，拥有一支经验丰富的研发队伍，具有强大的技术研发实力和持续创新能力，在同行业中保持技术领先优势。宇正本着“以产业报国为己任、为社会公共安全事业竭诚奉献”的企业宗旨，将产品做到行业内最精、最细、最专业，用我们优质的产品为广大用户创造安全空间。公司研制生产的 YZ 系列产品，是在人机工程学、概率论、系统工程学等高科技理论的指导下，集计算机技术、现代微电子技术、传感器技术、现代通信技术、网络技术于一体的高科技智能化产品。

公司作为高新技术实施型、生产型、服务型企业，并具备消防技术服务机构资质、消防设施工程专业承包一级资质、消防设施工程设计专项甲级资质、电子与智能化工程专业承包一级资质、建筑智能化系统设计专项甲级资质、消防设施维护保养检测一级资质、安全技术防范工程设计与施工贰级资质。在“以市场需求为动力，以质量求生存，以科技求发展”的方针指引下，公司承建了大量项目，并得到了客户的一致好评。

临沂昱通新能源科技有限公司

昱通新能源

地址：山东省临沂市罗庄区新华路中段

邮编：276000

电话：0539-7109391

传真：0539-7109391

邮箱：wushichao@ ytxny. cn

网址：www. ytxny. cn

简介：临沂昱通新能源科技有限公司是专业从事电子变压器、电源滤波器、电感器、开关电源产品及 Mn-Zn、Ni-Zn 软磁铁氧体产品生产的高新技术企业。公司的产品广泛用于家电、通信、汽车、计算机、太阳能及绿色照明等行业。

公司拥有 76000m^2 的现代化、高标准的工业园区，拥有先进的生产设备、强大的研发团队和完善的品质管理体系。先后通过了 ISO 9001、ISO 14001 和 TS 16949 等体系认证，公司一贯坚持以质量求生存、以信誉求发展的宗旨。经过不懈努力公司以高质量、高效率赢得了国内外客户的一致好评。

在全球电子元器件行业对品质要求越来越高、交货速度要求越来越快的今天，公司将会再接再厉，本着合作共赢的经营理念，以优质的产品、良好的信誉，竭诚为广大客户提供更优的产品和服务。

青岛航天半导体研究所有限公司

地址：山东省青岛市高新区新悦路 87 号

邮编：266114

电话：0532-85718548

传真：0532-85718548

网址：www. qdsri. com

简介：青岛航天半导体研究所有限公司原为创建于 1965 年的青岛半导体研究所，2011 年年底，青岛市国资委与中国航天科工集团对其进行了重组，性质为全资国有。

公司现有职工 310 人，占地面积 96022m^2，拥有 21975m^2 的工业厂房（含净化厂房 4000m^2）和 11105m^2 的后勤保障楼。公司是我国高可靠电子元器件研究与生产定点单位，为国家重点工程承担配套研制生产任务已有 50 多年的历史，产品主要用于航空、航天、兵器、船舶、电子、石油和工业控制等领域。

公司通过了 GJB 9001A—2001 质量管理体系认证，被认定为高新技术企业、青岛市企业技术中心等。厚膜混合集成电路生产线年生产能力为 5 万只，微电路模块（SMT）生产线年生产能力为 5 万只，电力电子器件生产线年生产能力为 50 万只。

1）信号变换类混合集成电路产品有（V/F、I/F、F/V、V/I、C/V）转换器、滤波器、加速度计伺服电路、陀螺解调电路、单片集成电路、运算放大器等。

2）电源功率类产品有中小功率 DC-DC、DC-AC、高低压电源模块及 Interpoint、Victor 兼容产品，二、三相陀螺电源、功率模块、尖峰浪涌抑制器等。

3）电力电子类产品有中小功率整流器件、晶闸管、MOSFET 功率器件、晶体管、IGBT 模块、固态继电器等。

4）压力、振动、温度传感器等。

青岛聚能创芯微电子有限公司

地址：山东省青岛市崂山区松岭路 169 号青岛国际创新园 D2 座 902 室

邮编：266101

电话：0532-66715896

邮箱：info@ cohenius. com

网址：www. cohenius. com

简介：青岛聚能创芯微电子有限公司坐落于青岛国际创新园区，主要从事第三代半导体硅基氮化镓（GaN）的研发、生产和销售，专注于为业界提供高性能、低成本的 GaN 功率器件产品和技术解决方案。公司掌握业界领先的 GaN 功率器件与应用方案技术，致力于整合业界优势资源，打造 GaN 器件开发与应用生态系统，为 PD 快充、智能家电、云计算、5G 通信等提供国产化核心元器件支持。背靠上市公司赛微电子（股票代码：300456）与知名投资基金支持，公司建立了业界领先的技术和管理团队。在产品研发与量产过程中，始终坚持高品质与高可靠性的要求。在得到合作伙伴广泛认可的同时，逐步成为第三代半导体领域的国际知名企业。

青岛乾程科技股份有限公司

TECHEN乾程

地址：山东省青岛市崂山区科苑纬一路1号A座8层

邮编：266101

电话：0532-88036767

邮箱：nileilei@ techen. cn

网址：www. techen. cn

简介：青岛乾程科技股份有限公司（以下简称乾程科技）自2005年进入电力行业，经过10余年的奋进，现以能源计量为核心，聚焦数字能源领域——涵盖水、电、气、AMI通信、储能及充电解决方案、售电及能效控制。

自主研发的AMI系统按照国际标准以模块化思路遵照面向服务的架构（Service Oriented Architecture，SOA）提供丰富强大的远程读表控制功能并支持预付费、后付费、故障及防窃电警报等功能。通信技术方面主推高可靠性的自组网LoRa及多信道的PLC-LoRa双模方案，确保支持AMI通信网络的电表能可靠并及时地响应系统命令返回数据和执行开关闸。

公司拥有多项自主研发专利和产品资质的智能电表产品，在国内依靠过硬的质量和技术能力成为国家电网和南方电网的供应商；在国外，依靠一对一客户定制服务，满足国外不同环境下通信方式需求，产品已进入南美洲、亚洲、非洲、欧洲和大洋洲等国际市场，获得了客户的认可。

公司具有自主知识产权的超声波水、气表系列产品，采用国际领先的超声波计量技术，计量精准；具有核心自主知识产权的自组网路由算法、专业的天线设计，通信可靠。

公司的智能储充产品包括户用/工商业储能系统、光储便携系统、智能充电系统。自主研发的逆变器、充电机具有高效率、高功率密度的特点。

青岛威控电气有限公司

地址：山东省青岛市即墨区大信镇天山三路42号

邮编：266071

电话：15066862260

传真：0532-82530096-3005

邮箱：hui. li@ veccon. com. cn

网址：www. veccon. cn

简介：青岛威控电气有限公司始创于2006年，是一家专门从事煤矿用防爆变频器、智能微电网系统、储能PCS和特种变频器研发、制造，为矿山、可再生能源发电、储能等行业提供系统解决方案和产品的专业化公司。公司是国家高新技术企业、山东省守合同重信用企业、青岛市大功率变频器工程研究中心、青岛市矿用防爆变频器技术研发中心、青岛市企业技术中心、青岛市智能微网专家工作站、青岛市专精特新示范企业、即墨工业设计中心，并荣获青年文明号、“德勤-青岛明日之星”等称号，通过了ISO 9001质量管理体系认证，2015年4月23日，公司在青岛蓝海股权交易中心正式挂牌，成功登陆价值优选版。

公司拥有一支高学历、高素质的专业化员工队伍，博士、硕士及本科学历员工人数占公司总人数的50%以上。公司建有高度协同的、包括PLM、ERP、MES等的数字化管理系统，被认定为青岛市信息化和工业化深度融合示范企业，并通过两化融合管理体系评定。公司拥有完备的软、硬件研发能力，是国内煤矿隔爆变频器组件核心供应商，公司自主研发的煤矿用两象限、四象限防爆变频器，性能先进，质量可靠，销量稳定，市场占有率达到40%以上，产品性能已达到国内领先水平。公司自主研发的AC3300V系列矿用三电平变频器，是国内首套研发并投入现场使用的煤矿生产核心设备，经科技局、经信委专家联合鉴定，性能已达到国际先进水平，比肩西门子、ABB等跨国企业。

公司响应国家政策号召，配合国家推进节能减排，实现能源可持续发展的宏远目标，积极向风力发电储能，风、光、电融合的智能微电网等领域进行拓展，致力于“清洁能源”“智能电网”方面产品的研究，并取得了较好的社会效应和环境效应，协同研发了国内第一台风储互补演示验证系统。公司研发的针对铅酸、锂电、全钒液流电池、锌溴电池、飞轮等化学、物理储能系统的PCS、DC-DC变换器等，已在英利集团863课题“园区智能微电网关键技术研究与集成示范”、国家电网辽宁电力科学研究院风光储微电网系统、中科院大连化学物理研究所的全钒液流电池系统等项目中投入并通过验收。公司研发的智能微电网系统，已获得国家科技部中小企业创新基金扶持。公司承担国家重点研发计划“智能电网技术与装备—重点专项2017—10MW级液流电池储能技术（项目编号2017YFB0903500）”，多模式运行三电平PCS设备的研制工作和国家电网首个岸电项目——连云港港35kV庙岭变岸电储能系统项目及南方电网适用于多区域互联电力系统共直流母线多元互补智能微网系统项目。

在企业发展壮大的同时，公司始终坚持“严谨、专注、协作、创新”的核心价值观，践行“以人为本、管理规范、专业敬业、预防为主、开拓创新、永续经营”的质量理念，从客户的价值实现出发，遵循价值管理的规律，打造与客户一体的价值管理链条，是公司对“践行良知、恒以致远”宗旨的具体实现。公司始终坚持企业效益与社会效益并重，携手同行，共同推动企业和行业的健康发展。

青岛云路新能源科技有限公司

地址：山东省青岛市即墨区蓝村镇火车站西

邮编：266232

电话：0532-82599910

传真：0532-82593000

邮箱：kaifa-ht@ yunlu. com. cn

网址：www. yunlu. com. cn

简介：青岛云路新能源科技有限公司成立于2007年，其前身为成立于1996年的青岛云路电气有限公司，目前专业从事电磁器件的研发、制造、销售和服务，是国家火炬计划重点高新技术企业。

1. 公司组织结构

公司拥有青岛、珠海两大生产基地，建筑总面积15万m^2，员工总数2000余名。

2. 公司产业板块结构

公司主要包括家电磁性器件、工业新能源磁性器件、汽车磁性器件三大产业板块。主要产品有微波炉变压器、变频空调电抗器、PFC电感、EMI滤波器、光伏变流器专用滤波水冷电抗器、光伏逆变器配套变压器、超高压水冷饱和电抗器、一体成型贴片电感、模块电源等1000余种电磁器件产品，2018年总销售额达20亿元。其中，微波炉变压器的生产能力和市场占有率位居世界前三，变频空调电抗器连续12年排名国内领先，市场占有率长期保持在60%以上。

3. 公司研发能力

公司建有山东省企业技术中心1个，设有总面积1800m^2的家电、工业及新能源电磁器件研发中心、汽车级磁性元器件实验中心，新建磁性微电子器件研发实验室1个，配套大型仪器设备100余台（套）。公司拥有一支以国家千人计划、万人计划专家为核心的专业研发队伍，具有博士、硕士、本科学历的研发人员达到100余名，研发团队具有丰富的研发经验和较强的自主创新能力。公司承担了多项省市级重点项目，拥有有效授权专利100余项，曾获中国专利山东明星企业称号。

4. 公司产品应用客户及认证

公司主要客户为国内外一线家电、新能源品牌企业，产品出口到亚洲、欧洲、北美洲等数十个国家和地区。

公司先后通过了ISO 9001、ISO 14001、IECQ-QC 080000、UL、CCEE、TUV、CQC、IAFT 16949等多项认证。

公司在致力于为客户提供精湛一流产品和服务的同时，也让全球两亿以上的用户在使用产品中享受“节能、环保、安全、高效”的快乐。

云路秉承“为人、为学，建设智慧云路”的企业理念，创新务实，以客户、投资方、合作方及社会共赢为宗旨，打造国内最大、世界领先的电磁器件产、学、研基地，做国内外同行先进技术的领跑者。

山东艾诺仪器有限公司

Ainuo
——超越·信赖——
Exceeding & Trustworthy

地址： 山东省济南市高新技术开发区出口加工区港兴三路1069号

邮编： 250104

电话： 0531-88876586

传真： 0531-88876586

邮箱： officesd@ ainuo. com

网址： www. ainuo. com. cn

简介： 山东艾诺仪器有限公司（以下简称艾诺仪器）位于泉城济南，前身是1992年成立的济南正器科技研究所，1998年变更为山东艾诺仪器有限公司。公司注册资金3000万元，占地约7300m^2，厂房面积9653.5m^2，是致力于电气测量仪器、测试电源、特种电源的研发生产和营销服务的高新技术企业。

艾诺仪器产品系列丰富，核心产品有交直流电源、中频电源、飞机地面静变电源等电源供应器，以及精密测试电源、电子负载等，广泛应用于新能源、电动汽车、家用电器、电机线圈、开关电源等电气电子制造企业，以及航空航天、军工等专业领域和质检计量、科研院所。

公司信奉科技创新是发展的原动力这一理念，始终重视科研投入及能力的提升，是山东省级企业技术中心、山东省瞪羚企业、山东省“专精特新”中小企业，设有济南市特种可编程电源工程实验室。公司产品均具有自主知识产权，至2022年底，公司共持有专利42项，其中发明专利12项；软件著作权51项，主持制定1项国家标准及1项行业标准。

艾诺仪器拥有美的、格力、比亚迪、阳光电源、方正电机、中汽研、山东计量科学研究院等知名客户。特种电源方面拥有东航、国航、南航、海航、深航、厦航、山航等各大航空公司客户，以及国内大小50多个机场客户。公司面向行业的TOP客户群优势，保证了公司产品技术和服务实施的市场空间和利润份额。

公司将为客户提供精准、高效、一流的电力电子测试解决方案作为自身使命，持续改进业务，以品质与创新增进顾客价值、创造卓越业绩，立志走创新之路，建百年艾诺，成为全球领先的电力电子测试解决方案专业提供商。

山东艾瑞得电气有限公司

地址： 山东省济南市高新技术开发区丁豪广场7-2-1508

邮编： 250061

电话： 13370513108

传真： 0531-83166186

邮箱： yanjifeng0806@ 126. com

网址： www. sderid. com

简介： 山东艾瑞得电气有限公司（以下简称艾瑞得）是按照股份公司制度规范设立的科技型企业，注册资金1100万元，总部设于济南市高新区。艾瑞得把高校实验平台及企业加工制造能力有效地结合起来，致力于现代电力电子技术和产品的研发、制造、销售和服务，主营产品有APH/APL系列UPS、EY系列EPS（应急电源）、EB系列变频电源、EA系列岸电电源、EN系列逆变电源、EW系列稳压稳频电源等多种产品。

艾瑞得相继通过了国家高新技术企业认证、山东省科技中小型企业认证，通过了ISO 9001：2015质量管理体系认证、ISO 14001环境管理体系认证、ISO 45001职业健康安全管理体系认证、GB/T 29490—2013企业知识产权管理规范认证，应急电源产品均已通过国家部门产品认证，相应的配电产品也已经通过了国家3C检验。

艾瑞得在发展过程中，不断持续投入研发，陆续申请了一批相关产品的实用新型和发明专利，研发出新型逆变电源、大功率的应急电源、大功率单台驱动变频电源等实用并部分领先的技术，在基础交通、政府机关、通信、金融、证券、军队、电力、广电、教育、石油化工、医疗卫生、制造等行业拥有大量的用户和广阔的市场。

山东东泰电子科技有限公司

地址： 山东省淄博高新区民祥路以南青龙山路西侧第二个公司

邮编： 255100

电话： 13969398332

邮箱： dtt@ dtkj. com

网址： www. dtkj. com

简介： 山东东泰电子科技有限公司成立于2002年，专业生产锰锌软磁铁氧体磁粉及磁心，从材料开发、磁粉生产、磁心生产到磁心喷涂，有比较完整的生产链。

公司有两个工厂：岭子工厂，厂房面积12000m^2；高新区工厂，厂房面积6000m^2。总产能为磁粉4000吨/年和磁心3000吨/年。

2011年在德国成立产品应用开发办公室，进行大磁心的应用开发推广。2016年1月开始，与欧洲权威研究机构开始合作，进行高端新材料的开发。

山东华天科技集团股份有限公司

HOTEAM山大华天

地址： 山东省济南市高新区颖秀路2600号

邮编： 250101

电话： 0531-88879010

传真： 0531-88878999

邮箱： huatianwth@ 126. com

网址： www. huatian. com. cn

简介： 山东华天科技集团股份有限公司创立于1991年，作为一家高新技术企业，始终深耕电力电子领域，现已形成了以“安全电能、绿色电能、智慧电能”为导向，以“研究开发+设备制造+工程服务”三位一体为核心的业务模式，致力于为客户提供全生命周期的系统解决方案。

公司产品包括电能质量综合治理产品、能量回馈装置、试验电源、EPS、智慧消防电子产品、UPS、机房整体解决方案七大类。极具前瞻性的创新产品和应用解决方案，受到众多500强企业的青睐和信任，被广泛应用于轨道交通、市政基建、文教体育、医疗卫生、现代人居、汽车制造、钢铁冶金、石油化工等众多领域。

公司专注科技创新，以客户为中心，不断推出行业领先技术。公司拥有省级企业技术中心、省级工程中心、省级工程实验室。公司研发团队荣获济南市优秀创新团队，凭借雄厚的技术研发实力，先后荣获十余项国家级、省部级科技奖励，承担了40余项国家级、省级科研项目；拥有百余项知识产权，科研实力一直处于行业前列。公司通过了质量、环境、职业健康安全管理体系认证，主导产品获得CCC、CQC、CE、TLC认证，多项产品获得国家重点新产品、山东名牌等荣誉，公司也被认定为省瞪羚企业、省创新型企业、省制造业高端品牌培育企业等荣誉。

山东镭之源激光科技股份有限公司

地址： 山东省济南市高新技术开发区颖秀路2711号办公楼4楼

邮编： 250000

电话： 0531-88190005

传真： 0531-88190005

邮箱： 2881582438@ qq. com

网址： www. cnlaserpwr. com

简介： 山东镭之源激光科技股份有限公司成立于2001年，2015年9月30日挂牌上市（股票代码：833611），是一家专业从事电力电子类产品开发、设计、生产和销售，并为客户提供技术咨询、安装、维修等售前、售后服务的高新技术企业。公司总资产超1亿元，有员工200余人，产品远销海外30多个国家和地区，全球服务网络超200个，年生产各类电力电子产品及其他系统配套产品15万余台（套），并先后被认定为国家级高新技术企业、省级“专精特新”企业、省级“瞪羚”企业，通过了AAA资信、ISO 9001质量管理体系认证、欧盟国家CE认证等。公司拥有8项发明专利、20多项实用新型专利和20多项软件著作权。

公司主要产品为工业激光类产品、医美激光类产品和车用电子类产品，包括CO_2激光电源、光纤及半导体激光电源、医美电控系统与配件解决方案、激光打标类产品及解决方案、车用电子类产品。公司产品以安全性、稳定性著称，定制化、智能化是产品的重要特征，公司秉承“以客为主，甘当配角，竭诚服务，精益求精”的核心价值观，致力于为客户创造价值。

烟台瑞本电气设备有限公司

RBONTEC

地址： 山东省烟台市芝罘区峰山路2号316号

邮编： 264000

电话： 0535-6720289

邮箱： lujingli@ ribbonelec. com

网址： www. ribbonelec. com

简介： 烟台瑞本电气设备有限公司成立于2006年8月，致力于大功率高频开关变流技术及计算机控制技术的研究、开发和生产。公司通过了ISO 9001质量管理体系认证，并取得了电力承装（修、试）电力设施许可证五级施工资质。

公司拥有一个具有现代企业经营意识的高素质管理核心，汇集了一批在高频开关电源、计算机控制、电力电子技术领域才华横溢的技术精英，公司的研发、生产、销售规模不断扩大，为具有现代发展意识的人才充分提供了自我价值体现的发展空间。公司拥有丰富的专利技术，已授权实用新型专利20项。

公司现有产品包括直流远供电源、高低压柜、变压器、智能一体化电源系统、电力操作电源小系统、蓄电池配套产品，以及与上述系统配套使用的电力高频开关电源模块，微机高频开关电源监控器，交流窜入直流报警装置，蓄电池检测仪等20余种产品。自2016年开始，公司业务已拓展至高速公路电力施工，并取得了很好的业绩，获得了客户的一致好评。公司从售前、售中、售后建立了完善的管理体制，施工经验丰富，能为客户创造规范、精细、人性化的安装服务；售后体系健全，建立了定期回访制度，能为客户营造放心、舒心、贴心化的使用感受。

"发展高科技，创造新能力"公司将充分利用自身的技术优势、团队优势，坚持"求实创新，质量第一；用户至上，服务社会"的服务宗旨，不断创新，持续改进，以可靠的质量、优良的性能、互惠的价格、殷实的服务，与社会各界广大用户共同发展和进步！

元山（济南）电子科技有限公司

地址：山东省济南槐荫区美里湖美里路中段1929号
邮编：250118
电话：18853132616
邮箱：huangzhicheng@ ysjn. cn
网址：www. ysjn. cn
简介：元山（济南）电子科技有限公司位于济南市槐荫区美里湖工业园区，是一家专注于从事碳化硅功率模组研发与产业化的企业。

公司掌握国际领先的碳化硅核心技术，覆盖碳化硅功率模组力、热、电、磁协同设计、生产制造、测试及应用，先后推出750V/1200V/1700V电压等级，30～900A全功率范围的全碳化硅功率模组系列产品，应用于新能源汽车、光伏发电、风力发电、储能、工业及国防等领域，性能达到国内领先、国际先进水平。

安 徽 省

安徽大学绿色产业创新研究院

地址：安徽省合肥市高新区创业服务中心B座3楼
邮编：230088
电话：0551-65862316
邮箱：2164368671@ qq. com
网址：lscy. ahu. edu. cn
简介：安徽大学绿色产业创新研究院（以下简称安大绿研院）是一所聚焦绿色能源、绿色材料、绿色制造、高端智能、文化创意等领域的创新型研究院，也是一个致力于打造立足合肥、面向安徽、辐射全国的绿色产业技术创新与转化平台、高层次人才培养与引进平台、国际交流合作平台。

安大绿研院以合肥综合科学中心和安徽大学双一流学科建设为契机，借力省院共建，外联中科院系统国家队、内选优质项目和平台，发挥综合学科优势，集成重点研发平台。此外，安大绿研院将联合高端研发机构（如中科院重庆研究院、长春应化所、中国科学院自动化所）以及行业龙头企业（如马钢、铜陵有色、江淮汽车等）共同承接大院大所转化，创立一批绿色环保领域高技术研发型公司。

安徽乐图电子科技股份有限公司

地址：安徽省六安市金寨县金梧桐创业产业园B-8座3、4层
邮编：237300
电话：0564-7526168
传真：0564-7516841
邮箱：sales@ ledtu. com
网址：www. ledtu. com
简介：安徽乐图电子科技股份有限公司（以下简称乐图科技）（Ledtu Tech）成立于2011年，下辖杭州乐图电子科技有限公司，是专注于高品质、高性能、高可靠性中小功率LED驱动器及高频开关电源产品、解决方案及服务，集研发、生产与销售于一体的国家高新技术企业。

"好电源，选乐图"，乐图科技的电源产品获得CE、CB、TUV、ENEC、CCC、SAA、RCM、UL、FCC等相关认证，广泛应用于LED照明及各类电源需求领域，产品畅销海内外。

公司与浙江大学、杭州电子科技大学等知名院校开展了技术创新及人才培养合作，拥有经验丰富的技术和管理团队。公司高度重视产品质量及管控体系建设，先后通过ISO 9001、ISO 14001、ISO 45001等体系认证。公司高度重视研发投入及知识产权保护，积极申请并获授权了大量的国内外发明专利、实用新型专利及软件著作权登记证书等。公司先后被评为浙江省科技型中小企业、杭州市余杭区专利示范单位、国家高新技术企业、安徽省民营科技企业、安徽省股权托管交易挂牌企业、安徽省金寨县青年就业见习基地企业、安徽省金寨县返乡创业示范企业等。

安徽中鑫半导体有限公司

地址：安徽省宣城市郎溪县经济开发区分流东路
邮编：242100
电话：0563-7372081
邮箱：m18861495296@ 163. com

网址：www. cz-zg. com. cn

简介：安徽中鑫半导体有限公司是常州市中光电器有限公司于 2011 年 5 月在安徽省郎溪县经济开发区投资的半导体生产企业。公司是以全系列二极管、桥堆、MOS 及晶闸管为主产品的生产企业，形成了集科工贸一体的股份合作制企业。公司具备强劲的技术开发能力、先进的制造设备、完善的检测手段及全面的售后服务，通过了 ISO 9001：2000 质量管理体系认证、SGS 环保检测认证及 CTI 认证，从而可为客户提供优质的产品和高效的服务。公司拥有自主品牌“ZG”商标，产品广泛应用于军工及民用领域，为国内多家家电、节能灯具、开关电源、充电器、控制器、电动工具等生产厂家提供配套服务，并远销欧美及东南亚地区，在客户中取得了良好的信誉。

2021 年 6 月在泰州姜堰高新区成立江苏中鑫世纪半导体有限公司，厂房面积 6000m^2，于 2021 年年底达产，公司投入大量的先进设备，预计达产后，月产量 2 亿只产品，年产值可达到 1 亿元人民币。

合肥联信电源有限公司

地址：安徽省合肥市高新区玉兰大道 61 号联信大楼

邮编：230088

电话：0551-65323322

传真：0551-65313339

邮箱：hflx88@ 163. com

网址：www. lianxin. net

简介：合肥联信电源有限公司（以下简称联信）位于合肥国家高新技术开发区，成立于 1997 年 9 月，注册资金 2333. 33 万元，连续五年通过中国消防协会 AAA 信用企业认定。联信以打造应急电源第一品牌为目标，坚持走自主研发与科技创新之路，产品有消防应急电源、不间断电源、备用储能电源、交直流电源、医用隔离电源等，广泛应用于轨道交通、学校教育、医疗卫生、综合管廊、文化场馆、商业综合、数据机房、高速公路、煤化石化和机场车站等各种项目的重要负载提供应急供电。

联信参与中标和配套上海、深圳、杭州、武汉、南京、合肥、贵阳、南宁、常州、南通、芜湖和金华等轨道项目，以及首都体育馆等 20 个场馆，国家非典实验室等 100 多个医院，北京交通大学 50 多所院校，南京禄口等 12 个机场，安粮城市广场等 50 多个综合体，绩黄高速等 50 多条公路隧道，以及石化煤化 40 多个乙二醇、甲醇项目运行。

合肥市应急电源工程研究中心设置在本公司，联信向用户提供优质的 500VA～800kVA 全系列 350 个品种储能应急电源产品。自主创新电源主机模块化抽屉式工艺设计，延长主机寿命，受到用户欢迎；与中国科技大学建立紧密的战略合作关系，主编 4 项工信部产品行业标准。公司成熟、先进、适用、安全、可靠的应急电源产品，行销全国各地！

黄山申格电子科技股份有限公司

SHENGE®
申格电容

地址：安徽省黄山市屯溪区九龙低碳工业园凤山路 1 号

邮编：245000

电话：0559-2162766

邮箱：lxj@ shengecap. com. cn

网址：www. shengecap. com

简介：黄山申格电子科技股份有限公司（以下简称申格）是一家生产高品质薄膜电容器的高新技术企业，有着近 30 年的薄膜电容器设计、制造经验，为台资再投资企业；在台湾企业持有的严谨管理下搭配着世界工厂的高生产力，申格一直秉持着做顾客信赖的伙伴为企业使命。

伴随着海内外众多顾客的支持，以及获得世界主要产品和安全认证，申格电容的应用版图几乎遍布世界每个角落，从广阔大海中的风能发电站和钻油井平台，到深海里的核动力潜舰，从高楼林立的都市丛林及大街小巷的电动汽车到广阔无边的戈壁沙漠上的太阳能电厂，从每个家庭不可或缺的家电到各类工控电源，申格电容都在默默地帮助我们拥有更好的生活品质。秉承着做顾客信赖的伙伴的使命！申格电容于 2011 年在美丽的安徽黄山投资新建了全新的工厂，在远离都市尘霾等污染物的同时继续满足了顾客对高性价比电容的追求，同时我们在中国台湾和马来西亚分别找到了长期的合作伙伴，建立了当地客户的服务据点，大大提升了对客户的服务品质。

效率、品质和创新是申格的核心价值，用最高的效率生产品质最稳定的电容，同时保持持续不断的创新于各个领域，我们期待未来在更多市场上和您携手并进，持续做您信赖的伙伴！

科大智能（合肥）科技有限公司

地址：安徽省合肥市高新区望江西路 5111 号

邮编：230088

电话：0551-62782697

邮箱：zhangd@ csg. com. cn

网址：csg-enlink. com. cn

简介：科大智能（合肥）科技有限公司成立于 2013 年，是国内充电行业的主流企业之一，是实力雄厚的新能源汽车充电解决方案供应商，是中国充电设施行业杰出贡献企业。

公司长期专注于充电桩、换电站、储能、电源等系列产品的研发及应用，致力于为各领域客户提供最优质的产品和最便捷的服务，已成为国内多家主流车企的合格供应商，为其提供充电桩、换电站及电源业务。

马鞍山豪远电子有限公司

地址：安徽省马鞍山市当涂县大陇口新街 118 号

邮编： 243155
电话： 0555-6271518
传真： 0555-6271518
邮箱： hy1288@ 126. com
网址： www. haoyuandianzi. com
简介： 马鞍山豪远电子有限公司是一家致力于各类电源变压器、稳压电源、逆变电源、开关电源等产品的开发、设计、制造、销售、服务的民营高科技企业。公司自 1997 年成立至今，一直秉承着以客户为中心、以产品质量为根本的指导思想，在激烈的市场竞争中站稳了脚跟，取得了骄人的成绩。公司先后通过了 ISO 9001：2000 质量管理体系认证、中国质量认证中心 CQC 认证、欧盟 CE 认证，环保认证，部分产品已通过 UL 认证，并被评为国家 3.15 诚信承诺单位、2006 年全国产品质量稳定合格企业、百家知名品牌企业等，经过员工的辛勤努力，公司赢得了海内外客商的一致赞誉和好评，产品出口世界各地。

根据发展需要 2003 年 10 月公司投资 1000 多万元在安徽马鞍山建成了占地约 14665m^2 规模庞大的马鞍山豪远电子工业园，形成了以上海总公司为窗口，以马鞍山为生产基地的集团化发展模式。

公司不仅仅是生产产品，更着重于品质与信誉，“以客户为中心，以品质为先驱”是我们的宗旨，希望我们能成为您信赖的合作伙伴。

宁国市裕华电器有限公司

RUVA®

地址： 安徽省宣城市宁国市振宁路 31 号
邮编： 242300
电话： 0563-4183768
传真： 0563-4012888
邮箱： czy@ ngyh. com
网址： www. ngyh. com
简介： 宁国市裕华电器有限公司是一家专注于薄膜电容器和电源滤波器产品的研发、生产、销售及服务的国家级高新技术企业，拥有国内外先进水平的电容器和滤波器生产制造和高精度试验检测设备。公司已荣获安徽省名牌产品、安徽省著名商标、省认定企业技术中心等荣誉，并先后通过了 ISO 9001、IATF 16949、武器装备质量管理体系、TS 22163、ISO 14001 等认证，薄膜电容器和电源滤波器先后取得 CQC、VDE、TUV、UL、CUL、ENEC、AEC-Q200、ISI 等国际权威认证。公司以贴近市场的技术研发、一流的品质和服务、快速灵活的响应速度取得了众多客户的高度认可和好评，在家用电器、电源、工业控制、汽车电子、绿色能源、轨道交通及电力系统等领域取得了骄人的市场业绩，今后公司将在技术创新上进一步提升，牢牢占据市场前沿技术制高点，不断加大高端智能制造设备的投入，以期在未来的电容器和滤波器领域处于行业领先位置。

天长市中德电子有限公司

地址： 安徽省天长市天冶路 98 号
邮编： 239300
电话： 0550-7304948
传真： 0550-7306809
邮箱： zdec@ zdec. cn
网址： www. zdec. cn
简介： 天长市中德电子有限公司坐落于风景秀丽的安徽省天长市经济开发区，创建于 1989 年，中德电子注册资本 1.2886 亿元，聚虹电器注册资本 2.38 亿元。共占地约 17.3 万 m^2，设立 A、B、C 三个厂区，拥有标准厂房 28 万 m^2，拥有专业技术团队。公司先后投入 2000 多万元建立了产品研发检测中心，引进了一批国内外先进的研发生产检测设备。公司现为国家高新技术企业、安徽省省级技术中心企业、安徽省著名商标企业、省级专精特新版挂牌企业，天长市“二十强”企业，其综合实力居省内同行业首位，是一家集研发，生产、销售、技术服务于一体的高新科技民营企业。

中德电子有限公司牢牢把握稳中求进、科学持续发展的总基调，着力推进企业转型升级和产品结构调整，加大科研投入、创新人才引进和培养，持续开发新材料、新产品，采用新工艺和新技术，年产铁氧体磁粉及磁心 20000 余吨，金属磁粉芯 3000 余吨，线材线缆 10000 余吨。产品广泛应用于各种电子变压器、电焊机、各类电源、网络通信、电动汽车、充电桩、无线充电、航空航天、工业互联网、5G、光伏、太阳能、逆变器、风能、储能系统等领域。

中国科学院等离子体物理研究所

地址： 安徽省合肥市蜀山区蜀山湖路 350 号（合肥市 1126 信箱）
邮编： 230031
电话： 0551-65591322
传真： 0551-65591310
邮箱： chunhuang@ ipp. ac. cn
网址： www. ipp. cas. cn
简介： 中科院等离子体物理研究所电源及控制研究室主要从事脉冲电源的研究、开发、运行和维护工作，并为托卡马克核聚变装置的运行提供电源。

近年来，该研究室致力于高功率脉冲电源技术、超导储能技术、二次换流技术、大功率直流发电机励磁控制等方面的研究，并取得了较为成熟的研究成果和实践经验。研究室主要承担了 EAST、HT-7、HT-6B、HT-6M 等托卡马克装置的磁体电源及辅助加热电源的设计、运行和维护等课题。

目前，该研究室拥有一套自主设计的直流断路器型式试验设备，该试验系统主要由 4 台脉冲发电机组成，该电机单台额定输出电流 50kA，额定电压为 500V 。多年来，研究室依据国家标准、欧洲标准和 IEC 标准，多次为众多国内外断路器厂家进行型式试验。

该研究室的大功率电气设备检测中心于 2017 年 5 月获得中国合格评定国家认可委员会（CNAS）认可。检测范围为高温超导电流引线电流实验、直流隔离开关短时耐受电流实验和温升试验、直流电抗器暂态故障电流试验和温升试验、半导体开关过电流能力试验和额定电流试验、半导体变流器辅助装置和控制设备性能检查、半导体变流器轻载试验和功能试验、半导体变流器额定电流试验、半导体变流器过电流能力试验、直流母线动热稳定试验和温升试验、封闭母线动热稳定试验和温升试验、L 类直流断路器额定短路分断及关合能力试验、直流开关柜短时电流耐受试验。

截至目前，该研究室曾先后获得国家及省部级科技奖 17 次，105 项国家技术专利。此外，该研究室还招收相关专业的硕士和博士研究生，至今已培养出 200 多名位硕士、博士毕业生，他们大都在国内外高新技术领域的科研院校和企业表现出色。该研究室现有在读硕博士研究生 41 名。

同时，该研究室还与众多企业、国际科研院所和组织保持着紧密的交流和合作，如，ABB 变流器公司、中日核心大学项目、美中磁约束装置研讨组、德国马普学会、通用原子能公司核聚变工作组等。

河 北 省

盾石磁能科技有限责任公司

地址：河北省石家庄市桥西区西三环西岭集团大院

邮编：050000

电话：13383156950

邮箱：qiuzhiqiang@ dscnkj. com

网址：www. dscnkj. com

简介：盾石磁能科技有限责任公司成立于 2014 年。公司收购源于欧洲最大铀浓缩公司 URENCO 的飞轮技术公司 KT-Si，将世界领先的碳纤维复合材料高速飞轮技术引入国内，具有完全自主知识产权，并实现国产化。公司是国家高新技术企业，在国内建有完备的产品研发、生产制造及测试平台以及成熟的技术团队，是商业化生产大功率、快充放、碳纤维复合材料高速飞轮的企业。

2017 年，GTR 飞轮储能系统获得国家铁路产品质量监督检测中心、中国电力科学院电力工业电力设备及仪表质量检验测试中心权威检测认证。2018 年，GTR 飞轮列入河北省重大技术装备首台套目录。2018 年，产品通过 ISO 9001 质量管理体系认证。2019 年，公司通过 GB/T 29490—2013 知识产权管理体系认证。2019 年，公司“GTR 飞轮储能装置在城市轨道交通应用”项目通过工信部评价，认为技术处于国际先进水平。

盾石磁能科技有限责任公司在飞轮技术平台的基础上研发的 GTR 飞轮储能系统、ORC 超低温余热发电系统、磁悬浮离心式鼓风机三大高端系列产品将广泛应用于先进轨道交通、电力装备、新材料、节能环保、高端装备等行业。

固安县一造电路技术有限公司

地址：河北省廊坊市固安工业园南区

邮编：065500

邮箱：yexin@ yzsmt. cn

网址：www. yzsmt. cn

简介：固安县一造电路技术有限公司是一家致力于提供从 PCB 制造、原材料采购到表面贴装电子产品一站式制造服务的高新技术企业。多年的制造经验是产品质量的有力保证，公司在同行业中率先提出十年包换的承诺。公司目前拥有七大生产基地，分别位于深圳宝安、廊坊固安、廊坊永清、山东青岛、山东滨州、湖南常德以及湖南益阳。在不断发展壮大线下业务的前提下，公司于 2021 年全面开启网上报价下单系统，为客户提供更加方便快捷超高性价比的业务模式。

作为两大主营业务的 PCB 制造及 PCBA 加工均通过了 ISO 9001 及 IATF 16949 质量管理体系认证，ISO 14001 环境管理体系认证，OHSAS 18001 职业健康安全管理体系认证，其中 PCBA 加工还通过了 GJB 9001C 军工认证。

河北汇能欣源电子技术有限公司

地址：河北省石家庄市鹿泉经济开发区御园路 99 号光谷科技园区 B1 栋

邮编：050051

电话：0311-67361830

传真：0311-67368590

邮箱：hnxy04@ 163. com

网址：www. xypower. net

简介：河北汇能欣源电子技术有限公司于 2004 年 8 月注册成立，地址位于石家庄市鹿泉经济开发区御园路 99 号光谷科技园 B1 栋，是一家拥有着以享受国务院政府特殊津贴的电源专家为代表的科研队伍，以国家级产品可靠实验室为依托，以军用特种高频电源为核心产品的集研发、生产、销售、服务于一体的高新技术企业。

公司先后被认定为河北省高新技术企业、河北省软件企业、河北省军民融和型企业，通过了质量管理体系认证、武器装备生产三级保密资格单位认证、A 类装备承制单位资格认证，并编入《中国人民解放军装备承制单位名录》。

公司结合多项核心成熟知识产权并引进国内外先进技术，开发生产了多个系列、百余种型号的电源产品，其具有功率密度高、可靠性高、转换效率高、稳压范围宽、抗振性强等特点。产品广泛配套使用于雷达、航空管制、电子对抗、加速器等军用设备，用户遍及电子、航空航天、船舶、整机工厂等企业和科研机构。

依托可靠技术发展至今，公司产品已成为军工开关电源领域内最强的生产企业之一。公司将继续秉承专业、敬业、务实、创新的发展理念，以技术创新、产品研制、人才培育等市场竞争优势和丰厚的技术力量，不断地为国防发展、社会稳定和企业建设提供更加强有力的技术支持和人才保障。

河北申科磁性材料有限公司

地址：河北省辛集市市府大街府东工业区 9 号
邮编：052360
电话：13810318669
传真：0311-85395888
邮箱：shichangbu@ snkgroup. cn
网址：www. shenk. com. cn

简介：河北申科磁性材料有限公司成立于 2018 年 5 月，注册资本 1000 万元，员工有近 200 人，是一家专业从事金属软磁铁心（铁基非晶、铁基纳米晶、铁镍合金及其他特种软磁合金）研发、制造、销售的科技企业。

河北远大电子有限公司

地址：河北省沧州市沧县薛官屯工业园区
邮编：061037
电话：0317-4881666
传真：0317-4889185
邮箱：ydgs8@ 163. com
网址：www. czyuanda. com

简介：河北远大电子有限公司始建于 1996 年，位于河北省沧州市薛官屯工业园区，是生产各种非标准电源、电子变压器、电源变压器、煤矿防爆变压器、变频变压器、电抗器、交流电源、交流稳压电源的专业公司。公司厂区面积 23300m^2，厂房建筑面积 16800m^2，有 7 个车间、1 个研发中心。

公司拥有变压器、电源专业人才，有员工 130 人，其中研发人员 18 人，技术人员 20 人，销售人员 8 人，拥有先进的设备和雄厚的技术力量，以及遍及山东、山西、河南、河北、北京、上海、陕西、东北三省等十几个省市的销售网络，煤矿防爆变压器已占到全国市场 65%的份额。

公司荣获纳税功臣称号及河北省科技型中小企业称号，并于 2002 年通过了 ISO 9001：2000 质量管理体系认证，2009 年通过了 CE 产品质量认证，公司生产的电源变压器、牵引变压器、控制变压器、高压限流变压器、变频变压器、煤矿防爆变压器、电抗器等产品，随机销往美国、日本、中东等地，并获得了广泛认可和赞誉。创造 100%高可靠、高品质的产品是公司的质量方针。

公司广交各界朋友，竭诚为客户服务，为客户加工定制特殊产品。公司正在进行技术开发的新产品主要有三大项：①SH15 系列非晶合金铁心电力变压器；②SHM 系列全密封电力变压器；③干式电力变压器。其空载损耗比普通变压器降低约 70%，节能效果十分显著。干式电力变压器也获得了广泛的应用，既环保又安全。该项目已于 2014 年 1 月份正式投产。

我们与客户共同努力，创造一个实现双赢的美好合作环境！

唐山尚新融大电子产品有限公司

地址：河北省唐山市滦南县职业教育中心实训基地
邮编：063500
电话：0315-4166302
传真：0315-4166301
邮箱：creativemix@ 126. com
网址：www. creativemix. cn

简介：唐山尚新融大电子产品有限公司创立于 2008 年 4 月。公司分为电力电子事业部、军品及标准事业部、定制批产事业部三大事业部。公司致力于为军用电源电路、UPS、智能电网、轨道交通、光伏并网逆变器、通信电源提供磁性元器件系统化解决方案，是国内少数同时具备金属磁粉心、非晶纳米晶磁心、平面变压器、电感器、MIL-STD-1553B 总线变压器、平面磁集成滤波器研制、生产能力的综合性科技企业。公司已通过 ISO 9001 及 GJB 9001B—2009 认证，通过武器装备制造单位三级保密认证。公司依托磁电结合核心竞争力，为广大客户提供感性器件解决方案！

四 川 省

成都光电传感技术研究所有限公司

地址：四川省成都市高新区高朋东路 5 号
邮编：610041
电话：028-85228570
传真：028-85228570
邮箱：hhj871@ sina. com. cn
网址：www. cdgdcgjs. com

简介：成都光电传感技术研究所有限公司由中科院的高级技术科研人员组成，成立于 1992 年，2015 年由集体所有制企业改制为股份制有限公司，注册资本 3000 万元，地处成都市高新区科技工业园。公司历年来以高科技电力电子产品为主题，以军工、国防为服务目标，关注国际电力电子发展的新技术、新材料，着眼我国军工、航空、航天领域的应用与提高，先后为空军、海军、陆军、航天武器装备配套各种型号电力电子产品，遍布祖国大江南北，似哨兵坚守神州大地。多种型号产品随武器装备出口海外。

成都谱景允升科技有限公司

地址：四川省成都市百草路 366 号
邮编：610045
电话：028-87626217
邮箱：Pjys@ qq. com

简介：成都谱景允升科技有限公司成立于 2020 年，位于成都市高新西区，注册资金 300 万元。公司集研发、设计、生产和服务于一体，致力于电源产品和训练设备，在国内同行业中处于领先地位。

公司拥有一支勇于奉献、敬业爱岗、结构搭配合理的专业技术队伍，专业技术人员占公司人数的 50%，拥有研究生和本科学历的超过总人数的 70%。公司目前拥有研发生产面积 600m^2，生产车间 1000m^2，公司现有美国制造的 FLUKE 数字万用表、FLUKE 钳形表、存储示波器、RK2672CM 耐压测试仪、AS5406 漏电开关测试仪、WK25-4 绝缘电阻测试仪、国内生产的失真仪、相位测试仪、相序表以及公司自行研制的 PJ 系列主控板综合试验设备、200V/50kVA、28V/2000A 负载柜、WGDW-225L 高低温试验箱等设备，满足产品设计、生产、检验、试验的需要。公司按照 GJB 9001C—2017 标准建有质量管理体系。

公司产品主要配套于电子信息装备，服务于陆军、海军、空军、火箭军、战略支援部队。公司以“专注、进取、靠谱、快乐”为核心理念，以“质量第一、持续改进、科学管理、客户满意”为质量方针，竭诚为广大用户服务，公司的飞跃离不开您的支持。

成都蓉矽半导体有限公司

地址：四川省成都市双流区电子科大科技园 B12-4 单元 1 楼
邮编：610041
电话：028-87521324
邮箱：nana@ novusem. com
网址：www. novusem. com

简介：成都蓉矽半导体有限公司（以下简称蓉矽）（NOVUS SEMICONDUCTORS CO., LTD.）成立于 2019 年，是致力于第三代宽禁带半导体碳化硅（SiC）功率器件设计与开发的高新技术企业。

蓉矽拥有一支掌握碳化硅核心技术的国际化团队，整合中国台湾与欧洲先进碳化硅制造工艺平台，结合大陆封测和应用解决方案，建立了材料、外延、晶圆制造与封装测试均符合 IATF 16949 质量管理标准的完整供应链，独立自主开发具有世界一流水平的车规级碳化硅器件。

蓉矽碳化硅产品分为高性价比的“NovuSiC ®”和高可靠性的“DuraSiC ®”系列。产品涵盖碳化硅 EJBS™（Enhanced Junction Barrier Schottky）二极管与碳化硅 MOSFET；硅基产品有 175℃ 高结温的理想二极管 MCR ®（MOS-Controlled Rectifier）及 FRMOS（Fast Recovery MOSFET）。产品广泛应用于工控电源、工业电机、光伏逆变、储能、充电桩及新能源汽车等领域。

成都顺通电气有限公司

地址：四川省成都市龙泉驿区界牌工业园区
邮编：610100
电话：028-84854598
传真：028-84859059
邮箱：cdstdq@ vip. 163. com

简介：成都顺通电气有限公司（以下简称顺通）坐落在国家级成都经济技术开发区内，是一家通过了 ISO 9001 质量管理体系认证，并专业致力于直流电源系统、低压成套开关设备、消防应急电源系统的研究、开发、生产和销售的高新技术企业。公司与电子科大、佛山大学等高校紧密长期合作，成立了电子科大顺通电气技术研发中心，现拥有了成熟的产品研发、生产组织、市场营销和服务的能力，并能根据顾客的要求提供个性化的成熟的产品解决方案。

顺通自行研发的具有自主知识产权的消防应急电源系统一次性通过了国家消防电子产品质量监督检验中心（沈阳）的型式检验，并取得了国家公安部消防评定中心（北京）颁发的产品型式认可证书；公司生产的低压成套开关设备（SP 系列产品）已通过中国质量认证中心的型式检验，并取得了中国国家强制性产品认证证书（CCC 产品认证）；公司生产的 GZDW 微机型高频开关直流电源系统也一次性通过了国家继电器质量监督检验中心的型式检验，并取得了 GZDW 微机型高频开关直流电源系统产品型号使用证书及四川省经委颁发的产品鉴定证书及国家知识产权局的专利证书，同时被艾默生网络能源有限公司认证为电力电源合作厂等，使顺通的电源产品具备了推向市场、服务社会的良好条件。

四川格斯拉科技有限公司

四川格斯拉科技有限公司
Sichuan Gesla Technology Co., LTD

地址：四川省绵阳市涪城区泗王庙巷 28 号 B 栋 3F302 室
邮编：621000
电话：13981135336
传真：0816-2493680
邮箱：308600376@ qq. com
网址：www. gslhv. com

简介：四川格斯拉科技有限公司位于绵阳市涪城区，专注于高功率脉冲领域的高压直流电源、高压脉冲电源、复合储能系统、重频脉冲电源、脉冲延时机类、智能充电系统、数字智能自动化控制系统的研发、安装调试及技术服务。作为军民融合企业，已在脉冲功率领域专注服务各大科研单位、高校院所、工业民用将 20 余年，且新购置独栋厂房 2500m^2，规模指数级增长。

作为国家国防事业的后备军，领域内全面替代进口，形成了 CCPS-150、CCPS-100、CCPS-50、CCPS-20 等一系列标准化直流高压电源产品，高压大电流快脉冲 15kV、50kV、100kV、200kV 脉冲功率装置，在大功率输出、抗高压和大电流冲击、抗强电磁干扰方面具有独树一帜的优势。作为国家级高新技术企业，既与国防科研院所、一流大学等长期战略合作，校企合作搭建联合实验室，研制出如高压大电流快脉冲装置、微型高压大电流炸药起爆器样机等多项高技术含量产品，产品又广泛应用到各种工业，性价比极高。

公司目前已获得相关专利 19 项，软件著作权 12 项，并通过了 ISO 9001 质量管理体系、国军标质量管理体系的认证，为国防科研、工业民用提供高质量、高可靠、低成本的高压快脉冲电源。

四川英杰电气股份有限公司

英杰电气

地址： 四川省德阳市旌阳区金沙江西路 686 号
邮编： 618000
电话： 0838-2900585　2900586
传真： 0838-2900985
邮箱： injet@ injet. cn
网址： www. injet. cn

简介： 四川英杰电气股份有限公司成立于 1996 年，是一家专业的工业电源设计及制造企业。公司于 2020 年 2 月在深交所创业板上市，为企业可持续发展提供了有力保障。公司拥有蔚宇电气、英杰晨冉、重庆随时充等多家子公司及控股公司英杰晨戈。

经过多年的积累，公司已成为中国领先的工业电源及电源系统解决方案供应商，多项技术和产品达到了国际先进水平。公司建立有省级企业技术中心、市级工程技术研究中心、市级院士专家工作站等科研平台。公司是国家高新技术企业、国家知识产权优势企业、国家专精特新“小巨人”企业、四川省首批百家优秀民营企业、四川省守合同重信用企业。

20 余年来，公司始终以自主研发、持续创新为核心，以“提供优质的创新产品和服务，为客户创造更大价值”为使命，专注于以功率控制电源、特种电源为代表的工业电源设备的设计制造。公司产品服务于光伏、储能、充电桩、核电、制氢、电子材料、半导体等共计 50 余个行业。目前主要产品包括功率控制器、交/直流功率控制电源、可编程电源、射频电源、溅射电源、中高频感应加热电源、高压直流电源、特种电源、新能源汽车充电桩、电化学储能等。

湖　南　省

盖贝斯数据技术有限公司

地址： 湖南省长沙市浏阳市高新技术产业开发区永和南路新能源标准厂房 12#栋-01
邮编： 410300
电话： 18898751692
邮箱： gbs1116@ 163. com
网址： www. kerberos. com. cn

简介： 盖贝斯数据技术有限公司（以下简称盖贝斯）是一家专注于新基建、5G、大数据、人工智能、工业互联网等领域的基础设施服务的高新技术企业。公司成立于 2021 年，生产基地在浏阳高新技术产业开发区，现在厂地面积 13000m^2，员工总数 125 人，其中高级技术工程师 14 人。主要产品包括 UPS（不间断电源）、一体化机柜、精密空调、数据中心产品等，在电力能源、军队、交通、政府、教育、医疗、广电等百行百业均有大规模应用。

盖贝斯通过不断发展和完善企业管理，现拥有多项自主知识产权专利，已获得质量管理体系认证 ISO 9001：2015，环境管理体系认证 ISO 14001：2015，职业健康安全管理体系认证 ISO 45001：2018 等。

盖贝斯布局全球，为客户提供更高价值的产品和服务。致力于成为数据中心及工业网能基础设施全网能解决方案国际一流供应商。

湖南东方万象科技有限公司

地址： 湖南省长沙市芙蓉区万家丽北路 569 号银港水晶城 E4 栋 304 房
邮编： 410016
电话： 0731-88156696
传真： 0731-88156695
邮箱： 470798290@ qq. com

简介： 湖南东方万象科技有限公司成立于 2006 年 7 月，注册资金 508 万元，是计算机机房辅助设备（不间断电源系统、开关电源、低压配电系统、环境监控系统、设备监控系统、机房精密空调）的专业服务商和设备供应商，以向客户提供最好、最专业的服务为宗旨，面向通信、银行、保险、证券、军队系统以及科研院所等重要部门的交换机房、计算机机房和仪器设备机房提供全线产品和其相关的售前售后技术服务。

湖南华鑫电子科技有限公司

华鑫电子
WHOOSH electronic

地址：湖南省湘潭市雨湖区二环线
邮编：411100
电话：0731-52338338
传真：0731-52328738
邮箱：2355842968@ qq. com
网址：www. hnhxdz. com
简介：湖南华鑫电子科技有限公司位于风景秀丽的湘江河畔、伟人毛泽东的故乡——湘潭市，是一家集电源产品研发、生产、销售于一体的科技实体公司，拥有一支专业、资深的研发团队和管理队伍。公司旗下产品有开关电源、电源适配器两大类别。产品广泛应用于工业自动化、LED照明、显示、城市亮化及通信、医疗、矿山等领域。

公司拥有高标准的现代化生产设备设施，先后通过了ISO 9001；2008质量管理体系认证、国家CCC认证、欧盟国际CE、韩国KC质量认证，并于2008年正式被吸纳为中国电源学会会员单位。

公司自成立就确立了诚信开拓市场、品质巩固市场、服务决胜市场的经营方针，以及诚信、敬业、创新、卓越的企业精神。不断进取，以高度严谨的敬业态度，致力于成为全球最大的电源供应商。

湖南汇鑫电力成套设备有限公司

地址：湖南省长沙市天心区劳动西路289号嘉盛国际广场2503室
邮编：410000
电话：18073115287
邮箱：huixinele@ 163. com
网址：www. hnhxe. com
简介：公司以研发和生产特种电源为主，目前主要产品有40kHz中频系列产品，产品主要面向半导体、真空镀膜、等离子清洗及光伏等行业以及电源配套的自动化设备。

湖南科瑞变流电气股份有限公司

KORI 科瑞变流

地址：湖南省株洲（国家）高新技术开发区黑龙江路629号
邮编：412007
电话：0731-28891155
传真：0731-28895831
邮箱：dsq@ kori. cn
网址：www. kori. cn
简介：湖南科瑞变流电气股份有限公司创建于1998年，专注于大功率半导体变流系统的研发、设计、制造与服务，是集科研、生产、国际贸易于一体的从事高端装备制造与服务的科技型企业；已逐步发展为中国整流行业规模领先、技术力量雄厚的企业，是工信部认定的国家级专精特新“小巨人”企业，湖南省科技厅认定的湖南省大功率整流系统工程技术研究中心，也是少数几家具备超大功率整流器制造能力的企业之一。

公司通过了欧盟CE、俄罗斯GOST、武器装备及ISO质量、环境、职业健康安全等体系认证。现有厂房建筑面积2.5万m^2，固定资产1.2亿元，员工200余人，集中了众多长期从事大功率半导体变流器、电力及电气自动化工程的优秀科技人才，并有一支由教授、高级工程师带队组成的研发、设计团队。公司是国家高新技术企业和国家软件企业，拥有完全自主知识产权的核心技术，获各项专利112项，软件著作权39项，荣获省市科技进步奖3项，省级科技成果1项，并承担了国家火炬计划项目和国家重点新产品的研制开发。

公司产品广泛应用于国内外冶金、化工、制氢、造纸、电力、交通、石油、矿山、能源、军工、科研等行业，远销五大洲30多个国家及地区，有近2000套大功率整流设备24小时不间断运行，各项技术指标均居于国际先进水平，以出众的品质和优良的服务深得用户的信赖和赞誉，成为向全球用户提供一流大功率变流设备的主要制造商。

天 津 市

安晟通（天津）高压电源科技有限公司

地址：天津市东丽区华明大道20号5楼
邮编：300000
电话：022-58714976
传真：022-58714976
邮箱：tianjinanshengtong@ 163. com
网址：www. anshengtong. cn
简介：安晟通（天津）高压电源科技有限公司坐落于天津市北方创业园，长期致力于高压电源研发、设计、生产工作，产品涉及稳压电源、恒流电源、脉冲电源、专用特种电源等各类军、民两用电源及相关产品，在现有的产品中有多项产品居国内外领先水平，应用范围覆盖军工、航空、航天、兵器、机载、雷达、船舶、通信、科研及仪器仪表、工业控制等众多领域。主要产品有充放电类高压电源、静电纺织设备高压电源、静电喷涂电源、X射线电源、低压系统供电模块、臭氧高压电源、X光管高压电源、高压点火电源、电子枪高压电源、等离子高压电源、高精密度模块电源。公司长期与国内多所高校建立横向竖向联合，拥有一支活力四射、积极向上并富有创新精神的专业技术团队，为公司的技术研发提供了保证。

公司注册资金300万元，企业奉行“以顾客为关注焦点，并根据客户要求量体裁衣”，研制各种高低压电源。“科技领先，优质服务，遵信守约”是公司的企业理念。公司遵循以人为本、以客户为中心、以市场为导向、以创新为手段的经营思想，依托于科技，以先进、科学、严谨、务实的管理为基础，以规范化、标准化、合理化、高效率为原则，努力建造现代企业制度，力求早日跻身世界先进科技企业的行列。

东文高压电源（天津）股份有限公司

地址： 天津市津南区启迪协信科技园 23 号
邮编： 300350
电话： 022-24311533
传真： 022-24311533
邮箱： sales@ tjindw. com
网址： www. tjindw. com

简介： 东文高压电源（天津）股份有限公司是国家级高新技术企业，坐落于天津市津南区启迪协信科技园 23 号，占地 4000 多 m^2，注册资金 1000 万元，在职员工百余人。公司创办于 1998 年，以高压电源为核心产业，研发生产近千余种军、民两用高压电源。公司产品主要应用于惯性导航、雷达通信、电子对抗、等离子推进及变轨、电磁脉冲、声呐、核探测、激光测距、超声探伤、高端医疗分析和高端精密分析仪器，应用范围覆盖航空、航天、船舶、兵器、仪器仪表、通信、工业控制等领域。

公司已取得军工科研生产的全部四个资质。迄今为止共申请专利 140 余项，其中发明专利 40 项，实用新型专利 100 余项，并且有多项产品在国家科技部及天津市立项，获得资金支持。

天津铭锐创科技股份有限公司

地址： 天津市津南区经济开发区宝源路 18 号
邮编： 300350
电话： 022-60930511
邮箱： sales@ hvsps. com
网址： www. hvsps. com

简介： 天津铭锐创科技股份有限公司成立于 2011 年，是集研发、生产、销售于一体的国家级高新技术企业和天津市高新技术企业。公司主要产品为大功率直流开关电源、大功率晶闸管电源、加速器高压电源、电子束熔炼电源，E 型电子枪及电源、高压逆变器测试电源、高压电容器充电电源、电子束焊机电源、X 射线管老练电源、静电除尘电源、大功率高压脉冲电源。产品广泛应用于电子束金属熔炼、电子束焊接、电子管供电、E 型电子枪供电、真空镀膜、新材料、新能源、污水处理、电子组件、特种电镀、高端研究等相关领域，是中国大功率高压直流电源市场的主要供应商之一。

天津市华明合兴机电设备有限公司

地址： 天津市东丽区华明镇南坨工业园区
邮编： 300300
电话： 022-84901298
传真： 022-84900608
邮箱： tjhmhx@ 126. com
网址： www. tjhmhx. com

简介： 天津市华明合兴机电设备有限公司坐落于天津华明高新区，毗邻天津滨海国际机场。公司紧紧抓住国家电力事业建设飞速发展的契机，依靠科技力量，研发生产与低压电器配套相关的高端产品，在国内同行业中居于领先水平，受到用户的广泛赞誉，被称为“低压电器制造专家”。

天津市华明合兴机电设备有限公司成立于 1997 年，占地面积 14000m^2，建筑面积 7600m^2，现有员工 150 余人，其中工程技术人员 35 人。公司成立以来，已形成具有自主知识产权的核心技术，顺利通过 ISO 9001 质量管理体系认证。公司主要产品有电源自动转换开关、电涌保护器、微型断路器、塑壳断路器、电弧保护断路器、自复式过欠电压保护器、控制与保护开关电器、应急电源、电气火灾监控产品、低压电器成套等系列产品，广泛应用于军事基地、重点工业、公安消防、高层楼宇、公益设施等相关行业。产品畅销东北、华北、西北、中南地区和津京两市，销售网络覆盖国内 20 多个省市自治区。

天津市鲲鹏电子有限公司

地址： 天津市静海县静海经济开发区金海道 18 号
邮编： 301600
电话： 022-68687673
传真： 022-68680568
邮箱： kunpeng_vip@ 126. com
网址： www. tj-kp. cn

简介： 天津市鲲鹏电子有限公司创建于 1984 年，厂区面积 23000 余 m^2，建筑面积 18000 余 m^2，毗邻京沪高速，环境优美，交通便利。

公司现有资深设计人员 14 人，其中高级人才 6 名；具有国内外同行业先进生产设备 100 余台（套），其中计算机自动绕线机 28 台，R 型绕线机 6 台，大型自动箔式绕线设备 5 套，真空浸漆流水线 2 条，全自动真空环氧浇注设备、干燥设备 2 套及与生产配套机械冲压设备 18 台（套），各种检测仪器 55 台套。

公司主要产品有人工智能配套变压器、电池测试电源配套变压器、数字自动化配套变压器、EPS、UPS、变频电源、专用单相和三相变压器、电抗器。其中 SB 三相隔离变压器最大可做到 25000kVA；单相、三相电源变压器、R 型变压器；环型变压器；单相、三相 C 型变压器；各种高频开关变压器和电感器，以及按客户要求加工定制各种特殊变压器。

公司生产的电力系统配电变压器已获得国家认证，生产的SB10、S11、S13、S15等系列油浸变压器、干式变压器、非晶合金变压器和配套电抗器，其功率为30～25000kVA，在2012年国家质检总局的质量抽查中，产品质量全部达标，获得好评。

公司年产各类变压器、电源模块、稳压电源55万台（套）以上，铁路智能综合信号电源系统1200台（套），产品行销全国，广泛应用于科研、电子、能源、交通、医疗、安防、家用电器、节能产品、光伏/风能发电等领域。

企业通过了ISO 9001：2015质量管理体系认证和ISO 14001：2015环境管理体系认证，产品通过了CQC认证和CE认证，被评为国家大型企业优秀供应商。

2011年公司获得科技型企业称号，2013年、2016年、2019年、2022年被评为国家高新技术企业，并承接国家科技研发项目，已获得专利32项，其中发明专利3项，多次为国家重点工程和出口项目配套，在国内同行业中居领先地位。

鲲鹏人愿与您携手共进，创造美好未来！

湖　北　省

武汉泓承科技有限公司

地址：湖北省武汉市东湖新技术开发区武汉理工大学科技园3幢1-2层
邮编：430223
电话：027-86774565-809
传真：027-86633682
邮箱：wuhanhckj@ 163. com
网址：www. hcp-tech. cn

简介：武汉泓承科技有限公司成立于2007年3月，位于武汉市东湖新技术开发区武汉理工大学科技园，是集研发、生产于一体的高新科技型企业。公司研发、生产各类AC-DC、DC-DC系列开关电源及中频电源、逆变电源、静止变频电源、大功率直流稳压电源、遥测/检测/监测系统类产品、机械加工产品。产品主要面向航空航天、舰船雷达、指挥通信、军用车载及地面控制等军用领域和高端的工控、铁路、电力、通信等工业领域。公司已累计向国内100多家用户提供了万余台（套）产品，承担并完成了多项国防重点工程型号的电源研发生产任务，产品性能卓越、质量稳定，获得了广大客户的肯定和认同。

武汉武新电气科技股份有限公司

Woostar
武新电气

地址：湖北省武汉市黄陂区武湖工业园汉施公路立山路
邮编：430345
电话：13721073025
传真：027-82341251
邮箱：fsaagd@ 163. com
网址：www. woostar. cn

简介：武汉武新电气科技股份有限公司（以下简称武新电气）是专注电力电子变换与控制装备研发及应用的国家高新技术企业，成立于1995年，位于武汉“长江新城”核心区，占地4万余m^2。公司于2015年登陆新三板，股票代码为832349。

公司致力于为商业伙伴提供电能质量控制装备（SVG静止无功发生器、APF有源滤波、LBD有源不平衡补偿、MEC电能质量综合优化模块等）、微电网控制装备与系统（光伏发电与电动汽车充电系统）、智能配网成套电气设备及智慧能源管理云平台解决方案，用户遍及各地，在行业内享有较高盛誉。

武新电气拥有100余人研发技术团队，先进的高、低压电力电子全载试验平台，立足自主创新，获得数十项专利及软件著作权，并与清华大学、华中科大有着紧密的合作关系，是中国电源学会会员单位。武新电气坚持产品领先战略，先后获国家火炬计划项目、中央预算内电能质量产业化投资项目，获批省工程研究中心等5个省级研发平台、省著名商标等荣誉；产品通过了3C认证、CGC认证、CQC认证、零电压穿越及电网适应性等多项国内外产品认证及检验，并参与了行业标准的制定，力求持续领先。

武新电气坚持亲近客户的经营理念，提供基于赋能模式的快速响应和远程服务，持续为商业伙伴带来超值回报，以崭新形象与商业伙伴共谋发展。

武汉新瑞科电子科技有限公司

新瑞科

地址：湖北省武汉市东湖新技术开发区财富一路8号
邮编：430205
电话：027-87166022
传真：027-87166933
邮箱：70766874@ qq. com
网址：www. newrock. com. cn

简介：武汉新瑞科电子科技有限公司成立于2000年，坐落于国家级高新区武汉市东湖新技术开发区。公司占地约8660m^2，现有员工100余人，是中国电源学会会员单位、武汉电源学会秘书处挂靠单位，除武汉总部外，在杭州、深圳、香港等地设立有分支机构，业务遍及全国各地。

公司专业致力于电力电子、功率半导体器件的销售。目前代理销售建准（SUNON）风扇和莱姆（LEM）传感器，经营英飞凌、富士、思达、南瑞、西赛米控（SEMIKRON）等品牌的IGBT模块、整流桥、快恢复二极管等功率器件。所销售的产品广泛应用于开关电源、变频器、电能质量、伺服安防、太阳能、风电、电动车、储能等新能源行业。

“以质量求生存，以创新求发展”，公司始终以此为理念，选择与国内外知名厂商合作，坚持为客户提供有品质保障的原装货品。目前与公司合作的数千家客户覆盖各个行业，典型客户有海康威视、中船重工、中车集团、西安爱科等行业内龙头企业。

因为专注，所以专业；因为专业，所以信赖；因为信赖，所以长久！武汉新瑞科，潜心打造成为中国最具影响力的电力电子器件服务平台！

期待与您携手共进，共创辉煌！

武汉永力科技股份有限公司

地址： 湖北省武汉市东湖新技术开发区流芳园南路 19 号永力产业园

邮编： 430223

电话： 027-87927990；87927991；87927992

传真： 027-87927966

邮箱： yl@ ylpower. com

网址： www. ylpower. com

简介： 武汉永力科技股份有限公司（原名武汉永力电源技术有限公司）成立于 2000 年，是一家专业致力于研发制造模块电源、中大功率电源、大功率电源系统的高新技术企业，于 2014 年 7 月在新三板挂牌上市（股票代码：830840）。

公司拥有 41 项专利技术，以及有源无桥功率因数校正、三相有源功率因数校正等多项核心技术。产品具有高频率、小型化、低损耗、高效率、高可靠性、绿色环保等显著特点，在电磁兼容性、抗干扰能力和环境适应性方面，多项指标优于国内同类产品，被重点应用于军队武器装备系统及重大国防科研项目。特别是激光通信设备、雷达发射机供电设备、船舶压载水环保处理设备等产品，成为多家科研院所及企业的军用装备、民用设备配套合格供方。

公司拥有二级保密资格、装备承制单位资格、武器装备科研生产许可等军工资质，建有武汉市企业技术中心，被评为湖北省国防科技工业质量管理先进单位、湖北省专精特新“小巨人”企业。

公司秉承“质量、诚信、创新、奋斗”的企业理念，以“科技创新、持续发展、开拓进取、服务国防”为使命，将科技与应用工程完美结合，为客户提供最有竞争力的能源系统解决方案，立志成为国内一流的专业电源产品及解决方案提供商。

福　建　省

福州福光电子有限公司

地址： 福建省福州市马尾区马江路 18 号 M9511 工业园 4#楼 5 层东侧（自贸试验区内）

邮编： 350000

电话： 0591-83305858

传真： 0591-83375868

邮箱： compangy@ fuguang. com

网址： www. fuguang. com

简介： 福州福光电子有限公司成立于 1993 年，逐步由单一的商贸企业发展成为专注于仪器仪表的研发、制造、生产、销售，并提供全套测试维护解决方案的高科技企业。产品涉及电源维护、线路线缆、通信网络等工业测试设备领域，销售服务网络覆盖全国各省市，客户遍及新能源、电力、通信、城市轨道、高速铁路、石化、广电、部队及各企业专网等，目前公司注册资金 3600 万元，年仪表销售额达 2.5 亿元。福光品牌更远销美国、俄罗斯、意大利、西班牙、加拿大、泰国、马来西亚等 40 多个国家和地区。

厦门恒昌综能自动化有限公司

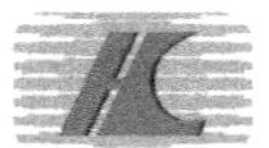

地址： 福建省厦门市集美区汽车工业城（三期）灌口南路 598 号

邮编： 361023

电话： 0592-6368300

传真： 0592-6368308

邮箱： liping-feng@ hcxec. com

网址： www. hcxec. com

简介： 厦门恒昌综能自动化有限公司是在原厦门兴厦控恒昌自动化有限公司基础上重新组建而成，是一家致力于为实现“碳达峰、碳中和”目标而提供综合能源集成服务的公司，尤其在直流系统集成、绿色能源微网解决方案、电力系统配网自动化、综合能源系统集成等方面有研发、生产、销售和服务的高新技术企业。公司汇聚了各类专业人才，吸收消化了国内外先进技术，专注于在智能电网、储能建设、节能减排等绿色能源建设方面提供更先进、更环保、更可靠完善的全套智能及数字化解决方案。

公司自成立以来，一直致力于持续自主研发创新，先后开发了拥有自主知识产权、并获得多项国家专利的各类产品，如户外柱上智能断路器、户外智能分界负荷开关、智能交直流一体化电源系统、直流锂电解决方案、新型插框式直流电源屏、小微分布式电源装置、基于总线布置方案的电动机保护装置等。目前广泛应用在各类发电厂、冶金、石化和矿山、国家电网、南方电网、云数据中心、半导体、轨道交通、通信、城镇建设等各领域。公司严格按照 ISO 9001 质量管理体系、ISO 14000 环境管理体系及 ISO 45001 职业健康安全管理体系要求运作，良好的企业信誉、产品质量和售后服务深得用户信赖，赢得了许多中外客商的好评。

厦门恒昌综能自动化有限公司将秉承“科技创新，顾客满意”的理念，以新技术、高质量的产品和服务为客户创造价值。

厦门奕昕科技有限公司

Escience
奕昕科技

地址：福建省厦门市海沧区坪埕北路 21 号 417 室
邮编：361000
电话：13860436710
邮箱：403665147@ qq. com
网址：www. escientism. cn

简介：厦门奕昕科技有限公司成立于 2006 年，长期专注于电力电能质量领域，专业从事电能质量检测和评估，并引进了国际先进技术，与国家电网、电力科学研究院、高等院校等长期保持紧密合作关系，连续多年获评国家高新技术企业。

厦门奕昕科技有限公司已获得中国合格评定国家认可委员会（CNAS）实验室认可证书，出具的检测/校准报告具有国际公信力，在国际实验室认可组织（ILAC）及亚洲与太平洋实验室认可组织（APLAC）成员内获得互认。同时公司还具有福建省技术监督局授予的检验检测机构（CMA）认定资质，可向社会出具具有法律效力的第三方报告。

其 他

法商怀智整合股份有限公司

地址：台湾省台北市士林区福国路 19 号 2 楼
邮编：111079
电话：+886-2-2831-4860
邮箱：sam. yu@ wise-integratiion. comn，kygo. cheng@ wise-integration. com
网址：www. wise-integration. com

简介：法商怀智整合股份有限公司（WISE-INTEGRATION）是一家总部位于法国和中国台湾的法国公司。公司开发创新的解决方案来减小 AC-DC 电源的尺寸并提高能效。结合 GaN IC 组件 WiseGaN® 和由固件 WiseWare® 运行的高级 AC-DC 系统架构，使客户能够为消费、电动汽车和工业等市场构建更小、更轻、更高效的电源。

广西科技大学

地址：广西壮族自治区柳州市城中区东环大道 268 号
邮编：545006
电话：0772-2685979
传真：0772-2687698
邮箱：zhxh76@ 126. com
网址：www. gxust. edu. cn

简介：广西科技大学是广西壮族自治区人民政府直属管理的普通高等学校。学校坐落于国家历史文化名城和西南地区工业重镇、交通枢纽、商贸物流中心——柳州市。学校现有东环、柳石、柳东 3 个校区，占地面积近 266. 4 万 m^2；设有 16 个二级学院，1 个学部，2 个直属附属医院，全日制在校学生 3 万多人。学校以工为主，专业涵盖工、管、理、医、经、文、法、艺术、教育等九大学科门类；现有 3 个博士学位授予权立项建设学科，2 个广西一流学科（培育），9 个广西高校重点学科，9 个硕士学位授权一级学科，9 个硕士专业学位授权类别，涵盖 40 多个专业方向。学校是电源学会团体会员单位主要依托电气电子与计算机科学学院（简称电计学院），电计学院有控制科学与工程、计算机科学与技术 2 个一级学科硕士授权点和机械-机器人工程、电子信息 2 个专硕授权点，其中控制科学与工程学科为学校博士点建设支撑学科。学院现有教职工 136 人，其中高级职称教师 57 人，博士 40 人。学院开设电气工程及其自动化、自动化、测控技术与仪器、计算机科学与技术、电子信息工程、通信工程、机器人工程等 10 个本科专业，现全日制在校学生 3700 余人，其中研究生 340 余人。建有教育部工程研究中心 1 个，广西区重点实验室 1 个，省部级科研社会服务平台 1 个，广西高校重点实验室 2 个，柳州市重点实验室 3 个，柳州市工程技术研究中心 3 个等。

广西普德新星电源科技有限公司

新星
POWERLD®

地址：广西壮族自治区梧州高新区工业大道 88 号普德新星工业园
邮编：543000
电话：400-007-1991
邮箱：liuli@ kondawei. com
网址：www. powerld. com. cn

简介：广西普德新星电源科技有限公司是深圳市普德新星电源技术有限公司成立的全资控股子公司，专业从事开关电源的开发设计、生产、销售与服务，是中国电源学会（CPSS）会员，德国 TUV-ISO 9001 质量管理体系认证企业。1991 年在中国硅谷中心中关村成立北京新星普德电源技术有限责任公司，首创公司品牌——新星开关电源。1998 年南下在深圳南山高新技术开发区成立公司，创立深圳知名品牌”普德新星”。历经 30 年，公司现拥有深圳研发中心、梧州生产中心以及多个海内外销售办事处。由最初的十几人规模发展到现有员工 1200 多人，生产面积 50000m^2，可月产各类电源 100 万台。公司产品涵盖了整机型 AC-DC 电源、基板型 AC-DC 电源、多路隔离输出电源、DC-DC 电源、AC-DC模块、DC-DC模块、适配器电源等七大系列2000余种，目前公司开发、生产的开关电源已经遍及全国各地，产品远销欧美与东南亚国家。公司与烽火通信、华三通信、洲明科技、ZTE、TCL、捷顺等著名品牌公司合作。公司自成立以来，秉承“顾客至上，真诚合作，勤奋创新，追求卓越”的经营理念和“顾客至上、群策群力、持续改善、争创一流”的质量方针；提倡“尊重知识，尊重人才，实事求是”的科学原则；坚持“以人为本，唯才是举”的人才理念。公司落实决策民主化、管理权威化的原则，制度因人而设，决不因人而废，做到管理有效，是公司的管理政策。创造利润回馈顾客和员工，为振兴民族产业贡献自己的一份力量，是公司的使命。当今世界工业的高速发展，为新星电源提供了广阔平台。公司将以此为契机在电源领域勇于开拓，不断创新，立志成为世界级开关电源供应商！

航天长峰朝阳电源有限公司

4NIC® 朝阳电源

地址： 辽宁省朝阳市双塔区龙泉大街北段333A号

邮编： 122000

电话： 0421-2811440

传真： 0421-2828501

邮箱： htcydy@ 4nic. com. cn

网址： www. 4nic. com. cn

简介： 航天长峰朝阳电源有限公司是北京航天长峰股份有限公司（股票代码：600855）的全资子公司，注册资本11760万元，公司位于辽宁省朝阳市双塔区龙泉大街北段333A号，厂区占地面积16万m^2，建筑面积约54000m^2。

航天长峰朝阳电源有限公司前身是朝阳市电源有限公司，成立于1986年，是国内电源行业的专业科研生产企业，具有30多年的电源设计和研制生产经验，公司为高新技术企业，拥有两个省级研发中心，即省科技厅批准组建的辽宁省企业工程技术研究中心及省经信委批准组建的企业技术中心，拥有多项自主知识产权支撑电源产品技术体系，以“4NIC朝阳电源”及“CASIC中国航天科工集团”为品牌，生产30多个系列上万余品种军民两用稳压电源，产品广泛应用于航空、航天、兵器、船舶、机载、弹载、雷达、机车、通信、工控及科研等领域，尤其在高可靠性的军工领域发挥着不可替代的作用，为国家的国防建设和经济建设做出了卓越贡献。

公司在国内主要城市设有30个办事处，实施“朝阳电源就在您身边”的服务理念，奉行“以顾客为关注焦点，量体裁衣做电源”的经营战略，满足个性化需求。

河南求同电气科技有限公司

求同电气

地址： 河南省许昌市八一路88号许昌大学科技园4楼

邮编： 461000

电话： 15038979214

邮箱： hunhmoo@ buaa. edu. cn

网址： www. qtdq. com. cn

简介： 河南求同电气科技有限公司是一家技术驱动的创新型公司，奉行天下为公的理念，以“用先进科学技术改善人类生存环境”为己任，努力为客户提供质量可靠、性能卓越的产品和诚恳专业的服务。

公司特别重视产学研的深度融合，一方面将重大工程领域中的先进装备和技术定向开发使之适合高校教学与科研，另一方面联合高校共同进行技术攻关解决工程难题。公司已与西安交通大学在模块化多电平、大功率输配电、电力电子变压器和柔性合环装置等领域进行了产学研合作。

公司在柔性直流输电、新能源发电、电力电子及电力拖动等领域有较强的研发能力和技术储备。已成功在工业领域应用的产品有工业变流器、无功补偿SVG、高精度伺服驱动器、大功率电机控制器、电机及齿轮箱振动监测系统等。科研与教学领域的产品有积木式电力电子技术开发平台、开放式电能变换与控制技术开发平台、模块化多电平柔性直流输电动模实验系统和微电网开放式科研平台等。

河南求同电气科技有限公司具备完善的技术开发、生产经营和售后服务体系，通过了ISO 9000质量管理体系认证，相关产品具有国际互认的型式试验报告。

力高仪器有限公司

地址： 香港新界沙田火炭山尾街31-35号华乐工业中心二期E座5楼2室

电话： 00852-27640603

邮箱： hong@ miko. com. cn

网址： www. miko-kings. com

简介： 力高仪器有限公司创建于1980年，是一家以香港及中国内地为基地的先进电子仪器代理公司。在过去岁月中，公司全力从事电子测试仪器销售行业。

产品应用范围覆盖电信、电源、数据通信、无线通信技术、音响及教育等各类市场。

润新微电子（大连）有限公司

地址： 辽宁省大连市高新技术产业园区信达街57号工业产业设计园7号楼

邮编： 116023

电话： 0411-39056676

邮箱： xg@ xinguanchn. com

网址： www. xinguanchn. com

简介： 润新微电子（大连）有限公司是华润微电子旗下专注第三代半导体材料和电子元器件技术开发及产品应用的半导体高新技术企业。前身大连芯冠科技有限公司，由海外归国团队2016年3月17日创立于大连高新区。

公司采用整合设计与制造（IDM）的商业模式，主要从事硅基氮化镓外延材料及电子元器件的研发、设计、生产和销售，产品主要应用于三电：电源、电机、电池，覆盖电源管理、太阳能逆变器、新能源汽车及高端电机驱动等科技产业。

公司于2019年3月发布了国内第一款650V硅基氮化镓功率器件产品，性能达到国际领先水平。在射频领域，产品定位为10GHz以下的射频通信和射频能量市场。

公司致力于推动我国第三代半导体产业发展，通过技术创新为业界带来高性能、高可靠性的硅基氮化镓外延材料与器件产品以及应用解决方案，助力5G通信、新能源汽车、高端装备等战略产业飞速发展。

陕西柯蓝电子有限公司

CRiANE 柯蓝电子

地址： 陕西省西安市高新区草堂科技企业加速器秦岭大道西2号11号楼3C

邮编： 71000

电话： 029-65659378

传真： 029-65659354

邮箱： criane@ criane. com

网址： www. criane. com

简介： 陕西柯蓝电子有限公司成立于2003年12月，是一家专业从事通信测试维护系列设备的设计、开发、生产、销售、维修和技术服务的公司，注册资金为1000万元。公司现位于西安高新区草堂科技产业基地秦岭大道西2号科技企业加速器11号楼3C。

公司产品主要包括通信用蓄电池测试维护类仪表、光纤通信测试维护类仪器仪表、后备电源油机测试维护设备、集中化智能化的监测系统等，并具有完全自主产权。公司是一家拥有核心技术、前沿技术、管理正规、质量可靠、信誉良好的国内规模较大、品种较齐全的通信设备智能检测、信号传输、光缆测量设备行业的领先企业。公司对售出产品一律实行半年内包换新机，五年内免费维修，终身技术服务等服务政策。公司电子产品已经在全国各电信运营商、电力系统、通信专网、石油煤炭、金融系统、交通系统、公安系统及大型工矿企业、全军各军区、各兵种等行业领域广泛应用。

相信通过我们的创新和努力，将更好地为用户提供更优质的产品、先进的技术和全面的服务！

西安科湃电气有限公司

科湃电气 COPOWER

地址： 陕西省西安市雁塔区高新区锦业路69号创业研发园C区1号瞪羚谷E101A

邮编： 710000

电话： 029-81118285

传真： 029-81118285

邮箱： info@ coepower. com

网址： www. coepower. com

简介： 西安科湃电气有限公司专注于先进电能变换技术在电能质量治理领域的应用，以电力电子技术为载体为用户提供更优质、高效的电力供应。公司坐落于西安国家级高新技术产业开发区，拥有行业领先的自主研发团队和质量监管体系，并与西安交通大学及多家知名科研院所保持长期合作关系。公司坚持以客户需求为导向、以科技创新为驱动，通过多年技术积淀，已拥有包括有源电力滤波器、静止无功发生器、有源电压控制器、通用电能质量控制器、DC-BANK直接不间断电源、动态电压恢复器DVR等一系列产品和系统解决方案。公司以技术创新作为核心竞争力，多维度提升自身服务水平，现已通过ISO 9001质量管理体系认证，各个产品均取得型式实验报告，是中国电源学会会员，并参与《低压混合式动态无功补偿装置》《低压有源电压偏差补偿装置》等团标的撰写起草。公司与西安交通大学研究生院、电气工程学院建立专业学位研究生协同培养育人基地，获得双软认证，取得陕西省技术贸易许可证、陕西省科技型中小企业认证，取得多项专利证书及多项自主知识产权。

公司以未来能源的高效利用为理念，以更优质的技术服务客户，不断创新与拓展，愿与您一起共筑人类更美好的能源世界。

云南省工投软件技术开发有限责任公司

云南省工投软件技术开发有限责任公司
YUNNAN INDUSTRIAL INVESTMENT SOFTWARE TECHNOLOGY DEVELOPMENT CO., LTD

地址： 云南省昆明市盘龙区鼓楼路102~108号

邮编： 650051

电话： 0871-65158701

传真： 0871-65158701

邮箱： 871820116@ qq. com

网址： www. ynsoft. cn

简介： 云南省工投软件技术开发有限责任公司成立于1984年，成立时名称为中国软件技术公司云南省开发中心，1988年更名为云南省计算机软件技术开发研究中心，为全额拨款事业单位，2000年转制为国有独资科技型企业，2021年10月更名为云南省工投软件技术开发有限责任公司。2022年8月，云南南天信息产业股份有限公司收购公司100%股权。公司坚持“以人为本、求实创新，质量为本、诚信服务”的发展方针，以技术为核心、视质量为生命，经过多年的科研实践和技术创新积累，在特种电源、特种充电机、光储充电电源、核生化数据采集与信息处理、模拟训练、生物监测、生物采样、生物检测、铁路大型养路机械电气化总成控制、装备质量管理等领域积累了丰富的科研生产、销售、技术服务经验。公司已掌握的关键核心技术有数字化DC-DC转换、数字化DC-AC逆变、自动功率跟踪、自动均压控制、智能化充放电控制与管理、智能化供配电控制与管理、功率转换器在线热插拔、数据采集与控制通信、大电流应急启动控制、铁路机车随动作业控制、生物气溶胶湿壁气旋快速采样等应用技术，实现了主营产品及相关重要件、中间件的自主研发生产，共获得了24项专利、40项软件著作权、7项科技进步奖，参与制定了1项团体标准、1项企业标准、为持续打造“特种电源科研生产基地”奠定了一定的技术基础。

中国科学院近代物理研究所

地址：甘肃省兰州市南昌路509号
邮编：730000
电话：0931-4969563
传真：0931-4969560
网址：www. impcas. ac. cn
简介：中国科学院近代物理研究所是中科院所属的依托大科学装置，开展重离子科学与技术研究与设计的基地型大型研究所。

各种类型的大中型加速器是开展基础研究的基础，电源系统是重离子加速器的重要组成部分。电源室负责重离子加速器电源系统的设计、运行、维护工作。电源室围绕加速器特种电源，开展功率变换器拓扑、电源控制策略、电源工艺等研究，先后承担了“七五”“九五”等大科学工程中电源系统的建设任务，研制成功了高精度直流稳流电源、大功率脉冲电源等多项特种电源技术，填补了当时国内空白。2013年起，电源室又承担了国家“十二五”大科学工程新一代强流重离子加速装置（HIAF）电源系统研制任务，目前还承担了SESRI、HIMM、PREF等多个加速器项目的电源系统设计与建设任务。

另外电源室先后承担了973、国际合作项目、青年基金、国家科技部重点研发计划等项目，获得了国家科技进步奖二等奖、中科院科技成就奖、中科院一等奖及甘肃省科技进步奖特等奖、一等奖、二等奖多次。在国内外核心期刊发表文章50余篇，取得发明专利授权20余项。

60多年来，电源室专注于加速器电源技术，在大功率高稳定度直流稳流电源技术、大功率脉冲电源技术、数字控制技术等方面形成了自己鲜明的特色。

中国空空导弹研究院

地址：河南省洛阳市西工区解放路166号
邮编：471099
电话：0379-63383147
传真：0379-63937441
邮箱：zhangguoqiang8386@ 163. com
简介：中国空空导弹研究院隶属于中国航空工业集团，坐落于古都洛阳，是国家专业从事空空导弹、发射装置、地面检测设备和机载光电设备及其派生型产品研制开发及批量生产的研究发展基地，是国家重点科研院所之一，研究领域覆盖导弹总体设计与制导、自动控制、无线电、红外、激光、微波、计算机、通信、精密机械、火箭发动机、信号处理、机械设计与制造等。

其下属的伺服系统事业部致力于先进伺服系统、电源系统的研制开发，可为用户提供伺服系统、电源系统及相关测试系统的技术开发和产品研制服务，现有设计人员近百名，硕士及以上学历70余人，博士5人，具有高级职称40余人，专业覆盖机械结构、电力电子、软件工程、联合仿真与试验评估等技术领域，拥有各类设计开发工具及试验测试设备500余台（套），在伺服系统、电源系统以及相关测试设备等方面具有雄厚的技术实力和广泛的合作意愿。经过50余年的发展，事业部在伺服系统、电源系统设计制造和测试评估领域积累了丰富的经验，并收获了丰硕的成果。先后承担了20余项国家重大科研装备项目伺服系统和电源系统的研制工作，获得国家科学技术进步二等奖、国防科技技术进步一等奖多项及集团科技成果奖20余项，拥有专利20余项，主编了国军标及航标等多个标准。

重庆华创智能科技研究院有限公司

地址：重庆市璧山区璧泉街道东林大道92号9楼
邮编：402760
电话：023-81678005
邮箱：sales@ cqhcit. com. cn
网址：www. cqhcit. com. cn
简介：重庆华创智能科技研究院有限公司成立于2019年12月，由高新技术研究院公司引入重庆大学孙跃教授团队联合创建，是集无线电能传输技术开发、产品研制及产业化运营的一家国家高新技术企业、重庆市新型研发机构、重庆英才创新创业示范团队、璧山区拟上市储备重点培养企业，同时作为国内首个无线电能传输产业化企业，在各个行业作为牵头人积极推动无线电能传输技术在行业中的发展和应用。公司现设有重庆市博士后工作站，拥有相关授权专利近100项，其自主知识产权的无线电源技术，可以为用户提供标准化的无线电源模块、OEM/ODM设计服务等。

公司重点面向AGV工业移动机器人、无人机无线充电机库、电动汽车无线充电、石油钻井旋转无线滑环项四大产业方向进行无线电能传输深度研发，与南方电网、国家电网及无人机巡检领域、工业智能化领域等头部企业建立合作关系，连续三年稳健经营并持续盈利，意向订单达到上亿元，现正筹备建设2000m^{2}的AGV无线充电自动化生产厂房，预计产能1.5亿元。

公司致力于无线电能传输的技术开发、产品研制及产业化运营，为客户提供成熟可靠的低、中、高功率无线充/供电标准化产品及整体解决方案。公司核心团队来自重庆大学无线电能传输技术研究所，该团队自2002年开始从事无线电能传输技术研究，是国内最早组建并专业从事无线电能传输技术及系统的理论研究、技术开发及工程实现的专业团队，获得了国家863项目、重庆市产业类重点研发计划等60余项项目的支持，并与国际上最早从事该项技术研究的新西兰奥克兰大学建立了深入的合作关系，技术实力达到国内领先、国际先进水平，率先发起并成立了中国电源学会无线电能传输技术及装置专业专委会等多个组织，获得了重庆市技术发明一等奖等多项省部级及以上奖励。目前拥无线电能传输核心技术及相关专利100余项，技术应用涵盖静态、动态无线电能传输，功率等级覆盖100W~100kW，传输效率最高达94%。

相比于传统接触式充电方式，无线电能传输具有充/供电灵活、安全、便捷、环境适应性强等优点，是解决复杂环境及特殊环境下电能可靠供应的最佳方案，技术应用领域涉及电气交通、石油钻井、工业设备、消费电子等众多领域，预期市场规模达到万亿级别。

“心寄中华，创新无线”，公司将依托雄厚的技术积淀和平台优势，积聚和培养人才，致力于创新发展具有中国自主知识产权的无线电源技术，成为国际领先的全功率范围标准化模块产品厂商，树立具有民族特色的无线充电品牌，让无线充电提升无限美好生活！公司目前制定了上市计划，正在与战略投资方洽谈合作。

会员企业按主要产品索引

通用开关电源（101）

1. 安晟通（天津）高压电源科技有限公司
2. 安徽中鑫半导体有限公司
3. 北京动力源科技股份有限公司
4. 北京航天星瑞电子科技有限公司
5. 北京汇众电源技术有限责任公司
6. 北京京仪椿树整流器有限责任公司
7. 北京铭电龙科技有限公司
8. 北京新雷能科技股份有限公司
9. 北京智源新能电气科技有限公司
10. 北京中天汇科电子技术有限责任公司
11. 常州市创联电源科技股份有限公司
12. 常州市武进红光无线电有限公司
13. 成都光电传感技术研究所有限公司
14. 登钛电子技术（上海）有限公司
15. 东电化兰达（中国）电子有限公司
16. 东莞昂迪电子科技有限公司
17. 东莞市奥海科技股份有限公司
18. 东莞市大忠电子有限公司
19. 法商怀智整合股份有限公司
20. 佛山市汉毅电子技术有限公司
21. 佛山市南海赛威科技技术有限公司
22. 佛山市顺德区冠宇达电源有限公司
23. 固纬电子（苏州）有限公司
24. 广东鸿威国际会展集团有限公司
25. 广东南方宏明电子科技股份有限公司
26. 广东顺德三扬科技股份有限公司
27. 广西普德新星电源科技有限公司
28. 广州高雅信息科技有限公司
29. 广州金升阳科技有限公司
30. 广州市昌菱电气有限公司
31. 广州市能智威电子有限公司
32. 广州旺马电子科技有限公司
33. 海湾电子（山东）有限公司
34. 杭州博睿电子科技有限公司
35. 杭州精日科技有限公司
36. 合肥华耀电子工业有限公司
37. 河北汇能欣源电子技术有限公司
38. 湖南华鑫电子科技有限公司
39. 湖南炬神电子有限公司
40. 湖南科瑞变流电气股份有限公司
41. 华东微电子技术研究所
42. 辉碧电子（东莞）有限公司广州分公司
43. 惠州三华工业有限公司
44. 惠州志顺电子实业有限公司
45. 立讯精密工业股份有限公司
46. 茂睿芯（深圳）科技有限公司
47. 茂硕电源科技股份有限公司
48. 普尔世贸易（苏州）有限公司
49. 青岛海信日立空调系统有限公司
50. 全天自动化能源科技（东莞）有限公司
51. 赛尔康技术（深圳）有限公司
52. 厦门讯亨电子科技有限公司
53. 上海吉电电子技术有限公司
54. 上海申睿电气有限公司
55. 上海唯力科技有限公司
56. 上海维安半导体有限公司
57. 深圳华德电子有限公司
58. 深圳麦格米特电气股份有限公司
59. 深圳欧陆通电子股份有限公司
60. 深圳青铜剑技术有限公司
61. 深圳市柏瑞凯电子科技股份有限公司
62. 深圳市倍思科技有限公司
63. 深圳市瀚强科技股份有限公司
64. 深圳市航嘉驰源电气股份有限公司
65. 深圳市皓文电子股份有限公司
66. 深圳市恒运昌真空技术有限公司
67. 深圳市金威源科技股份有限公司
68. 深圳市京泉华科技股份有限公司
69. 深圳市巨鼎电子有限公司
70. 深圳市力生美半导体股份有限公司
71. 深圳市联宇科技有限公司
72. 深圳市洛仑兹技术有限公司
73. 深圳市瑞必达科技有限公司
74. 深圳市瑞晶实业有限公司
75. 深圳市知用电子有限公司
76. 深圳市中电熊猫展盛科技有限公司
77. 深圳市卓越至高电子有限公司
78. 深圳威迈斯新能源股份有限公司
79. 四川爱创科技有限公司
80. 四川格斯拉科技有限公司
81. 苏州量芯微半导体有限公司
82. 苏州美恩斯电子科技有限公司
83. 台达电子企业管理（上海）有限公司
84. 天宝集团控股有限公司
85. 天津铭锐创科技股份有限公司
86. 天津市华明合兴机电设备有限公司
87. 铁城信息科技有限公司
88. 威尔克通信实验室
89. 武汉永力科技股份有限公司
90. 小米通讯技术有限公司
91. 协丰万佳科技（深圳）有限公司
92. 芯朋微电子股份有限公司
93. 亚源科技股份有限公司
94. 英富美（深圳）科技有限公司
95. 越峰电子（昆山）有限公司

96. 张家港市电源设备厂
97. 浙江嘉科电子有限公司
98. 浙江榆阳电子股份有限公司
99. 中山市电星电器实业有限公司
100. 珠海泰坦科技股份有限公司
101. 珠海云充科技有限公司

模块电源（87）

1. 安晟通（天津）高压电源科技有限公司
2. 安徽博微智能电气有限公司
3. 北京创四方电子集团股份有限公司
4. 北京航天星瑞电子科技有限公司
5. 北京汇众电源技术有限责任公司
6. 北京铭电龙科技有限公司
7. 北京韶光科技有限公司
8. 北京微科能创科技有限公司
9. 北京新雷能科技股份有限公司
10. 北京银星通达科技开发有限责任公司
11. 北京长城电子装备有限责任公司
12. 常州市武进红光无线电有限公司
13. 成都光电传感技术研究所有限公司
14. 成都航域卓越电子技术有限公司
15. 登钛电子技术（上海）有限公司
16. 东电化兰达（中国）电子有限公司
17. 东文高压电源（天津）股份有限公司
18. 广东志成冠军集团有限公司
19. 广西普德新星电源科技有限公司
20. 广州高雅信息科技有限公司
21. 广州健特电子有限公司
22. 广州金升阳科技有限公司
23. 广州致远仪器有限公司
24. 杭州奥能电源设备有限公司
25. 杭州博睿电子科技有限公司
26. 航天长峰朝阳电源有限公司
27. 合肥华耀电子工业有限公司
28. 河北汇能欣源电子技术有限公司
29. 河南求同电气科技有限公司
30. 华东微电子技术研究所
31. 华为技术有限公司
32. 华夏天信智能物联股份有限公司
33. 辉碧电子（东莞）有限公司广州分公司
34. 惠州三华工业有限公司
35. 雷诺士（常州）电子有限公司
36. 洛阳隆盛科技有限责任公司
37. 潜润电子科技（苏州）有限公司
38. 青岛航天半导体研究所有限公司
39. 厦门市爱维达电子有限公司
40. 厦门讯亨电子科技有限公司
41. 山东镭之源激光科技股份有限公司
42. 山顿科技（广东）股份有限公司
43. 上海大周信息科技有限公司
44. 上海南芯半导体科技股份有限公司
45. 上海唯力科技有限公司
46. 上海维安半导体有限公司
47. 上海英联电子系统有限公司
48. 深圳青铜剑技术有限公司
49. 深圳市安托山技术有限公司
50. 深圳市瀚强科技股份有限公司
51. 深圳市皓文电子股份有限公司
52. 深圳市恒运昌真空技术有限公司
53. 深圳市金威源科技股份有限公司
54. 深圳市雷能混合集成电路有限公司
55. 深圳市联宇科技有限公司
56. 深圳市洛仑兹技术有限公司
57. 深圳市斯康达电子有限公司
58. 深圳市英威腾电源有限公司
59. 深圳市永联科技股份有限公司
60. 深圳市振华微电子有限公司
61. 深圳易能时代科技有限公司
62. 深圳英飞源技术有限公司
63. 深圳中瀚蓝盾技术有限公司
64. 石家庄通合电子科技股份有限公司
65. 四川格斯拉科技有限公司
66. 四川英杰电气股份有限公司
67. 苏州西伊加梯电源技术有限公司
68. 溯高美索克曼电气（上海）有限公司
69. 太仓电威光电有限公司
70. 天宝集团控股有限公司
71. 天津市鲲鹏电子有限公司
72. 万帮数字能源股份有限公司
73. 武汉泓承科技有限公司
74. 武汉新瑞科电子科技有限公司
75. 武汉永力科技股份有限公司
76. 西安爱科赛博电气股份有限公司
77. 西安伟京电子制造有限公司
78. 协丰万佳科技（深圳）有限公司
79. 芯朋微电子股份有限公司
80. 伊顿电源（上海）有限公司
81. 云南省工投软件技术开发有限责任公司
82. 张家港市电源设备厂
83. 长城电源技术有限公司
84. 浙江宏胜光电科技有限公司
85. 浙江嘉科电子有限公司
86. 中国空空导弹研究院
87. 中兴通讯股份有限公司

新能源电源（光伏逆变器、风力变流器等）（79）

1. 爱士惟科技（上海）有限公司
2. 安徽中鑫半导体有限公司
3. 安泰科技股份有限公司非晶制品分公司
4. 北京柏艾斯科技有限公司
5. 北京合康新能科技股份有限公司
6. 北京恒电电源设备有限公司
7. 北京元十电子科技有限公司

8. 北京智源新能电气科技有限公司
9. 北京纵横机电科技有限公司
10. 东莞立德电子有限公司
11. 东莞市奥海科技股份有限公司
12. 东莞市乔顿电子有限公司
13. 佛山市顺德区冠宇达电源有限公司
14. 佛山市顺德区伊戈尔电力科技有限公司
15. 广东宝星新能科技有限公司
16. 广东创电科技有限公司
17. 广东鸿威国际会展集团有限公司
18. 广东南方宏明电子科技股份有限公司
19. 广西普德新星电源科技有限公司
20. 广州德珑磁电科技股份有限公司
21. 广州华工科技开发有限公司
22. 广州科谷动力电气有限公司
23. 航天柏克（广东）科技有限公司
24. 河南求同电气科技有限公司
25. 华为技术有限公司
26. 辉碧电子（东莞）有限公司广州分公司
27. 科华数据股份有限公司
28. 科威尔技术股份有限公司
29. 立讯精密工业股份有限公司
30. 麦田能源股份有限公司
31. 美的集团
32. 南京国臣直流配电科技有限公司
33. 宁夏银利电气股份有限公司
34. 潜润电子科技（苏州）有限公司
35. 青岛鼎信通讯股份有限公司
36. 青岛乾程科技股份有限公司
37. 赛尔康技术（深圳）有限公司
38. 厦门市爱维达电子有限公司
39. 上海大周信息科技有限公司
40. 上海申睿电气有限公司
41. 上海伊意亿新能源科技有限公司
42. 深圳古瑞瓦特新能源有限公司
43. 深圳科士达科技股份有限公司
44. 深圳库马克科技有限公司
45. 深圳麦格米特电气股份有限公司
46. 深圳市安托山技术有限公司
47. 深圳市北汉科技有限公司
48. 深圳市禾望电气股份有限公司
49. 深圳市汇川技术股份有限公司
50. 深圳市汇业达通讯技术有限公司
51. 深圳市捷益达电子有限公司
52. 深圳市巨鼎电子有限公司
53. 深圳市康奈特电子有限公司
54. 深圳市瑞必达科技有限公司
55. 深圳市智胜新电子技术有限公司
56. 深圳威迈斯新能源股份有限公司
57. 深圳易通技术股份有限公司
58. 深圳英飞源技术有限公司
59. 石家庄通合电子科技股份有限公司
60. 溯高美索克曼电气（上海）有限公司
61. 台达电子企业管理（上海）有限公司
62. 天宝集团控股有限公司
63. 田村（中国）企业管理有限公司
64. 铁城信息科技有限公司
65. 万帮数字能源股份有限公司
66. 维谛技术有限公司
67. 先控捷联电气股份有限公司
68. 亚源科技股份有限公司
69. 阳光电源股份有限公司
70. 伊顿电源（上海）有限公司
71. 易事特集团股份有限公司
72. 英飞特电子（杭州）股份有限公司
73. 越峰电子（昆山）有限公司
74. 云南省工投软件技术开发有限责任公司
75. 浙江富特科技股份有限公司
76. 浙江宏胜光电科技有限公司
77. 中兴通讯股份有限公司
78. 珠海格力电器股份有限公司
79. 珠海英搏尔电气股份有限公司

UPS 电源（68）

1. 艾普斯电源（苏州）有限公司
2. 安徽博微智能电气有限公司
3. 百纳德（扬州）电能系统股份有限公司
4. 北京动力源科技股份有限公司
5. 北京恒电电源设备有限公司
6. 北京韶光科技有限公司
7. 北京银星通达科技开发有限责任公司
8. 北京元十电子科技有限公司
9. 登钛电子技术（上海）有限公司
10. 东莞市乔顿电子有限公司
11. 盾石磁能科技有限责任公司
12. 广东宝星新能科技有限公司
13. 广东创电科技有限公司
14. 广东志成冠军集团有限公司
15. 广州东芝白云菱机电力电子有限公司
16. 广州华工科技开发有限公司
17. 广州科谷动力电气有限公司
18. 广州市昌菱电气有限公司
19. 杭州奥能电源设备有限公司
20. 航天柏克（广东）科技有限公司
21. 航天长峰朝阳电源有限公司
22. 合肥联信电源有限公司
23. 弘乐集团有限公司
24. 鸿宝电源有限公司
25. 湖南东方万象科技有限公司
26. 华为技术有限公司
27. 辉碧电子（东莞）有限公司广州分公司
28. 惠州志顺电子实业有限公司
29. 科华数据股份有限公司

30. 雷诺士（常州）电子有限公司
31. 理士国际技术有限公司
32. 立讯精密工业股份有限公司
33. 南京海迪自动化科技有限公司
34. 普尔世贸易（苏州）有限公司
35. 青岛乾程科技股份有限公司
36. 厦门恒昌综能自动化有限公司
37. 厦门市爱维达电子有限公司
38. 山东艾瑞得电气有限公司
39. 山东华天科技集团股份有限公司
40. 山顿科技（广东）股份有限公司
41. 山特电子（深圳）有限公司
42. 商宇（深圳）科技有限公司
43. 上海华翌电气有限公司
44. 上海吉电电子技术有限公司
45. 深圳科士达科技股份有限公司
46. 深圳市鸿云恒达科技有限公司
47. 深圳市汇业达通讯技术有限公司
48. 深圳市捷益达电子有限公司
49. 深圳市京泉华科技股份有限公司
50. 深圳市英威腾电源有限公司
51. 深圳市振华微电子有限公司
52. 深圳市智胜新电子技术有限公司
53. 深圳易通技术股份有限公司
54. 苏州西伊加梯电源技术有限公司
55. 溯高美索克曼电气（上海）有限公司
56. 太仓电威光电有限公司
57. 威尔克通信实验室
58. 维谛技术有限公司
59. 武汉泓承科技有限公司
60. 先控捷联电气股份有限公司
61. 伊顿电源（上海）有限公司
62. 易事特集团股份有限公司
63. 英富美（深圳）科技有限公司
64. 中川智能科技有限公司
65. 中山市电星电器实业有限公司
66. 中兴通讯股份有限公司
67. 重庆荣凯川仪仪表有限公司
68. 珠海山特电子有限公司

通信电源（66）

1. 北京动力源科技股份有限公司
2. 北京中天汇科电子技术有限责任公司
3. 成都光电传感技术研究所有限公司
4. 东电化兰达（中国）电子有限公司
5. 东莞昂迪电子科技有限公司
6. 东莞市乔顿电子有限公司
7. 东莞市石龙富华电子有限公司
8. 法商怀智整合股份有限公司
9. 广东南方宏明电子科技股份有限公司
10. 广东顺德三扬科技股份有限公司
11. 广西普德新星电源科技有限公司
12. 杭州博睿电子科技有限公司
13. 杭州中恒电气股份有限公司
14. 合肥联信电源有限公司
15. 华为技术有限公司
16. 惠州三华工业有限公司
17. 科华数据股份有限公司
18. 雷诺士（常州）电子有限公司
19. 理士国际技术有限公司
20. 茂硕电源科技股份有限公司
21. 南京海迪自动化科技有限公司
22. 南京酷科电子科技有限公司
23. 厦门恒昌综能自动化有限公司
24. 厦门市爱维达电子有限公司
25. 厦门讯亨电子科技有限公司
26. 山东镭之源激光科技股份有限公司
27. 山顿科技（广东）股份有限公司
28. 上海科泰电源股份有限公司
29. 上海南芯半导体科技股份有限公司
30. 上海维安半导体有限公司
31. 上海稳利达科技股份有限公司
32. 上海英联电子系统有限公司
33. 深圳华德电子有限公司
34. 深圳麦格米特电气股份有限公司
35. 深圳欧陆通电子股份有限公司
36. 深圳市安托山技术有限公司
37. 深圳市柏瑞凯电子科技股份有限公司
38. 深圳市北汉科技有限公司
39. 深圳市航嘉驰源电气股份有限公司
40. 深圳市皓文电子股份有限公司
41. 深圳市捷益达电子有限公司
42. 深圳市金威源科技股份有限公司
43. 深圳市雷能混合集成电路有限公司
44. 深圳市力生美半导体股份有限公司
45. 深圳市洛仑兹技术有限公司
46. 深圳市瑞晶实业有限公司
47. 深圳市英可瑞科技股份有限公司
48. 深圳市英威腾电源有限公司
49. 深圳市永联科技股份有限公司
50. 深圳市中电熊猫展盛科技有限公司
51. 深圳市卓越至高电子有限公司
52. 深圳威迈斯新能源股份有限公司
53. 深圳易通技术股份有限公司
54. 苏州西伊加梯电源技术有限公司
55. 台达电子企业管理（上海）有限公司
56. 万帮数字能源股份有限公司
57. 威尔克通信实验室
58. 维谛技术有限公司
59. 武汉永力科技股份有限公司
60. 亚源科技股份有限公司
61. 易事特集团股份有限公司
62. 长城电源技术有限公司

63. 浙江宏胜光电科技有限公司
64. 浙江嘉科电子有限公司
65. 浙江榆阳电子股份有限公司
66. 中兴通讯股份有限公司

特种电源（59）

1. 爱士惟科技（上海）有限公司
2. 安晟通（天津）高压电源科技有限公司
3. 安徽博微智能电气有限公司
4. 安泰科技股份有限公司非晶制品分公司
5. 北京创四方电子集团股份有限公司
6. 北京航天星瑞电子科技有限公司
7. 北京恒电电源设备有限公司
8. 北京汇众电源技术有限责任公司
9. 北京京仪椿树整流器有限责任公司
10. 北京铭电龙科技有限公司
11. 北京新雷能科技股份有限公司
12. 北京长城电子装备有限责任公司
13. 北京纵横机电科技有限公司
14. 常州市创联电源科技股份有限公司
15. 忱芯科技（上海）有限公司
16. 成都光电传感技术研究所有限公司
17. 成都航域卓越电子技术有限公司
18. 成都金创立科技有限责任公司
19. 东电化兰达（中国）电子有限公司
20. 东文高压电源（天津）股份有限公司
21. 广东创电科技有限公司
22. 广东顺德三扬科技股份有限公司
23. 广东志成冠军集团有限公司
24. 杭州精日科技有限公司
25. 航天柏克（广东）科技有限公司
26. 航天长峰朝阳电源有限公司
27. 合肥华耀电子工业有限公司
28. 河北汇能欣源电子技术有限公司
29. 核工业理化工程研究院
30. 湖南科瑞变流电气股份有限公司
31. 华夏天信智能物联股份有限公司
32. 科威尔技术股份有限公司
33. 龙腾半导体股份有限公司
34. 潜润电子科技（苏州）有限公司
35. 山东华天科技集团股份有限公司
36. 山东镭之源激光科技股份有限公司
37. 上海稳利达科技股份有限公司
38. 深圳华德电子有限公司
39. 深圳市瀚强科技股份有限公司
40. 深圳市皓文电子股份有限公司
41. 深圳市恒运昌真空技术有限公司
42. 深圳市汇业达通讯技术有限公司
43. 深圳市联宇科技有限公司
44. 深圳市瑞必达科技有限公司
45. 深圳市振华微电子有限公司
46. 深圳市卓越至高电子有限公司
47. 深圳中瀚蓝盾技术有限公司
48. 四川格斯拉科技有限公司
49. 四川英杰电气股份有限公司
50. 苏州博思得电气有限公司
51. 太仓电威光电有限公司
52. 天津铭锐创科技股份有限公司
53. 武汉永力科技股份有限公司
54. 西安爱科赛博电气股份有限公司
55. 西安伟京电子制造有限公司
56. 西安翌飞核能装备股份有限公司
57. 云南省工投软件技术开发有限责任公司
58. 浙江大维高新技术股份有限公司
59. 浙江嘉科电子有限公司

其他（45）

1. 北京机械设备研究所
2. 北京英博电气股份有限公司
3. 北京纵横机电科技有限公司
4. 成都金创立科技有限责任公司
5. 东莞市石龙富华电子有限公司
6. 盾石磁能科技有限责任公司
7. 弗迪动力有限公司电源工厂
8. 佛山市禅城区华南电源创新科技园投资管理有限公司
9. 固纬电子（苏州）有限公司
10. 广东大比特资讯广告发展有限公司
11. 广东全宝科技股份有限公司
12. 广州德肯电子股份有限公司
13. 杭州易泰达科技有限公司
14. 湖南东方万象科技有限公司
15. 湖南炬神电子有限公司
16. 湖南科瑞变流电气股份有限公司
17. 华润微电子有限公司
18. 六和电子（江西）有限公司
19. 美尔森电气保护系统（上海）有限公司
20. 南京国臣直流配电科技有限公司
21. 宁波博威合金材料股份有限公司
22. 上海科泰电源股份有限公司
23. 上海远宽能源科技有限公司
24. 上海灼日新材料科技有限公司
25. 深圳库马克科技有限公司
26. 深圳市航智精密电子有限公司
27. 深圳市鸿云恒达科技有限公司
28. 深圳市汇川技术股份有限公司
29. 深圳市兴龙辉科技有限公司
30. 深圳欣锐科技股份有限公司
31. 深圳中测通科技有限公司
32. 泰克科技（中国）有限公司
33. 温州大学
34. 武汉武新电气科技股份有限公司
35. 祥博传热科技股份有限公司
36. 伊顿电源（上海）有限公司

37. 英飞凌科技（中国）有限公司
38. 浙江大华技术股份有限公司
39. 浙江巨磁智能技术有限公司
40. 浙江君亿环保科技有限公司
41. 浙江榆阳电子股份有限公司
42. 浙江长春电器有限公司
43. 中国科学院等离子体物理研究所
44. 中国科学院近代物理研究所
45. 中国空空导弹研究院

稳压电源（器）（39）

1. 艾普斯电源（苏州）有限公司
2. 安晟通（天津）高压电源科技有限公司
3. 百纳德（扬州）电能系统股份有限公司
4. 北京大华无线电仪器有限责任公司
5. 北京微科能创科技有限公司
6. 东文高压电源（天津）股份有限公司
7. 盾石磁能科技有限责任公司
8. 佛山市汉毅电子技术有限公司
9. 佛山市顺德区冠宇达电源有限公司
10. 广州德肯电子股份有限公司
11. 广州金升阳科技有限公司
12. 海丰县中联电子厂有限公司
13. 航天长峰朝阳电源有限公司
14. 河北汇能欣源电子技术有限公司
15. 弘乐集团有限公司
16. 鸿宝电源有限公司
17. 惠州三华工业有限公司
18. 江苏宏微科技股份有限公司
19. 马鞍山豪远电子有限公司
20. 普尔世贸易（苏州）有限公司
21. 青岛鼎信通讯股份有限公司
22. 山东艾瑞得电气有限公司
23. 山东镭之源激光科技股份有限公司
24. 上海华翌电气有限公司
25. 上海吉电电子技术有限公司
26. 上海杰鸥科工贸有限公司
27. 上海全力电器有限公司
28. 上海稳利达科技股份有限公司
29. 深圳欧陆通电子股份有限公司
30. 深圳市巨鼎电子有限公司
31. 深圳市联宇科技有限公司
32. 深圳市瑞必达科技有限公司
33. 天津市鲲鹏电子有限公司
34. 武汉泓承科技有限公司
35. 西安科湃电气有限公司
36. 张家港市电源设备厂
37. 中川智能科技有限公司
38. 中山市电星电器实业有限公司
39. 珠海山特电子有限公司

功率器件（39）

1. 北京韶光科技有限公司
2. 北京市天润中电高压电子有限公司
3. 成都航域卓越电子技术有限公司
4. 成都蓉矽半导体有限公司
5. 广东鸿威国际会展集团有限公司
6. 广东新成科技实业有限公司
7. 广州华工科技开发有限公司
8. 广州欧颂电子科技有限公司
9. 杭州飞仕得科技股份有限公司
10. 湖南三安半导体有限责任公司
11. 华润微电子有限公司
12. 济南晶恒电子有限责任公司
13. 江苏宏微科技股份有限公司
14. 江苏中科君芯科技有限公司
15. 龙腾半导体股份有限公司
16. 茂睿芯（深圳）科技有限公司
17. 青岛航天半导体研究所有限公司
18. 润新微电子（大连）有限公司
19. 上海临港电力电子研究有限公司
20. 上海沃孚半导体有限公司
21. 上海瞻芯电子科技有限公司
22. 上海众韩电子科技有限公司
23. 深圳基本半导体有限公司
24. 深圳尚阳通科技股份有限公司
25. 深圳市北汉科技有限公司
26. 深圳市必易微电子股份有限公司
27. 深圳市槟城电子股份有限公司
28. 深圳市飞尼奥科技有限公司
29. 深圳市鸿云恒达科技有限公司
30. 深圳市康奈特电子有限公司
31. 深圳市力生美半导体股份有限公司
32. 深圳市鹏源电子有限公司
33. 苏州锴威特半导体股份有限公司
34. 苏州量芯微半导体有限公司
35. 无锡新洁能股份有限公司
36. 武汉新瑞科电子科技有限公司
37. 芯朋微电子股份有限公司
38. 英飞凌科技（中国）有限公司
39. 珠海格力电器股份有限公司

变频电源（器）（38）

1. 艾普斯电源（苏州）有限公司
2. 北京航天星瑞电子科技有限公司
3. 北京合康新能科技股份有限公司
4. 北京京仪椿树整流器有限责任公司
5. 北京智源新能电气科技有限公司
6. 广东创电科技有限公司
7. 广州东芝白云菱机电力电子有限公司
8. 广州华工科技开发有限公司
9. 海湾电子（山东）有限公司
10. 杭州精日科技有限公司
11. 河南求同电气科技有限公司
12. 核工业理化工程研究院

13. 华夏天信智能物联股份有限公司
14. 科威尔技术股份有限公司
15. 美的集团
16. 青岛鼎信通讯股份有限公司
17. 青岛海信日立空调系统有限公司
18. 青岛威控电气有限公司
19. 山东艾瑞得电气有限公司
20. 上海众韩电子科技有限公司
21. 深圳市倍思科技有限公司
22. 深圳市禾望电气股份有限公司
23. 深圳市恒运昌真空技术有限公司
24. 深圳市汇川技术股份有限公司
25. 深圳市康奈特电子有限公司
26. 深圳市知用电子有限公司
27. 四川爱创科技有限公司
28. 四川英杰电气股份有限公司
29. 溯高美索克曼电气（上海）有限公司
30. 台达电子企业管理（上海）有限公司
31. 天津市鲲鹏电子有限公司
32. 铁城信息科技有限公司
33. 维谛技术有限公司
34. 西安爱科赛博电气股份有限公司
35. 张家港市电源设备厂
36. 浙江海利普电子科技有限公司
37. 中冶赛迪工程技术股份有限公司
38. 珠海泰坦科技股份有限公司

照明电源、LED 驱动电源（36）

1. 安徽中鑫半导体有限公司
2. 常州市创联电源科技股份有限公司
3. 常州市武进红光无线电有限公司
4. 东莞立德电子有限公司
5. 东莞市石龙富华电子有限公司
6. 佛山市汉毅电子技术有限公司
7. 佛山市南海赛威科技技术有限公司
8. 佛山市顺德区冠宇达电源有限公司
9. 佛山市顺德区伊戈尔电力科技有限公司
10. 广东南方宏明电子科技股份有限公司
11. 广州市能智威电子有限公司
12. 广州旺马电子科技有限公司
13. 海湾电子（山东）有限公司
14. 杭州博睿电子科技有限公司
15. 合肥华耀电子工业有限公司
16. 湖南华鑫电子科技有限公司
17. 马鞍山豪远电子有限公司
18. 茂硕电源科技股份有限公司
19. 宁波赛耐比光电科技有限公司
20. 赛尔康技术（深圳）有限公司
21. 厦门讯亨电子科技有限公司
22. 上海吉电电子技术有限公司
23. 上海晶丰明源半导体股份有限公司
24. 深圳麦格米特电气股份有限公司
25. 深圳市倍思科技有限公司
26. 深圳市必易微电子股份有限公司
27. 深圳市航嘉驰源电气股份有限公司
28. 深圳市金威源科技股份有限公司
29. 深圳市中电熊猫展盛科技有限公司
30. 深圳市卓越至高电子有限公司
31. 太仓电威光电有限公司
32. 天宝集团控股有限公司
33. 亚源科技股份有限公司
34. 英飞特电子（杭州）股份有限公司
35. 长城电源技术有限公司
36. 浙江榆阳电子股份有限公司

半导体集成电路（33）

1. 昂宝电子（上海）有限公司
2. 北京铭电龙科技有限公司
3. 北京新雷能科技股份有限公司
4. 成都航域卓越电子技术有限公司
5. 成都蓉矽半导体有限公司
6. 佛山市南海赛威科技技术有限公司
7. 广州德珑磁电科技股份有限公司
8. 杭州飞仕得科技股份有限公司
9. 湖南三安半导体有限责任公司
10. 华润微电子有限公司
11. 江苏宏微科技股份有限公司
12. 茂睿芯（深圳）科技有限公司
13. 宁波希磁电子科技有限公司
14. 青岛航天半导体研究所有限公司
15. 上海晶丰明源半导体股份有限公司
16. 上海临港电力电子研究有限公司
17. 上海南芯半导体科技股份有限公司
18. 上海唯力科技有限公司
19. 上海瞻芯电子科技有限公司
20. 深圳青铜剑技术有限公司
21. 深圳市必易微电子股份有限公司
22. 深圳市槟城电子股份有限公司
23. 深圳市力生美半导体股份有限公司
24. 深圳市鹏源电子有限公司
25. 思瑞浦微电子科技（苏州）股份有限公司
26. 苏州锴威特半导体股份有限公司
27. 苏州量芯微半导体有限公司
28. 苏州纳芯微电子股份有限公司
29. 无锡新洁能股份有限公司
30. 芯朋微电子股份有限公司
31. 英飞凌科技（中国）有限公司
32. 珠海格力电器股份有限公司
33. 珠海泰为电子有限公司

电源测试设备（31）

1. 艾普斯电源（苏州）有限公司
2. 北京柏艾斯科技有限公司
3. 北京大华无线电仪器有限责任公司
4. 北京森社电子有限公司

5. 东莞市冠佳电子设备有限公司
6. 福州福光电子有限公司
7. 固纬电子（苏州）有限公司
8. 广州德肯电子股份有限公司
9. 广州致远仪器有限公司
10. 杭州精日科技有限公司
11. 杭州远方仪器有限公司
12. 横河测量技术（上海）有限公司
13. 江西艾特磁材有限公司
14. 科威尔技术股份有限公司
15. 敏业信息科技（上海）有限公司
16. 全天自动化能源科技（东莞）有限公司
17. 陕西柯蓝电子有限公司
18. 上海杰鸥科工贸有限公司
19. 上海远宽能源科技有限公司
20. 深圳青铜剑技术有限公司
21. 深圳市北汉科技有限公司
22. 深圳市航智精密电子有限公司
23. 深圳市斯康达电子有限公司
24. 深圳市知用电子有限公司
25. 四川格斯拉科技有限公司
26. 苏州美恩斯电子科技有限公司
27. 泰克科技（中国）有限公司
28. 武汉泓承科技有限公司
29. 西安爱科赛博电气股份有限公司
30. 西安科湃电气有限公司
31. 中国空空导弹研究院

EPS 电源（29）

1. 爱士惟科技（上海）有限公司
2. 百纳德（扬州）电能系统股份有限公司
3. 北京动力源科技股份有限公司
4. 北京银星通达科技开发有限责任公司
5. 常州市武进红光无线电有限公司
6. 成都顺通电气有限公司
7. 法商怀智整合股份有限公司
8. 广东宝星新能科技有限公司
9. 广州科谷动力电气有限公司
10. 航天柏克（广东）科技有限公司
11. 合肥联信电源有限公司
12. 鸿宝电源有限公司
13. 科华数据股份有限公司
14. 雷诺士（常州）电子有限公司
15. 潜润电子科技（苏州）有限公司
16. 青岛乾程科技股份有限公司
17. 赛尔康技术（深圳）有限公司
18. 山东艾瑞得电气有限公司
19. 山东华天科技集团股份有限公司
20. 商宇（深圳）科技有限公司
21. 上海华翌电气有限公司
22. 上海科泰电源股份有限公司
23. 深圳华德电子有限公司
24. 深圳科士达科技股份有限公司
25. 深圳市捷益达电子有限公司
26. 天津市华明合兴机电设备有限公司
27. 易事特集团股份有限公司
28. 中川智能科技有限公司
29. 重庆荣凯川仪仪表有限公司

PC、服务器电源（26）

1. 东莞市奥海科技股份有限公司
2. 东莞市金河田实业有限公司
3. 法商怀智整合股份有限公司
4. 广东鸿威国际会展集团有限公司
5. 海湾电子（山东）有限公司
6. 立讯精密工业股份有限公司
7. 茂睿芯（深圳）科技有限公司
8. 茂硕电源科技股份有限公司
9. 南京酷科电子科技有限公司
10. 山顿科技（广东）股份有限公司
11. 上海晶丰明源半导体股份有限公司
12. 上海维安半导体有限公司
13. 上海英联电子系统有限公司
14. 深圳欧陆通电子股份有限公司
15. 深圳市安托山技术有限公司
16. 深圳市柏瑞凯电子科技股份有限公司
17. 深圳市倍思科技有限公司
18. 深圳市瀚强科技股份有限公司
19. 深圳市航嘉驰源电气股份有限公司
20. 深圳市雷能混合集成电路有限公司
21. 深圳市洛仑兹技术有限公司
22. 深圳市中电熊猫展盛科技有限公司
23. 四川爱创科技有限公司
24. 协丰万佳科技（深圳）有限公司
25. 长城电源技术有限公司
26. 浙江宏胜光电科技有限公司

电焊机、充电机、电镀电源（24）

1. 安徽中鑫半导体有限公司
2. 北京京仪椿树整流器有限责任公司
3. 北京韶光科技有限公司
4. 东莞昂迪电子科技有限公司
5. 福州福光电子有限公司
6. 广东顺德三扬科技股份有限公司
7. 海丰县中联电子厂有限公司
8. 杭州奥能电源设备有限公司
9. 惠州志顺电子实业有限公司
10. 宁波赛耐比光电科技有限公司
11. 青岛乾程科技股份有限公司
12. 厦门恒昌综能自动化有限公司
13. 上海杰鸥科工贸有限公司
14. 上海全力电器有限公司
15. 深圳市巨鼎电子有限公司
16. 深圳市振华微电子有限公司
17. 深圳威迈斯新能源股份有限公司

18. 深圳英飞源技术有限公司
19. 石家庄通合电子科技股份有限公司
20. 四川英杰电气股份有限公司
21. 铁城信息科技有限公司
22. 中山市电星电器实业有限公司
23. 珠海英搏尔电气股份有限公司
24. 珠海云充科技有限公司

蓄电池（21）

1. 百纳德（扬州）电能系统股份有限公司
2. 北京柏艾斯科技有限公司
3. 北京银星通达科技开发有限责任公司
4. 广东宝星新能科技有限公司
5. 广东力科新能源有限公司
6. 广东志成冠军集团有限公司
7. 广州科谷动力电气有限公司
8. 广州市昌菱电气有限公司
9. 鸿宝电源有限公司
10. 理士国际技术有限公司
11. 麦田能源股份有限公司
12. 山特电子（深圳）有限公司
13. 商宇（深圳）科技有限公司
14. 上海科泰电源股份有限公司
15. 深圳古瑞瓦特新能源有限公司
16. 深圳科士达科技股份有限公司
17. 深圳市英威腾电源有限公司
18. 先控捷联电气股份有限公司
19. 中川智能科技有限公司
20. 珠海山特电子有限公司
21. 珠海泰坦科技股份有限公司

电抗器（20）

1. 安徽博微智能电气有限公司
2. 北京创四方电子集团股份有限公司
3. 北京英博电气股份有限公司
4. 东莞立德电子有限公司
5. 东莞市大忠电子有限公司
6. 广州德珑磁电科技股份有限公司
7. 河北申科磁性材料有限公司
8. 江苏坚力电子科技股份有限公司
9. 马鞍山豪远电子有限公司
10. 敏业信息科技（上海）有限公司
11. 宁夏银利电气股份有限公司
12. 青岛云路新能源科技有限公司
13. 上海鹰峰电子科技股份有限公司
14. 深圳市铂科新材料股份有限公司
15. 深圳市京泉华科技股份有限公司
16. 深圳市三和电力科技有限公司
17. 思源清能电气电子有限公司
18. 田村（中国）企业管理有限公司
19. 浙江东睦科达磁电有限公司
20. 专顺电机（惠州）有限公司

直流屏、电力操作电源（19）

1. 爱士惟科技（上海）有限公司
2. 北京柏艾斯科技有限公司
3. 北京恒电电源设备有限公司
4. 成都顺通电气有限公司
5. 杭州奥能电源设备有限公司
6. 杭州中恒电气股份有限公司
7. 合肥联信电源有限公司
8. 美尔森电气保护系统（上海）有限公司
9. 南京海迪自动化科技有限公司
10. 厦门恒昌综能自动化有限公司
11. 商宇（深圳）科技有限公司
12. 上海华翌电气有限公司
13. 深圳市汇业达通讯技术有限公司
14. 深圳市雷能混合集成电路有限公司
15. 深圳市三和电力科技有限公司
16. 深圳市英可瑞科技股份有限公司
17. 石家庄通合电子科技股份有限公司
18. 重庆荣凯川仪仪表有限公司
19. 珠海泰坦科技股份有限公司

电容器（18）

1. 北京英博电气股份有限公司
2. 北京元十电子科技有限公司
3. 东莞宏强电子有限公司
4. 广东丰明电子科技有限公司
5. 广东新成科技实业有限公司
6. 六和电子（江西）有限公司
7. 南通新三能电子有限公司
8. 宁国市裕华电器有限公司
9. 上海稳利达科技股份有限公司
10. 上海鹰峰电子科技股份有限公司
11. 上海众韩电子科技有限公司
12. 深圳市柏瑞凯电子科技股份有限公司
13. 深圳市创容新能源有限公司
14. 深圳市鹏源电子有限公司
15. 深圳市三和电力科技有限公司
16. 深圳市智胜新电子技术有限公司
17. 思源清能电气电子有限公司
18. 珠海格力电器股份有限公司

电子变压器（17）

1. 北京创四方电子集团股份有限公司
2. 东莞立德电子有限公司
3. 东莞市奥海科技股份有限公司
4. 东莞市大忠电子有限公司
5. 佛山市顺德区伊戈尔电力科技有限公司
6. 广州德珑磁电科技股份有限公司
7. 河北远大电子有限公司
8. 河南求同电气科技有限公司
9. 江苏宏微科技股份有限公司
10. 临沂昱通新能源科技有限公司
11. 马鞍山豪远电子有限公司

12. 青岛鼎信通讯股份有限公司
13. 上海全力电器有限公司
14. 深圳市京泉华科技股份有限公司
15. 天津市鲲鹏电子有限公司
16. 协丰万佳科技（深圳）有限公司
17. 专顺电机（惠州）有限公司

电感器（16）
1. 安泰科技股份有限公司非晶制品分公司
2. 东莞市大忠电子有限公司
3. 佛山市顺德区伊戈尔电力科技有限公司
4. 河北申科磁性材料有限公司
5. 临沂昱通新能源科技有限公司
6. 敏业信息科技（上海）有限公司
7. 宁夏银利电气股份有限公司
8. 青岛云路新能源科技有限公司
9. 上海众韩电子科技有限公司
10. 深圳市铂科新材料股份有限公司
11. 深圳市科达嘉电子有限公司
12. 四川经纬达科技集团有限公司
13. 唐山尚新融大电子产品有限公司
14. 田村（中国）企业管理有限公司
15. 浙江东睦科达磁电有限公司
16. 专顺电机（惠州）有限公司

电源配套设备（自动化设备、SMT 设备、绕线机等）（16）
1. 北京森社电子有限公司
2. 北京微科能创科技有限公司
3. 东莞市冠佳电子设备有限公司
4. 佛山市南海区平洲广日电子机械有限公司
5. 固纬电子（苏州）有限公司
6. 广州德肯电子股份有限公司
7. 广州市昌菱电气有限公司
8. 上海杰鸥科工贸有限公司
9. 深圳库马克科技有限公司
10. 深圳市康奈特电子有限公司
11. 深圳市斯康达电子有限公司
12. 深圳市知用电子有限公司
13. 思源清能电气电子有限公司
14. 四川爱创科技有限公司
15. 唐山尚新融大电子产品有限公司
16. 天津市华明合兴机电设备有限公司

滤波器（16）
1. 北京微科能创科技有限公司
2. 北京英博电气股份有限公司
3. 北京智源新能电气科技有限公司
4. 登钛电子技术（上海）有限公司
5. 广州金升阳科技有限公司
6. 江苏坚力电子科技股份有限公司
7. 江西艾特磁材有限公司
8. 临沂昱通新能源科技有限公司
9. 宁国市裕华电器有限公司
10. 山东华天科技集团股份有限公司
11. 上海鹰峰电子科技股份有限公司
12. 深圳市三和电力科技有限公司
13. 思源清能电气电子有限公司
14. 唐山尚新融大电子产品有限公司
15. 西安科湃电气有限公司
16. 浙江东睦科达磁电有限公司

磁性元件/材料（16）
1. 安泰科技股份有限公司非晶制品分公司
2. 河北申科磁性材料有限公司
3. 江西艾特磁材有限公司
4. 临沂昱通新能源科技有限公司
5. 敏业信息科技（上海）有限公司
6. 宁波希磁电子科技有限公司
7. 宁夏银利电气股份有限公司
8. 青岛云路新能源科技有限公司
9. 深圳市铂科新材料股份有限公司
10. 深圳市鹏源电子有限公司
11. 四川经纬达科技集团有限公司
12. 唐山尚新融大电子产品有限公司
13. 天长市中德电子有限公司
14. 田村（中国）企业管理有限公司
15. 越峰电子（昆山）有限公司
16. 浙江东睦科达磁电有限公司

电阻器（4）
1. 东莞市乔顿电子有限公司
2. 广东新成科技实业有限公司
3. 江苏兴顺电子有限公司
4. 上海鹰峰电子科技股份有限公司

机壳、机柜（4）
1. 北京长城电子装备有限责任公司
2. 弘乐集团有限公司
3. 青岛云路新能源科技有限公司
4. 先控捷联电气股份有限公司

风扇、风机等散热设备（4）
1. 美的集团
2. 宁波生久科技有限公司
3. 深圳库马克科技有限公司
4. 深圳市鸿云恒达科技有限公司

胶（2）
1. 广州回天新材料有限公司
2. 上海灼日新材料科技有限公司

第八篇　电源重点工程项目应用案例及相关产品

2022年电源重点工程项目应用案例

1. 华为先进混电方案助力 Unitel 节约能源支出

参与单位：

华为数字能源技术有限公司

地址：深圳市福田区香蜜湖街道香安社区安托山六路33号安托山总部大厦A座研发39层01号

电话：0755-28780808

网址：digitalpower. huawei. com/cn

主要产品：

华为站点能源先进混电

项目概况：

2019年起，Unitel 联合华数字能源技术有限公司（简称华为）为开展能源现代化及站点运营支出缩减合作，截至目前已完成高性能循环型锂电池、NetEco 及 Power cube 部署1050余套，实现绿色低碳目标，成功降低网络运营支出，为安哥拉社会经济与产业发展点亮未来之路。

产品应用概况/解决方案：

华为融合先进混电、CloudLi 和 NetEco 三大解决方案，助力客户加速零油机运行，低碳排放进程，油机运行时间大幅度缩减75%，运营支出缩减率高达40%。同时，通过站点数字化和智能化的实现，能源网络不断可视化、可管化、可优化，大幅提升运维效率和站点可靠性，推动通信站点极简演进、极省成本、极致安全。未来，双方将持续推进存量站点绿色能源现代化改造，降低油机使用比例，并引入太阳能、智能锂电池和 NetEco 系统，降低油费、上站维护费、电池更换费等。

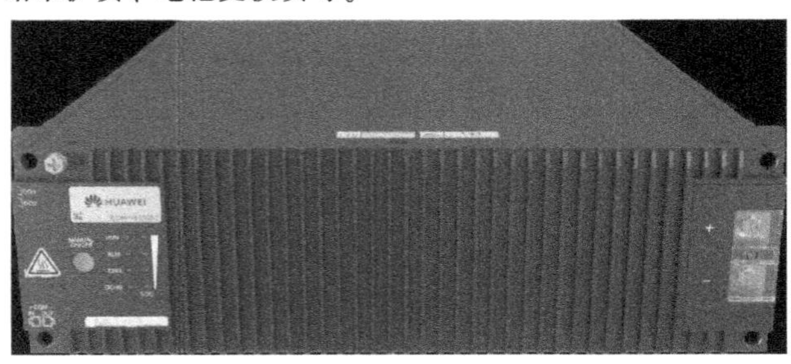

产品优势及应用成果：

华为支持运营商的绿色发展战略，通过“绿色站点-绿色网络-绿色运营”系统性解决方案，助力运营商持续提升网络容量和降低单位比特能耗，“More Bits，Less Watts”，帮助运营商实现绿色可持续发展。华为作为安哥拉 Unitel 长期可靠的合作伙伴，坚持科技向善，打造极简绿色智能目标网络。维护部门总监 José Mavungo 先生代表 Unitel 对华为的努力、建议、贡献表示肯定，后续将持续引入华为更多实用案例和更先进的创新技术，双方携手实现绿色、环保、低碳的能源目标网，助力网络可持续演进，一起点亮未来，释放联接全新价值，创新共赢绿色未来。

2. 华为助力上海交通云构筑数据中心坚实底座

参与单位：

华为数字能源技术有限公司

地址：深圳市福田区香蜜湖街道香安社区安托山六路33号安托山总部大厦A座研发39层01号

电话：0755-28780808

网址：digitalpower. huawei. com/cn

主要产品：

华为数据中心电力模块

项目概况：

顺应数字经济发展浪潮，中国交通通信信息中心（CTTIC）在上海宝山建设交通信息产业中心，助力“新基建”，建设“交信云”，布局“大数据”，以智慧交通、智能航运为核心，打造长三角领先的高品质数据运营产业基地。交通信息产业中心承载中国海网、北斗产业基地、交通运输行业信息化等众多核心业务，对运行环境的可靠性要求极高。

传统的供电系统是分散供应、现场集成的模式，设备多而杂，供电效率低，同时存在较大的安全隐患。经过前期充分的调研和综合考虑后，交通信息产业中心最终选择了华为端到端的供配电解决方案，包括电力模块、智能锂电及 DCIM 管理系统等，实现快速部署、安全运行、高效运维。

产品应用概况/解决方案：

交通信息产业中心项目经理王嘉欣表示，“华为电力模块集成了多个部件，通过架构融合和超高密模块化 UPS 应用，节省了大量占地。整个数据中心新增白空间 750m²，可多布署机柜 350 个。采用预制化母排代替现场压制线缆，节省电缆 16000m，加快了交付速度，现场的一个电力模块机房的布署时间从 60 天缩短至 13 天。”

另外，基于 AI 算法，为保障系统稳定运行，华为电力模块和智能锂电均采用模块化插拔式设计，在预知风险后，通过更换模块，5min 完成维护。通过 iPower 智能特性，全链可视管理，150+温度测点全链路覆盖，实现全工况温度预测；关键部件寿命预测，开关在线整定，最大程度地保障了供电系统可靠性，大大简化了运维工作。

产品优势及应用成果：

作为数据中心的动力来源，供电系统的可靠性对于数据中心安全运行起到非常关键的作用。根据全球权威机构 Uptime Institute 发布的《2022 数据中心调查报告》统计，由供电系统故障导致的数据中心运行中断的占比高达 44%。只有采用可靠性高、运维简单的供电系统，才能保障业务运营的连续性。

道路通、百业兴，交通是兴国之要、强国之基。未来，交通信息产业中心将打造以“信息+北斗+信创”为抓手的新交通发展形态，营造共享资源、共创价值、利益关联的交通产业生态圈，推动宝山区经济发展，助力智慧交通产业升级。

3. 河北建投崇礼大规模风光储互补制氢关键技术与应用示范项目

参与单位：

科华数据股份有限公司

地址：福建省厦门市湖里区马垄路 457 号

电话：0592-5160516

网址：www.kehua.com.cn

主要产品：

数据中心、新能源、不间断电源

项目概况：

“零碳”无疑是 2022 年北京冬奥会的关键词。除了场馆用电全部采用清洁能源以外，赛区用车也主要采用清洁动力。清洁能源车辆在小客车中占比 100%，在全部车辆中占比 85.84%，占比之高堪称历史之最。张家口赛区核心区冬奥保障车辆将全部采用氢燃料电池客车，包含大巴车、中巴车等多个车型。科华数据股份有限公司（简称科华）参与的河北建投崇礼大规模风光储互补制氢关键技术与应用示范项目（以下简称“崇礼项目”），为冬奥张家口赛区 600 多辆氢燃料车辆提供氢能供给。冬奥会结束后，项目制氢将继续供张家口市 400 多辆氢燃料车辆使用。

产品应用概况/解决方案：

科华 1500V 直流耦合微网解决方案采用一体化设计，集成了 DC-DC 变流器、储能电池系统、散热空调、消防系统等，最大程度保证系统安全。1500V 直流耦合微网解决方案在系统离网模式下通过变流器控制直流母线电压，保持系统电压的稳定；在并网模式下，通过变流器执行功率调度指令。通过科华储能系统的智能化调控、经济运行技术和先进的能量管理方法实现了“风光储互补制氢”能源互联系统高效、稳定的运行，最大限度地利用了可再生能源。

产品优势及应用成果：

崇礼项目采用了科华 1500V 直流耦合微网解决方案，是全球首个基于高效直流微网的风光储联合制氢项目，以 2022 年北京冬奥会为窗口向全世界展现了我国可再生能源与氢能产业技术发展水平，体现了我国在碳中和道路上的大国担当。

4. 宁波—舟山港金塘港区大浦口集装箱码头工程

参与单位：

深圳市汇川技术股份有限公司

地址：广东省深圳市龙华新区观澜街道高新技术产业园汇川技术总部大厦

电话：0755-29799595

网址：www. inovance. com

主要产品：

变频器、伺服驱动器及伺服电动机、PLC、触摸屏（HMI）等标准工业自动化产品

项目概况：

本项目在宁波-舟山港配置安装两套高压输出容量不小于5MVA的船舶岸基箱式电源系统（采用高-高方案）。每套系统将10kV/50Hz工业电源转换成6.6kV/60Hz及6kV/50Hz高压船用电源（容量不小于5MVA）后输出。同时还在其余三个泊位建设地埋式岸基电源高压插座箱，通过高压电缆将特定电源提供给船舶靠泊期间用电。

产品应用概况/解决方案：

本岸电项目采用高-高方案，高压岸电上船方式，每套系统仅能同时输出一路岸电电源用于供电。每套岸电电源装置应整体安装在4#变电所西侧的预制箱内，岸电电源设计应满足集装箱船靠泊作业期间的用电需求，单套系统同一时间内可以为单艘15万吨级及以下船舶提供6.6kV，60Hz/6kV，50Hz供电，每套电源系统额定容量不小于5MVA。

高压岸电电源在实施与船舶电源连接、退出及转换过程中要求船舶不断电，实现无缝切换；岸电电源系统满足进行当地监控管理且同时具备远程监控管理需求；岸电电源符合节能、环保、安全等要求，具备较高的过载能力、抗冲击能力及规范的包含逆功率保护在内的安全保护系统。

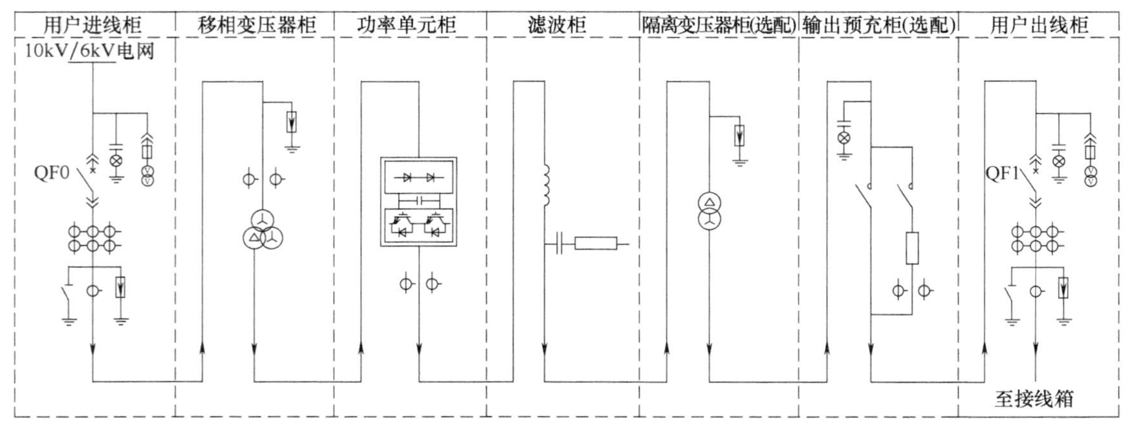

产品优势及应用成果：

1）可快速微调输出电压的相位及幅值，从而控制逆功率产生，保证变频电源的有功输出为正，同时岸电电源系统检测岸电电源和船电电源情况，可针对电源输出情况自动地做出相应的调整，防止逆功率的产生。

2）通过调整岸电电源的输出电流和电压，确保变压器投切起动时不会处于磁饱和阶段，不出现尖峰涌流，从而实现变压器软起，确保岸电连船顺利进行，保证岸电设备安全稳定。

3）通过对岸电电源的工作模式切换，以及针对发电机的特性做出调整，将岸电电源设计为仿真发电机的有差特性，以此确保岸电系统与船舶并网和负载转移一次成功，提升了岸电系统的并网稳定性。

4）具有三相输出电压平衡控制技术，对三相输出电压实行独立闭环控制，三相负载不平衡度达25%，依然保持三相线电压对称输出。

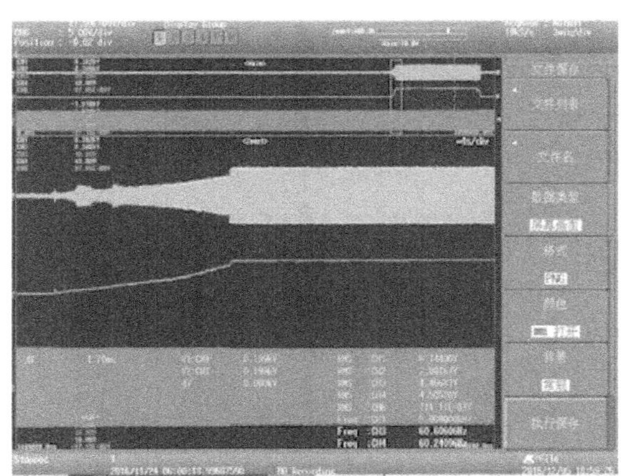

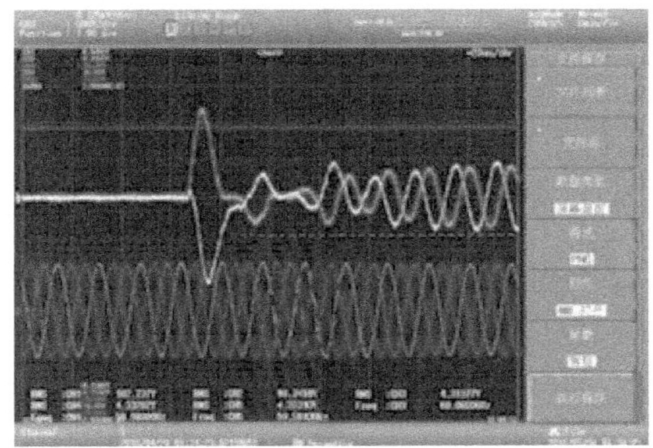

5. 台达为数据托管跨国公司提供 28MW 关键电力解决方案

参与单位：

台达电子企业管理（上海）有限公司

地址：上海市浦东新区曹路镇民雨路 182 号

电话：021-68723988

网址：www. delta-china. com. cn

主要产品：

台达 Modulon DPH 系列 UPS 搭配 60kW 电源模块

项目概况：

公开研究数据显示，到 2025 年，全球数据中心市场投资预计将达到每年约 2000 亿美元。其中在印度的数据中心投资预计将达到每年约 50 亿美元，这主要是由不断增长的互联网普及率与云端使用率、政府的数字化政策和数据中心在地化而造成的。

某数据托管跨国公司选择了台达电子企业管理（上海）有限公司（简称台达）提供的电力解决方案，并通过网络、数据中心、云基础设施、网络安全和云通信的全球数据托管服务为客户实现商业成果。

该公司是印度最大的整合性 ICT 解决方案和服务公司之一，提供全方位的 ICT 终端产品，并提供电信数据网络基础设施的服务，覆盖印度 1600 多个城镇。客户在孟买的 28MW 数据中心项目由台达协助安装 28 组 1MW 的 UPS 电源方案，分别坐落在数据中心的二、三、四楼各 8MW 和八楼的 4MW。为了满足这个项目的需求，客户选用模块化并支持热插拔设计的台达 Modulon DPH 系列 UPS 搭配 60 kW 电源模块。

许多主要数据中心解决方案供货商都参与了这个标案。台达为这个超大规模数据中心解决了许多问题，满足其应用需求，以实现更低的 MTTR、TCO、最小的占用空间以及最高的冗余和可用性，最终赢得了客户的信任和信心。

产品应用概况/解决方案：

Modulon DPH 系列 UPS 在线双转换 UPS 容量高达 500kVA，并搭载全球最高 50kVA/kW 模块功率密度。配置目前最新的 600kVA/kW 机柜，台达能提供先进的电源模块控制机制，同时实现更有效率的数据中心空间运用。

台达关键基础架构事业部（MCIS BU）总经理蔡文荫博士表示："自从我们推出高密度 500kVA 版本的 Modulon DPH 系列，多家主要电信业者及主机代管业者皆已在欧洲和亚洲部署本机种。而法国和德国的龙头电信业者，以及荷兰主要的主机代管与网络服务业者皆已安装 DPH 500kVA 装置。我们也已于中国大陆进行一项大型项目，目前已安装或运送中的装置已超过 100 台。我有自信，全新的 300 及 600kVA/kW 机型将为我们的客户提供更大弹性，以符合其数据密集的备用电源需求，如物联网（IoT）与边缘运算应用的数据中心。"

产品优势及应用成果：

全球 IP 流量预测将于未来五年内成长三倍，而台达新款高密度 UPS 机种就是为了顺应此潮流。更多元内容的应用，如高带宽的影片、物联网（IoT）和大数据都会产生可观的流量，并造成更大的数据中心容量需求。台达最新的 50kVA/kW Modulon DPH UPS 机种拥有领先业界的 3U 功率密度模块，赋予数据中心操作人员更大的灵活性，顺应迅速变化的市场需求。

相较于传统的单机 UPS 系统需要从一开始便安装符合数据中心最大规划负载的足够功率，之后再增加容量的做法，使用台达 Modulon DPH 系列既简单又经济。DPH 系列 UPS 模块与机柜的高功率密度也代表电力基础设施所使用的空间较少，能将更多的空间留给带来收益的 IT 机柜。使用台达最新的 300kVA/kW 及 600kVA/kW 机型后，工程师现在设计适当供电容量的数据中心时，能拥有更多选择。

Modulon DPH 系列容错设计的重点，包括功率模块冗余及双份 CAN bus、内建控制逻辑与自动同步功能。高适应性模块化设计的附加优势，在于可热插入的关键组件。最高可达 8 台的并联扩展及 N+X 冗余，容量总共可高达 4.8MW。此外，DPH 系列创新的微处理器技术能自我检测重要组件与参数，并支持波形纪录。这些进阶功能皆能进行精准的事件分析与诊断，让 DPH 系列适合高可用性应用，例如 Tier IV 数据中心。台达最新 DPH 机型同时也是环保的选择，正常运作下的 AC-AC 运作效率可达 96.5%，在 ECO 模式下高达 99%。

台达最新 DPH UPS 所搭载的触控屏幕，可支持环境管理系统及电池管理系统，将是让 IT 经理人感到欣喜的功能。搭载 10in 大型彩色触控屏幕，让操作人员可检视事件记录并存取诊断信息。

6. 山东台儿庄台阳 100MW/200MW · h 电网侧独立储能项目

参与单位：

阳光电源股份有限公司

地址：合肥市高新区习友路 1699 号

电话：18356098494

网址：www.sungrowpower.com

主要产品：

“1+X”模块化逆变器，SG320HX 组串逆变器，PowerTitan 液冷储能系统

项目概况：

2022 年 12 月 21 日，山东台儿庄台阳 100MW/200MW · h 电网侧独立储能项目正式全容量并网。该项目是山东省重点基建项目之一，采用行业领先的阳光电源 PowerTitan 液冷储能系统，从发货、安装、调试到并网仅用 30 天，创造了储能电站主体工程建设最短工期纪录，为全国独立储能发展树立标杆。

产品应用概况/解决方案：

阳光储能依托于“三电融合 专业集成”理念，前瞻性地构建电站全生命周期系统级安全，实现从人身到财产、从并网到运维、从前期决策到后期运营等多维度全链安全。

值得关注的是阳光储能是首家获得德国莱茵 TÜV 权威机构认证，通过 UL 9540、UL 9540A 全球储能系统最高安全标准，保障项目更好地参与电力现货市场。

阳光储能基于“三电融合”优势，出厂前即完成预安装和系统联调，同时支持 SCR = 1.018 弱网下可靠运行，现场并网联调更快捷，为项目施工提效 50%，将建设周期从 60 天乃至更久，缩短至 30 天，再次刷新行业纪录。

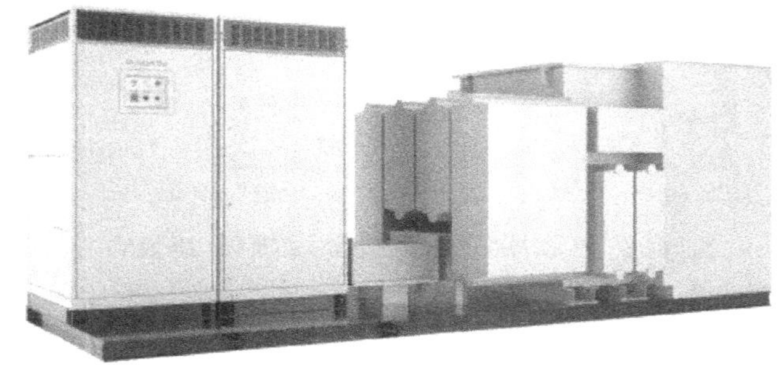

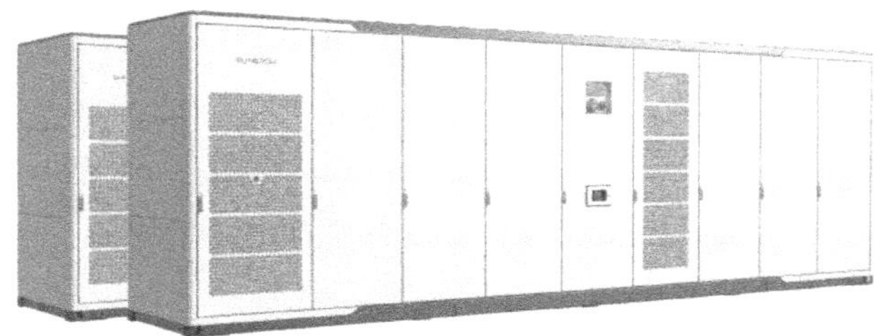

产品优势及应用成果：

该电站将接收山东省和枣庄市电力调度控制中心双重调度指令，参与电网调频、调峰等电力市场化交易，每年可减少限电 6000 万 kW · h。按照租赁收入及当地电价收入，该项目投资回收期预计为 8.7 年，未来随着政策、机制的利好，投资收益和回收周期也将更加向好。PowerTitan 液冷储能系统以全方位安全、高效并网、更高 ROI，进一步提升电网灵活性，保供“迎峰度冬”。截至 2022 年 12 月底，PowerTitan 液冷储能系统全球发货超 5GW · h。

7. 阳光新能源东风马勒 5.2MW 分布式光伏发电项目

参与单位：

阳光新能源开发股份有限公司

地址：安徽省合肥市高新区天湖路 2 号

电话：0551-65327977

网址：www. sungrowplant. com

主要产品：

iBuilding 智慧 BIPV 解决方案 V2，iBlock 平屋顶分布式解决方案，柔性 PVC 屋面解决方案，光伏防雨车棚解决方案，光充一体化解决方案

项目概况：

该项目利用武汉东风马勒热系统有限公司闲置屋顶资源开发建设而成，项目应用场景涵盖企业能源中心、阳光房、行政楼、研发楼、厂房屋顶、雨棚、车棚等，场景之全在国内工商业分布式光伏中首屈一指。项目共安装 5.2MW 分布式光伏项目，于 2022 年 12 月 23 日并网发电，年均发电量预计为 530 万 kW · h。

产品应用概况/解决方案：

该项目依托武汉东风马勒热系统有限公司闲置屋顶资源开发建设而成，项目应用场景涵盖企业能源中心、阳光房、行政楼、研发楼、厂房屋顶、雨棚、车棚等，应用场景十分齐全，堪称工商业光伏开发“万花筒”。项目分散布局于东风马勒企业厂区 11 处屋顶/棚顶，年发电量 530 万 kW · h，采用“自发自用、余电上网”模式接入电网，依托“高效发电、系统融合、全生命周期优化”三大系统技术网，阳光新能源通过 iBuilding 智慧 BIPV、iBlock 平屋顶分布式等多种解决方案的组合运用，精准契合企业生产经营用能需求。

产品优势及应用成果：

该项目屋面条件极为复杂，分散化、非标化严重，屋顶型式包含混凝土屋顶、阳光房、BIPV、柔性屋顶、地面光伏车棚、普通彩钢瓦、交流慢充充电桩，对电站开发系统技术提出了极高要求。针对项目实际，阳光新能源依托先进系统技术支撑，创新采用 iBuilding 智慧 BIPV+iBlock 平屋顶分布式+PVC 柔性屋面光伏系统+钢结构光伏车棚多种设计模式，针对差异化的屋顶条件个性化定制光伏解决方案，并依托 iSolarRoof-B 分布式光伏智能设计软件进行设计系统优化，在系统提升发电量的同时，多场景“光伏+建筑”开发模式，最大化助力东风马勒实现资源复合利用，助力资产增值。

8. 阳光新能源宣城 20MW · h 网侧储能项目

参与单位：

阳光新能源开发股份有限公司

地址：安徽省合肥市高新区天湖路 2 号

电话：0551-65327977

网址：www. sungrowplant. com

主要产品：

独立储能 PowMart 智慧能源解决方案

项目概况：

阳光新能源开发股份有限公司（简称阳光新能源）宣城 20MW · h 网侧储能项目位于安徽省宣城市宣州区水阳镇境内，由 4 套容量为 3.15MW/3.024MW · h 的储能子系统（储能 PCS 降容到 2900kW 使用）和 3 套容量为 2.75MW/2.688MW · h 的储能子系统（储能 PCS 降容到 2688kW 使

用）构成，项目投资约 7220 万元，占地面积约 13 亩（1 亩=666.6m^2），于 2022 年 9 月底并网发电，系安徽首个并网的电网侧电化学储能项目，对于提升电网系统弹性和灵活性具有显著示范效应。

产品应用概况/解决方案：

阳光新能源宣城 20MW · h 网侧储能项目于 2022 年 9 月底在宣城市宣州区成功并网，本项目储能系统采用高性能磷酸铁锂电池和高效的三电平逆变升压一体机组成的 1500V 高压系统，具备更好的安全防护功能和更强的电网支撑能力。依托阳光新能源研发的独立储能 PowMart 智慧能源解决方案进行设计，采用主动预警分析、快速隔离保护、可靠消防联动、快速泄压防爆的"防护消泄"一体化高安全设计方案，适用于调峰、调频等多种应用场景，具备毫秒级功率响应速度，可作为独立电源支持百兆瓦级别的黑启动，助力故障电力系统快速恢复，技术先进性显著。

产品优势及应用成果：

安徽的清洁能源装机以风电、光伏等新能源为主，随机性、间歇性特征明显。近年来新能源大发展期间，全省火电机组调峰能力已达到极限，继续高水平消纳压力越来越大。此项目建成后，一方面可通过调节电网峰谷差，降低电力设备重过载率，减少通过电网建设改造及新增装机满足负载需求，实现提升电网利用效率；另一方面，在电网发生停电故障时，本项目将储备的能量供应给终端用户，为用户提供应急用电，避免了故障修复过程中的电力中断，以保证供电可靠性，减少用户断电造成的经济损失；第三，当电网调峰困难时，为了保证电网安全运行，必须限制新能源发电，造成资源浪费，本项目建成后可"平移"光伏与风电的间歇性出力，有利于新能源消纳，提升新能源容量可信度。

此项目通过源荷动态匹配，全生命周期储能安全系统技术和系统融合技术创新应用，有效保障了安全可靠和高效运行。从社会资源有效配置的角度考虑，本项目的建成投运具有突出的间接效益，可延缓燃煤机组建设，增加可再生能源消纳，因此具有突出的节能减排效益，对于节能减排、推动技术扩散与发展、提高电力系统稳定运行都具有十分重要的作用。

9. 阳光家庭光伏临沂兰陵光伏社区项目

参与单位：

阳光新能源开发股份有限公司

地址：安徽省合肥市高新区天湖路 2 号

电话：0551-65327977

网址：www.sungrowplant.com

主要产品：

iRoof 光伏解决方案

项目概况：

阳光家庭光伏临沂兰陵光伏社区项目位于山东临沂市兰陵县境内，建设总装机容量为 2902.5kW 的分布式光伏电站，2022 年 6 月并网发电，预计年发电量超 340 万 kW · h。

产品应用概况/解决方案：

2022 年 6 月并网发电，采用全额上网模式，主要建设在书香苑和瑞福苑社区楼顶。阳光家庭光伏充分利用“高效发电技术、系统融合技术、全流程优化技术”三大系统技术，结合社区不同应用场景，打造出全场景光伏社区。项目不仅建在居民楼顶，还全面覆盖幼儿园、商铺、车棚、社区办公用房等设施，应用场景之全，在国内光伏社区/村项目中都极为罕见，该项目是国内安置社区全场景光伏发电的典范。阳光家庭光伏因地制宜定制方案，通过自主研发的 iSolarRoof 户用光伏智能设计软件，快速设计高效落地，以最短时间实现项目并网发电。预计年发电量超 340 万 kW · h。

产品优势及应用成果：

针对项目场景多、分散化、非标化严重的现状，阳光家庭光伏充分发挥先进系统技术的核心优势，克服屋顶结构复杂、群众需求多样等难题。本方案从系统设计理念到系统架构的设计，再到产品选型，都持续秉承系统可靠性原则，均采用成熟的技术，具备较高的可靠性、较强的容错能力、良好的恢复能力。在设计和设备选型时，科学预测未来扩容需求，进行余量设计。设备采用模块化结构，便于系统扩容、升级，电站容量为 2902. 5kW，每年可为村集体带来收益超 130 万元。收益由镇里统一调配，用于帮扶困难群众，为公益岗发放工资等，除此之外，还可应用于社区公共基础设施建设、群众节日慰问和社区文化活动等。项目的高效落地，成为当地乡村振兴的重要推手。

10. 江天数据（北辰）云数据中心

参与单位：

伊顿电源（上海）有限公司

地址：上海长宁区临虹路 280 弄 3 号楼

电话：18019025093

网址：www. eaton. com

主要产品：

Eaton 93PR 300kVA/600kVA/600kVA UPS 主机及锂电池组

项目概况：

江天数据（北辰）云数据中心——“环京大数据产业天津基地”为占地 260 亩（1 亩 = 666. 6m^2）的超大型数据中心产业园。该基地总规划建设 8 栋绿色节能的超大型数据中心，具备充足的分期扩容空间。

产品应用概况/解决方案：

伊顿电源（上海）有限公司（简称伊顿）93PR 系列大功率 UPS 以其高可靠性、高效低损耗的设计特点，极为适合现代大型数据中心电力保护应用，特别是它兼容锂电池储能系统的设计特点，在数据中心应用中配合锂电池系统实现电力系统的消峰填谷，助力数据中心提高用电效率。

江天数据中心一期机房楼可容纳 5000 台机柜的数据中心，用户对 PUE 的要求，设计 PUE 要求小于 1. 25。因此，对产品的节能特性较为看重，要求 UPS 系统在安全可靠的前提下尽可能地有效降低产品的自身功耗，提升电能的利用率。

采用伊顿 93PR 600kVA UPS 构成的 2N 双路供电系统，500kVA 及 300kVA UPS 为动力系统提供冗余电力保护，其 300kVA UPS 配备锂电池系统 。

产品优势及应用成果：

93PR 的设计双变换最高效率达到 97. 1%以上。ESS 节能模式下 20% ~ 100%带载率下系统效率可达 99%以上。极大地帮助用户提高电力系统的转换率，帮助用户实现数据中心节能增效、降低 PUE 的目的。

93PR 产品还采用伊顿特有 ABM 先进电池管理技术、Hot-Sync 热同步并机技术以及 ECT 假负载测试技术等创新的专利技术，使得 93PR UPS 在系统可靠性、可维护性以及节能环保等方面均表现出优异的性能。

11. 中国铁塔股份有限公司 2022 年模块化开关电源（第二期）集中招标项目

参与单位：

中兴通讯股份有限公司

地址：深圳市南山区西丽留仙大道中兴通讯工业园研一楼

电话：18575586592

网址：www. zte. com. cn

主要产品：

模块化电源 ZXEPS EBD48600 N1

项目概况：

为了实现更精细化的电源管理，减少站点用电纠纷，防止运营商私拉乱接，中国铁塔制定了“分路型”模块化电源企业标准。在 2022 年 9 月，中国铁塔启动模块化电源集采项目招标（第二期），采购规模约 20 万套，中兴通讯股份有限公司以第一份额 38%中标。

产品应用概况/解决方案：

铁塔新企标规定的分路型智能空开模块化电源，包括基础单元（必配），整流器扩展单元（选配），直流配电扩展单元（选配），铅酸电池接入管理单元（选配）。机型覆盖室内型和室外型两个大类，基础单元可以支持 50A、75A 整流器混插，基础单元容量可以到 300A，通过叠加整流器扩展单元，整体系统容量最大可到 600A。系统支出太阳能和整流器的混插，实现光伏平滑接入。直流配电采用全智能断路器，可以实现直流分路控制和计量，通过起租加电及通断控制策略，实现站点供电的精细化管理。

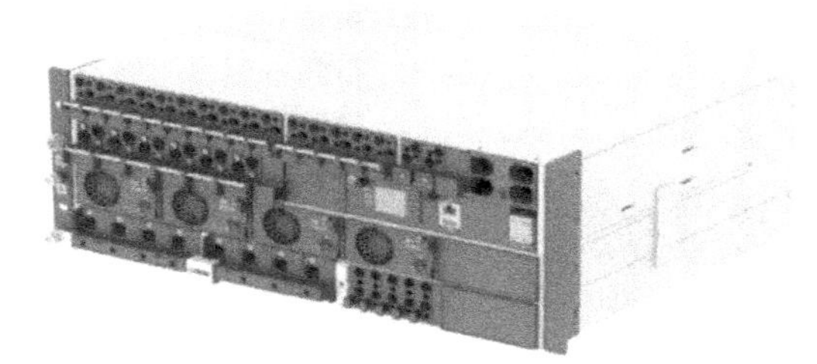

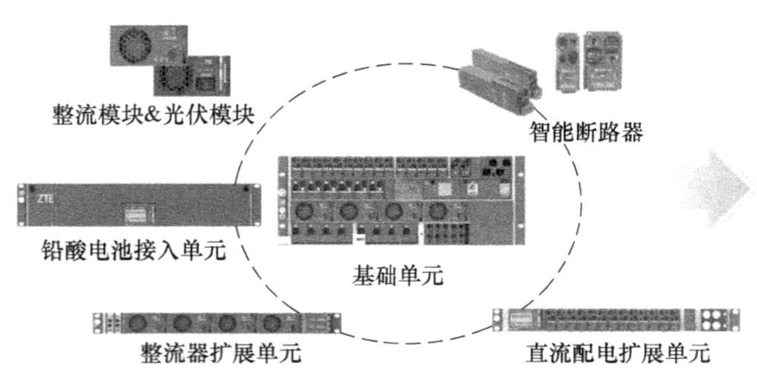

模块化电源系统构成

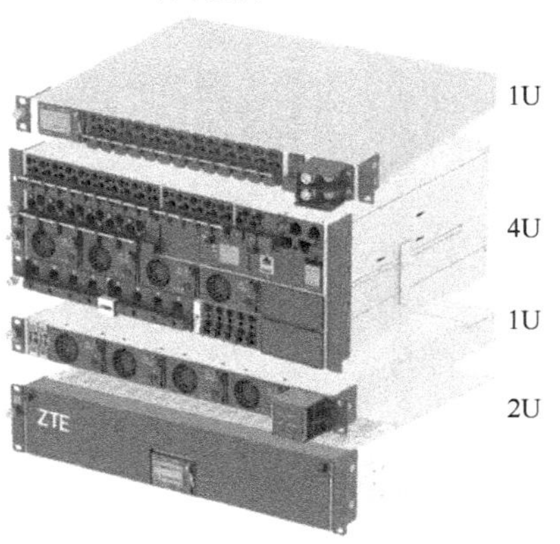

组合示意图

产品优势及应用成果：

1）各功能组件采用模块化设计可以根据站点当期需求灵活配置，后期扩容便利，可以分阶段投资，降低初始建站成本；

2）功率模块率峰值效率≥97%（40%~90%负载率），整流模块和光伏模块面板尺寸为 1U×2U，功率密度高达 70. 2W/in^3，业界领先；

3）全智能断路器，可软件定义分路名称、用途（负载/电池）及容量，维护便利，具备分路起租加电、分路计量功能，实现站点用电的智能化、精细化管理，同时支持分路通断控制策略，实现差异化备电；

4）智能削峰，市电免改造，节省市电扩容改造成本；

5）错峰用电，利用峰谷电价差套利，减少电费支出；

6）整流模块与光伏兼容混插，平滑叠光，实现站点低碳供电。

12. 广州之窗 B 区项目

参与单位：

航天柏克（广东）科技有限公司

地址：佛山市禅城区张槎一路 115 号四座 2~7 层

电话：0757-82207158

网址：http：//www. ascf. com. cn/n18171927/index. html

主要产品：

网络能源、新能源、应急供电系统、行业专用电源、电能质量管理

项目概况：

中交集团南方总部基地，又名“广州之窗”，位于海珠区珠江新城南端中轴线起点的珠江后航道之滨，基地由南向北看呈“001”造型，由北向南看呈“100”造型，是集总部办公、商务会馆、商旅会展、高端游艇码头、展示展览中心及江景主题公园等复合功能于一体的国际经济文化

交流平台。据了解，广州之窗于2020年获封“国际标准智慧园区示范区”，致力于打造新型高端商务办公空间，搭建服务于整个园区的集成化管理平台，推动新兴产业集聚，实现数字化发展。2022年，航天柏克（广东）科技有限公司（简称航天柏克）模块化数据中心解决方案顺利进驻广州之窗，为其智慧园区建设提供可靠的电力保障。

产品应用概况/解决方案：

航天柏克携手“国际标准智慧园区示范区”——广州之窗，以安全、可靠的模块化数据中心解决方案，为广州之窗智慧园区建设构筑坚实的数字底座，加快广州数字经济高质量发展，为粤港澳大湾区经济腾飞注入新动能。

在本项目中，航天柏克为广州之窗B区定制了BK-IMC系列池级微模块数据中心解决方案。该方案以全模块化架构布署，可在较短的建设周期内完成交付，且便于日后的维护和扩容；采用一体化设计，涵盖智能配电、安防、应急、监控、制冷等系统，能够解决传统园区因缺乏互通、资源分散而造成的信息孤岛问题，全面提升园区的运营、服务和管理能力。

产品优势及应用成果：

航天柏克数据中心解决方案有效实现智慧办公、安全监管、园企互联，为广州之窗全力打造高端化、现代化的智慧园区提供技术支撑。一直以来，航天柏克以客户项目的实际需求作为出发点，获得了客户的认可，在行业中树立了良好的口碑。智慧园区是数字经济的新载体，正在成为广州数字化发展新的支撑点，航天柏克不断提升、完善产品和服务的质量，赋能智慧园区建设，助力广州建设数字经济引领型城市和国际一流智慧城市，为粤港澳大湾区数字经济发展贡献力量。

13. 援乌兹别克斯坦中学5—9年级信息技术和外语教学设备二期项目

参与单位：

鸿宝电源有限公司

地址：浙江省乐清市柳市镇象阳工业区

电话：0577-62762615

网址：www.hossoni.com

主要产品：

HB-SVC-15kVA稳压器

项目概况：

鸿宝电源有限公司（简称鸿宝公司）为中华人民共和国商务部“援乌兹别克斯坦中学5-9年级信息技术和外语教学设备二期项目”的实施企业，该援外项目需采购一批稳压电源，鸿宝公司通过层层筛选取得此项目的合作。

产品应用概况/解决方案：

HB-SVC-15kVA稳压器采用CPU控制及智能液晶显示技术，绿屏背光、动态显示即时工作状态。具有稳压精度可调、延时时间可设定，以及过电压、欠电压、过载、过温等保护及报警功能；消除谐波，减少谐波电流对电网设备的损害；响应速度快，可抑制电压波动及闪变，稳定电压；消防电压三相不平衡度，治理负序电流等，且本产品外型美观；具有波形不失真、效率高、输出电压平稳、可长期运行等特点。可应用于任何用电场所，确保用电设备正常安全运行。

产品优势及应用成果：

本产品容量≥14kVA；功率因数≥0.85；输入电压为170~250V；输出额定电压为220V±3%；带频率净化功能；输入频率为50±15Hz；输出频率为50±2Hz；抗干扰，带过电压、过载保护、带异常报警功能等。

本产品一直采用优质材料和先进工艺技术而生产。适用于各种供电场合，产品的电压等级、绝缘等级、联接组别、绕组容量分配以及外壳的要求等，均可按照客户要求精心的设计与制造。广泛用于高铁、地铁、高层建筑、机场、车站、码头、工矿企业及剖隧道等需要改变电压的输配电场所。

14. 江苏有线 IDC 机房 UPS 及电池采购项目

参与单位：

深圳市英威腾电源有限公司

地址：深圳市光明区马田街道薯田埔社区英威腾光明科技大厦 1 栋 501

电话：0755-23535031

网址：www. invt-power. com. cn

主要产品：

英威腾 RM 系列模块化 UPS 电源

项目概况：

江苏省广电有线信息网络股份有限公司某分公司机房规划位于裙楼三楼，建筑面积约 1200m^2，建设内容主要包括主机房、配电间、电池间、消防钢瓶间等。

产品应用概况/解决方案：

为保证业主数据中心业务的上线需求，本项目设计和建设内容包括：机房安全加固工程、机房装饰系统、供配电系统（含 UPS 系统等）、机柜系统、空气调节系统、照明、消防系统、新风系统、排烟系统、防雷接地系统、机房弱电系统（视频监控、门禁、防盗报警、动力及环境监控系统）等，本项目采用英威腾 RM 系列 500kVA 模块化 UPS 电源若干，以及配套后备蓄电池、电池架等，为数据机房 IT 设备提供稳定可靠的电力供应，有力保障业务 7×24×365 连续不间断运行。

产品优势及应用成果：

英威腾电源有限公司（简称英威腾）RM 系列 500kVA 模块化 UPS 电源为三进三出纯在线双变换式产品，模块化设计，功率模块支持在线热插拔，便于现场维护，提供理想的供电质量与负载保护。功率模块具备智能休眠模式，可设置的轮休时间来进行休眠轮换，实现绿色节能。效率高达 96%，为用户节省用电成本。友好的人机界面，配置 10. 4in 大屏幕液晶触摸屏与控制面板，方便用户操作与维护。经过相当一段时间的试运行后，用户对于英威腾产品的稳定性、可用性、高效可靠人性化的设计等给予了高度评价与认可。

15. 特变电工沽源县 40 万 kW 光伏+示范项目

参与单位：

特变电工新疆新能源股份有限公司

地址：西安市高新区上林苑四路 70 号特变电工西安产业园

电话：4006066029

网址：www. sunoasis. com. cn

主要产品：

储能系统解决方案

项目概况：

特变电工新疆新能源股份有限公司（简称特变电工）沽源县 40 万 kW 光伏+示范项目早在 2018 年就开始立项开发，作为河北地区第一个储能项目，当时正处于探索阶段，突破重重困难，最终作为张家口可再生能源示范区的重点工程项目之一，分两期分别于 2021 年底和 2022 年中实现全容量并网。

产品应用概况/解决方案：

项目容量 15MW/15MW · h，辅助光伏电站实现消纳弃电、平滑输出，以及调峰、调频等功能。采用磷酸铁锂电池，搭配先进的 PCS 电网适应控制策略设计，以及精细化的 EMS 管理系统等，最大化地利用电池系统能量，充分发挥储能系统价值。

自并网以来已经累积发电上网超过 3 万万 kW · h，整个电站设计规划周期 25 年，平均每年可发电量 7. 5 万万 kW · h，可节约燃煤 19. 4 万 t，相当于减少 6. 27 万 t 二氧化碳排放，为我国的碳中和目标添砖加瓦。

产品优势及应用成果：

整个项目的储能系统设计围绕安全和高效两个核心要素，首先是特变电工创新提出的故障七级保护策略，从高压侧到低压侧，从交流到直流一共配置了 7 级断路保护，可以保证故障发生时将它隔离在最小的电气间隔内，极致安全也是特变电工一直延续并不断加码的新品开发原则。

基于对热失控机理的研究和预置，EMS 和 BMS、PCS 联动实现预分析预诊断，可以最大程度地杜绝热失控，另外自动的 SOC、SOH 标定可以实现整个系统的智能运维和故障预警。

系统采用的是风冷温控设计，在设计方案配置选型上也是经过严谨的多方案对比分析，通过风道设计、温场仿真和流场仿真得出最优的温度管理解决方案，力求温差最小。

通过3S的协同管理以及分层级的消防故障与报警对应不同程度的消防策略，还有电芯、模组、簇、集装箱四级热管理设计，多维度精细化设计共同提升储能系统的安全和高效性能。在控制策略设计上，采用电压、电流双闭环的设计、解耦控制实现在保证储能系统高响应速度的前提下实现系统的稳定、精确控制。同时虚拟阻抗环的加入，有功和无功解耦控制，提升弱网下的电网适应性，并且在多机并联时抑制环流。

16. 480kW 直流充电系统项目

参与单位：

万帮数字能源股份有限公司

地址：武进国家高新技术产业开发区龙惠路39号

电话：400-8280-768

网址：www.wbstar.com

主要产品：

北斗二代480kW直流充电系统

项目概况：

480kW产品项目于2022年年初立项开发，在360kW产品基础上衍生迭代开发480kW超充产品，历经半年完成新产品开发及认证，现适配多种标准终端，最高输出电流600A。

产品应用概况/解决方案：

2022年10月，480kW超充产品落户美丽充紫金港超级充电站，开启星星充电超充站全国投建第一步。杭州紫金港超级充电站是星星充电在全国最大的单一体量充电站之一。整站功率为6240kW，最多可为128台新能源车辆同时充电，投用后，充电量可达3万kW·h，每日为1000车次新能源车辆提供车辆快速补电服务。

2022年12月，广东打造超充省份，480kW液冷超充产品在华南实现批量销售，为当地新能源汽车提供快速补电服务。

产品优势及应用成果：

高效：DPA双层功率池技术，充电运营效率提升10%。

灵活：超充快充自由搭配组合，适配各类场站及车辆需求，桩-端分离，终端小巧，不受场地限制，可灵活配置和安装，单双枪定制化配置，满足用户不同充电需求。

先进：具备1000V电压输出平台，同时兼容液冷大功率升级，满足未来发展趋势，无需重复投资。

安全：采用首创的Aone三重安全防护技术，安全运营高保障。

480kW超充产品已经陆续在全国多个城市、场站投建使用。

—— 北斗二代480kW超充产品现场使用情况

上海新协路超级充电站

香缇御景湾键电超充站

广州万博超级充电站

健电云星汽车城超充站

杭州紫金港超级充电站

17. 先控UPS中标2022湖北省省级政府采购项目

参与单位：

先控捷联电气股份有限公司

地址：中国石家庄市高新区湘江道319号第14，15幢

电话：400-612-9189

网址：www.scupower.cn

主要产品：

先控捷联电气股份有限公司（简称先控）主要为数据

中心基础设施、新能源汽车充电和绿色储能这三大业务领域提供完整的解决方案。

目前，数据中心产品主要包括各类UPS不间断电源、模块化数据中心、一体化电力模块、高低压成套设备等。新能源汽车充电产品包括直流充电桩、交流充电桩、欧标充电桩、智能充电模块、有序充电控制柜、立体车库充电机等。绿色储能产品包括多功能储能变流器、光储一体机、锂电池系统、一体化光储系统（GRES）、储能集装箱等多种产品系列。

项目概况：

先控UPS成功入围湖北省政府采购网上商城2021—2022年度供应商增补项目，成为其年度电源产品供应商，将为湖北省政府部门提供可靠、高效、环保的电源产品，推进智慧政务的开展。

产品应用概况/解决方案：

先控UPS产品包括模块化UPS、高频UPS系统、机架式锂电UPS系统、一体化电力模块系统，在功能、容量、品质等方面不断升级，满足不同行业用户的需求。先控UPS产品采用顺位主从同步控制技术、集中旁路技术、多级分散式控制技术；采用多重并联冗余措施，克服单点故障，实现故障隔离；支持在线补偿节能运行模式（IECO），该模式下效率可高达99%以上，自适应锂电系统，支持储能应用，为负载提供绿色电源，为电网提供稳定电源。

产品优势及应用成果：

先控UPS电源产品已成功服务于APEC会议供电保障、2008北京奥运会供电保障、全国冬运会的电力保障、北斗3地面接收系统、北京公安局IDC项目、三大运营商、首都机场、广电总局、中石油、中石化等重大集采项目。

目前，先控已陆续推出15kVA、25kVA、50kVA、75kVA等容量电源模块，系统容量涵盖1~1200kVA，产品广泛应用于通信、交通、制造业、石油石化等行业，覆盖全球50多个国家和地区。

先控UPS产品凭借突出的性能优势，荣获“中国工程建设标准化协会·数据中心科技成果奖三等奖”“中国信息通信基础设施低碳节能技术应用示范企业”“电源科技奖·优秀产品创新奖”等荣誉称号，并入选《国家通信业节能技术推荐目录》。

18. 香港等地方舱医院项目建设

参与单位：

易事特集团股份有限公司

地址：广东东莞松山湖国家高新区工业北路6号

电话：0769-22897777

网址：www.eastups.com

主要产品：

智慧电源、数据中心和新能源

项目概况：

面对疫情肆虐，易事特集团股份有限公司（简称易事特集团）第一时间响应国家号召，积极组织调度人力、物力，助力香港落马洲河套区方舱医院、东莞东城同沙方舱医院等多地项目建设，并获得高度好评。

产品应用概况/解决方案：

其中，香港落马洲河套区援建项目位于深圳福田口岸附近，建筑面积约52万m^2，由中央政府指派中建科工集团负责相关工程，提供约1千张床位的应急医院和约1万张床位的社区隔离及治疗设施。易事特集团根据项目实际需求，提供了300kVA、200kVA、80kVA、60kVA等容量电源产品及解决方案，全面保障检验科医疗精密仪器、ICU手术室医疗设备等用电需求。

同期，集团针对东莞东城同沙方舱医院信息化建设需求，量身定制了UPS电源解决方案，快速安排人员跟进项目，保质、保量、保时推动建设，并将持续以优质产品和可靠实力为医疗信息化机房提供不间断电源保障，切实为打赢疫情防控阻击战贡献力量。

产品优势及应用成果：

易事特集团作为全球数字产业和智慧能源综合解决方案优秀上市公司，一直紧跟国内国际发展趋势，积极响应国家战略决策，业务涵盖高端电源、数据中心、智慧能源等板块，是UPS电源龙头企业，领军行业发展，成为政府、电网、金融、通信等单位项目建设的首选合作伙伴。易事特集团电源产品依托丰富的工业电源开发和应用经验，采用高效的IGBT整流/逆变、先进的DSP全数字控制、人工智能、云网管理、在线实时预警和故障隔离等先进技术，并持续研发创新，极大提升产品综合技术性能，为客户提供超预期产品及服务。值得一提的是，易事特集团电源产品均经过“五高”（高寒、高盐、高温、高湿、高风沙）恶劣环境的充分验证，集高效性与可靠性于一体，技术实力处于行业领先地位，广受赞誉。

19. 爱克赛：光伏储能为孤岛温暖守护

参与单位：

江苏爱克赛实业有限公司

地址：江苏省扬州市经济技术开发区宜城路1号

电话：0514-87525888；87525668；87525858

网址：www.eksi.cn

主要产品：

离网光伏锂电池储能

项目概况：

我国幅员辽阔，海岸线长达18000多km，拥有大小岛屿6500多个，其中有许多小岛地处偏远或与陆地相隔较远，电网无法正常输送到位，导致这些岛屿人员流动较少甚至无人居住，但祖国的每一寸海疆都需要卫士守护或布署一些基站设备，如长期使用油机供电，运行成本高、噪声大并且破坏环境。为解决此类用电困难问题，江苏爱克赛实业有限公司（简称爱克赛）长期致力于光伏发电以及储能系统技术的研发和生产，为众多海内外用电困难地区送去光明。

产品应用概况/解决方案：

经过爱克赛的技术人员不断努力，爱克赛为此类海岛基站驻守点送去绿色电源，该系统采用离网光伏+锂电池储能+备用油机的方案，系统功率配置100kW，可储存电能500kW·h，能满足驻守人员日常生活以及设备的运行，系

统采用光伏优先供电，多余电能储存备用，在极端天气情况下，当储存的电量不能满足供电需求时，油机可起动供电并同时为锂电系统充电备用，光伏、锂电、油机可智能切换使用，通过实际运行，该系统稳定、可靠、绿色，获得了驻守人员的一致好评。

产品优势及应用成果：

随着全球碳减排大趋势的不断深化，新能源产业已成为经济发展的新引擎，"十四五"是我国加快能源绿色低碳的转型攻坚期，为了应变新一轮能源革命和科技革命的深度演变，爱克赛着力聚焦新能源的发展，针对不同用电场景需求开发出应用于发电侧、用户侧、电网侧和光储充一体化多功能互补的典型储能系列产品及解决方案。爱克赛将继续紧跟国家"双碳"战略，加大研发创新投入，不断迭代产品满足客户多样化的需求，为构建清洁低碳，安全高效的能源体系不懈努力。

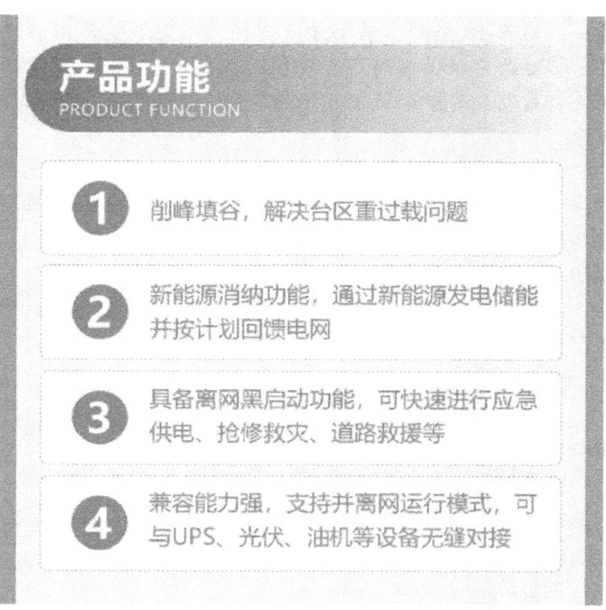

20. 卡塔尔世界杯道路照明

参与单位：

英飞特电子（杭州）股份有限公司

地址：浙江省杭州市滨江区江虹路 459 号英飞特科技园

电话：18057139605

网址：https：//cn. inventronics-co. com/

主要产品：

英飞特 LED 驱动电源 EUM、EUD 系列

项目概况：

从 2010 年赢得本届世界杯主办权至今，卡塔尔已在场馆建设、赛事运营、酒店扩容、现代化改造以及城市照明亮化等基础设施建设上投资超过 2200 亿美元，为赛事提供全方位保障。英飞特电子（杭州）股份有限公司（简称英

飞特）凭借其高品质、智能化的驱动电源产品解决方案，有幸参与了卡塔尔的多个照明亮化工程项目。

卡塔尔地处副热带高气压带，属典型的热带沙漠气候，几乎没有地表径流，使得整个国家终年炎热干燥，平均气温为 18~30℃，最高曾达 45℃。这种气候条件与应用环境，给 LED 驱动电源带来不小的考验。

良好的热设计一直是英飞特所有电源系列的必备要求。英飞特电源可适应超宽的环境温度范围，高温条件依然能够稳定运行，同时还能兼顾灯具避免其因高温损坏，产品的高可靠性和超长使用寿命大大降低了灯具维护成本。

产品应用概况/解决方案：

1）卡塔尔境内多条道路的照明项目中均使用了英飞特可编程电源——EUD 系列。该系列基于 DALI 控制协议，可实现对灯具的独立控制和任意分组，还能根据实际使用需求，灵活调整灯光方案——在照明非高峰时段调低灯光亮度，降低照明能耗。在提升照明科学性和合理性的同时，提高运维效率，降低管理成本。

2）体育馆停车场高杆灯项目使用了英飞特可编程电源——EUM-Bx 系列。基于无线智控，可实现监测灯具功率、智能调整照明策略等，确保灯具运行的高效、稳定、节能，有效提高停车场夜间照明质量，保障停车场的通行安全。

3）Doha Al Rayyan Municipality Bhupinder Singh 隧道照明项目使用了英飞特可编程电源——EUM-Dx 系列，功率覆盖 30~320W，可满足隧道内不同路段的照度和亮度需求，减少驾驶员进出隧道时的黑、白洞效应，提升隧道行驶安全。隧道里通风环境较差，而 EUM-Dx 良好的散热设计确保了灯具的稳定运行。

21. 固定储能式应急电源系统

参与单位：

青岛威控电气有限公司

地址：山东省青岛市即区市大信镇天山三路 42 号

电话：15066862260

网址：www. veccon. com. cn

主要产品：

固定储能式应急电源系统

项目概况：

系统集成在集装箱里，再通过隔离变压器与高压电网系统并联。在离网模式作为应急电源替代了原来柴油发电机系统，在并网模式下作为储能系统使用。

2022 年度企业完成的项目位于黑龙江省鸡西市城山煤矿；该项目由中信开诚智能装备有限公司中标，为 1.5MW/1MW·h，威控电气提供了本项目全部的设计开发、生产、测试和调试任务。

产品应用概况/解决方案：

1）“煤矿+储能”的新型储能模式应用，整合电源侧、电网侧、负荷侧三个方面的内容；

2）储能系统基于先进电力电子控制技术的双向储能变流器 PCS，可完美地解决柴油发电机所难以应对的难点问题；

3）储能系统配以安全可靠、充放电寿命长的磷酸铁锂电池系统，实现日常几乎零维护；

4）储能系统可依照地方的电价政策参与峰谷套利及调峰等辅助服务，既解决客户的刚需，又可以给客户带来额外的收益。

固定储能式应急电源系统解决的技术难题。

基于先进电力电子控制技术，采用三电平的离网型 NPC 拓扑架构的 MW 级双向储能变流器 PCS，解决以下几点技术难题：

1）在离网时作为应急电源系统可以应对电机等冲击性 MW 级功率负载；

2）设计专门的 LC 滤波单元，离网时提高系统控制电电能质量；

3）设计黑启动系统技术，在电网失电的情况下，保证了控制系统自供电；

4）替代柴油发电机系统，将起动时间由原来的 30min 缩短至 2min 以内，实现日常几乎零维护。

产品优势及应用成果：

可实施性：

1）项目充分考虑到使用、安装、调试、维护等方面，拓扑架构清晰，易于布署和实施，公司根据客户实际需求，为客户量身定制。

2）同时该项目已经形成标准化方案，能够根据客户的预算灵活地设定不同的系统配置。符合组织人力、资金、技术、设备和材料等资源配置能力。

可推广性：

1）公司“固定储能式应急电源系统”已经形成了标准化的系统方案，形成了国内独创的拓扑架构。

2）该拓扑架构和方案具有组织和行业内外的实用推广

价值，可被学习、借鉴和使用；具有一定的前瞻性，能够根据客户实际需求进行配置，满足不断变化的需求。

3）固定储能式应急电源系统标准化系统配置。

储能系统直流侧：将电池组、BMS等设备集成到标准的集装箱单元中，采用专用空调，同时配置了温控方案、烟雾传感器、应急照明系统等设备，采取了隔离分舱的安装模式，保证了电池系统散热良好，提高储能电池系统安全。

储能系统交流侧：主要由储能变流器、配变系统和高低压控制柜组成，其中高压侧也是采用隔离分舱的模式，保证了系统供电安全。

储能系统预制舱内设备工作电源采用AC220V自供电模式。

储能系统内还配置EMS能量管理系统，采集并存储系统运行数据，监控系统运行状态并进行控制。能量管理系统能够有效监控负载运行情况，并网峰谷套利，离网支撑提升机负载。

4）目前，国内有超过50多家煤矿系统对该方案产生了浓厚的兴趣，并与公司进行了深入沟通，同时组织了20多次现场考察学习，该方案也成功应用在黑龙江省鸡西城山煤矿、乌海能源集团等地。

易用性：

1）“煤矿+储能”的新型储能模式应用，整合电源侧、电网侧、负载侧三个方面的内容。

2）基于先进电力电子控制技术的单机非并联的MW级功率的双向储能变流器PCS，可完美地解决柴油发电机所难以应对的难点问题。

3）储能系统配以安全可靠、充放电寿命长的磷酸铁锂电池系统，实现日常几乎零维护。

4）储能系统具有自动报警、监控和管理功能，真正实现远程操作，自动控制，一键操作，简单易用，易于顾客和最终用户的使用，该系统得到了广大用户的认可。

5）储能系统可依照地方的电价政策参与峰谷套利及调峰等辅助服务，既解决客户的刚需，还可以给客户带来额外的收益。

经济、社会效益及社会责任绩效：

以山东能源枣矿集团滕东煤业的“1.2MW/1.22MWH固定储能式应急电源系统”为例：

1）1.2MW/1.22MW·h固定储能式应急电源系统并入配电网系统计算，设备投资为284万元，电池循环次数5000次；根据山东省2021年10kV电压等级峰谷平电价，在电化学储能电池额定寿命下计算节约成本，不预留矿井提升机应急电源容量的条件下计算节约成本。综合平均电价：$(1.0102\times3+0.8948\times9)/12=0.606$元/kW·h；扣除电化学储能装置发热、放电深度等因素影响，综合效率取0.8；额定寿命内节约电费：$606\times1.22\times5000\times0.8=295.7$万元，经济效益非常显著。

2）1.2MW/1.22MW·h固定储能式应急电源系统在接入配电网的条件下，充分发挥储能装置寿命周期，储能装置投资回收期为7.1年，远远优于枣庄地区投资光伏发电项目。

3）应对煤矿大面积停电重大风险，确保在全矿井失电的条件下，保障职工生命和企业财产安全。

4）具有加强局部电网和电网系统安全的重要作用，可作为电网能量互补的有效方式。

5）具有较强的跟随性能，能够快速实施电网调峰调频功能，稳定电网安全运行。

综上所述，采用固定储能式应急电源系统后，产生的经济和社会效益显著。

22. 高新区智能制造产业园弱电智能化工程项目（江西华勤）

参与单位：

深圳市英威腾网能技术有限公司

地址：深圳市光明区马田街道薯田埔社区英威腾光明科技大厦1栋601

电话：0755-23535030

网址：www.invt-networkpower.com.cn

主要产品：

列间级机房精密空调

项目概况：

高新区智能制造产业园设计定位为新一代信息技术产业集聚的先锋高地、新一代信息技术全面应用的创新样板、先进企业总部建设模式的示范区。为项目营造人与自然和谐统一的环境，展示舒适、健康、环保、节能的人性化绿色智慧型园区管理服务的新概念，创造与环境相协调、自身能持续发展、具有高效率低能耗的绿色、智能制造园区里程碑式的示范项目。此项目采用综合信息集成云计算技术、物联网技术、综合建筑能源管理技术的应用。

项目地址位于深圳市高新区天祥大道以北、航空城大道以西。项目占地600亩（1亩$=666.6m^2$），一次建设，分批交付。施工界面包括机房内基础装修、照明、防雷接地、综合布线、不间断电源、精密配电、动环监控、一体化冷通道机柜等，全部系统要求调试完成并交付使用。

产品应用概况/解决方案：

项目共设计6个机房，分布在A楼、E楼、F1楼、F2楼、J楼、生活区1楼，共计17套双排微模块。约300柜位、70台精密空调、2套集中监控及配套市电配电动环产品。每个机房包括配电间和主机房，主机房配置双排微模块、机柜、精密配电柜、精密空调等，配电间包括市电输入输出配电柜、动力配电柜及集中监控系统等。

深圳市英威腾网能技术有限公司（简称英威腾）多套微模块产品服务于高新区智能制造产业园，为园区内各区域及公共安全设施的运行管理提供一个良好的、舒适的、多样化的、高效率的工作和优质服务的环境，并提供灵活、多样化的运营管理与服务模式，同时为客户带来更多的社会效益、经济效益与增值服务。

产品优势及应用成果：

英威腾列间精密空调是一种特别适用于模块化数据中心的智能温控产品。通常布署于机柜排列内，和服务器机柜并排安装，结合冷热通道封闭，贴近热源效制冷，为数据中关键基础设施创建理想的运行环境。本项目采用英威腾列间精密空调 70 多套，经过相当一段时间的运行后，用户对英威腾产品的稳定性、可用性、高效可靠人性化的设计等，给予了高度评价与认可。该系列产品优势如下：

1）全变频：高效变频压缩机，EC 后倾离心风机，电子节流膨胀阀，无极调速室外冷凝器，全变频设计，动态控制，按需制冷；

2）高可靠：高品质认证部件，低载控温控湿，强大智能监控组网，高强度结构设计，一切只为可靠；

3）超节能：高回风温度设计，高效涡旋压缩机，全变频理念设计，精准智能控制，更加节能高效；

4）多配置：冷量段全覆盖，业界领先，标配功能强大，选配丰富实用。

2022年电源产品主要应用市场目录

产品名称或规格型号	上市时间	公司名称	2022年度销售额	技术特点	产品图片
1. 金融/数据中心					
华为电力模块3.0 Fusion Power6000	2022年	华为数字能源技术有限公司	未统计	通过一体化设计、高密部件集成，减少电力系统占地；通过预制化、去工程化，降低交付复杂度，缩短部署工期；通过 iPower 智能特性，实现全链可视管理和预测性维护，保障系统运行安全	
KR 系列 UPS (1~1200)kVA	2005年	科华数据股份有限公司	19175万元	为负载提供高质量电源保障，避免输入端因电网异常给负载设备带来的影响；提供安全、稳定、纯净的绿色电源	
MR 系列 UPS (25~1250)kVA	2010年	科华数据股份有限公司	10710万元	采用先进的三电平逆变技术、可靠的冗余设计，具有高效率、高功率密度、易于扩展、按需扩容、占地面积小等优点	
WiseMDC 慧系列模块化数据中心	2012年	科华数据股份有限公司	23087万元	高标准设计，整合 IT 机柜、配电和制冷单元、封闭组件、布线、综合运维等功能独立的单元实现完整功能	
城堡系列3C3 HD	2022年	山特电子(深圳)有限公司	未统计	采用目前最先进的电力电子及数字信号控制保护技术，体积更小，性能更高	
灵聚整体解决方案2.0 Aisle	2021年	山特电子(深圳)有限公司	未统计	相较于传统数据中心，具有易布署、易扩展、高兼容性、高可靠性、低能耗、低空间占用的特点。灵聚2.0通道产品相对于单柜和单排产品，大幅度提高了产品容量。广泛适用于中小型数据中心的使用	

（续）

产品名称或规格型号	上市时间	公司名称	2022年度销售额	技术特点	产品图片
1. 金融/数据中心					
基于氮化镓(GaN)CRPS 185mm 3200W 12V AC-DC 高功率密度服务器电源	2023年	台达电子企业管理(上海)有限公司	未统计	基于氮化镓器件和平面变压器结构高频(400kHz)模组化设计;支持55℃环温下吸风和吹风应用	
高功率密度 48V/12V 双向 DC-DC 转换器 U50SU4P180	2022年	台达电子企业管理(上海)有限公司	未统计	23mm×17mm×7.7mm 极小机体;输出功率为1000W,效率高达98%;功率密度为5300W/in^3	
10kV 交流输入的直流不间断电源系统(巴拿马/火车头电源)	2018年	台达电子企业管理(上海)有限公司	未统计	系统最高效率为97.5%;相比传统方案,降低总建置成本40%~60%,减少安装空间50%等	
Eaton 93PR 系列不间断电源 UPS	中功率机型:2017年首次上市 大功率机型:2020年首次上市 小功率机型:2022年首次上市	伊顿电源(上海)有限公司	4850万元	双变换效率可达97.3%;Eaton 专利的 ESS 交流直供供电模式下高达99%以上	
550W/800W/1300W/1600W/2000W CRPS 服务器电源	2021~2022年	东莞市奥海科技股份有限公司	未统计	高可靠性:>20%负载时冗余均流精度5%;宽范围高效率:20%~50%负载效率为94%;黑盒报警记录	
PDB 服务器背板电源(2000W MAX)	2022年	东莞市奥海科技股份有限公司	未统计	兼容 CRPS 系列电源;输出功率灵活配置;2U 冗余;1+1 电源并联	
HTT-P 系列 UPS 微储系统	2021年	航天柏克(广东)科技有限公司	未统计	时间段智能管理,利润最大化;市电介入补偿功能;预留电量;警戒功能;智能监测监控管理	

（续）

产品名称或规格型号	上市时间	公司名称	2022年度销售额	技术特点	产品图片
1. 金融/数据中心					
RM 系列 UPS 电源	2010年	深圳市英威腾电源有限公司	未统计	全模块热插拔技术，三电平逆变效率高达96%，超大触摸彩屏，电路板均为三防喷涂工艺，适用各种类型负载	
不间断电源 UPS	2003年	先控捷联电气股份有限公司	未统计	系统容量涵盖1～1200kVA，自适应锂电系统，支持储能应用，功率密度更高，效率高达99%以上	
一体化电力模块	2021年	先控捷联电气股份有限公司	未统计	集中旁路设计，切换时间短，抗冲击能力强，可靠性高；一体化设计，减少连接环节，支持IECO在线补偿节能模式，效率高达99.5%；安装便捷	
模块化数据中心	2016年	先控捷联电气股份有限公司	未统计	高度集成空调系统、UPS、配电单元、散热装置及管理平台等，高密高效，优化PUE值小于1.2～1.5	
EA660 系列智能模块化 UPS 电源	2008年第一代产品上市，2022年第五代产品上市	易事特集团股份有限公司	35000万元	采用模块化设计避免停机扩容的弊端，所有模块支持热插拔，机房供电系统建设实现按需有效减少运营成本	
极智系列微型数据中心	2022年	东莞铭普光磁股份有限公司	未统计	最大功率60kVA，支持12个机柜，包含动力环境监测、供配电系统、制冷系统，可选配门禁、消防系统等	
UPS	2001年	江苏爱克赛实业有限公司	未统计	TI最新DSP芯片，4层主控板设计；SMD贴片工艺，三相全桥逆变技术；双线环形冗余结构，多台无线并机	

（续）

产品名称或规格型号	上市时间	公司名称	2022 年度销售额	技术特点	产品图片
1. 金融/数据中心					
CRPS 系列	2014 年	长城电源技术有限公司	未统计	标准尺寸、标准接口，功率端涵盖 250～3200W，支持 AC-DC 输入，效率铂金或钛金可选	
2. 工业/自动化					
核电厂 1E 级 UPS	2015 年	科华数据股份有限公司	7792 万元	采用十二脉冲相控整流+IGBT 逆变技术，输入、输出完全电气隔离，满足核岛环境对电源设备的设计要求	
ZL 系列高压直流电源系统	2008 年	科华数据股份有限公司	452 万元	产品采用模块化设计、全数字化控制技术，具备自动休眠和电池的智能化管理功能	
LKB40N65TM2	2022 年	龙腾半导体股份有限公司	未统计	采用 Trench FS 技术，反并联快恢复二极管，具有良好的开关和传导损耗折中焊机、UPS、变频器	G C E TO-247
35～600W AC-DC 机壳型开关电源-LRS 系列	2015 年	明纬（广州）电子有限公司	未统计	极具性价比之明星产品，支持全范围交流电输入，整系列输出电压涵盖 3.3～48V 常规规格，完备的安规认证	
STB-LA 系列	2019 年	宁波希磁电子科技有限公司	未统计	闭环设计；非常短的响应时间，为 0.3μs；带宽为 300kHz；良好的非线性；较高的隔离电压	

（续）

产品名称或规格型号	上市时间	公司名称	2022 年度销售额	技术特点	产品图片
2. 工业/自动化					
STK-BS 系列	2014 年	宁波希磁电子科技有限公司	未统计	较宽的电流检测范围；响应时间为 3μs；带宽为 50kHz；电源电压为+5 V	
双通道高压放大器 HA-8202A（400kHz，800V）	2022 年	广州德肯电子股份有限公司	未统计	双通道高压放大器 HA-8202A（400kHz，800V），可设置独立输出，同步输出以及差分输出，前端全面控制与设置，双窗口独立显示，测试参数一目了然，让测试更智能，更简单	
3. 制造、加工及表面处理					
CO_2 激光电源	2008 年	山东镭之源激光科技股份有限公司	4190 万元	计算机控制，可实现同时与 32 台电源通信，在激光机面板上实时显示电源相关参数，实现整机升级	
便携式手持光纤激光打标机	2022 年	山东镭之源激光科技股份有限公司	未统计	体积小、重量轻（6.4kg）、手机 APP 控制、锂电池无线打标（6-8H）标刻多种文件类型（日期、中英文、二维码、条形码、多种类型图片）自启停功能，延长锂电池续航时间，激光器、振镜电机寿命更持久	
WT-CSBW	2002 年	上海稳利达科技股份有限公司	未统计	抗浪涌性能：有效解决脉冲尖峰电压对设备的致命冲击；滤波性能：有效滤除和吸收感性负载对线路产生的污染信号，严格控制谐波对数字设备的冲击	
4. 充电桩/站					
25kW 直流充电模块	2021 年	台达电子企业管理（上海）有限公司	未统计	Interleaved Vienna PFC + 同步整流 LLC 架构，满载效率达 97%；支持不同车型充电	

（续）

产品名称或规格型号	上市时间	公司名称	2022年度销售额	技术特点	产品图片
4. 充电桩/站					
液冷充电模块	2018年	北京动力源科技股份有限公司	未统计	功率密度高、防护等级高、效率高、环境适应性强、寿命长等特点，综合性能指标达到国际先进水平	
充电桩	2019年	北京动力源科技股份有限公司	未统计	高功率密度，高防护等级，高功率因数，全电压范围，寿命长，环境适应性强	
充换电柜	2020年	北京动力源科技股份有限公司	未统计	换电快，操作便捷，安全性高，电池统一维护保养，两节电源结构，双重定位，电压适配范围广	
120kW直流充电桩	2021年	东莞市奥海科技股份有限公司	未统计	采用自研的20kW充电模块，最高效率≥96%；保护功能：过电流/过电压/过温保护；通信：4G/以太网	
40kW超级恒功率充电模块UXR100040B	2022年	深圳市永联科技股份有限公司	未统计	超大功率、300～1000V超宽恒功率范围、100～1000V超宽输出电压范围、超高满载工作温度	
UX系列直流充电桩(30～400kW)	2022年	深圳市永联科技股份有限公司	未统计	恒功率范围宽、充电效率高、输出电压范围宽、待机功耗低、噪声更低、适用车型全、应用场景更广泛	

（续）

产品名称或规格型号	上市时间	公司名称	2022 年度销售额	技术特点	产品图片
4. 充电桩/站					
新能源汽车充电桩	2014 年	先控捷联电气股份有限公司	未统计	包含一体化直流充电桩、分体式直流充电桩、交流有序充电桩、光储充系统，应用广泛，更加智能、高效、环保	
光储充一体化充电站	2014 年	先控捷联电气股份有限公司	未统计	集成了光伏、储能的绿色新理念，结合储能电池，保障供电容量，充分利用峰谷电价，大幅节约运营成本	
STB-CAS 系列	2015 年	宁波希磁电子科技有限公司	未统计	闭环设计；非常短的响应时间为，0.3μs；带宽为 400kHz；良好的非线性；较高的隔离电压	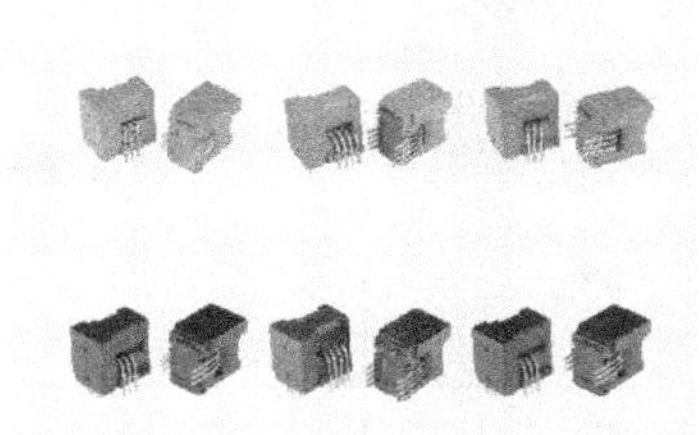
5. 新能源					
IPS100 全液冷智慧储能终端	2022 年	深圳市汇川技术股份有限公司	1000 万元	全液冷集成，安全、集约、智能	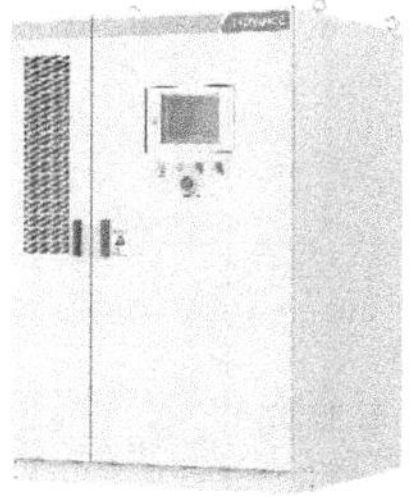
IES1000-M-04/100SKWN	2022 年	深圳市汇川技术股份有限公司	未统计	液冷散热，高功率密度，三相四线直接并网，电能质量治理友好接入电网	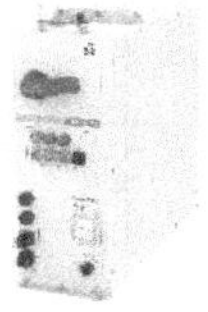
PowerTitan 液冷储能系统	合肥	阳光电源股份有限公司	未统计	融合了电力电子、电化学与电网支撑技术；全栈自研 BMS/BSS/PCS/EMS；一体化设计、专业集成	
“1+X”模块化逆变器	2021 年	阳光电源股份有限公司	未统计	器件端、设备端双重模块化设计，实现逆变器整机模块化布署应用，具备独立性强、通用性高、可灵活扩展等特点	

（续）

产品名称或规格型号	上市时间	公司名称	2022 年度销售额	技术特点	产品图片
5. 新能源					
光伏逆变器	2017 年	北京动力源科技股份有限公司	未统计	独立 PC 输入，电压范围宽，适应复杂环境，支持远程监控，多种通信，多机并联智能电网适应，自冷却	
光储一体机	2019 年	北京动力源科技股份有限公司	未统计	兼容铅酸锂电，智能管理，支持手机 APP，动力云智能运维平台，并离网储能备电四模式自动切换，应用灵活	
车规级碳化硅功率二极管	2021 年	湖南三安半导体有限责任公司	90000 万元	车规级认证，MPS 稳固结构，增强的浪涌和雪崩特性，减薄晶圆平台	
SSL60-12VF 超薄经济 LED 驱动电源	2019 年	宁波赛耐比光电科技有限公司	168 万元	低噪声，长寿命，转换效率高	
6.6kW 车载充电二合一总成	2018 年	深圳威迈斯新能源股份有限公司	未统计	采用了专利磁集成和热管理技术，二合一共享变压器、功率管和散热水道，集成度高、尺寸小、重量轻、成本低	
EVCC	2019 年	深圳威迈斯新能源股份有限公司	未统计	可满足欧、美、日三标兼容转国标通讯的直流充电通信转换器，同时具备 V2V 功能	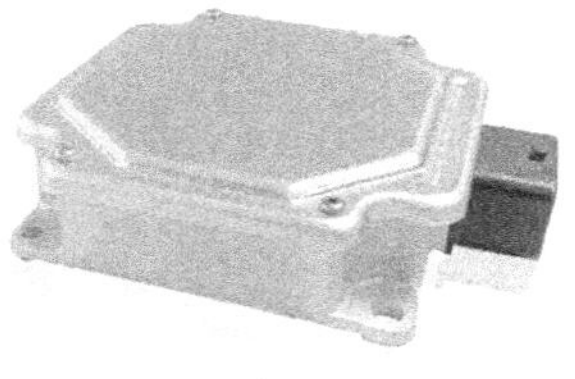
11kW 无线充电系统	2022 年	深圳威迈斯新能源股份有限公司	未统计	满足三相 11kW 充电和 6.6kW 充电，具备 FOD/LOP/PD 三大辅助功能	

（续）

产品名称或规格型号	上市时间	公司名称	2022 年度销售额	技术特点	产品图片
5. 新能源					
升压 DC-DC	2022 年	深圳威迈斯新能源股份有限公司	未统计	连接现有充电桩与 800V 整车系统，解决 800V 电压平台整车升压快充	
组串逆变器 TS228KTL-HV	2020 年	特变电工西安电气科技有限公司	未统计	MPPT 最大电流 40A，匹配 182/210 高效双面组件；IV 曲线智能监测功能，指标达到 L4 认证标准	
集中逆变升压一体机 TC3125KFT	2020 年	特变电工西安电气科技有限公司	未统计	双散热风道设计，散热能力优秀；内置式散热器可靠性高；最高转换效率 99.05%，中国效率 98.55%	
PRE 系列回馈型可编程交流源载一体机	2022 年	西安爱科赛博电气股份有限公司	未统计	源载一体全功率四象限；12 种 RLC 网络模拟，满足防孤岛测试；功率硬件在环仿真功能；电压电流精度高	
PRD 系列双向可编程直流电源	2021 年	西安爱科赛博电气股份有限公司	未统计	电压精度高达 ±0.02% F.S.；百 μs 级动态响应时间；光伏模拟及电池模拟功能；自动源载无缝切换	
多功能储能变流器	2018 年	先控捷联电气股份有限公司	未统计	谷电峰用，节约成本；应急供电；动态扩容，延缓配电投资；安全可靠，改善电能质量；平滑新能源，提升效率	
一体化光储系统	2018 年	先控捷联电气股份有限公司	未统计	集锂电池和多功能双向储能变流器于一体，在储能同时还能实现并离网供电、静态无功补偿、谐波抑制等功能	
锂电池系统	2018 年	先控捷联电气股份有限公司	未统计	磷酸铁锂电池配合主动均衡 BMS 控制技术和三级安全保护措施，拥有持久的平稳性和更低的用电成本	

（续）

产品名称或规格型号	上市时间	公司名称	2022 年度销售额	技术特点	产品图片
5. 新能源					
储能集装箱	2018 年	先控捷联电气股份有限公司	未统计	标准化集装箱系统，最高配置 2.5MW · h，1.2MW 系统，标准化、预制化，降低定制化时间和建造成本	
第三代气雾化铁硅铝 KPH-HP 磁心	2022 年	浙江东睦科达磁电有限公司	未统计	KPH-HP 可以大幅度降低产品的磁心损耗，同时产品具有更高的直流偏置能力，能有效减小产品体积	
MEH048 系列通信用混合能源管理系统	2019 年	东莞铭普光磁股份有限公司	未统计	一体化集成和模块化部件设计；智能管理多种能源，系统灵活多样；高效率，高功率密度，高可靠性，功能全面	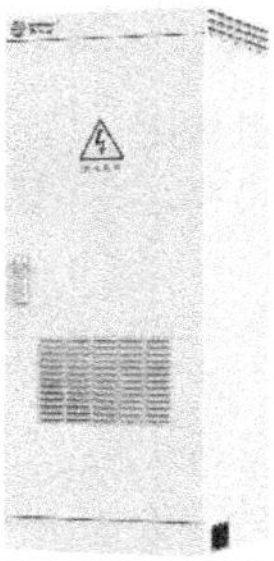
锂电池储能系统	2019 年	江苏爱克赛实业有限公司	6100 万元	模块化架构，易维护；支持并离网运行模式，无缝切换；EMS 智能化管理，可无人值守；容量密度大、节能减排、绿色环保	
中低压 SGT MOSFET-LS-GN10R080	2020 年	龙腾半导体股份有限公司	约 60 万元	采用龙腾第二代 SGT 技术，具有低导通电阻面积比，优异的栅电荷及输出电荷特点	
STB-CTS 系列	2013 年	宁波希磁电子科技有限公司	未统计	开环设计；响应时间为 1μs；带宽为 400kHz；铁氧体磁心；TMR 传感技术；较高的隔离电压；内置线圈支持 AFCI 功能	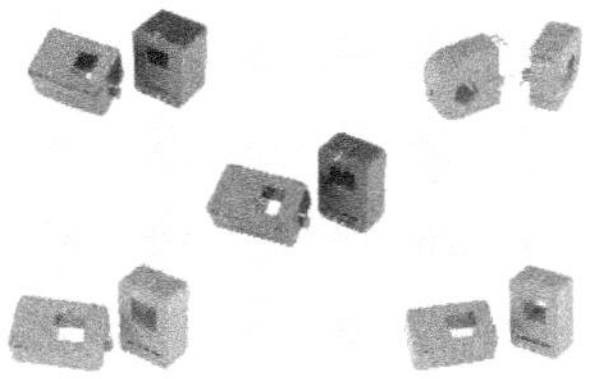

（续）

产品名称或规格型号	上市时间	公司名称	2022年度销售额	技术特点	产品图片
5. 新能源					
STK-HD系列	2016年	宁波希磁电子科技有限公司	未统计	开环设计；响应时间为1μs；带宽为600kHz；铁氧体磁心；TMR传感技术；较高的隔离电压	
STK-PL系列	2015年	宁波希磁电子科技有限公司	未统计	开环设计；响应时间1.5μs；带宽为400kHz；铁氧体磁心；TMR传感技术；较高的隔离电压	
STK-HO系列	2015年	宁波希磁电子科技有限公司	未统计	开环设计；非常短的响应时间，为200ns；带宽1MHz；铁氧体磁心	
1200V　40mΩ SiC MOSFET；P3M12040K4	2020年6月	派恩杰半导体（杭州）有限公司	未统计	具有超小型Qgd，卓越的栅氧层可靠性，且高温下Rdson偏移小可获得更好的高温特性	
热保护型压敏电阻（TFMOV）	2019年	厦门赛尔特电子有限公司	9000万元	TFMOV能够在MOV劣化或失效时，通过热保护部件的动作将MOV从主回路中脱离	
万二线性度开口电流传感器	2022年	深圳市航智精密电子有限公司	未统计	磁通门技术，线性度达万二，绝对精度达万五，为目前工业领域高等级高精度开口电流传感器	

（续）

产品名称或规格型号	上市时间	公司名称	2022 年度销售额	技术特点	产品图片
5. 新能源					
汽车 BMS 电流传感器	2021 年	深圳市航智精密电子有限公司	未统计	磁通门技术，极低的零点误差和高精度，接近于无损的测量和极低的功耗	
PCB 级电流传感器	2021 年	深圳市航智精密电子有限公司	未统计	线性度：0.1%；精度：0.8%；响应时间：0.3μs；带宽 300kHz	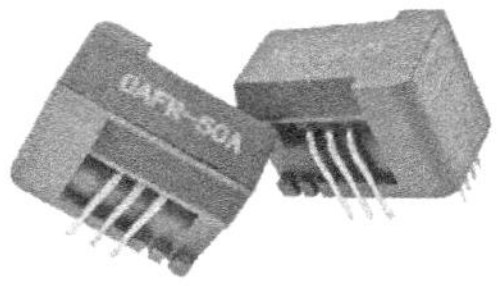
6. 电信/基站					
华为室外光伏控制器 PVPU-72N4	2022 年	华为数字能源技术有限公司	未统计	产品集成太阳能优化模块和 PLC 通信转换模块，系统最大容量为 3600W。支持抱杆安装，“0”占地面积	
微站电源	2020 年	北京动力源科技股份有限公司	未统计	自冷型模块电源，体积小简化基站建站，节约站点制冷能耗，适应 5G 站点建设需要	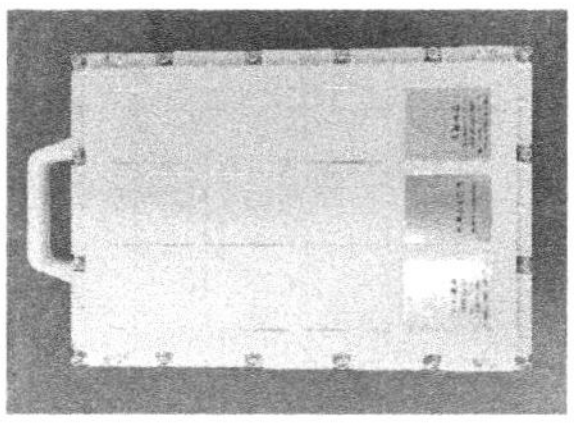
高密度模块化电源	2022 年	东莞铭普光磁股份有限公司	未统计	容量最大为 600A，高功率密度插框，配置分路下电及计量功能，具备削峰填谷、错峰用电、光伏叠加，容量扩展等定制功能	
MED057 系列直流-直流变换通信开关电源	2019 年	东莞铭普光磁股份有限公司	未统计	容量 120A（-DC57V）+90A（-DC48V），变换模块独立工作，19in 1U 高适用机房和室外	
MER048X 系列户外一体化式通信开关电源	2019 年	东莞铭普光磁股份有限公司	未统计	容量最大为 6kW，压铸铝外壳，4G 或 NB 模式无线通信，可配套锂电单元，选择多种场景安装方式	

（续）

产品名称或规格型号	上市时间	公司名称	2022年度销售额	技术特点	产品图片
6. 电信/基站					
MEJ048系列控制逆变一体机	2018年	东莞铭普光磁股份有限公司	未统计	太阳能和市电双输入，直流和交流双输出，工作电压自适应；设备形式紧凑且多样；高质量交流电稳定可靠	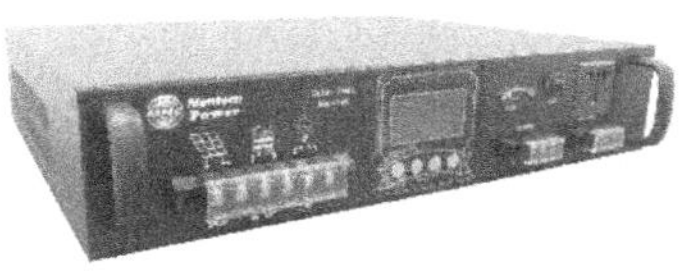
MER048E系列嵌入式通信开关电源	2015年	东莞铭普光磁股份有限公司	未统计	容量最大为600A，可选直流多级下电及计量功能，具备削峰填谷、错峰用电、光伏叠加等定制功能	
MER048W系列壁挂式通信开关电源	2015年	东莞铭普光磁股份有限公司	未统计	容量最大为300A，适用于室外和室内，壁挂/抱杆/落地安装，可内置电池，选配直流多级下电及计量功能	
MER048X系列户外电源系统	2015年	东莞铭普光磁股份有限公司	未统计	配套插框电源容量最大为600A，可配套电源柜、设备柜、电池柜，可选配空调/热交换/风冷等散热系统	
MER048R系列组合式通信开关电源	2015年	东莞铭普光磁股份有限公司	未统计	容量最大为1800A，可选配内置电池式机柜，及直流多级下电及计量功能，机柜高度尺寸可根据场地定制	
MEP048系列通信用太阳能控制器	2015年	东莞铭普光磁股份有限公司	未统计	满足YD/T 2321—2011，模块化设计；宽输入范围；MPPT效率大于99%；可无电池启动供电	

（续）

产品名称或规格型号	上市时间	公司名称	2022 年度销售额	技术特点	产品图片
6. 电信/基站					
整流器	2009 年	北京新雷能科技股份有限公司	未统计	全数字控制；标准 1U 高度；交流输入；输出电压 24V/48V；输出电流 15～100A	
WT-ZSBW 无触点交流稳压器	2002 年	上海稳利达科技股份有限公司	未统计	无触点过零开关切换，同频、锁相、正弦波叠加补偿原理；真实有效值电压检测；具有先稳压再输出功能	
7. 照明					
体育场 1.5kW LED 照明电源	2020 年	台达电子企业管理（上海）有限公司	未统计	带户外防水接线盒，三路独立输出，符合 DALI2 和 DMX 照明控制协议，调光范围达 0.1%～100%	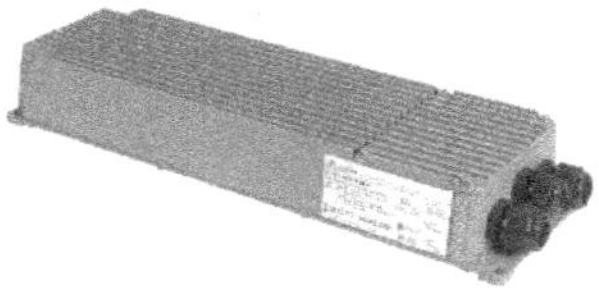
S6 系列体育场馆智能驱动	2012 年	茂硕电源科技股份有限公司	未统计	通过 DALI- 2 与 DMX 控制，可设应用场景与工作模式。按需照明；满足二次节能，符合 UHDTV 要求，600～1800W	
大功率室外 LED 驱动	2015 年	南京博兰得电子科技有限公司	15000 万元	97%超高效率、超高可靠性、高性能定制	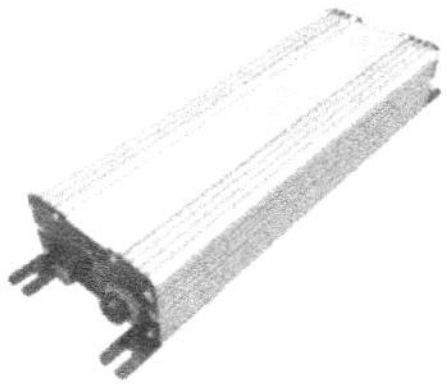
半桥 LLC 谐振型开关电源控制器	2022 年	深圳市必易微电子股份有限公司	未统计	可配置低待机模式优化待机损耗；自适应死区控制提高系统效率；完备的保护功能全面提高系统应用的可靠性	
20～320W LED 驱动电源-XLG 系列	2019 年	明纬（广州）电子有限公司	未统计	紧凑型尺寸防水外壳设计，恒功率设计，调光线采隔离设计，国际安规认证齐全，超高性价比的产品	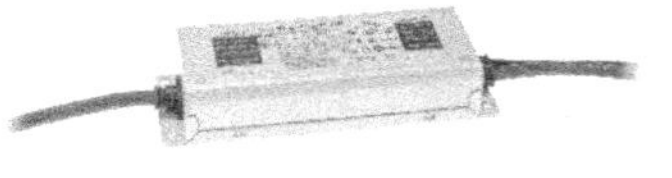

（续）

产品名称或规格型号	上市时间	公司名称	2022 年度销售额	技术特点	产品图片
7. 照明					
超小型熔断体（SFL）	2018 年	厦门赛尔特电子有限公司	500 万元	当电路中出现明显的过载或短路时，小型熔断器（Mini Fuses）才会动作，通过切断电流来保护电路	
抑制浪涌电流 NTC 热敏电阻器	2020 年	厦门赛尔特电子有限公司	400 万元	NTC 在室温下有较高的电阻值，当它们通电时，由于自身发热使电阻体温度升高，电阻值下降	
8. 轨道交通					
SFG 系列	2018 年	宁波希磁电子科技有限公司	未统计	开环电流传感器；电压输出；5kV/交流电绝缘电压；单电源电压；PCB 安装；钴基磁心	
铁路模块电源	1997 年	北京新雷能科技股份有限公司	未统计	高效率；宽输入范围；标准尺寸；环境适应性强；符合铁路相关应用标准	
工业定制电源	1997 年	北京新雷能科技股份有限公司	未统计	用户定制外形；转换效率高；宽输入电压范围；输入过欠电压保护；单路或多路输出；输出过电压、过电流、短路保护	
9. 车载驱动					
燃料电池 DC-DC 变换器	2018 年	北京动力源科技股份有限公司	未统计	输入输出端电气隔离、系统瞬态响应快、谐振软开关技术、升压变比 1∶12、功率密度高、适配多类型电堆	

（续）

产品名称或规格型号	上市时间	公司名称	2022年度销售额	技术特点	产品图片
9. 车载驱动					
电机控制器	2019年	北京动力源科技股份有限公司	未统计	全数字化控制系统，算法优异灵活，功能全，高效安全	
车载电源	2019年	北京动力源科技股份有限公司	未统计	集车载充电机和DC-DC变换器为一体，输出电压可定制，支持整车故障诊断，全数字化控制系统，算法灵活	
200kW乘用车电机控制器	2022年	东莞市奥海科技股份有限公司	未统计	符合AUTOSAR软件架构，功能安全ASIL-C，用于B和C级乘用车	
商用车辅助集成控制器	2022年	东莞市奥海科技股份有限公司	未统计	高集成大功率，集成转向驱动器（峰值15kW）、制动辅助（峰值15kW）、DC-DC（6kW）、PDU	
STK-616系列	2019年	宁波希磁电子科技有限公司	未统计	技术特点： 高响应：约50ns； 低噪声：<10mVpp@200kHz	
SHK-VBS系列	2018年	宁波希磁电子科技有限公司	未统计	单通道或多通道电流检测；响应时间为2～4μs；带宽度为40kHz；卓越的EMC性能	
电机模拟器	2022年	上海科梁信息科技股份有限公司	未统计	填补了信号级HIL测试与功率级电机台架测试之间的空白。完成真正意义上的电驱动系统功率级测试	

（续）

产品名称或规格型号	上市时间	公司名称	2022年度销售额	技术特点	产品图片
10. 计算机/消费电子					
50W 无线充电器	2022年	东莞市奥海科技股份有限公司	未统计	高效充电+散热，保护功能：FOD/OTP/OVP/OCP，安规：UL/EN，认证：CE/FCC	
68W 超薄商务款	2022年	东莞市奥海科技股份有限公司	未统计	使用平面变压器、GaN和大量贴片元器件，机身厚度仅为0.5mm	
KP62010，KP62030-3～18串锂电池的高精度监控和保护器	2022年	深圳市必易微电子股份有限公司	未统计	完善的保护系统：多种失效检测机制，支持多重保护，包括充电过电流、二级放电过电流、放电短路、过欠电压保护、开路检测、通信超时复位、负载检测； 高采样精度：芯片内置16bit高精度ADC用于电池组电流检测电压，14bit高精度ADC用于电池电压检测，6组电池温度采样系统进一步提高电池性能和系统安全性； 应力耐受优化：充放电驱动增强、预充预放电控制、随机电池连接耐受，可以实现低热插拔浪涌，低母线开关浪涌，同时支持高达110V的高耐压	
65W 氮化镓智能充电器	2021年	东莞铭普光磁股份有限公司	未统计	双Type-C口，多通道独立控制充电效率，可查看充电实时数据，可远程定时控制，可开启断电保护等	
65W 氮化镓三口充电器	2021年	东莞铭普光磁股份有限公司	未统计	采用氮化镓材料，体积小、重量轻，1A+2C插口，90°可折叠插脚采用PC防火材质外壳，通过3C认证	
300W 便携储能电源	2022年	东莞铭普光磁股份有限公司	未统计	内置快充主板/AC/DC/BMS一体设计，外壳采一体成型工艺，磷酸铁锂车规级电池，故障率低，质量稳定	

（续）

产品名称或规格型号	上市时间	公司名称	2022 年度销售额	技术特点	产品图片
10. 计算机/消费电子					
2000W 便携储能电源	2022 年	东莞铭普光磁股份有限公司	未统计	磷酸铁锂电池，大于 3500 次循环，2 小时内充满，双向逆变技术，支持 6 台同型设备并联串联、UPS 功能	
强脉冲光方波医疗美容电源	2020 年	山东镭之源激光科技股份有限公司	600 万元	可有效避免电磁干扰所造成的工作不稳定状况。独创的大电流插拔器及控制端子，保证使用安全，安装快捷	
11. 航空航天					
航天专用模块电源	1999 年	北京新雷能科技股份有限公司	未统计	宽应用温度范围（-55～+105℃）；适应严酷的应用环境；单路或多路输出；全金属屏蔽	
厚膜工艺电源	2006 年	北京新雷能科技股份有限公司	未统计	宽应用温度范围（-55～+125℃）；裸芯片键合工艺；金属气密封装；长储；适应严酷应用环境	
特种定制电源	1999 年	北京新雷能科技股份有限公司	未统计	满足用户空间需求，定制外形和接口服务；多种保护和附加功能可选；良好的 EMC 特性；适用于特种应用环境	
组合集成电源	1999 年	北京新雷能科技股份有限公司	未统计	模块自由搭建组合、开发周期短；输入输出宽范围可选；外形接口方式多样；快速灵活响应用户需求	
大功率电源系统	1999 年	北京新雷能科技股份有限公司	未统计	由模块单元、监控单元及配电单元组成，根据功率灵活配置模块，监控单元对电源系统监控和电池管理	

（续）

产品名称或规格型号	上市时间	公司名称	2022年度销售额	技术特点	产品图片
12. 传统能源/电力操作					
非晶/纳米晶材料及制品	2000年	安泰科技股份有限公司非晶制品分公司	24500万元	兼备铁基非晶合金的高饱和磁感应强度(Bs)和钴基非晶合金的高磁导率、低矫顽力和低损耗	
继电保护/电力操作电源	1998年	北京新雷能科技股份有限公司	未统计	由系统各配电单元组成，可根据功率需要灵活配置模块单元数量及配电设计	
13. 通用产品					
山特移动电站	2022年	山特电子(深圳)有限公司	未统计	山特移动电站，为用户在户外提供安全的用电保障，适用于自驾露营、应急救援、医疗抢险、电力检修等场景	
MD200	2015年	深圳市汇川技术股份有限公司	25000万元	体积小，输出大，经过6年超过80万台的市场检验，支持DIN导轨安装，5个功能码设置满足客户应用	
MD310	2012年	深圳市汇川技术股份有限公司	20200万元	先进的同步、异步矢量算法，让设备小巧易用瞬停不停、过励磁、180% 0.5Hz起动转矩，让设备动静自如	
MD290	2014年	深圳市汇川技术股份有限公司	50000万元	风机、水泵应用节能模式，大幅降低电费成本转速跟踪，瞬停不停，过励磁控制等助力设备平稳运行	

（续）

产品名称或规格型号	上市时间	公司名称	2022 年度销售额	技术特点	产品图片
13. 通用产品					
MD500	2014 年	深圳市汇川技术股份有限公司	28000 万元	可实现 150% 输出转矩，极大提高运行可靠性，密封结构、加厚三防漆设计，在粉尘、高潮、高温下可靠运行	
MD810	2016 年	深圳市汇川技术股份有限公司	25600 万元	全总线支持，电气一体化成柜实现移动机载，变频+伺服一体化应用，实现 1 圈 800 万脉冲绝对值定位控制	
MD580	2022 年	深圳市汇川技术股份有限公司	1600 万元	支持连接器自由编程、多种通信总线、同异步机驱动算法；多种安全、环境要求认证，10 年以上高寿命设计	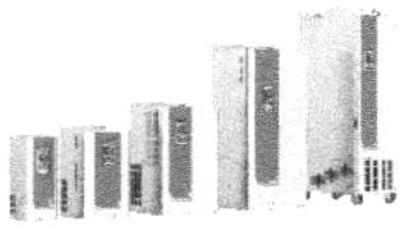
MD800	2021 年	深圳市汇川技术股份有限公司	6000 万元	全总线支持，等高等深书本型模块设计，柜体利用率高，电气一体化成柜实现移动机载，变频+伺服一体化应用	
可配置电源供应器 MEG-3K0A 系列	2021 年	台达电子企业管理（上海）有限公司	未统计	应用于医疗设备，提供 9 插槽电源框架、支持 3 种类型电源模块；高至 3kW/2～60V 供电；具有高功率密度	
电源模块	2018 年	北京动力源科技股份有限公司	未统计	模块化设计可并联，小而轻，逆变充电一体化，可单相、三相系统按需扩容，高效、柔性、优质、安全	
UES65B1-SPA	2022 年 8 月	东莞市石龙富华电子有限公司	未统计	外观小巧，能够满足最严格 CF 型漏电流要求能较好地平衡漏电流和 EMI 之间的电容值大小选择	
UES267-SPA-M2-OP	2022 年 11 月	东莞市石龙富华电子有限公司	未统计	带辅助电源的裸板 AC-DC，支持在 16 口、24 口以上 POE 交换机应用	

（续）

产品名称或规格型号	上市时间	公司名称	2022 年度销售额	技术特点	产品图片
13. 通用产品					
SJW-WB50-800kVA	2015 年	鸿宝电源有限公司	未统计	反应速度最快可达40ms;LCD 液晶显示运行和故障参数	
HB 系列光伏逆变器	2022 年	鸿宝电源有限公司	未统计	操作简捷且更易安装;高效利用;安全可靠	
SJW-WB50-800kVA	2015 年	鸿宝电源有限公司	未统计	反应速度最快可达40ms;LCD 液晶显示运行和故障参数	
通用模块电源	1997 年	北京新雷能科技股份有限公司	未统计	高效率;高功率密度;工业标准尺寸,兼容性好;使用方便	
零磁通电流探头 PT-712/722	2022 年	广州德肯电子股份有限公司	未统计	可兼容任何品牌示波器,测试 KA 级别直流电流;1%高精度测试;大钳口,可测试较大体积导体	
DP 系列高精度可编程直流电源	2021 年	杭州精日科技有限公司	未统计	1U 尺寸,功率最大 5kW,最高 2100V,525A 可选,支持 CV、CC、CP、LIST 工作模式	

（续）

产品名称或规格型号	上市时间	公司名称	2022 年度销售额	技术特点	产品图片
13. 通用产品					
DM 系列高精度可编程直流电源	2022 年	杭州精日科技有限公司	未统计	1U 半宽尺寸，功率最大 1.7kW，最高 2100V，170A 可选，支持 CV、CC、CP、LIST 工作模式	
BS 系列高精度可编程直流电源	2016 年	杭州精日科技有限公司	未统计	2U-10kW 高功率密度，兼容单相和三相输入，有源 PFC 功率因数校正，支持 LIST 动态编程输出	
14. 电源配套产品					
36W 网通适配器	2021 年	东莞市奥海科技股份有限公司	未统计	超高性价比，认证：CCC/UL/CB/CE	
模块电源	2017 年	连云港杰瑞电子有限公司	10000 万元	国内系列化替代对标 Vicor 二代电源的产品，功率密度高，效率高，可靠性高	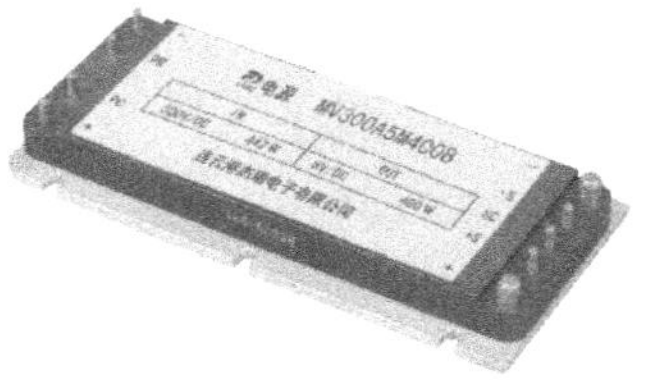
锂电电动摩托车充电器	2013 年	南京博兰得电子科技有限公司	25000 万元	超高效率、超小体积、超高可靠性。高性能定制	
QuiKIS 阻抗扫描分析软件	2022 年	上海科梁信息科技股份有限公司	未统计	在新型电力系统宽频振荡计算分析方法中，阻抗分析法具有简便、物理意义明确和工程实用性强等优点，采用控制硬件在环仿真模型和控制代码封装数字仿真模型进行频域阻抗扫描与分析	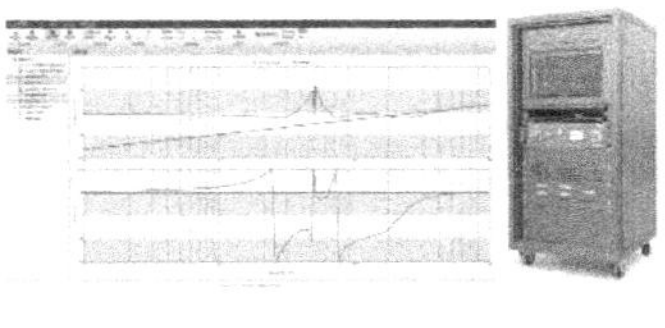
15. 环保/节能					
岸电电源系统	2018 年	广东志成冠军集团有限公司	2700 万元	逆变器采用 GOMA 系列高性能逆变器产品，兼具有模块化、高可靠性、高功率密度、高防护和灵活扩展的特点	

（续）

产品名称或规格型号	上市时间	公司名称	2022年度销售额	技术特点	产品图片
15. 环保/节能					
高压岸用电源	2017年	深圳市汇川技术股份有限公司	2618万元	智能逆功率控制；变压器涌流CBC技术；输出有差控制；三相输出平衡控制技术	
TYN-M多制式模块化离并网逆变电源	2021年	航天柏克（广东）科技有限公司	未统计	多制式工作；能量管理；睡眠与唤醒；超级节能模式；智能化管理的“日程”功能；非关键负载；电机空调等冲击性负载适应性；自老化；峰谷平储能模式；电池管理；数据黑匣子	
综合能源数字孪生系统	2020年	上海科梁信息科技股份有限公司	未统计	以物理建模为基础，融合利用多源数据，实现对物理实体多学科、多物理量、多时间尺度仿真模拟	
VC-MD-E系列储能变流器	2021年	青岛威控电气有限公司	未统计	使用NPC型三电平拓扑结构，在离网模式下能够满足MW级直流电机瞬间起动电流冲击大，负载突变等要求	

CHESHING CHAMPION
广东志成冠军集团有限公司
地址：广东省东莞市塘厦镇田心工业区
邮编：523718
电话：0769-87282699
传真：0769-87927259
网址：www.zhicheng-champion.com
E-mail：liux@zhicheng-champion.com

岸电电源系统

2022年销售额：2700万元

产品简介：

岸电电源系统指具有变频变压能力或具备多频多压能力的船舶岸电，安放于港口码头，为集装箱、客滚船、邮船、客运、干散货船及各种专用船舶等提供供电服务。分为高压（或称中压）船舶岸电和低压船舶岸电。具有V/F分离控制；恒频稳压输出；一键并网，软件逆功率控制；逆变器采用模块化模式和支持多机并联的应用等特点。

产品创新性：

在模块化级联高压大功率双向岸电电源拓扑结构、高精度输出和高质量输入、效率优化与可靠性管控等三个方面形成了多项创新技术，主要体现在集成创新方面：

1）提出了模块化级联高压大功率双向岸电电源拓扑结构，具有功率单元模块化设计、冗余旁路、低压器件实现高压应用等优点。

2）提出了模块化级联高压大功率双向岸电电源状态反馈+重复控制的高精度输出复合控制方法，模块化级联高压大功率双向岸电电源输入电流自抗扰无差拍控制方法，模块化级联高压大功率双向岸电电源高效、可靠运行控制方法。

产品面向市场：

环保/节能，特种行业

主要参数：

低压岸电电源主要技术指标

型号	CP-SPS 300	CP-SPS 400	CP-SPS 500	CP-SPS 630	CP-SPS 800	CP-SPS 1000	CP-SPS 1200	CP-SPS 1600	CP-SPS 2000
额定容量/kVA	300	400	500	630	800	1000	1200	1600	2000
输入电压/V	0.4（1±10%）kV或10（1±10%）kV								
输入频率/Hz	50（1±10%）Hz								
输出功率	240	320	400	500	640	800	960	1280	1600
负载功率因数（cosφ）	0.8								
输出电压/V	440～460V，可调（可现场设置）								
输出电压稳定度	<±2%								
额定输出电流/A	380	500	650	800	1050	1300	1570	2100	2600
输出频率稳定度/Hz	<0.2Hz								
输出波形失真度	正弦波≤5%								
耐电强度	输入输出对外壳2500V正弦波1min，无击穿								
防护型式	IP22								
绝缘等级	B级								
热态绝缘	>2M								
运行环境	-20～ 45℃相对湿度≤95%								
冷却方式	风冷								
过载能力	110%负荷（<1h）								
噪声	<75dB（A）								
安装海拔	<1000m								

产品图片：

华为刀片电源DPU240D-N40A1

华为技术有限公司
地址：深圳市福田区香蜜湖街道香安社区安托山六路33号安托山总部大厦A座研发39层01号
邮编：518043
电话：0755-28780808
传真：0755-28780808
网址：https://digitalpower.huawei.com/cn/

产品简介：

华为技术有限公司的刀片电源DPU240D-N40A1是专为末端站点设计的新一代分布式电源，支持应用于多频大功率场景供备电，支持抱杆、挂墙安装和塔装。可广泛用于杆宏站、室分RRU、室外RRU拉远等场景供电。该分布式电源采用乐高式灵活设计，可根据场景选配3kW刀片模块（DPU60R-N06A1），最大可配置4+1冗余整流模块；中间的配电模块集配电、监控于一体，断路器可按需更换。

产品创新性：

快速布署：

两人2小时快速建站；

柔性设计，电源单元和电池单元支持模块化扩容。

极简运维：

支持智能营维；

自然散热，免日常维护。

智能管理：

支持智能升压，智能计量，分频下电，明明白白用电；

支持智能削峰、智能错峰，高效用电。

可靠供备电：

IP55防护等级，宽温度运行范围-40~+55℃；

支持N+1冗余备份，更高可靠；

配套高可靠锂电池备电。

产品面向市场：

电信/基站

主要参数：

直流场景供电电源		
产品类型		DPU2400-N40A1
系统指标	配电模块（W×D×H）/mm	170mm×300mm×420mm（含护齿、面板）
	整流模块（W×D×H）/mm	60mm×300mm×420mm（含护齿、面板）
	重量	配电模块<19kg；3kW模块<8kg
	安装模式	挂墙、抱杆、塔装
	最大支持3kW模块个数	4+1（冗余保护）
	出线方式	下进线，下出线
	防护水平	配电模块：IP55；整流模块：IP65
	工作温度	-40~+55℃（无太阳辐射） -40~+50℃（有太阳辐射自然环境）
	散热模式	自然散热
环境指标	储存/运输温度	-40~+75℃
	运行环境湿度	5%~95%（无凝露）
	海拔	-60~5000m（2000~5000m海拔每升高200m，最高工作温度降低1℃）

产品图片：

科华数据股份有限公司
地址：福建省厦门市湖里区马垄路457号
邮编：361006
电话：0592-5160516
传真：0592-5162166
网址：www.kehua.com.cn
E-mail：fengbo@kehua.com

科华S^3液冷储能系统

2022年销售额：30000万元

产品简介：

科华S^3液冷储能系统由1500V储能电池、簇级控制器、液冷系统、安全保护系统、智能管理系统组成，系统额定容量为 3.44MW·h，每簇电池配置一台簇级控制器（或高压箱）进行一簇一充放，每簇电池由8个1P48S电池pack串联而成，内部采用 280A·h及以上电芯，经过簇级控制器（或高压箱）汇流后输出到集装箱外部接口，集装箱整体采用非步入式外维护设计，集成内部消防、液冷管道设计，实现液冷储能电池系统安全防护、智能管理应用，结合新能源发电侧、电网侧（独立/共享储能）、用户侧进行调峰调频、平滑出力、电网支撑、削峰填谷等不同储能应用。

产品创新性：

1）基于SOC融合SOH主动寻优及智能均衡控制技术。本技术采用电池储能系统的智能SOC融合SOH主动寻优及智能均衡控制方法，实现多电池储能模块的容量均衡控制。

2）基于同程均温设计的高效液冷散热技术。采用高效液冷同程均温设计技术，提高发热单元的均温性，使各发热单元的温差更加均衡。

3）智能多簇在线交直流绝缘检测技术。采用智能轮询模式，使得各簇电池轮流进行单簇绝缘阻抗检测，检测完成后重新接入母线，完成整个电池储能系统的不断电的在线交直流绝缘检测。

4）基于先进电池内阻及拉弧检测保护的系统安全技术。采用先进电池内阻及拉弧检测保护技术，提高储能系统中的直流电弧的检测准确性，从而保护了储能系统的安全性。

产品面向市场：

新能源

主要参数：

产品类型	锂电池模块
基本参数	
产品型号	P-48S1P-L280-B
标准充放电倍率	0.5C
组合方式	1P48S
额定能量	43kW·h
标称电压	153.6V
充放电效率	≥93%@25±3℃，0.5℃
热管理方式	液冷
单pack电芯温差	≤3℃
IP等级	IP66
电池充电工作温度	0~55℃
电池放电工作温度	-20~55℃
存储温度	-20~45℃
尺寸（宽×深×高）	760mm×1050mm×270mm
重量	310kg
存储温度	<90%，无凝露
海拔	≤3000m

产品图片：

灵霄PT3000 IoT UPS

山特电子（深圳）有限公司
地址：广东省深圳市宝安72区宝石路8号
邮编：518000
电话：0755-27572666
网址：www.santak.com.cn
E-mail：4008303938@santak.com

产品简介：

山特灵霄系列PT3000 IoT UPS是基于山特在电力电子领域30多年沉淀，并应用先进的数字化技术而开发的云管理UPS。以物联网技术为主要特点，集IoT UPS、手机APP和云服务平台于一体。用户只需将UPS接入互联网，即可借助山特手机APP随时随地监控UPS，实现智能云管理、云运维、云客服。

PT3000 IoT UPS 支持铅酸电池和锂电池。锂电池采用山特自研BMS系统，与UPS深度匹配，兼顾系统性能及安全。该产品锂电池的循环寿命相对铅酸电池增加了5倍以上，整机尺寸减少50%以上，使用寿命长达8~10年，实现了生命周期内免更换，适用于小空间、高频次放电、难运维的应用场景。

产品创新性：

● IoT 云管理功能

功率因数PF=1，匹配主流IT负载，可提供更大的带载能力；

3kVA在线模式效率高达93%，节省用户电力成本。

● 智能管理

支持UPS信息数据查询、参数功能设置、历史信息查询；

配备一组可独立控制的输出插座，可对负载进行分类分级管理；

支持多种通信监控方式，易于集成用户动环监控系统；

网络接口和WiFi连接器支持ModbusTCP协议，实现无线接入动环监控系统；

山特电源管理软件IPM兼容主流虚拟化操作系统，可通过UPS事件触发虚拟机关机及迁移。

● 支持锂电池

山特品牌锂电池箱采用自研BMS电池管理系统与UPS深度匹配，兼顾UPS性能及安全性。

产品面向市场：

金融/数据中心，电信/基站，工业/自动化，制造、加工及表面处理，照明，轨道交通，充电桩/站，车载驱动，传统能源/电力操作，新能源，计算机，消费电子，航空航天，安防，环保/节能，特种行业

主要参数：

输出功率：1~3kVA

输出功率因数：1

效率：高达93%（3kVA在线模式）

输入电压范围：AC110~300V (<AC160V需降额）

输入功率因数：⩾0.99

工作环境高度：0~50℃

工作环境海拔：0~3000m

产品图片：

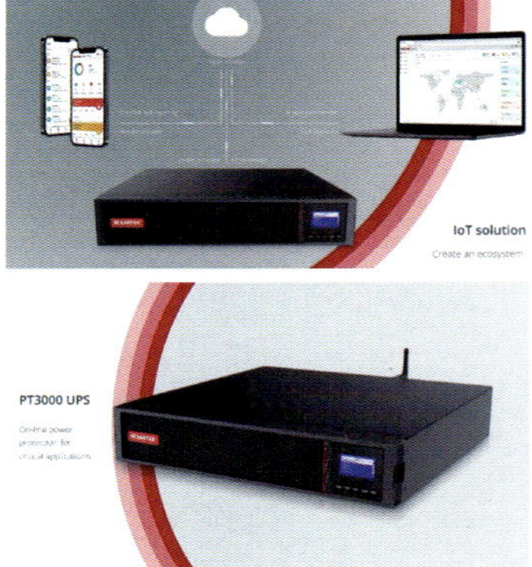

INOVANCE 汇川技术

深圳市汇川技术股份有限公司
地址：广东省深圳市龙华新区观澜街道高新技术产业园汇川技术总部大厦
邮编：518110
电话：0755-29799595
传真：0755-29619897
网址：www.inovance.com

IPS100全液冷智慧储能终端（工商业储能一体机）

2022年销售额：1000万元

产品简介：

IPS100全液冷智慧储能终端是将IES1000-M-04/100系列液冷100kW的三电平PCS、电池、BMS、EMS、热管理、配电和消防等优化集成，采用单组串设计，实现并联零容损。IPS100全液冷智慧储能终端集成谐波治理、无功补偿、三相不平衡治理，同时具备削峰填谷、调峰调频等功能。多组机柜可直接并联，实现储能系统扩容、即插即用。

产品创新性：

- 安全——PACK独立消防设计，多重防护，一体柜模块间防火隔离。
- 灵活——标准化模块积木设计，按需拼接，施工现场快速部署，易于安装。
- 集约——采用标准化液冷模块，系统能量密度大幅提高，占用的土地空间减少30%，布置要求低。
- 智能——云平台远程监控， 实时电池寿命评估，质保可视化。

产品面向市场：

工业/自动化，轨道交通，充电桩/站，车载驱动，传统能源/电力操作，新能源，环保/节能，特种行业

主要参数：

项目		规格
直流电池参数	电芯类型	LFP3.2V/280A · h
	电池Pack配置	1P52S/46kW · h
	电池系统配置	1P260S
	电池电压范围	DC 728~936V
	电池系统容量	230kW · h
	温度检测	电芯+铜排
	充放电倍率	≤0.5P
交流参数（并网）	额定功率	100kW
	最大输出功率	110kW
	额定电网电压	AC 380V，-15%~+10%
	额定电网频率	50/60Hz，±5Hz
	功率因数	-1（超前）-1（滞后）
	交流电流谐波（THDi）	<3%（额定输出功率）
	接入方式	三相三线/三相四线
交流参数（离网）	额定输出电压	AC380V
	额定输出功率	100kW
	额定输出频率	50/60Hz
	交流电压谐波（THDu）	<3%（线性负载）
	过载能力	1.1倍长期（45℃），1.2倍min
系统参数	最高系统效率	91%
保护	直流输入	负荷开关+熔断器
	过电压保护	DC Type II/AC Type II
	消防系统	气溶胶/全氟己酮/水消防可选
进线方式		交流底部进线
环境要求	允许环境温度	-20~+55℃（50℃降额）
	允许环境湿度	0~100%RH
	最大工作海拔	2000m
	防护等级	IP54
	冷却方式	水冷

产品图片：

高功率密度48V/12V 双向DC-DC转换器

台达电子企业管理（上海）有限公司
地址：上海市浦东新区曹路镇民雨路182号
邮编：201209
电话：021-68723988
传真：021-68723996
网址：www.delta-china.com.cn
E-mail：news.cn@deltaww.com

产品简介：

因应数据中心母线从12V到48V的转变，台达高功率密度U50SU4P180可在板卡端实现48V到12V或12V到48V的转换，5000W/inch^{3}的功率密度保证了板卡面积利用率。搭配双面散热低热阻，为数据中心实现高效、可靠运行提供保障。自带PMBus电源管理总线，能够将电力情况实时上传至系统主控制器进行监控、管理。

产品创新性：

- 48V/12V双向转换，一机多用；
- 1MHz以上的开关频率，极大地缩小模块尺寸；
- 新型高效开关电容拓扑；
- 双面散热超低热阻设计。

产品面向市场：

金融/数据中心

主要参数：

48V/12V双向转换
23mm x 17.4mm x 7.7mm 极小尺寸
输出持续功率1000W，峰值3000W
98% 转换效率
支持最大输出电容40000μF
支持PMBus电源管理总线
双面散热超低热阻

产品图片：

SUNGROW

阳光电源股份有限公司
地址：安徽省合肥市高新区习友路1699号
邮编：230088
电话：0551-65327877
网址：www.sungrowpower.com/
E-mail：sales@sungrowpower.com

"1+X"模块化逆变器；PowerTitan液冷储能系统

产品简介：

"1+X"模块化逆变器通过器件端、设备端双重模块化设计，实现逆变器整机模块化布署应用，具备独立性强，通用性高，可灵活扩展等特点。每台单机均为独立模块，同时支持多机并联，可形成1.1~8.8MW不同规模的子阵，建站更灵活，运维更简便，兼具组串式与集中式逆变器的双重优势，被广泛应用于大型地面光伏电站。

产品创新性：

● 子阵高效灵活：单机模块1.1MW，可实现1.1~8.8MW子阵灵活设计，适应各类复杂地形；预留储能接口，可接入1~4h储能电池。

● 运维高效便捷：器件模块化设计，即插即用，无需专业运维人员，2h完成维修，提高维护效率70%。支持整机更换，不影响其余设备运行，保证更高在线率，降低发电损失95%；光储同平台设计，备品备件通用，备件种类减少50%。

● 多重安全设计：双腔体独立散热设计，互不干扰；适应海边/盐碱地/化工厂/沙漠等多种恶劣环境。

● 满足新型电力系统要求：唯一通过南网调度实例；特高压连续高低穿无脱网，首家通过青豫特高压测试；满足SCR=1.018稳定运行，通过中国电科院权威测试。

产品面向市场：

充电桩/站，新能源

主要参数：

产品型号	SG3300UD	SG4400UD
输入（直流）		
最大输入电压	1500V	
最小输入电压/起动电压	905V/945V	
满载MPPT电压范围	905~1300V	
MPPT数量	3	4
最大直流输入数量	15（18/21可选）	20（24/28可选）
最大工作电流	3×1400A	4×1400A
最大直流输入短路电流	3×5000A	4×5000A
储能接口路数（可选）	3	4
输出（交流）		
额定输出功率	3300kW	4400kW
最大输出功率	3795kW	5060kW
最大输出视在功率	3795kVA	5060kVA
最大输出电流	3×1160A	4×1160A
额定电网电压	630V	
电网电压范围	536~693V	
额定电网频率/电网频率范围	50Hz/45~55Hz	
总电流波形畸变率	<3%（额定功率下）	
直流分量	<0.5%额定输出电流	
功率因数（额定功率下）/功率因数可调范围	>0.99/0.8超前~0.8滞后	
馈电相数/输出端相数	3/3	
效率		
最大效率	≥99.02%	
中国效率	≥98.55%	

产品图片：

Eaton 93PR 系列不间断电源（UPS）

2022年销售额：4850万元

伊顿电源（上海）有限公司
地址：上海长宁区临虹路280弄3号楼
邮编：200335
电话：021-520000349
网址：www.eaton.com
E-mail：huiwang2@eaton.com

产品简介：

93PR是伊顿电源（上海）有限公司（以下简称伊顿）面向全球客户发布的具有锂电性能的、高效、高可靠的UPS。通过追求更高的功率密度和供电效率，支持先进的锂电储能技术，适应不断变化的数据中心供电需求，降低数据中心成本。全新93PR 在线双转换模式下效率高达97%以上，借助伊顿独特的ESS交流直供模式效率可达99%；VMMS智能模块化休眠管理技术调速UPS通道实际工作效率，在保证为IT负载供电稳定可靠的前提下保持系统始终工作在最佳效率区间，降低能耗，显著降低数据中心电源和制冷成本。93PR系统设计标配支持锂电储能系统，本身具备智能电力调配功能，在数据中心应用中配合锂电池系统实现电力系统的消峰填谷，助力数据中心提高用电效率。

产品创新性：

93PR产品除采用伊顿特有的ESS交流直供供电技术、VMMS智能模块休眠技术、ABM先进电池管理技术、Hot-Sync热同步并机技术以及ECT假负载测试技术以外，还采用了如下创新的专利技术，使得93PR UPS在系统可靠性、可维护性以及节能环保等方面均表现出优异的性能：

- 不间断电源、DC-DC转换器及其控制方法和控制装置（发明），专利号：ZL 201810446844.7
- I型三电平变换器和不间断电源模块（实用新型），专利号：ZL 202021180301.4
- 设备的枢转助力装置及不间断电源（发明），专利号：ZL 201910599751.2
- 机柜模块和柜体及包括其的机柜（实用新型），专利号：ZL 201921257434.4
- 不间断电源(93PR series)（外观设计），专利号：ZL 202030108692

产品面向市场：

金融/数据中心，工业/自动化，制造、加工及表面处理，轨道交通，传统能源/电力操作，新能源，计算机，航空航天

主要参数：

产品参数：
产品功率范围：15~1200kVA
标称电压：AC 380/400/415V
输入电流畸变：<3%@100%负载能力
输入功率因数>0.99
输出功率因数1.0
双变换最高效率达到97.1%以上
节能模式下20%~100%带载率下系统效率可达99%以上
伊顿专利Hot-Sync并机技术，最大支持 8 台外部并机
市电起动，电池起动支持软起动，匹配发电机，时间功率按需设置
支持锂电池，兼容铅酸、镍铬电池；支持并机共用电池组

产品图片：

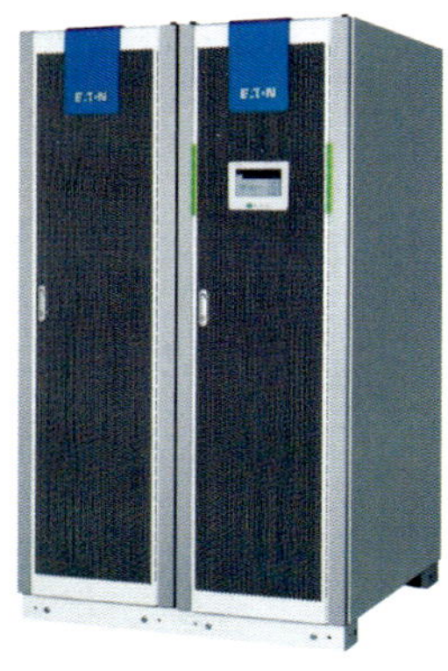

ZTE中兴

中兴通讯股份有限公司
地址：深圳市南山区西丽留仙大道中兴通讯工业园研一楼
邮编：518055
电话：0755-26770000
网址：www.zte.com.cn
E-mail：li.lil51@zte.com.cn

模块化电源ZXEPS EBD48600 N1

产品简介：

中兴智能断路器模块化电源，直流配电采用全智能断路器，可以实现直流分路控制和计量，通过起租加电及通断控制策略，实现站点供电的精细化管理。系统包括：基础单元（必配）、整流器扩展单元（选配）、直流配电扩展单元（选配）及铅酸电池接入单元（选配）等，支持50A/75A整流模块及光伏模块兼容混插，灵活组合成不同容量、不同配电路数的共享型直流电源系统，并在后期很方便地通过增加扩展单元实现容量、配电及功能扩展，适用于铁塔公司分阶段电源投资，减少初始投资成本。该产品具备削峰填谷、平滑叠光等智能化功能，便于实施错峰用电，利用峰谷电价差套利，降低电费支出；通过增加光伏组件及光伏模块实现平滑叠光，引入绿色能源，实现站点的低碳或零碳供电。

产品创新性：

- 各功能组件采用模块化设计可以根据站点当期需求灵活配置，后期扩容便利，可以分阶段投资，降低初始建站成本；
- 功率模块率峰值效率：≥97%（40%~90%负载率），整流模块和光伏模块面板尺寸为1U×2U，功率密度高达70.2W/in^3，业界领先；
- 全智能断路器，可软件定义分路名称、用途（负载/电池）及容量，维护便利，具备分路起租加电、分路计量功能，实现站点用电的智能化、精细化管理，同时支持分路通断控制策略，实现差异化备电；
- 智能削峰，市电免改造，节省市电扩容改造成本；
- 错峰用电，利用峰谷电价差套利，减少电费支出；
- 整流模块与光伏兼容混插，平滑叠光，实现站点低碳供电。

产品面向市场：

电信/基站

主要参数：

参数	描述
产品型号	ZXEPS EBD48600 N1
容量	600A：12×50A（满配）或者8×75A（满配）
效率	峰值效率≥97%（40%~90%负载率）
MTBF	≥3.2×10^{5}h
交流输入	
输入制式	三相五线制（L1/L2/L3/N/PE）
电压范围	额定相电压/线电压：220V/380V；相电压范围：85~295V
频率范围	45~66Hz
功率因数	≥0.97（40%~90%额定功率）
交流防雷	室外型：满足In=30kA（8/20μs）防雷通流量
	室内型：满足In=20kA（8/20μs）防雷通流量
交流输入	室外型：两路100A/4P，手动机械互锁
	室内型：单路63A/4P
交流备用输出	室外型：3×16A/1P
	室内型：无
交流扩展（选配）	2×63A/1P，用于基础单元与整流器扩展单元之间的线缆连接
直流输出	
输出电压	DC -53.5V（DC -42~-58V通过监控单元连续可调）
稳压精度	≤0.5%
直流防雷	In=15kA（8/20μs），热插拔、前维护、前操作
直流配电	铁塔自用：2×16A普通断路器运营商负载：共50个智能断路器槽位，支持63A/125A智能断路器壳架混插，智能断路器可软件定义分路名称、容量及用途
直流扩展（选配）	直流输出扩展端子（含2正2负），与智能断路器槽位兼容，占用6个槽位。可选配多个扩展端子，用于直流配电扩展单元、整流器扩展单元及铅酸电池接入单元接入

产品图片：

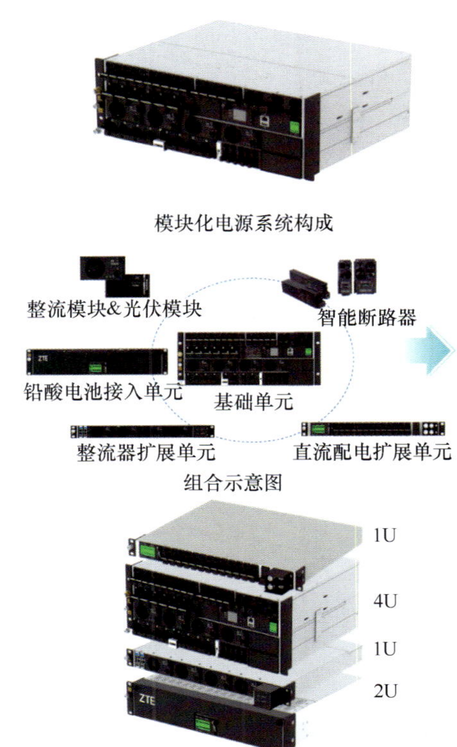

新能源车载电源

2022年销售额：1500万元

安徽博微智能电气有限公司
地址：中国安徽省合肥市高新技术开发区香樟大道168号
邮编：230000
电话：0551-62724914
网址：www.ecrieepower.com
E-mail：lhz@ecphf.com

产品简介：

安徽博微智能电气有限公司提供优质的新能源汽车OBC、DC-DC及二合一产品与服务。可以实现动力电池包的正向充电、反向放电，给低压蓄电池及车上低压设备供电。产品采用高效的谐振软开关拓扑，产品体积小、重量轻；实现了磁集成设计，一致性强、频率高、发热量小。采用全数字化控制，具备水温检测功能、具备短路保护、过欠电压保护、过温保护，故障保护可恢复。能实现全电压范围内以最大功率充电，缩短充电时间，缓解用户续航里程焦虑。支持OTA，低压控制器、功率变换控制器的软件均可在线升级。具备UDS诊断功能，可以根据客户诊断规范定制开发。

产品创新性：

国产化器件应用技术：功率半导体、磁性器件、驱动IC、信号调理IC、通信IC均实现国产化替代，通过分离器件搭建功能电路的方式突破部分芯片“卡脖子”问题。采用磁集成技术应用及批量生产工艺。将双向LLC的两个谐振电感集成到变压器中，解决漏感参数难以控制一致性的问题；同时优化设计磁性损耗，从而减小电源尺寸、提升效率。国际化：能兼容不同公共电网的电压和频率，能够适应不同国家的标准与法规，具体包括中国、美国，欧洲和日本等主要汽车市场。低压电池智能能量管理：根据电池SOC及车辆工作状态实现DCDC间歇工作，实现新能源汽车提升效率。

产品面向市场：

车载驱动

主要参数：

OBC
额定输出功率：6.6kW
交流输入电压：AC 85~265V
直流输出电压：DC 230~450V
最大输出电流：22A
功率因数：≥0.99
峰值效率：≥94%
工作温度：-40~85℃
DC-DC
额定输出功率：2.5kW
直流输入电压：DC 240~450V
最大输入电流：12A
直流输出电压：DC 9~16V
最大输出电流：180A
峰值效率：≥94%

产品图片：

中国钢研 安泰科技

安泰科技股份有限公司非晶制品分公司
地址：北京市海淀区永丰基地永澄北路10号B区
邮编：100094
电话：010-58712641
传真：010-58712642
网址：www.atmcn.com/fjjssyb/
E-mail：nano@atmcn.com

纳米晶带材

2022年销售额：24500万元

产品简介：

随着光储及新能源汽车的快速发展，安泰科技股份有限公司非晶制品分公司针对电动汽车市场提前布局的纳米晶超薄带和高端纳米晶共模电感产品，基于超薄带制备的高阻抗纳米晶共模电感铁心及元器件高阻抗优势更加明显；汽车共模电感产品严格按照汽车IATF16949体系全流程执行，全自动化流水生产线完全保证了产品的一致性和高可靠性，目前已经给全球90%以上的电动汽车生产企业及其一级供应商供应纳米晶共模电感产品，并形成了战略合作开发。

产品创新性：

- 带材厚度12-14μm。
- 优异的高频阻抗特性。
- 高低温环境下产品性能更加稳定。

产品面向市场：

轨道交通，充电桩/站，车载驱动，新能源，消费电子，环保/节能，工业电源，电力电气

主要参数：

材料牌号	居里温度	晶化温度	密度/(g/cm³)	电阻率/(μΩ·cm)	饱和磁感应强度/T	饱和磁致伸缩系数
1K107系列	约570℃	约530℃	7.20	120	1.25	$<1\times10^{-6}$
低磁导	约560℃	约510℃	7.20	120	1.10~1.30	$<1\times10^{-6}$

产品图片：

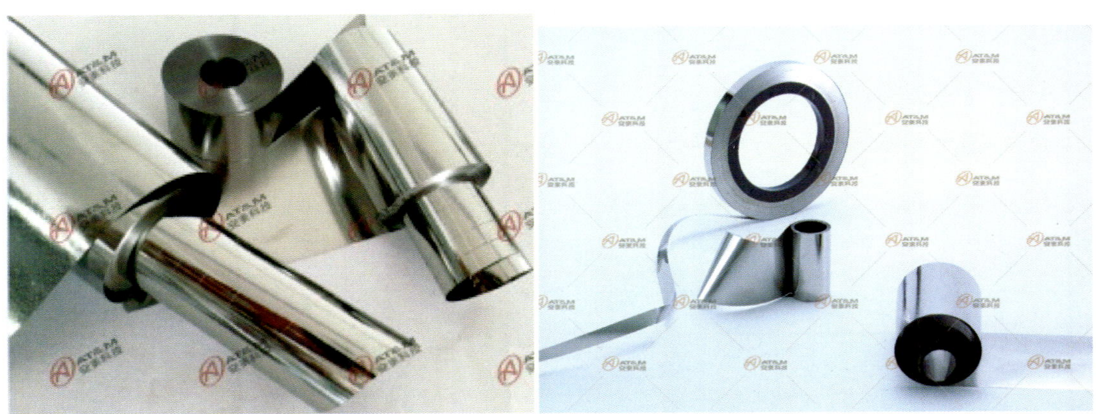

液冷充电模块

北京动力源科技股份有限公司
地址：北京市丰台科技园区星火路8号
邮编：100069
电话：010-83682266
网址：www.dpc.com.cn/
E-mail：dpczl@dpc.com.cn

产品简介：

DZY-1000/30k 液冷充电模块是北京动力源科技股份有限公司利用多年电力电子技术的沉淀，以及耕耘在通信和工业领域的经验积累，设计生产的恒功率液冷充电模块。该产品分前后隔离的两级拓扑架构，前级采用三电平有源PFC，后级采用LLC拓扑，并采用DSP数字控制，通过液冷散热技术，防护等级达IP54以上。产品具有功率密度高、防护等级高、全电压范围效率高、功率因数高、环境适应性强、使用寿命长等特点。

产品适用于不同功率等级的直流充电机，可满足电动乘用车、大巴车、物流车、工程车等多种车型的快速充电需求以及各类换电站的充电需求。

产品创新性：

- 宽输出范围：DC 200~1000V；
- 宽恒功率范围：DC 300~1000V无断点恒功率输出；
- 高效率：最高效率达96.5%以上；
- 环境适应性强：防护等级可达IP54，极大地避免了外界粉尘、盐雾、潮湿等不利环境的影响；
- 宽温度范围：工作温度范围可达-35~85℃(75~85℃降额输出）；
- 高功率密度：充电模块功率密度达30W/in^{3}以上，系统设计时节省整机空间；
- 模块寿命长：内部半导体开关整流器件通过液冷板散热，器件结温较直通风产品低10~20℃，寿命延长2~3倍。

产品面向市场：

充电桩/站

主要参数：

功率等级	30kW	保护功能	交流输入过/欠电压保护、过温保护、过电流保护、短路保护等
输入电压范围	AC 380（1±20%）V		
输入电流谐波	≤5%	环境条件	工作温度：-35~85℃ 海拔<2000m 相对湿度5%~95%
功率因数	≥0.99		
工作频率范围	45~65Hz		
输出电压范围	DC 200~1000V	通信接口	CAN总线 支持模块分组使用
恒功率输出范围	DC 300~1000V		
稳流精度	≤±1%	防护等级	IP54
稳压精度	≤±0.5%	输出电压误差	≤±0.5%
最高效率	≥96.5%	输出电流误差	输出电流≥30A，≤±1%，输出电流<30A
均流不平衡度	≤±3%	输出纹波电压	有效值≤±0.5%，峰峰值≤±1%
冷却方式	液冷	外形尺寸	132mm×256mm×498mm（高×宽×深）

产品图片：

东莞市奥海科技股份有限公司
地址：东莞市塘厦镇蛟乙塘振龙东路6号
邮编：523723
电话：0769-89290871
传真：0769-89290868
网址：www.aohaichina.com/
E-mail：LHB@aohaichina.com

充电器及电源适配器

2022年销售额：280000万元

产品简介：

涵盖5W/10W/18W/20W/30W/45W/65W/68W/120W/140W/180W/200W等多个产品系统，2022年度开发完成180W/200W氮化镓充电器、140PD3.1充电及电源适配器、120W超薄（12mm）充电器、基于6层平面变压器的65W小圆柱充电器、68W超薄（10.5mm）商务出行充电器、30W低待机高性能充电器等行业领先新品，在120W功率段已形成系列解决方案（含多种全国产方案）。

产品创新性：

120W超薄（12mm）充电器是代表性新品，其独创可旋转AC插脚（获发明和外观专利），采用非对称半桥混合型反激拓扑和氮化镓PFC，超薄设计（超薄小型平面变压器，小型PFC升压电感，大量选用贴片器件：贴片差模、共模电感、贴片Y电容等），黄金曲率，极致握感，荣获2022年广东省省长杯工业设计大赛优秀奖，尺寸：58mm×100mm×12mm，其工作在高电压模式时：120W，5min/65W长期；低电压模式时：100W，5min/45W长期。

产品面向市场：

消费电子

主要参数：

	超薄120W	普通120W	备注
满载效率	93.8%@230V	92%@230V	↑1.8%
尺寸	58mm×100mm×12mm	61mm×52.5mm×29mm	↓40%
功率密度	2.08W/cm³	1.3W/cm³	↑40%

产品图片：

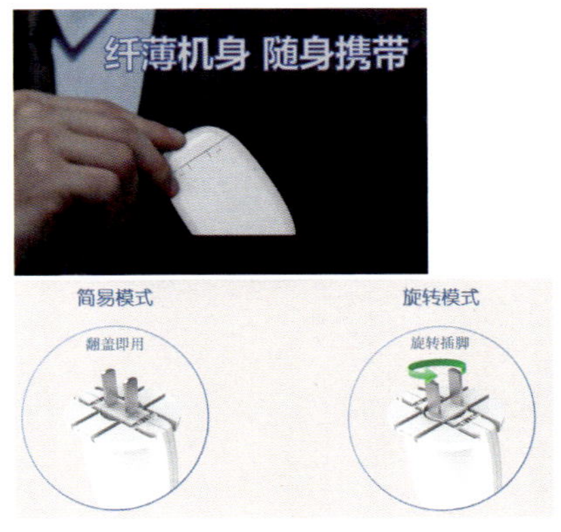

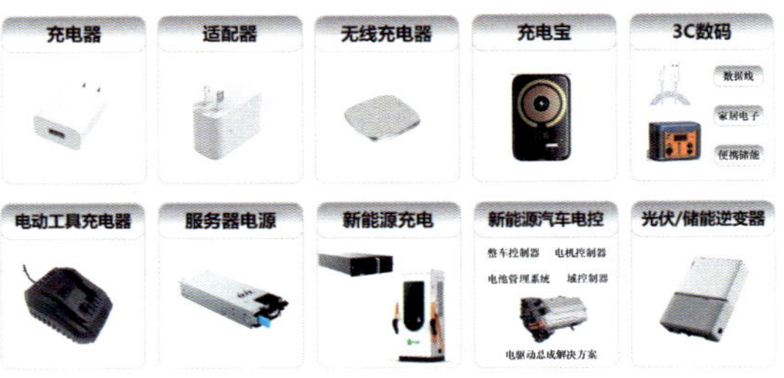

100W-UES100DZ-SPA

2022年销售额：3000万元

东莞市石龙富华电子有限公司
地址：广东省东莞市石龙镇新城区黄洲祥龙路富华电子工业园
邮编：523326
电话：0769-86022222
网址：www.fuhua-cn.com
E-mail：fuhua@fuhua-cn.com

产品简介：

UE Electronic电源产品功率涵盖5~500W，可实现模块化、标准化、智能化、定制化设计；具有防短路、防过电流、防过电压、防过载、防漏电五重保护，能满足+/-15kV抗雷击检测要求；符合医疗2MOPP标准及UL国际医疗认证第3.1版，符合六级能源之星标准，并通过cULus、CSA、TUV-GS、CE、BEAB、RCM、PSE-JET、KC-MARK、EAC、NOM、PSB、CCC、IRAM、CB、EMC、FCC及可靠度评定等各种认证，得到了业界同行与客户的高度认可。

产品创新性：

UE Electronic奉行精益求精，厚积薄发的理念，钻研生产更加优质可靠的医疗电源产品所需技术，推出安全性、可靠性、稳定性更胜一筹的电源产品。

产品面向市场：

电信/基站，工业/自动化，制造、加工及表面处理

主要参数：

输出功率：100
输出功率因数：PF＞0.95
频率范围：47~63Hz
输入电压范围：AC 90~264V
输入电流：2.5A，在AC 90V输入条件下
工作环境温度：0~40℃
存储环境温度：-20~60℃

产品图片：

BAYKEE 航天柏克
智领全球产业源动力

航天柏克（广东）科技有限公司
地址：佛山市禅城区张槎一路115号四座2~7层
邮编：528000
电话：0757-82207158
网址：www.ascf.com.cn/n18171927/index.html
E-mail：ba@baykee.net

TYN-M多制式模块化离并网逆变电源

产品简介：

TYN-M多制式模块化离并网逆变电源是航天柏克（广东）科技有限公司针对新能源需求而设计的一款特种智能化多功能电源，内部由太阳能MPPT控制器、充电器、整流器、逆变器、静态转换开关、主控制电路和显示报警电路等组成。根据不同的工作模式，可工作于太阳能并网发电、太阳能离网供电、太阳能储能、错峰储能、UPS供电、后备供电等不同的应用环境。

产品创新性：

- 多制式输入、输出适应于三相或单相负载，100%抗负载不平衡。
- 优越的负载特性，负载从0到满载而无需切换旁路。
- 完善的保护功能，过欠压保护，电池过充过放保护，短路保护等。
- 智能化的电池管理，根据用户电池配置自动调整电池的充电参数。
- 智能通信，实现多用途通信和远程监控。

产品面向市场：

金融/数据中心，电信/基站，工业/自动化，制造、加工及表面处理，照明，轨道交通，充电桩/站，传统能源/电力操作，新能源，计算机，消费电子，安防，环保/节能，特种行业

主要参数：

额定输出功率：60kW
工作模式：太阳能、交流电混合型储能逆变电源
太阳能额定工作电压：500V
太阳能MPPT范围：400~800V
市电（变流器）：额定工作频率：50/60Hz
逆变器输出稳压精度：≤±1%

产品图片：

HB系列光伏逆变器

2022年销售额：3517万元

鸿宝电源有限公司
地址：浙江省乐清市柳市镇象阳工业区
邮编：325604
电话：0577-62762615
网址：www.hossoni.com
E-mail：774058299@qq.com

产品简介：

HB系列光伏逆变器通过先进的拓扑结构及创新的逆变控制技术，实现高达 99% 的转换效率，提高发电量及用户投资收益。同时HB系列光伏逆变器拥有全方位的保护措施，组串智能监控及故障排除功能，灵活多样的通信方式，IP65高防水防尘等级和多路MPPT等特点，保证逆变器长期高效、可靠、安全地运行工作。

HB系列逆变器相比于市场同类产品，操作更加简捷且更易安装。HB系列逆变器直流输入电压最高可达1100V，其超宽MPPT工作电压范围和180V的低启动电压，可确保产品更长的工作时间及更大的发电量，以最大限度持续为客户提供长期收益。

产品创新性：

● 简单易用：体积小、重量轻、安装运输方便；外形美观，完美融合现代家居，操作界面友好；充放电时间和功率可自由设置。

● 高效利用：高转化效率，最大利用太阳能；兼容锂电池和铅酸电池；既能节约电费，又可保障电网断电和电网不稳定时的用电安全和用电自由。

● 安全可靠：集成智能的EMS管理及BMS电池管理功能，可根据用户需求选择不同工作模式，保证电池和设备安全；具备光伏和电池极性反接保护；多种监控方式可选。

产品面向市场：

金融/数据中心，电信/基站，工业/自动化，制造、加工及表面处理，照明，轨道交通，充电桩/站，车载驱动，传统能源/电力操作，新能源，计算机，消费电子，安防，环保/节能

主要参数：

直流输入	
最大输入电压	1100V
额定输入电压	720V
MPPT电压范围	180~1000V
最大输入电流	10×26A
MPPT数量/最大输入组串路数	10/20
交流输出	
额定输出功率	125kW
额定电网电压	3/PE，500V
额定电网频率	50Hz
额定电网输出电流	144.3A
最大输出电流	158.8A
功率因数	>0.99（0.8超前…0.8滞后）
总电流谐波畸变率	<3%
保护	
直流反接保护	具备
交流短路保护	具备
交流输出过电流保护	具备
浪涌保护	直流二级/交流二级（交流一级可选）
电网监测	具备
孤岛保护	具备
温度保护	具备
组串监测	具备
IV曲线扫描	具备
PID修复	可选
集成直流开关	具备
基本参数	
防护等级	IP66
冷却方式	智能冗余风冷
特点	
直流端口	MC4连接器
交流端口	OT端子（最大185mm^2）
显示屏	LCD
通信方式	RS485/PLC（可选）/Wi-Fi（可选）/GPRS（可选）

产品图片：

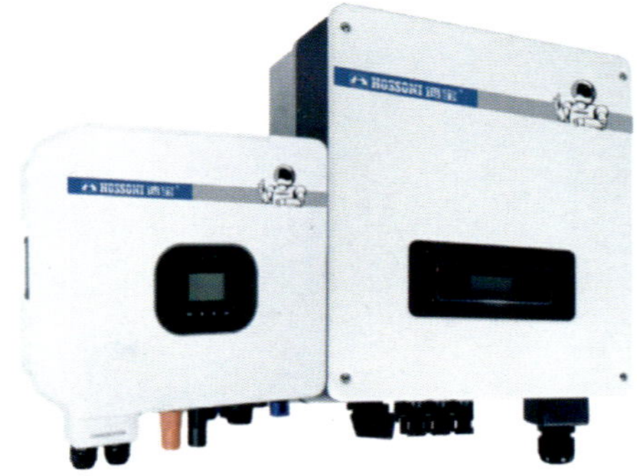

湖南三安半导体有限责任公司
地址：湖南省长沙市岳麓区长兴路399号
邮编：410000
电话：0731-85160836
网址：www.sanan-semiconductor.com
E-mail：ziang_yan@sanan-ic.com

车规级碳化硅功率二极管

2022年销售额：90000万元

产品简介：

湖南三安半导体有限责任公司（简称湖南三安）拥有全面的碳化硅功率二极管型谱，目前已量产第三代高性能版本，第四代已在预研当中。产品采用MPS结构，具备更优异的稳固性和可靠性。全系列产品符合JEDEC工业级标准，部分产品已通过AEC-Q101车规级认证，广泛应用于新能源汽车、光伏储能、不间断电源、家电等高可靠场景。

产品创新性：

湖南三安的碳化硅功率二极管采用MPS结构，具备更优异的稳固性和可靠性，拥有增强的浪涌能力和雪崩能力，在高速开关过程中保持着良好的性能。第三代高性能版本依托于自研的晶圆减薄平台，进一步提升产品性能。全系列产品符合JEDEC工业级标准，部分产品已通过AEC-Q101车规级认证，广泛应用于新能源汽车、光伏储能、不间断电源、家电等高可靠场景。

产品面向市场：

金融/数据中心，电信/基站，工业/自动化，轨道交通，充电桩/站，车载驱动，新能源，消费电子

主要参数：

增强浪涌能力（MPS结构）；增强雪崩能力；减薄晶圆平台；降低 VF；低损耗，低电容电荷；AEC-Q101 认证

产品图片：

S7000系列回馈型可编程直流电源

科威尔技术股份有限公司
地址：合肥高新技术开发区大龙山路8号
邮编：230088
电话：0551-65837951
网址：www.kewell.com.cn
E-mail：sales@kewell.com.cm

产品简介：

S7000/S7100是一款带回馈功能的双向高精度可编程直流电源，作为直流源使用支持双象限的能量流动。该机型具有高转换效率、高功率密度的特点，3U的尺寸可以支持30kW的功率、高达2000V的输出电压，并且该机型还支持多机并联功能。人机界面同时支持彩色触摸屏和按键、旋钮两种操作方式，满足客户的不同使用习惯。可应用于新能源电池测试、储能逆变器测试、汽车电子测试等多个领域，为不同类型的产品提供全面丰富，高效可靠的测试方案。

产品创新性：

- 高功率密度 3U/30kW
- 高精度（电压范围0.05%/电流精度0.01%）
- 动态响应<1ms
- 双向回馈源载一体
- 具备IV、电池充放、电池模拟、汽车功率曲线、函数发生器
- 多机并联，支持并联30台以上

产品面向市场：

工业/自动化，制造、加工及表面处理，充电桩/站，车载驱动，新能源

主要参数：

S7000回馈型可编程直流源的主要技术规格如下：

型号		S7000-7KS-0750-0040	S7000-15K-0750-0080	S7000-30K-0750-0120	S7000-15K-1500-0040	S7000-21K-2000-0040	S7000-30K-2000-0040	S7000-30K-2000-0060
额定值	输出电压	750V	750V	750V	1500V	2000V	2000V	2000V
	输出电流	40A	80A	120A	40A	40A	40A	60A
	输出功率	7.5kW	15kW	30kW	15kW	21kW	30kW	30kW
精确度	电压	≤0.05%F.S.						
	电流	≤0.1%F.S.						
纹波	电压Vpp（20MHz）	<1000mV	<3000mV	<3000mV	<3000mV	<3000mV	<3000mV	<3000mV
	电压（rms）	<200mV	<300mV	<300mV	<400mV	<400mV	<400mV	<400mV
	电流（rms）	<40mA	<100mA	<100mA	<35mA	<35mA	<35mA	<60mA
斜率	电压（空载）	0.001~80V/ms	0.001~200V/ms	0.001~200V/ms	0.001~200V/ms	0.001~200V/ms	0.001~200V/ms	0.001~200V/ms
	电压（满载）	0.001~30V/ms			0.001~90V/ms			
	电流	0.001~20A/ms	0.001~40A/ms	0.001~60A/ms	0.001~20A/ms	0.001~20A/ms	0.001~20A/ms	0.001~20A/ms
动态响应时间		<1ms						
效率		=95%						
机箱尺寸（mm）		733（D）*445（W）*132.5（H）						
重量（净重）		=40kg	=45kg	=50kg	=45kg	=50kg		

产品图片：

杰瑞

连云港杰瑞电子有限公司
地址：江苏省连云港市海州区
邮编：222000
电话：0518-85981950
网址：www.jariec.com
E-mail：hitwhxym@163.com

模块电源

2022年销售额：10000万元

产品简介：

JDCM系列DC-DC转换器是基于革命性转换器级封装（Converter housed in Package，ChiP）技术的最新一代微晶片电源，采用先进的功率拓扑、控制及封装技术，具有高效率、超高功率密度、超小体积、超轻重量等优点；采用MHz级软开关技术，效率高达92.2%；具有输入过欠电压保护，输出过电压、过电流、短路保护以及过温保护等功能。产品设计与制造满足SJ 20668—1998《微电路模块总规范》和产品详细规范的要求。特别适合航空、航天、船舶、兵器等领域对功率、效率、体积、重量、高度等要求极端严苛的高可靠电子系统。

产品创新性：

基于革命性ChiP（Converter housed in Package，转换器级封装）技术，采用先进的功率拓扑、控制及封装技术，具有高效率、超高功率密度、超小体积、超轻重量等优点。

产品面向市场：

工业/自动化，新能源，计算机，航空航天

主要参数：

功能特点：隔离、稳压
功率拓扑：MHz级四开关Buck-Boost电路
封装工艺：革命性Chip封装工艺
输出功率：高达500W
效率：高达94%
重量：仅28g
体积功率密度：高达1040W/in^3
重量功率密度：高达17.4W/g
ChiP4623封装：47.91mm×22.8mm×7.21mm
支持并联数量：8台
工作壳温：-55~90℃（满载）

产品图片：

U7系列DALI-2&D4i智能驱动

茂硕电源科技股份有限公司
地址：广东省南山区松白路1061号
邮编：518000
电话：400-889-0018
网址：www.mosopower.com
E-mail：Wendy@mosopower.com

股票代码：002660

产品简介：

U7系列针对欧洲道路照明设计，通过了DALI-2认证，兼容性强。同时，产品通过了D4i认证，实现了对驱动的智能管理和能量采集管理，提供高效的照明控制和管理等。

U7主要产品特点：

1）标准化尺寸：符合ZHAGA标准化尺寸，符合ZHAGA BOOK13标准。

2）兼容CLASS I&CLASS II：U7系列兼容性强，兼容CLASS I & CLASS II 类灯具。

3）多重保护：外置NTC，输入欠电压，输出短路、过电压、过温保护。

4）防雷等级：防雷等级高达差模6kV 共模10kV，可有效保护LED电源模组。

产品创新性：

D4i的五大核心优势

- 优势1：集成 DALI 总线电源

  总线电源：实现了启用和禁用DALI总线电源的功能标准化，总线电源还可以给低功耗传感器和开关供电。
- 优势2：存储条 1 扩展

  独立存储条，可准确地识别各照明灯具及驱动设备信息。
- 优势3：电能报告

  提供完善的电能报告，可进行有效跟踪、验证节能量，并检查照明设备的运行情况。
- 优势4：诊断与维护

  U7系列规范了诊断信息和维护数据。通过性能数据、故障标志、计数器等进行信息收集、存储，更有利于维护产品。
- 优势5：24V独立辅助电源，支持给BOOK18控制器供电，有助于提高可靠性，并降低接线成本。

产品面向市场：

照明，环保/节能

主要参数：

产品特点：

- 输入电压：AC176~305V；
- 辅助输出：24V/0.25A，内置16V总线电源；
- 驱动方案：隔离恒功率设计；
- 调节电流：NFC编程可调；
- 控制方案：DALI-2&D4i， 时控调光，调光关断；
- 保护功能：外置NTC，输入欠电压，输出短路、过电压、过温保护；
- 待机功耗：<0.5W；
- 防雷等级： 差模6kV， 共模10kV；
- 适用灯具：ClassI和ClassII；
- Zhaga接口：Book13；
- 质保： 5年。

产品图片：

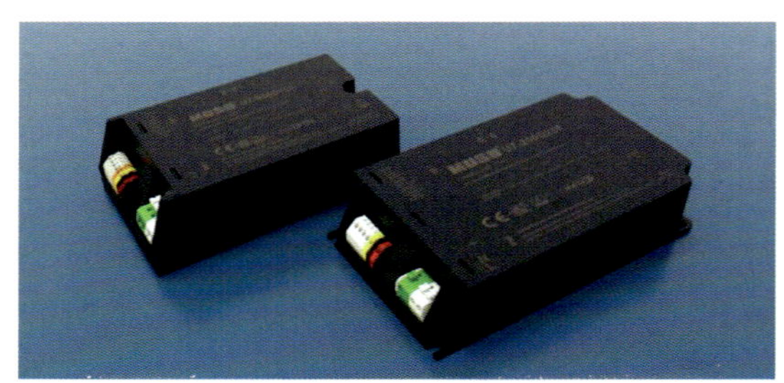

南京博兰得电子科技有限公司
地址：南京市秦淮区永智路6号
邮编：200010
电话：025-85582306
网址：http: //cn.powerlandtech.com
E-mail：qiwu@powerlandtech.com

Usmile 33W超薄手机快充

产品简介：

南京博兰得电子科技有限公司自有品牌PD快充产品Usmile 33W超薄快充，拥有全球最薄尺寸，仅厚度为10.8mm，轻薄便携，是差旅商务人士的好助手。以氮化镓技术为核心，协同多项黑科技，打造业界天花板级尺寸，温控更好、更节能、更安全。

产品创新性：

- 超薄尺寸，全球最薄之一，全新产品形态，便携轻薄；
- PD快充，支持多设备充电；
- 以氮化镓技术为核心。

产品面向市场：

消费电子

主要参数：

规格	
输出功率	33W@AC110V 45W@AC220V
输出电压/电流	5V/3A，9V/3A 12V/2.75A，15V/2.2A 20V/1.65A
输入电压	100~240V
尺寸	79mm×39mm×10.5mm（L×W×H）
重量	59g
协议	QC3.0，PD3.0

产品图片：

SSL60-12VF

2022年销售额：168万元

宁波赛耐比光电科技有限公司
地址：宁波市高新区剑兰路1288号
邮编：315048
电话：0574-27902084
网址：www.snappy.cn/
E-mail：sales@snappy.cn

产品简介：

此款产品不但性价比高， 而且满足电击防护的SELV标准。为了提高产品的安全性，电路中设置有过电压、短路、过载和过温保护功能。根据ERP指令符合低待机功耗标准，产品寿命达30000h。

产品创新性：

独立式安装，前级采用PPFC电路升压优化了器件，不需要变压器升压，后级应用LCC电路整体提高效率，降低成本。

产品面向市场：

照明，新能源，环保/节能

主要参数：

- 输入220～240V
- 输出12V/5A
- 效率高达89%
- 防水等级IP20
- 分贝低至35dB

产品图片：

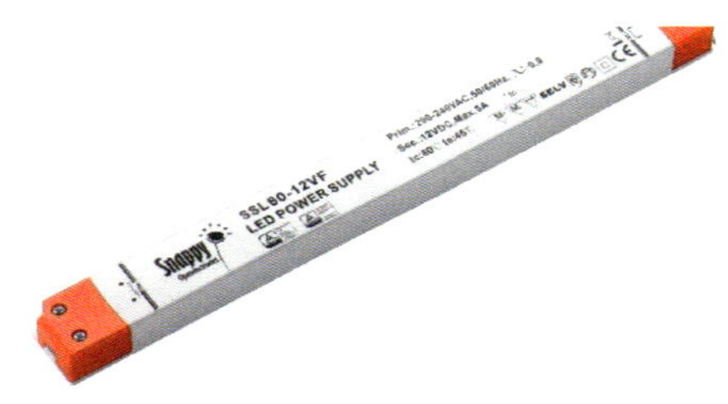

深圳市必易微电子股份有限公司
地址：深圳市南山区西丽街道西丽社区留新四街万科云城三期C区八栋A座3303房
邮编：518055
电话：0755-82042689
网址：www.kiwiinst.com
E-mail：ir@kiwiinst.com

KP62010、KP62030——3~18串锂电池的高精度监控和保护器

2022年销售额：5000万元

产品简介：

- KP62030 集成了高精度的监控系统，内置14bit ADC 用于 3~18 串电池电压和多达 6 路的温度监控，内置 16bit 电流 ADC；
- KP62030 具有灵活配置的保护子系统，包含充放电过欠电压、充放过电流、短路、负载检测、开路检测等；
- 同时具有便于使用的特性，如支持内部均衡、随机电池连接耐受、集成 LDO、通信看门狗、增强的保护 MOS 驱动、通用的 I^2C 接口等。

产品创新性：

- 优化内部结构实现，实现随机电池连接耐受，减少热插拔浪涌应力；
- 增加开路检测功能，通过内部电流源的配置，可以准确地检测出与电芯相连的线束是否正常连接，提高系统可靠性；
- 在电芯欠电压时，芯片内部先产生告警，如果系统未在时限内处理，则芯片进入低功耗模式，减少对电芯的放电，保护电芯，提高系统的可靠性。

产品面向市场：

金融/数据中心，车载驱动，传统能源/电力操作，新能源，计算机，消费电子

主要参数：

产品型号	最少电池串数	最多电池串数	最大工作电压/V	LDO电压/V	工作温度/℃	类型	是否支持级联	特点	封装
KP620103	3	10	60	3.3	-40~85	保护，监控	否	全保护功能，均衡	TSSOP-30
KP620105	3	10	60	5	-40~85	保护，监控	否	全保护功能，均衡	TSSOP-30
KP620303	3	18	110	3.3	-40~85	保护，监控	否	全保护功能，预驱动，均衡	TQFP-48
KP620305	3	18	110	5	-40~85	保护，监控	否	全保护功能，预驱动，均衡	TQFP-48

产品图片：

RM系列10～3000kVA模块化UPS

2022年销售额：18594万元

深圳市英威腾电源有限公司
地址：深圳市光明区马田街道薯田埔社区英威腾光明科技大厦1栋501
邮编：518106
电话：0755-23535031
网址：www.invt-power.com.cn
E-mail：chinasales@invt.com.cn

产品简介：

英威腾RM系列模块化UPS电源结合传统塔式UPS机型的技术特点与现代数据中心预制化智能化的需求，在实现模块化设计的同时，保证了系统的高可靠性和可用性。RM系列模块化UPS采用在线式双变换和部件模块化全冗余设计，基于新一代全新双DSP全数字化技术，匹配产品自身先进的自适应非主从分散控制逻辑，使得该系列产品各项性能指标均达到行业先进水平，是各行各业高可靠高质量不间断供电的理想选择。

产品创新性：

- 全模块热插拔，功率模块、旁路模块均支持在线热插拔，具备高可用性和高可靠性；
- 全方位保护与温度监控，每个模块都具备丰富的温度检测及各种关键参数监控预警；
- 智能录波自动记录提示，控制单元在故障前后自动识别并抓取保存关键波形参数；
- 智能轮换休眠技术，保证UPS高效高可靠运行，绿色节能，助力实现“双碳”目标；
- 全数字化控制，采用高速双DSP数字化控制，先进的CAD-BUS通信系统，安全稳定；
- 维护“零门槛”，模块ID自主智能识别技术，省去手动设置的繁琐，一步到位；
- 友好人机界面，配置10in以上超大屏幕液晶触摸屏与控制面板，信息更丰富。

产品面向市场：

金融/数据中心，电信/基站，工业/自动化，制造、加工及表面处理，新能源，环保/节能

主要参数：

主路	输入方式	3P+N+PE
	输入电压	AC380V/400V/415V（线电压）
	功率因数	>0.99
	电流畸变	THDi<3%（100%线性负载）
	电压范围	AC304～485V（线电压）满载，AC304～138V（线电压），负载从100%到40%之间线性降额
电池	电池电压	DC±240V（默认40节）
	充电功率	最大15%～20%×有功功率
输出	额定输出	AC380V/400V/415V（线电压）
	额定频率	50/60Hz
	输出功率	1
	电压精度	±1.0%
	逆变器过	110%，1h后转旁路；125%，10min后转旁路；150%，1min后转旁路；>150%，200ms后转旁路
	频率精度	0.1%
	峰值比	3：1
	显示	LCD+LED+彩色触摸屏
	语言	支持多种语言，简体中文、繁体中文、英语、俄语、意大利语、韩语、葡萄牙语、西班牙语、德语、波兰语、法语、土耳其语、捷克语、塞尔维亚语
	工作温度	0～40℃
	相对湿度	0～95%（无凝露）

产品图片：

Winline Technology 深圳市永联科技股份有限公司 Shenzhen Winline Technology Co.,LTD.

深圳市永联科技股份有限公司
地址：深圳市南山区西丽街道阳光社区松白路1002号百旺信工业园7栋101-501
邮编：518000
电话：0755-29016366
网址：www.szwinline.com
E-mail：winline@szwinline.com

40kW超级恒功率充电模块 UXR100040B

产品简介：

本产品采用多项自有的电力电子变换专利技术和精细的工艺设计，具有超大功率（40kW）、高功率密度、高效率、宽输出电压范围、宽恒功率范围、宽工作温度范围、长寿命、高可靠性以及智能化等优异性能，可广泛应用于国内外新能源汽车直流充电、工业、轨道交通等需要进行AC-DC电能转换的各种领域。目前，该产品满足欧美标双认证。

产品创新性：

- 超宽输出电压范围：DC100～1000V，适用于各种车型；
- 超高输出功率：在300～1000V输出电压范围内，40kW恒功率输出；
- 满功率工作温度范围宽，-40~60℃；
- 满载效率高于95.5%，全功率范围高效率，更省电；
- 低压区域电流不回缩，充电速度更快；
- 模块内置残压泄放回路，降低系统成本，提高系统可靠性；
- 通过CE和UL认证，满足RoHS要求。

产品面向市场：

金融/数据中心，工业/自动化，轨道交通，充电桩/站，新能源

主要参数：

名称	参　数
尺寸/重量	85mm（高）×360mm（宽）×459mm（深）/≤20kg
效率（额定满载）	>95.5%
待机功耗	13W+/-0.5W
散热方式	强制风冷
并机数量	≤60个
输入电压	AC260～530V，三相+PE
输入电流	80A max
功率因数	≥0.95（8kW≤输出功率≤20kW）；≥0.98（20kW≤输出功率≤40kW）
ITHD	≤5%（20kW≤输出功率≤40kW）
输出电压范围/输出电流范围	DC100～1000V/0～133.3A连续可调
额定电流	40A
稳压精度	≤±0.5%（100～1000V，0～20MHz）
稳流精度	≤±1%（输出电流20%额定电流～100%额定电流值）
均流不平衡度	≤±3%
波纹峰峰值	≤1%（稳压状态，输入电压AC323～530V，输出电压DC200～1000V，输出电流0～额定电流值）
工作温度	-40～+75℃，50℃以上需降额使用
MTBF	>500000h
EMC发射/抗扰度	CLASS B
ROHS	R6

产品图片：

40kW液冷充电模块

2022年销售额：2000万元

深圳英飞源技术有限公司
地址：深圳市宝安区石岩街道塘头1号路领亚智慧谷春生楼一楼
邮编：518108
电话：0755-86574800
网址：www.infypower.cn
E-mail：sales01@infypower.cn

产品简介：

40kW液冷充电模块是专为电动汽车大功率超充设计的一款液冷散热电源模块，具备散热性能好、可靠性高、效率高、零噪声等特点。模块输出电压范围宽DC150～1000V，恒功率范围DC300～1000V，应用于液冷充电系统中可为车辆提供充电5min，增加续航266km的超快体验。产品安全性满足 TUV/UL、CE要求，EMC/EMI满足TUV CE class B标准，适合国内外充电系统应用。

产品创新性：

- 零噪声：水泵驱动冷却液散热，模块无噪声；
- 高防护：模块全封闭设计，防尘、防盐雾、防飞絮、防凝露；
- 兼容性强：30/40kW并同尺寸兼容更大功率，单双向模块尺寸及接口兼容；
- 方便维护：电气接口热插拔，液冷接口防滴快插设计；
- 低待机功耗：12W待机功耗，2W超级待机功耗；
- 全球标准认证：安全性能满足TUV/UL、CE要求，EMC/EMI满足TUV CE class B标准。

产品面向市场：

充电桩/站，新能源

主要参数：

- 输出功率：40kW
- 最大电流：133A
- 输出电压范围：DC150～1000V
- 恒功率输出范围：DC300～1000V
- 最高效率：≥96.5%
- 尺寸：123mm×300mm×453mm
- 冷却方式：液冷

产品图片：

深圳英飞源技术有限公司
地址：深圳市宝安区石岩街道塘头1号路领亚智慧谷春生楼一楼
邮编：518108
电话：0755-86574800
网址：www.infypower.cn
E-mail：sales01@infypower.cn

光储充检系统

2022年销售额：5000万元

产品简介：

针对电动汽车充电功率越来越大，站点配电容量不够的问题，深圳英飞源技术有限公司推出了基于直流母线的光储充系统（业内最早应用的混合母线输入光储充检一体式系统），该系统采用分布式设计，由电源柜、电池柜及充电终端构成，三者之间的连接采用直流母线，储充效率较传统的交流母线提升3%~4%，系统采用统一的EMS管理，并方便接入光伏系统，广泛应用于配电容量不足，峰谷价差大等充电场景。以科学技术促进绿色能源、安全高效，全力助力“双碳”目标，引领生态环保。

产品创新性：

● 功能强大：支持电网峰谷套利、动态扩容、车辆电池检测及电能质量优化，支持储能电池B2G及动力电池V2G/V2X应用。

● 安全可靠：电网、电池、电动车及新能源接入等系统之间完全电气隔离，电池柜防护等级IP55，电源柜IP54，完善的热管理、故障检测及消防系统。

● 直流母线：内部采用高压直流母线架构、光伏、储能、充电系统之间DC-DC能量变换，EMS统一控制，相比交流母线架构提高3%~4%转换效率。

● 超级充电：可使电网、储能、光伏同时给车辆充电提供能源，实现动态扩容。充电功率柔性动态分配，实现充电功率与充电接口数量的平衡。

产品面向市场：

充电桩/站，新能源

主要参数：

电源柜		
交流电网接入	交流输入电压	45～65Hz/3P+N+PE/380Vac±15%
	交流配电	储能电池充电60kW，电动车充电240kW
	交流回馈功率（选配）	储能电池B2G最大44kW，电动车V2G最大176kW（选用BEG1K075）
储能电池接入	储能电池接入路数	最大两路
	储能电池充电功率	60kW
	储能电池放电路数	四路
	储能电池B2V电动车充电功率	4×30kW
	储能电池B2G交流电网回馈功率（选配）	44kW（选用BEG1K075）
电动车充电	充电路数	四路
	充电功率	最大4×（60kW+30kW）=360kW
	充电功率分配	四枪环网功率分配，单枪最大180kW（常规充电枪）/480kW（液冷充电枪）
	充电电压	150～1000V
电动车馈电	电动车V2G交流电网回馈功率（选配）	最大3×22kW
	V2B储能电池回馈功率（选配）	最大8×15kW
光伏接入	接入路数	最大两路（复用储能电池充电模块）
	接入功率	最大2×30kW MPPT
计量	交流侧	交流电能表（选配双向）
	充电侧	四直流电能表（选配双向）
HMI		7×TFT触摸屏，5LED指示灯，急停开关
外形尺寸		W×H×Dmm=1000×2200×1150

产品图片：

逆变器

2022年销售额：16000万元

特变电工新疆新能源股份有限公司
地址：西安市高新区上林苑四路70号特变电工西安产业园
邮编：710119
电话：400-606-6029
网址：www.sunoasis.com.cn/
E-mail：weixiaomeng@tbea.com

TBEA 特变电工

产品简介：

特变电工针对不同应用场景，为客户提供组串和集中式逆变器，以及集成产品和解决方案。针对大型地面电站研制的200kW+、300kW+系列组串式逆变器和 2.5~4.4MW 集中式逆变器，具备并网友好、安全可靠、高效经济、智能运维的特点。集中式逆变升压一体机产品可靠性和一体化程度高，安装运维方便，可应用于沙戈荒、山地、水面、农业等多种综合应用场景，产品通过了CGC、TUV、SGS等多项国内外权威认证及测试。分布式电站场景，可提供 8~25kW功率三相并网逆变器，灵活满足户用和小型工商业的场景应用需求，具有高效发电，电网友好，安全可靠和智能运维的产品特点。

产品创新性：

4.4MW集中逆变器：整机模块化设计，方阵灵活配置。IP65防护等级，C5防腐等级，适应各种恶劣环境；双散热风道设计，内置式散热器可靠性高。多峰值MPPT寻优算法，保证各种工况下的最大输入功率。新型阻抗自适应技术，支撑SVG功能，更好支撑电网。330kW组串逆变器：智能组串分断功能，当出现直流侧反接等故障时，可实现ms级自动切断故障。采用先进的表面散热+内循环散热技术，改善设备工作环境，延长器件寿命。8～25kW户用逆变器：兼容182/210mm^{2}组件，支持1.5倍容配比，1.1倍长期过载，提高设备利用率。IP66及C5防护设计，具备直流快速关断及AFCI功能，打造极致安全屋顶光伏电站。

产品面向市场：

新能源，环保/节能

主要参数：

型号	TC4400KT	TS330KTL-HV-C1	TS25KTL
MPPT电压范围	900～1500V	500～1500V	160～1000V
MPPT路数	3	6	2
最大输入电流	5737A	6×65A	2×30A
最大输入电压	1500V	1500V	1100V
最大输入路数	24	24/30	4
最大输出电流	4436A	262A	38A
额定电网电压	630V	800V	380V/400V
功率因数	0.8超前～0.8滞后	0.8超前～0.8滞后	0.8超前～0.8滞后
防护等级	IP55/IP65	IP66	IP66
尺寸/mm	2714×2387×1955	1120×820×365	398×460×190
重量	3600kg	110kg	20kg
显示	LED +APP	LED +APP	LED +APP
通信	RS485/Ethernet	RS485/PLC	RS485/蓝牙/4G

产品图片：

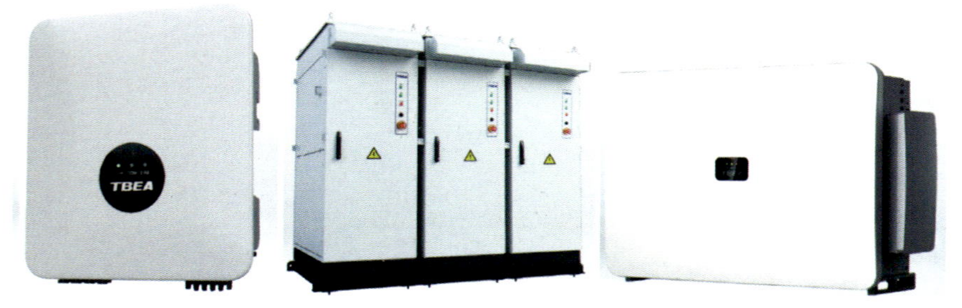

万帮数字能源股份有限公司
地址：武进国家高新技术产业开发区龙惠路39号
邮编：213100
电话：400-8280-768
网址：www.wbstar.com
E-mail：taiping，zhu@wbstar.com

480kW直流充电系统

产品简介：

电动汽车发展迅猛，对提升充电效率和缩短充电时间都提出了更高的要求。公司480kW充电桩产品，电压平台最高支持1000V，普通终端额定电流250A，液冷终端额定600A输出，完美覆盖未来大功率充电发展趋势，单枪输出最大功率480kW，充电8min，最高续航400km，让充电和加油一样方便。再搭配独创的DPA双层功率池技术，加上智能云平台对车端需求精准分析，让桩端执行最优功率分配策略，让场站运营效率更高。

产品创新性：

- 高效：DPA双层功率池技术，充电运营效率提升10%；
- 灵活：超充快充自由搭配组合，适配各类场站及车辆需求；
- 先进：具备1000V输出平台，同时兼容液冷大功率升级，满足未来发展趋势，无需重复投资；
- 安全：采用首创的Aone三重安全防护技术，安全运营高保障。

产品面向市场：

充电桩/站，新能源，环保/节能

主要参数：

- 额定输入电压：AC380V±15%，50±1Hz
- 输出电压范围：DC200~1000V;
- 输出电流：普通终端额定250A，液冷终端额定600A
- 输出功率范围：0~480kW
- 防护等级：≥IP54
- 工作温度：-30~50℃

产品图片：

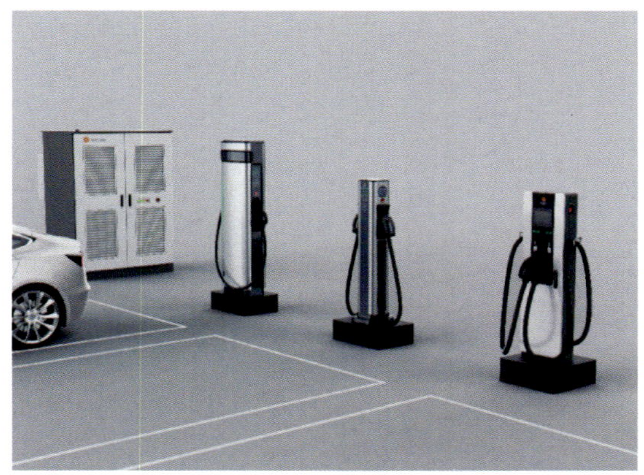

不间断电源（UPS）

2022年销售额：24236.9万元

先控捷联电气股份有限公司
地址：中国石家庄市高新区湘江道319号第14，15幢
邮编：050035
电话：400-612-9189
传真：0311-85903718
网址：www.scupower.cn
E-mail：scu@scupower.com

产品简介：

2003年，从先控捷联电气股份有限公司（简称先控）第一台模块化UPS开始，陆续推出15kVA、25kVA、50kVA、75kVA等容量模块，全系列UPS系统容量涵盖1~1200kVA，性能更加优异，功率密度更高。目前，已经形成四大产品体系，包括模块化UPS、高频UPS系统、机架式锂电UPS系统、一体化电力模块系统，在功能、容量、品质等方面不断升级，广泛应用于通信、交通、制造业、石油石化等多个行业，覆盖全球50多个国家和地区。

产品创新性：

先控UPS各功能单元采用模块化设计，系统支持IECO在线补偿节能模式，整机系统效率可达99%以上。在该模式下，UPS系统效率得到进一步提高，同时具有高可靠性、无缝切换、削峰填谷、跌落补偿、支持锂电等多项优势，使电网与负载有效隔离，提升电网侧和负载侧的性能优化，实现可用性和效率的高度契合。

“新一代在线补偿式模块化UPS”凭借突出的性能优势，荣获“中国工程建设标准化协会·数据中心科技成果奖三等奖”“中国信息通信基础设施低碳节能技术应用示范企业”“电源科技奖·优秀产品创新奖”等荣誉称号，并入选《国家通信业节能技术推荐目录》。

产品面向市场：

金融/数据中心，电信/基站，工业/自动化，制造、加工及表面处理，照明，轨道交通，充电桩/站，车载驱动，传统能源/电力操作，新能源，计算机，消费电子，航空航天，安防，环保/节能，特种行业

主要参数：

● 支持在线补偿节能运行模式（IECO），该模式下效率可高达99%以上，支持储能应用，为负载提供绿色电源，为电网提供稳定电源；
● 输出功率因数为1；
● 输入功率因数（PF）大于 0.99；
● 输出电流峰值系数3：1，带载能力大幅增强；
● 125%得额定负载，运行10min；
● 输入电流谐波成分小于3%；
● 均流精度≤5%；
● 自适应锂电系统。

产品图片：

Chipown
High Performance Power Semiconductor
芯朋微电子 股票代码 688508

芯朋微电子股份有限公司
地址：江苏省无锡市新吴区长江路16号芯朋大厦
邮编：214028
电话：0510-85217718
网址：www.chipown.com
E-mail：sales-xp@chipown.com.cn

图腾柱无桥功率因数校正(PFC)控制芯片——PN6811

产品简介：

PN6811是一款高集成度的图腾柱无桥功率因数校正数模混合控制芯片。采用恒定导通时间控制实现高功率因数，系统工作于CRM/DCM状态。外围精简，省略整流桥以提升效率、降低发热，非常适合高效率和高功率密度需求的应用。

PN6811内置环路控制，集成完善的保护功能，包括内/外部过温保护，交流欠电压保护，VCC欠电压保护，输出过电压保护，交流跳变保护，逐周期过电流保护以及端子开短路等保护。

产品创新性：

- 转换效率高达98%，显著提升开关电源功率密度。
- 谐波电流失真THDi小于10%，减小开关电源对电网的干扰。
- 利用数字控制算法及先进多芯片封装技术，芯片集成度全球领先。
- 内置十余种智能保护，为电源安全运行保驾护航。
- 工作模式可配置，应用灵活。
- 内置数字PID补偿，控制性能卓越。

产品面向市场：

工业/自动化，充电桩/站，车载驱动，传统能源/电力操作，新能源，消费电子，安防

主要参数：

- 工作频率135kHz、270kHz、500kHz可配置，支持Si和GaN MOSFET;
- 内置具有电流监测功能的600V半桥驱动，并可实现逐周期快速限流保护;
- 恒定导通时间COT控制模式，工作在CRM或DCM，无续流管反向恢复问题;
- 三角电流控制模式(TCM)，移除传统电感ZCD绕组，并可实现零电压开通;
- 内置数字PID环路补偿，简化外围;
- 自适应死区控制，防止异常工况下高频桥臂直通损耗;
- 内置软启动功能，减小功率器件电压电流应力;
- 内置Burst Mode，减小电源待机损耗;
- 多种工作模式可外部配置，应用灵活;
- 全面的保护功能包括：VCC输出欠电压保护(UVP)、输出过电压保护(OVP)、交流欠电压保护(BO)、逐周期过电流保护(CBC)、内/外部过温保护(OTP)、端子开短路保护、浪涌电流保护。

产品图片：

EA660系列智能模块化UPS电源

2022年销售额：35000万元

易事特集团股份有限公司
地址：广东省东莞市松山湖科技产业园区工业北路6号
邮编：523808
电话：0769-22897777
网址：www.eastups.com
E-mail：wangl@eastups.com

始于1989年 | 股票代码:300376

产品简介：

EA660系列属于在线式产品，由功率模块、旁路模块、系统监控模块、机柜以及电池组构成。采用模块化技术，易维护、易扩容。模块均采用DSP（Digital Signal Processing）智能控制，功率模块由整流器和逆变器构成，通过高频开关技术，将输入变换为纯净的、高质量的正弦波输出。输入整流器采用有源功率因数校正（PFC）技术，输入功率因数高达0.99；系统效率提升至95%，节能率提升一倍；在电网条件较好的情况下，开启ECO模式后，工作效率高达98%。

产品创新性：

EA660系列产品采用全数字化控制技术，单机最大可扩容到600kVA，所有模块均支持热插拔操作。主要技术特点为先进的双核DSP数字化控制技术；风扇转速随温度智能变化，可降低噪声并延长使用寿命；采用三防漆浸泡工艺及完善的软硬件保护功能，超强的自诊断功能，丰富的历史记录；先进的数字化并联技术，超宽的输入电压范围适合各种电网环境；输入低电压时线性降额，降低放电次数延长电池使用寿命；双输入设计，支持独立旁路提高旁路的可用性；输出功率因数提高到1，带载能力提升11%；支持32～40节电池兼容铅酸电池和铁锂电池，在无市电状况下可以直接用电池启动UPS，市电不稳定时UPS供电模式转换时间为零，保障输出不断电。

产品面向市场：

金融/数据中心，工业/自动化，制造、加工及表面处理，新能源，计算机，航空航天，安防，环保/节能

主要参数：

EA660系列200～600kVA UPS的技术参数

型号	EA66200	EA66300	EA66400	EA66500	EA66600
模块额定容量	50kVA				
输入额定电压	380V/400V/415V				
输入电压可变范围	AC138～304V：降额40%，AC304～485V：不降额				
输入功率因数	≥0.99				
输入电流谐波成分	<3%				
电池节数	12V，40节（同时支持30，32，34，36，38，42，44，46节）				
输出额定电压	AC380V/400V/415V				
输出功率因数	1				
逆变过载能力	110%负载60min后转旁路；125%负载10min后转旁路；150%负载1min后转旁路；负载>150%，0.2s转旁路				
系统效率	≥96%				
保护功能	输出短路保护，输出过载保护，过温度保护，电池低电压保护，输出过欠电压保护，输入缺相、相序保护，风扇故障保护等				
通信接口及显示	RS485，干接点，SNMP卡，7in LCD触摸屏				
运行温度/贮存温度	0～40℃/-40～70℃（不含电池）				
机柜尺寸（宽×深×高）/mm	600×850×2000		1200×850×2000		1400×850×2000
机柜净重（空机柜）/kg	233	242	415	465	617

产品图片：

KDM®
MAGNETIC POWDER CORES

浙江东睦科达磁电有限公司
地址：浙江东睦科达磁电有限公司
邮编：313200
电话：0572-8085882
网址：www，kda，com，cn
E-mail：rd3@kda，com，cn

铁硅磁粉芯

2022年销售额：18000万元

产品简介：

KSF硅铁磁粉芯饱和磁感应强度在16000Gs左右；磁导率范围在14～90；硅铁磁粉芯是一种名副其实的高温材料，不存在热老化的问题。

产品创新性：

铁硅磁粉芯的高频磁心损耗比铁粉芯、硅钢片更低，并具有优异的直流偏置能力；同时硅铁磁粉芯具有良好的温度稳定性和高能力储能能力，主要用于光伏逆变器、UPS、车载OBC，DC-DC等场合。

产品面向市场：

充电桩/站，车载驱动，新能源

主要参数：

- 磁导率μ：14～90
- DC-Bias：%73 @100Oe 60μ
- 磁心损耗：580mW/cm^3（Typ.）@50kHz/1000Gs

产品图片：

低损耗光储充电源Boost/Buck专用储能（滤波）电感磁芯

2022年销售额：10000万元

江西艾特磁材有限公司
地址：江西省宜春市经济技术开发区春一路16号
邮编：336000
电话：0795-3669138
传真：0795-3669789
网址：www.etnm.cn
E-mail：market@etnm.cn

产品简介：

低损耗铁硅铝磁粉芯是以气雾化铁硅铝为主，根据开关频率的不同定制添加一定的铁硅、铁镍类材料的复合磁粉芯。可以在80~250kHz开关工作频率下提供最佳的功率密度和最低损耗。有效优化电源体积、提高效率。

产品创新性：

根据开关频率和工作电流的大小，选择最适宜的磁心材质、磁导率及尺寸，设计出最佳的功率密度（高Bs值）和最低的损耗（Coreloss）。

产品面向市场：

充电桩/站，新能源，光伏逆变器，双向储能电等

主要参数：

- 磁导率μ：26~150
- 磁质损耗：180~450mW/cm^3@50kHz/1000Gauss
- 直流偏置能力：45%~62%μi@100Oe

产品图片：

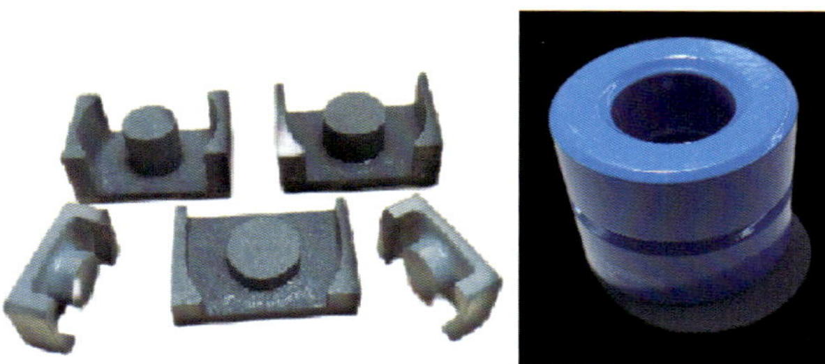

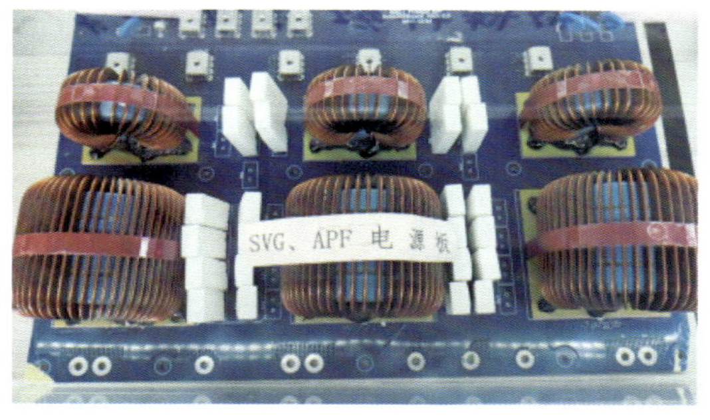

宁波希磁电子科技有限公司
地址：宁波镇海区蛟川街道金溪路1号
邮编：315200
电话：0574-88129400
网址：www.sinomags.com
E-mail：sinomags@sinomags.com

SFG-CPL/A、SFG—CPL/B

产品简介：

基于充电桩对直流和交流漏电的检测需求，宁波希磁电子科技有限公司全新推出符合 IEC62752、IEC62955 标准的数字输出型漏电电流传感器产品——SFG-CPL系列。

该产品采用全新的Type B型漏电保护方案，不仅涵盖了目前typeA或typeA+6mA_DC/30mA_AC应有的各项性能指标，而且实现了全温区1mA的精度要求，为充电桩漏电保护的开发提供了更优的选择。

除了应用于充电桩，该产品系列还可以应用于 IC-CPD、家用电器、电气设备等，为用户提供高可靠性的漏电检测方案，为安全用电保驾护航。

产品创新性：

- Type B型漏电保护方案
- 全温区1mA精度
- 频率DC~1kHz
- 可选模拟量输出
- 支持 DC 6mA， AC 30mA 数字输出
- 原边负载电流 40A（可扩展至100A）

产品面向市场：

照明，充电桩/站，传统能源/电力操作

主要参数：

漏电流系列①	V_{CC}/V	I_pn/A	I_pm/A	f_band/kHz	t_r/μs
SFG-CPL/A	5	6，30	300	2	Follow IEC62752
SFG-CPL/B	5	6，30	300	2	Follow IEC62752

产品图片：

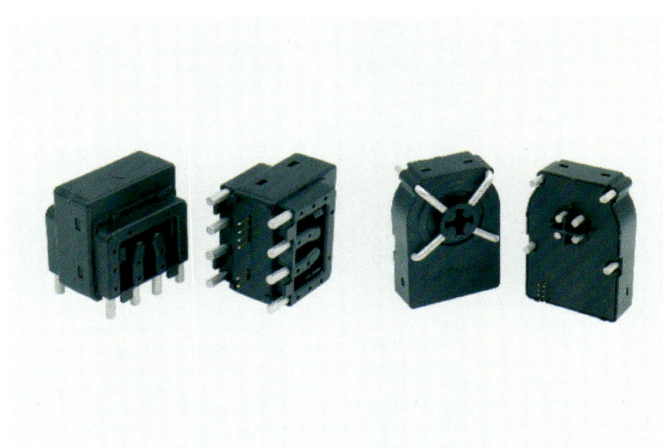

热保护型压敏电阻（TFMOV）

厦门赛尔特电子有限公司
地址：中国福建省厦门市厦门火炬高新区（翔安）产业区 翔安西路8001号，8067号
邮编：361101
电话：0592-5715838
传真：0592-5715839
网址：www.SETfuse.com
E-mail：sales@SETfuse.com

2022年销售额：710万元

产品简介：

热保护型压敏电阻（TFMOV）是压敏电阻与热保护脱离部件的组合。压敏电阻存在老化特性，热保护型压敏电阻能够在压敏电阻（MOV）劣化或失效时，通过热保护部件的动作将压敏电阻从主回路中脱离。常用于光伏逆变器、通信设备、机房电源等对可靠性和耐候性要求高的场所。

产品创新性：

● 熔断合金型：市面上有两种技术，SET采用动作温度115～160℃温度熔丝与压敏电阻串联进行热耦合设计，采用塑封和环氧树脂封装，压敏电阻劣化发热时温度熔丝断开的技术，根据不同压敏电阻设置不同温度熔丝，协调雷击电流耐受能力及失效时温度，是最佳组合，满足IEC 61643以及UL 1449的标准要求。

● 机械脱扣型：SET采用优异弹性材料设计动电极并辅助弹簧推动滑块组合脱扣装置，将热传递路径设计成极短，配合特别研制的150℃级低熔点合金焊料，使其广泛使用在交直流电路中。

产品面向市场：

金融/数据中心，电信/基站，工业/自动化，制造、加工及表面处理，照明，轨道交通，充电桩/站，车载驱动，传统能源/电力操作，新能源，计算机，消费电子，航空航天，安防，环保/节能，特种行业

主要参数&产品图片：

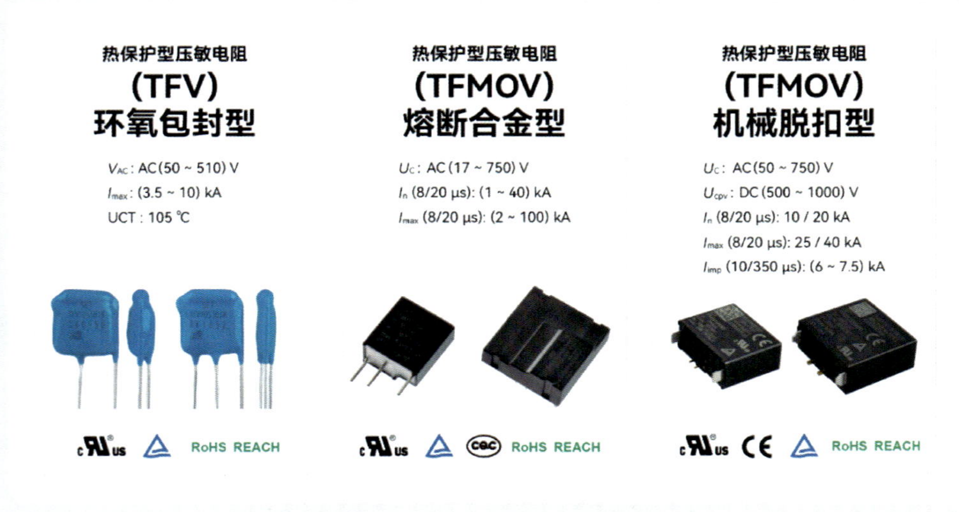

商宇（深圳）科技有限公司
地址：深圳市宝安区松岗大道26号商宇科技园
邮编：518105
电话：400-050-5800
网址：www.cpsypower.com/
E-mail：2853716264@qq.com

商宇微模块数据中心

产品简介：

商宇微模块数据中心可根据用户现场情况，采用灵活的双列机柜+冷/热通道布局方式。这种布局下均可以按用户需求集成机柜、通道、供配电、制冷、安防、环境监控管理以及布线等所有子系统，为客户提供快速部署、高效节能、空间紧凑、灵活扩展的新型数据中心解决方案。

产品创新性：

- 高效节能：高效供配电架构、贴近热源制冷方式、有效降低模块PUE值；封闭通道隔离冷热气流，消除无效气流循环并消除局部热点；通过模块集成管理，协调运行，有效提升功能模块组件效能。
- 快速部署：标准化部件，去工程化，整体交付；工厂预制预调试，现场即插即用；根据业务发展按需匹配，迅速扩容。
- 简单可靠：数据中心基础设施产品化，降低施工工艺影响，提升系统可靠性；产品级出厂检验，获得更高质量保证；适应能力强，适合用户多种现场条件

产品面向市场：

金融/数据中心，电信/基站，工业/自动化，制造、加工及表面处理，轨道交通，计算机，航空航天，安防，环保/节能，运营商

主要参数：

设备系统	参　数
系统	工作环境-30～45℃；海拔：0～1000m（超过1000m需降额使用）
	单机柜功耗：设计功耗5～8kW，最大可支持14kW
机柜	尺寸规格：600mm(W)×1200mm(D)×2000(H)mm，800mm(W)×1200mm(D)×2000(H)mm，其余尺寸请联系商宇工厂
	满足8、9级抗震检测报告
	机柜门通孔率达80%
	机柜满足静态称重1800kg
	防护等级IP20
封闭通道	天窗：尺寸可定制，通道天窗可与消防联动，可翻转，全部透光，天窗一键复位
	端门：手动翻转门、自动平移门
	底座：机柜底座，通道底座（安装防静电地板）
配电	输入：100～630A；AC380V/400V/415V（3相5线）；50/60Hz
	输出：多路10～63A/3P（1P）可选，具体配置请联系商宇工厂
制冷	制冷量：行间级制冷：13～40kW；房间级制冷：8～102kW
	送风方式：水平送风、下送风
监控管理	环境监控：温湿度、烟感、智能门禁、高清摄像头、漏水、三色氛围灯
	动力设备监控：电源、电池、配电、空调
其他功能	本地监控、智能管理、PAD/手机APP，与消防联动，故障报警（短信、语言、声光、邮件等），三级防雷保护等。产品性能及安全获得泰尔检测报告

产品图片：

单排柜系列

DP系列高精度可编程直流电源

杭州精日科技有限公司
地址：杭州市滨江区长河路351号拓森科技园4号楼2层
邮编：310015
电话：0571-85198079
传真：0571-85198079-807
网址：www.cn-power.cn
E-mail：sales@cn-power.cn

产品简介：

DP系列高精度可编程直流电源是我公司为了满足广大客户的需求推出的一款高品质、高功率密度、多功能的高性价比产品，1U机型最大功率可达5kW，重量仅7.5kg，本系列产品规格电压最高可达2100V，电流最大可达525A，内置PFC功率因数校正电路，输入电压满足全球电网宽范围应用。

本系列电源具有恒电压（CV）和恒电流(CC)两种工作模式，并在运行模式之间自动切换，还具有内置的用户可设置的恒功率(CP)限制模式，内置模拟程控（5V/10V/5K/10K）信号、USB、LAN、CAN、RS-232/485通信接口。

产品创新性：

LLC串级式结构，高效同步整流技术实现1U-5kW高功率密度，内置Modbus-RTU和SCPI行业标准通信协议，用户可根据需要进入菜单选择自己需要的协议与通信模式。

产品面向市场：

工业/自动化，新能源，消费电子，航空航天，特种行业

主要参数：

- 19in机架式高功率密度可编程直流电源（1U最大可达5kW）；
- 输入有源功率因数校正；
- 内置LAN、USB、RS-232、RS-485、CAN接口；
- OLED显示屏5位显示，支持中、英文双语言菜单切换显示；
- 最终设置记忆功能；
- 自动启动/安全启动：用户可选择；
- 高分辨率16位ADC和DAC；
- 任意波形曲线和LIST编程动态输出；
- 恒压/恒流/恒功率运行模式；
- 电压和电流斜率控制；
- 内阻编程模拟；
- 本地/遥感-软件控制；
- 内置远程隔离模拟程序/监控接口；
- 支持Modbus-RTU和SCPI行业标准通信协议。

产品图片：

张家港市加亿德机械制造有限公司
地址：张家港市塘桥镇中恒制造产业园5幢102
邮编：215611
电话：0512-58433308
网址：www.jiayide.com.cn
E-mail：SDLHDZ@126.com

电源外壳

2022年销售额：2000万元

产品简介：

- 外壳材质有镀锌板、铝板、不锈钢等金属材料，表面可氧化、喷涂丝印。产品具有一定的防锈、抗氧化能力，产品结构稳固，拆卸方便。
- 可以按照客户提供的PCB板代为设计，小批量可以激光加工，量大可以开模具、深加工。

产品创新性：

在EMI、热能传递方面有一定经验。

产品面向市场：

电信/基站，传统能源/电力操作，计算机，安防，环保/节能

产品图片：

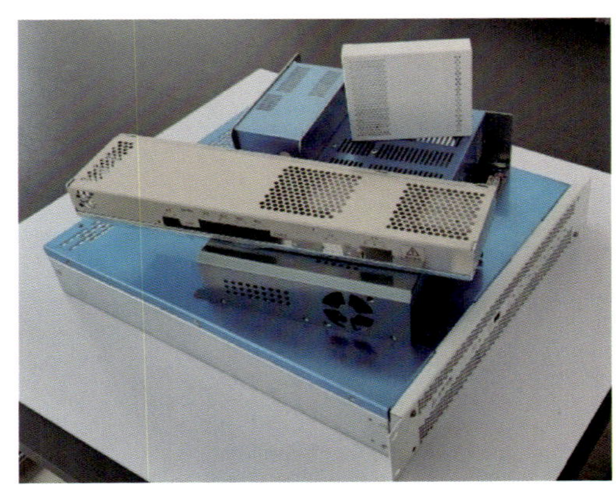

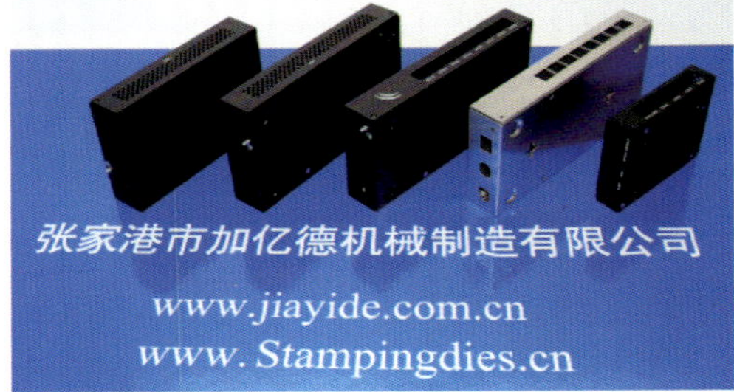

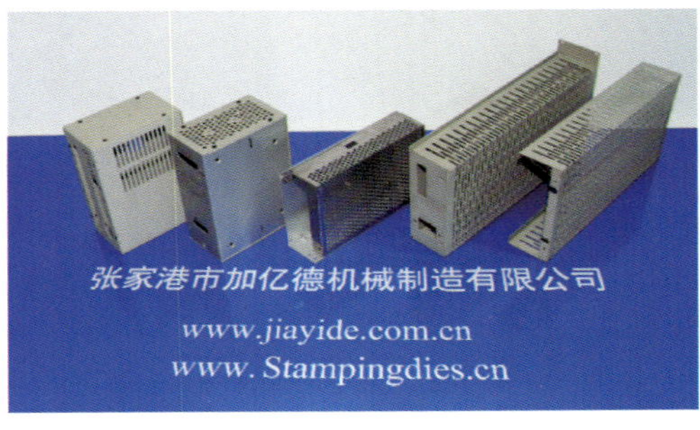